에듀윌과 함께 시작하면,
당신도 합격할 수 있습니다!

대학 졸업 후 취업을 위해 바쁜 시간을 쪼개며
소방설비기사 자격시험을 준비하는 취준생

비전공자이지만 소방 분야로 진로를 정하고
소방설비기사에 도전하는 수험생

낮에는 현장에서 일하면서도 더 나은 미래를 위해
소방설비기사 교재를 펼치는 주경야독 직장인

누구나 합격할 수 있습니다.
시작하겠다는 '다짐' 하나면 충분합니다.

마지막 페이지를 덮으면,

에듀윌과 함께
소방설비기사 합격이 시작됩니다.

꿈을 실현하는 에듀윌
Real 합격 스토리

이○용 소방 쌍기사 4개월 초단기 동차합격

4개월 만에 소방 쌍기사 취득, 에듀윌의 전문 교수진 덕분

우연한 계기로 소방 분야에 관심을 갖게 돼서 소방 쌍기사를 취득했습니다. 커뮤니티와 SNS에서 추천 받은 에듀윌에서 공부를 시작했습니다. 에듀윌의 가장 큰 장점은 교수진이라고 생각합니다. 강의에서 다뤄지는 내용, 상세한 이야기들이 다른 인터넷 강의와는 분명한 차이가 있다고 생각했습니다.

김○균 5개월 단기 동차합격

에듀윌이라 가능했던 5개월 단기 합격

약 5개월 만에 소방설비기사 전기분야 자격증을 취득했습니다. 소방설비기사를 준비해야겠다는 생각과 동시에 에듀윌이 생각났고, 그래서 별다른 고민 없이 선택했습니다. 에듀윌에서 진행한 모의고사를 진짜 시험이라고 생각하고 준비했습니다. 모의고사를 통해 저의 실력을 확인하고 부족한 과목은 좀 더 신경 써서 공부했습니다.

이○환 소방설비기사 취득 후 재취업 성공

나를 합격으로 이끌어 준 에듀윌 소방설비기사

제2의 인생을 준비하는 시점에서 소방설비기사 자격을 취득하고 재취업에 성공했습니다. 유튜브에서 에듀윌 샘플 강의를 몇 개 찾아보고 모두 들어보니 만족도가 컸습니다. 실제로 등록하고 강의를 들었는데, 에듀윌의 시간관리 시스템 덕분에 지치지 않고 꾸준히 공부할 수 있었습니다.

다음 합격의 주인공은 당신입니다!

더 많은 합격 비법

* 2023 대한민국 브랜드만족도 소방설비기사 교육 1위(한경비즈니스)

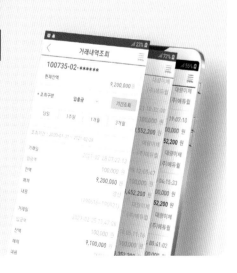

모든 시작에는
두려움과 서투름이
따르기 마련이에요.

당신이 나약해서가 아니에요.

4주 합격 플래너

DAY 1	DAY 2	DAY 3	DAY 4	DAY 5	DAY 6	DAY 7
소방기초용어 무료특강	소방기초용어 무료특강	2025년 CBT 복원문제	2024년 CBT 복원문제	2023년 CBT 복원문제	2022년 기출문제	2021년 기출문제
완료 □	완료 □	완료 □	완료 □	완료 □	완료 □	완료 □
DAY 8	**DAY 9**	**DAY 10**	**DAY 11**	**DAY 12**	**DAY 13**	**DAY 14**
2020년 기출문제	2019년 기출문제	2018년 기출문제	틀린문제 복습	2025년 CBT 복원문제	2024년 CBT 복원문제	2023년 CBT 복원문제
완료 □	완료 □	완료 □	완료 □	완료 □	완료 □	완료 □
DAY 15	**DAY 16**	**DAY 17**	**DAY 18**	**DAY 19**	**DAY 20**	**DAY 21**
2022년 기출문제	2021년 기출문제	2020년 기출문제	2019년 기출문제	2018년 기출문제	틀린문제 복습	2025~2024년 CBT 복원문제
완료 □	완료 □	완료 □	완료 □	완료 □	완료 □	완료 □
DAY 22	**DAY 23**	**DAY 24**	**DAY 25**	**DAY 26**	**DAY 27**	**DAY 28**
2023~2022년 CBT 복원문제	2021~2020년 기출문제	2019~2018년 기출문제	틀린문제 복습	CBT 모의고사 1회	CBT 모의고사 2회	CBT 모의고사 3회
완료 □	완료 □	완료 □	완료 □	완료 □	완료 □	완료 □

에듀윌 소방설비기사

기계 기출문제집 필기

최신 4개년 기출문제

(2025~2022)

소방설비기사 자격증이란?

☑ 시험 일정

구분	원서접수	시험일	합격자 발표일
1회	2025.01.13. ~2025.01.16	2025.02.07. ~2025.03.04	2025.03.12
2회	2025.04.14. ~2025.04.17	2025.05.10. ~2025.05.30	2025.06.11
3회	2025.07.21. ~2025.07.24	2025.08.09. ~2025.09.01	2025.09.10

※ 정확한 응시일정은 한국산업인력공단(Q-Net) 참고

※ 2026년 시험 일정도 비슷할 것으로 예상됩니다.

☑ 진행방법

시험과목	· 소방원론, 소방전기일반, 소방관계법규, 소방전기시설의 구조 및 원리 · 과목 당 20문항
검정방법	· 객관식, 4지택일, CBT 방식 · 문항당 1분 30초씩 총 120분
합격기준	· 100점을 만점으로 전과목 평균 60점 이상인 경우 · 1과목이라도 40점 미만이면 과락으로 불합격

☑ 응시자격

① 소방학, 건축설비공학, 기계설비학, 가스냉동학, 공조냉동학 관련학과의 대학졸업자 또는 졸업예정자

② 산업기사 등급 이상의 자격을 취득한 후 응시하려는 종목이 속하는 동일 및 유사 직무분야에서 1년 이상 실무에 종사한 사람

※ 정확한 응시자격은 한국산업인력공단(Q-Net) 참고

☑ 수행직무

소방시설공사 또는 정비업체 등에서 소방시설공사를 시공, 관리

소방시설공사 또는 정비업체 등에서 소방시설공사의 설계도면을 작성

소방시설의 점검 · 정비와 화기의 사용 및 취급 등 소방안전관리에 대한 감독

소방 계획에 의한 소화, 통보 및 피난 등의 훈련을 실시하는 소방안전관리자의 직무 수행

산업구조의 대형화 및 다양화로 소방대상물(건축물 · 시설물)이 고층 · 심층화되고, 고압가스나 위험물을 이용한 에너지 소비량의 증가 등으로 재해발생 위험요소가 많아지면서 소방과 관련한 인력수요가 늘고 있다. 소방설비 관련 주요 업무 중 하나인 화재관련 건수와 그로 인한 재산피해액도 당연히 증가할 수 밖에 없어 소방관련 인력에 대한 수요는 앞으로도 증가할 것으로 전망된다. 또한, 소방설비기사 자격증 취득 이후 일정 경력을 쌓으면 소방시설관리사, 소방기술사와 같은 고소득 전문직 자격증 시험의 응시요건을 갖출 수 있다.

☑ 응시현황

구분	소방설비기사 전기분야			소방설비기사 기계분야		
	응시	합격	합격률(%)	응시	합격	합격률(%)
2024	30,163	14,028	46.5	20,888	9,662	46.3
2023	32,202	15,919	49.4	23,350	10,669	45.7
2022	26,517	11,902	44.9	17,523	8,206	46.8
2021	27,083	12,483	46.1	17,736	9,048	51.0
2020	21,749	11,711	53.8	14,623	7,546	51.6

왜 에듀윌 교재일까요?

1 | 2권 분권으로 편리한 학습

최신 기출 순서에 따라서 1권(최신 4개년 기출)과 2권(플러스 4개년 기출)으로 분권하였습니다. 이제 필요한 책만 간편하게 휴대하세요.

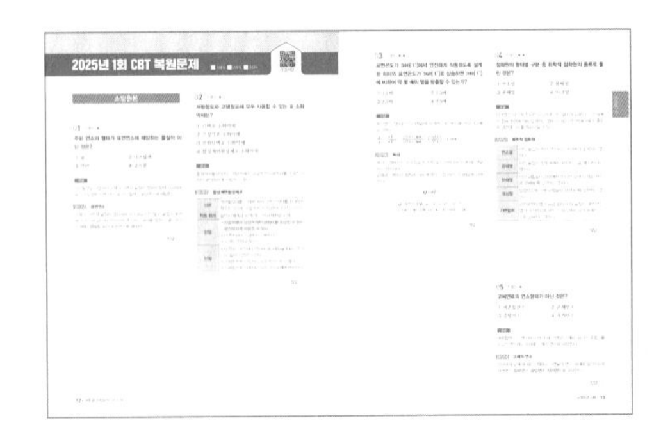

2 | 가독성을 높인 시원한 내용 구성

시원한 느낌을 위해 큰 글씨와 여유 있는 여백으로 가독성을 높였습니다. 더 이상 눈살 찌푸리며 학습하지 마세요.

3 | 초시생을 위한 소방기초용어 특강

소방설비기사 시험에 처음 응시하는 수험생을 위해 현직 소방설비기사 강사의 상세한 기초용어 강의를 제공합니다.

강의 수강경로

에듀윌 도서몰(book.eduwill.net) → 동영상강의실 → '소방설비기사' 검색

소방기초용어집(PDF) 학습자료 제공

에듀윌 도서몰(book.eduwill.net) → 도서자료실 → 부가학습자료 → '소방설비기사' 검색

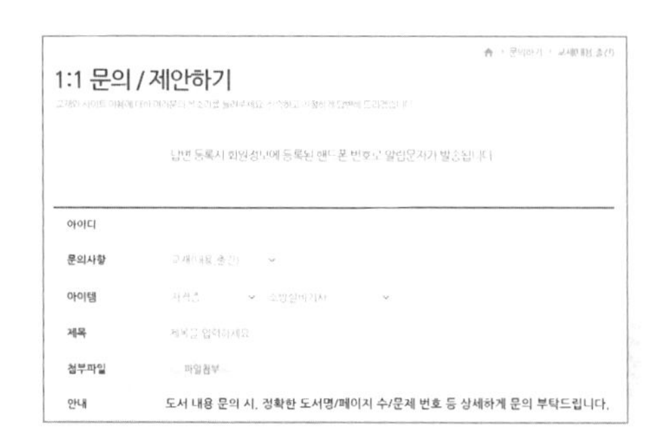

4 | 저자와 1:1 질문답변으로 빈틈없는 마무리

소방설비기사를 학습하면서 모르는 문제나 궁금한 사항은 저자에게 직접 1:1 문의하세요.

1 : 1 문의경로

에듀윌 도서몰(book.eduwill.net) → 문의하기 → 교재(내용,출간)

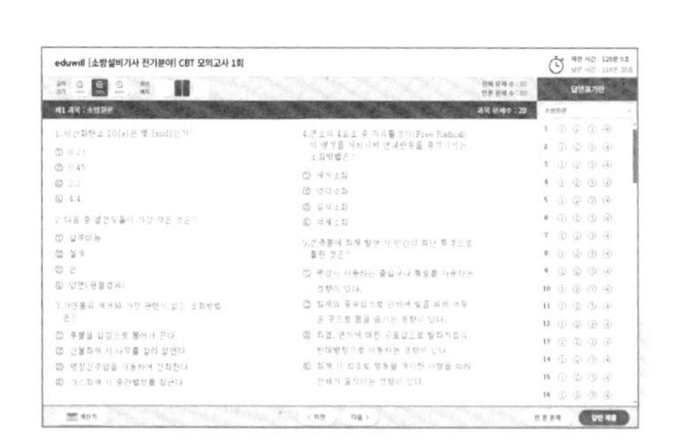

5 | CBT 실전모의고사 3회 제공

실제 시험과 유사한 환경에서 시험에 자주 출제되는 문제들로 구성된 모의고사를 풀어보세요.

CBT 실전모의고사 빠른 입장

PC 버전

- 1회 | https://eduwill.kr/dp9p
- 2회 | https://eduwill.kr/7p9p
- 3회 | https://eduwill.kr/np9p

모바일 버전

1회

2회

3회

정말 4주만에 합격이 가능할까요?

STEP 1 합격하기에 충분한 최신 8개년 기출복원문제

2025년 1회 CBT 복원문제

자동채점

소방원론

01 빈출도 ★

표면연소에 해당하는 물질이 아닌 것은?

① 숯　② 나프탈렌
③ 목탄　④ 금속분

해설

나프탈렌을 가열하면 고체의 가연성 물질이 열분해 없이 기화하여 증기가 발생하고 연소하므로 나프탈렌은 증발연소에 해당한다.

관련개념 표면연소

고체의 가연성 물질이 열분해하거나 증발하지 않고 물질의 표면에서 산소와 급격히 반응하여 연소하는 형태를 말한다. 숯, 코크스, 목탄, 금속분 등이 표면연소에 해당한다.

정답 ②

02 빈출도 ★

저팽창포와 고팽창포에 모두 사용할 수 있는 포 소화약제는?

① 단백포 소화약제
② 수성막포 소화약제
③ 불화단백포 소화약제
④ 합성계면활성제포 소화약제

해설

합성계면활성제포는 저발포에서 고발포까지 팽창비를 조정할 수 있어 광범위하게 사용할 수 있다.

관련개념 합성계면활성제포

성분	계면활성제를 기제로 하여 기포 안정제를 첨가하여 제조한 것으로 고발포용과 저발포용 2가지가 있다.
적응 화재	일반화재(A급 화재) 및 유류화재(B급 화재)
장점	• 저발포에서 고발포까지 팽창비를 조정할 수 있어 광범위하게 사용할 수 있다. • 단백포보다 소화속도가 빠르다. • 수명이 반영구적이다.
단점	• 내열성 · 내유성이 약하여 윤화(Ring Fire) 현상이 일어날 염려가 있다. • 고팽창포로 사용하는 경우 방사거리가 짧다. • 저팽창포로 사용하는 경우 유류화재에 불리하다.

정답 ④

12 • 에듀윌 소방설비기사 기계

❶ 최신 8개년 기출문제 및 CBT 복원문제를 빠짐없이 직접 복원하여 수록하였습니다.

❷ 매 회 자동채점이 가능한 QR코드를 제공하므로 정답을 입력하면 스스로 채점이 되고, 성적분석 기능을 활용할 수 있도록 하였습니다.

❸ 문제 유형별로 빈출도(★~★★★)를 표기하여 학습자의 필요에 따라 효율적인 학습이 가능하도록 하였습니다.

"체계적인 8개년 3회독 학습 시스템"

STEP 2 해설로도 충분한 이론학습

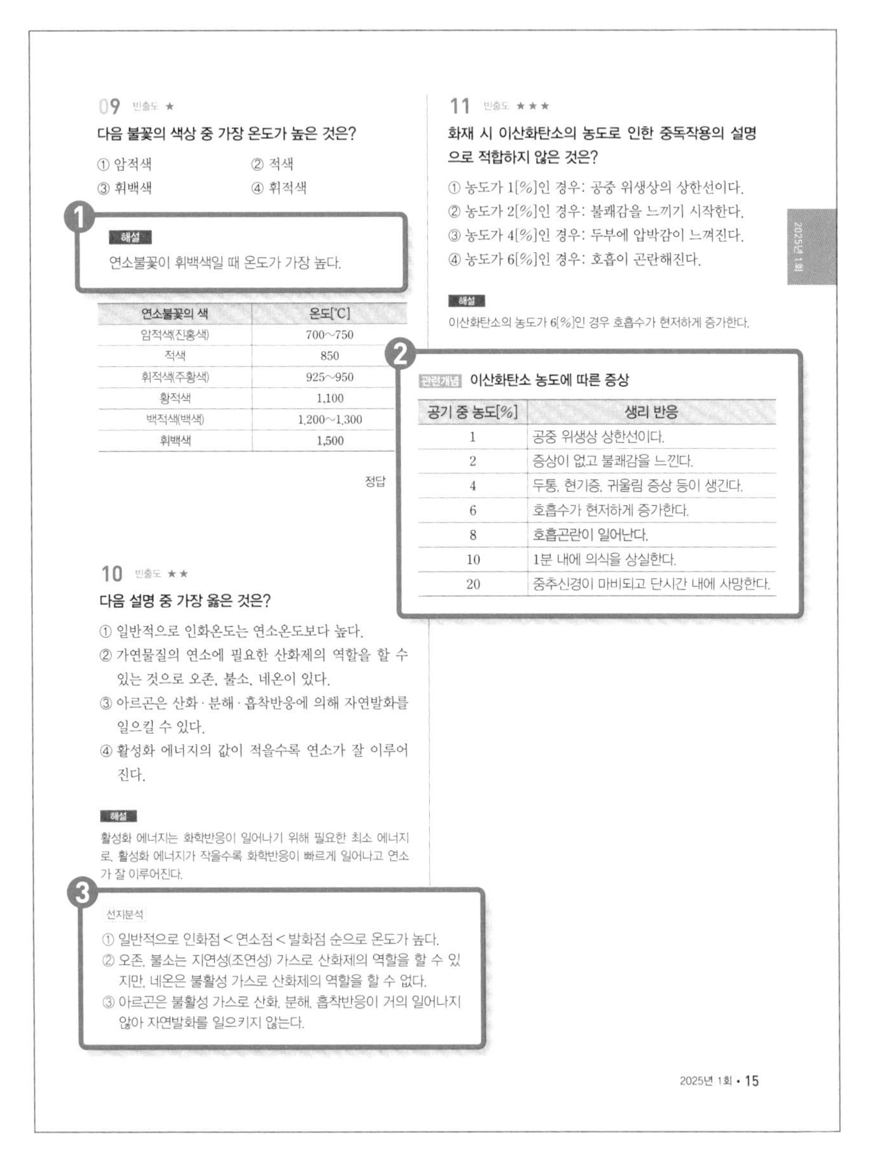

09 빈출도 ★

다음 불꽃의 색상 중 가장 온도가 높은 것은?

① 암적색 ② 적색
③ 휘백색 ④ 휘적색

1

해설

연소불꽃이 휘백색일 때 온도가 가장 높다.

연소불꽃의 색	온도[℃]
암적색(진홍색)	700~750
적색	850
휘적색(주황색)	925~950
황적색	1,100
백적색(백색)	1,200~1,300
휘백색	1,500

정답

10 빈출도 ★★

다음 설명 중 가장 옳은 것은?

① 일반적으로 인화온도는 연소온도보다 높다.
② 가연물질의 연소에 필요한 산화제의 역할을 할 수 있는 것으로 오존, 불소, 네온이 있다.
③ 아르곤은 산화·분해·흡착반응에 의해 자연발화를 일으킬 수 있다.
④ 활성화 에너지의 값이 적을수록 연소가 잘 이루어진다.

해설

활성화 에너지는 화학반응이 일어나기 위해 필요한 최소 에너지로, 활성화 에너지가 작을수록 화학반응이 빠르게 일어나고 연소가 잘 이루어진다.

3

선지분석

① 일반적으로 인화점 < 연소점 < 발화점 순으로 온도가 높다.
② 오존, 불소는 지연성(조연성) 가스로 산화제의 역할을 할 수 있지만, 네온은 불활성 가스로 산화제의 역할을 할 수 없다.
③ 아르곤은 불활성 가스로 산화, 분해, 흡착반응이 거의 일어나지 않아 자연발화를 일으키지 않는다.

11 빈출도 ★★★

화재 시 이산화탄소의 농도로 인한 중독작용의 설명으로 적합하지 않은 것은?

① 농도가 1[%]인 경우: 공중 위생상의 상한선이다.
② 농도가 2[%]인 경우: 불쾌감을 느끼기 시작한다.
③ 농도가 4[%]인 경우: 두부에 압박감이 느껴진다.
④ 농도가 6[%]인 경우: 호흡이 곤란해진다.

해설

이산화탄소의 농도가 6[%]인 경우 호흡수가 현저하게 증가한다.

2

관련개념 이산화탄소 농도에 따른 증상

공기 중 농도[%]	생리 반응
1	공중 위생상 상한선이다.
2	증상이 없고 불쾌감을 느낀다.
4	두통, 현기증, 귀울림 증상 등이 생긴다.
6	호흡수가 현저하게 증가한다.
8	호흡곤란이 일어난다.
10	1분 내에 의식을 상실한다.
20	중추신경이 마비되고 단시간 내에 사망한다.

2025년 1회

2025년 1회 • 15

❶ 초보자도 손쉽게 이해할 수 있도록 상세한 해설을 제공하였습니다.

❷ 문제와 관련되는 이론을 관련개념으로 제공하여 문제 풀이와 함께 이론을 학습할 수 있도록 하였습니다.

❸ 정답이 아닌 선지도 선지분석을 통해 정답이 아닌 이유를 이해할 수 있도록 설명하였습니다.

"초보자도 쉽게 이해 가능한 퍼펙트 해설"

차례

최신 4개년 기출문제

플러스 4개년 기출문제

2021년

2020년

2019년

2018년

"2025년 3회차 CBT 복원문제는 9월 중 제공됩니다."

※ 상세경로: 에듀윌 도서몰(book.eduwill.net) → 도서 자료실 → 부가학습자료 → [소방설비기사 기출문제집] 검색 → PDF 다운로드

2025년 1회 CBT 복원문제

■ 1회독 ■ 2회독 ■ 3회독

소방원론

01 빈출도 ★

주된 연소의 형태가 표면연소에 해당하는 물질이 아닌 것은?

① 숯 ② 나프탈렌
③ 목탄 ④ 금속분

해설

나프탈렌을 가열하면 고체의 가연성 물질이 열분해 없이 기화하여 증기가 발생하고 연소하므로 나프탈렌은 증발연소에 해당한다.

관련개념 **표면연소**

고체의 가연성 물질이 열분해하거나 증발하지 않고 물질의 표면에서 산소와 급격히 반응하여 연소하는 형태를 말한다. 숯, 코크스, 목탄, 금속분 등이 표면연소에 해당한다.

정답 | ②

02 빈출도 ★

저팽창포와 고팽창포에 모두 사용할 수 있는 포 소화약제는?

① 단백포 소화약제
② 수성막포 소화약제
③ 불화단백포 소화약제
④ 합성계면활성제포 소화약제

해설

합성계면활성제포는 저발포에서 고발포까지 팽창비를 조정할 수 있어 광범위하게 사용할 수 있다.

관련개념 **합성계면활성제포**

구분	내용
성분	계면활성제를 기제로 하여 기포 안정제를 첨가하여 제조한 것으로 고발포용과 저발포용 2가지가 있다.
적응 화재	일반화재(A급 화재) 및 유류화재(B급 화재)
장점	• 저발포에서 고발포까지 팽창비를 조정할 수 있어 광범위하게 사용할 수 있다. • 단백포보다 소화속도가 빠르다. • 수명이 반영구적이다.
단점	• 내열성·내유성이 약하여 윤화(Ring Fire) 현상이 일어날 염려가 있다. • 고팽창포로 사용하는 경우 방사거리가 짧다. • 저팽창포로 사용하는 경우 유류화재에 불리하다.

정답 | ④

03 빈출도 ★★

표면온도가 300[℃]에서 안전하게 작동하도록 설계된 히터의 표면온도가 360[℃]로 상승하면 300[℃]에 비하여 약 몇 배의 열을 방출할 수 있는가?

① 1.1배　② 1.5배
③ 2.0배　④ 2.5배

해설

복사열은 절대온도의 4제곱에 비례하므로, 복사에너지는 1.5배 증가한다.

$$\frac{q_2}{q_1}=\frac{\sigma T_2^{\ 4}}{\sigma T_1^{\ 4}}=\frac{(273+360)^4}{(273+300)^4}=\left(\frac{633}{573}\right)^4 \fallingdotseq 1.489$$

관련개념 복사

복사는 열에너지가 매질을 통하지 않고 전자기파의 형태로 전달되는 현상이다.
슈테판－볼츠만 법칙에 의해 복사열은 절대온도의 4제곱에 비례한다.

$$Q \propto \sigma T^4$$

Q: 열전달량[W/m²], σ: 슈테판－볼츠만 상수(5.67×10^{-8})[W/m²·K⁴], T: 절대온도[K]

정답 | ②

04 빈출도 ★★

점화원의 형태별 구분 중 화학적 점화원의 종류로 틀린 것은?

① 연소열　② 용해열
③ 분해열　④ 아크열

해설

아크열은 전기적 점화원의 종류로 전기설비의 회로나 기구 등에서 접촉 불량에 의해 발생하는 열이다. 작은 전기불꽃으로도 충분히 가연성 가스를 착화시킬 수 있다.

관련개념 화학적 점화원

구분	내용
연소열	어떤 물질이 완전 연소되는 과정에서 발생되는 열이다.
용해열	어떤 물질이 용액 속에서 완전히 녹을 때 나타나는 열이다.
분해열	어떤 화합물이 상온에서 안정한 상태의 성분 원소로 분해될 때 발생하는 열이다.
생성열	발열반응에 의해 화합물이 생성될 때 발생하는 열이다.
자연발화	외부로부터 열의 공급 없이 어떤 물질이 내부 반응열의 축적만으로 온도가 상승하여 공기 중에서 스스로 발화하는 것이다.

정답 | ④

05 빈출도 ★

고체연료의 연소형태가 아닌 것은?

① 예혼합연소　② 분해연소
③ 증발연소　④ 자기연소

해설

예혼합연소는 연소하기 전 미리 가연성 기체와 공기의 혼합기를 만들어 연소하는 형태로 기체의 연소에 해당한다.

관련개념 고체의 연소

상온에서 고체상태로 존재하는 가연물의 연소 형태로 일반적으로 표면연소, 분해연소, 증발연소, 자기연소로 구분한다.

정답 | ①

06 빈출도 ★★

다음 화학 반응식 중 잘못된 것은?

① $CaC_2 + 2H_2O \rightarrow Ca(OH)_2 + C2H_2$

② $4P + 6H_2O \rightarrow 4SO_2 + 3O_2$

③ $2Na_2O_2 + 2H_2O \rightarrow 4NaOH + O_2$

④ $2Na + 2H_2O \rightarrow 2NaOH + H_2$

해설

화학반응식이 옳은지 판단할 때에는 반응물과 생성물을 구성하는 원자의 수가 일치하는지 확인하여야 한다.
일반적으로 인(P)은 물(H_2O)과 거의 반응하지 않는다.

정답 | ②

07 빈출도 ★★★

B급 화재에 해당하지 않는 것은?

① 목탄의 연소　　② 등유의 연소
③ 아마인유의 연소　　④ 알코올류의 연소

해설

목탄에 의한 화재는 A급 화재(일반화재)에 해당한다.

관련개념 **B급 화재(유류화재)**

구분	내용
대상물	• 상온에서 액체상태인 유류 등 가연성 액체 • 주로 제4류 위험물(인화성 액체)
화재 성상	• 연소 후 재를 남기지 않으며, 연기는 주로 검정색 • 연소열이 크고, 인화성이 좋아 일반화재보다 위험
발생 원인	• 유류 표면으로부터 발생된 증기가 공기와 혼합되어 연소범위 내에 있는 상태에서 점화원(열 또는 화기)에 접촉되었을 때 • 유류를 취급 또는 사용하는 기기·기구 등 조작 시 부주의로 인해 흘러나온 유류에 점화원이 접촉되었을 때
소화 방법	• 포 또는 가스계 소화약제의 질식효과를 이용한 소화 • 수계 소화약제 이용 시 연소면이 확대되므로 사용불가
표시색	황색

정답 | ①

08 빈출도 ★★★

건물 내에서 화재가 발생하여 실내온도가 20[℃]에서 600[℃]까지 상승했다면 온도 상승만으로 건물 내의 공기 부피는 처음의 약 몇 배 정도 팽창하는가? (단, 화재로 인한 압력의 변화는 없다고 가정한다.)

① 3　　② 9
③ 15　　④ 30

해설

압력과 기체의 양이 일정한 이상기체이므로 샤를의 법칙을 적용할 수 있다.

$$\frac{V_1}{T_1}=C=\frac{V_2}{T_2}$$

상태1의 부피가 V_1, 절대온도가 (273+20)[K]이고, 상태2의 절대온도가 (273+600)[K]이므로 상태2의 부피는

$$V_2=\frac{V_1}{T_1}\times T_2=\frac{V_1}{(273+20)[K]}\times(273+600)[K]$$
$$\fallingdotseq 2.98V_1$$

관련개념 **샤를의 법칙**

압력과 기체의 양이 일정할 때 부피와 절대온도는 비례 관계에 있다.

$$\frac{V}{T}=C$$

V: 부피, T: 절대온도[K], C: 상수

정답 | ①

09 빈출도 ★

다음 불꽃의 색상 중 가장 온도가 높은 것은?

① 암적색　　② 적색
③ 휘백색　　④ 휘적색

해설

연소불꽃이 휘백색일 때 온도가 가장 높다.

관련개념 불꽃의 온도와 색

연소불꽃의 색	온도[℃]
암적색(진홍색)	700~750
적색	850
휘적색(주황색)	925~950
황적색	1,100
백적색(백색)	1,200~1,300
휘백색	1,500

정답 ③

10 빈출도 ★★

다음 설명 중 가장 옳은 것은?

① 일반적으로 인화온도는 연소온도보다 높다.
② 가연물질의 연소에 필요한 산화제의 역할을 할 수 있는 것으로 오존, 불소, 네온이 있다.
③ 아르곤은 산화·분해·흡착반응에 의해 자연발화를 일으킬 수 있다.
④ 활성화 에너지의 값이 적을수록 연소가 잘 이루어진다.

해설

활성화 에너지는 화학반응이 일어나기 위해 필요한 최소 에너지로, 활성화 에너지가 작을수록 화학반응이 빠르게 일어나고 연소가 잘 이루어진다.

선지분석

① 일반적으로 인화점 < 연소점 < 발화점 순으로 온도가 높다.
② 오존, 불소는 지연성(조연성) 가스로 산화제의 역할을 할 수 있지만, 네온은 불활성 가스로 산화제의 역할을 할 수 없다.
③ 아르곤은 불활성 가스로 산화, 분해, 흡착반응이 거의 일어나지 않아 자연발화를 일으키지 않는다.

정답 ④

11 빈출도 ★★★

화재 시 이산화탄소의 농도로 인한 중독작용의 설명으로 적합하지 않은 것은?

① 농도가 1[%]인 경우: 공중 위생상의 상한선이다.
② 농도가 2[%]인 경우: 불쾌감을 느끼기 시작한다.
③ 농도가 4[%]인 경우: 두부에 압박감이 느껴진다.
④ 농도가 6[%]인 경우: 호흡이 곤란해진다.

해설

이산화탄소의 농도가 6[%]인 경우 호흡수가 현저하게 증가한다.

관련개념 이산화탄소 농도에 따른 증상

공기 중 농도[%]	생리 반응
1	공중 위생상 상한선이다.
2	증상이 없고 불쾌감을 느낀다.
4	두통, 현기증, 귀울림 증상 등이 생긴다.
6	호흡수가 현저하게 증가한다.
8	호흡곤란이 일어난다.
10	1분 내에 의식을 상실한다.
20	중추신경이 마비되고 단시간 내에 사망한다.

정답 ④

12 빈출도 ★★

다음 중 인화점이 가장 낮은 물질은?

① 에탄올　② 벤젠
③ 이황화탄소　④ 톨루엔

해설

선지 중 이황화탄소의 인화점이 가장 낮다.

관련개념 물질의 발화점과 인화점

물질	발화점[℃]	인화점[℃]
프로필렌	497	−107
산화프로필렌	449	−37
가솔린	300	−43
이황화탄소	100	−30
아세톤	538	−18
메틸알코올	385	11
에틸알코올	423	13
벤젠	498	−11
톨루엔	480	4.4
등유	210	43~72
경유	200	50~70
적린	260	−
황린	30	20

정답 | ③

13 빈출도 ★★★

1기압, 0[℃]의 어느 밀폐된 공간 1[m³] 내에 Halon 1301 약제가 0.32[kg] 방사되었다. 이때 Halon 1301의 농도는 약 몇 [vol%]인가? (단, 원자량은 C=12, F=19, Br=81, Cl=35.5이다.)

① 4.8[%]　② 5.5[%]
③ 8[%]　④ 10[%]

해설

할론 1301 0.32[kg]이 밀폐된 공간 1[m³]에서 차지하는 부피를 할론 1301의 농도라고 하며, 이상기체 상태방정식을 활용하여 할론 1301의 질량[kg]을 부피[m³]로 변환해 준다.

이상기체의 상태방정식은 다음과 같다.

$$PV=\frac{m}{M}RT$$

P: 압력[atm], V: 부피[m³],
m: 질량[kg], M: 분자량[kg/kmol],
R: 기체상수(0.08206)[atm · m³/kmol · K],
T: 절대온도[K]

할론 1301은 탄소(C) 원자 1개, 불소(F) 원자 3개, 브롬(Br) 원자 1개로 구성된다.
탄소(C), 불소(F), 브롬(Br)의 원자량은 각각 12, 19, 81로 할론 1301의 분자량은 다음과 같다.
$12+(19\times3)+81=150$

주어진 조건을 공식에 대입하면 0.32[kg]에 해당하는 할론 1301의 부피는 다음과 같다.

$$1\times V=\frac{0.32}{150}\times0.08206\times(273+0)$$

$$V\fallingdotseq0.0478[m^3]$$

공간 1[m³] 중 할론 1301의 농도는

$$\frac{0.0478[m^3]}{1[m^3]}=4.78[\%]$$

정답 | ①

14 빈출도 ★

화재에 대한 건축물의 손실정도에 따른 화재형태를 설명한 것으로 옳지 않은 것은?

① 부분소화재란 전소화재, 반소화재에 해당하지 않는 것을 말한다.
② 반소화재란 건축물에 화재가 발생하여 건축물의 30[%] 이상 70[%] 미만이 소실된 상태를 말한다.
③ 전소화재란 건축물에 화재가 발생하여 건축물의 70[%] 이상이 소실된 상태를 말한다.
④ 훈소화재란 건축물에 화재가 발생하여 건축물의 10[%] 이하가 소실된 상태를 말한다.

해설

훈소화재란 불꽃 없이 가연성 물질의 내부에서 연소가 일어나는 화재를 말한다.

관련개념 소실 정도에 따른 분류

구분	내용
전소화재	건물의 70[%] 이상이 소실되었거나 그 미만인 경우라도 잔존 부분의 보수 및 재사용이 불가능한 것을 말한다.
반소화재	건물의 30[%] 이상 70[%] 미만이 소실된 것을 말한다.
부분소화재	전소·반소화재에 해당하지 않는 것. 즉, 건물의 30[%] 미만이 소실된 것을 말한다.

정답 | ④

15 빈출도 ★

화재 시 불티가 바람에 날리거나 상승하는 열기류에 휩쓸려 멀리 있는 가연물에 착화되는 현상은?

① 비화 ② 전도
③ 대류 ④ 복사

해설

비화는 불씨가 날아가 다른 건축물에 옮겨붙는 것을 말한다.

선지분석

② 전도: 서로 접촉한 물체 사이에서 분자들의 충돌에 의해 온도가 높은 물체에서 낮은 물체로 에너지가 이동하는 현상이다.
③ 대류: 액체나 기체 등에서 유체 내부의 분자 이동에 의해 온도가 높은 곳에서 낮은 곳으로 에너지가 이동하는 현상이다.
④ 복사: 열에너지가 매질을 통하지 않고 전자기파의 형태로 전달되는 현상이다.

정답 | ①

16 빈출도 ★★

다음 중 연쇄반응과 관련 있는 소화방법은?

① 질식소화 ② 제거소화
③ 냉각소화 ④ 부촉매소화

해설

부촉매소화(억제소화)는 연소의 요소 중 연쇄적 산화반응을 약화시켜 연소의 지속을 불가능하게 하는 방법이다.
가연물질 내 함유되어 있는 수소·산소로부터 생성되는 수소기(H·)·수산기(·OH)를 화학적으로 제거된 부촉매제(분말 소화약제, 할론가스 등)와 반응하게 하여 더 이상 연소생성물인 이산화탄소·수증기 등의 생성을 억제시킨다.

선지분석

① 질식소화: 연소하고 있는 가연물의 표면을 덮어서 연소에 필요한 산소의 공급을 차단시켜 소화하는 것을 말한다.
② 제거소화: 연소의 요소를 구성하는 가연물질을 안전한 장소나 점화원이 없는 장소로 신속하게 이동시켜서 소화하는 방법이다.
③ 냉각소화: 연소 중인 가연물질의 온도를 인화점 이하로 냉각시켜 소화하는 것을 말한다.

정답 | ④

17 빈출도 ★★★

아세틸렌 가스의 연소범위[vol%]에 가장 가까운 것은?

① 9.8~28.4　　② 2.5~81
③ 4.0~75　　④ 2.1~9.5

해설

아세틸렌 가스의 연소범위는 2.5~81[vol%]이다.

관련개념 **주요 가연성 가스의 연소범위와 위험도**

가연성 가스	하한계 [vol%]	상한계 [vol%]	위험도
아세틸렌(C_2H_2)	2.5	81	31.4
수소(H_2)	4	75	17.8
일산화탄소(CO)	12.5	74	4.9
에테르($C_2H_5OC_2H_5$)	1.9	48	24.3
이황화탄소(CS_2)	1.2	44	35.7
에틸렌(C_2H_4)	2.7	36	12.3
암모니아(NH_3)	15	28	0.9
메테인(CH_4)	5	15	2
에테인(C_2H_6)	3	12.4	3.1
프로페인(C_3H_8)	2.1	9.5	3.5
뷰테인(C_4H_{10})	1.8	8.4	3.7

정답 | ②

18 빈출도 ★★

가연성 액체에 점화원을 가져가서 인화한 후에 점화원을 제거하여도 가연물이 계속 연소되는 최저 온도를 무엇이라고 하는가?

① 인화점　　② 폭발온도
③ 연소점　　④ 발화점

해설

점화원을 제거해도 지속적으로 연소가 진행되는 최저 온도를 연소점이라고 한다.

정답 | ③

19 빈출도 ★★

비수용성 유류의 화재 시 물로 소화할 수 없는 이유는?

① 인화점이 변하기 때문
② 발화점이 변하기 때문
③ 연소면이 확대되기 때문
④ 수용성으로 변화여 인화점이 상승하기 때문

해설

제4류 위험물(인화성 액체)인 유류는 액체 표면에서 증발연소를 한다. 이때 주수소화를 하게 되면 물보다 가벼운 가연물이 물 위를 떠다니며 계속해서 연소반응이 일어나게 되고 화재면이 확대될 수 있다.

정답 | ③

20 빈출도 ★★

0[℃], 1[atm] 상태에서 프로페인 1[mol]이 완전 연소하는 데 필요한 산소는 몇 [mol]인가?

① 1　　② 5
③ 3　　④ 2

해설

프로페인의 연소반응식은 다음과 같다.

$C_3H_8 + 5O_2 \rightarrow 3CO_2 + 4H_2O$

프로페인 1[mol]이 완전 연소하는 데 필요한 산소의 양은 5[mol]이다.

정답 | ②

21 빈출도 ★

펌프 운전 중 발생하는 수격작용의 발생을 예방하기 위한 방법에 해당되지 않는 것은?

① 밸브를 가능한 한 펌프 송출구에서 멀리 설치한다.
② 서지탱크를 관로에 설치한다.
③ 밸브의 조작을 천천히 한다.
④ 관 내의 유속을 느리게 한다.

해설

밸브는 가능한 한 펌프 송출구에 가까이 설치하여 배관의 길이를 짧게 하여야 수격현상을 예방할 수 있다.

관련개념 수격현상 방지대책

발생원인	방지대책
유체 흐름의 갑작스러운 변동	밸브의 조작을 천천히 한다.
압력파에 의한 충격과 이상음 발생	에어 챔버나 서지 탱크를 설치한다.
역류에 의한 충격	체크밸브를 설치한다.
과도하게 긴 배관 및 갑작스러운 관경 변화	필요한 만큼 배관의 길이와 관경을 최적화한다.

정답 | ①

22 빈출도 ★★

점성계수의 단위로 사용되는 푸아즈[poise]의 환산 단위로 옳은 것은?

① $[cm^2/s]$
② $[N \cdot s^2/m^2]$
③ $[dyn/cm \cdot s]$
④ $[dyn \cdot s/cm^2]$

해설

점성계수(점도)의 단위는 $[poise]=[g/cm \cdot s]=[kg/m \cdot s]=[N \cdot s/m^2]=[Pa \cdot s]$이고, 점성계수(점도)의 차원은 $ML^{-1}T^{-1}$이다.
[dyn]은 CGS 단위계에서 힘의 단위로 그 차원은 뉴턴[N]과 같다.

정답 | ④

23 빈출도 ★★★

길이가 400[m]이고 유동단면이 20[cm]×30[cm]인 직사각형 관에 물이 가득 차서 평균속도 3[m/s]로 흐르고 있다. 이때 손실수두는 약 몇 [m]인가? (단, 관 마찰계수는 0.01이다.)

① 2.38　② 4.76
③ 7.65　④ 9.52

해설

일정한 양의 비압축성 유체가 일정한 속도로 흐를 때 배관에서의 마찰손실계수는 달시－바이스바하 방정식으로 구할 수 있다.

$$H=\frac{\Delta P}{\gamma}=\frac{flu^2}{2gD}$$

H: 마찰손실수두[m], ΔP: 압력 차이[kPa], γ: 비중량[kN/m³],
f: 마찰손실계수, l: 배관의 길이[m], u: 유속[m/s],
g: 중력가속도[m/s²], D: 배관의 직경[m]

배관은 원형이 아니므로 이때 배관의 직경은 수력직경 D_h를 활용하여야 한다.

$$D_h=\frac{4A}{S}$$

D_h: 수력직경[m], A: 배관의 단면적[m²], S: 배관의 둘레[m]

배관의 단면적 A는 다음과 같다.

$A=(0.2[m]\times0.3[m])=0.06[m^2]$

배관의 둘레 S는 다음과 같다.

$S=(0.2[m]+0.3[m]+0.2[m]+0.3[m])=1[m]$

따라서 수력직경 D_h는 다음과 같다.

$D_h=\frac{4\times0.06}{1}=0.24[m]$

주어진 조건을 공식에 대입하면 마찰손실수두 H는

$H=\frac{0.01\times400\times3^2}{2\times9.8\times0.24}\fallingdotseq7.653[m]$

정답 | ③

24 빈출도 ★★★

서로 다른 재질로 만든 평판의 양쪽 온도가 다음과 같을 때 면적과 두께를 통한 열류량이 모두 동일하다면 어느 것이 단열재로서 성능이 가장 우수한가?

① 30[℃]～10[℃]
② 10[℃]～ －10[℃]
③ 20[℃]～10[℃]
④ 40[℃]～10[℃]

해설

같은 크기의 단열재일 때 양쪽의 온도 차가 클수록 단열성능은 더 좋다.

정답 | ④

25 빈출도 ★★★

그림과 같이 크기가 다른 관이 접속된 수평배관 내에 화살표의 방향으로 정상류의 물이 흐르고 있고 두 개의 압력계 A, B가 각각 설치되어 있다. 압력계 A, B에서 지시하는 압력을 각각 P_A, P_B라고 할 때 P_A와 P_B의 관계로 옳은 것은? (단, A와 B지점 간의 배관 내 마찰손실은 없다고 가정한다.)

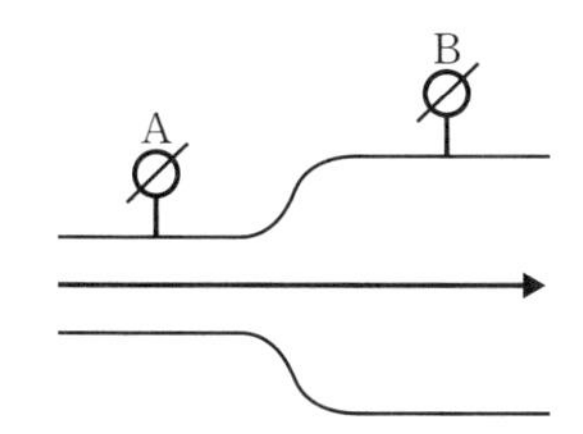

① $P_A > P_B$
② $P_A < P_B$
③ $P_A = P_B$
④ 이 조건만으로는 판단할 수 없다.

해설

$$\frac{P_A}{\gamma}+\frac{u_A^2}{2g}+Z_A=\frac{P_B}{\gamma}+\frac{u_B^2}{2g}+Z_B$$

P: 압력[N/m²], γ: 비중량[N/m³], u: 유속[m/s],
g: 중력가속도[m/s²], Z: 높이[m]

일정한 유량으로 흐를 때 유속 u는 단면적이 좁은 A에서 더 빠르다. $u_A > u_B$
유체가 가지는 에너지는 보존되므로 압력 P는 B에서 더 커야한다. $P_A < P_B$

정답 | ②

26 빈출도 ★★

부피 0.5[m³], 절대압력 1,300[kPa]인 탱크에 25[℃]의 기체 10[kg]이 들어있다. 이 기체의 기체상수는 약 몇 [kJ/kg·K]인가?

① 0.19 ② 0.22
③ 0.26 ④ 0.29

해설

이상기체의 상태방정식은 다음과 같다.

$$PV=m\overline{R}T$$

P: 압력[kPa], V: 부피[m³], m: 질량[kg],
$\overline{R}$: 특정 기체상수[kJ/kg·K], T: 절대온도[K]

주어진 조건을 공식에 대입하면 이 기체의 기체상수 $\overline{R}$은

$$\overline{R}=\frac{PV}{mT}=\frac{1{,}300\times0.5}{10\times(273+25)}\fallingdotseq0.218[\text{kJ/kg}\cdot\text{K}]$$

정답 | ②

27 빈출도 ★★★

수조의 수면으로부터 20[m] 아래에 설치된 직경 4[cm]의 오리피스에서 1분간 분출된 유량은 약 몇 [m³]인가? (단, 수심은 일정하게 유지된다고 가정하고 오리피스의 유량계수는 0.98로 한다.)

① 1.46　② 2.46
③ 3.46　④ 4.86

해설

$$\frac{P_1}{\gamma}+\frac{u_1^2}{2g}+Z_1=\frac{P_2}{\gamma}+\frac{u_2^2}{2g}+Z_2$$

P: 압력[kN/m²], γ: 비중량[kN/m³], u: 유속[m/s],
g: 중력가속도[m/s²], Z: 높이[m]

수면과 파이프 출구의 압력은 대기압으로 같다.

$P_1=P_2$

수면과 오리피스 출구의 높이 차이는 다음과 같다.

$Z_1-Z_2=20[m]$

수면 높이는 일정하므로 수면 높이의 변화속도 u_1는 무시하고 주어진 조건을 공식에 대입하면 오리피스 출구의 유속 u_2는 다음과 같다.

$\frac{u_2^2}{2g}=(Z_1-Z_2)$

$u_2=\sqrt{2g(Z_1-Z_2)}=\sqrt{2\times9.8\times20}\fallingdotseq19.8[m/s]$

오리피스는 지름이 D[m]인 원형이므로 오리피스의 단면적은 다음과 같다.

$$A=\frac{\pi}{4}D^2$$

부피유량 공식 $Q=Au$에 의해 오리피스의 직경 D와 유속 u를 알면 유량 Q를 구할 수 있다.
따라서 주어진 조건을 공식에 대입하면 유량 Q는

$Q=\frac{\pi}{4}D^2u=\frac{\pi}{4}\times0.04^2\times19.8\fallingdotseq0.0249[m^3/s]$

오리피스에서 1분간 분출된 유량은

$0.98\times0.0249[m^3/s]\times60[s]\fallingdotseq1.464[m^3]$

정답 | ①

28 빈출도 ★★★

전양정이 20[m]이고, 질량유량이 150[kg/s]로 물을 송출할 때 소요되는 펌프의 축동력(shaft power)이 42[kW]이면 펌프의 효율[%]은?

① 70　② 74
③ 76　④ 80

해설

$$P=\frac{\gamma QH}{\eta}$$

P: 전동력[kW], γ: 유체의 비중량[kN/m³], Q: 유량[m³/s],
H: 전양정[m], η: 효율

유체는 물이므로 물의 비중량은 9.8[kN/m³]이다.
질량유량이 150[kg/s]이고, 물의 밀도는 1,000[kg/m³]이므로 단위를 변환하면 부피유량은 다음과 같다.

$\frac{150[kg/s]}{1,000[kg/m^3]}=0.15[m^3/s]$

주어진 조건을 공식에 대입하면 펌프의 효율 η는

$\eta=\frac{\gamma QH}{P}=\frac{9.8\times0.15\times20}{42}\fallingdotseq0.7=70[\%]$

정답 | ①

29 빈출도 ★

밑면이 8[m]×3[m], 깊이가 4[m]인 철제 상자가 물 위에 떠있다. 상자의 무게를 196[kN]이라 할 때 이 상자는 물 속 몇 [m] 깊이까지 잠겨 있는가?

① 0.83 ② 0.91
③ 0.98 ④ 1.04

해설

철제 상자가 물 위에 안정적으로 떠있으므로 철제 상자에 작용하는 중력과 부력의 크기는 같다.

$$F_1 - F_2 = s\gamma_w V - \gamma_w \times xV = 0$$

F_1: 중력[kN], F_2: 부력[kN], s: 철제 상자의 비중, γ_w: 물의 비중량[kN/m³], V: 철제 상자의 부피[m³], x: 상자가 잠긴 비율

$F_1 - F_2 = 196 - 9.8 \times x \times (8 \times 3 \times 4) = 0$

$x = \frac{196}{9.8 \times 8 \times 3 \times 4} \fallingdotseq 0.208$

수면 아래 잠긴 부피의 비율이 0.208이므로, 상자가 물 속에 잠긴 깊이는

4[m]×0.208=0.832[m]

정답 | ①

30 빈출도 ★★

다음 중 무차원수에 대한 물리적 의미가 틀린 것은?

① 레이놀즈 수$=\frac{\text{관성력}}{\text{점성력}}$

② 오일러 수$=\frac{\text{압력}}{\text{관성력}}$

③ 웨버 수$=\frac{\text{관성력}}{\text{점성력}}$

④ 코시 수$=\frac{\text{관성력}}{\text{탄성력}}$

해설

웨버 수는 관성력과 표면장력의 비이다.

웨버 수$=\frac{\text{관성력}}{\text{표면장력}}$

정답 | ③

31 빈출도 ★★

피스톤과 실린더로 구성된 밀폐된 용기 내에 일정한 질량의 이상기체가 차 있다. 초기 상태의 압력은 2[bar], 부피는 0.5[m³]이다. 이 시스템의 온도가 일정하게 유지되면서 팽창하여 압력이 1[bar]가 되었다. 이 과정 동안에 시스템이 한 일은 몇 [kJ]인가?

① 52.1 ② 57.2
③ 62.7 ④ 69.3

해설

등온 과정에서 계가 한 일 W는 다음과 같다.

$$W = m\overline{R}T\ln\left(\frac{P_1}{P_2}\right)$$

W: 일[kJ], m: 질량[kg], $\overline{R}$: 특정 기체상수[kJ/kg·K], T: 온도[K], P: 압력

이상기체 상태방정식에 따라 모든 상태에서 압력 P와 부피 V의 곱은 일정하다.

$P_1V_1 = m\overline{R}T = P_2V_2$

1[bar]=100[kPa]이므로 2[bar]×0.5[m³]=100[kJ]이다.

압력이 $\frac{1}{2}$배가 되었으므로 압력비는 다음과 같다.

$\frac{P_1}{P_2} = 2$

주어진 조건을 공식에 대입하면 계가 한 일 W는

$W = 100[\text{kJ}] \times \ln(2) \fallingdotseq 69.31[\text{kJ}]$

정답 | ④

32 빈출도 ★

깊이를 모르는 물 속에서 생성된 직경 1[cm]의 공기 기포가 수면으로 부상하여 직경 2[cm]로 팽창하였다. 기포 내 온도가 일정하다면 물의 깊이는 몇 [m]인가? (단, 중력가속도는 $10[m/s^2]$, 대기압은 $10^5[N/m^2]$, 물의 밀도는 $1,000[kg/m^3]$로 가정한다.)

① 70 ② 80

③ 90 ④ 100

해설

온도가 일정하므로 보일의 법칙을 적용한다.

$$P_1V_1 = C = P_2V_2$$

상태1의 압력은 대기압과 기포를 누르고 있는 물의 압력으로 구할 수 있으므로 상태1의 압력은 다음과 같다.

$$P_1 = 10^5[N/m^2] + \rho gh$$
$$= 10^5[N/m^2] + 1,000[kg/m^3] \times 10[m/s^2] \times h$$

상태1의 기포는 직경이 1[cm]이고, 상태2의 기포는 직경 2[cm]이므로 부피비는 직경의 3제곱에 비례한다.

$$\frac{V_2}{V_1} = \frac{P_1}{P_2} = \frac{2^3}{1^3} = \frac{10^5 + 10^4 \times h}{10^5} = \frac{10+h}{10}$$

$$h = 70[m]$$

정답 | ①

33 빈출도 ★★★

무게가 45,000[N]인 어떤 기름의 부피가 $5.63[m^3]$일 때 이 기름의 밀도는 몇 $[kg/m^3]$인가?

① 815.6 ② 803.1

③ 792.9 ④ 781.1

해설

기름의 질량은 무게를 중력가속도로 나누어 구할 수 있다.

$$m = \frac{w}{g} = \frac{45,000[N]}{9.8[m/s^2]}$$

기름의 밀도는 질량을 부피로 나누어 구할 수 있다.

$$\rho = \frac{m}{V} = \frac{45,000[N]}{9.8[m/s^2] \times 5.63[m^3]}$$
$$\fallingdotseq 815.601[kg/m^3]$$

정답 | ①

34 빈출도 ★★

다음 물질 중 비열이 가장 큰 것은?

① 공기 ② 물

③ 콘크리트 ④ 철

해설

일반적으로 다른 물질의 비열은 물의 비열인 1[cal/g·℃]보다 낮은데 비열이 클수록 더 많은 열을 흡수할 수 있기 때문에 주로 물이 소화제로 사용된다.

관련개념 비열

단위 질량의 물질을 단위 온도만큼 올리는 데 필요한 열량을 비열이라고 한다.

정답 | ②

35 빈출도 ★★

유체에 대한 일반적인 설명으로 틀린 것은?

① 아무리 작은 전단응력이라도 물질 내부에 전단응력이 생기면 정지상태로 있을 수가 없다.
② 점성이 없고 비압축성인 유체를 이상유체라고 한다.
③ 충격파는 비압축성 유체에서는 잘 관찰되지 않는다.
④ 유체에 미치는 압축의 정도가 커서 밀도가 변하는 유체를 비압축성 유체라 한다.

해설

압력에 따라 부피와 밀도가 변화하지 않는 유체를 비압축성 유체라고 한다.

정답 | ④

36 빈출도 ★★

밑면은 한 변의 길이가 1[m]인 정사각형이고 높이 1.5[m]인 직육면체 탱크에 물을 가득 채웠다. 한쪽 측면에 작용하는 힘은 몇 [kN]인가?

① 14.7　　② 11.0
③ 22.1　　④ 7.4

해설

$$F = PA = \rho ghA = \gamma hA$$

F: 수평 방향으로 작용하는 힘(수평분력)[kN],
P: 압력[kN/m^2], A: 측면의 면적[m^2], ρ: 밀도[kg/m^3],
g: 중력가속도[m/s^2], h: 중심 높이로부터 표면까지의 높이[m],
γ: 유체의 비중량[kN/m^3]

유체는 물이므로 물의 비중량은 9.8[kN/m^3]이다.

측면의 중심 높이로부터 표면까지의 높이는 $\frac{1.5}{2}$[m]이다.

측면의 면적 A는 (1×1.5)[m]이므로 물에 의한 힘의 수평성분의 크기 F는

$$F = 9.8\times\frac{1.5}{2}\times(1\times1.5) = 11.025[kN]$$

정답 | ②

37 빈출도 ★★

분당 토출량이 1,600[L], 전양정이 100[m]인 물펌프의 회전수를 1,000[rpm]에서 1,400[rpm]으로 증가하면 전동기 소요동력은 약 몇 [kW]가 되어야 하는가? (단, 펌프의 효율은 65[%]이고, 전달계수는 1.1이다.)

① 441　　② 142
③ 121　　④ 82.1

해설

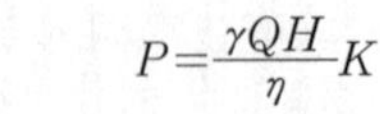

$$P=\frac{\gamma QH}{\eta}K$$

P: 전동기 동력[kW], γ: 유체의 비중량[kN/m^3],
Q: 유량[m^3/s], H: 전양정[m], η: 효율, K: 전달계수

유체는 물이므로 물의 비중량은 9.8[kN/m^3]이다.
펌프의 토출량이 1,600[L/min]이므로 단위를 변환하면 $\frac{1.6}{60}$[m^3/s]이다.
따라서 주어진 조건을 공식에 대입하면 전동기 용량 P는

$$P=\frac{9.8\times\frac{1.6}{60}\times 100}{0.65}\times 1.1\fallingdotseq 44.226[\text{kW}]$$

전동기의 회전수를 변화시키면 동일한 전동기이므로 상사법칙에 따라 축동력이 변화한다.

$$\frac{P_2}{P_1}=\left(\frac{N_2}{N_1}\right)^3\left(\frac{D_2}{D_1}\right)^5$$

P: 축동력, N: 전동기의 회전수, D: 직경

동일한 전동기이므로 직경 D는 같고, 상태1의 소요동력 P_1가 44.226[kW], 회전수 N_1이 1,000[rpm]이며, 상태2의 회전수 N_2이 1,400[rpm]이므로 소요동력 P_2는 다음과 같다.

$$P_2=P_1\left(\frac{N_2}{N_1}\right)^3=44.226\times\left(\frac{1,400}{1,000}\right)^3\fallingdotseq 121.356[\text{kW}]$$

← 소요동력은 축동력에 전달계수가 곱해진 동력이지만 전달계수의 변화가 주어지지 않았으므로 같다고 가정한다.

정답 | ③

38 빈출도 ★★

대기의 압력이 1.08[kgf/cm^2]이었다면 게이지압력이 12.5[kgf/cm^2]인 용기에서의 절대압력[kgf/cm^2]은?

① 11.42　　② 12.50
③ 13.58　　④ 14.50

해설

진공을 기준으로 나타내는 압력을 절대압이라고 하며, 대기압을 기준으로 (+)압력을 게이지압이라고 한다.
따라서 대기압에 게이지압을 더해주면 진공으로부터의 절대압이 된다.

$$1.08[\text{kgf/cm}^2]+12.5[\text{kgf/cm}^2]=13.58[\text{kgf/cm}^2]$$

정답 | ③

39 빈출도 ★

그림과 같이 매끄러운 유리관에 물이 채워져 있을 때 모세관 상승높이 h는 약 몇 [m]인가?

[조건]
(가) 액체의 표면장력 $\sigma=0.073$[N/m]
(나) $R=1$[mm]
(다) 매끄러운 유리관의 접촉각 $\theta \simeq 0°$

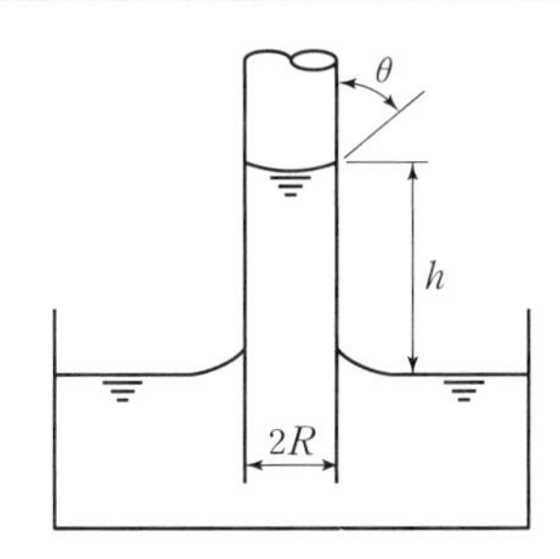

① 0.007 ② 0.015
③ 0.07 ④ 0.15

해설

모세관 현상에서 표면의 높이 차이는 표면장력에 비례하고, 비중량(밀도×중력가속도), 모세관의 직경에 반비례한다.

$$h=\frac{4\sigma\cos\theta}{\gamma D}$$

h: 표면의 높이 차이[m], σ: 표면장력[N/m], θ: 부착 각도, γ: 유체의 비중량[N/m³], D: 모세관의 직경[m]

$$h=\frac{4\sigma\cos\theta}{\gamma D}=\frac{4\times0.073\times1}{9{,}800\times2\times0.001}\fallingdotseq0.0149[\text{m}]$$

정답 | ②

40 빈출도 ★★

그림과 같이 수평면에 대하여 60° 기울어진 경사관에 비중이 13.6인 수은이 채워져 있으며, A와 B에는 물이 채워져 있다. A의 압력이 250[kPa], B의 압력이 200[kPa]일 때, 길이 L은 약 몇 [cm]인가?

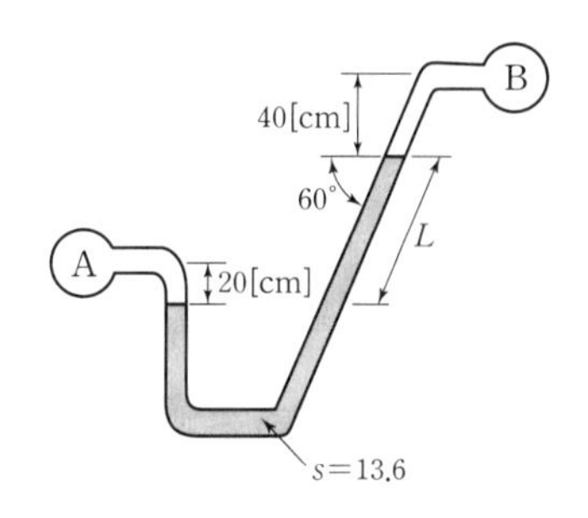

① 33.3 ② 38.2
③ 41.6 ④ 45.1

해설

$$P_x=\gamma h=s\gamma_w h$$

P_x: x에서의 압력[kPa], γ: 비중량[kN/m³], h: 높이[m], s: 비중, γ_w: 물의 비중량[kN/m³]

(2)면에 작용하는 압력은 A점에서의 압력과 물이 누르는 압력의 합과 같다.

$P_2=P_A+\gamma_w h_1$

(3)면에 작용하는 압력은 B점에서의 압력과 벤젠이 누르는 압력, 수은이 누르는 압력의 합과 같다.

$P_3=P_B+\gamma_w h_3+s\gamma_w h_2$

유체 내부에서 같은 수평면(높이)에는 같은 압력이 작용하므로 (2)면과 (3)면의 압력은 같다.

$P_2=P_3$

$P_A+\gamma_w h_1=P_B+\gamma_w h_3+s\gamma_w h_2$

따라서 계기 유체의 높이 차이 h_2는

$$h_2=\frac{P_A-P_B+\gamma_w h_1-\gamma_w h_3}{s\gamma_w}=\frac{250-200+9.8\times0.2-9.8\times0.4}{13.6\times9.8}\fallingdotseq0.36[\text{m}]$$

$L\sin(60°)=h_2$

$$L=\frac{0.36}{\sin(60°)}\fallingdotseq0.416[\text{m}]=41.6[\text{cm}]$$

정답 | ③

소방관계법규

41 빈출도 ★

소방시설공사업법령상 소방시설공사 완공검사를 위한 현장 확인 대상 특정소방대상물의 범위가 아닌 것은?

① 위락시설 ② 판매시설
③ 운동시설 ④ 창고시설

해설

위락시설은 소방시설공사 완공검사를 위한 현장 확인 대상 특정소방대상물이 아니다.

관련개념 **완공검사를 위한 현장 확인 대상 특정소방대상물**

㉠ 문화 및 집회시설, 종교시설, 판매시설
㉡ 노유자시설, 수련시설, 운동시설
㉢ 숙박시설, 창고시설, 지하상가 및 다중이용업소
㉣ 스프링클러설비등
㉤ 물분무등소화설비(호스릴방식의 소화설비 제외)
㉥ 연면적 10,000[m^2] 이상이거나 11층 이상인 특정소방대상물(아파트 제외)
㉦ 가연성 가스를 제조 · 저장 또는 취급하는 시설 중 지상에 노출된 가연성 가스탱크의 저장용량 합계가 1,000[t] 이상인 시설

정답 | ①

42 빈출도 ★★★

화재안전조사 결과에 따른 조치명령으로 손실을 입어 손실을 보상하는 경우 그 손실을 입은 자는 누구와 손실보상을 협의하여야 하는가?

① 소방서장 ② 시 · 도지사
③ 소방본부장 ④ 행정안전부장관

해설

소방청장 또는 시 · 도지사는 화재안전조사 결과에 따른 조치명령으로 손실을 입은 자가 있는 경우에는 대통령령으로 정하는 바에 따라 보상해야 한다.

정답 | ②

43 빈출도 ★★★

화재의 예방 및 안전관리에 관한 법률상 화재예방강화지구의 지정권자는?

① 소방서장
② 시 · 도지사
③ 소방본부장
④ 행정안전부장관

해설

시 · 도지사는 화재예방강화지구의 지정권자이다.

정답 | ②

44 빈출도 ★★

소방시설 설치 및 관리에 관한 법령상 건축허가 등의 동의대상물의 범위기준 중 틀린 것은?

① 건축 등을 하려는 학교시설: 연면적 200[m^2] 이상
② 노유자시설: 연면적 200[m^2] 이상
③ 정신의료기관(입원실이 없는 정신건강의학과 의원 제외): 연면적 300[m^2] 이상
④ 장애인 의료재활시설: 연면적 300[m^2] 이상

해설

건축 등을 하려는 학교시설의 건축허가 동의기준은 연면적 100[m^2] 이상이다.

관련개념 **동의대상물의 범위**

㉠ 연면적 400[m^2] 이상 건축물이나 시설
㉡ 다음 표에서 제시된 기준 연면적 이상의 건축물이나 시설

구분	기준
학교시설	100[m^2] 이상
– 노유자시설 – 수련시설	200[m^2] 이상
– 정신의료기관 – 장애인 의료재활시설	300[m^2] 이상

㉢ 지하층, 무창층이 있는 건축물로서 바닥면적이 150[m^2](공연장 100[m^2]) 이상인 층이 있는 것
㉣ 차고, 주차장 또는 주차용도로 사용되는 시설
- 차고·주차장으로 사용되는 바닥면적이 200[m^2] 이상인 층이 있는 건축물이나 주차시설
- 승강기 등 기계장치에 의한 주차시설로서 자동차 20대 이상을 주차할 수 있는 시설

㉤ 층수가 6층 이상인 건축물
㉥ 항공기격납고, 관망탑, 항공관제탑, 방송용 송수신탑
㉦ 특정소방대상물 중 위험물 저장 및 처리시설, 지하구

정답 | ①

45 빈출도 ★

소방시설공사업법령상 소방시설업자가 소방시설공사 등을 맡긴 특정소방대상물의 관계인에게 지체 없이 그 사실을 알려야 하는 경우가 아닌 것은?

① 소방시설업자의 지위를 승계한 경우
② 소방시설업의 등록취소처분 또는 영업정지처분을 받은 경우
③ 휴업하거나 폐업한 경우
④ 소방시설업의 주소지가 변경된 경우

해설

소방시설업의 주소지가 변경된 경우는 관계인에게 지체 없이 그 사실을 알려야 하는 경우가 아니다.

관련개념 **소방시설공사 등을 맡긴 특정소방대상물의 관계인에게 지체 없이 그 사실을 알려야 하는 경우**

㉠ 소방시설업자의 지위를 승계한 경우
㉡ 소방시설업의 등록취소처분 또는 영업정지처분을 받은 경우
㉢ 휴업하거나 폐업한 경우

정답 | ④

46 빈출도 ★

소방시설 설치 및 관리에 관한 법령상 시·도지사가 소방시설 등의 자체점검을 하지 아니한 관리업자에게 영업정지를 명할 수 있으나, 이로 인해 국민에게 불편을 줄 때에는 영업정지처분을 갈음하여 과징금 처분을 한다. 과징금의 기준은?

① 1,000만 원 이하　② 2,000만 원 이하
③ 3,000만 원 이하　④ 5,000만 원 이하

해설

시·도지사가 영업정지를 명하는 경우로서 그 영업정지가 이용자에게 불편을 주거나 그 밖에 공익을 해칠 우려가 있을 때에는 영업정지 처분을 갈음하여 3,000만 원 이하의 과징금을 부과할 수 있다.

정답 | ③

47 빈출도 ★

소방시설공사업의 명칭·상호를 변경하고자 하는 경우 민원인이 반드시 제출하여야 하는 서류는?

① 소방시설업 등록증 및 등록수첩
② 법인등기부등본 및 소방기술인력 연명부
③ 소방기술인력의 자격증 및 자격수첩
④ 사업자등록증 및 소방기술인력의 자격증

해설

소방시설공사업의 명칭·상호를 변경하고자 하는 경우 민원인은 소방시설업 등록증 및 등록수첩을 제출하여야 한다.

관련개념 등록사항의 변경신고

㉠ 상호(명칭) 또는 영업소 소재지가 변경된 경우
- 소방시설업 등록증 및 등록수첩

㉡ 대표자가 변경된 경우
- 소방시설업 등록증 및 등록수첩
- 변경된 대표자의 성명, 주민등록번호 및 주소지 등의 인적사항이 적힌 서류

㉢ 기술인력이 변경된 경우
- 소방시설업 등록수첩
- 기술인력 증빙서류

정답 | ①

48 빈출도 ★★★

화재의 예방 및 안전관리에 관한 법률상 보일러 등의 위치·구조 및 관리와 화재예방을 위하여 불의 사용에 있어서 지켜야 하는 사항 중 보일러에 경유·등유 등 액체연료를 사용하는 경우에 연료탱크는 보일러 본체로부터 수평거리 최소 몇 [m] 이상의 간격을 두어 설치해야 하는가?

① 0.5　② 0.6
③ 1　④ 2

해설

연료탱크는 보일러 본체로부터 수평거리 1[m] 이상의 간격을 두어 설치해야 한다.

정답 | ③

49 빈출도 ★★

위험물안전관리법령상 제조소 또는 일반취급소에서 취급하는 제4류 위험물의 최대 수량의 합이 지정수량의 480,000배 이상인 사업소의 자체소방대에 두는 화학소방자동차 및 인원기준으로 다음 (　　) 안에 알맞은 것은?

화학소방자동차	자체소방대원의 수
(㉠)	(㉡)

① ㉠: 1대, ㉡: 5인　　② ㉠: 2대, ㉡: 10인
③ ㉠: 3대, ㉡: 15인　　④ ㉠: 4대, ㉡: 20인

해설

제4류 위험물의 최대수량의 합이 지정수량의 48만배 이상인 사업소의 자체소방대에 두는 화학소방자동차 수는 4대, 자체소방대원의 수는 20인이다.

관련개념 자체소방대에 두는 화학소방자동차 및 인원

사업소의 구분		화학소방자동차	자체소방대원의 수
제조소 또는 일반취급소(제4류 위험물 취급)	지정수량의 3,000배 이상 120,000배 미만	1대	5인
	지정수량의 120,000배 이상 240,000배 미만	2대	10인
	지정수량의 240,000배 이상 480,000배 미만	3대	15인
	지정수량의 480,000배 이상	4대	20인
옥외탱크저장소(제4류 위험물 저장)	지정수량의 500,000배 이상	2대	10인

정답 | ④

50 빈출도 ★★

소방기본법령상 시장지역에서 화재로 오인할 만한 우려가 있는 불을 피우거나 연막소독을 하려는 자가 신고를 하지 아니하여 소방자동차를 출동하게 한 자에 대한 과태료 부과·징수권자는?

① 국무총리
② 시·도지사
③ 행정안전부장관
④ 소방본부장 또는 소방서장

해설

화재로 오인할 만한 우려가 있는 불을 피우거나 연막소독을 하려는 자가 신고를 하지 아니하여 소방자동차를 출동하게 한 자에 대한 과태료는 관할 소방본부장 또는 소방서장이 부과·징수한다.

정답 | ④

51 빈출도 ★★

소방시설 설치 및 관리에 관한 법률상 특정소방대상물 중 오피스텔은 어느 시설에 해당하는가?

① 숙박시설　　② 일반업무시설
③ 공동주택　　④ 근린생활시설

해설

오피스텔은 업무시설 중 일반업무시설이다.

관련개념 특정소방대상물(업무시설)

㉠ 공공업무시설: 국가 또는 지방자치단체의 청사와 외국공관의 건축물로서 근린생활시설에 해당하지 않는 것
㉡ 일반업무시설: 금융업소, 사무소, 신문사, 오피스텔로서 근린생활시설에 해당하지 않는 것
㉢ 주민자치센터(동사무소), 경찰서, 지구대, 파출소, 소방서, 119 안전센터, 우체국, 보건소, 공공도서관, 국민건강보험공단

정답 | ②

52 빈출도 ★★★

소방시설 설치 및 관리에 관한 법률상 소방시설등에 대하여 스스로 점검을 하지 아니하거나 관리업자등으로 하여금 정기적으로 점검하게 아니한 자에 대한 벌칙 기준으로 옳은 것은?

① 6개월 이하의 징역 또는 1,000만 원 이하의 벌금
② 1년 이하의 징역 또는 1,000만 원 이하의 벌금
③ 3년 이하의 징역 또는 1,500만 원 이하의 벌금
④ 3년 이하의 징역 또는 3,000만 원 이하의 벌금

해설

소방시설등에 대하여 자체점검을 하지 아니하거나 관리업자등으로 하여금 정기적으로 점검하게 하지 아니한 자는 1년 이하의 징역 또는 1천만 원 이하의 벌금에 처한다.

정답 | ②

53 빈출도 ★★

위험물안전관리법령상 제조소의 위치·구조 및 설비의 기준 중 위험물을 취급하는 건축물 그 밖의 시설의 주위에는 그 취급하는 위험물을 최대수량이 지정수량의 10배 이하인 경우 보유하여야 할 공지의 너비는 몇 [m] 이상이어야 하는가?

① 3 ② 5
③ 8 ④ 10

해설

취급하는 위험물의 최대수량이 지정수량의 10배 이하인 경우 공지의 너비는 3[m] 이상이어야 한다.

관련개념 제조소 보유공지의 너비

취급하는 위험물의 최대수량	공지의 너비
지정수량의 10배 이하	3[m] 이상
지정수량의 10배 초과	5[m] 이상

정답 | ①

54 빈출도 ★

제조소등의 완공검사 신청시기로서 틀린 것은?

① 지하탱크가 있는 제조소등의 경우에는 당해 지하탱크를 매설하기 전
② 이동탱크저장소의 경우에는 이동저장탱크를 완공하고 상치장소를 확보한 후
③ 이송취급소의 경우에는 이송배관 공사의 전체 또는 일부 완료 후
④ 배관을 지하에 설치하는 경우에는 소방서장이 지정하는 부분을 매몰하고 난 직후

해설

배관을 지하에 설치하는 경우에는 시·도지사, 소방서장 또는 기술원이 지정하는 부분을 매몰하기 직전 완공검사를 신청한다.

관련개념 완공검사의 신청시기

구분	신청시기
지하탱크가 있는 제조소등의 경우	당해 지하탱크를 매설하기 전
이동탱크저장소의 경우	이동저장탱크를 완공하고 상치장소를 확보한 후
이송취급소의 경우	이송배관 공사의 전체 또는 일부를 완료한 후
전체 공사가 완료된 후에는 완공검사를 실시하기 곤란한 경우	• 위험물설비 또는 배관의 설치가 완료되어 기밀시험 또는 내압시험을 실시하는 시기 • 배관을 지하에 설치하는 경우에는 시·도지사, 소방서장 또는 기술원이 지정하는 부분을 매몰하기 직전 • 기술원이 지정하는 부분의 비파괴시험을 실시하는 시기
그 외 제조소등의 경우	제조소등의 공사를 완료한 후

정답 | ④

55 빈출도 ★

소방시설공사업법령상 정의된 업종 중 소방시설업의 종류에 해당되지 않는 것은?

① 소방시설설계업
② 소방시설공사업
③ 소방시설정비업
④ 소방공사감리업

해설

소방시설정비업은 소방시설업의 종류가 아니다.

관련개념 **소방시설업의 종류**

㉠ 소방시설설계업
㉡ 소방시설공사업
㉢ 소방공사감리업
㉣ 방염처리업

정답 | ③

56 빈출도 ★★

위험물안전관리법령상 정기점검의 대상인 제조소등의 기준으로 틀린 것은?

① 지하탱크저장소
② 이동탱크저장소
③ 지정수량의 10배 이상의 위험물을 취급하는 제조소
④ 지정수량의 20배 이상의 위험물을 저장하는 옥외탱크저장소

해설

정기점검의 대상인 제조소는 지정수량의 200배 이상의 위험물을 저장하는 옥외탱크저장소이다.

관련개념 **정기점검의 대상인 제조소**

시설	취급 또는 저장량
제조소	지정수량의 10배 이상
옥외저장소	지정수량의 100배 이상
옥내저장소	지정수량의 150배 이상
옥외탱크저장소	지정수량의 200배 이상
암반탱크저장소	전체
이송취급소	전체
일반취급소	• 지정수량의 10배 이상 • 제4류 위험물(특수인화물 제외)만을 지정수량의 50배 이하로 취급하는 일반취급소(제1석유류 · 알코올류의 취급량이 지정수량의 10배 이하인 경우에 한함)로서 다음의 경우 제외 – 보일러 · 버너 또는 이와 비슷한 것으로서 위험물을 소비하는 장치로 이루어진 일반취급소 – 위험물을 용기에 옮겨 담거나 차량에 고정된 탱크에 주입하는 일반취급소
지하탱크저장소	전체
이동탱크저장소	전체
제조소, 주유취급소 또는 일반취급소	위험물을 취급하는 탱크로서 지하에 매설된 탱크가 있는 것

정답 | ④

57 빈출도 ★★★

소방시설 설치 및 관리에 관한 법률상 특정소방대상물의 수용인원 산정 방법으로 옳은 것은?

① 침대가 없는 숙박시설은 해당 특정소방대상물의 종사자의 수에 숙박시설의 바닥면적의 합계를 4.6[m^2]로 나누어 얻은 수를 합한 수로 한다.

② 강의실로 쓰이는 특정소방대상물은 해당 용도로 사용하는 바닥면적의 합계를 4.6[m^2]로 나누어 얻은 수로 한다.

③ 관람석이 없을 경우 강당, 문화 및 집회시설, 운동시설, 종교시설은 해당 용도로 사용하는 바닥면적의 합계를 4.6[m^2]로 나누어 얻은 수로 한다.

④ 백화점은 해당 용도로 사용하는 바닥면적의 합계를 4.6[m^2]로 나누어 얻은 수로 한다.

해설

관람석이 없을 경우 강당, 문화 및 집회시설, 운동시설, 종교시설은 해당 용도로 사용하는 바닥면적의 합계를 4.6[m^2]로 나누어 얻은 수로 한다.

선지분석

① 침대가 없는 숙박시설은 해당 특정소방대상물의 종사자의 수에 숙박시설의 바닥면적의 합계를 3[m^2]로 나누어 얻은 수를 합한 수로 한다.

② 강의실로 쓰이는 특정소방대상물은 해당 용도로 사용하는 바닥면적의 합계를 1.9[m^2]로 나누어 얻은 수로 한다.

④ 백화점은 해당 용도로 사용하는 바닥면적의 합계를 3[m^2]로 나누어 얻은 수로 한다.

관련개념 수용인원의 산정방법

<table>
<tr><th colspan="2">구분</th><th>산정방법</th></tr>
<tr><td rowspan="2">숙박시설</td><td>침대가 있는 숙박시설</td><td>종사자 수 + 침대 수(2인용 침대는 2개)</td></tr>
<tr><td>침대가 없는 숙박시설</td><td>종사자 수 + $\frac{\text{바닥면적의 합계}}{3[m^2]}$</td></tr>
<tr><td colspan="2">강의실 · 교무실 · 상담실 · 실습실 · 휴게실 용도로 쓰이는 특정소방대상물</td><td>$\frac{\text{바닥면적의 합계}}{1.9[m^2]}$</td></tr>
<tr><td colspan="2">강당, 문화 및 집회시설, 운동시설, 종교시설</td><td>$\frac{\text{바닥면적의 합계}}{4.6[m^2]}$</td></tr>
<tr><td colspan="2">그 밖의 특정소방대상물</td><td>$\frac{\text{바닥면적의 합계}}{3[m^2]}$</td></tr>
</table>

* 계산 결과 소수점 이하의 수는 반올림한다.
* 복도(준불연재료 이상의 것), 화장실, 계단은 면적에서 제외한다.

정답 ③

58 빈출도 ★

위험물안전관리법령상 정기검사를 받아야 하는 특정 · 준특정옥외탱크저장소의 관계인은 특정 · 준특정옥외탱크저장소의 설치허가에 따른 완공검사합격확인증을 발급받은 날부터 몇 년 이내에 정밀정기검사를 받아야 하는가?

① 9　　② 10
③ 11　　④ 12

해설

특정 · 준특정옥외탱크저장소의 설치허가에 따른 완공검사합격확인증을 발급받은 날부터 12년 이내에 정밀정기검사를 받아야 한다.

관련개념 특정 · 준특정옥외탱크저장소의 정기점검 기한

정밀정기검사	특정 · 준특정옥외탱크저장소의 설치허가에 따른 완공검사합격확인증을 발급받은 날부터	12년
	최근의 정밀정기검사를 받은 날부터	11년
중간정기검사	특정 · 준특정옥외탱크저장소의 설치허가에 따른 완공검사합격확인증을 발급받은 날부터	4년
	최근의 정밀정기검사 또는 중간정기검사를 받은 날부터	4년

정답 | ④

59 빈출도 ★★

피난시설, 방화구획 또는 방화시설을 폐쇄 · 훼손 · 변경 등의 행위를 3차 이상 위반한 경우에 대한 과태료 부과 기준으로 옳은 것은?

① 200만 원　　② 300만 원
③ 500만 원　　④ 1,000만 원

해설

피난시설, 방화구획 또는 방화시설을 폐쇄 · 훼손 · 변경 등의 행위를 3차 이상 위반한 경우 300만 원의 과태료를 부과한다.

관련개념 위반회차별 과태료 부과 기준

구분	1차	2차	3차 이상
피난시설, 방화구획 또는 방화시설의 폐쇄 · 훼손 · 변경 등의 행위를 한 자	100만 원	200만 원	300만 원

정답 | ②

60 빈출도 ★

위험물안전관리법령에 따른 위험물제조소의 옥외에 있는 위험물취급탱크 용량이 100[m^3] 및 180[m^3]인 2개의 취급탱크 주위에 하나의 방유제를 설치하는 경우 방유제의 최소 용량은 몇 [m^3]이어야 하는가?

① 100　　② 140
③ 180　　④ 280

해설

최대 탱크용량의 50[%] 이상＋나머지 탱크용량의 10[%] 이상
$=180\times0.5+100\times0.1$
$=90+10=100[m^3]$

관련개념 방유제 설치기준(제조소)

구분	방유제 용량
방유제 내 탱크 1기일 경우	탱크용량의 50[%] 이상
방유제 내 탱크가 2기 이상일 경우	최대 탱크용량의 50[%] 이상 ＋ 나머지 탱크용량의 10[%] 이상

정답 | ①

61 빈출도 ★

고압식 이산화탄소 소화설비의 배관으로 호칭구경 50[mm]의 강관을 사용하려 한다. 이때 적용하는 배관 스케줄의 한계는?

① 스케줄 20 이상
② 스케줄 30 이상
③ 스케줄 40 이상
④ 스케줄 80 이상

해설

강관을 사용하는 경우 배관은 압력배관용탄소강관(KS D 3562) 중 스케줄 80(저압식은 스케줄 40) 이상의 것 또는 이와 동등 이상의 강도를 가진 것으로서 아연도금으로 방식 처리된 것을 사용한다.

관련개념 **이산화탄소 소화설비 배관의 설치기준**

㉠ 배관은 전용으로 한다.
㉡ 강관을 사용하는 경우 배관은 압력배관용탄소강관(KS D 3562) 중 스케줄 80(저압식은 스케줄 40) 이상의 것 또는 이와 동등 이상의 강도를 가진 것으로서 아연도금으로 방식 처리된 것을 사용한다.
㉢ 배관의 호칭구경이 20[mm] 이하인 경우 스케줄 40 이상인 것을 사용할 수 있다.
㉣ 동관을 사용하는 경우 배관은 이음이 없는 동 및 동합금관(KS D 5301)으로서 고압식은 16.5[MPa] 이상, 저압식은 3.75[MPa] 이상의 압력에 견딜 수 있는 것을 사용한다.
㉤ 고압식의 1차 측(개폐밸브 또는 선택밸브 이전) 배관부속의 최소사용설계압력은 9.5[MPa]로 하고, 고압식의 2차 측과 저압식의 배관부속의 최소사용설계압력은 4.5[MPa]로 한다.
㉥ 배관의 구경은 이산화탄소 소화약제의 소요량이 다음의 기준에 따른 시간 내에 방출될 수 있는 것으로 한다.
- 전역방출방식에 있어서 가연성액체 또는 가연성가스 등 표면화재 방호대상물의 경우 1분 내에 방출한다.
- 전역방출방식에 있어서 종이, 목재, 석탄, 섬유류, 합성수지류 등 심부화재 방호대상물의 경우 7분 내에 방출한다. 이 경우 설계농도가 2분 이내에 30[%]에 도달해야 한다.
- 국소방출방식의 경우 30초 내에 방출한다.

㉦ 소화약제의 저장용기와 선택밸브 사이의 집합배관에는 수동잠금밸브를 선택밸브를 직전에 설치한다.
㉧ 선택밸브가 없는 설비의 경우 저장용기실 내부 조작 및 점검이 쉬운 위치에 설치한다.

정답 | ④

62 빈출도 ★★★

소화용수설비에 설치하는 소화수조의 소요수량이 80[m^3]일 때 설치하는 흡수관투입구 및 채수구의 수는?

① 흡수관투입구: 1개 이상, 채수구: 1개
② 흡수관투입구: 1개 이상, 채수구: 2개
③ 흡수관투입구: 2개 이상, 채수구: 2개
④ 흡수관투입구: 2개 이상, 채수구: 3개

해설

소요수량이 80[m^3]인 경우 흡수관투입구의 수는 2개 이상, 채수구의 수는 2개를 설치해야 한다.

관련개념 **흡수관투입구의 설치개수**

흡수관투입구는 다음의 표에 따른 소요수량에 따라 설치한다.

소요수량[m^3]	흡수관투입구의 수[개]
80 미만	1개 이상
80 이상	2개 이상

채수구의 설치개수

채수구는 다음의 표에 따른 소요수량에 따라 설치한다.

소요수량[m^3]	채수구의 수[개]
20 이상 40 미만	1
40 이상 100 미만	2
100 이상	3

정답 | ③

63 빈출도 ★

스프링클러 헤드의 감도를 반응시간지수(RTI) 값에 따라 구분할 때 RTI 값이 51 초과 80 이하일 때의 헤드 감도는?

① 조기반응 ② 특수반응
③ 표준반응 ④ 빠른반응

해설

반응시간지수(RTI)값이 51 초과 80 이하일 때 헤드의 감도는 특수반응이다.

관련개념 **스프링클러 헤드의 반응 감도**

헤드는 표시온도 구분에 따라 반응시간지수(RTI)를 표준반응, 특수반응, 조기반응으로 구분한다.

반응 감도	반응시간지수(RTI)
표준반응	80 초과 350 이하
특수반응	51 초과 80 이하
조기반응	50 이하

정답 | ②

64 빈출도 ★

연결송수관설비에서 가압송수장치의 설치기준으로 틀린 것은? (단, 지표면에서 최상층 방수구까지의 높이가 70[m] 이상인 특정소방대상물이다.)

① 펌프의 양정은 최상층에 설치된 노즐선단의 압력이 0.35[MPa] 이상의 압력이 되도록 할 것
② 계단식 아파트의 경우 펌프의 토출량은 1,200[L/min] 이상이 되는 것으로 할 것
③ 계단식 아파트의 경우 해당 층에 설치된 방수구가 3개를 초과하는 것은 1개마다 400[L/min]을 가산한 양이 펌프의 토출량이 되는 것으로 할 것
④ 내연기관을 사용하는 경우(층수가 30층 이상 49층 이하) 내연기관의 연료량은 20분 이상 운전할 수 있는 용량일 것

해설

연결송수관설비의 가압송수장치로 내연기관을 사용할 때 특정소방대상물의 층수가 30층 이상 49층 이하인 경우 내연기관의 연료량은 40분 이상 유효하게 운전할 수 있는 용량이어야 한다.

층수	작동시간
~29층	20분 이상
30층~49층	40분 이상
50층~	60분 이상

정답 | ④

65 빈출도 ★★★

피난기구의 화재안전기술기준(NFTC 301) 상 노유자 시설의 3층에 적응성을 가진 피난기구가 아닌 것은?

① 미끄럼대 ② 피난교
③ 구조대 ④ 간이완강기

해설

간이완강기는 노유자시설에 적응성이 있는 피난기구가 아니다.

관련개념 **설치장소별 피난기구의 적응성**

층별 / 설치장소별	1층	2층	3층	4층 이상 10층 이하
노유자시설	• 미끄럼대 • 구조대 • 피난교 • 다수인 피난장비 • 승강식 피난기	• 미끄럼대 • 구조대 • 피난교 • 다수인 피난장비 • 승강식 피난기	• 미끄럼대 • 구조대 • 피난교 • 다수인 피난장비 • 승강식 피난기	• 구조대 • 피난교 • 다수인 피난장비 • 승강식 피난기

정답 | ④

66 빈출도 ★★★

소화약제 외의 것을 이용한 간이소화용구의 능력단위 기준 중 다음 (   ) 안에 알맞은 것은?

간이소화용구		능력단위
마른모래	삽을 상비한 (㉠)[L] 이상의 것 1포	0.5단위
팽창질석 또는 팽창진주암	삽을 상비한 (㉡)[L] 이상의 것 1포	

① ㉠ 50, ㉡ 80
② ㉠ 80, ㉡ 50
③ ㉠ 100, ㉡ 80
④ ㉠ 100, ㉡ 160

해설

마른모래의 경우 삽을 상비한 50[L] 이상의 것 1포, 팽창질석 또는 팽창진주암의 경우 삽을 상비한 80[L] 이상의 것 1포 당 능력단위가 0.5단위이다.

관련개념 **능력단위**

소화약제 외의 것을 이용한 간이소화용구에 있어서는 다음에 따른 수치이다.

간이소화용구		능력단위
1. 마른모래	삽을 상비한 50[L] 이상의 것 1포	0.5 단위
2. 팽창질석 또는 팽창진주암	삽을 상비한 80[L] 이상의 것 1포	

정답 | ①

67 빈출도 ★

할로겐화합물 및 불활성기체 소화설비 저장용기의 설치장소 기준 중 다음 ( ) 안에 알맞은 것은?

> 할로겐화합물 및 불활성기체 소화약제의 저장용기는 온도가 ( )[℃] 이하이고 온도의 변화가 작은 곳에 설치할 것

① 40 ② 55
③ 60 ④ 75

해설

온도가 55[℃] 이하이고, 온도 변화가 작은 곳에 설치한다.

관련개념 **저장용기의 설치장소**

㉠ 방호구역 외의 장소에 설치한다.
㉡ 방호구역 내에 설치할 경우 피난 및 조작이 용이하도록 피난구 부근에 설치한다.
㉢ 온도가 55[℃] 이하이고, 온도 변화가 작은 곳에 설치한다.
㉣ 직사광선 및 빗물이 침투할 우려가 없는 곳에 설치한다.
㉤ 방호구역 외의 장소에 설치하는 경우 방화문으로 방화구획 된 실에 설치한다.
㉥ 용기의 설치장소에는 해당 용기가 설치된 곳임을 표시하는 표지를 한다.
㉦ 용기 간의 간격은 점검에 지장이 없도록 3[cm] 이상의 간격을 유지한다.
㉧ 저장용기와 집합관을 연결하는 연결배관에는 체크밸브를 설치한다. 저장용기가 하나의 방호구역만을 담당하는 경우 제외

정답 | ②

68 빈출도 ★

포 소화약제의 저장량 설치기준 중 포헤드 방식 및 압축공기포 소화설비에 있어서 하나의 방사구역 안에 설치된 포헤드를 동시에 개방하여 표준방사량으로 몇 분간 방사할 수 있는 양 이상으로 하여야 하는가?

① 10 ② 20
③ 30 ④ 60

해설

포헤드 방식 및 압축공기포 소화설비에 있어서는 하나의 방사구역 안에 설치된 포헤드를 동시에 개방하여 표준방사량으로 10분간 방사할 수 있는 양 이상으로 한다.

정답 | ①

69 빈출도 ★

화재조기진압용 스프링클러설비의 설치대상으로 옳은 것은?

① 천장 또는 반자의 높이가 10[m]를 넘는 랙식 창고로서 연면적 1,500[m^2] 이상
② 천장 또는 반자의 높이가 12[m]를 넘는 랙식 창고로서 연면적 1,500[m^2] 이상
③ 천장 또는 반자의 높이가 15[m]를 넘는 랙식 창고로서 연면적 1,500[m^2] 이상
④ 천장 또는 반자의 높이가 20[m]를 넘는 랙식 창고로서 연면적 1,500[m^2] 이상

해설

천장 또는 반자의 높이가 10[m]를 초과하고, 랙이 설치된 층의 바닥면적의 합계가 1,500[m^2] 이상인 경우에는 모든 층에 스프링클러설비를 설치하여야 하며, 천장 높이가 13.7[m] 이하인 랙식 창고에는 화재조기진압용 스프링클러설비를 설치할 수 있다.

정답 | ①

70 빈출도 ★★★

물분무 소화설비의 설치 장소별 $1[m^2]$에 대한 수원의 최소 저수량으로 옳은 것은?

① 케이블트레이: 12[L/min]×20분×투영된 바닥면적
② 절연유 봉입 변압기: 15[L/min]×20분×바닥 부분을 제외한 표면적을 합한 면적
③ 차고: 30[L/min]×20분×바닥면적
④ 콘베이어 벨트: 37[L/min]×20분×벨트부분의 바닥면적

해설

케이블트레이는 투영된 바닥면적 $1[m^2]$에 대하여 12[L/min]로 20분간 방수할 수 있는 양 이상으로 한다.

관련개념 저수량의 산정기준

㉠ 특수가연물을 저장 또는 취급하는 특정소방대상물 또는 그 부분에 있어서 그 바닥면적(최소 $50[m^2]$) $1[m^2]$에 대하여 10[L/min]로 20분 간 방수할 수 있는 양 이상으로 한다.
㉡ 차고 또는 주차장은 그 바닥면적(최소 $50[m^2]$) $1[m^2]$에 대하여 20[L/min]로 20분 간 방수할 수 있는 양 이상으로 한다.
㉢ 절연유 봉입 변압기는 바닥 부분을 제외한 표면적을 합한 면적 $1[m^2]$에 대하여 10[L/min]로 20분 간 방수할 수 있는 양 이상으로 한다.
㉣ 케이블트레이, 케이블덕트 등은 투영된 바닥면적 $1[m^2]$에 대하여 12[L/min]로 20분 간 방수할 수 있는 양 이상으로 한다.
㉤ 콘베이어 벨트 등은 벨트 부분의 바닥면적 $1[m^2]$에 대하여 10[L/min]로 20분 간 방수할 수 있는 양 이상으로 한다.

정답 | ①

71 빈출도 ★★

발전기실, 엔진펌프실, 변압기, 전기케이블실, 유압설비의 바닥면적 $300[m^2]$ 미만인 장소에 설치할 수 있는 포 소화설비는?

① 포워터 스프링클러설비
② 고정포 방출설비
③ 포 소화전설비
④ 압축공기포설비

해설

바닥면적이 $300[m^2]$ 미만인 발전기실, 엔진펌프실, 변압기, 전기케이블실, 유압설비에 설치할 수 있는 포 소화설비는 고정식 압축공기포 소화설비이다.

관련개념 특정소방대상물별 포 소화설비의 적응성

특정소방대상물	적응성이 있는 포소화설비
특수가연물을 저장·취급하는 공장 또는 창고	포워터 스프링클러설비 포 헤드설비 고정포 방출설비 압축공기포 소화설비
차고 또는 주차장	
항공기격납고	
발전기실, 엔진펌프실, 변압기, 전기케이블실, 유압설비	고정식 압축공기포 소화설비 (바닥면적의 합계 $300[m^2]$ 미만인 장소 限)

정답 | ④

72 빈출도 ★★

다음은 물분무 소화설비의 전동기 또는 내연기관에 따른 펌프를 이용하는 가압송수장치에 관한 설치기준이다. 틀린 것은?

① 가압송수장치가 자동으로 기동이 되는 경우에는 자동으로 정지되어야 한다.
② 가압송수장치(충압펌프 제외)에는 순환배관을 설치하여야 한다.
③ 가압송수장치에는 펌프의 성능을 시험하기 위한 배관을 설치하여야 한다.
④ 가압송수장치는 점검이 편리하고, 화재 등의 재해로 인한 피해를 받을 우려가 없는 곳에 설치하여야 한다.

해설

가압송수장치가 기동이 된 경우 자동으로 정지되지 않도록 한다.
← 충압펌프의 경우에는 그렇지 않다.

선지분석

② 가압송수장치에는 체절운전 시 수온의 상승을 방지하기 위한 순환배관을 설치한다. ← 충압펌프의 경우에는 그렇지 않다.
③ 펌프의 성능을 시험할 수 있는 성능시험배관을 설치한다.
← 충압펌프의 경우에는 그렇지 않다.
④ 가압송수장치는 쉽게 접근할 수 있고 점검하기에 충분한 공간이 있는 장소로서 화재 및 침수 등의 재해로 인한 피해를 받을 우려가 없는 곳에 설치한다.

정답 | ①

73 빈출도 ★★

제연설비의 설치장소에 따른 제연구역의 구획 기준으로 틀린 것은?

① 하나의 제연구역의 면적은 1,500[m^2] 이내로 할 것
② 하나의 제연구역은 직경 60[m] 원 내에 들어갈 수 있을 것
③ 하나의 제연구역은 2개 이상 층에 미치지 아니하도록 할 것
④ 통로 상의 제연구역은 보행중심선의 길이가 60[m]를 초과하지 아니할 것

해설

하나의 제연구역의 면적은 1,000[m^2] 이내로 한다.

관련개념 제연구역의 구획기준

㉠ 하나의 제연구역의 면적은 1,000[m^2] 이내로 한다.
㉡ 거실과 통로(복도 포함)는 각각 제연구획 한다.
㉢ 통로상의 제연구역은 보행중심선의 길이가 60[m]를 초과하지 않는다.
㉣ 하나의 제연구역은 직경 60[m] 원 내에 들어갈 수 있어야 한다.
㉤ 하나의 제연구역은 2 이상의 층에 미치지 않도록 한다.
㉥ 층의 구분이 불분명한 부분은 그 부분을 다른 부분과 별도로 제연구획 한다.

정답 | ①

74 빈출도 ★★

전동기에 의한 펌프를 이용하는 스프링클러설비의 가압송수장치에 대한 설치기준으로 옳지 않은 것은?

① 기동용 수압개폐장치(압력챔버)를 사용할 경우 그 용적은 100[L] 이상의 것으로 한다.
② 물올림장치의 수조는 유효수량 100[L] 이상으로 한다.
③ 정격토출압력은 하나의 헤드선단에 0.1[MPa] 이상 0.12[MPa] 이하의 방수압력이 될 수 있는 크기로 한다.
④ 충압펌프의 정격토출압력은 그 설비의 최고위 살수장치의 자연압보다 적어도 0.2[MPa]과 같게 하거나 가압송수장치의 정격토출압력보다 크게 한다.

해설

충압펌프의 정격토출압력은 그 설비의 최고위 살수장치의 자연압보다 적어도 0.2[MPa] 더 크도록 하거나 가압송수장치의 정격토출압력과 같게 한다.

관련개념 충압펌프의 설치기준

㉠ 펌프의 토출압력은 그 설비의 최고위 살수장치의 자연압보다 적어도 0.2[MPa] 더 크도록 하거나 가압송수장치의 정격토출압력과 같게 한다.
㉡ 펌프의 정격토출량은 정상적인 누설량보다 적어서는 안된다.
㉢ 펌프의 정격토출량은 스프링클러설비가 자동적으로 작동할 수 있도록 충분한 토출량을 유지한다.

정답 | ④

75 빈출도 ★★

제1종 분말 소화설비의 충전비로 가장 옳은 것은?

① 0.8 이상 ② 1 이상
③ 1.1 이상 ④ 1.25 이상

해설

제1종 분말 소화설비의 충전비는 0.8 이상이어야 한다.

관련개념 저장용기의 설치기준

㉠ 저장용기의 내용적은 다음과 같다.

소화약제의 종류	소화약제 1[kg] 당 저장용기의 내용적
제1종 분말	0.8[L]
제2종 분말	1.0[L]
제3종 분말	1.0[L]
제4종 분말	1.25[L]

㉡ 저장용기에는 가압식의 경우 최고사용압력의 1.8배 이하, 축압식의 경우 내압시험압력의 0.8배 이하의 압력에서 작동하는 안전밸브를 설치한다.
㉢ 저장용기에는 저장용기의 내부압력이 설정압력으로 되었을 때 주밸브를 개방하는 정압작동장치를 설치한다.
㉣ 저장용기의 충전비는 0.8 이상으로 한다.
㉤ 저장용기 및 배관에는 잔류 소화약제를 처리할 수 있는 청소장치를 설치한다.
㉥ 축압식 저장용기에는 사용압력 범위를 표시한 지시압력계를 설치한다.

정답 | ①

76 빈출도 ★

다음 옥내소화전함의 표시등에 대한 설명으로 가장 적합한 것은?

① 위치표시등은 평상시 불이 켜지지 않은 상태로 있어야 한다.
② 기동표시등은 평상시 불이 켜지지 않은 상태로 있어야 한다.
③ 위치표시등 및 기동표시등은 평상시 불이 켜진 상태로 있어야 한다.
④ 위치표시등 및 기동표시등은 평상시 불이 안 켜진 상태로 있어야 한다.

해설

위치표시등은 상시 확인이 가능하도록 항상 점등되어 있어야 한다.
기동표시등은 가압송수장치가 기동할 때에만 점등되어야 한다.
← 평상시 소등, 화재 시 점등

정답 | ②

77 빈출도 ★

20층 아파트 각 세대에 12개의 스프링클러 헤드가 설치되어 있다. 최소 수원의 양은 얼마인가?

① 16[m³] ② 32[m³]
③ 48[m³] ④ 56[m³]

해설

화재안전기준에 따라 스프링클러설비에서 수원의 저수량은 기준개수에 1.6[m³]를 곱한 양 이상이 되도록 한다.
← 설치개수가 기준개수보다 적은 경우 설치개수에 따른다.

수원의 저수량=10[개]×1.6[m³]=16[m³]

관련개념 저수량의 산정기준

폐쇄형 스프링클러 헤드를 사용하는 경우 다음의 표에 따른 기준개수에 1.6[m³]를 곱한 양 이상이 되도록 한다.

스프링클러설비의 설치장소		기준개수
아파트		10
지하층을 제외한 10층 이하인 특정소방대상물	헤드의 높이가 8[m] 미만인 것	10
	헤드의 높이가 8[m] 이상인 것	20
	판매시설이 없는 근린생활시설·운수시설·복합건축물	20
	특수가연물을 취급하지 않는 공장	20
	판매시설 또는 판매시설이 있는 복합건축물	20
	특수가연물을 저장·취급하는 공장	30
지하층을 제외한 11층 이상인 특정소방대상물		30
지하가 또는 지하역사		30

정답 | ①

78 빈출도 ★★★

아파트등의 세대 내 설치되는 스프링클러 헤드의 수평거리로 옳은 것은?

① 2.1[m] 이하 ② 2.3[m] 이하
③ 2.6[m] 이하 ④ 3.2[m] 이하

해설

아파트 세대 내에서 천장·반자·천장과 반자 사이·덕트·선반 등의 각 부분으로부터 하나의 스프링클러 헤드까지의 수평거리는 2.6[m] 이하가 되도록 한다.

관련개념 헤드의 방사범위

천장·반자·천장과 반자 사이·덕트·선반 등의 각 부분으로부터 하나의 스프링클러 헤드까지의 수평거리는 다음의 표에 따른 거리 이하가 되도록 한다.

소방대상물	수평거리
무대부·특수가연물을 저장 또는 취급하는 장소	1.7[m]
비내화구조 특정소방대상물	2.1[m]
내화구조 특정소방대상물	2.3[m]
아파트 세대 내	2.6[m]

정답 | ③

79 빈출도 ★★

옥내소화전이 1층에 4개, 2층에 4개, 3층에 2개가 설치된 소방대상물이 있다. 옥내소화전설비를 위해 필요한 최소 펌프 토출량은?

① 130[L/min] 이상
② 260[L/min] 이상
③ 390[L/min] 이상
④ 520[L/min] 이상

해설

화재안전기준에 따라 옥내소화전설비에서 가압송수장치(펌프)는 특정소방대상물의 어느 층에서 해당 층의 옥내소화전을 동시에 사용할 경우(최대 2개, 30층 이상인 경우 최대 5개) 각 소화전의 노즐 선단에서의 방수량은 130[L/min] 이상으로 한다.
정격토출량=2[개]×130[L/min]=260[L/min]

정답 | ②

80 빈출도 ★★★

보일러실 바닥면적이 23[m^2]이면 자동확산소화기는 최소 몇 개를 설치하여야 하는가?

① 1개 ② 2개
③ 3개 ④ 4개

해설

보일러실의 바닥면적이 10[m^2]를 초과하므로 자동확산소화기는 2개 이상을 설치한다.

관련개념 부속용도별 추가해야 할 소화기구 및 자동소화장치

용도별	소화기구의 능력단위
가. 보일러실·건조실·세탁소·대량화기취급소	1. 해당 용도의 바닥면적 25[m^2]마다 능력단위 1단위 이상의 소화기로 할 것. 이 경우 나목의 주방에 설치하는 소화기 중 1개 이상은 주방화재용 소화기(K급)로 설치해야 한다. 2. 자동확산소화기는 해당 용도의 바닥면적을 기준으로 10[m^2] 이하는 1개, 10[m^2] 초과는 2개 이상을 설치하되, 보일러, 조리기구, 변전설비 등 방호대상에 유효하게 분사될 수 있는 위치에 배치될 수 있는 수량으로 설치할 것
나. 음식점(지하가의 음식점 포함)·다중이용업소·호텔·기숙사·노유자시설·의료시설·업무시설·공장·장례식장·교육연구시설·교정 및 군사시설의 주방. 다만, 의료시설·업무시설 및 공장의 주방은 공동취사를 위한 것에 한함	
다. 관리자의 출입이 곤란한 변전실·송전실·변압기실 및 배전반실(불연재료로 된 상자 안에 장치된 것 제외)	

정답 | ②

2025년 2회 CBT 복원문제

■1회독 ■2회독 ■3회독

소방원론

01 빈출도 ★★

다음 중 열전도율이 가장 작은 것은?

① 알루미늄　② 철재
③ 은　④ 암면(광물섬유)

해설

열전도율은 물질 내에서 열이 전달되는 정도를 나타내는 척도이다. 일반적으로 금속일수록 열전도율이 크며, 금속이 아닐수록 열전도율이 작다.

정답 | ④

02 빈출도 ★★

위험물안전관리법령상 제4류 위험물의 화재에 적응성이 있는 것은?

① 옥내소화전설비　② 옥외소화전설비
③ 봉상수소화기　④ 물분무소화설비

해설

제4류 위험물은 포, 분말, 이산화탄소, 할로겐화합물, 물분무 소화약제를 이용하여 질식소화한다.

관련개념 제4류 위험물(인화성 액체)

㉠ 상온에서 안정적인 액체 상태로 존재하며, 비전도성을 갖는다.
㉡ 물보다 가볍고 대부분 물에 녹지 않는 비수용성이다.
㉢ 인화성 증기를 발생시킨다.
㉣ 폭발하한계와 발화점이 낮은 편이지만, 약간의 자극으로 쉽게 폭발하지 않는다.
㉤ 대부분의 증기는 유기화합물이며, 공기보다 무겁다.

정답 | ④

03 빈출도 ★★

다음 중 할로겐족 원소가 아닌 것은?

① F　② Ar
③ Cl　④ I

해설

아르곤(Ar)은 주기율표상 18족 원소로 불활성(비활성) 기체이다.

선지분석

불소(F), 염소(Cl), 아이오딘(I)은 주기율표상 17족 원소로 할로겐족 원소이다.

정답 | ②

04 빈출도 ★★

방화구조에 대한 기준으로 틀린 것은?

① 철망모르타르로서 그 바름두께가 2[cm] 이상인 것
② 석고판 위에 시멘트모르타르를 바른 것으로서 그 두께의 합계가 2.5[cm] 이상인 것
③ 시멘트모르타르 위에 타일을 붙인 것으로서 그 두께의 합계가 2[cm] 이상인 것
④ 심벽에 흙으로 맞벽치기 한 것

해설

시멘트모르타르 위에 타일을 붙인 것으로서 그 두께의 합계가 2.5[cm] 이상이어야 방화구조에 해당한다.

관련개념 방화구조 기준

㉠ 철망모르타르로서 그 바름두께가 2[cm] 이상인 것
㉡ 석고판 위에 시멘트모르타르 또는 회반죽을 바른 것으로서 그 두께의 합계가 2.5[cm] 이상인 것
㉢ 시멘트모르타르 위에 타일을 붙인 것으로서 그 두께의 합계가 2.5[cm] 이상인 것
㉣ 심벽에 흙으로 맞벽치기한 것
㉤ 「산업표준화법」에 따른 한국산업표준에 따라 시험한 결과 방화 2급 이상에 해당하는 것

정답 | ③

05 빈출도 ★

나이트로셀룰로스에 대한 설명으로 잘못된 것은?

① 질화도가 낮을수록 위험도가 크다.
② 물을 첨가하여 습윤시켜 운반한다.
③ 화약의 원료로 쓰인다.
④ 고체이다.

해설

제5류 위험물인 나이트로화합물은 질화도가 높을수록 위험도도 크다.

선지분석

② 물에 녹지 않고 물과 반응하지 않으므로 물에 저장하여 운반한다.
③ 불안정하고 분해되기 쉬워 폭발이 쉽게 일어나므로 화약의 원료로 쓰인다.
④ 상온에서 고체이다.

관련개념 **제5류 위험물의 특징**

㉠ 가연성 물질로 상온에서 고체 또는 액체상태이다.
㉡ 불안정하고 분해되기 쉬우므로 폭발성이 강하고, 연소속도가 매우 빠르다.
㉢ 산소를 포함하고 있으므로 자기연소 또는 내부연소를 일으키기 쉽고, 연소 시 다량의 가스가 발생한다.
㉣ 산화반응에 의한 자연발화를 일으킨다.
㉤ 한 번 화재가 발생하면 소화가 어렵다.
㉥ 대부분 물에 잘 녹지 않으며 물과 반응하지 않는다.

정답 | ①

06 빈출도 ★

HCFC BLEND A(상품명: NAFS−Ⅲ) 중 82[%]를 차지하고 있는 소화약제는?

① HCFC−123
② HCFC−22
③ HCFC−124
④ $C_{10}H_{16}$

해설

HCFC BLEND A는 HCFC−123 4.75[%], HCFC−22 82[%], HCFC−124 9.5[%], $C_{10}H_{16}$ 3.75[%]로 구성되어 있다.

관련개념 **할로겐화합물 소화약제**

소화약제	화학식
FC−3−1−10	C_4F_{10}
FK−5−1−12	$CF_3CF_2C(O)CF(CF_3)_2$
HCFC BLEND A	• HCFC−123($CHCl_2CF_3$): 4.75[%] • HCFC−22($CHClF_2$): 82[%] • HCFC−124($CHClFCF_3$): 9.5[%] • $C_{10}H_{16}$: 3.75[%]
HCFC−124	$CHClFCF_3$
HFC−125	CHF_2CF_3
HFC−227ea	CF_3CHFCF_3
HFC−23	CHF_3
HFC−236fa	$CF_3CH_2CF_3$
FIC−13I1	CF_3I

정답 | ②

07 빈출도 ★

내화건축물의 피난층 이외의 층에서 거실의 각 부분으로부터 직통계단까지 보행거리는 몇 [m] 인가?

① 30 ② 40
③ 50 ④ 80

해설

거실의 각 부분으로부터 직통계단에 이르는 보행거리는 일반구조의 경우 30[m] 이하, 내화구조의 경우 50[m] 이하가 되어야 한다.

관련개념

건축법 시행령에 따르면 건축물의 피난층 외의 층에서 피난층 또는 지상으로 통하는 직통계단은 거실의 각 부분으로부터 계단에 이르는 보행거리가 30[m] 이하가 되도록 설치해야 한다. 다만, 건축물의 주요구조부가 내화구조 또는 불연재료로 된 건축물은 그 보행거리가 50[m] 이하가 되도록 설치할 수 있다.

정답 | ③

08 빈출도 ★★★

제1종 분말 소화약제의 색상으로 옳은 것은?

① 백색 ② 담자색
③ 담홍색 ④ 청색

해설

제1종 분말 소화약제의 색상은 백색이다.

관련개념 **분말 소화약제**

구분	주성분	색상	적응화재
제1종	탄산수소나트륨 ($NaHCO_3$)	백색	B급 화재 C급 화재
제2종	탄산수소칼륨 ($KHCO_3$)	담자색 (보라색)	B급 화재 C급 화재
제3종	제1인산암모늄 ($NH_4H_2PO_4$)	담홍색	A급 화재 B급 화재 C급 화재
제4종	탄산수소칼륨+요소 [$KHCO_3+CO(NH_2)_2$]	회색	B급 화재 C급 화재

정답 | ①

09 빈출도 ★★★

다음 중 불완전 연소 시 발생하는 가스로서 헤모글로빈에 의한 산소의 공급에 장애를 주는 것은?

① CO ② CO_2
③ HCN ④ HCl

해설

헤모글로빈과 결합하여 산소결핍 상태를 유발하는 물질은 일산화탄소(CO)이다.

관련개념 **일산화탄소**

㉠ 무색·무취·무미의 환원성이 강한 가스로 연탄의 연소가스, 자동차 배기가스, 담배 연기, 대형 산불 등에서 발생한다.
㉡ 혈액의 헤모글로빈과 결합력이 산소보다 210배로 매우 커 흡입하면 산소결핍 상태가 되어 질식 또는 사망에 이르게 한다.
㉢ 인체 허용농도는 50[ppm]이다.

정답 | ①

10 빈출도 ★★

0[℃], 1[atm] 상태에서 메테인 1[mol]을 완전 연소시키기 위해 필요한 산소의 [mol] 수는?

① 2 ② 3
③ 4 ④ 5

해설

메테인의 연소반응식은 다음과 같다.
$CH_4+2O_2 \rightarrow CO_2+2H_2O$
메테인 1[mol]이 완전 연소하는 데 필요한 산소의 양은 2[mol]이다.

정답 | ①

11 빈출도 ★★

건축물에 설치하는 방화벽의 구조에 대한 기준 중 틀린 것은?

① 내화구조로서 홀로 설 수 있는 구조이어야 한다.
② 방화벽의 양쪽 끝은 지붕면으로부터 0.2[m] 이상 튀어 나오게 하여야 한다.
③ 방화벽의 위쪽 끝은 지붕면으로부터 0.5[m] 이상 튀어 나오게 하여야 한다.
④ 방화벽에 설치하는 출입문은 너비 및 높이가 각각 2.5[m] 이하인 60분 방화문을 설치하여야 한다.

해설

방화벽의 양쪽 끝은 지붕면으로부터 0.5[m] 이상 튀어 나오게 하여야 한다.

관련개념 **방화벽의 구조**

㉠ 내화구조로서 홀로 설 수 있는 구조일 것
㉡ 방화벽의 양쪽 끝과 위쪽 끝을 건축물의 외벽면 및 지붕면으로부터 0.5[m] 이상 튀어 나오게 할 것
㉢ 방화벽에 설치하는 출입문의 너비 및 높이는 각각 2.5[m] 이하로 하고, 해당 출입문에는 60분+ 방화문 또는 60분 방화문을 설치할 것

정답 | ②

12 빈출도 ★

위험물안전관리법령상 과산화수소는 그 농도가 몇 중량퍼센트 이상인 위험물에 해당하는가?

① 1.49 ② 30
③ 36 ④ 60

해설

과산화수소는 그 농도가 36[wt%] 이상인 것에 한하여 위험물로 정의된다.

정답 | ③

13 빈출도 ★

할로겐 원소의 소화효과가 큰 순서대로 배열된 것은?

① I > Br > Cl > F
② Br > I > F > Cl
③ Cl > F > I > Br
④ F > Cl > Br > I

해설

할로겐 원소의 소화효과는 I > Br > Cl > F 순으로 작아진다.

정답 | ①

14 빈출도 ★★

물의 성질에 대한 설명으로 틀린 것은?

① 대기압 하에서 100[℃]의 물이 액체에서 수증기로 바뀌면 체적은 약 1,700배 정도 증가한다.
② 100[℃]의 액체 물 1[g]을 100[℃]의 수증기로 만드는 데 필요한 증발잠열은 약 539[cal/g]이다.
③ 20[℃]의 물 1[g]을 100[℃]까지 가열하는 데 100[cal]의 열이 필요하다.
④ 0[℃]의 얼음 1[g]이 0[℃]의 액체 물로 변하는 데 필요한 용융열은 약 80[cal/g]이다.

해설

물의 비열은 1[cal/g·℃]로 물 1[g]을 20[℃]에서 100[℃]까지 가열하는 데 필요한 열은 다음과 같다.
1[cal/g·℃]×1[g]×(100−20)[℃]=80[cal]

정답 | ③

15 빈출도 ★★★

다음 중 가연성 물질에 해당하는 것은?

① 질소 ② 이산화탄소
③ 아황산가스 ④ 일산화탄소

해설

일산화탄소(CO)는 가연성 물질이다.

선지분석

① 질소(N_2)는 반응성이 작아 연소하지 않는 불연성 기체이다.
② 이산화탄소(CO_2)는 탄화수소 화합물의 완전 연소 후 발생하는 불연성 기체이다.
③ 아황산가스(SO_2)는 황을 포함하고 있는 물질의 완전 연소 시 발생하는 불연성 기체이다. 이산화황이라고도 한다.

정답 | ④

16 빈출도 ★

건축물에 설치하는 자동방화셔터의 요건 중 옳지 않은 것은?

① 전동방식으로 개폐할 수 있을 것
② 열을 감지한 경우 완전 개방되는 구조로 할 것
③ 불꽃감지기 또는 연기감지기 중 하나와 열감지기를 설치할 것
④ 불꽃이나 연기를 감지한 경우 일부 폐쇄되는 구조일 것

해설

자동방화셔터는 열을 감지한 경우 완전 폐쇄되는 구조여야 한다.

관련개념 **자동방화셔터의 설치기준**

㉠ 피난이 가능한 60분+ 방화문 또는 60분 방화문으로부터 3[m] 이내에 별도로 설치할 것
㉡ 전동방식이나 수동방식으로 개폐할 수 있을 것
㉢ 불꽃감지기 또는 연기감지기 중 하나와 열감지기를 설치할 것
㉣ 불꽃이나 연기를 감지한 경우 일부 폐쇄되는 구조일 것
㉤ 열을 감지한 경우 완전 폐쇄되는 구조일 것

정답 | ②

17 빈출도 ★★★

CO_2 소화약제의 장점으로 가장 거리가 먼 것은?

① 전기적으로 비전도성이다.
② 한랭지에서도 사용이 가능하다.
③ 자체 압력으로도 방사가 가능하다.
④ 인체에 무해하고 GWP가 0이다.

해설

이산화탄소(CO_2) 소화약제는 인체를 질식시킬 수 있으며, 지구 온난화 지수(GWP)가 1이다.

관련개념 **이산화탄소 소화약제**

구분	내용
장점	• 전기의 부도체(비전도성, 불량도체)이다. • 화재를 소화할 때에는 피연소물질의 내부까지 침투한다. • 증거보존이 가능하며, 피연소물질에 피해를 주지 않는다. • 장기간 저장하여도 변질·부패 또는 분해를 일으키지 않는다. • 소화약제의 구입비가 저렴하고, 자체압력으로 방출이 가능하다.
단점	• 인체의 질식이 우려된다. • 소화시간이 다른 소화약제에 비하여 길다. • 저장용기에 충전하는 경우 고압을 필요로 한다. • 고압가스에 해당되므로 저장·취급 시 주의를 요한다. • 소화약제의 방출 시 소리가 요란하며, 동상의 위험이 있다.

지구 온난화 지수(GWP)

1[kg]의 온실가스가 흡수하는 태양 에너지량을 1[kg]의 이산화탄소가 흡수하는 태양 에너지량으로 나눈 값이다.

정답 | ④

18 빈출도 ★★

휘발유 화재 시 물을 사용하여 소화할 수 없는 이유로 가장 옳은 것은?

① 물과 반응하여 수소가스를 발생하기 때문이다.
② 수용성이므로 물에 녹아 폭발이 확대되기 때문이다.
③ 비수용성으로 비중이 물보다 작아 연소면이 확대되기 때문이다.
④ 인화점이 물보다 낮기 때문이다.

해설

제4류 위험물(인화성 액체)인 휘발유는 액체 표면에서 증발연소를 한다. 이때 주수소화를 하게 되면 물보다 가벼운 가연물이 물 위를 떠다니며 계속해서 연소반응이 일어나게 되고 화재면이 확대될 수 있다.

선지분석

① 휘발유는 물과 반응하지 않는다.
② 휘발유는 비수용성이다.
④ 물은 가연성 물질이 아니므로 인화점이 없다.

정답 | ③

19 빈출도 ★★

연기의 감광계수[m^{-1}]에 대한 설명으로 옳은 것은?

① 0.5는 거의 앞이 보이지 않을 정도이다.
② 10은 화재 최성기 때의 농도이다.
③ 0.5는 가시거리가 20~30[m] 정도이다.
④ 10은 연기감지기가 작동하기 직전의 농도이다.

해설

감광계수 [m^{-1}]	가시거리 [m]	현상
0.1	20~30	연기감지기가 동작할 정도
0.3	5	건물 내부에 익숙한 사람이 피난할 때 지장을 받는 정도
0.5	3	어두움을 느낄 정도
1	1~2	거의 앞이 보이지 않을 정도
10	0.2~0.5	화재의 최성기에 해당, 유도등이 보이지 않을 정도
30	–	출화 시의 연기가 분출할 때의 농도

정답 | ②

20 빈출도 ★★

다음 중 분진폭발을 일으키는 물질이 아닌 것은?

① 시멘트 분말
② 마그네슘 분말
③ 석탄 분말
④ 알루미늄 분말

해설

시멘트는 불이 붙지 않는다. 따라서 소석회나 시멘트가루만으로는 분진 폭발이 발생하지 않는다.

정답 | ①

21 빈출도 ★★

아래 그림과 같은 탱크에 물이 들어있다. 물이 탱크의 밑면에 가하는 힘은 약 몇 [N]인가? (단, 물의 밀도는 1,000[kg/m³], 중력가속도는 10[m/s²]로 가정하며 대기압은 무시한다. 또한 탱크의 폭은 전체가 1[m]로 동일하다.)

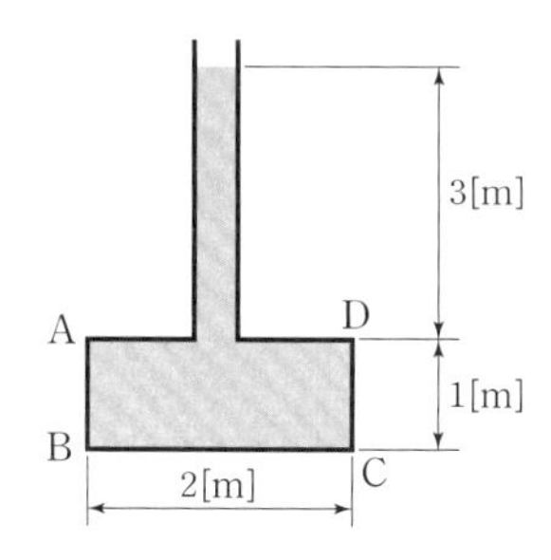

① 20,000 ② 40,000

③ 60,000 ④ 80,000

해설

단위면적 당 유체가 가하는 힘을 압력이라고 한다.

$$P=\frac{F}{A}$$

P: 압력[N/m²], F: 힘[N], A: 면적[m²]

물이 탱크의 밑면에 가하는 압력은 다음과 같다.

$$P=\rho gh$$

P: 압력[N/m²], ρ: 밀도[kg/m³], g: 중력가속도[m/s²], h: 물의 높이[m]

$P=1{,}000\times10\times(1+3)=40{,}000$[N/m²]

밑면의 넓이 A는 다음과 같다.

$A=2\times1=2$[m²]

따라서 주어진 조건을 공식에 대입하면 물이 탱크의 밑면에 가하는 힘 F는

$F=PA=40{,}000\times2=80{,}000$[N]

정답 ④

22 빈출도 ★

3[m/s]의 속도로 물이 흐르고 있는 관로 내에 피토관을 삽입했을 때, 비중 1.8의 액체를 넣은 시차액주계에서 나타나게 되는 액주차는 약 몇 [m]인가?

① 0.191 ② 0.574

③ 1.41 ④ 2.15

해설

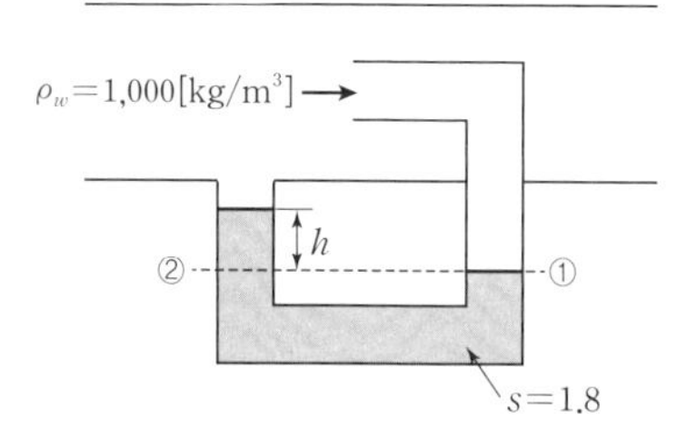

$$u=\sqrt{2g\left(\frac{\gamma-\gamma_w}{\gamma_w}\right)R}$$

u: 유속[m/s], g: 중력가속도[m/s²], γ: 액주계 유체의 비중량[kN/m³], γ_w: 배관 유체의 비중량[kN/m³], R: 액주계의 높이 차이[m]

주어진 조건을 공식에 대입하면 액주계의 높이 차이 R은

$R=\frac{u^2}{2g}\left(\frac{\gamma_w}{\gamma-\gamma_w}\right)=\frac{3^2}{2\times9.8}\left(\frac{9.8}{1.8\times9.8-9.8}\right)$

$\fallingdotseq0.574$[m]

정답 ②

23 빈출도 ★★

시간 Δt 사이에 유체의 선운동량이 ΔP만큼 변했을 때 $\frac{\Delta P}{\Delta t}$는 무엇을 뜻하는가?

① 유체 운동량의 변화량
② 유체 충격량의 변화량
③ 유체의 가속도
④ 유체에 작용하는 힘

해설

운동량 P는 질량 m과 속도 v의 곱으로 나타낸다.

$$\frac{\Delta P}{\Delta t}=\frac{\Delta(mv)}{\Delta t}$$

질량 m은 변하지 않으므로 상수로 취급한다.

$$\frac{m\Delta v}{\Delta t}=ma$$

따라서 운동량의 변화량과 시간의 변화량의 비는 유체에 작용하는 힘과 같다.

$$\frac{\Delta P}{\Delta t}=ma=F$$

정답 | ④

24 빈출도 ★★★

65[%]의 효율을 가진 원심펌프를 통하여 물을 1[m³/s]의 유량으로 송출 시 필요한 펌프수두가 6[m]이다. 이때 펌프에 필요한 축동력은 약 몇 [kW]인가?

① 40 ② 60
③ 80 ④ 90

해설

$$P=\frac{\gamma QH}{\eta}$$

P: 축동력[kW], γ: 유체의 비중량[kN/m^3], Q: 유량[m^3/s], H: 전양정[m], η: 효율

유체는 물이므로 물의 비중량은 9.8[kN/m^3]이다.
주어진 조건을 공식에 대입하면 펌프의 축동력 P는

$$P=\frac{9.8\times1\times6}{0.65}\fallingdotseq 90.46[\text{kW}]$$

정답 | ④

25 빈출도 ★

다음은 어떤 열역학적 법칙을 설명한 것인가?

> 온도가 서로 다른 물체를 접촉시키면 높은 온도를 지닌 물체의 온도가 내려가고(열을 방출), 낮은 온도의 물체는 온도가 올라가서(열을 흡수) 두 물체는 온도차가 없어지게 된다.

① 열역학 제0법칙
② 열역학 제1법칙
③ 열역학 제2법칙
④ 열역학 제3법칙

해설

열역학 제0법칙은 열적 평형상태를 설명하는 법칙이다.

관련개념 열역학 법칙

열역학 제0법칙	• 열적 평형상태를 설명한다. • 열역학계(system) A와 B가 평형이고, B와 C가 평형이면 A와 C도 평형이다. • 열평형 상태에 있는 물체의 온도는 같다.
열역학 제1법칙	• 에너지 보존법칙을 설명한다. • 열과 일은 서로 변환될 수 있다. • 에너지의 형태는 바뀌더라도 그 총량은 일정하다.
열역학 제2법칙	• 에너지가 흐르는 방향을 설명한다. • 에너지는 엔트로피가 증가하는 방향으로 흐른다. • 열은 고온에서 저온으로 흐른다. • 모든 열이 전부 일로 변환되지 않는다.
열역학 제3법칙	• 0[K]에서 물질의 운동에너지는 0이며, 엔트로피는 0이다.

정답 | ①

26 빈출도 ★★

그림과 같이 수평관에서 2개소의 압력 차를 측정하기 위해 하부에 수은을 넣은 U자관을 부착시켰다. 이때 U자관에서 수은의 높이차 h가 500[mm]이었다면 압력차 P_1-P_2는 약 몇 [kPa]인가?

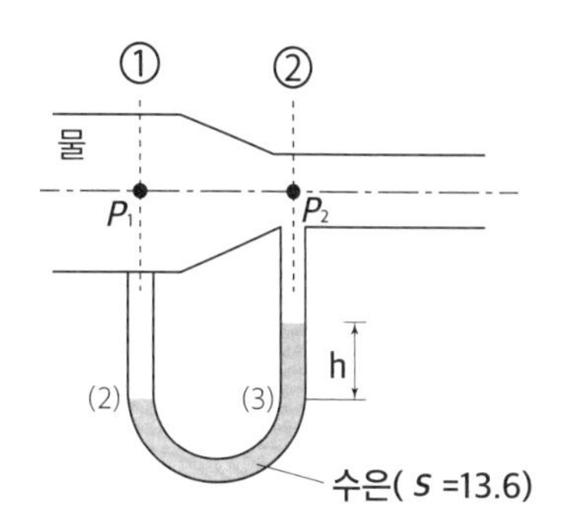

① 66.6　　② 61.7
③ 60.5　　④ 50.4

해설

(2)면에 작용하는 압력은 ①점에서의 압력과 물이 누르는 압력의 합과 같다.

$$P=P_1+\gamma_w h$$

(3)면에 작용하는 압력은 ②점에서의 압력과 계기유체가 누르는 압력의 합과 같다.

$$P=P_2+\gamma h$$

유체 내부에서 같은 수평면(높이)에는 같은 압력이 작용하므로 (2)면과 (3)면의 압력은 같다.

$$P_1+\gamma_w h=P_2+\gamma h$$

따라서 압력차 P_1-P_2는

$$P_1-P_2=(\gamma-\gamma_w)h$$
$$=(13.6\times9.8-9.8)\times0.5=61.74[\text{kPa}]$$

정답 | ①

27 빈출도 ★★

20[℃]에서 물이 지름 75[mm]인 관 속을 1.9×10^{-3}[m^3/s]로 흐르고 있다. 이때 레이놀즈 수는 얼마 정도인가? (단, 20[℃]일 때 물의 동점성계수는 1.006×10^{-6}[m^2/s]이다.)

① 1.13×10^4　② 1.99×10^4
③ 2.83×10^4　④ 3.21×10^4

해설

레이놀즈 수를 구하는 공식은 다음과 같다.

$$Re=\frac{\rho uD}{\mu}=\frac{uD}{\nu}$$

Re: 레이놀즈 수, ρ: 밀도[kg/m^3], u: 유속[m/s], D: 직경[m], μ: 점성계수(점도)[kg/m·s], ν: 동점성계수(동점도)[m^2/s]

부피유량 공식 $Q=Au$에 의해 유량 Q와 배관의 직경 D를 알면 유속은 다음과 같이 구할 수 있다.

$$u=\frac{Q}{A}=\frac{Q}{\frac{\pi}{4}D^2}=\frac{4Q}{\pi D^2}$$

u: 유속[m/s], Q: 유량[m^3/s], A: 배관의 단면적[m^2], D: 배관의 직경[m]

따라서 레이놀즈 수 Re는

$$Re=\frac{uD}{\nu}=\frac{4Q}{\pi D^2}\times\frac{D}{\nu}$$
$$=\frac{4\times1.9\times10^{-3}}{\pi\times0.075^2}\times\frac{0.075}{1.006\times10^{-6}}\fallingdotseq3.206\times10^4$$

정답 | ④

28 빈출도 ★★

펌프의 이상현상 중 허용 흡입수두와 가장 관련이 있는 것은?

① 수온상승　② 수격현상
③ 공동현상　④ 서징현상

해설

펌프의 유효흡입수두가 필요흡입수두보다 작을 때 공동현상이 발생한다.

정답 | ③

29 빈출도 ★

보일의 법칙은 이상기체의 어떤 상태량이 일정한 조건에서의 상태변화를 나타낸 것인가?

① 온도　② 압력
③ 비체적　④ 밀도

해설

보일의 법칙은 온도가 일정한 조건에서의 상태변화를 설명한다.

관련개념 보일의 법칙

온도와 기체의 양이 일정할 때 부피와 압력은 반비례 관계에 있다.

$$PV=C$$

P: 압력, V: 부피, C: 상수

정답 | ①

30 빈출도 ★★

비점성 유체를 가장 잘 설명한 것은?

① 실제 유체를 뜻한다.
② 전단응력이 존재하는 유체흐름을 뜻한다.
③ 유체 유동 시 마찰저항이 존재하는 유체이다.
④ 유체 유동 시 마찰저항이 유발되지 않는 이상적인 유체를 말한다.

해설

비점성 유체는 점성이 없어 유체 분자 사이에서 마찰저항이 발생하지 않는다.

선지분석

① 실제 유체는 점성이 존재한다.
② 전단응력은 점성계수(점도)와 속도기울기의 곱으로 나타내므로 점성 유체에서 나타나는 특징이다.
③ 유체 유동 시 발생하는 마찰저항의 근원은 유체의 점성 때문이다.

정답 | ④

31 빈출도 ★

펌프의 흡입 이론에서 볼 때 대기압이 100[kPa]인 곳에서 펌프의 흡입 배관으로 물을 흡수할 수 있는 이론 최대 높이는 약 몇 [m]인가?

① 5　② 10
③ 14　④ 98

해설

$$P=\gamma h$$

P: 압력[kPa], γ: 비중량[kN/m^3], h: 높이

100[kPa]의 압력은 $\frac{100[\mathrm{kPa}]}{9.8[\mathrm{kN/m^3}]} \fallingdotseq 10.2[\mathrm{m}]$ 높이의 물기둥이 누르는 압력과 같다.
따라서 대기압 만으로는 물을 10.2[m]보다 높이 흡입할 수 없다.

정답 | ②

32 빈출도 ★★

물리량을 질량[M], 길이[L], 시간[T]의 기본 차원으로 나타낼 때, 에너지의 차원은?

① ML^2T^{-2}　② $ML^{-1}T^{-2}$
③ $ML^{-1}T^{-1}$　④ $ML^{-2}T^2$

해설

에너지의 단위는 $[J]=[kg \cdot m^2/s^2]=[N \cdot m]$이고, 에너지의 차원은 ML^2T^{-2}이다.

정답 | ①

33 빈출도 ★★

단열 노즐의 출구에서 압력 0.1[MPa]의 건도 0.95인 습증기(포화액 엔탈피: 418[kJ/kg], 포화증기 엔탈피: 2,706[kJ/kg]) 1[kg]의 엔탈피는 몇 [kJ]인가?

① 397.1 ② 2,570.7

③ 2,591.6 ④ 2,988.7

해설

95[%]의 수증기와 5[%]의 물이므로 혼합물의 엔탈피는 다음과 같다.

$$H=2,706\times0.95+418\times0.05=2,591.6[kJ/kg]$$

정답 | ③

34 빈출도 ★★★

물이 담긴 탱크의 밑바닥 옆면에 지름 5[mm]의 구멍이 뚫렸다. 탱크는 오리피스의 단면에 비하여 무한히 크다. 오리피스 중심으로부터 물이 몇 [m] 높이로 탱크에 담겨 있을 때 10[m/s]로 물이 분출되겠는가? (단, 오리피스의 속도계수는 0.9이다.)

① 5.1 ② 6.3

③ 7.5 ④ 8.7

해설

높이 차이가 h일 때 유체가 가지는 에너지는 속도수두 $\frac{u^2}{2g}$로 변환된다.

오리피스의 속도계수가 0.9이므로 오리피스를 통과하기 전 속도는 $\frac{10}{0.9}$[m/s]이며 이 속도로 물이 분출되기 위해 필요한 높이 h는

$$h=\frac{u^2}{2g}=\frac{\left(\frac{10}{0.9}\right)^2}{2\times9.8}\fallingdotseq6.3[m]$$

정답 | ②

35 빈출도 ★★★

고체 표면의 온도가 15[℃]에서 25[℃]로 올라가면 방사되는 복사열은 약 몇 [%]가 증가하는가?

① 3.5 ② 7.1

③ 15 ④ 67

해설

$$Q\propto\sigma T^4$$

Q: 열전달량[W/m²],
σ: 슈테판－볼츠만 상수(5.67×10^{-8})[W/m²·K⁴],
T: 절대온도[K]

표면의 온도가 (273+15)[K]에서 (273+25)[K]로 올라가면 방사되는 복사에너지의 비율은

$$\frac{Q_2}{Q_1}=\frac{\sigma\times(273+25)^4}{\sigma\times(273+15)^4}\fallingdotseq1.146$$

정답 | ③

36 빈출도 ★★

공기 1[kg]을 절대압력 100[kPa], 부피 0.85[m³]의 상태로부터 절대압력 500[kPa], 온도 300[℃]로 변환시켰다면, 상승된 온도는 얼마인가? (단, 공기의 기체상수는 0.287[kJ/kg·K]이다.)

① 0[℃] ② 277[℃]
③ 296[℃] ④ 376[℃]

해설

질량과 특정기체상수로 이루어진 이상기체의 상태방정식은 다음과 같다.

$$PV = m\overline{R}T$$

P: 압력[kPa], V: 부피[m³], m: 질량[kg], $\overline{R}$: 특정기체상수[kJ/kg·K], T: 절대온도[K]

주어진 조건을 공식에 대입하면 초기온도 T_1는 다음과 같다.

$$T_1 = \frac{P_1V_1}{m\overline{R}} = \frac{100 \times 0.85}{1 \times 0.287} \fallingdotseq 296.17[\text{K}]$$

나중온도 T_2는 (273+300)[K]이므로 상승된 온도 $T_2 - T_1$는

$$T_2 - T_1 = (273+300) - 296.17 = 276.83[℃]$$

정답 | ②

37 빈출도 ★★★

중력가속도가 2[m/s²]인 곳에서 무게가 8[kN]이고, 부피가 5[m³]인 물체의 비중은 약 얼마인가?

① 0.2 ② 0.8
③ 1.0 ④ 1.6

해설

$$s = \frac{\rho}{\rho_w}$$

s: 비중, ρ: 비교물질의 밀도[kg/m³], ρ_w: 물의 밀도[kg/m³]

물체의 질량은 무게를 중력가속도로 나누어 구할 수 있다.

$$m = \frac{w}{g} = \frac{8[\text{kN}]}{2[\text{m/s}^2]} = 4{,}000[\text{kg}]$$

물체의 밀도는 질량을 부피로 나누어 구할 수 있다.

$$\rho = \frac{m}{V} = \frac{4{,}000[\text{kg}]}{5[\text{m}^3]} = 800[\text{kg/m}^3]$$

비중은 비교물질의 밀도와 물의 밀도의 비율이므로 물체의 비중 s는

$$s = \frac{\gamma}{\gamma_w} = \frac{800}{1{,}000} = 0.8$$

정답 | ②

38 빈출도 ★★

안지름 100[mm]인 파이프를 통해 2[m/s]의 속도로 흐르는 물의 질량유량은 약 몇 [kg/min]인가?

① 15.7 ② 157
③ 94.2 ④ 942

해설

$$M = \rho A u$$

M: 질량유량[kg/s], ρ: 밀도[kg/m³], A: 유체의 단면적[m²], u: 유속[m/s]

유체는 물이므로 물의 밀도는 1,000[kg/m³]이다.
배관은 지름이 0.1[m]인 원형이므로 배관의 단면적은 다음과 같다.

$$A = \frac{\pi}{4} \times 0.1^2$$

따라서 주어진 조건을 공식에 대입하면 질량유량 M은

$$M = 1{,}000 \times \frac{\pi}{4} \times 0.1^2 \times 2$$
$$\fallingdotseq 15.71[\text{kg/s}] = 942.6[\text{kg/min}]$$

정답 | ④

39 빈출도 ★★

압력 200[kPa], 온도 60[℃]의 공기 2[kg]이 이상적인 폴리트로픽 과정으로 압축되어 압력 2[MPa], 온도 250[℃]로 변화하였을 때 이 과정 동안 소요된 일의 양은 약 몇 [kJ]인가? (단, 기체상수는 0.287 [kJ/kg·K]이다.)

① 224　　② 327
③ 447　　④ 560

해설

폴리트로픽 과정에서 일은 다음과 같다.

$$W=\frac{m\bar{R}}{1-n}(T_2-T_1)$$

W: 일[kJ], m: 질량[kg], $\bar{R}$: 기체상수[kJ/kg·K], n: 폴리트로픽 지수, T: 온도[K]

폴리트로픽 변화에서 압력, 부피, 온도는 다음과 같은 관계를 가진다.

$$\left(\frac{P_2}{P_1}\right)=\left(\frac{V_1}{V_2}\right)^n=\left(\frac{T_2}{T_1}\right)^{\frac{n}{n-1}}$$

P: 압력, V: 부피, T: 절대온도, n: 폴리트로픽 지수

공기의 압력변화는 다음과 같다.

$$\frac{P_2}{P_1}=10$$

공기의 온도변화는 다음과 같다.

$$\frac{T_2}{T_1}=\frac{(273+250)}{(273+60)}$$

주어진 조건을 공식에 대입하면 폴리트로픽 지수 n은 다음과 같다.

$$10=\left(\frac{523}{333}\right)^{\frac{n}{n-1}}$$ ← 공학용 계산기의 SOLVE 기능을 활용하면 계산이 쉽다.

$n=1.244$

따라서 소요된 일의 양 W는

$$W=\frac{2\times0.287}{1-1.244}(250-60)\fallingdotseq-446.97[\text{kJ}]$$

정답 | ③

40 빈출도 ★★

파이프 내에 정상 비압축성 유동에 있어서 관 마찰계수는 어떤 변수들의 함수인가?

① 절대조도와 관지름
② 절대조도와 상대조도
③ 레이놀즈 수와 상대조도
④ 마하 수와 코우시 수

해설

관 마찰계수는 레이놀즈 수와 상대조도의 함수이다.
무디 선도(Moody Diagram)는 레이놀즈 수와 관의 상대조도를 이용해 관 마찰계수를 구하는 그래프이다.

정답 | ③

소방관계법규

41 빈출도 ★★★

소방기본법령상 소방용수시설별 설치기준 중 틀린 것은?

① 급수탑 개폐밸브는 지상에서 1.5[m] 이상 1.7[m] 이하의 위치에 설치하도록 할 것
② 소화전은 상수도와 연결하여 지하식 또는 지상식의 구조로 하고, 소방용 호스와 연결하는 소화전의 연결금속구의 구경은 100[mm]로 할 것
③ 저수조 흡수관의 투입구가 사각형의 경우에는 한 변의 길이가 60[cm] 이상, 원형의 경우에는 지름이 60[cm] 이상일 것
④ 저수조는 지면으로부터의 낙차가 4.5[m] 이하일 것

해설

소화전은 상수도와 연결하여 지하식 또는 지상식의 구조로 하고, 소방용 호스와 연결하는 소화전의 연결금속구의 구경은 65[mm]로 해야 한다.

관련개념 소화전의 설치기준

㉠ 상수도와 연결하여 지하식 또는 지상식의 구조로 할 것
㉡ 연결금속구의 구경: 65[mm]

급수탑의 설치기준

㉠ 급수배관의 구경: 100[mm] 이상
㉡ 개폐밸브: 지상에서 1.5[m] 이상 1.7[m] 이하

저수조의 설치기준

㉠ 지면으로부터 낙차: 4.5[m] 이하
㉡ 흡수부분의 수심: 0.5[m] 이상
㉢ 흡수관의 투입구

사각형	한 변의 길이 60[cm] 이상
원형	지름 60[cm] 이상

정답 | ②

42 빈출도 ★

소방시설 설치 및 관리에 관한 법령상 주택의 소유자가 소방시설을 설치하여야 하는 대상이 아닌 것은?

① 아파트
② 연립주택
③ 다세대주택
④ 다가구주택

해설

아파트는 주택의 소유자가 소방시설을 설치하여야 하는 대상이 아니다.
단독주택과 공동주택(아파트, 기숙사 제외)의 소유자는 소화기 등의 소방시설을 설치하여야 한다.

관련개념 주택의 분류

단독주택	– 단독주택 – 다중주택 – 다가구주택
공동주택	– 아파트 – 연립주택 – 다세대주택 – 기숙사

정답 | ①

43 빈출도 ★★

소방기본법령상 시장지역에서 화재로 오인할 만한 우려가 있는 불을 피우거나 연막소독을 하려는 자가 신고를 하지 아니하여 소방자동차를 출동하게 한 자에 대한 과태료 부과 · 징수권자는?

① 국무총리
② 시 · 도지사
③ 행정안전부장관
④ 소방본부장 또는 소방서장

해설

화재로 오인할 만한 우려가 있는 불을 피우거나 연막소독을 하려는 자가 신고를 하지 아니하여 소방자동차를 출동하게 한 자에 대한 과태료는 관할 소방본부장 또는 소방서장이 부과 · 징수한다.

정답 | ④

44 빈출도 ★★

소방기본법령상 소방대장은 화재, 재난 · 재해 그 밖의 위급한 상황이 발생한 현장에 소방활동구역을 정하여 소방활동에 필요한 자로서 대통령령으로 정하는 사람 외에는 그 구역에의 출입을 제한할 수 있다. 다음 중 소방활동구역에 출입할 수 없는 사람은?

① 소방활동구역 안에 있는 소방대상물의 소유자 · 관리자 또는 점유자
② 전기 · 가스 · 수도 · 통신 · 교통의 업무에 종사하는 사람으로서 원활한 소방활동을 위하여 필요한 사람
③ 시 · 도지사가 소방활동을 위하여 출입을 허가한 사람
④ 의사 · 간호사 그 밖에 구조 · 구급업무에 종사하는 사람

해설

소방대장이 소방활동을 위하여 출입을 허가한 사람이 소방활동구역에 출입할 수 있다. 시 · 도지사는 출입을 허가할 권한이 없다.

관련개념 소방활동구역의 출입이 가능한 사람

㉠ 소방활동구역 안에 있는 소방대상물의 소유자 · 관리자 또는 점유자
㉡ 전기 · 가스 · 수도 · 통신 · 교통의 업무에 종사하는 사람으로서 원활한 소방활동을 위하여 필요한 사람
㉢ 의사 · 간호사 그 밖의 구조 · 구급업무에 종사하는 사람
㉣ 취재인력 등 보도업무에 종사하는 사람
㉤ 수사업무에 종사하는 사람
㉥ 그 밖에 소방대장이 소방활동을 위하여 출입을 허가한 사람

정답 | ③

45 빈출도 ★

위험물안전관리법령상 유별을 달리하는 위험물을 혼재하여 저장할 수 있는 것으로 짝지어진 것은?

① 제1류 – 제2류　　② 제2류 – 제3류
③ 제3류 – 제4류　　④ 제5류 – 제6류

해설

제3류 위험물과 제4류 위험물은 혼재하여 저장이 가능하다.

관련개념 혼재하여 저장이 가능한 위험물

432: 제4류와 제3류, 제4류와 제2류 혼재 가능
542: 제5류와 제4류, 제5류와 제2류 혼재 가능
61: 제6류와 제1류 혼재 가능

정답 | ③

46 빈출도 ★★

위험물안전관리법령에 따른 정기점검의 대상인 제조소등의 기준 중 틀린 것은?

① 암반탱크저장소
② 지하탱크저장소
③ 이동탱크저장소
④ 지정수량의 150배 이상의 위험물을 저장하는 옥외탱크저장소

해설

정기점검의 대상인 제조소는 지정수량의 200배 이상의 위험물을 저장하는 옥외탱크저장소이다.

관련개념 정기점검의 대상인 제조소

시설	취급 또는 저장량
제조소	지정수량의 10배 이상
옥외저장소	지정수량의 100배 이상
옥내저장소	지정수량의 150배 이상
옥외탱크저장소	지정수량의 200배 이상
암반탱크저장소	전체
이송취급소	전체
일반취급소	• 지정수량의 10배 이상 • 제4류 위험물(특수인화물 제외)만을 지정수량의 50배 이하로 취급하는 일반취급소(제1석유류 · 알코올류의 취급량이 지정수량의 10배 이하인 경우에 한함)로서 다음의 경우 제외 – 보일러 · 버너 또는 이와 비슷한 것으로서 위험물을 소비하는 장치로 이루어진 일반취급소 – 위험물을 용기에 옮겨 담거나 차량에 고정된 탱크에 주입하는 일반취급소
지하탱크저장소	전체
이동탱크저장소	전체
제조소, 주유취급소 또는 일반취급소	위험물을 취급하는 탱크로서 지하에 매설된 탱크가 있는 것

정답 | ④

47 빈출도 ★★

화재의 예방 및 안전관리에 관한 법률상 화재안전조사위원회의 위원에 해당하지 아니하는 사람은?

① 소방기술사
② 소방시설관리사
③ 소방 관련 분야의 석사 이상 학위를 취득한 사람
④ 소방 관련 법인 또는 단체에서 소방 관련 업무에 3년 이상 종사한 사람

해설

소방 관련 법인 또는 단체에서 소방 관련 업무에 5년 이상 종사한 사람이 화재안전조사위원회의 위원에 해당된다.

관련개념 **화재안전조사위원회의 위원**

㉠ 과장급 직위 이상의 소방공무원
㉡ 소방기술사
㉢ 소방시설관리사
㉣ 소방 관련 분야의 석사 이상 학위를 취득한 사람
㉤ 소방 관련 법인 또는 단체에서 소방 관련 업무에 5년 이상 종사한 사람
㉥ 소방공무원 교육훈련기관, 학교 또는 연구소에서 소방과 관련한 교육 또는 연구에 5년 이상 종사한 사람

정답 | ④

48 빈출도 ★★

소방시설공사업법령상 소방시설업의 감독을 위하여 필요할 때에 소방시설업자나 관계인에게 필요한 보고나 자료 제출을 명할 수 있는 사람이 아닌 것은?

① 시 · 도지사　② 119안전센터장
③ 소방서장　④ 소방본부장

해설

119안전센터장은 관계인에게 필요한 보고나 자료 제출을 명할 수 있는 사람이 아니다.

관련개념 **소방시설업의 감독을 위하여 필요할 때에는 소방시설업자나 관계인에게 필요한 보고나 자료 제출을 명할 수 있는 사람**

㉠ 시 · 도지사
㉡ 소방본부장
㉢ 소방서장

정답 | ②

49 빈출도 ★

위험물안전관리법령상 위험물취급소의 구분에 해당하지 않는 것은?

① 이송취급소
② 관리취급소
③ 판매취급소
④ 일반취급소

해설

관리취급소는 위험물취급소의 구분에 해당하지 않는다.

관련개념 **위험물취급소의 구분**

㉠ 주유취급소
㉡ 판매취급소
㉢ 이송취급소
㉣ 일반취급소

정답 | ②

50 빈출도 ★

다음 중 화재안전조사의 실시권자가 아닌 것은?

① 소방청장
② 소방대장
③ 소방본부장
④ 소방서장

해설

소방청장, 소방본부장 또는 소방서장은 화재안전조사를 할 수 있다.

정답 | ②

51 빈출도 ★★

소방본부장 또는 소방서장은 화재예방강화지구안의 관계인에 대하여 소방상 필요한 훈련 및 교육은 연 몇 회 이상 실시할 수 있는가?

① 1 ② 2
③ 3 ④ 4

해설

소방관서장은 화재예방강화지구 안의 관계인에 대하여 소방에 필요한 훈련 및 교육을 연 1회 이상 실시할 수 있다.

정답 | ①

52 빈출도 ★★

소방기본법상 소방업무의 응원에 대한 설명 중 틀린 것은?

① 소방본부장이나 소방서장은 소방활동을 할 때에 긴급한 경우에는 이웃한 소방본부장 또는 소방서장에게 소방업무의 응원을 요청할 수 있다.
② 소방업무의 응원 요청을 받은 소방본부장 또는 소방서장은 정당한 사유 없이 그 요청을 거절하여서는 아니 된다.
③ 소방업무의 응원을 위하여 파견된 소방대원은 응원을 요청한 소방본부장 또는 소방서장의 지휘에 따라야 한다.
④ 시 · 도지사는 소방업무의 응원을 요청하는 경우를 대비하여 출동 대상지역 및 규모와 필요한 경비의 부담 등에 관하여 필요한 사항을 대통령령으로 정하는 바에 따라 이웃하는 시 · 도지사와 협의하여 미리 규약으로 정하여야 한다.

해설

시 · 도지사는 소방업무의 응원을 요청하는 경우를 대비하여 출동 대상지역 및 규모와 필요한 경비의 부담 등에 관하여 필요한 사항을 행정안전부령으로 정하는 바에 따라 이웃하는 시 · 도지사와 협의하여 미리 규약으로 정하여야 한다.

정답 | ④

53 빈출도 ★★

화재의 예방 및 안전관리에 관한 법률에 따른 소방안전특별관리시설물의 안전관리에 대상 전통시장의 기준 중 다음 (　　) 안에 알맞은 것은?

> 전통시장으로서 대통령령으로 정하는 전통시장
> → 점포가 (　　　)개 이상인 전통시장

① 100　　② 300
③ 500　　④ 600

해설

대통령령으로 정하는 전통시장이란 점포가 500개 이상인 전통시장을 말한다.

정답 | ③

54 빈출도 ★★★

아파트로 층수가 20층인 특정소방대상물에서 스프링클러설비를 하여야 하는 층수는? (단, 아파트는 신축을 실시하는 경우이다.)

① 모든 층　　② 15층 이상
③ 11층 이상　　④ 6층 이상

해설

층수가 6층 이상인 특정소방대상물의 경우에는 모든 층에 스프링클러설비를 설치해야 한다.

정답 | ①

55 빈출도 ★★

소방기본법상 소방대장의 권한이 아닌 것은?

① 소방활동을 할 때에 긴급한 경우에는 이웃한 소방본부장 또는 소방서장에게 소방업무의 응원을 요청할 수 있다.
② 화재, 재난·재해, 그 밖의 위급한 상황이 발생한 현장에서 소방활동을 위하여 필요할 때에는 그 관할구역에 사는 사람 또는 그 현장에 있는 사람으로 하여금 사람을 구출하는 일 또는 불을 끄거나 불이 번지지 아니하도록 하는 일을 하게 할 수 있다.
③ 사람을 구출하거나 불이 번지는 것을 막기 위하여 필요할 때에는 화재가 발생하거나 불이 번질 우려가 있는 소방대상물 및 토지를 일시적으로 사용하거나 그 사용의 제한 또는 소방활동에 필요한 처분을 할 수 있다.
④ 소방활동을 위하여 긴급하게 출동할 때에는 소방자동차의 통행과 소방활동에 방해가 되는 주차 또는 정차된 차량 및 물건 등을 제거하거나 이동시킬 수 있다.

해설

소방본부장이나 소방서장은 소방활동을 할 때에 긴급한 경우에는 이웃한 소방본부장 또는 소방서장에게 소방업무의 응원을 요청할 수 있다.
소방대장은 소방업무의 응원을 요청할 수 있는 권한이 없다.

관련개념 소방대장의 권한

㉠ 소방활동구역의 설정(출입 제한)
㉡ 소방활동 종사명령
㉢ 소방활동에 필요한 처분(강제처분)
㉣ 피난명령
㉤ 위험시설 등에 대한 긴급조치

정답 | ①

56 빈출도 ★★

소방기본법에서 정의하는 소방대의 조직구성원이 아닌 것은?

① 의무소방원 ② 소방공무원
③ 의용소방대원 ④ 공항소방대원

해설

소방대의 조직구성원
㉠ 소방공무원
㉡ 의무소방원
㉢ 의용소방대원

정답 | ④

57 빈출도 ★★★

화재안전조사 결과 소방대상물의 위치 · 구조 · 설비 또는 관리의 상황이 화재예방을 위하여 보완될 필요가 있거나 화재가 발생하면 인명 또는 재산의 피해가 클 것으로 예상되는 때에 관계인에게 그 소방대상물의 개수 · 이전 · 제거, 사용의 금지 또는 제한, 사용폐쇄, 공사의 정지 또는 중지, 그 밖의 필요한 조치를 명할 수 있는 자로 틀린 것은?

① 시 · 도지사 ② 소방서장
③ 소방청장 ④ 소방본부장

해설

시 · 도지사는 조치를 명할 수 있는 자(소방관서장)가 아니다.

관련개념 **화재안전조사 결과에 따른 조치명령**

소방관서장(소방청장, 소방본부장, 소방서장)은 화재안전조사 결과에 따른 소방대상물의 위치 · 구조 · 설비 또는 관리의 상황이 화재예방을 위하여 보완될 필요가 있거나 화재가 발생하면 인명 또는 재산의 피해가 클 것으로 예상되는 때에는 행정안전부령으로 정하는 바에 따라 관계인에게 그 소방대상물의 개수 · 이전 · 제거, 사용의 금지 또는 제한, 사용폐쇄, 공사의 정지 또는 중지, 그 밖에 필요한 조치를 명할 수 있다.

정답 | ①

58 빈출도 ★★

관계인이 예방규정을 정하여야 하는 옥외저장소는 지정수량의 몇 배 이상의 위험물을 저장하는 것을 말하는가?

① 10
② 100
③ 150
④ 200

해설

지정수량의 100배 이상의 위험물을 저장하는 옥외저장소는 관계인이 예방규정을 정해야 한다.

관련개념 **관계인이 예방규정을 정해야 하는 제조소등**

시설	저장 또는 취급량
제조소	지정수량의 10배 이상
옥외저장소	지정수량의 100배 이상
옥내저장소	지정수량의 150배 이상
옥외탱크저장소	지정수량의 200배 이상
암반탱크저저장소	전체
이송취급소	전체
일반취급소	• 지정수량의 10배 이상 • 제4류 위험물(특수인화물 제외)만을 지정수량의 50배 이하로 취급하는 일반취급소(제1석유류 · 알코올류의 취급량이 지정수량의 10배 이하인 경우에 한함)로서 다음 경우 제외 – 보일러 · 버너 또는 이와 비슷한 것으로서 위험물을 소비하는 장치로 이루어진 일반취급소 – 위험물을 용기에 옮겨 담거나 차량에 고정된 탱크에 주입하는 일반취급소

정답 | ②

59 빈출도 ★★

화재의 예방 및 안전관리에 관한 법률상 옮긴 물건 등의 보관기간은 소방본부 또는 소방서의 인터넷 홈페이지에 공고하는 기간의 종료일 다음 날부터 며칠로 하는가?

① 3 ② 4
③ 5 ④ 7

해설

옮긴 물건 등의 보관기간은 공고기간의 종료일 다음 날부터 7일까지로 한다.

관련개념 **옮긴 물건 등의 공고일 및 보관기간**

인터넷 홈페이지 공고일	14일
보관기관	7일

정답 | ④

60 빈출도 ★

위험물안전관리법상 청문을 실시하여 처분해야 하는 것은?

① 제조소등 설치허가의 취소
② 제조소등 영업정지 처분
③ 탱크시험자의 영업정지 처분
④ 과징금 부과 처분

해설

제조소등 설치허가의 취소를 하는 경우 청문을 실시하여 처분해야 한다.

관련개념

시·도지사, 소방본부장 또는 소방서장은 다음 어느 하나에 해당하는 처분을 하고자 하는 경우에는 청문(처분을 하기 전에 이해관계인의 의견을 직접 듣고 증거를 조사하는 절차)을 실시하여야 한다.
㉠ 제조소등 설치허가의 취소
㉡ 탱크시험자의 등록취소

정답 | ①

소방기계시설의 구조 및 원리

61 빈출도 ★★★

부속용도로 사용하고 있는 통신기기실의 경우 바닥면적 몇 [m^2]마다 적응성이 있는 소화기 1개 이상을 추가로 비치하여야 하는가?

① 30　② 40
③ 50　④ 60

해설

통신기기실은 바닥면적 50[m^2]마다 적응성이 있는 소화기를 1개 이상 설치하여야 한다.

관련개념 부속용도별 추가해야 할 소화기구 및 자동소화장치

용도별	소화기구의 능력단위
2. 발전실 · 변전실 · 송전실 · 변압기실 · 배전반실 · 통신기기실 · 전산기기실 · 기타 이와 유사한 시설이 있는 장소. 다만, 제1호 다목의 장소 제외	해당 용도의 바닥면적 50[m^2]마다 적응성이 있는 소화기 1개 이상 또는 유효설치방호체적 이내의 가스 · 분말 · 고체에어로졸 자동소화장치, 캐비닛형 자동소화장치(다만, 통신기기실 · 전자기기실을 제외한 장소에 있어서는 교류 600[V] 또는 직류 750[V] 이상의 것에 한함)

정답 | ③

62 빈출도 ★★

스프링클러설비의 화재안전기술기준(NFTC 103)에서 폐쇄형 스프링클러설비 기준으로 하나의 방호구역의 바닥면적은 몇 [m^2]를 초과하지 않아야 하는가?

① 4,000　② 3,000
③ 2,000　④ 1,000

해설

하나의 방호구역의 바닥면적은 3,000[m^2]를 초과하지 않도록 한다.

관련개념 방호구역 및 유수검지장치의 설치기준

㉠ 하나의 방호구역의 바닥면적은 3,000[m^2]를 초과하지 않도록 한다.
㉡ 하나의 방호구역에는 1개 이상의 유수검지장치를 설치하고, 화재 시 접근이 쉽고 점검하기 편리한 장소에 설치한다.
㉢ 하나의 방호구역은 2개 층에 미치지 않도록 한다.
㉣ 1개 층에 설치되는 스프링클러헤드의 수가 10개 이하이거나 복층형 구조의 공동주택에는 방호구역을 3개 층 이내로 할 수 있다.
㉤ 유수검지장치는 실내에 설치하거나 보호용 철망 등으로 구획하여 바닥으로부터 0.8[m] 이상 1.5[m] 이하의 위치에 설치하고, 그 실에는 가로 0.5[m] 이상 세로 1[m] 이상의 출입문(개구부)을 설치한다.
㉥ 유수검지장치를 기계실 안에 설치하는 경우 별도의 실 또는 보호용 철망을 설치하지 않을 수 있다.
㉦ 스프링클러헤드에 공급되는 물은 유수검지장치를 지나도록 한다.
㉧ 자연낙차에 따른 압력수가 흐르는 배관 상에 설치된 유수검지장치는 화재 시 물의 흐름을 검지할 수 있는 최소한의 압력이 얻어질 수 있도록 수조의 하단으로부터 낙차를 두고 설치한다.
㉨ 조기반응형 스프링클러 헤드를 설치하는 경우 습식 유수검지장치 또는 부압식 스프링클러설비를 설치한다.

정답 | ②

63 빈출도 ★★★

이산화탄소 고압식 소화설비의 충전비로 옳은 것은?

① 1.1 이상 1.4 이하
② 1.2 이상 1.6 이하
③ 1.4 이상 1.8 이하
④ 1.5 이상 1.9 이하

해설

저장용기의 충전비는 고압식은 1.5 이상 1.9 이하로 한다.

관련개념 저장용기의 설치기준

㉠ 저장용기의 충전비는 고압식은 1.5 이상 1.9 이하, 저압식은 1.1 이상 1.4 이하로 한다.
㉡ 저압식 저장용기에는 내압시험압력의 0.64배 이상 0.8배 이하의 압력에서 작동하는 안전밸브를 설치한다.
㉢ 저압식 저장용기에는 내압시험압력의 0.8배 이상 1배 이하의 압력에서 작동하는 봉판을 설치한다.
㉣ 저압식 저장용기에는 액면계 및 압력계와 2.3[MPa] 이상 1.9[MPa] 이하의 압력에서 작동하는 압력경보장치를 설치한다.
㉤ 저압식 저장용기에는 용기 내부의 온도가 −18[℃] 이하에서 2.1[MPa]의 압력을 유지할 수 있는 자동냉동장치를 설치한다.
㉥ 고압식 저장용기는 25[MPa] 이상, 저압식 저장용기는 3.5[MPa] 이상의 내압시험압력에 합격한 것으로 한다.
㉦ 저장용기의 개방밸브는 전기식·가스압력식 또는 기계식에 따라 자동으로 개방되고 수동으로도 개방되는 것으로서 안전장치가 부착된 것으로 한다.
㉧ 저장용기와 선택밸브 또는 개폐밸브 사이에는 배관의 최소사용설계압력과 최대허용압력 사이의 압력에서 작동하는 안전장치를 설치한다.

정답 | ④

64 빈출도 ★★

소화설비의 가압송수장치에 설치하는 펌프성능시험배관의 설치기준으로 옳은 것은?

① 성능시험배관은 펌프의 토출측에 설치된 개폐밸브 이후에 분기하여 설치할 것
② 성능시험배관은 유량측정장치를 기준으로 전단 직관부에 유량조절밸브를 설치할 것
③ 유량측정장치는 펌프의 정격토출량의 175[%] 이상 측정할 수 있는 성능이 있을 것
④ 성능시험배관은 유량측정장치를 기준으로 후단 직관부에는 개폐밸브를 설치할 것

해설

유량측정장치는 펌프 정격토출량의 175[%] 이상까지 측정할 수 있는 성능이 있어야 한다.

선지분석

① 성능시험배관은 펌프의 토출 측에 설치된 개폐밸브 이전에서 분기하여 직선으로 설치한다.
② 유량측정장치를 기준으로 전단 직관부에는 개폐밸브를 설치한다.
④ 유량측정장치를 기준으로 후단 직관부에는 유량조절밸브를 설치한다.

관련개념 펌프의 성능시험배관

㉠ 성능시험배관은 펌프의 토출 측에 설치된 개폐밸브 이전에서 분기하여 직선으로 설치한다.
㉡ 유량측정장치를 기준으로 전단 직관부에는 개폐밸브를, 후단 직관부에는 유량조절밸브를 설치한다.
㉢ 성능시험배관의 호칭지름은 유량측정장치의 호칭지름에 따라 정한다.
㉣ 유량측정장치는 펌프 정격토출량의 175[%] 이상까지 측정할 수 있는 성능이 있어야 한다.

정답 | ③

65 빈출도 ★★

호스릴방식 이산화탄소 소화설비는 수평거리 몇 [m] 이내마다 설치하여야 하는가?

① 10[m] ② 15[m]
③ 20[m] ④ 30[m]

해설

호스릴방식 이산화탄소 소화설비는 방호대상물의 각 부분으로부터 하나의 호스접결구까지의 수평거리가 15[m] 이하가 되도록 하여야 한다.

관련개념 호스릴방식 이산화탄소 소화설비의 설치기준

㉠ 방호대상물의 각 부분으로부터 하나의 호스접결구까지의 수평거리가 15[m] 이하가 되도록 한다.
㉡ 소화약제 저장용기의 개방밸브는 호스릴의 설치장소에서 수동으로 개폐할 수 있는 것으로 한다.
㉢ 소화약제 저장용기는 호스릴을 설치하는 장소마다 설치한다.
㉣ 호스릴방식의 이산화탄소 소화설비의 노즐은 20[℃]에서 하나의 노즐마다 1분 당 60[kg] 이상의 양을 방출할 수 있는 것으로 한다.
㉤ 소화약제 저장용기의 가장 가까운 곳의 보기 쉬운 곳에 적색의 표시등을 설치하고, 호스릴방식의 이산화탄소 소화설비가 있다는 뜻을 표시한 표지를 한다.

정답 | ②

66 빈출도 ★★

유압기기를 제외한 전기설비, 케이블실에 이산화탄소 소화설비를 전역방출방식으로 설치할 경우 방호구역의 체적이 600[m^3]라면 이산화탄소 소화약제의 저장량은 몇 [kg]인가? (단, 이때 설계농도는 50[%]이고, 개구부 면적은 무시한다.)

① 780 ② 960
③ 1,200 ④ 1,620

해설

소화약제의 저장량은 방호구역의 체적과 개구부의 면적에 따라 산출한 값의 합으로 한다.
유압기기를 제외한 전기설비, 케이블실은 방호구역 체적 1[m^3] 당 1.3[kg/m^3]의 소화약제가 필요하므로

$600[m^3] \times 1.3[kg/m^3] = 780[kg]$

심부화재의 경우 자동폐쇄장치가 없는 방호구역의 개구부 1[m^2] 당 10[kg/m^2]의 소화약제가 필요하지만 개구부 면적을 무시하므로 가산하지 않는다.

관련개념 심부화재 전역방출방식의 소화약제 저장량

심부화재 전역방출방식의 경우 소화약제의 저장량은 방호구역의 체적과 개구부의 면적에 따라 산출한 값의 합으로 한다.

㉠ 방호구역의 체적 1[m^3]마다 다음의 기준에 따른 양. 불연재료나 내열성의 재료로 밀폐된 구조물이 있는 경우 그 체적은 제외한다.

방호대상물	소화약제의 양 [kg/m^3]	설계농도 [%]
유압기기를 제외한 전기설비, 케이블실	1.3	50
체적 55[m^3] 미만의 전기설비	1.6	50
서고, 전자제품창고, 목재가공품창고, 박물관	2.0	65
고무류 · 면화류 창고, 모피창고, 석탄창고, 집진설비	2.7	75

㉡ 방호구역의 개구부(창문 · 출입구) 1[m^2]마다 10[kg]을 가산해야 한다.(자동폐쇄장치가 없는 경우 限) 개구부의 면적은 방호구역 전체 표면적의 3[%] 이하로 한다.

정답 | ①

67 빈출도 ★★

옥내소화전설비에서 가압송수장치의 최소시설기준으로 맞게 열거한 것은? (단, 순서는 최소방수량 – 법정 최소방수압력 – 법정 최소방출시간이다.)

① 130[L/min] – 0.10[MPa] – 30분
② 350[L/min] – 0.25[MPa] – 30분
③ 130[L/min] – 0.17[MPa] – 20분
④ 350[L/min] – 0.35[MPa] – 20분

해설

특정소방대상물의 어느 층에서 해당 층의 옥내소화전을 동시에 사용할 경우 각 소화전의 노즐선단에서의 방수압력이 0.17[MPa] 이상이고, 방수량이 130[L/min] 이상으로 한다.
옥내소화전설비는 유효하게 20분 이상 작동할 수 있어야 한다.

정답 | ③

68 빈출도 ★★

포 소화설비의 자동화재 감지장치로서 스프링클러 헤드를 사용하는 경우 사용장소의 높이 및 헤드 1개의 감지면적은 얼마가 적당한가?

① 높이 4[m] 이하 감지면적 18[m^2] 이하
② 높이 4[m] 이하 감지면적 20[m^2] 이하
③ 높이 5[m] 이하 감지면적 18[m^2] 이하
④ 높이 5[m] 이하 감지면적 20[m^2] 이하

해설

포 소화설비의 감지장치로 스프링클러 헤드를 사용하는 경우 부착면의 높이는 바닥으로부터 5[m] 이하로 하고, 헤드의 경계면적은 20[m^2] 이하로 한다.

관련개념 자동식 기동장치의 설치기준

폐쇄형 스프링클러헤드를 사용하는 경우에는 다음의 기준에 따라 설치한다.
㉠ 표시온도가 79[℃] 미만인 것을 사용하고, 1개의 스프링클러헤드의 경계면적은 20[m^2] 이하로 한다.
㉡ 부착면의 높이는 바닥으로부터 5[m] 이하로 하고, 화재를 유효하게 감지할 수 있도록 한다.
㉢ 하나의 감지장치 경계구역은 하나의 층이 되도록 한다.

정답 | ④

69 빈출도 ★

제연설비에 있어서 거실 내 유입공기의 배출방식으로 맞지 않는 것은?

① 수직풍도에 따른 배출
② 배출구에 따른 배출
③ 플랩댐퍼에 따른 배출
④ 제연설비에 따른 배출

해설

플랩댐퍼는 제연구역의 압력이 설정압력범위를 초과하는 경우 제연구역의 압력을 배출하여 설정압력 범위를 유지하게 하는 과압방지장치를 말한다.

관련개념 유입공기의 배출방식

배출방식	의미
수직풍도에 따른 배출	옥상으로 직통하는 전용의 배출용 수직풍도를 설치하여 배출하는 것
배출구에 따른 배출	건물의 옥내와 면하는 외벽마다 옥외와 통하는 배출구를 설치하여 배출하는 것
제연설비에 따른 배출	옥내로부터 옥외로 배출해야 하는 유입공기의 양을 거실제연설비의 배출량에 합하여 배출하는 것

정답 | ③

70 빈출도 ★

고체 에어로졸 소화설비의 화재안전기술기준(NFTC 110) 상 약제 방출 후 해당 화재의 재발화 방지를 위하여 최소 몇 분간 소화밀도를 유지하여야 하는가?

① 5분 ② 10분
③ 20분 ④ 30분

해설

고체 에어로졸 소화설비는 약제 방출 후 재발화 방지를 위하여 최소 10분간 소화밀도를 유지하여야 한다.

관련개념 **고체 에어로졸 소화설비의 설치기준**

㉠ 고체 에어로졸은 전기 전도성이 없어야 한다.
㉡ 약제 방출 후 해당 화재의 재발화 방지를 위하여 최소 10분간 소화밀도를 유지하여야 한다.
㉢ 고체 에어로졸 소화설비에 사용되는 주요 구성품은 소방청장이 정하여 고시한 기준에 적합한 것이어야 한다.
㉣ 고체 에어로졸 소화설비는 비상주장소에 한하여 설치한다.
㉤ 고체 에어로졸 소화설비의 소화성능이 발휘될 수 있도록 방호구역 내부의 밀폐성을 확보한다.
㉥ 방호구역 출입구 인근에 고체 에어로졸 방출 시 주의사항에 관한 내용의 표지를 설치한다.

정답 | ②

71 빈출도 ★

지하구의 화재안전기술기준(NFTC 605)에 따라 방화벽은 국사·변전소 등의 건축물과 지하구가 연결되는 부위 (   )에 설치하여야 한다. (   ) 안에 들어갈 알맞은 것은?

① 건축물로부터 10[m] 이내
② 건축물로부터 20[m] 이내
③ 건축물로부터 30[m] 이내
④ 건축물로부터 40[m] 이내

해설

방화벽은 분기구 및 국사·변전소 등의 건축물과 지하구가 연결되는 부위(건축물로부터 20[m] 이내)에 설치한다.

관련개념 **방화벽의 설치기준**

㉠ 내화구조로서 홀로 설 수 있는 구조여야 한다.
㉡ 방화벽의 출입문은 건축법 시행령에 따른 방화문으로서 60분 + 방화문 또는 60분 방화문으로 설치한다.
㉢ 방화벽을 관통하는 케이블·전선 등에는 국토교통부 고시에 따라 내화채움구조로 마감한다.
㉣ 방화벽은 분기구 및 국사·변전소 등의 건축물과 지하구가 연결되는 부위(건축물로부터 20[m] 이내)에 설치한다.
㉤ 자동폐쇄장치를 사용하는 경우에는 기준에 적합한 것으로 설치한다.

정답 | ②

72 빈출도 ★★★

분말 소화설비에서 가압용 가스로 이산화탄소를 사용하는 것에 있어서 소화약제 1[kg]에 대해 몇 [g] 및 배관 청소에 필요한 양을 가산한 양 이상으로 하는가?

① 10　　② 20
③ 30　　④ 40

해설

가압용 가스에 이산화탄소를 사용하는 경우 이산화탄소는 소화약제 1[kg] 마다 20[g]과 청소에 필요한 양을 가산한 양 이상으로 한다.

관련개념 **가압용 · 축압용 가스의 소요량(소화약제 1[kg] 기준)**

	질소	이산화탄소
가압용 가스	40[L]	20[g]+청소에 필요한 양
축압용 가스	10[L]	20[g]+청소에 필요한 양

정답 | ②

73 빈출도 ★

면화류를 저장한 소방대상물에 할론 1211을 소화약제로 사용하려고 한다. 최소 약제량은 몇 [kg]인가? (단, 소방대상물의 체적은 100[m^3]이고, 개구부 면적은 없다.)

① 40　　② 50
③ 60　　④ 70

해설

특수가연물인 면화류에 필요한 소화약제의 양은 체적 1[m^3] 당 0.60[kg/m^3] 이상 0.71[kg/m^3] 이하이다.

소화약제의 양$=0.60[kg/m^3]\times100[m^3]=60[kg]$

정답 | ③

74 빈출도 ★

특별피난계단의 계단실 및 그 부속실을 동시에 제연하는 것의 방연풍속은 몇 [m/s] 이상이어야 하는가?

① 0.5　　② 0.7
③ 1　　④ 1.5

해설

계단실 및 그 부속실을 동시에 제연하는 경우 방연풍속은 0.5[m/s] 이상이다.

관련개념 **방연풍속**

방연풍속은 다음의 표에 따른 기준 이상으로 한다.

제연구역		방연풍속
계단실 및 그 부속실을 동시에 제연하는 것 또는 계단실만 단독으로 제연하는 것		0.5[m/s] 이상
부속실만 단독으로 제연하는 것 또는 비상용승강기의 승강장만 단독으로 제연하는 것	부속실 또는 승강장이 면하는 옥내가 거실인 경우	0.7[m/s] 이상
	부속실 또는 승강장이 면하는 옥내가 복도로서 그 구조가 방화구조(내화시간이 30분 이상인 구조를 포함)인 것	0.5[m/s] 이상

정답 | ①

75 빈출도 ★★★

건식 스프링클러설비의 시험장치 중 유수검지장치 2차 측 설비의 내용적이 몇 [L]를 초과하는 경우 개폐밸브를 완전 개방 후 1분 이내애 물이 방사되어야 하는가?

① 2,840 ② 3,240

③ 3,000 ④ 3,640

해설

시험장치에서 유수검지장치 2차 측 설비의 내용적이 2,840[L]를 초과하는 경우 1분 이내에 물이 방사되어야 한다.

관련개념 **시험장치의 설치기준**

㉠ 습식 스프링클러설비 및 부압식 스프링클러설비에는 유수검지장치 2차 측 배관에 연결하여 설치하고 건식 스프링클러설비인 경우 유수검지장치에서 가장 먼 거리에 위치한 가지배관의 끝으로부터 연결하여 설치한다.

㉡ 건식 스프링클러설비의 시험장치 중 유수검지장치 2차 측 설비의 내용적이 2,840[L]를 초과하는 경우 개폐밸브를 완전 개방 후 1분 이내에 물이 방사되어야 한다.

㉢ 시험장치 배관의 구경은 25[mm] 이상으로 하고, 그 끝에 개폐밸브 및 개방형 헤드 또는 스프링클러헤드와 동등한 방수성능을 가진 오리피스를 설치한다. 개방형 헤드는 반사판 및 프레임을 제거한 오리피스만으로 설치할 수 있다.

㉣ 시험배관의 끝에는 물받이 통 및 배수관을 설치하여 시험 중 방사된 물이 바닥에 흘러내리지 않도록 한다. 목욕실·화장실 등 배수처리가 쉬운 장소에 시험배관을 설치한 경우 제외할 수 있다.

정답 | ①

76 빈출도 ★★

옥내소화전설비의 배관의 설치기준 중 옳지 않은 것은?

① 옥내소화전 방수구와 연결되는 가지배관의 구경은 40[mm] 이상으로 한다.

② 연결송수관설비의 배관과 겸용할 경우 주배관의 구경은 100[mm] 이상으로 한다.

③ 펌프의 토출 측 주배관의 구경은 유속이 4[m/s] 이하가 될 수 있는 크기 이상으로 한다.

④ 주배관 중 수직배관의 구경은 40[mm] 이상으로 한다.

해설

주배관 중 수직배관의 구경은 50[mm] 이상으로 한다.

선지분석

① 옥내소화전 방수구와 연결되는 가지배관의 구경은 40[mm], 호스릴옥내소화전설비의 경우 25[mm] 이상으로 한다.

② 연결송수관설비의 배관과 겸용할 경우 주배관의 구경은 100[mm] 이상으로 하고, 방수구로 연결되는 배관의 구경은 65[mm] 이상으로 한다.

③ 펌프의 토출 측 주배관의 구경은 유속이 4[m/s] 이하가 될 수 있는 크기 이상으로 한다. ← 배관의 구경이 클수록 유속은 낮아진다.

정답 | ④

77 빈출도 ★★

층고가 12[m]인 6층 무대부에 3개의 방수구역으로 분기하여 개방형 스프링클러 헤드를 각 구역당 20개씩 설치하였을 경우 소요되는 펌프의 토출량 및 수원의 양은 얼마 이상이어야 하는가?

① 1,600[L/min], 32.0[m^3]
② 3,200[L/min], 32.0[m^3]
③ 3,200[L/min], 48.0[m^3]
④ 1,600[L/min], 48.0[m^3]

해설

화재안전기준에 따라 스프링클러설비에서 가압송수장치(펌프)의 송수량은 기준개수에 80[L/min]를 곱한 양 이상으로 한다.
← 설치개수가 기준개수보다 적은 경우 설치개수에 따른다.

펌프의 송수량 = 20[개] × 80[L/min] = 1,600[L/min]

화재안전기준에 따라 스프링클러설비에서 수원의 저수량은 기준개수에 1.6[m^3]를 곱한 양 이상이 되도록 한다.

수원의 저수량 = 20[개] × 1.6[m^3] = 32[m^3]

관련개념 저수량의 산정기준

개방형 스프링클러 헤드를 사용하는 경우 최대 방수구역에 설치된 스프링클러 헤드의 개수가 30개 이하일 경우 설치개수에 따르고, 30개 초과인 경우 기준개수를 30개로 한다.

정답 | ①

78 빈출도 ★

연결송수관설비에서 주배관은 얼마의 구경으로 하여야 하는가?

① 65[mm] 이상
② 80[mm] 이상
③ 90[mm] 이상
④ 100[mm] 이상

해설

주배관의 구경은 100[mm] 이상이어야 한다.

관련개념 연결송수관설비 배관의 설치기준

㉠ 주배관의 구경은 100[mm] 이상의 것으로 한다.
㉡ 주배관의 구경이 100[mm] 이상인 옥내소화전설비의 배관과는 겸용할 수 있다.

정답 | ④

79 빈출도 ★

분말 소화설비 국소방출방식의 분사헤드는 기준저장량의 소화약제를 몇 초 이내에 방사할 수 있는 것이어야 하는가?

① 60 ② 30
③ 20 ④ 10

해설

분말 소화설비 국소방출방식의 분사헤드는 소화약제를 30초 이내에 방출할 수 있는 것으로 한다.

정답 | ②

80 빈출도 ★★★

차고 및 주차장에 포 소화설비를 설치하고자 할 때 포헤드는 바닥면적 몇 [m^2]마다 1개 이상 설치하여야 하는가?

① 6 ② 8
③ 9 ④ 10

해설

포헤드는 특정소방대상물의 천장 또는 반자에 설치하고, 바닥면적 9[m^2]마다 1개 이상으로 하여 해당 방호대상물의 화재를 유효하게 소화할 수 있도록 한다.

정답 | ③

기회는 노크하지 않는다.
그것은 당신이 문을 밀어
넘어뜨릴 때 모습을 드러낸다.

– 카일 챈들러

2024년 1회 CBT 복원문제

■ 1회독 ■ 2회독 ■ 3회독

소방원론

01 빈출도 ★★★

종이, 나무, 섬유류 등에 의한 화재에 해당하는 것은?

① A급 화재 ② B급 화재
③ C급 화재 ④ D급 화재

해설

종이, 나무, 섬유류 화재는 A급 화재(일반화재)에 해당한다.

관련개념 **A급 화재(일반화재) 대상물**

㉠ 일반가연물: 섬유(면화)류, 종이, 고무, 석탄, 목재 등
㉡ 합성고분자: 폴리에스테르, 폴리에틸렌, 폴리우레탄 등

정답 | ①

02 빈출도 ★★

인화점이 낮은 것부터 높은 순서로 바르게 나열된 것은?

① 에틸알코올 < 이황화탄소 < 아세톤
② 이황화탄소 < 에틸알코올 < 아세톤
③ 에틸알코올 < 아세톤 < 이황화탄소
④ 이황화탄소 < 아세톤 < 에틸알코올

해설

인화점은 이황화탄소, 아세톤, 에틸알코올 순으로 높아진다.

관련개념 **물질의 발화점과 인화점**

물질	발화점[℃]	인화점[℃]
프로필렌	497	−107
산화프로필렌	449	−37
가솔린	300	−43
이황화탄소	100	−30
아세톤	538	−18
메틸알코올	385	11
에틸알코올	423	13
벤젠	498	−11
톨루엔	480	4.4
등유	210	43~72
경유	200	50~70
적린	260	−
황린	30	20

정답 | ④

03 빈출도 ★★

물의 기화열이 539.6[cal/g]인 것은 어떤 의미인가?

① 0[℃]의 물 1[g]이 얼음으로 변화하는 데 539.6[cal]의 열량이 필요하다.
② 0[℃]의 물 1[g]이 물로 변화하는 데 539.6[cal]의 열량이 필요하다.
③ 0[℃]의 물 1[g]이 100[℃]의 물로 변화하는 데 539.6[cal]의 열량이 필요하다.
④ 100[℃]의 물 1[g]이 수증기로 변화하는 데 539.6[cal]의 열량이 필요하다.

해설

기화열은 기화(증발) 잠열이라고 하며 액체인 물 1[g]이 기화점 100[℃]에서 기체인 수증기로 변화하는 데 필요한 열량이 539.6[cal]이라는 것을 의미한다.

관련개념 **기화(증발) 잠열**

기화 시 액체가 기체로 변화하는 동안에는 온도가 상승하지 않고 일정하게 유지되는데, 이와 같이 온도의 변화 없이 어떤 물질의 상태를 변화시킬 때 필요한 열량을 잠열이라고 한다.

정답 | ④

04 빈출도 ★

제1종 분말 소화약제가 요리용 기름이나 지방질 기름 화재에 적응성이 있는 이유로 가장 옳은 것은?

① 요오드화 반응을 일으키기 때문이다.
② 비누화 반응을 일으키기 때문이다.
③ 브롬화 반응을 일으키기 때문이다.
④ 질화 반응을 일으키기 때문이다.

해설

제1종 분말 소화약제인 탄산수소나트륨($NaHCO_3$)을 지방 또는 기름(식용유) 화재에 사용할 때 기름의 지방산과 탄산수소나트륨($NaHCO_3$)의 나트륨 이온(Na^+)이 비누로 되면서 연료 물질인 기름을 포위하거나 연소생성물에서 발생하는 가스에 의해 포(Foam)를 형성하기도 하여 소화작용을 돕게 되는데 이를 분말 소화약제의 비누화 현상이라 한다.

정답 | ②

05 빈출도 ★

분자 내부에 니트로기를 갖고 있는 니트로셀룰로오스, TNT 등과 같은 제5류 위험물의 연소 형태는?

① 분해연소　② 자기연소
③ 증발연소　④ 표면연소

해설

제5류 위험물은 자기반응성 물질로 자체적으로 산소를 포함하고 있으므로 자기연소 또는 내부연소를 일으키기 쉽다.

관련개념 **제5류 위험물의 특징**

㉠ 가연성 물질로 상온에서 고체 또는 액체상태이다.
㉡ 불안정하고 분해되기 쉬우므로 폭발성이 강하고, 연소속도가 매우 빠르다.
㉢ 산소를 포함하고 있으므로 자기연소 또는 내부연소를 일으키기 쉽고, 연소 시 다량의 가스가 발생한다.
㉣ 산화반응에 의한 자연발화를 일으킨다.
㉤ 한 번 화재가 발생하면 소화가 어렵다.
㉥ 대부분 물에 잘 녹지 않으며 물과 반응하지 않는다.

정답 | ②

06 빈출도 ★★★

다음 중 연소범위를 근거로 계산한 위험도 값이 가장 큰 물질은?

① 이황화탄소 ② 메테인
③ 수소 ④ 일산화탄소

해설

이황화탄소(CS_2)의 위험도가 $\frac{44-1.2}{1.2} \fallingdotseq 35.7$로 가장 크다.

관련개념 **주요 가연성 가스의 연소범위와 위험도**

가연성 가스	하한계 [vol%]	상한계 [vol%]	위험도
아세틸렌(C_2H_2)	2.5	81	31.4
수소(H_2)	4	75	17.8
일산화탄소(CO)	12.5	74	4.9
에테르($C_2H_5OC_2H_5$)	1.9	48	24.3
이황화탄소(CS_2)	1.2	44	35.7
에틸렌(C_2H_4)	2.7	36	12.3
암모니아(NH_3)	15	28	0.9
메테인(CH_4)	5	15	2
에테인(C_2H_6)	3	12.4	3.1
프로페인(C_3H_8)	2.1	9.5	3.5
뷰테인(C_4H_{10})	1.8	8.4	3.7

정답 | ①

07 빈출도 ★★★

어떤 유기화합물을 원소 분석한 결과 중량백분율이 C: 39.9[%], H: 6.7[%], O: 53.4[%]인 경우에 이 화합물의 분자식은? (단, 원자량은 C=12, O=16, H=1이다.)

① $C_3H_8O_2$ ② $C_2H_4O_2$
③ C_2H_4O ④ $C_2H_6O_2$

해설

어떤 유기화합물에서 탄소, 수소, 산소 원자의 질량비가 39.9 : 6.7 : 53.4일 때, 각 원자의 원자량으로 나누면 원자 수의 비율로 나타낼 수 있다.

$\frac{39.9}{12} : \frac{6.7}{1} : \frac{53.4}{16} = 3.325 : 6.7 : 3.3375$

이는 약 1 : 2 : 1의 비율로 나누어지며 이 비율로 구성할 수 있는 분자식은 $C_2H_4O_2$이다.

정답 | ②

08 빈출도 ★

다음 설비 중에서 전산실, 통신기기실 등의 화재에 가장 적합한 것은?

① 스프링클러설비
② 옥내소화전설비
③ 분말소화설비
④ 할로겐화합물 및 불활성기체 소화설비

해설

전산실, 통신기기실 등의 전기화재에 적합한 소화방법은 가스계 소화약제(이산화탄소, 할론, 할로겐화합물 및 불활성기체)의 질식 효과를 이용한 소화방법이다.

선지분석

①, ② 전기 전도성을 가진 물 등으로 소화 시 감전 및 과전류로 인한 피연소물질의 피해가 우려되므로 적합하지 않다.
③ 분말 소화약제는 전기화재에 적응성이 우수하나 피연소물질에 소화약제가 남아 피해를 줄 수 있으므로 가장 적합한 방법은 아니다.

정답 | ④

09 빈출도 ★★★

불포화지방산과 석탄에 자연발화를 일으키는 원인은?

① 분해열 ② 산화열
③ 발효열 ④ 중합열

해설

불포화지방산과 석탄은 산소, 수분 등에 장시간 노출되면 산화가 진행되며 산화열이 발생한다. 산화열을 충분히 배출하지 못하면 점점 축적되어 온도가 상승하게 되고, 기름의 발화점에 도달하면 자연발화가 일어난다.

정답 | ②

10 빈출도 ★★

가시거리가 20~30[m], 연기에 의한 감광계수가 0.1[m^{-1}]일 때의 상황으로 옳은 것은?

① 건물 내부에 익숙한 사람이 피난에 지장을 느낄 정도
② 연기감지기가 작동할 정도
③ 어두운 것을 느낄 정도
④ 앞이 거의 보이지 않을 정도

해설

감광계수 [m^{-1}]	가시거리 [m]	현상
0.1	20~30	연기감지기가 동작할 정도
0.3	5	건물 내부에 익숙한 사람이 피난할 때 지장을 받는 정도
0.5	3	어두움을 느낄 정도
1	1~2	거의 앞이 보이지 않을 정도
10	0.2~0.5	화재의 최성기에 해당, 유도등이 보이지 않을 정도
30	–	출화 시의 연기가 분출할 때의 농도

정답 | ②

11 빈출도 ★★★

프로페인 50[vol%], 뷰테인 40[vol%], 프로필렌 10[vol%]로 된 혼합가스의 폭발하한계는 약 몇 [vol%] 인가? (단, 각 가스의 폭발하한계는 프로페인 2.2[vol%], 뷰테인 1.9[vol%], 프로필렌 2.4[vol%]이다.)

① 0.83 ② 2.09
③ 5.05 ④ 9.44

해설

$$L=\frac{100}{\frac{V_1}{L_1}+\frac{V_2}{L_2}+\frac{V_3}{L_3}}=\frac{100}{\frac{50}{2.2}+\frac{40}{1.9}+\frac{10}{2.4}}\fallingdotseq 2.09[\text{vol\%}]$$

관련개념 **혼합가스의 폭발하한계**

가연성 가스가 혼합되었을 때 '르 샤틀리에의 법칙'으로 혼합가스의 폭발하한계를 계산할 수 있다.

$$\frac{100}{L}=\frac{V_1}{L_1}+\frac{V_2}{L_2}+\cdots+\frac{V_n}{L_n}$$
$$\rightarrow L=\frac{100}{\frac{V_1}{L_1}+\frac{V_2}{L_2}+\cdots+\frac{V_n}{L_n}}$$

L: 혼합가스의 폭발하한계[vol%]
L_1, L_2, L_n: 가연성 가스의 폭발하한계[vol%]
V_1, V_2, V_n: 가연성 가스의 용량[vol%]

정답 | ②

12 빈출도 ★★

산소의 농도를 낮추어 소화하는 방법은?

① 냉각소화 ② 질식소화
③ 제거소화 ④ 억제소화

해설

질식소화는 연소하고 있는 가연물이 들어있는 용기를 기계적으로 밀폐하여 외부와 차단하거나 타고 있는 가연물의 표면을 거품 또는 불연성의 액체로 덮어서 연소에 필요한 산소의 공급을 차단시켜 소화하는 것을 말한다.

정답 | ②

13 빈출도 ★★

화재를 소화하는 방법 중 물리적 방법에 의한 소화가 아닌 것은?

① 억제소화 ② 제거소화
③ 질식소화 ④ 냉각소화

해설

억제소화는 연소의 요소 중 연쇄적 산화반응을 약화시켜 연소의 계속을 불가능하게 하므로 화학적 방법에 의한 소화에 해당한다.

관련개념 **소화의 분류**

㉠ 물리적 소화: 냉각 · 질식 · 제거 · 희석소화
㉡ 화학적 소화: 부촉매소화(억제소화)

정답 | ①

14 빈출도 ★★★

다음 연소생성물 중 인체에 독성이 가장 높은 것은?

① 이산화탄소 ② 일산화탄소
③ 수증기 ④ 포스겐

해설

선지 중 인체 허용농도가 가장 낮은 물질은 포스겐($COCl_2$)이다. 인체에 독성이 높을수록 인체 허용농도가 낮으므로 적은 양으로 인체에 치명적인 영향을 준다.

관련개념 **인체 허용농도(TLV, Threshold limit value)**

연소생성물	인체 허용농도[ppm]
일산화탄소(CO)	50
이산화탄소(CO_2)	5,000
포스겐($COCl_2$)	0.1
황화수소(H_2S)	10
이산화황(SO_2)	10
시안화수소(HCN)	10
아크롤레인(CH_2CHCHO)	0.1
암모니아(NH_3)	25
염화수소(HCl)	5

정답 | ④

15 빈출도 ★★

물질의 취급 또는 위험성에 대한 설명 중 틀린 것은?

① 융해열은 점화원이다.
② 질산은 물과 반응 시 발열 반응하므로 주의를 해야 한다.
③ 네온, 이산화탄소, 질소는 불연성 물질로 취급한다.
④ 암모니아를 충전하는 공업용 용기의 색상은 백색이다.

해설

융해는 고체가 액체로 변화하는 현상이다. 주변의 열을 흡수하며 융해가 일어나므로 점화원이 될 수 없다.

정답 | ①

16 빈출도 ★★

슈테판-볼츠만의 법칙에 의해 복사열과 절대온도의 관계를 옳게 설명한 것은?

① 복사열은 절대온도의 제곱에 비례한다.
② 복사열은 절대온도의 4제곱에 비례한다.
③ 복사열은 절대온도의 제곱에 반비례한다.
④ 복사열은 절대온도의 4제곱에 반비례한다.

해설

복사는 열에너지가 매질을 통하지 않고 전자기파의 형태로 전달되는 현상이다.
슈테판-볼츠만 법칙에 의해 복사열은 절대온도의 4제곱에 비례한다.

$$Q \propto \sigma T^4$$

Q: 열전달량[W/m^2], σ: 슈테판-볼츠만 상수(5.67×10^{-8})[$W/m^2 \cdot K^4$], T: 절대온도[K]

정답 | ②

17 빈출도 ★

화재의 일반적 특성으로 틀린 것은?

① 확대성 ② 정형성
③ 우발성 ④ 불안정성

해설

화재는 우발성, 확대성, 비정형성, 불안정성의 특성이 있다.

관련개념 화재의 특성

우발성	• 화재는 우발적으로 발생한다. • 인위적인 화재(방화 등)를 제외하고는 예측이 어려우며, 사람의 의도와 관계없이 발생한다.
확대성	화재가 발생하면 확대가 가능하다.
비정형성	화재의 형태는 비정형성으로 정해져 있지 않다.
불안정성	화재가 발생한 후 연소는 기상상태, 가연물의 종류·형태, 건축물의 위치·구조 등의 조건이 가해지면서 복잡한 현상으로 진행된다.

정답 | ②

18 빈출도 ★★★

공기 중의 산소의 농도는 약 몇 [vol%] 인가?

① 10 ② 13
③ 17 ④ 21

해설

공기 중 산소의 농도는 21[vol%]이다.

관련개념 공기의 구성성분과 분자량

약 78[%]의 질소(N_2), 21[%]의 산소(O_2), 1[%]의 아르곤(Ar)으로 구성된다.
질소, 산소, 아르곤의 원자량은 각각 14, 16, 40으로 공기의 평균 분자량은 다음과 같다.
$(14\times2\times0.78)+(16\times2\times0.21)+(40\times0.01)\fallingdotseq29$

정답 | ④

19 빈출도 ★★★

화재 시 발생하는 연소가스 중 인체에서 헤모글로빈과 결합하여 혈액의 산소운반을 저해하고 두통, 근육조절의 장애를 일으키는 것은?

① CO_2 ② CO
③ HCN ④ H_2S

해설

헤모글로빈과 결합하여 산소결핍 상태를 유발하는 물질은 일산화탄소(CO)이다.

관련개념 일산화탄소

㉠ 무색·무취·무미의 환원성이 강한 가스로 연탄의 연소가스, 자동차 배기가스, 담배 연기, 대형 산불 등에서 발생한다.
㉡ 혈액의 헤모글로빈과 결합력이 산소보다 210배로 매우 커 흡입하면 산소결핍 상태가 되어 질식 또는 사망에 이르게 한다.
㉢ 인체 허용농도는 50[ppm]이다.

정답 | ②

20 빈출도 ★★

과산화수소 위험물의 특성이 아닌 것은?

① 비수용성이다.
② 무기화합물이다.
③ 불연성 물질이다.
④ 비중은 물보다 무겁다.

해설

과산화수소(H_2O_2)는 극성 분자이므로 극성 분자인 물(H_2O)과 잘 섞인다.

선지분석

② 탄소(C)가 포함되지 않으므로 무기화합물이다.
③ 위험물안전관리법상 산화성 액체로 분류하며 산소를 발생시켜 다른 물질을 연소시키므로 조연성 물질이다.
④ 분자량이 34[g/mol]로 물보다 무겁다.

정답 | ①

21 빈출도 ★★

펌프 운전 시 캐비테이션의 발생을 예방하는 방법이 아닌 것은?

① 펌프의 회전수를 높여 흡입 비속도를 높게 한다.
② 펌프의 설치높이를 될 수 있는 대로 낮춘다.
③ 입형펌프를 사용하고, 회전차를 수중에 완전히 잠기게 한다.
④ 양흡입 펌프를 사용한다.

해설

펌프의 회전수를 크게 하면 회전력이 약해지므로 펌프의 회전수를 작게 한다.

관련개념 **공동현상 방지대책**

발생원인	방지대책
펌프의 설치 위치가 높아 유효흡입수두가 낮아진다.	펌프의 설치 위치를 낮게 한다.
펌프의 회전수가 커서 회전력이 약해진다.	펌프의 회전수를 작게 한다.
펌프의 흡입 관경이 작아 빠른 유속으로 인한 마찰손실이 커진다.	펌프의 흡입 관경을 크게 한다.
단흡입펌프 사용 시 적은 유량으로 인해 성능이 저하한다.	단흡입펌프보다 양흡입펌프 사용를 사용한다.

정답 | ①

22 빈출도 ★★

그림과 같은 관에 비압축성 유체가 흐를 때 A단면의 평균속도가 V_1이라면 B단면에서의 평균속도 V_2는? (단, A단면의 지름은 d_1이고 B단면의 지름은 d_2이다.)

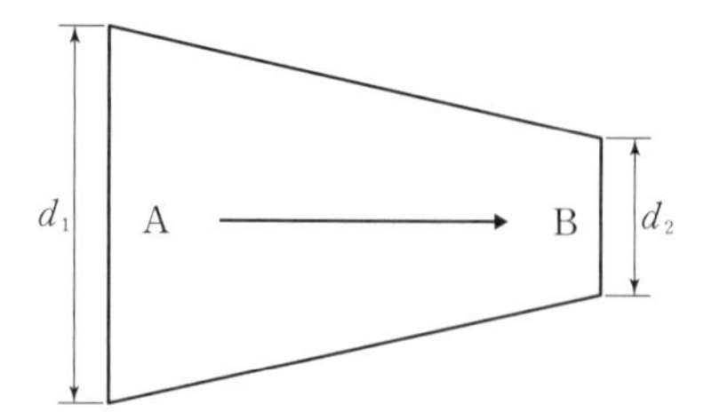

① $V_2=\left(\frac{d_1}{d_2}\right)V_1$　　② $V_2=\left(\frac{d_1}{d_2}\right)^2 V_1$

③ $V_2=\left(\frac{d_2}{d_1}\right)V_1$　　④ $V_2=\left(\frac{d_2}{d_1}\right)^2 V_1$

해설

$$Q=Au$$

Q: 부피유량[m^3/s], A: 유체의 단면적[m^2], u: 유속[m/s]

배관은 지름이 D인 원형이므로 배관의 단면적은 다음과 같다.

$$A=\frac{\pi}{4}D^2$$

$A_1=\frac{\pi}{4}d_1^2$

$A_2=\frac{\pi}{4}d_2^2$

두 단면의 부피유량은 일정하고, 단면 A의 유속이 V_1, 단면 B의 유속이 V_2이므로

$Q=\frac{\pi}{4}d_1^2\times V_1=\frac{\pi}{4}d_2^2\times V_2$

$V_2=\left(\frac{d_1}{d_2}\right)^2 V_1$

정답 | ②

23 빈출도 ★★

관 A에는 비중 $s_1=1.5$인 유체가 있으며, 마노미터 유체는 비중 $s_2=13.6$인 수은이고, 마노미터에서의 수은의 높이차 h_2는 20[cm]이다. 이후 관 A의 압력을 종전보다 40[kPa] 증가했을 때, 마노미터에서 수은의 새로운 높이차(h_2')는 약 몇 [cm]인가?

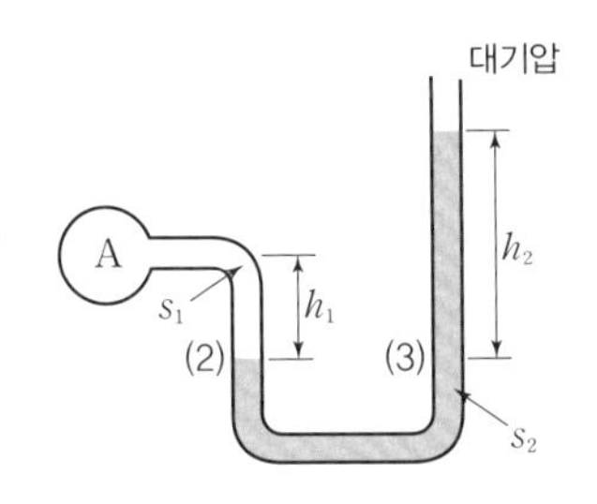

① 28.4 ② 35.9
③ 46.2 ④ 51.8

해설

$$P_x=\gamma h=s\gamma_w h$$

P_x: x점에서의 압력[kN/m²], γ: 비중량[kN/m³],
h: 표면까지의 높이[m], s: 비중, γ_w: 물의 비중량[kN/m³]

(2)면에 작용하는 압력은 A점에서의 압력과 A점의 유체가 누르는 압력의 합과 같다.

$P_2=P_A+s_1\gamma_w h_1$

(3)면에 작용하는 압력은 (3)면 위의 유체가 누르는 압력과 같다.

$P_3=s_2\gamma_w h_2$

유체 내부에서 같은 수평면(높이)에는 같은 압력이 작용하므로 (2)면과 (3)면의 압력은 같다.

$P_2=P_3$

$P_A+s_1\gamma_w h_1=s_2\gamma_w h_2$

A점의 압력이 종전보다 40[kPa] 증가하면 계기 유체는 바깥쪽으로 더 높이 올라가므로 높이 변화와 관계식은 다음과 같다.

$h_1'=h_1+x$

$h_2'=h_2+2x$

$P_A+40+s_1\gamma_w h_1'=s_2\gamma_w h_2'$

압력 변화 전후의 식을 연립하면 다음과 같다.

$40+s_1\gamma_w(h_1'-h_1)=s_2\gamma_w(h_2'-h_2)$

$40+s_1\gamma_w x=2s_2\gamma_w x$

따라서 높이의 변화량 x는 다음과 같다.

$$x=\frac{40}{2s_2\gamma_w-s_1\gamma_w}=\frac{40}{2\times 13.6\times 9.8-1.5\times 9.8}$$

$\fallingdotseq 0.159[\text{m}]=15.9[\text{cm}]$

수은의 새로운 높이차 h_2'는

$h_2'=h_2+2x=20+2\times 15.9=51.8[\text{cm}]$

정답 | ④

24 빈출도 ★★

다음 중 등엔트로피 과정은 어느 과정인가?

① 가역 단열 과정 ② 가역 등온 과정
③ 비가역 단열 과정 ④ 비가역 등온 과정

해설

가역 단열 과정은 열의 출입이 없고 초기 상태로 돌아갈 수 있으므로 엔트로피가 변화하지 않는 과정이다.

정답 | ①

25 빈출도 ★★

다음 (㉠), (㉡)에 알맞은 것은?

> 파이프 속을 유체가 흐를 때 파이프 끝의 밸브를 갑자기 닫으면 유체의 (㉠)에너지가 압력으로 변환되면서 밸브 직전에서 높은 압력이 발생하고 상류로 압축파가 전달되는 (㉡) 현상이 발생한다.

① ㉠ 운동, ㉡ 서징 ② ㉠ 운동, ㉡ 수격
③ ㉠ 위치, ㉡ 서징 ④ ㉠ 위치, ㉡ 수격

해설

배관 속 유체의 흐름이 더 이상 진행하지 못하고 운동에너지가 압력으로 변화하면서 압력파에 의해 충격과 이상음이 발생하는 현상은 수격현상이다.

관련개념 펌프의 이상현상

수격현상	배관 속 유체의 흐름이 갑자기 변화할 때 압력파에 의해 충격과 이상음이 발생하는 현상
맥동현상	펌프 압력계의 지침이 흔들리며 토출량이 주기적으로 변동하며 진동하는 현상
공동현상	배관 내 흐르는 유체에서 압력이 증기압보다 낮아져 기포가 발생하는 현상

정답 | ②

26 빈출도 ★

안지름 25[mm], 길이 10[m]의 수평 파이프를 통해 비중은 0.8이고, 점성계수는 5×10^{-3}[kg/m·s]인 기름을 유량 0.2×10^{-3}[m³/s]로 수송하고자 할 때, 필요한 펌프의 최소 동력은 약 몇 [W] 인가?

① 0.21 ② 0.58

③ 0.77 ④ 0.81

해설

$$P=\gamma QH$$

P: 수동력[W], γ: 유체의 비중량[N/m³], Q: 유량[m³/s], H: 전양정[m]

유체의 비중이 0.8이므로 유체의 밀도와 비중량은 다음과 같다.

$$s=\frac{\rho}{\rho_w}=\frac{\gamma}{\gamma_w}$$

s: 비중, ρ: 비교물질의 밀도[kg/m³], ρ_w: 물의 밀도[kg/m³], γ: 비교물질의 비중량[N/m³], γ_w: 물의 비중량[N/m³]

$\rho=s\rho_w=0.8\times1{,}000$

$\gamma=s\gamma_w=0.8\times9{,}800$

유체의 흐름을 판단하기 위해 레이놀즈 수를 계산해보면 다음과 같다.

$$Re=\frac{\rho uD}{\mu}=\frac{uD}{\nu}$$

Re: 레이놀즈 수, ρ: 밀도[kg/m³], u: 유속[m/s], D: 직경[m], μ: 점성계수(점도)[kg/m·s], ν: 동점성계수(동점도)[m²/s]

부피유량 공식 $Q=Au$에 의해 유량과 배관의 직경 D를 알면 유속은 다음과 같이 구할 수 있다.

$$u=\frac{Q}{A}=\frac{Q}{\frac{\pi}{4}D^2}=\frac{4Q}{\pi D^2}$$

u: 유속[m/s], Q: 유량[m³/s], A: 배관의 단면적[m²], D: 배관의 직경[m]

$$Re=\frac{\rho uD}{\mu}=\frac{\rho D}{\mu}\times\frac{4Q}{\pi D^2}$$
$$=\frac{(0.8\times1{,}000)\times0.025}{5\times10^{-3}}\times\frac{4\times(0.2\times10^{-3})}{\pi\times0.025^2}$$
$$≒1{,}630$$

레이놀즈 수가 2,100 이하이므로 유체의 흐름은 층류이다.

유체의 흐름이 층류일 때 배관에서의 마찰손실은 하겐-푸아죄유 방정식으로 구할 수 있다.

$$H=\frac{\Delta P}{\gamma}=\frac{128\mu lQ}{\gamma\pi D^4}$$

H: 마찰손실수두[m], ΔP: 압력 차이[Pa], γ: 비중량[N/m³], μ: 점성계수(점도)[kg/m·s], l: 배관의 길이[m], Q: 유량[m³/s], D: 배관의 직경[m]

주어진 조건을 공식에 대입하면 마찰손실수두 H는 다음과 같다.

$$H=\frac{128\times(5\times10^{-3})\times10\times(0.2\times10^{-3})}{(0.8\times9{,}800)\times\pi\times0.025^4}$$
$$≒0.133[m]$$

따라서 펌프의 최소 동력 P는

$$P=(0.8\times9{,}800)\times(0.2\times10^{-3})\times0.133$$
$$≒0.21[W]$$

정답 | ①

27 빈출도 ★★★

체적이 10[m³]인 기름의 무게가 30,000[N]이라면 이 기름의 비중은 얼마인가? (단, 물의 밀도는 1,000[kg/m³]이다.)

① 0.153 ② 0.306

③ 0.459 ④ 0.612

해설

$$s=\frac{\rho}{\rho_w}=\frac{\gamma}{\gamma_w}$$

s: 비중, ρ: 비교물질의 밀도[kg/m³], ρ_w: 물의 밀도[kg/m³], γ: 비교물질의 비중량[N/m³], γ_w: 물의 비중량[N/m³]

기름의 비중량은 무게를 부피로 나누어 구할 수 있다.

$$\gamma=\frac{30{,}000}{10}=3{,}000[N/m^3]$$

물의 비중량은 밀도와 중력가속도의 곱으로 구할 수 있다.

$$\gamma_w=\rho_w g=1{,}000\times9.8=9{,}800[N/m^3]$$

비중은 비교물질의 비중량과 물의 비중량의 비율이므로 기름의 비중 s는

$$s=\frac{\gamma}{\gamma_w}=\frac{3{,}000}{9{,}800}≒0.306$$

정답 | ②

28 빈출도 ★★

토출량이 1,800[L/min], 회전차의 회전수가 1,000[rpm]인 소화펌프의 회전수를 1,400[rpm]으로 증가시키면 토출량은 처음보다 얼마나 더 증가되는가?

① 10[%] ② 20[%]
③ 30[%] ④ 40[%]

해설

펌프의 회전수를 변화시키면 동일한 펌프이므로 상사법칙에 따라 유량이 변화한다.

$$\frac{Q_2}{Q_1}=\left(\frac{N_2}{N_1}\right)\left(\frac{D_2}{D_1}\right)^3$$

Q: 유량, N: 펌프의 회전수, D: 직경

동일한 펌프이므로 직경은 같고, 상태1의 회전수가 1,000[rpm], 상태2의 회전수가 1,400[rpm]이므로 유량 변화는 다음과 같다.

$$Q_2=Q_1\left(\frac{N_2}{N_1}\right)=Q_1\left(\frac{1,400}{1,000}\right)=1.4Q_1$$

정답 | ④

29 빈출도 ★

모세관 현상에 있어서 물이 모세관을 따라 올라가는 높이에 대한 설명으로 옳은 것은?

① 표면장력이 클수록 높이 올라간다.
② 관의 지름이 클수록 높이 올라간다.
③ 밀도가 클수록 높이 올라간다.
④ 중력의 크기와는 무관하다.

해설

모세관 현상에서 표면의 높이 차이는 표면장력에 비례하고, 비중량(밀도×중력가속도), 모세관의 직경에 반비례한다.

$$h=\frac{4\sigma\cos\theta}{\gamma D}$$

h: 표면의 높이 차이[m], σ: 표면장력[N/m], θ: 부착 각도, γ: 유체의 비중량[N/m³], D: 모세관의 직경[m]

정답 | ①

30 빈출도 ★

마그네슘은 절대온도 293[K]에서 열전도도가 156[W/m·K], 밀도는 1,740[kg/m³]이고, 비열이 1,017[J/kg·K] 일 때 열확산계수[m²/s]는?

① 8.96×10^{-2} ② 1.53×10^{-1}
③ 8.81×10^{-5} ④ 8.81×10^{-4}

해설

$$\alpha=\frac{k}{\rho c}$$

α: 열확산계수[m²/s], k: 열전도율[W/m·K], ρ: 밀도[kg/m³], c: 비열[J/kg·K]

주어진 조건을 공식에 대입하면 열확산계수 α는

$$\alpha=\frac{156}{1,740\times1,017}\fallingdotseq8.816\times10^{-5}[\mathrm{m^2/s}]$$

정답 | ③

31 빈출도 ★★

글로브 밸브에 의한 손실을 지름이 10[cm]이고 관 마찰계수가 0.025인 관의 길이로 환산하면 상당길이가 40[m]가 된다. 이 밸브의 부차적 손실계수는?

① 0.25 ② 1
③ 2.5 ④ 10

해설

$$L=\frac{KD}{f}$$

L: 상당길이[m], K: 부차적 손실계수, D: 직경[m], f: 마찰손실계수

주어진 조건을 공식에 대입하면 부차적 손실계수 K는

$$K=\frac{Lf}{D}=\frac{40\times0.025}{0.1}=10$$

정답 | ④

32 빈출도 ★

성능이 같은 3대의 펌프를 병렬로 연결하였을 경우 양정과 유량은 얼마인가? (단, 펌프 1대에서 유량은 Q, 양정은 H라고 한다.)

① 유량은 $9Q$, 양정은 H
② 유량은 $9Q$, 양정은 $3H$
③ 유량은 $3Q$, 양정은 $3H$
④ 유량은 $3Q$, 양정은 H

해설

펌프를 병렬로 연결하면 유량은 증가하고 양정은 변하지 않는다. 성능이 같은 펌프를 병렬로 연결하면 유량은 3배가 된다.

정답 | ④

33 빈출도 ★

부자(float)의 오르내림에 의해서 배관 내의 유량을 측정하는 기구의 명칭은?

① 피토관(pitot tube)
② 로터미터(rotameter)
③ 오리피스(orifice)
④ 벤투리미터(venturi meter)

해설

부자(float)의 오르내림을 활용하여 배관 내의 유량을 측정하는 장치는 로터미터이다.

정답 | ②

34 빈출도 ★★

압력 0.1[MPa], 온도 250[℃] 상태인 물의 엔탈피가 2,974.33[kJ/kg]이고 비체적은 2.40604[m³/kg]이다. 이 상태에서 물의 내부에너지[kJ/kg]는 얼마인가?

① 2,733.7
② 2,974.1
③ 3,214.9
④ 3,582.7

해설

계의 상태를 압력·부피의 곱과 내부에너지의 합으로 나타내는 물리량을 엔탈피라고 한다.

$$H=U+PV$$

H: 엔탈피, U: 내부에너지, P: 압력, V: 부피

주어진 조건을 공식에 대입하면 내부에너지 U는

$$U=H-PV=2{,}974.33-100\times2.40604$$
$$=2{,}733.726[\text{kJ/kg}]$$

정답 | ①

35 빈출도 ★

관내에 흐르는 유체의 흐름을 구분하는데 사용되는 레이놀즈 수의 물리적인 의미는?

① $\frac{\text{관성력}}{\text{중력}}$
② $\frac{\text{관성력}}{\text{탄성력}}$
③ $\frac{\text{관성력}}{\text{압축력}}$
④ $\frac{\text{관성력}}{\text{점성력}}$

해설

레이놀즈 수는 유체의 관성력과 점성력의 비를 나타내는 수로 크기에 따라 클수록 난류, 작을수록 층류로 판단하는 척도가 된다.

$$Re=\frac{\rho uD}{\mu}=\frac{uD}{\nu}$$

Re: 레이놀즈 수, ρ: 밀도[kg/m³], u: 유속[m/s], D: 직경[m], μ: 점성계수(점도)[kg/m·s], ν: 동점성계수(동점도)[m²/s]

정답 | ④

36 빈출도 ★★★

그림과 같이 사이펀에 의해 용기 속의 물이 4.8[m^3/min]로 방출된다면 전체 손실수두[m]는 얼마인가? (단, 관 내 마찰은 무시한다.)

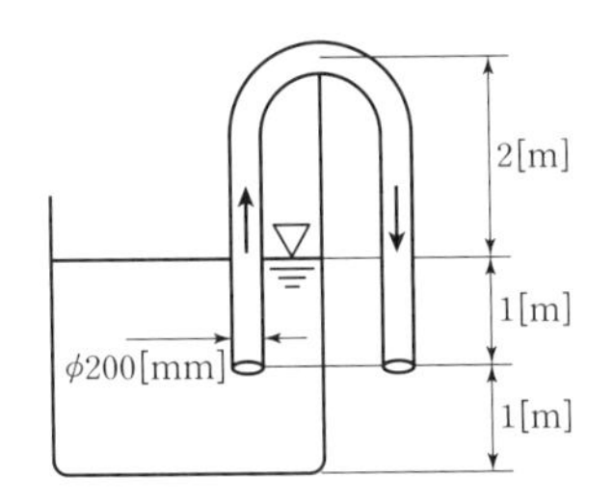

① 0.668 ② 0.330
③ 1.043 ④ 1.826

해설

수조의 표면에서 유체의 위치가 가지는 에너지는 사이펀을 통과하며 일부 손실이 되고, 나머지는 사이펀의 출구에서 유속이 가지는 에너지로 변환되며 속도 u를 가지게 된다.

$$Z=H+\frac{u^2}{2g}$$

사이펀을 통과하는 유량은 4.8[m^3/min]이므로 단위를 변환하면 $\frac{4.8}{60}$[m^3/s]이고, 사이펀은 원형이므로 유속 u는 다음과 같다.

$$Q=Au$$

Q: 부피유량[m^3/s], A: 유체의 단면적[m^2], u: 유속[m/s]

$$A=\frac{\pi}{4}D^2$$

$$u=\frac{Q}{A}=\frac{Q}{\frac{\pi}{4}D^2}=\frac{\frac{4.8}{60}}{\frac{\pi}{4}\times 0.2^2}\fallingdotseq 2.55[m/s]$$

표면과 사이펀 출구의 높이 차이는 1[m]이므로 손실수두 H는

$$H=Z-\frac{u^2}{2g}=1-\frac{2.55^2}{2\times 9.8}$$
$$\fallingdotseq 0.6682[m]$$

정답 | ①

37 빈출도 ★

수평 원관 내 완전발달 유동에서 유동을 일으키는 힘 ㉠과 방해하는 힘 ㉡은 각각 무엇인가?

① ㉠: 압력차에 의한 힘 ㉡: 점성력
② ㉠: 중력 힘 ㉡: 점성력
③ ㉠: 중력 힘 ㉡: 압력차에 의한 힘
④ ㉠: 압력차에 의한 힘 ㉡: 중력 힘

해설

배관 속에서 유체는 두 지점의 압력 차이에 의해 이동하며, 유체가 가진 점성력에 의해 분자 간, 분자와 벽 사이에서 저항을 받는다.

정답 | ①

38 빈출도 ★★★

그림에서 두 피스톤의 지름이 각각 30[cm]와 5[cm]이다. 큰 피스톤이 1[cm] 아래로 움직이면 작은 피스톤은 위로 몇 [cm] 움직이는가?

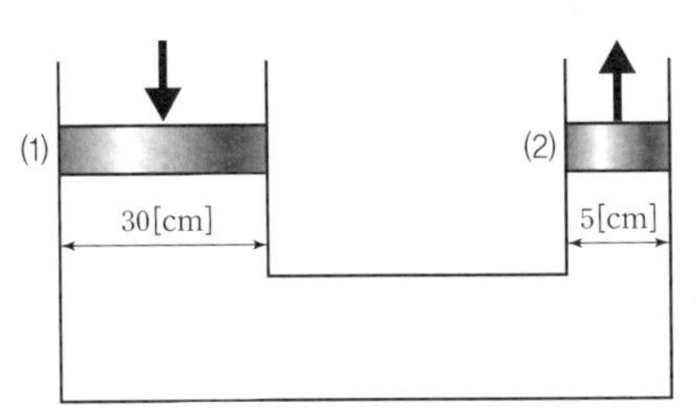

① 1 ② 5
③ 30 ④ 36

해설

큰 피스톤(1)에 의해 줄어드는 물의 부피는 작은 피스톤(2)에 의해 늘어나는 물의 부피와 같다.
피스톤은 원형이므로 단면적은 다음과 같다.

$$A=\frac{\pi}{4}D^2$$

따라서 다음의 식이 성립한다.

$$\frac{\pi}{4}D_1^2 h_1=\frac{\pi}{4}D_2^2 h_2$$

주어진 조건을 공식에 대입하면 작은 피스톤이 움직이는 높이 h_2는

$$\frac{\pi}{4}\times 0.3^2\times 1=\frac{\pi}{4}\times 0.05^2\times h_2$$
$$h_2=36[cm]$$

정답 | ④

39 빈출도 ★

단면적이 A와 $2A$인 U자형 관에 밀도가 d인 기름이 담겨져 있다. 단면적이 $2A$인 관에 관벽과는 마찰이 없는 물체를 놓았더니 그림과 같이 평형을 이루었다. 이 때 이 물체의 질량은?

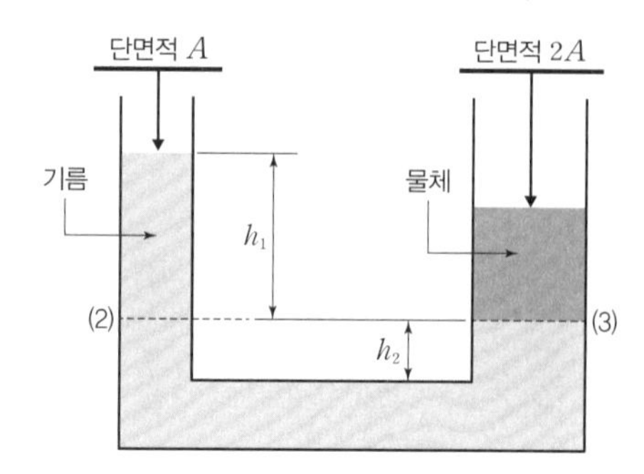

① $2Ah_1d$ ② Ah_1d
③ $A(h_1+h_2)d$ ④ $A(h_1-h_2)d$

해설

$$P_x=\rho gh$$

P_x: x점에서의 압력[N/m²], ρ: 밀도[kg/m³], g: 중력가속도[m/s²], h: x점으로부터 표면까지의 높이[m]

(2)면에 작용하는 압력은 기름이 누르는 압력과 같다.

$P_2=dgh_1$

(3)면에 작용하는 압력은 물체가 누르는 압력과 같다.

$$P=\frac{F}{A}$$

P: 압력[N/m²], F: 힘[N], A: 면적[m²]

물체가 가진 질량을 m이라고 하면 물체가 누르는 힘 F는 mg이고, 따라서 물체가 누르는 압력은 다음과 같다.

$P_3=\frac{mg}{2A}$

유체 내부에서 같은 수평면(높이)에는 같은 압력이 작용하므로 (2)면과 (3)면의 압력은 같다.

$P_2=P_3$

$dgh_1=\frac{mg}{2A}$

따라서 물체의 질량 m은

$m=2Ah_1d$

정답 | ①

40 빈출도 ★★★

베르누이 방정식을 적용할 수 있는 기본 전제조건으로 옳은 것은?

① 비압축성 흐름, 점성 흐름, 정상 유동
② 압축성 흐름, 비점성 흐름, 정상 유동
③ 비압축성 흐름, 비점성 흐름, 비정상 유동
④ 비압축성 흐름, 비점성 흐름, 정상 유동

해설

베르누이의 정리에서 압력이 가지는 에너지, 유속이 가지는 에너지, 위치가 가지는 에너지의 합은 일정하다.

관련개념 **베르누이 정리의 조건**

㉠ 비압축성 유체이다.
㉡ 정상상태의 흐름이다.
㉢ 마찰이 없는 흐름이다.
㉣ 임의의 두 점은 같은 흐름선 상에 있다.

정답 | ④

소방관계법규

41 빈출도 ★★

다음 소방시설 중 피난구조설비에 속하는 것은?

① 제연설비, 휴대용비상조명등
② 자동화재속보설비, 유도등
③ 비상방송설비, 비상벨설비
④ 비상조명등, 유도등

해설

비상조명등과 유도등은 피난구조설비에 해당한다.

선지분석

① 제연설비: 소화활동설비
휴대용비상조명등: 피난구조설비
② 자동화재속보설비: 경보설비
유도등: 피난구조설비
③ 비상방송설비: 경보설비
비상벨설비: 경보설비

관련개념 피난구조설비의 종류

피난구조설비	
피난구조설비	피난기구
	인명구조기구
	유도등
	비상조명등 및 휴대용비상조명등

정답 | ④

42 빈출도 ★★★

화재의 예방 및 안전관리에 관한 법률상 특수가연물의 저장 및 취급의 기준 중 (   )에 들어갈 내용으로 옳은 것은? (단, 석탄 · 목탄류의 경우는 제외한다.)

> 쌓는 높이는 (㉠)[m] 이하가 되도록 하고, 쌓는 부분의 바닥면적은 (㉡)[m^2] 이하가 되도록 할 것

① ㉠: 15, ㉡: 200
② ㉠: 15, ㉡: 300
③ ㉠: 10, ㉡: 30
④ ㉠: 10, ㉡: 50

해설

쌓는 높이는 10[m] 이하가 되도록 하고, 쌓는 부분의 바닥면적은 50[m^2] 이하가 되도록 해야 한다.

관련개념 특수가연물의 저장 및 취급 기준

구분		살수설비를 설치하거나 대형수동식소화기를 설치하는 경우	그 밖의 경우
높이		15[m] 이하	10[m] 이하
쌓는 부분의 바닥면적	석탄 · 목탄류	300[m^2] 이하	200[m^2] 이하
	그 외	200[m^2] 이하	50[m^2] 이하

정답 | ④

43 빈출도 ★★

소방시설공사업법령상 소방시설업 등록을 하지 아니하고 영업을 한 자에 대한 벌칙은?

① 500만 원 이하의 벌금
② 1년 이하의 징역 또는 1,000만 원 이하의 벌금
③ 3년 이하의 징역 또는 3,000만 원 이하의 벌금
④ 5년 이하의 징역

해설

소방시설업 등록을 하지 아니하고 영업을 한 자는 3년 이하의 징역 또는 3,000만 원 이하의 벌금에 처한다.

정답 | ③

44 빈출도 ★

소방업무를 전문적이고 효과적으로 수행하기 위하여 소방대원에게 필요한 소방교육·훈련의 횟수와 기간은?

① 2년마다 1회 이상 실시하되, 기간은 1주 이상
② 3년마다 1회 이상 실시하되, 기간은 1주 이상
③ 2년마다 1회 이상 실시하되, 기간은 2주 이상
④ 3년마다 1회 이상 실시하되, 기간은 2주 이상

해설

소방대원에게 실시할 교육·훈련

횟수	2년마다 1회
기간	2주 이상

정답 | ③

45 빈출도 ★

소방기본법령상 소방대장의 권한이 아닌 것은?

① 화재 현장에 대통령령으로 정하는 사람 외에는 그 구역에 출입하는 것을 제한할 수 있다.
② 화재 진압 등 소방활동을 위하여 필요할 때에는 소방용수 외에 댐·저수지 등의 물을 사용할 수 있다.
③ 국민의 안전의식을 높이기 위하여 소방박물관 및 소방체험관을 설립하여 운영할 수 있다.
④ 불이 번지는 것을 막기 위하여 필요할 때에는 불이 번질 우려가 있는 소방대상물 및 토지를 일시적으로 사용할 수 있다.

해설

소방박물관과 소방체험관의 설립·운영권자는 각각 소방청장과 시·도지사이며 소방대장의 권한이 아니다.

관련개념 **소방대장의 권한**

㉠ 소방활동구역의 설정(출입 제한)
㉡ 소방활동 종사명령
㉢ 소방활동에 필요한 처분(강제처분)
㉣ 피난명령
㉤ 위험시설 등에 대한 긴급조치

정답 | ③

46 빈출도 ★★★

특수가연물 중 가연성고체의 기준으로 옳지 않은 것은?

① 인화점이 40[℃] 이상 100[℃] 미만인 것
② 인화점이 100[℃] 이상 200[℃] 미만이고, 연소열량이 8[kcal/g] 이상인 것
③ 인화점이 200[℃] 이상이고, 연소열량이 8[kcal/g] 이상인 것으로서 융점이 100[℃] 미만인 것
④ 인화점이 70[℃] 이상 250[℃] 미만이고, 연소열량이 10[kcal/g] 이상인 것

해설

보기 ④는 가연성고체의 기준이 아니다.

관련개념 **가연성고체**

㉠ 인화점이 40[℃] 이상 100[℃] 미만인 것
㉡ 인화점이 100[℃] 이상 200[℃] 미만이고, 연소열량이 8[kcal/g] 이상인 것
㉢ 인화점이 200[℃] 이상이고, 연소열량이 8[kcal/g] 이상인 것으로서 녹는점(융점)이 100[℃] 미만인 것
㉣ 1기압과 20[℃] 초과 40[℃] 이하에서 액상인 것으로서 인화점이 70[℃] 이상 200[℃] 미만인 것

정답 | ④

47 빈출도 ★★

제조소등의 위치 · 구조 또는 설비의 변경 없이 당해 제조소등에서 저장하거나 취급하는 위험물의 품명 · 수량 또는 지정수량의 배수를 변경하고자 할 때는 누구에게 신고해야 하는가?

① 국무총리 ② 시 · 도지사
③ 관할소방서장 ④ 행정안전부장관

해설

제조소등의 위치 · 구조 또는 설비의 변경 없이 당해 제조소등에서 저장하거나 취급하는 위험물의 품명 · 수량 또는 지정수량의 배수를 변경하고자 하는 자는 변경하고자 하는 날의 1일 전까지 행정안전부령이 정하는 바에 따라 시 · 도지사에게 신고하여야 한다.

정답 | ②

48 빈출도 ★★★

화재의 예방 및 안전관리에 관한 법률에 따른 용접 또는 용단 작업장에서 불꽃을 사용하는 용접 · 용단기구 사용에 있어서 작업장 주변 반경 몇 [m] 이내에 소화기를 갖추어야 하는가?(단, 산업안전보건법에 따른 안전조치의 적용을 받는 사업장의 경우는 제외한다.)

① 1 ② 3
③ 5 ④ 7

해설

용접 또는 용단 작업장 주변 반경 5[m] 이내에 소화기를 갖추어야 한다.

정답 | ③

49 빈출도 ★★★

화재예방강화지구로 지정할 수 있는 대상이 아닌 것은?

① 시장지역
② 소방출동로가 있는 지역
③ 공장 · 창고가 밀집한 지역
④ 목조건물이 밀집한 지역

해설

소방출동로가 있는 지역은 화재예방강화지구의 지정 대상이 아니다.

관련개념 화재예방강화지구의 지정대상

㉠ 시장지역
㉡ 공장 · 창고가 밀집한 지역
㉢ 목조건물이 밀집한 지역
㉣ 노후 · 불량건축물이 밀집한 지역
㉤ 위험물의 저장 및 처리 시설이 밀집한 지역
㉥ 석유화학제품을 생산하는 공장이 있는 지역
㉦ 산업단지
㉧ 소방시설 · 소방용수시설 또는 소방출동로가 없는 지역
㉨ 물류단지

정답 | ②

50 빈출도 ★

소방시설공사업법령에 따른 성능위주설계를 할 수 있는 자의 설계범위 기준 중 틀린 것은?

① 연면적 30,000[m^2] 이상인 특정소방대상물로서 공항시설
② 연면적 100,000[m^2] 이상인 특정소방대상물 (단, 아파트 등은 제외)
③ 지하층을 포함한 층수가 30층 이상인 특정소방대상물 (단, 아파트 등은 제외)
④ 하나의 건축물에 영화상영관이 10개 이상인 특정소방대상물

해설

연면적 200,000[m^2] 이상인 특정소방대상물(아파트등 제외)이 성능위주설계를 할 수 있는 자의 설계범위이다.

관련개념 성능위주설계 대상 특정소방대상물

시설	대상
특정소방대상물 (아파트등 제외)	• 연면적 200,000[m^2] 이상 • 30층 이상(지하층 포함) • 지상으로부터 높이가 120[m] 이상 • 하나의 건축물에 영화상영관이 10개 이상 • 지하연계 복합건축물
아파트등	• 50층 이상(지하층 제외) • 지상으로부터 높이가 200[m] 이상
철도 및 도시철도, 공항시설	• 연면적 30,000[m^2] 이상
창고시설	• 연면적 100,000[m^2] 이상 • 지하층의 층수가 2개 층 이상이고 지하층의 바닥면적의 합계가 30,000[m^2] 이상
터널	• 수저터널 • 길이 5,000[m] 이상

정답 | ②

51 빈출도 ★★

소방기본법상 소방본부장, 소방서장 또는 소방대장의 권한이 아닌 것은?

① 화재, 재난·재해, 그 밖의 위급한 상황이 발생한 현장에서 소방활동을 위하여 필요할 때에는 그 관할 구역에 사는 사람 또는 그 현장에 있는 사람으로 하여금 사람을 구출하는 일 또는 불을 끄거나 불이 번지지 아니하도록 하는 일을 하게 할 수 있다.

② 소방활동을 할 때에 긴급한 경우에는 이웃한 소방본부장 또는 소방서장에게 소방업무와 응원을 요청할 수 있다.

③ 사람을 구출하거나 불이 번지는 것을 막기 위하여 필요할 때에는 화재가 발생하거나 불이 번질 우려가 있는 소방대상물 및 토지를 일시적으로 사용하거나 그 사용의 제한 또는 소방활동에 필요한 처분을 할 수 있다.

④ 소방활동을 위하여 긴급하게 출동할 때에는 소방자동차의 통행과 소방활동에 방해가 되는 주차 또는 정차된 차량 및 물건 등을 제거하거나 이동시킬 수 있다.

해설

소방본부장이나 소방서장은 소방활동을 할 때에 긴급한 경우에는 이웃한 소방본부장 또는 소방서장에게 소방업무의 응원을 요청할 수 있다.
소방대장은 소방업무의 응원을 요청할 수 있는 권한이 없다.

관련개념 소방본부장, 소방서장, 소방대장의 권한

구분	소방본부장	소방서장	소방대장
소방활동	○	○	×
소방업무 응원요청	○	○	×
소방활동 구역설정	×	×	○
소방활동 종사명령	○	○	○
강제처분 (토지, 차량 등)	○	○	○

정답 | ②

52 빈출도 ★★★

소방시설 설치 및 관리에 관한 법률상 건축허가 등을 할 때 미리 소방본부장 또는 소방서장의 동의를 받아야 하는 건축물 등의 범위가 아닌 것은?

① 연면적 200[m^2] 이상인 노유자시설 및 수련시설

② 항공기격납고, 관망탑

③ 차고·주차장으로 사용되는 바닥면적이 100[m^2] 이상인 층이 있는 건축물

④ 지하층 또는 무창층이 있는 건축물로서 바닥면적이 150[m^2] 이상인 층이 있는 것

해설

차고·주차장으로 사용되는 바닥면적이 200[m^2] 이상인 층이 있는 건축물이 건축허가 등의 동의대상물이다.

관련개념 동의대상물의 범위

㉠ 연면적 400[m^2] 이상 건축물이나 시설
㉡ 다음 표에서 제시된 기준 연면적 이상의 건축물이나 시설

구분	기준
학교시설	100[m^2] 이상
– 노유자시설 – 수련시설	200[m^2] 이상
– 정신의료기관 – 장애인 의료재활시설	300[m^2] 이상

㉢ 지하층, 무창층이 있는 건축물로서 바닥면적이 150[m^2](공연장 100[m^2]) 이상인 층이 있는 것
㉣ 차고, 주차장 또는 주차용도로 사용되는 시설
– 차고·주차장으로 사용되는 바닥면적이 200[m^2] 이상인 층이 있는 건축물이나 주차시설
– 승강기 등 기계장치에 의한 주차시설로서 자동차 20대 이상을 주차할 수 있는 시설
㉤ 층수가 6층 이상인 건축물
㉥ 항공기격납고, 관망탑, 항공관제탑, 방송용 송수신탑
㉦ 특정소방대상물 중 위험물 저장 및 처리시설, 지하구

정답 | ③

53 빈출도 ★★★

소방용수시설 중 저수조 설치 시 지면으로부터 낙차 기준은?

① 2.5[m] 이하
② 3.5[m] 이하
③ 4.5[m] 이하
④ 5.5[m] 이하

해설

저수조는 지면으로부터 낙차가 4.5[m] 이하이어야 한다.

정답 | ③

54 빈출도 ★★

소방시설 설치 및 관리에 관한 법률상 분말형태의 소화약제를 사용하는 소화기의 내용연수로 옳은 것은? (단, 소방용품의 성능을 확인받아 그 사용기한을 연장하는 경우는 제외한다.)

① 3년 ② 5년
③ 7년 ④ 10년

해설

분말형태의 소화약제를 사용하는 소화기의 내용연수는 10년이다.

정답 | ④

55 빈출도 ★★

위험물안전관리법상 업무상 과실로 제조소등에서 위험물을 유출·방출 또는 확산시켜 사람의 생명·신체 또는 재산에 대하여 위험을 발생시킨 자에 대한 벌칙 기준으로 옳은 것은?

① 5년 이하의 금고 또는 2,000만 원 이하의 벌금
② 5년 이하의 금고 또는 7,000만 원 이하의 벌금
③ 7년 이하의 금고 또는 2,000만 원 이하의 벌금
④ 7년 이하의 금고 또는 7,000만 원 이하의 벌금

해설

업무상 과실로 제조소등에서 위험물을 유출·방출 또는 확산시켜 사람의 생명·신체 또는 재산에 대하여 위험을 발생시킨 자는 7년 이하의 금고 또는 7,000만 원 이하(사상자 발생시 10년 이하의 징역 또는 금고나 1억 원 이하)의 벌금에 처한다.

정답 | ④

56 빈출도 ★

소방시설 설치 및 관리에 관한 법률상 소화설비를 구성하는 제품 또는 기기에 해당하지 않는 것은?

① 가스누설경보기 ② 소방호스
③ 스프링클러헤드 ④ 분말자동소화장치

해설

가스누설경보기는 경보설비에 해당한다.

관련개념 소화설비를 구성하는 제품 또는 기기

㉠ 소화기구
㉡ 자동소화장치
㉢ 소화설비를 구성하는 소화전, 관창, 소방호스
㉣ 스프링클러헤드, 기동용 수압개폐장치, 유수제어밸브 및 가스관선택밸브

정답 | ①

57 빈출도 ★★★

소방시설 설치 및 관리에 관한 법률상 스프링클러설비를 설치하여야 하는 특정소방대상물의 기준으로 틀린 것은? (단, 위험물 저장 및 처리 시설 중 가스시설 또는 지하구는 제외한다.)

① 복합건축물로서 연면적 3,500[m^2] 이상인 경우에는 모든 층
② 창고시설(물류터미널 제외)로서 바닥면적 합계가 5,000[m^2] 이상인 경우에는 모든 층
③ 숙박이 가능한 수련시설 용도로 사용되는 시설의 바닥면적의 합계가 600[m^2] 이상인 것은 모든 층
④ 판매시설, 운수시설 및 창고시설(물류터미널 한정)로서 바닥면적의 합계가 5,000[m^2] 이상이거나 수용인원이 500명 이상인 경우에는 모든 층

해설

복합건축물로서 연면적 5,000[m^2] 이상인 경우에는 모든 층에 스프링클러설비를 설치해야 한다.

정답 | ①

58 빈출도 ★★

소방공사업법령상 공사감리자 지정대상 특정소방대상물의 범위가 아닌 것은?

① 캐비닛형 간이스프링클러설비를 신설 · 개설하거나 방호 · 방수구역을 증설할 때
② 물분무등소화설비(호스릴방식의 소화설비 제외)를 신설 · 개설하거나 방호 · 방수구역을 증설할 때
③ 제연설비를 신설 · 개설하거나 방호 · 방수구역을 증설할 때
④ 연소방지설비를 신설 · 개설하거나 살수구역을 증설할 때

해설

캐비닛형 간이스프링클러설비 신설 · 개설과 방호 · 방수구역을 증설할 때는 공사감리자를 지정할 필요 없다.

관련개념 **공사감리자 지정대상 특정소방대상물의 범위**

㉠ 옥내소화전설비를 신설 · 개설 또는 증설할 때
㉡ 스프링클러설비등(캐비닛형 간이스프링클러설비 제외)을 신설 · 개설하거나 방호 · 방수 구역을 증설할 때
㉢ 물분무등소화설비(호스릴방식의 소화설비 제외)를 신설 · 개설하거나 방호 · 방수 구역을 증설할 때
㉣ 옥외소화전설비를 신설 · 개설 또는 증설할 때
㉤ 자동화재탐지설비를 신설 또는 개설할 때
㉥ 비상방송설비를 신설 또는 개설할 때
㉦ 통합감시시설을 신설 또는 개설할 때
㉧ 소화용수설비를 신설 또는 개설할 때
㉨ 다음 소화활동설비에 대하여 시공을 할 때
- 제연설비를 신설 · 개설하거나 제연구역을 증설할 때
- 연결송수관설비를 신설 또는 개설할 때
- 연결살수설비를 신설 · 개설하거나 송수구역을 증설할 때
- 비상콘센트설비를 신설 · 개설하거나 전용회로를 증설할 때
- 무선통신보조설비를 신설 또는 개설할 때
- 연소방지설비를 신설 · 개설하거나 살수구역을 증설할 때

정답 | ①

59 빈출도 ★★

위험물안전관리법령상 제조소등이 아닌 장소에서 지정수량 이상의 위험물을 취급할 수 있는 기준 중 다음 (　　) 안에 알맞은 것은?

> 시·도의 조례가 정하는 바에 따라 관할소방서장의 승인을 받아 지정수량 이상의 위험물을 (　　)일 이내의 기간 동안 임시로 저장 또는 취급하는 경우

① 15　　② 30
③ 60　　④ 90

해설

시·도의 조례가 정하는 바에 따라 관할소방서장의 승인을 받아 지정수량 이상의 위험물을 **90**일 이내의 기간 동안 임시로 저장 또는 취급하는 경우 제조소등이 아닌 장소에서 지정수량 이상의 위험물을 취급할 수 있다.

정답 | ④

60 빈출도 ★★

시·도지사가 소방시설업의 등록취소처분이나 영업정지처분을 하고자 할 경우 실시하여야 하는 것은?

① 청문을 실시하여야 한다.
② 징계위원회의 개최를 요구하여야 한다.
③ 직권으로 취소 처분을 결정하여야 한다.
④ 소방기술심의위원회의 개최를 요구하여야 한다.

해설

소방시설업 등록취소처분이나 영업정지처분 또는 소방기술 인정 자격취소처분을 하려면 **청문**을 하여야 한다.

정답 | ①

소방기계시설의 구조 및 원리

61 빈출도 ★★★

소화기구 및 자동소화장치의 화재안전성능기준(NFTC 101)에 따른 용어에 대한 정의로 틀린 것은?

① "소화약제"란 소화기구 및 자동소화장치에 사용되는 소화성능이 있는 고체·액체 및 기체의 물질을 말한다.
② "대형소화기"란 화재 시 사람이 운반할 수 있도록 운반대와 바퀴가 설치되어 있고 능력 단위가 A급 20단위 이상, B급 10단위 이상인 소화기를 말한다.
③ "전기화재(C급 화재)"란 전류가 흐르고 있는 전기기기, 배선과 관련된 화재를 말한다.
④ "능력단위"란 소화기 및 소화약제에 따른 간이소화용구에 있어서는 소방시설법에 따라 형식승인 된 수치를 말한다.

해설

대형소화기는 능력단위가 A급 10단위 이상, B급 20단위 이상인 소화기이다.

정답 | ②

62 빈출도 ★★★

분말 소화설비의 화재안전성능기준(NFPC 108)상 분말 소화설비의 가압용 가스로 질소가스를 사용하는 경우 질소가스는 소화약제 1[kg]마다 최소 몇 [L] 이상이어야 하는가? (단, 질소가스의 양은 35[℃]에서 1기압의 압력상태로 환산한 것이다.)

① 10　② 20
③ 30　④ 40

해설

가압용 가스에 질소가스를 사용하는 경우 질소가스는 소화약제 1[kg] 마다 40[L](35[℃]에서 1기압의 압력상태로 환산한 것) 이상으로 해야 한다.

관련개념 가압용·축압용 가스의 소요량(소화약제 1[kg] 기준)

	질소	이산화탄소
가압용 가스	40[L]	20[g]+청소에 필요한 양
축압용 가스	10[L]	20[g]+청소에 필요한 양

정답 | ④

63 빈출도 ★★

포 소화설비의 자동식 기동장치를 폐쇄형 스프링클러 헤드의 개방과 연동하여 가압송수장치 · 일제 개방밸브 및 포 소화약제 혼합장치를 기동하는 경우의 설치 기준 중 다음 (   ) 안에 알맞은 것은? (단, 자동화재 탐지설비의 수신기가 설치된 장소에 상시 사람이 근무하고 있고, 화재 시 즉시 해당 조작부를 작동시킬 수 있는 경우는 제외한다.)

> 표시온도가 (㉠)[℃] 미만의 것을 사용하고, 1개의 스프링클러헤드의 경계면적은 (㉡)[m^2] 이하로 할 것

① ㉠ 79 ㉡ 8
② ㉠ 121 ㉡ 8
③ ㉠ 79 ㉡ 20
④ ㉠ 121 ㉡ 20

해설

표시온도가 79[℃] 미만인 것을 사용하고, 1개의 스프링클러헤드의 경계면적은 20[m^2] 이하로 한다.

관련개념 자동식 기동장치의 설치기준

폐쇄형 스프링클러헤드를 사용하는 경우에는 다음의 기준에 따라 설치한다.

㉠ 표시온도가 79[℃] 미만인 것을 사용하고, 1개의 스프링클러헤드의 경계면적은 20[m^2] 이하로 한다.
㉡ 부착면의 높이는 바닥으로부터 5[m] 이하로 하고, 화재를 유효하게 감지할 수 있도록 한다.
㉢ 하나의 감지장치 경계구역은 하나의 층이 되도록 한다.

정답 | ③

64 빈출도 ★★

특별피난계단의 계단실 및 부속실 제연설비의 차압 등에 관한 기준 중 옳은 것은?

① 제연설비가 가동되었을 경우 출입문의 개방에 필요한 힘은 130[N] 이하로 하여야 한다.
② 제연구역과 옥내와의 사이에 유지하여야 하는 최소 차압은 40[Pa](옥내에 스프링클러설비가 설치된 경우에는 12.5[Pa]) 이상으로 하여야 한다.
③ 피난을 위하여 제연구역의 출입문이 일시적으로 개방되는 경우 개방되지 아니하는 제연구역과 옥내와의 차압은 기준 차압의 60[%] 미만이 되어서는 아니 된다.
④ 계단실과 부속실을 동시에 제연 하는 경우 부속실의 기압은 계단실과 같게 하거나 계단실의 기압보다 낮게 할 경우에는 부속실과 계단실의 압력차이는 10[Pa] 이하가 되도록 하여야 한다.

해설

제연구역의 기압을 제연구역 이외의 옥내보다 높게 하고 일정한 기압의 차이를 유지해야 하는 최소 차압은 40[Pa] 이상으로 한다. 옥내에 스프링클러설비가 설치된 경우 최소 차압은 12.5[Pa] 이상으로 한다.

선지분석

① 제연설비가 가동되었을 경우 출입문의 개방에 필요한 힘은 110[N] 이하로 한다.
③ 피난을 위하여 제연구역의 출입문이 일시적으로 개방되는 경우 개방되지 않은 제연구역과 옥내와의 차압은 기준 차압의 70[%] 이상이어야 한다.
④ 계단실과 부속실을 동시에 제연하는 경우 부속실의 기압은 계단실과 같게 하거나 계단실의 기압보다 낮게 할 경우에는 부속실과 계단실의 압력 차이는 5[Pa] 이하가 되도록 한다.

정답 | ②

65 빈출도 ★★★

상수도 소화용수설비의 화재안전성능기준(NFPC 401)에 따른 설치기준 중 다음 (   ) 안에 알맞은 것은?

> 호칭지름 (㉠)[mm] 이상의 수도배관에 호칭지름 (㉡)[mm] 이상의 소화전을 접속하여야 하며, 소화전은 특정소방대상물의 수평투영면의 각 부분으로부터 (㉢)[m] 이하가 되도록 설치할 것

① ㉠ 65 ㉡ 80 ㉢ 120
② ㉠ 65 ㉡ 100 ㉢ 140
③ ㉠ 75 ㉡ 80 ㉢ 120
④ ㉠ 75 ㉡ 100 ㉢ 140

해설

호칭지름 75[mm] 이상의 수도배관에 호칭지름 100[mm] 이상의 소화전을 접속한다.
소화전은 특정소방대상물의 수평투영면의 각 부분으로부터 140[m] 이하가 되도록 설치한다.

관련개념 상수도 소화용수설비의 설치기준

㉠ 호칭지름 75[mm] 이상의 수도배관에 호칭지름 100[mm] 이상의 소화전을 접속한다.
㉡ 소화전은 소방자동차 등의 진입이 쉬운 도로변 또는 공지에 설치한다.
㉢ 소화전은 특정소방대상물의 수평투영면의 각 부분으로부터 140[m] 이하가 되도록 설치한다.

정답 | ④

66 빈출도 ★★

전역방출방식 분말 소화설비에서 방호구역의 개구부에 자동폐쇄장치를 설치하지 아니한 경우, 개구부의 면적 1[m^2]에 대한 분말 소화약제의 가산량으로 잘못 연결된 것은?

① 제1종 분말 - 4.5[kg]
② 제2종 분말 - 2.7[kg]
③ 제3종 분말 - 2.5[kg]
④ 제4종 분말 - 1.8[kg]

해설

전역방출방식 제3종 분말 소화약제의 기준량은 방호구역의 체적 1[m^3]마다 0.36[kg], 방호구역의 개구부 1[m^2]마다 2.7[kg]이다.

관련개념 전역방출방식 분말 소화약제 저장량의 최소기준

소화약제의 종류	소화약제의 양 [kg/m^3]	개구부 가산량 [kg/m^2]
제1종 분말	0.60	4.5
제2종 분말	0.36	2.7
제3종 분말	0.36	2.7
제4종 분말	0.24	1.8

정답 | ③

67 빈출도 ★★

제연설비에서 예상제연구역의 각 부분으로부터 하나의 배출구까지의 수평거리를 몇 [m] 이내가 되도록 하여야 하는가?

① 10[m] ② 12[m]
③ 15[m] ④ 20[m]

해설

예상제연구역의 각 부분으로부터 하나의 배출구까지의 수평거리는 10[m] 이내로 한다.

관련개념 배출구의 설치기준

㉠ 예상제연구역(통로 제외)의 바닥면적이 400[m^2] 미만인 경우
- 벽으로 구획되어 있는 경우 배출구는 천장 또는 반자와 바닥 사이의 중간 윗부분에 설치한다.
- 어느 한 부분이 제연경계로 구획되어 있는 경우 천장·반자 또는 이에 가까운 벽의 부분에 설치한다.
- 배출구를 벽에 설치하는 경우 배출구의 하단이 해당 예상제연구역에서 제연경계의 폭이 가장 짧은 제연경계의 하단보다 높이 되도록 한다.

㉡ 통로인 예상제연구역과 바닥면적이 400[m^2] 이상인 경우
- 벽으로 구획되어 있는 경우 배출구는 천장·반자 또는 이에 가까운 벽의 부분에 설치한다.
- 배출구를 벽에 설치하는 경우 배출구의 하단과 바닥 간의 최단거리를 2[m] 이상으로 한다.
- 어느 한 부분이 제연경계로 구획되어 있는 경우 천장·반자 또는 이에 가까운 벽의 부분에 설치한다.
- 배출구를 벽 또는 제연경계에 설치하는 경우 배출구의 하단이 해당 예상제연구역에서 제연경계의 폭이 가장 짧은 제연경계의 하단보다 높이 되도록 한다.

㉢ 예상제연구역의 각 부분으로부터 하나의 배출구까지의 수평거리는 10[m] 이내로 한다.

정답 | ①

68 빈출도 ★

폐쇄형 스프링클러헤드 퓨지블링크형의 표시온도가 121[℃]~162[℃]인 경우 프레임의 색별로 옳은 것은? (단, 폐쇄형 헤드이다.)

① 파랑 ② 빨강
③ 초록 ④ 흰색

해설

폐쇄형 스프링클러헤드 퓨지블링크형의 표시온도가 121[℃] ~ 162[℃]인 경우 프레임의 색별은 파랑색으로 한다.

관련개념 폐쇄형 헤드의 표시온도에 따른 색표시(퓨지블링크형)

표시온도[℃]	프레임의 색별
77 미만	색 표시 안함
78 ~ 120	흰색
121 ~ 162	파랑
163 ~ 203	빨강
204 ~ 259	초록
260 ~ 319	오렌지
320 이상	검정

정답 | ①

69 빈출도 ★

지상으로부터 높이 30[m]가 되는 창문에서 구조대용 유도 로프의 모래주머니를 자연낙하 시킨 경우 지상에 도달할 때까지 걸리는 시간(초)은?

① 2.5 ② 5
③ 7.5 ④ 10

해설

자유낙하 운동에서 초기상태로부터 이동한 거리와 걸린 시간은 다음의 관계식으로 나타낼 수 있다.

$$h=\frac{1}{2}gt^2$$

h: 이동한 거리[m], g: 중력가속도[m/s^2], t: 걸린 시간[s]

주어진 조건을 관계식에 대입하면

$30=\frac{1}{2}\times 9.8\times t^2$

모래주머니가 30[m]를 이동하는데 걸린 시간 t는

$\sqrt{\frac{30\times 2}{9.8}}\fallingdotseq 2.47$[s]

정답 | ①

70 빈출도 ★

소화용수설비와 관련하여 다음 설명 중 괄호 안에 들어갈 항목으로 옳게 짝지어진 것은?

> 상수도 소화용수설비를 설치하여야 하는 특정소방대상물은 다음 각 목의 어느 하나와 같다. 다만, 상수도 소화용수설비를 설치하여야 하는 특정소방대상물의 대지 경계선으로부터 (㉠)[m] 이내에 지름 (㉡)[mm] 이상인 상수도용 배수관이 설치되지 않은 지역의 경우에는 화재안전기준에 따른 소화수조 또는 저수조를 설치하여야 한다.

① ㉠: 150 ㉡: 75
② ㉠: 150 ㉡: 100
③ ㉠: 180 ㉡: 75
④ ㉠: 180 ㉡: 100

해설

상수도 소화용수설비를 설치해야 하는 특정소방대상물의 대지 경계선으로부터 180[m] 이내에 지름 75[mm] 이상인 상수도용 배수관이 설치되지 않은 지역의 경우 소화수조 또는 저수조를 설치한다.

관련개념 상수도 소화용수설비를 설치해야 하는 특정소방대상물

㉠ 연면적 5,000[m^2] 이상인 것. 위험물 저장 및 처리시설 중 가스시설, 지하가 중 터널 또는 지하구의 경우 제외
㉡ 가스시설로서 지상에 노출된 탱크의 저장용량의 합계가 100톤 이상인 것
㉢ 자원순환 관련 시설 중 폐기물재활용시설 및 폐기물처분시설
㉣ 상수도 소화용수설비를 설치해야 하는 특정소방대상물의 대지 경계선으로부터 180[m] 이내에 지름 75[mm] 이상인 상수도용 배수관이 설치되지 않은 지역의 경우 화재안전기준에 따른 소화수조 또는 저수조를 설치한다.

정답 | ③

71 빈출도 ★

소화기의 형식승인 및 제품검사의 기술기준상 A급 화재용 소화기의 능력단위 산정을 위한 소화능력시험의 내용으로 틀린 것은?

① 모형 배열 시 모형 간의 간격은 3[m] 이상으로 한다.
② 소화는 최초의 모형에 불을 붙인 다음 1분 후에 시작한다.
③ 소화는 무풍상태(풍속 0.5[m/s] 이하)와 사용상태에서 실시한다.
④ 소화약제의 방사가 완료된 때 잔염이 없어야 하며, 방사완료 후 2분 이내에 다시 불타지 아니한 경우 그 모형은 완전히 소화된 것으로 본다.

해설

소화는 최초의 모형에 불을 붙인 다음 3분 후에 시작하고, 불을 붙인 순으로 한다.

정답 | ②

72 빈출도 ★★

다음 중 스프링클러설비에서 자동경보밸브에 리타딩 챔버(retarding chamber)를 설치하는 목적으로 가장 적절한 것은?

① 자동으로 배수하기 위하여
② 압력수의 압력을 조절하기 위하여
③ 자동경보밸브의 오보를 방지하기 위하여
④ 경보를 발하기까지 시간을 단축하기 위하여

해설

리타딩 챔버는 순간적인 압력변화를 완충하여 압력스위치의 작동을 방지하며 이로 인한 누수를 외부로 배출시켜 유수검지장치(자동경보밸브)의 오작동을 방지한다.

정답 | ③

73 빈출도 ★★

분말 소화설비의 화재안전성능기준(NFPC 108)에 따른 분말 소화설비의 배관과 선택밸브의 설치기준에 대한 내용으로 틀린 것은?

① 배관은 겸용으로 설치할 것
② 선택밸브는 방호구역 또는 방호대상물마다 설치할 것
③ 동관은 고정압력 또는 최고사용압력의 1.5배 이상의 압력에 견딜 수 있는 것을 사용할 것
④ 강관은 아연도금에 따른 배관용 탄소강관이나 이와 동등 이상의 강도·내식성 및 내열성을 가진 것을 사용할 것

해설

배관은 전용으로 한다.

관련개념 **분말 소화설비 배관의 설치기준**

㉠ 배관은 전용으로 한다.
㉡ 강관을 사용하는 경우의 배관은 아연도금에 따른 배관용 탄소강관(KS D 3507)이나 이와 동등 이상의 강도·내식성 및 내열성을 가진 것으로 한다.
㉢ 축압식 분말소화설비에 사용하는 것 중 20[℃]에서 압력이 2.5[MPa] 이상 4.2[MPa] 이하인 것은 압력배관용 탄소강관(KS D 3562) 중 이음이 없는 스케줄 40 이상의 것 또는 이와 동등 이상의 강도를 가진 것으로서 아연도금으로 방식 처리된 것을 사용한다.
㉣ 동관을 사용하는 경우의 배관은 고정압력 또는 최고사용압력의 1.5배 이상의 압력에 견딜 수 있는 것을 사용한다.
㉤ 밸브류는 개폐위치 또는 개폐방향을 표시한 것으로 한다.
㉥ 배관의 관부속 및 밸브류는 배관과 동등 이상의 강도 및 내식성이 있는 것으로 한다.
㉦ 확관형 분기배관을 사용할 경우에는 소방청장이 정하여 고시한 기준에 적합한 것으로 설치한다.

정답 | ①

74 빈출도 ★★★

물분무 소화설비 가압송수장치의 토출량에 대한 최소 기준으로 옳은 것은? (단, 특수가연물을 저장 취급하는 특정소방대상물 및 차고 주차장의 바닥면적은 50[m^2]이하인 경우는 50[m^2]를 기준으로 한다.)

① 차고 또는 주차장의 바닥면적 1[m^2]에 대해 10[L/min]로 20분 간 방수할 수 있는 양 이상
② 특수가연물을 저장 · 취급하는 특정소방대상물의 바닥면적 1[m^2]에 대해 20[L/min]로 20분 간 방수할 수 있는 양 이상
③ 케이블트레이, 케이블덕트는 투영된 바닥면적 1[m^2]에 대해 10[L/mim]로 20분 간 방수할 수 있는 양 이상
④ 절연유 봉입 변압기는 바닥면적을 제외한 표면적을 합한 면적 1[m^2]에 대해 10[L/min]로 20분 간 방수할 수 있는 양 이상

해설

절연유 봉입 변압기는 바닥 부분을 제외한 표면적을 합한 면적 1[m^2]에 대하여 10[L/min]로 20분 간 방수할 수 있는 양 이상으로 한다.

관련개념 저수량의 산정기준

㉠ 특수가연물을 저장 또는 취급하는 특정소방대상물 또는 그 부분에 있어서 그 바닥면적(최소 50[m^2]) 1[m^2]에 대하여 10[L/min]로 20분 간 방수할 수 있는 양 이상으로 한다.
㉡ 차고 또는 주차장은 그 바닥면적(최소 50[m^2]) 1[m^2]에 대하여 20[L/min]로 20분 간 방수할 수 있는 양 이상으로 한다.
㉢ 절연유 봉입 변압기는 바닥 부분을 제외한 표면적을 합한 면적 1[m^2]에 대하여 10[L/min]로 20분 간 방수할 수 있는 양 이상으로 한다.
㉣ 케이블트레이, 케이블덕트 등은 투영된 바닥면적 1[m^2]에 대하여 12[L/min]로 20분 간 방수할 수 있는 양 이상으로 한다.
㉤ 콘베이어 벨트 등은 벨트 부분의 바닥면적 1[m^2]에 대하여 10[L/min]로 20분 간 방수할 수 있는 양 이상으로 한다.

정답 | ④

75 빈출도 ★★★

소화수조 및 저수조와 화재안전성능기준(NFPC 402)에 따라 소화수조의 채수구는 소방차가 최대 몇 [m] 이내의 지점까지 접근할 수 있도록 설치하여야 하는가?

① 1　② 2
③ 4　④ 5

해설

채수구 또는 흡수관투입구는 소방차가 2[m] 이내의 지점까지 접근할 수 있는 위치에 설치한다.

정답 | ②

76 빈출도 ★★

스프링클러설비를 설치하여야 할 특정소방대상물에 있어서 스프링클러헤드를 설치하지 아니할 수 있는 기준 중 틀린 것은?

① 천장과 반자 양쪽이 불연재료로 되어 있고 천장과 반자사이의 거리가 2.5[m] 미만인 부분
② 천장 및 반자가 불연재료 외의 것으로 되어 있고 천장과 반자사이의 거리가 0.5[m] 미만인 부분
③ 천장 · 반자 중 한쪽이 불연재료로 되어 있고 천장과 반자 사이의 거리가 1[m] 미만인 부분
④ 현관 또는 로비 등으로서 바닥으로부터 높이가 20[m] 이상인 장소

해설

천장과 반자 양쪽이 불연재료로 되어있는 장소 중 천장과 반자 사이의 거리가 2[m] 미만인 부분에 스프링클러헤드를 설치하지 않을 수 있다.

정답 | ①

77 빈출도 ★★★

포 소화설비의 화재안전성능기준(NFPC 105) 상 전역방출방식 고발포용 고정포방출구의 설치기준으로 옳은 것은? (단, 해당 방호구역에서 외부로 새는 양 이상의 포수용액을 유효하게 추가하여 방출하는 설비가 있는 경우는 제외한다.)

① 개구부에 자동폐쇄장치를 설치할 것
② 바닥면적 600[m^2] 마다 1개 이상으로 할 것
③ 방호대상물의 최고부분보다 낮은 위치에 설치할 것
④ 특정소방대상물 및 포의 팽창비에 따른 종별에 관계없이 해당 방호구역의 관포체적 1[m^3]에 대한 1분당 포수용액 방출량은 1[L] 이상으로 할 것

해설

전역방출방식의 고발포용 고정포방출구에는 개구부에 자동폐쇄장치를 설치해야 한다.

선지분석

② 고정포방출구는 바닥면적 500[m^2]마다 1개 이상으로 하여 방호대상물의 화재를 유효하게 소화할 수 있도록 한다.
③ 고정포방출구는 방호대상물의 최고부분보다 높은 위치에 설치한다. 밀어올리는 능력을 가진 것은 방호대상물과 같은 높이로 할 수 있다.
④ 고정포방출구는 특정소방대상물 및 포의 팽창비에 따라 해당 방호구역의 관포체적 1[m^3]에 대하여 1분 당 방출량을 기준량 이상이 되도록 한다.

정답 | ①

78 빈출도 ★★★

소화기구 및 자동소화장치의 화재안전기술기준(NFTC 101) 상 노유자시설은 당해 용도의 바닥면적 얼마마다 능력단위 1단위 이상의 소화기구를 비치해야 하는가?

① 바닥면적 30[m^2] 마다
② 바닥면적 50[m^2] 마다
③ 바닥면적 100[m^2] 마다
④ 바닥면적 200[m^2] 마다

해설

노유자시설에 소화기구를 설치할 경우 바닥면적 100[m^2]마다 능력단위 1단위 이상으로 한다.

관련개념 소화기구의 특정소방대상물별 능력단위

특정소방대상물	소화기구의 능력단위
1. 위락시설	해당 용도의 바닥면적 30[m^2] 마다 능력단위 1단위 이상
2. 공연장 · 집회장 · 관람장 · 문화재 · 장례식장 및 의료시설	해당 용도의 바닥면적 50[m^2] 마다 능력단위 1단위 이상
3. 근린생활시설 · 판매시설 · 운수시설 · 숙박시설 · 노유자시설 · 전시장 · 공동주택 · 업무시설 · 방송통신시설 · 공장 · 창고시설 · 항공기 및 자동차 관련 시설 및 관광휴게시설	해당 용도의 바닥면적 100[m^2] 마다 능력단위 1단위 이상
4. 그 밖의 것	해당 용도의 바닥면적 200[m^2] 마다 능력단위 1단위 이상

소화기구의 능력단위를 산출할 때 건축물의 주요구조부가 내화구조이고, 벽 및 반자의 실내에 면하는 부분이 불연재료 · 준불연재료 또는 난연재료로 된 특정소방대상물의 경우 위 기준의 2배를 기준면적으로 한다.

정답 | ③

79 빈출도 ★★

제연설비의 화재안전기술기준(NFTC 501) 상 유입풍도 및 배출풍도에 관한 설명으로 맞는 것은?

① 유입풍도 안의 풍속은 25[m/s] 이하로 한다.

② 배출풍도는 석면재료와 같은 내열성의 단열재로 유효한 단열 처리를 한다.

③ 배출풍도와 유입풍도의 아연도금강판 최소 두께는 0.45[mm] 이상으로 하여야 한다.

④ 배출기 흡입측 풍도 안의 풍속은 15[m/s] 이하로 하고 배출측 풍속은 20[m/s] 이하로 한다.

해설

배출기의 흡입 측 풍도 안의 풍속은 15[m/s] 이하로 하고 배출 측 풍속은 20[m/s] 이하로 한다.

선지분석

① 유입풍도 안의 풍속은 20[m/s] 이하로 하고 풍도의 강판 두께는 배출풍도의 기준에 따라 설치한다.

② 건축법에 따른 불연재료(석면 제외)인 단열재로 풍도 외부에 유효한 단열 처리를 한다.

③ 강판의 두께는 배출풍도의 크기에 따라 다음의 표에 따른 기준 이상으로 한다. 유입풍도의 강판 두께도 동일하다.

풍도 단면의 긴변 또는 직경의 크기[mm]	강판 두께[mm]
450 이하	0.5
450 초과 750 이하	0.6
750 초과 1,500 이하	0.8
1,500 초과 2,250 이하	1.0
2,250 초과	1.2

정답 | ④

80 빈출도 ★

할론소화설비의 화재안전기술기준(NFTC 107)에 따른 할론소화설비의 수동식 기동장치의 설치기준으로 틀린 것은?

① 국소방출방식은 방호대상물마다 설치할 것

② 기동장치의 방출용 스위치는 음향경보장치와 개별적으로 조작될 수 있는 것으로 할 것

③ 전기를 사용하는 기동장치에는 전원표시등을 설치할 것

④ 조작부는 바닥으로부터 높이 0.8[m] 이상 1.5[m] 이하의 위치에 설치할 것

해설

기동장치의 방출용 스위치는 음향경보장치와 연동하여 조작될 수 있는 것으로 한다.

관련개념 수동식 기동장치의 설치기준

㉠ 수동식 기동장치의 부근에는 소화약제의 방출을 지연시킬 수 있는 방출지연스위치를 설치한다.

㉡ 전역방출방식은 방호구역마다, 국소방출방식은 방호대상물마다 설치한다.

㉢ 해당 방호구역의 출입구 부근 등 조작을 하는 자가 쉽게 피난할 수 있는 장소에 설치한다.

㉣ 기동장치의 조작부는 바닥으로부터 0.8[m] 이상 1.5[m] 이하의 위치에 설치하고, 보호판 등에 따른 보호장치를 설치한다.

㉤ 기동장치 인근의 보기 쉬운 곳에 "할론소화설비 수동식 기동장치"라는 표지를 한다.

㉥ 전기를 사용하는 기동장치에는 전원표시등을 설치한다.

㉦ 기동장치의 방출용 스위치는 음향경보장치와 연동하여 조작될 수 있는 것으로 한다.

정답 | ②

2024년 2회 CBT 복원문제

■ 1회독 ■ 2회독 ■ 3회독

소방원론

01 빈출도 ★★

유류저장탱크의 화재에서 일어날 수 있는 현상으로 틀린 것은?

① 플래쉬 오버(Flash Over)
② 보일 오버(Boil Over)
③ 슬롭 오버(Slop Over)
④ 프로스 오버(Froth Over)

해설

플래쉬 오버(flash over) 현상이란 화점 주위에서 화재가 서서히 진행하다가 어느 정도 시간이 경과함에 따라 대류와 복사현상에 의해 일정 공간 안에 있는 가연물이 발화점까지 가열되어 일순간에 걸쳐 동시 발화되는 현상이다.

선지분석

② 화재가 발생한 유류저장탱크의 하부에 고여 있던 물이 급격히 증발하며 유류가 탱크 밖으로 넘치게 되는 현상
③ 화재가 발생한 유류저장탱크의 고온의 유류 표면에 물이 주입되어 급격히 증발하며 유류가 탱크 밖으로 넘치게 되는 현상
④ 유류저장탱크 속의 물이 점성을 가진 뜨거운 기름의 표면 아래에서 끓을 때 기름이 넘쳐흐르는 현상

정답 | ①

02 빈출도 ★★

위험물안전관리법령 상 제4류 위험물인 알코올류에 속하지 않는 것은?

① C_4H_9OH
② CH_3OH
③ C_2H_5OH
④ C_3H_7OH

해설

제4류 위험물 알코올류에는 메탄올(CH_3OH), 에탄올(C_2H_5OH), 프로판올(C_3H_7OH)이 있다.
부탄올(C_4H_9OH)은 알코올류에 속하지 않는다.

관련개념

"알코올류"는 1분자를 구성하는 탄소원자의 수가 1개부터 3개까지인 포화1가 알코올(변성알코올 포함)을 말한다.

정답 | ①

03 빈출도 ★★

가연물의 제거와 가장 관련이 없는 소화방법은?

① 촛불을 입김으로 불어서 끈다.
② 산불화재 시 나무를 잘라 없앤다.
③ 팽창진주암을 사용하여 진화한다.
④ 가스화재 시 중간밸브를 잠근다.

해설

제거소화는 연소의 요소를 구성하는 가연물질을 안전한 장소나 점화원이 없는 장소로 신속하게 이동시켜서 소화하는 방법이다.
팽창진주암을 사용하여 진화하는 방법은 질식소화에 해당한다.

정답 | ③

04 빈출도 ★

액화석유가스(LPG)에 대한 성질로 틀린 것은?

① 주성분은 프로페인, 뷰테인이다.
② 천연고무를 잘 녹인다.
③ 물에 녹지 않으나 유기용매에 용해된다.
④ 공기보다 1.5배 가볍다.

해설

액화석유가스(LPG)는 기화 시 공기보다 1.5배 이상 무겁다.

관련개념

액화석유가스(LPG)의 주성분은 프로페인과 뷰테인이다. 구성비율에 따라 44~58[g/mol]의 분자량을 가져 기화 시 29[g/mol]의 분자량을 가지는 공기보다 무겁다. 소수성인 탄화수소로 이루어져 있어 물에는 녹지 않지만 유기용매에는 녹으며, 이소프렌의 중합체인 천연고무도 잘 녹인다.

정답 | ④

05 빈출도 ★

위험물의 저장방법으로 틀린 것은?

① 금속나트륨 — 석유류에 저장
② 이황화탄소 — 수조·물탱크에 저장
③ 알킬알루미늄 — 벤젠액에 희석하여 저장
④ 산화프로필렌 — 구리 용기에 넣고 불연성 가스를 봉입하여 저장

해설

산화프로필렌은 구리, 은, 수은 등과 만나 폭발성의 아세틸라이드를 생성하므로 불연성 가스로 봉입하여 저장한다.

선지분석

① 금속나트륨은 물 또는 산과 접촉하지 않도록 보호액(석유류)에 저장한다.
② 이황화탄소는 물보다 밀도가 크고 불용성이므로 증기의 발생을 막기 위해 물 속에 저장한다.
③ 알킬알루미늄은 벤젠액에 희석하여 밀봉 후 저장한다.

정답 | ④

06 빈출도 ★★

내화구조의 기준에서 벽의 경우 벽돌조로서의 두께는 최소 몇 [cm] 이상이어야 하는가?

① 5　② 10
③ 12　④ 19

해설

벽은 벽돌조로서 두께가 19[cm] 이상이어야 내화구조에 해당한다.

관련개념 내화구조 기준

① 벽의 경우
　㉠ 철근콘크리트조 또는 철골철근콘크리트조로서 두께가 10[cm] 이상인 것
　㉡ 골구를 철골조로 하고 그 양면을 두께 4[cm] 이상의 철망모르타르 또는 두께 5[cm] 이상의 콘크리트블록·벽돌 또는 석재로 덮은 것
　㉢ 철재로 보강된 콘크리트블록조·벽돌조 또는 석조로서 철재에 덮은 콘크리트블록등의 두께가 5[cm] 이상인 것
　㉣ 벽돌조로서 두께가 19[cm] 이상인 것
　㉤ 고온·고압의 증기로 양생된 경량기포 콘크리트패널 또는 경량기포 콘크리트블록조로서 두께가 10[cm] 이상인 것
② 외벽 중 비내력벽인 경우
　㉠ 철근콘크리트조 또는 철골철근콘크리트조로서 두께가 7[cm] 이상인 것
　㉡ 골구를 철골조로 하고 그 양면을 두께 3[cm] 이상의 철망모르타르 또는 두께 4[cm] 이상의 콘크리트블록·벽돌 또는 석재로 덮은 것
　㉢ 철재로 보강된 콘크리트블록조·벽돌조 또는 석조로서 철재에 덮은 콘크리트블록등의 두께가 4[cm] 이상인 것
　㉣ 무근콘크리트조·콘크리트블록조·벽돌조 또는 석조로서 그 두께가 7[cm] 이상인 것

정답 | ④

07 빈출도 ★

위험물안전관리법령상 지정된 동식물유류의 성질에 대한 설명으로 틀린 것은?

① 요오드값이 작을수록 자연발화의 위험성이 크다.
② 상온에서 모두 액체이다.
③ 물에 불용성이지만 에테르 및 벤젠 등의 유기용매에는 잘 녹는다.
④ 인화점은 1기압하에서 250[℃] 미만이다.

해설

요오드값이 클수록 불포화도가 크며 불안정하므로 반응성이 커져 자연발화성이 높다.

관련개념 제4류 위험물 동식물유류

㉠ 상온에서 안정적인 액체 상태로 존재하며, 비전도성을 갖는다.
㉡ 물보다 가볍고 대부분 물에 녹지 않는 비수용성이다.
㉢ 1기압에서 인화점이 250[℃] 미만이다.

정답 | ①

08 빈출도 ★★

방화벽의 구조 기준 중 다음 (　　)안에 알맞은 것은?

- 방화벽의 양쪽 끝과 위쪽 끝을 건축물의 외벽면 및 지붕면으로부터 (㉠)[m] 이상 튀어 나오게 할 것
- 방화벽에 설치하는 출입문의 너비 및 높이는 각각 (㉡)[m] 이하로 하고, 해당 출입문에는 60분+ 방화문 또는 60분 방화문을 설치할 것

① ㉠ 0.3　㉡ 2.5
② ㉠ 0.3　㉡ 3.0
③ ㉠ 0.5　㉡ 2.5
④ ㉠ 0.5　㉡ 3.0

해설

방화벽의 양쪽 끝과 위쪽 끝을 건축물의 외벽면 및 지붕면으로부터 0.5[m] 이상 튀어 나오게 하여야 한다.
방화벽에 설치하는 출입문의 너비 및 높이는 각각 2.5[m] 이하로 하고, 해당 출입문에는 60분+ 방화문 또는 60분 방화문을 설치하여야 한다.

관련개념 방화벽의 구조

㉠ 내화구조로서 홀로 설 수 있는 구조일 것
㉡ 방화벽의 양쪽 끝과 위쪽 끝을 건축물의 외벽면 및 지붕면으로부터 0.5[m] 이상 튀어 나오게 할 것
㉢ 방화벽에 설치하는 출입문의 너비 및 높이는 각각 2.5[m] 이하로 하고, 해당 출입문에는 60분+ 방화문 또는 60분 방화문을 설치할 것

정답 | ③

09 빈출도 ★

삼림화재 시 소화효과를 증대시키기 위해 물에 첨가하는 증점제로서 적합한 것은?

① Ethylene Glycol
② Potassium Carbonate
③ Ammonium Phosphate
④ Sodium Carboxy Methyl Cellulose

해설

물 소화약제에서 증점제로 많이 사용되는 물질은 Sodium Carboxy Methyl Cellulose이다.

선지분석

① 물 소화약제에 첨가되어 동파를 방지하는 역할을 하며 주로 자동차 부동액으로 사용된다.
② 증점제가 아닌 강화액 소화약제의 첨가물로 사용된다.
③ 증점제가 아닌 강화액 소화약제의 첨가물로 사용된다.
④ 물에 녹아 수용액의 점도를 높이는 역할을 하며 주로 식품에 첨가되어 수분을 유지하는 데 사용된다.

정답 | ④

10 빈출도 ★

공기 중에서 자연발화 위험성이 높은 물질은?

① 벤젠 ② 톨루엔
③ 이황화탄소 ④ 트리에틸알루미늄

해설

제3류 위험물인 트리에틸알루미늄(알킬알루미늄)은 자연발화성 물질이다.

선지분석

① 벤젠은 제4류 위험물 제1석유류이다.
② 톨루엔은 제4류 위험물 제1석유류이다.
③ 이황화탄소는 제4류 위험물 특수인화물이다.

정답 | ④

11 빈출도 ★

MOC(Minimum Oxygen Concentration: 최소 산소 농도)가 가장 작은 물질은?

① 메테인 ② 에테인
③ 프로페인 ④ 뷰테인

해설

MOC(Minimum Oxygen Concentration)는 어떤 물질이 완전 연소하는 데 필요한 산소의 농도를 의미한다.

① 메테인의 연소반응식은 다음과 같다.
$CH_4+2O_2 \rightarrow CO_2+2H_2O$
메테인 1[mol]이 완전 연소하는 데 필요한 산소는 2[mol]이므로 메테인의 최소 산소 농도는 연소하한계인 5[vol%]에 비례하여 5[vol%]×2=10[vol%]이다.
② 에테인의 연소반응식은 다음과 같다.
$C_2H_6+3.5O_2 \rightarrow 2CO_2+3H_2O$
에테인 1[mol]이 완전 연소하는 데 필요한 산소는 3.5[mol]이므로 에테인의 최소 산소 농도는 연소하한계인 3[vol%]에 비례하여 3[vol%]×3.5=10.5[vol%]이다.
③ 프로페인의 연소반응식은 다음과 같다.
$C_3H_8+5O_2 \rightarrow 3CO_2+4H_2O$
프로페인 1[mol]이 완전 연소하는 데 필요한 산소는 5[mol]이므로 프로페인의 최소 산소 농도는 연소하한계인 2.1[vol%]에 비례하여 2.1[vol%]×5=10.5[vol%]이다.
④ 뷰테인의 연소반응식은 다음과 같다.
$C_4H_{10}+6.5O_2 \rightarrow 4CO_2+5H_2O$
뷰테인 1[mol]이 완전 연소하는 데 필요한 산소는 6.5[mol]이므로 뷰테인의 최소 산소 농도는 연소하한계인 1.8[vol%]에 비례하여 1.8[vol%]×6.5=11.7[vol%]이다.

관련개념 주요 가연성 가스의 연소범위와 위험도

가연성 가스	하한계 [vol%]	상한계 [vol%]	위험도
아세틸렌(C_2H_2)	2.5	81	31.4
수소(H_2)	4	75	17.8
일산화탄소(CO)	12.5	74	4.9
에테르($C_2H_5OC_2H_5$)	1.9	48	24.3
이황화탄소(CS_2)	1.2	44	35.7
에틸렌(C_2H_4)	2.7	36	12.3
암모니아(NH_3)	15	28	0.9
메테인(CH_4)	5	15	2
에테인(C_2H_6)	3	12.4	3.1
프로페인(C_3H_8)	2.1	9.5	3.5
뷰테인(C_4H_{10})	1.8	8.4	3.7

정답 | ①

12 빈출도 ★★★

가연성 액체로부터 발생한 증기가 액체표면에서 연소범위의 하한계에 도달할 수 있는 최저온도를 의미하는 것은?

① 비점 ② 연소점
③ 발화점 ④ 인화점

해설

온도가 상승할수록 가연성 액체의 기화가 활발해지고 점점 공기 중 가연물의 농도는 연소범위의 하한계에 도달한다.
이때 불꽃을 가까이 하면 연소가 시작되므로 인화점에 대한 설명이다.

관련개념 인화점

인화점은 휘발성 액체에서 발생하는 증기가 공기와 섞여서 가연성 혼합기체를 형성하고, 여기에 불꽃을 가까이 댔을 때 순간적으로 섬광을 내면서 인화하게 되는 최저의 온도를 말한다.
일반적으로 온도가 높을수록 증기발생량이 많고, 증기발생으로 인해 액체의 표면에서 연소하한계에 도달하면 연소반응이 일어난다.

정답 | ④

13 빈출도 ★

건물의 주요구조부에 해당되지 않는 것은?

① 바닥 ② 천장
③ 기둥 ④ 주계단

해설

주요구조부란 내력벽, 기둥, 바닥, 보, 지붕틀 및 주계단을 말한다.
다만, 사이 기둥, 최하층 바닥, 작은 보, 차양, 옥외계단, 그 밖에 이와 유사한 것으로 건축물의 구조상 중요하지 아니한 부분은 제외한다.

정답 | ②

14 빈출도 ★

피난층에 대한 정의로 옳은 것은?

① 지상으로 통하는 피난계단이 있는 층
② 비상용 승강기의 승강장이 있는 층
③ 비상용 출입구가 설치되어 있는 층
④ 직접 지상으로 통하는 출입구가 있는 층

해설

피난층이란 직접 지상으로 통하는 출입구가 있는 층 또는 지상으로 통하는 직통계단과 직접 연결되는 피난안전구역을 말한다.

정답 | ④

15 빈출도 ★

독성이 매우 높은 가스로서 석유제품, 유지(油脂) 등이 연소할 때 생성되는 알데히드 계통의 가스는?

① 시안화수소 ② 암모니아
③ 포스겐 ④ 아크롤레인

해설

아크롤레인은 석유제품, 유지류 등이 연소할 때 발생하며, 포스겐보다 독성이 강한 물질이다.

정답 | ④

16 빈출도 ★

방호공간 안에서 화재의 세기를 나타내고 화재가 진행되는 과정에서 온도에 따라 변하는 것으로 온도-시간 곡선으로 표시할 수 있는 것은?

① 화재저항 ② 화재가혹도
③ 화재하중 ④ 화재플럼

해설

화재의 발생으로 건물과 그 내부의 수용재산 등을 파괴하거나 손상을 입히는 능력의 정도를 화재가혹도라 한다.
온도-시간의 개념 곡선을 통해 화재가혹도를 나타낼 수 있다.

정답 | ②

17 빈출도 ★

다음 중 상온, 상압에서 액체인 것은?

① 탄산가스 ② 할론 1301
③ 할론 2402 ④ 할론 1211

해설

상온, 상압에서 액체상태로 존재하는 물질은 할론 2402이다.
할론 1301, 할론 1211은 상온 상압에서 기체이다.

관련개념

탄산가스(HOCOOH)는 이산화탄소가 물에 녹아 생성된 물질을 말한다.
$CO_2 + H_2O \leftrightarrow H_2CO_3$

정답 | ③

18 빈출도 ★

화씨 95도를 켈빈(Kelvin)온도로 나타내면 약 몇 [K]인가?

① 178 ② 252
③ 308 ④ 368

해설

95[°F]를 섭씨온도로 변환하면 다음과 같다.

$$[°C] = \frac{5}{9}([°F] - 32)$$

$\frac{5}{9}(95[°F] - 32) = 35[°C]$
35[°C]를 켈빈온도로 변환하면 다음과 같다.

$$[K] = 273 + [°C]$$

$273 + 35[°C] = 308[K]$

관련개념 **절대온도**

온도가 가장 낮은 상태인 −273[K]를 0켈빈(Kelvin)으로 정하여 나타낸 온도를 절대온도라고 한다.

정답 | ③

19 빈출도 ★

정전기로 인한 화재를 줄이고 방지하기 위한 대책 중 틀린 것은?

① 공기 중 습도를 일정 값 이상으로 유지한다.
② 기기의 전기 절연성을 높이기 위하여 부도체로 차단공사를 한다.
③ 공기 이온화 장치를 설치하여 가동시킨다.
④ 정전기 축적을 막기 위해 접지선을 이용하여 대지로 연결작업을 한다.

해설

부도체로 차단공사를 진행하면 접지가 되지 않아 기기 자체에서 발생하는 정전기가 축적되어 화재가 발생할 수 있다.

정답 | ②

20 빈출도 ★

이산화탄소 20[g]은 약 몇 [mol]인가?

① 0.23 ② 0.45
③ 2.2 ④ 4.4

해설

이산화탄소의 분자량은 44[g/mol]이므로
이산화탄소 20[g]은 $\frac{20[g]}{44[g/mol]} \fallingdotseq 0.4545[mol]$이다.

정답 | ②

소방유체역학

21 빈출도 ★

다음 중 뉴턴(Newton)의 점성법칙을 이용하여 만든 회전 원통식 점도계는?

① 세이볼트(Saybolt) 점도계
② 오스왈트(Ostwald) 점도계
③ 레드우드(Redwood) 점도계
④ 맥미셸(MacMichael) 점도계

해설

뉴턴(Newton)의 점성법칙을 이용한 회전 원통식 점도계는 맥미셸(MacMichael) 점도계이다.

관련개념 점성의 측정

구분	측정원리	점도계의 종류
하겐－푸아죄유(Hagen－Poiseuille)의 법칙	세관법	• 세이볼트(Saybolt) 점도계 • 오스왈트(Ostwald) 점도계 • 레드우드(Redwod) 점도계 • 앵글러(Engler) 점도계 • 바베이(Barbey) 점도계
뉴턴(Newton)의 점성법칙	회전원통법	• 스토머(Stormer) 점도계 • 맥미셸(MacMichael) 점도계
스토크스(Stokes)의 법칙	낙구법	낙구식 점도계

정답 | ④

22 빈출도 ★

경사진 관로의 유체 흐름에서 수력기울기선의 위치로 옳은 것은?

① 언제나 에너지선보다 위에 있다.
② 에너지선보다 속도수두만큼 아래에 있다.
③ 항상 수평이 된다.
④ 개수로의 수면보다 속도수두 만큼 위에 있다.

해설

수력기울기선은 압력수두와 위치수두의 합인 피에조미터 수두를 그래프에 나타낸 것이다.
피에조미터 수두는 전수두에서 속도수두를 뺀 값이므로 수력기울기선은 에너지선보다 속도수두만큼 아래에 있다.

정답 | ②

23 빈출도 ★

과열증기에 대한 설명으로 틀린 것은?

① 과열증기의 압력은 해당 온도에서의 포화압력보다 높다.
② 과열증기의 온도는 해당 압력에서의 포화온도보다 높다.
③ 과열증기의 비체적은 해당 온도에서의 포화증기의 비체적보다 크다.
④ 과열증기의 엔탈피는 해당 압력에서의 포화증기의 엔탈피보다 크다.

해설

과열증기는 포화증기보다 더 높은 온도에서의 증기로 압력은 포화압력과 같다.

정답 | ①

24 빈출도 ★

유체의 흐름 중 난류 흐름에 대한 설명으로 틀린 것은?

① 원관 내부 유동에서는 레이놀즈 수가 약 4,000 이상인 경우에 해당한다.
② 유체의 각 입자가 불규칙한 경로를 따라 움직인다.
③ 유체의 입자가 갖는 관성력이 입자에 작용하는 점성력에 비하여 매우 크다.
④ 원관 내 완전 발달 유동에서는 평균속도가 최대속도의 $\frac{1}{2}$ 이다.

해설

난류 흐름일 때 평균유속은 최고유속의 0.8배이다.
층류 흐름일 때 평균유속은 최고유속의 0.5배이다.

정답 | ④

25 빈출도 ★

비중이 1.03인 바닷물에 비중 0.9인 빙산이 떠있다. 전체 부피의 몇 [%]가 해수면 위로 올라와 있는가?

① 12.6 ② 10.8
③ 7.2 ④ 6.3

해설

빙산이 바닷물 수면에 안정적으로 떠있으므로 빙산에 작용하는 중력과 부력의 크기는 같다.

$$F_1 - F_2 = s_1\gamma_w V - s_2\gamma_w \times xV = 0$$

F_1: 중력[N], F_2: 부력[N], s_1: 빙산의 비중, γ_w: 물의 비중량[N/m³], V: 빙산의 부피[m³], s_2: 바닷물의 비중, x: 물체가 잠긴 비율[%]

$$F_1 - F_2 = 0.9 \times 9{,}800 \times V - 1.03 \times 9{,}800 \times xV = 0$$

$$x = \frac{0.9 \times 9{,}800 \times V}{1.03 \times 9{,}800 \times V} \fallingdotseq 0.8738 = 87.38[\%]$$

해수면 아래 잠긴 부피의 비율이 87.38[%]이므로, 해수면 위로 나온 부피의 비율은

$(100 - 87.38)[\%] = 12.62[\%]$

정답 | ①

26 빈출도 ★★

다음 단위 중 3가지는 동일한 단위이고 나머지 하나는 다른 단위이다. 이 중 동일한 단위가 아닌 것은?

① [J] ② [N · s]
③ [Pa · m³] ④ [kg · m²/s²]

해설

에너지의 단위는 [J]=[kg · m/s²]=[N · m]=[Pa · m³]=[kg · m²/s²]이고, 에너지의 차원은 ML^2T^{-2}이다.

정답 | ②

27 빈출도 ★★

점성계수와 동점성계수에 관한 설명으로 올바른 것은?

① 동점성계수=점성계수×밀도
② 점성계수=동점성계수×중력가속도
③ 동점성계수=점성계수/밀도
④ 점성계수=동점성계수/중력가속도

해설

동점성계수(동점도)는 점성계수(점도)를 밀도로 나누어 구한다.

$$\nu = \frac{\mu}{\rho}$$

ν: 동점성계수(동점도)[m²/s], μ: 점성계수(점도)[kg/m · s], ρ: 밀도[kg/m³]

정답 | ③

28 빈출도 ★

다음 보기는 열역학적 사이클에서 일어나는 여러 가지의 과정이다. 이들 중 카르노(Carnot)사이클에서 일어나는 과정을 모두 고른 것은?

㉠ 등온 압축	㉡ 단열 팽창
㉢ 정적 압축	㉣ 정압 팽창

① ㉠ ② ㉠, ㉡

③ ㉡, ㉢, ㉣ ④ ㉠, ㉡, ㉢, ㉣

해설

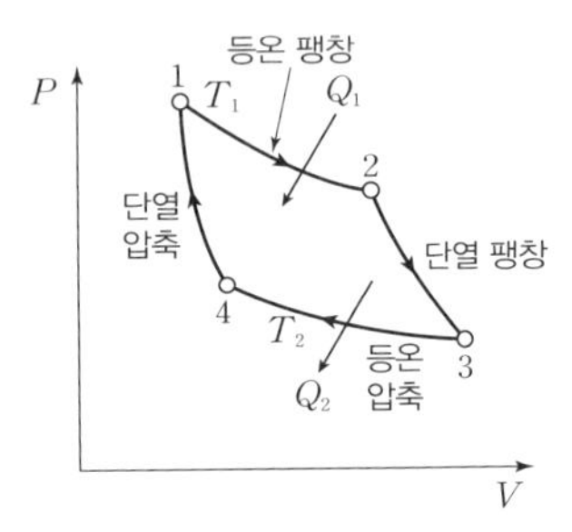

카르노 사이클은 등온 팽창(1 → 2) → 단열 팽창(2 → 3) → 등온 압축(3 → 4) → 단열 압축(4 → 1) 순으로 이루어진 가역 사이클이다.

정답 | ②

29 빈출도 ★★

그림과 같이 수직 평판에 속도 2[m/s]로 단면적이 0.01[m²]인 물제트가 수직으로 세워진 벽면에 충돌하고 있다. 벽면의 오른쪽에서 물제트를 왼쪽 방향으로 쏘아 벽면의 평형을 이루게 하려면 물제트의 속도를 약 몇 [m/s]로 하여야 하는가? (단, 오른쪽에서 쏘는 물제트의 단면적은 0.005[m²]이다.)

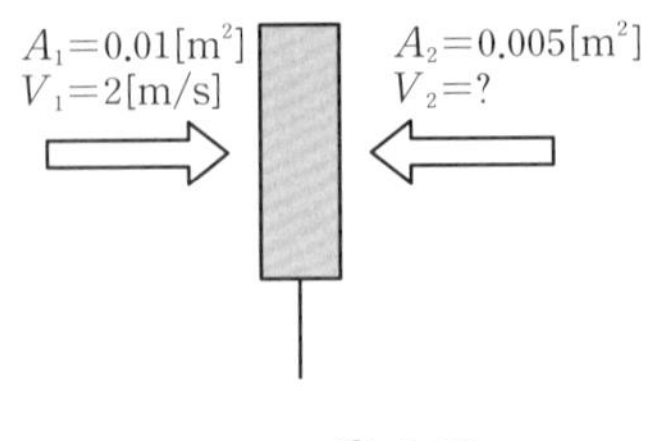

① 1.42 ② 2.00

③ 2.83 ④ 4.00

해설

수직 평판이 평형을 이루기 위해서는 수직 평판에 가해지는 외력의 합이 0이어야 한다. 따라서 초기 물제트와 같은 크기의 힘을 반대 방향으로 분사하면 외력의 합이 0이 된다.

$$F=\rho Au^2$$

F: 유체가 가지는 힘[N], ρ: 유체의 밀도[kg/m³], A: 유체의 단면적[m²], u: 유속[m/s]

초기 물제트가 가진 힘은 다음과 같다.

$F_1=\rho\times0.01\times2^2=0.04\rho$

반대 방향으로 쏘아주는 물제트가 가진 힘은 다음과 같다.

$F_2=\rho\times0.005\times u^2$

따라서 반대 방향으로 쏘아주는 물제트의 유속은

$0.04\rho=0.005\rho u^2$

$u=\sqrt{\frac{0.04}{0.005}}\fallingdotseq2.83[m/s]$

정답 | ③

30 빈출도 ★

펌프가 실제 유동시스템에 사용될 때 펌프의 운전점은 어떻게 결정하는 것이 좋은가?

① 시스템 곡선과 펌프 성능곡선의 교점에서 운전한다.
② 시스템 곡선과 펌프 효율곡선의 교점에서 운전한다.
③ 펌프 성능곡선과 펌프 효율곡선의 교점에서 운전한다.
④ 펌프 효율곡선의 최고점, 즉 최고 효율점에서 운전한다.

해설

펌프는 펌프의 특성(성능)곡선과 시스템 곡선의 교점에서 운전한다.

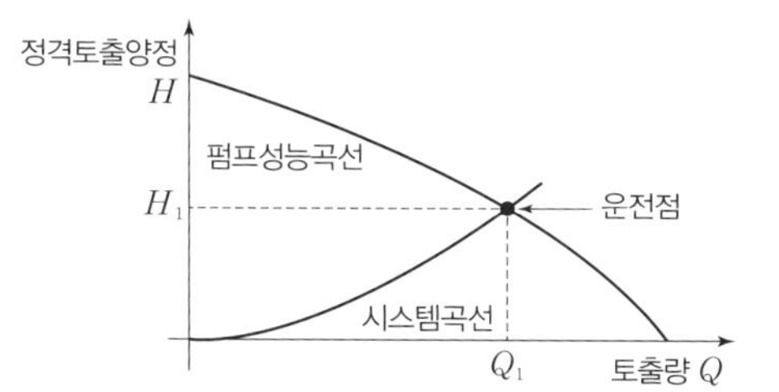

정답 | ①

31 빈출도 ★★★

펌프를 이용하여 10[m] 높이 위에 있는 물탱크로 유량 0.3[m³/min]의 물을 퍼올리려고 한다. 관로 내 마찰손실수두가 3.8[m]이고, 펌프의 효율이 85[%]일 때 펌프에 공급하여야 하는 동력은 약 몇 [W]인가?

① 128　　② 796
③ 677　　④ 219

해설

$$P=\frac{\gamma QH}{\eta}$$

P: 축동력[W], γ: 유체의 비중량[N/m³], Q: 유량[m³/s], H: 전양정[m], η: 효율

유체는 물이므로 물의 비중량은 9,800[N/m³]이다.

펌프의 토출량이 0.3[m³/min]이므로 단위를 변환하면 $\frac{0.3}{60}$[m³/s]이다.

펌프는 10[m] 높이만큼 유체를 이동시켜야 하며 배관에서 손실되는 압력은 물기둥 3.8[m] 높이의 압력과 같다.

$10+3.8=13.8$[m]

따라서 주어진 조건을 공식에 대입하면 필요한 동력 P는

$$P=\frac{9{,}800\times\frac{0.3}{60}\times 13.8}{0.85}$$
$$\fallingdotseq 795.53[\text{W}]$$

정답 | ②

32 빈출도 ★★

공기 10[kg]과 수증기 1[kg]이 혼합되어 10[m³]의 용기 안에 들어 있다. 이 혼합기체의 온도가 60[℃]라면, 이 혼합기체의 압력은 약 몇 [kPa]인가? (단, 공기 및 수증기의 기체상수는 각각 0.287 및 0.462[kJ/kg · K]이고 수증기는 모두 기체 상태이다.)

① 95.6 ② 111
③ 126 ④ 145

해설

돌턴의 분압법칙에 의해 각 기체와 혼합기체의 압력은 다음과 같은 관계를 가진다.

$$P_T = P_1 + P_2 + \cdots + P_n$$

P_T: 전체 압력, P_n: 기체n의 부분 압력

질량과 특정기체상수로 이루어진 이상기체의 상태방정식은 다음과 같다.

$$PV = m\overline{R}T$$

P: 압력[kPa], V: 부피[m³], m: 질량[kg], $\overline{R}$: 특정기체상수[kJ/kg · K], T: 절대온도[K]

혼합기체는 공기와 수증기로 구성되어 있으므로 혼합기체의 압력은 다음과 같다.

$$P_T = P_{공기} + P_{수증기}$$

따라서 주어진 조건을 공식에 대입하면 혼합기체의 압력 P_T는

$$P_T = \frac{10 \times 0.287 \times (273+60)}{10} + \frac{1 \times 0.462 \times (273+60)}{10}$$

$$\fallingdotseq 111[\text{kPa}]$$

정답 | ②

33 빈출도 ★

압력의 변화가 없을 경우 0[℃]의 이상기체는 약 몇 [℃]가 되면 부피가 2배로 되는가?

① 273 ② 373
③ 546 ④ 646

해설

압력과 기체의 양이 일정한 이상기체이므로 샤를의 법칙을 적용할 수 있다.

$$\frac{V_1}{T_1} = C = \frac{V_2}{T_2}$$

상태1의 부피가 V_1, 절대온도가 (273+0)[K]이고, 상태2의 부피가 $V_2 = 2V_1$이므로 상태2의 절대온도는

$$T_2 = V_2 \times \frac{T_1}{V_1} = 2V_1 \times \frac{(273+0)}{V_1}$$

$$= 546[\text{K}] = 273[℃]$$

관련개념 **샤를의 법칙**

압력과 기체의 양이 일정할 때 부피와 절대온도는 비례 관계에 있다.

$$\frac{V}{T} = C$$

V: 부피, T: 절대온도[K], C: 상수

정답 | ①

34 빈출도 ★

한 변의 길이가 L인 정사각형 단면의 수력지름(hydraulic diameter)은?

① $\frac{L}{4}$　　② $\frac{L}{2}$

③ L　　④ $2L$

해설

원형의 배관이 아닌 경우 배관의 직경은 수력직경 D_h을 활용하여야 한다.

$$D_h=\frac{4A}{S}$$

D_h: 수력직경[m], A: 배관의 단면적[m²], S: 배관의 둘레[m]

배관의 단면적 A는 다음과 같다.

$A=L^2$

배관의 둘레 S는 다음과 같다.

$S=4L$

따라서 수력직경 D_h는 다음과 같다.

$D_h=\frac{4\times L^2}{4L}=L$

정답 | ③

35 빈출도 ★

피토관을 사용하여 일정 속도로 흐르고 있는 물의 유속(V)을 측정하기 위해, 그림과 같이 비중 s인 유체를 갖는 액주계를 설치하였다. $s=2$일 때 액주의 높이 차이가 $H=h$가 되면, $s=3$일 때 액주의 높이 차(H)는 얼마가 되는가?

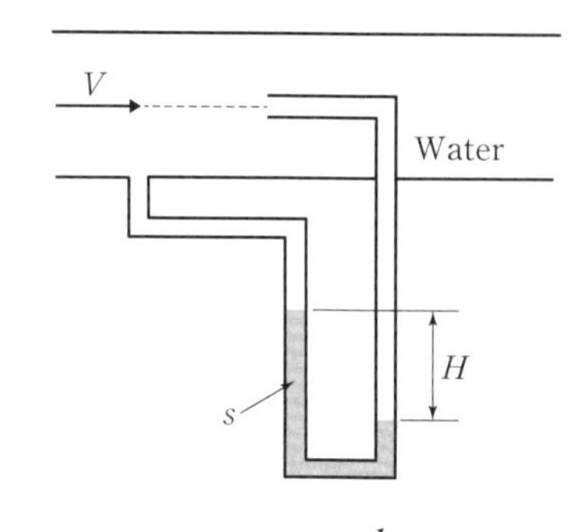

① $\frac{h}{9}$　　② $\frac{h}{\sqrt{3}}$

③ $\frac{h}{3}$　　④ $\frac{h}{2}$

해설

$$u=\sqrt{2g\left(\frac{\gamma-\gamma_w}{\gamma_w}\right)R}$$

u: 유속[m/s], g: 중력가속도[m/s²],
γ: 액주계 유체의 비중량[N/m³],
γ_w: 배관 유체의 비중량[N/m³], R: 액주계의 높이 차이[m]

액주계 속 유체의 비중 $s=2$인 경우와 $s=3$인 경우 모두 유속은 같으므로 관계식은 다음과 같다.

$\sqrt{2g\left(\frac{2\gamma_w-\gamma_w}{\gamma_w}\right)h}=\sqrt{2g\left(\frac{3\gamma_w-\gamma_w}{\gamma_w}\right)H}$

$1h=2H$

$H=\frac{h}{2}$

정답 | ④

36 빈출도 ★★

아래 그림과 같은 반지름이 1[m]이고, 폭이 3[m]인 곡면의 수문 AB가 받는 수평분력은 약 몇 [N]인가?

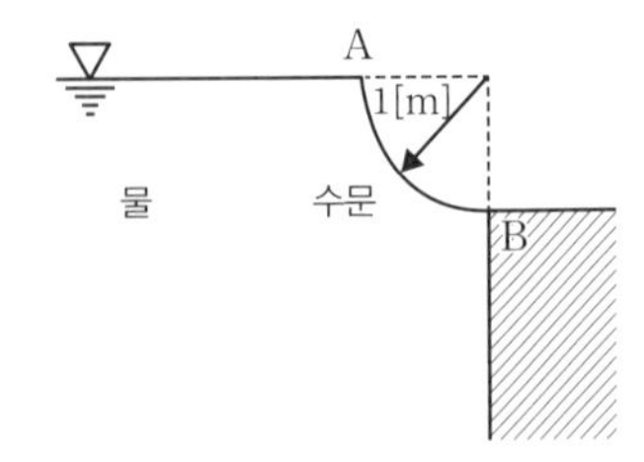

① 7,350 ② 14,700
③ 23,900 ④ 29,400

해설

곡면의 수평 방향으로 작용하는 힘 F는 다음과 같다.

$$F=PA=\rho ghA=\gamma hA$$

F: 수평 방향으로 작용하는 힘(수평분력)[N], P: 압력[N/m^2],
A: 정사영 면적[m^2], ρ: 밀도[kg/m^3], g: 중력가속도[m/s^2],
h: 중심 높이로부터 표면까지의 높이[m],
γ: 유체의 비중량[N/m^3]

유체는 물이므로 물의 비중량은 9,800[N/m^3]이다.
곡면의 중심 높이로부터 표면까지의 높이 h는 0.5[m]이다.
곡면과 나란한 수직인 벽으로 정사영을 내린 면적 A는 (1×3)[m^2]이다.

$$F=9{,}800\times0.5\times(1\times3)$$
$$=14{,}700[\text{N}]$$

정답 | ②

37 빈출도 ★★

유체에 관한 설명 중 옳은 것은?

① 실제유체는 유동할 때 마찰손실이 생기지 않는다.
② 이상유체는 높은 압력에서 밀도가 변화하는 유체이다.
③ 유체에 압력을 가하면 체적이 줄어드는 유체는 압축성 유체이다.
④ 압력을 가해도 밀도변화가 없으며 점성에 의한 마찰손실만 있는 유체가 이상유체이다.

해설

압력에 따라 부피와 밀도가 변화하는 유체를 압축성 유체라고 한다.

선지분석

① 유동할 때 마찰손실이 생기지 않는 유체는 이상유체이다.
② 이상유체는 높은 압력에서 밀도가 변화하지 않는다.
④ 이상유체는 분자간 상호작용이 없으므로 점성과 그에 따른 마찰손실이 없다.

정답 | ③

38 빈출도 ★★

대기압이 90[kPa]인 곳에서 진공 76[mmHg]는 절대압력[kPa]으로 약 얼마인가?

① 10.1 ② 79.9
③ 99.9 ④ 101.1

해설

진공을 기준으로 나타내는 압력을 절대압이라고 하며, 대기압을 기준으로 (−)압력을 진공압이라고 한다.
따라서 대기압에 진공압을 빼주면 진공으로부터의 절대압이 된다.
760[mmHg]는 101.325[kPa]와 같으므로

$$90[kPa]-76[mmHg]\times\frac{101.325[kPa]}{760[mmHg]}$$
$$\fallingdotseq 79.87[kPa]$$

정답 | ②

39 빈출도 ★

다음 열역학적 용어에 대한 설명으로 틀린 것은?

① 물질의 3중점(triple point)은 고체, 액체, 기체의 3상이 평형상태로 공존하는 상태의 지점을 말한다.
② 일정한 압력 하에서 고체가 상변화를 일으켜 액체로 변화할 때 필요한 열을 융해열(융해 잠열)이라 한다.
③ 고체가 일정한 압력 하에서 액체를 거치지 않고 직접 기체로 변화하는 데 필요한 열을 승화열이라 한다.
④ 포화액체를 정압 하에서 가열할 때 온도 변화 없이 포화증기로 상변화를 일으키는데 사용되는 열을 현열이라 한다.

해설

온도의 변화 없이 물질의 상태를 변화시킬 때 필요한 열량은 잠열이다.

선지분석

① 물질의 상평형도에서 삼중점은 서로 다른 세 개의 상이 공존하는 지점이다.
② 고체가 액체로 변화하는 것을 융해라고 하고 이때 필요한 열을 융해열이라고 한다.
③ 고체가 기체로 변화하는 것을 승화라고 하고 이때 필요한 열을 승화열이라고 한다.

정답 | ④

40 빈출도 ★

원형 단면을 가진 관내에 유체가 완전 발달된 비압축성 층류유동으로 흐를 때 전단응력은?

① 중심에서 0이고, 중심선으로부터 거리에 비례하여 변한다.
② 관벽에서 0이고, 중심선에서 최대이며 선형분포한다.
③ 중심에서 0이고, 중심선으로부터 거리의 제곱에 비례하여 변한다.
④ 전 단면에 걸쳐 일정하다.

해설

전단응력은 점성계수(점도)와 속도기울기의 곱으로 이루어져 있다.

$$\tau=\mu\frac{du}{dy}$$

τ: 전단응력[Pa], μ: 점성계수(점도)[$N\cdot s/m^2$],
$\frac{du}{dy}$: 속도기울기[s^{-1}]

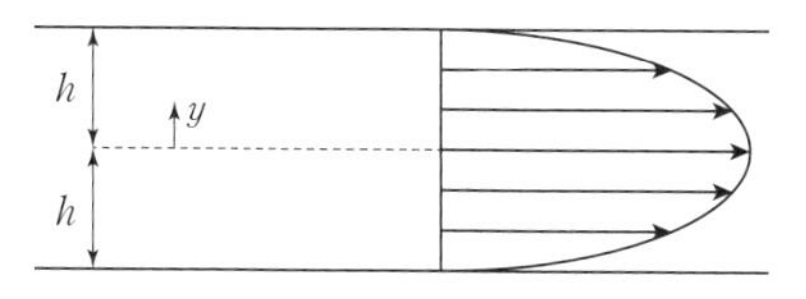

$$u=u_m\left(1-\left(\frac{y}{r}\right)^2\right)$$

u: 유속, u_m: 최대유속, y: 관 중심으로부터 수직방향으로의 거리, r: 배관의 반지름

원형 단면을 가진 배관에서 속도분포식을 중심으로부터의 거리 y에 대하여 미분하면 다음과 같다.

$$\frac{du}{dy}=u_m\left(-\frac{2}{r}\left(\frac{y}{r}\right)\right)=u_m\left(-\frac{2y}{r^2}\right)$$

따라서 전단응력 τ는 다음과 같다.

$$\tau=\mu\frac{du}{dy}=\mu u_m\left(\frac{2y}{r^2}\right)$$

그러므로 전단응력 τ는 배관의 중심에서 0이고, 중심선으로부터 거리 y에 비례하여 변한다.

정답 | ①

41 빈출도 ★★

소방기본법령상 이웃하는 다른 시·도지사와 소방업무에 관하여 시·도지사가 체결할 상호응원협정사항이 아닌 것은?

① 화재조사활동
② 응원출동의 요청 방법
③ 소방교육 및 응원출동훈련
④ 응원출동대상지역 및 규모

해설

소방교육은 상호응원협정사항이 아니다.

관련개념 **소방업무의 상호응원협정사항**

㉠ 소방활동에 관한 사항
 – 화재의 경계·진압 활동
 – 구조·구급업무의 지원
 – 화재조사활동
㉡ 응원출동대상지역 및 규모
㉢ 소요경비의 부담에 관한 사항
 – 출동대원 수당·식사 및 피복의 수선
 – 소방장비 및 기구의 정비와 연료의 보급
㉣ 응원출동의 요청방법
㉤ 응원출동훈련 및 평가

정답 | ③

42 빈출도 ★★

소방시설공사업법령상 소방시설공사 완공검사를 위한 현장 확인 대상 특정소방대상물의 범위가 아닌 것은?

① 위락시설 ② 판매시설
③ 운동시설 ④ 창고시설

해설

위락시설은 소방시설공사 완공검사를 위한 현장 확인 대상 특정소방대상물이 아니다.

관련개념 **완공검사를 위한 현장 확인 대상 특정소방대상물**

㉠ 문화 및 집회시설, 종교시설, 판매시설
㉡ 노유자시설, 수련시설, 운동시설
㉢ 숙박시설, 창고시설, 지하상가 및 다중이용업소
㉣ 스프링클러설비등
㉤ 물분무등소화설비(호스릴방식의 소화설비 제외)
㉥ 연면적 $10,000[m^2]$ 이상이거나 11층 이상인 특정소방대상물(아파트 제외)
㉦ 가연성 가스를 제조·저장 또는 취급하는 시설 중 지상에 노출된 가연성 가스탱크의 저장용량 합계가 $1,000[t]$ 이상인 시설

정답 | ①

43 빈출도 ★★★

화재안전조사 결과 소방대상물의 위치 · 구조 · 설비 또는 관리의 상황이 화재예방을 위하여 보완될 필요가 있거나 화재가 발생하면 인명 또는 재산의 피해가 클 것으로 예상되는 때에 관계인에게 그 소방대상물의 개수 · 이전 · 제거, 사용의 금지 또는 제한, 사용폐쇄, 공사의 정지 또는 중지, 그 밖의 필요한 조치를 명할 수 있는 자로 틀린 것은?

① 시 · 도지사　② 소방서장
③ 소방청장　④ 소방본부장

해설

시 · 도지사는 조치를 명할 수 있는 자(소방관서장)가 아니다.

관련개념 화재안전조사 결과에 따른 조치명령

소방관서장(소방청장, 소방본부장, 소방서장)은 화재안전조사 결과에 따른 소방대상물의 위치 · 구조 · 설비 또는 관리의 상황이 화재예방을 위하여 보완될 필요가 있거나 화재가 발생하면 인명 또는 재산의 피해가 클 것으로 예상되는 때에는 행정안전부령으로 정하는 바에 따라 관계인에게 그 소방대상물의 개수 · 이전 · 제거, 사용의 금지 또는 제한, 사용폐쇄, 공사의 정지 또는 중지, 그 밖에 필요한 조치를 명할 수 있다.

정답 | ①

44 빈출도 ★★

소방기본법령상 소방본부 종합상황실 실장이 소방청의 종합상황실에 서면 · 팩스 또는 컴퓨터통신 등으로 보고하여야 하는 화재의 기준에 해당하지 않는 것은?

① 항구에 매어둔 총 톤수가 1,000[t] 이상인 선박에서 발생한 화재
② 연면적 15,000[m^2] 이상인 공장 또는 화재예방강화지구에서 발생한 화재
③ 지정수량의 1,000배 이상의 위험물의 제조소 · 저장소 · 취급소에서 발생한 화재
④ 층수가 5층 이상이거나 병상이 30개 이상인 종합병원 · 정신병원 · 한방병원 · 요양소에서 발생한 화재

해설

지정수량의 3,000배 이상 위험물의 제조소 · 저장소 · 취급소 발생 화재의 경우 소방청 종합상황실에 보고하여야 한다.

관련개념 실장의 상황 보고

㉠ 사망자 5인 이상 또는 사상자 10인 이상 발생 화재
㉡ 이재민 100인 이상 발생 화재
㉢ 재산피해액 50억 원 이상 발생 화재
㉣ 관공서 · 학교 · 정부미도정공장 · 문화재 · 지하철 · 지하구 발생 화재
㉤ 관광호텔, 11층 이상인 건축물, 지하상가, 시장, 백화점 발생 화재
㉥ 지정수량의 3,000배 이상 위험물의 제조소 · 저장소 · 취급소 발생 화재
㉦ 5층 이상 또는 객실이 30실 이상인 숙박시설 발생 화재
㉧ 5층 이상 또는 병상이 30개 이상인 종합병원 · 정신병원 · 한방병원 · 요양소 발생 화재
㉨ 연면적 15,000[m^2] 이상인 공장 발생 화재
㉩ 화재예방강화지구 발생 화재
㉪ 철도차량, 항구에 매어둔 1,000[t] 이상 선박, 항공기, 발전소, 변전소 발생 화재
㉫ 가스 및 화약류 폭발에 의한 화재
㉬ 다중이용업소 발생 화재

정답 | ③

45 빈출도 ★

소화난이도등급 Ⅲ인 지하탱크저장소에 설치하여야 하는 소화설비의 설치기준으로 옳은 것은?

① 능력단위 수치가 3 이상의 소형수동식소화기 등 1개 이상
② 능력단위 수치가 3 이상의 소형수동식소화기 등 2개 이상
③ 능력단위 수치가 2 이상의 소형수동식소화기 등 1개 이상
④ 능력단위 수치가 2 이상의 소형수동식소화기등 2개 이상

해설

위험물안전관리법령상 소화난이도등급 Ⅲ의 지하탱크저장소에 설치하여야 하는 소화설비의 설치기준은 능력단위 수치가 3 이상의 소형수동식소화기 등 2개 이상이다.

관련개념 **소화난이도등급Ⅲ의 제조소등에 설치하여야 하는 소화설비**

구분	소화설비	설치기준
지하 탱크 저장소	소형수동식소화기 등	능력단위의 수치가 3 이상, 2개 이상
이동 탱크 저장소	마른모래 및 팽창질석 또는 팽창진주암	마른모래 150[L] 이상
		팽창질석 또는 팽창진주암 640[L] 이상

정답 | ②

46 빈출도 ★★

소방시설 설치 및 관리에 관한 법률상 분말형태의 소화약제를 사용하는 소화기의 내용연수로 옳은 것은? (단, 소방용품의 성능을 확인받아 그 사용기한을 연장하는 경우는 제외한다.)

① 3년　② 5년
③ 7년　④ 10년

해설

분말형태의 소화약제를 사용하는 소화기의 내용연수는 10년이다.

정답 | ④

47 빈출도 ★★

소방시설 설치 및 관리에 관한 법률상 건축허가 등의 동의를 요구한 기관이 그 건축허가 등을 취소하였을 때, 취소한 날부터 최대 며칠 이내에 건축물 등의 시공지 또는 소재지를 관할하는 소방본부장 또는 소방서장에게 그 사실을 통보하여야 하는가?

① 3일　② 4일
③ 7일　④ 10일

해설

건축허가 등의 동의를 요구한 기관이 그 건축허가 등을 취소했을 때에는 취소한 날부터 7일 이내에 건축물 등의 시공지 또는 소재지를 관할하는 소방본부장 또는 소방서장에게 그 사실을 통보해야 한다.

정답 | ③

48 빈출도 ★

소방시설 설치 및 관리에 관한 법률상 특정소방대상물에 소방시설이 화재안전기준에 따라 설치 유지·관리되어 있지 아니할 때에는 해당 특정소방대상물의 관계인에게 필요한 조치를 명할 수 있는 자는?

① 소방본부장　② 소방청장
③ 시·도지사　④ 행정안전부장관

해설

소방본부장이나 소방서장은 소방시설이 화재안전기준에 따라 설치 또는 유지·관리되어 있지 아니할 때에는 해당 특정소방대상물의 관계인에게 필요한 조치를 명할 수 있다.

정답 | ①

49 빈출도 ★

제조소 등의 위치·구조 및 설비의 기준 중 위험물을 취급하는 건축물의 환기설비 설치기준으로 다음 ( ) 안에 알맞은 것은?

> 급기구는 당해 급기구가 설치된 실의 바닥면적 (㉠)[m^2]마다 1개 이상으로 하되, 급기구의 크기는 (㉡)[cm^2] 이상으로 할 것

① ㉠ 100 ㉡ 800
② ㉠ 150 ㉡ 800
③ ㉠ 100 ㉡ 1,000
④ ㉠ 150 ㉡ 1,000

해설

급기구는 당해 급기구가 설치된 실의 바닥면적 150[m^2]마다 1개 이상으로 하되, 급기구의 크기는 800[cm^2] 이상으로 해야 한다.

정답 | ②

50 빈출도 ★★

소방시설공사업법상 도급을 받은 자가 제3자에게 소방시설의 시공을 다시 하도급한 경우에 대한 벌칙 기준으로 옳은 것은? (단, 대통령령으로 정하는 경우는 제외한다.)

① 100만 원 이하의 벌금
② 300만 원 이하의 벌금
③ 1년 이하의 징역 또는 1,000만 원 이하의 벌금
④ 3년 이하의 징역 또는 1,500만 원 이하의 벌금

해설

도급을 받은 자가 제3자에게 소방시설의 시공을 다시 하도급한 경우 1년 이하의 징역 또는 1,000만 원 이하의 벌금에 처한다.

정답 | ③

51 빈출도 ★★

위험물안전관리법령상 제조소등의 관계인은 위험물의 안전관리에 관한 직무를 수행하게 하기 위하여 제조소등마다 위험물의 취급에 관한 자격이 있는 자를 위험물안전관리자로 선임하여야 한다. 이 경우 제조소등의 관계인이 지켜야 할 기준으로 틀린 것은?

① 제조소등의 관계인은 안전관리자를 해임하거나 안전관리자가 퇴직한 때에는 해임하거나 퇴직한 날부터 15일 이내에 다시 안전관리자를 선임하여야 한다.
② 제조소등의 관계인이 안전관리자를 선임한 경우에는 선임한 날부터 14일 이내에 소방본부장 또는 소방 서장에게 신고하여야 한다.
③ 제조소등의 관계인은 안전관리자가 여행·질병 그 밖의 사유로 인하여 일시적으로 직무를 수행할 수 없는 경우에는 국가기술자격법에 따른 위험물의 취급에 관한 자격취득자 또는 위험물안전에 관한 기본 지식과 경험이 있는 자를 대리자로 지정하여 그 직무를 대행하게 하여야 한다. 이 경우 대행하는 기간은 30일을 초과할 수 없다.
④ 안전관리자는 위험물을 취급하는 작업을 하는 때에는 작업자에게 안전관리에 관한 필요한 지시를 하는 등 위험물의 취급에 관한 안전관리와 감독을 하여야 하고, 제조소등의 관계인은 안전관리자의 위험물 안전관리에 관한 의견을 존중하고 그 권고에 따라야 한다.

해설

제조소등의 관계인은 안전관리자를 해임하거나 안전관리자가 퇴직한 때에는 해임하거나 퇴직한 날부터 30일 이내에 다시 안전관리자를 선임하고 14일 이내에 소방본부장 또는 소방서장에게 신고하여야 한다.

정답 | ①

52 빈출도 ★★

위험물안전관리법령상 허가를 받지 아니하고 당해 제조소등을 설치하거나 그 위치 · 구조 또는 설비를 변경할 수 있으며, 신고를 하지 아니하고 위험물의 품명 · 수량 또는 지정수량의 배수를 변경할 수 있는 기준으로 옳은 것은?

① 축산용으로 필요한 건조시설을 위한 지정수량 40배 이하의 저장소

② 수산용으로 필요한 건조시설을 위한 지정수량 30배 이하의 저장소

③ 농예용으로 필요한 난방시설을 위한 지정수량 40배 이하의 저장소

④ 주택의 난방시설(공동주택의 중앙난방시설 제외)을 위한 저장소

해설

주택의 난방시설(공동주택의 중앙난방시설 제외)을 위한 저장소 또는 취급소의 경우 시 · 도지사의 허가를 받지 않고 당해 제조소 등을 설치하거나 그 위치 · 구조 또는 설비를 변경할 수 있으며, 신고를 하지 아니하고 위험물의 품명 · 수량 또는 지정수량의 배수를 변경할 수 있다.

관련개념 **시 · 도지사의 허가를 받지 않고 당해 제조소등을 설치하거나 그 위치 · 구조 또는 설비를 변경할 수 있으며, 신고를 하지 아니하고 위험물의 품명 · 수량 또는 지정수량의 배수를 변경할 수 있는 경우**

㉠ 주택의 난방시설(공동주택의 중앙난방시설 제외)을 위한 저장소 또는 취급소

㉡ 농예용 · 축산용 또는 수산용으로 필요한 난방시설 또는 건조시설을 위한 지정수량 20배 이하의 저장소

정답 | ④

53 빈출도 ★★★

소방시설 설치 및 관리에 관한 법률상 수용인원 산정 방법 중 침대가 없는 숙박시설로서 해당 특정소방대상물의 종사자의 수는 5명, 복도, 계단 및 화장실의 바닥면적을 제외한 바닥면적이 158[m²]인 경우의 수용인원은 약 몇 명인가?

① 37 ② 45

③ 58 ④ 84

해설

$$종사자\ 수+\frac{바닥면적의\ 합계}{3[m^2]}$$

$$=5+\frac{158}{3}=57.67 \rightarrow 58명(소수점\ 반올림)$$

관련개념 **수용인원의 산정방법**

구분		산정방법
숙박시설	침대가 있는 숙박시설	종사자 수+침대 수(2인용 침대는 2개)
	침대가 없는 숙박시설	$종사자\ 수+\frac{바닥면적의\ 합계}{3[m^2]}$
강의실 · 교무실 · 상담실 · 실습실 · 휴게실 용도로 쓰이는 특정소방대상물		$\frac{바닥면적의\ 합계}{1.9[m^2]}$
강당, 문화 및 집회시설, 운동시설, 종교시설		$\frac{바닥면적의\ 합계}{4.6[m^2]}$
그 밖의 특정소방대상물		$\frac{바닥면적의\ 합계}{3[m^2]}$

* 계산 결과 소수점 이하의 수는 반올림한다.
* 복도(준불연재료 이상의 것), 화장실, 계단은 면적에서 제외한다.

정답 | ③

54 빈출도 ★★★

화재의 예방 및 안전관리에 관한 법률상 일반음식점에서 음식조리를 위해 불을 사용하는 설비를 설치하는 경우 지켜야 하는 사항으로 틀린 것은?

① 주방시설에는 동물 또는 식물의 기름을 제거할 수 있는 필터 등을 설치할 것
② 열을 발생하는 조리기구는 반자 또는 선반으로부터 0.6[m] 이상 떨어지게 할 것
③ 주방설비에 부속된 배출덕트는 0.2[mm] 이상의 아연도금강판으로 설치할 것
④ 열을 발생하는 조리기구로부터 0.15[m] 이내의 거리에 있는 가연성 주요구조부는 석면판 또는 단열성이 있는 불연재료로 덮어씌울 것

해설

주방설비에 부속된 배출덕트는 0.5[mm] 이상의 아연도금강판 또는 이와 같거나 그 이상의 내식성 불연재료로 설치해야 한다.

관련개념 **음식조리를 위하여 설치하는 설비를 사용할 때 지켜야 하는 사항**

㉠ 주방설비에 부속된 배출덕트(공기배출통로)는 0.5[mm] 이상의 아연도금강판 또는 이와 같거나 그 이상의 내식성 불연재료로 설치할 것
㉡ 주방시설에는 동물 또는 식물의 기름을 제거할 수 있는 필터 등을 설치할 것
㉢ 열을 발생하는 조리기구는 반자 또는 선반으로부터 0.6[m] 이상 떨어지게 할 것
㉣ 열을 발생하는 조리기구로부터 0.15[m] 이내의 거리에 있는 가연성 주요구조부는 석면판 또는 단열성이 있는 불연재료로 덮어씌울 것

정답 | ③

55 빈출도 ★★★

소방시설 설치 및 관리에 관한 법률상 소방시설 등의 자체점검 중 종합점검을 받아야 하는 특정소방대상물 대상 기준으로 틀린 것은?

① 제연설비가 설치된 터널
② 스프링클러설비가 설치된 특정소방대상물
③ 공공기관 중 연면적이 1,000[m^2] 이상인 것으로서 옥내소화전설비 또는 자동화재탐지설비가 설치된 것(소방대가 근무하는 공공기관 제외)
④ 호스릴방식의 물분무등소화설비만이 설치된 연면적 5,000[m^2] 이상인 특정소방대상물(위험물제조소등 제외)

해설

호스릴방식의 물분무등소화설비만을 설치된 특정소방대상물은 종합점검을 받아야 하는 대상이 아니다.

관련개념 **종합점검 대상**

㉠ 스프링클러설비가 설치된 특정소방대상물
㉡ 물분무등소화설비(호스릴방식의 물분무등소화설비만을 설치한 경우 제외)가 설치된 연면적 5,000[m^2] 이상인 특정소방대상물(위험물제조소등 제외)
㉢ 다중이용업의 영업장이 설치된 특정소방대상물로서 연면적이 2,000[m^2] 이상인 것
㉣ 제연설비가 설치된 터널
㉤ 공공기관 중 연면적이 1,000[m^2] 이상인 것으로서 옥내소화전설비 또는 자동화재탐지설비가 설치된 것(소방대가 근무하는 공공기관 제외)

정답 | ④

56 빈출도 ★

행정안전부령으로 정하는 고급감리원 이상의 소방공사감리원의 소방시설 배치 현장기준으로 옳은 것은?

① 연면적 5,000[m^2] 이상 30,000[m^2] 미만인 특정소방대상물의 공사현장
② 연면적 30,000[m^2] 이상 200,000[m^2] 미만인 아파트의 공사 현장
③ 연면적 30,000[m^2] 이상 200,000[m^2] 미만인 특정소방대상물(아파트는 제외)의 공사 현장
④ 연면적 200,000[m^2] 이상인 특정소방대상물의 공사 현장

해설

연면적 30,000[m^2] 이상 200,000[m^2] 미만인 아파트의 공사 현장에는 고급감리원 이상의 소방공사감리원을 배치해야 한다.

관련개념 소방공사 감리원의 배치기준

감리원의 배치기준		소방공사현장 기준
책임감리원	보조감리원	
특급감리원 이상의 소방공사 감리원	초급감리원 이상의 소방공사 감리원	• 연면적 30,000[m^2] 이상 200,000[m^2] 미만인 특정소방대상물의 공사현장(아파트 제외) • 지하층을 포함한 층수가 16층 이상 40층 미만인 특정소방대상물의 공사현장
고급감리원 이상의 소방공사 감리원	초급감리원 이상의 소방공사 감리원	• 물분무등소화설비(호스릴 방식 제외) 또는 제연설비가 설치되는 특정소방대상물의 공사현장 • 연면적 30,000[m^2] 이상 200,000[m^2] 미만인 아파트의 공사현장

정답 | ②

57 빈출도 ★★★

소방시설 설치 및 관리에 관한 법률상 소방용품의 형식승인을 받지 아니하고 소방용품을 제조하거나 수입한 자에 대한 벌칙 기준은?

① 100만 원 이하의 벌금
② 300만 원 이하의 벌금
③ 1년 이하의 징역 또는 1,000만 원 이하의 벌금
④ 3년 이하의 징역 또는 3,000만 원 이하의 벌금

해설

소방용품의 형식승인을 받지 아니하고 소방용품을 제조하거나 수입한 경우 **3년 이하의 징역 또는 3,000만 원 이하의 벌금**에 처한다.

정답 | ④

58 빈출도 ★★

위험물안전관리법령에 따른 인화성액체위험물(이황화탄소 제외)의 옥외탱크저장소의 탱크 주위에 설치하는 방유제의 설치기준 중 옳은 것은?

① 방유제의 높이는 0.5[m] 이상 2.0[m] 이하로 할 것
② 방유제 내의 면적은 100,000[m^2] 이하로 할 것
③ 방유제의 용량은 방유제 안에 설치된 탱크가 2기 이상인 때에는 그 탱크 중 용량이 최대인 것의 용량의 120[%] 이상으로 할 것
④ 높이가 1[m]를 넘는 방유제 및 간막이 둑의 안팎에는 방유제 내에 출입하기 위한 계단 또는 경사로를 약 50[m]마다 설치할 것

해설

방유제는 높이가 1[m]를 넘는 방유제 및 간막이 둑의 안팎에는 방유제 내에 출입하기 위한 계단 또는 경사로를 약 50[m]마다 설치하여야 한다.

선지분석

① 방유제의 높이는 0.5[m] 이상 **3[m]** 이하로 할 것
② 방유제내의 면적은 **80,000[m^2]** 이하로 할 것
③ 방유제의 용량은 방유제 안에 설치된 탱크가 2기 이상인 때에는 그 탱크 중 용량이 최대인 것의 용량의 **110[%]** 이상으로 할 것

정답 | ④

59 빈출도 ★★

소방시설공사업법령상 하자를 보수하여야 하는 소방시설과 소방시설별 하자보수 보증기간으로 옳은 것은?

① 유도등: 1년
② 자동소화장치: 3년
③ 자동화재탐지설비: 2년
④ 상수도소화용수설비: 2년

해설

자동소화장치의 하자보수 보증기간은 3년이다.

관련개념 하자보수 보증기간

보증기간	소방시설	
2년	• 피난기구 • 유도등 • 비상경보설비	• 비상조명등 • 비상방송설비 • 무선통신보조설비
3년	• 자동소화장치 • 옥내소화전설비 • 스프링클러설비등 • 화재알림설비 • 물분무등소화설비	• 옥외소화전설비 • 자동화재탐지설비 • 상수도소화용수설비 • 소화활동설비(무선통신 보조설비 제외)

정답 | ②

60 빈출도 ★

화재의 예방 및 안전관리에 관한 법률상 천재지변 및 그 밖에 대통령령으로 정하는 사유로 화재안전조사를 받기 곤란하여 화재안전조사의 연기를 신청하려는 자는 화재안전조사 시작 최대 며칠 전까지 연기신청서 및 증명서류를 제출해야 하는가?

① 3　② 5
③ 7　④ 10

해설

화재안전조사의 연기를 신청하려는 관계인은 화재안전조사 시작 3일 전까지 연기신청서 및 증명서류를 제출해야 한다.

정답 | ①

소방기계시설의 구조 및 원리

61 빈출도 ★

할로겐화합물 및 불활성기체 소화설비의 분사헤드에 대한 설치기준 중 다음 ( ) 안에 알맞은 것은? (단, 분사헤드의 성능인증 범위 내에서 설치하는 경우는 제외한다.)

> 분사헤드의 설치높이는 방호구역의 바닥으로부터 최소 (㉠)[m] 이상 최대 (㉡)[m] 이하로 하여야 한다.

① ㉠: 0.2 ㉡: 3.7
② ㉠: 0.8 ㉡: 1.5
③ ㉠: 1.5 ㉡: 2.0
④ ㉠: 2.0 ㉡: 2.5

해설

바닥으로부터 최소 0.2[m] 이상 최대 3.7[m] 이하로 해야 한다.

관련개념 **분사헤드의 설치기준**

㉠ 분사헤드의 설치 높이는 방호구역의 바닥으로부터 최소 0.2[m] 이상 최대 3.7[m] 이하로 해야 하며 천장높이가 3.7[m]를 초과할 경우에는 추가로 다른 열의 분사헤드를 설치한다.
㉡ 분사헤드의 개수는 방호구역에 약제 및 화재에 따른 방출시간이 충족되도록 설치한다.
㉢ 분사헤드에는 부식방지조치를 해야 하며 오리피스의 크기, 제조일자, 제조업체가 표시되도록 한다.
㉣ 분사헤드의 방출률 및 방출압력은 제조업체에서 정한 값으로 한다.
㉤ 분사헤드의 오리피스의 면적은 분사헤드가 연결되는 배관구경 면적의 70[%] 이하가 되도록 한다.

정답 | ①

62 빈출도 ★

화재 시 연기가 찰 우려가 없는 장소로서 호스릴 분말 소화설비를 설치할 수 있는 기준 중 다음 ( ) 안에 알맞은 것은?

> – 지상 1층 및 피난층에 있는 부분으로서 지상에서 수동 또는 원격조작에 따라 개방할 수 있는 개구부의 유효면적의 합계가 바닥면적의 (㉠)[%] 이상이 되는 부분
> – 전기설비가 설치되어 있는 부분 또는 다량의 화기를 사용하는 부분의 바닥면적이 해당 설비가 설치되어 있는 구획의 바닥면적의 (㉡) 미만이 되는 부분

① ㉠ 15 ㉡ $\frac{1}{5}$
② ㉠ 15 ㉡ $\frac{1}{2}$
③ ㉠ 20 ㉡ $\frac{1}{5}$
④ ㉠ 20 ㉡ $\frac{1}{2}$

관련개념 **호스릴방식 분말 소화설비의 설치장소**

㉠ 화재 시 현저하게 연기가 찰 우려가 없는 장소에 설치한다.
㉡ 지상 1층 및 피난층에 있는 부분으로서 지상에서 수동 또는 원격조작에 따라 개방할 수 있는 개구부의 유효면적의 합계가 바닥면적의 15[%] 이상이 되는 부분에 설치한다.
㉢ 전기설비가 설치되어 있는 부분 또는 다량의 화기를 사용하는 부분의 바닥면적이 해당 설비가 설치되어 있는 구획의 바닥면적의 5분의 1 미만이 되는 부분에 설치한다.

정답 | ①

63 빈출도 ★★★

스프링클러설비 배관의 설치기준으로 틀린 것은?

① 급수배관의 구경은 수리계산에 따르는 경우 가지배관의 유속은 6[m/s], 그 밖의 배관의 유속은 10[m/s]를 초과하지 아니할 것

② 연결송수관설비의 배관과 겸용할 경우의 주배관은 구경 100[mm] 이상, 방수구로 연결되는 배관의 구경은 65[mm] 이상의 것으로 할 것

③ 수직배수배관의 구경은 50[mm] 이상으로 할 것

④ 가지배관에는 헤드의 설치지점 사이마다 1개 이상의 행거를 설치하되, 헤드 간의 거리가 3.5[m]를 초과하는 경우에는 3.5[m] 이내마다 1개 이상 설치할 것

해설

스프링클러설비는 연결송수관설비의 배관과 겸용할 수 없다.

정답 | ②

64 빈출도 ★★

소화용수설비 중 소화수조 및 저수조에 대한 설명으로 틀린 것은?

① 소화수조, 저수조의 채수구 또는 흡수관투입구는 소방차가 2[m] 이내의 지점까지 접근할 수 있는 위치에 설치할 것

② 지하에 설치하는 소화용수설비의 흡수관투입구는 그 한 변이 0.6[m] 이상인 것으로 할 것

③ 채수구는 지면으로부터의 높이가 0.5[m] 이상 1[m] 이하의 위치에 설치하고 "채수구"라고 표시한 표시를 할 것

④ 소화수조가 옥상 또는 옥탑의 부분에 설치된 경우에는 지상에 설치된 채수구에서의 압력이 0.1[MPa] 이상이 되도록 할 것

해설

소화수조가 옥상 또는 옥탑의 부분에 설치된 경우 지상에 설치된 채수구에서의 압력은 0.15[MPa] 이상으로 한다.

정답 | ④

65 빈출도 ★

할로겐화합물 및 불활성기체 소화설비의 약제 중 저장용기 내에서 저장상태가 기체상태의 압축가스인 소화약제는?

① IG－541　② HCFC BLEND A
③ HFC－227ea　④ HFC－23

해설

할로겐화합물 소화약제는 상대적으로 분자량이 크기 때문에 약간의 압력으로도 쉽게 액화한다.
따라서 저장용기 내에서 기체상태로 저장하는 소화약제는 불활성기체 소화약제인 IG－541이다.

정답 | ①

66 빈출도 ★★

특별피난계단의 계단실 및 부속실 제연설비의 화재안전성능기준(NFPC 501A)에 대한 내용으로 틀린 것은?

① 제연구역과 옥내와의 사이에 유지하여야 하는 최소차압은 40[Pa] 이상으로 하여야 한다.
② 제연설비가 가동되었을 경우 출입문의 개방에 필요한 힘은 110[N] 이상으로 하여야 한다.
③ 계단실과 부속실을 동시에 제연하는 경우 부속실의 기압은 계단실과 같게 하거나 부속실과 계단실의 압력차이가 5[Pa] 이하가 되도록 하여야 한다.
④ 계단실 및 그 부속실을 동시에 제연하거나 또는 계단실만 단독으로 제연할 때의 방연풍속은 0.5[m/s] 이상이어야 한다.

해설

출입문 개방에 필요한 힘은 110[N] 이하로 한다.
기준 이상의 힘이 필요하도록 설계하면 화재 시 탈출할 수 없는 경우가 생길 수 있으므로 기준 이하의 힘이 필요하도록 설계해야 한다.

관련개념 **방연풍속**

방연풍속은 다음의 표에 따른 기준 이상으로 한다.

<table>
<tr><th colspan="2">제연구역</th><th>방연풍속</th></tr>
<tr><td colspan="2">계단실 및 그 부속실을 동시에 제연하는 것 또는 계단실만 단독으로 제연하는 것</td><td>0.5[m/s] 이상</td></tr>
<tr><td rowspan="2">부속실만 단독으로 제연하는 것 또는 비상용승강기의 승강장만 단독으로 제연하는 것</td><td>부속실 또는 승강장이 면하는 옥내가 거실인 경우</td><td>0.7[m/s] 이상</td></tr>
<tr><td>부속실 또는 승강장이 면하는 옥내가 복도로서 그 구조가 방화구조(내화시간이 30분 이상인 구조를 포함)인 것</td><td>0.5[m/s] 이상</td></tr>
</table>

정답 | ②

67 빈출도 ★

대형소화기에 충전하는 최소 소화약제의 기준 중 다음 ( ) 안에 알맞은 것은?

> – 분말소화기: (㉠)[kg] 이상
> – 물소화기: (㉡)[L] 이상
> – 이산화탄소소화기: (㉢)[kg] 이상

① ㉠ 30 ㉡ 80 ㉢ 50
② ㉠ 30 ㉡ 50 ㉢ 60
③ ㉠ 20 ㉡ 80 ㉢ 50
④ ㉠ 20 ㉡ 50 ㉢ 60

해설

분말소화기는 20[kg] 이상, 물소화기는 80[L] 이상, 이산화탄소소화기는 50[kg] 이상이다.

관련개념 대형소화기의 소화약제

㉠ 물소화기: 80[L] 이상
㉡ 강화액소화기: 60[L] 이상
㉢ 할로겐화합물소화기: 30[kg] 이상
㉣ 이산화탄소소화기: 50[kg] 이상
㉤ 분말소화기: 20[kg] 이상
㉥ 포소화기: 20[L] 이상

정답 | ③

68 빈출도 ★★

전동기 또는 내연기관에 따른 펌프를 이용하는 옥외소화전설비의 가압송수장치의 설치기준 중 다음 ( ) 안에 알맞은 것은?

> 해당 특정소방대상물에 설치된 옥외소화전(2개 이상 설치된 경우에는 2개의 옥외소화전)을 동시에 사용할 경우 각 옥외소화전의 노즐선단에서의 방수압력이 (㉠)[MPa] 이상이고, 방수량이 (㉡)[L/min] 이상이 되는 성능의 것으로 할 것

① ㉠ 0.17 ㉡ 350
② ㉠ 0.25 ㉡ 350
③ ㉠ 0.17 ㉡ 130
④ ㉠ 0.25 ㉡ 130

해설

특정소방대상물에 설치된 옥외소화전(최대 2개)을 동시에 사용할 경우 각 옥외소화전의 노즐선단에서의 방수압력이 0.25[MPa] 이상이고, 방수량이 350[L/min] 이상이 되는 성능의 것으로 한다.

정답 | ②

69 빈출도 ★★

호스릴 이산화탄소 소화설비의 설치기준으로 옳지 않은 것은?

① 20[℃]에서 하나의 노즐마다 소화약제의 방사량은 60초당 60[kg] 이상이어야 할 것
② 소화약제 저장용기는 호스릴 2개마다 1개 이상 설치해야 할 것
③ 소화약제 저장용기의 가장 가까운 곳의 보기 쉬운 곳에 표시등을 설치해야 할 것
④ 소화약제 저장용기의 개방밸브는 호스의 설치장소에서 수동으로 개폐할 수 있어야 할 것

해설

소화약제 저장용기는 호스릴을 설치하는 장소마다 설치한다.

관련개념 호스릴방식의 설치기준

㉠ 방호대상물의 각 부분으로부터 하나의 호스접결구까지의 수평거리가 15[m] 이하가 되도록 한다.
㉡ 소화약제 저장용기의 개방밸브는 호스릴의 설치장소에서 수동으로 개폐할 수 있는 것으로 한다.
㉢ 소화약제 저장용기는 호스릴을 설치하는 장소마다 설치한다.
㉣ 호스릴방식의 이산화탄소 소화설비의 노즐은 20[℃]에서 하나의 노즐마다 1분당 60[kg] 이상의 양을 방출할 수 있는 것으로 한다.
㉤ 소화약제 저장용기의 가장 가까운 곳의 보기 쉬운 곳에 적색의 표시등을 설치하고, 호스릴방식의 이산화탄소 소화설비가 있다는 뜻을 표시한 표지를 한다.

정답 | ②

70 빈출도 ★

이산화탄소 소화설비의 시설 중 소화 후 연소 및 소화 잔류 가스를 인명안전 상 배출 및 희석시키는 배출설비의 설치대상이 아닌 것은?

① 지하층 ② 피난층
③ 무창층 ④ 밀폐된 거실

해설

지하층, 무창층 및 밀폐된 거실 등에 이산화탄소 소화설비를 설치한 경우에는 방출된 소화약제를 배출하기 위한 배출설비를 갖추어야 한다.

정답 | ②

71 빈출도 ★★

고압의 전기기기가 있는 장소에 있어서 전기의 절연을 위한 전기기기와 물분무헤드 사이의 최소 이격거리 기준 중 옳은 것은?

① 66[kV] 이하 – 60[cm] 이상
② 66[kV] 초과 77[kV] 이하 – 80[cm] 이상
③ 77[kV] 초과 110[kV] 이하 – 100[cm] 이상
④ 110[kV] 초과 154[kV] 이하 – 140[cm] 이상

해설

고압 전기기기와 물분무헤드 사이의 이격거리는 66[kV] 초과 77[kV] 이하인 경우 80[cm] 이상으로 한다.

관련개념 물분무헤드의 설치기준

㉠ 물분무헤드는 표준방사량으로 해당 방호대상물의 화재를 유효하게 소화하는데 필요한 수를 적정한 위치에 설치한다.
㉡ 고압의 전기기기가 있는 장소는 전기의 절연을 위하여 전기기기와 물분무헤드 사이에 다음의 표에 따른 거리를 둔다.

전압[kV]	거리[cm]
66 이하	70 이상
66 초과 77 이하	80 이상
77 초과 110 이하	110 이상
110 초과 154 이하	150 이상
154 초과 181 이하	180 이상
181 초과 220 이하	210 이상
220 초과 275 이하	260 이상

정답 | ②

72 빈출도 ★

다음 중 연결살수설비 설치대상이 아닌 것은?

① 가연성가스 20톤을 저장하는 지상 탱크시설
② 지하층으로서 바닥면적의 합계가 200[m^2]인 장소
③ 판매시설 중 물류터미널로서 바닥면적의 합계가 1,500[m^2]인 장소
④ 아파트의 대피시설로 사용되는 지하층으로서 바닥면적의 합계가 850[m^2]인 장소

해설

가연성가스를 저장하는 지상에 노출된 탱크는 30톤 이상인 경우 연결살수설비의 설치대상이 된다.

관련개념 연결살수설비 설치대상 특정소방대상물

특정소방대상물	설치기준
판매시설, 운수시설, 창고시설 중 물류터미널	바닥면적 1,000[m^2] 이상
지하층(피난층으로 주된 출입구가 도로와 접한 경우 제외)	바닥면적 150[m^2] 이상
아파트의 지하층(대피시설만 해당) 또는 학교의 지하층	바닥면적 700[m^2] 이상
가스시설 중 지상에 노출된 탱크	용량 30[ton] 이상

정답 | ①

73 빈출도 ★

완강기의 최대사용자수 기준 중 다음 (   ) 안에 알맞은 것은?

> 최대사용자수(1회에 강하할 수 있는 사용자의 최대수)는 최대사용하중을 (   )[N]으로 나누어서 얻은 값으로 한다.

① 250　　② 500
③ 750　　④ 1,500

해설

완강기의 최대사용자수는 최대사용하중을 1,500[N]으로 나누어서 얻은 값(절사)으로 한다.

관련개념 완강기의 최대사용하중 및 최대사용자수

㉠ 최대사용하중은 1,500[N] 이상의 하중이어야 한다.
㉡ 최대사용자수는 최대사용하중을 1,500[N]으로 나누어서 얻은 값(절사)으로 한다.
㉢ 최대사용자수에 상당하는 수의 벨트가 있어야 한다.

정답 | ④

74 빈출도 ★

국소방출방식의 할론소화설비의 분사헤드 설치기준 중 다음 (   ) 안에 알맞은 것은?

> 분사헤드의 방사압력은 할론 2402를 방사하는 것은 (㉠)[MPa] 이상, 할론 2402를 방출하는 분사헤드는 해당 소화약제가 (㉡)으로 분무되는 것으로 하여야 하며, 기준저장량의 소화약제를 (㉢)초 이내에 방사할 수 있는 것으로 할 것

① ㉠ 0.1　㉡ 무상　㉢ 10
② ㉠ 0.2　㉡ 적상　㉢ 10
③ ㉠ 0.1　㉡ 무상　㉢ 30
④ ㉠ 0.2　㉡ 적상　㉢ 30

해설

할론 2402를 방사하는 국소방출방식 분사헤드는 압력 0.1[MPa] 이상, 분무방식은 무상으로 기준저장량을 10초 이내에 방사한다.

관련개념 국소방출방식 분사헤드 설치기준

㉠ 소화약제의 방출에 따라 가연물이 비산하지 않는 장소에 설치한다.
㉡ 할론 2402를 방출하는 분사헤드는 소화약제가 무상으로 분무되는 것으로 한다.
㉢ 분사헤드의 방출압력은 다음의 표에 따른 압력 이상으로 한다.

소화약제의 종류	분사헤드의 방출압력
할론 1301	0.9[MPa]
할론 1211	0.2[MPa]
할론 2402	0.1[MPa]

㉣ 기준저장량의 소화약제를 10초 이내에 방출할 수 있는 것으로 한다.

정답 | ①

75 빈출도 ★★

옥내소화전설비 수원의 산출된 유효수량 외에 유효수량의 1/3 이상을 옥상에 설치하지 아니할 수 있는 경우의 기준 중 다음 ( ) 알맞은 것은?

> – 수원을 건축물의 최상층에 설치된 (㉠)보다 높은 위치에 설치된 경우
> – 건축물의 높이가 지표면으로부터 (㉡)[m] 이하인 경우

① ㉠ 송수구 ㉡ 7
② ㉠ 방수구 ㉡ 7
③ ㉠ 송수구 ㉡ 10
④ ㉠ 방수구 ㉡ 10

해설

수원을 건축물의 최상층에 설치된 방수구보다 높은 위치에 설치한 경우, 건축물의 높이가 지표면으로부터 10[m] 이하인 경우 옥상수조를 설치하지 않을 수 있다.

관련개념 옥상수조의 설치면제 기준

㉠ 지하층만 있는 건축물
㉡ 자연낙차압력을 이용한 고가수조를 가압송수장치로 설치한 경우
㉢ 수원을 건축물의 최상층에 설치된 방수구보다 높은 위치에 설치한 경우
㉣ 건축물의 높이가 지표면으로부터 10[m] 이하인 경우
㉤ 주펌프와 동등 이상의 성능이 있는 별도의 펌프를 내연기관의 기동과 연동하여 작동하거나 비상전원을 연결하여 설치한 경우
㉥ 학교 · 공장 · 창고시설과 같이 동결의 우려가 있는 장소에서 기동용 수압개폐장치를 기동스위치에 보호판을 부착하여 옥내소화전함 내에 설치한 경우
㉦ 가압수조를 가압송수장치로 설치한 경우

정답 | ④

76 빈출도 ★★

이산화탄소 소화설비를 설치하는 장소에 이산화탄소 소화약제의 소요량은 정해진 약제방사시간 이내에 방사되어야 한다. 다음 기준 중 소요량에 대한 약제방사시간 기준이 아닌 것은?

① 전역방출방식에 있어서 표면화재 방호대상물은 1분 이내
② 전역방출방식에 있어서 심부화재 방호대상물은 7분 이내
③ 국소방출방식에 있어서 방호대상물은 10초 이내
④ 국소방출방식에 있어서 방호대상물은 30초 이내

해설

이산화탄소 소화약제는 국소방출방식의 경우 기준저장량을 30초 이내에 방출할 수 있어야 한다.

관련개념 이산화탄소 소화약제의 방출시간

구분		소화약제의 방출시간
전역방출방식	표면화재	1분 이내
	심부화재	7분 이내
국소방출방식		30초 이내

정답 | ③

77 빈출도 ★★

포소화약제의 혼합장치에 대한 설명 중 옳은 것은?

① 라인 프로포셔너방식이란 펌프의 토출관과 흡입관 사이의 배관 도중에 설치한 흡입기에 펌프에서 토출된 물의 일부를 보내고, 농도 조절밸브에서 조정된 포 소화약제의 필요량을 포 소화약제 탱크에서 펌프 흡입측으로 보내어 이를 혼합하는 방식을 말한다.
② 프레셔사이드 프로포셔너방식이란 펌프의 토출관에 압입기를 설치하여 포 소화약제 압입용펌프로 포 소화약제를 압입시켜 혼합하는 방식을 말한다.
③ 프레셔 프로포셔너방식이란 펌프와 발포기 중간에 설치된 벤추리관의 벤추리작용에 따라 포 소화약제를 흡입 · 혼합하는 방식을 말한다.
④ 펌프 프로포셔너방식이란 펌프와 발포기의 중간에 설치된 벤추리관의 벤추리작용과 펌프 가압수의 포 소화약제 저장탱크에 대한 압력에 따라 포 소화약제를 흡입 · 혼합하는 방식을 말한다.

해설

옳은 설명은 ② 프레셔사이드 프로포셔너방식이다.

관련개념 포소화약제의 혼합방식

펌프 프로포셔너 방식	펌프의 토출관과 흡입관 사이의 배관 도중에 설치한 흡입기에 펌프에서 토출된 물의 일부를 보내고, 농도 조정밸브에서 조정된 포 소화약제의 필요량을 포 소화약제 저장탱크에서 펌프 흡입측으로 보내어 이를 혼합하는 방식
프레셔 프로포셔너 방식	펌프와 발포기의 중간에 설치된 벤추리관의 벤추리작용과 펌프 가압수의 포 소화약제 저장탱크에 대한 압력에 따라 포 소화약제를 흡입 · 혼합하는 방식
라인 프로포셔너 방식	펌프와 발포기의 중간에 설치된 벤추리관의 벤추리작용에 따라 포 소화약제를 흡입 · 혼합하는 방식
프레셔사이드 프로포셔너 방식	펌프의 토출관에 압입기를 설치하여 포 소화약제 압입용 펌프로 포 소화약제를 압입시켜 혼합하는 방식
압축공기포 믹싱챔버 방식	물, 포소화약제 및 공기를 믹싱챔버로 강제주입시켜 챔버 내에서 포수용액을 생성한 후 포를 방사하는 방식

정답 | ②

78 빈출도 ★

화재조기진압용 스프링클러설비 가지배관의 배열기준 중 천장의 높이가 9.1[m] 이상 13.7[m] 이하인 경우 가지배관 사이의 거리 기준으로 옳은 것은?

① 2.4[m] 이상 3.1[m] 이하
② 2.4[m] 이상 3.7[m] 이하
③ 6.0[m] 이상 8.5[m] 이하
④ 6.0[m] 이상 9.3[m] 이하

해설

천장의 높이가 9.1[m] 이상 13.7[m] 이하인 경우 가지배관 사이의 거리는 2.4[m] 이상 3.1[m] 이하로 한다.

관련개념 가지배관의 설치기준

㉠ 토너먼트 배관방식이 아니어야 한다.
㉡ 가지배관 사이의 거리는 2.4[m] 이상 3.7[m] 이하로 한다.
㉢ 천장의 높이가 9.1[m] 이상 13.7[m] 이하인 경우 가지배관 사이의 거리는 2.4[m] 이상 3.1[m] 이하로 한다.
㉣ 교차배관에서 분기되는 지점을 기점으로 한 쪽 가지배관에 설치되는 헤드의 개수는 8개 이하로 한다.
㉤ 가지배관과 헤드 사이의 배관을 신축배관으로 하는 경우 소방청장이 정하여 고시한 기준에 적합한 것으로 설치한다.

정답 | ①

79 빈출도 ★

할론소화설비에서 국소방출방식의 경우 할론소화약제의 양을 산출하는 식은 다음과 같다. 여기서 A는 무엇을 의미하는가? (단, 가연물이 비산할 우려가 있는 경우로 가정한다.)

$$Q=X-Y\frac{a}{A}$$

① 방호공간의 벽면적의 합계
② 창문이나 문의 틈새면적의 합계
③ 개구부 면적의 합계
④ 방호대상물 주위에 설치된 벽의 면적의 합계

해설

국소방출방식 소화약제의 저장량 계산식에서 A는 방호공간의 벽면적의 합계를 의미한다.

관련개념 국소방출방식 소화약제 저장량

$$Q=\left(X-Y\times\left(\frac{a}{A}\right)\right)\times K$$

Q: 방호공간 $1[m^3]$ 당 소화약제의 양$[kg/m^3]$, a: 방호대상물 주변 실제 벽면적의 합계$[m^2]$, A: 방호공간 벽면적의 합계$[m^2]$, X, Y, K: 표에 따른 수치

소화약제의 종류	X	Y	K
할론 1301	4.0	3.0	1.25
할론 1211	4.4	3.3	1.1
할론 2402	5.2	3.9	1.1

정답 | ①

80 빈출도 ★★

폐쇄형 스프링클러설비의 방호구역 및 유수검지장치에 관한 설명으로 틀린 것은?

① 하나의 방호구역에는 1개 이상의 유수검지장치를 설치할 것
② 유수검지장치란 본체 내의 유수현상을 자동적으로 검지하여 신호 또는 경보를 발하는 장치를 말함
③ 하나의 방호구역의 바닥면적은 $3,500[m^2]$를 초과하지 아니할 것
④ 스프링클러헤드에 공급되는 물은 유수검지장치를 지나도록 할 것

해설

하나의 방호구역의 바닥면적은 $3,000[m^2]$를 초과하지 않도록 한다.

관련개념 방호구역 및 유수검지장치의 설치기준

㉠ 하나의 방호구역의 바닥면적은 $3,000[m^2]$를 초과하지 않도록 한다.
㉡ 하나의 방호구역에는 1개 이상의 유수검지장치를 설치하고, 화재 시 접근이 쉽고 점검하기 편리한 장소에 설치한다.
㉢ 하나의 방호구역은 2개 층에 미치지 않도록 한다.
㉣ 1개 층에 설치되는 스프링클러헤드의 수가 10개 이하이거나 복층형 구조의 공동주택에는 방호구역을 3개 층 이내로 할 수 있다.
㉤ 유수검지장치는 실내에 설치하거나 보호용 철망 등으로 구획하여 바닥으로부터 $0.8[m]$ 이상 $1.5[m]$ 이하의 위치에 설치하고, 그 실에는 가로 $0.5[m]$ 이상 세로 $1[m]$ 이상의 출입문(개구부)을 설치한다.
㉥ 유수검지장치를 기계실 안에 설치하는 경우 별도의 실 또는 보호용 철망을 설치하지 않을 수 있다.
㉦ 스프링클러헤드에 공급되는 물은 유수검지장치를 지나도록 한다.
㉧ 자연낙차에 따른 압력수가 흐르는 배관 상에 설치된 유수검지장치는 화재 시 물의 흐름을 검지할 수 있는 최소한의 압력이 얻어질 수 있도록 수조의 하단으로부터 낙차를 두고 설치한다.
㉨ 조기반응형 스프링클러 헤드를 설치하는 경우 습식 유수검지장치 또는 부압식 스프링클러설비를 설치한다.

정답 | ③

2024년 3회 CBT 복원문제

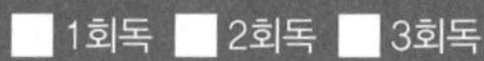

소방원론

01 빈출도 ★

수성막포 소화약제의 특성에 대한 설명으로 틀린 것은?

① 내열성이 우수하여 고온에서 수성막의 형성이 용이하다.
② 기름에 의한 오염이 적다.
③ 다른 소화약제와 병용하여 사용이 가능하다.
④ 불소계 계면활성제가 주성분이다.

해설

수성막포 소화약제는 내열성이 약해 윤화(Ring Fire) 현상이 일어날 수 있다.

관련개념 수성막포

구분	내용
성분	불소계 계면활성제가 주성분으로 탄화불소계 계면활성제의 소수기에 붙어있는 수소원자의 그 일부 또는 전부를 불소 원자로 치환한 계면활성제가 주체이다.
적응 화재	유류화재(B급 화재)
장점	• 초기 소화속도가 빠르다. • 분말 소화약제와 함께 소화작업을 할 수 있다. • 장기 보존이 가능하다. • 포·막의 차단효과로 재연방지에 효과가 있다.
단점	• 내열성이 약해 윤화(Ring Fire) 현상이 일어날 수 있다. • 표면장력이 적어 금속 및 페인트칠에 대한 부식성이 크다.

정답 | ①

02 빈출도 ★★★

화재의 종류에 따른 표시색 연결이 틀린 것은?

① 일반화재 — 백색
② 전기화재 — 청색
③ 금속화재 — 흑색
④ 유류화재 — 황색

해설

금속화재의 표시색은 무색이다.

관련개념 화재의 분류

급수	화재 종류	표시색	소화방법
A급	일반화재	백색	냉각
B급	유류화재	황색	질식
C급	전기화재	청색	질식
D급	금속화재	무색	질식
K급	주방화재 (식용유화재)	—	비누화·냉각·질식
E급	가스화재	황색	제거·질식

정답 | ③

03 빈출도 ★

방화문에 대한 기준으로 틀린 것은?

① 30분 방화문: 연기 및 불꽃을 차단할 수 있는 시간이 30분 이상 60분 미만인 방화문
② 30분+ 방화문: 연기 및 불꽃을 차단할 수 있는 시간이 30분 이상 60분 미만이고, 열을 차단할 수 있는 시간이 30분 이상인 방화문
③ 60분 방화문: 연기 및 불꽃을 차단할 수 있는 시간이 60분 이상인 방화문
④ 60분+ 방화문: 연기 및 불꽃을 차단할 수 있는 시간이 60분 이상이고, 열을 차단할 수 있는 시간이 30분 이상인 방화문

해설

30분+ 방화문은 없으며 30분 방화문, 60분 방화문, 60분+ 방화문은 옳은 설명이다.

정답 | ②

04 빈출도 ★★★

제3종 분말 소화약제에 대한 설명으로 틀린 것은?

① A, B, C급 화재에 모두 적응한다.
② 주성분은 탄산수소칼륨과 요소이다.
③ 열분해시 발생되는 불연성 가스에 의한 질식효과가 있다.
④ 분말운무에 의한 열방사를 차단하는 효과가 있다.

해설

제3종 분말 소화약제의 주성분은 제1인산암모늄이다.
열분해 과정에서 발생하는 기체상태의 암모니아, 수증기가 산소 농도를 한계 이하로 희석시켜 질식소화를 한다.
방출 시 화염과 가연물 사이에 분말의 운무를 형성하여 화염으로부터의 방사열을 차단하며, 가연물질의 온도가 저하되어 연소가 지속되지 못한다.

관련개념 분말 소화약제

구분	주성분	색상	적응화재
제1종	탄산수소나트륨 ($NaHCO_3$)	백색	B급 화재 C급 화재
제2종	탄산수소칼륨 ($KHCO_3$)	담자색 (보라색)	B급 화재 C급 화재
제3종	제1인산암모늄 ($NH_4H_2PO_4$)	담홍색	A급 화재 B급 화재 C급 화재
제4종	탄산수소칼륨+요소 [$KHCO_3+CO(NH_2)_2$]	회색	B급 화재 C급 화재

정답 | ②

05 빈출도 ★

제2종 분말 소화약제가 열분해되었을 때 생성되는 물질이 아닌 것은?

① CO_2　② H_2O
③ H_3PO_4　④ K_2CO_3

해설

제2종 분말 소화약제인 탄산수소칼륨($KHCO_3$) 2분자가 열분해되면 탄산칼륨(K_2CO_3) 1분자, 이산화탄소(CO_2) 1분자, 수증기(H_2O) 1분자가 생성된다.
따라서 인산(H_3PO_4)은 생성물이 아니다.
인산(H_3PO_4)은 제3종 분말 소화약제의 생성물이다.

관련개념

화학반응식이 옳은지 판단할 때는 반응물과 생성물을 구성하는 원자의 수가 일치하는지 확인하여야 한다.
제2종 분말 소화약제에는 인(P)이 포함되지 않으므로 생성물이 될 수 없다.

정답 | ③

06 빈출도 ★

주요구조부가 내화구조로 된 건축물에서 거실 각 부분으로부터 하나의 직통계단에 이르는 보행거리는 피난자의 안전상 몇 [m] 이하이어야 하는가?

① 50　② 60
③ 70　④ 80

해설

거실의 각 부분으로부터 직통계단에 이르는 보행거리는 일반구조의 경우 30[m] 이하, 내화구조의 경우 50[m] 이하가 되어야 한다.

관련개념

건축법 시행령에 따르면 건축물의 피난층 외의 층에서 피난층 또는 지상으로 통하는 직통계단은 거실의 각 부분으로부터 계단에 이르는 보행거리가 30[m] 이하가 되도록 설치해야 한다. 다만, 건축물의 주요구조부가 내화구조 또는 불연재료로 된 건축물은 그 보행거리가 50[m] 이하가 되도록 설치할 수 있다.

정답 | ①

07 빈출도 ★★

고층 건축물 내 연기거동 중 굴뚝효과에 영향을 미치는 요소가 아닌 것은?

① 건물 내·외의 온도차
② 화재실의 온도
③ 건물의 높이
④ 층의 면적

해설

굴뚝효과는 건축물의 내·외부 공기의 온도 및 밀도 차이로 인해 발생하는 공기의 흐름이다.
고층 건축물에서 층의 면적은 굴뚝효과에 영향을 미치지 않는다.

선지분석

① 건물 내·외의 온도차가 클수록 공기의 밀도차이가 커지므로 공기의 순환이 빠르게 이루어지며 굴뚝효과가 커진다.
② 건물 내부 화재 발생지점의 온도가 높을수록 건물 내·외의 온도차가 커지므로 굴뚝효과가 커진다.
③ 건물의 높이가 높을수록 저층과 고층의 기압차이가 커지므로 굴뚝효과가 커진다.

정답 | ④

08 빈출도 ★

화재 시 소화에 관한 설명으로 틀린 것은?

① 내알코올포 소화약제는 수용성용제의 화재에 적합하다.
② 물은 불에 닿을 때 증발하면서 다량의 열을 흡수하여 소화한다.
③ 제3종 분말 소화약제는 식용유화재에 적합하다.
④ 할로겐화합물 소화약제는 연쇄반응을 억제하여 소화한다.

해설

기름(식용유) 화재에 적합한 소화약제는 제1종 분말 소화약제이다.

정답 | ③

09 빈출도 ★★★

이산화탄소의 물성으로 옳은 것은?

① 임계온도: 31.35[℃] 증기비중: 0.529
② 임계온도: 31.35[℃] 증기비중: 1.529
③ 임계온도: 0.35[℃] 증기비중: 1.529
④ 임계온도: 0.35[℃] 증기비중: 0.529

해설

이산화탄소의 임계온도는 약 31.4[℃], 이산화탄소의 분자량이 44[g/mol]이므로 증기비중은

$\frac{\text{이산화탄소의 분자량}}{\text{공기의 평균 분자량}} = \frac{44}{29} \fallingdotseq 1.52$이다.

관련개념 **이산화탄소의 일반적 성질**

㉠ 상온에서 무색·무취·무미의 기체로서 독성이 없다.
㉡ 임계온도는 약 31.4[℃]이고, 비중이 약 1.52로 공기보다 무겁다.
㉢ 압축 및 냉각 시 쉽게 액화할 수 있으며, 더욱 압축냉각하면 드라이아이스가 된다.

정답 | ②

10 빈출도 ★

에테르, 케톤, 에스테르, 알데히드, 카르복실산, 아민 등과 같은 가연성인 수용성 용매에 유효한 포소화약제는?

① 단백포 ② 수성막포
③ 불화단백포 ④ 내알코올포

해설

수용성인 가연성 물질의 화재 진압에 적합한 포소화약제는 내알코올포이다.

정답 | ④

11 빈출도 ★★

비열이 가장 큰 물질은?

① 구리　　② 수은
③ 물　　④ 철

해설

얼음 · 물(H_2O)은 분자의 단순한 구조와 수소결합으로 인해 분자 간 결합이 강하므로 타 물질보다 비열, 융해잠열 및 증발잠열이 크다.

관련개념

물의 비열은 다른 물질의 비열보다 높은데 이는 물이 소화제로 사용되는 이유 중 하나이다.

정답 | ③

12 빈출도 ★★

실내화재에서 화재의 최성기에 돌입하기 전에 다량의 가연성 가스가 동시에 연소되면서 급격한 온도상승을 유발하는 현상은?

① 패닉(Panic) 현상
② 스택(Stack) 현상
③ 화이어 볼(Fire Ball) 현상
④ 플래쉬 오버(Flash Over) 현상

해설

플래쉬 오버(flash over) 현상이란 화점 주위에서 화재가 서서히 진행하다가 어느 정도 시간이 경과함에 따라 대류와 복사현상에 의해 일정 공간 안에 있는 가연물이 발화점까지 가열되어 일순간에 걸쳐 동시 발화되는 현상이다.

정답 | ④

13 빈출도 ★★

피난계획의 일반원칙 Fool Proof 원칙에 대한 설명으로 옳은 것은?

① 1가지가 고장이 나도 다른 수단을 이용하는 원칙
② 2방향의 피난동선을 항상 확보하는 원칙
③ 피난수단을 이동식 시설로 하는 원칙
④ 피난수단을 조작이 간편한 원시적 방법으로 하는 원칙

해설

피난 중 실수(Fool)가 발생하더라도 사고로 이어지지 않도록(Proof) 하는 원칙을 Fool Proof 원칙이라고 한다.
인간이 실수를 줄일 수 있도록 피난수단을 조작이 간편한 방식으로 설계하는 것은 Fool Proof 원칙에 해당한다.

관련개념 화재 시 피난동선의 조건

㉠ 피난동선은 가급적 단순한 형태로 한다.
㉡ 2 이상의 피난동선을 확보한다.
㉢ 피난통로는 불연재료로 구성한다.
㉣ 인간의 본능을 고려하여 동선을 구성한다.
㉤ 계단은 직통계단으로 한다.
㉥ 피난통로의 종착지는 안전한 장소여야 한다.
㉦ 수평동선과 수직동선을 구분하여 구성한다.

정답 | ④

14 빈출도 ★★

유류탱크의 화재 시 발생하는 슬롭 오버(Slop Over) 현상에 관한 설명으로 틀린 것은?

① 소화 시 외부에서 방사하는 포에 의해 발생한다.
② 연소유가 비산되어 탱크 외부까지 화재가 확산된다.
③ 탱크의 바닥에 고인 물의 비등팽창에 의해 발생한다.
④ 연소면의 온도가 100[℃] 이상일 때 물을 주수하면 발생된다.

해설

화재가 발생한 유류저장탱크의 고온의 유류 표면에 물이 주입되어 급격히 증발하며 유류가 탱크 밖으로 넘치게 되는 현상을 슬롭 오버(Slop Over)라고 한다.
③은 보일 오버(Boil Over) 현상에 대한 설명이다.

정답 | ③

15 빈출도 ★

화재하중에 대한 설명 중 틀린 것은?

① 화재하중이 크면 단위 면적당의 발열량이 크다.
② 화재하중이 크다는 것은 화재구획의 공간이 넓다는 것이다.
③ 화재하중이 같더라도 물질의 상태에 따라 가혹도는 달라진다.
④ 화재하중은 화재구획실 내의 가연물 총량을 목재 중량당비로 환산하여 면적으로 나눈 수치이다.

해설

화재하중이 크다는 것은 단위 면적당 목재로 환산한 가연물의 중량이 크다는 의미이다.

관련개념

화재하중은 단위 면적당 목재로 환산한 가연물의 중량[kg/m^2]이다.

정답 | ②

16 빈출도 ★

다음 원소 중 수소와의 결합력이 가장 큰 것은?

① F
② Cl
③ Br
④ I

해설

수소(H)는 주기율표상 1족 원소로 전자를 잃고 +1가 양이온이 되려는 성질이 있다.
따라서 전기 음성도가 클수록 수소와의 결합력이 크다.
전기 음성도는 F > Cl > Br > I 순으로 커진다.

정답 | ①

17 빈출도 ★

할론가스 45[kg]과 함께 기동가스로 질소 2[kg]을 충전하였다. 이때 질소가스의 몰분율은? (단, 할론가스의 분자량은 149이다.)

① 0.19
② 0.24
③ 0.31
④ 0.39

해설

할론가스의 분자량은 149[kg/kmol]이므로
할론가스 45[kg]의 몰 수는 $\frac{45}{149} \fallingdotseq 0.3$[kmol]이다.
질소가스의 분자량은 28[kg/kmol]이므로
질소가스 2[kg]의 몰 수는 $\frac{2}{28} \fallingdotseq 0.07$[kmol]이다.
따라서 전체 가스 중 질소가스의 몰분율은

$$\frac{0.07}{0.3+0.07} \fallingdotseq 0.19$$

정답 | ①

18 빈출도 ★★

열전도도(thermal conductivity)를 표시하는 단위에 해당하는 것은?

① [J/m²·h] ② [kcal/h·℃²]
③ [W/m·K] ④ [J·K/m³]

해설

열전도도(열전도 계수)의 단위는 [W/m·K]이다.

관련개념 **푸리에의 전도법칙**

$$Q=kA\frac{(T_2-T_1)}{l}$$

Q: 열전달량[W], k: 열전도율[W/m·℃],
A: 열전달 부분 면적[m²], (T_2-T_1): 온도 차이[℃],
l: 벽의 두께[m]

정답 | ③

19 빈출도 ★

섭씨 30도는 랭킨(Rankine)온도로 나타내면 몇 도인가?

① 546도 ② 515도
③ 498도 ④ 463도

해설

30[℃]를 화씨온도로 변환하면 다음과 같다.

$$[°F]=\frac{9}{5}[℃]+32$$

$\frac{9}{5}\times 30[℃]+32=86[°F]$

86[°F]를 랭킨온도로 변환하면 다음과 같다.

$$[R]=460+[°F]$$

460+86[°F]=546[R]

관련개념 **랭킨온도**

온도가 가장 낮은 상태인 −460[°F]를 0랭킨(Rankine)으로 정하여 나타낸 온도를 랭킨온도라고 한다.

정답 | ①

20 빈출도 ★★

0[℃], 1[atm] 상태에서 뷰테인(C_4H_{10}) 1[mol]을 완전 연소시키기 위해 필요한 산소의 [mol] 수는?

① 2 ② 4
③ 5.5 ④ 6.5

해설

뷰테인의 연소반응식은 다음과 같다.

$C_4H_{10}+6.5O_2 \rightarrow 4CO_2+5H_2O$

뷰테인 1[mol]이 완전 연소하는 데 필요한 산소의 양은 6.5[mol]이다.

관련개념 **탄화수소의 연소반응식**

$$C_mH_n+\left(m+\frac{n}{4}\right)O_2 \rightarrow mCO_2+\frac{n}{2}H_2O$$

정답 | ④

21 빈출도 ★

안지름 10[cm]인 수평 원관의 층류유동으로 4[km] 떨어진 곳에 원유(점성계수 0.02[N·s/m^2], 비중 0.86)를 0.10[m^3/min]의 유량으로 수송하려 할 때 펌프에 필요한 동력[W]은? (단, 펌프의 효율은 100[%]로 가정한다.)

① 76　　② 91
③ 10,900　　④ 9,100

해설

$$P=\gamma QH$$

P: 수동력[W], γ: 유체의 비중량[N/m^3], Q: 유량[m^3/s], H: 전양정[m]

유체의 비중이 0.86이므로 유체의 밀도와 비중량은 다음과 같다.

$$s=\frac{\rho}{\rho_w}=\frac{\gamma}{\gamma_w}$$

s: 비중, ρ: 비교물질의 밀도[kg/m^3], ρ_w: 물의 밀도[kg/m^3], γ: 비교물질의 비중량[N/m^3], γ_w: 물의 비중량[N/m^3]

$\rho=s\rho_w=0.86\times1{,}000$
$\gamma=s\gamma_w=0.86\times9{,}800$

유량이 0.1[m^3/min]이므로 단위를 변환하면 $\frac{0.1}{60}$[m^3/s]이다.

유체의 흐름이 층류일 때 배관에서의 마찰손실은 하겐－푸아죄유 방정식으로 구할 수 있다.

$$H=\frac{\Delta P}{\gamma}=\frac{128\mu lQ}{\gamma\pi D^4}$$

H: 마찰손실수두[m], ΔP: 압력 차이[Pa], γ: 비중량[N/m^3], μ: 점성계수(점도)[kg/m·s], l: 배관의 길이[m], Q: 유량[m^3/s], D: 배관의 직경[m]

주어진 조건을 공식에 대입하면 마찰손실수두 는 다음과 같다.

$$H=\frac{128\times0.02\times4{,}000\times\frac{0.1}{60}}{(0.86\times9{,}800)\times\pi\times0.1^4}\fallingdotseq6.45[\text{m}]$$

따라서 펌프의 최소 동력 P는

$$P=(0.86\times9{,}800)\times\frac{0.1}{60}\times6.45$$
$$\fallingdotseq90.6[\text{W}]$$

정답 | ②

22 빈출도 ★★

터보팬을 6,000[rpm]으로 회전시킬 경우, 풍량은 0.5[m^3/min], 축동력은 0.049[kW]이었다. 만약 터보팬의 회전수를 8,000[rpm]으로 바꾸어 회전시킬 경우 축동력[kW]은?

① 0.0207　　② 0.207
③ 0.116　　④ 1.161

해설

$$\frac{P_2}{P_1}=\left(\frac{N_2}{N_1}\right)^3\left(\frac{D_2}{D_1}\right)^5$$

P: 축동력, N: 펌프의 회전수, D: 직경

동일한 터보팬이므로 직경은 같고, 상태1의 회전수가 6,000[rpm], 상태2의 회전수가 8,000[rpm]이므로 축동력 변화는 다음과 같다.

$$P_2=P_1\left(\frac{N_2}{N_1}\right)^3=0.049\times\left(\frac{8{,}000}{6{,}000}\right)^3$$
$$\fallingdotseq0.116[\text{kW}]$$

정답 | ③

23 빈출도 ★

표면장력에 관련된 설명 중 옳은 것은?

① 표면장력의 차원은 $\frac{힘}{면적}$이다.

② 액체와 공기의 경계면에서 액체 분자의 응집력보다 공기분자와 액체 분자 사이의 부착력이 클 때 발생된다.

③ 대기 중의 물방울은 크기가 작을수록 내부 압력이 크다.

④ 모세관 현상에 의한 수면 상승 높이는 모세관의 직경에 비례한다.

해설

표면장력이 일정한 경우 물방울은 크기가 작을수록 내부 압력이 크다.

$$\sigma \propto PD$$

σ: 표면장력[N/m], P: 내부 압력[N/m^2], D: 유체의 지름[m]

선지분석

① 표면장력의 차원은 FL^{-1}으로 $\frac{힘}{길이}$, $\frac{에너지}{면적}$이다.
② 표면장력은 분자 간 응집력이 분자 외부로의 부착력보다 클 때 발생한다.
④ 모세관 현상의 수면 상승 높이는 모세관의 직경에 반비례한다.

정답 | ③

24 빈출도 ★

다음 중 펌프를 직렬운전해야 할 상황으로 가장 적절한 것은?

① 유량의 변화가 크고 1대로는 유량이 부족할 때
② 소요되는 양정이 일정하지 않고 크게 변동될 때
③ 펌프에 공동현상이 발생할 때
④ 펌프에 맥동현상이 발생할 때

해설

펌프를 직렬운전하면 양정이 증가하므로 소요양정이 커지더라도 대응할 수 있다.

정답 | ②

25 빈출도 ★

A, B 두 원관 속을 기체가 미소한 압력차로 흐르고 있을 때 이 압력차를 측정하려면 다음 중 어떤 압력계를 쓰는 것이 가장 적절한가?

① 간섭계 ② 오리피스
③ 마이크로마노미터 ④ 부르동압력계

해설

미소한 압력 차이까지 측정이 가능한 압력계는 마이크로마노미터이다.

정답 | ③

26 빈출도 ★★

원관 내에 유체가 흐를 때 유동의 특성을 결정하는 가장 중요한 요소는?

① 관성력과 점성력　② 압력과 관성력
③ 중력과 압력　④ 압력과 점성력

해설

레이놀즈 수는 유체의 관성력과 점성력의 비를 나타내는 수로 크기에 따라 클수록 난류, 작을수록 층류로 판단하는 척도가 된다.

$$Re=\frac{\rho uD}{\mu}=\frac{uD}{\nu}$$

Re: 레이놀즈 수, ρ: 밀도[kg/m³], u: 유속[m/s], D: 직경[m], μ: 점성계수(점도)[kg/m · s], ν: 동점성계수(동점도)[m²/s]

정답 | ①

27 빈출도 ★

피스톤의 지름이 각각 10[mm], 50[mm]인 두 개의 유압장치가 있다. 두 피스톤에 안에 작용하는 압력은 동일하고, 큰 피스톤이 1,000[N]의 힘을 발생시킨다고 할 때 작은 피스톤에서 발생시키는 힘은 약 몇 [N]인가?

① 40　② 400
③ 25,000　④ 245,000

해설

두 피스톤 안에 작용하는 압력이 동일하므로 파스칼의 원리에 의해 다음의 식이 성립한다.

$$P_1=\frac{F_1}{A_1}=\frac{F_2}{A_2}=P_2$$

P: 압력[N/m²], F: 힘[N], A: 면적[m²]

피스톤은 지름이 D[m]인 원형이므로 피스톤 단면적의 비율은 다음과 같다.

$$A=\frac{\pi}{4}D^2$$

큰 피스톤이 발생시키는 힘 F_1이 1,000[N], 큰 피스톤의 지름이 A_1, 작은 피스톤의 지름이 A_2이면 작은 피스톤이 발생시키는 힘 F_2는 다음과 같다.

$$F_2=F_1\times\left(\frac{A_2}{A_1}\right)=1{,}000\times\left(\frac{\frac{\pi}{4}\times0.01^2}{\frac{\pi}{4}\times0.05^2}\right)$$
$$=40[N]$$

정답 | ①

28 빈출도 ★

20[°C] 물 100[L]를 화재현장의 화염에 살수하였다. 물이 모두 끓는 온도(100[°C])까지 가열되는 동안 흡수하는 열량은 약 몇 [kJ]인가? (단, 물의 비열은 4.2[kJ/kg · K]이다.)

① 500 ② 2,000
③ 8,000 ④ 33,600

해설

20[°C]의 물은 100[°C]까지 온도변화한다.

$$Q = cm\Delta T$$

Q: 열량[kJ], c: 비열[kJ/kg · K], m: 질량[kg], ΔT: 온도 변화[K]

물의 밀도는 1,000[kg/m^3]이고, 100[L]는 0.1[m^3]이므로 100[L] 물의 질량은 100[kg]이다.

100[L]×0.001[m^3/L]×1,000[kg/m^3]=100[kg]

물의 평균 비열은 4.2[kJ/kg · K]이므로 100[kg]의 물이 20[°C]에서 100[°C]까지 온도변화하는 데 필요한 열량은

$Q = 4.2 \times 100 \times (100 - 20)$
$= 33{,}600$[kJ]

정답 | ④

29 빈출도 ★★

국소대기압이 98.6[kPa]인 곳에서 펌프에 의하여 흡입되는 물의 압력을 진공계로 측정하였다. 진공계가 7.3[kPa]을 가리켰을 때 절대압력은 몇 [kPa]인가?

① 0.93 ② 9.3
③ 91.3 ④ 105.9

해설

진공을 기준으로 나타내는 압력을 절대압이라고 하며, 대기압을 기준으로 (−)압력을 진공압이라고 한다.
따라서 대기압에 계기압력(진공압)을 더해주면 진공으로부터의 절대압이 된다.

98.6[kPa]+(−7.3[kPa])=91.3[kPa]

정답 | ③

30 빈출도 ★

유체의 거동을 해석하는데 있어서 비점성 유체에 대한 설명으로 옳은 것은?

① 실제 유체를 말한다.
② 전단응력이 존재하는 유체를 말한다.
③ 유체 유동 시 마찰저항이 속도 기울기에 비례하는 유체이다.
④ 유체 유동 시 마찰저항을 무시한 유체를 말한다.

해설

유체를 구성하는 분자가 다른 분자로부터 저항을 받지 않는 유체를 비점성 유체라고 한다.

정답 | ④

31 빈출도 ★★★

표면적이 A, 절대온도가 T_1인 흑체와 절대온도가 T_2인 흑체 주위 밀폐공간 사이의 열전달량은?

① $T_1 - T_2$에 비례한다.
② $T_1^2 - T_2^2$에 비례한다.
③ $T_1^3 - T_2^3$에 비례한다.
④ $T_1^4 - T_2^4$에 비례한다.

해설

복사는 열에너지가 매질을 통하지 않고 전자기파의 형태로 전달되는 현상이다.
슈테판-볼츠만 법칙에 의해 복사열은 절대온도의 4제곱에 비례한다.

$$Q \propto \sigma T^4$$

Q: 열전달량[W/m²],
σ: 슈테판-볼츠만 상수(5.67×10^{-8})[W/m²·K⁴],
T: 절대온도[K]

정답 | ④

32 빈출도 ★

직사각형 단면의 덕트에서 가로와 세로가 각각 a 및 $1.5a$이고, 길이가 L이며, 이 안에서 공기가 V의 평균속도로 흐르고 있다. 이 때 손실수두를 구하는 식으로 옳은 것은? (단, f는 이 수력지름에 기초한 마찰계수이고, g는 중력가속도를 의미한다.)

① $f\frac{L}{a}\frac{V^2}{2.4g}$　② $f\frac{L}{a}\frac{V^2}{2g}$

③ $f\frac{L}{a}\frac{V^2}{1.4g}$　④ $f\frac{L}{a}\frac{V^2}{g}$

해설

일정한 양의 비압축성 유체가 일정한 속도로 흐를 때 배관에서의 마찰손실수두는 달시-바이스바하 방정식으로 구할 수 있다.

$$H = \frac{\Delta P}{\gamma} = \frac{flu^2}{2gD}$$

H: 마찰손실수두[m], ΔP: 압력 차이[kPa], γ: 비중량[kN/m³],
f: 마찰손실계수, l: 배관의 길이[m], u: 유속[m/s],
g: 중력가속도[m/s²], D: 배관의 직경[m]

배관은 원형이 아니므로 이 때 배관의 직경은 수력직경 D_h을 활용하여야 한다.

$$D_h = \frac{4A}{S}$$

D_h: 수력직경[m], A: 배관의 단면적[m²], S: 배관의 둘레[m]

배관의 단면적 A는 다음과 같다.

$A = a \times 1.5a = 1.5a^2$

배관의 둘레 S는 다음과 같다.

$S = a + a + 1.5a + 1.5a = 5a$

따라서 수력직경 D_h는 다음과 같다.

$D_h = \frac{4 \times 1.5a^2}{5a} = 1.2a$

주어진 조건을 공식에 대입하면 마찰손실수두 H는

$H = \frac{fLV^2}{2gD_h} = f\frac{L}{a}\frac{V^2}{2.4g}$

정답 | ①

33 빈출도 ★

두 개의 견고한 밀폐용기 A, B가 밸브로 연결되어 있다. 용기 A에는 온도 300[K], 압력 100[kPa]의 공기 1[m^3]가, 용기 B에는 온도 300[K], 압력 330[kPa]의 공기 2[m^3]가 들어 있다. 밸브를 열어 두 용기 안에 들어 있는 공기(이상기체)를 혼합한 후 장시간 방치하였다. 이때 주위 온도는 300[K]로 일정하다. 내부 공기의 최종압력은 약 몇 [kPa]인가?

① 177 ② 210
③ 215 ④ 253

해설

온도와 기체의 양이 일정한 이상기체이므로 보일의 법칙을 적용할 수 있다.

$$P_A V_A + P_B V_B = P_{A+B} V_{A+B}$$

용기 A의 압력이 100[kPa], 부피가 1[m^3]이고, 용기 B의 압력이 330[kPa], 부피가 2[m^3]이므로 밸브를 열어 두 공기를 혼합하였을 때 최종압력은

$$P_{A+B} = \frac{P_A V_A + P_B V_B}{V_{A+B}} = \frac{100 \times 1 + 330 \times 2}{3} ≒ 253.33[kPa]$$

관련개념 보일의 법칙

온도와 기체의 양이 일정할 때 부피와 압력은 반비례 관계에 있다.

$$PV = C$$

P: 압력, V: 부피, C: 상수

정답 ④

34 빈출도 ★

Carnot 사이클이 800[K]의 고온 열원과 500[K]의 저온 열원 사이에서 작동한다. 이 사이클에 공급하는 열량이 사이클당 800[kJ]이라 할 때, 한 사이클당 외부에 하는 일은 약 몇 [kJ]인가?

① 200 ② 300
③ 400 ④ 500

해설

카르노 사이클의 효율은 다음과 같다.

$$\eta = 1 - \frac{T_L}{T_H}$$

η: 효율, T_H: 고온부의 온도, T_L: 저온부의 온도

이 사이클에 공급하는 열량이 800[kJ]이므로 한 사이클당 외부에 하는 일 W는

$$W = \eta Q_H = \left(1 - \frac{T_L}{T_H}\right) Q_H = \left(1 - \frac{500}{800}\right) \times 800 = 300[kJ]$$

정답 ②

35 빈출도 ★★

유체가 평판 위를 $u[m/s]=500y-6y^2$의 속도분포로 흐르고 있다. 이때 $y[m]$는 벽면으로부터 측정된 수직거리일 때 벽면에서의 전단응력은 약 몇 $[N/m^2]$인가? (단, 점성계수는 $1.4\times10^{-3}[Pa\cdot s]$이다.)

① 14 ② 7
③ 1.4 ④ 0.7

해설

전단응력은 점성계수(점도)와 속도기울기의 곱으로 이루어져 있다.

$$\tau=\mu\frac{du}{dy}$$

τ: 전단응력[Pa], μ: 점성계수(점도)[$N\cdot s/m^2$],
$\frac{du}{dy}$: 속도기울기[s^{-1}]

유체가 평판 위를 $u[m/s]=500y-6y^2$의 속도분포로 흐르고 있으므로 벽면($y=0$)에서의 속도기울기 $\frac{du}{dy}$는 다음과 같다.

$$\frac{du}{dy}=500-12y=500$$

주어진 조건을 공식에 대입하면 전단응력 τ는

$$\tau=1.4\times10^{-3}\times500=0.7$$

정답 | ④

36 빈출도 ★★

다음 중 동점성계수의 차원을 옳게 표현한 것은? (단, 질량 M, 길이 L, 시간 T로 표시한다.)

① $ML^{-1}T^{-1}$ ② L^2T^{-1}
③ $ML^{-2}T^{-2}$ ④ $ML^{-1}T^{-2}$

해설

동점성계수(동점도)의 단위는 $[m^2/s]$이고, 동점성계수(동점도)의 차원은 L^2T^{-1}이다.

정답 | ②

37 빈출도 ★

공기 중에서 무게가 941[N]인 돌이 물속에서 500[N] 이라면 이 돌의 체적[m^3]은? (단, 공기의 부력은 무시한다.)

① 0.012　② 0.028
③ 0.034　④ 0.045

해설

공기 중에서 물체에 작용하는 힘은 중력이고, 수중에서 물체에 작용하는 힘은 중력과 부력이다.
따라서 공기 중에서의 무게 941[N]과 수중에서의 무게 500[N]의 차이만큼 부력이 작용하고 있다.

$$F = s\gamma_w V$$

F: 부력[N], s: 비중, γ_w: 물의 비중량[N/m^3], V: 돌의 부피[m^3]

물의 비중은 1이므로

$F = 941 - 500 = 441 = 1 \times 9{,}800 \times V$

$V = \frac{441}{9{,}800} = 0.045[m^3]$

정답 ④

38 빈출도 ★★

부피가 0.3[m^3]으로 일정한 용기 내의 공기가 원래 300[kPa](절대압력), 400[K]의 상태였으나, 일정 시간 동안 출구가 개방되어 공기가 빠져나가 200[kPa](절대압력), 350[K]의 상태가 되었다. 빠져나간 공기의 질량은 약 몇 [g]인가? (단, 공기는 이상기체로 가정하며 기체상수는 287[J/kg · K]이다.)

① 74　② 187
③ 295　④ 388

해설

질량과 특정기체상수로 이루어진 이상기체의 상태방정식은 다음과 같다.

$$PV = m\overline{R}T$$

P: 압력[Pa], V: 부피[m^3], m: 질량[kg], $\overline{R}$: 특정기체상수[J/kg · K], T: 절대온도[K]

기체상수의 단위가 [J/kg · K]이므로 압력과 부피의 단위를 [Pa]과 [m^3]로 변환하여야 한다.
공기가 빠져나가기 전 용기 내 공기의 질량은 다음과 같다.

$m = \frac{PV}{\overline{R}T} = \frac{300{,}000 \times 0.3}{287 \times 400} \fallingdotseq 0.784[kg]$

공기가 빠져나간 후 용기 내 공기의 질량은 다음과 같다.

$m = \frac{PV}{\overline{R}T} = \frac{200{,}000 \times 0.3}{287 \times 350} \fallingdotseq 0.597[kg]$

따라서 빠져나간 공기의 질량은

$0.784[kg] - 0.597[kg] = 0.187[kg] = 187[g]$

정답 ②

39 빈출도 ★★★

관내에 물이 흐르고 있을 때, 그림과 같이 액주계를 설치하였다. 관내에서 물의 유속은 약 몇 [m/s]인가?

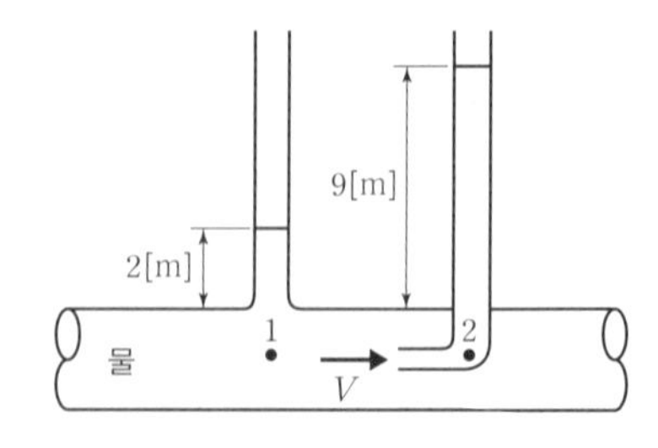

① 2.6 ② 7

③ 11.7 ④ 137.2

해설

점 1에서 유속이 가지는 에너지는 점 2에서 더 이상 진행하지 못하게 되어 위치가 가지는 에너지로 변환되며 유체를 Z만큼 표면 위로 밀어올리게 된다.

$$\frac{u^2}{2g}=Z$$

$$u=\sqrt{2gZ}=\sqrt{2\times9.8\times(9-2)}$$

$$\fallingdotseq 11.71[m/s]$$

정답 | ③

40 빈출도 ★

다음 중 Stokes의 법칙과 관계되는 점도계는?

① Ostwald 점도계 ② 낙구식 점도계

③ Saybolt 점도계 ④ 회전식 점도계

해설

스토크스(Stokes)의 법칙과 관계되는 점도계는 낙구식 점도계이다.

관련개념 점성의 측정

구분	측정원리	점도계의 종류
하겐-푸아죄유(Hagen-Poiseuille)의 법칙	세관법	• 세이볼트(Saybolt) 점도계 • 오스왈트(Ostwald) 점도계 • 레드우드(Redwod) 점도계 • 앵글러(Engler) 점도계 • 바베이(Barbey) 점도계
뉴턴(Newton)의 점성법칙	회전원통법	• 스토머(Stormer) 점도계 • 맥미셀(MacMichael) 점도계
스토크스(Stokes)의 법칙	낙구법	낙구식 점도계

정답 | ②

소방관계법규

41 빈출도 ★★

소방시설공사업법령에 따른 소방시설공사 중 특정소방대상물에 설치된 소방시설등을 구성하는 것의 전부 또는 일부를 개설, 이전 또는 정비하는 공사의 착공신고 대상이 아닌 것은?

① 수신반 ② 소화펌프
③ 동력(감시)제어반 ④ 제연설비의 제연구역

해설

제연설비의 제연구역은 착공신고 대상이 아니다.

관련개념 **특정소방대상물에 설치된 소방시설등을 구성하는 것의 전부 또는 일부를 개설, 이전 또는 정비하는 공사의 착공신고 대상**

㉠ 수신반
㉡ 소화펌프
㉢ 동력(감시)제어반

정답 | ④

42 빈출도 ★★★

특수가연물을 저장 또는 취급하는 장소에 설치하는 표지의 기재사항이 아닌 것은?

① 품명 ② 위험등급
③ 최대저장수량 ④ 화기취급의 금지

해설

위험등급은 특수가연물을 저장 또는 취급하는 장소에 설치하는 표지의 기재사항이 아니라 위험물 제조소등에 설치하는 표지의 기재사항이다.

관련개념 **특수가연물을 저장 또는 취급하는 장소에 설치하는 표지의 기재사항**

㉠ 품명
㉡ 최대저장수량
㉢ 단위부피당 질량(또는 단위체적당 질량)
㉣ 관리책임자 성명 · 직책
㉤ 연락처
㉥ 화기취급의 금지표시

정답 | ②

43 빈출도 ★★

소방기본법령상 소방업무 상호응원협정 체결 시 포함되어야 하는 사항이 아닌 것은?

① 응원출동의 요청방법
② 응원출동훈련 및 평가
③ 응원출동대상지역 및 규모
④ 응원출동 시 현장지휘에 관한 사항

해설

응원출동 시 현장지휘에 관한 사항은 상호응원협정사항이 아니다.

관련개념 **소방업무의 상호응원협정사항**

㉠ 소방활동에 관한 사항
- 화재의 경계 · 진압 활동
- 구조 · 구급업무의 지원
- 화재조사활동

㉡ 응원출동대상지역 및 규모
㉢ 소요경비의 부담에 관한 사항
- 출동대원 수당 · 식사 및 피복의 수선
- 소방장비 및 기구의 정비와 연료의 보급

㉣ 응원출동의 요청방법
㉤ 응원출동훈련 및 평가

정답 | ④

44 빈출도 ★

소방시설 설치 및 관리에 관한 법령상 특정소방대상물의 소방시설 설치의 면제기준에 따라 연결살수설비의 설치를 면제받을 수 있는 경우는?

① 송수구를 부설한 간이스프링클러설비를 설치했을 때
② 송수구를 부설한 옥내소화전설비를 설치했을 때
③ 송수구를 부설한 옥외소화전설비를 설치했을 때
④ 송수구를 부설한 연결송수관설비를 설치했을 때

해설

연결살수설비를 설치해야 하는 특정소방대상물에 송수구를 부설한 간이스프링클러설비를 설치하였을 때 연결살수설비의 설치가 면제된다.

관련개념 연결살수설비의 설치 면제 기준

㉠ 특정소방대상물에 송수구를 부설한 스프링클러설비 설치한 경우
㉡ 특정소방대상물에 송수구를 부설한 간이스프링클러설비 설치한 경우
㉢ 특정소방대상물에 송수구를 부설한 물분무소화설비 또는 미분무소화설비 설치한 경우

정답 | ①

45 빈출도 ★★★

소방시설 설치 및 관리에 관한 법률상 소방시설 등에 대한 자체점검 중 종합점검 대상인 것은?

① 제연설비가 설치되지 않은 터널
② 스프링클러설비가 설치된 연면적이 5,000[m^2]이고, 12층인 아파트
③ 물분무등소화설비가 설치된 연면적이 5,000[m^2]인 위험물제조소
④ 호스릴방식의 물분무등소화설비만을 설치한 연면적 3,000[m^2]인 특정소방대상물

해설

스프링클러설비가 설치된 특정소방대상물은 면적과 층수와 무관하게 종합점검 대상이다.

선지분석

① 제연설비가 설치된 터널
③ 물분무등소화설비가 설치된 연면적 5,000[m^2] 이상인 특정소방대상물(제조소등 제외)
④ 호스릴방식의 물분무등소화설비만을 설치한 경우 제외

관련개념 종합점검 대상

㉠ 스프링클러설비가 설치된 특정소방대상물
㉡ 물분무등소화설비(호스릴방식의 물분무등소화설비만을 설치한 경우 제외)가 설치된 연면적 5,000[m^2] 이상인 특정소방대상물(위험물제조소등 제외)
㉢ 다중이용업의 영업장이 설치된 특정소방대상물로서 연면적이 2,000[m^2] 이상인 것
㉣ 제연설비가 설치된 터널
㉤ 공공기관 중 연면적이 1,000[m^2] 이상인 것으로서 옥내소화전설비 또는 자동화재탐지설비가 설치된 것(소방대가 근무하는 공공기관 제외)

정답 | ②

46 빈출도 ★★

다음 위험물안전관리법령의 자체소방대 기준에 대한 설명으로 틀린 것은?

> 다량의 위험물을 저장 · 취급하는 제조소등으로서 대통령령이 정하는 제조소등이 있는 동일한 사업소에서 대통령령이 정하는 수량 이상의 위험물을 저장 또는 취급하는 경우 당해 사업소의 관계인은 대통령령이 정하는 바에 따라 당해 사업소에 자체소방대를 설치하여야 한다.

① "대통령령이 정하는 제조소등"은 제4류 위험물을 취급하는 제조소를 포함한다.
② "대통령령이 정하는 제조소등"은 제4류 위험물을 취급하는 일반취급소를 포함한다.
③ "대통령령이 정하는 수량 이상의 위험물"은 제4류 위험물의 최대수량의 합이 지정수량의 3,000배 이상인 것을 포함한다.
④ "대통령령이 정하는 제조소등"은 보일러로 위험물을 소비하는 일반취급소를 포함한다.

해설

보일러로 위험물을 소비하는 일반취급소는 "대통령령이 정하는 제조소등"에서 제외된다.

관련개념

㉠ 대통령령이 정하는 제조소 등
- 제4류 위험물을 취급하는 제조소 또는 일반취급소(보일러로 위험물을 소비하는 일반취급소 등 행정안전부령으로 정하는 일반취급소 제외)
- 제4류 위험물을 저장하는 옥외탱크저장소

㉡ 대통령령이 정하는 수량 이상의 위험물
- 제조소 또는 일반취급소에서 취급하는 제4류 위험물의 최대수량의 합이 지정수량의 3,000배 이상
- 옥외탱크저장소에 저장하는 제4류 위험물의 최대수량이 지정수량의 500,000배 이상

정답 | ④

47 빈출도 ★★★

소방시설 설치 및 관리에 관한 법률상 건축허가 등의 동의대상물의 범위로 틀린 것은?

① 항공기격납고
② 방송용 송수신탑
③ 연면적이 400[m^2] 이상인 건축물
④ 지하층 또는 무창층이 있는 건축물로서 바닥면적이 50[m^2] 이상인 층이 있는 것

해설

지하층, 무창층이 있는 건축물로서 바닥면적이 150[m^2] 이상인 층이 있는 건축물이 건축허가 등의 동의대상물이다.

관련개념 동의대상물의 범위

㉠ 연면적 400[m^2] 이상 건축물이나 시설
㉡ 다음 표에서 제시된 기준 연면적 이상의 건축물이나 시설

구분	기준
학교시설	100[m^2] 이상
– 노유자시설 – 수련시설	200[m^2] 이상
– 정신의료기관 – 장애인 의료재활시설	300[m^2] 이상

㉢ 지하층, 무창층이 있는 건축물로서 바닥면적이 150[m^2](공연장 100[m^2]) 이상인 층이 있는 것
㉣ 차고, 주차장 또는 주차용도로 사용되는 시설
- 차고 · 주차장으로 사용되는 바닥면적이 200[m^2] 이상인 층이 있는 건축물이나 주차시설
- 승강기 등 기계장치에 의한 주차시설로서 자동차 20대 이상을 주차할 수 있는 시설

㉤ 층수가 6층 이상인 건축물
㉥ 항공기격납고, 관망탑, 항공관제탑, 방송용 송수신탑
㉦ 특정소방대상물 중 위험물 저장 및 처리시설, 지하구

정답 | ④

48 빈출도 ★★★

대통령령으로 정하는 특정소방대상물의 소방시설 중 내진설계 대상이 아닌 것은?

① 옥내소화전설비
② 스프링클러설비
③ 물분무소화설비
④ 연결살수설비

해설

연결살수설비는 내진설계 대상이 아니다.

관련개념 특정소방대상물의 소방시설 중 내진설계 대상

㉠ 옥내소화전설비
㉡ 스프링클러설비
㉢ 물분무등소화설비

정답 | ④

49 빈출도 ★

화재의 예방 및 안전관리에 관한 법령상 특정소방대상물의 관계인이 수행하여야 하는 소방안전관리 업무가 아닌 것은?

① 소방훈련의 지도 · 감독
② 화기(火氣) 취급의 감독
③ 피난시설, 방화구획 및 방화시설의 관리
④ 소방시설이나 그 밖의 소방 관련 시설의 관리

해설

소방훈련의 지도 및 감독은 특정소방대상물의 관계인이 수행하여야 하는 업무가 아니다.

관련개념 특정소방대상물 관계인의 업무

㉠ 피난시설, 방화구획 및 방화시설의 관리
㉡ 소방시설이나 그 밖의 소방 관련 시설의 관리
㉢ 화기 취급의 감독
㉣ 화재발생 시 초기대응
㉤ 그 밖에 소방안전관리에 필요한 업무

정답 | ①

50 빈출도 ★★★

위험물안전관리법령에서 정하는 제3류 위험물에 해당하는 것은?

① 나트륨
② 염소산염류
③ 무기과산화물
④ 유기과산화물

해설

나트륨은 제3류 위험물에 해당된다.

선지분석

② 염소산염류: 제1류 위험물
③ 무기과산화물: 제1류 위험물
④ 유기과산화물: 제5류 위험물

관련개념 제3류 위험물 및 지정수량

위험물	품명	지정수량
제3류 (자연 발화성 물질 및 금수성 물질)	칼륨	10[kg]
	나트륨	
	알킬알루미늄	
	알킬리튬	
	황린	20[kg]
	알칼리금속(칼륨 및 나트륨 제외) 및 알칼리토금속	50[kg]
	유기금속화합물(알킬알루미늄 및 알킬리튬 제외)	
	금속의 수소화물	300[kg]
	금속의 인화물	
	칼슘 또는 알루미늄의 탄화물	

정답 | ①

51 빈출도 ★

소방시설 설치 및 관리에 관한 법률에 따른 임시소방시설 중 간이소화장치를 설치하여야 하는 공사의 작업현장의 규모의 기준 중 다음 ( ) 안에 알맞은 것은?

- 연면적 (㉠)$[m^2]$ 이상
- 지하층, 무창층 또는 (㉡)층 이상의 층인 경우 해당 층의 바닥면적이 (㉢)$[m^2]$ 이상인 경우만 해당

① ㉠: 1,000, ㉡: 6, ㉢: 150
② ㉠: 1,000, ㉡: 6, ㉢: 600
③ ㉠: 3,000, ㉡: 4, ㉢: 150
④ ㉠: 3,000, ㉡: 4, ㉢: 600

해설

간이소화장치를 설치하여야 하는 공사의 작업 현장의 규모의 기준
㉠ 연면적 3,000$[m^2]$ 이상
㉡ 지하층, 무창층 또는 **4층** 이상의 층(해당 층의 바닥면적이 600$[m^2]$ 이상인 경우만 해당)

관련개념 임시소방시설 설치 대상 공사의 종류와 규모

소화기	건축허가 등을 할 때 소방본부장 또는 소방서장의 동의를 받아야 하는 특정소방대상물의 건축·대수선·용도변경 또는 설치 등을 위한 공사 중 화재위험작업을 하는 현장에 설치
간이소화장치	• 연면적 3,000$[m^2]$ 이상 • 지하층, 무창층 또는 4층 이상의 층(해당 층의 바닥면적이 600$[m^2]$ 이상인 경우만 해당)
비상경보장치	• 연면적 400$[m^2]$ 이상 • 지하층 또는 무창층(해당 층의 바닥면적이 150$[m^2]$ 이상인 경우만 해당)
간이피난유도선	바닥면적이 150$[m^2]$ 이상인 지하층 또는 무창층의 작업현장에 설치

정답 ④

52 빈출도 ★★

소방시설 설치 및 관리에 관한 법령상 건축허가 등의 동의를 요구하는 때 동의요구서에 첨부하여야 하는 설계도서가 아닌 것은?(단, 소방시설공사 착공신고대상에 해당하는 경우이다.)

① 창호도 ② 실내 전개도
③ 건축물의 주단면도 ④ 건축개요 및 배치도

해설

실내 전개도는 동의요구서에 첨부하여야 하는 설계도서가 아니다.

관련개념 건축허가 등의 동의를 요구하는 때 동의요구서에 첨부하여야 하는 설계도서

구분	설계도서
건축물	• 건축물 개요 및 배치도 • 주단면도 및 입면도 • 층별 평면도(용도별 기준층 평면도 포함) • 방화구획도(창호도 포함) • 실내·실외 마감재료표 • 소방자동차 진입 동선도 및 부서 공간 위치도(조경계획 포함)
소방시설	• 소방시설의 계통도(시설별 계산서 포함) • 소방시설별 층별 평면도 • 실내장식물 방염대상물품 설치 계획 • 소방시설의 내진설계 계통도 및 기준층 평면도(세부 내용이 포함된 상세 설계도면 제외)

정답 ②

53 빈출도 ★★

다음 중 상주 공사감리를 하여야 할 대상의 기준으로 옳은 것은?

① 지하층을 포함한 층수가 16층 이상으로서 300세대 이상인 아파트에 대한 소방시설의 공사
② 지하층을 포함한 층수가 16층 이상으로서 500세대 이상인 아파트에 대한 소방시설의 공사
③ 지하층을 포함하지 않은 층수가 16층 이상으로서 300세대 이상인 아파트에 대한 소방시설의 공사
④ 지하층을 포함하지 않은 층수가 16층 이상으로서 500세대 이상인 아파트에 대한 소방시설의 공사

해설

지하층을 포함한 층수가 16층 이상으로서 500세대 이상인 아파트에 대한 소방시설의 공사는 상주 공사감리 대상이다.

관련개념 상주 공사감리 대상

㉠ 연면적 30,000[m^2] 이상의 특정소방대상물(아파트 제외)에 대한 소방시설의 공사
㉡ 지하층을 포함한 층수가 16층 이상으로서 500세대 이상인 아파트에 대한 소방시설의 공사

정답 | ②

54 빈출도 ★★★

화재의 예방 및 안전관리에 관한 법률상 보일러, 난로, 건조설비, 가스·전기시설, 그 밖에 화재 발생 우려가 있는 설비 또는 기구 등의 위치·구조 및 관리와 화재 예방을 위하여 불을 사용할 때 지켜야 하는 사항은 무엇으로 정하는가?

① 총리령
② 대통령령
③ 시·도 조례
④ 행정안전부령

해설

화재 예방을 위하여 불을 사용할 때 지켜야 하는 사항은 **대통령령**으로 정한다.

정답 | ②

55 빈출도 ★★

화재의 예방 및 안전관리에 관한 법률 상 총괄소방안전관리자를 선임하여야 하는 특정소방대상물 중 복합건축물은 지하층을 제외한 층수가 최소 몇 층 이상인 건축물만 해당되는가?

① 6층 ② 11층
③ 20층 ④ 30층

해설

총괄소방안전관리자를 선임해야 하는 복합건축물은 지하층을 제외한 층수가 **11층 이상** 또는 연면적 30,000[m^2] 이상인 건축물이다.

정답 | ②

56 빈출도 ★★

화재의 예방 및 안전관리에 관한 법률상 특수가연물의 저장 및 취급 기준을 위반한 경우 과태료 부과기준은?

① 50만 원 ② 100만 원
③ 150만 원 ④ 200만 원

해설

특수가연물의 저장 및 취급 기준을 위반한 경우 **200만 원** 이하의 과태료를 부과한다.

정답 | ④

57 빈출도 ★★★

위험물안전관리법령상 제4류 위험물 중 경유의 지정수량은 몇 [L]인가?

① 500 ② 1,000
③ 1,500 ④ 2,000

해설

경유(제2석유류 비수용성)의 지정수량은 1,000[L]이다.

관련개념 제4류 위험물 및 지정수량

위험물	품명		지정수량
제4류 (인화성액체)	특수인화물		50[L]
	제1석유류	비수용성	200[L]
		수용성	400[L]
	알코올류		
	제2석유류	비수용성	1,000[L]
		수용성	2,000[L]
	제3석유류	비수용성	
		수용성	4,000[L]
	제4석유류		6,000[L]
	동식물유류		10,000[L]

정답 ②

58 빈출도 ★★

소방시설 설치 및 관리에 관한 법률상 분말형태의 소화약제를 사용하는 소화기의 내용연수로 옳은 것은? (단, 소방용품의 성능을 확인받아 그 사용기한을 연장하는 경우는 제외한다.)

① 3년 ② 5년
③ 7년 ④ 10년

해설

분말형태의 소화약제를 사용하는 소화기의 내용연수는 10년이다.

정답 ④

59 빈출도 ★★

소방시설공사업법령상 소방공사감리를 실시함에 있어 용도와 구조에서 특별히 안전성과 보안성이 요구되는 소방대상물로서 소방시설물에 대한 감리를 감리업자가 아닌 자가 감리할 수 있는 장소는?

① 정보기관의 청사
② 교도소 등 교정관련시설
③ 국방 관계시설 설치장소
④ 원자력안전법상 관계시설이 설치되는 장소

해설

감리업자가 아닌 자가 감리할 수 있는 보안성 등이 요구되는 소방대상물의 시공 장소는 원자력안전법상 관계시설이 설치되는 장소이다.

정답 ④

60 빈출도 ★★

다음 소방시설 중 경보설비가 아닌 것은?

① 통합감시시설 ② 가스누설경보기
③ 비상콘센트설비 ④ 자동화재속보설비

해설

비상콘센트설비는 소화활동설비에 해당한다.

관련개념 소방시설의 종류

구분		
소화설비	• 소화기구 • 자동소화장치 • 옥내소화전설비	• 스프링클러설비등 • 물분무등소화설비 • 옥외소화전설비
경보설비	• 단독경보형 감지기 • 비상경보설비 • 자동화재탐지설비 • 시각경보기 • 화재알림설비	• 비상방송설비 • 자동화재속보설비 • 통합감시시설 • 누전경보기 • 가스누설경보기
피난구조설비	• 피난기구 • 인명구조기구 • 유도등	• 비상조명등 • 휴대용비상조명등
소화용수설비	• 상수도소화용수설비 • 소화수조·저수조	• 그 밖의 소화용수설비
소화활동설비	• 제연설비 • 연결송수관설비 • 연결살수설비	• 비상콘센트설비 • 무선통신보조설비 • 연소방지설비

정답 ③

61 빈출도 ★★

옥외소화전설비 설치 시 고가수조의 자연 낙차를 이용한 가압송수장치의 설치기준 중 고가수조의 최소 자연낙차수두 산출 공식으로 옳은 것은? (단, H: 필요한 낙차[m], h_1: 소방용 호스 마찰손실수두[m], h_2: 배관의 마찰손실수두[m]이다.)

① $H=h_1+h_2+25$ ② $H=h_1+h_2+17$
③ $H=h_1+h_2+12$ ④ $H=h_1+h_2+10$

해설

고가수조의 자연낙차수두는 호스의 마찰손실(h_1), 배관의 마찰손실(h_2), 노즐선단에서의 방사압력(25[m])를 고려해야 한다.

관련개념 옥외소화전설비 고가수조의 자연낙차수두

$$H=h_1+h_2+25$$

H: 필요한 낙차[m], h_1: 호스의 마찰손실수두[m], h_2: 배관의 마찰손실수두[m], 25: 노즐선단에서의 방사압력수두[m]

정답 | ①

62 빈출도 ★★

물분무소화설비 대상 공장에서 물분무헤드의 설치제외 장소로서 틀린 것은?

① 고온의 물질 및 증류범위가 넓어 끓어 넘치는 위험이 있는 물질을 저장하는 장소
② 물에 심하게 반응하여 위험한 물질을 생성하는 물질을 취급하는 장소
③ 운전 시에 표면의 온도가 260[℃] 이상으로 되는 등 직접 분무를 하는 경우 그 부분에 손상을 입힐 우려가 있는 기계장치 등이 있는 장소
④ 표준방사량으로 해당 방호대상물의 화재를 유효하게 소화하는 데 필요한 적정한 장소

해설

물분무헤드는 표준방사량으로 해당 방호대상물의 화재를 유효하게 소화하는데 필요한 수를 적정한 위치에 설치한다.

관련개념 물분무헤드의 설치제외 장소

㉠ 물이 심하게 반응하는 물질 또는 물과 반응하여 위험한 물질을 생성하는 물질을 저장 또는 취급하는 장소
㉡ 고온의 물질 및 증류범위가 넓어 끓어 넘치는 위험이 있는 물질을 저장 또는 취급하는 장소
㉢ 운전 시에 표면의 온도가 260[℃] 이상으로 되는 등 직접 분무를 하는 경우 그 부분에 손상을 입힐 우려가 있는 기계장치 등이 있는 장소

정답 | ④

63 빈출도 ★

피난기구를 설치하여야 할 소방대상물 중 피난기구의 2분의 1을 감소할 수 있는 조건이 아닌 것은?

① 주요구조부가 내화구조로 되어 있다.
② 특별피난계단이 2 이상 설치되어 있다.
③ 소방구조용(비상용) 엘리베이터가 설치되어 있다.
④ 직통계단인 피난계단이 2 이상 설치되어 있다.

해설

소방구조용 엘리베이터의 유무는 피난기구의 수를 감소할 수 있는 기준과 관련이 없다.

관련개념 피난기구의 $\frac{1}{2}$을 감소할 수 있는 기준

㉠ 주요구조부가 내화구조로 되어 있어야 한다.
㉡ 직통계단인 피난계단 또는 특별피난계단이 2 이상 설치되어 있어야 한다.

정답 | ③

64 빈출도 ★

연결살수설비 전용헤드를 사용하는 연결살수설비에서 천장 또는 반자의 각 부분으로부터 하나의 살수헤드까지의 수평거리는 몇 [m] 이하인가? (단, 살수헤드의 부착면과 바닥과의 높이가 2.1[m] 초과인 경우이다.)

① 2.1
② 2.3
③ 2.7
④ 3.7

해설

천장 또는 반자의 각 부분으로부터 하나의 살수헤드까지의 수평거리가 연결살수설비 전용헤드의 경우 3.7[m] 이하로 한다.

관련개념 연결살수설비 헤드의 설치기준

㉠ 천장 또는 반자의 실내에 면하는 부분에 설치한다.
㉡ 천장 또는 반자의 각 부분으로부터 하나의 살수헤드까지의 수평거리가 연결살수설비 전용헤드의 경우 3.7[m] 이하, 스프링클러헤드의 경우 2.3[m] 이하로 한다.
㉢ 살수헤드의 부착면과 바닥과의 높이가 2.1[m] 이하인 부분은 살수헤드의 살수분포에 따른 거리로 할 수 있다.

정답 | ④

65 빈출도 ★

특별피난계단의 계단실 및 부속실 제연설비의 비상전원은 제연설비를 유효하게 최소 몇 분 이상 작동할 수 있도록 하여야 하는가? (단, 층수가 30층 이상 49층 이하인 경우이다.)

① 20　　② 30

③ 40　　④ 60

해설

특별피난계단의 계단실 및 부속실 제연설비의 비상전원은 자가발전설비, 축전지설비, 전기저장장치로 하고 제연설비를 유효하게 작동할 수 있도록 한다.

층수	작동시간
~29층	20분 이상
30층~49층	40분 이상
50층~	60분 이상

정답 | ③

66 빈출도 ★★

특정소방대상물에 따라 작용하는 포 소화설비의 종류 및 적응성에 관한 설명으로 틀린 것은?

① 특수가연물을 저장 · 취급하는 공장에는 호스릴 포 소화설비를 설치할 것

② 완전 개방된 옥상주차장으로 주된 벽이 없고 기둥뿐이거나 주위가 위해방지용 철주 등으로 둘러싸인 부분에는 호스릴 포 소화설비 또는 포 소화전설비를 설치할 것

③ 차고에는 포워터 스프링클러설비 · 포헤드설비 또는 고정포 방출설비, 압축공기포 소화설비를 설치할 것

④ 항공기격납고에는 포워터 스프링클러설비 · 포헤드설비 또는 고정포 방출설비, 압축공기포 소화설비를 설치할 것

해설

특수가연물을 저장 · 취급하는 공장 또는 창고에는 호스릴 포소화설비가 적응성이 없다.

관련개념 **특정소방대상물별 포 소화설비의 적응성**

특정소방대상물	적응성이 있는 포소화설비
특수가연물을 저장 · 취급하는 공장 또는 창고	포워터 스프링클러설비 포헤드설비 고정포 방출설비 압축공기포 소화설비
차고 또는 주차장	
항공기격납고	
발전기실, 엔진펌프실, 변압기, 전기케이블실, 유압설비	고정식 압축공기포 소화설비 (바닥면적의 합계 300[m^2] 미만인 장소 限)

정답 | ①

67 빈출도 ★

연결송수관설비 배관의 설치기준으로 옳지 않은 것은?

① 지면으로부터의 높이가 31[m] 이상인 특정소방대상물은 습식설비로 할 것
② 다른 부분과 내화구조로 구획된 덕트 또는 피트의 내부에 설치하는 경우에는 소방용 합성수지배관으로 설치할 것
③ 습식배관 내 사용압력이 1.2[MPa] 미만인 경우 이음매 없는 구리 및 구리합금관을 사용하여야 할 것
④ 연결송수관설비의 배관은 주배관의 구경이 100[mm] 이상인 옥내소화전설비 스프링클러설비 또는 물분무등소화설비의 배관과 겸용할 수 있음

해설

연결송수관설비는 주배관의 구경이 100[mm] 이상인 옥내소화전설비의 배관과 겸용할 수 있다.
스프링클러설비, 물분무 소화설비 등은 연결송수관설비의 배관과 겸용할 수 없다.

정답 | ④

68 빈출도 ★★

할론소화설비의 화재안전기술기준(NFTC 107)에 따른 할론 1301 소화약제의 저장용기에 대한 설명으로 틀린 것은?

① 저장용기의 충전비는 0.9 이상 1.6 이하로 할 것
② 동일 집합관에 접속되는 용기의 충전비는 같도록 할 것
③ 저장용기의 개방밸브는 안전장치가 부착된 것으로 하며 수동으로 개방되지 않도록 할 것
④ 축압식 용기의 경우에는 20[℃]에서 2.5[MPa] 또는 4.2[MPa]의 압력이 되도록 질소가스로 축압할 것

해설

저장용기의 개방밸브는 자동 · 수동으로 개방되고, 안전장치가 부착된 것으로 한다.

관련개념 저장용기의 설치기준

㉠ 축압식 저장용기의 압력은 온도 20[℃]에서 할론 1211을 저장하는 것은 1.1[MPa] 또는 2.5[MPa], 할론 1301을 저장하는 것은 2.5[MPa] 또는 4.2[MPa]이 되도록 질소가스로 축압한다.
㉡ 저장용기의 충전비는 다음의 표에 따른 기준으로 한다.

소화약제의 종류		충전비
할론 1301		0.9 이상 1.6 이하
할론 1211		0.7 이상 1.4 이하
할론 2402	가압식	0.51 이상 0.67 미만
	축압식	0.67 이상 2.75 이하

㉢ 동일 집합관에 접속되는 저장용기의 소화약제 충전량은 동일 충전비로 한다.
㉣ 가압용 가스용기는 질소가스가 충전된 것으로 하고, 그 압력은 21[℃]에서 2.5[MPa] 또는 4.2[MPa]이 되도록 한다.
㉤ 저장용기의 개방밸브는 전기식 · 가스압력식 또는 기계식에 따라 자동으로 개방되고 수동으로도 개방되는 것으로서 안전장치가 부착된 것으로 한다.
㉥ 가압식 저장용기에는 2.0[MPa] 이하의 압력으로 조정할 수 있는 압력조정장치를 설치한다.
㉦ 하나의 방호구역을 담당하는 소화약제 저장용기의 소화약제량의 체적합계보다 그 소화약제 방출 시 방출경로가 되는 배관(집합관 포함)의 내용적의 비율이 1.5배 이상일 경우에는 해당 방호구역에 대한 설비는 별도 독립방식으로 한다.

정답 | ③

69 빈출도 ★★

물분무소화설비를 설치하는 주차장의 배수설비 설치기준 중 차량이 주차하는 바닥은 배수구를 향하여 얼마 이상의 기울기를 유지해야 하는가?

① $\frac{1}{100}$　② $\frac{2}{100}$

③ $\frac{3}{100}$　④ $\frac{5}{100}$

해설

차량이 주차하는 바닥은 배수구를 향하여 $\frac{2}{100}$ 이상의 기울기를 유지한다.

관련개념 배수설비의 설치기준

물분무소화설비를 설치하는 차고 또는 주차장에는 배수장치를 다음의 기준에 따라 설치한다.

㉠ 차량이 주차하는 장소의 적당한 곳에 높이 10[cm] 이상의 경계턱으로 배수구를 설치한다.

㉡ 배수구에는 새어 나온 기름을 모아 소화할 수 있도록 길이 40[m] 이하마다 집수관·소화핏트 등 기름분리장치를 설치한다.

㉢ 차량이 주차하는 바닥은 배수구를 향하여 $\frac{2}{100}$ 이상의 기울기를 유지한다.

㉣ 배수설비는 가압송수장치의 최대송수능력의 수량을 유효하게 배수할 수 있는 크기 및 기울기로 한다.

정답 | ②

70 빈출도 ★★

경사강하식 구조대의 구조기준 중 입구틀 및 취부틀의 입구는 지름 몇 [cm] 이상의 구체가 통과할 수 있어야 하는가?

① 50　② 60

③ 70　④ 80

해설

입구틀 및 고정틀의 입구는 지름 60[cm] 이상의 구체가 통과할 수 있어야 한다.

관련개념 경사강하식 구조대의 구조 기준

㉠ 연속하여 활강할 수 있는 구조로 안전하고 쉽게 사용할 수 있어야 한다.

㉡ 입구틀 및 고정틀의 입구는 지름 60[cm] 이상의 구체가 통과할 수 있어야 한다.

㉢ 경사구조대 본체는 강하방향으로 봉합부가 설치되지 않아야 한다.

㉣ 본체의 포지는 하부지지장치에 인장력이 균등하게 걸리도록 부착하여야 하며 하부지지장치는 쉽게 조작할 수 있어야 한다.

㉤ 땅에 닿을 때 충격을 받는 부분에는 완충장치로서 받침포 등을 부착하여야 한다.

정답 | ②

71 빈출도 ★★

스프링클러설비의 가압송수장치의 정격토출압력은 하나의 헤드선단에 얼마의 방수압력이 될 수 있는 크기이어야 하는가?

① 0.01[MPa] 이상 0.05[MPa] 이하
② 0.1[MPa] 이상 1.2[MPa] 이하
③ 1.5[MPa] 이상 2.0[MPa] 이하
④ 2.5[MPa] 이상 3.3[MPa] 이하

해설

정격토출압력은 하나의 헤드선단에 0.1[MPa] 이상 1.2[MPa] 이하의 방수압력이 될 수 있게 한다.

정답 | ②

72 빈출도 ★★

호스릴 이산화탄소 소화설비의 노즐은 20[℃]에서 하나의 노즐마다 몇 [kg/min] 이상의 소화약제를 방사할 수 있는 것이어야 하는가?

① 40 ② 50
③ 60 ④ 80

해설

호스릴방식의 이산화탄소소화설비의 노즐은 20[℃]에서 하나의 노즐마다 1분 당 60[kg] 이상의 양을 방출할 수 있는 것으로 한다.

관련개념 호스릴방식의 설치기준

㉠ 방호대상물의 각 부분으로부터 하나의 호스접결구까지의 수평거리가 15[m] 이하가 되도록 한다.
㉡ 소화약제 저장용기의 개방밸브는 호스릴의 설치장소에서 수동으로 개폐할 수 있는 것으로 한다.
㉢ 소화약제 저장용기는 호스릴을 설치하는 장소마다 설치한다.
㉣ 호스릴방식의 이산화탄소 소화설비의 노즐은 20[℃]에서 하나의 노즐마다 1분 당 60[kg] 이상의 양을 방출할 수 있는 것으로 한다.
㉤ 소화약제 저장용기의 가장 가까운 곳의 보기 쉬운 곳에 적색의 표시등을 설치하고, 호스릴방식의 이산화탄소 소화설비가 있다는 뜻을 표시한 표지를 한다.

정답 | ③

73 빈출도 ★★

모피창고에 이산화탄소 소화설비를 전역방출방식으로 설치할 경우 방호구역의 체적이 600[m^3]라면 이산화탄소 소화약제의 최소 저장량은 몇 [kg]인가? (단, 설계농도는 75[%]이고, 개구부 면적은 무시한다.)

① 780 ② 960
③ 1,200 ④ 1,620

해설

소화약제의 저장량은 방호구역의 체적과 개구부의 면적에 따라 산출한 값의 합으로 한다.
모피창고는 방호구역 체적 1[m^3] 당 2.7[kg/m^3]의 소화약제가 필요하므로

$$600[m^3]\times 2.7[kg/m^3]=1,620[kg]$$

심부화재의 경우 자동폐쇄장치가 없는 방호구역의 개구부 1[m^2] 당 10[kg/m^2]의 소화약제가 필요하지만 개구부 면적을 무시하므로 가산하지 않는다.

관련개념 심부화재 전역방출방식의 소화약제 저장량

심부화재 전역방출방식의 경우 소화약제의 저장량은 방호구역의 체적과 개구부의 면적에 따라 산출한 값의 합으로 한다.

㉠ 방호구역의 체적 1[m^3]마다 다음의 기준에 따른 양. 불연재료나 내열성의 재료로 밀폐된 구조물이 있는 경우 그 체적은 제외한다.

방호대상물	소화약제의 양 [kg/m^3]	설계농도 [%]
유압기기를 제외한 전기설비, 케이블실	1.3	50
체적 55[m^3] 미만의 전기설비	1.6	50
서고, 전자제품창고, 목재가공품창고, 박물관	2.0	65
고무류·면화류 창고, 모피창고, 석탄창고, 집진설비	2.7	75

㉡ 방호구역의 개구부(창문·출입구) 1[m^2]마다 10[kg]을 가산해야 한다.(자동폐쇄장치가 없는 경우 限) 개구부의 면적은 방호구역 전체 표면적의 3[%] 이하로 한다.

정답 | ④

74 빈출도 ★★★

소화기구 및 자동소화장치의 화재안전기술기준(NFTC 101) 상 규정하는 화재의 종류가 아닌 것은?

① A급 화재 ② B급 화재
③ G급 화재 ④ K급 화재

해설

G급 화재는 소화기구 및 자동소화장치의 화재안전기술기준(NFTC 101)에서 정의하고 있지 않다.

관련개념 화재의 종류

구분	내용
일반화재 (A급 화재)	나무, 섬유, 종이, 고무, 플라스틱류와 같은 일반 가연물이 타고 나서 재가 남는 화재
유류화재 (B급 화재)	인화성 액체, 가연성 액체, 석유 그리스, 타르, 오일, 유성도료, 솔벤트, 래커, 알코올 및 인화성 가스와 같은 유류가 타고 나서 재가 남지 않는 화재
전기화재 (C급 화재)	전류가 흐르고 있는 전기기기, 배선과 관련된 화재
주방화재 (K급 화재)	주방에서 동식물유를 취급하는 조리기구에서 일어나는 화재

정답 | ③

75 빈출도 ★★

바닥면적이 400[m²] 미만이고 예상제연구역이 벽으로 구획되어 있는 배출구의 설치위치로 옳은 것은? (단, 통로인 예상제연구역을 제외한다.)

① 천장 또는 반자와 바닥 사이의 중간 윗부분
② 천장 또는 반자와 바닥 사이의 중간 아래 부분
③ 천장, 반자 또는 이에 가까운 부분
④ 천장 또는 반자와 바닥 사이의 중간 부분

해설

벽으로 구획되어 있는 경우 배출구는 천장 또는 반자와 바닥 사이의 중간 윗부분에 설치한다.

관련개념 **배출구의 설치기준**

㉠ 예상제연구역(통로 제외)의 바닥면적이 400[m²] 미만인 경우
- 벽으로 구획되어 있는 경우 배출구는 천장 또는 반자와 바닥 사이의 중간 윗부분에 설치한다.
- 어느 한 부분이 제연경계로 구획되어 있는 경우 천장·반자 또는 이에 가까운 벽의 부분에 설치한다.
- 배출구를 벽에 설치하는 경우 배출구의 하단이 해당 예상제연구역에서 제연경계의 폭이 가장 짧은 제연경계의 하단보다 높이 되도록 한다.

㉡ 통로인 예상제연구역과 바닥면적이 400[m²] 이상인 경우
- 벽으로 구획되어 있는 경우 배출구는 천장·반자 또는 이에 가까운 벽의 부분에 설치한다.
- 배출구를 벽에 설치하는 경우 배출구의 하단과 바닥 간의 최단거리를 2[m] 이상으로 한다.
- 어느 한 부분이 제연경계로 구획되어 있는 경우 천장·반자 또는 이에 가까운 벽의 부분에 설치한다.
- 배출구를 벽 또는 제연경계에 설치하는 경우 배출구의 하단이 해당 예상제연구역에서 제연경계의 폭이 가장 짧은 제연경계의 하단보다 높이 되도록 한다.

㉢ 예상제연구역의 각 부분으로부터 하나의 배출구까지의 수평거리는 10[m] 이내로 한다.

정답 | ①

76 빈출도 ★★★

연면적이 35,000[m²]인 특정소방대상물에 소화용수설비를 설치하는 경우 소화수조의 최소 저수량은 약 몇 [m³]인가? (단, 지상 1층 및 2층의 바닥면적 합계가 15,000[m²] 이상인 경우이다.)

① 40　　② 60
③ 80　　④ 100

해설

저수량은 1층 및 2층의 바닥면적 합계가 15,000[m²] 이상인 경우 연면적 35,000[m²]에 기준면적 7,500[m²]을 나누어 얻은 수(소수점 이하 절상)에 20[m³]을 곱한 양 이상으로 한다.

$$\frac{35{,}000[m^2]}{7{,}500[m^2]} \fallingdotseq 4.67 \fallingdotseq 5(\text{절상})$$

$$5 \times 20[m^3] = 100[m^3]$$

관련개념 **저수량의 산정기준**

저수량은 소방대상물의 연면적을 다음의 표에 따른 기준면적으로 나누어 얻은 수(소수점 이하 절상)에 20[m³]을 곱한 양 이상으로 한다.

소방대상물의 구분	기준면적[m²]
1층 및 2층의 바닥면적 합계가 15,000[m²] 이상	7,500
그 밖의 소방대상물	12,500

정답 | ④

77 빈출도 ★★★

스프링클러설비의 배관에 대한 내용 중 잘못된 것은?

① 수직배수배관의 구경은 65[mm] 이상으로 할 것
② 급수배관 중 가지배관의 배열은 토너먼트방식이 아닐 것
③ 교차배관의 청소구는 교차배관 끝에 개폐밸브를 설치할 것
④ 습식 스프링클러설비 또는 부압식 스프링클러설비 외의 설비에는 헤드를 향하여 상향으로 가지배관의 기울기를 $\frac{1}{250}$ 이상으로 할 것

해설

수직배수배관의 구경은 50[mm] 이상으로 한다.

선지분석

① 수직배수배관의 구경은 50[mm] 이상으로 한다. 수직배관의 구경이 50[mm] 미만인 경우 수직배관의 구경과 동일하게 설치할 수 있다.
② 가지배관의 배열은 토너먼트 배관방식이 아니어야 한다.
③ 청소구는 교차배관 끝에 40[mm] 이상 크기의 개폐밸브를 설치하고, 호스접결이 가능한 나사식 또는 고정배수 배관식으로 한다.
④ 습식 스프링클러설비 또는 부압식 스프링클러설비 외의 설비에는 헤드를 향하여 상향으로 수평주행배관의 기울기를 $\frac{1}{500}$ 이상, 가지배관의 기울기를 $\frac{1}{250}$ 이상으로 한다.

정답 | ①

78 빈출도 ★★★

특수가연물을 저장 또는 취급하는 장소의 경우에는 스프링클러 헤드를 설치하는 천장·반자·천장과 반자 사이·덕트·선반 등의 각 부분으로부터 하나의 스프링클러 헤드까지의 수평거리 기준은 몇 [m] 이하인가? (단, 성능이 별도로 인정된 스프링클러 헤드를 수리계산에 따라 설치하는 경우는 제외한다.)

① 1.7 ② 2.5
③ 3.2 ④ 4

해설

특수가연물을 저장 또는 취급하는 장소에서 천장·반자·천장과 반자 사이·덕트·선반 등의 각 부분으로부터 하나의 스프링클러 헤드까지의 수평거리는 1.7[m] 이하가 되도록 한다.

관련개념 **헤드의 방사범위**

천장·반자·천장과 반자 사이·덕트·선반 등의 각 부분으로부터 하나의 스프링클러 헤드까지의 수평거리는 다음의 표에 따른 거리 이하가 되도록 한다.

소방대상물	수평거리
무대부·특수가연물을 저장 또는 취급하는 장소	1.7[m]
비내화구조 특정소방대상물	2.1[m]
내화구조 특정소방대상물	2.3[m]
아파트 세대 내	2.6[m]

정답 | ①

79 빈출도 ★★★

지하구의 화재안전기술기준(NFTC 605) 상 연소방지설비 헤드의 설치기준 중 다음 (　　) 안에 알맞은 것은?

> 헤드 간의 수평거리는 연소방지설비 전용헤드의 경우에는 (㉠)[m] 이하, 스프링클러 헤드의 경우에는 (㉡)[m] 이하로 할 것

① ㉠: 2 　㉡: 1.5
② ㉠: 1.5 　㉡: 2
③ ㉠: 1.7 　㉡: 2.5
④ ㉠: 2.5 　㉡: 1.7

해설

헤드 간의 수평거리는 연소방지설비 전용헤드의 경우 2[m] 이하, 개방형 스프링클러 헤드의 경우 1.5[m] 이하로 한다.

관련개념 연소방지설비 헤드의 설치기준

㉠ 천장 또는 벽면에 설치한다.
㉡ 헤드 간의 수평거리는 연소방지설비 전용헤드의 경우 2[m] 이하, 개방형 스프링클러 헤드의 경우 1.5[m] 이하로 한다.
㉢ 소방대원의 출입이 가능한 환기구 · 작업구마다 지하구의 양쪽 방향으로 살수헤드를 설치하고, 한쪽 방향의 살수구역의 길이는 3[m] 이상으로 한다.
㉣ 환기구 사이의 간격이 700[m]를 초과하는 경우 700[m] 이내마다 살수구역을 설정한다. 지하구의 구조를 고려하여 방화벽을 설치한 경우 그렇지 않다.

정답 | ①

80 빈출도 ★★★

(　　) 안에 들어갈 내용으로 알맞은 것은?

> 이산화탄소 소화약제의 저압식 저장용기에는 용기 내부의 온도가 (㉠)에서 (㉡)의 압력을 유지할 수 있는 자동냉동장치를 설치할 것

① ㉠: 0[℃] 이상 　㉡: 4[MPa]
② ㉠: −18[℃] 이하 　㉡: 2.1[MPa]
③ ㉠: 20[℃] 이하 　㉡: 2[MPa]
④ ㉠: 40[℃] 이하 　㉡: 2.1[MPa]

해설

저압식 저장용기에는 용기 내부의 온도가 −18[℃] 이하에서 2.1[MPa]의 압력을 유지할 수 있는 자동냉동장치를 설치한다.

관련개념 저장용기의 설치기준

㉠ 저장용기의 충전비는 고압식은 1.5 이상 1.9 이하, 저압식은 1.1 이상 1.4 이하로 한다.
㉡ 저압식 저장용기에는 내압시험압력의 0.64배 이상 0.8배 이하의 압력에서 작동하는 안전밸브를 설치한다.
㉢ 저압식 저장용기에는 내압시험압력의 0.8배 이상 1배 이하의 압력에서 작동하는 봉판을 설치한다.
㉣ 저압식 저장용기에는 액면계 및 압력계와 2.3[MPa] 이상 1.9[MPa] 이하의 압력에서 작동하는 압력경보장치를 설치한다.
㉤ 저압식 저장용기에는 용기 내부의 온도가 −18[℃] 이하에서 2.1[MPa]의 압력을 유지할 수 있는 자동냉동장치를 설치한다.
㉥ 고압식 저장용기는 25[MPa] 이상, 저압식 저장용기는 3.5[MPa] 이상의 내압시험압력에 합격한 것으로 한다.
㉦ 저장용기의 개방밸브는 전기식 · 가스압력식 또는 기계식에 따라 자동으로 개방되고 수동으로도 개방되는 것으로서 안전장치가 부착된 것으로 한다.
㉧ 저장용기와 선택밸브 또는 개폐밸브 사이에는 배관의 최소사용설계압력과 최대허용압력 사이의 압력에서 작동하는 안전장치를 설치한다.

정답 | ②

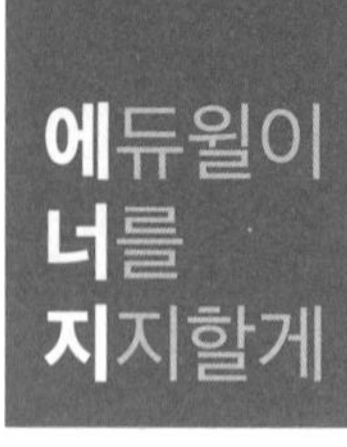

걸음마를 시작하기 전에
규칙을 먼저 공부하는 사람은 없다.
직접 걸어 보고 계속 넘어지면서
배우는 것이다.

– 리처드 브랜슨(Richard Branson)

2023년 1회 CBT 복원문제

■ 1회독 ■ 2회독 ■ 3회독

소방원론

01 빈출도 ★★★

분말 소화약제의 취급 시 주의사항으로 틀린 것은?

① 습도가 높은 공기 중에 노출되면 고화되므로 항상 주의를 기울인다.
② 충진 시 다른 소화약제와의 혼합을 피하기 위하여 종별로 각각 다른 색으로 착색되어 있다.
③ 실내에서 다량으로 방사하는 경우 분말을 흡입하지 않도록 한다.
④ 분말 소화약제와 수성막포를 함께 사용할 경우 포의 소포 현상을 발생시키므로 병용해서는 안 된다.

해설

수성막포는 분말 소화약제와 함께 소화작업을 할 수 있다.

관련개념

분말 소화약제는 빠른 소화능력을 가지고 있으며, 포 소화약제는 낮은 재착화의 위험을 가지고 있으므로 두가지 소화약제의 장점을 모두 취하는 방식을 사용하기도 한다.

정답 | ④

02 빈출도 ★★

조연성 가스로만 나열되어 있는 것은?

① 질소, 불소, 수증기
② 산소, 불소, 염소
③ 산소, 이산화탄소, 오존
④ 질소, 이산화탄소, 염소

해설

조연성(지연성) 가스는 스스로 연소하지 않지만 연소를 도와주는 물질로 산소, 불소, 염소, 오존 등이 있다.

선지분석

① 질소, 수증기는 불연성 가스이다.
③ 이산화탄소는 불연성 가스이다.
④ 질소, 이산화탄소는 불연성 가스이다.

정답 | ②

03 빈출도 ★★

물이 소화약제로서 사용되는 장점이 아닌 것은?

① 가격이 저렴하다.
② 많은 양을 구할 수 있다.
③ 증발잠열이 크다.
④ 가연물과 화학반응이 일어나지 않는다.

해설

금속분과 물이 만나면 수소가스가 발생하며 폭발 및 화재가 발생할 수 있다.

관련개념

얼음 · 물(H_2O)은 분자의 단순한 구조와 수소결합으로 인해 분자 간 결합이 강하므로 타 물질보다 비열, 융해잠열 및 증발잠열이 크다.

정답 | ④

04 빈출도 ★

열분해에 의하여 가연물 표면에 유리상의 메타인산 피막을 형성하고 연소에 필요한 산소의 유입을 차단하는 분말약제는?

① 요소 ② 탄산수소칼륨
③ 제1인산암모늄 ④ 탄산수소나트륨

해설

제1인산암모늄은 360[℃] 이상의 온도에서 열분해하는 과정 중에 생성되는 메타인산이 가연물 표면에 유리상의 피막을 형성하여 산소 공급을 차단시킨다.

정답 | ③

05 빈출도 ★★★

공기와 접촉되었을 때 위험도(H)가 가장 큰 것은?

① 에테르 ② 수소
③ 에틸렌 ④ 뷰테인

해설

에테르($C_2H_5OC_2H_5$)의 위험도가 $\frac{48-1.9}{1.9} \fallingdotseq 24.3$으로 가장 크다.

관련개념 주요 가연성 가스의 연소범위와 위험도

가연성 가스	하한계 [vol%]	상한계 [vol%]	위험도
아세틸렌(C_2H_2)	2.5	81	31.4
수소(H_2)	4	75	17.8
일산화탄소(CO)	12.5	74	4.9
에테르($C_2H_5OC_2H_5$)	1.9	48	24.3
이황화탄소(CS_2)	1.2	44	35.7
에틸렌(C_2H_4)	2.7	36	12.3
암모니아(NH_3)	15	28	0.9
메테인(CH_4)	5	15	2
에테인(C_2H_6)	3	12.4	3.1
프로페인(C_3H_8)	2.1	9.5	3.5
뷰테인(C_4H_{10})	1.8	8.4	3.7

정답 | ①

06 빈출도 ★★★

이산화탄소 소화기의 일반적인 성질에서 단점이 아닌 것은?

① 밀폐된 공간에서 사용 시 질식의 위험성이 있다.
② 인체에 직접 방출 시 동상의 위험성이 있다.
③ 소화약제의 방사 시 소음이 크다.
④ 전기가 잘 통하기 때문에 전기설비에 사용할 수 없다.

해설

이산화탄소 소화약제는 전기가 통하지 않기 때문에 전기설비에 사용할 수 있다.

관련개념 이산화탄소 소화약제

구분	내용
장점	• 전기의 부도체(비전도성, 불량도체)이다. • 화재를 소화할 때에는 피연소물질의 내부까지 침투한다. • 증거보존이 가능하며, 피연소물질에 피해를 주지 않는다. • 장기간 저장하여도 변질·부패 또는 분해를 일으키지 않는다. • 소화약제의 구입비가 저렴하고, 자체압력으로 방출이 가능하다.
단점	• 인체의 질식이 우려된다. • 소화시간이 다른 소화약제에 비하여 길다. • 저장용기에 충전하는 경우 고압을 필요로 한다. • 고압가스에 해당되므로 저장·취급 시 주의를 요한다. • 소화약제의 방출 시 소리가 요란하며, 동상의 위험이 있다.

정답 | ④

07 빈출도 ★★

가연물의 제거와 가장 관련이 없는 소화방법은?

① 유류화재 시 유류공급 밸브를 잠근다.
② 산불화재 시 나무를 잘라 없앤다.
③ 팽창 진주암을 사용하여 진화한다.
④ 가스화재 시 중간밸브를 잠근다.

해설

제거소화는 연소의 요소를 구성하는 가연물질을 안전한 장소나 점화원이 없는 장소로 신속하게 이동시켜서 소화하는 방법이다. 팽창 진주암으로 가연물을 덮는 것은 연소에 필요한 산소의 공급을 차단시키는 질식소화에 해당한다.

정답 | ③

08 빈출도 ★★★

산불화재의 형태로 틀린 것은?

① 지중화 형태 ② 수평화 형태
③ 지표화 형태 ④ 수관화 형태

해설

산림화재의 형태로 수간화, 수관화, 지표화, 지중화가 있다.

관련개념 산림화재의 형태

수간화	수목에서 화재가 발생하는 현상으로, 나무의 기둥부분부터 화재가 발생하는 것
수관화	나무의 가지 또는 잎에서 화재가 발생하는 현상
지표화	지표면의 습도가 50[%] 이하일 때 낙엽 등이 연소하여 화재가 발생하는 현상
지중화	지중(땅속)에 있는 유기물층에서 화재가 발생하는 현상

정답 | ②

09 빈출도 ★★

일반적으로 공기 중 산소농도를 몇 [vol%] 이하로 감소시키면 연소속도의 감소 및 질식소화가 가능한가?

① 15 ② 21
③ 25 ④ 31

해설

일반적으로 산소농도가 15[vol%] 이하인 경우 연소속도의 감소 및 질식소화가 가능하다.

정답 | ①

10 빈출도 ★

화재강도(Fire Intensity)와 관계가 없는 것은?

① 가연물의 비표면적
② 발화원의 온도
③ 화재실의 구조
④ 가연물의 발열량

해설

발화원의 온도는 화재의 발생과 관련이 있으며 화재강도와는 관련이 없다.

관련개념 화재강도의 관련 요인

가연물의 연소열	물질의 종류에 따른 특성치로서 연소열은 물질의 종류별로 다양하며 연소열이 큰 물질이 존재할수록 발열량이 크므로 화재강도가 크다.
가연물의 비표면적	물질의 단위질량당 표면적을 말하며 통나무와 대팻밥같이 물질의 형상에 따라 달라진다. 비표면적이 크면 공기와의 접촉면적이 크게 되어 가연물의 연소속도가 빨라져 열축적률이 커지므로 화재강도가 커진다
공기(산소)의 공급	개구부 계수가 클수록, 즉 환기계수가 크고 벽 등의 면적은 작을 때 온도곡선은 가파르게 상승하며 지속시간도 짧다. 이는 공기의 공급이 화재 시 온도의 상승곡선의 기울기에 결정적 영향을 미친다고 볼 수 있다.
화재실의 벽·천장·바닥 등의 단열성	화재실의 열은 개구부를 통해서도 외부로 빠져 나가지만 실을 둘러싸는 벽, 바닥, 천장 등을 통해 열전도에 의해서도 빠져나간다. 따라서 구조물이 갖는 단열효과가 클수록 열의 외부 유출이 용이치 않고 화재실 내에 축적상태로 유지되어 화재강도가 커진다.

정답 | ②

11 빈출도 ★★

화재 발생 시 인간의 피난특성으로 틀린 것은?

① 본능적으로 평상시 사용하는 출입구를 사용한다.
② 최초로 행동을 개시한 사람을 따라서 움직인다.
③ 공포감으로 인해서 빛을 피하여 어두운 곳으로 몸을 숨긴다.
④ 무의식중에 발화 장소의 반대쪽으로 이동한다.

해설

화재 시 밝은 곳으로 대피한다. 이를 지광본능이라 한다.

관련개념 화재 시 인간의 피난특성

지광본능	밝은 곳으로 대비한다.
추종본능	최초로 행동한 사람을 따른다.
퇴피본능	발화지점의 반대방향으로 이동한다.
귀소본능	평소에 사용하던 문, 통로를 사용한다.
좌회본능	오른손잡이는 오른손이나 오른발을 이용하여 왼쪽으로 회전(좌회전)한다.

정답 | ③

12 빈출도 ★★★

0[℃], 1기압에서 44.8[m^3]의 용적을 가진 이산화탄소를 액화하여 얻을 수 있는 액화탄산 가스의 무게는 약 몇 [kg]인가?

① 88 ② 44
③ 22 ④ 11

해설

0[℃], 1기압에서 22.4[L]의 기체 속에는 1[mol]의 기체 분자가 들어 있다. 따라서 0[℃], 1기압, 44.8[m^3]의 기체 속에는 2[kmol]의 이산화탄소가 들어 있다.
22.4[L]:1[mol]=44.8[m^3]:2[kmol]

이산화탄소의 분자량은 44[g/mol]이므로, 2[kmol]의 이산화탄소는 88[kg]의 질량을 가진다.
2[kmol]×44[g/mol]=88[kg]

관련개념 아보가드로의 법칙

㉠ 온도와 압력이 일정할 때 같은 부피 안의 기체 분자 수는 기체의 종류와 관계없이 일정하다.
㉡ 0[℃](273[K]), 1[atm]에서 22.4[L] 안의 기체 분자 수는 1[mol], 6.022×10^{23}개이다.

정답 | ①

13 빈출도 ★★

건물 내 피난동선의 조건으로 옳지 않은 것은?

① 2개 이상의 방향으로 피난할 수 있어야 한다.
② 가급적 단순한 형태로 한다.
③ 통로의 말단은 안전한 장소이어야 한다.
④ 수직동선은 금하고 수평동선만 고려한다.

해설

피난동선은 수직동선도 고려하여 구성해야 한다.

관련개념 화재 시 피난동선의 조건

㉠ 피난동선은 가급적 단순한 형태로 한다.
㉡ 2 이상의 피난동선을 확보한다.
㉢ 피난통로는 불연재료로 구성한다.
㉣ 인간의 본능을 고려하여 동선을 구성한다.
㉤ 계단은 직통계단으로 한다.
㉥ 피난통로의 종착지는 안전한 장소여야 한다.
㉦ 수평동선과 수직동선을 구분하여 구성한다.

정답 | ④

14 빈출도 ★★★

이산화탄소 소화약제 저장용기의 설치장소에 대한 설명 중 옳지 않는 것은?

① 반드시 방호구역 내의 장소에 설치한다.
② 온도의 변화가 적은 곳에 설치한다.
③ 방화문으로 구획된 실에 설치한다.
④ 해당 용기가 설치된 곳임을 표시하는 표지를 한다.

해설

저장용기는 방호구역 외의 장소에 설치한다.

관련개념 이산화탄소 소화약제 저장용기의 설치장소

㉠ 방호구역 외의 장소에 설치한다.
㉡ 온도가 40[℃] 이하이고, 온도변화가 작은 곳에 설치한다.
㉢ 직사광선 및 빗물이 침투할 우려가 없는 곳에 설치한다.
㉣ 방화문으로 구획된 실에 설치한다.
㉤ 용기를 설치한 장소에는 해당 용기가 설치된 곳임을 표시하는 표지를 한다.
㉥ 용기 간의 간격은 점검에 지장이 없도록 3[cm] 이상의 간격을 유지한다.
㉦ 저장용기와 집합관을 연결하는 연결배관에는 체크밸브를 설치한다.

정답 | ①

15 빈출도 ★

염소산염류, 과염소산염류, 알칼리금속의 과산화물, 질산염류, 과망가니즈산염류의 특징과 화재 시 소화방법에 대한 설명 중 틀린 것은?

① 가열 등에 의해 분해하여 산소를 발생하고 화재 시 산소의 공급원 역할을 한다.
② 가연물, 유기물, 기타 산화하기 쉬운 물질과 혼합물은 가열, 충격, 마찰 등에 의해 폭발하는 수도 있다.
③ 알칼리금속의 과산화물을 제외하고 다량의 물로 냉각소화한다.
④ 그 자체가 가연성이며 폭발성을 지니고 있어 화약류 취급 시와 같이 주의를 요한다.

해설

염소산염류, 과염소산염류, 알칼리금속의 과산화물, 질산염류, 과망가니즈산염류는 제1류 위험물(산화성 고체, 강산화성 물질)이다.
제1류 위험물은 불연성 물질로서 연소하지 않지만 다른 가연물의 연소를 돕는 조연성을 갖는다.

관련개념 제1류 위험물(산화성 고체)

㉠ 상온에서 분말 상태의 고체이며, 반응 속도가 매우 빠르다.
㉡ 산소를 다량으로 함유한 강력한 산화제로 가열·충격 등 약간의 기계적 점화 에너지에 의해 분해되어 산소를 쉽게 방출한다.
㉢ 다른 화학 물질과 접촉 시에도 분해되어 산소를 방출한다.
㉣ 자신은 불연성 물질로 연소하지 않지만 다른 가연물의 연소를 돕는 조연성을 갖는다.
㉤ 물보다 무거우며 물에 녹는 성질인 조해성이 있다. 물에 녹은 수용액 상태에서도 산화성이 있다.

정답 | ④

16 빈출도 ★★

CF_3Br 소화약제의 명칭을 옳게 나타낸 것은?

① 할론 1011 ② 할론 1211
③ 할론 1301 ④ 할론 2402

해설

CF_3Br 소화약제의 명칭은 할론 1301이다.

관련개념 **할론 소화약제 명명의 방식**

㉠ 제일 앞에 Halon이란 명칭을 쓴다.
㉡ 이후 구성 원소들의 수를 C, F, Cl, Br의 순서대로 쓰되 없는 경우 0으로 한다.
㉢ 마지막 0은 생략할 수 있다.

정답 | ③

17 빈출도 ★★

할로겐화합물 소화약제에 관한 설명으로 옳지 않은 것은?

① 연쇄반응을 차단하여 소화한다.
② 할로겐족 원소가 사용된다.
③ 전기에 도체이므로 전기화재에 효과가 있다.
④ 소화약제의 변질분해 위험성이 낮다.

해설

할로겐화합물 소화약제는 전기전도도가 거의 없다.

관련개념 **할로겐화합물 소화약제**

㉠ 연쇄반응을 차단하는 부촉매효과가 있다.
㉡ 브롬(Br)을 제외한 할로겐족 원소가 사용된다.
㉢ 변질분해 위험성이 낮아 화재를 소화하는 동안 피연소물질에 물리적·화학적 변화를 주지 않는다.

정답 | ③

18 빈출도 ★

다음 중 가연성 가스가 아닌 것은?

① 일산화탄소 ② 프로페인
③ 아르곤 ④ 메테인

해설

아르곤(Ar)은 주기율표상 18족 원소인 불활성기체로 연소하지 않는다.

정답 | ③

19 빈출도 ★★

탱크화재 시 발생되는 보일 오버(Boil Over)의 방지 방법으로 틀린 것은?

① 탱크 내용물의 기계적 교반
② 물의 배출
③ 과열 방지
④ 위험물 탱크 내의 하부에 냉각수 저장

해설

화재가 발생한 유류저장탱크의 하부에 고여 있던 물이 급격하게 증발하며 유류를 밀어 올려 탱크 밖으로 넘치게 되는 현상을 보일 오버(Boil Over)라고 한다.
따라서 유류저장탱크의 하부에 냉각수를 저장하는 것은 적절하지 않다.

정답 | ④

20 빈출도 ★

알킬알루미늄 화재에 적합한 소화약제는?

① 물 ② 이산화탄소
③ 팽창질석 ④ 할로겐화합물

해설

제3류 위험물인 알킬알루미늄은 자연 발화성 물질이면서 금수성 물질로서 화재 시 건조한(마른) 모래나 분말, **팽창질석**, 건조석회를 활용하여 질식소화를 하여야 한다.

정답 | ③

21 빈출도 ★★★

10[kg]의 수증기가 들어있는 체적 2[m^3]의 단단한 용기를 냉각하여 온도를 200[℃]에서 150[℃]로 낮추었다. 나중 상태에서 액체상태의 물은 약 몇 [kg]인가? (단, 150[℃]에서 물의 포화액 및 포화증기의 비체적은 각각 0.0011[m^3/kg], 0.3925[m^3/kg]이다.)

① 0.508 ② 1.24
③ 4.92 ④ 7.86

해설

10[kg]의 수증기는 150[℃]에서 x[kg]의 물과 $(10-x)$[kg]의 수증기로 상태변화 하였다.
물과 수증기는 부피 2[m^3]의 단단한 용기를 가득 채우고 있다.

$$0.0011\times x+0.3925\times(10-x)=2$$

따라서 액체상태 물의 질량 x는

$$3.925-2=(0.3925-0.0011)x$$

$$x=\frac{3.925-2}{0.3925-0.0011}$$

$$\fallingdotseq 4.92[kg]$$

정답 | ③

22 빈출도 ★★

2[m] 깊이로 물이 차있는 물탱크 바닥에 한 변이 20[cm]인 정사각형 모양의 관측창이 설치되어 있다. 관측창이 물로 인하여 받는 순 힘(net force)은 몇 [N]인가? (단, 관측창 밖의 압력은 대기압이다.)

① 784 ② 392
③ 196 ④ 98

해설

압력은 단위면적당 유체가 가하는 힘을 압력이라고 한다.

$$P=\frac{F}{A}$$

P: 압력[N/m^2], F: 힘[N], A: 면적[m^2]

물기둥 10.332[m]는 101,325[Pa]과 같으므로 물기둥 2[m]에 해당하는 압력은 다음과 같다.

$$2[m]\times\frac{101,325[Pa]}{10.332[m]}\fallingdotseq 19,614[Pa]$$

따라서 주어진 조건을 공식에 대입하면 관측창이 받는 힘 F는

$$F=PA=19,614\times(0.2\times0.2)$$

$$\fallingdotseq 784[N]$$

정답 | ①

23 빈출도 ★★★

물탱크에 담긴 물의 수면의 높이가 10[m]인데, 물탱크 바닥에 원형 구멍이 생겨서 10[L/s]만큼 물이 유출되고 있다. 원형 구멍의 지름은 약 몇 [cm]인가? (단, 구멍의 유량보정계수는 0.6이다.)

① 2.7 ② 3.1
③ 3.5 ④ 3.9

해설

$$\frac{P_1}{\gamma}+\frac{u_1^2}{2g}+Z_1=\frac{P_2}{\gamma}+\frac{u_2^2}{2g}+Z_2$$

P: 압력[N/m²], γ: 비중량[N/m³], u: 유속[m/s], g: 중력가속도[m/s²], Z: 높이[m]

수면과 구멍 바깥의 압력은 대기압으로 같다.

$P_1=P_2$

수면과 구멍의 높이 차이는 다음과 같다.

$Z_1-Z_2=10[m]$

수면 높이는 일정하므로 수면 높이의 변화속도 u_1는 무시하고 주어진 조건을 공식에 대입하면 구멍을 통과하는 유속 u_2은 다음과 같다.

$\frac{u_2^2}{2g}=(Z_1-Z_2)$

이론유속과 실제유속은 차이가 있으므로 보정계수 C를 곱해 그 차이를 보정한다.

$u_2=C\sqrt{2g(Z_1-Z_2)}=0.6\times\sqrt{2\times9.8\times10}=8.4[m/s]$

구멍은 지름이 D[m]인 원형이므로 구멍의 단면적은 다음과 같다.

$$A=\frac{\pi}{4}D^2$$

부피유량 공식 $Q=Au$에 의해 유량 Q와 유속 u를 알면 구멍의 직경 D를 구할 수 있다.

따라서 주어진 조건을 공식에 대입하면 직경 D는

$Q=\frac{\pi}{4}D^2u$

$D=\sqrt{\frac{4Q}{\pi u}}=\sqrt{\frac{4\times0.01}{\pi\times8.14}}$

$\fallingdotseq0.0389[m]=3.89[cm]$

정답 | ④

24 빈출도 ★★★

점성계수가 0.101[N·s/m²], 비중이 0.85인 기름이 내경 300[mm], 길이 3[km]의 주철관 내부를 0.0444[m³/s]의 유량으로 흐를 때 손실수두[m]는?

① 7.1 ② 7.7
③ 8.1 ④ 8.9

해설

일정한 양의 비압축성 유체가 일정한 속도로 흐를 때 배관에서의 마찰손실은 달시-바이스바하 방정식으로 구할 수 있다.

$$H=\frac{\Delta P}{\gamma}=\frac{flu^2}{2gD}$$

H: 마찰손실수두[m], ΔP: 압력 차이[kPa], γ: 비중량[kN/m³], f: 마찰손실계수, l: 배관의 길이[m], u: 유속[m/s], g: 중력가속도[m/s²], D: 배관의 직경[m]

부피유량 공식 $Q=Au$에 의해 유량과 배관의 직경 D를 알면 유속은 다음과 같이 구할 수 있다.

$$u=\frac{Q}{A}=\frac{Q}{\frac{\pi}{4}D^2}=\frac{4Q}{\pi D^2}$$

u: 유속[m/s], Q: 유량[m³/s], A: 배관의 단면적[m²], D: 배관의 직경[m]

유체의 비중이 0.85이므로 유체의 밀도는 다음과 같다.

$\rho=s\rho_w=0.85\times1,000$

유체의 흐름을 판단하기 위해 레이놀즈 수를 계산해보면 다음과 같다.

$$Re=\frac{\rho uD}{\mu}=\frac{uD}{\nu}$$

Re: 레이놀즈 수, ρ: 밀도[kg/m³], u: 유속[m/s], D: 직경[m], μ: 점성계수(점도)[kg/m·s], ν: 동점성계수(동점도)[m²/s]

$Re=\frac{\rho uD}{\mu}=\frac{4Q}{\pi D^2}\times\frac{\rho D}{\mu}$

$=\frac{4\times0.0444}{\pi\times0.3^2}\times\frac{0.85\times1,000\times0.3}{0.101}\fallingdotseq1,585.88$

레이놀즈 수가 2,100 이하이므로 유체의 흐름은 층류이다.

층류일 때 마찰계수 f는 $\frac{64}{Re}$이므로 마찰계수 f는 다음과 같다.

$f=\frac{64}{Re}=\frac{64}{1,585.88}\fallingdotseq0.0404$

따라서 주어진 조건을 대입하면 손실수두 H는

$H=\frac{fl}{2gD}\times\left(\frac{4Q}{\pi D^2}\right)^2$

$=\frac{0.0404\times3,000}{2\times9.8\times0.3}\times\left(\frac{4\times0.0444}{\pi\times0.3^2}\right)^2$

$\fallingdotseq8.13[m]$

정답 | ③

25 빈출도 ★★

펌프가 운전 중에 한숨을 쉬는 것과 같은 상태가 되어 펌프 입구의 진공계 및 출구의 압력계 지침이 흔들리고 송출 유량도 주기적으로 변화하는 이상 현상을 무엇이라고 하는가?

① 공동현상(cavitation)
② 수격작용(water hammering)
③ 맥동현상(surging)
④ 언밸런스(unbalance)

해설

펌프 압력계의 지침이 흔들리며 토출량이 주기적으로 변동하며 진동하는 현상은 맥동현상이다.

관련개념 **펌프의 이상현상**

수격현상	배관 속 유체의 흐름이 갑자기 변화할 때 압력파에 의해 충격과 이상음이 발생하는 현상
맥동현상	펌프 압력계의 지침이 흔들리며 토출량이 주기적으로 변동하며 진동하는 현상
공동현상	배관 내 흐르는 유체에서 압력이 증기압보다 낮아져 기포가 발생하는 현상

정답 | ③

26 빈출도 ★★

그림과 같이 매우 큰 탱크에 연결된 길이 100[m], 안지름 20[cm]인 원관에 부차적 손실계수가 5인 밸브 A가 부착되어 있다. 관 입구에서의 부차적 손실계수가 0.5, 관마찰계수는 0.02이고, 평균속도가 2[m/s]일 때 물의 높이 h[m]는?

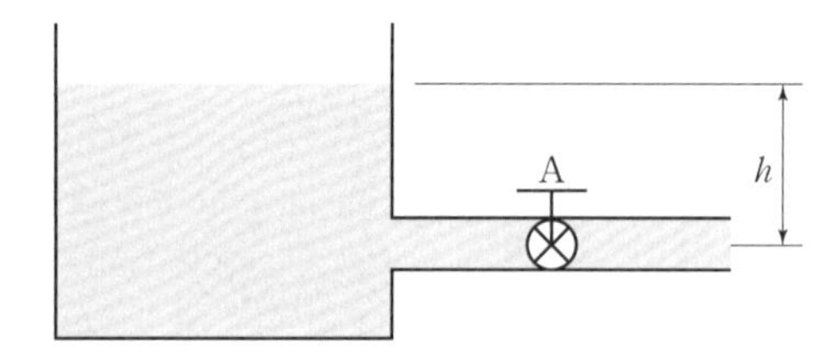

① 1.48
② 2.14
③ 2.81
④ 3.36

해설

유체가 가진 위치수두는 배관을 통해 유출되는 유체의 속도수두와 마찰손실수두의 합으로 전환된다.

$$\frac{P_1}{\gamma}+\frac{u_1^2}{2g}+Z_1=\frac{P_2}{\gamma}+\frac{u_2^2}{2g}+Z_2+H$$

P: 압력[N/m²], γ: 비중량[N/m³], u: 유속[m/s], g: 중력가속도[m/s²], Z: 높이[m], H: 손실수두[m]

$$Z_1=\frac{u_2^2}{2g}+Z_2+H$$

일정한 양의 비압축성 유체가 일정한 속도로 흐를 때 배관에서의 마찰손실은 달시-바이스바하 방정식으로 구할 수 있다.

$$H=\frac{\Delta P}{\gamma}=\frac{flu^2}{2gD}$$

H: 마찰손실수두[m], ΔP: 압력 차이[kPa], γ: 비중량[kN/m³], f: 마찰손실계수, l: 배관의 길이[m], u: 유속[m/s], g: 중력가속도[m/s²], D: 배관의 직경[m]

배관의 길이 l은 실제 배관의 길이 l_1과 밸브 A에 의해 발생하는 손실을 환산한 상당길이 l_2, 관 입구에서 발생하는 손실을 환산한 상당길이 l_2의 합이다.

$$l=l_1+l_2+l_3$$

$$L=\frac{KD}{f}$$

L: 상당길이[m], K: 부차적 손실계수, D: 직경[m], f: 마찰손실계수

밸브 A의 상당길이 l_2은 다음과 같다.

$$l_2=\frac{5\times0.2}{0.02}=50[m]$$

관 입구에서의 상당길이 l_3은 다음과 같다.

$$l_3=\frac{0.5\times0.2}{0.02}=5[m]$$

전체 배관의 길이 l은 다음과 같다.

$$l=100+50+5=155[m]$$

따라서 마찰손실수두 H는 다음과 같다.

$$H=\frac{0.02\times155\times2^2}{2\times9.8\times0.2}≒3.16[m]$$

주어진 조건을 공식에 대입하면 물의 높이 h는

$$h=Z_1-Z_2=\frac{u^2}{2g}+H=\frac{2^2}{2\times9.8}+3.16$$

$$≒3.36[m]$$

정답 | ④

27 빈출도 ★

다음 기체, 유체, 액체에 대한 설명 중 옳은 것만을 모두 고른 것은?

> ㉠ 기체: 매우 작은 응집력을 가지고 있으며, 자유표면을 가지지 않고 주어진 공간을 가득 채우는 물질
> ㉡ 유체: 전단응력을 받을 때 연속적으로 변형하는 물질
> ㉢ 액체: 전단응력이 전단변형률과 선형적인 관계를 가지는 물질

① ㉠, ㉡　　② ㉠, ㉢
③ ㉡, ㉢　　④ ㉠, ㉡, ㉢

해설

㉢은 뉴턴유체에 대한설명이다.

정답 | ①

28 빈출도 ★★

−15[℃]의 얼음 10[g]을 100[℃]의 증기로 만드는 데 필요한 열량은 약 몇 [kJ]인가? (단, 얼음의 융해열은 335[kJ/kg], 물의 증발잠열은 2,256[kJ/kg], 얼음의 평균 비열은 2.1[kJ/kg · K]이고, 물의 평균 비열은 4.18[kJ/kg · K]이다.

① 7.85　　② 27.1
③ 30.4　　④ 35.2

해설

−15[℃]의 얼음은 0[℃]까지 온도변화 후 물로 상태변화를 하고 다시 100[℃]까지 온도변화 후 수증기로 상태변화한다.

$$Q=cm\Delta T$$

Q: 열량[kJ], c: 비열[kJ/kg · K], m: 질량[kg], ΔT: 온도변화[K]

$$Q=mr$$

Q: 열량[kJ], m: 질량[kg], r: 잠열[kJ/kg]

얼음의 평균 비열은 2.1[kJ/kg · K]이므로 0.01[kg]의 얼음이 −15[℃]에서 0[℃]까지 온도변화하는 데 필요한 열량은 다음과 같다.

$$Q_1=2.1\times0.01\times(0-(-15))=0.315[kJ]$$

얼음의 융해열은 335[kJ/kg]이므로 0[℃]의 얼음이 물로 상태변화하는 데 필요한 열량은 다음과 같다.

$$Q_2=0.01\times335=3.35[kJ]$$

물의 평균 비열은 4.18[kJ/kg · K]이므로 0.01[kg]의 물이 0[℃]에서 100[℃]까지 온도변화하는 데 필요한 열량은 다음과 같다.

$$Q_3=4.18\times0.01\times(100-0)=4.18[kJ]$$

물의 증발잠열은 2,256[kJ/kg]이므로 100[℃]의 물이 수증기로 상태변화하는 데 필요한 열량은 다음과 같다.

$$Q_4=0.01\times2{,}256[kJ/kg]=22.56[kJ]$$

따라서 −15[℃]의 얼음이 100[℃]의 수증기로 변화하는 데 필요한 열량은

$$Q=Q_1+Q_2+Q_3+Q_4=0.315+3.35+4.18+22.56$$
$$=30.405[kJ]$$

정답 | ③

29 빈출도 ★

스프링클러 헤드의 방수압이 4배가 되면 방수량은 몇 배가 되는가?

① $\sqrt{2}$배 ② 2배
③ 4배 ④ 8배

해설

헤드를 통과하기 전후의 압력과 속도의 관계식은 베르누이 방정식을 통해 구할 수 있다.

$$\frac{P_1}{\gamma}+\frac{u_1^2}{2g}+Z_1=\frac{P_2}{\gamma}+\frac{u_2^2}{2g}+Z_2$$

P: 압력[N/m^2], γ: 비중량[N/m^3], u: 유속[m/s], g: 중력가속도[m/s^2], Z: 높이[m]

헤드를 통과하기 전(1) 유속 u_1은 0, 헤드를 통과한 후(2) 압력 P_2는 대기압이므로 0, 높이 차이는 없으므로 $Z_1=Z_2$로 두면 방정식은 다음과 같다.

$$\frac{P_1}{\gamma}=\frac{u_2^2}{2g}$$

따라서 헤드를 통과하기 전 P만큼의 방수압력을 가해주면 헤드를 통과한 유체는 u만큼의 유속으로 방사된다.

$$u=\sqrt{\frac{2gP}{\gamma}}$$

부피유량 공식 $Q=Au$에 의해 방수량은 다음과 같다.

$$Q=Au=A\sqrt{\frac{2gP}{\gamma}}$$

따라서 헤드의 방수압이 4배가 되면 방수량 Q는 2배가 된다.

$$A\sqrt{\frac{2g\times4P}{\gamma}}=2A\sqrt{\frac{2gP}{\gamma}}=2Q$$

정답 | ②

30 빈출도 ★★★

비중이 0.85이고 동점성계수가 3×10^{-4}[m^2/s]인 기름이 직경 10[cm]의 수평 원형 관 내에 20[L/s]으로 흐른다. 이 원형 관의 100[m] 길이에서의 수두손실[m]은? (단, 정상 비압축성 유동이다)

① 16.6 ② 25.0
③ 49.8 ④ 82.2

해설

일정한 양의 비압축성 유체가 일정한 속도로 흐를 때 배관에서의 마찰손실은 달시−바이스바하 방정식으로 구할 수 있다.

$$H=\frac{\Delta P}{\gamma}=\frac{flu^2}{2gD}$$

H: 마찰손실수두[m], ΔP: 압력 차이[kPa], γ: 비중량[kN/m^3], f: 마찰손실계수, l: 배관의 길이[m], u: 유속[m/s], g: 중력가속도[m/s^2], D: 배관의 직경[m]

부피유량 공식 $Q=Au$에 의해 유량과 배관의 직경 D를 알면 유속은 다음과 같이 구할 수 있다.

$$u=\frac{Q}{A}=\frac{Q}{\frac{\pi}{4}D^2}=\frac{4Q}{\pi D^2}$$

u: 유속[m/s], Q: 유량[m^3/s], A: 배관의 단면적[m^2], D: 배관의 직경[m]

유체의 흐름을 판단하기 위해 레이놀즈 수를 계산해보면 다음과 같다.

$$Re=\frac{\rho uD}{\mu}=\frac{uD}{\nu}$$

Re: 레이놀즈 수, ρ: 밀도[kg/m^3], u: 유속[m/s], D: 직경[m], μ: 점성계수(점도)[kg/m·s], ν: 동점성계수(동점도)[m^2/s]

$$Re=\frac{uD}{\nu}=\frac{4Q}{\pi D^2}\times\frac{D}{\nu}=\frac{4\times0.02}{\pi\times0.1^2}\times\frac{0.1}{3\times10^{-4}}$$
$$\fallingdotseq848.82$$

레이놀즈 수가 2,100 이하이므로 유체의 흐름은 층류이다.

층류일 때 마찰계수 f는 $\frac{64}{Re}$이므로 마찰계수 f는 다음과 같다.

$$f=\frac{64}{Re}=\frac{64}{848.82}\fallingdotseq0.0754$$

따라서 주어진 조건을 대입하면 손실수두 H는

$$H=\frac{fl}{2gD}\times\left(\frac{4Q}{\pi D^2}\right)^2$$
$$=\frac{0.0754\times100}{2\times9.8\times0.1}\times\left(\frac{4\times0.02}{\pi\times0.1^2}\right)^2$$
$$\fallingdotseq24.95[\text{m}]$$

정답 | ②

31 빈출도 ★★

정육면체의 그릇에 물을 가득 채울 때, 그릇 밑면이 받는 압력에 의한 수직방향 평균 힘의 크기를 P라고 하면, 한 측면이 받는 압력에 의한 수평방향 평균 힘의 크기는 얼마인가?

① $0.5P$　② P

③ $2P$　④ $4P$

해설

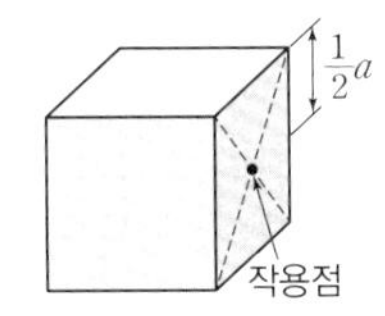

정육면체의 한 변의 길이가 a일 때, 수직 방향으로 작용하는 힘 F_v는 다음과 같다.

$$F_v = mg = \rho V g = \gamma V$$

F_v: 수직 방향으로 작용하는 힘(수직분력)[N], m: 질량[kg], g: 중력가속도[m/s²], ρ: 밀도[kg/m³], V: 부피[m³], γ: 유체의 비중량[N/m³]

$F_v = \gamma V = \gamma(a \times a \times a) = \gamma a^3 = P$

수평 방향으로 작용하는 힘은 중심 높이로부터 표면까지의 높이 $\frac{a}{2}$에 작용하므로 F_h는

$$F_h = PA = \rho g h A = \gamma h A$$

F_h: 수평 방향으로 작용하는 힘(수평분력)[N], P: 압력[N/m²], A: 정사영 면적[m²], ρ: 밀도[kg/m³], g: 중력가속도[m/s²], h: 중심 높이로부터 표면까지의 높이[m], γ: 유체의 비중량[N/m³]

$$F_h = \gamma h A = \gamma \times \frac{a}{2} \times (a \times a) = \frac{1}{2}\gamma a^3 = 0.5P$$

정답 | ①

32 빈출도 ★

유속 6[m/s]로 정상류의 물이 화살표 방향으로 흐르는 배관에 압력계와 피토계가 설치되어 있다. 이때 압력계의 계기압력이 300[kPa]이었다면 피토계의 계기압력은 약 몇 [kPa]인가?

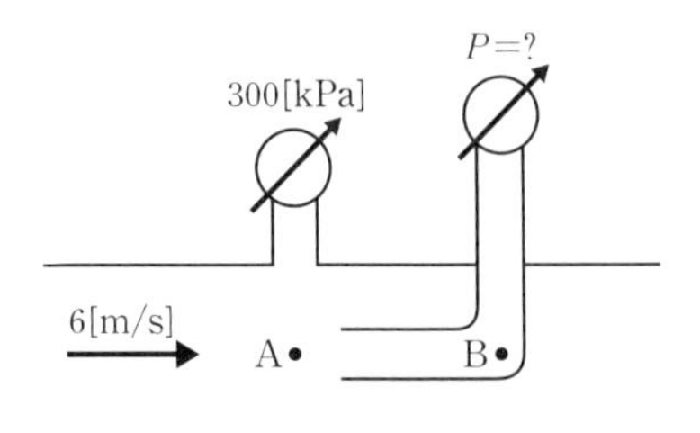

① 180　② 280

③ 318　④ 336

해설

$$u = \sqrt{2g\left(\frac{P_B - P_A}{\gamma_w}\right)}$$

u: 유속[m/s], g: 중력가속도[m/s²], P: 압력[kN/m²], γ_w: 배관 유체의 비중량[kN/m³]

B점의 압력을 구하여야 하므로 공식을 변형하여 P_B에 관한 식으로 나타낸다.

$$P_B = P_A + \frac{u^2}{2g} \times \gamma_w$$

따라서 주어진 조건을 공식에 대입하면 B점의 압력 P_B는

$$P_B = 300 + \frac{6^2}{2 \times 9.8} \times 9.8$$
$$= 318[\text{kPa}]$$

정답 | ③

33 빈출도 ★★

다음 중 등엔트로피 과정은 어느 과정인가?

① 가역 단열 과정　　② 가역 등온 과정
③ 비가역 단열 과정　　④ 비가역 등온 과정

해설

가역 단열 과정은 열의 출입이 없고 초기 상태로 돌아갈 수 있으므로 엔트로피가 변화하지 않는 과정이다.

정답 | ①

34 빈출도 ★★

그림과 같이 반지름이 1[m], 폭(y 방향) 2[m]인 곡면 AB에 작용하는 물에 의한 힘의 수직성분(z방향) F_z와 수평성분(x방향) F_x와의 비$\left(\frac{F_z}{F_x}\right)$는 얼마인가?

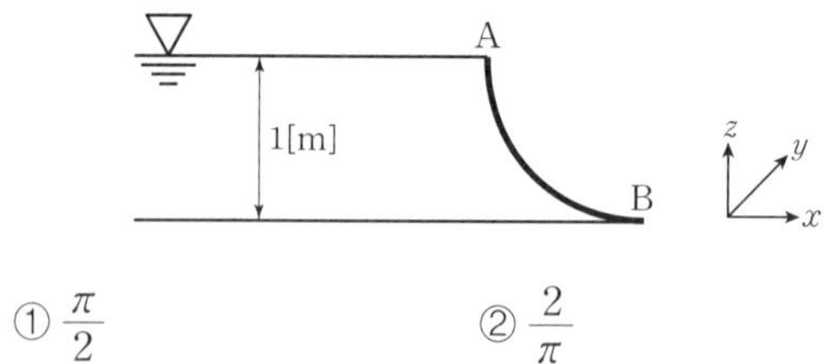

① $\frac{\pi}{2}$　　② $\frac{2}{\pi}$
③ 2π　　④ $\frac{1}{2\pi}$

해설

곡면의 수평 방향으로 작용하는 힘 F_x는 다음과 같다.

$$F=PA=\rho ghA=\gamma hA$$

F: 수평 방향으로 작용하는 힘(수평분력)[N], P: 압력[N/m²],
A: 정사영 면적[m²], ρ: 밀도[kg/m³], g: 중력가속도[m/s²],
h: 중심 높이로부터 표면까지의 높이[m],
γ: 유체의 비중량[N/m³]

곡면의 중심 높이로부터 표면까지의 높이 h는 0.5[m]이다.
곡면과 나란한 수직인 벽으로 정사영을 내린 면적 A는 (1×2)[m²]이다.

$F_x=\gamma\times0.5\times(1\times2)=\gamma$

곡면의 수직 방향으로 작용하는 힘 F_z는 다음과 같다.

$$F=mg=\rho Vg=\gamma V$$

F: 수직 방향으로 작용하는 힘(수직분력)[N], m: 질량[kg],
g: 중력가속도[m/s²], ρ: 밀도[kg/m³],
V: 곡면 위 유체의 부피[m³], γ: 유체의 비중량[N/m³]

곡면 아래에 유체가 있는 경우 곡면 위의 유체 표면까지 채울 수 있는 가상 유체의 무게로 한다.

2[m]
1[m]

$V=\frac{1}{4}\times\pi r^2\times2=\frac{\pi}{2}$

$F_z=\gamma V=\frac{\pi}{2}\gamma$

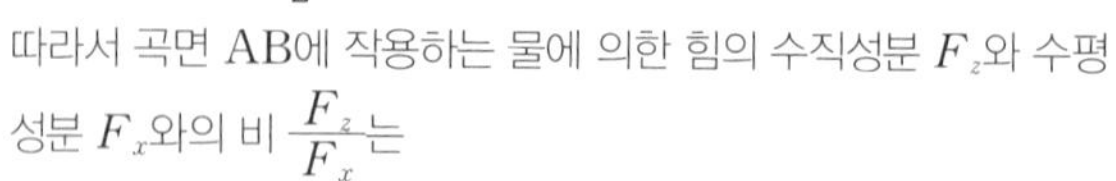

따라서 곡면 AB에 작용하는 물에 의한 힘의 수직성분 F_z와 수평성분 F_x와의 비 $\frac{F_z}{F_x}$는

$$\frac{F_z}{F_x}=\frac{\frac{\pi}{2}\gamma}{\gamma}=\frac{\pi}{2}$$

정답 | ①

35 빈출도 ★

안지름 4[cm], 바깥지름 6[cm]인 동심 이중관의 수력직경(hydraulic diameter)은 몇 [cm]인가?

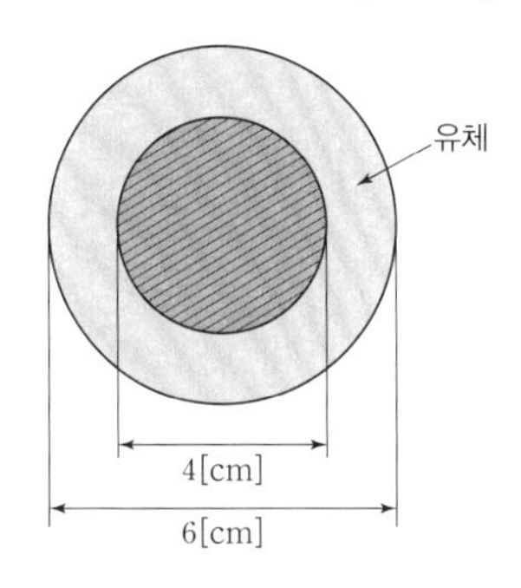

① 2　　② 3

③ 4　　④ 5

해설

배관은 원형이 아니므로 수력직경 D_h을 활용하여야 한다.

$$D_h = \frac{4A}{S}$$

D_h: 수력직경[m], A: 배관의 단면적[m^2], S: 배관의 둘레[m]

배관의 단면적 A는 다음과 같다.

$$A = \frac{\pi}{4}(D_o^2 - D_i^2)$$

배관의 둘레 S는 다음과 같다.

$$S = \pi(D_o + D_i)$$

따라서 수력직경 D_h는 다음과 같다.

$$D_h = \frac{4 \times \frac{\pi}{4}(D_o^2 - D_i^2)}{\pi(D_o + D_i)} = D_o - D_i$$

$$= 2[\text{cm}]$$

정답 | ①

36 빈출도 ★★

원심식 송풍기에서 회전수를 변화시킬 때 동력변화를 구하는 식으로 옳은 것은? (단, 변화 전후의 회전수는 각각 N_1, N_2, 동력은 L_1, L_2이다.)

① $L_2 = L_1 \times \left(\frac{N_1}{N_2}\right)^3$　　② $L_2 = L_1 \times \left(\frac{N_1}{N_2}\right)^2$

③ $L_2 = L_1 \times \left(\frac{N_2}{N_1}\right)^3$　　④ $L_2 = L_1 \times \left(\frac{N_2}{N_1}\right)^2$

해설

송풍기의 회전수를 변화시키면 동일한 송풍기이므로 상사법칙에 따라 축동력이 변화한다.

$$\frac{P_2}{P_1} = \left(\frac{N_2}{N_1}\right)^3 \left(\frac{D_2}{D_1}\right)^5$$

P: 축동력, N: 펌프의 회전수, D: 직경

동일한 송풍기이므로 직경은 같고, 상태1의 축동력이 L_1, 상태2의 축동력이 L_2이므로 축동력 변화는 다음과 같다.

$$L_2 = L_1 \times \left(\frac{N_2}{N_1}\right)^3$$

정답 | ③

37 빈출도 ★

흐르는 유체에서 정상류의 의미로 옳은 것은?

① 흐름의 임의의 점에서 흐름 특성이 시간에 따라 일정하게 변하는 흐름

② 흐름의 임의의 점에서 흐름 특성이 시간에 관계없이 항상 일정한 상태에 있는 흐름

③ 임의의 시각에 유로 내 모든 점의 속도벡터가 일정한 흐름

④ 임의의 시각에 유로 내 각 점의 속도벡터가 다른 흐름

해설

흐름 특성이 더 이상 변화하지 않는 흐름을 정상류라고 한다. 배관 속 완전발달흐름이 정상류에 해당한다.

정답 | ②

38 빈출도 ★

30[℃]에서 부피가 10[L]인 이상기체를 일정한 압력으로 0[℃]로 냉각시키면 부피는 약 몇 [L]로 변하는가?

① 3 ② 9

③ 12 ④ 18

해설

압력과 기체의 양이 일정한 이상기체이므로 샤를의 법칙을 적용할 수 있다.

$$\frac{V_1}{T_1}=C=\frac{V_2}{T_2}$$

상태1의 부피가 10[L], 절대온도가 (273+30)[K]이고, 상태2의 절대온도가 (273+0)[K]이므로 상태2의 부피는

$$V_2=\frac{V_1}{T_1}\times T_2=\frac{10[L]}{(273+30)[K]}\times(273+0)[K]$$
$$\fallingdotseq 9.01[L]$$

관련개념 **샤를의 법칙**

압력과 기체의 양이 일정할 때 부피와 절대온도는 비례 관계에 있다.

$$\frac{V}{T}=C$$

V: 부피, T: 절대온도[K], C: 상수

정답 | ②

39 빈출도 ★★

공기를 체적비율이 산소(O_2, 분자량 32[g/mol]) 20[%], 질소(N_2, 분자량 28[g/mol]) 80[%]의 혼합 기체라 가정할 때 공기의 기체상수는 약 몇 [kJ/kg·K]인가? (단, 일반 기체상수는 8.3145[kJ/kmol·K]이다.)

① 0.294 ② 0.289
③ 0.284 ④ 0.279

해설

공기의 기체상수 $\bar{R}$은 일반 기체상수 R과 분자량 M의 비율로 구할 수 있다.

$$PV=\frac{m}{M}RT=m\bar{R}T$$

P: 압력[kN/m²], V: 부피[m³], m: 질량[kg],
M: 분자량[kg/kmol], R: 기체상수(8.3145)[kJ/kmol·K],
T: 절대온도[K], $\bar{R}$: 특정기체상수[kJ/kg·K]

$$\bar{R}=\frac{R}{M}$$

공기의 부피비는 분자수의 비율과 같으므로 공기의 분자량은 다음과 같이 구할 수 있다.

$$M=\frac{0.2\times 32+0.8\times 28}{0.2+0.8}=28.8[\text{kg/kmol}]$$

따라서 주어진 조건을 공식에 대입하면 공기의 기체상수 $\bar{R}$은

$$\bar{R}=\frac{8.3145}{28.8}\fallingdotseq 0.289[\text{kJ/kg}\cdot\text{K}]$$

정답 | ②

40 빈출도 ★★★

펌프의 입구에서 진공압은 −160[mmHg], 출구에서 압력계의 계기압력은 300[kPa], 송출 유량은 10[m³/min]일 때 펌프의 수동력[kW]은? (단, 진공계와 압력계 사이의 수직거리는 2[m]이고, 흡입관과 송출관의 직경은 같으며, 손실은 무시한다.)

① 5.7 ② 56.8
③ 557 ④ 3,400

해설

$$P=\frac{P_TQ}{\eta}K$$

P: 펌프의 동력[kW], P_T: 흡입구와 배출구의 압력 차이[kPa],
Q: 유량[m³/s], η: 효율, K: 전달계수

유체의 흡입구와 배출구의 압력 차이는 (300[kPa]−(−160[mmHg]))이고 높이 차이는 2[m]이다.
760[mmHg]와 10.332[m]는 101.325[kPa]와 같으므로 펌프가 유체에 가해주어야 하는 압력은 다음과 같다.

$$\left(300[\text{kPa}]-\left(-160[\text{mmHg}]\times\frac{101.325[\text{kPa}]}{760[\text{mmHg}]}\right)\right)+\left(2[\text{m}]\times\frac{101.325[\text{kPa}]}{10.332[\text{m}]}\right)\fallingdotseq 340.95[\text{kPa}]$$

펌프의 토출량이 10[m³/min]이므로 단위를 변환하면 $\frac{10}{60}$[m³/s]이다.
수동력을 묻고 있으므로 효율 η와 전달계수 K를 모두 1로 두고 주어진 조건을 공식에 대입하면 펌프의 수동력 P는

$$P=\frac{340.95\times\frac{10}{60}}{1}\times 1=56.825[\text{kW}]$$

정답 | ②

2023년 1회

소방관계법규

41 빈출도 ★★★

소방시설 설치 및 관리에 관한 법률상 정당한 사유 없이 피난시설, 방화구획 및 방화시설의 유지·관리에 필요한 조치 명령을 위반한 경우 이에 대한 벌칙 기준으로 옳은 것은?

① 200만 원 이하의 벌금
② 300만 원 이하의 벌금
③ 1년 이하의 징역 또는 1,000만 원 이하의 벌금
④ 3년 이하의 징역 또는 3,000만 원 이하의 벌금

해설

정당한 사유 없이 피난시설, 방화구획 및 방화시설의 유지·관리에 필요한 조치 명령을 위반한 경우 3년 이하의 징역 또는 3,000만 원 이하의 벌금에 처한다.

정답 | ④

42 빈출도 ★★★

화재의 예방 및 안전관리에 관한 법률상 화재예방강화지구의 지정권자는?

① 소방서장
② 시·도지사
③ 소방본부장
④ 행정안전부장관

해설

시·도지사는 화재예방강화지구 지정권자이다.

정답 | ②

43 빈출도 ★★

소방시설공사업법령상 소방시설공사의 하자보수 보증기간이 3년이 아닌 것은?

① 자동소화장치 ② 무선통신보조설비
③ 자동화재탐지설비 ④ 간이스프링클러설비

해설

무선통신보조설비의 하자보수 보증기간은 2년이다.

관련개념 하자보수 보증기간

보증기간	소방시설	
2년	• 피난기구 • 유도등 • 비상경보설비	• 비상조명등 • 비상방송설비 • 무선통신보조설비
3년	• 자동소화장치 • 옥내소화전설비 • 스프링클러설비등 • 화재알림설비 • 물분무등소화설비	• 옥외소화전설비 • 자동화재탐지설비 • 상수도소화용수설비 • 소화활동설비(무선통신보조설비 제외)

정답 | ②

44 빈출도 ★★

화재의 예방 및 안전관리에 관한 법률상 정당한 사유 없이 화재의 예방조치에 관한 명령에 따르지 아니한 경우에 대한 벌칙은?

① 100만 원 이하의 벌금
② 200만 원 이하의 벌금
③ 300만 원 이하의 벌금
④ 500만 원 이하의 벌금

해설

화재의 예방조치에 관한 명령에 따르지 아니한 경우 300만 원 이하의 벌금에 처한다.

정답 | ③

45 빈출도 ★★★

화재의 예방 및 안전관리에 관한 법률상 옮긴 물건 등의 보관기간은 소방본부 또는 소방서의 인터넷 홈페이지에 공고하는 기간의 종료일 다음 날부터 며칠로 하는가?

① 3 ② 4
③ 5 ④ 7

해설

옮긴 물건 등의 보관기간은 공고기간의 종료일 다음 날부터 7일까지로 한다.

관련개념 옮긴 물건 등의 공고일 및 보관기간

인터넷 홈페이지 공고일	14일
보관기간	7일

정답 ④

46 빈출도 ★

위험물안전관리법령상 다음의 규정을 위반하여 위험물의 운송에 관한 기준을 따르지 아니한 자에 대한 과태료 기준은?

> 위험물운송자는 이동탱크저장소에 의하여 위험물을 운송하는 때에는 행정안전부령으로 정하는 기준을 준수하는 등 당해 위험물의 안전확보를 위하여 세심한 주의를 기울여야 한다.

① 50만 원 이하 ② 100만 원 이하
③ 200만 원 이하 ④ 500만 원 이하

해설

위험물운송자는 이동탱크저장소에 의하여 위험물을 운송하는 때에는 행정안전부령으로 정하는 기준을 준수하는 등 당해 위험물의 안전확보를 위하여 세심한 주의를 기울여야 한다. 이를 위반한 경우 500만 원 이하의 과태료를 부과한다.

정답 ④

47 빈출도 ★★

소방본부장 또는 소방서장은 건축허가 등의 동의요구 서류를 접수한 날부터 최대 며칠 이내에 건축허가 등의 동의여부를 회신하여야 하는가? (단, 허가 신청한 건축물은 지상으로부터 높이가 200[m]인 아파트이다.)

① 5일 ② 7일
③ 10일 ④ 15일

해설

지상으로부터 높이가 200[m]인 아파트는 특급 소방안전관리대상물로 구분되며 이 경우 건축허가 등의 요구서류를 접수한 날부터 10일 이내에 건축허가 등의 동의여부를 회신하여야 한다.

관련개념 건축허가 등의 동의

구분	회신기간	대상물
특급 소방안전관리 대상물	10일 이내	• 50층 이상(지하층 제외)이거나 지상으로부터 높이가 200[m] 이상인 아파트 • 30층 이상(지하층 포함)이거나 지상으로부터 높이가 120[m] 이상인 특정소방대상물(아파트 제외) • 연면적 100,000[m^2] 이상인 특정소방대상물(아파트 제외)
그 외	5일 이내	건축허가 등의 동의대상 특정소방대상물

정답 ③

48 빈출도 ★★★

소방기본법령에 따라 주거지역 · 상업지역 및 공업지역에 소방용수시설을 설치하는 경우 소방대상물과의 수평거리를 몇 [m] 이하가 되도록 해야 하는가?

① 50　② 100
③ 150　④ 200

해설

소방용수시설을 주거지역, 상업지역, 공업지역에 설치하는 경우 소방대상물과의 수평거리는 100[m] 이하가 되도록 해야 한다.

관련개념 소방용수시설을 설치하는 경우 소방대상물과의 수평거리

지역	수평거리
• 주거지역 • 상업지역 • 공업지역	100[m] 이하
그 외 지역	140[m] 이하

정답 | ②

49 빈출도 ★★

위험물안전관리법령상 제조소등에 설치하여야 할 자동화재탐지설비의 설치기준 중 (　) 안에 알맞은 내용은? (단, 광전식 분리형 감지기 설치는 제외한다.)

> 하나의 경계구역의 면적은 (㉠)[m^2] 이하로 하고 그 한 변의 길이는 (㉡)[m] 이하로 할 것. 다만, 당해 건축물 그 밖의 공작물의 주요한 출입구에서 내부의 전체를 볼 수 있는 경우에 있어서는 그 면적을 1,000[m^2] 이하로 할 수 있다.

① ㉠: 300, ㉡: 20　② ㉠: 400, ㉡: 30
③ ㉠: 500, ㉡: 40　④ ㉠: 600, ㉡: 50

해설

하나의 경계구역의 면적은 600[m^2] 이하로 하고 그 한 변의 길이는 50[m](광전식 분리형 감지기를 설치할 경우 100[m]) 이하로 해야 한다.

정답 | ④

50 빈출도 ★★

소방안전관리자 및 소방안전관리보조자에 대한 실무교육의 교육대상, 교육일정 등 실무교육에 필요한 계획을 수립하여 실시하는 자로 옳은 것은?

① 한국소방안전원장　② 소방본부장
③ 소방청장　④ 시 · 도지사

해설

소방청장은 실무교육의 대상 · 일정 · 횟수 등을 포함한 실무교육의 실시 계획을 매년 수립 · 시행해야 한다.

정답 | ③

51 빈출도 ★★

소방시설 설치 및 관리에 관한 법률상 건축허가 등의 동의를 요구한 기관이 그 건축허가 등을 취소하였을 때, 취소한 날부터 최대 며칠 이내에 건축물 등의 시공지 또는 소재지를 관할하는 소방본부장 또는 소방서장에게 그 사실을 통보하여야 하는가?

① 3일　② 4일
③ 7일　④ 10일

해설

건축허가 등의 동의를 요구한 기관이 그 건축허가 등을 취소했을 때에는 취소한 날부터 7일 이내에 건축물 등의 시공지 또는 소재지를 관할하는 소방본부장 또는 소방서장에게 그 사실을 통보해야 한다.

정답 | ③

52 빈출도 ★

다음은 소방기본법의 목적을 기술한 것이다. (가), (나), (다)에 들어갈 내용으로 알맞은 것은?

> 화재를 (가)·(나)하거나 (다)하고 화재, 재난·재해 그 밖의 위급한 상황에서의 구조·구급활동 등을 통하여 국민의 생명·신체 및 재산을 보호함으로써 공공의 안녕 및 질서 유지와 복리증진에 이바지함을 목적으로 한다.

① (가): 예방, (나): 경계, (다): 복구
② (가): 경보, (나): 소화, (다): 복구
③ (가): 예방, (나): 경계, (다): 진압
④ (가): 경계, (나): 통제, (다): 진압

해설

소방기본법은 화재를 예방·경계하거나 진압하고 화재, 재난·재해 그 밖의 위급한 상황에서의 구조·구급활동 등을 통하여 국민의 생명·신체 및 재산을 보호함으로써 공공의 안녕 및 질서 유지와 복리증진에 이바지함을 목적으로 한다.

정답 | ③

53 빈출도 ★★

관계인이 예방규정을 정하여야 하는 옥외저장소는 지정수량의 몇 배 이상의 위험물을 저장하는 것을 말하는가?

① 10
② 100
③ 150
④ 200

해설

지정수량의 100배 이상의 위험물을 저장하는 옥외저장소는 관계인이 예방규정을 정해야 한다.

관련개념 관계인이 예방규정을 정해야 하는 제조소등

시설	저장 또는 취급량
제조소	지정수량의 10배 이상
옥외저장소	지정수량의 100배 이상
옥내저장소	지정수량의 150배 이상
옥외탱크저장소	지정수량의 200배 이상
암반탱크저저장소	전체
이송취급소	전체
일반취급소	• 지정수량의 10배 이상 • 제4류 위험물(특수인화물 제외)만을 지정수량의 50배 이하로 취급하는 일반취급소(제1석유류·알코올류의 취급량이 지정수량의 10배 이하인 경우에 한함)로서 다음 경우 제외 – 보일러·버너 또는 이와 비슷한 것으로서 위험물을 소비하는 장치로 이루어진 일반취급소 – 위험물을 용기에 옮겨 담거나 차량에 고정된 탱크에 주입하는 일반취급소

정답 | ②

54 빈출도 ★

소방기본법상 화재 현상에서의 피난 등을 체험할 수 있는 소방체험관의 설립 · 운영권자는?

① 시 · 도지사
② 행정안전부장관
③ 소방본부장 또는 소방서장
④ 소방청장

해설

시 · 도지사는 소방체험관을 설립하여 운영할 수 있다.

관련개념 소방박물관 · 소방체험관의 설립 및 운영

구분	소방박물관	소방체험관
설립 및 운영권자	소방청장	시 · 도지사
설립 및 운영에 필요한 사항	행정안전부령	시 · 도의 조례

정답 | ①

55 빈출도 ★★★

소방기본법령에 따른 소방용수시설 급수탑 개폐밸브의 설치기준으로 맞는 것은?

① 지상에서 1.0[m] 이상 1.5[m] 이하
② 지상에서 1.2[m] 이상 1.8[m] 이하
③ 지상에서 1.5[m] 이상 1.7[m] 이하
④ 지상에서 1.5[m] 이상 2.0[m] 이하

해설

급수탑의 개폐밸브는 지상에서 **1.5[m]** 이상 **1.7[m]** 이하의 위치에 설치해야 한다.

관련개념 급수탑의 설치기준

급수배관 구경	100[mm] 이상
개폐밸브 설치 높이	지상에서 1.5[m] 이상 1.7[m] 이하

정답 | ③

56 빈출도 ★★★

다음 조건을 참고하여 숙박시설이 있는 특정소방대상물의 수용인원 산정 수로 옳은 것은?

> 침대가 있는 숙박시설로서 1인용 침대의 수는 20개이고, 2인용 침대의 수는 10개이며, 종업원의 수는 3명이다.

① 33명　② 40명
③ 43명　④ 46명

해설

종사자 수+침대 수
=3+20(1인용 침대)+10(2인용 침대)×2
=43명

관련개념 수용인원의 산정방법

구분		산정방법
숙박시설	침대가 있는 숙박시설	종사자 수+침대 수(2인용 침대는 2개)
	침대가 없는 숙박시설	종사자 수+$\frac{\text{바닥면적의 합계}}{3[m^2]}$
강의실 · 교무실 · 상담실 · 실습실 · 휴게실 용도로 쓰이는 특정소방대상물		$\frac{\text{바닥면적의 합계}}{1.9[m^2]}$
강당, 문화 및 집회시설, 운동시설, 종교시설		$\frac{\text{바닥면적의 합계}}{4.6[m^2]}$
그 밖의 특정소방대상물		$\frac{\text{바닥면적의 합계}}{3[m^2]}$

* 계산 결과 소수점 이하의 수는 반올림한다.
* 복도(준불연재료 이상의 것), 화장실, 계단은 면적에서 제외한다.

정답 | ③

57 빈출도 ★★

위험물안전관리법령에 의하여 자체소방대에 배치해야 하는 화학소방자동차의 구분에 속하지 않는 것은?

① 포수용액 방사차
② 고가 사다리차
③ 제독차
④ 할로젠화합물 방사차

해설

고가 사다리차는 화학소방자동차의 구분에 속하지 않는다.

관련개념 화학소방자동차의 구분

㉠ 포수용액 방사차
㉡ 분말 방사차
㉢ 할로젠화합물 방사차
㉣ 이산화탄소 방사차
㉤ 제독차

정답 | ②

58 빈출도 ★

소방시설 설치 및 관리에 관한 법률상 중앙소방기술심의위원회의 심의사항이 아닌 것은?

① 화재안전기준에 관한 사항
② 소방시설의 설계 및 공사감리의 방법에 관한 사항
③ 소방시설에 하자가 있는지의 판단에 관한 사항
④ 소방시설공사의 하자를 판단하는 기준에 관한 사항

해설

소방시설에 하자가 있는지의 판단에 관한 사항은 지방소방기술심의위원회의 심의사항이다.

관련개념 중앙소방기술심의위원회 심의사항

㉠ 화재안전기준에 관한 사항
㉡ 소방시설의 구조 및 원리 등에서 공법이 특수한 설계 및 시공에 관한 사항
㉢ 소방시설의 설계 및 공사감리의 방법에 관한 사항
㉣ 소방시설공사의 하자를 판단하는 기준에 관한 사항
㉤ 연면적 100,000[m^2] 이상의 특정소방대상물에 설치된 소방시설의 설계 · 시공 · 감리의 하자 유무에 관한 사항
㉥ 새로운 소방시설과 소방용품 등의 도입 여부에 관한 사항
㉦ 그 밖에 소방기술과 관련하여 소방청장이 소방기술심의위원회의 심의에 부치는 사항

정답 | ③

59 빈출도 ★★

화재의 예방 및 안전관리에 관한 법률상 총괄소방안전관리자를 선임해야 하는 특정소방대상물이 아닌 것은?

① 판매시설 중 도매시장 및 소매시장
② 복합건축물로서 층수가 11층 이상인 것
③ 지하층을 제외한 층수가 7층 이상인 고층 건축물
④ 복합건축물로서 연면적이 30,000[m^2] 이상인 것

해설

지하층을 제외한 층수가 7층 이상인 고층 건축물은 총괄소방안전관리자를 선임해야 하는 특정소방대상물이 아니다.

관련개념 **총괄소방안전관리자 선임 대상 특정소방대상물**

시설	대상
복합건축물	• 지하층을 제외한 층수가 11층 이상 • 연면적 30,000[m^2] 이상
지하가	지하의 인공구조물 안에 설치된 상점 및 사무실 그 밖에 이와 비슷한 시설이 연속하여 지하도에 접하여 설치된 것과 그 지하도를 합한 것
판매시설	• 도매시장 • 소매시장 및 전통시장

정답 | ③

60 빈출도 ★

소방공사의 감리를 완료하였을 경우 소방공사감리 결과를 통보하는 대상으로 옳지 않은 것은?

① 특정소방대상물의 관계인
② 특정소방대상물의 설계업자
③ 소방시설공사의 도급인
④ 특정소방대상물의 공사를 감리한 건축사

해설

특정소방대상물의 설계업자는 소방공사감리 결과를 통보하는 대상이 아니다.

관련개념 **감리 결과의 서면 통보 대상**

㉠ 특정소방대상물의 관계인
㉡ 소방시설공사의 도급인
㉢ 특정소방대상물의 공사를 감리한 건축사

공사감리 결과보고서 제출 대상

㉠ 소방본부장
㉡ 소방서장

정답 | ②

소방기계시설의 구조 및 원리

61 빈출도 ★★

옥외소화전설비의 화재안전성능기준(NFPC 109)에 따라 옥외소화전 배관은 특정소방대상물의 각 부분으로부터 하나의 호스접결구까지의 수평거리가 최대 몇 [m] 이하가 되도록 설치하여야 하는가?

① 25 ② 35
③ 40 ④ 50

해설

호스접결구는 특정소방대상물의 각 부분으로부터 하나의 호스접결구까지의 수평거리가 40[m] 이하가 되도록 한다.

정답 | ③

62 빈출도 ★★★

스프링클러 헤드의 설치기준 중 옳은 것은?

① 살수가 방해되지 아니하도록 스프링클러 헤드로부터 반경 30[cm] 이상의 공간을 보유할 것
② 스프링클러 헤드와 그 부착면과의 거리는 60[cm] 이하로 할 것
③ 측벽형 스프링클러 헤드를 설치하는 경우 긴 변의 한쪽 벽에 일렬로 설치하고 3.2[m] 이내마다 설치할 것
④ 연소할 우려가 있는 개구부에는 그 상하좌우에 2.5[m] 간격으로 스프링클러 헤드를 설치하되, 스프링클러 헤드와 개구부의 내측 면으로부터 직선거리는 15[cm] 이하가 되도록 할 것

해설

연소할 우려가 있는 개구부에는 그 상하좌우에 2.5[m] 간격으로 스프링클러 헤드를 설치한다.
헤드와 연소할 우려가 있는 개구부의 내측 면으로부터 직선거리는 15[cm] 이하가 되도록 한다.

선지분석

① 살수가 방해되지 않도록 스프링클러 헤드로부터 반경 60[cm] 이상의 공간을 보유한다.
② 스프링클러 헤드와 그 부착면과의 거리는 30[cm] 이하로 한다.
③ 측벽형 스프링클러 헤드를 설치하는 경우 긴 변의 한쪽 벽에 일렬로 설치하고 3.6[m] 이내마다 설치한다.

정답 | ④

63 빈출도 ★★★

피난기구 설치기준으로 옳지 않은 것은?

① 피난기구는 소방대상물의 기둥 · 바닥 · 보, 기타 구조상 견고한 부분에 볼트조임 · 매입 · 용접, 기타의 방법으로 견고하게 부착할 것
② 2층 이상의 층에 피난사다리(하향식 피난구용 내림식사다리는 제외한다.)를 설치하는 경우에는 금속성 고정사다리를 설치하고, 피난에 방해되지 않도록 노대는 설치되지 않아야 할 것
③ 승강식피난기 및 하향식 피난구용 내림식사다리는 설치경로가 설치 층에서 피난층까지 연계될 수 있는 구조로 설치할 것. 다만, 건축물의 구조 및 설치 여건 상 불가피한 경우에는 그러하지 아니한다.
④ 승강식피난기 및 하향식 피난구용 내림식사다리의 하강식 내측에는 기구의 연결 금속구 등이 없어야 하며 전개된 피난기구는 하강구 수평투영면적 공간 내의 범위를 침범하지 않는 구조이어야 할 것. 단, 직경 60[cm] 크기의 범위를 벗어난 경우이거나, 직하층의 바닥 면으로부터 높이 50[cm] 이하의 범위는 제외한다.

해설

4층 이상의 층에 피난사다리(하향식 피난구용 내림식 사다리 제외)를 설치하는 경우 금속성 고정사다리를 설치하고, 고정사다리에는 쉽게 피난할 수 있는 구조의 노대를 설치한다.

정답 | ②

64 빈출도 ★★★

개방형 스프링클러헤드 30개를 설치하는 경우 급수관의 구경은 몇 [mm]로 하여야 하는가?

① 65 ② 80
③ 90 ④ 100

해설

개방형 스프링클러헤드를 30개 설치하는 경우 급수관의 구경은 90[mm]로 한다.

관련개념 **배관의 설치기준**

배관의 구경은 가압송수장치의 정격토출압력과 송수량 기준에 적합하도록 수리계산에 의하거나 다음의 표에 따른 기준에 따라 설치한다.

급수관의 구경[mm] / 헤드의 수(개)	25	32	40	50	65	80	90	100	125	150
다	1	2	5	8	15	27	40	55	90	91 이상

㉠ 개방형 스프링클러헤드를 설치하는 경우 하나의 방수구역이 담당하는 헤드의 개수가 30개 이하일 때는 "다"란에 따른다.

정답 | ③

65 빈출도 ★★★

지하구의 화재안전성능기준(NFPC 605) 상 배관의 설치기준으로 적절한 것은?

① 급수배관은 겸용으로 한다.
② 하나의 배관에 연소방지설비 전용헤드를 3개 부착하는 경우 배관의 구경은 50[mm] 이상으로 한다.
③ 교차배관은 가지배관과 수평으로 설치하거나 가지배관 위에 설치한다.
④ 교차배관의 최소구경은 32[mm] 이상으로 한다.

해설

하나의 배관에 부착하는 전용헤드의 개수가 3개일 경우 배관의 구경은 50[mm] 이상으로 한다.

선지분석

① 급수배관은 전용으로 한다.
② 연소방지설비 전용헤드를 사용하는 경우 다음의 표에 따른 구경 이상으로 한다.

하나의 배관에 부착하는 전용헤드의 개수	배관의 구경[mm]
1개	32
2개	40
3개	50
4개 또는 5개	65
6개 이상	80

③, ④ 교차배관은 가지배관과 수평으로 설치하거나 가지배관 밑에 설치하고, 최소구경은 40[mm] 이상으로 한다.

정답 | ②

66 빈출도 ★★

제연설비의 설치장소에 따른 제연구역의 구획 기준으로 틀린 것은?

① 거실과 통로는 각각 제연구획 할 것
② 하나의 제연구역의 면적은 600[m^2] 이내로 할 것
③ 하나의 제연구역은 직경 60[m] 원내에 들어갈 수 있을 것
④ 하나의 제연구역은 2개 이상 층에 미치지 아니하도록 할 것

해설

하나의 제연구역의 면적은 1,000[m^2] 이내로 한다.

관련개념 제연구역의 구획기준

㉠ 하나의 제연구역의 면적은 1,000[m^2] 이내로 한다.
㉡ 거실과 통로(복도 포함)는 각각 제연구획 한다.
㉢ 통로상의 제연구역은 보행중심선의 길이가 60[m]를 초과하지 않는다.
㉣ 하나의 제연구역은 직경 60[m] 원 내에 들어갈 수 있어야 한다.
㉤ 하나의 제연구역은 2 이상의 층에 미치지 않도록 한다.
㉥ 층의 구분이 불분명한 부분은 그 부분을 다른 부분과 별도로 제연구획 한다.

정답 | ②

67 빈출도 ★★

학교, 공장, 창고시설에 설치하는 옥내소화전에서 가압송수장치 및 기동장치가 동결의 우려가 있는 경우 일부 사항을 제외하고는 주펌프와 동등 이상의 성능이 있는 별도의 펌프로서 내연기관의 기동과 연동하여 작동되거나 비상전원을 연결한 펌프를 추가 설치해야 한다. 다음 중 이러한 조치를 취해야 하는 경우는?

① 지하층이 없이 지상층만 있는 건축물
② 고가수조를 가압송수장치로 설치한 경우
③ 수원이 건축물의 최상층에 설치된 방수구보다 높은 위치에 설치된 경우
④ 건축물의 높이가 지표면으로부터 10[m] 이하인 경우

해설

지상층만 있는 건축물의 경우 동결의 우려가 있는 장소에는 내연기관의 기동과 연동하거나 비상전원을 연결한 펌프를 추가로 설치한다.

관련개념

㉠ 학교·공장·창고시설과 같이 동결의 우려가 있는 장소에서는 기동용 수압개폐장치를 기동스위치에 보호판을 부착하여 옥내소화전함 내에 설치할 수 있다.
㉡ 기동용 수압개폐장치를 옥내소화전함 내에 설치한 경우(㉠) 주펌프와 동등 이상의 성능이 있는 별도의 펌프를 내연기관의 기동과 연동하거나 비상전원을 연결하여 추가로 설치한다.
㉢ 다음에 해당하는 경우 ㉡의 펌프를 설치하지 않는다.
- 지하층만 있는 건축물
- 고가수조를 가압송수장치로 설치한 경우
- 수원이 건축물의 최상층에 설치된 방수구보다 높은 위치에 설치된 경우
- 건축물의 높이가 지표면으로부터 10[m] 이하인 경우
- 가압수조를 가압송수장치로 설치한 경우

정답 | ①

68 빈출도 ★

할로겐화합물 및 불활성기체소화설비의 화재안전기술기준(NFTC 107A) 상 저장용기 설치기준으로 틀린 것은?

① 온도가 40[℃] 이하이고 온도 변화가 작은 곳에 설치할 것
② 용기간의 간격은 점검에 지장이 없도록 3[cm] 이상의 간격을 유지할 것
③ 직사광선 및 빗물이 침투할 우려가 없는 곳에 설치할 것
④ 저장용기를 방호구역 외에 설치한 경우에는 방화문으로 구획된 실에 설치할 것

해설

온도가 55[℃] 이하이고, 온도 변화가 작은 곳에 설치한다.

관련개념 저장용기의 설치장소

㉠ 방호구역 외의 장소에 설치한다.
㉡ 방호구역 내에 설치할 경우 피난 및 조작이 용이하도록 피난구 부근에 설치한다.
㉢ 온도가 55[℃] 이하이고, 온도 변화가 작은 곳에 설치한다.
㉣ 직사광선 및 빗물이 침투할 우려가 없는 곳에 설치한다.
㉤ 방호구역 외의 장소에 설치하는 경우 방화문으로 방화구획 된 실에 설치한다.
㉥ 용기의 설치장소에는 해당 용기가 설치된 곳임을 표시하는 표지를 한다.
㉦ 용기 간의 간격은 점검에 지장이 없도록 3[cm] 이상의 간격을 유지한다.
㉧ 저장용기와 집합관을 연결하는 연결배관에는 체크밸브를 설치한다. 저장용기가 하나의 방호구역만을 담당하는 경우 제외

정답 | ①

69 빈출도 ★★

특정소방대상물의 용도 및 장소별로 설치하여야 할 인명구조기구 종류의 기준 중 다음 ( ) 안에 알맞은 것은?

특정소방대상물	인명구조기구의 종류
물분무등소화설비 중 ( )를 설치하여야하는 특정소방대상물	공기호흡기

① 이산화탄소 소화설비
② 분말 소화설비
③ 할론 소화설비
④ 할로겐화합물 및 불활성기체 소화설비

해설

물분무등소화설비 중 이산화탄소 소화설비를 설치해야 하는 특정소방대상물에는 공기호흡기를 이산화탄소 소화설비가 설치된 장소의 출입구 외부 인근에 1개 이상 설치한다.

관련개념 **특정소방대상물의 용도 및 장소별 설치해야 할 인명구조기구**

특정소방대상물	인명구조기구	설치 수량
• 지하층을 포함하는 층수가 7층 이상인 관광호텔 • 5층 이상인 병원	• 방열복 또는 방화복(안전모, 보호장갑 및 안전화 포함) • 공기호흡기 • 인공소생기	각 2개 이상(병원의 경우 인공소생기 생략 가능)
• 수용인원 100명 이상의 영화상영관 • 대규모 점포 • 지하역사 • 지하상가	• 공기호흡기	층마다 2개 이상
• 물분무소화설비 중 이산화탄소 소화설비를 설치해야하는 특정소방대상물	• 공기호흡기	이산화탄소 소화설비가 설치된 장소의 출입구 외부 인근에 1개 이상

정답 | ①

70 빈출도 ★

미분무소화설비의 화재안전기술기준(NFTC 104A)상 미분무소화설비의 성능을 확인하기 위하여 하나의 발화원을 가정한 설계도서 작성 시 고려하여야 할 인자를 모두 고른 것은?

㉠ 화재 위치
㉡ 점화원의 형태
㉢ 시공 유형과 내장재 유형
㉣ 초기 점화되는 연료 유형
㉤ 공기조화설비, 자연형(문, 창문) 및 기계형 여부
㉥ 문과 창문의 초기상태(열림, 닫힘) 및 시간에 따른 변화상태

① ㉠, ㉢, ㉥
② ㉠, ㉡, ㉢, ㉤
③ ㉠, ㉡, ㉣, ㉤, ㉥
④ ㉠, ㉡, ㉢, ㉣, ㉤, ㉥

해설

제시된 인자 모두 설계도서의 작성기준에 해당한다.

관련개념 **설계도서의 작성기준**

㉠ 점화원의 형태
㉡ 초기 점화되는 연료 유형
㉢ 화재 위치
㉣ 문과 창문의 초기상태(열림, 닫힘) 및 시간에 따른 변화상태
㉤ 공기조화설비, 자연형(문, 창문) 및 기계형 여부
㉥ 시공 유형과 내장재 유형

정답 | ④

71 빈출도 ★

특별피난계단의 계단실 및 부속실 제연설비의 수직풍도에 따른 배출기준 중 각층의 옥내와 면하는 수직풍도의 관통부에 설치하여야 하는 배출댐퍼 설치기준으로 틀린 것은?

① 화재층의 옥내에 설치된 화재감지기의 동작에 따라 당해층의 댐퍼가 개방될 것
② 풍도의 배출댐퍼는 이·탈착구조가 되지 않도록 설치할 것
③ 개폐여부를 당해 장치 및 제어반에서 확인할 수 있는 감지기능을 내장하고 있을 것
④ 배출댐퍼는 두께 1.5[mm] 이상의 강판 또는 이와 동등 이상의 성능이 있는 것으로 설치하여야 하며 비 내식성 재료의 경우에는 부식방지 조치를 할 것

해설

풍도의 배출댐퍼는 풍도의 내부마감 상태에 대한 점검 및 댐퍼의 정비가 가능한 이·탈착식 구조로 한다.

관련개념 수직풍도의 관통부에 설치하는 배출댐퍼의 설치기준

㉠ 배출댐퍼는 두께 1.5[mm] 이상의 강판 또는 이와 동등 이상의 성능이 있는 것으로 설치하며 비내식성 재료의 경우 부식방지 조치를 한다.
㉡ 평상시 닫힌 구조로 기밀상태를 유지한다.
㉢ 개폐여부를 장치 및 제어반에서 확인할 수 있는 감지 기능을 내장한다.
㉣ 구동부의 작동상태와 닫혀 있을 때의 기밀상태를 수시로 점검할 수 있는 구조로 한다.
㉤ 풍도의 내부마감 상태에 대한 점검 및 댐퍼의 정비가 가능한 이·탈착식 구조로 한다.
㉥ 화재 층에 설치된 화재감지기의 동작에 따라 해당 층의 댐퍼가 개방되도록 한다.
㉦ 개방 시의 실제 개구부(개구율을 감안한 것)의 크기는 수직풍도의 내부단면적 기준 이상으로 한다.
㉧ 댐퍼는 풍도 내의 공기흐름에 지장을 주지 않도록 수직풍도의 내부로 돌출하지 않게 설치한다.

정답 | ②

72 빈출도 ★

옥내소화전설비의 화재안전기술기준(NFTC 102)에 따라 옥내소화전 방수구를 반드시 설치하여야 하는 곳은?

① 식물원
② 수족관
③ 수영장의 관람석
④ 냉장창고 중 온도가 영하인 냉장실

해설

식물원, 수족관은 물을 방수하는 설비가 이미 갖추어져 있고, 온도가 영하인 장소는 물이 응결하여 흐르지 못하기 때문에 적절한 소화가 이루어지기 어렵다.
수영장의 관람석은 수영장의 물을 활용하여 소화하기 위해서라도 방수구는 필요하다.

관련개념 방수구의 설치제외 장소

㉠ 냉장창고 중 온도가 영하인 냉장실 또는 냉동창고의 냉동실
㉡ 고온의 노가 설치된 장소 또는 물과 격렬하게 반응하는 물품의 저장 또는 취급 장소
㉢ 발전소·변전소 등으로서 전기시설이 설치된 장소
㉣ 식물원·수족관·목욕실·수영장(관람석 부분 제외) 또는 그 밖에 이와 비슷한 장소
㉤ 야외음악당·야외극장 또는 그 밖의 이와 비슷한 장소

정답 | ③

73 빈출도 ★★

다음 중 스프링클러설비와 비교하여 물분무소화설비의 장점으로 옳지 않은 것은?

① 소량의 물을 사용함으로써 물의 사용량 및 방사량을 줄일 수 있다.
② 운동에너지가 크므로 파괴주수 효과가 크다.
③ 전기 절연성이 높아서 고압통전기기의 화재에도 안전하게 사용할 수 있다.
④ 물의 방수과정에서 화재열에 따른 부피증가량이 커서 질식효과를 높일 수 있다.

해설

파괴주수 효과는 물분무소화설비의 무상주수보다 스프링클러설비의 적상주수가 더 크다.

관련개념 물분무소화

물분무, 미분무소화는 물을 미세한 입자 형태로 방출하는 소화방식(무상주수)으로 입자 사이가 공기로 절연되어 있기 때문에 물방울 크기가 더 큰 적상주수나 물줄기 형태의 봉상주수와는 다르게 전기화재에도 적응성이 있다.

정답 | ②

74 빈출도 ★

난방설비가 없는 교육장소에 비치하는 소화기로 가장 적합한 것은? (단, 교육장소의 겨울 최저온도는 −15[℃] 이다)

① 화학포소화기　② 기계포소화기
③ 산알칼리 소화기　④ ABC 분말소화기

해설

겨울 최저온도가 −15[℃]이므로 사용할 수 있는 소화기는 강화액소화기 또는 분말소화기이다.

관련개념 소화기의 사용온도범위

㉠ 강화액소화기: −20[℃] 이상 40[℃] 이하
㉡ 분말소화기: −20[℃] 이상 40[℃] 이하
㉢ 그 밖의 소화기: 0[℃] 이상 40[℃] 이하
㉣ 사용온도 범위를 확대할 경우 10[℃] 단위로 한다.

정답 | ④

75 빈출도 ★

도로터널의 화재안전성능기준(NFPC 603) 상 옥내소화전설비 설치기준 중 괄호 안에 알맞은 것은?

> 가압송수장치는 옥내소화전 2개(4차로 이상의 터널인 경우 3개)를 동시에 사용할 경우 각 옥내소화전의 노즐선단에서의 방수압력은 (㉠) [MPa] 이상이고 방수량은 (㉡)[L/min] 이상이 되는 성능의 것으로 할 것

① ㉠ 0.1　㉡ 130
② ㉠ 0.17　㉡ 130
③ ㉠ 0.25　㉡ 350
④ ㉠ 0.35　㉡ 190

해설

노즐선단에서의 방수압력은 0.35[MPa] 이상, 방수량은 190[L/min] 이상으로 한다.

관련개념 도로터널의 옥내소화전설비 설치기준

㉠ 소화전함과 방수구는 주행차로 우측 측벽을 따라 50[m] 이내의 간격으로 설치하고, 편도 2차선 이상의 양방향 터널이나 4차로 이상의 일방향 터널의 경우에는 양쪽 측벽에 각각 50[m] 이내의 간격으로 엇갈리게 설치한다.
㉡ 수원은 그 저수량이 옥내소화전의 설치개수 2개(4차로 이상의 터널인 경우 3개)를 동시에 40분 이상 사용할 수 있는 충분한 양 이상으로 한다.
㉢ 가압송수장치는 옥내소화전 2개(4차로 이상의 터널인 경우 3개)를 동시에 사용할 경우 각 옥내소화전의 노즐선단에서의 방수압력은 0.35[MPa] 이상이고 방수량은 190[L/min] 이상이 되도록 한다.
㉣ 하나의 옥내소화전을 사용하는 노즐선단의 방수압력이 0.7[MPa]을 초과하는 경우 호스접결구의 인입측에 감압장치를 설치한다.
㉤ 전동기 또는 내연기관에 의한 펌프를 이용하는 가압송수장치는 주펌프와 동등 이상의 성능이 있는 별도의 펌프로서 내연기관의 기동과 연동하여 작동되거나 비상전원을 연결한 예비펌프를 추가로 설치한다.
㉥ 방수구는 40[mm] 구경의 단구형을 옥내소화전이 설치된 벽면의 바닥면으로부터 1.5[m] 이하의 쉽게 사용 가능한 높이에 설치할 것
㉦ 소화전함에는 옥내소화전 방수구 1개, 15[m] 이상의 소방호스 3본 이상 및 방수노즐을 비치한다.
㉧ 옥내소화전설비의 비상전원은 옥내소화전설비를 유효하게 40분 이상 작동할 수 있어야 한다.

정답 | ④

76 빈출도 ★

완강기의 형식승인 및 제품검사의 기술기준 상 완강기 및 간이완강기의 구성으로 적합한 것은?

① 속도조절기, 속도조절기의 연결부, 하부지지장치, 연결금속구, 벨트
② 속도조절기, 속도조절기의 연결부, 로우프, 연결금속구, 벨트
③ 속도조절기, 가로봉 및 세로봉, 로우프, 연결금속구, 벨트
④ 속도조절기, 가로봉 및 세로봉, 로우프, 하부지지장치, 벨트

해설

완강기 및 간이완강기는 속도조절기 · 속도조절기의 연결부 · 로프 · 연결금속구 및 벨트로 구성한다.

관련개념 **완강기 및 간이완강기의 구조 및 성능**

㉠ 속도조절기 · 속도조절기의 연결부 · 로프 · 연결금속구 및 벨트로 구성한다.
㉡ 강하 시 사용자를 심하게 선회시키지 않아야 한다.
㉢ 기능에 이상이 생길 수 있는 모래나 기타의 이물질이 쉽게 들어가지 않도록 견고한 덮개로 덮어져 있어야 한다.
㉣ 부품 및 덮개를 나사로 체결할 경우 풀림방지조치를 해야 한다.

정답 | ②

77 빈출도 ★★

다음 중 할로겐화합물 소화설비의 수동식 기동장치 점검 내용으로 맞지 않은 것은?

① 방호구역마다 설치되어 있는지 점검한다.
② 방출지연용 비상스위치가 설치되어 있는지 점검한다.
③ 화재감지기와 연동되어 있는지 점검한다.
④ 조작부는 바닥으로부터 0.8[m] 이상 1.5[m] 이하의 위치에 설치되어 있는지 점검한다.

해설

자동화재탐지설비의 감지기와 연동되어 작동하는 기동장치는 자동식 기동장치이다.

관련개념 **수동식 기동장치의 설치기준**

㉠ 수동식 기동장치의 부근에는 소화약제의 방출을 지연시킬 수 있는 방출지연스위치를 설치한다. 방출지연스위치는 자동복귀형 스위치로 수동식 기동장치의 타이머를 순간 정지시키는 기능의 스위치를 말한다.
㉡ 방호구역마다 설치한다.
㉢ 해당 방호구역의 출입구 부근 등 조작을 하는 자가 쉽게 피난할 수 있는 장소에 설치한다.
㉣ 기동장치의 조작부는 바닥으로부터 0.8[m] 이상 1.5[m] 이하의 위치에 설치하고, 보호판 등에 따른 보호장치를 설치한다.
㉤ 기동장치 인근의 보기 쉬운 곳에 "할로겐화합물 및 불활성기체 소화설비 수동식 기동장치"라는 표지를 한다.
㉥ 전기를 사용하는 기동장치에는 전원표시등을 설치한다.
㉦ 기동장치의 방출용 스위치는 음향경보장치와 연동하여 조작될 수 있는 것으로 한다.
㉧ 50[N] 이하의 힘을 가하여 기동할 수 있는 구조로 한다.

정답 | ③

78 빈출도 ★★

물분무소화설비의 소화작용이 아닌 것은?

① 부촉매작용 ② 냉각작용
③ 질식작용 ④ 희석작용

해설

부촉매작용은 연소의 요소 중 연쇄적 산화반응을 약화시켜 연소의 계속을 불가능하게 하는 화학적 소화방법이다.
부촉매작용을 하는 소화설비는 할론 소화설비, 할로겐화합물 소화설비 등이 있다.

정답 | ①

79 빈출도 ★

고정식사다리의 구조에 따른 분류로 틀린 것은?

① 굽히는식 ② 수납식
③ 접는식 ④ 신축식

해설

종봉의 수가 2개 이상인 고정식사다리에는 수납식, 접는식, 신축식이 있다.

관련개념 **고정식사다리의 구조**

㉠ 종봉의 수가 2개 이상인 것(수납식 · 접는식 또는 신축식)
- 진동 등 그 밖의 충격으로 결합부분이 쉽게 이탈되지 않도록 안전장치를 설치한다.
- 안전장치의 해제 동작을 제외하고는 두 번의 동작 이내로 사다리를 사용가능한 상태로 할 수 있어야 한다.

㉡ 종봉의 수가 1개인 것
- 종봉이 그 사다리의 중심축이 되도록 횡봉을 부착하고 횡봉의 끝 부분에 종봉의 축과 평행으로 길이 5[cm] 이상의 옆으로 미끄러지는 것을 방지하기 위한 돌자를 설치한다.
- 횡봉의 길이는 종봉에서 횡봉의 끝까지 길이가 안 치수로 15[cm] 이상 25[cm] 이하여야 하며 종봉의 폭은 횡봉의 축방향에 대하여 10[cm] 이하여야 한다.

정답 | ①

80 빈출도 ★

다음과 같은 소방대상물의 부분에 완강기를 설치할 경우 부착 금속구의 부착위치로서 가장 적합한 위치는?

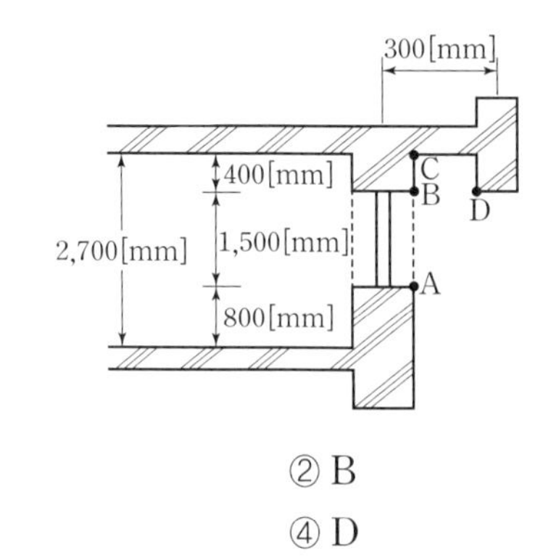

① A ② B
③ C ④ D

해설

금속구의 부착위치로 가장 적절한 위치는 D이다.
A, B, C에 금속구를 부착하는 경우 하강 시 벽과 충돌의 위험이 있다.

정답 | ④

2023년 2회 CBT 복원문제

■ 1회독 ■ 2회독 ■ 3회독

소방원론

01 빈출도 ★★★

이산화탄소에 대한 설명으로 틀린 것은?

① 임계온도는 97.5[℃]이다.
② 고체의 형태로 존재할 수 있다.
③ 불연성 가스로 공기보다 무겁다.
④ 드라이아이스와 분자식이 동일하다.

해설

이산화탄소의 임계온도는 31.4[℃] 정도이다.

관련개념 **이산화탄소의 일반적 성질**

㉠ 상온에서 무색 · 무취 · 무미의 기체로서 독성이 없다.
㉡ 임계온도는 약 31.4[℃]이고, 비중이 약 1.52로 공기보다 무겁다.
㉢ 압축 및 냉각 시 쉽게 액화할 수 있으며, 더욱 압축냉각하면 드라이아이스가 된다.

정답 | ①

02 빈출도 ★★★

소화약제로 사용할 수 없는 것은?

① $KHCO_3$ ② $NaHCO_3$
③ CO_2 ④ NH_3

해설

암모니아(NH_3)는 위험물로 분류되지는 않지만 인화점 132[℃], 발화점 651[℃], 연소범위 15~28[%]를 갖는 가연성 가스이다.

선지분석

① 제2종 분말 소화약제로 사용된다.
② 제1종 분말 소화약제로 사용된다.
③ 이산화탄소 소화약제로 사용된다.

정답 | ④

03 빈출도 ★★

화재 표면온도(절대온도)가 2배가 되면 복사에너지는 몇 배로 증가 되는가?

① 2 ② 4
③ 8 ④ 16

해설

복사열은 절대온도의 4제곱에 비례하므로, 복사에너지는 $2^4=16$배 증가한다.

관련개념 **복사**

복사는 열에너지가 매질을 통하지 않고 전자기파의 형태로 전달되는 현상이다.
슈테판-볼츠만 법칙에 의해 복사열은 절대온도의 4제곱에 비례한다.

$$Q \propto \sigma T^4$$

Q: 열전달량[W/m²], σ: 슈테판-볼츠만 상수(5.67×10^{-8})[W/m²·K⁴], T: 절대온도[K]

정답 | ④

04 빈출도 ★★

화재의 소화원리에 따른 소화방법의 적용으로 틀린 것은?

① 냉각소화: 스프링클러설비
② 질식소화: 이산화탄소 소화설비
③ 제거소화: 포 소화설비
④ 억제소화: 할로겐화합물 소화설비

해설

포 소화약제는 질식소화와 냉각소화에 의해 화재를 진압한다.
제거소화는 연소의 요소를 구성하는 가연물질을 안전한 장소나 점화원이 없는 장소로 신속하게 이동시켜서 소화하는 방법이다.

관련개념 **포 소화약제의 원리**

포(Foam)는 유류보다 가벼운 미세한 기포의 집합체로 연소물의 표면을 덮어 공기와의 접촉을 차단하여 질식효과를 나타내며 함께 사용된 물에 의해 냉각효과도 나타낸다.

정답 | ③

05 빈출도 ★★

상온에서 무색의 기체로서 암모니아와 유사한 냄새를 가지는 물질은?

① 에틸벤젠 ② 에틸아민
③ 산화프로필렌 ④ 사이클로프로페인

해설

암모니아와 유사한 냄새를 가지는 물질은 에틸아민이다.
에틸아민($CH_3CH_2NH_2$)은 암모니아(NH_3)의 수소 중에 하나가 에틸기($-CH_2CH_3$)로 치환된 구조로 암모니아와 유사한 특성을 가진다.

정답 | ②

06 빈출도 ★★★

마그네슘의 화재에 주수하였을 때 물과 마그네슘의 반응으로 인하여 생성되는 가스는?

① 산소 ② 수소
③ 일산화탄소 ④ 이산화탄소

해설

마그네슘(Mg)과 물이 반응하면 수소(H_2)가 발생한다.
$Mg+2H_2O \rightarrow Mg(OH)_2+H_2\uparrow$

정답 | ②

07 빈출도 ★★★

어떤 유기화합물을 원소 분석한 결과 중량백분율이 C: 39.9[%], H: 6.7[%], O: 53.4[%] 인 경우에 이 화합물의 분자식은? (단, 원자량은 C=12, O=16, H=1이다.)

① $C_3H_8O_2$ ② $C_2H_4O_2$
③ C_2H_4O ④ $C_2H_6O_2$

해설

어떤 유기화합물에서 탄소, 수소, 산소 원자의 질량비가 39.9 : 6.7 : 53.4일 때, 각 원자의 원자량으로 나누면 원자 수의 비율로 나타낼 수 있다.

$\frac{39.9}{12} : \frac{6.7}{1} : \frac{53.4}{16} = 3.325 : 6.7 : 3.3375$

이는 약 1 : 2 : 1의 비율로 나누어지며 이 비율로 구성할 수 있는 분자식은 $C_2H_4O_2$이다.

정답 | ②

08 빈출도 ★★

화재 발생 시 발생하는 연기에 대한 설명으로 틀린 것은?

① 연기의 유동속도는 수평방향이 수직방향보다 빠르다.
② 동일한 가연물에서 환기지배형 화재가 연료지배형 화재에 비하여 연기발생량이 많다.
③ 고온 상태의 연기는 유동확산이 빨라 화재전파의 원인이 되기도 한다.
④ 연기는 일반적으로 불완전 연소 시에 발생한 고체, 액체, 기체 생성물의 집합체이다.

해설

연기의 유동속도는 수직 이동속도(2~3[m/s])가 수평 이동속도(0.5~1[m/s])보다 빠르다.

선지분석

② 환기지배형 화재는 공기(산소)의 공급에 영향을 받는 화재를 말하며, 연료지배형 화재는 가연물의 영향을 받는 화재를 말한다. 환기지배형 화재일수록 공기(산소)의 공급상태에 따라 불완전 연소의 가능성이 높아 연기발생량이 많다.
③ 고온 상태일수록 주변 공기와의 밀도차이가 커지므로 공기의 순환이 빠르게 이루어지며 연기의 유동확산이 빨라진다.
④ 연기는 완전히 연소되지 않은 고체 또는 액체의 미립자가 공기 중에 부유하고 있는 것이다.

정답 | ①

09 빈출도 ★★★

IG−541 약제가 15[℃]에서 용적 50[L] 압력용기에 155[kgf/cm²]으로 충전되어 있다. 온도가 30[℃]로 되었다면 IG−541 약제의 압력은 몇 [kgf/cm²]가 되겠는가? (단, 용기의 팽창은 없다고 가정한다.)

① 78　　② 155
③ 163　　④ 310

해설

온도가 15[℃]일 때를 상태1, 30[℃]일 때를 상태2라고 하였을 때, 부피는 일정하므로 보일−샤를의 법칙에 의해 다음과 같은 식을 세울 수 있다.

$$\frac{P_1}{T_1}=\frac{155[kgf/cm^2]}{(273+15)[K]}=\frac{P_2}{T_2}=\frac{P_2}{(273+30)[K]}$$

$$P_2=\frac{155[kgf/cm^2]}{288[K]}\times 303[K]\fallingdotseq 163[kgf/cm^2]$$

관련개념 이상기체의 상태방정식

보일의 법칙, 샤를의 법칙, 아보가드로의 법칙을 적용하여 상수를 (분자 수)×(기체상수)의 형태로 나타내면 다음의 식을 얻을 수 있다.

$$\frac{PV}{T}=C=nR\rightarrow PV=nRT$$

P: 압력, V: 부피, T: 절대온도[K], C: 상수,
n: 분자 수[mol], R: 기체상수

정답 | ③

10 빈출도 ★★★

위험물안전관리법령상 위험물에 대한 설명으로 옳은 것은?

① 과염소산은 위험물이 아니다.
② 황린은 제2류 위험물이다.
③ 황화인의 지정수량은 100[kg]이다.
④ 산화성 고체는 제6류 위험물의 성질이다.

해설

황화인(제2류 위험물)의 지정수량은 100[kg]이다.

선지분석

① 과염소산은 제6류 위험물이다.
② 황린은 제3류 위험물이다.
④ 산화성 고체는 제1류 위험물이며, 제6류 위험물은 산화성 액체이다.

정답 | ③

11 빈출도 ★

화재의 정의로 옳은 것은?

① 가연성물질과 산소와의 격렬한 산화반응이다.
② 사람의 과실로 인한 실화나 고의에 의한 방화로 발생하는 연소현상으로서 소화할 필요성이 있는 연소현상이다.
③ 가연물과 공기와의 혼합물이 어떤 점화원에 의하여 활성화되어 열과 빛을 발하면서 일으키는 격렬한 발열반응이다.
④ 인류의 문화와 문명의 발달을 가져오게 한 근본적 존재로서 인간의 제어수단에 의하여 컨트롤 할 수 있는 연소현상이다.

해설

화재란 사람의 의도에 반하거나 고의 또는 과실에 의해 발생하는 연소현상으로 소화할 필요가 있는 현상 또는 사람의 의도에 반하여 발생하거나 확대된 화학적 폭발현상을 말한다.

정답 | ②

12 빈출도 ★★

다음의 소화약제 중 오존파괴지수(ODP)가 가장 큰 것은?

① 할론 104 ② 할론 1301
③ 할론 1211 ④ 할론 2402

해설

오존파괴지수가 가장 큰 물질은 할론 1301이다.

관련개념 오존파괴지수

약제별 오존파괴정도를 나타낸 지수로 CFC−11($CFCl_3$)의 오존파괴정도를 1로 두었을 때 상대적인 파괴정도를 의미한다.

구분	오존파괴지수
Halon 104	1.1
Halon 1211	3
Halon 1301	10
Halon 2402	6

정답 | ②

13 빈출도 ★★

화재 시 이산화탄소를 방출하여 산소의 농도를 13[vol%]로 낮추어 소화하기 위한 이산화탄소의 공기 중 농도는 약 몇 [vol%]인가?

① 9.5 ② 25.8
③ 38.1 ④ 61.5

해설

산소 21[%], 이산화탄소 0[%]인 공기에 이산화탄소 소화약제가 추가되어 산소의 농도는 13[%]가 되어야 한다.

$$\frac{21}{100+x}=\frac{13}{100}$$

따라서 추가된 이산화탄소 소화약제의 양 x는 61.54이며,
이때 전체 중 이산화탄소의 농도는

$$\frac{x}{100+x}=\frac{61.54}{100+61.54}≒0.3809=38.1[\%]$$이다.

관련개념

㉠ 소화약제 방출 전 공기의 양을 100으로 두고 풀이하면 된다.
㉡ 분모의 x는 공학용 계산기의 SOLVE 기능을 활용하면 쉽다.

정답 | ③

14 빈출도 ★★★

가연성 가스이면서도 독성 가스인 것은?

① 질소 ② 수소
③ 염소 ④ 황화수소

해설

황화수소(H_2S)는 황을 포함하고 있는 유기 화합물이 불완전 연소하면 발생하며, 계란이 썩는 악취가 나는 무색의 유독성 기체이다. 자극성이 심하고, 인체 허용농도는 10[ppm]이다.

정답 | ④

15 빈출도 ★★

다음 가연성 기체 1몰이 완전 연소하는 데 필요한 이론 공기량으로 틀린 것은? (단, 체적비로 계산하며 공기 중 산소의 농도를 21[vol%]로 한다.)

① 수소 – 약 2.38몰
② 메테인 – 약 9.52몰
③ 아세틸렌 – 약 16.97몰
④ 프로페인 – 약 23.81몰

해설

아세틸렌의 연소반응식은 다음과 같다.

$C_2H_2+\frac{5}{2}O_2 \rightarrow 2CO_2+H_2O$

아세틸렌 1[mol]이 완전 연소하는 데 필요한 산소의 양은 $\frac{5}{2}$[mol]이며, 공기 중 산소의 농도는 21[vol%]이므로

필요한 이론 공기량은 $\frac{2.5[mol]}{0.21} \fallingdotseq 11.9[mol]$이다.

관련개념 탄화수소의 연소반응식

$$C_mH_n+\left(m+\frac{n}{4}\right)O_2 \rightarrow mCO_2+H_2O$$

정답 | ③

16 빈출도 ★★★

물질의 화재 위험성에 대한 설명으로 틀린 것은?

① 인화점 및 착화점이 낮을수록 위험
② 착화에너지가 작을수록 위험
③ 비점 및 융점이 높을수록 위험
④ 연소범위가 넓을수록 위험

해설

비점이 낮을수록 가연성 물질이 기체로 존재할 확률이 높아지므로 연소범위 내에 도달할 확률이 높아져 화재 위험성이 높다.
고체 또는 액체 상태에서도 연소가 시작될 수 있으나 표면연소나 증발연소의 조건이 갖추어져야 하므로 화재 위험성은 기체 상태일 때보다 낮다.

선지분석

① 인화점 및 착화점이 낮을수록 낮은 온도에서 연소가 시작되므로 화재 위험성이 높다.
② 착화에너지가 작을수록 더 적은 에너지로 연소가 시작되므로 화재 위험성이 높다.
④ 연소범위는 연소가 시작될 수 있는 기체의 농도 범위를 의미하므로 그 범위가 넓을수록 화재 위험성이 높다.

정답 | ③

17 빈출도 ★★★

화재의 종류에 따른 분류가 틀린 것은?

① A급 : 일반화재 ② B급 : 유류화재
③ C급 : 가스화재 ④ D급 : 금속화재

해설

C급 화재는 전기화재이다.

관련개념 화재의 분류

급수	화재 종류	표시색	소화방법
A급	일반화재	백색	냉각
B급	유류화재	황색	질식
C급	전기화재	청색	질식
D급	금속화재	무색	질식
K급	주방화재 (식용유화재)	–	비누화 · 냉각 · 질식
E급	가스화재	황색	제거 · 질식

정답 | ③

18 빈출도 ★★

다음 원소 중 할로겐족 원소인 것은?

① Ne ② Ar
③ Cl ④ Xe

해설

염소(Cl)는 주기율표상 17족 원소로 할로겐족 원소이다.

선지분석

네온(Ne), 아르곤(Ar), 제논(Xe)은 주기율표상 18족 원소로 불활성(비활성)기체이다.

정답 | ③

19 빈출도 ★

물의 소화력을 증대시키기 위하여 첨가하는 첨가제 중 물의 유실을 방지하고 건물, 임야 등의 입체 면에 오랫동안 잔류하게 하기 위한 것은?

① 증점제 ② 강화액
③ 침투제 ④ 유화제

해설

물 소화약제의 첨가제 중 물 소화약제의 점착성을 증가시켜 소방대상물에 소화약제를 오래 잔류시키기 위한 물질은 증점제이다.

정답 | ①

20 빈출도 ★★★

프로페인 50[vol%], 뷰테인 40[vol%], 프로필렌 10[vol%]로 된 혼합가스의 폭발하한계는 약 몇 [vol%] 인가? (단, 각 가스의 폭발하한계는 프로페인 2.2[vol%], 뷰테인 1.9[vol%], 프로필렌 2.4[vol%]이다.)

① 0.83 ② 2.09
③ 5.05 ④ 9.44

해설

$$L=\frac{100}{\frac{V_1}{L_1}+\frac{V_2}{L_2}+\frac{V_3}{L_3}}=\frac{100}{\frac{50}{2.2}+\frac{40}{1.9}+\frac{10}{2.4}}\fallingdotseq 2.09[\text{vol\%}]$$

관련개념 **혼합가스의 폭발하한계**

가연성 가스가 혼합되었을 때 '르 샤틀리에의 법칙'으로 혼합가스의 폭발하한계를 계산할 수 있다.

$$\frac{100}{L}=\frac{V_1}{L_1}+\frac{V_2}{L_2}+\cdots+\frac{V_n}{L_n}$$

$$\rightarrow L=\frac{100}{\frac{V_1}{L_1}+\frac{V_2}{L_2}+\cdots+\frac{V_n}{L_n}}$$

L: 혼합가스의 폭발하한계[vol%],
L_1, L_2, L_n: 가연성 가스의 폭발하한계[vol%],
V_1, V_2, V_n: 가연성 가스의 용량[vol%]

정답 | ②

21 빈출도 ★

다음 유체 기계들의 압력 상승이 일반적으로 큰 것부터 순서대로 바르게 나열한 것은?

① 압축기(compressor) > 블로어(blower) > 팬(fan)
② 블로어(blower) > 압축기(compressor) > 팬(fan)
③ 팬(fan) > 블로어(blower) > 압축기(compressor)
④ 팬(fan) > 압축기(compressor) > 블로어(blower)

해설

압축기 > 블로어 > 팬 순으로 성능(압력 차이)이 좋다.

정답 | ①

22 빈출도 ★★★

물이 들어있는 탱크에 수면으로부터 20[m] 깊이에 지름 50[mm]의 오리피스가 있다. 이 오리피스에서 흘러나오는 유량[m³/min]은? (단, 탱크의 수면 높이는 일정하고 모든 손실은 무시한다.)

① 1.3 ② 2.3
③ 3.3 ④ 4.3

해설

$$\frac{P_1}{\gamma}+\frac{u_1^2}{2g}+Z_1=\frac{P_2}{\gamma}+\frac{u_2^2}{2g}+Z_2$$

P: 압력[N/m²], γ: 비중량[N/m³], u: 유속[m/s], g: 중력가속도[m/s²], Z: 높이[m]

수면과 오리피스 출구의 압력은 대기압으로 같다.

$P_1=P_2$

수면과 오리피스 출구의 높이 차이는 다음과 같다.

$Z_1-Z_2=20[m]$

수면 높이는 일정하므로 수면 높이의 변화속도 u_1는 무시하고 주어진 조건을 공식에 대입하면 오리피스 출구의 유속 u_2은 다음과 같다.

$\frac{u_2^2}{2g}=(Z_1-Z_2)$

$u_2=\sqrt{2g(Z_1-Z_2)}=\sqrt{2\times 9.8\times 20}\fallingdotseq 19.8[m/s]$

오리피스는 지름이 D[m]인 원형이므로 오리피스의 단면적은 다음과 같다.

$$A=\frac{\pi}{4}D^2$$

부피유량 공식 $Q=Au$에 의해 오리피스의 직경 D와 유속 u를 알면 유량 Q를 구할 수 있다.

따라서 주어진 조건을 공식에 대입하면 유량 Q는

$Q=\frac{\pi}{4}D^2u=\frac{\pi}{4}\times 0.05^2\times 19.8$

$\fallingdotseq 0.0389[m^3/s]=2.334[m^3/min]$

정답 | ②

23 빈출도 ★★

유체에 관한 설명 중 옳은 것은?

① 실제유체는 유동할 때 마찰손실이 생기지 않는다.
② 이상유체는 높은 압력에서 밀도가 변화하는 유체이다.
③ 유체에 압력을 가하면 체적이 줄어드는 유체는 압축성 유체이다.
④ 압력을 가해도 밀도변화가 없으며 점성에 의한 마찰손실만 있는 유체가 이상유체이다.

해설

압력에 따라 부피와 밀도가 변화하는 유체를 압축성 유체라고 한다.

선지분석

① 실제유체는 점성에 의해 마찰손실이 발생한다.
② 점성과 압축성에 따른 영향이 없는 유체를 이상유체(ideal fluid)라고 한다.
④ 이상유체는 압축성이 없으므로 밀도가 변화하지 않는다.

정답 | ③

24 빈출도 ★★

어떤 용기 내의 이산화탄소(45[kg])가 방호공간에 가스 상태로 방출되고 있다. 방출 온도가 압력이 15[℃], 101[kPa]일 때 방출가스의 체적은 약 몇 [m³]인가? (단, 일반 기체상수는 8,314[J/kmol · K]이다.)

① 2.2
② 12.2
③ 20.2
④ 24.3

해설

이상기체의 상태방정식은 다음과 같다.

$$PV = nRT$$

P: 압력[Pa], V: 부피[m³], n: 분자수[kmol],
R: 기체상수(8,314)[J/kmol · K], T: 절대온도[K]

이산화탄소의 분자량은 44[kg/kmol]이므로 45[kg] 이산화탄소의 분자수는 $\frac{45}{44}$[kmol]이다.

주어진 조건을 공식에 대입하면 이산화탄소 가스의 부피 V는

$$V = \frac{nRT}{P} = \frac{\frac{45}{44} \times 8{,}314 \times (273+15)}{101{,}000}$$
$$\fallingdotseq 24.25[m^3]$$

정답 | ④

25 빈출도 ★★

그림과 같은 곡관에 물이 흐르고 있을 때 계기 압력으로 P_1이 98[kPa]이고, P_2가 29.42[kPa]이면 이 곡관을 고정시키는 데 필요한 힘[N]은? (단, 높이차 및 모든 손실은 무시한다.)

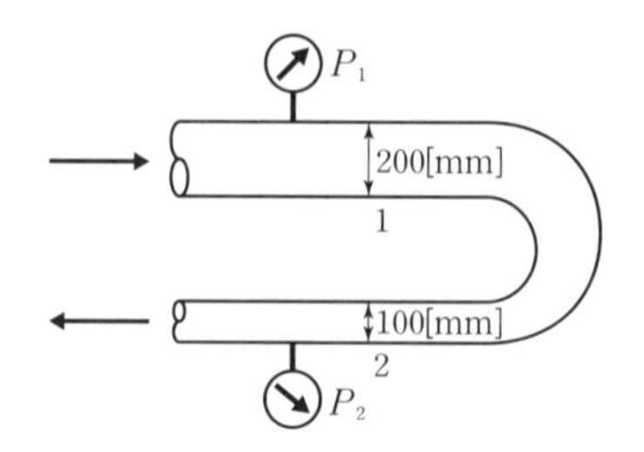

① 4,141　　② 4,314

③ 4,565　　④ 4,744

해설

곡관을 고정하기 위해서는 곡관에 가해지는 외력의 합이 0이어야 한다.
곡관에 작용하는 힘은 유체의 압력에 의한 힘과 유체의 유속에 의한 힘의 합이다.
곡관에 들어오는 물이 가하는 힘을 반대 방향으로 바꾸어 나가는 물에 힘을 가하여야 하므로 두 힘의 합만큼 고정하기 위한 힘을 가하면 곡관의 외력의 합이 0이 된다.

$$F=PA+\rho Qu$$

F: 유체가 곡관에 가하는 힘[N], P: 압력[N/m²], A: 유체의 단면적[m²], ρ: 밀도[kg/m³], Q: 유량[m³/s], u: 유속[m/s]

들어오는 물과 나가는 물의 유량은 일정하므로 부피유량 공식 $Q=Au$에 의해 유량과 노즐의 직경 D를 알면 유속은 다음과 같이 구할 수 있다.
곡관은 직경이 D인 원형이므로 곡관의 단면적은 다음과 같다.

$$A=\frac{\pi}{4}D^2$$

$$Q=A_1u_1=A_2u_2=\frac{\pi}{4}D_1^2u_1=\frac{\pi}{4}D_2^2u_2$$

$$\frac{\pi}{4}\times 0.2^2\times u_1=\frac{\pi}{4}\times 0.1^2\times u_2$$

$$4u_1=u_2$$

유체의 압력을 알고 있으므로 유속은 베르누이 방정식을 통해 구할 수 있다.

$$\frac{P_1}{\gamma}+\frac{u_1^2}{2g}+Z_1=\frac{P_2}{\gamma}+\frac{u_2^2}{2g}+Z_2$$

P: 압력[N/m²], γ: 비중량[N/m³], u: 유속[m/s], g: 중력가속도[m/s²], Z: 높이[m]

높이 차이는 없으므로 $Z_1=Z_2$로 두면 관계식은 다음과 같다.

$$\frac{P_1-P_2}{\gamma}=\frac{u_2^2-u_1^2}{2g}$$

$$2\times\frac{P_1-P_2}{\rho}=16u_1^2-u_1^2$$

$$u_1=\sqrt{\frac{2}{15}\times\frac{P_1-P_2}{\rho}}$$

물의 밀도는 1,000[kg/m³]이므로 곡관을 흐르는 물의 유속과 유량은 다음과 같다.

$$u_1=\sqrt{\frac{2}{15}\times\frac{98{,}000-29{,}420}{1{,}000}}\fallingdotseq 3.024[\text{m/s}]$$

$$u_2=4u_1=12.096[\text{m/s}]$$

$$Q=\frac{\pi}{4}D_1^2u_1=\frac{\pi}{4}\times 0.2^2\times 3.024\fallingdotseq 0.095[\text{m}^3/\text{s}]$$

따라서 들어오는 물이 가진 힘은 다음과 같다.

$$F_1=98{,}000\times\frac{\pi}{4}\times 0.2^2+1{,}000\times 0.095\times 3.024$$
$$\fallingdotseq 3{,}366[\text{N}]$$

나가는 물이 가진 힘은 다음과 같다.

$$F_2=29{,}420\times\frac{\pi}{4}\times 0.1^2+1{,}000\times 0.095\times 12.096$$
$$\fallingdotseq 1{,}380[\text{N}]$$

곡관을 고정시키는데 필요한 힘은

$$F=F_1+F_2=3{,}366+1{,}380$$
$$=4{,}746[\text{N}]$$

정답 | ④

26 빈출도 ★★

그림과 같은 거꾸로 된 마노미터에서 물과 기름, 수은이 채워져 있다. $a=10$[cm], $c=25$[cm]이고 A의 압력이 B의 압력보다 80[kPa] 작을 때 b의 길이는 약 몇 [cm]인가? (단, 수은의 비중량은 133,100[N/m^3], 기름의 비중은 0.9이다.)

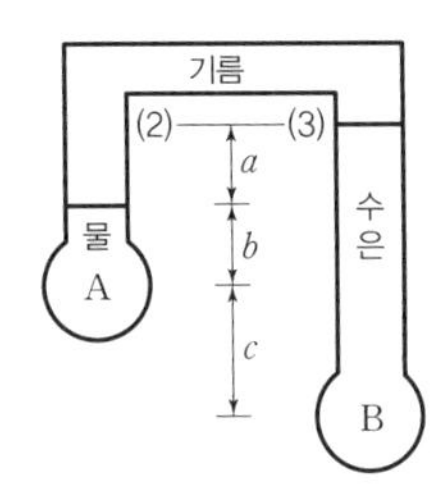

① 17.8 ② 27.8
③ 37.8 ④ 47.8

해설

$$P_x=\gamma h=s\gamma_w h$$

P_x: x점에서의 압력[Pa], γ: 비중량[N/m^3],
h: 표면까지의 높이[m], s: 비중, γ_w: 물의 비중량[N/m^3]

P_A는 물이 누르는 압력과 기름이 누르는 압력, (2)면에 작용하는 압력의 합과 같다.

$P_A=\gamma_w b+s_1\gamma_w a+P_2$

P_B는 수은이 누르는 압력과 (3)면에 작용하는 압력의 합과 같다.

$P_B=\gamma(a+b+c)+P_3$

유체 내부에서 같은 수평면(높이)에는 같은 압력이 작용하므로 (2)면과 (3)면의 압력은 같다.

$P_2=P_3$

$P_A-\gamma_w b-s_1\gamma_w a=P_B-\gamma(a+b+c)$

A점의 압력이 B점의 압력보다 80[kPa] 작으므로 두 점의 관계식은 다음과 같다.

$P_A+80{,}000=P_B$

따라서 두 식을 연립하여 주어진 조건을 대입하면 b의 길이는

$80{,}000+\gamma_w b+s_1\gamma_w a=\gamma(a+b+c)$

$80{,}000+s_1\gamma_w a-\gamma(a+c)=(\gamma-\gamma_w)b$

$b=\dfrac{80{,}000+s_1\gamma_w a-\gamma(a+c)}{(\gamma-\gamma_w)}$

$=\dfrac{80{,}000+0.9\times 9{,}800\times 0.1-133{,}100(0.1+0.25)}{(133{,}100-9{,}800)}$

$\fallingdotseq 0.278$[m]$=27.8$[cm]

정답 | ②

27 빈출도 ★★

수격작용에 대한 설명으로 맞는 것은?

① 관로가 변할 때 물의 급격한 압력 저하로 인해 수중에서 공기가 분리되어 기포가 발생하는 것을 말한다.

② 펌프의 운전 중에 송출압력과 송출유량이 주기적으로 변동하는 현상을 말한다.

③ 관로의 급격한 온도변화로 인해 응결되는 현상을 말한다.

④ 흐르는 물을 갑자기 정지시킬 때 수압이 급격히 변화하는 현상을 말한다.

해설

배관 속 유체의 흐름이 갑자기 변화할 때 압력파에 의해 충격과 이상음이 발생하는 현상을 수격현상이라고 한다.

관련개념 펌프의 이상현상

현상	설명
수격현상	배관 속 유체의 흐름이 갑자기 변화할 때 압력파에 의해 충격과 이상음이 발생하는 현상
맥동현상	펌프 압력계의 지침이 흔들리며 토출량이 주기적으로 변동하며 진동하는 현상
공동현상	배관 내 흐르는 유체에서 압력이 증기압보다 낮아져 기포가 발생하는 현상

정답 | ④

28 빈출도 ★★★

거리가 1,000[m] 되는 곳에 안지름 20[cm]의 관을 통하여 물을 수평으로 수송하려 한다. 한 시간에 800[m³]를 보내기 위해 필요한 압력[kPa]는? (단, 관의 마찰계수는 0.03이다.)

① 1,370　　② 2,010
③ 3,750　　④ 4,580

해설

$$H=\frac{\Delta P}{\gamma}=\frac{flu^2}{2gD}$$

H: 마찰손실수두[m], ΔP: 압력 차이[kPa], γ: 비중량[kN/m³],
f: 마찰손실계수, l: 배관의 길이[m], u: 유속[m/s],
g: 중력가속도[m/s²], D: 배관의 직경[m]

유체는 물이므로 물의 비중량은 9.8[kN/m³]이다.
부피유량 공식 $Q=Au$에 의해 유량과 배관의 직경 D를 알면 유속은 다음과 같이 구할 수 있다.

$$u=\frac{Q}{A}=\frac{Q}{\frac{\pi}{4}D^2}=\frac{4Q}{\pi D^2}$$

u: 유속[m/s], Q: 유량[m³/s], A: 배관의 단면적[m²],
D: 배관의 직경[m]

유량이 800[m³/h]이므로 단위를 변환하면 $\frac{800}{3,600}$[m³/s]이다.
따라서 주어진 조건을 공식에 대입하면 필요한 압력 ΔP는

$$\Delta P=\gamma\times\frac{fl}{2gD}\times\left(\frac{4Q}{\pi D^2}\right)^2$$
$$=9.8\times\frac{0.03\times1,000}{2\times9.8\times0.2}\times\left(\frac{4\times\frac{800}{3,600}}{\pi\times0.2^2}\right)^2$$
$$\fallingdotseq 3,752[\text{kPa}]$$

정답 | ③

29 빈출도 ★

유속 6[m/s]로 정상류의 물이 화살표 방향으로 흐르는 배관에 압력계와 피토계가 설치되어 있다. 이때 압력계의 계기압력이 300[kPa]이었다면 피토계의 계기압력은 약 몇 [kPa]인가?

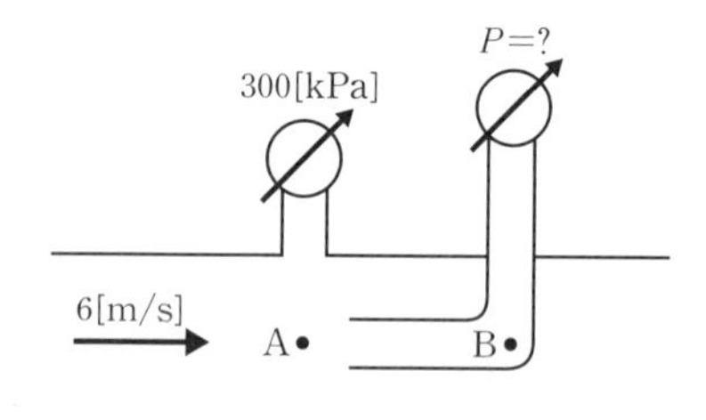

① 180　　② 280
③ 318　　④ 336

해설

$$u=\sqrt{2g\left(\frac{P_B-P_A}{\gamma_w}\right)}$$

u: 유속[m/s], g: 중력가속도[m/s²], P: 압력[kN/m²],
γ_w: 배관 유체의 비중량[kN/m³]

B점의 압력을 구하여야 하므로 공식을 변형하여 P_B에 관한 식으로 나타낸다.

$$P_B=P_A+\frac{u^2}{2g}\times\gamma_w$$

따라서 주어진 조건을 공식에 대입하면 B점의 압력 P_B는

$$P_B=300+\frac{6^2}{2\times9.8}\times9.8=318[\text{kPa}]$$

정답 | ③

30 빈출도 ★★

원형 물탱크의 안지름이 1[m]이고, 아래쪽 옆면에 안지름 100[mm]인 송출관을 통해 물을 수송할 때의 순간 유속이 3[m/s]이었다. 이 때 탱크 내 수면이 내려오는 속도는 몇 [m/s] 인가?

① 0.015 ② 0.02
③ 0.025 ④ 0.03

해설

물탱크에서 줄어드는 물의 부피유량과 송출관을 통해 빠져나가는 물의 부피유량은 같다.

$$Q = Au$$

Q: 부피유량[m^3/s], A: 유체의 단면적[m^2], u: 유속[m/s]

물탱크(1)와 송출관(2)은 원형이므로 단면적은 다음과 같다.

$$A = \frac{\pi}{4}D^2$$

$$A_1 = \frac{\pi}{4} \times 1^2$$

$$A_2 = \frac{\pi}{4} \times 0.1^2$$

송출관의 유속이 3[m/s]이고, 부피유량이 일정하므로 수면이 내려오는 속도 u_1는

$$Q = A_1u_1 = A_2u_2$$

$$\frac{\pi}{4} \times 1^2 \times u_1 = \frac{\pi}{4} \times 0.1^2 \times 3$$

$$u_1 = 0.03[m/s]$$

정답 | ④

31 빈출도 ★★★

물의 체적을 5[%] 감소시키려면 얼마의 압력[kPa]을 가하여야 하는가? (단, 물의 압축률은 5×10^{-10} [m^2/N] 이다.)

① 1 ② 10^2
③ 10^4 ④ 10^5

해설

$$\beta = \frac{1}{K} = -\frac{\frac{\Delta V}{V}}{\Delta P}$$

β: 압축률[m^2/N], K: 체적탄성계수[N/m^2], ΔV: 부피변화량, V: 부피, ΔP: 압력변화량[N/m^2]

압축률을 압력에 관한 식으로 나타내면 다음과 같다.

$$\Delta P = -\frac{\frac{\Delta V}{V}}{\beta}$$

부피가 5[%] 감소하였다는 것은 이전부피 V_1가 100일 때 이후부피 V_2는 95라는 의미이므로 부피변화율 $\frac{\Delta V}{V}$는

$\frac{95-100}{100} = -0.05$이다.

따라서 압력변화량 ΔP는

$$\Delta P = -\frac{-0.05}{5 \times 10^{-10}} = 10^8[Pa] = 10^5[kPa]$$

정답 | ④

32 빈출도 ★

액체 분자들 사이의 응집력과 고체면에 대한 부착력의 차이에 의하여 관내 액체표면과 자유표면 사이에 높이 차이가 나타나는 것과 가장 관계가 깊은 것은?

① 관성력 ② 점성
③ 뉴턴의 마찰법칙 ④ 모세관 현상

해설

모세관 현상은 분자간 인력인 응집력과 분자와 모세관 사이의 인력인 부착력의 차이에 의해 발생한다.

정답 | ④

33 빈출도 ★★★

비중이 0.877인 기름이 단면적이 변하는 원관을 흐르고 있으며 체적유량은 0.146[m³/s]이다. A점에서는 안지름이 150[mm], 압력이 91[kPa]이고, B점에서는 안지름이 450[mm], 압력이 60.3[kPa]이다. 또한 B점은 A점보다 3.66[m] 높은 곳에 위치한다. 기름이 A점에서 B점까지 흐르는 동안의 손실수두는 약 몇 [m] 인가? (단, 물의 비중량은 9,810[N/m³] 이다.)

① 3.3 ② 7.2
③ 10.7 ④ 14.1

해설

$$\frac{P_1}{\gamma}+\frac{u_1^2}{2g}+Z_1=\frac{P_2}{\gamma}+\frac{u_2^2}{2g}+Z_2+H$$

P: 압력[kN/m²], γ: 비중량[kN/m³], u: 유속[m/s], g: 중력가속도[m/s²], Z: 높이[m], H: 손실수두[m]

유체의 비중이 0.877이므로 유체의 비중량은 다음과 같다.

$$s=\frac{\rho}{\rho_w}=\frac{\gamma}{\gamma_w}$$

s: 비중, ρ: 비교물질의 밀도[kg/m³], ρ_w: 물의 밀도[kg/m³], γ: 비교물질의 비중량[kN/m³], γ_w: 물의 비중량[kN/m³]

$\gamma=s\gamma_w=0.877\times9.81≒8.6$

부피유량이 일정하므로 A점의 유속 u_1과 B점의 유속 u_2는 다음과 같다.

$Q=A_1u_1=A_2u_2$

$$u_1=\frac{Q}{A_1}=\frac{Q}{\frac{\pi}{4}D_1^2}=\frac{0.146}{\frac{\pi}{4}\times0.15^2}≒8.262[m/s]$$

$$u_2=\frac{Q}{A_2}=\frac{Q}{\frac{\pi}{4}D_2^2}=\frac{0.146}{\frac{\pi}{4}\times0.45^2}≒0.918[m/s]$$

B점이 A점보다 3.66[m] 높은 곳에 위치하므로 위치수두는 다음과 같다.

$Z_1+3.66=Z_2$

따라서 주어진 조건을 공식에 대입하면 마찰손실수두 H는

$$H=\frac{P_1-P_2}{\gamma}+\frac{u_1^2-u_2^2}{2g}+(Z_1-Z_2)$$
$$=\frac{91-60.3}{8.6}+\frac{8.262^2-0.918^2}{2\times9.8}+(-3.66)$$
$$≒3.35[m]$$

정답 | ①

34 빈출도 ★

−15[℃]의 얼음 10[g]을 100[℃]의 증기로 만드는데 필요한 열량은 약 몇 [kJ]인가? (단, 얼음의 융해열은 335[kJ/kg], 물의 증발잠열은 2,256[kJ/kg], 얼음의 평균 비열은 2.1[kJ/kg·K]이고, 물의 평균 비열은 4.18[kJ/kg·K]이다.

① 7.85 ② 27.1
③ 30.4 ④ 35.2

해설

−15[℃]의 얼음은 0[℃]까지 온도변화 후 물로 상태변화를 하고 다시 100[℃]까지 온도변화 후 수증기로 상태변화한다.

$$Q=cm\Delta T$$

Q: 열량[kJ], c: 비열[kJ/kg·K], m: 질량[kg], ΔT: 온도변화[K]

$$Q=mr$$

Q: 열량[kJ], m: 질량[kg], r: 잠열[kJ/kg]

얼음의 평균 비열은 2.1[kJ/kg·K]이므로 0.01[kg]의 얼음이 −15[℃]에서 0[℃]까지 온도변화하는 데 필요한 열량은 다음과 같다.

$Q_1=2.1\times0.01\times(0-(-15))=0.315[kJ]$

얼음의 융해열은 335[kJ/kg]이므로 0[℃]의 얼음이 물로 상태변화하는 데 필요한 열량은 다음과 같다.

$Q_2=0.01\times335=3.35[kJ]$

물의 평균 비열은 4.18[kJ/kg·K]이므로 0.01[kg]의 물이 0[℃]에서 100[℃]까지 온도변화하는 데 필요한 열량은 다음과 같다.

$Q_3=4.18\times0.01\times(100-0)=4.18[kJ]$

물의 증발잠열은 2,256[kJ/kg]이므로 100[℃]의 물이 수증기로 상태변화하는 데 필요한 열량은 다음과 같다.

$Q_4=0.01\times2{,}256[kJ/kg]=22.56[kJ]$

따라서 −15[℃]의 얼음이 100[℃]의 수증기로 변화하는 데 필요한 열량은

$$Q=Q_1+Q_2+Q_3+Q_4=0.315+3.35+4.18+22.56$$
$$=30.405[kJ]$$

정답 | ③

35 빈출도 ★

단면적이 A와 $2A$인 U자형 관에 밀도가 d인 기름이 담겨져 있다. 단면적이 $2A$인 관에 관벽과는 마찰이 없는 물체를 놓았더니 그림과 같이 평형을 이루었다. 이 때 이 물체의 질량은?

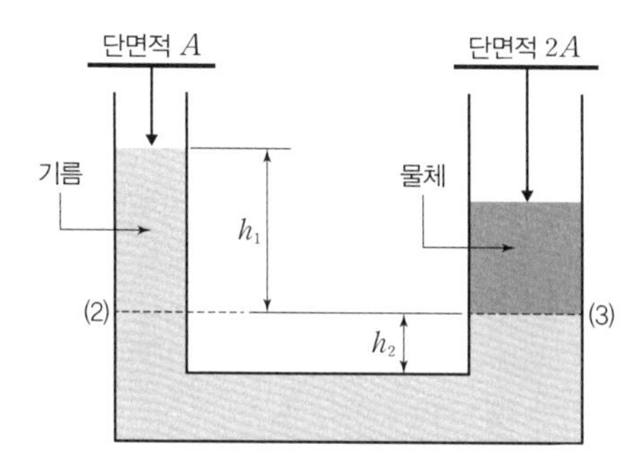

① $2Ah_1d$ ② Ah_1d
③ $A(h_1+h_2)d$ ④ $A(h_1-h_2)d$

해설

$$P_x=\rho gh$$

P_x: x점에서의 압력[N/m²], ρ: 밀도[kg/m³],
g: 중력가속도[m/s²], h: x점으로부터 표면까지의 높이[m]

(2)면에 작용하는 압력은 기름이 누르는 압력과 같다.

$P_2=dgh_1$

(3)면에 작용하는 압력은 물체가 누르는 압력과 같다.

$$P=\frac{F}{A}$$

P: 압력[N/m²], F: 힘[N], A: 면적[m²]

물체가 가진 질량을 m이라고 하면 물체가 누르는 힘 F는 mg이고, 따라서 물체가 누르는 압력은 다음과 같다.

$P_3=\frac{mg}{2A}$

유체 내부에서 같은 수평면(높이)에는 같은 압력이 작용하므로 (2)면과 (3)면의 압력은 같다.

$P_2=P_3$

$dgh_1=\frac{mg}{2A}$

따라서 물체의 질량 m은

$m=2Ah_1d$

정답 | ①

36 빈출도 ★

이상적인 카르노 사이클의 과정인 단열 압축과 등온 압축의 엔트로피 변화에 관한 설명으로 옳은 것은?

① 등온 압축의 경우 엔트로피 변화는 없고, 단열 압축의 경우 엔트로피 변화는 감소한다.
② 등온 압축의 경우 엔트로피 변화는 없고, 단열 압축의 경우 엔트로피 변화는 증가한다.
③ 단열 압축의 경우 엔트로피 변화는 없고, 등온 압축의 경우 엔트로피 변화는 감소한다.
④ 단열 압축의 경우 엔트로피 변화는 없고, 등온 압축의 경우 엔트로피 변화는 증가한다.

해설

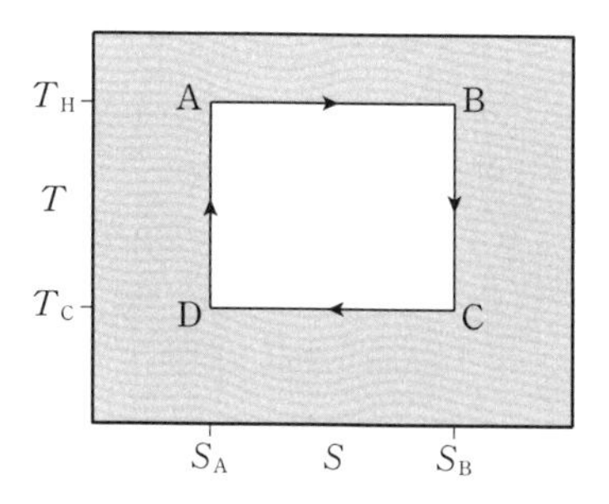

카르노 사이클은 등온 팽창(A−B)에서 엔트로피가 증가하고, 등온 압축(C−D)에서 엔트로피가 감소한다.
단열 팽창(B−C), 단열 압축(D−A)에서는 엔트로피 변화가 없다.

정답 | ③

37 빈출도 ★★

무한한 두 평판 사이에 유체가 채워져 있고 한 평판은 정지해 있고 또 다른 평판은 일정한 속도로 움직이는 Couette 유동을 하고 있다. 유체 A만 채워져 있을 때 평판을 움직이기 위한 단위면적당 힘을 τ_1이라 하고 같은 평판 사이에 점성이 다른 유체 B만 채워져 있을 때 필요한 힘을 τ_2라 하면 유체 A와 B가 반반씩 위아래로 채워져 있을 때 평판을 같은 속도로 움직이기 위한 단위면적당 힘에 대한 표현으로 옳은 것은?

① $\tau_1=\frac{\tau_2}{2}$ ② $\sqrt{\tau_1\tau_2}$

③ $\frac{2\tau_1\tau_2}{\tau_1+\tau_2}$ ④ $\tau_1+\tau_2$

해설

점도가 다른 두 유체가 채워져 있을 때 전단응력은 각각의 유체가 채워져 있을 때의 전단응력의 조화평균에 수렴한다.

정답 | ③

38 빈출도 ★

양정 220[m], 유량 0.025[m³/s], 회전수 2,900[rpm]인 4단 원심 펌프의 비교회전도(비속도)[m³/min, m, rpm]는 얼마인가?

① 176 ② 167

③ 45 ④ 23

해설

펌프의 비교회전도(비속도)를 구하는 공식은 다음과 같다.

$$N_s=\frac{NQ^{\frac{1}{2}}}{\left(\frac{H}{n}\right)^{\frac{3}{4}}}$$

N_s: 비교회전도[m³/min, m, rpm], N: 회전수[rpm], Q: 유량[m³/min], H: 양정[m], n: 단수

유량이 0.025[m³/s]이므로 단위를 변환하면 $0.025\times60=1.5$[m³/min]이다.

주어진 조건을 공식에 대입하면 비교회전도 N_s는

$$N_s=\frac{2,900\times1.5^{\frac{1}{2}}}{\left(\frac{220}{4}\right)^{\frac{3}{4}}}\fallingdotseq175.86[m^3/min, m, rpm]$$

정답 | ①

39 빈출도 ★★

파이프 단면적이 2.5배로 급격하게 확대되는 구간을 지난 후의 유속이 1.2[m/s]이다. 부차적 손실계수가 0.36이라면 급격확대로 인한 손실수두는 몇 [m]인가?

① 0.0264 ② 0.0661
③ 0.165 ④ 0.331

해설

$$H=\frac{(u_1-u_2)^2}{2g}=K\frac{u_1^2}{2g}$$

H: 마찰손실수두[m], u_1: 좁은 배관의 유속[m/s], u_2: 넓은 배관의 유속[m/s], g: 중력가속도[m/s²], K: 부차적 손실계수

파이프 단면적이 2.5배로 확대되었으므로 단면적의 비율은 다음과 같다.

$A_2=2.5A_1$

부피유량이 일정하므로 파이프의 확대 전 유속 u_1와 확대 후 유속 u_2는 다음과 같다.

$Q=A_1u_1=A_2u_2$

$u_1=\left(\frac{A_2}{A_1}\right)\times u_2=2.5\times 1.2=3$[m/s]

주어진 조건을 공식에 대입하면 급격확대로 인한 손실수두 H는

$H=K\frac{u_1^2}{2g}=0.36\times\frac{3^2}{2\times 9.8}\fallingdotseq 0.165$[m]

정답 ③

40 빈출도 ★★

열역학 관련 설명 중 틀린 것은?

① 삼중점에서는 물체의 고상, 액상, 기상이 공존한다.
② 압력이 증가하면 물의 끓는점도 높아진다.
③ 열을 완전히 일로 변환할 수 있는 효율이 100[%]인 열기관은 만들 수 없다.
④ 기체의 정적비열은 정압비열보다 크다.

해설

정압비열 C_p는 정적비열 C_v보다 기체상수 R만큼 더 크다. 정압비열은 압력을 유지하기 위해 부피팽창이 일어나므로 정적비열보다 더 크다.

선지분석

① 물질의 상평형도에서 삼중점은 서로 다른 세 개의 상이 공존하는 지점이다.
② 압력이 증가하면 분자 간 인력을 끊기 위해 더 많은 열을 필요로 하므로 더 높은 온도에서 끓기 시작한다.
③ 열역학 제2법칙에 의해 효율이 100[%]인 열기관은 존재할 수 없다.

정답 ④

소방관계법규

41 빈출도 ★

소방시설공사업법령상 전문 소방시설공사업의 등록기준 및 영업범위의 기준에 대한 설명으로 틀린 것은?

① 법인인 경우 자본금은 최소 1억 원 이상이다.
② 개인인 경우 자산평가액은 최소 1억 원 이상이다.
③ 주된 기술인력 최소 1명 이상, 보조기술인력 최소 3명 이상을 둔다.
④ 영업범위는 특정소방대상물에 설치되는 기계분야 및 전기분야 소방시설의 공사·개설·이전 및 정비이다.

해설

전문소방시설공사업의 등록기준에 필요한 기술인력은 주된 기술인력 최소 1명 이상, 보조기술인력 2명 이상이다.

관련개념 전문소방시설공사업의 등록기준 및 영업범위

기술인력	• 주된 기술인력: 소방기술사 또는 기계분야와 전기분야의 소방설비기사 각 1명 이상 • 보조기술인력: 2명 이상
자본금	• 법인: 1억 원 이상 • 개인: 자산평가액 1억 원 이상
영업범위	특정소방대상물에 설치되는 기계분야 및 전기분야 소방시설의 공사·개설·이전 및 정비

정답 | ③

42 빈출도 ★

다음 중 한국소방안전원의 업무에 해당하지 않는 것은?

① 소방용 기계·기구의 형식승인
② 소방업무에 관하여 행정기관이 위탁하는 업무
③ 화재 예방과 안전관리의식 고취를 위한 대국민 홍보
④ 소방기술과 안전관리에 관한 교육, 조사·연구 및 각종 간행물 발간

해설

소방용 기계·기구의 형식승인은 한국소방산업기술원의 업무로 한국소방안전원의 업무가 아니다.

관련개념 한국소방안전원의 업무

㉠ 소방기술과 안전관리에 관한 교육 및 조사·연구
㉡ 소방기술과 안전관리에 관한 각종 간행물 발간
㉢ 화재 예방과 안전관리의식 고취를 위한 대국민 홍보
㉣ 소방업무에 관하여 행정기관이 위탁하는 업무
㉤ 소방안전에 관한 국제협력
㉥ 그 밖에 회원에 대한 기술지원 등 정관으로 정하는 사항

정답 | ①

43 빈출도 ★★★

소방시설 설치 및 관리에 관한 법률상 단독경보형 감지기를 설치하여야 하는 특정소방대상물의 기준 중 옳은 것은?

① 연면적 600[m^2] 미만의 아파트등
② 연면적 400[m^2] 미만의 유치원
③ 연면적 1,000[m^2] 미만의 숙박시설
④ 교육연구시설 또는 수련시설 내에 있는 합숙소 또는 기숙사로서 연면적 1,000[m^2] 미만인 것

해설

연면적 400[m^2] 미만의 유치원에 단독경보형 감지기를 설치해야 한다.

관련개념 **단독경보형 감지기를 설치해야 하는 특정소방대상물**

시설	대상
기숙사 또는 합숙소	• 교육연구시설 내에 있는 것으로서 연면적 2,000[m^2] 미만 • 수련시설 내에 있는 것으로서 연면적 2,000[m^2] 미만
수련시설	수용인원 100명 미만인 숙박시설이 있는 것
유치원	연면적 400[m^2] 미만
연립주택 및 다세대 주택*	전체

* 연립주택 및 다세대 주택인 경우 연동형으로 설치할 것

정답 | ②

44 빈출도 ★★

소방시설공사업법령에 따른 소방시설공사 중 특정소방대상물에 설치된 소방시설등을 구성하는 것의 전부 또는 일부를 개설, 이전 또는 정비하는 공사의 착공신고 대상이 아닌 것은?

① 수신반
② 소화펌프
③ 동력(감시)제어반
④ 제연설비의 제연구역

해설

제연설비의 제연구역은 착공신고 대상이 아니다.

관련개념 **특정소방대상물에 설치된 소방시설등을 구성하는 것의 전부 또는 일부를 개설, 이전 또는 정비하는 공사의 착공신고 대상**

㉠ 수신반
㉡ 소화펌프
㉢ 동력(감시)제어반

정답 | ④

45 빈출도 ★★★

소방시설 설치 및 관리에 관한 법령상 소방시설등에 대하여 스스로 점검을 하지 아니하거나 관리업자등으로 하여금 정기적으로 점검하게 하지 아니한 자에 대한 벌칙 기준으로 옳은 것은?

① 6개월 이하의 징역 또는 1,000만 원 이하의 벌금
② 1년 이하의 정역 또는 1,000만 원 이하의 벌금
③ 3년 이하의 징역 또는 1,500만 원 이하의 벌금
④ 3년 이하의 징역 또는 3,000만 원 이하의 벌금

해설

소방시설등에 대한 자체점검을 하지 아니하거나 관리업자등으로 하여금 정기적으로 점검하게 하지 아니한 자는 1년 이하의 징역 또는 1천만 원 이하의 벌금에 처한다.

정답 | ②

46 빈출도 ★★

위험물안전관리법령상 제조소등의 관계인은 위험물의 안전관리에 관한 직무를 수행하게 하기 위하여 제조소등마다 위험물의 취급에 관한 자격이 있는 자를 위험물안전관리자로 선임하여야 한다. 이 경우 제조소등의 관계인이 지켜야 할 기준으로 틀린 것은?

① 제조소등의 관계인은 안전관리자를 해임하거나 안전관리자가 퇴직한 때에는 해임하거나 퇴직한 날부터 15일 이내에 다시 안전관리자를 선임하여야 한다.

② 제조소등의 관계인이 안전관리자를 선임한 경우에는 선임한 날부터 14일 이내에 소방본부장 또는 소방서장에게 신고하여야 한다.

③ 제조소등의 관계인은 안전관리자가 여행 · 질병 그 밖의 사유로 인하여 일시적으로 직무를 수행할 수 없는 경우에는 국가기술자격법에 따른 위험물의 취급에 관한 자격취득자 또는 위험물안전에 관한 기본 지식과 경험이 있는 자를 대리자로 지정하여 그 직무를 대행하게 하여야 한다. 이 경우 대행하는 기간은 30일을 초과할 수 없다.

④ 안전관리자는 위험물을 취급하는 작업을 하는 때에는 작업자에게 안전관리에 관한 필요한 지시를 하는 등 위험물의 취급에 관한 안전관리와 감독을 하여야 하고, 제조소등의 관계인은 안전관리자의 위험물 안전관리에 관한 의견을 존중하고 그 권고에 따라야 한다.

해설

제조소등의 관계인은 안전관리자를 해임하거나 안전관리자가 퇴직한 때에는 해임하거나 퇴직한 날부터 30일 이내에 다시 안전관리자를 선임하고 14일 이내에 소방본부장 또는 소방서장에게 신고하여야 한다.

정답 | ①

47 빈출도 ★

다음 중 품질이 우수하다고 인정되는 소방용품에 대하여 우수품질인증을 할 수 있는 자는?

① 산업통상자원부장관

② 시 · 도지사

③ 소방청장

④ 소방본부장 또는 소방서장

해설

소방청장은 형식승인의 대상이 되는 소방용품 중 품질이 우수하다고 인정하는 소방용품에 대하여 우수품질인증을 할 수 있다.

정답 | ③

48 빈출도 ★

지정수량의 최소 몇 배 이상의 위험물을 취급하는 제조소에는 피뢰침을 설치해야 하는가? (단, 제6류 위험물을 취급하는 위험물제조소는 제외하고, 제조소 주위의 상황에 따라 안전상 지장이 없는 경우도 제외한다.)

① 5배 ② 10배

③ 50배 ④ 100배

해설

지정수량의 10배 이상의 위험물을 취급하는 제조소(제6류 위험물을 취급하는 위험물제조소 제외)에는 피뢰침을 설치하여야 한다.

정답 | ②

49 빈출도 ★★

소방시설공사가 완공되고 나면 누구에게 완공검사를 받아야 하는가?

① 소방시설 설계업자
② 소방시설 사용자
③ 소방본부장 또는 소방서장
④ 시 · 도지사

해설

공사업자는 소방시설공사를 완공하면 소방본부장 또는 소방서장의 완공검사를 받아야 한다.

정답 | ③

50 빈출도 ★★

화재의 예방 및 안전관리에 관한 법률상 소방안전 특별관리시설물의 대상 기준 중 틀린 것은?

① 수련시설
② 항만시설
③ 전력용 및 통신용 지하구
④ 지정문화유산인 시설(시설이 아닌 지정문화유산을 보호하거나 소장하고 있는 시설 포함)

해설

수련시설은 소방안전 특별관리시설물의 대상이 아니다.

정답 | ①

51 빈출도 ★

소방기본법령상 소방안전교육사의 배치대상별 배치 기준으로 틀린 것은?

① 소방청: 2명 이상 배치
② 소방서: 1명 이상 배치
③ 소방본부: 2명 이상 배치
④ 한국소방안전원(본회): 1명 이상 배치

해설

한국소방안전원(본회)은 소방안전교육사를 2명 이상 배치해야 한다.

관련개념 소방안전교육사의 배치대상 및 기준

배치대상	배치기준
소방청	2명 이상
소방본부	2명 이상
소방서	1명 이상
한국소방안전원	본회: 2명 이상 시 · 도지부: 1명 이상
한국소방산업기술원	2명 이상

정답 | ④

52 빈출도 ★★★

근린생활시설 중 일반목욕장인 경우 연면적 몇 [m^2] 이상이면 자동화재탐지설비를 설치해야 하는가?

① 500
② 1,000
③ 1,500
④ 2,000

해설

근린생활시설 중 목욕장은 연면적 1,000[m^2] 이상인 경우 자동화재탐지설비를 설치해야 한다.

정답 | ②

53 빈출도 ★★

위험물안전관리법령상 제조소의 위치·구조 및 설비의 기준 중 위험물을 취급하는 건축물 그 밖의 시설의 주위에는 그 취급하는 위험물을 최대수량이 지정수량의 10배 이하인 경우 보유하여야 할 공지의 너비는 몇 [m] 이상이어야 하는가?

① 3 ② 5
③ 8 ④ 10

해설

취급하는 위험물의 최대수량이 지정수량의 10배 이하인 경우 공지의 너비는 3[m] 이상이어야 한다.

관련개념 **제조소 보유공지의 너비**

취급하는 위험물의 최대수량	공지의 너비
지정수량의 10배 이하	3[m] 이상
지정수량의 10배 초과	5[m] 이상

정답 | ①

54 빈출도 ★★

소방기본법령상 소방대장은 화재, 재난·재해 그 밖의 위급한 상황이 발생한 현장에 소방활동구역을 정하여 소방활동에 필요한 자로서 대통령령으로 정하는 사람 외에는 그 구역에의 출입을 제한할 수 있다. 다음 중 소방활동구역에 출입할 수 없는 사람은?

① 소방활동구역 안에 있는 소방대상물의 소유자·관리자 또는 점유자
② 전기·가스·수도·통신·교통의 업무에 종사하는 사람으로서 원활한 소방활동을 위하여 필요한 사람
③ 시·도지사가 소방활동을 위하여 출입을 허가한 사람
④ 의사·간호사 그 밖에 구조·구급업무에 종사하는 사람

해설

소방대장이 소방활동을 위하여 출입을 허가한 사람이 소방활동구역에 출입할 수 있다. 시·도지사는 소방활동을 위해 출입을 허가할 권한이 없다.

관련개념 **소방활동구역의 출입이 가능한 사람**

㉠ 소방활동구역 안에 있는 소방대상물의 소유자·관리자 또는 점유자(관계인)
㉡ 전기·가스·수도·통신·교통의 업무에 종사하는 사람으로서 원활한 소방활동을 위하여 필요한 사람
㉢ 의사·간호사 그 밖의 구조·구급업무에 종사하는 사람
㉣ 취재인력 등 보도업무에 종사하는 사람
㉤ 수사업무에 종사하는 사람
㉥ 그 밖에 소방대장이 소방활동을 위하여 출입을 허가한 사람

정답 | ③

55 빈출도 ★

위험물안전관리법령상 위험물의 안전관리와 관련된 업무를 수행하는 자로서 소방청장이 실시하는 안전교육 대상자가 아닌 것은?

① 안전관리자로 선임된 자
② 탱크시험자의 기술인력으로 종사하는 자
③ 위험물운송자로 종사하는 자
④ 제조소등의 관계인

해설

제조소등의 관계인은 위험물 안전교육대상자가 아니다.

관련개념 위험물 안전교육대상자

㉠ 안전관리자로 선임된 자
㉡ 탱크시험자의 기술인력으로 종사하는 자
㉢ 위험물운반자로 종사하는 자
㉣ 위험물운송자로 종사하는 자

정답 | ④

56 빈출도 ★★

화재의 예방 및 안전관리에 관한 법률상 특수가연물의 저장 및 취급 기준을 위반한 경우 과태료 부과기준은?

① 50만 원 이하 ② 100만 원 이하
③ 150만 원 이하 ④ 200만 원 이하

해설

특수가연물의 저장 및 취급 기준을 위반한 경우 200만 원 이하의 과태료를 부과한다.

정답 | ④

57 빈출도 ★★

위험물안전관리법령에 따른 정기점검의 대상인 제조소등의 기준 중 틀린 것은?

① 암반탱크저장소
② 지하탱크저장소
③ 이동탱크저장소
④ 지정수량의 150배 이상의 위험물을 저장하는 옥외탱크저장소

해설

정기점검의 대상인 제조소는 지정수량의 200배 이상의 위험물을 저장하는 옥외탱크저장소이다.

관련개념 정기점검의 대상인 제조소

시설	취급 또는 저장량
제조소	지정수량의 10배 이상
옥외저장소	지정수량의 100배 이상
옥내저장소	지정수량의 150배 이상
옥외탱크저장소	지정수량의 200배 이상
암반탱크저장소	전체
이송취급소	전체
일반취급소	• 지정수량의 10배 이상 • 제4류 위험물(특수인화물 제외)만을 지정수량의 50배 이하로 취급하는 일반취급소(제1석유류 · 알코올류의 취급량이 지정수량의 10배 이하인 경우에 한함)로서 다음의 경우 제외 – 보일러 · 버너 또는 이와 비슷한 것으로서 위험물을 소비하는 장치로 이루어진 일반취급소 – 위험물을 용기에 옮겨 담거나 차량에 고정된 탱크에 주입하는 일반취급소
지하탱크저장소	전체
이동탱크저장소	전체
제조소, 주유취급소 또는 일반취급소	위험물을 취급하는 탱크로서 지하에 매설된 탱크가 있는 것

정답 | ④

58 빈출도 ★★★

화재의 예방 및 안전관리에 관한 법률상 보일러, 난로, 건조설비, 가스·전기시설, 그 밖에 화재 발생 우려가 있는 설비 또는 기구 등의 위치·구조 및 관리와 화재 예방을 위하여 불을 사용할 때 지켜야 하는 사항은 무엇으로 정하는가?

① 총리령
② 대통령령
③ 시·도 조례
④ 행정안전부령

해설

화재 예방을 위하여 불을 사용할 때 지켜야 하는 사항은 대통령령으로 정한다.

정답 | ②

59 빈출도 ★

소방시설공사업의 명칭·상호를 변경하고자 하는 경우 민원인이 반드시 제출하여야 하는 서류는?

① 소방시설업 등록증 및 등록수첩
② 법인등기부등본 및 소방기술인력 연명부
③ 소방기술인력의 자격증 및 자격수첩
④ 사업자등록증 및 소방기술인력의 자격증

해설

소방시설공사업의 명칭·상호를 변경하고자 하는 경우 민원인은 소방시설업 등록증 및 등록수첩을 제출하여야 한다.

관련개념 **등록사항의 변경신고**

㉠ 상호(명칭) 또는 영업소 소재지가 변경된 경우
- 소방시설업 등록증 및 등록수첩

㉡ 대표자가 변경된 경우
- 소방시설업 등록증 및 등록수첩
- 변경된 대표자의 성명, 주민등록번호 및 주소지 등의 인적사항이 적힌 서류

㉢ 기술인력이 변경된 경우
- 소방시설업 등록수첩
- 기술인력 증빙서류

정답 | ①

60 빈출도 ★★★

소방기본법령상 소방용수시설별 설치기준 중 틀린 것은?

① 급수탑 개폐밸브는 지상에서 1.5[m] 이상 1.7[m] 이하의 위치에 설치하도록 할 것
② 소화전은 상수도와 연결하여 지하식 또는 지상식의 구조로 하고, 소방용 호스와 연결하는 소화전의 연결금속구의 구경은 100[mm]로 할 것
③ 저수조 흡수관의 투입구가 사각형의 경우에는 한 변의 길이가 60[cm] 이상, 원형의 경우에는 지름이 60[cm] 이상일 것
④ 저수조는 지면으로부터의 낙차가 4.5[m] 이하일 것

해설

소화전은 상수도와 연결하여 지하식 또는 지상식의 구조로 하고, 소방용 호스와 연결하는 소화전의 연결금속구의 구경은 65[mm]로 해야 한다.

관련개념 **소화전의 설치기준**

㉠ 상수도와 연결하여 지하식 또는 지상식의 구조로 할 것
㉡ 연결금속구의 구경: 65[mm]

급수탑의 설치기준

㉠ 급수배관의 구경: 100[mm] 이상
㉡ 개폐밸브: 지상에서 1.5[m] 이상 1.7[m] 이하

저수조의 설치기준

㉠ 지면으로부터 낙차: 4.5[m] 이하
㉡ 흡수부분의 수심: 0.5[m] 이상
㉢ 흡수관의 투입구

사각형	한 변의 길이 60[cm] 이상
원형	지름 60[cm] 이상

정답 | ②

소방기계시설의 구조 및 원리

61 빈출도 ★★★

소화기구 및 자동소화장치의 화재안전기술기준 (NFTC 101) 상 타고 나서 재가 남는 일반화재에 해당하는 일반 가연물은?

① 고무　　② 타르
③ 솔벤트　　④ 유성도료

해설

일반화재(A급 화재)에 해당하는 것은 고무이다.

관련개념

②, ③, ④는 유류가 타고 나서 재가 남지않는 유류화재(B급 화재)이다.

정답 | ①

62 빈출도 ★★

제연설비에서 예상제연구역의 각 부분으로부터 하나의 배출구까지의 수평거리를 몇 [m] 이내가 되도록 하여야 하는가?

① 10[m]　　② 12[m]
③ 15[m]　　④ 20[m]

해설

예상제연구역의 각 부분으로부터 하나의 배출구까지의 수평거리는 10[m] 이내로 한다.

관련개념 **배출구의 설치기준**

㉠ 예상제연구역(통로 제외)의 바닥면적이 400[m^2] 미만인 경우
- 벽으로 구획되어 있는 경우 배출구는 천장 또는 반자와 바닥 사이의 중간 윗부분에 설치한다.
- 어느 한 부분이 제연경계로 구획되어 있는 경우 천장·반자 또는 이에 가까운 벽의 부분에 설치한다.
- 배출구를 벽에 설치하는 경우 배출구의 하단이 해당 예상제연구역에서 제연경계의 폭이 가장 짧은 제연경계의 하단보다 높이 되도록 한다.

㉡ 통로인 예상제연구역과 바닥면적이 400[m^2] 이상인 경우
- 벽으로 구획되어 있는 경우 배출구는 천장·반자 또는 이에 가까운 벽의 부분에 설치한다.
- 배출구를 벽에 설치하는 경우 배출구의 하단과 바닥 간의 최단거리를 2[m] 이상으로 한다.
- 어느 한 부분이 제연경계로 구획되어 있는 경우 천장·반자 또는 이에 가까운 벽의 부분에 설치한다.
- 배출구를 벽 또는 제연경계에 설치하는 경우 배출구의 하단이 해당 예상제연구역에서 제연경계의 폭이 가장 짧은 제연경계의 하단보다 높이 되도록 한다.

㉢ 예상제연구역의 각 부분으로부터 하나의 배출구까지의 수평거리는 10[m] 이내로 한다.

정답 | ①

63 빈출도 ★★★

소화기구 및 자동소화장치의 화재안전기술기준(NFTC 101) 상 건축물의 주요구조부가 내화구조이고, 벽 및 반자의 실내에 면하는 부분이 불연재료로 된 바닥면적이 600[m²]인 노유자시설에 필요한 소화기구의 능력단위는 최소 얼마 이상으로 하여야 하는가?

① 2단위　　② 3단위
③ 4단위　　④ 6단위

해설

노유자시설에 소화기구를 설치할 경우 바닥면적 100[m²]마다 능력단위 1단위 이상으로 하며, 주요구조부가 내화구조이고, 벽 및 반자의 실내에 면하는 부분이 불연재료로 된 특정소방대상물의 경우 기준의 2배를 기준면적으로 하므로

$$\frac{600[m^2]}{100[m^2]\times 2}=3\text{단위}$$

관련개념 **소화기구의 특정소방대상물별 능력단위**

특정소방대상물	소화기구의 능력단위
1. 위락시설	해당 용도의 바닥면적 30[m²]마다 능력단위 1단위 이상
2. 공연장·집회장·관람장·문화재·장례식장 및 의료시설	해당 용도의 바닥면적 50[m²]마다 능력단위 1단위 이상
3. 근린생활시설·판매시설·운수시설·숙박시설·노유자시설·전시장·공동주택·업무시설·방송통신시설·공장·창고시설·항공기 및 자동차 관련 시설 및 관광휴게시설	해당 용도의 바닥면적 100[m²]마다 능력단위 1단위 이상
4. 그 밖의 것	해당 용도의 바닥면적 200[m²]마다 능력단위 1단위 이상

소화기구의 능력단위를 산출할 때 건축물의 주요구조부가 내화구조이고, 벽 및 반자의 실내에 면하는 부분이 불연재료·준불연재료 또는 난연재료로 된 특정소방대상물의 경우 위 기준의 2배를 기준면적으로 한다.

정답 | ②

64 빈출도 ★★★

피난기구의 화재안전기술기준(NFTC 301) 상 의료시설에 구조대를 설치해야 할 층이 아닌 것은?

① 2　　② 3
③ 4　　④ 5

해설

의료시설에는 3층, 4층 이상 10층 이하의 층에 구조대를 설치해야 한다.

관련개념 **설치장소별 피난기구의 적응성**

층별 설치 장소별	1층	2층	3층	4층 이상 10층 이하
의료시설·근린생활시설 중 입원실이 있는 의원·접골원·조산원			• 미끄럼대 • 구조대 • 피난교 • 피난용트랩 • 다수인 피난장비 • 승강식 피난기	• 구조대 • 피난교 • 피난용트랩 • 다수인 피난장비 • 승강식 피난기

정답 | ①

65 빈출도 ★★★

지하구의 화재안전성능기준(NFPC 605)에 따라 연소방지설비의 살수구역은 환기구 등을 기준으로 최대 몇 [m] 이내마다 살수구역을 설정하여야 하는가?

① 150 ② 350

③ 700 ④ 1,000

해설

환기구 사이의 간격이 700[m]를 초과하는 경우 700[m] 이내마다 살수구역을 설정한다.

관련개념 **연소방지설비 헤드의 설치기준**

㉠ 천장 또는 벽면에 설치한다.

㉡ 헤드 간의 수평거리는 연소방지설비 전용헤드의 경우 2[m] 이하, 개방형 스프링클러헤드의 경우 1.5[m] 이하로 한다.

㉢ 소방대원의 출입이 가능한 환기구 · 작업구마다 지하구의 양쪽 방향으로 살수헤드를 설치하고, 한쪽 방향의 살수구역의 길이는 3[m] 이상으로 한다.

㉣ 환기구 사이의 간격이 700[m]를 초과하는 경우 700[m] 이내마다 살수구역을 설정한다. 지하구의 구조를 고려하여 방화벽을 설치한 경우 그렇지 않다.

정답 | ③

66 빈출도 ★

미분무소화설비 배관의 배수를 위한 기울기 기준 중 다음 ( ) 안에 알맞은 것은? (단, 배관의 구조상 기울기를 줄 수 없는 경우는 제외한다.)

> 개방형 미분무소화설비에는 헤드를 향하여 상향으로 수평주행배관의 기울기를 (㉠) 이상, 가지배관의 기울기를 (㉡) 이상으로 할 것

① ㉠ $\frac{1}{100}$ ㉡ $\frac{1}{500}$

② ㉠ $\frac{1}{500}$ ㉡ $\frac{1}{100}$

③ ㉠ $\frac{1}{250}$ ㉡ $\frac{1}{500}$

④ ㉠ $\frac{1}{500}$ ㉡ $\frac{1}{250}$

해설

개방형 미분무소화설비의 배관은 헤드를 향하여 상향으로 수평주행배관의 기울기를 $\frac{1}{500}$ 이상, 가지배관의 기울기를 $\frac{1}{250}$ 이상으로 한다.

관련개념 **배관의 배수를 위한 기울기 기준**

㉠ 폐쇄형 미분무소화설비의 배관은 수평으로 한다.

㉡ 배관의 구조 상 소화수가 남아있는 곳에는 배수밸브를 설치한다.

㉢ 개방형 미분무소화설비의 배관은 헤드를 향하여 상향으로 수평주행배관의 기울기를 $\frac{1}{500}$ 이상, 가지배관의 기울기를 $\frac{1}{250}$ 이상으로 한다.

㉣ 배관의 구조 상 기울기를 줄 수 없는 경우 배수를 원활하게 할 수 있도록 배수밸브를 설치한다.

정답 | ④

67 빈출도 ★★★

이산화탄소 소화약제 저압식 저장용기의 충전비로 옳은 것은?

① 0.9 이상 1.1 이하　② 1.1 이상 1.4 이하
③ 1.4 이상 1.7 이하　④ 1.5 이상 1.9 이하

해설

저장용기의 충전비는 고압식은 1.5 이상 1.9 이하, 저압식은 1.1 이상 1.4 이하로 한다.

관련개념 **저장용기의 설치기준**

㉠ 저장용기의 충전비는 고압식은 1.5 이상 1.9 이하, 저압식은 1.1 이상 1.4 이하로 한다.
㉡ 저압식 저장용기에는 내압시험압력의 0.64배 이상 0.8배 이하의 압력에서 작동하는 안전밸브를 설치한다.
㉢ 저압식 저장용기에는 내압시험압력의 0.8배 이상 1배 이하의 압력에서 작동하는 봉판을 설치한다.
㉣ 저압식 저장용기에는 액면계 및 압력계와 2.3[MPa] 이상 1.9[MPa] 이하의 압력에서 작동하는 압력경보장치를 설치한다.
㉤ 저압식 저장용기에는 용기 내부의 온도가 −18[℃] 이하에서 2.1[MPa]의 압력을 유지할 수 있는 자동냉동장치를 설치한다.
㉥ 고압식 저장용기는 25[MPa] 이상, 저압식 저장용기는 3.5[MPa] 이상의 내압시험압력에 합격한 것으로 한다.
㉦ 저장용기의 개방밸브는 전기식·가스압력식 또는 기계식에 따라 자동으로 개방되고 수동으로도 개방되는 것으로서 안전장치가 부착된 것으로 한다.
㉧ 저장용기와 선택밸브 또는 개폐밸브 사이에는 배관의 최소사용설계압력과 최대허용압력 사이의 압력에서 작동하는 안전장치를 설치한다.

정답 | ②

68 빈출도 ★

화재조기진압용 스프링클러설비의 화재안전기술기준(NFTC 103B) 상 화재조기진압용 스프링클러설비 설치장소의 구조 기준으로 틀린 것은?

① 창고 내의 선반의 형태는 하부로 물이 침투되는 구조로 할 것
② 천장의 기울기가 1,000분의 168을 초과하지 않아야 하고, 이를 초과하는 경우에는 반자를 지면과 수평으로 설치할 것
③ 천장은 평평하여야 하며 철재나 목재트러스 구조인 경우, 철재나 목재의 돌출부분이 102[mm]를 초과하지 아니할 것
④ 해당 층의 높이가 10[m] 이하일 것. 다만, 3층 이상일 경우에는 해당 층의 바닥을 내화구조로 하고 다른 부분과 방화구획 할 것

해설

해당 층의 높이가 13.7[m] 이하이어야 한다.
2층 이상인 층에서는 해당 층의 바닥을 내화구조로 하고 다른 부분과 방화구획 한다.

관련개념 **화재조기진압용 스프링클러설비 설치장소의 구조기준**

㉠ 해당 층의 높이가 13.7[m] 이하이어야 한다.
㉡ 2층 이상인 층에서는 해당 층의 바닥을 내화구조로 하고 다른 부분과 방화구획 한다.
㉢ 천장의 기울기가 168/1,000을 초과하지 않고, 초과하는 경우 반자를 지면과 수평으로 설치한다.
㉣ 천장은 평평해야 하고, 철재나 목재트러스 구조인 경우 철재나 목재의 돌출 부분이 102[mm]를 초과하지 않아야 한다.
㉤ 보로 사용되는 목재·콘크리트 및 철재 사이의 간격은 0.9[m] 이상 2.3[m] 이하이어야 한다.
㉥ 보의 간격이 2.3[m] 이상인 경우 화재조기진압용 스프링클러헤드의 동작을 원활히 하기 위해 보로 구획된 부분의 천장 및 반자의 넓이가 28[m^2]를 초과하지 않아야 한다.
㉦ 창고 내의 선반 등의 형태는 하부로 물이 침투되는 구조이어야 한다.

정답 | ④

69 빈출도 ★★

포 소화설비의 배관 등의 설치기준 중 옳은 것은?

① 포워터 스프링클러설비 또는 포헤드설비의 가지배관의 배열은 토너먼트방식으로 한다.
② 송액관은 겸용으로 하여야 한다. 다만, 포소화전의 기동장치의 조작과 동시에 다른 설비의 용도에 사용하는 배관의 송수를 차단할 수 있거나, 포소화설비의 성능에 지장이 없는 경우에는 전용으로 할 수 있다.
③ 송액관은 포의 방출 종료 후 배관안의 액을 배출하기 위하여 적당한 기울기를 유지하도록 하고 그 낮은 부분에 배액밸브를 설치하여야 한다.
④ 연결송수관설비의 배관과 겸용할 경우의 주배관은 구경 65[mm] 이상, 방수구로 연결되는 배관의 구경은 100[mm] 이상의 것으로 하여야 한다.

해설

송액관은 포의 방출 종료 후 배관 안의 액을 배출하기 위하여 적당한 기울기를 유지하도록 하고 그 낮은 부분에 배액밸브를 설치한다.

선지분석

① 포워터 스프링클러설비 또는 포헤드설비의 가지배관의 배열은 토너먼트방식이 아니어야 하며, 교차배관에서 분기하는 지점을 기점으로 한쪽 가지배관에 설치하는 헤드의 수는 8개 이하로 한다.
② 송액관은 전용으로 한다.
포소화전의 기동장치의 조작과 동시에 다른 설비의 용도에 사용하는 배관의 송수를 차단할 수 있거나, 포소화설비의 성능에 지장이 없는 경우에는 다른 설비와 겸용할 수 있다.
④ 포 소화설비는 연결송수관설비의 배관과 겸용할 수 없다.

정답 | ③

70 빈출도 ★

지하구의 화재안전기술기준(NFTC 605)에 따른 지하구의 통합감시시설 설치기준으로 틀린 것은?

① 소방관서와 지하구의 통제실 간에 화재 등 소방활동과 관련된 정보를 상시 교환할 수 있는 정보통신망을 구축할 것
② 수신기는 방재실과 공동구의 입구 및 연소방지설비 송수구가 설치된 장소(지상)에 설치할 것
③ 정보통신망(무선통신망 포함)은 광케이블 또는 이와 유사한 성능을 가진 선로일 것
④ 수신기는 화재신호, 경보, 발화지점 등 수신기에 표시되는 정보가 기준에 적합한 방식으로 119상황실이 있는 관할 소방관서의 정보통신장치에 표시되도록 할 것

해설

수신기는 지하구의 통제실에 설치한다.

관련개념 통합감시시설의 설치기준

㉠ 소방관서와 지하구의 통제실 간에 화재 등 소방활동과 관련된 정보를 상시 교환할 수 있는 정보통신망을 구축한다.
㉡ 정보통신망(무선통신망 포함)은 광케이블 또는 이와 유사한 성능을 가진 선로이어야 한다.
㉢ 수신기는 지하구의 통제실에 설치하고 화재신호, 경보, 발화지점 등 수신기에 표시되는 정보가 적합한 방식으로 119상황실이 있는 관할 소방관서의 정보통신장치에 표시되도록 한다.

정답 | ②

71 빈출도 ★★

미분무 소화설비 용어의 정의 중 다음 (   ) 안에 알맞은 것은?

> "미분무"란 물만을 사용하여 소화하는 방식으로 최소설계압력에서 헤드로부터 방출되는 물입자 중 99[%]의 누적체적분포가 (㉠)[μm] 이하로 분무되고 (㉡)급 화재에 적응성을 갖는 것을 말한다.

① ㉠ 400 ㉡ A, B, C
② ㉠ 400 ㉡ B, C
③ ㉠ 200 ㉡ A, B, C
④ ㉠ 200 ㉡ B, C

해설

미분무란 헤드로부터 방출되는 물입자 중 99[%]의 누적체적분포가 400[μm] 이하로 분무되고 A, B, C급 화재에 적응성을 갖는 것이다.

관련개념 용어의 정의

미분무	헤드로부터 방출되는 물입자 중 99[%]의 누적체적분포가 400[μm] 이하로 분무되고 A, B, C급 화재에 적응성을 갖는 것
저압 미분무소화설비	최고사용압력이 1.2[MPa] 이하인 미분무소화설비
중압 미분무소화설비	사용압력이 1.2[MPa]을 초과하고 3.5[MPa] 이하인 미분무소화설비
고압 미분무소화설비	최저사용압력이 3.5[MPa]을 초과하는 미분무소화설비

정답 | ①

72 빈출도 ★

특별피난계단의 계단실 및 부속실 제연설비의 화재안전성능기준(NFPC 501A) 상 급기풍도 단면의 긴변 길이가 1,300[mm]인 경우, 강판의 두께는 최소 몇 [mm] 이상이어야 하는가?

① 0.6 ② 0.8
③ 1.0 ④ 1.2

해설

급기풍도 단면의 긴변 길이가 1,300[mm]인 경우 강판의 두께는 0.8[mm] 이상이어야 한다.

관련개념 금속판 급기풍도의 설치기준

㉠ 아연도금강판 또는 동등 이상의 내식성·내열성이 있는 것으로 하며, 건축법에 따른 불연재료(석면 제외)인 단열재로 풍도 외부에 유효한 단열처리를 하고, 강판의 두께는 풍도의 크기에 따라 다음의 표에 따른 기준 이상으로 한다.

풍도단면의 긴변 또는 직경의 크기	강판의 두께
450[mm] 이하	0.5[mm]
450[mm] 초과 750[mm] 이하	0.6[mm]
750[mm] 초과 1,500[mm] 이하	0.8[mm]
1,500[mm] 초과 2,250[mm] 이하	1.0[mm]
2,250[mm] 초과	1.2[mm]

㉡ 방화구획이 되는 전용실에 급기송풍기와 연결되는 풍도는 단열이 필요 없다.
㉢ 풍도에서의 누설량은 급기량의 10[%]를 초과하지 않도록 한다.

정답 | ②

73 빈출도 ★★★

스프링클러설비의 화재안전기술기준(NFTC 103)에 따라 폐쇄형 스프링클러 헤드를 최고 주위온도 40[°C]인 장소(공장 및 창고 제외)에 설치할 경우 표시온도는 몇 [°C]의 것을 설치하여야 하는가?

① 79[°C] 미만
② 79[°C] 이상 121[°C] 미만
③ 121[°C] 이상 162[°C] 미만
④ 162[°C] 이상

해설

최고 주위온도가 40[°C]인 경우 표시온도는 79[°C] 이상 121[°C] 미만인 것을 설치해야 한다.

관련개념 헤드의 설치기준

폐쇄형 스프링클러 헤드는 그 설치장소의 평상시 최고 주위온도에 따라 다음의 표에 따른 적합한 표시온도의 것으로 설치한다. 높이가 4[m] 이상인 공장 및 창고(랙식 창고 포함)에는 주위온도와 관계없이 표시온도 121[°C] 이상의 것으로 할 수 있다.

설치장소의 최고 주위온도	표시온도
39[°C] 미만	79[°C] 미만
39[°C] 이상 64[°C] 미만	79[°C] 이상 121[°C] 미만
64[°C] 이상 106[°C] 미만	121[°C] 이상 162[°C] 미만
106[°C] 이상	162[°C] 이상

정답 | ②

74 빈출도 ★

다음 중 피난기구의 화재안전기술기준(NFTC 301)에 따라 피난기구를 설치하지 아니하여도 되는 소방대상물로 틀린 것은?

① 발코니 등을 통하여 인접세대로 피난할 수 있는 구조로 되어 있는 계단실형 아파트
② 주요구조부가 내화구조로서 거실의 각 부분으로 직접 복도로 피난할 수 있는 학교(강의실 용도로 사용되는 층에 한함)
③ 무인공장 또는 자동창고로서 사람의 출입이 금지된 장소
④ 문화집회 및 운동시설 · 판매시설 및 영업시설 또는 노유자시설의 용도로 사용되는 층으로서 그 층의 바닥면적이 1,000[m^2] 이상인 것

해설

문화집회 및 운동시설 · 판매시설 및 영업시설 또는 노유자시설의 용도로 사용되는 층으로서 그 층의 바닥면적이 1,000[m^2] 이상인 것은 제외한다.
문화시설, 집회시설, 운동시설, 판매시설, 영업시설, 노유자시설은 사람의 출입이 빈번한 장소로 일정 규모 이상의 장소에는 피난기구의 설치가 반드시 필요하다.

정답 | ④

75 빈출도 ★

예상제연구역 바닥면적 400[m^2] 미만 거실의 공기유입구와 배출구간의 직선거리 기준으로 옳은 것은? (단, 제연경계에 의한 구획을 제외한다.)

① 2[m] 이상 확보되어야 한다.
② 3[m] 이상 확보되어야 한다.
③ 5[m] 이상 확보되어야 한다.
④ 10[m] 이상 확보되어야 한다.

해설

바닥면적 400[m^2] 미만의 거실인 예상제연구역(제연경계에 따른 구획 제외)에는 공기유입구와 배출구간의 직선거리를 5[m] 이상 또는 구획된 실의 긴변의 $\frac{1}{2}$ 이상으로 한다.

정답 | ③

76 빈출도 ★

주거용 주방자동소화장치의 설치기준으로 틀린 것은?

① 감지부는 형식승인 받은 유효한 높이 및 위치에 설치해야 한다.
② 소화약제 방출구는 환기구의 청소부분과 분리되어 있어야 한다.
③ 가스차단 장치는 상시 확인 및 점검이 가능하도록 설치해야 한다.
④ 탐지부는 수신부와 분리하여 설치하되, 공기보다 무거운 가스를 사용하는 장소에는 바닥면으로부터 0.2[m] 이하의 위치에 설치해야 한다.

해설

가스용 주방자동소화장치를 사용하는 경우 탐지부는 수신부와 분리하여 설치하되, 공기보다 가벼운 가스를 사용하는 경우 천장면으로부터 30[cm] 이하의 위치에 설치하고, 공기보다 무거운 가스를 사용하는 장소에는 바닥면으로부터 30[cm] 이하의 위치에 설치한다.

관련개념 주거용 주방자동소화장치의 설치기준

㉠ 소화약제 방출구는 환기구의 청소부분과 분리되어 있어야 한다.
㉡ 소화약제 방출구는 형식승인 받은 유효설치 높이 및 방호면적에 따라 설치한다.
㉢ 감지부는 형식승인 받은 유효한 높이 및 위치에 설치한다.
㉣ 차단장치(전기 또는 가스)는 상시 확인 및 점검이 가능하도록 설치한다.
㉤ 가스용 주방자동소화장치를 사용하는 경우 탐지부는 수신부와 분리하여 설치하되, 공기보다 가벼운 가스를 사용하는 경우 천장면으로부터 30[cm] 이하의 위치에 설치하고, 공기보다 무거운 가스를 사용하는 장소에는 바닥면으로부터 30[cm] 이하의 위치에 설치한다.
㉥ 수신부는 주위의 열기류 또는 습기 등과 주위온도에 영향을 받지 않고 사용자가 상시 볼 수 있는 장소에 설치한다.

정답 | ④

77 빈출도 ★

이산화탄소 소화설비 및 할론 소화설비의 국소방출방식에 대한 설명으로 옳은 것은?

① 고정식 소화약제 공급장치에 배관 및 분사헤드를 설치하여 직접 화점에 소화약제를 방출하는 방식이다.
② 고정된 분사헤드에서 밀폐 방호구역 공간 전체로 소화약제를 방출하는 방식이다.
③ 호스 선단에 부착된 노즐을 이동하여 방호대상물에 직접 소화약제를 방출하는 방식이다.
④ 소화약제 용기 노즐 등을 운반기구에 적재하고 방호대상물에 직접 소화약제를 방출하는 방식이다.

해설

국소방출방식은 소화약제 공급장치에 배관 및 분사헤드를 설치하여 직접 화점에 소화약제를 방출하는 방식이다.

관련개념 소화약제의 방출방식

구분	설명
전역방출방식	소화약제 공급장치에 배관 및 분사헤드 등을 설치하여 밀폐 방호구역 내에 소화약제를 방출하는 방식
국소방출방식	소화약제 공급장치에 배관 및 분사헤드를 설치하여 직접 화점에 소화약제를 방출하는 방식
호스릴방식	소화수 또는 소화약제 저장용기 등에 연결된 호스릴을 이용하여 사람이 직접 화점에 소화수 또는 소화약제를 방출하는 방식

정답 | ①

78 빈출도 ★

간이스프링클러설비의 화재안전기술기준(NFTC 103A) 상 간이스프링클러설비의 배관 및 밸브 등의 설치순서로 맞는 것은? (단, 수원이 펌프보다 낮은 경우이다.)

① 상수도직결형은 수도용 계량기, 급수차단장치, 개폐표시형밸브, 체크밸브, 압력계, 유수검지장치, 2개의 시험밸브 순으로 설치할 것
② 펌프 설치 시에는 수원, 연성계 또는 진공계, 펌프 또는 압력수조, 압력계, 체크밸브, 개폐표시형밸브, 유수검지장치, 2개의 시험밸브 순으로 설치할 것
③ 가압수조 이용 시에는 수원, 가압수조, 압력계, 체크밸브, 개폐표시형밸브, 유수검지장치, 1개의 시험밸브 순으로 설치할 것
④ 캐비닛형인 경우 수원, 펌프 또는 압력수조, 압력계, 체크밸브, 연성계 또는 진공계, 개폐표시형밸브 순으로 설치할 것

해설

상수도직결형은 수도용 계량기, 급수차단장치, 개폐표시형밸브, 체크밸브, 압력계, 유수검지장치, 2개의 시험밸브의 순으로 설치한다.

관련개념 배수설비의 설치순서

㉠ 상수도직결형은 수도용 계량기, 급수차단장치, 개폐표시형밸브, 체크밸브, 압력계, 유수검지장치, 2개의 시험밸브의 순으로 설치한다.
㉡ 펌프 등의 가압송수장치를 이용하여 배관 및 밸브 등을 설치하는 경우에는 수원, 연성계 또는 진공계, 펌프 또는 압력수조, 압력계, 체크밸브, 성능시험배관, 개폐표시형밸브, 유수검지장치, 시험밸브의 순으로 설치한다.
㉢ 가압수조를 가압송수장치로 이용하여 배관 및 밸브 등을 설치하는 경우에는 수원, 가압수조, 압력계, 체크밸브, 성능시험배관, 개폐표시형밸브, 유수검지장치, 2개의 시험밸브의 순으로 설치한다.
㉣ 캐비닛형의 가압송수장치에 배관 및 밸브 등을 설치하는 경우에는 수원, 연성계 또는 진공계, 펌프 또는 압력수조, 압력계, 체크밸브, 개폐표시형밸브, 2개의 시험밸브의 순으로 설치한다.

정답 | ①

79 빈출도 ★

바닥면적이 180[m²]인 건축물 내부에 호스릴방식의 포 소화설비를 설치할 경우 가능한 포 소화약제의 최소 필요량은 몇 [L]인가? (단, 호스 접결구: 2개, 약제 농도: 3[%])

① 180 ② 270
③ 650 ④ 720

해설

호스릴방식의 저장량 산출기준에 따라 계산하면

$Q = N \times S \times 6{,}000[L] = 2 \times 0.03 \times 6{,}000[L] = 360[L]$

바닥면적이 200[m²] 미만이므로 산출량의 75[%]으로 한다.

$360[L] \times 0.75 = 270[L]$

관련개념

옥내 포 소화전방식 또는 호스릴방식은 다음의 식에 따라 산출한 양 이상으로 한다.

$$Q = N \times S \times 6{,}000[L]$$

Q: 포소화약제의 양[L], N: 호스 접결구 개수(최대 5개), S: 포소화약제의 사용농도[%]

바닥면적이 200[m²] 미만인 건축물은 산출한 양의 75[%]로 할 수 있다.

정답 | ②

80 빈출도 ★

거실 제연설비 설계 중 배출량 선정에 있어서 고려하지 않아도 되는 사항은?

① 예상제연구역의 수직거리
② 예상제연구역의 바닥면적
③ 제연설비의 배출방식
④ 자동식 소화설비 및 피난설비의 설치 유무

해설

자동식 소화설비 및 피난설비의 설치 유무는 거실 제연설비의 배출량 산정과 관계가 없다.

선지분석

① 2[m], 2.5[m], 3[m]로 구분되는 예상제연구역의 수직거리에 따라 배출량을 다르게 산정한다.
② 400[m²]로 구분되는 거실의 바닥면적에 따라 배출량을 다르게 산정한다.
③ 거실이 통로와 인접하고 바닥면적이 50[m²] 미만인 경우 통로배출방식으로 할 수 있다.

정답 | ④

2023년 4회 CBT 복원문제

■ 1회독 ■ 2회독 ■ 3회독

소방원론

01 빈출도 ★★★

다음 물질을 저장하는 창고에서 화재가 발생하였을 때 주수소화를 할 수 없는 물질은?

① 부틸리튬 ② 질산에틸
③ 나이트로셀룰로스 ④ 적린

해설

부틸리튬(C_4H_9Li)과 물이 반응하면 뷰테인(C_4H_{10})이 발생하므로 주수소화가 적합하지 않다.

$C_4H_9Li + H_2O \rightarrow LiOH + C_4H_{10}$

선지분석

② 질산에틸(질산에스터류, 5류), ③ 나이트로셀룰로스(5류), ④ 적린(2류) 모두 물에 녹지 않고 가라앉으므로 주수소화를 하여 물에 의한 냉각소화를 할 수 있다.

정답 | ①

02 빈출도 ★★

제4류 위험물의 물리·화학적 특성에 대한 설명으로 틀린 것은?

① 증기비중은 공기보다 크다.
② 정전기에 의한 화재발생위험이 있다.
③ 인화성 액체이다.
④ 인화점이 높을수록 증기발생이 용이하다.

해설

인화점이 높다는 것은 상대적으로 높은 온도에서 연소가 시작된다는 의미이고, 온도가 높아져야 연소가 시작되기에 충분한 증기가 발생한다는 의미이다.
따라서 인화점이 높을수록 증기발생이 어렵다.

관련개념 **제4류 위험물(인화성 액체)**

㉠ 상온에서 안정적인 액체 상태로 존재하며, 비전도성을 갖는다.
㉡ 물보다 가볍고 대부분 물에 녹지 않는 비수용성이다.
㉢ 인화성 증기를 발생시킨다.
㉣ 폭발하한계와 발화점이 낮은 편이지만, 약간의 자극으로 쉽게 폭발하지 않는다.
㉤ 대부분의 증기는 유기화합물이며, 공기보다 무겁다.

정답 | ④

03 빈출도 ★

프로페인가스의 최소점화에너지는 일반적으로 약 몇 [mJ] 정도 되는가?

① 0.25 ② 2.5
③ 25 ④ 250

해설

상온, 상압에서 프로페인가스의 최소점화에너지는 0.25[mJ]이다.

관련개념 **최소점화에너지**

가연성물질에 점화원을 이용하여 점화 시 가연성물질이 발화하기 위해 필요한 최소에너지이다.
일반적으로 온도, 압력 등이 상승할수록 최소점화에너지는 낮아진다.

정답 | ①

04 빈출도 ★★★

제2류 위험물에 해당하지 않는 것은?

① 유황 ② 황화인

③ 적린 ④ 황린

해설

황린은 제3류 위험물(자연발화성 및 금수성 물질)이다.

정답 | ④

05 빈출도 ★★

상온 및 상압의 공기 중에서 탄화수소류의 가연물을 소화하기 위한 이산화탄소 소화약제의 농도는 약 몇 [%] 인가? (단, 탄화수소류는 산소농도가 10[%]일 때 소화된다고 가정한다.)

① 28.57 ② 35.48

③ 49.56 ④ 52.38

해설

산소 21[%], 이산화탄소 0[%]인 공기에 이산화탄소 소화약제가 추가되어 산소의 농도는 10[%]가 되어야 한다.

$$\frac{21}{100+x}=\frac{10}{100}$$

따라서 추가된 이산화탄소 소화약제의 양 x는 110이며, 이때 전체 중 이산화탄소의 농도는

$$\frac{x}{100+x}=\frac{110}{100+110}\fallingdotseq 0.5238=52.38[\%]$$이다.

관련개념

㉠ 소화약제 방출 전 공기의 양을 100으로 두고 풀이하면 된다.
㉡ 분모의 x는 공학용 계산기의 SOLVE 기능을 활용하면 쉽다.

정답 | ④

06 빈출도 ★

포 소화약제가 갖추어야 할 조건이 아닌 것은?

① 부착성이 있을 것

② 유동성과 내열성이 있을 것

③ 응집성과 안정성이 있을 것

④ 소포성이 있고 기화가 용이할 것

해설

포소화약제는 미세한 기포로 연소물의 표면을 덮어 공기를 차단(질식효과)하며 함께 사용한 물에 의한 냉각효과로 화재를 진압한다. 따라서 거품이 꺼지는 성질(소포성)은 없을수록, 기화는 어려울수록 좋다.

관련개념 포 소화약제의 구비조건

내열성	• 화염 및 화열에 대한 내력이 강해야 화재 시 포(Foam)가 파괴되지 않는다. • 발포 배율이 낮을수록 환원시간이 길수록 내열성이 우수하다.
내유성	• 포가 유류에 오염되어 파괴되지 않아야 한다. • 특히 표면하주입식의 경우는 포(Foam)가 유류에 오염될 경우 적용할 수 없다.
유동성	포가 연소하는 유면 위를 자유로이 유동하여 확산되어야 소화가 원활해진다.
점착성	포가 표면에 잘 흡착하여야 질식의 효과를 극대화시킬 수 있으며, 점착성이 불량할 경우 바람에 의하여 포가 날아가게 된다.

정답 | ④

07 빈출도 ★★★

공기와 Halon 1301의 혼합기체에서 Halon 1301에 비해 공기의 확산속도는 약 몇 배인가? (단, 공기의 평균분자량은 29, 할론 1301의 분자량은 149이다.)

① 2.27배 ② 3.85배
③ 5.17배 ④ 6.46배

해설

같은 온도와 압력에서 두 기체의 확산속도의 비는 두 기체 분자량의 제곱근의 비와 같다.

$$\frac{v_a}{v_b} = \sqrt{\frac{M_b}{M_a}} = \sqrt{\frac{149}{29}} \fallingdotseq 2.27$$

관련개념 **그레이엄의 법칙**

$$\frac{v_a}{v_b} = \sqrt{\frac{M_b}{M_a}}$$

v_a: a기체의 확산속도 [m/s], v_b: b기체의 확산속도 [m/s], M_a: a기체의 분자량, M_b: b기체의 분자량

정답 | ①

08 빈출도 ★★

위험물안전관리법령상 위험물로 분류되는 것은?

① 과산화수소 ② 압축산소
③ 프로페인가스 ④ 포스겐

해설

과산화수소는 제6류 위험물(산화성 액체)이다.

관련개념

"위험물"은 인화성 또는 발화성 등의 성질을 가지는 물질로 일반적으로 고체 또는 액체이다.

정답 | ①

09 빈출도 ★★★

가연물의 종류에 따라 화재를 분류하였을 때 섬유류 화재가 속하는 것은?

① A급 화재 ② B급 화재
③ C급 화재 ④ D급 화재

해설

섬유(면화)류 화재는 A급 화재(일반화재)에 해당한다.

관련개념 **A급 화재(일반화재) 대상물**

㉠ 일반가연물: 섬유(면화)류, 종이, 고무, 석탄, 목재 등
㉡ 합성고분자: 폴리에스테르, 폴리에틸렌, 폴리우레탄 등

정답 | ①

10 빈출도 ★★★

어떤 유기화합물을 원소 분석한 결과 중량백분율이 C: 39.9[%], H: 6.7[%], O: 53.4[%]인 경우에 이 화합물의 분자식은? (단, 원자량은 C=12, O=16, H=1이다.)

① $C_3H_8O_2$ ② $C_2H_4O_2$
③ C_2H_4O ④ $C_2H_6O_2$

해설

어떤 유기화합물에서 탄소, 수소, 산소 원자의 질량비가 39.9 : 6.7 : 53.4일 때, 각 원자의 원자량으로 나누면 원자 수의 비율로 나타낼 수 있다.

$$\frac{39.9}{12} : \frac{6.7}{1} : \frac{53.4}{16} = 3.325 : 6.7 : 3.3375$$

이는 약 1 : 2 : 1의 비율로 나누어지며 이 비율로 구성할 수 있는 분자식은 $C_2H_4O_2$이다.

정답 | ②

11 빈출도 ★★★

전기화재의 원인으로 거리가 먼 것은?

① 단락 ② 과전류
③ 누전 ④ 절연 과다

해설

절연이 충분히 이루어지지 못하면 화재가 발생할 수 있다.

관련개념 전기화재의 발생 원인

㉠ 단락 · 전기스파크 · 과전류 또는 절연불량
㉡ 접속부 과열, 열적 경과 또는 지락 · 낙뢰 · 누전

정답 | ④

12 빈출도 ★★★

위험물별 저장방법에 대한 설명 중 틀린 것은?

① 유황은 정전기가 축적되지 않도록 하여 저장한다.
② 적린은 화기로부터 격리하여 저장한다.
③ 마그네슘은 건조하면 부유하여 분진폭발의 위험이 있으므로 물에 적시어 보관한다.
④ 황화린은 산화제와 격리하여 저장한다.

해설

제2류 위험물인 마그네슘은 물과 반응하면 가연성 가스인 수소를 발생시키므로 물, 습기 등과의 접촉을 피하여 저장한다.

정답 | ③

13 빈출도 ★★

소화약제로 사용하는 물의 증발잠열로 기대할 수 있는 소화효과는?

① 냉각소화 ② 질식소화
③ 제거소화 ④ 촉매소화

해설

물은 비열과 증발잠열이 높아 온도 및 상태변화에 많은 에너지를 필요로 하기 때문에 가연물의 온도를 빠르게 떨어뜨린다.

관련개념 소화의 형태

㉠ 냉각소화(냉각효과): 연소하는 가연물의 온도를 인화점 아래로 떨어뜨려 소화하는 방법
㉡ 질식소화(피복효과): 산소의 공급을 차단하여 소화하는 방법
㉢ 제거소화(제거효과): 화재현장 주위의 물체를 치우고 연료를 제거하여 소화하는 방법
㉣ 억제소화(부촉매효과): 화재의 연쇄반응을 차단하여 소화하는 방법

정답 | ①

14 빈출도 ★★★

자연발화 방지대책에 대한 설명 중 틀린 것은?

① 저장실의 온도를 낮게 유지한다.
② 저장실의 환기를 원활히 시킨다.
③ 촉매물질과의 접촉을 피한다.
④ 저장실의 습도를 높게 유지한다.

해설

수분은 비열이 높아 많은 열을 축적할 수 있으므로 습도가 낮아야 자연발화를 방지할 수 있다.

관련개념 발화의 조건

㉠ 주변 온도가 높고, 발열량이 클수록 발화하기 쉽다.
㉡ 열전도율이 낮을수록 열 축적이 쉬워 발화하기 쉽다.
㉢ 표면적이 넓어 산소와의 접촉량이 많을수록 발화하기 쉽다.
㉣ 분자량, 온도, 습도, 농도, 압력이 클수록 발화하기 쉽다.
㉤ 활성화 에너지가 작을수록 발화하기 쉽다.

정답 | ④

15 빈출도 ★★

물리적 폭발에 해당하는 것은?

① 분해 폭발 ② 분진 폭발
③ 중합 폭발 ④ 수증기 폭발

해설

물질의 물리적 변화에서 기인한 폭발을 물리적 폭발이라고 한다. 수증기 폭발은 액체상태의 물이 기체상태의 수증기로 변화하며 생기는 순간적인 부피 차이로 발생하는 물리적 폭발이다.

선지분석

① 분해 폭발은 물질이 다른 둘 이상의 물질로 분해되면서 생기는 부피 차이로 발생하는 화학적 폭발이다.
② 분진 폭발은 물질이 가루 상태일 때 더 빠르게 일어나는 화학 반응으로 인해 생기는 부피 차이로 발생하는 화학적 폭발이다.
③ 중합 폭발은 저분자의 물질이 고분자의 물질로 합성되며 생기는 부피 차이로 발생하는 화학적 폭발이다.

정답 | ④

16 빈출도 ★★

소화약제인 IG－541의 성분이 아닌 것은?

① 질소 ② 아르곤
③ 헬륨 ④ 이산화탄소

해설

IG－541은 질소(N_2) 52[%], 아르곤(Ar) 40[%], 이산화탄소(CO_2) 8[%]로 구성된다.

관련개념 **불활성기체 소화약제**

소화약제	화학식
IG－01	Ar
IG－100	N_2
IG－541	N_2: 52[%], Ar: 40[%], CO_2: 8[%]
IG－55	N_2: 50[%], Ar: 50[%]

정답 | ③

17 빈출도 ★★★

어떤 기체가 0[℃], 1기압에서 부피가 11.2[L], 기체 질량이 22[g]이었다면 이 기체의 분자량은? (단, 이상기체로 가정한다.)

① 22 ② 35
③ 44 ④ 56

해설

0[℃], 1기압에서 22.4[L]의 기체 속에는 1[mol]의 기체 분자가 들어 있다. 따라서 0[℃], 1기압, 11.2[L]의 기체 속에는 0.5[mol]의 기체가 들어 있다.

22.4[L]:1[mol]=11.2[L]:0.5[mol]

기체의 질량은 22[g]이므로, 기체의 분자량은

$\frac{22[g]}{0.5[mol]}=44[g/mol]$이다.

관련개념 **아보가드로의 법칙**

㉠ 온도와 압력이 일정할 때 같은 부피 안의 기체 분자 수는 기체의 종류와 관계없이 일정하다.
㉡ 0[℃](273[K]), 1[atm]에서 22.4[L] 안의 기체 분자 수는 1[mol], 6.022×10^{23}개이다.

정답 | ③

18 빈출도 ★★

연소의 4요소 중 자유활성기(free radical)의 생성을 저하시켜 연쇄반응을 중지시키는 소화방법은?

① 제거소화 ② 냉각소화
③ 질식소화 ④ 억제소화

해설

억제소화는 연소의 요소 중 연쇄적 산화반응을 약화시켜 연소의 지속을 불가능하게 하는 방법이다.
가연물 내 함유되어 있는 수소·산소로부터 생성되는 수소기(H•), 수산기(•OH)를 화학적으로 제조된 부촉매제(분말 소화약제, 할론가스 등)와 반응하게 하여 더 이상 연소생성물인 이산화탄소·수증기 등의 생성을 억제시킨다.

정답 | ④

19 빈출도 ★★★

프로페인의 연소범위[vol%]에 가장 가까운 것은?

① 9.8~28.4　　② 2.5~81
③ 4.0~75　　④ 2.1~9.5

해설

프로페인가스의 연소범위는 2.1~9.5[vol%]이다.

관련개념 주요 가연성 가스의 연소범위와 위험도

가연성 가스	하한계 [vol%]	상한계 [vol%]	위험도
아세틸렌(C_2H_2)	2.5	81	31.4
수소(H_2)	4	75	17.8
일산화탄소(CO)	12.5	74	4.9
에테르($C_2H_5OC_2H_5$)	1.9	48	24.3
이황화탄소(CS_2)	1.2	44	35.7
에틸렌(C_2H_4)	2.7	36	12.3
암모니아(NH_3)	15	28	0.9
메테인(CH_4)	5	15	2
에테인(C_2H_6)	3	12.4	3.1
프로페인(C_3H_8)	2.1	9.5	3.5
뷰테인(C_4H_{10})	1.8	8.4	3.7

정답 ④

20 빈출도 ★★★

탄산수소나트륨이 주성분인 분말 소화약제는?

① 제1종 분말　　② 제2종 분말
③ 제3종 분말　　④ 제4종 분말

해설

제1종 분말의 주성분은 탄산수소나트륨($NaHCO_3$)이다.

관련개념 분말 소화약제

구분	주성분	색상	적응화재
제1종	탄산수소나트륨 ($NaHCO_3$)	백색	B급 화재 C급 화재
제2종	탄산수소칼륨 ($KHCO_3$)	담자색 (보라색)	B급 화재 C급 화재
제3종	제1인산암모늄 ($NH_4H_2PO_4$)	담홍색	A급 화재 B급 화재 C급 화재
제4종	탄산수소칼륨+요소 [$KHCO_3+CO(NH_2)_2$]	회색	B급 화재 C급 화재

정답 ①

21 빈출도 ★

원관 속을 층류상태로 흐르는 유체의 속도분포가 다음과 같을 때 관 벽에서 30[mm] 떨어진 곳에서 유체의 속도기울기(속도구배)는 약 몇 [s^{-1}]인가?

$u=3y^{\frac{1}{2}}$	u: 유속[m/s], y: 관 벽으로부터의 거리[m]

① 0.87　② 2.74
③ 8.66　④ 27.4

해설

주어진 속도분포식을 벽으로부터의 거리 y에 대하여 미분하면 다음과 같다.

$$\frac{du}{dy}=\frac{3}{2\sqrt{y}}$$

관 벽으로부터 30[mm] 떨어진 곳에서 유체의 속도기울기는

$$\frac{du}{dy}=\frac{3}{2\sqrt{0.03}}\fallingdotseq 8.66[\mathrm{s}^{-1}]$$

정답 | ③

22 빈출도 ★★★

그림과 같이 노즐이 달린 수평관에서 계기압력이 0.49[MPa]이었다. 이 관의 안지름이 6[cm]이고 관의 끝에 달린 노즐의 지름이 2[cm]이라면 노즐의 분출속도는 몇 [m/s]인가? (단, 노즐에서의 손실은 무시하고, 관마찰계수는 0.025이다.)

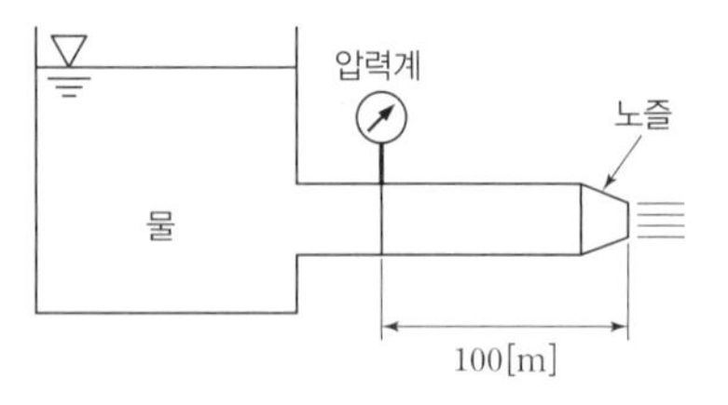

① 16.8　② 20.4
③ 25.5　④ 28.4

해설

노즐을 통과하기 전 후의 압력과 속도의 관계식은 베르누이 방정식을 통해 구할 수 있다.

$$\frac{P_1}{\gamma}+\frac{u_1^2}{2g}+Z_1=\frac{P_2}{\gamma}+\frac{u_2^2}{2g}+Z_2+H$$

P: 압력[N/m^2], γ: 비중량[N/m^3], u: 유속[m/s],
g: 중력가속도[m/s^2], Z: 높이[m], H: 손실수두[m]

노즐을 통과한 후(2) 압력 P_2는 대기압이므로 0이다.
유량은 일정하므로 부피유량 공식 $Q=Au$에 의해 유량과 노즐의 직경 D를 알면 유속은 다음과 같이 구할 수 있다.
노즐은 직경이 D인 원형이므로 노즐의 단면적은 다음과 같다.

$$A=\frac{\pi}{4}D^2$$

$$Q=A_1u_1=A_2u_2=\frac{\pi}{4}D_1^2u_1=\frac{\pi}{4}D_2^2u_2$$

$$\frac{\pi}{4}\times 0.06^2\times u_1=\frac{\pi}{4}\times 0.02^2\times u_2$$

$$9u_1=u_2$$

높이 차이는 없으므로 $Z_1=Z_2$로 두면 방정식은 다음과 같다.

$$\frac{P_1}{\gamma}+\frac{u_1^2}{2g}=\frac{u_2^2}{2g}+H$$

일정한 양의 비압축성 유체가 일정한 속도로 흐를 때 배관에서의 마찰손실은 달시-바이스바하 방정식으로 구할 수 있다.

$$H=\frac{\Delta P}{\gamma}=\frac{flu^2}{2gD}$$

H: 마찰손실수두[m], ΔP: 압력 차이[kPa], γ: 비중량[kN/m³], f: 마찰손실계수, l: 배관의 길이[m], u: 유속[m/s], g: 중력가속도[m/s²], D: 배관의 직경[m]

따라서 방정식을 u_1에 대하여 정리하면 다음과 같다.

$$\frac{P_1}{\gamma}=\frac{80u_1^2}{2g}+\frac{flu_1^2}{2gD}$$

$$\frac{P_1}{\gamma}=\left(\frac{80}{2g}+\frac{fl}{2gD}\right)u_1^2$$

$$u_1=\sqrt{\frac{\frac{P_1}{\gamma}}{\frac{80}{2g}+\frac{fl}{2gD}}}$$

주어진 조건을 공식에 대입하면 노즐의 분출속도 u_2는

$$u_1=\sqrt{\frac{\frac{490}{9.8}}{\frac{80}{2\times9.8}+\frac{0.025\times100}{2\times9.8\times0.06}}}$$

$$\fallingdotseq 2.84[m/s]$$

$$u_2=9u_1=25.56[m/s]$$

정답 ③

23 빈출도 ★★★

용량 1,000[L]의 탱크차가 만수 상태로 화재현장에 출동하여 노즐압력 294.2[kPa], 노즐구경 21[mm]를 사용하여 방수한다면 탱크차 내의 물을 전부 방수하는 데 몇 분 소요되는가? (단, 모든 손실은 무시한다.)

① 1.7분　　② 2분

③ 2.3분　　④ 2.7분

해설

노즐을 통과하기 전후의 압력과 속도의 관계식은 베르누이 방정식을 통해 구할 수 있다.

$$\frac{P_1}{\gamma}+\frac{u_1^2}{2g}+Z_1=\frac{P_2}{\gamma}+\frac{u_2^2}{2g}+Z_2$$

P: 압력[kN/m²], γ: 비중량[kN/m³], u: 유속[m/s], g: 중력가속도[m/s²], Z: 높이[m]

노즐을 통과하기 전(1) 유속 u_1은 0, 노즐을 통과한 후(2) 압력 P_2는 대기압이므로 0, 높이 차이는 없으므로 $Z_1=Z_2$로 두면 방정식은 다음과 같다.

$$\frac{P_1}{\gamma}=\frac{u_2^2}{2g}$$

따라서 노즐을 통과하기 전 P만큼의 방수압력을 가해주면 노즐을 통과한 유체는 u만큼의 유속으로 방사된다.

$$u=\sqrt{\frac{2gP}{\gamma}}$$

유체는 물이므로 물의 비중량은 9.8[kN/m³]이다.
노즐은 직경이 D인 원형이므로 노즐의 단면적은 다음과 같다.

$$A=\frac{\pi}{4}D^2$$

부피유량 공식 $Q=Au$에 의해 방수량은 다음과 같다.

$$Q=Au=\frac{\pi}{4}D^2\times\sqrt{\frac{2gP}{\gamma}}$$

$$=\frac{\pi}{4}\times0.021^2\times\sqrt{\frac{2\times9.8\times294.2}{9.8}}$$

$$\fallingdotseq 0.0084[m^3/s]$$

따라서 1,000[L]의 물을 전부 방수하는데 걸리는 시간은

$$\frac{1{,}000[L]}{0.0084[m^3/s]}=\frac{1[m^3]}{0.0084[m^3/s]}$$

$$\fallingdotseq 119[s]=1분\ 59초$$

정답 ②

24 빈출도 ★★

글로브 밸브에 의한 손실을 지름이 10[cm]이고 관 마찰계수가 0.025인 관의 길이로 환산하면 상당길이가 40[m]가 된다. 이 밸브의 부차적 손실계수는?

① 0.25　　② 1
③ 2.5　　④ 10

해설

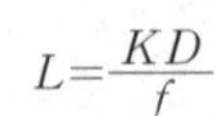

$$L=\frac{KD}{f}$$

L: 상당길이[m], K: 부차적 손실계수, D: 직경[m], f: 마찰손실계수

주어진 조건을 공식에 대입하면 부차적 손실계수 K는

$$K=\frac{Lf}{D}=\frac{40\times0.025}{0.1}$$
$$=10$$

정답 | ④

25 빈출도 ★★★

수은의 비중이 13.6일 때 수은의 비체적은 몇 [m³/kg]인가?

① $\frac{1}{13.6}$　　② $\frac{1}{13.6}\times10^{-3}$
③ 13.6　　④ 13.6×10^{-3}

해설

비중량은 밀도의 역수이므로 수은의 밀도를 계산하면 다음과 같다.

$$s=\frac{\rho}{\rho_w}$$

s: 비중, ρ: 비교물질의 밀도[kg/m³], ρ_w: 물의 밀도[kg/m³]

$$\rho=s\rho_w=13.6\times1,000=13,600[kg/m^3]$$

따라서 수은의 비체적 ν은

$$\nu=\frac{1}{\rho}=\frac{1}{13,600}=\frac{1}{13.6}\times10^{-3}[m^3/kg]$$

정답 | ②

26 빈출도 ★★

동력(power)의 차원을 MLT(질량M, 길이L, 시간T)계로 바르게 나타낸 것은?

① MLT^{-1}　　② M^2LT^{-2}
③ ML^2T^{-3}　　④ MLT^{-2}

해설

동력의 단위는 $[W]=[J/s]=[N\cdot m/s]=[kg\cdot m^2/s^3]$이고, 동력의 차원은 ML^2T^{-3}이다.

정답 | ③

27 빈출도 ★★

관로에서 20[℃]의 물이 수조에 5분 동안 유입되었을 때 유입된 물의 중량이 60[kN]이라면 이 때 유량은 몇 [m³/s]인가?

① 0.015　　② 0.02
③ 0.025　　④ 0.03

해설

$$G=\rho gAu$$

G: 무게유량[N/s], ρ: 밀도[kg/m³], g: 중력가속도[m/s²], A: 유체의 단면적[m²], u: 유속[m/s]

$$Q=Au$$

Q: 부피유량[m³/s], A: 유체의 단면적[m²], u: 유속[m/s]

5분 동안 유입된 물의 무게가 60[kN]이므로 평균 무게유량은 다음과 같다.

$$G=\frac{60,000}{5\times60}=200[N/s]$$

부피유량과 무게유량은 다음과 같은 관계를 가지고 있다.

$$G=\rho gAu=\rho gQ$$

유체는 물이므로 물의 밀도는 1,000[kg/m³]이다.

따라서 이 때의 유량은

$$Q=\frac{G}{\rho g}=\frac{200}{1,000\times9.8}$$
$$\fallingdotseq0.02[m^3/s]$$

정답 | ②

28 빈출도 ★

수평 원관 속을 층류상태로 흐르는 경우 유량에 대한 설명으로 틀린 것은?

① 점성계수에 반비례한다.
② 관의 길이에 반비례한다.
③ 관 지름의 4제곱에 비례한다.
④ 압력강하량에 반비례한다.

해설

유체의 흐름이 층류일 때 하겐－푸아죄유 방정식을 적용할 수 있다.

$$H=\frac{\Delta P}{\gamma}=\frac{128\mu lQ}{\gamma\pi D^4}$$

H: 마찰손실수두[m], ΔP: 압력 차이[Pa], γ: 비중량[N/m^3], μ: 점성계수(점도)[kg/m · s], l: 배관의 길이[m], Q: 유량[m^3/s], D: 배관의 직경[m]

하겐－푸아죄유 방정식을 유량 Q에 대하여 정리하면 다음과 같다.

$$Q=\frac{\gamma\pi D^4 H}{128\mu l}=\frac{\pi D^4\Delta P}{128\mu l}$$

따라서 유량 Q는 압력강하량 ΔP에 비례한다.

정답 | ④

29 빈출도 ★★

회전속도 1,000[rpm]일 때 송출량 Q[m^3/min], 전양정 H[m]인 원심펌프가 상사한 조건에서 송출량이 $1.1Q$[m^3/min]가 되도록 회전속도를 증가시킬 때, 전양정은 어떻게 되는가?

① $0.91H$
② H
③ $1.1H$
④ $1.21H$

해설

펌프의 회전수를 변화시키면 동일한 펌프이므로 상사법칙에 따라 유량과 양정이 변화한다.

$$\frac{Q_2}{Q_1}=\left(\frac{N_2}{N_1}\right)\left(\frac{D_2}{D_1}\right)^3$$

Q: 유량, N: 펌프의 회전수, D: 직경

$$\frac{H_2}{H_1}=\left(\frac{N_2}{N_1}\right)^2\left(\frac{D_2}{D_1}\right)^2$$

H: 양정, N: 펌프의 회전수, D: 직경

동일한 펌프이므로 직경은 같고, 상태1의 유량이 Q, 상태2의 유량이 $1.1Q$이므로 회전수 변화는 다음과 같다.

$$N_2=N_1\left(\frac{Q_2}{Q_1}\right)=N_1\left(\frac{1.1Q}{Q}\right)=1.1N_1$$

양정 변화는 다음과 같다.

$$H_2=H_1\left(\frac{N_2}{N_1}\right)^2=H_1\left(\frac{1.1N_1}{N_1}\right)^2=1.21H$$

정답 | ④

30 빈출도 ★★★

온도차이가 ΔT, 열전도율이 k_1, 두께 x인 벽을 통한 열유속(Heat Flux)과 온도차이가 $2\Delta T$, 열전도율이 k_2, 두께 $0.5x$인 벽을 통한 열유속이 서로 같다면 두 재질의 열전도율비 $\frac{k_1}{k_2}$의 값은?

① 1　② 2
③ 4　④ 8

해설

열유속은 단위면적 당 열전달량을 의미한다.

$$Q=kA\frac{(T_2-T_1)}{l}$$

Q: 열전달량[W], k: 열전도율[W/m · ℃], A: 열전달 면적[m²], (T_2-T_1): 온도 차이[℃], l: 벽의 두께[m]

두 열유속이 서로 같으므로 관계식은 다음과 같다.

$$\frac{Q_1}{A}=k_1\frac{\Delta T}{x}=\frac{Q_2}{A}=k_2\frac{2\Delta T}{0.5x}$$

따라서 두 재질의 열전도율의 비율은

$$\frac{k_1}{k_2}=\frac{x}{\Delta T}\times\frac{2\Delta T}{0.5x}=4$$

정답 | ③

31 빈출도 ★★★

안지름 10[cm]의 관로에서 마찰손실수두가 속도수두와 같다면 그 관로의 길이는 약 몇 [m]인가? (단, 관마찰계수는 0.03이다.)

① 1.58　② 2.54
③ 3.33　④ 4.52

해설

일정한 양의 비압축성 유체가 일정한 속도로 흐를 때 배관에서의 마찰손실은 달시-바이스바하 방정식으로 구할 수 있다.

$$H=\frac{\Delta P}{\gamma}=\frac{flu^2}{2gD}$$

H: 마찰손실수두[m], ΔP: 압력 차이[kPa], γ: 비중량[kN/m³], f: 마찰손실계수, l: 배관의 길이[m], u: 유속[m/s], g: 중력가속도[m/s²], D: 배관의 직경[m]

속도수두는 $\frac{u^2}{2g}$이므로 마찰손실수두와 속도수두가 같으려면 다음의 조건을 만족하여야 한다.

$$H=\frac{fl}{D}\times\frac{u^2}{2g}\ \rightarrow\ \frac{fl}{D}=1$$

따라서 관로의 길이 l은

$$l=\frac{D}{f}=\frac{0.1}{0.03}\fallingdotseq 3.33[\text{m}]$$

정답 | ③

32 빈출도 ★★

폭이 4[m]이고 반경이 1[m]인 그림과 같은 1/4원형 모양으로 설치된 수문 AB가 있다. 이 수문이 받는 수직방향 분력 F_V의 크기[N]는?

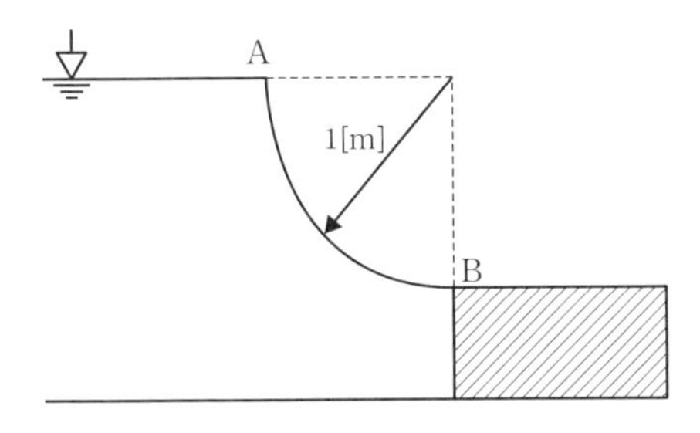

① 7,613　　② 9,801
③ 30,787　　④ 123,000

해설

곡면의 수직 방향으로 작용하는 힘 F_V는 다음과 같다.

$$F = mg = \rho V g = \gamma V$$

F: 수직 방향으로 작용하는 힘(수직분력)[N], m: 질량[kg], g: 중력가속도[m/s²], ρ: 밀도[kg/m³], V: 곡면 위 유체의 부피[m³], γ: 유체의 비중량[N/m³]

유체는 물이므로 물의 비중량은 9,800[N/m³]이다.
곡면 아래에 유체가 있는 경우 곡면 위의 유체 표면까지 채울 수 있는 가상 유체의 무게로 한다.

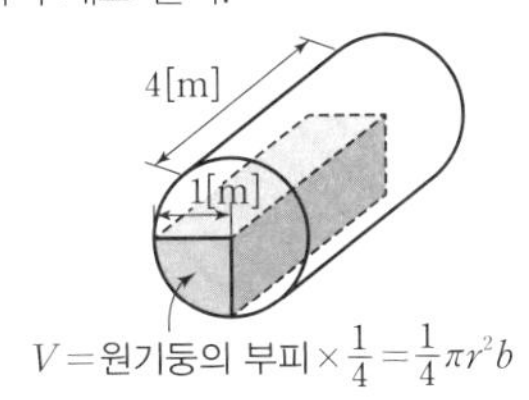

V = 원기둥의 부피 $\times \frac{1}{4} = \frac{1}{4}\pi r^2 b$

$$V = \frac{1}{4} \times \pi \times 1^2 \times 4 = \pi$$

$$F_V = 9{,}800 \times \pi \fallingdotseq 30{,}787[\text{N}]$$

정답 | ③

33 빈출도 ★

어떤 기체를 20[℃]에서 등온 압축하여 절대압력이 0.2[MPa]에서 1[MPa]으로 변할 때 체적은 초기 체적과 비교하여 어떻게 변화하는가?

① 5배로 증가한다.
② 10배로 증가한다.
③ $\frac{1}{5}$로 감소한다.
④ $\frac{1}{10}$로 감소한다.

해설

온도와 기체의 양이 일정한 이상기체이므로 보일의 법칙을 적용할 수 있다.

$$P_1V_1 = C = P_2V_2$$

상태1의 압력이 0.2[MPa], 상태2의 압력이 1[MPa]이므로 상태1과 상태2의 부피비는

$$\frac{V_2}{V_1} = \frac{P_1}{P_2} = \frac{0.2[\text{MPa}]}{1[\text{MPa}]} = \frac{1}{5}$$

관련개념 **보일의 법칙**

온도와 기체의 양이 일정할 때 부피와 압력은 반비례 관계에 있다.

$$PV = C$$

P: 압력, V: 부피, C: 상수

정답 | ③

34 빈출도 ★★★

원심펌프를 이용하여 0.2[m³/s]로 저수지의 물을 2[m] 위의 물 탱크로 퍼 올리고자 한다. 펌프의 효율이 80[%]라고 하면 펌프에 공급하여야 하는 동력[kW]은?

① 1.96 ② 3.14
③ 3.92 ④ 4.90

해설

펌프에 공급하여야 하는 동력이므로 축동력을 묻는 문제이다.

$$P=\frac{\gamma QH}{\eta}$$

P: 축동력[kW], γ: 유체의 비중량[kN/m³], Q: 유량[m³/s], H: 전양정[m], η: 효율

유체는 물이므로 물의 비중량은 9.8[kN/m³]이다.
따라서 주어진 조건을 공식에 대입하면 동력 P는

$$P=\frac{9.8\times0.2\times2}{0.8}=4.9[\mathrm{kW}]$$

정답 | ④

35 빈출도 ★

다음 중 열역학 제1법칙에 관한 설명으로 옳은 것은?

① 열은 그 자신만으로 저온에서 고온으로 이동할 수 없다.
② 일은 열로 변환시킬 수 있고 열은 일로 변환시킬 수 있다.
③ 사이클 과정에서 열이 모두 일로 변화할 수 없다.
④ 열평형 상태에 있는 물체의 온도는 같다.

해설

열역학 제1법칙은 에너지 보존법칙을 설명하며, 열과 일은 서로 변환될 수 있음을 설명한다.

관련개념 **열역학 법칙**

구분	내용
열역학 제0법칙	• 열적 평형상태를 설명한다. • 열역학계(system) A와 B가 평형이고, B와 C가 평형이면 A와 C도 평형이다. • 열평형 상태에 있는 물체의 온도는 같다.
열역학 제1법칙	• 에너지 보존법칙을 설명한다. • 열과 일은 서로 변환될 수 있다. • 에너지의 형태는 바뀌더라도 그 총량은 일정하다.
열역학 제2법칙	• 에너지가 흐르는 방향을 설명한다. • 에너지는 엔트로피가 증가하는 방향으로 흐른다. • 열은 고온에서 저온으로 흐른다. • 모든 열이 전부 일로 변환되지 않는다.
열역학 제3법칙	• 0[K]에서 물질의 운동에너지는 0이며, 엔트로피는 0이다.

정답 | ②

36 빈출도 ★★

다음 중 표준대기압인 1기압에 가장 가까운 것은?

① 860[mmHg] ② 10.33[mAq]

③ 101.325[bar] ④ 1.0332[kgf/m^2]

해설

대기압은 10.332[m]의 물기둥이 누르는 압력과 같다.
10.332[mAq] 또는 10.332[mH_2O]로 쓴다.

선지분석

① 1[atm]은 760[mmHg]와 같다.
③ 1[atm]은 1.01325[bar]와 같다.
④ 1[atm]은 10,332[kgf/m^2], 10.332[kgf/cm^2]와 같다.

정답 | ②

37 빈출도 ★★★

열전달 면적이 A이고, 온도 차이가 10[℃], 벽의 열전도율이 10[W/m·K], 두께 25[cm]인 벽을 통한 열류량은 100[W]이다. 동일한 열전달 면적에서 온도 차이가 2배, 벽의 열전도율이 4배가 되고 벽의 두께가 2배가 되는 경우 열류량[W]은 얼마인가?

① 50 ② 200

③ 400 ④ 800

해설

$$Q=kA\frac{(T_2-T_1)}{l}$$

Q: 열전달량[W], k: 열전도율[W/m·℃],
A: 열전달 면적[m^2], (T_2-T_1): 온도 차이[℃],
l: 벽의 두께[m]

온도 차이가 2배, 열전도율이 4배, 벽의 두께가 2배가 되는 경우 열류량은

$$Q_2=4k\times A\times\frac{2(T_2-T_1)}{2l}=4Q_1$$
$$=400[W]$$

정답 | ③

38 빈출도 ★★

열역학 관련 설명 중 틀린 것은?

① 삼중점에서는 물체의 고상, 액상, 기상이 공존한다.

② 압력이 증가하면 물의 끓는점도 높아진다.

③ 열을 완전히 일로 변환할 수 있는 효율이 100[%]인 열기관은 만들 수 없다.

④ 기체의 정적비열은 정압비열보다 크다.

해설

정압비열 C_p는 정적비열 C_v보다 기체상수 R만큼 더 크다. 정압비열은 압력을 유지하기 위해 부피팽창이 일어나므로 정적비열보다 더 크다.

선지분석

① 물질의 상평형도에서 삼중점은 서로 다른 세 개의 상이 공존하는 지점이다.
② 압력이 증가하면 분자 간 인력을 끊기 위해 더 많은 열을 필요로 하므로 더 높은 온도에서 끓기 시작한다.
③ 열역학 제2법칙에 의해 효율이 100[%]인 열기관은 존재할 수 없다.

정답 | ④

39 빈출도 ★★

비압축성 유체를 설명한 것으로 가장 옳은 것은?

① 체적탄성계수가 0인 유체를 말한다.
② 관로 내에 흐르는 유체를 말한다.
③ 점성을 갖고 있는 유체를 말한다.
④ 난류 유동을 하는 유체를 말한다.

해설

압력에 따라 부피와 밀도가 변화하지 않는 유체를 비압축성 유체라고 한다.
체적탄성계수가 의미를 가지지 못하는 유체는 비압축성 유체이다.

정답 | ①

40 빈출도 ★

외부지름이 30[cm]이고 내부지름이 20[cm]인 길이 10[m]의 환형(annular)관에 물이 2[m/s]의 평균 속도로 흐르고 있다. 이때 손실수두가 1[m]일 때, 수력직경에 기초한 마찰계수는 얼마인가?

① 0.049 ② 0.054
③ 0.065 ④ 0.078

해설

일정한 양의 비압축성 유체가 일정한 속도로 흐를 때 배관에서의 마찰손실계수는 달시-바이스바하 방정식으로 구할 수 있다.

$$H=\frac{\Delta P}{\gamma}=\frac{flu^2}{2gD}$$

H: 마찰손실수두[m], ΔP: 압력 차이[kPa], γ: 비중량[kN/m³], f: 마찰손실계수, l: 배관의 길이[m], u: 유속[m/s], g: 중력가속도[m/s²], D: 배관의 직경[m]

배관은 원형이 아니므로 이 때 배관의 직경은 수력직경 D_h을 활용하여야 한다.

$$D_h=\frac{4A}{S}$$

D_h: 수력직경[m], A: 배관의 단면적[m²], S: 배관의 둘레[m]

배관의 단면적 A는 다음과 같다.

$$A=\frac{\pi}{4}(D_o^2-D_i^2)$$

배관의 둘레 S는 다음과 같다.

$$S=\pi(D_o+D_i)$$

따라서 수력직경 D_h는 다음과 같다.

$$D_h=\frac{4\times\frac{\pi}{4}(D_o^2-D_i^2)}{\pi(D_o+D_i)}=D_o-D_i=0.1[\text{m}]$$

주어진 조건을 공식에 대입하면 마찰손실계수 f는

$$f=H\times\frac{2gD_h}{lu^2}=1\times\frac{2\times9.8\times0.1}{10\times2^2}$$
$$=0.049$$

정답 | ①

소방관계법규

41 빈출도 ★

다음 중 위험물 탱크 안전성능시험자로 등록하기 위하여 갖추어야 할 사항에 포함되지 않는 것은?

① 자본금
② 기술능력
③ 시설
④ 장비

해설

자본금은 위험물탱크안전성능시험자(탱크시험자)로 등록하기 위해 갖추어야 할 사항이 아니다.

관련개념 **탱크안전성능시험자(탱크시험자) 등록요건**

㉠ 기술능력자 연명부 및 기술자격증
㉡ 안전성능시험장비의 명세서
㉢ 보유장비에 관한 자료, 사무실의 확보 증명서류

정답 | ①

42 빈출도 ★

소방기본법에 따라 화재 등 그 밖의 위급한 상황이 발생한 현장에서 소방활동을 위하여 필요한 때에는 그 관할 구역에 사는 사람 또는 그 현장에 있는 사람으로 하여금 사람을 구출하는 일 또는 불을 끄는 등의 일을 하도록 명령할 수 있는 권한이 없는 사람은?

① 소방서장 ② 소방대장
③ 시 · 도지사 ④ 소방본부장

해설

소방활동 종사명령은 소방본부장, 소방서장 또는 소방대장의 권한이다.

관련개념 **소방본부장, 소방서장, 소방대장의 권한**

구분	소방본부장	소방서장	소방대장
소방활동	○	○	×
소방업무 응원요청	○	○	×
소방활동 구역설정	×	×	○
소방활동 종사명령	○	○	○
강제처분 (토지, 차량 등)	○	○	○

정답 | ③

43 빈출도 ★★

위험물운송자 자격을 취득하지 아니한 자가 위험물 이동탱크저장소 운전 시의 벌칙으로 옳은 것은?

① 100만 원 이하의 벌금
② 300만 원 이하의 벌금
③ 500만 원 이하의 벌금
④ 1,000만 원 이하의 벌금

해설

위험물운송자 자격을 취득하지 아니한 자가 위험물 이동탱크저장소 운전 시 **1,000만 원 이하의 벌금**에 처한다.

정답 | ④

44 빈출도 ★★

소방대상물의 방염 등과 관련하여 방염성능기준은 무엇으로 정하는가?

① 대통령령 ② 행정안전부령
③ 소방청훈령 ④ 소방청예규

해설

방염성능기준은 대통령령으로 정한다.

관련개념 방염규정 및 소관 법령

규정	소관 법령
방염성능기준	대통령령
방염성능검사의 방법과 합격 표시	행정안전부령

정답 | ①

45 빈출도 ★★

다음 중 중급기술자의 학력 · 경력자에 대한 기준으로 옳은 것은? (단, 학력 · 경력자란 고등학교 · 대학 또는 이와 같은 수준 이상의 교육기관의 소방 관련 학과의 정해진 교육 과정을 이수하고 졸업하거나 그 밖의 관계 법령에 따라 국내 또는 외국에서 이와 같은 수준 이상의 학력이 있다고 인정되는 사람을 말한다.)

① 고등학교를 졸업 후 10년 이상 소방 관련 업무를 수행한 자
② 학사학위를 취득한 후 6년 이상 소방 관련 업무를 수행한 자
③ 석사학위를 취득한 후 2년 이상 소방 관련 업무를 수행한 자
④ 박사학위를 취득한 후 1년 이상 소방 관련 업무를 수행한 자

해설

석사학위를 취득한 후 2년 이상 소방 관련 업무를 수행한 사람인 경우 중급기술자의 학력 · 경력자 기준이다.

관련개념 중급기술자의 학력 · 경력자 기준

㉠ 박사학위를 취득한 사람
㉡ 석사학위
 → 취득한 후 2년 이상 소방관련 업무 수행
㉢ 학사학위
 → 취득한 후 5년 이상 소방관련 업무 수행
㉣ 전문학사학위
 → 취득한 후 8년 이상 소방관련 업무 수행
㉤ 고등학교 소방학과
 → 졸업한 후 10년 이상 소방관련 업무 수행
㉥ 고등학교
 → 졸업한 후 12년 이상 소방관련 업무 수행

정답 | ③

46 빈출도 ★★

소방시설 설치 및 관리에 관한 법률상 특정소방대상물 중 오피스텔은 어느 시설에 해당하는가?

① 숙박시설 ② 일반업무시설
③ 공동주택 ④ 근린생활시설

해설

오피스텔은 업무시설 중 일반업무시설이다.

관련개념 **특정소방대상물(업무시설)**

㉠ 공공업무시설: 국가 또는 지방자치단체의 청사와 외국공관의 건축물로서 근린생활시설에 해당하지 않는 것
㉡ 일반업무시설: 금융업소, 사무소, 신문사, 오피스텔로서 근린생활시설에 해당하지 않는 것
㉢ 주민자치센터(동사무소), 경찰서, 지구대, 파출소, 소방서, 119안전센터, 우체국, 보건소, 공공도서관, 국민건강보험공단

정답 | ②

47 빈출도 ★★★

제6류 위험물에 속하지 않는 것은?

① 질산 ② 과산화수소
③ 과염소산 ④ 과염소산염류

해설

과염소산염류는 제1류 위험물로 제6류 위험물에 속하지 않는다.

관련개념 **제6류 위험물 및 지정수량**

위험물	품명	지정수량
제6류 (산화성액체)	과염소산	300[kg]
	과산화수소	
	질산	

정답 | ④

48 빈출도 ★

화재의 예방 및 안전관리에 관한 법령상 특정소방대상물의 관계인이 수행하여야 하는 소방안전관리 업무가 아닌 것은?

① 소방훈련의 지도 · 감독
② 화기 취급의 감독
③ 피난시설, 방화구획 및 방화시설의 관리
④ 소방시설이나 그 밖의 소방 관련 시설의 관리

해설

소방훈련의 지도 및 감독은 특정소방대상물의 관계인이 수행하여야 하는 업무가 아니다.

관련개념 **특정소방대상물 관계인의 업무**

㉠ 피난시설, 방화구획 및 방화시설의 관리
㉡ 소방시설이나 그 밖의 소방 관련 시설의 관리
㉢ 화기 취급의 감독
㉣ 화재발생 시 초기대응
㉤ 그 밖에 소방안전관리에 필요한 업무

정답 | ①

49 빈출도 ★

소방시설공사업법상 특정소방대상물의 관계인 또는 발주자가 해당 도급계약의 수급인을 도급계약 해지할 수 있는 경우의 기준 중 틀린 것은?

① 하도급 계약의 적정성 심사 결과 하수급인 또는 하도급 계약 내용의 변경 요구에 정당한 사유 없이 따르지 아니하는 경우
② 정당한 사유 없이 15일 이상 소방시설공사를 계속하지 아니하는 경우
③ 소방시설업이 등록 취소되거나 영업 정지된 경우
④ 소방시설업을 휴업하거나 폐업한 경우

해설

정당한 사유 없이 30일 이상 소방시설공사를 계속하지 아니한 경우 도급 계약을 해지할 수 있다.

관련개념 **도급계약의 해지 기준**

㉠ 소방시설업이 등록 취소되거나 영업 정지된 경우
㉡ 소방시설업을 휴업하거나 폐업한 경우
㉢ 정당한 사유 없이 30일 이상 소방시설공사를 계속하지 아니하는 경우
㉣ 적정성 심사에 따른 하도급 계약내용의 변경 요구에 정당한 사유 없이 따르지 아니하는 경우

정답 | ②

50 빈출도 ★★

위험물안전관리법령상 인화성액체위험물(이황화탄소 제외)의 옥외탱크저장소의 탱크 주위에 설치하여야 하는 방유제의 설치기준 중 틀린 것은?

① 방유제 내의 면적은 60,000[m^2] 이하로 하여야 한다.
② 방유제는 높이 0.5[m] 이상 3[m] 이하, 두께 0.2[m] 이상, 지하매설깊이 1[m] 이상으로 하여야 한다. 다만, 방유제와 옥외저장탱크 사이의 지반면 아래에 불침윤성 구조물을 설치하는 경우에는 지하매설깊이를 해당 불침윤성 구조물까지로 할 수 있다.
③ 방유제의 용량은 방유제 안에 설치된 탱크가 하나인 때에는 그 탱크 용량의 110[%] 이상, 2기 이상인 때에는 그 탱크 중 용량이 최대인 것의 용량의 110[%] 이상으로 하여야 한다.
④ 방유제는 철근콘크리트로 하고, 방유제와 옥외저장탱크 사이의 지표면은 불연성과 불침윤성이 있는 구조(철근콘크리트 등)로 하여야 한다. 다만, 누출된 위험물을 수용할 수 있는 전용유조 및 펌프 등의 설비를 갖춘 경우에는 방유제와 옥외저장탱크 사이의 지표면을 흙으로 할 수 있다.

해설

옥외탱크저장소의 탱크 주위에 설치하여야 하는 방유제 내의 면적은 80,000[m^2] 이하로 하여야 한다.

관련개념 **방유제 설치기준(옥외탱크저장소)**

㉠ 높이: 0.5[m] 이상 3[m] 이하
㉡ 두께: 0.2[m] 이상
㉢ 지하매설깊이: 1[m] 이상
㉣ 면적: 80,000[m^2] 이하
㉤ 방유제 용량

구분	방유제 용량
방유제 내 탱크가 1기일 경우	• 인화성액체위험물: 탱크 용량의 110[%] 이상 • 인화성이 없는 위험물: 탱크 용량의 100[%] 이상
방유제 내 탱크가 2기 이상일 경우	• 인화성액체위험물: 용량이 최대인 탱크 용량의 110[%] 이상 • 인화성이 없는 위험물: 용량이 최대인 탱크용량의 100[%] 이상

정답 | ①

51 빈출도 ★★

소방기본법령상 시장지역에서 화재로 오인할 만한 우려가 있는 불을 피우거나 연막소독을 하려는 자가 신고를 하지 아니하여 소방자동차를 출동하게 한 자에 대한 과태료 부과 · 징수권자는?

① 국무총리
② 시 · 도지사
③ 행정안전부장관
④ 소방본부장 또는 소방서장

해설

화재로 오인할 만한 우려가 있는 불을 피우거나 연막소독을 하려는 자가 신고를 하지 아니하여 소방자동차를 출동하게 한 자에 대한 과태료는 관할 소방본부장 또는 소방서장이 부과 · 징수한다.

정답 | ④

52 빈출도 ★★

화재의 예방 및 안전관리에 관한 법률상 옮긴 물건 등의 보관기간은 소방본부 또는 소방서의 인터넷 홈페이지에 공고하는 기간의 종료일 다음 날부터 며칠로 하는가?

① 3 ② 4
③ 5 ④ 7

해설

옮긴 물건 등의 보관기간은 공고기간의 종료일 다음 날부터 7일까지로 한다.

관련개념 옮긴 물건 등의 공고일 및 보관기간

인터넷 홈페이지 공고일	14일
보관기관	7일

정답 | ④

53 빈출도 ★★★

화재의 예방 및 안전관리에 관한 법률상 시 · 도지사가 화재예방강화지구로 지정할 필요가 있는 지역을 화재예방강화지구로 지정하지 아니하는 경우 해당 시 · 도지사에게 해당 지역의 화재예방강화지구 지정을 요청할 수 있는 자는?

① 행정안전부장관 ② 소방청장
③ 소방본부장 ④ 소방서장

해설

소방청장은 해당 시 · 도지사에게 해당 지역의 화재예방강화지구 지정을 요청할 수 있다.

정답 | ②

54 빈출도 ★

소방기본법령상 출동한 소방대원에게 폭행 또는 협박을 행사하여 화재진압 · 인명구조 또는 구급활동을 방해한 사람에 대한 벌칙 기준은?

① 500만 원 이하의 과태료
② 1년 이하의 징역 또는 1,000만 원 이하의 벌금
③ 3년 이하의 징역 또는 3,000만 원 이하의 벌금
④ 5년 이하의 징역 또는 5,000만 원 이하의 벌금

해설

출동한 소방대원에게 폭행 또는 협박을 행사하여 화재진압 · 인명구조 또는 구급활동을 방해한 사람은 5년 이하의 징역 또는 5,000만 원 이하의 벌금에 처한다.

정답 | ④

55 빈출도 ★

소방시설 설치 및 관리에 관한 법률상 둘 이상의 특정소방대상물이 내화구조로 된 연결통로가 벽이 없는 구조로서 그 길이가 몇 [m] 이하인 경우 하나의 특정소방대상물로 보는가?

① 6 ② 9
③ 10 ④ 12

해설

둘 이상의 특정소방대상물이 내화구조로 된 연결통로가 벽이 없는 구조로서 그 길이가 6[m] 이하인 경우 하나의 특정소방대상물로 본다.

관련개념 **하나의 특정소방대상물로 보는 경우**

㉠ 내화구조로 된 연결통로가 다음의 어느 하나에 해당되는 경우
 – 벽이 없는 구조로서 그 길이가 6[m] 이하인 경우
 – 벽이 있는 구조로서 그 길이가 10[m] 이하인 경우
㉡ 내화구조가 아닌 연결통로로 연결된 경우
㉢ 지하보도, 지하상가, 지하가로 연결된 경우

정답 | ①

56 빈출도 ★★

소방시설공사업자가 소방시설공사를 하고자 할 때, 다음 중 옳은 것은?

① 건축허가와 동의만 받으면 된다.
② 시공 후 완공검사만 받으면 된다.
③ 소방시설 착공신고를 하여야 한다.
④ 건축허가만 받으면 된다.

해설

공사업자는 소방시설공사를 하려면 그 공사의 내용, 시공 장소, 그 밖에 필요한 사항을 소방본부장이나 소방서장에게 **착공신고**를 하여야 한다.

정답 | ③

57 빈출도 ★★

1급 소방안전관리대상물이 아닌 것은?

① 15층인 특정소방대상물(아파트 제외)
② 가연성 가스를 2,000[t] 저장 · 취급하는 시설
③ 21층인 아파트로서 300세대인 것
④ 연면적 20,000[m^2]인 문화집회 및 운동시설

해설

층수가 30층 이상(지하층 제외)이거나 지상으로부터 높이가 120[m] 이상인 아파트가 1급 소방안전관리대상물의 기준이다.

관련개념 **1급 소방안전관리대상물**

시설	대상
아파트	• 30층 이상(지하층 제외) • 지상으로부터 높이 120[m] 이상
특정소방대상물 (아파트 제외)	• 연면적 15,000[m^2] 이상 • 지상층의 층수가 11층 이상
가연성 가스 저장 · 취급 시설	1,000[t] 이상 저장 · 취급

• 제외대상: 동 · 식물원, 철강 등 불연성 물품을 저장 · 취급하는 창고, 위험물 저장 및 처리 시설 중 제조소등과 지하구

정답 | ③

58 빈출도 ★

소방기본법에 따른 소방력의 기준에 따라 관할구역의 소방력을 확충하기 위하여 필요한 계획을 수립하여 시행하여야 하는 자는?

① 소방서장　② 소방본부장
③ 시 · 도지사　④ 행정안전부장관

해설

시·도지사는 소방력의 기준에 따라 관할구역의 소방력을 확충하기 위하여 필요한 계획을 수립하여 시행하여야 한다.

정답 | ③

59 빈출도 ★★★

소방시설 설치 및 관리에 관한 법률상 지하가 중 터널로서 길이가 1,000[m]일 때 설치하지 않아도 되는 소방시설은?

① 인명구조기구　② 옥내소화전설비
③ 연결송수관설비　④ 무선통신보조설비

해설

인명구조기구는 지하가 중 터널에는 길이와 무관하게 설치하지 않아도 된다.

관련개념 터널길이에 따라 설치해야 하는 소방시설

터널길이	소방시설
500[m] 이상	• 비상경보설비 • 비상조명등 • 비상콘센트설비 • 무선통신보조설비
1,000[m] 이상	• 옥내소화전설비 • 자동화재탐지설비 • 연결송수관설비

정답 | ①

60 빈출도 ★★

화재의 예방 및 안전관리에 관한 법률상 화재안전조사위원회의 위원에 해당하지 아니하는 사람은?

① 소방기술사
② 소방시설관리사
③ 소방 관련 분야의 석사 이상 학위를 취득한 사람
④ 소방 관련 법인 또는 단체에서 소방 관련 업무에 3년 이상 종사한 사람

해설

소방 관련 법인 또는 단체에서 소방 관련 업무에 5년 이상 종사한 사람이 화재안전조사위원회의 위원에 해당된다.

관련개념 화재안전조사위원회의 위원

㉠ 과장급 직위 이상의 소방공무원
㉡ 소방기술사
㉢ 소방시설관리사
㉣ 소방 관련 분야의 석사 이상 학위를 취득한 사람
㉤ 소방 관련 법인 또는 단체에서 소방 관련 업무에 5년 이상 종사한 사람
㉥ 소방공무원 교육훈련기관, 학교 또는 연구소에서 소방과 관련한 교육 또는 연구에 5년 이상 종사한 사람

정답 | ④

소방기계시설의 구조 및 원리

61 빈출도 ★

피난사다리의 형식승인 및 제품검사의 기술기준상 피난사다리의 일반구조 기준으로 옳은 것은?

① 피난사다리는 2개 이상의 횡봉으로 구성되어야 한다. 다만, 고정식사다리인 경우에는 횡봉의 수를 1개로 할 수 있다.
② 피난사다리(종봉이 1개인 고정식사다리는 제외)의 종봉의 간격은 최외각 종봉 사이의 안치수가 15[cm] 이상이어야 한다.
③ 피난사다리의 횡봉은 지름 15[mm] 이상 25[mm] 이하의 원형인 단면이거나 또는 이와 비슷한 손으로 잡을 수 있는 형태의 단면이 있는 것이어야 한다.
④ 피난사다리의 횡봉은 종봉에 동일한 간격으로 부착한 것이어야 하며, 그 간격은 25[cm] 이상 35[cm] 이하이어야 한다.

해설

피난사다리의 횡봉은 종봉에 동일한 간격으로 부착한 것이어야 하며, 그 간격은 25[cm] 이상 35[cm] 이하로 한다.

관련개념 피난사다리의 일반구조

㉠ 피난사다리는 2개 이상의 종봉 및 횡봉으로 구성한다. 다만, 고정식사다리인 경우에는 종봉의 수를 1개로 할 수 있다.
㉡ 피난사다리(종봉이 1개인 고정식사다리는 제외)의 종봉의 간격은 최외각 종봉 사이의 안치수가 30[cm] 이상이어야 한다.
㉢ 피난사다리의 횡봉은 지름 14[mm] 이상 35[mm] 이하의 원형인 단면이거나 또는 이와 비슷한 손으로 잡을 수 있는 형태의 단면이 있는 것으로 한다.
㉣ 피난사다리의 횡봉은 종봉에 동일한 간격으로 부착한 것이어야 하며, 그 간격은 25[cm] 이상 35[cm] 이하로 한다.

정답 | ④

62 빈출도 ★★★

소화기구 및 자동소화장치의 화재안전성능기준(NFPC 101) 상 자동소화장치를 모두 고른 것은?

㉠ 분말 자동소화장치
㉡ 액체 자동소화장치
㉢ 고체에어로졸 자동소화장치
㉣ 공업용 주방자동소화장치
㉤ 캐비닛형 자동소화장치

① ㉠, ㉡
② ㉡, ㉢, ㉣
③ ㉠, ㉢ ,㉤
④ ㉠, ㉡, ㉢, ㉣, ㉤

해설

분말 자동소화장치, 고체에어로졸 자동소화장치, 캐비닛형 자동소화장치는 소화기구 및 자동소화장치의 화재안전성능기준(NFPC 101)에서 정의하고 있다.

관련개념 자동소화장치

구분	내용
주거용 주방자동소화장치	주거용 주방에 설치된 열발생 조리기구의 사용으로 인한 화재 발생 시 열원(전기 또는 가스)을 자동으로 차단하며 소화약제를 방출하는 소화장치
상업용 주방자동소화장치	상업용 주방에 설치된 열발생 조리기구의 사용으로 인한 화재 발생 시 열원(전기 또는 가스)을 자동으로 차단하며 소화약제를 방출하는 소화장치
캐비닛형 자동소화장치	열, 연기 또는 불꽃 등을 감지하여 소화약제를 방사하여 소화하는 캐비닛형태의 소화장치
가스 자동소화장치	열, 연기 또는 불꽃 등을 감지하여 가스계 소화약제를 방사하여 소화하는 소화장치
분말 자동소화장치	열, 연기 또는 불꽃 등을 감지하여 분말의 소화약제를 방사하여 소화하는 소화장치
고체에어로졸 자동소화장치	열, 연기 또는 불꽃 등을 감지하여 에어로졸의 소화약제를 방사하여 소화하는 소화장치

정답 | ③

63 빈출도 ★★

화재안전기준상 물계통의 소화설비 중 펌프의 성능시험배관에 사용되는 유량측정장치는 펌프의 정격 토출량의 몇 [%] 이상 측정할 수 있는 성능이 있어야 하는가?

① 65 ② 100
③ 120 ④ 175

해설

유량측정장치는 펌프 정격토출량의 175[%] 이상까지 측정할 수 있는 성능이 있어야 한다.

관련개념 펌프의 성능시험배관

㉠ 성능시험배관은 펌프의 토출 측에 설치된 개폐밸브 이전에서 분기하여 직선으로 설치한다.
㉡ 유량측정장치를 기준으로 전단 직관부에는 개폐밸브를, 후단 직관부에는 유량조절밸브를 설치한다.
㉢ 성능시험배관의 호칭지름은 유량측정장치의 호칭지름에 따라 정한다.
㉣ 유량측정장치는 펌프 정격토출량의 175[%] 이상까지 측정할 수 있는 성능이 있어야 한다.

정답 ④

64 빈출도 ★★

스프링클러설비의 누수로 인한 유수검지장치의 오작동을 방지하기 위한 목적으로 설치하는 것은?

① 솔레노이드 밸브 ② 리타딩 챔버
③ 물올림 장치 ④ 성능시험배관

해설

리타딩 챔버는 순간적인 압력변화를 완충하여 압력스위치의 작동을 방지하며 이로 인한 누수를 외부로 배출시켜 유수검지장치(자동경보밸브)의 오작동을 방지한다.

정답 ②

65 빈출도 ★

할론 소화설비의 화재안전기술기준(NFTC 107) 상 화재표시반의 설치기준이 아닌 것은?

① 소화약제 방출지연 비상스위치를 설치할 것
② 소화약제의 방출을 명시하는 표시등을 설치할 것
③ 수동식 기동장치는 그 방출용 스위치의 작동을 명시하는 표시등을 설치할 것
④ 자동식 기동장치는 자동·수동의 절환을 명시하는 표시등을 설치할 것

해설

소화약제의 방출을 지연시킬 수 있는 방출지연스위치는 수동식 기동장치의 부근에 설치한다.

관련개념 화재표시반의 설치기준

㉠ 각 방호구역마다 음향경보장치의 조작 및 감지기의 작동을 명시하는 표시등과 이와 연동하여 작동하는 벨·버저 등의 경보기를 설치한다.
㉡ 수동식 기동장치에 설치하는 화재표시반은 방출용 스위치의 작동을 명시하는 표시등을 설치한다.
㉢ 소화약제의 방출을 명시하는 표시등을 설치한다.
㉣ 자동식 기동장치에 설치하는 화재표시반은 자동·수동의 절환을 명시하는 표시등을 설치한다.

정답 ①

66 빈출도 ★★★

소화수조 및 저수조의 화재안전성능기준(NFPC 402)에 따라 소화수조의 채수구는 소방차가 최대 몇 [m] 이내의 지점까지 접근할 수 있도록 설치하여야 하는가?

① 1　　② 2

③ 4　　④ 5

해설

채수구 또는 흡수관투입구는 소방차가 2[m] 이내의 지점까지 접근할 수 있는 위치에 설치한다.

정답 | ②

67 빈출도 ★

연결살수설비의 화재안전성능기준(NFPC 503) 상 배관의 설치기준 중 하나의 배관에 부착하는 살수헤드의 개수가 3개인 경우 배관의 구경은 최소 몇 [mm] 이상으로 설치해야 하는가? (단, 연결살수설비 전용헤드를 사용하는 경우이다.)

① 40　　② 50

③ 65　　④ 80

해설

하나의 배관에 부착하는 전용헤드의 개수가 3개일 경우 배관의 구경은 50[mm] 이상으로 한다.

관련개념 **연결살수설비 전용헤드 배관 구경**

연소방지설비 전용헤드를 사용하는 경우 다음의 표에 따른 구경 이상으로 한다.

하나의 배관에 부착하는 전용 헤드의 개수	배관의 구경[mm]
1개	32
2개	40
3개	50
4개 또는 5개	65
6개 이상 10개 이하	80

정답 | ②

68 빈출도 ★★★

스프링클러설비의 화재안전성능기준(NFPC 103)상 조기반응형 스프링클러헤드를 설치해야 하는 장소가 아닌 것은?

① 수련시설의 침실
② 공동주택의 거실
③ 오피스텔의 침실
④ 병원의 입원실

해설

수련시설에는 조기반응형 스프링클러헤드를 설치하지 않는다.

관련개념 **조기반응형 스프링클러헤드 설치장소**

㉠ 공동주택과 노유자시설의 거실
㉡ 오피스텔과 숙박시설의 침실
㉢ 병원과 의원의 입원실

정답 | ①

69 빈출도 ★

송수구가 부설된 옥내소화전을 설치한 특정소방대상물로서 연결송수관설비의 방수구를 설치하지 아니할 수 있는 층의 기준 중 다음 (   ) 안에 알맞은 것은? (단, 집회장·관람장·백화점·도매시장·소매시장·판매시설·공장·창고시설 또는 지하가를 제외한다.)

> – 지하층을 제외한 층수가 (㉠)층 이하이고 연면적이 (㉡)[m^2] 미만인 특정소방대상물의 지상층의 용도로 사용되는 층
> – 지하층의 층수가 (㉢) 이하인 특정소방대상물의 지하층

① ㉠ 3 ㉡ 5,000 ㉢ 3
② ㉠ 4 ㉡ 6,000 ㉢ 2
③ ㉠ 5 ㉡ 3,000 ㉢ 3
④ ㉠ 6 ㉡ 4,000 ㉢ 2

해설

지하층을 제외한 층수가 4층 이하이고, 연면적이 6,000[m^2] 미만인 지상층과 지하층의 층수가 2층 이하인 지하층에서 방수구를 설치하지 않을 수 있다.

관련개념 **방수구의 설치제외장소**

㉠ 아파트의 1층 및 2층
㉡ 소방차의 접근이 가능하고 소방대원이 소방차로부터 각 부분에 쉽게 도달할 수 있는 피난층
㉢ 송수구가 부설된 옥내소화전을 설치한 특정소방대상물 중 다음에 해당하는 장소
  – 지하층을 제외한 층수가 4층 이하이고 연면적이 6,000[m^2] 미만인 특정소방대상물의 지상층
  – 지하층의 층수가 2 이하인 특정소방대상물의 지하층
㉣ ㉢의 장소 중 집회장·관람장·백화점·도매시장·소매시장·판매시설·공장·창고시설 또는 지하가는 제외

정답 | ②

70 빈출도 ★★★

피난기구의 화재안전기술기준(NFTC 301)에 따라 숙박시설·노유자시설 및 의료시설로 사용되는 층에 있어서는 그 층의 바닥면적이 몇 [m^2] 마다 피난기구를 1개 이상 설치해야하는가?

① 300 ② 500
③ 800 ④ 1,000

해설

숙박시설·노유자시설 및 의료시설로 사용되는 층에는 그 층의 바닥면적 500[m^2]마다 1개 이상 설치한다.

관련개념 피난기구의 설치개수

㉠ 층마다 설치한다.
㉡ 숙박시설·노유자시설 및 의료시설로 사용되는 층에는 그 층의 바닥면적 500[m^2]마다 1개 이상 설치한다.
㉢ 위락시설·문화집회 및 운동시설·판매시설로 사용되는 층 또는 복합용도의 층에는 그 층의 바닥면적 800[m^2]마다 1개 이상설치한다.
㉣ 계단실형 아파트에는 각 세대마다 1개 이상 설치한다.
㉤ 그 밖의 용도의 층에는 그 층의 바닥면적 1,000[m^2]마다 1개 이상 설치한다.
㉥ 숙박시설(휴양콘도미니엄 제외)의 경우 객실마다 완강기 또는 2 이상의 간이완강기를 추가로 설치한다.
㉦ 4층 이상의 층에 설치된 노유자시설 중 장애인 관련 시설로서 주된 사용자 중 스스로 피난이 불가한 사람이 있는 경우 층마다 구조대를 1개 이상 추가로 설치한다.

정답 | ②

71 빈출도 ★

수직강하식 구조대가 구조적으로 갖추어야 할 조건으로 옳지 않은 것은? (단, 건물내부의 별실에 설치하는 경우는 제외한다.)

① 구조대의 포지는 외부포지와 내부포지로 구성한다.
② 포지는 사용 시 충격을 흡수하도록 수직방향으로 현저하게 늘어나야 한다.
③ 구조대는 연속하여 강하할 수 있는 구조이어야 한다.
④ 입구틀 및 취부틀의 입구는 지름 60[cm] 이상의 구체가 통과할 수 있어야 한다.

해설

포지는 사용 시 수직방향으로 현저하게 늘어나지 않아야 한다.

관련개념 수직강하식 구조대의 구조 기준

㉠ 수직구조대는 안전하고 쉽게 사용할 수 있는 구조이어야 한다.
㉡ 수직구조대의 포지는 외부포지와 내부포지로 구성하고, 외부포지와 내부포지의 사이에 충분한 공기층을 둔다.
㉢ 건물내부의 별실에 설치하는 것은 외부포지를 설치하지 않을 수 있다.
㉣ 입구틀 및 고정틀의 입구는 지름 60[cm] 이상의 구체가 통과할 수 있는 것이어야 한다.
㉤ 수직구조대는 연속하여 강하할 수 있는 구조이어야 한다.
㉥ 포지는 사용 시 수직방향으로 현저하게 늘어나지 않아야 한다.
㉦ 포지, 지지틀, 고정틀, 그 밖의 부속장치 등은 견고하게 부착되어야 한다.

정답 | ②

72 빈출도 ★★★

스프링클러설비의 화재안전성능기준(NFPC 103)상 스프링클러설비의 배관 내 사용압력이 몇 [MPa] 이상일 때 압력 배관용 탄소강관을 사용해야 하는가?

① 0.1　　② 0.5
③ 0.8　　④ 1.2

해설

압력 배관용 탄소 강관(KS D 3562)은 배관 내 사용압력이 1.2[MPa] 이상인 경우 사용할 수 있다.

관련개념 **배관의 종류**

㉠ 배관 내 사용압력이 1.2[MPa] 미만인 경우
- 배관용 탄소 강관(KS D 3507)
- 이음매 없는 구리 및 구리합금관(KS D 5301)
- 배관용 스테인리스 강관(KS D 3576) 또는 일반배관용 스테인리스 강관(KS D 3595)
- 덕타일 주철관(KS D 4311)

㉡ 배관 내 사용압력이 1.2[MPa] 이상인 경우
- 압력 배관용 탄소 강관(KS D 3562)
- 배관용 아크용접 탄소강 강관(KS D 3583)

㉢ 소방용 합성수지배관으로 사용할 수 있는 경우
- 배관을 지하에 매설하는 경우
- 다른 부분과 내화구조로 구획된 덕트 또는 피트의 내부에 설치하는 경우
- 천장과 반자를 불연재료 또는 준불연재료로 설치하고 소화배관 내부에 항상 소화수가 채워진 상태로 설치하는 경우

정답 | ④

73 빈출도 ★

다음 설명은 미분무소화설비의 화재안전성능기준(NFPC 104A)에 따른 미분무소화설비 기동장치의 화재감지기 회로에서 발신기 설치기준이다. (　　) 안에 알맞은 내용은? (단, 자동화재탐지설비의 발신기가 설치된 경우는 제외한다.)

> - 조작이 쉬운 장소에 설치하고, 스위치는 바닥으로부터 0.8[m] 이상 (㉠)[m] 이하의 높이에 설치할 것
> - 소방대상물의 층마다 설치하되, 당해 소방대상물의 각 부분으로부터 하나의 발신기까지의 수평거리가 (㉡)[m] 이하가 되도록 할 것
> - 발신기의 위치를 표시하는 표시등은 함의 상부에 설치하되, 그 불빛은 부착면으로부터 15°이상의 범위안에서 부착지점으로부터 (㉢)[m] 이내의 어느 곳에서도 쉽게 식별할 수 있는 적색등으로 할 것

① ㉠ 1.5　㉡ 20　㉢ 10
② ㉠ 1.5　㉡ 25　㉢ 10
③ ㉠ 2.0　㉡ 20　㉢ 15
④ ㉠ 2.0　㉡ 25　㉢ 15

관련개념 **발신기의 설치기준**

㉠ 조작이 쉬운 장소에 설치한다.
㉡ 스위치는 바닥으로부터 0.8[m] 이상 1.5[m] 이하의 높이에 설치한다.
㉢ 소방대상물의 층마다 설치하고 해당 소방대상물의 각 부분으로부터 수평거리가 25[m] 이하가 되도록 한다.
㉣ 복도 또는 별도로 구획된 실로서 보행거리가 40[m] 이상일 경우에는 추가로 설치한다.
㉤ 발신기의 위치를 표시하는 표시등은 함의 상부에 설치하고 그 불빛은 부착면으로부터 15° 이상의 범위 안에서 부착지점으로부터 10[m] 이내의 어느 곳에서도 쉽게 식별할 수 있는 적색등으로 한다.

정답 | ②

74 빈출도 ★★

제연설비의 화재안전성능기준(NFPC 501) 상 제연설비의 설치장소 기준 중 하나의 제연구역의 면적은 최대 몇 $[m^2]$ 이내로 하여야 하는가?

① 700　② 1,000
③ 1,300　④ 1,500

해설

하나의 제연구역의 면적은 $1,000[m^2]$ 이내로 한다.

관련개념 **제연구역의 구획기준**

㉠ 하나의 제연구역의 면적은 $1,000[m^2]$ 이내로 한다.
㉡ 거실과 통로(복도 포함)는 각각 제연구획 한다.
㉢ 통로상의 제연구역은 보행중심선의 길이가 60[m]를 초과하지 않는다.
㉣ 하나의 제연구역은 직경 60[m] 원 내에 들어갈 수 있어야 한다.
㉤ 하나의 제연구역은 2 이상의 층에 미치지 않도록 한다.
㉥ 층의 구분이 불분명한 부분은 그 부분을 다른 부분과 별도로 제연구획 한다.

정답 ②

75 빈출도 ★

층수가 10층인 공장에 습식 폐쇄형 스프링클러헤드가 설치되어 있다면 이 설비에 필요한 수원의 양은 얼마 이상이어야 하는가? (단, 이 창고는 특수가연물을 저장 · 취급하지 않는 일반물품을 적용하고, 헤드가 가장 많이 설치된 층은 8층으로서 40개가 설치되어 있다.)

① $16[m^3]$　② $32[m^3]$
③ $48[m^3]$　④ $64[m^3]$

해설

폐쇄형 스프링클러헤드를 사용하는 경우 층수가 10층이고 특수가연물을 취급하지 않는 공장의 기준개수는 20이다.

$20 \times 1.6[m^3] = 32[m^3]$

관련개념 **저수량의 산정기준**

폐쇄형 스프링클러헤드를 사용하는 경우 다음의 표에 따른 기준개수에 $1.6[m^3]$를 곱한 양 이상이 되도록 한다.

스프링클러설비의 설치장소		기준 개수
아파트		10
지하층을 제외한 10층 이하인 특정소방대상물	헤드의 높이가 8[m] 미만인 것	10
	헤드의 높이가 8[m] 이상인 것	20
	판매시설이 없는 근린생활시설 · 운수시설 · 복합건축물	20
	특수가연물을 취급하지 않는 공장	20
	판매시설 또는 판매시설이 있는 복합건축물	20
	특수가연물을 저장 · 취급하는 공장	30
지하층을 제외한 11층 이상인 특정소방대상물		30
지하가 또는 지하역사		30

정답 ②

76 빈출도 ★★

인명구조기구의 화재안전기술기준(NFTC 302)에 따라 특정소방대상물의 용도 및 장소별로 설치해야 할 인명구조기구의 기준으로 틀린 것은?

① 지하가 중 지하상가는 인공소생기를 층마다 2개 이상 비치할 것
② 판매시설 중 대규모 점포는 공기호흡기를 층마다 2개 이상 비치할 것
③ 지하층을 포함하는 층수가 7층 이상인 관광호텔은 방열복(또는 방화복), 공기호흡기, 인공소생기를 각 2개 이상 비치할 것
④ 물분무등소화설비 중 이산화탄소 소화설비를 설치해야 하는 특정소방대상물은 공기호흡기를 이산화탄소 소화설비가 설치된 장소의 출입구 외부 인근에 1대 이상 비치할 것

해설

지하가 중 지하상가는 공기호흡기를 층마다 2개 이상 설치한다.

관련개념 특정소방대상물의 용도 및 장소별 설치해야 할 인명구조기구

특정소방대상물	인명구조기구	설치 수량
• 지하층을 포함하는 층수가 7층 이상인 관광호텔 • 5층 이상인 병원	• 방열복 또는 방화복(안전모, 보호장갑 및 안전화 포함) • 공기호흡기 • 인공소생기	각 2개 이상(병원의 경우 인공소생기 생략 가능)
• 수용인원 100명 이상의 영화상영관 • 대규모 점포 • 지하역사 • 지하상가	• 공기호흡기	층마다 2개 이상
• 물분무소화설비 중 이산화탄소 소화설비를 설치해야하는 특정소방대상물	• 공기호흡기	이산화탄소 소화설비가 설치된 장소의 출입구 외부 인근에 1개 이상

정답 | ①

77 빈출도 ★

다음 중 피난사다리 하부지지점에 미끄럼 방지장치를 설치하여야 하는 것은?

① 내림식사다리 ② 올림식사다리
③ 수납식사다리 ④ 신축식사다리

해설

하부지지점에 미끄러짐을 막는 장치를 설치해야 하는 사다리는 올림식사다리이다.

관련개념 올림식사다리의 구조

㉠ 상부지지점(끝 부분으로부터 60[cm] 이내)에 미끄러지거나 넘어지지 않도록 하기 위해 안전장치를 설치한다.
㉡ 하부지지점에는 미끄러짐을 막는 장치를 설치한다.
㉢ 신축하는 구조인 것은 사용할 때 자동적으로 작동하는 축제방지장치를 설치한다.
㉣ 접어지는 구조인 것은 사용할 때 자동적으로 작동하는 접힘방지장치를 설치한다.

정답 | ②

78 빈출도 ★★★

이산화탄소 소화약제의 저장용기에 관한 일반적인 설명으로 옳지 않은 것은?

① 방호구역 내의 장소에 설치하되 피난구 부근을 피하여 설치할 것
② 온도가 40[℃] 이하이고, 온도 변화가 적은 곳에 설치할 것
③ 직사광선 및 빗물이 침투할 우려가 없는 곳에 설치할 것
④ 용기 간의 간격은 점검에 지장이 없도록 3[cm] 이상의 간격을 유지할 것

해설

저장용기는 방호구역 외의 장소에 설치한다. 방호구역 내에 설치할 경우 피난 및 조작이 용이하도록 피난구 부근에 설치한다.

관련개념 저장용기의 설치장소

㉠ 방호구역 외의 장소에 설치한다.
㉡ 방호구역 내에 설치할 경우 피난 및 조작이 용이하도록 피난구 부근에 설치한다.
㉢ 온도가 40[℃] 이하이고, 온도 변화가 작은 곳에 설치한다.
㉣ 직사광선 및 빗물이 침투할 우려가 없는 곳에 설치한다.
㉤ 방화문으로 방화구획 된 실에 설치한다.
㉥ 용기의 설치장소에는 해당 용기가 설치된 곳임을 표시하는 표지를 한다.
㉦ 용기 간의 간격은 점검에 지장이 없도록 3[cm] 이상의 간격을 유지한다.
㉧ 저장용기와 집합관을 연결하는 연결배관에는 체크밸브를 설치한다. 저장용기가 하나의 방호구역만을 담당하는 경우 제외

정답 | ①

79 빈출도 ★

인명구조기구의 종류가 아닌 것은?

① 방열복　　② 구조대
③ 공기호흡기　　④ 인공소생기

해설

인명구조기구에 해당하는 것은 방열복, 공기호흡기, 인공소생기이다.
구조대는 피난기구에 해당한다.

정답 | ②

80 빈출도 ★

일정 이상의 층수를 가진 오피스텔에서는 모든 층에 주거용 주방자동소화장치를 설치해야 하는데, 몇 층 이상인 경우 이러한 조치를 취해야 하는가?

① 20층 이상　　② 25층 이상
③ 30층 이상　　④ 층수 무관

해설

층수와 관계없이 아파트 및 오피스텔의 모든 층에는 주거용 주방자동소화장치를 설치해야 한다.

관련개념 주방자동소화장치를 설치해야 하는 장소

㉠ 주거용 주방자동소화장치
　– 아파트 및 오피스텔의 모든 층
㉡ 상업용 주방자동소화장치
　– 판매시설 중 대규모점포에 입점해 있는 일반음식점
　– 식품위생법에 따른 집단급식소

정답 | ④

ENERGY

나쁜 날씨란 없다.
서로 다른 종류의 좋은 날씨가 있을 뿐이다.

– 영국 속담

2022년 1회 기출문제

■ 1회독 ■ 2회독 ■ 3회독

소방원론

01 빈출도 ★

동식물유류에서 "요오드값이 크다"라는 의미를 옳게 설명한 것은?

① 불포화도가 높다.
② 불건성유이다.
③ 자연발화성이 낮다.
④ 산소와의 결합이 어렵다.

해설

요오드값은 지방산의 불포화도를 나타내는 척도이며, 요오드값이 클수록 건성유, 작을수록 불건성유이다. 불포화도는 요오드값이 클수록 높다.

관련개념 요오드값

구분	요오드값	불포화도	반응성
건성유	130 이상	높음	크다
반건성유	100 이상 130 미만	보통	중간
불건성유	100 미만	낮음	작다

㉠ 지방산의 불포화도가 높을수록 더 많은 요오드가 첨가될 수 있으므로 요오드값이 크다.
㉡ 불포화도가 높다는 것은 지방산에 이중결합이 많다는 뜻이며, 다른 물질과 첨가반응이 일어나기 쉬우므로 불포화도가 높을수록 반응성이 크다.
㉢ 유지는 산소와 반응하여 유지 표면에 막을 형성한다. 소위 말라붙는다. 건성유는 불포화도가 높아 산소와의 반응성이 크므로 더 잘 말라붙는다.

정답 | ①

02 빈출도 ★

화재에 관련된 국제적인 규정을 제정하는 단체는?

① IMO(International Maritime Organization)
② SFPE(Society of Fire Protection Engineers)
③ NFPA(National Fire Protection Association)
④ ISO(International Organization for Standardization) TC 92

해설

화재 관련 국제적인 규정을 제정하는 단체는 ISO/TC92이다.

선지분석

① IMO는 국제해사기구로 해운과 관련된 국제적인 문제를 협의하는 단체이다.
② SFPE는 세계적으로 소방 기술 분야를 다루는 학회이다.
③ NFPA는 미국화재예방협회이다.

정답 | ④

03 빈출도 ★★★

위험물의 유별에 따른 분류가 잘못된 것은?

① 제1류 위험물: 산화성 고체
② 제3류 위험물: 자연발화성 물질 및 금수성 물질
③ 제4류 위험물: 인화성 액체
④ 제6류 위험물: 가연성 액체

해설

제6류 위험물은 산화성 액체이다.

관련개념

㉠ 제1류 위험물: 산화성 고체
㉡ 제2류 위험물: 가연성 고체
㉢ 제3류 위험물: 자연발화성 및 금수성 물질
㉣ 제4류 위험물: 인화성 액체
㉤ 제5류 위험물: 자기 반응성 물질
㉥ 제6류 위험물: 산화성 액체

정답 | ④

04 빈출도 ★★

상온 및 상압의 공기중에서 탄화수소류의 가연물을 소화하기 위한 이산화탄소 소화약제의 농도는 약 몇 [%] 인가? (단, 탄화수소류는 산소농도가 10[%]일 때 소화된다고 가정한다.)

① 28.57 ② 35.48
③ 49.56 ④ 52.38

해설

산소 21[%], 이산화탄소 0[%]인 공기에 이산화탄소 소화약제가 추가되어 산소의 농도는 10[%]가 되어야 한다.

$$\frac{21}{100+x}=\frac{10}{100}$$

따라서 추가된 이산화탄소 소화약제의 양 x는 110이며,
이때 전체 중 이산화탄소의 농도는

$$\frac{x}{100+x}=\frac{110}{100+110}\fallingdotseq 0.5238=52.38[\%]$$ 이다.

관련개념

㉠ 소화약제 방출 전 공기의 양을 100으로 두고 풀이하면 된다.
㉡ 분모의 x는 공학용 계산기의 SOLVE 기능을 활용하면 쉽다.

정답 | ④

05 빈출도 ★

제연설비의 화재안전성능기준(NFPC 501) 상 예상제연구역에 공기가 유입되는 순간의 풍속은 몇 [m/s] 이하가 되도록 하여야 하는가?

① 2　② 3
③ 4　④ 5

해설

예상제연구역에 공기가 유입되는 순간의 풍속은 5[m/s] 이하가 되도록 한다.

관련개념 **제연설비의 풍속 기준**

㉠ 예상제연구역에 공기가 유입되는 순간: 5[m/s] 이하
㉡ 배출기의 흡입 측 풍도 안의 풍속: 15[m/s] 이하
㉢ 배출기의 배출 측 풍도 안의 풍속: 20[m/s] 이하

정답 | ④

06 빈출도 ★

상온에서 무색의 기체로서 암모니아와 유사한 냄새를 가지는 물질은?

① 에틸벤젠　② 에틸아민
③ 산화프로필렌　④ 사이클로프로페인

해설

암모니아와 유사한 냄새를 가지는 물질은 에틸아민이다.
에틸아민($CH_3CH_2NH_2$)은 암모니아(NH_3)의 수소 중에 하나가 에틸기($-CH_2CH_3$)로 치환된 구조로 암모니아와 유사한 특성을 가진다.

정답 | ②

07 빈출도 ★

소화약제의 형식승인 및 제품검사의 기술기준에서 강화액 소화약제의 응고점은 몇 [℃] 이하이어야 하는가?

① 0　② −20
③ −25　④ −30

해설

강화액 소화약제의 응고점은 −20[℃] 이하이어야 한다.
강화액 소화약제는 물에 알칼리 금속염류가 첨가된 소화약제이다. 따라서 0[℃] 아래의 온도에서도 얼지 않으며 자체 화학반응으로 발생하는 가스압력으로 인해 소화수의 침투능력이 좋다. 소화수에 녹아있는 염류로 인해 화재의 연쇄반응을 차단하는 효과도 기대할 수 있다.

정답 | ②

08 빈출도 ★★

소화원리에 대한 설명으로 틀린 것은?

① 억제소화: 불활성기체를 방출하여 연소범위 이하로 낮추어 소화하는 방법
② 냉각소화: 물의 증발잠열을 이용하여 가연물의 온도를 낮추는 소화방법
③ 제거소화: 가연성 가스의 분출화재 시 연료공급을 차단시키는 소화방법
④ 질식소화: 포소화약제 또는 불연성기체를 이용해서 공기 중의 산소공급을 차단하여 소화하는 방법

해설

억제소화는 연소의 요소 중 연쇄적 산화반응을 약화시켜 연소의 지속을 불가능하게 하는 방법이다.
가연물 내 함유되어 있는 수소 · 산소로부터 생성되는 수소기(H •) · 수산기(• OH)를 화학적으로 제조된 부촉매제(분말 소화약제, 할론가스 등)와 반응하게 하여 더 이상 연소생성물인 이산화탄소 · 수증기 등의 생성을 억제시킨다.

관련개념

연소범위 이하로 낮추어 소화하는 방법은 희석소화에 대한 설명이며, 불활성기체뿐만 아니라 연료와 섞이는 소화약제면 가능하다.

정답 | ①

09 빈출도 ★

단백포 소화약제의 특징이 아닌 것은?

① 내열성이 우수하다.
② 유류에 대한 유동성이 나쁘다.
③ 유류를 오염시킬 수 있다.
④ 변질의 우려가 없어 저장 유효기간의 제한이 없다.

해설

단백포 소화약제는 부식성이 높아 짧은 시간에 변질될 수 있다.

관련개념 단백포 소화약제

구분	내용
장점	• 재연소 방지효과가 우수하다. • 안정성이 높고 내열성이 우수하다. • 부동액이 첨가되어 영하에서 얼지 않는다.
단점	• 내유성이 약하여 오염되기 쉽다. • 포의 유동성이 낮아 소화의 속도가 늦다. • 변질의 우려가 있어 장기저장이 불가능하다.

정답 | ④

10 빈출도 ★★

고층 건축물 내 연기거동 중 굴뚝효과에 영향을 미치는 요소가 아닌 것은?

① 건물 내 · 외의 온도차
② 화재실의 온도
③ 건물의 높이
④ 층의 면적

해설

굴뚝효과는 건축물의 내 · 외부 공기의 온도 및 밀도 차이로 인해 발생하는 공기의 흐름이다.
고층 건축물에서 층의 면적은 굴뚝효과에 영향을 미치지 않는다.

선지분석

① 건물 내 · 외의 온도차가 클수록 공기의 밀도차이가 커지므로 공기의 순환이 빠르게 이루어지며 굴뚝효과가 커진다.
② 건물 내부 화재 발생지점의 온도가 높을수록 건물 내 · 외의 온도차가 커지므로 굴뚝효과가 커진다.
③ 건물의 높이가 높을수록 저층과 고층의 기압차이가 커지므로 굴뚝효과가 커진다.

정답 | ④

11 빈출도 ★★

전기불꽃, 아크 등이 발생하는 부분을 기름 속에 넣어 폭발을 방지하는 방폭구조는?

① 내압방폭구조 ② 유입방폭구조
③ 안전증방폭구조 ④ 특수방폭구조

해설

점화원을 기름 속에 넣어 폭발을 방지하는 방폭구조는 유입방폭구조이다.

관련개념 방폭구조

폭발성 분위기에서 점화되지 않도록 하기 위하여 전기기기에 적용되는 특수한 조치를 방폭구조라고 한다.

㉠ 내압방폭구조: 점화원에 의해 용기 내부에서 폭발이 발생할 경우에 용기가 폭발압력에 견딜 수 있고, 화염이 용기 외부의 폭발성 분위기로 전파되지 않도록 한 방폭구조
㉡ 압력방폭구조: 전기설비의 용기 내부에 외부보다 높은 압력을 형성시켜 용기 내부로 가연성 물질이 유입되지 못하도록 한 방폭구조
㉢ 안전증방폭구조: 전기기기의 과도한 온도 상승, 아크 또는 불꽃 발생의 위험을 방지하기 위하여 추가적인 안전조치를 통한 안전도를 증가시킨 방폭구조
㉣ 유입방폭구조: 유체 상부 또는 용기 외부에 존재할 수 있는 폭발성 분위기가 발화할 수 없도록 전기설비 또는 전기설비의 부품을 보호액에 함침시키는 방폭구조
㉤ 본질안전방폭구조: 전기에너지에 의한 발화가 불가능하다는 것을 시험을 통해 확인할 수 있는 방폭구조
㉥ 특수방폭구조: 전기기기의 구조, 재료, 사용장소 또는 사용방법 등을 고려하여 적용대상인 폭발성 가스 분위기를 점화시키지 않도록 한 방폭구조

정답 | ②

12 빈출도 ★

건축물의 피난·방화구조 등의 기준에 관한 규칙 상 방화구획의 설치기준 중 스프링클러를 설치한 10층 이하의 층은 바닥면적 몇 [m^2] 이내마다 방화구획을 구획하여야 하는가?

① 1,000 ② 1,500
③ 2,000 ④ 3,000

해설

스프링클러를 설치한 경우 10층 이하의 층은 바닥면적 3,000[m^2]마다 방화구획하여야 한다.

관련개념 방화구획 설치기준

㉠ 10층 이하의 층은 바닥면적 1,000[m^2](스프링클러를 설치한 경우 3,000[m^2]) 이내마다 구획할 것
㉡ 매 층마다 구획할 것
㉢ 11층 이상의 층은 바닥면적 200[m^2](스프링클러를 설치한 경우 600[m^2]) 이내마다 구획할 것
㉣ 11층 이상의 층 중에서 실내에 접하는 부분이 불연재료인 경우 바닥면적 500[m^2](스프링클러를 설치한 경우 1,500[m^2]) 이내마다 구획할 것

정답 | ④

13 빈출도 ★★

과산화수소 위험물의 특성이 아닌 것은?

① 비수용성이다.
② 무기화합물이다.
③ 불연성 물질이다.
④ 비중은 물보다 무겁다.

해설

과산화수소(H_2O_2)는 극성 분자이므로 극성 분자인 물(H_2O)과 잘 섞인다.

선지분석

② 탄소(C)가 포함되지 않으므로 무기화합물이다.
③ 위험물안전관리법상 산화성 액체로 분류하며 산소를 발생시켜 다른 물질을 연소시키므로 조연성 물질이다.
④ 분자량이 34[g/mol]로 물보다 무겁다.

정답 | ①

14 빈출도 ★★★

이산화탄소 소화약제의 임계온도는 약 몇 [℃] 인가?

① 24.4 ② 31.4
③ 56.4 ④ 78.4

해설

이산화탄소의 임계온도는 약 31.4[℃] 정도이다.

관련개념 **이산화탄소의 일반적 성질**

㉠ 상온에서 무색 · 무취 · 무미의 기체로서 독성이 없다.
㉡ 임계온도는 약 31.4[℃]이고, 비중이 약 1.52로 공기보다 무겁다.
㉢ 압축 및 냉각 시 쉽게 액화할 수 있으며, 더욱 압축냉각하면 드라이아이스가 된다.

정답 | ②

15 빈출도 ★★

이산화탄소 소화약제의 주된 소화효과는?

① 제거소화 ② 억제소화
③ 질식소화 ④ 냉각소화

해설

공기 중의 산소농도가 15[%] 이하로 낮아지게 되면 연소가 중지되므로 불연성 물질인 이산화탄소를 방출하여 산소농도를 낮추게 되면 화재는 소화된다. 이를 질식소화라 한다.

관련개념 **소화효과**

㉠ 제거소화(제거효과): 화재현장 주위의 물체를 치우고 연료를 제거하여 소화하는 방법
㉡ 억제소화(부촉매효과): 화재의 연쇄반응을 차단하여 소화하는 방법
㉢ 질식소화(피복효과): 산소의 공급을 차단하여 소화하는 방법
㉣ 냉각소화(냉각효과): 연소하는 가연물의 온도를 인화점 아래로 떨어뜨려 소화하는 방법

정답 | ③

16 빈출도 ★★

백열전구가 발열하는 원인이 되는 열은?

① 아크열 ② 유도열
③ 저항열 ④ 정전기열

해설

백열전구의 원리는 필라멘트에 전류가 흐르며 저항에 의한 열이 발생하고 열복사에 의해 빛이 방출되는 것이다.

관련개념 **전기적 점화원**

㉠ 유도열: 전자유도 현상으로 발생하는 전류에 의해 생기는 저항에서 발생하는 열이다.
㉡ 유전열: 피복의 절연 능력이 감소하여 생기는 누설전류에 의해 발생하는 열이다.
㉢ 저항열: 도체에 전류가 흐를 때 전기저항에 의해 발생하는 열이다.
㉣ 아크열: 전기설비의 회로나 기구 등에서 접촉 불량에 의해 발생하는 열이다. 작은 전기불꽃으로도 충분히 가연성 가스를 착화시킬 수 있다.
㉤ 정전기열: 정전기가 방전할 때 발생하는 열로 전기가 흐르지 못하고 축적이 되었다가 방전하면서 점화원으로 작용을 한다.
㉥ 낙뢰열: 낙뢰가 지면의 나무 등과 부딪히며 발생하는 열이다.

정답 | ③

17 빈출도 ★

화재의 정의로 옳은 것은?

① 가연성물질과 산소와의 격렬한 산화반응이다.
② 사람의 과실로 인한 실화나 고의에 의한 방화로 발생하는 연소현상으로서 소화할 필요성이 있는 연소현상이다.
③ 가연물과 공기와의 혼합물이 어떤 점화원에 의하여 활성화되어 열과 빛을 발하면서 일으키는 격렬한 발열반응이다.
④ 인류의 문화와 문명의 발달을 가져오게 한 근본적 존재로서 인간의 제어수단에 의하여 컨트롤 할 수 있는 연소현상이다.

해설

화재란 사람의 의도에 반하거나 고의 또는 과실에 의해 발생하는 연소현상으로 소화할 필요가 있는 현상 또는 사람의 의도에 반하여 발생하거나 확대된 화학적 폭발현상을 말한다.

정답 | ②

18 빈출도 ★★

물에 황산을 넣어 묽은 황산을 만들 때 발생되는 열은?

① 연소열 ② 분해열
③ 용해열 ④ 자연발열

해설

황산은 물에 녹으면 이온화되면서 열을 방출한다. 이때 발생하는 열을 용해열이라고 한다.

관련개념 화학적 점화원

연소열	어떤 물질이 완전 연소되는 과정에서 발생되는 열이다.
용해열	어떤 물질이 용액 속에서 완전히 녹을 때 나타나는 열이다.
분해열	어떤 화합물이 상온에서 안정한 상태의 성분 원소로 분해될 때 발생하는 열이다.
생성열	발열반응에 의해 화합물이 생성될 때 발생하는 열이다.
자연발화	외부로부터 열의 공급 없이 어떤 물질이 내부 반응열의 축적만으로 온도가 상승하여 공기 중에서 스스로 발화하는 것이다.

정답 | ③

19 빈출도 ★★★

자연발화의 방지방법이 아닌 것은?

① 통풍이 잘 되도록 한다.
② 퇴적 및 수납 시 열이 쌓이지 않게 한다.
③ 높은 습도를 유지한다.
④ 저장실의 온도를 낮게 한다.

해설

수분은 비열이 높아 많은 열을 축적할 수 있으므로 습도가 낮아야 자연발화를 방지할 수 있다.

관련개념 발화의 조건

㉠ 주변 온도가 높고, 발열량이 클수록 발화하기 쉽다.
㉡ 열전도율이 낮을수록 열 축적이 쉬워 발화하기 쉽다.
㉢ 표면적이 넓어 산소와의 접촉량이 많을수록 발화하기 쉽다.
㉣ 분자량, 온도, 습도, 농도, 압력이 클수록 발화하기 쉽다.
㉤ 활성화 에너지가 작을수록 발화하기 쉽다.

정답 | ③

20 빈출도 ★★

다음 중 분진 폭발의 위험성이 가장 낮은 것은?

① 시멘트가루 ② 알루미늄분
③ 석탄분말 ④ 밀가루

해설

시멘트가루의 주요 구성성분인 생석회(CaO)는 불이 붙지 않는다. 따라서 시멘트가루만으로는 분진 폭발이 발생하지 않는다. 하지만 물과 반응 시 발열반응으로 인해 주변의 가연물을 발화시킬 수 있다.

정답 | ①

소방유체역학

21 빈출도 ★

30[℃]에서 부피가 10[L]인 이상기체를 일정한 압력으로 0[℃]로 냉각시키면 부피는 약 몇 [L]로 변하는가?

① 3　② 9
③ 12　④ 18

해설

압력과 기체의 양이 일정한 이상기체이므로 샤를의 법칙을 적용할 수 있다.

$$\frac{V_1}{T_1}=C=\frac{V_2}{T_2}$$

상태1의 부피가 10[L], 절대온도가 (273+30)[K]이고, 상태2의 절대온도가 (273+0)[K]이므로 상태2의 부피는

$$V_2=\frac{V_1}{T_1}\times T_2=\frac{10[L]}{(273+30)[K]}\times(273+0)[K]$$
$$\fallingdotseq 9.01[L]$$

관련개념 샤를의 법칙

압력과 기체의 양이 일정할 때 부피와 절대온도는 비례 관계에 있다.

$$\frac{V}{T}=C$$

V: 부피, T: 절대온도[K], C: 상수

정답 ②

22 빈출도 ★

비중이 0.6이고 길이 20[m], 폭 10[m], 높이 3[m]인 직육면체 모양의 소방정 위에 비중이 0.9인 포 소화약제 5톤을 실었다. 바닷물의 비중이 1.03일 때 바닷물 속에 잠긴 소방정의 깊이는 몇 [m]인가?

① 3.54　② 2.5
③ 1.77　④ 0.6

해설

포소화약제가 실린 소방정에 작용하는 중력은 다음과 같다.

$$F_1=s\gamma_wV+mg$$

F_1: 소방정에 작용하는 중력[kN], s: 비중,
γ_w: 물의 비중량[kN/m³], V: 소방정의 부피[m³],
m: 포소화약제의 질량[ton], g: 중력가속도[m/s²]

$$F_1=0.6\times9.8\times(20\times10\times3)+5\times9.8=3{,}577[kN]$$

소방정에 작용하는 부력은 다음과 같다.

$$F_2=\gamma\times xV=s\gamma_w\times xV$$

F_2: 부력[kN], γ: 유체의 비중량[kN/m³],
x: 물체가 잠긴 비율[%], V: 물체의 부피[m³],
s: 비중, γ_w: 물의 비중량[kN/m³]

$$F_2=1.03\times9.8\times x\times(20\times10\times3)=6{,}056.4x$$

소방정이 안정적으로 떠있기 위해서는 중력과 부력의 크기가 같아야 한다.

$$F=F_1-F_2=0$$

F: 소방정이 받는 힘[N], F_1: 중력[N], F_2: 부력[N]

$$F=3{,}577-6{,}056.4x=0$$
$$x\fallingdotseq0.59=59[\%]$$

따라서 소방정은 전체 부피의 59[%]만큼 잠겨있으며, 높이 3[m]의 59[%]인 1.77[m] 잠겨있다.

관련개념 물의 비중량

물의 밀도가 1,000[kg/m³]이므로 중력가속도인 9.8[m/s²]을 곱하면 물의 비중량은 9,800[N/m³]이 되며, 1,000을 킬로(kilo, [k])로 나타낸 9.8[kN/m³]을 사용하기도 한다.

정답 ③

23 빈출도 ★★

그림과 같이 대기압 상태에서 V의 균일한 속도로 분출된 직경 D의 원형 물제트가 원판에 충돌할 때 원판이 U의 속도로 오른쪽으로 계속 동일한 속도로 이동하려면 외부에서 원판에 가해야 하는 힘 F는? (단, ρ는 물의 밀도, g는 중력가속도이다.)

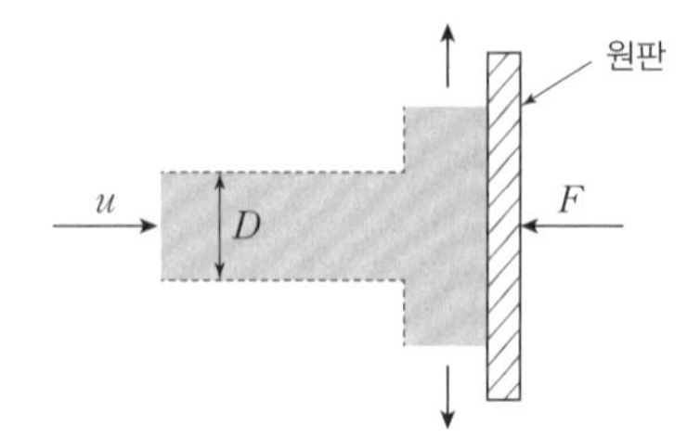

① $\frac{\rho\pi D^2}{4}(V-U)^2$

② $\frac{\rho\pi D^2}{4}(V+U)^2$

③ $\rho\pi D^2(V-U)(V+D)$

④ $\frac{\rho\pi D^2(V-U)(V+U)}{4}$

해설

원판의 이동속도가 동일하게 유지되기 위해서는 원판에 가해지는 외력의 합이 0이어야 한다.
원판에는 원형 물제트가 충돌하며 힘을 가하고 있으므로 그와 반대되는 방향으로 동일한 크기의 힘을 가하면 원판의 외력의 합이 0이 된다.

$$F=\rho Au^2$$

F: 유체가 원판에 가하는 힘[N], ρ: 유체의 밀도[kg/m^3], A: 유체의 단면적[m^2], u: 유속[m/s]

물제트는 직경이 D인 원형이므로 물제트의 단면적은 다음과 같다.

$$A=\frac{\pi}{4}D^2$$

물제트는 V의 속도로 원판에 접근하고 있지만, 원판은 같은 방향인 U의 속도로 이동하고 있으므로 물제트와 원판이 충돌하는 상대속도는 $V-U$이다.
따라서 물제트가 원판에 가하는 힘과 원판이 동일한 속도를 유지하기 위해 원판에 가하여야 하는 힘의 크기 F는

$$F=\frac{\rho\pi D^2}{4}(V-U)^2$$

정답 | ①

24 빈출도 ★★

그림과 같이 폭이 넓은 두 평판 사이를 흐르는 유체의 속도분포 $u(y)$가 다음과 같을 때, 평판 벽에 작용하는 전단응력은 약 몇 [Pa]인가? (단, $u_m=1$[m/s], $h=0.01$[m], 유체의 점성계수는 0.1[N·s/m^2]이다.)

$$u(y)=u_m\left[1-\left(\frac{y}{h}\right)^2\right]$$

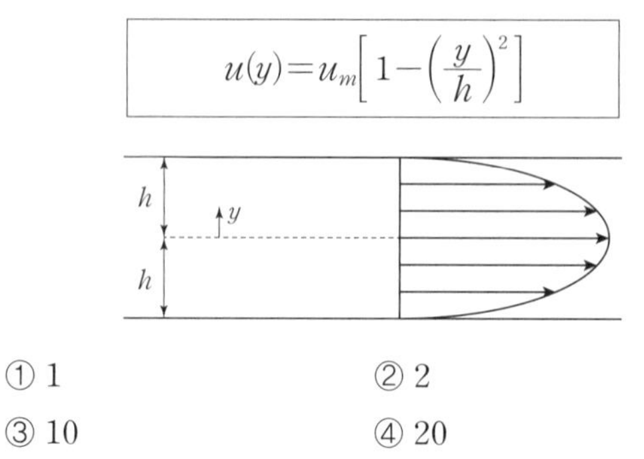

① 1 ② 2

③ 10 ④ 20

해설

전단응력은 점성계수(점도)와 속도기울기의 곱으로 이루어져 있다.

$$\tau=\mu\frac{du}{dy}$$

τ: 전단응력[Pa], μ: 점성계수(점도)[N·s/m^2], $\frac{du}{dy}$: 속도기울기[s^{-1}]

주어진 속도분포식을 평판으로부터의 거리 y에 대하여 미분하면 다음과 같다.

$$\frac{du}{dy}=u_m\left(-\frac{2}{h}\left(\frac{y}{h}\right)\right)=u_m\left(-\frac{2y}{h^2}\right)$$

평판 벽에서 작용하는 전단응력은 $y=\pm h$일 경우이므로 이때의 전단응력은

$$\tau=0.1\times1\times\left(\frac{2\times0.01}{0.01^2}\right)=20[\text{Pa}]$$

정답 | ④

25 빈출도 ★

−15[℃]의 얼음 10[g]을 100[℃]의 증기로 만드는 데 필요한 열량은 약 몇 [kJ]인가? (단, 얼음의 융해열은 335[kJ/kg], 물의 증발잠열은 2,256[kJ/kg], 얼음의 평균 비열은 2.1[kJ/kg·K]이고, 물의 평균 비열은 4.18[kJ/kg·K]이다.

① 7.85 ② 27.1
③ 30.4 ④ 35.2

해설

−15[℃]의 얼음은 0[℃]까지 온도변화 후 물로 상태변화를 하고 다시 100[℃]까지 온도변화 후 수증기로 상태변화한다.

$$Q = cm\Delta T$$

Q: 열량[kJ], c: 비열[kJ/kg·K], m: 질량[kg], ΔT: 온도변화[K]

$$Q = mr$$

Q: 열량[kJ], m: 질량[kg], r: 잠열[kJ/kg]

얼음의 평균 비열은 2.1[kJ/kg·K]이므로 0.01[kg]의 얼음이 −15[℃]에서 0[℃]까지 온도변화하는 데 필요한 열량은 다음과 같다.

$$Q_1 = 2.1 \times 0.01 \times (0-(-15)) = 0.315[\text{kJ}]$$

얼음의 융해열은 335[kJ/kg]이므로 0[℃]의 얼음이 물로 상태변화하는 데 필요한 열량은 다음과 같다.

$$Q_2 = 0.01 \times 335 = 3.35[\text{kJ}]$$

물의 평균 비열은 4.18[kJ/kg·K]이므로 0.01[kg]의 물이 0[℃]에서 100[℃]까지 온도변화하는 데 필요한 열량은 다음과 같다.

$$Q_3 = 4.18 \times 0.01 \times (100-0) = 4.18[\text{kJ}]$$

물의 증발잠열은 2,256[kJ/kg]이므로 100[℃]의 물이 수증기로 상태변화하는 데 필요한 열량은 다음과 같다.

$$Q_4 = 0.01 \times 2{,}256[\text{kJ/kg}] = 22.56[\text{kJ}]$$

따라서 −15[℃]의 얼음이 100[℃]의 수증기로 변화하는 데 필요한 열량은

$$Q = Q_1 + Q_2 + Q_3 + Q_4 = 0.315 + 3.35 + 4.18 + 22.56 = 30.405[\text{kJ}]$$

정답 | ③

26 빈출도 ★★★

포화액−증기 혼합물 300[g]이 100[kPa]의 일정한 압력에서 기화가 일어나서 건도가 10[%]에서 30[%]로 높아진다면 혼합물의 체적 증가량은 약 몇 [m³]인가? (단, 100[kPa]에서 포화액과 포화증기의 비체적은 각각 0.00104[m³/kg] 과 1.694[m³/kg] 이다.)

① 3.386 ② 1.693
③ 0.508 ④ 0.102

해설

300[g]의 혼합물은 x[%]의 수증기와 $(1-x)$[%]의 물로 상태변화 하였다.

건도 10[%]일 때의 혼합물의 체적은 다음과 같다.

$$V_{10} = 0.3 \times 0.1 \times 1.694 + 0.3 \times (1-0.1) \times 0.00104 \fallingdotseq 0.051[\text{m}^3]$$

건도 30[%]일 때의 혼합물의 체적은 다음과 같다.

$$V_{30} = 0.3 \times 0.3 \times 1.694 + 0.3 \times (1-0.3) \times 0.00104 \fallingdotseq 0.153[\text{m}^3]$$

따라서 혼합물의 체적 증가량 $(V_{30}-V_{10})$은

$$V_{30} - V_{10} = 0.153 - 0.051 = 0.102[\text{m}^3]$$

정답 | ④

27 빈출도 ★★★

비중량 및 비중에 대한 설명으로 옳은 것은?

① 비중량은 단위부피 당 유체의 질량이다.
② 비중은 유체의 질량 대 표준상태 유체의 질량비이다.
③ 기체인 수소의 비중은 액체인 수은의 비중보다 크다.
④ 압력의 변화에 대한 액체의 비중량 변화는 기체 비중량 변화보다 작다.

해설

압력이 변화할 때 기체가 액체보다 부피 변화가 크므로 밀도와 비중량의 변화가 더 크다.

선지분석

① 밀도에 중력가속도를 곱하면 비중량이 되므로 비중량은 단위부피 당 유체의 무게이다. 밀도는 단위부피 당 유체의 질량이다.
② 비교대상인 물질과 표준물질의 밀도비를 비중이라고 한다.
③ 일반적으로 기체의 비중은 액체의 비중보다 작다. 비중이 작을수록 상대적으로 떠오른다.

정답 | ④

28 빈출도 ★★★

물분무 소화설비의 가압송수장치로 전동기 구동형 펌프를 사용하였다. 펌프의 토출량 800[L/min], 전양정 50[m], 효율 0.65, 전달계수 1.1인 경우 적당한 전동기 용량은 몇 [kW]인가?

① 4.2　　② 4.7
③ 10.0　　④ 11.1

해설

$$P=\frac{\gamma QH}{\eta}K$$

P: 전동력[kW], γ: 유체의 비중량[kN/m^3], Q: 유량[m^3/s], H: 전양정[m], η: 효율, K: 전달계수

유체는 물이므로 물의 비중량은 9.8[kN/m^3]이다.

펌프의 토출량이 800[L/min]이므로 단위를 변환하면 $\frac{0.8}{60}$[m^3/s]이다.

따라서 주어진 조건을 공식에 대입하면 전동기 용량 P는

$$P=\frac{9.8\times\frac{0.8}{60}\times 50}{0.65}\times 1.1$$

$$\fallingdotseq 11.06[\text{kW}]$$

정답 | ④

29 빈출도 ★

수평 원관 속을 층류상태로 흐르는 경우 유량에 대한 설명으로 틀린 것은?

① 점성계수에 반비례한다.
② 관의 길이에 반비례한다.
③ 관 지름의 4제곱에 비례한다.
④ 압력강하량에 반비례한다.

해설

유체의 흐름이 층류일 때 하겐－푸아죄유 방정식을 적용할 수 있다.

$$H=\frac{\Delta P}{\gamma}=\frac{128\mu lQ}{\gamma\pi D^4}$$

H: 마찰손실수두[m], ΔP: 압력 차이[Pa], γ: 비중량[N/m^3], μ: 점성계수(점도)[kg/m · s], l: 배관의 길이[m], Q: 유량[m^3/s], D: 배관의 직경[m]

하겐－푸아죄유 방정식을 유량 Q에 대하여 정리하면 다음과 같다.

$$Q=\frac{\gamma\pi D^4 H}{128\mu l}=\frac{\pi D^4\Delta P}{128\mu l}$$

따라서 유량 Q는 압력강하량 ΔP에 비례한다.

정답 | ④

30 빈출도 ★★

부차적 손실계수 K가 2인 관 부속품에서의 손실 수두가 2[m]이라면 이때의 유속은 약 몇 [m/s] 인가?

① 4.43　② 3.14
③ 2.21　④ 2.00

해설

$$H=K\frac{u^2}{2g}$$

H: 마찰손실수두[m], K: 부차적 손실계수, u: 유속[m/s], g: 중력가속도[m/s^2]

유속 u에 관한 식으로 나타내면 다음과 같다.

$$u=\sqrt{2g\frac{H}{K}}=\sqrt{2\times 9.8\times\frac{2}{2}}$$
$$\fallingdotseq 4.427\text{[m/s]}$$

정답 | ①

31 빈출도 ★★

관내에 흐르는 유체의 흐름을 구분하는데 사용되는 레이놀즈 수의 물리적인 의미는?

① $\frac{\text{관성력}}{\text{중력}}$ ② $\frac{\text{관성력}}{\text{점성력}}$

③ $\frac{\text{관성력}}{\text{탄성력}}$ ④ $\frac{\text{관성력}}{\text{압축력}}$

해설

레이놀즈 수는 유체의 관성력과 점성력의 비를 나타내는 수로 크기에 따라 클수록 난류, 작을수록 층류로 판단하는 척도가 된다.

$$Re=\frac{\rho uD}{\mu}=\frac{uD}{\nu}$$

Re: 레이놀즈 수, ρ: 밀도[kg/m³], u: 유속[m/s], D: 직경[m], μ: 점성계수(점도)[kg/m · s], ν: 동점성계수(동점도)[m²/s]

정답 | ②

32 빈출도 ★★

그림과 같은 U자관 차압액주계에서 $\gamma_1=9.8$[kN/m³], $\gamma_2=133$[kN/m³], $\gamma_3=9.0$[kN/m³], $h_1=0.2$[m], $h_3=0.1$[m]이고 압력차 $P_A-P_B=30$[kPa]이다. h_2는 몇 [m] 인가?

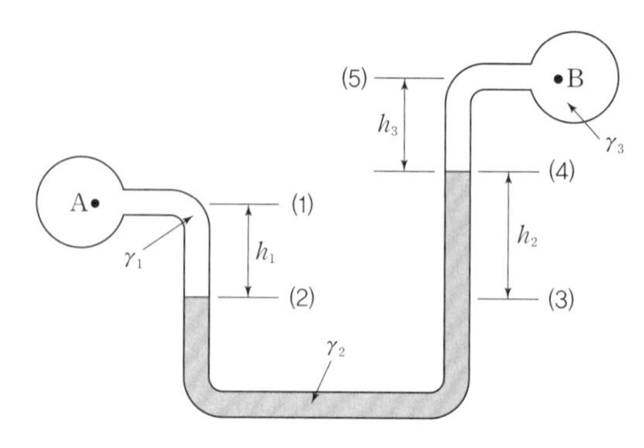

① 0.218 ② 0.226

③ 0.234 ④ 0.247

해설

$$P_x=\gamma h$$

P_x: x에서의 압력[kPa], γ: 비중량[kN/m³], h: 높이[m]

(2)면에 작용하는 압력은 A점에서의 압력과 A점의 유체가 누르는 압력의 합과 같다.

$$P_2=P_A+\gamma_1 h_1$$

(3)면에 작용하는 압력은 B점에서의 압력과 B점의 유체가 누르는 압력, 계기 유체가 누르는 압력의 합과 같다.

$$P_3=P_B+\gamma_3 h_3+\gamma_2 h_2$$

유체 내부에서 같은 수평면(높이)에는 같은 압력이 작용하므로 (2)면과 (3)면의 압력은 같다.

$$P_2=P_3$$

$$P_A+\gamma_1 h_1=P_B+\gamma_3 h_3+\gamma_2 h_2$$

따라서 계기 유체의 높이 차이 h_2는

$$h_2=\frac{P_A-P_B+\gamma_1 h_1-\gamma_3 h_3}{\gamma_2}$$

$$=\frac{30+9.8\times0.2-9.0\times0.1}{133}\fallingdotseq0.234[\text{m}]$$

정답 | ③

33 빈출도 ★★

펌프와 관련된 용어의 설명으로 옳은 것은?

① 캐비테이션: 송출압력과 송출유량이 주기적으로 변하는 현상
② 서징: 액체가 포화 증기압 이하에서 비등하여 기포가 발생하는 현상
③ 수격작용: 관을 흐르던 물이 갑자기 정지할 때 압력파에 의해 이상음(異常音)이 발생하는 현상
④ NPSH: 펌프에서 상사법칙을 나타내기 위한 비속도

해설

NPSH는 펌프가 흡입하는 압력을 수두로 나타낸 수치로 공동현상의 발생을 예상하는 척도가 된다.

수격현상	배관 속 유체의 흐름이 갑자기 변화할 때 압력파에 의해 충격과 이상음이 발생하는 현상
맥동현상	펌프 압력계의 지침이 흔들리며 토출량이 주기적으로 변동하며 진동하는 현상
공동현상	배관 내 흐르는 유체에서 압력이 증기압보다 낮아져 기포가 발생하는 현상

정답 | ③

34 빈출도 ★★★

베르누이의 정리$\left(\frac{P}{\rho}+\frac{V^2}{2}+gZ=\text{constant}\right)$가 적용되는 조건이 아닌 것은?

① 압축성의 흐름이다.
② 정상 상태의 흐름이다.
③ 마찰이 없는 흐름이다.
④ 베르누이 정리가 적용되는 임의의 두 점은 같은 유선 상에 있다.

해설

베르누이의 정리가 적용되는 유체는 비압축성 유체이다.

관련개념 **베르누이 정리의 조건**

㉠ 비압축성 유체이다.
㉡ 정상상태의 흐름이다.
㉢ 마찰이 없는 흐름이다.
㉣ 임의의 두 점은 같은 흐름선 상에 있다.

정답 | ①

35 빈출도 ★★★

수평 배관 설비에서 상류 지점인 A지점의 배관을 조사해 보니 지름 100[mm], 압력 0.45[MPa], 평균 유속 1[m/s]이었다. 또, 하류의 B지점을 조사해 보니 지름 50[mm], 압력 0.4[MPa]이었다면 두 지점 사이의 손실수두는 약 몇 [m]인가? (단, 배관 내 유체의 비중은 1이다.)

① 4.34　　② 4.95
③ 5.87　　④ 8.67

해설

$$\frac{P_1}{\gamma}+\frac{u_1^2}{2g}+Z_1=\frac{P_2}{\gamma}+\frac{u_2^2}{2g}+Z_2+H$$

P: 압력[kN/m²], γ: 비중량[kN/m³], u: 유속[m/s], g: 중력가속도[m/s²], Z: 높이[m], H: 마찰손실수두[m]

유체의 비중이 1이므로 유체의 비중량은 다음과 같다.

$$s=\frac{\rho}{\rho_w}=\frac{\gamma}{\gamma_w}$$

s: 비중, ρ: 비교물질의 밀도[kg/m³], ρ_w: 물의 밀도[kg/m³], γ: 비교물질의 비중량[N/m³], γ_w: 물의 비중량[N/m³]

$\gamma=s\gamma_w=1\times9.8=9.8$

A지점의 유속이 1[m/s]이고, 부피유량이 일정하므로 B지점의 유속 u_2는 다음과 같다.

$Q=A_1u_1=A_2u_2$

$\frac{\pi}{4}\times0.1^2\times1=\frac{\pi}{4}\times0.05^2\times u_2$

$u_2=4$[m/s]

수평 배관 설비에서 위치가 가지는 에너지는 일정하다.

$Z_1=Z_2$

따라서 주어진 조건을 공식에 대입하면 마찰손실수두 H는

$$H=\frac{P_1-P_2}{\gamma}+\frac{u_1^2-u_2^2}{2g}+(Z_1-Z_2)$$
$$=\frac{450-400}{9.8}+\frac{1^2-4^2}{2\times9.8}+(0)$$
$$≒4.34[\text{m}]$$

정답 | ①

36 빈출도 ★★

그림과 같이 수평과 30° 경사된 폭 50[cm]인 수문 AB가 A점에서 힌지(hinge)로 되어있다. 이 문을 열기 위한 최소한의 힘 F(수문에 직각 방향)는 약 몇 [kN]인가? (단, 수문의 무게는 무시하고, 유체의 비중은 1이다.)

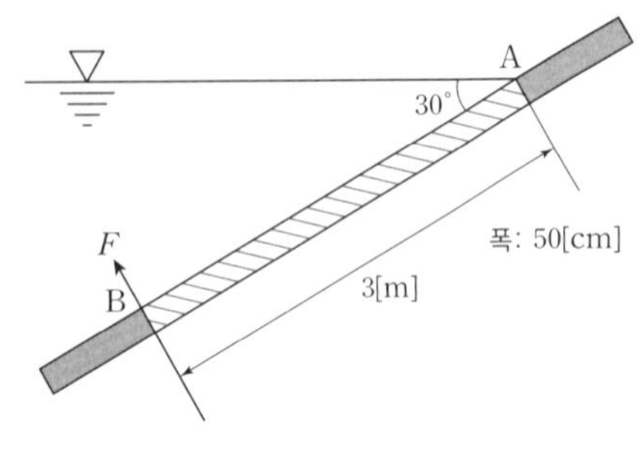

① 11.5　② 7.35
③ 5.51　④ 2.71

해설

힌지를 기준으로 유체가 수문을 누르는 힘과 반대방향으로 더 큰 토크가 주어져야 수문을 열 수 있다.

$$\tau = r \times F$$

τ: 토크[kN·m], r: 회전축으로부터 거리[m], F: 힘[kN]

수문에 작용하는 힘 F_1의 크기는 다음과 같다.

$$F = \gamma h A = \gamma \times l \sin\theta \times A$$

F: 수문에 작용하는 힘[kN], γ: 유체의 비중량[kN/m^3],
h: 수문의 중심 높이로부터 표면까지의 높이[m],
A: 수문의 면적[m^2], l: 표면으로부터 수문 중심까지의 길이[m],
θ: 표면과 수문이 이루는 각도

유체의 비중이 1이므로 유체의 비중량은 다음과 같다.

$$s = \frac{\rho}{\rho_w} = \frac{\gamma}{\gamma_w}$$

s: 비중, ρ: 비교물질의 밀도[kg/m^3], ρ_w: 물의 밀도[kg/m^3],
γ: 비교물질의 비중량[N/m^3], γ_w: 물의 비중량[N/m^3]

$\gamma = s\gamma_w = 1 \times 9.8 = 9.8$

힌지가 표면과 맞닿아 있으므로 표면으로부터 수문 중심까지의 길이 l은 1.5[m]이다.

수문의 면적 A는 (3×0.5)[m]이므로 수문에 작용하는 힘 F_1은

$F_1 = 9.8 \times 1.5 \times \sin 30° \times (3 \times 0.5) = 11.025$[N]

수문에 작용하는 힘의 위치 y는 다음과 같다.

$$y = l + \frac{I}{Al}$$

y: 표면으로부터 작용점까지의 길이[m], l: 표면으로부터 수문 중심까지의 길이[m], I: 관성모멘트[m^4], A: 수문의 면적[m^2]

수문은 중심축이 힌지인 직사각형이므로 관성모멘트 I는 $\frac{bh^3}{12}$이다.

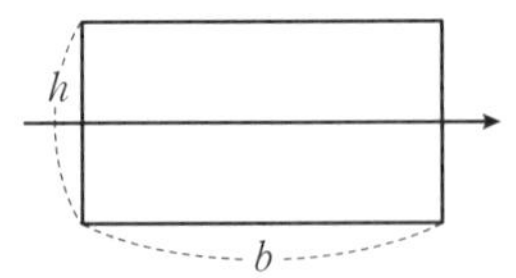

수문에 작용하는 힘의 작용점은 다음과 같다.

$$y = l + \frac{\frac{bh^3}{12}}{Al} = 1.5 + \frac{\frac{0.5 \times 3^3}{12}}{(3 \times 0.5) \times 1.5} = 2\text{[m]}$$

유체가 수문을 힌지로부터 2[m]인 지점에서 11.025[kN]의 힘으로 누르고 있으므로 B점에서 들어올려야 하는 최소한의 힘 F_2의 크기는

$\tau = r_1 \times F_1 = r_2 \times F_2$

$F_2 = \frac{r_1}{r_2} \times F_1 = \frac{2}{3} \times 11.025 = 7.35$[kN]

정답 | ②

37 빈출도 ★

성능이 같은 3대의 펌프를 병렬로 연결하였을 경우 양정과 유량은 얼마인가? (단, 펌프 1대의 유량은 Q, 양정은 H이다.)

① 유량은 $3Q$, 양정은 H
② 유량은 $3Q$, 양정은 $3H$
③ 유량은 $9Q$, 양정은 H
④ 유량은 $9Q$, 양정은 $3H$

해설

펌프를 병렬로 연결하면 유량은 증가하고 양정은 변하지 않는다. 성능이 같은 펌프를 병렬로 연결하면 유량은 3배가 된다.

정답 | ①

38 빈출도 ★

원관 속을 층류상태로 흐르는 유체의 속도분포가 다음과 같을 때 관 벽에서 30[mm] 떨어진 곳에서 유체의 속도기울기(속도구배)는 약 몇 [s^{-1}]인가?

$u=3y^{\frac{1}{2}}$	u: 유속[m/s], y: 관 벽으로부터의 거리[m]

① 0.87　② 2.74
③ 8.66　④ 27.4

해설

주어진 속도분포식을 벽으로부터의 거리 y에 대하여 미분하면 다음과 같다.

$$\frac{du}{dy}=\frac{3}{2\sqrt{y}}$$

관 벽으로부터 30[mm] 떨어진 곳에서 유체의 속도기울기는

$$\frac{du}{dy}=\frac{3}{2\sqrt{0.03}}\fallingdotseq 8.66[s^{-1}]$$

정답 | ③

39 빈출도 ★★

대기의 압력이 106[kPa]이라면 게이지 압력이 1,226[kPa]인 용기에서 절대압력은 몇 [kPa]인가?

① 1,120　② 1,125
③ 1,327　④ 1,332

해설

진공을 기준으로 나타내는 압력을 절대압이라고 하며, 대기압을 기준으로 (+)압력을 게이지압이라고 한다.
따라서 대기압에 게이지압을 더해주면 진공으로부터의 절대압이 된다.

$$1{,}226[kPa]+106[kPa]=1{,}332[kPa]$$

정답 | ④

40 빈출도 ★★★

표면온도 15[℃], 방사율 0.85인 40[cm]×50[cm] 직사각형 나무판의 한쪽 면으로부터 방사되는 복사열은 약 몇 [W]인가? (단, 슈테판－볼츠만 상수는 5.67×10^{-8} [$W/m^2\cdot K^4$]이다.)

① 12　② 66
③ 78　④ 521

해설

$$Q=\sigma T^4$$

Q: 열전달량[W/m^2],
σ: 슈테판－볼츠만 상수(5.67×10^{-8})[$W/m^2\cdot K^4$],
T: 절대온도[K]

직사각형 나무판의 넓이가 $(0.4\times0.5)[m^2]$이고, 표면온도가 $(273+15)$[K], 방사율이 0.85이므로 나무판으로부터 방사되는 복사열은

$$Q=5.67\times10^{-8}\times(273+15)^4\times(0.4\times0.5)\times0.85$$
$$\fallingdotseq 66.31[W]$$

정답 | ②

2022년 1회

41 빈출도 ★★★

소방시설 설치 및 관리에 관한 법률상 건축허가 등을 할 때 미리 소방본부장 또는 소방서장의 동의를 받아야 하는 건축물 등의 범위가 아닌 것은?

① 연면적 200[m^2] 이상인 노유자시설 및 수련시설
② 항공기격납고, 관망탑
③ 차고 · 주차장으로 사용되는 바닥면적이 100[m^2] 이상인 층이 있는 건축물
④ 지하층 또는 무창층이 있는 건축물로서 바닥면적이 150[m^2] 이상인 층이 있는 것

해설

차고 · 주차장으로 사용되는 바닥면적이 200[m^2] 이상인 층이 있는 건축물이 건축허가 등의 동의대상물이다.

관련개념 동의대상물의 범위

㉠ 연면적 400[m^2] 이상 건축물이나 시설
㉡ 다음 표에서 제시된 기준 연면적 이상의 건축물이나 시설

구분	기준
학교시설	100[m^2] 이상
– 노유자시설 – 수련시설	200[m^2] 이상
– 정신의료기관 – 장애인 의료재활시설	300[m^2] 이상

㉢ 지하층, 무창층이 있는 건축물로서 바닥면적이 150[m^2](공연장 100[m^2]) 이상인 층이 있는 것
㉣ 차고, 주차장 또는 주차용도로 사용되는 시설
- 차고 · 주차장으로 사용되는 바닥면적이 200[m^2] 이상인 층이 있는 건축물이나 주차시설
- 승강기 등 기계장치에 의한 주차시설로서 자동차 20대 이상을 주차할 수 있는 시설

㉤ 층수가 6층 이상인 건축물
㉥ 항공기격납고, 관망탑, 항공관제탑, 방송용 송수신탑
㉦ 특정소방대상물 중 위험물 저장 및 처리시설, 지하구

정답 | ③

42 빈출도 ★★★

화재의 예방 및 안전관리에 관한 법률상 일반음식점에서 음식조리를 위해 불을 사용하는 설비를 설치하는 경우 지켜야 하는 사항으로 틀린 것은?

① 주방시설에는 동물 또는 식물의 기름을 제거할 수 있는 필터 등을 설치할 것
② 열을 발생하는 조리기구는 반자 또는 선반으로부터 0.6[m] 이상 떨어지게 할 것
③ 주방설비에 부속된 배출덕트는 0.2[mm] 이상의 아연도금강판으로 설치할 것
④ 열을 발생하는 조리기구로부터 0.15[m] 이내의 거리에 있는 가연성 주요구조부는 석면판 또는 단열성이 있는 불연재료로 덮어씌울 것

해설

주방설비에 부속된 배출덕트는 0.5[mm] 이상의 아연도금강판 또는 이와 같거나 그 이상의 내식성 불연재료로 설치해야 한다.

관련개념 음식조리를 위하여 설치하는 설비를 사용할 때 지켜야 하는 사항

㉠ 주방설비에 부속된 배출덕트(공기배출통로)는 0.5[mm] 이상의 아연도금강판 또는 이와 같거나 그 이상의 내식성 불연재료로 설치할 것
㉡ 주방시설에는 동물 또는 식물의 기름을 제거할 수 있는 필터 등을 설치할 것
㉢ 열을 발생하는 조리기구는 반자 또는 선반으로부터 0.6[m] 이상 떨어지게 할 것
㉣ 열을 발생하는 조리기구로부터 0.15[m] 이내의 거리에 있는 가연성 주요구조부는 석면판 또는 단열성이 있는 불연재료로 덮어씌울 것

정답 | ③

43 빈출도 ★★

소방시설공사업법령상 소방시설업의 감독을 위하여 필요할 때에 소방시설업자나 관계인에게 필요한 보고나 자료 제출을 명할 수 있는 사람이 아닌 것은?

① 시 · 도지사　　② 119안전센터장
③ 소방서장　　④ 소방본부장

해설

119안전센터장은 관계인에게 필요한 보고나 자료 제출을 명할 수 있는 사람이 아니다.

관련개념 소방시설업의 감독을 위하여 필요할 때에는 소방시설업자나 관계인에게 필요한 보고나 자료 제출을 명할 수 있는 사람

㉠ 시 · 도지사
㉡ 소방본부장
㉢ 소방서장

정답 | ②

44 빈출도 ★★★

화재의 예방 및 안전관리에 관한 법률상 화재가 발생할 우려가 높거나 화재가 발생하는 경우 그로 인하여 피해가 클 것으로 예상되는 지역을 화재예방강화지구로 지정할 수 있는 자는?

① 한국소방안전협회장　　② 소방시설관리사
③ 소방본부장　　④ 시 · 도지사

해설

시 · 도지사는 화재예방강화지구의 지정권자이다.

정답 | ④

45 빈출도 ★

소방시설공사업법령상 소방시설업에 대한 행정처분기준에서 1차 행정처분사항으로 등록취소에 해당하는 것은?

① 거짓이나 그 밖의 부정한 방법으로 등록한 경우
② 소방시설업자의 지위를 승계한 사실을 소방시설공사 등을 맡긴 특정소방대상물의 관계인에게 통지를 하지 아니한 경우
③ 화재안전기준 등에 적합하게 설계 · 시공을 하지 아니하거나, 법에 따라 적합하게 감리를 하지 아니한 경우
④ 등록을 한 후 정당한 사유 없이 1년이 지날 때까지 영업을 시작하지 아니하거나 계속하여 1년 이상 휴업한 때

해설

거짓이나 그 밖의 부정한 방법으로 등록한 경우의 1차 행정처분사항은 등록취소에 해당한다.

관련개념 소방시설업에 대한 행정처분기준

위반사항	행정처분기준		
	1차	2차	3차
거짓이나 그 밖의 부정한 방법으로 등록한 경우	등록취소		
소방시설업자의 지위를 승계한 사실을 소방시설공사 등을 맡긴 특정소방대상물의 관계인에게 통지를 하지 아니한 경우	경고 (시정명령)	영업정지 1개월	등록취소
화재안전기준 등에 적합하게 설계 · 시공을 하지 아니하거나, 법에 따라 적합하게 감리를 하지 아니한 경우	영업정지 1개월	영업정지 3개월	등록취소
등록을 한 후 정당한 사유 없이 1년이 지날 때까지 영업을 시작하지 아니하거나 계속하여 1년 이상 휴업한 때	경고 (시정명령)	등록취소	

정답 | ①

46 빈출도 ★

소방시설공사업법령상 소방시설업자가 소방시설공사 등을 맡긴 특정소방대상물의 관계인에게 지체 없이 그 사실을 알려야 하는 경우가 아닌 것은?

① 소방시설업자의 지위를 승계한 경우
② 소방시설업의 등록취소처분 또는 영업정지처분을 받은 경우
③ 휴업하거나 폐업한 경우
④ 소방시설업의 주소지가 변경된 경우

해설

소방시설업의 주소지가 변경된 경우는 관계인에게 지체 없이 그 사실을 알려야 하는 경우가 아니다.

관련개념 소방시설공사 등을 맡긴 특정소방대상물의 관계인에게 지체 없이 그 사실을 알려야 하는 경우

㉠ 소방시설업자의 지위를 승계한 경우
㉡ 소방시설업의 등록취소처분 또는 영업정지처분을 받은 경우
㉢ 휴업하거나 폐업한 경우

정답 | ④

47 빈출도 ★

소방시설공사업법령상 감리업자는 소방시설공사가 설계도서나 화재안전기준에 맞지 아니한 때에는 가장 먼저 누구에게 알려야 하는가?

① 감리업체 대표자 ② 시공자
③ 관계인 ④ 소방서장

해설

감리업자는 감리를 할 때 소방시설공사가 설계도서나 화재안전기준에 맞지 아니할 때에는 관계인에게 알리고, 공사업자에게 그 공사의 시정 또는 보완 등을 요구하여야 한다.

정답 | ③

48 빈출도 ★★

위험물안전관리법령상 제조소등이 아닌 장소에서 지정수량 이상의 위험물 취급에 대한 설명으로 틀린 것은?

① 임시로 저장 또는 취급하는 장소에서의 저장 또는 취급의 기준은 시 · 도의 조례로 정한다.
② 필요한 승인을 받아 지정수량 이상의 위험물을 120일 이내의 기간 동안 임시로 저장 또는 취급하는 경우 제조소 등이 아닌 장소에서 지정수량 이상의 위험물을 취급할 수 있다.
③ 제조소등이 아닌 장소에서 지정수량 이상의 위험물을 취급할 경우 관할소방서장의 승인을 받아야 한다.
④ 군부대가 지정수량 이상의 위험물을 군사목적으로 임시로 저장 또는 취급하는 경우 제조소등이 아닌 장소에서 지정수량 이상의 위험물을 취급할 수 있다.

해설

관할소방서장의 승인을 받아 지정수량 이상의 위험물을 90일 이내의 기간 동안 임시로 저장 또는 취급하는 경우 제조소 등이 아닌 장소에서 지정수량 이상의 위험물을 취급할 수 있다.

정답 | ②

49 빈출도 ★★★

소방시설 설치 및 관리에 관한 법률상 특정소방대상물의 수용인원 산정 방법으로 옳은 것은?

① 침대가 없는 숙박시설은 해당 특정소방대상물의 종사자의 수에 숙박시설의 바닥면적의 합계를 4.6[m^2]로 나누어 얻은 수를 합한 수로 한다.
② 강의실로 쓰이는 특정소방대상물은 해당 용도로 사용하는 바닥면적의 합계를 4.6[m^2]로 나누어 얻은 수로 한다.
③ 관람석이 없을 경우 강당, 문화 및 집회시설, 운동시설, 종교시설은 해당 용도로 사용하는 바닥면적의 합계를 4.6[m^2]로 나누어 얻은 수로 한다.
④ 백화점은 해당 용도로 사용하는 바닥면적의 합계를 4.6[m^2]로 나누어 얻은 수로 한다.

해설

관람석이 없을 경우 강당, 문화 및 집회시설, 운동시설, 종교시설은 해당 용도로 사용하는 바닥면적의 합계를 4.6[m^2]로 나누어 얻은 수로 한다.

선지분석

① 침대가 없는 숙박시설은 해당 특정소방대상물의 종사자의 수에 숙박시설의 바닥면적의 합계를 3[m^2]로 나누어 얻은 수를 합한 수로 한다.
② 강의실로 쓰이는 특정소방대상물은 해당 용도로 사용하는 바닥면적의 합계를 1.9[m^2]로 나누어 얻은 수로 한다.
④ 백화점은 해당 용도로 사용하는 바닥면적의 합계를 3[m^2]로 나누어 얻은 수로 한다.

관련개념 수용인원의 산정방법

구분		산정방법
숙박시설	침대가 있는 숙박시설	종사자 수 + 침대 수(2인용 침대는 2개)
	침대가 없는 숙박시설	종사자 수 + $\frac{\text{바닥면적의 합계}}{3[m^2]}$
강의실 · 교무실 · 상담실 · 실습실 · 휴게실 용도로 쓰이는 특정소방대상물		$\frac{\text{바닥면적의 합계}}{1.9[m^2]}$
강당, 문화 및 집회시설, 운동시설, 종교시설		$\frac{\text{바닥면적의 합계}}{4.6[m^2]}$
그 밖의 특정소방대상물		$\frac{\text{바닥면적의 합계}}{3[m^2]}$

* 계산 결과 소수점 이하의 수는 반올림한다.
* 복도(준불연재료 이상의 것), 화장실, 계단은 면적에서 제외한다.

정답 | ③

50 빈출도 ★

소방시설공사업법령상 소방시설업 등록의 결격사유에 해당되지 않는 법인은?

① 법인의 대표자가 피성년후견인인 경우
② 법인의 임원이 피성년후견인인 경우
③ 법인의 대표자가 소방시설공사업법에 따라 소방시설업 등록이 취소된 지 2년이 지나지 아니한 자인 경우
④ 법인의 임원이 소방시설공사업법에 따라 소방시설업 등록이 취소된 지 2년이 지나지 아니한 자인 경우

해설

법인의 임원이 피성년후견인인 경우 소방시설업 등록의 결격사유에 해당하지 않는다.

관련개념 소방시설업 등록의 결격사유

㉠ 피성년후견인
㉡ 소방관계법규 또는 위험물안전관리법에 따른 금고 이상의 실형을 선고받고 그 집행이 끝나거나(집행이 끝난 것으로 보는 경우 포함) 면제된 날부터 2년이 지나지 아니한 사람
㉢ 소방관계법규 또는 위험물안전관리법에 따른 금고 이상의 형의 집행유예를 선고받고 그 유예기간 중에 있는 사람
㉣ 등록하려는 소방시설업 등록이 취소된 날부터 2년이 지나지 아니한 자(피성년후견인에 해당하여 취소된 경우 제외)
㉤ 법인의 대표자가 ㉠~㉣에 해당하는 경우 그 법인
㉥ 법인의 임원이 ㉡~㉣에 해당하는 경우 그 법인

정답 | ②

51 빈출도 ★

소방시설 설치 및 관리에 관한 법률상 특정소방대상물의 소방시설 설치의 면제기준에 따라 연결살수설비를 설치면제 받을 수 있는 경우는?

① 송수구를 부설한 간이스프링클러설비를 설치했을 때
② 송수구를 부설한 옥내소화전설비를 설치했을 때
③ 송수구를 부설한 옥외소화전설비를 설치했을 때
④ 송수구를 부설한 연결송수관설비를 설치했을 때

해설

연결살수설비를 설치해야 하는 특정소방대상물에 송수구를 부설한 간이스프링클러설비를 설치하였을 때 연결살수설비의 설치가 면제된다.

관련개념 연결살수설비의 설치 면제 기준

㉠ 특정소방대상물에 송수구를 부설한 스프링클러설비 설치한 경우
㉡ 특정소방대상물에 송수구를 부설한 간이스프링클러설비 설치한 경우
㉢ 특정소방대상물에 송수구를 부설한 물분무소화설비 또는 미분무소화설비 설치한 경우

정답 | ①

52 빈출도 ★★

소방시설공사업 법령상 소방공사감리업을 등록한 자가 수행하여야 할 업무가 아닌 것은?

① 완공된 소방시설등의 성능시험
② 소방시설등 설계 변경 사항의 적합성 검토
③ 소방시설등의 설치계획표의 적법성 검토
④ 소방용품 형식승인 및 제품검사의 기술기준에 대한 적합성 검토

해설

소방용품 형식승인 및 제품검사의 기술기준에 대한 적합성 검토는 소방공사감리업을 등록한 자(감리업자)가 수행하여야 할 업무가 아니다.

관련개념 **소방감리업자의 업무**

㉠ 소방시설등의 설치계획표의 적법성 검토
㉡ 소방시설등 설계도서의 적합성 검토
㉢ 소방시설등 설계 변경 사항의 적합성 검토
㉣ 소방용품의 위치 · 규격 및 사용 자재의 적합성 검토
㉤ 소방시설등의 시공이 설계도서와 화재안전기준에 맞는지에 대한 지도 · 감독
㉥ 완공된 소방시설등의 성능시험
㉦ 공사업자가 작성한 시공 상세 도면의 적합성 검토
㉧ 피난시설 및 방화시설의 적법성 검토
㉨ 실내장식물의 불연화와 방염 물품의 적법성 검토

정답 | ④

53 빈출도 ★★

소방기본법령상 소방업무의 응원에 대한 설명 중 틀린 것은?

① 소방본부장이나 소방서장은 소방활동을 할 때에 긴급한 경우에는 이웃한 소방본부장 또는 소방서장에게 소방업무의 응원을 요청할 수 있다.
② 소방업무의 응원 요청을 받은 소방본부장 또는 소방서장은 정당한 사유 없이 그 요청을 거절하여서는 아니 된다.
③ 소방업무의 응원을 위하여 파견된 소방대원은 응원을 요청한 소방본부장 또는 소방서장의 지휘에 따라야 한다.
④ 시 · 도지사는 소방업무의 응원을 요청하는 경우를 대비하여 출동 대상지역 및 규모와 필요한 경비의 부담 등에 관하여 필요한 사항을 대통령령으로 정하는 바에 따라 이웃하는 시 · 도지사와 협의하여 미리 규약으로 정하여야 한다.

해설

시 · 도지사는 소방업무의 응원을 요청하는 경우를 대비하여 출동 대상지역 및 규모와 필요한 경비의 부담 등에 관하여 필요한 사항을 **행정안전부령**으로 정하는 바에 따라 이웃하는 시 · 도지사와 협의하여 미리 규약으로 정하여야 한다.

정답 | ④

54 빈출도 ★★

소방기본법령상 이웃하는 다른 시·도지사와 소방업무에 관하여 시·도지사가 체결할 상호응원협정사항이 아닌 것은?

① 화재조사활동
② 응원출동의 요청 방법
③ 소방교육 및 응원출동훈련
④ 응원출동대상지역 및 규모

해설

소방교육은 상호응원협정사항이 아니다.

관련개념 **소방업무의 상호응원협정사항**

㉠ 소방활동에 관한 사항
 – 화재의 경계·진압 활동
 – 구조·구급업무의 지원
 – 화재조사활동
㉡ 응원출동대상지역 및 규모
㉢ 소요경비의 부담에 관한 사항
 – 출동대원 수당·식사 및 피복의 수선
 – 소방장비 및 기구의 정비와 연료의 보급
㉣ 응원출동의 요청방법
㉤ 응원출동훈련 및 평가

정답 | ③

55 빈출도 ★★

위험물안전관리법령상 옥내주유취급소에 있어서 당해 사무소 등의 출입구 및 피난구와 당해 피난구로 통하는 통로·계단 및 출입구에 설치해야 하는 피난설비는?

① 유도등 ② 구조대
③ 피난사다리 ④ 완강기

해설

옥내주유취급소에 있어서 당해 사무소 등의 출입구 및 피난구와 당해 피난구로 통하는 통로·계단 및 출입구에 설치해야 하는 피난설비는 유도등이다.

정답 | ①

56 빈출도 ★★★

위험물안전관리법령상 위험물 및 지정수량에 대한 기준 중 다음 ( ) 안에 알맞은 것은?

> 금속분이라 함은 알칼리금속·알칼리토류금속·철 및 마그네슘 외의 금속의 분말을 말하고, 구리분·니켈분 및 (㉠)[μm]의 체를 통과하는 것이 (㉡)[중량%] 미만인 것은 제외한다.

① ㉠: 150, ㉡: 50 ② ㉠: 53, ㉡: 50
③ ㉠: 50, ㉡: 150 ④ ㉠: 50, ㉡: 53

해설

금속분이라 함은 알칼리금속·알칼리토류금속·철 및 마그네슘 외의 금속의 분말을 말하고, 구리분·니켈분 및 150[μm]의 체를 통과하는 것이 50[중량%] 미만인 것은 제외한다.

정답 | ①

57 빈출도 ★★

위험물안전관리법령상 제조소등의 관계인은 위험물의 안전관리에 관한 직무를 수행하게 하기 위하여 제조소등마다 위험물의 취급에 관한 자격이 있는 자를 위험물안전관리자로 선임하여야 한다. 이 경우 제조소등의 관계인이 지켜야 할 기준으로 틀린 것은?

① 제조소등의 관계인은 안전관리자를 해임하거나 안전관리자가 퇴직한 때에는 해임하거나 퇴직한 날부터 15일 이내에 다시 안전관리자를 선임하여야 한다.
② 제조소등의 관계인이 안전관리자를 선임한 경우에는 선임한 날부터 14일 이내에 소방본부장 또는 소방서장에게 신고하여야 한다.
③ 제조소등의 관계인은 안전관리자가 여행 · 질병 그 밖의 사유로 인하여 일시적으로 직무를 수행할 수 없는 경우에는 국가기술자격법에 따른 위험물의 취급에 관한 자격취득자 또는 위험물 안전에 관한 기본지식과 경험이 있는 자를 대리자로 지정하여 그 직무를 대행하게 하여야 한다. 이 경우 대행하는 기간은 30일을 초과할 수 없다.
④ 안전관리자는 위험물을 취급하는 작업을 하는 때에는 작업자에게 안전관리에 관한 필요한 지시를 하는 등 위험물의 취급에 관한 안전관리와 감독을 하여야 하고, 제조소등의 관계인은 안전관리자의 위험물 안전관리에 관한 의견을 존중하고 그 권고에 따라야 한다.

해설

제조소등의 관계인은 안전관리자를 해임하거나 안전관리자가 퇴직한 때에는 해임하거나 퇴직한 날부터 30일 이내에 다시 안전관리자를 선임하고 14일 이내에 소방본부장 또는 소방서장에게 신고하여야 한다.

정답 | ①

58 빈출도 ★

다음 중 소방기본법령상 한국소방안전원의 업무가 아닌 것은?

① 소방기술과 안전관리에 관한 교육 및 조사 · 연구
② 위험물탱크 성능시험
③ 소방기술과 안전관리에 관한 각종 간행물 발간
④ 화재 예방과 안전관리의식 고취를 위한 대국민 홍보

해설

위험물탱크 성능시험은 한국소방안전원의 업무와 관련 없다.

관련개념 **한국소방안전원의 업무**

㉠ 소방기술과 안전관리에 관한 교육 및 조사 · 연구
㉡ 소방기술과 안전관리에 관한 각종 간행물 발간
㉢ 화재 예방과 안전관리의식 고취를 위한 대국민 홍보
㉣ 소방업무에 관하여 행정기관이 위탁하는 업무
㉤ 소방안전에 관한 국제협력
㉥ 그 밖에 회원에 대한 기술지원 등 정관으로 정하는 사항

정답 | ②

59 빈출도 ★★

소방시설 설치 및 관리에 관한 법률상 소방시설의 종류에 대한 설명으로 옳은 것은?

① 소화기구, 옥외소화전설비는 소화설비에 해당된다.
② 유도등, 비상조명등은 경보설비에 해당된다.
③ 소화수조, 저수조는 소화활동설비에 해당된다.
④ 연결송수관설비는 소화용수설비에 해당된다.

해설

소화기구, 옥외소화전설비는 소화설비에 해당된다.

선지분석

② 유도등, 비상조명등은 피난구조설비이다.
③ 소화수조, 저수조는 소화용수설비이다.
④ 연결송수관설비는 소화활동설비이다.

관련개념 **소방시설의 종류**

구분		
소화설비	• 소화기구 • 자동소화장치 • 옥내소화전설비	• 스프링클러설비등 • 물분무등소화설비 • 옥외소화전설비
경보설비	• 단독경보형 감지기 • 비상경보설비 • 자동화재탐지설비 • 시각경보기 • 화재알림설비	• 비상방송설비 • 자동화재속보설비 • 통합감시시설 • 누전경보기 • 가스누설경보기
피난구조설비	• 피난기구 • 인명구조기구 • 유도등	• 비상조명등 • 휴대용비상조명등
소화용수설비	• 상수도소화용수설비 • 소화수조 · 저수조	• 그 밖의 소화용수설비
소화활동설비	• 제연설비 • 연결송수관설비 • 연결살수설비	• 비상콘센트설비 • 무선통신보조설비 • 연소방지설비

정답 | ①

60 빈출도 ★

화재의 예방 및 안전관리에 관한 법률에 따라 2급 소방안전관리대상물의 소방안전관리자 선임 기준으로 틀린 것은?

① 전기공사산업기사 자격을 가진 사람으로서 2급 소방안전관리자 시험에 합격한 사람
② 소방공무원으로 3년 이상 근무한 경력이 있는 사람
③ 의용소방대원으로 5년 이상 근무한 경력이 있는 사람으로서 2급 소방안전관리자 시험에 합격한 사람
④ 위험물산업기사 자격을 가진 사람

해설

의용소방대원으로 3년 이상 근무한 경력이 있는 사람으로서 2급 소방안전관리자 시험에 합격한 사람은 2급 소방안전관리대상물의 소방안전관리자 선임 기준이다.

정답 | ③

소방기계시설의 구조 및 원리

61 빈출도 ★★★

소화기구 및 자동소화장치의 화재안전성능기준(NFPC 101) 상 대형소화기의 정의 중 다음 (   ) 안에 알맞은 것은?

> 화재 시 사람이 운반할 수 있도록 운반대와 바퀴가 설치되어 있고 능력단위가 A급 (㉠)단위 이상, B급 (㉡)단위 이상인 소화기를 말한다.

① ㉠ 20 ㉡ 10
② ㉠ 10 ㉡ 20
③ ㉠ 10 ㉡ 5
④ ㉠ 5 ㉡ 10

해설

대형소화기는 능력단위가 A급 10단위 이상, B급 20단위 이상인 소화기이다.

정답 | ②

62 빈출도 ★★★

분말소화설비의 화재안전성능기준(NFPC 108)상 분말소화약제의 가압용 가스 또는 축압용 가스의 설치기준으로 틀린 것은?

① 가압용 가스에 질소가스를 사용하는 것의 질소가스는 소화약제 1[kg]마다 40[L](35[℃]에서 1기압의 압력상태로 환산한 것) 이상으로 할 것
② 가압용 가스에 이산화탄소를 사용하는 것의 이산화탄소는 소화약제 1[kg]에 대하여 20[g]에 배관의 청소에 필요한 양을 가산한 양 이상으로 할 것
③ 축압용 가스에 질소가스를 사용하는 것의 질소가스는 소화약제 1[kg]에 대하여 40[L](35[℃]에서 1기압의 압력상태로 환산한 것) 이상으로 할 것
④ 축압용 가스에 이산화탄소를 사용하는 것의 이산화탄소는 소화약제 1[kg]에 대하여 20[g]에 배관의 청소에 필요한 양을 가산한 양 이상으로 할 것

해설

축압용 가스에 질소가스를 사용하는 경우 질소가스는 소화약제 1[kg] 마다 10[L](35[℃]에서 1기압의 압력상태로 환산한 것) 이상으로 해야 한다.

관련개념 가압용 · 축압용 가스의 소요량(소화약제 1[kg] 기준)

	질소	이산화탄소
가압용 가스	40[L]	20[g]+청소에 필요한 양
축압용 가스	10[L]	20[g]+청소에 필요한 양

정답 | ③

63 빈출도 ★★

포소화설비의 화재안전기술기준(NFTC 105) 상 포소화설비의 자동식 기동장치에 화재감지기를 사용하는 경우, 화재감지기 회로의 발신기 설치기준 중 (   ) 안에 알맞은 것은? (단, 자동화재탐지설비의 수신기가 설치된 장소에 상시 사람이 근무하고 있고, 화재 시 즉시 해당 조작부를 작동시킬 수있는 경우는 제외한다.)

> 특정소방대상물의 층마다 설치하되, 해당 특정소방대상물의 각 부분으로부터 수평거리가 (㉠)[m] 이하가 되도록 할 것. 다만, 복도 또는 별도로 구획된 실로서 보행거리가 (㉡)[m] 이상일 경우에는 추가로 설치해야 한다.

① ㉠ 25 ㉡ 30
② ㉠ 25 ㉡ 40
③ ㉠ 15 ㉡ 30
④ ㉠ 15 ㉡ 40

해설

특정소방대상물의 각 부분으로부터 25[m] 이하, 복도에서는 보행거리 40[m] 이하가 되도록 발신기를 설치한다.

관련개념 화재감지기 회로의 발신기 설치기준

㉠ 조작이 쉬운 장소에 설치한다.
㉡ 스위치는 바닥으로부터 0.8[m] 이상 1.5[m] 이하의 높이에 설치한다.
㉢ 특정소방대상물의 층마다 설치하되 해당 특정소방대상물의 각 부분으로부터 수평거리가 25[m] 이하가 되도록 한다.
㉣ 복도 또는 별도로 구획된 실로서 보행거리가 40[m] 이상일 경우에는 추가로 설치해야 한다.
㉤ 발신기의 위치를 표시하는 표시등은 함의 상부에 설치하되 그 불빛은 부착면으로부터 15° 이상의 범위 안에서 부착지점으로부터 10[m] 이내의 어느 곳에서도 쉽게 식별할 수 있는 적색등으로 한다.

정답 | ②

64 빈출도 ★

특별피난계단의 계단실 및 부속실 제연설비의 화재안전성능기준(NFPC 501A) 상 급기풍도 단면의 긴변 길이가 1,300[mm]인 경우, 강판의 두께는 최소 몇 [mm] 이상이어야 하는가?

① 0.6 ② 0.8
③ 1.0 ④ 1.2

해설

급기풍도 단면의 긴변 길이가 1,300[mm]인 경우 강판의 두께는 0.8[mm] 이상이어야 한다.

관련개념 금속판 급기풍도의 설치기준

㉠ 아연도금강판 또는 동등 이상의 내식성·내열성이 있는 것으로 하며, 건축법에 따른 불연재료(석면 제외)인 단열재로 풍도 외부에 유효한 단열처리를 하고, 강판의 두께는 풍도의 크기에 따라 다음의 표에 따른 기준 이상으로 한다.

풍도단면의 긴변 또는 직경의 크기	강판의 두께
450[mm] 이하	0.5[mm]
450[mm] 초과 750[mm] 이하	0.6[mm]
750[mm] 초과 1,500[mm] 이하	0.8[mm]
1,500[mm] 초과 2,250[mm] 이하	1.0[mm]
2,250[mm] 초과	1.2[mm]

㉡ 방화구획이 되는 전용실에 급기송풍기와 연결되는 풍도는 단열이 필요 없다.
㉢ 풍도에서의 누설량은 급기량의 10[%]를 초과하지 않도록 한다.

정답 | ②

65 빈출도 ★★

옥외소화전설비의 화재안전성능기준(NFPC 109) 상 옥외소화전설비에서 성능시험배관의 직관부에 설치된 유량측정장치는 펌프 및 정격토출량의 최소 몇 [%] 이상 측정할 수 있는 성능이 있어야 하는가?

① 175　　② 150
③ 75　　④ 50

해설

유량측정장치는 펌프 정격토출량의 175[%] 이상까지 측정할 수 있는 성능이 있어야 한다.

관련개념 성능시험배관의 설치기준

㉠ 성능시험배관은 펌프의 토출 측에 설치된 개폐밸브 이전에서 분기하여 직선으로 설치한다.
㉡ 유량측정장치를 기준으로 전단 직관부에는 개폐밸브를, 후단 직관부에는 유량조절밸브를 설치한다.
㉢ 성능시험배관의 호칭지름은 유량측정장치의 호칭지름에 따라 정한다.
㉣ 유량측정장치는 펌프 정격토출량의 175[%] 이상까지 측정할 수 있는 성능이 있어야 한다.

정답 | ①

66 빈출도 ★

할론 소화설비의 화재안전성능기준(NFPC 107) 상 자동차 차고나 주차장에 할론 1301 소화약제로 전역방출방식의 소화설비를 설치한 경우 방호구역의 체적 1[m³]당 얼마의 소화약제가 필요한가?

① 0.32[kg] 이상 0.64[kg] 이하
② 0.36[kg] 이상 0.71[kg] 이하
③ 0.40[kg] 이상 1.10[kg] 이하
④ 0.60[kg] 이상 0.71[kg] 이하

해설

차고 · 주차장에서 전역방출방식 할론 1301 소화약제의 기준량은 방호구역의 체적 1[m³]마다 0.32[kg] 이상 0.64[kg] 이하이다.

관련개념 전역방출방식 할론 소화약제 저장량의 최소기준

소방대상물	소화약제의 종류	소화약제의 양 [kg/m³]	개구부 가산량 [kg/m²]
차고 · 주차장 · 전기실 · 통신기기실 · 전산실 · 전기설비가 설치된 부분	할론 1301	0.32 이상 0.64 이하	2.4
가연성고체류 · 가연성액체류	할론 1301	0.32 이상 0.64 이하	2.4
	할론 1211	0.36 이상 0.71 이하	2.7
	할론 2402	0.40 이상 1.10 이하	3.0
면화류 · 나무껍질 및 대팻밥 · 넝마 및 종이부스러기 · 사류 · 볏짚류 · 목재가공품 및 나무부스러기를 저장 · 취급하는 것	할론 1301	0.52 이상 0.64 이하	3.9
	할론 1211	0.60 이상 0.71 이하	4.5
합성수지류를 저장 · 취급하는 것	할론 1301	0.32 이상 0.64 이하	2.4
	할론 1211	0.36 이상 0.71 이하	2.7

정답 | ①

67 빈출도 ★★★

소화기구 및 자동소화장치의 화재안전기술기준(NFTC 101)상 타고 나서 재가 남는 일반화재에 해당하는 일반 가연물은?

① 고무 ② 타르
③ 솔벤트 ④ 유성도료

해설

일반화재(A급 화재)에 해당하는 것은 고무이다..

선지분석

②, ③, ④는 유류가 타고 나서 재가 남지않는 유류화재(B급 화재)이다.

정답 | ①

68 빈출도 ★★

특별피난계단의 계단실 및 부속실 제연설비의 화재안전성능기준(NFPC 501A) 상 차압 등에 관한 기준으로 옳은 것은?

① 제연설비가 가동되었을 경우 출입문의 개방에 필요한 힘은 150[N] 이하로 하여야 한다.
② 제연구역과 옥내와의 사이에 유지하여야 하는 최소차압은 옥내에 스프링클러설비가 설치된 경우에는 40[Pa] 이상으로 하여야 한다.
③ 계단실과 부속실을 동시에 제연하는 경우 부속실의 기압은 계단실과 같게 하거나 계단실의 기압보다 낮게 할 경우에는 부속실과 계단실의 압력차이는 3[Pa] 이하가 되도록 하여야 한다.
④ 피난을 위하여 제연구역의 출입문이 일시적으로 개방되는 경우 개방되지 아니하는 제연구역과 옥내와의 차압은 기준에 따른 차압은 기준에 따른 차압의 70[%] 미만이 되어서는 아니 된다.

해설

차압은 70[%] 이상이어야 하므로 70[%] 미만이 되어서는 안 된다.

선지분석

① 제연설비가 가동되었을 경우 출입문의 개방에 필요한 힘은 110[N] 이하로 한다.
② 제연구역의 기압을 제연구역 이외의 옥내보다 높게 하고 일정한 기압의 차이를 유지해야 하는 최소 차압은 40[Pa] 이상으로 한다.
옥내에 스프링클러설비가 설치된 경우 최소 차압은 12.5[Pa] 이상으로 한다.
③ 계단실과 부속실을 동시에 제연하는 경우 부속실의 기압은 계단실과 같게 하거나 계단실의 기압보다 낮게 할 경우에는 부속실과 계단실의 압력 차이는 5[Pa] 이하가 되도록 한다.

정답 | ④

69 빈출도 ★★

스프링클러설비의 화재안전기술기준(NFTC 103) 상 고가수조를 이용한 가압송수장치의 설치기준 중 고가수조에 설치하지 않아도 되는 것은?

① 수위계　② 배수관
③ 압력계　④ 오버플로우관

해설

고가수조는 자연낙차를 이용하므로 압력계가 필요하지 않다.

관련개념 **고가수조의 자연낙차를 이용한 가압송수장치**

㉠ 고가수조의 자연낙차수두는 다음의 식에 따라 계산하여 나온 수치 이상 유지되도록 한다.

$$H=h_1+10$$

H: 필요한 낙차[m], h_1: 배관의 마찰손실수두[m],
10: 헤드선단에서의 방사압력수두[m]

㉡ 고가수조에는 수위계 · 배수관 · 급수관 · 오버플로우관 및 맨홀을 설치한다.

정답 | ③

70 빈출도 ★★★

상수도 소화용수설비의 화재안전성능기준(NFPC 401) 상 소화전은 특정소방대상물의 수평투영면의 각 부분으로부터 최대 몇 [m] 이하가 되도록 설치하여야 하는가?

① 100　② 120
③ 140　④ 150

해설

소화전은 특정소방대상물의 수평투영면의 각 부분으로부터 140[m] 이하가 되도록 설치한다.

관련개념 **상수도 소화용수설비의 설치기준**

㉠ 호칭지름 75[mm] 이상의 수도배관에 호칭지름 100[mm] 이상의 소화전을 접속한다.
㉡ 소화전은 소방자동차 등의 진입이 쉬운 도로변 또는 공지에 설치한다.
㉢ 소화전은 특정소방대상물의 수평투영면의 각 부분으로부터 140[m] 이하가 되도록 설치한다.

정답 | ③

71 빈출도 ★★★

상수도 소화용수설비의 화재안전성능기준(NFPC 401) 상 상수도 소화용수설비 소화전의 설치기준 중 다음 ( ) 안에 알맞은 것은?

> 호칭지름 (㉠)[mm] 이상의 수도배관에 호칭지름 (㉡)[mm] 이상의 소화전을 접속할 것

① ㉠ 65 ㉡ 120
② ㉠ 75 ㉡ 100
③ ㉠ 80 ㉡ 90
④ ㉠ 100 ㉡ 100

해설

호칭지름 75[mm] 이상의 수도배관에 호칭지름 100[mm] 이상의 소화전을 접속한다.

관련개념 상수도 소화용수설비의 설치기준

㉠ 호칭지름 75[mm] 이상의 수도배관에 호칭지름 100[mm] 이상의 소화전을 접속한다.
㉡ 소화전은 소방자동차 등의 진입이 쉬운 도로변 또는 공지에 설치한다.
㉢ 소화전은 특정소방대상물의 수평투영면의 각 부분으로부터 140[m] 이하가 되도록 설치한다.

정답 | ②

72 빈출도 ★★

구조대의 형식승인 및 제품검사의 기술기준 상 경사하강식 구조대의 구조 기준으로 틀린 것은?

① 연속하여 활강할 수 있는 구조로 안전하고 쉽게 사용할 수 있어야 한다.
② 구조대 본체는 강하방향으로 봉합부가 설치되지 아니하여야 한다.
③ 입구틀 및 고정틀의 입구는 지름 40[cm] 이상의 구체가 통할 수 있어야 한다.
④ 본체의 포지는 하부지지장치에 인장력이 균등하게 걸리도록 부착하여야 하며 하부지지장치는 쉽게 조작할 수 있어야 한다.

해설

입구틀 및 고정틀의 입구는 지름 60[cm] 이상의 구체가 통과할 수 있어야 한다.

관련개념 경사강하식 구조대의 구조 기준

㉠ 연속하여 활강할 수 있는 구조로 안전하고 쉽게 사용할 수 있어야 한다.
㉡ 입구틀 및 고정틀의 입구는 지름 60[cm] 이상의 구체가 통과할 수 있어야 한다.
㉢ 경사구조대 본체는 강하방향으로 봉합부가 설치되지 않아야 한다.
㉣ 본체의 포지는 하부지지장치에 인장력이 균등하게 걸리도록 부착하여야 하며 하부지지장치는 쉽게 조작할 수 있어야 한다.
㉤ 땅에 닿을 때 충격을 받는 부분에는 완충장치로서 받침포 등을 부착하여야 한다.

정답 | ③

73 빈출도 ★★

분말소화설비의 화재안전기술기준(NFTC 108)상 차고 또는 주차장에 설치하는 분말 소화약제는?

① 제1종 분말　② 제2종 분말
③ 제3종 분말　④ 제4종 분말

해설

차고 또는 주차장에는 제3종 분말 소화약제(인산염(PO_4^{3-})을 주성분으로 한 분말 소화약제)로 설치해야 한다.

정답 | ③

74 빈출도 ★

피난사다리의 형식승인 및 제품검사의 기술기준 상 피난사다리의 일반구조 기준으로 옳은 것은?

① 피난사다리는 2개 이상의 횡봉으로 구성되어야 한다. 다만, 고정식사다리인 경우에는 횡봉의 수를 1개로 할 수 있다.
② 피난사다리(종봉이 1개인 고정식사다리는 제외)의 종봉의 간격은 최외각 종봉 사이의 안치수가 15[cm] 이상이어야 한다.
③ 피난사다리의 횡봉은 지름 15[mm] 이상 25[mm] 이하의 원형인 단면이거나 또는 이와 비슷한 손으로 잡을 수 있는 형태의 단면이 있는 것이어야 한다.
④ 피난사다리의 횡봉은 종봉에 동일한 간격으로 부착한 것이어야 하며, 그 간격은 25[cm] 이상 35[cm] 이하이어야 한다.

해설

피난사다리의 횡봉은 종봉에 동일한 간격으로 부착한 것이어야 하며, 그 간격은 25[cm] 이상 35[cm] 이하로 한다.

관련개념 **피난사다리의 일반구조**

㉠ 피난사다리는 2개 이상의 종봉 및 횡봉으로 구성한다. 다만, 고정식사다리인 경우에는 종봉의 수를 1개로 할 수 있다.
㉡ 피난사다리(종봉이 1개인 고정식사다리는 제외)의 종봉의 간격은 최외각 종봉 사이의 안치수가 30[cm] 이상이어야 한다.
㉢ 피난사다리의 횡봉은 지름 14[mm] 이상 35[mm] 이하의 원형인 단면이거나 또는 이와 비슷한 손으로 잡을 수 있는 형태의 단면이 있는 것으로 한다.
㉣ 피난사다리의 횡봉은 종봉에 동일한 간격으로 부착한 것이어야 하며, 그 간격은 25[cm] 이상 35[cm] 이하로 한다.

정답 | ④

75 빈출도 ★

간이스프링클러설비의 화재안전기술기준(NFTC 103A) 상 간이 스프링클러설비의 배관 및 밸브 등의 설치순서로 맞는 것은? (단, 수원이 펌프보다 낮은 경우이다.)

① 상수도직결형은 수도용 계량기, 급수차단장치, 개폐표시형밸브, 체크밸브, 압력계, 유수검지장치, 2개의 시험밸브 순으로 설치할 것
② 펌프 설치 시에는 수원, 연성계 또는 진공계, 펌프 또는 압력수조, 압력계, 체크밸브, 개폐표시형밸브, 유수검지장치, 2개의 시험밸브 순으로 설치할 것
③ 가압수조 이용 시에는 수원, 가압수조, 압력계, 체크밸브, 개폐표시형밸브, 유수검지장치, 1개의 시험밸브 순으로 설치할 것
④ 캐비닛형인 경우 수원, 펌프 또는 압력수조, 압력계, 체크밸브, 연성계 또는 진공계, 개폐표시형밸브 순으로 설치할 것

해설

상수도직결형은 수도용 계량기, 급수차단장치, 개폐표시형밸브, 체크밸브, 압력계, 유수검지장치, 2개의 시험밸브의 순으로 설치한다.

관련개념 **배수설비의 설치순서**

㉠ 상수도직결형은 수도용 계량기, 급수차단장치, 개폐표시형밸브, 체크밸브, 압력계, 유수검지장치, 2개의 시험밸브의 순으로 설치한다.
㉡ 펌프 등의 가압송수장치를 이용하여 배관 및 밸브 등을 설치하는 경우에는 수원, 연성계 또는 진공계, 펌프 또는 압력수조, 압력계, 체크밸브, 성능시험배관, 개폐표시형밸브, 유수검지장치, 시험밸브의 순으로 설치한다.
㉢ 가압수조를 가압송수장치로 이용하여 배관 및 밸브 등을 설치하는 경우에는 수원, 가압수조, 압력계, 체크밸브, 성능시험배관, 개폐표시형밸브, 유수검지장치, 2개의 시험밸브의 순으로 설치한다.
㉣ 캐비닛형의 가압송수장치에 배관 및 밸브 등을 설치하는 경우에는 수원, 연성계 또는 진공계, 펌프 또는 압력수조, 압력계, 체크밸브, 개폐표시형밸브, 2개의 시험밸브의 순으로 설치한다.

정답 | ①

76 빈출도 ★★★

스프링클러설비의 화재안전기술기준(NFTC 103) 상 스프링클러헤드 설치 시 살수가 방해되지 아니하도록 벽과 스프링클러헤드 간의 공간은 최소 몇 [cm] 이상으로 하여야 하는가?

① 60　　② 30
③ 20　　④ 10

해설

벽과 스프링클러헤드 간의 공간은 10[cm] 이상으로 한다.

정답 | ④

77 빈출도 ★★

물분무소화설비의 화재안전기술기준(NFTC 104) 상 차고 또는 주차장에 설치하는 물분무소화설비의 배수설비 기준으로 틀린 것은?

① 차량이 주차하는 바닥은 배수구를 향하여 100분의 2 이상의 기울기를 유지할 것
② 차량이 주차하는 장소의 적당한 곳에 높이 5[cm] 이상의 경계턱으로 배수구를 설치할 것
③ 배수설비는 가압송수장치의 최대송수능력의 수량을 유효하게 배수할 수 있는 크기 및 기울기로 할 것
④ 배수구에는 새어나온 기름을 모아 소화할 수 있도록 길이 40[m] 이하마다 집수관·소화핏트 등 기름분리장치를 설치할 것

해설

차량이 주차하는 장소의 적당한 곳에 높이 10[cm] 이상의 경계턱으로 배수구를 설치한다.

관련개념 **배수설비의 설치기준**

물분무소화설비를 설치하는 차고 또는 주차장에는 배수장치를 다음의 기준에 따라 설치한다.

㉠ 차량이 주차하는 장소의 적당한 곳에 높이 10[cm] 이상의 경계턱으로 배수구를 설치한다.
㉡ 배수구에는 새어 나온 기름을 모아 소화할 수 있도록 길이 40[m] 이하마다 집수관·소화핏트 등 기름분리장치를 설치한다.
㉢ 차량이 주차하는 바닥은 배수구를 향하여 2/100 이상의 기울기를 유지한다.
㉣ 배수설비는 가압송수장치의 최대송수능력의 수량을 유효하게 배수할 수 있는 크기 및 기울기로 한다.

정답 | ②

78 빈출도 ★★

미분무소화설비의 화재안전성능기준(NFPC 104A) 상 용어의 정의 중 다음 ( ) 안에 알맞은 것은?

> "미분무"란 물만을 사용하여 소화하는 방식으로 최소설계압력에서 헤드로부터 방출되는 물입자 중 99[%]의 누적체적분포가 (㉠)[μm] 이하로 분무되고 (㉡)급 화재에 적응성을 갖는 것을 말한다.

① ㉠ 400 ㉡ A, B, C
② ㉠ 400 ㉡ B, C
③ ㉠ 200 ㉡ A, B, C
④ ㉠ 200 ㉡ B, C

해설

미분무란 헤드로부터 방출되는 물입자 중 99[%]의 누적체적분포가 400[μm] 이하로 분무되고 A, B, C급 화재에 적응성을 갖는 것이다.

관련개념 **용어의 정의**

미분무	헤드로부터 방출되는 물입자 중 99[%]의 누적체적분포가 400[μm] 이하로 분무되고 A, B, C급 화재에 적응성을 갖는 것
저압 미분무소화설비	최고사용압력이 1.2[MPa] 이하인 미분무소화설비
중압 미분무소화설비	사용압력이 1.2[MPa]을 초과하고 3.5[MPa] 이하인 미분무소화설비
고압 미분무소화설비	최저사용압력이 3.5[MPa]을 초과하는 미분무소화설비

정답 | ①

79 빈출도 ★★

포소화설비의 화재안전기술기준(NFTC 105) 상 포소화설비의 자동식 기동장치에 폐쇄형 스프링클러헤드를 사용하는 경우에 대한 설치기준 중 다음 ( ) 안에 알맞은 것은? (단, 자동화재탐지설비의 수신기가 설치된 장소에 상시 사람이 근무하고 있고, 화재 시 즉시 해당 조작부를 작동시킬 수 있는 경우는 제외한다.)

> – 표시온도가 (㉠)[℃] 미만인 것을 사용하고 1개의 스프링클러헤드의 경계 면적은 (㉡)[m²] 이하로 할 것
> – 부착면의 높이는 바닥으로부터 (㉢)[m] 이하로 하고 화재를 유효하게 감지할 수 있도록 할 것

① ㉠ 60 ㉡ 10 ㉢ 7
② ㉠ 60 ㉡ 20 ㉢ 7
③ ㉠ 79 ㉡ 10 ㉢ 5
④ ㉠ 79 ㉡ 20 ㉢ 5

해설

표시온도가 79[℃] 미만인 것을 사용하고, 1개의 스프링클러헤드의 경계면적은 20[m²] 이하로 한다.
부착면의 높이는 바닥으로부터 5[m] 이하로 한다.

관련개념 자동식 기동장치의 설치기준

폐쇄형 스프링클러헤드를 사용하는 경우에는 다음의 기준에 따라 설치한다.

㉠ 표시온도가 79[℃] 미만인 것을 사용하고, 1개의 스프링클러헤드의 경계면적은 20[m²] 이하로 한다.
㉡ 부착면의 높이는 바닥으로부터 5[m] 이하로 하고, 화재를 유효하게 감지할 수 있도록 한다.
㉢ 하나의 감지장치 경계구역은 하나의 층이 되도록 한다.

정답 | ④

80 빈출도 ★★

할론소화설비의 화재안전기술기준(NFTC 107) 상 할론소화약제 저장용기의 설치기준 중 다음 ( ) 안에 알맞은 것은?

> 축압식 저장용기의 압력은 온도 20[℃]에서 할론 1301을 저장하는 것은 (㉠)[MPa] 또는 (㉡)[MPa]이 되도록 질소가스로 축압할 것

① ㉠ 2.5 ㉡ 4.2
② ㉠ 2.0 ㉡ 3.5
③ ㉠ 1.5 ㉡ 3.0
④ ㉠ 1.1 ㉡ 2.5

해설

축압식 저장용기의 압력은 할론 1301의 경우 2.5[MPa] 또는 4.2[MPa]로 한다.

관련개념 저장용기의 설치기준

㉠ 축압식 저장용기의 압력은 온도 20[℃]에서 할론 1211을 저장하는 것은 1.1[MPa] 또는 2.5[MPa], 할론 1301을 저장하는 것은 2.5[MPa] 또는 4.2[MPa]이 되도록 질소가스로 축압한다.
㉡ 저장용기의 충전비는 다음의 표에 따른 기준으로 한다.

소화약제의 종류		충전비
할론 1301		0.9 이상 1.6 이하
할론 1211		0.7 이상 1.4 이하
할론 2402	가압식	0.51 이상 0.67 미만
	축압식	0.67 이상 2.75 이하

㉢ 동일 집합관에 접속되는 저장용기의 소화약제 충전량은 동일 충전비로 한다.
㉣ 가압용 가스용기는 질소가스가 충전된 것으로 하고, 그 압력은 21[℃]에서 2.5[MPa] 또는 4.2[MPa]이 되도록 한다.
㉤ 저장용기의 개방밸브는 전기식·가스압력식 또는 기계식에 따라 자동으로 개방되고 수동으로도 개방되는 것으로서 안전장치가 부착된 것으로 한다.
㉥ 가압식 저장용기에는 2.0[MPa] 이하의 압력으로 조정할 수 있는 압력조정장치를 설치한다.
㉦ 하나의 방호구역을 담당하는 소화약제 저장용기의 소화약제량의 체적합계보다 그 소화약제 방출 시 방출경로가 되는 배관(집합관 포함)의 내용적의 비율이 1.5배 이상일 경우에는 해당 방호구역에 대한 설비는 별도 독립방식으로 한다.

정답 | ①

2022년 2회 기출문제

■ 1회독 ■ 2회독 ■ 3회독

소방원론

01 빈출도 ★★

목조건축물의 화재특성으로 틀린 것은?

① 습도가 낮을수록 연소 확대가 빠르다.
② 화재진행속도는 내화건축물보다 빠르다.
③ 화재최성기의 온도는 내화건축물보다 낮다.
④ 화재성장속도는 횡방향보다 종방향이 빠르다.

해설

화재최성기의 온도는 내화건축물보다 높다.

관련개념 **목조건축물의 화재특성**

㉠ 습도가 낮을수록 목재인 건축물의 골조에 쉽게 불이 붙으므로 연소 확대가 빠르다.
㉡ 화재 시 골조와 함께 연소가 진행되므로 내화건축물보다 화재 진행속도가 빠르다.
㉢ 화재성장속도는 횡방향보다 종방향이 빠르다.
㉣ 화재최성기의 온도는 약 1,300[℃]로 내화건축물의 1,000[℃]보다 높다.

정답 | ③

02 빈출도 ★★

물이 소화약제로서 사용되는 장점이 아닌 것은?

① 가격이 저렴하다.
② 많은 양을 구할 수 있다.
③ 증발잠열이 크다.
④ 가연물과 화학반응이 일어나지 않는다.

해설

금속분과 물이 만나면 수소가스가 발생하며 폭발 및 화재가 발생할 수 있다.

관련개념

얼음 · 물(H_2O)은 분자의 단순한 구조와 수소결합으로 인해 분자 간 결합이 강하므로 타 물질보다 비열, 융해잠열 및 증발잠열이 크다.

정답 | ④

03 빈출도 ★

정전기로 인한 화재를 줄이고 방지하기 위한 대책 중 틀린 것은?

① 공기 중 습도를 일정 값 이상으로 유지한다.
② 기기의 전기 절연성을 높이기 위하여 부도체로 차단공사를 한다.
③ 공기 이온화 장치를 설치하여 가동시킨다.
④ 정전기 축적을 막기 위해 접지선을 이용하여 대지로 연결작업을 한다.

해설

부도체로 차단공사를 진행하면 접지가 되지 않아 기기 자체에서 발생하는 정전기가 축적되어 화재가 발생할 수 있다.

정답 | ②

04 빈출도 ★

프로페인가스의 최소점화에너지는 일반적으로 약 몇 [mJ] 정도 되는가?

① 0.25 ② 2.5
③ 25 ④ 250

해설

상온, 상압에서 프로페인가스의 최소점화에너지는 0.25[mJ]이다.

관련개념 **최소점화에너지**

가연성물질에 점화원을 이용하여 점화 시 가연성물질이 발화하기 위해 필요한 최소에너지이다.
일반적으로 온도, 압력 등이 상승할수록 최소점화에너지는 낮아진다.

정답 | ①

05 빈출도 ★★

목재 화재 시 다량의 물을 뿌려 소화할 경우 기대되는 주된 소화효과는?

① 제거효과 ② 냉각효과
③ 부촉매효과 ④ 희석효과

해설

물은 비열과 증발잠열이 높아 온도 및 상태변화에 많은 에너지를 필요로 하기 때문에 가연물의 온도를 빠르게 떨어뜨린다.

관련개념 **소화효과**

㉠ 제거소화(제거효과): 화재현장 주위의 물체를 치우고 연료를 제거하여 소화하는 방법
㉡ 억제소화(부촉매효과): 화재의 연쇄반응을 차단하여 소화하는 방법
㉢ 질식소화(피복효과): 산소의 공급을 차단하여 소화하는 방법
㉣ 냉각소화(냉각효과): 연소하는 가연물의 온도를 인화점 아래로 떨어뜨려 소화하는 방법

정답 | ②

06 빈출도 ★★

물질의 연소 시 산소공급원이 될 수 없는 것은?

① 탄화칼슘 ② 과산화나트륨
③ 질산나트륨 ④ 압축공기

해설

산소공급원이 되기 위해서는 물질 자체적으로 산소를 함유하고 있어야 한다.
탄화칼슘(CaC_2)은 산소를 가지고 있지 않으며, 물(H_2O)과 반응하여 아세틸렌(C_2H_2)을 생성한다.

선지분석

② 과산화나트륨은 무기과산화물(제1류 위험물)로 물과 반응하면 수산화나트륨, 산소, 열을 배출한다.
③ 질산나트륨은 질산염류(제1류 위험물)로 열분해 반응을 통해 산소를 배출한다.
④ 공기는 산소를 포함한다.

정답 | ①

07 빈출도 ★★★

다음 중 공기 중에서의 연소범위가 가장 넓은 것은?

① 뷰테인 ② 프로페인
③ 메테인 ④ 수소

해설

연소범위가 가장 넓은 것은 수소(75−4=71)이다.

관련개념 **주요 가연성 가스의 연소범위와 위험도**

가연성 가스	하한계 [vol%]	상한계 [vol%]	위험도
아세틸렌(C_2H_2)	2.5	81	31.4
수소(H_2)	4	75	17.8
일산화탄소(CO)	12.5	74	4.9
에테르($C_2H_5OC_2H_5$)	1.9	48	24.3
이황화탄소(CS_2)	1.2	44	35.7
에틸렌(C_2H_4)	2.7	36	12.3
암모니아(NH_3)	15	28	0.9
메테인(CH_4)	5	15	2
에테인(C_2H_6)	3	12.4	3.1
프로페인(C_3H_8)	2.1	9.5	3.5
뷰테인(C_4H_{10})	1.8	8.4	3.7

정답 | ④

08 빈출도 ★

이산화탄소 20[g]은 약 몇 [mol]인가?

① 0.23 ② 0.45
③ 2.2 ④ 4.4

해설

이산화탄소의 분자량은 44[g/mol]이므로

이산화탄소 20[g]은 $\frac{20[g]}{44[g/mol]} \fallingdotseq 0.4545[mol]$이다.

정답 | ②

09 빈출도 ★★

플래쉬 오버(flash over)에 대한 설명으로 옳은 것은?

① 도시가스의 폭발적 연소를 말한다.
② 휘발유와 같은 가연성 액체가 넓게 흘러서 발화한 상태를 말한다.
③ 옥내화재가 서서히 진행하여 열 및 가연성 기체가 축적되었다가 일시에 연소하여 화염이 크게 발생하는 상태를 말한다.
④ 화재층의 불이 상부층으로 올라가는 현상을 말한다.

해설

플래쉬 오버(flash over) 현상이란 화점 주위에서 화재가 서서히 진행하다가 어느 정도 시간이 경과함에 따라 대류와 복사현상에 의해 일정 공간 안에 있는 가연물이 발화점까지 가열되어 일순간에 걸쳐 동시 발화되는 현상이다.

정답 | ③

10 빈출도 ★★★

제4류 위험물의 성질로 옳은 것은?

① 가연성 고체 ② 산화성 고체
③ 인화성 액체 ④ 자기반응성물질

해설

제4류 위험물은 인화성 액체이다.

관련개념

㉠ 제1류 위험물: 산화성 고체
㉡ 제2류 위험물: 가연성 고체
㉢ 제3류 위험물: 자연발화성 및 금수성 물질
㉣ 제4류 위험물: 인화성 액체
㉤ 제5류 위험물: 자기 반응성 물질
㉥ 제6류 위험물: 산화성 액체

정답 | ③

11 빈출도 ★★

할론 소화설비에서 Halon 1211 약제의 분자식은?

① CBr_2ClF ② CF_2BrCl
③ CCl_2BrF ④ BrC_2ClF

해설

Halon 1211 소화약제의 분자식은 CF_2ClBr이다.
Cl과 Br의 위치는 바꾸어 표기하여도 동일한 화합물이다.

관련개념 **할론 소화약제 명명의 방식**

㉠ 제일 앞에 Halon이란 명칭을 쓴다.
㉡ 이후 구성 원소들의 수를 C, F, Cl, Br의 순서대로 쓰되 없는 경우 0으로 한다.
㉢ 마지막 0은 생략할 수 있다.

정답 | ②

12 빈출도 ★★

다음 중 가연물의 제거를 통한 소화방법이 아닌 것은?

① 산불의 확산방지를 위해 산림의 일부를 벌채한다.
② 화학반응기의 화재 시 원료 공급관 밸브를 잠근다.
③ 전기실 화재 시 IG−541 약제를 방출한다.
④ 유류탱크 화재 시 주변에 있는 유류탱크의 유류를 다른 곳으로 이동시킨다.

해설

제거소화는 연소의 요소를 구성하는 가연물질을 안전한 장소나 점화원이 없는 장소로 신속하게 이동시켜서 소화하는 방법이다.
IG−541과 같은 불활성기체 소화약제를 방출하는 것은 연소에 필요한 산소의 공급을 차단시키는 질식소화에 해당한다.

정답 | ③

13 빈출도 ★

건물화재의 표준시간−온도곡선에서 화재 발생 후 1시간이 경과할 경우 내부 온도는 약 몇 [℃] 정도 되는가?

① 125　② 325
③ 640　④ 925

해설

화재 발생 후 1시간이 경과할 경우 내부온도는 약 925[℃]이다.

관련개념 표준시간−온도곡선

표준시간−온도곡선은 반복된 실험을 통해 얻은 결과를 바탕으로 화재 경과 시간과 그 때 온도의 관계를 표준화하여 나타낸 곡선이다.

정답 | ④

14 빈출도 ★★

위험물안전관리법령상 위험물로 분류되는 것은?

① 과산화수소　② 압축산소
③ 프로페인가스　④ 포스겐

해설

과산화수소는 제6류 위험물(산화성 액체)이다.
"위험물"은 인화성 또는 발화성 등의 성질을 가지는 물질로 일반적으로 고체 또는 액체이다.

정답 | ①

15 빈출도 ★★

가시거리가 20~30[m], 연기에 의한 감광계수가 0.1[m^{-1}]일 때의 상황으로 옳은 것은?

① 건물 내부에 익숙한 사람이 피난에 지장을 느낄 정도
② 연기감지기가 작동할 정도
③ 어두운 것을 느낄 정도
④ 앞이 거의 보이지 않을 정도

해설

감광계수 [m^{-1}]	가시거리 [m]	현상
0.1	20~30	연기감지기가 동작할 정도
0.3	5	건물 내부에 익숙한 사람이 피난할 때 지장을 받는 정도
0.5	3	어두움을 느낄 정도
1	1~2	거의 앞이 보이지 않을 정도
10	0.2~0.5	화재의 최성기에 해당, 유도등이 보이지 않을 정도
30	−	출화 시의 연기가 분출할 때의 농도

정답 | ②

16 빈출도 ★★

물질의 취급 또는 위험성에 대한 설명 중 틀린 것은?

① 융해열은 점화원이다.
② 질산은 물과 반응 시 발열 반응하므로 주의를 해야 한다.
③ 네온, 이산화탄소, 질소는 불연성 물질로 취급한다.
④ 암모니아를 충전하는 공업용 용기의 색상은 백색이다.

해설

융해는 고체가 액체로 변화하는 현상이다. 주변의 열을 흡수하며 융해가 일어나므로 점화원이 될 수 없다.

정답 | ①

17 빈출도 ★★

Fourier법칙(전도)에 대한 설명으로 틀린 것은?

① 이동열량은 전열체의 단면적에 비례한다.
② 이동열량은 전열체의 두께에 비례한다.
③ 이동열량은 전열체의 열전도도에 비례한다.
④ 이동열량은 전열체 내 · 외부의 온도차에 비례한다.

해설

이동열량은 전열체의 두께에 반비례한다.

관련개념 푸리에의 전도법칙

$$Q=kA\frac{(T_2-T_1)}{l}$$

Q: 열전달량[W], k: 열전도율[W/m·℃], A: 열전달 부분 면적[m²], (T_2-T_1): 온도 차이[℃], l: 벽의 두께[m]

열전도(이동열량)는 열전도도(열전도 계수), 단면적, 온도차에 비례하고, 두께에 반비례한다.

정답 | ②

18 빈출도 ★★★

자연발화가 일어나기 쉬운 조건이 아닌 것은?

① 열전도율이 클 것
② 적당량의 수분이 존재할 것
③ 주위의 온도가 높을 것
④ 표면적이 넓을 것

해설

열전도율이 크면 열이 축적되지 못하고 빠져나가므로 자연발화가 일어나기 어렵다.

관련개념 발화의 조건

㉠ 주변 온도가 높고, 발열량이 클수록 발화하기 쉽다.
㉡ 열전도율이 낮을수록 열 축적이 쉬워 발화하기 쉽다.
㉢ 표면적이 넓어 산소와의 접촉량이 많을수록 발화하기 쉽다.
㉣ 분자량, 온도, 습도, 농도, 압력이 클수록 발화하기 쉽다.
㉤ 활성화 에너지가 작을수록 발화하기 쉽다.

정답 | ①

19 빈출도 ★★★

분말 소화약제 중 탄산수소칼륨($KHCO_3$)과 요소($CO(NH_2)_2$)와의 반응물을 주성분으로 하는 소화약제는?

① 제1종 분말 ② 제2종 분말
③ 제3종 분말 ④ 제4종 분말

해설

제4종 분말 소화약제의 주성분은 탄산수소칼륨($KHCO_3$)과 요소($CO(NH_2)_2$)이다.

관련개념 **분말 소화약제**

구분	주성분	색상	적응화재
제1종	탄산수소나트륨 ($NaHCO_3$)	백색	B급 화재 C급 화재
제2종	탄산수소칼륨 ($KHCO_3$)	담자색 (보라색)	B급 화재 C급 화재
제3종	제1인산암모늄 ($NH_4H_2PO_4$)	담홍색	A급 화재 B급 화재 C급 화재
제4종	탄산수소칼륨+요소 [$KHCO_3+CO(NH_2)_2$]	회색	B급 화재 C급 화재

정답 | ④

20 빈출도 ★

폭굉(detonation)에 관한 설명으로 틀린 것은?

① 연소속도가 음속보다 느릴 때 나타난다.
② 온도의 상승은 충격파의 압력에 기인한다.
③ 압력상승은 폭연의 경우보다 크다.
④ 폭굉의 유도거리는 배관의 지름과 관계가 있다.

해설

폭굉이란 폭발의 전파속도가 음속보다 커서 강한 충격파를 발생하는 것을 말한다.

관련개념

폭연과 폭굉은 충격파의 존재 유무로 구분한다. 폭발의 전파속도가 음속(340[m/s])보다 작은 경우 폭연(0.1~10[m/s]), 음속보다 커서 강한 충격파을 발생하는 경우 폭굉(1,000~3,500[m/s])이다.

정답 | ①

21 빈출도 ★★

2[MPa], 400[℃]의 과열 증기를 단면확대 노즐을 통하여 20[kPa]로 분출시킬 경우 최대 속도는 약 몇 [m/s] 인가? (단, 노즐입구에서 엔탈피는 3,243.3[kJ/kg]이고, 출구에서 엔탈피는 2,345.8[kJ/kg]이며, 입구속도는 무시한다.)

① 1,340　② 1,349
③ 1,402　④ 1,412

해설

분출 전과 후의 에너지는 에너지 보존 법칙에 의해 보존된다.
노즐을 통과하기 전의 엔탈피는 일부 운동에너지로 전환되었으므로 다음과 같은 식을 구할 수 있다.

$$H_1+\frac{1}{2}u_1^2=H_2+\frac{1}{2}u_2^2$$

H: 엔탈피[J/kg], u: 속도[m/s]

입구를 상태1, 출구를 상태2라고 하면 입구의 엔탈피는 3,243,300[J/kg], 출구의 엔탈피는 2,345,800[J/kg]이다.
입구의 속도 u_1는 무시하므로 출구의 속도 u_2는

$u_2=\sqrt{2(H_1-H_2)}=\sqrt{2(3,243,300-2,345,800)}$
$\fallingdotseq 1,340$[m/s]

정답 | ①

22 빈출도 ★★

원형 물탱크의 안지름이 1[m]이고, 아래쪽 옆면에 안지름 100[mm]인 송출관을 통해 물을 수송할 때의 순간 유속이 3[m/s]이었다. 이 때 탱크 내 수면이 내려오는 속도는 몇 [m/s] 인가?

① 0.015　② 0.02
③ 0.025　④ 0.03

해설

물탱크에서 줄어드는 물의 부피유량과 송출관을 통해 빠져나가는 물의 부피유량은 같다.

$$Q=Au$$

Q: 부피유량[m^3/s], A: 유체의 단면적[m^2], u: 유속[m/s]

물탱크(1)와 송출관(2)은 원형이므로 단면적은 다음과 같다.

$$A=\frac{\pi}{4}D^2$$

$A_1=\frac{\pi}{4}\times 1^2$

$A_2=\frac{\pi}{4}\times 0.1^2$

송출관의 유속이 3[m/s]이고, 부피유량이 일정하므로 수면이 내려오는 속도 u_1는

$Q=A_1u_1=A_2u_2$

$\frac{\pi}{4}\times 1^2\times u_1=\frac{\pi}{4}\times 0.1^2\times 3$

$u_1=0.03$[m/s]

정답 | ④

2022년 2회

23 빈출도 ★★★

지름 5[cm]인 구가 대류에 의해 열을 외부공기로 방출한다. 이 구는 50[W]의 전기히터에 의해 내부에서 가열되고 있고 구 표면과 공기 사이의 온도차가 30[℃]라면 공기와 구 사이의 대류 열전달계수는 약 몇 [W/m²·℃]인가?

① 111 ② 212

③ 313 ④ 414

해설

구의 내부에서 50[W]의 에너지가 공급되고 있고 온도 차이가 일정하게 유지되고 있으므로 대류의 방식으로 구 표면에서 50[W]의 에너지가 방출되고 있다.

$$Q=hA(T_2-T_1)$$

Q: 열전달량[W], h: 대류 열전달계수[W/m²·℃],
A: 열전달 면적[m²], (T_2-T_1): 온도 차이[℃]

구의 지름이 5[cm]이므로 구의 표면적은 다음과 같다.

$$A=4\pi r^2$$

A: 구의 표면적[m²], r: 구의 반지름[m]

$$A=4\times\pi\times\left(\frac{0.05}{2}\right)^2$$

열이 전달되는 구 표면과 공기 사이의 온도 차이가 30[℃]이므로 공기와 구 사이의 대류 열전달계수 h는

$$h=\frac{Q}{A(T_2-T_1)}=\frac{50}{4\pi\times0.025^2\times30}$$
$$≒212.2[\text{W/m}^2\cdot℃]$$

정답 | ②

24 빈출도 ★★

소화펌프의 회전수가 1,450[rpm]일 때 양정이 25[m], 유량이 5[m³/min]이었다. 펌프의 회전수를 1,740[rpm]으로 높일 경우 양정[m]과 유량[m³/min]은? (단, 완전상사가 유지되고, 회전차의 지름은 일정하다.)

① 양정: 17, 유량: 4.2 ② 양정: 21, 유량: 5

③ 양정: 30.2, 유량: 5.2 ④ 양정: 36, 유량: 6

해설

펌프의 회전수를 변화시키면 동일한 펌프이므로 상사법칙에 따라 유량과 양정이 변화한다.

$$\frac{Q_2}{Q_1}=\left(\frac{N_2}{N_1}\right)\left(\frac{D_2}{D_1}\right)^3$$

Q: 유량, N: 펌프의 회전수, D: 직경

$$\frac{H_2}{H_1}=\left(\frac{N_2}{N_1}\right)^2\left(\frac{D_2}{D_1}\right)^2$$

H: 양정, N: 펌프의 회전수, D: 직경

동일한 펌프이므로 직경은 같고, 상태1의 회전수가 1,450[rpm], 상태2의 회전수가 1,740[rpm]이므로 양정 변화는 다음과 같다.

$$H_2=H_1\left(\frac{N_2}{N_1}\right)^2=25\times\left(\frac{1{,}740}{1{,}450}\right)^2=36[\text{m}]$$

유량 변화는 다음과 같다.

$$Q_2=Q_1\left(\frac{N_2}{N_1}\right)=5\times\left(\frac{1{,}740}{1{,}450}\right)=6[\text{m}^3/\text{min}]$$

정답 | ④

25 빈출도 ★★

다음 중 이상기체에서 폴리트로픽 지수(n)가 1인 과정은?

① 단열 과정 ② 정압 과정
③ 등온 과정 ④ 정적 과정

해설

폴리트로픽 지수 n이 1인 과정은 등온 과정이다.

관련개념 **폴리트로픽 과정**

상태변화과정	폴리트로픽 지수(n)	일
등압 과정	0	$m\bar{R}(T_2-T_1)$
등온 과정	1	$m\bar{R}T\ln\left(\frac{V_2}{V_1}\right)$
폴리트로픽 과정	$1<n<\chi$	$\frac{m\bar{R}}{1-n}(T_2-T_1)$
단열 과정	χ	$\frac{m\bar{R}}{1-\chi}(T_2-T_1)$
등적 과정	∞	0

정답 ③

26 빈출도 ★★

정수력에 의해 수직평판의 힌지(hinge)점에 작용하는 단위 폭 당 모멘트를 바르게 표시한 것은? (단, ρ는 유체의 밀도, g는 중력가속도이다.)

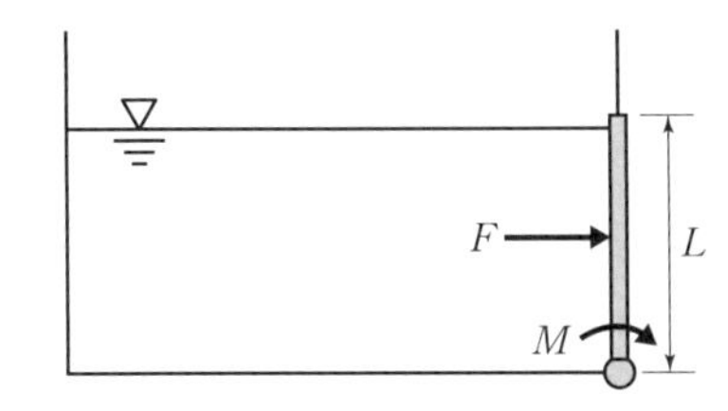

① $\frac{1}{6}\rho gL^3$ ② $\frac{1}{3}\rho gL^3$
③ $\frac{1}{2}\rho gL^3$ ④ $\frac{2}{3}\rho gL^3$

해설

$$\tau = r\times F$$

τ: 토크[kN · m], r: 회전축으로부터 거리[m], F: 힘[kN]

수직평판에 작용하는 힘 F의 크기는 다음과 같다.

$$F=\rho ghA$$

F: 수직평판에 작용하는 힘[kN], ρ: 유체의 밀도[kg/m³], g: 중력가속도[m/s²], h: 수직평판의 중심으로부터 표면까지 높이[m], A: 수직평판의 면적[m²]

수직평판의 중심 높이로부터 표면까지의 높이 h는 $\frac{L}{2}$이다.

수직평판의 너비를 1[m]라고 하면 수직평판의 면적 A는 L이다.
따라서 수직평판에 작용하는 힘 F는 다음과 같다.

$$F=\rho g\times\frac{L}{2}\times L=\frac{1}{2}\rho gL^2$$

수직평판에 작용하는 힘의 위치 y는 다음과 같다.

$$y=l+\frac{I}{Al}$$

y: 표면으로부터 작용점까지의 길이[m], l: 표면으로부터 수문 중심까지의 길이[m], I: 관성모멘트[m⁴], A: 수문의 면적[m²]

수직평판은 중심축이 힌지인 직사각형이므로 관성모멘트 I는 $\frac{bh^3}{12}$이다.

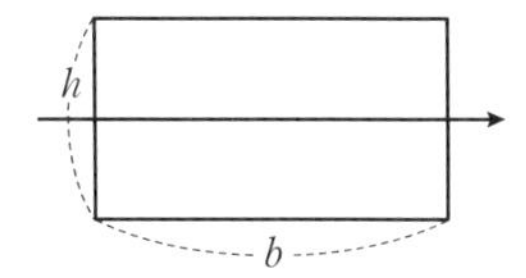

수문에 작용하는 힘의 작용점은 다음과 같다.

$$y=l+\frac{\frac{bh^3}{12}}{Al}=\frac{L}{2}+\frac{\frac{1\times L^3}{12}}{L\times\frac{L}{2}}=\frac{2}{3}L$$

표면으로부터 $\frac{2}{3}L$의 위치이므로 힌지로부터 $\frac{L}{3}$의 위치에 힘 F가 작용한다.
따라서 단위 폭 당 모멘트 τ는

$$\tau=r\times F=\frac{L}{3}\times\frac{1}{2}\rho gL^2=\frac{1}{6}\rho gL^3$$

정답 ①

2022년 2회

27 빈출도 ★★

그림과 같은 중앙부분에 구멍이 뚫린 원판에 지름 20[cm]의 원형 물제트가 대기압 상태에서 5[m/s]의 속도로 충돌하여, 원판 뒤로 지름 10[cm]의 원형 물제트가 5[m/s]의 속도로 흘러나가고 있을 때, 원판을 고정하기 위한 힘은 약 몇 [N]인가?

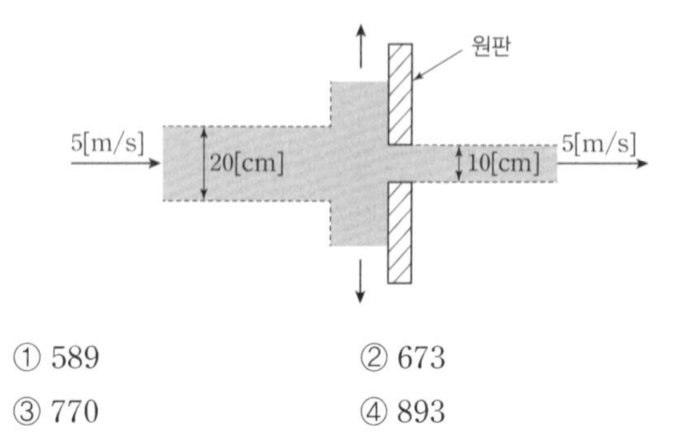

① 589　② 673
③ 770　④ 893

해설

원판을 고정하기 위해서는 원판에 가해지는 외력의 합이 0이어야 한다.
물제트의 일부는 원판의 구멍을 통해 빠져나가고 나머지 부분이 원판에 힘을 가하고 있다.
원판을 고정하기 위해서는 원판에 가해지는 힘의 크기만큼 고정하기 위한 힘을 가하면 원판의 외력의 합이 0이 된다.

$$F=\rho Au^2$$

F: 유체가 원판에 가하는 힘[N], ρ: 유체의 밀도[kg/m³], A: 유체의 단면적[m²], u: 유속[m/s]

물제트는 직경이 D인 원형이므로 물제트의 단면적은 다음과 같다.

$$A=\frac{\pi}{4}D^2$$

물의 밀도는 1,000[kg/m³]이므로 초기 물제트가 가진 힘은 다음과 같다.

$$F_1=1{,}000\times\frac{\pi}{4}\times 0.2^2\times 5^2 \fallingdotseq 785.4[\text{N}]$$

구멍을 통해 빠져나가는 물제트가 가진 힘은 다음과 같다.

$$F_2=1{,}000\times\frac{\pi}{4}\times 0.1^2\times 5^2 \fallingdotseq 196.35[\text{N}]$$

따라서 원판을 고정하기 위해 필요한 힘은

$$F=F_1-F_2=785.4-196.35$$
$$=589.05[\text{N}]$$

정답 | ①

28 빈출도 ★★

펌프의 공동현상(cavitation)을 방지하기 위한 방법이 아닌 것은?

① 펌프의 설치 위치를 되도록 낮게 하여 흡입양정을 짧게 한다.
② 펌프의 회전수를 크게 한다.
③ 펌프의 흡입 관경을 크게 한다.
④ 단흡입펌프보다는 양흡입펌프를 사용한다.

해설

펌프의 회전수를 크게 하면 회전력이 약해지므로 펌프의 회전수를 작게 한다.

관련개념 **공동현상 방지대책**

발생원인	방지대책
펌프의 설치 위치가 높아 유효흡입수두가 낮아진다.	펌프의 설치 위치를 낮게 한다.
펌프의 회전수가 커서 회전력이 약해진다.	펌프의 회전수를 작게 한다.
펌프의 흡입 관경이 작아 빠른 유속으로 인한 마찰손실이 커진다.	펌프의 흡입 관경을 크게 한다.
단흡입펌프 사용 시 적은 유량으로 인해 성능이 저하한다.	단흡입펌프보다 양흡입펌프를 사용한다.

정답 | ②

29 빈출도 ★★★

물을 송출하는 펌프의 소요 축동력이 70[kW], 펌프의 효율이 78[%], 전양정이 60[m]일 때, 펌프의 송출 유량은 약 몇 [m^3/min]인가?

① 5.57 ② 2.57
③ 1.09 ④ 0.093

해설

$$P=\frac{\gamma QH}{\eta}$$

P: 축동력[kW], γ: 유체의 비중량[kN/m^3], Q: 유량[m^3/s], H: 전양정[m], η: 효율

유체는 물이므로 물의 비중량은 9.8[kN/m^3]이다.
주어진 조건을 공식에 대입하면 펌프의 토출량 Q는 다음과 같다.

$$Q=\frac{P\eta}{\gamma H}=\frac{70\times0.78}{9.8\times60}[m^3/s]$$

문제에서 요구하는 단위에 맞춰 변환해주면

$$\frac{70\times0.78}{9.8\times60}[m^3/s]\times60[s/min]\fallingdotseq5.57[m^3/min]$$

정답 | ①

30 빈출도 ★

그림에 표시된 원형 관로로 비중이 0.8, 점성계수가 0.4[Pa·s]인 기름이 층류로 흐른다. ①지점의 압력이 111.8[kPa]이고, ②지점의 압력이 206.9[kPa]일 때 유체의 유량은 약 몇 [L/s]인가?

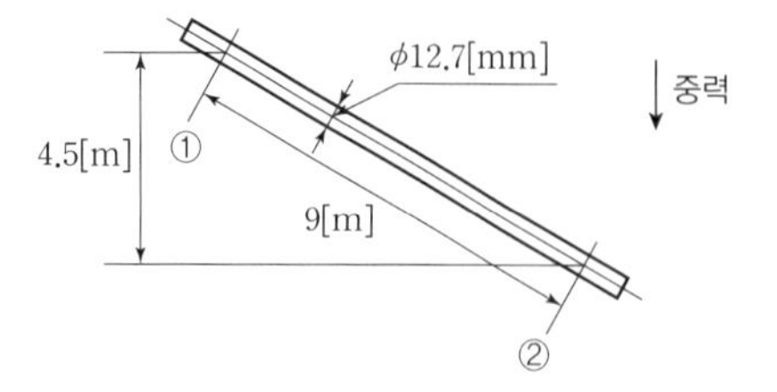

① 0.0149 ② 0.0138
③ 0.0121 ④ 0.0106

해설

유체의 흐름이 층류일 때 마찰손실 H와 유량 Q의 관계는 하겐−푸아죄유 방정식으로 구할 수 있다.

$$H=\frac{\Delta P}{\gamma}=\frac{128\mu lQ}{\gamma\pi D^4}$$

H: 마찰손실수두[m], ΔP: 압력 차이[Pa], γ: 비중량[N/m^3], μ: 점성계수(점도)[kg/m·s], l: 배관의 길이[m], Q: 유량[m^3/s], D: 배관의 직경[m]

점성이 있는 유체이므로 배관에서의 마찰손실은 수정 베르누이 방정식으로 구할 수 있다.

$$\frac{P_1}{\gamma}+\frac{u_1^2}{2g}+Z_1=\frac{P_2}{\gamma}+\frac{u_2^2}{2g}+Z_2+H$$

P: 압력[kN/m^2], γ: 비중량[kN/m^3], u: 유속[m/s], g: 중력가속도[m/s^2], Z: 높이[m], H: 마찰손실수두[m]

유체의 비중이 0.8이므로 유체의 비중량은 다음과 같다.

$$\gamma=s\gamma_w=0.8\times9{,}800$$

구경이 일정한 배관이므로 유속 u는 같다.
따라서 배관에서의 마찰손실 H는 다음과 같다.

$$H=\frac{P_1-P_2}{\gamma}+(Z_1-Z_2)=\frac{111.8-206.9}{0.8\times9.8}+4.5$$
$$\fallingdotseq-7.63[m]$$

유체가 ②에서 ①로 이동하며 발생한 마찰손실 H는 7.63[m]이다.
하겐−푸아죄유 방정식을 유량 Q에 대하여 정리하면 다음과 같다.

$$Q=\frac{\gamma\pi D^4H}{128\mu l}$$

따라서 주어진 조건을 공식에 대입하면 유량 Q는

$$Q=\frac{(0.8\times9{,}800)\times\pi\times0.0127^4\times7.63}{128\times0.4\times9}$$
$$\fallingdotseq1.06\times10^{-5}[m^3/s]=0.0106[L/s]$$

정답 | ④

31 빈출도 ★★

다음 중 점성계수 μ의 차원은 어느 것인가? (단, M: 질량, L: 길이, T: 시간의 차원이다.)

① $ML^{-1}T^{-1}$ ② $ML^{-1}T^{-2}$
③ $ML^{-2}T^{-1}$ ④ $M^{-1}L^{-1}T$

해설

점성계수의 단위는 [kg/m · s]=[Pa · s]이고, 점성계수의 차원은 $ML^{-1}T^{-1}$이다.

정답 | ①

32 빈출도 ★★

20[℃]의 이산화탄소 소화약제가 체적 4[m³]의 용기 속에 들어있다. 용기 내 압력이 1[MPa]일 때 이산화탄소 소화약제의 질량은 약 몇 [kg]인가? (단, 이산화탄소의 기체상수는 189[J/kg · K]이다.)

① 0.069 ② 0.072
③ 68.9 ④ 72.2

해설

질량과 특정기체상수로 이루어진 이상기체의 상태방정식은 다음과 같다.

$$PV=m\bar{R}T$$

P: 압력[Pa], V: 부피[m³], m: 질량[kg],
$\bar{R}$: 특정기체상수[J/kg · K], T: 절대온도[K]

기체상수의 단위가 [J/kg · K]이므로 압력과 부피의 단위를 [Pa]과 [m³]로 변환하여야 한다.
따라서 주어진 조건을 공식에 대입하면 이산화탄소 소화약제의 질량 m은

$$m=\frac{PV}{\bar{R}T}=\frac{1,000,000\times4}{189\times(273+20)}\fallingdotseq72.23[kg]$$

정답 | ④

33 빈출도 ★★★

압축률에 대한 설명으로 틀린 것은?

① 압축률은 체적탄성계수의 역수이다.
② 압축률의 단위는 압력의 단위인 [Pa]이다.
③ 밀도와 압축률의 곱은 압력에 대한 밀도의 변화율과 같다.
④ 압축률이 크다는 것은 같은 압력변화를 가할 때 압축하기 쉽다는 것을 의미한다.

해설

압축률의 단위는 압력의 단위의 역수인 [Pa⁻¹]이다.

$$\beta=\frac{1}{K}=-\frac{\frac{\Delta V}{V}}{\Delta P}$$

β: 압축률[Pa⁻¹], K: 체적탄성계수[Pa], ΔV: 부피변화량,
V: 부피, ΔP: 압력변화량[Pa]

정답 | ②

34 빈출도 ★★★

밸브가 장치된 지름 10[cm]인 원관에 비중 0.8인 유체가 2[m/s]의 평균속도로 흐르고 있다. 밸브 전후의 압력 차이가 4[kPa]일 때, 이 밸브의 등가길이는 몇 [m]인가? (단, 관의 마찰계수는 0.02이다.)

① 10.5 ② 12.5
③ 14.5 ④ 16.5

해설

유체가 밸브를 통과하며 발생하는 부차적 손실에 대한 등가길이를 구하여야 한다. 이는 유체가 직선인 배관을 통과하며 발생하는 손실과 같다.

$$H=\frac{\Delta P}{\gamma}=\frac{flu^2}{2gD}$$

H: 마찰손실수두[m], ΔP: 압력 차이[kPa], γ: 비중량[kN/m³], f: 마찰손실계수, l: 배관의 길이[m], u: 유속[m/s], g: 중력가속도[m/s²], D: 배관의 직경[m]

유체의 비중이 0.8이므로 유체의 비중량은 다음과 같다.

$$s=\frac{\rho}{\rho_w}=\frac{\gamma}{\gamma_w}$$

s: 비중, ρ: 비교물질의 밀도[kg/m³], ρ_w: 물의 밀도[kg/m³], γ: 비교물질의 비중량[N/m³], γ_w: 물의 비중량[N/m³]

$\gamma=s\gamma_w=0.8\times9.8$

따라서 주어진 조건을 공식에 대입하면 밸브의 등가길이 l은

$l=\frac{\Delta P}{\gamma}\times\frac{2gD}{fu^2}=\frac{4}{0.8\times9.8}\times\frac{2\times9.8\times0.1}{0.02\times2^2}$

$=12.5$[m]

정답 | ②

35 빈출도 ★★★

그림과 같이 물이 수조에 연결된 원형 파이프를 통해 분출하고 있다. 수면과 파이프의 출구 사이에 총 손실수두가 200[mm]라고 할 때 파이프에서의 방출유량은 약 몇 [m³/s]인가? (단, 수면 높이의 변화 속도는 무시한다.)

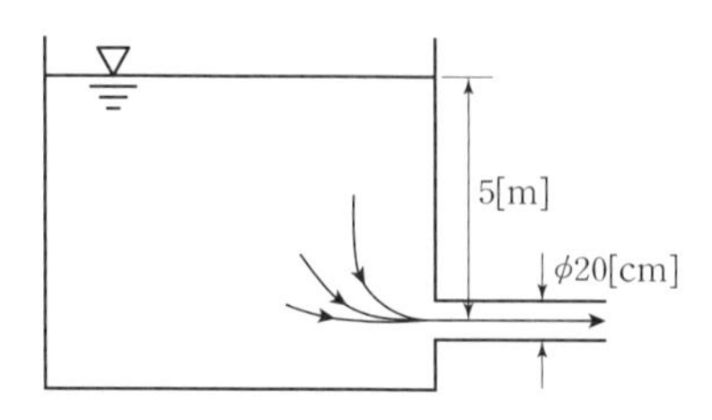

① 0.285 ② 0.295
③ 0.305 ④ 0.315

해설

$$\frac{P_1}{\gamma}+\frac{u_1^2}{2g}+Z_1=\frac{P_2}{\gamma}+\frac{u_2^2}{2g}+Z_2+H$$

P: 압력[kN/m²], γ: 비중량[kN/m³], u: 유속[m/s], g: 중력가속도[m/s²], Z: 높이[m], H: 마찰손실수두[m]

수면과 파이프 출구의 압력은 대기압으로 같다.

$P_1=P_2$

수면과 파이프 출구의 높이 차이는 다음과 같다.

$Z_1-Z_2=5$[m]

수면 높이의 변화 속도 u_1는 무시하므로 주어진 조건을 공식에 대입하면 파이프 출구의 유속 u_2은 다음과 같다.

$\frac{u_2^2}{2g}=(Z_1-Z_2)-H$

$u_2=\sqrt{2g((Z_1-Z_2)-H)}=\sqrt{2\times9.8\times(5-0.2)}$

$\fallingdotseq9.7$[m/s]

배관은 지름이 D[m]인 원형이므로 배관의 단면적은 다음과 같다.

$$A=\frac{\pi}{4}D^2$$

부피유량 공식 $Q=Au$에 의해 배관의 직경 D와 유속 u를 알면 유량 Q를 구할 수 있다.

따라서 주어진 조건을 공식에 대입하면 유량 Q는

$Q=\frac{\pi}{4}D^2u=\frac{\pi}{4}\times0.2^2\times9.7$

$\fallingdotseq0.305$[m³/s]

정답 | ③

36 빈출도 ★★★

유체의 흐름에 적용되는 다음과 같은 베르누이 방정식에 관한 설명으로 옳은 것은?

$$\frac{P}{\gamma}+\frac{V^2}{2g}+Z=C(\text{일정})$$

① 비정상상태의 흐름에 대해 적용된다.
② 동일한 유선상이 아니더라도 흐름 유체의 임의점에 대해 항상 적용된다.
③ 흐름 유체의 마찰효과가 충분히 고려된다.
④ 압력수두, 속도수두, 위치수두의 합이 일정함을 표시한다.

해설

베르누이의 정리에서 압력이 가지는 에너지, 유속이 가지는 에너지, 위치가 가지는 에너지의 합은 일정하다.

관련개념 베르누이 정리의 조건

㉠ 비압축성 유체이다.
㉡ 정상상태의 흐름이다.
㉢ 마찰이 없는 흐름이다.
㉣ 임의의 두 점은 같은 흐름선 상에 있다.

정답 | ④

37 빈출도 ★

유체의 흐름 중 난류 흐름에 대한 설명으로 틀린 것은?

① 원관 내부 유동에서는 레이놀즈 수가 약 4,000 이상인 경우에 해당한다.
② 유체의 각 입자가 불규칙한 경로를 따라 움직인다.
③ 유체의 입자가 갖는 관성력이 입자에 작용하는 점성력에 비하여 매우 크다.
④ 원관 내 완전 발달 유동에서는 평균속도가 최대속도의 $\frac{1}{2}$ 이다.

해설

난류 흐름일 때 평균유속은 최고유속의 0.8배이다.

정답 | ④

38 빈출도 ★

어떤 물체가 공기 중에서 무게는 588[N]이고, 수중에서 무게는 98[N]이었다. 이 물체의 체적(V)과 비중(S)은?

① $V=0.05[m^3]$, $S=1.2$
② $V=0.05[m^3]$, $S=1.5$
③ $V=0.5[m^3]$, $S=1.2$
④ $V=0.5[m^3]$, $S=1.5$

해설

공기 중에서 물체에 작용하는 힘은 중력이고, 수중에서 물체에 작용하는 힘은 중력과 부력이다.
따라서 공기 중에서의 무게 588[N]과 수중에서의 무게 98[N]의 차이만큼 부력이 작용하고 있다.

$$F=s\gamma_w V$$

F: 부력[N], s: 비중, γ_w: 물의 비중량[N/m^3], V: 물체의 부피[m^3]

물의 비중은 1이므로

$$F=588-98=490=1\times 9,800\times V$$

$$V=\frac{490}{9,800}=0.05[m^3]$$

공기 중에서 물체의 무게는 물체의 질량과 중력가속도의 곱으로 나타낼 수 있으며, 질량은 밀도와 부피를 이용하여 구할 수 있다.

$$W=mg=s\rho_w V\times g$$

W: 무게[N], m: 질량[kg], g: 중력가속도[m/s^2], s: 비중, ρ_w: 물의 비중량[N/m^3], V: 부피[m^3]

따라서 주어진 조건을 공식에 대입하면 비중 s는

$$W=588=s\times 1,000\times 0.05\times 9.8$$

$$s=\frac{588}{1,000\times 0.05\times 9.8}=1.2$$

정답 | ①

39 빈출도 ★★

유체에 관한 설명 중 옳은 것은?

① 실제유체는 유동할 때 마찰손실이 생기지 않는다.
② 이상유체는 높은 압력에서 밀도가 변화하는 유체이다.
③ 유체에 압력을 가하면 체적이 줄어드는 유체는 압축성 유체이다.
④ 압력을 가해도 밀도변화가 없으며 점성에 의한 마찰손실만 있는 유체가 이상유체이다.

해설

압력에 따라 부피와 밀도가 변화하는 유체를 압축성 유체라고 한다.

선지분석

① 실제유체는 점성에 의해 마찰손실이 발생한다.
② 점성과 압축성에 따른 영향이 없는 유체를 이상유체(ideal fluid)라고 한다.
④ 이상유체는 압축성이 없으므로 밀도가 변화하지 않는다.

정답 | ③

40 빈출도 ★★

그림에서 물과 기름의 표면은 대기에 개방되어 있고, 물과 기름 표면의 높이가 같을 때 h는 약 몇 [m]인가? (단, 기름의 비중은 0.8, 액체 A의 비중은 1.6이다.)

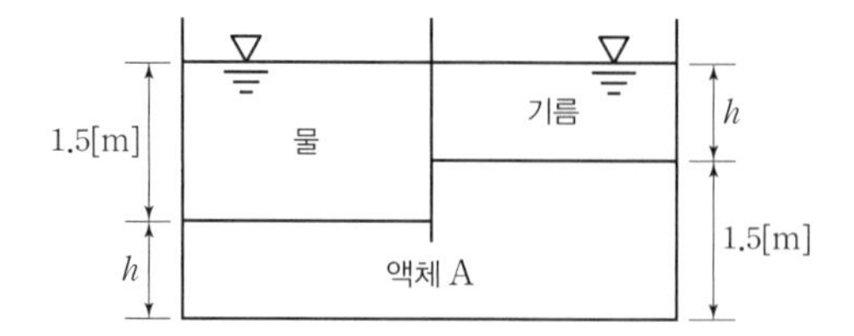

① 1
② 1.1
③ 1.125
④ 1.25

해설

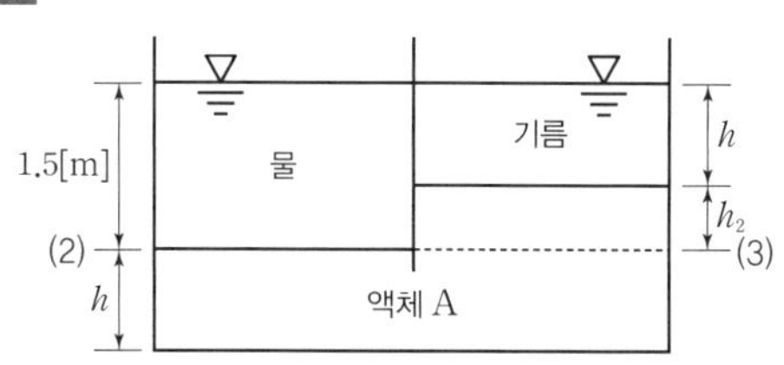

$$P_x = \gamma h = s\gamma_w h$$

P_x: x점에서의 압력[kN/m²], γ: 비중량[kN/m³], h: 표면까지의 높이[m], s: 비중, γ_w: 물의 비중량[kN/m³]

물이 누르는 압력은 (2)면에서의 압력과 같다.

$\gamma_w h_1 = P_2$

기름이 누르는 압력과 액체 A가 누르는 압력의 합은 (3)면에서의 압력과 같다.

$s\gamma_w h + s_A \gamma_w h_2 = P_3$

유체 내부에서 같은 수평면(높이)에는 같은 압력이 작용하므로 (2)면과 (3)면의 압력은 같다.

$P_2 = P_3$

$\gamma_w h_1 = s\gamma_w h + s_A \gamma_w h_2$

액체 A가 (3)면의 위에서 누르는 높이 h_2는 $(1.5-h)$[m]이므로 높이 h는

$1.5 = 0.8 \times h + 1.6 \times (1.5 - h)$

$h = 1.125$[m]

정답 | ③

소방관계법규

41 빈출도 ★

다음 중 소방기본법령에 따라 화재예방상 필요하다고 인정되거나 화재위험경보 시 발령하는 소방신호의 종류로 옳은 것은?

① 경계신호　　② 발화신호
③ 경보신호　　④ 훈련신호

해설

신호	설명
경계신호	화재예방 상 필요하다고 인정되거나 화재위험경보 시 발령
발화신호	화재가 발생한 때 발령
해제신호	소화활동이 필요없다고 인정되는 때 발령
훈련신호	훈련 상 필요하다고 인정되는 때 발령

정답 | ①

42 빈출도 ★★★

화재의 예방 및 안전관리에 관한 법률상 보일러 등의 위치·구조 및 관리와 화재예방을 위하여 불의 사용에 있어서 지켜야 하는 사항 중 보일러에 경유·등유 등 액체연료를 사용하는 경우에 연료탱크는 보일러 본체로부터 수평거리 최소 몇 [m] 이상의 간격을 두어 설치해야 하는가?

① 0.5　　② 0.6
③ 1　　④ 2

해설

연료탱크는 보일러 본체로부터 수평거리 1[m] 이상의 간격을 두어 설치해야 한다.

정답 | ③

43 빈출도 ★

다음은 소방기본법령상 소방본부에 대한 설명이다. (　　)에 알맞은 내용은?

> 소방업무를 수행하기 위하여 (　　　) 직속으로 소방본부를 둔다.

① 경찰서장　　② 시·도지사
③ 행정안전부장관　　④ 소방청장

해설

시·도에서 소방업무를 수행하기 위하여 시·도지사 직속으로 소방본부를 둔다.

정답 | ②

44 빈출도 ★★

소방시설공사업법령상 소방시설업의 등록을 하지 아니하고 영업을 한 자에 대한 벌칙기준으로 옳은 것은?

① 1년 이하의 징역 또는 1,000만 원 이하의 벌금
② 2년 이하의 징역 또는 2,000만 원 이하의 벌금
③ 3년 이하의 징역 또는 3,000만 원 이하의 벌금
④ 5년 이하의 징역 또는 5,000만 원 이하의 벌금

해설

소방시설업 등록을 하지 아니하고 영업을 한 자는 3년 이하의 징역 또는 3,000만 원 이하의 벌금에 처한다.

정답 | ③

45 빈출도 ★★

다음 소방기본법령상 용어 정의에 대한 설명으로 옳은 것은?

① 소방대상물이란 건축물, 차량, 선박(항구에 매어둔 선박 제외) 등을 말한다.
② 관계인이란 소방대상물의 점유예정자를 포함한다.
③ 소방대란 소방공무원, 의무소방원, 의용소방대원으로 구성된 조직체이다.
④ 소방대장이란 화재, 재난·재해, 그 밖의 위급한 상황이 발생한 현장에서 소방대를 지휘하는 사람(소방서장 제외)이다.

해설

소방대란 화재를 진압하고 화재, 재난·재해, 그 밖의 위급한 상황에서 구조·구급 활동 등을 하기 위하여 다음 사람으로 구성된 조직체를 말한다.
㉠ 소방공무원
㉡ 의무소방원
㉢ 의용소방대원

선지분석

① 소방대상물이란 건축물, 차량, 선박(항구에 매어둔 선박)을 말한다.
② 관계인이란 소방대상물의 소유자·관리자 또는 점유자를 말한다.
④ 소방대장이란 소방본부장 또는 소방서장 등 화재, 재난·재해, 그 밖의 위급한 상황이 발생한 현장에서 소방대를 지휘하는 사람을 말한다.

정답 | ③

46 빈출도 ★★★

소방기본법령상 상업지역에 소방용수시설 설치 시 소방대상물과의 수평거리 기준은 몇 [m] 이하인가?

① 100　② 120
③ 140　④ 160

해설

소방용수시설을 상업지역에 설치하는 경우 소방대상물과의 수평거리는 100[m] 이하가 되도록 해야 한다.

관련개념 소방용수시설을 설치하는 경우 소방대상물과의 수평거리

지역	수평거리
• 주거지역 • 상업지역 • 공업지역	100[m] 이하
그 외 지역	140[m] 이하

정답 | ①

47 빈출도 ★

소방시설공사업법령상 일반소방시설설계업(기계분야)의 영업범위에 대한 기준 중 (　　)에 알맞은 내용은? (단, 공장의 경우는 제외한다.)

> 연면적 (　　)[m^2] 미만의 특정소방대상물(제연설비가 설치되는 특정소방대상물 제외)에 설치되는 기계분야 소방시설의 설계

① 10,000　② 20,000
③ 30,000　④ 50,000

해설

일반소방시설설계업(기계분야)의 기준은 연면적 30,000[m^2](공장의 경우에는 10,000[m^2]) 미만의 특정소방대상물(제연설비가 설치되는 특정소방대상물 제외)에 설치되는 기계분야 소방시설의 설계이다.

정답 | ③

48 빈출도 ★★★

위험물안전관리법령에서 정하는 제3류 위험물에 해당하는 것은?

① 나트륨　② 염소산염류
③ 무기과산화물　④ 유기과산화물

해설

나트륨은 제3류 위험물에 해당된다.

선지분석

② 염소산염류: 제1류 위험물
③ 무기과산화물: 제1류 위험물
④ 유기과산화물: 제5류 위험물

관련개념 **제3류 위험물 및 지정수량**

위험물	품명	지정수량
제3류 (자연 발화성 물질 및 금수성 물질)	칼륨	10[kg]
	나트륨	
	알킬알루미늄	
	알킬리튬	
	황린	20[kg]
	알칼리금속(칼륨 및 나트륨 제외) 및 알칼리토금속	50[kg]
	유기금속화합물(알킬알루미늄 및 알킬리튬 제외)	
	금속의 수소화물	300[kg]
	금속의 인화물	
	칼슘 또는 알루미늄의 탄화물	

정답 | ①

49 빈출도 ★★★

소방시설 설치 및 관리에 관한 법률상 자동화재탐지설비를 설치하여야 하는 특정소방대상물의 기준으로 틀린 것은?

① 공장 및 창고시설로서 「화재의 예방 및 안전관리에 관한 법률」에서 정하는 수량의 500배 이상의 특수가연물을 저장 · 취급하는 것
② 지하가(터널 제외)로서 연면적 600[m^2] 이상인 것
③ 숙박시설이 있는 수련시설로서 수용인원 100명 이상인 것
④ 장례시설 및 복합건축물로서 연면적 600[m^2] 이상인 것

해설

지하가(터널 제외)로서 연면적 1,000[m^2] 이상인 특정소방대상물에는 자동화재탐지설비를 설치해야 한다.

관련개념 **자동화재탐지설비를 설치해야 하는 특정소방대상물**

시설	대상
• 아파트등 • 기숙사 • 숙박시설	모든 층
층수가 6층 이상인 건축물	모든 층
• 근린생활시설(목욕장 제외) • 의료시설(정신의료기관, 요양병원 제외) • 위락시설, 장례시설, 복합건축물	연면적 600[m^2] 이상인 것은 모든 층
근린생활시설 중 • 목욕장, 문화 및 집회시설 • 종교시설, 판매시설 • 운수시설, 운동시설 • 업무시설, 공장, 창고시설 • 위험물 저장 및 처리시설 • 항공기 및 자동차 관련 시설 • 교정 및 군사시설 중 국방 · 군사시설 • 방송통신시설, 발전시설 • 관광 휴게시설, 지하가(터널 제외)	연면적 1,000[m^2] 이상인 경우 모든 층
공장 및 창고시설	지정수량 500배 이상의 특수가연물을 저장 · 취급하는 것

정답 | ②

50 빈출도 ★★★

소방시설 설치 및 관리에 관한 법률상 종합점검 실시 대상이 되는 특정소방대상물의 기준 중 다음 (   ) 안에 알맞은 것은?

> 물분무등소화설비[호스릴(Hose reel)방식의 물분무등소화설비만을 설치한 경우 제외]가 설치된 연면적 (   )[m^2] 이상인 특정소방대상물(위험물 제조소등 제외)

① 2,000 ② 3,000
③ 4,000 ④ 5,000

해설

물분무등소화설비(호스릴방식의 물분무등소화설비만을 설치한 경우 제외)가 설치된 연면적 **5,000[m^2]** 이상인 특정소방대상물(위험물제조소등 제외)이 종합점검 대상이다.

관련개념 **종합점검 대상**

㉠ 스프링클러설비가 설치된 특정소방대상물
㉡ 물분무등소화설비(호스릴방식의 물분무등소화설비만을 설치한 경우 제외)가 설치된 연면적 5,000[m^2] 이상인 특정소방대상물(위험물제조소등 제외)
㉢ 다중이용업의 영업장이 설치된 특정소방대상물로서 연면적이 2,000[m^2] 이상인 것
㉣ 제연설비가 설치된 터널
㉤ 공공기관 중 연면적이 1,000[m^2] 이상인 것으로서 옥내소화전설비 또는 자동화재탐지설비가 설치된 것(소방대가 근무하는 공공기관 제외)

정답 | ④

51 빈출도 ★★★

화재의 예방 및 안전관리에 관한 법률상 특수가연물의 저장 및 취급의 기준 중 (   )에 들어갈 내용으로 옳은 것은? (단, 석탄 · 목탄류의 경우는 제외한다.)

> 쌓는 높이는 (㉠)[m] 이하가 되도록 하고, 쌓는 부분의 바닥면적은 (㉡)[m^2] 이하가 되도록 할 것

① ㉠: 15, ㉡: 200 ② ㉠: 15, ㉡: 300
③ ㉠: 10, ㉡: 30 ④ ㉠: 10, ㉡: 50

해설

쌓는 높이는 **10[m]** 이하가 되도록 하고, 쌓는 부분의 바닥면적은 **50[m^2]** 이하가 되도록 해야 한다(석탄 · 목탄류 제외).

관련개념 **특수가연물의 저장 및 취급 기준**

구분		살수설비를 설치하거나 대형수동식소화기를 설치하는 경우	그 밖의 경우
높이		15[m] 이하	**10[m] 이하**
쌓는 부분의 바닥면적	석탄 · 목탄류	300[m^2] 이하	200[m^2] 이하
	그 외	200[m^2] 이하	**50[m^2] 이하**

정답 | ④

52 빈출도 ★★

화재의 예방 및 안전관리에 관한 법률 상 총괄소방안전관리자를 선임하여야 하는 특정소방대상물 중 복합건축물은 지하층을 제외한 층수가 최소 몇 층 이상인 건축물만 해당되는가?

① 6층 ② 11층
③ 20층 ④ 30층

해설

총괄소방안전관리자를 선임해야 하는 복합건축물은 지하층을 제외한 층수가 **11층** 이상 또는 연면적 30,000[m^2] 이상인 건축물이다.

정답 | ②

53 빈출도 ★

위험물안전관리법령상 제4류 위험물을 저장·취급하는 제조소에 "화기엄금"이란 주의사항을 표시하는 게시판을 설치할 경우 게시판의 색상은?

① 청색 바탕에 백색 문자
② 적색 바탕에 백색 문자
③ 백색 바탕에 적색 문자
④ 백색 바탕에 흑색 문자

해설

"화기엄금"의 게시판의 색상은 적색 바탕에 백색 문자이다.

관련개념 주의사항 게시판 색상

구분	바탕	문자
화기주의 화기엄금	적색	백색
물기엄금	청색	백색

정답 | ②

54 빈출도 ★

위험물안전관리법령상 유별을 달리하는 위험물을 혼재하여 저장할 수 있는 것으로 짝지어진 것은?

① 제1류 – 제2류　　② 제2류 – 제3류
③ 제3류 – 제4류　　④ 제5류 – 제6류

해설

제3류 위험물과 제4류 위험물은 혼재하여 저장이 가능하다.

관련개념 혼재하여 저장이 가능한 위험물

432: 제4류와 제3류, 제4류와 제2류 혼재 가능
542: 제5류와 제4류, 제5류와 제2류 혼재 가능
61: 제6류와 제1류 혼재 가능

정답 | ③

55 빈출도 ★★

소방시설 설치 및 관리에 관한 법률상 방염성능기준 이상의 실내장식물 등을 설치하여야 하는 특정소방대상물이 아닌 것은?

① 방송국
② 종합병원
③ 11층 이상의 아파트
④ 숙박이 가능한 수련시설

해설

11층 이상인 아파트는 방염성능기준 이상의 실내장식물 등을 설치하여야 하는 특정소방대상물이 아니다.

관련개념 방염성능기준 이상의 실내장식물 등을 설치하여야 하는 특정소방대상물

㉠ 근린생활시설
- 의원, 치과의원, 한의원, 조산원, 산후조리원
- 체력단련장
- 공연장 및 종교집회장

㉡ 옥내에 있는 시설
- 문화 및 집회시설
- 종교시설
- 운동시설(수영장 제외)

㉢ 의료시설
㉣ 교육연구시설 중 합숙소
㉤ 숙박이 가능한 수련시설
㉥ 숙박시설
㉦ 방송통신시설 중 방송국 및 촬영소
㉧ 다중이용업소
㉨ 층수가 11층 이상인 것(아파트등 제외)

정답 | ③

56 빈출도 ★★★

소방시설 설치 및 관리에 관한 법률 상 건축허가 등을 할 때 미리 소방본부장 또는 소방서장의 동의를 받아야 하는 건축물 등의 범위기준이 아닌 것은?

① 노유자시설 및 수련시설로서 연면적 100[m^2] 이상인 건축물

② 지하층 또는 무창층이 있는 건축물로서 바닥면적이 150[m^2] 이상인 층이 있는 것

③ 차고·주차장으로 사용되는 바닥면적이 200[m^2] 이상인 층이 있는 건축물이나 주차시설

④ 장애인 의료재활시설로서 연면적 300[m^2] 이상인 건축물

해설

노유자시설 및 수련시설로서 연면적 200[m^2] 이상인 건축물이 건축허가 등의 동의대상물이다.

관련개념 동의대상물의 범위

㉠ 연면적 400[m^2] 이상 건축물이나 시설

㉡ 다음 표에서 제시된 기준 연면적 이상의 건축물이나 시설

구분	기준
학교시설	100[m^2] 이상
– 노유자시설 – 수련시설	200[m^2] 이상
– 정신의료기관 – 장애인 의료재활시설	300[m^2] 이상

㉢ 지하층, 무창층이 있는 건축물로서 바닥면적이 150[m^2](공연장 100[m^2]) 이상인 층이 있는 것

㉣ 차고, 주차장 또는 주차용도로 사용되는 시설
- 차고·주차장으로 사용되는 바닥면적이 200[m^2] 이상인 층이 있는 건축물이나 주차시설
- 승강기 등 기계장치에 의한 주차시설로서 자동차 20대 이상을 주차할 수 있는 시설

㉤ 층수가 6층 이상인 건축물

㉥ 항공기격납고, 관망탑, 항공관제탑, 방송용 송수신탑

㉦ 특정소방대상물 중 위험물 저장 및 처리시설, 지하구

정답 | ①

57 빈출도 ★★

위험물안전관리법령 상 관계인이 예방규정을 정하여야 하는 위험물 제조소등에 해당하지 않는 것은?

① 지정수량 10배의 특수인화물을 취급하는 일반취급소

② 지정수량 20배의 휘발유를 고정된 탱크에 주입하는 일반취급소

③ 지정수량 40배의 제3석유류를 용기에 옮겨 담는 일반취급소

④ 지정수량 15배의 알코올을 버너에 소비하는 장치로 이루어진 일반취급소

해설

제3석유류는 제4류 위험물에 속하지만 특수인화물, 제1석유류, 알코올류가 아니다. 따라서 제3석유류만을 지정수량의 50배 이하로 용기에 옮겨 담는 일반취급소는 예방규정 작성 제외 대상이다.

관련개념 관계인이 예방규정을 정해야 하는 제조소등

시설	저장 또는 취급량
제조소	지정수량의 10배 이상
옥외저장소	지정수량의 100배 이상
옥내저장소	지정수량의 150배 이상
옥외탱크저장소	지정수량의 200배 이상
암반탱크저저장소	전체
이송취급소	전체
일반취급소	• 지정수량의 10배 이상 • 제4류 위험물(특수인화물 제외)만을 지정수량의 50배 이하로 취급하는 일반취급소(제1석유류·알코올류의 취급량이 지정수량의 10배 이하인 경우에 한함)로서 다음 경우 제외 – 보일러·버너 또는 이와 비슷한 것으로서 위험물을 소비하는 장치로 이루어진 일반취급소 – 위험물을 용기에 옮겨 담거나 차량에 고정된 탱크에 주입하는 일반취급소

정답 | ③

58 빈출도 ★★

소방시설 설치 및 관리에 관한 법률 상 제조 또는 가공 공정에서 방염처리를 한 물품 중 방염대상물품이 아닌 것은?

① 카펫
② 전시용 합판
③ 창문에 설치하는 커튼류
④ 두께가 2[mm] 미만인 종이벽지

해설

두께가 2[mm] 미만인 종이벽지는 방염대상물품이 아니다.

관련개념 **제조 또는 가공 공정에서 방염처리하는 방염대상물품**

㉠ 창문에 설치하는 커튼류
㉡ 카펫, 벽지류(두께가 2[mm] 미만인 종이벽지 제외)
㉢ 전시용 합판 · 목재 또는 섬유판, 무대용 합판 · 목재 또는 섬유판

정답 | ④

59 빈출도 ★★

다음은 1급 소방안전관리대상물 중 소방안전관리자를 두어야 하는 특정소방대상물의 조건이다. 알맞게 짝지어진 것은?

> (㉠)층 이상이거나 높이가 (㉡)[m] 이상인 아파트

① ㉠: 50, ㉡: 120
② ㉠: 30, ㉡: 200
③ ㉠: 30, ㉡: 120
④ ㉠: 50, ㉡: 200

해설

소방안전관리자를 두어야 하는 특정소방대상물

시설	대상
아파트	• 30층 이상(지하층 제외) • 지상으로부터 높이 120[m] 이상
특정소방대상물 (아파트 제외)	• 연면적 15,000[m^2] 이상 • 지상층의 층수가 11층 이상
가연성 가스 저장 · 취급 시설	1,000[t] 이상 저장 · 취급

• 제외대상: 동 · 식물원, 철강 등 불연성 물품을 저장 · 취급하는 창고, 위험물 저장 및 처리 시설 중 제조소등과 지하구

정답 | ③

60 빈출도 ★

소방시설 설치 및 관리에 관한 법률 상 무창층으로 판정하기 위한 개구부가 갖추어야 할 요건으로 틀린 것은?

① 크기는 반지름 30[cm] 이상의 원이 통과할 수 있을 것
② 해당 층의 바닥면으로부터 개구부 밑부분까지 높이가 1.2[m] 이내일 것
③ 도로 또는 차량이 진입할 수 있는 빈터를 향할 것
④ 화재 시 건축물로부터 쉽게 피난할 수 있도록 창살이나 그 밖의 장애물이 설치되지 않을 것

해설

개구부의 크기는 지름 50[cm] 이상의 원이 통과할 수 있어야 한다.

관련개념 **개구부의 조건**

㉠ 크기는 지름 50[cm] 이상의 원이 통과할 수 있을 것
㉡ 해당 층의 바닥면으로부터 개구부 밑부분까지의 높이가 1.2[m] 이내일 것
㉢ 도로 또는 차량이 진입할 수 있는 빈터를 향할 것
㉣ 화재 시 건축물로부터 쉽게 피난할 수 있도록 창살이나 그 밖의 장애물이 설치되지 않을 것
㉤ 내부 또는 외부에서 쉽게 부수거나 열 수 있을 것

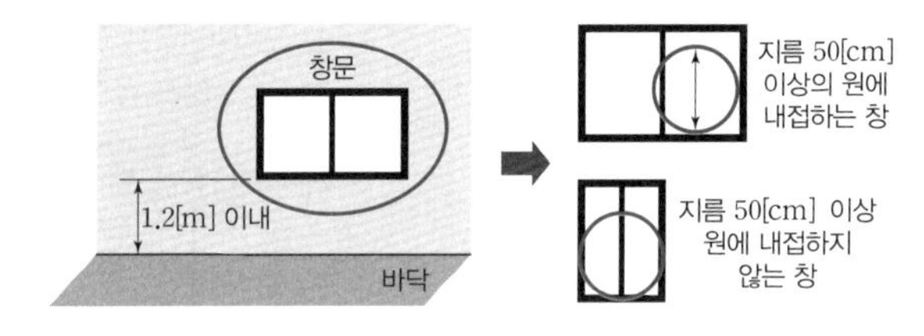

정답 | ①

소방기계시설의 구조 및 원리

61 빈출도 ★

할론소화설비의 화재안전기술기준(NFTC 107)에 따른 할론소화설비의 수동식 기동장치의 설치기준으로 틀린 것은?

① 국소방출방식은 방호대상물마다 설치할 것
② 기동장치의 방출용 스위치는 음향경보장치와 개별적으로 조작될 수 있는 것으로 할 것
③ 전기를 사용하는 기동장치에는 전원표시등을 설치할 것
④ 조작부는 바닥으로부터 높이 0.8[m] 이상 1.5[m] 이하의 위치에 설치할 것

해설

기동장치의 방출용 스위치는 음향경보장치와 연동하여 조작될 수 있는 것으로 한다.

관련개념 수동식 기동장치의 설치기준

㉠ 수동식 기동장치의 부근에는 소화약제의 방출을 지연시킬 수 있는 방출지연스위치를 설치한다.
㉡ 전역방출방식은 방호구역마다, 국소방출방식은 방호대상물마다 설치한다.
㉢ 해당 방호구역의 출입구 부근 등 조작을 하는 자가 쉽게 피난할 수 있는 장소에 설치한다.
㉣ 기동장치의 조작부는 바닥으로부터 0.8[m] 이상 1.5[m] 이하의 위치에 설치하고, 보호판 등에 따른 보호장치를 설치한다.
㉤ 기동장치 인근의 보기 쉬운 곳에 "할론소화설비 수동식 기동장치"라는 표지를 한다.
㉥ 전기를 사용하는 기동장치에는 전원표시등을 설치한다.
㉦ 기동장치의 방출용 스위치는 음향경보장치와 연동하여 조작될 수 있는 것으로 한다.

정답 | ②

62 빈출도 ★★

미분무소화설비의 화재안전성능기준(NFPC 104A)에 따라 최저사용압력이 몇 [MPa]를 초과할 때 고압 미분무소화설비로 분류하는가?

① 1.2　　② 2.5
③ 3.5　　④ 4.2

해설

고압 미분무소화설비는 최저사용압력이 3.5[MPa]을 초과하는 미분무소화설비이다.

관련개념 용어의 정의

구분	정의
미분무	헤드로부터 방출되는 물입자 중 99[%]의 누적체적분포가 400[μm] 이하로 분무되고 A, B, C급 화재에 적응성을 갖는 것
저압 미분무소화설비	최고사용압력이 1.2[MPa] 이하인 미분무소화설비
중압 미분무소화설비	사용압력이 1.2[MPa]을 초과하고 3.5[MPa] 이하인 미분무소화설비
고압 미분무소화설비	최저사용압력이 3.5[MPa]을 초과하는 미분무소화설비

정답 | ③

63 빈출도 ★★★

피난기구의 화재안전성능기준(NFPC 301)에 따른 피난기구의 설치 및 유지에 관한 사항 중 틀린 것은?

① 피난기구를 설치하는 개구부는 서로 동일직선상의 위치에 있을 것
② 설치장소에는 피난기구의 위치를 표시하는 발광식 또는 축광식표지와 그 사용방법을 표시한 표지를 부착할 것
③ 피난기구는 소방대상물의 기둥·바닥·보 기타 구조상 견고한 부분에 볼트조임·매입·용접 기타의 방법으로 견고하게 부착할 것
④ 피난기구는 계단·피난구 기타 피난시설로부터 적당한 거리에 있는 안전한 구조로 된 피난 또는 소화활동상 유효한 개구부에 고정하여 설치할 것

해설

피난기구를 설치하는 개구부는 서로 동일직선상이 아닌 위치에 있어야 한다.

정답 | ①

64 빈출도 ★★

이산화탄소 소화설비의 화재안전성능기준(NFPC 106)에 따라 케이블실에 전역방출방식으로 이산화탄소 소화설비를 설치하고자 한다. 방호구역 체적은 750[m³], 개구부의 면적은 3[m²]이고, 개구부에는 자동폐쇄장치가 설치되어 있지 않다. 이때 필요한 소화약제의 양은 최소 몇 [kg] 이상인가?

① 930 ② 1,005
③ 1,230 ④ 1,530

해설

소화약제의 저장량은 방호구역의 체적과 개구부의 면적에 따라 산출한 값의 합으로 한다.
케이블실은 방호구역 체적 1[m³] 당 1.3[kg/m³]의 소화약제가 필요하므로

$750[m^3] \times 1.3[kg/m^3] = 975[kg]$

심부화재의 경우 자동폐쇄장치가 없는 방호구역의 개구부 1[m²] 당 10[kg/m²]의 소화약제가 필요하므로

$3[m^2] \times 10[kg/m^2] = 30[kg]$

$975[kg] + 30[kg] = 1{,}005[kg]$

관련개념 심부화재 전역방출방식의 소화약제 저장량

심부화재 전역방출방식의 경우 소화약제의 저장량은 방호구역의 체적과 개구부의 면적에 따라 산출한 값의 합으로 한다.

㉠ 방호구역의 체적 1[m³]마다 다음의 기준에 따른 양. 불연재료나 내열성의 재료로 밀폐된 구조물이 있는 경우 그 체적은 제외한다.

방호대상물	소화약제의 양 [kg/m³]	설계농도 [%]
유압기기를 제외한 전기설비, 케이블실	1.3	50
체적 55[m³] 미만의 전기설비	1.6	50
서고, 전자제품창고, 목재가공품창고, 박물관	2.0	65
고무류·면화류 창고, 모피창고, 석탄창고, 집진설비	2.7	75

㉡ 방호구역의 개구부(창문·출입구) 1[m²]마다 10[kg]을 가산해야 한다.(자동폐쇄장치가 없는 경우 限) 개구부의 면적은 방호구역 전체 표면적의 3[%] 이하로 한다.

정답 | ②

65 빈출도 ★★★

다음 중 피난기구의 화재안전기술기준(NFTC 301)에 따라 의료시설에 구조대를 설치하여야 할 층은?

① 지하 2층　② 지하 1층
③ 지상 1층　④ 지상 3층

해설

의료시설에는 3층, 4층 이상 10층 이하의 층에 구조대를 설치해야 한다.

관련개념 **설치장소별 피난기구의 적응성**

설치 장소별 ＼ 층별	1층	2층	3층	4층 이상 10층 이하
의료시설 · 근린생활시설 중 입원실이 있는 의원 · 접골원 · 조산원			• 미끄럼대 • 구조대 • 피난교 • 피난용트랩 • 다수인피난장비 • 승강식 피난기	• 구조대 • 피난교 • 피난용트랩 • 다수인피난장비 • 승강식 피난기

정답 | ④

66 빈출도 ★★

화재안전기준상 물계통의 소화설비 중 펌프의 성능시험배관에 사용되는 유량측정장치는 펌프의 정격 토출량의 몇 [%] 이상 측정할 수 있는 성능이 있어야 하는가?

① 65　② 100
③ 120　④ 175

해설

유량측정장치는 펌프 정격토출량의 175[%] 이상까지 측정할 수 있는 성능이 있어야 한다.

관련개념 **펌프의 성능시험배관**

㉠ 성능시험배관은 펌프의 토출 측에 설치된 개폐밸브 이전에서 분기하여 직선으로 설치한다.
㉡ 유량측정장치를 기준으로 전단 직관부에는 개폐밸브를, 후단 직관부에는 유량조절밸브를 설치한다.
㉢ 성능시험배관의 호칭지름은 유량측정장치의 호칭지름에 따라 정한다.
㉣ 유량측정장치는 펌프 정격토출량의 175[%] 이상까지 측정할 수 있는 성능이 있어야 한다.

정답 | ④

67 빈출도 ★★★

피난기구의 화재안전기술기준(NFTC 301) 상 근린생활시설 3층에 적응성이 있는 피난기구가 아닌 것은? (단, 근린생활시설 중 입원실이 있는 의원 · 접골원 · 조산원에 한한다.)

① 피난사다리　② 미끄럼대
③ 구조대　④ 피난교

해설

피난사다리는 의료시설 · 근린생활시설 중 입원실이 있는 의원 · 접골원 · 조산원에 적응성이 없다.

관련개념 **설치장소별 피난기구의 적응성**

설치 장소별 ＼ 층별	1층	2층	3층	4층 이상 10층 이하
의료시설 · 근린생활시설 중 입원실이 있는 의원 · 접골원 · 조산원			• 미끄럼대 • 구조대 • 피난교 • 피난용트랩 • 다수인피난장비 • 승강식 피난기	• 구조대 • 피난교 • 피난용트랩 • 다수인피난장비 • 승강식 피난기

정답 | ①

68 빈출도 ★★

제연설비의 화재안전성능기준(NFPC 501)에 따른 배출풍도의 설치기준 중 다음 (　　) 안에 알맞은 것은?

> 배출기의 흡입측 풍도안의 풍속은 (㉠)[m/s] 이하로 하고 배출측 풍속은 (㉡)[m/s] 이하로 할 것

① ㉠ 15　㉡ 10
② ㉠ 10　㉡ 15
③ ㉠ 20　㉡ 15
④ ㉠ 15　㉡ 20

해설

배출기의 흡입 측 풍도 안의 풍속은 15[m/s] 이하로 하고 배출 측 풍속은 20[m/s] 이하로 한다.

관련개념 배출풍도의 설치기준

㉠ 배출풍도는 아연도금강판 또는 이와 동등 이상의 내식성·내열성이 있는 것으로 한다.
㉡ 건축법에 따른 불연재료(석면 제외)인 단열재로 풍도 외부에 유효한 단열 처리를 한다.
㉢ 강판의 두께는 배출풍도의 크기에 따라 다음의 표에 따른 기준 이상으로 한다.

풍도 단면의 긴변 또는 직경의 크기[mm]	강판 두께[mm]
450 이하	0.5
450 초과 750 이하	0.6
750 초과 1,500 이하	0.8
1,500 초과 2,250 이하	1.0
2,250 초과	1.2

㉣ 배출기의 흡입 측 풍도 안의 풍속은 15[m/s] 이하로 하고 배출 측 풍속은 20[m/s] 이하로 한다.

정답 | ④

69 빈출도 ★

스프링클러헤드에서 이융성 금속으로 융착되거나 이융성 물질에 의하여 조립된 것은?

① 프레임(frame)
② 디플렉터(deflector)
③ 유리벌브(glass bulb)
④ 퓨지블링크(fusible link)

해설

감열체 중에서 이융성 금속으로 융착되거나 이융성 물질에 의해 조립된 것은 퓨지블링크(fusible link)라고 한다.

관련개념 헤드의 구조

㉠ 프레임(frame): 스프링클러헤드의 나사부분과 반사판을 연결하는 이음쇠 부분
㉡ 디플렉터(deflector): 헤드에서 방출되는 물방울 입자의 크기와 방출각도를 조절하는 부분
㉢ 유리벌브(glass bulb): 감열체 중 유리구 안에 액체 등을 넣어 봉한 것
㉣ 퓨지블링크(fusible link): 감열체 중에서 이융성 금속으로 융착되거나 이융성 물질에 의해 조립된 것

정답 | ④

70 빈출도 ★★

포소화설비의 화재안전성능기준(NFPC 105) 상 특수가연물을 저장·취급하는 공장 또는 창고에 적응성이 없는 포소화설비는?

① 고정포방출설비
② 포소화전설비
③ 압축공기포 소화설비
④ 포워터 스프링클러설비

해설

특수가연물을 저장·취급하는 공장 또는 창고에는 포소화전설비를 설치할 수 없다.

관련개념 특정소방대상물별 포소화설비의 적응성

특정소방대상물	적응성이 있는 포소화설비
특수가연물을 저장·취급하는 공장 또는 창고	포워터 스프링클러설비 포헤드설비 고정포 방출설비 압축공기포 소화설비
차고 또는 주차장	
항공기격납고	
발전기실, 엔진펌프실, 변압기, 전기케이블실, 유압설비	고정식 압축공기포 소화설비 (바닥면적의 합계 $300[m^2]$ 미만인 장소 限)

정답 | ②

71 빈출도 ★★

분말소화설비의 화재안전기술기준(NFTC 108) 상 자동화재탐지설비의 감지기의 작동과 연동하는 분말소화설비 자동식 기동장치의 설치기준 중 다음 (　　) 안에 알맞은 것은?

> – 전기식 기동장치로서 (㉠)병 이상의 저장용기를 동시에 개방하는 설비는 2병 이상의 저장용기에 전자 개방밸브를 부착 할 것
> – 가스압력식 기동장치의 기동용 가스용기 및 해당 용기에 사용하는 밸브는 (㉡)[MPa] 이상의 압력에 견딜 수 있는 것으로 할 것

① ㉠ 3　　㉡ 2.5
② ㉠ 7　　㉡ 2.5
③ ㉠ 3　　㉡ 25
④ ㉠ 7　　㉡ 25

해설

전기식 기동장치로서 7병 이상의 저장용기를 동시에 개방하는 설비는 2병 이상의 저장용기에 전자 개방밸브를 부착한다.
가스압력식 기동장치의 기동용 가스용기 및 해당 용기에 사용하는 밸브는 25[MPa] 이상의 압력에 견딜 수 있는 것으로 한다.

관련개념 자동식 기동장치의 설치기준

㉠ 자동화재탐지설비의 감지기의 작동과 연동하는 것으로 한다.
㉡ 자동식 기동장치는 수동으로도 기동할 수 있는 구조로 한다.
㉢ 전기식 기동장치로서 7병 이상의 저장용기를 동시에 개방하는 설비는 2병 이상의 저장용기에 전자 개방밸브를 부착한다.
㉣ 가스압력식 기동장치는 다음 기준에 따른다.
  – 기동용 가스용기 및 해당 용기에 사용하는 밸브는 25[MPa] 이상의 압력에 견딜 수 있는 것으로 한다.
  – 기동용 가스용기에는 내압시험압력의 0.8배부터 내압시험압력 이하에서 작동하는 안전장치를 설치한다.
  – 질소나 비활성기체를 사용하는 경우 기동용 가스용기의 체적은 5[L] 이상으로 하고, 6.0[MPa](21[℃] 기준)의 압력으로 충전한다.
  – 이산화탄소를 사용하는 경우 기동용 가스용기의 체적은 1[L] 이상으로 하고, 해당 용기에 저장하는 양은 0.6[kg] 이상으로 하며, 충전비는 1.5 이상 1.9 이하로 한다.
㉤ 기계식 기동장치는 저장용기를 쉽게 개방할 수 있는 구조로 한다.

정답 | ④

72 빈출도 ★★★

분말소화설비의 화재안전성능기준(NFPC 108) 상 분말소화약제의 가압용 가스용기에 대한 설명으로 틀린 것은?

① 가압용 가스용기를 3병 이상 설치한 경우에는 2개 이상의 용기에 전자개방밸브를 부착할 것
② 가압용 가스용기에는 2.5[MPa] 이하의 압력에서 조정이 가능한 압력조정기를 설치할 것
③ 가압용 가스에 질소가스를 사용하는 것의 질소가스는 소화약제 1[kg]마다 20[L](35[℃]에서 1기압의 압력상태로 환산한 것) 이상으로 할 것
④ 축압용 가스에 질소가스를 사용하는 것의 질소가스는 소화약제 1[kg]에 대하여 10[L](35[℃]에서 1기압의 압력상태로 환산한 것) 이상으로 할 것

해설

가압용 가스에 질소가스를 사용하는 경우 질소가스는 소화약제 1[kg] 마다 40[L](35[℃]에서 1기압의 압력상태로 환산한 것) 이상으로 해야 한다.

관련개념 **가압용 · 축압용 가스의 소요량(소화약제 1[kg] 기준)**

	질소	이산화탄소
가압용 가스	40[L]	20[g]+청소에 필요한 양
축압용 가스	10[L]	20[g]+청소에 필요한 양

정답 | ③

73 빈출도 ★

화재조기진압용 스프링클러설비 가지배관 사이의 거리 기준으로 옳은 것은?

① 2.4[m] 이상 3.1[m] 이하
② 2.4[m] 이상 3.7[m] 이하
③ 6.0[m] 이상 8.5[m] 이하
④ 6.0[m] 이상 9.3[m] 이하

해설

가지배관 사이의 거리는 2.4[m] 이상 3.7[m] 이하로 한다.

관련개념 **가지배관의 설치기준**

㉠ 토너먼트 배관방식이 아니어야 한다.
㉡ 가지배관 사이의 거리는 2.4[m] 이상 3.7[m] 이하로 한다.
㉢ 천장의 높이가 9.1[m] 이상 13.7[m] 이하인 경우 가지배관 사이의 거리는 2.4[m] 이상 3.1[m] 이하로 한다.
㉣ 교차배관에서 분기되는 지점을 기점으로 한 쪽 가지배관에 설치되는 헤드의 개수는 8개 이하로 한다.
㉤ 가지배관과 헤드 사이의 배관을 신축배관으로 하는 경우 소방청장이 정하여 고시한 기준에 적합한 것으로 설치한다.

정답 | ②

74 빈출도 ★★

포 소화설비에서 펌프의 토출관에 압입기를 설치하여 포 소화약제 압입용 펌프로 포 소화약제를 압입시켜 혼합하는 방식은?

① 라인 프로포셔너
② 펌프 프로포셔너
③ 프레셔 프로포셔너
④ 프레셔사이드 프로포셔너

해설

프레셔사이드 프로포셔너방식에 대한 설명이다.

관련개념 포소화약제의 혼합방식

펌프 프로포셔너 방식	펌프의 토출관과 흡입관 사이의 배관 도중에 설치한 흡입기에 펌프에서 토출된 물의 일부를 보내고, 농도 조정밸브에서 조정된 포 소화약제의 필요량을 포 소화약제 저장탱크에서 펌프 흡입측으로 보내어 이를 혼합하는 방식
프레셔 프로포셔너 방식	펌프와 발포기의 중간에 설치된 벤추리관의 벤추리작용과 펌프 가압수의 포 소화약제 저장탱크에 대한 압력에 따라 포 소화약제를 흡입·혼합하는 방식
라인 프로포셔너 방식	펌프와 발포기의 중간에 설치된 벤추리관의 벤추리작용에 따라 포 소화약제를 흡입·혼합하는 방식
프레셔사이드 프로포셔너 방식	펌프의 토출관에 압입기를 설치하여 포 소화약제 압입용 펌프로 포 소화약제를 압입시켜 혼합하는 방식
압축공기포 믹싱챔버 방식	물, 포소화약제 및 공기를 믹싱챔버로 강제주입시켜 챔버 내에서 포수용액을 생성한 후 포를 방사하는 방식

정답 | ④

75 빈출도 ★★★

스프링클러설비의 화재안전성능기준(NFPC 103) 상 스프링클러설비의 배관 내 사용압력이 몇 [MPa] 이상일 때 압력 배관용 탄소강관을 사용해야 하는가?

① 0.1 ② 0.5
③ 0.8 ④ 1.2

해설

압력 배관용 탄소 강관(KS D 3562)은 배관 내 사용압력이 1.2[MPa] 이상인 경우 사용할 수 있다.

관련개념 배관의 종류

㉠ 배관 내 사용압력이 1.2[MPa] 미만인 경우
- 배관용 탄소 강관(KS D 3507)
- 이음매 없는 구리 및 구리합금관(KS D 5301)
- 배관용 스테인리스 강관(KS D 3576) 또는 일반배관용 스테인리스 강관(KS D 3595)
- 덕타일 주철관(KS D 4311)

㉡ 배관 내 사용압력이 1.2[MPa] 이상인 경우
- 압력 배관용 탄소 강관(KS D 3562)
- 배관용 아크용접 탄소강 강관(KS D 3583)

㉢ 소방용 합성수지배관으로 사용할 수 있는 경우
- 배관을 지하에 매설하는 경우
- 다른 부분과 내화구조로 구획된 덕트 또는 피트의 내부에 설치하는 경우
- 천장과 반자를 불연재료 또는 준불연재료로 설치하고 소화배관 내부에 항상 소화수가 채워진 상태로 설치하는 경우

정답 | ④

76 빈출도 ★★★

지하구의 화재안전성능기준(NFPC 605)에 따라 연소방지설비 전용헤드를 사용할 때 배관의 구경이 65[mm]인 경우 하나의 배관에 부착하는 살수헤드의 최대 개수로 옳은 것은?

① 2　　② 3

③ 5　　④ 6

해설

하나의 배관에 부착하는 전용헤드의 개수가 4개 또는 5개일 경우 배관의 구경은 65[mm] 이상으로 한다.

관련개념 **연소방지설비 전용해드와 배관의 구경**

하나의 배관에 부착하는 전용헤드의 개수	배관의 구경[mm]
1개	32
2개	40
3개	50
4개 또는 5개	65
6개 이상	80

정답 | ③

77 빈출도 ★

지하구의 화재안전기술기준(NFTC 605)에 따른 지하구의 통합감시시설 설치기준으로 틀린 것은?

① 소방관서와 지하구의 통제실 간에 화재 등 소방활동과 관련된 정보를 상시 교환할 수 있는 정보통신망을 구축할 것

② 수신기는 방재실과 공동구의 입구 및 연소방지설비 송수구가 설치된 장소(지상)에 설치할 것

③ 정보통신망(무선통신망 포함)은 광케이블 또는 이와 유사한 성능을 가진 선로일 것

④ 수신기는 화재신호, 경보, 발화지점 등 수신기에 표시되는 정보가 기준에 적합한 방식으로 119상황실이 있는 관할 소방관서의 정보통신장치에 표시되도록 할 것

해설

수신기는 지하구의 통제실에 설치한다.

관련개념 **통합감시시설의 설치기준**

㉠ 소방관서와 지하구의 통제실 간에 화재 등 소방활동과 관련된 정보를 상시 교환할 수 있는 정보통신망을 구축한다.

㉡ 정보통신망(무선통신망 포함)은 광케이블 또는 이와 유사한 성능을 가진 선로이어야 한다.

㉢ 수신기는 지하구의 통제실에 설치하고 화재신호, 경보, 발화지점 등 수신기에 표시되는 정보가 적합한 방식으로 119상황실이 있는 관할 소방관서의 정보통신장치에 표시되도록 한다.

정답 | ②

78 빈출도 ★★★

소화수조 및 저수조의 화재안전성능기준(NFPC 402)에 따라 소화용수설비에 설치하는 채수구의 지면으로부터 설치 높이 기준은?

① 0.3[m] 이상 1[m] 이하

② 0.3[m] 이상 1.5[m] 이하

③ 0.5[m] 이상 1[m] 이하

④ 0.5[m] 이상 1.5[m] 이하

해설

채수구는 지면으로부터 높이가 0.5[m] 이상 1[m] 이하의 위치에 설치한다.

정답 | ③

79 빈출도 ★★★

다음은 물분무 소화설비의 화재안전성능기준(NFPC 104)에 따른 수원의 저수량 기준이다. (　　)에 들어갈 내용으로 옳은 것은?

> 특수가연물을 저장 또는 취급하는 특정소방대상물 또는 그 부분에 있어서 수원의 저수량은 그 바닥면적 1[m^2]에 대하여 (　　)[L/min] 로 20분간 방수할 수 있는 양 이상으로 할 것

① 10　　② 12
③ 15　　④ 20

해설

특수가연물을 저장 또는 취급하는 특정소방대상물 또는 그 부분에 있어서 그 바닥면적(최소 50[m^2]) 1[m^2]에 대하여 10[L/min]로 20분 간 방수할 수 있는 양 이상으로 한다.

관련개념 저수량의 산정기준

㉠ 특수가연물을 저장 또는 취급하는 특정소방대상물 또는 그 부분에 있어서 그 바닥면적(최소 50[m^2]) 1[m^2]에 대하여 10[L/min]로 20분 간 방수할 수 있는 양 이상으로 한다.
㉡ 차고 또는 주차장은 그 바닥면적(최소 50[m^2]) 1[m^2]에 대하여 20[L/min]로 20분 간 방수할 수 있는 양 이상으로 한다.
㉢ 절연유 봉입 변압기는 바닥 부분을 제외한 표면적을 합한 면적 1[m^2]에 대하여 10[L/min]로 20분 간 방수할 수 있는 양 이상으로 한다.
㉣ 케이블트레이, 케이블덕트 등은 투영된 바닥면적 1[m^2]에 대하여 12[L/min]로 20분 간 방수할 수 있는 양 이상으로 한다.
㉤ 콘베이어 벨트 등은 벨트 부분의 바닥면적 1[m^2]에 대하여 10[L/min]로 20분 간 방수할 수 있는 양 이상으로 한다.

정답 | ①

80 빈출도 ★★

제연설비의 화재안전성능기준(NFPC 501) 상 제연설비 설치장소의 제연구역 구획기준으로 틀린 것은?

① 하나의 제연구역의 면적은 1,000[m^2] 이내로 할 것
② 하나의 제연구역은 직경 60[m] 원내에 들어갈 수 있을 것
③ 하나의 제연구역은 3개 이상 층에 미치지 아니하도록 할 것
④ 통로상의 제연구역은 보행중심선의 길이가 60[m]를 초과하지 아니할 것

해설

하나의 제연구역은 2 이상의 층에 미치지 않도록 한다.

관련개념 제연구역의 구획기준

㉠ 하나의 제연구역의 면적은 1,000[m^2] 이내로 한다.
㉡ 거실과 통로(복도 포함)는 각각 제연구획 한다.
㉢ 통로상의 제연구역은 보행중심선의 길이가 60[m]를 초과하지 않는다.
㉣ 하나의 제연구역은 직경 60[m] 원 내에 들어갈 수 있어야 한다.
㉤ 하나의 제연구역은 2 이상의 층에 미치지 않도록 한다.
㉥ 층의 구분이 불분명한 부분은 그 부분을 다른 부분과 별도로 제연구획 한다.

정답 | ③

2022년 4회 CBT 복원문제

■ 1회독 ■ 2회독 ■ 3회독

소방원론

01 빈출도 ★

할론계 소화약제의 주된 소화효과 및 방법에 대한 설명으로 옳은 것은?

① 소화약제의 증발잠열에 의한 소화방법이다.
② 산소의 농도를 15[%] 이하로 낮게 하는 소화방법이다.
③ 소화약제의 열분해에 의해 발생하는 이산화탄소에 의한 소화방법이다.
④ 자유활성기(free radical)의 생성을 억제하는 소화방법이다.

해설

할론소화약제가 가지고 있는 할로겐족 원소인 불소(F), 염소(Cl) 및 브롬(Br)이 가연물질을 구성하고 있는 수소, 산소로부터 생성된 수소기(H •), 수산기(• OH)와 작용하여 가연물질의 연쇄반응을 차단 · 억제시켜 더 이상 화재를 진행하지 못하게 한다.

선지분석

① 냉각소화에 대한 설명으로 주로 물 소화약제가 해당된다.
② 질식소화에 대한 설명으로 주로 포 소화약제, 이산화탄소 소화약제가 해당된다.
③ 질식소화에 해당하며 제1, 2, 4종 분말 소화약제의 소화방법에 대한 설명이다.

정답 | ④

02 빈출도 ★★

경유화재가 발생했을 때 주수소화가 오히려 위험할 수 있는 이유는?

① 경유는 물과 반응하여 유독가스를 발생하므로
② 경유의 연소열로 인하여 산소가 방출되어 연소를 돕기 때문에
③ 경유는 물보다 비중이 작아 화재면의 확대 우려가 있으므로
④ 경유가 연소할 때 수소가스를 발생하여 연소를 돕기 때문에

해설

제4류 위험물(인화성 액체)인 경유는 액체 표면에서 증발연소를 한다. 이때 주수소화를 하게 되면 물보다 가벼운 가연물이 물 위를 떠다니며 계속해서 연소반응이 일어나게 되고 화재면이 확대될 수 있다.

선지분석

① 경유는 물과 반응하지 않는다.
② 경유는 탄소와 수소로 이루어져 산소를 방출하지 않는다.
④ 경유가 연소하게 되면 이산화탄소(CO_2)와 물(H_2O)을 발생시키며 불완전 연소 시 일산화탄소(CO)가 발생할 수 있다.

정답 | ③

03 빈출도 ★★★

화재의 유형별 특성에 관한 설명으로 옳은 것은?

① A급 화재는 무색으로 표시하며, 감전의 위험이 있으므로 주수소화를 엄금한다.
② B급 화재는 황색으로 표시하며, 질식소화를 통해 화재를 진압한다.
③ C급 화재는 백색으로 표시하며, 가연성이 강한 금속의 화재이다.
④ D급 화재는 청색으로 표시하며, 연소 후에 재를 남긴다.

해설

급수	화재 종류	표시색	소화방법
A급	일반화재	백색	냉각
B급	유류화재	황색	질식
C급	전기화재	청색	질식
D급	금속화재	무색	질식
K급	주방화재 (식용유화재)	—	비누화 · 냉각 · 질식
E급	가스화재	황색	제거 · 질식

정답 | ②

04 빈출도 ★

다음 물질 중 연소하였을 때 시안화수소를 가장 많이 발생시키는 물질은?

① Polyethylene
② Polyurethane
③ Polyvinyl Chloride
④ Polystyrene

해설

연소 시 시안화수소(HCN)를 발생시키는 물질로 요소, 멜라민, 아닐린, 폴리우레탄 등이 있다.

선지분석

①, ③, ④는 분자 내 질소(N)를 포함하고 있지 않으므로 연소하더라도 시안화수소(HCN)를 발생시킬 수 없다.

정답 | ②

05 빈출도 ★

다음 중 폭굉(detonation)의 화염전파속도는?

① 0.1~10[m/s]
② 10~100[m/s]
③ 1,000~3,500[m/s]
④ 5,000~10,000[m/s]

해설

폭굉의 화염전파속도는 1,000~3,500[m/s]이다.

관련개념

폭연과 폭굉은 충격파의 존재 유무로 구분한다. 폭발의 전파속도가 음속(340[m/s])보다 작은 경우 폭연(0.1~10[m/s]), 음속보다 커서 강한 충격파을 발생하는 경우 폭굉(1,000~3,500[m/s])이다.

정답 | ③

06 빈출도 ★★

유류탱크 화재 시 기름 표면에 물을 살수하면 기름이 탱크 밖으로 비산하여 화재가 확대되는 현상은?

① 슬롭 오버(Slop Over)
② 플래쉬 오버(Flash Over)
③ 프로스 오버(Froth Over)
④ 블레비(BLEVE)

해설

화재가 발생한 유류저장탱크의 고온의 유류 표면에 물이 주입되어 급격히 증발하며 유류가 탱크 밖으로 넘치게 되는 현상을 슬롭 오버(Slop Over)라고 한다.

정답 | ①

07 빈출도 ★

이산화탄소의 질식 및 냉각효과에 대한 설명 중 틀린 것은?

① 이산화탄소의 증기비중이 산소보다 크기 때문에 가연물과 산소의 접촉을 방해한다.
② 액체 이산화탄소가 기화되는 과정에서 열을 흡수한다.
③ 이산화탄소는 불연성 가스로서 가연물의 연소반응을 방해한다.
④ 이산화탄소는 산소와 반응하며 이 과정에서 발생한 연소열을 흡수하므로 냉각효과를 나타낸다.

해설

이산화탄소는 산소와 반응하지 않으며 가연물 표면을 덮어 연소에 필요한 산소의 공급을 차단시키는 질식소화에 사용된다.

선지분석

① 이산화탄소의 질식효과에 대한 설명이다.
② 액체 이산화탄소의 냉각효과에 대한 설명이다.
③ 이산화탄소의 질식효과에 대한 설명이다.

정답 | ④

08 빈출도 ★★★

다음 중 연소범위를 근거로 계산한 위험도 값이 가장 큰 물질은?

① 이황화탄소 ② 메테인
③ 수소 ④ 일산화탄소

해설

이황화탄소(CS_2)의 위험도가 $\frac{44-1.2}{1.2} \fallingdotseq 35.7$로 가장 크다.

관련개념 **주요 가연성 가스의 연소범위와 위험도**

가연성 가스	하한계 [vol%]	상한계 [vol%]	위험도
아세틸렌(C_2H_2)	2.5	81	31.4
수소(H_2)	4	75	17.8
일산화탄소(CO)	12.5	74	4.9
에테르($C_2H_5OC_2H_5$)	1.9	48	24.3
이황화탄소(CS_2)	1.2	44	35.7
에틸렌(C_2H_4)	2.7	36	12.3
암모니아(NH_3)	15	28	0.9
메테인(CH_4)	5	15	2
에테인(C_2H_6)	3	12.4	3.1
프로페인(C_3H_8)	2.1	9.5	3.5
뷰테인(C_4H_{10})	1.8	8.4	3.7

정답 | ①

09 빈출도 ★★

1기압 상태에서, 100[℃] 물 1[g]이 모두 기체로 변할 때 필요한 열량은 몇 [cal]인가?

① 429 ② 499
③ 539 ④ 639

해설

물의 기화(증발) 잠열은 539[cal/g]이다.

관련개념 **기화(증발) 잠열**

기화 시 액체가 기체로 변화하는 동안에는 온도가 상승하지 않고 일정하게 유지되는데, 이와 같이 온도의 변화 없이 어떤 물질의 상태를 변화시킬 때 필요한 열량을 잠열이라고 한다.

정답 | ③

10 빈출도 ★★★

위험물과 위험물안전관리법령에서 정한 지정수량을 옳게 연결한 것은?

① 무기과산화물 — 300[kg]
② 황화인 — 500[kg]
③ 황린 — 20[kg]
④ 과염소산 — 200[kg]

해설

황린(제3류 위험물)의 지정수량은 20[kg]이다.

선지분석

① 무기과산화물(제1류 위험물)의 지정수량은 50[kg]이다.
② 황화인(제2류 위험물)의 지정수량은 100[kg]이다.
④ 과염소산(제6류 위험물)의 지정수량은 300[kg]이다.

정답 | ③

11 빈출도 ★

할로겐화합물 소화약제는 일반적으로 열을 받으면 할로겐족이 분해되어 가연물질의 연소 과정에서 발생하는 활성종과 화합하여 연소의 연쇄반응을 차단한다. 연쇄반응의 차단과 가장 거리가 먼 소화약제는?

① FC—3—1—10
② HFC—125
③ IG—541
④ FIC—1311

해설

IG—541은 질소(N_2), 아르곤(Ar), 이산화탄소(CO_2)로 구성된 불활성기체 소화약제이다.

관련개념 **할로겐화합물 소화약제**

소화약제	화학식
FC—3—1—10	C_4F_{10}
FK—5—1—12	$CF_3CF_2C(O)CF(CF_3)_2$
HCFC BLEND A	• HCFC—123($CHCl_2CF_3$): 4.75[%] • HCFC—22($CHClF_2$): 82[%] • HCFC—124($CHClFCF_3$): 9.5[%] • $C_{10}H_{16}$: 3.75[%]
HCFC—124	$CHClFCF_3$
HFC—125	CHF_2CF_3
HFC—227ea	CF_3CHFCF_3
HFC—23	CHF_3
HFC—236fa	$CF_3CH_2CF_3$
FIC—13I1	CF_3I

정답 | ③

12 빈출도 ★

물 소화약제를 어떠한 상태로 주수할 경우 전기화재의 진압에서도 소화능력을 발휘할 수 있는가?

① 물에 의한 봉상주수
② 물에 의한 적상주수
③ 물에 의한 무상주수
④ 어떤 상태의 주수에 의해서도 효과가 없다.

해설

전기화재의 소화에 적합한 방식은 물에 의한 무상주수이다.

관련개념 **무상주수**

주수방법	• 고압으로 방수할 때 나타나는 안개 형태의 주수 방법 • 물방울의 평균 직경은 0.01[mm] ~1.0[mm] 정도 • 전기의 전도성이 없어 전기화재의 소화에도 적합
적용 소화설비	• 물소화기(분무노즐 사용) • 옥내 · 옥외소화전설비(분무노즐 사용) • 물분무 · 미분무소화설비

정답 | ③

13 빈출도 ★

다음 중 연소와 가장 관련 있는 화학반응은?

① 중화반응
② 치환반응
③ 환원반응
④ 산화반응

해설

연소는 가연물이 산소와 빠르게 결합하여 연소생성물을 배출하는 산화반응의 하나이다.

정답 | ④

14 빈출도 ★

분말 소화약제 분말입도의 소화성능에 관한 설명으로 옳은 것은?

① 미세할수록 소화성능이 우수하다.
② 입도가 클수록 소화성능이 우수하다.
③ 입도와 소화성능과는 관련이 없다.
④ 입도가 너무 미세하거나 너무 커도 소화성능은 저하된다.

해설

소화성능이 최대가 되는 분말의 입도는 20~25[μm] 정도이므로 입도가 너무 미세하거나 크면 소화성능은 저하된다.

정답 | ④

15 빈출도 ★

건축물의 바깥쪽에 설치하는 피난계단의 구조 기준 중 계단의 유효너비는 몇 [m] 이상으로 하여야 하는가?

① 0.6
② 0.7
③ 0.8
④ 0.9

해설

건축물의 바깥쪽에 설치하는 피난계단의 유효너비는 0.9[m] 이상으로 하여야 한다.

관련개념 **건축물의 바깥쪽에 설치하는 피난계단의 구조**

㉠ 계단은 그 계단으로 통하는 출입구 외의 창문 등(면적이 1[m^2] 이하인 것 제외)으로부터 2[m] 이상의 거리를 두고 설치할 것
㉡ 건축물의 내부에서 계단으로 통하는 출입구에는 60분+ 방화문 또는 60분 방화문을 설치할 것
㉢ 계단의 유효너비는 0.9[m] 이상으로 할 것
㉣ 계단은 내화구조로 하고 지상까지 직접 연결되도록 할 것

정답 | ④

16 빈출도 ★

다음 중 인명구조기구에 속하지 않는 것은?

① 방열복 ② 공기안전매트
③ 공기호흡기 ④ 인공소생기

해설

공기안전매트는 소방용품이다.

관련개념

인명구조기구에는 방열복, 방화복(안전모, 보호장갑, 안전화 포함), 공기호흡기, 인공소생기가 있다.

정답 | ②

17 빈출도 ★

다음은 위험물의 정의이다. 다음 ( ) 안에 알맞은 것은?

> "위험물"이라 함은 (㉠) 또는 발화성 등의 성질을 가지는 것으로서 (㉡)이 정하는 물품을 말한다.

① ㉠ 인화성 ㉡ 국무총리령
② ㉠ 휘발성 ㉡ 국무총리령
③ ㉠ 휘발성 ㉡ 대통령령
④ ㉠ 인화성 ㉡ 대통령령

해설

"위험물"이라 함은 인화성 또는 발화성 등의 성질을 가지는 것으로서 대통령령이 정하는 물품을 말한다.
여기서 대통령령이 정하는 물품이란 제1류~제6류 위험물에 해당하는 물질을 말한다.

정답 | ④

18 빈출도 ★

제1종 분말의 열분해 반응식으로 옳은 것은?

① $2NaHCO_3 \rightarrow Na_2CO_3 + CO_2 + H_2O$
② $2KHCO_3 \rightarrow K_2CO_3 + CO_2 + H_2O$
③ $2NaHCO_3 \rightarrow Na_2CO_3 + 2CO_2 + H_2O$
④ $2KHCO_3 \rightarrow K_2CO_3 + 2CO_2 + H_2O$

해설

제1종 분말 소화약제인 탄산수소나트륨($NaHCO_3$) 2분자가 열분해되면 탄산나트륨(Na_2CO_3) 1분자, 이산화탄소(CO_2) 1분자, 수증기(H_2O) 1분자가 생성된다.

관련개념

화학반응식이 옳은지 판단할 때는 반응물과 생성물을 구성하는 원자의 수가 일치하는지 확인하여야 한다.
③, ④는 반응물의 탄소(C) 원자가 2개, 생성물의 탄소(C) 원자가 3개이므로 옳은 반응식이 될 수 없다.

정답 | ①

19 빈출도 ★★

다음 중 분진 폭발의 위험성이 가장 낮은 것은?

① 소석회 ② 알루미늄분
③ 석탄분말 ④ 밀가루

해설

소석회($Ca(OH)_2$)는 시멘트의 주요 구성성분으로 불이 붙지 않는다. 따라서 소석회나 시멘트가루만으로는 분진 폭발이 발생하지 않는다.

정답 | ①

20 빈출도 ★

화재 발생 시 피난기구로 직접 활용할 수 없는 것은?

① 완강기 ② 무선통신보조설비
③ 피난사다리 ④ 구조대

해설

피난기구에는 피난사다리, 구조대, 완강기, 간이완강기, 미끄럼대, 피난교, 피난용트랩, 공기안전매트, 다수인 피난장비, 승강식 피난기 등이 있다.

정답 | ②

21 빈출도 ★★

점성에 관한 설명으로 틀린 것은?

① 액체의 점성은 분자 간 결합력에 관계된다.
② 기체의 점성은 분자 간 운동량 교환에 관계된다.
③ 온도가 증가하면 기체의 점성은 감소된다.
④ 온도가 증가하면 액체의 점성은 감소된다.

해설

기체는 온도 상승에 따라 점도가 증가한다.

관련개념 **유체의 점성**

㉠ 액체는 온도 상승에 따라 점도가 감소한다.
㉡ 기체는 온도 상승에 따라 점도가 증가한다.
㉢ 점성계수(점도)는 외부의 힘(전단력)에 대한 저항인 전단응력과 속도기울기 사이의 비례계수이다.

$$\tau=\mu\frac{du}{dy}$$

τ: 전단응력[Pa], μ: 점성계수(점도)[N · s/m^2], $\frac{du}{dy}$: 속도기울기[s^{-1}]

정답 | ③

22 빈출도 ★★★

효율이 50[%]인 펌프를 이용하여 저수지의 물을 1초에 10[L]씩 30[m] 위 쪽에 있는 논으로 퍼 올리는데 필요한 동력은 약 몇 [kW]인가?

① 18.83 ② 10.48
③ 2.94 ④ 5.88

해설

$$P=\frac{\gamma QH}{\eta}$$

P: 축동력[kW], γ: 유체의 비중량[kN/m^3], Q: 유량[m^3/s], H: 전양정[m], η: 효율

유체는 물이므로 물의 비중량은 9.8[kN/m^3]이다.
펌프의 토출량이 10[L/s]이므로 단위를 변환하면 0.01[m^3/s]이다.
주어진 조건을 공식에 대입하면 필요한 동력 P는

$$P=\frac{9.8\times0.01\times30}{0.5}=5.88[\text{kW}]$$

정답 | ④

23 빈출도 ★★★

지름이 150[mm]인 원관에 비중이 0.85, 동점성계수가 1.33×10^{-4}[m²/s], 기름이 0.01[m³/s]의 유량으로 흐르고 있다. 이때 관 마찰계수는? (단, 임계 레이놀즈수는 2,100이다.)

① 0.10　　② 0.14
③ 0.18　　④ 0.22

해설

유체의 흐름을 판단하기 위해 레이놀즈 수를 계산해보면 다음과 같다.

$$Re=\frac{\rho uD}{\mu}=\frac{uD}{\nu}$$

Re: 레이놀즈 수, ρ: 밀도[kg/m³], u: 유속[m/s], D: 직경[m], μ: 점성계수(점도)[kg/m · s], ν: 동점성계수(동점도)[m²/s]

부피유량 공식 $Q=Au$에 의해 유량과 배관의 직경 D를 알면 유속은 다음과 같이 구할 수 있다.

$$u=\frac{Q}{A}=\frac{Q}{\frac{\pi}{4}D^2}=\frac{4Q}{\pi D^2}$$

u: 유속[m/s], Q: 유량[m³/s], A: 배관의 단면적[m²], D: 배관의 직경[m]

$$Re=\frac{uD}{\nu}=\frac{4Q}{\pi D^2}\times\frac{D}{\nu}$$
$$=\frac{4\times0.01}{\pi\times0.15^2}\times\frac{0.15}{1.33\times10^{-4}}\fallingdotseq638.22$$

레이놀즈 수가 2,100 이하이므로 유체의 흐름은 층류이다.

층류일 때 마찰계수 f는 $\frac{64}{Re}$이므로 마찰계수 f는

$$f=\frac{64}{Re}=\frac{64}{638.22}\fallingdotseq0.1$$

정답 | ①

24 빈출도 ★

대기압 하에서 10[℃]의 물 2[kg]이 전부 증발하여 100[℃]의 수증기로 되는 동안 흡수되는 열량[kJ]은 얼마인가? (단, 물의 비열은 4.2[kJ/kg · K], 기화열은 2,250[kJ/kg]이다.)

① 756　　② 2,638
③ 5,256　　④ 5,360

해설

10[℃]의 물은 100[℃]까지 온도변화 후 수증기로 상태변화한다.

$$Q=cm\varDelta T$$

Q: 열량[kJ], c: 비열[kJ/kg · K], m: 질량[kg], $\varDelta T$: 온도 변화[K]

$$Q=mr$$

Q: 열량[kJ], m: 질량[kg], r: 잠열[kJ/kg]

물의 평균 비열은 4.2[kJ/kg · K]이므로 2[kg]의 물이 10[℃]에서 100[℃]까지 온도변화하는 데 필요한 열량은 다음과 같다.

$Q_1=4.2\times2\times(100-10)=756$[kJ]

물의 증발잠열은 2,250[kJ/kg]이므로 100[℃]의 물이 수증기로 상태변화하는 데 필요한 열량은 다음과 같다.

$Q_2=2\times2,250=4,500$[kJ]

따라서 10[℃]의 물이 100[℃]의 수증기로 변화하는 데 필요한 열량은

$Q=Q_1+Q_2=756+4,500=5,256$[kJ]

정답 | ③

25 빈출도 ★

수압기에서 피스톤의 반지름이 각각 20[cm]와 10[cm]이다. 작은 피스톤에 19.6[N]의 힘을 가하는 경우 평형을 이루기 위해 큰 피스톤에는 몇 [N]의 하중을 가하여야 하는가?

① 4.9　　② 9.8
③ 68.4　　④ 78.4

해설

두 피스톤 안에 작용하는 압력이 동일하므로 파스칼의 원리에 의해 다음의 식이 성립한다.

$$P_1=\frac{F_1}{A_1}=\frac{F_2}{A_2}=P_2$$

P: 압력[N/m²], F: 힘[N], A: 면적[m²]

피스톤은 지름이 D[m]인 원형이므로 피스톤의 단면적은 다음과 같다.

$$A=\frac{\pi}{4}D^2$$

작은 피스톤에 가하는 힘 F_1이 19.6[N], 작은 피스톤의 지름이 A_1, 큰 피스톤의 지름이 A_2이면 평형을 이루기 위해 큰 피스톤에 가하여야 하는 힘 F_2는 다음과 같다.

$$F_2=F_1\times\left(\frac{A_2}{A_1}\right)=19.6\times\left(\frac{\frac{\pi}{4}\times0.2^2}{\frac{\pi}{4}\times0.1^2}\right)$$

$$=78.4[\text{N}]$$

정답 | ④

26 빈출도 ★★

동점성계수가 1.15×10^{-6}[m²/s]인 물이 30[mm]의 지름 원관 속을 흐르고 있다. 층류가 기대될 수 있는 최대 유량은 약 몇 [m³/s]인가? (단, 임계 레이놀즈 수는 2,100이다.)

① 2.85×10^{-5}　　② 5.69×10^{-5}
③ 2.85×10^{-7}　　④ 5.69×10^{-7}

해설

배관 속 흐름에서 레이놀즈 수가 2,100일 때 층류 흐름을 보이는 최대 유속, 최대 유량을 구할 수 있다.

$$Re=\frac{\rho uD}{\mu}=\frac{uD}{\nu}$$

Re: 레이놀즈 수, ρ: 밀도[kg/m³], u: 유속[m/s], D: 직경[m], μ: 점성계수(점도)[kg/m·s], ν: 동점성계수(동점도)[m²/s]

부피유량 공식 $Q=Au$에 의해 유량과 배관의 직경 D를 알면 유속은 다음과 같이 구할 수 있다.

$$u=\frac{Q}{A}=\frac{Q}{\frac{\pi}{4}D^2}=\frac{4Q}{\pi D^2}$$

u: 유속[m/s], Q: 유량[m³/s], A: 배관의 단면적[m²], D: 배관의 직경[m]

따라서 레이놀즈 수와 유량의 관계식은 다음과 같다.

$$Re=\frac{uD}{\nu}=\frac{4Q}{\pi D^2}\times\frac{D}{\nu}$$

$$Q=Re\times\frac{\pi D^2}{4}\times\frac{\nu}{D}$$

주어진 조건을 공식에 대입하면 최대 유량 Q는

$$Q=2,100\times\frac{\pi\times0.03^2}{4}\times\frac{1.15\times10^{-6}}{0.03}$$

$$\fallingdotseq5.69\times10^{-5}[\text{m}^3/\text{s}]$$

정답 | ②

27 빈출도 ★★

다음과 같은 유동형태를 갖는 파이프 입구 영역의 유동에서 부차적 손실계수가 가장 큰 것은?

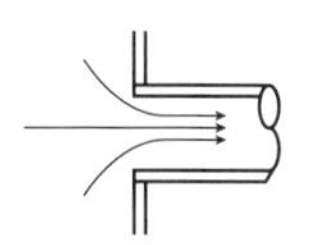

날카로운 모서리

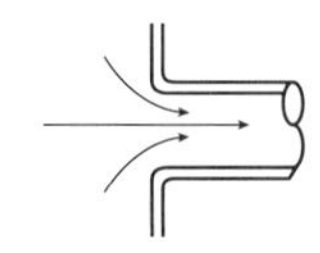

약간 둥근 모서리

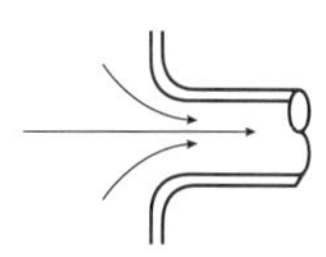

잘 다듬어진 모서리

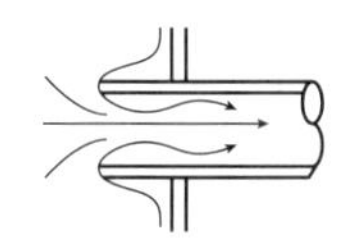

돌출 입구

① 날카로운 모서리 ② 약간 둥근 모서리
③ 잘 다듬어진 모서리 ④ 돌출 입구

해설

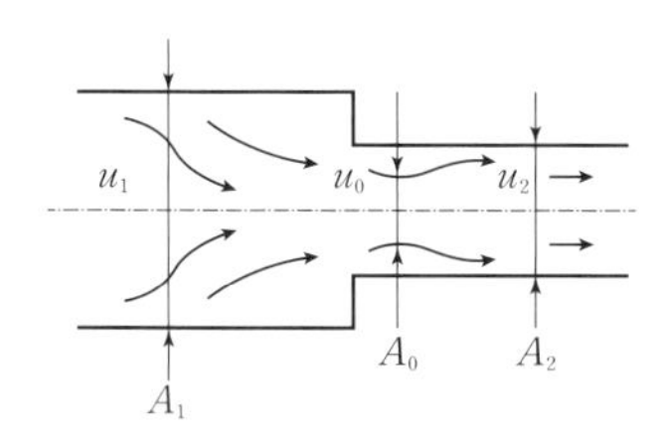

$$H=\frac{(u_0-u_2)^2}{2g}=K\left(\frac{u_2^2}{2g}\right)$$

$$K=\left(\frac{A_2}{A_0}-1\right)^2$$

H: 마찰손실수두[m], u_0: 좁은 흐름의 유속[m/s], u_2: 좁은 배관의 유속[m/s], g: 중력가속도[m/s^2], K: 부차적 손실계수

축소관에서 부차적 손실계수는 축소관 입구에서 유체의 흐름이 좁아지는 정도에 의존하므로 축소관 입구 측 형상과 관련이 있다. 따라서 손실계수는 잘 다듬어진 모서리 < 약간 둥근 모서리 < 날카로운 모서리 < 돌출 입구 순으로 커진다.

정답 | ④

28 빈출도 ★★

관내의 흐름에서 부차적으로 손실에 해당하지 않는 것은?

① 곡선부에 의한 손실
② 직선 원관 내의 손실
③ 유동단면의 장애물에 의한 손실
④ 관 단면의 급격한 확대에 의한 손실

해설

직선 원관 내의 손실은 주손실에 해당한다.

관련개념 **주손실과 부차적 손실**

㉠ 주손실
- 배관의 벽에 의한 손실
- 수직인 배관을 올라가면서 발생하는 손실

㉡ 부차적 손실
- 배관 입구와 출구에서의 손실
- 배관 단면의 확대 및 축소에 의한 손실
- 배관부품(엘보, 티, 리듀서, 밸브 등)에서 발생하는 손실
- 곡선인 배관에서의 손실

정답 | ②

29 빈출도 ★★

압력 2[MPa]인 수증기 건도가 0.2일 때 엔탈피는 몇 [kJ/kg]인가? (단, 포화증기 엔탈피는 2,780.5[kJ/kg]이고, 포화액의 엔탈피는 910[kJ/kg]이다.)

① 1,284 ② 1,466
③ 1,845 ④ 2,406

해설

20[%]의 수증기와 80[%]의 물이므로 혼합물의 엔탈피는 다음과 같다.

$$H=2,780.5\times0.2+910\times0.8=1,284.1[\text{kJ/kg}]$$

정답 | ①

30 빈출도 ★★

다음 그림에서 A, B점의 압력차[kPa]는? (단, A는 비중 1의 물, B는 비중 0.899의 벤젠이다)

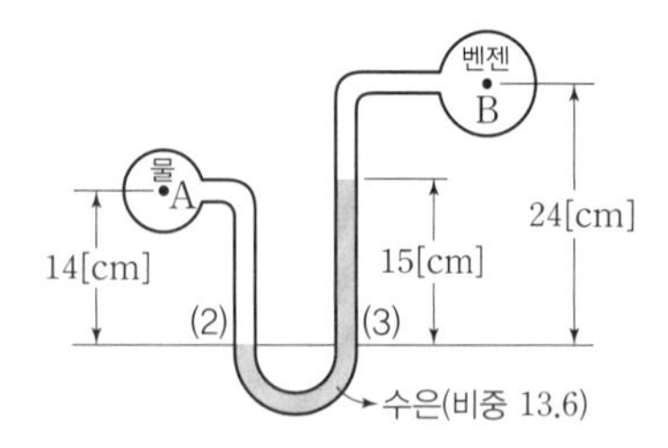

① 278.7　　② 191.4

③ 23.07　　④ 19.4

해설

$$P_x = \gamma h = s\gamma_w h$$

P_x: x에서의 압력[kPa], γ: 비중량[kN/m^3], h: 높이[m], s: 비중, γ_w: 물의 비중량[kN/m^3]

(2)면에 작용하는 압력은 A점에서의 압력과 물이 누르는 압력의 합과 같다.

$P_2 = P_A + s_1\gamma_w h_1$

(3)면에 작용하는 압력은 B점에서의 압력과 벤젠이 누르는 압력, 수은이 누르는 압력의 합과 같다.

$P_3 = P_B + s_3\gamma_w h_3 + s_2\gamma_w h_2$

유체 내부에서 같은 수평면(높이)에는 같은 압력이 작용하므로 (2)면과 (3)면의 압력은 같다.

$P_2 = P_3$

$P_A + s_1\gamma_w h_1 = P_B + s_3\gamma_w h_3 + s_2\gamma_w h_2$

따라서 A점과 B점의 압력 차이 $P_A - P_B$는

$$\begin{aligned} P_A - P_B &= s_3\gamma_w h_3 + s_2\gamma_w h_2 - s_1\gamma_w h_1 \\ &= 0.899 \times 9.8 \times (0.24 - 0.15) \\ &\quad + 13.6 \times 9.8 \times 0.15 - 1 \times 9.8 \times 0.14 \\ &≒ 19.41[\text{kPa}] \end{aligned}$$

정답 | ④

31 빈출도 ★★

이상기체의 정압비열 C_p와 정적비열 C_v와의 관계로 옳은 것은? (단, R은 이상기체상수이고, κ는 비열비이다.)

① $C_p = \frac{1}{2}C_v$　　② $C_p < C_v$

③ $C_p - C_v = R$　　④ $\frac{C_v}{C_p} = \kappa$

해설

정압비열 C_p는 정적비열 C_v보다 기체상수 R만큼 더 크다.

$$C_p = C_v + R$$

C_p: 정압비열, C_v: 정적비열, R: 기체상수

정답 | ③

32 빈출도 ★★★

두 개의 가벼운 공을 그림과 같이 실로 매달아 놓았다. 두 개의 공 사이로 공기를 불어 넣으면 공은 어떻게 되겠는가?

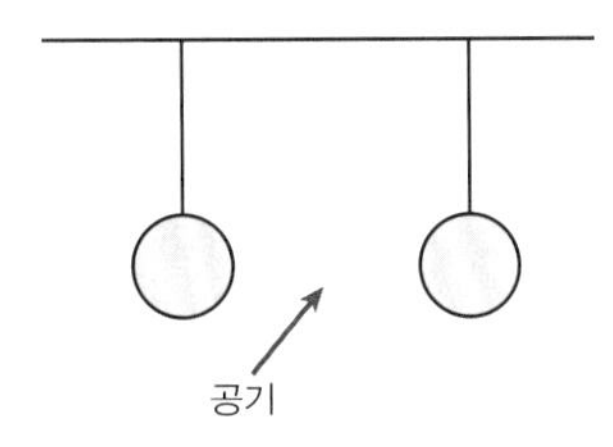

① 파스칼의 법칙에 따라 벌어진다.
② 파스칼의 법칙에 따라 가까워진다.
③ 베르누이의 법칙에 따라 벌어진다.
④ 베르누이의 법칙에 따라 가까워진다.

해설

두 개의 공 사이로 공기를 불어 넣으면 공기의 유속이 가지는 에너지는 증가하며 베르누이 정리에 의해 에너지는 보존되므로 공기의 압력이 가지는 에너지는 감소한다.
따라서 공 사이의 압력이 감소하며 두 개의 공은 가까워진다.

정답 | ④

33 빈출도 ★

반지름 R_0인 원형파이프에 유체가 층류로 흐를 때, 중심으로부터 거리 R에서의 유속 U와 최대속도 U_{max}의 비에 대한 분포식으로 옳은 것은?

① $\frac{U}{U_{max}}=\left(\frac{R}{R_0}\right)^2$　② $\frac{U}{U_{max}}=2\left(\frac{R}{R_0}\right)^2$

③ $\frac{U}{U_{max}}=\left(\frac{R}{R_0}\right)^2-2$　④ $\frac{U}{U_{max}}=1-\left(\frac{R}{R_0}\right)^2$

해설

원형 단면을 가진 배관에서 속도분포식은 다음과 같다.

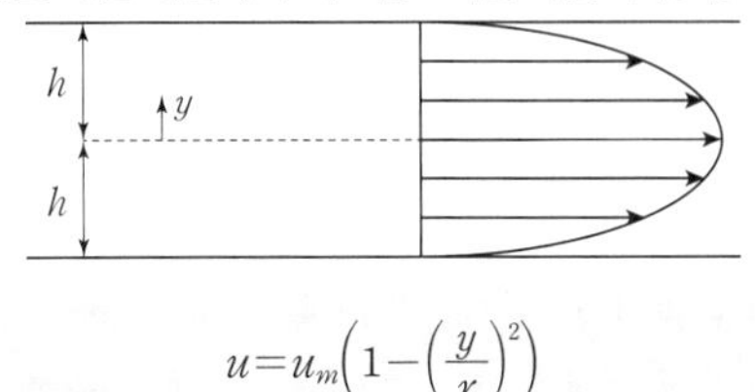

$$u=u_m\left(1-\left(\frac{y}{r}\right)^2\right)$$

u: 유속, u_m: 최대유속,
y: 관 중심으로부터 수직방향으로의 거리, r: 배관의 반지름

정답 | ④

34 빈출도 ★★

240[mmHg]의 절대압력은 계기압력으로 약 몇 [kPa]인가? (단, 대기압은 760[mmHg]이고, 수은의 비중은 13.6이다)

① −32.0　　② 32.0
③ −69.3　　④ 69.3

해설

진공을 기준으로 나타내는 압력을 절대압이라고 하며, 대기압을 기준으로 (−)압력을 진공압이라고 한다.
따라서 대기압에 계기압력(진공압)을 더해주면 진공으로부터의 절대압이 된다.

$760[mmHg]+x=240[mmHg]$

$x=-520[mmHg]$

760[mmHg]는 101.325[kPa]와 같으므로

$$-520[mmHg]\times\frac{101.325[kPa]}{760[mmHg]}$$

$$\fallingdotseq -69.33[kPa]$$

정답 | ③

35 빈출도 ★★★

거리가 1,000[m] 되는 곳에 안지름 20[cm]의 관을 통하여 물을 수평으로 수송하려 한다. 한 시간에 800[m³]를 보내기 위해 필요한 압력[kPa]는? (단, 관의 마찰계수는 0.03이다.)

① 1,370　　② 2,010
③ 3,750　　④ 4,580

해설

$$H=\frac{\Delta P}{\gamma}=\frac{flu^2}{2gD}$$

H: 마찰손실수두[m], ΔP: 압력 차이[kPa], γ: 비중량[kN/m³], f: 마찰손실계수, l: 배관의 길이[m], u: 유속[m/s], g: 중력가속도[m/s²], D: 배관의 직경[m]

유체는 물이므로 물의 비중량은 9.8[kN/m³]이다.
부피유량 공식 $Q=Au$에 의해 유량과 배관의 직경 D를 알면 유속은 다음과 같이 구할 수 있다.

$$u=\frac{Q}{A}=\frac{Q}{\frac{\pi}{4}D^2}=\frac{4Q}{\pi D^2}$$

u: 유속[m/s], Q: 유량[m³/s], A: 배관의 단면적[m²], D: 배관의 직경[m]

유량이 800[m³/h]이므로 단위를 변환하면 $\frac{800}{3,600}$[m³/s]이다.
따라서 주어진 조건을 공식에 대입하면 필요한 압력 ΔP는

$$\Delta P=\gamma\times\frac{fl}{2gD}\times\left(\frac{4Q}{\pi D^2}\right)^2$$

$$=9.8\times\frac{0.03\times 1,000}{2\times 9.8\times 0.2}\times\left(\frac{4\times\frac{800}{3,600}}{\pi\times 0.2^2}\right)^2$$

$$\fallingdotseq 3,752[kPa]$$

정답 | ③

36 빈출도 ★★

정육면체의 그릇에 물을 가득 채울 때, 그릇 밑면이 받는 압력에 의한 수직방향 평균 힘의 크기를 P라고 하면, 한 측면이 받는 압력에 의한 수평방향 평균 힘의 크기는 얼마인가?

① $0.5P$ ② P

③ $2P$ ④ $4P$

해설

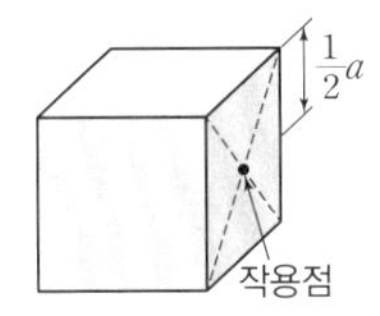

정육면체의 한 변의 길이가 a일 때, 수직 방향으로 작용하는 힘 F_v는 다음과 같다.

$$F=mg=\rho Vg=\gamma V$$

F: 수직 방향으로 작용하는 힘(수직분력)[N], m: 질량[kg], g: 중력가속도[m/s²], ρ: 밀도[kg/m³], V: 부피[m³], γ: 유체의 비중량[N/m³]

$F_v=\gamma V=\gamma(a\times a\times a)=\gamma a^3=P$

수평 방향으로 작용하는 힘은 중심 높이로부터 표면까지의 높이 $\frac{a}{2}$에 작용하므로 F_h는

$$F=PA=\rho ghA=\gamma hA$$

F: 수평 방향으로 작용하는 힘(수평분력)[N], P: 압력[N/m²], A: 정사영 면적[m²], ρ: 밀도[kg/m³], g: 중력가속도[m/s²], h: 중심 높이로부터 표면까지의 높이[m], γ: 유체의 비중량[N/m³]

$F_h=\gamma hA=\gamma\times\frac{a}{2}\times(a\times a)=\frac{1}{2}\gamma a^3=0.5P$

정답 | ①

37 빈출도 ★★★

펌프의 입구 및 출구 측에 연결된 진공계와 압력계가 각각 25[mmHg]와 260[kPa]을 가리켰다. 이 펌프의 배출 유량이 0.15[m³/s]가 되려면 펌프의 동력은 약 몇 [kW]가 되어야 하는가? (단, 펌프의 입구와 출구의 높이차는 없고, 입구 측 안지름은 20[cm], 출구 측 안지름은 15[cm]이다.)

① 3.95 ② 4.32

③ 39.5 ④ 43.2

해설

$$P=\gamma QH$$

P: 수동력[kW], γ: 유체의 비중량[kN/m³], Q: 유량[m³/s], H: 전양정[m]

펌프를 통과하기 전후의 압력과 속도의 관계식은 베르누이 방정식을 통해 구할 수 있다.

$$\frac{P_1}{\gamma}+\frac{u_1^2}{2g}+Z_1+H_P=\frac{P_2}{\gamma}+\frac{u_2^2}{2g}+Z_2$$

P: 압력[N/m²], γ: 비중량[N/m³], u: 유속[m/s], g: 중력가속도[m/s²], Z: 높이[m], H_P: 펌프의 전양정[m]

수은기둥 760[mmHg]는 101.325[kPa]와 같으므로 진공계 25[mmHg]에 해당하는 압력 P_1는 다음과 같다.

$$P_1=-25[\text{mmHg}]\times\frac{101.325[\text{kPa}]}{760[\text{mmHg}]}\fallingdotseq-3.33[\text{kPa}]$$

유체는 물이므로 물의 비중량은 9.8[kN/m³]이다.

부피유량 공식 $Q=Au$에 의해 유량과 배관의 직경 D를 알면 유속은 다음과 같이 구할 수 있다.

$$u=\frac{Q}{A}=\frac{Q}{\frac{\pi}{4}D^2}=\frac{4Q}{\pi D^2}$$

u: 유속[m/s], Q: 유량[m³/s], A: 배관의 단면적[m²], D: 배관의 직경[m]

펌프의 입구 측 유속 u_1는 다음과 같다.

$$u_1=\frac{4\times0.15}{\pi\times0.2^2}\fallingdotseq4.77[\text{m/s}]$$

펌프의 출구 측 유속 u_2는 다음과 같다.

$$u_2=\frac{4\times0.15}{\pi\times0.15^2}\fallingdotseq8.49[\text{m/s}]$$

주어진 조건을 공식에 대입하면 펌프의 전양정 H_P는 다음과 같다.

$$H_P=\frac{P_2-P_1}{\gamma}+\frac{u_2^2-u_1^2}{2g}=\frac{260-(-3.33)}{9.8}+\frac{8.49^2-4.77^2}{2\times9.8}\fallingdotseq29.39[\text{m}]$$

따라서 펌프의 동력 P는

$$P=9.8\times0.15\times29.39\fallingdotseq43.2[\text{kW}]$$

정답 | ④

38 빈출도 ★★

그림과 같은 곡관에 물이 흐르고 있을 때 계기 압력으로 P_1이 98[kPa]이고, P_2가 29.42[kPa]이면 이 곡관을 고정시키는데 필요한 힘[N]은? (단, 높이차 및 모든 손실은 무시한다.)

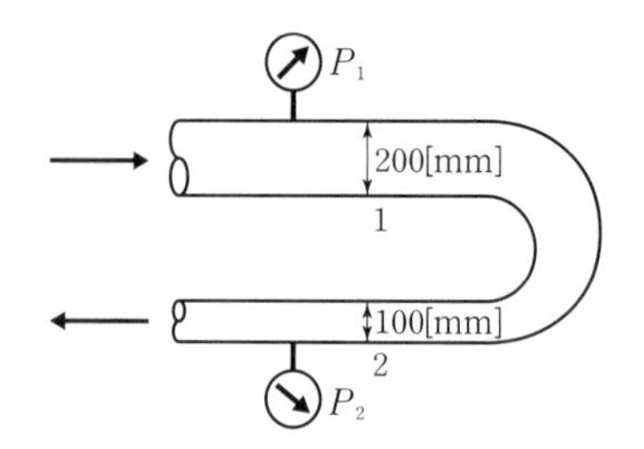

① 4,141　　② 4,314
③ 4,565　　④ 4,744

해설

곡관을 고정하기 위해서는 곡관에 가해지는 외력의 합이 0이어야 한다.
곡관에 작용하는 힘은 유체의 압력에 의한 힘과 유체의 유속에 의한 힘의 합이다.
곡관에 들어오는 물이 가하는 힘을 반대 방향으로 바꾸어 나가는 물에 힘을 가하여야 하므로 두 힘의 합만큼 고정하기 위한 힘을 가하면 곡관의 외력의 합이 0이 된다.

$$F = PA + \rho Qu$$

F: 유체가 곡관에 가하는 힘[N], P: 압력[N/m^2],
A: 유체의 단면적[m^2], ρ: 밀도[kg/m^3],
Q: 유량[m^3/s], u: 유속[m/s]

들어오는 물과 나가는 물의 유량은 일정하므로 부피유량 공식 $Q = Au$에 의해 유량과 노즐의 직경 D를 알면 유속은 다음과 같이 구할 수 있다.
곡관은 직경이 D인 원형이므로 곡관의 단면적은 다음과 같다.

$$A = \frac{\pi}{4}D^2$$

$$Q = A_1u_1 = A_2u_2 = \frac{\pi}{4}D_1^2u_1 = \frac{\pi}{4}D_2^2u_2$$

$$\frac{\pi}{4} \times 0.2^2 \times u_1 = \frac{\pi}{4} \times 0.1^2 \times u_2$$

$$4u_1 = u_2$$

유체의 압력을 알고 있으므로 유속은 베르누이 방정식을 통해 구할 수 있다.

$$\frac{P_1}{\gamma} + \frac{u_1^2}{2g} + Z_1 = \frac{P_2}{\gamma} + \frac{u_2^2}{2g} + Z_2$$

P: 압력[N/m^2], γ: 비중량[N/m^3], u: 유속[m/s],
g: 중력가속도[m/s^2], Z: 높이[m]

높이 차이는 없으므로 $Z_1 = Z_2$로 두면 관계식은 다음과 같다.

$$\frac{P_1 - P_2}{\gamma} = \frac{u_2^2 - u_1^2}{2g}$$

$$2 \times \frac{P_1 - P_2}{\rho} = 16u_1^2 - u_1^2$$

$$u_1 = \sqrt{\frac{2}{15} \times \frac{P_1 - P_2}{\rho}}$$

물의 밀도는 1,000[kg/m^3]이므로 곡관을 흐르는 물의 유속과 유량은 다음과 같다.

$$u_1 = \sqrt{\frac{2}{15} \times \frac{98{,}000 - 29{,}420}{1{,}000}} \fallingdotseq 3.024[\text{m/s}]$$

$$u_2 = 4u_1 = 12.096[\text{m/s}]$$

$$Q = \frac{\pi}{4}D_1^2u_1 = \frac{\pi}{4} \times 0.2^2 \times 3.024 \fallingdotseq 0.095[\text{m}^3/\text{s}]$$

따라서 들어오는 물이 가진 힘은 다음과 같다.

$$F_1 = 98{,}000 \times \frac{\pi}{4} \times 0.2^2 + 1{,}000 \times 0.095 \times 3.024$$
$$\fallingdotseq 3{,}366[\text{N}]$$

나가는 물이 가진 힘은 다음과 같다.

$$F_2 = 29{,}420 \times \frac{\pi}{4} \times 0.1^2 + 1{,}000 \times 0.095 \times 12.096$$
$$\fallingdotseq 1{,}380[\text{N}]$$

곡관을 고정시키는데 필요한 힘은

$$F = F_1 + F_2 = 3{,}366 + 1{,}380$$
$$= 4{,}746[\text{N}]$$

정답 | ④

39 빈출도 ★★

일률(시간당 에너지)의 차원을 기본 차원인 M(질량), L(길이), T(시간)로 올바르게 표시한 것은?

① L^2T^{-2}　　② $MT^{-2}L^{-1}$
③ ML^2T^{-2}　　④ ML^2T^{-3}

해설

일률의 단위는 $[W]=[J/s]=[N\cdot m/s]=[kg\cdot m^2/s^3]$이고, 일률의 차원은 ML^2T^{-3}이다.

정답 | ④

40 빈출도 ★

한 변이 8[cm]인 정육면체를 비중이 1.26인 글리세린에 담그니 절반의 부피가 잠겼다. 이때 정육면체를 수직방향으로 눌러 완전히 잠기게 하는데 필요한 힘은 약 몇 [N] 인가?

① 2.56　　② 3.16
③ 6.53　　④ 12.5

해설

정육면체가 완전히 잠기기 위해서는 물체가 안정적으로 떠있을 때의 부력과 완전히 잠겼을 때의 부력의 차이만큼 힘이 더 필요하다.

정육면체가 안정적으로 떠있을 때의 부력은 다음과 같다.

$$F=s\gamma_w\times xV$$

F: 부력[N], s: 비중, γ_w: 물의 비중량[N/m^3],
x: 물체가 잠긴 비율[%], V: 물체의 부피[m^3]

$F_1=1.26\times 9{,}800\times 0.5\times(0.08\times 0.08\times 0.08)$
$\fallingdotseq 3.16[N]$

정육면체가 완전히 잠겼을 때의 부력은 다음과 같다.

$F_2=1.26\times 9{,}800\times(0.08\times 0.08\times 0.08)$
$\fallingdotseq 6.32[N]$

따라서 정육면체가 완전히 잠기기 위해 추가적으로 필요한 힘은

$F=F_2-F_1=6.32-3.16$
$=3.16[N]$

정답 | ②

41 빈출도 ★★★

다음 중 그 성질이 자연발화성 물질 및 금수성 물질인 제3류 위험물에 속하지 않는 것은?

① 황린
② 황화인
③ 칼륨
④ 나트륨

해설

황화인은 제2류 위험물이다.

관련개념 **제3류 위험물 및 지정수량**

위험물	품명	지정수량
제3류 (자연 발화성 물질 및 금수성 물질)	칼륨	10[kg]
	나트륨	
	알킬알루미늄	
	알킬리튬	
	황린	20[kg]
	알칼리금속(칼륨 및 나트륨 제외) 및 알칼리토금속	50[kg]
	유기금속화합물(알킬알루미늄 및 알킬리튬 제외)	
	금속의 수소화물	300[kg]
	금속의 인화물	
	칼슘 또는 알루미늄의 탄화물	

정답 | ②

42 빈출도 ★

소방기본법령상 소방신호의 방법으로 틀린 것은?

① 타종에 의한 훈련신호는 연 3타 반복
② 싸이렌에 의한 발화신호는 5초 간격을 두고, 10초씩 3회
③ 타종에 의한 해제신호는 상당한 간격을 두고 1타씩 반복
④ 싸이렌에 의한 경계신호는 5초 간격을 두고, 30초씩 3회

해설

싸이렌에 의한 발화신호는 5초 간격을 두고 5초씩 3회로 한다.

관련개념 **소방신호의 방법**

구분	타종신호	싸이렌신호
경계신호	1타와 연2타를 반복	5초 간격을 두고 30초씩 3회
발화신호	난타	5초 간격을 두고 5초씩 3회
해제신호	상당한 간격을 두고 1타씩 반복	1분간 1회
훈련신호	연3타 반복	10초 간격을 두고 1분씩 3회

정답 | ②

43 빈출도 ★

제조소등의 완공검사 신청시기로서 틀린 것은?

① 지하탱크가 있는 제조소등의 경우에는 당해 지하탱크를 매설하기 전

② 이동탱크저장소의 경우에는 이동저장탱크를 완공하고 상치장소를 확보한 후

③ 이송취급소의 경우에는 이송배관 공사의 전체 또는 일부 완료 후

④ 배관을 지하에 설치하는 경우에는 소방서장이 지정하는 부분을 매몰하고 난 직후

해설

배관을 지하에 설치하는 경우에는 시·도지사, 소방서장 또는 기술원이 지정하는 부분을 매몰하기 직전 완공검사를 신청한다.

관련개념 완공검사의 신청시기

구분	신청시기
지하탱크가 있는 제조소등의 경우	당해 지하탱크를 매설하기 전
이동탱크저장소의 경우	이동저장탱크를 완공하고 상치장소를 확보한 후
이송취급소의 경우	이송배관 공사의 전체 또는 일부를 완료한 후
전체 공사가 완료된 후에는 완공검사를 실시하기 곤란한 경우	• 위험물설비 또는 배관의 설치가 완료되어 기밀시험 또는 내압시험을 실시하는 시기 • 배관을 지하에 설치하는 경우에는 시·도지사, 소방서장 또는 기술원이 지정하는 부분을 매몰하기 직전 • 기술원이 지정하는 부분의 비파괴시험을 실시하는 시기
그 외 제조소등의 경우	제조소등의 공사를 완료한 후

정답 | ④

44 빈출도 ★★★

소방시설 설치 및 관리에 관한 법률상 소방시설 등에 대한 자체점검 중 종합점검 대상인 것은?

① 제연설비가 설치되지 않은 터널

② 스프링클러설비가 설치된 연면적이 5,000[m^2]이고 12층인 아파트

③ 물분무등소화설비가 설치된 연면적이 5,000[m^2]인 위험물제조소

④ 호스릴방식의 물분무등소화설비만을 설치한 연면적 3,000[m^2]인 특정소방대상물

해설

스프링클러설비가 설치된 특정소방대상물은 면적과 층수와 무관하게 종합점검 대상이다.

선지분석

① 제연설비가 설치된 터널

③ 물분무등소화설비가 설치된 연면적 5,000[m^2] 이상인 특정소방대상물(위험물제조소등은 제외)

④ 호스릴방식의 물분무등소화설비만을 설치한 경우는 제외

관련개념 종합점검 대상

㉠ 스프링클러설비가 설치된 특정소방대상물

㉡ 물분무등소화설비(호스릴방식의 물분무등소화설비만을 설치한 경우 제외)가 설치된 연면적 5,000[m^2] 이상인 특정소방대상물(위험물제조소등 제외)

㉢ 다중이용업의 영업장이 설치된 특정소방대상물로서 연면적이 2,000[m^2] 이상인 것

㉣ 제연설비가 설치된 터널

㉤ 공공기관 중 연면적이 1,000[m^2] 이상인 것으로서 옥내소화전설비 또는 자동화재탐지설비가 설치된 것(소방대가 근무하는 공공기관 제외)

정답 | ②

45 빈출도 ★★★

소방시설 설치 및 관리에 관한 법률 상 수용인원 산정 방법 중 다음과 같은 시설의 수용인원은 몇 명인가?

> 숙박시설이 있는 특정소방대상물로서 종사자 수는 5명, 숙박시설은 모두 2인용 침대이며 침대 수량은 50개이다.

① 55　② 75
③ 85　④ 105

해설

종사자 수＋침대 수(2인용 침대는 2개)
$=5+50\times2=105$명

관련개념 수용인원의 산정방법

구분		산정방법
숙박시설	침대가 있는 숙박시설	종사자 수＋침대 수(2인용 침대는 2개)
	침대가 없는 숙박시설	종사자 수$+\dfrac{\text{바닥면적의 합계}}{3[m^2]}$
강의실 · 교무실 · 상담실 · 실습실 · 휴게실 용도로 쓰이는 특정소방대상물		$\dfrac{\text{바닥면적의 합계}}{1.9[m^2]}$
강당, 문화 및 집회시설, 운동시설, 종교시설		$\dfrac{\text{바닥면적의 합계}}{4.6[m^2]}$
그 밖의 특정소방대상물		$\dfrac{\text{바닥면적의 합계}}{3[m^2]}$

* 계산 결과 소수점 이하의 수는 반올림한다.
* 복도(준불연재료 이상의 것), 화장실, 계단은 면적에서 제외한다.

정답 | ④

46 빈출도 ★★

위험물제조소등의 자체소방대가 갖추어야 하는 화학소방자동차의 소화능력 및 설비기준으로 틀린 것은?

① 포수용액을 방사하는 화학소방자동차는 방사능력이 2,000[L/min] 이상이어야 한다.
② 이산화탄소를 방사하는 화학소방자동차는 방사능력이 40[kg/sec] 이상이어야 한다.
③ 할로젠화합물 방사차의 경우 할로젠화합물탱크 및 가압용 가스설비를 비치하여야 한다.
④ 제독차를 갖추는 경우 가성소다 및 규조토를 각각 30[kg] 이상 비치하여야 한다.

해설

제독차를 갖추는 경우 가성소다 및 규조토를 각각 50[kg] 이상 비치하여야 한다.

정답 | ④

47 빈출도 ★

소방기본법령 상 국고보조 대상사업의 범위 중 소방활동장비와 설비에 해당하지 않는 것은?

① 소방자동차
② 소방헬리콥터 및 소방정
③ 소화용수설비 및 피난구조설비
④ 방화복 등 소방활동에 필요한 소방장비

해설

소화용수설비 및 피난구조설비는 국고보조 대상 사업의 범위에 해당하지 않는다.

관련개념 국고보조 대상 사업의 범위

소방활동장비와 설비의 구입 및 설치	• 소방자동차 • 소방헬리콥터 및 소방정 • 소방전용통신설비 및 전산설비 • 그 밖에 방화복 등 소방활동에 필요한 소방장비
소방관서용 청사의 건축	—

정답 | ③

48 빈출도 ★★

피난시설, 방화구획 또는 방화시설을 폐쇄 · 훼손 · 변경 등의 행위를 3차 이상 위반한 경우에 대한 과태료 부과기준으로 옳은 것은?

① 200만 원 ② 300만 원
③ 500만 원 ④ 1,000만 원

해설

피난시설, 방화구획 또는 방화시설을 폐쇄 · 훼손 · 변경 등의 행위를 3차 이상 위반한 경우 300만 원의 과태료를 부과한다.

관련개념 **과태료 부과기준**

구분	1차	2차	3차 이상
피난시설, 방화구획 또는 방화시설의 폐쇄 · 훼손 · 변경 등의 행위를 한 자	100만 원	200만 원	300만 원

정답 | ②

49 빈출도 ★★

특정소방대상물의 근린생활시설에 해당되는 것은?

① 전시장
② 기숙사
③ 유치원
④ 의원

해설

의원은 근린생활시설에 해당된다.

선지분석

① 전시장: 문화 및 집회시설
② 기숙사: 공동주택
③ 유치원: 노유자시설

정답 | ④

50 빈출도 ★★★

화재안전조사 결과 소방대상물의 위치 · 구조 · 설비 또는 관리의 상황이 화재예방을 위하여 보완될 필요가 있거나 화재가 발생하면 인명 또는 재산의 피해가 클 것으로 예상되는 때에 관계인에게 그 소방대상물의 개수 · 이전 · 제거, 사용의 금지 또는 제한, 사용폐쇄, 공사의 정지 또는 중지, 그 밖의 필요한 조치를 명할 수 있는 자로 틀린 것은?

① 시 · 도지사 ② 소방서장
③ 소방청장 ④ 소방본부장

해설

시 · 도지사는 조치를 명할 수 있는 자(소방관서장)가 아니다.

관련개념 **화재안전조사 결과에 따른 조치명령**

소방관서장(소방청장, 소방본부장, 소방서장)은 화재안전조사 결과에 따른 소방대상물의 위치 · 구조 · 설비 또는 관리의 상황이 화재예방을 위하여 보완될 필요가 있거나 화재가 발생하면 인명 또는 재산의 피해가 클 것으로 예상되는 때에는 행정안전부령으로 정하는 바에 따라 관계인에게 그 소방대상물의 개수 · 이전 · 제거, 사용의 금지 또는 제한, 사용폐쇄, 공사의 정지 또는 중지, 그 밖에 필요한 조치를 명할 수 있다.

정답 | ①

51 빈출도 ★

소방기본법령에 따른 소방대원에게 실시할 교육·훈련 횟수 및 기간의 기준 중 다음 ( ) 안에 알맞은 것은?

횟수	기간
(㉠)년마다 1회	(㉡)주 이상

① ㉠: 2, ㉡: 2 ② ㉠: 2, ㉡: 4
③ ㉠: 1, ㉡: 2 ④ ㉠: 1, ㉡: 4

해설

소방대원에게 실시할 교육·훈련

횟수	2년마다 1회
기간	2주 이상

정답 | ①

52 빈출도 ★★

화재의 예방 및 안전관리에 관한 법률상 소방안전관리대상물의 소방계획서에 포함되어야 하는 사항이 아닌 것은?

① 예방규정을 정하는 제조소등의 위험물 저장·취급에 관한 사항
② 소방시설·피난시설 및 방화시설의 점검·정비계획
③ 소방안전관리대상물의 근무자 및 거주자의 자위소방대 조직과 대원의 임무에 관한 사항
④ 방화구획, 제연구획, 건축물의 내부 마감재료 및 방염대상물품의 사용현황과 그 밖의 방화구조 및 설비의 유지·관리계획

해설

예방규정을 정하는 제조소등의 위험물 저장·취급에 관한 사항은 소방계획서에 포함되는 내용이 아니다.

정답 | ①

53 빈출도 ★★★

제4류 위험물로서 제1석유류인 수용성 액체의 지정수량은 몇 [L]인가?

① 100
② 200
③ 300
④ 400

해설

제1석유류인 수용성 액체의 지정수량은 400[L]이다.

관련개념 제4류 위험물 및 지정수량

<table>
<tr><th>위험물</th><th colspan="2">품명</th><th>지정수량</th></tr>
<tr><td rowspan="10">제4류
(인화성액체)</td><td colspan="2">특수인화물</td><td>50[L]</td></tr>
<tr><td rowspan="2">제1석유류</td><td>비수용성</td><td>200[L]</td></tr>
<tr><td>수용성</td><td rowspan="2">400[L]</td></tr>
<tr><td colspan="2">알코올류</td></tr>
<tr><td rowspan="2">제2석유류</td><td>비수용성</td><td>1,000[L]</td></tr>
<tr><td>수용성</td><td rowspan="2">2,000[L]</td></tr>
<tr><td rowspan="2">제3석유류</td><td>비수용성</td></tr>
<tr><td>수용성</td><td>4,000[L]</td></tr>
<tr><td colspan="2">제4석유류</td><td>6,000[L]</td></tr>
<tr><td colspan="2">동식물유류</td><td>10,000[L]</td></tr>
</table>

정답 | ④

54 빈출도 ★

다음 중 품질이 우수하다고 인정되는 소방용품에 대하여 우수품질인증을 할 수 있는 자는?

① 산업통상자원부장관
② 시·도지사
③ 소방청장
④ 소방본부장 또는 소방서장

해설

소방청장은 형식승인의 대상이 되는 소방용품 중 품질이 우수하다고 인정하는 소방용품에 대하여 우수품질인증을 할 수 있다.

정답 | ③

55 빈출도 ★★

다음 중 고급기술자에 해당하는 학력 · 경력 기준으로 옳은 것은?

① 박사학위를 취득한 후 1년 이상 소방 관련 업무를 수행한 사람
② 석사학위를 취득한 후 6년 이상 소방 관련 업무를 수행한 사람
③ 학사학위를 취득한 후 8년 이상 소방 관련 업무를 수행한 사람
④ 고등학교를 졸업한 후 10년 이상 소방 관련 업무를 수행한 사람

해설

박사학위를 취득한 후 1년 이상 소방 관련 업무를 수행한 사람이 고급기술자의 학력 · 경력자 기준이다.

관련개념 **고급기술자의 학력 · 경력자 기준**

㉠ 박사학위
→ 취득한 후 1년 이상 소방관련 업무 수행
㉡ 석사학위
→ 취득한 후 4년 이상 소방관련 업무 수행
㉢ 학사학위
→ 취득한 후 7년 이상 소방관련 업무 수행
㉣ 전문학사학위
→ 취득한 후 10년 이상 소방관련 업무 수행
㉤ 고등학교 소방학과
→ 졸업한 후 13년 이상 소방관련 업무 수행
㉥ 고등학교
→ 졸업한 후 15년 이상 소방관련 업무 수행

정답 | ①

56 빈출도 ★★

소방기본법령상 소방본부 종합상황실 실장이 소방청의 종합상황실에 서면 · 팩스 또는 컴퓨터통신 등으로 보고하여야 하는 화재의 기준에 해당하지 않는 것은?

① 항구에 매어둔 총 톤수가 1,000[t] 이상인 선박에서 발생한 화재
② 연면적 15,000[m^2] 이상인 공장 또는 화재예방강화지구에서 발생한 화재
③ 지정수량의 1,000배 이상의 위험물의 제조소 · 저장소 · 취급소에서 발생한 화재
④ 층수가 5층 이상이거나 병상이 30개 이상인 종합병원 · 정신병원 · 한방병원 · 요양소에서 발생한 화재

해설

지정수량의 3,000배 이상 위험물의 제조소 · 저장소 · 취급소 발생 화재의 경우 소방청 종합상황실에 보고하여야 한다.

관련개념 **실장의 상황 보고**

㉠ 사망자 5인 이상 또는 사상자 10인 이상 발생 화재
㉡ 이재민 100인 이상 발생 화재
㉢ 재산피해액 50억 원 이상 발생 화재
㉣ 관공서 · 학교 · 정부미도정공장 · 문화재 · 지하철 · 지하구 발생 화재
㉤ 관광호텔, 11층 이상인 건축물, 지하상가, 시장, 백화점 발생 화재
㉥ 지정수량의 3,000배 이상 위험물의 제조소 · 저장소 · 취급소 발생 화재
㉦ 5층 이상 또는 객실이 30실 이상인 숙박시설 발생 화재
㉧ 5층 이상 또는 병상이 30개 이상인 종합병원 · 정신병원 · 한방병원 · 요양소 발생 화재
㉨ 연면적 15,000[m^2] 이상인 공장 발생 화재
㉩ 화재예방강화지구 발생 화재
㉪ 철도차량, 항구에 매어둔 1,000[t] 이상 선박, 항공기, 발전소, 변전소 발생 화재
㉫ 가스 및 화약류 폭발에 의한 화재
㉬ 다중이용업소 발생 화재

정답 | ③

57 빈출도 ★★★

소방시설 설치 및 관리에 관한 법률상 소방시설 등의 자체점검 시 점검인력 배치기준 중 종합점검에 대한 점검인력 1단위가 하루 동안 점검할 수 있는 특정소방대상물의 연면적 기준으로 옳은 것은?

① 3,500[m^2] ② 7,000[m^2]
③ 8,000[m^2] ④ 12,000[m^2]

해설

종합점검 시 보조인력이 없는 경우 점검인력 1단위가 하루 동안 점검할 수 있는 면적은 8,000[m^2]이다.

관련개념 **점검한도 면적**

구분	점검한도 면적	보조 기술인력 추가 시
종합점검	8,000[m^2]	1명 추가 시 점검한도 면적 2,000[m^2] 증가
작동점검	10,000[m^2]	1명 추가 시 점검한도 면적 2,500[m^2] 증가

정답 | ③

58 빈출도 ★★

소방시설공사업법령상 상주공사감리 대상 기준 중 다음 ( ) 안에 알맞은 것은?

- 연면적 (㉠)[m^2] 이상의 특정소방대상물(아파트 제외)에 대한 소방시설의 공사
- 지하층을 포함한 층수가 (㉡)층 이상으로서 (㉢)세대 이상인 아파트에 대한 소방시설의 공사

① ㉠: 10,000, ㉡: 11, ㉢: 600
② ㉠: 10,000, ㉡: 16, ㉢: 500
③ ㉠: 30,000, ㉡: 11, ㉢: 600
④ ㉠: 30,000, ㉡: 16, ㉢: 500

해설

상주공사감리 대상 기준
㉠ 연면적 30,000[m^2] 이상의 특정소방대상물(아파트 제외)에 대한 소방시설의 공사
㉡ 지하층을 포함한 층수가 16층 이상으로서 500세대 이상인 아파트에 대한 소방시설의 공사

정답 | ④

59 빈출도 ★★★

화재의 예방 및 안전관리에 관한 법률 상 소방대상물의 개수 · 이전 · 제거, 사용의 금지 또는 제한, 사용폐쇄, 공사의 정지 또는 중지, 그 밖의 필요한 조치로 인하여 손실을 받은 자가 손실보상 청구서에 첨부하여야 하는 서류로 틀린 것은?

① 손실보상 합의서
② 손실을 증명할 수 있는 사진
③ 손실을 증명할 수 있는 증명자료
④ 소방대상물의 관계인임을 증명할 수 있는 서류(건축물대장 제외)

해설

손실보상 합의서는 손실보상 청구서에 첨부하여야 하는 서류가 아니다.

관련개념 **손실보상 청구 시 제출 서류**

㉠ 소방대상물의 관계인임을 증명할 수 있는 서류(건축물대장 제외)
㉡ 손실을 증명할 수 있는 사진 및 그 밖의 증명자료

정답 | ①

60 빈출도 ★★

소방기술자가 소방시설공사업법에 따른 명령을 따르지 아니하고 업무를 수행한 경우의 벌칙은?

① 100만 원 이하의 벌금
② 300만 원 이하의 벌금
③ 1년 이하의 징역 또는 1,000만 원 이하의 벌금
④ 3년 이하의 징역 또는 1,500만 원 이하의 벌금

해설

소방기술자가 소방시설공사업법에 따른 명령을 따르지 아니하고 업무를 수행한 경우 1년 이하의 징역 또는 1,000만 원 이하의 벌금에 처한다.

정답 | ③

61 빈출도 ★

물분무 소화설비의 화재안전성능기준(NFPC 104) 상 배관의 설치기준으로 틀린 것은?

① 펌프 흡입측 배관은 공기고임이 생기지 않는 구조로 하고 여과장치를 설치한다.
② 펌프의 흡입측 배관은 수조가 펌프보다 낮게 설치된 경우에는 각 펌프(충압펌프를 포함한다)마다 수조로부터 별도로 설치한다.
③ 급수배관은 전용으로 한다.
④ 연결송수관설비의 배관과 겸용할 경우 방수구로 연결되는 배관의 구경은 65[mm] 이하로 한다.

해설

물분무 소화설비는 연결송수관설비의 배관과 겸용할 수 없다.

정답 | ④

62 빈출도 ★★

분말 소화설비의 화재안전성능기준(NFPC 108) 상 분말 소화설비의 배관으로 동관을 사용하는 경우에는 최고사용압력의 최소 몇 배 이상의 압력에 견딜 수 있는 것을 사용하여야 하는가?

① 1　　② 1.5
③ 2　　④ 2.5

해설

동관을 사용하는 경우의 배관은 고정압력 또는 최고사용압력의 1.5배 이상의 압력에 견딜 수 있는 것을 사용한다.

관련개념 **분말 소화설비 배관의 설치기준**

① 배관은 전용으로 한다.
② 강관을 사용하는 경우의 배관은 아연도금에 따른 배관용 탄소강관(KS D 3507)이나 이와 동등 이상의 강도·내식성 및 내열성을 가진 것으로 한다.
③ 축압식 분말소화설비에 사용하는 것 중 20[℃]에서 압력이 2.5[MPa] 이상 4.2[MPa] 이하인 것은 압력배관용 탄소강관(KS D 3562) 중 이음이 없는 스케줄 40 이상의 것 또는 이와 동등 이상의 강도를 가진 것으로서 아연도금으로 방식 처리된 것을 사용한다.
④ 동관을 사용하는 경우의 배관은 고정압력 또는 최고사용압력의 1.5배 이상의 압력에 견딜 수 있는 것을 사용한다.
⑤ 밸브류는 개폐위치 또는 개폐방향을 표시한 것으로 한다.
⑥ 배관의 관부속 및 밸브류는 배관과 동등 이상의 강도 및 내식성이 있는 것으로 한다.
⑦ 확관형 분기배관을 사용할 경우에는 소방청장이 정하여 고시한 기준에 적합한 것으로 설치한다.

정답 | ②

63 빈출도 ★

물분무 소화설비의 화재안전기술기준(NFTC 104)상 송수구의 설치기준으로 틀린 것은?

① 구경 65[mm]의 쌍구형으로 할 것
② 지면으로부터 높이가 0.5[m] 이상 1[m] 이하의 위치에 설치할 것
③ 송수구는 하나의 층의 바닥면적이 1,500[m^2]를 넘을 때마다 1개(5개를 넘을 경우에는 5개로 한다) 이상을 설치할 것
④ 가연성가스의 저장·취급시설에 설치하는 송수구는 그 방호대상물로부터 20[m] 이상의 거리를 두거나 방호대상물에 면하는 부분이 높이 1.5[m] 이상, 폭 2.5[m] 이상의 철근콘크리트 벽으로 가려진 장소에 설치할 것

해설

송수구는 하나의 층의 바닥면적이 3,000[m^2]를 넘을 때마다 1개 이상(최대 5개)을 설치한다.

관련개념 송수구의 설치기준

㉠ 송수구는 화재 층으로부터 지면으로 떨어지는 유리창 등이 송수 및 그 밖의 소화작업에 지장을 주지 않는 장소에 설치한다.
㉡ 가연성가스의 저장·취급시설에 설치하는 경우 그 방호대상물로부터 20[m] 이상의 거리를 두거나, 방호대상물에 면하는 부분이 1.5[m] 이상 폭 2.5[m] 이상의 철근콘크리트 벽으로 가려진 장소에 설치한다.
㉢ 송수구로부터 물분무 소화설비의 주배관에 이르는 연결배관에 개폐밸브를 설치한 경우 그 개폐상태를 쉽게 확인 및 조작할 수 있는 옥외 또는 기계실 등의 장소에 송수구를 설치한다.
㉣ 송수구는 구경 65[mm]의 쌍구형으로 한다.
㉤ 송수구에는 그 가까운 곳의 보기 쉬운 곳에 송수압력범위를 표시한 표지를 한다.
㉥ 송수구는 하나의 층의 **바닥면적이 3,000[m^2]를 넘을 때마다 1개 이상(최대 5개)**을 설치한다.
㉦ 지면으로부터 높이가 0.5[m] 이상 1[m] 이하의 위치에 설치한다.
㉧ 송수구의 부근에는 자동배수밸브(또는 직경 5[mm]의 배수공) 및 체크밸브를 설치한다.
㉨ 자동배수밸브는 배관 안의 물이 잘 빠질 수 있는 위치에 설치한다.
㉩ 자동배수밸브를 통한 배수로 인하여 다른 물건이나 장소에 피해를 주지 않아야 한다.
㉪ 송수구에는 이물질을 막기 위한 마개를 씌운다.

정답 | ③

64 빈출도 ★★★

케이블트레이에 물분무 소화설비를 설치하는 경우 저장하여야 할 수원의 최소 저수량은 몇 [m^3]인가? (단, 케이블트레이의 투영된 바닥면적은 70[m^2]이다.)

① 12.4　　② 14
③ 16.8　　④ 28

해설

케이블트레이의 저수량은 투영된 바닥면적 1[m^2]에 대하여 12[L/min]로 20분 간 방수할 수 있는 양 이상으로 한다.

$$70[m^2]\times 12[L/m^2\cdot min]\times 0.001[m^3/L]\times 20[min] = 16.8[m^3]$$

관련개념 저수량의 산정기준

㉠ 특수가연물을 저장 또는 취급하는 특정소방대상물 또는 그 부분에 있어서 그 바닥면적(최소 50[m^2]) 1[m^2]에 대하여 10[L/min]로 20분 간 방수할 수 있는 양 이상으로 한다.
㉡ 차고 또는 주차장은 그 바닥면적(최소 50[m^2]) 1[m^2]에 대하여 20[L/min]로 20분 간 방수할 수 있는 양 이상으로 한다.
㉢ 절연유 봉입 변압기는 바닥 부분을 제외한 표면적을 합한 면적 1[m^2]에 대하여 10[L/min]로 20분 간 방수할 수 있는 양 이상으로 한다.
㉣ **케이블트레이**, 케이블덕트 등은 **투영된 바닥면적 1[m^2]**에 대하여 **12[L/min]**로 **20분** 간 방수할 수 있는 양 이상으로 한다.
㉤ 콘베이어 벨트 등은 벨트 부분의 바닥면적 1[m^2]에 대하여 10[L/min]로 20분 간 방수할 수 있는 양 이상으로 한다.

정답 | ③

65 빈출도 ★

소화전함의 성능인증 및 제품검사의 기술기준 상 옥내 소화전함의 재질을 합성수지 재료로 할 경우 두께는 최소 몇 [mm] 이상이어야 하는가?

① 1.5 ② 2.0
③ 3.0 ④ 4.0

해설

합성수지를 사용하는 소화전함은 두께 4.0[mm] 이상으로 한다.

관련개념 **소화전함의 일반구조**

㉠ 견고해야 하며 쉽게 변형되지 않는 구조로 한다.
㉡ 보수 및 점검이 쉬워야 한다.
㉢ 소화전함의 내부폭은 180[mm] 이상으로 한다.
㉣ 소화전함이 원통형인 경우 단면 원은 가로 500[mm], 세로 180[mm]의 직사각형을 포함할 수 있는 크기로 한다.
㉤ 여닫이 방식의 문은 120° 이상 열리는 구조로 한다.
㉥ 지하소화장치함의 문은 80° 이상 개방되고 고정할 수 있는 장치가 있어야 한다.
㉦ 문은 두 번 이하의 동작에 의하여 열리는 구조로 한다. 지하소화장치함은 제외한다.
㉧ 문의 잠금장치는 외부 충격에 의하여 쉽게 열리지 않는 구조로 한다.
㉨ 문의 면적은 0.5[m^2] 이상으로 하고, 짧은 변의 길이(미닫이 방식의 경우 최대 개방길이)는 500[mm] 이상으로 한다.
㉩ 미닫이 방식의 문을 사용하는 경우, 최대 개방 시 문에 의해 가려지는 내부 공간은 소방용품이 적재될 수 없도록 칸막이 등으로 구획한다.
㉪ 소화전함의 두께(현무암 무기질 복합소재 포함)는 1.5[mm] 이상이어야 한다.
㉫ 합성수지를 사용하는 소화전함은 두께 4.0[mm] 이상으로 한다.

정답 | ④

66 빈출도 ★★

스프링클러헤드를 설치하지 않을 수 있는 장소로만 나열된 것은?

① 계단, 병원의 입원실, 목욕실, 냉동창고의 냉동실, 아파트(대피공간 제외)
② 발전실, 수술실, 응급처치실, 통신기기실, 관람석이 없는 테니스장
③ 냉동창고의 냉동실, 변전실, 병원의 입원실, 목욕실, 수영장 관람석
④ 수술실, 관람석이 없는 테니스장, 변전실, 발전실, 아파트(대피공간 제외)

해설

스프링클러헤드를 설치하지 않을 수 있는 장소로만 나열된 것은 ②이다.

선지분석

① 병원의 입원실, 아파트(대피공간 제외)는 스프링클러헤드를 설치해야 한다.
③ 병원의 입원실, 수영장 관람석은 스프링클러헤드를 설치해야 한다.
④ 아파트(대피공간 제외)는 스프링클러헤드를 설치해야 한다.

정답 | ②

67 빈출도 ★★

물분무 소화설비의 가압송수장치로 압력수조의 필요 압력을 산출할 때 필요한 것이 아닌 것은?

① 낙차의 환산수두압
② 물분무 헤드의 설계압력
③ 배관의 마찰손실 수두압
④ 소방용 호스의 마찰손실 수두압

해설

물분무 소화설비는 헤드를 통해 소화수가 방사되므로 소방용 호스의 마찰손실수두압은 계산하지 않는다.

관련개념 **압력수조를 이용한 가압송수장치의 설치기준**

㉠ 압력수조의 압력은 다음의 식에 따라 계산하여 나온 수치 이상 유지되도록 한다.

$$P = P_1 + P_2 + P_3$$

P: 필요한 압력[MPa], P_1: 물분무헤드의 설계압력[MPa],
P_2: 배관의 마찰손실수두압[MPa],
P_3: 낙차의 환산수두압[MPa]

㉡ 압력수조에는 수위계 · 급수관 · 배수관 · 급기관 · 맨홀 · 압력계 · 안전장치 및 압력저하 방지를 위한 자동식 공기압축기를 설치한다.

정답 | ④

68 빈출도 ★★★

포헤드를 정방형으로 설치 시 헤드와 벽과의 최대 이격거리는 약 몇 [m] 인가?

① 1.48
② 1.62
③ 1.76
④ 1.91

해설

포헤드 상호 간 거리기준에 따라 계산하면

$S = 2 \times r \times \cos 45° = 2 \times 2.1[m] \times \cos 45°$
$= 2.9698[m]$

포헤드와 벽과의 거리는 포헤드 상호 간 거리의 $\frac{1}{2}$ 이하의 거리를 두어야 하므로 최대 이격거리는

$2.9698[m] \times \frac{1}{2} = 1.4849[m]$

관련개념

㉠ 포헤드를 정방형으로 배치한 경우 상호 간 거리는 다음의 식에 따라 산정한 수치 이하가 되도록 한다.

$$S = 2 \times r \times \cos 45°$$

S: 포헤드 상호 간의 거리[m], r: 유효반경(2.1[m])

㉡ 포헤드와 벽 방호구역의 경계선은 상호 간 기준거리의 $\frac{1}{2}$ 이하의 거리를 둔다.

정답 | ①

69 빈출도 ★★

다음은 포 소화설비에서 배관 등 설치기준에 관한 내용이다. ㉠~㉢ 안에 들어갈 내용으로 옳은 것은?

> – 송수구는 구경 65[mm]의 쌍구형으로 하고, 지면으로부터 높이가 0.5[m] 이상 (㉠)[m] 이하의 위치에 설치한다.
> – 펌프의 성능은 체절운전 시 정격토출압력의 (㉡)[%]를 초과하지 아니하고, 정격토출량의 150[%]로 운전 시 정격토출압력의 (㉢)[%] 이상이 되어야 한다.

① ㉠ 1.2 ㉡ 120 ㉢ 65
② ㉠ 1.2 ㉡ 120 ㉢ 75
③ ㉠ 1 ㉡ 140 ㉢ 65
④ ㉠ 1 ㉡ 140 ㉢ 75

해설

송수구는 구경 65[mm]의 쌍구형으로 하고, 지면으로부터 높이가 0.5[m] 이상 1[m] 이하의 위치에 설치한다.
펌프의 성능은 체절운전 시 정격토출압력의 140[%]를 초과하지 않고, 정격토출량의 150[%]로 운전 시 정격토출압력의 65[%] 이상이 되어야 한다.

정답 | ③

70 빈출도 ★★

제연설비의 화재안전기술기준(NFTC 501) 상 제연풍도의 설치기준으로 틀린 것은?

① 배출기의 전동기 부분과 배풍기 부분은 분리하여 설치할 것
② 배출기와 배출풍도의 접속 부분에 사용하는 캔버스는 내열성이 있는 것으로 할 것
③ 배출기의 흡입 측 풍도 안의 풍속은 20[m/s] 이하로 할 것
④ 유입풍도 안의 풍속은 20[m/s] 이하로 할 것

해설

배출기의 흡입 측 풍도 안의 풍속은 15[m/s] 이하로 하고 배출 측 풍속은 20[m/s] 이하로 한다.

정답 | ③

71 빈출도 ★

소화기에 호스를 부착하지 아니할 수 있는 기준 중 틀린 것은?

① 소화약제 중량이 2[kg] 이하인 분말소화기
② 소화약제 중량이 3[kg] 이하인 이산화탄소 소화기
③ 소화약제 중량이 4[kg] 이하인 할로겐화합물 소화기
④ 소화약제 중량이 5[kg] 이하인 산알칼리 소화기

해설

소화약제의 중량이 5[kg] 이하인 산알칼리 소화기는 기준에 해당하지 않는다.

관련개념 소화기에 호스를 부착하지 않을 수 있는 기준

㉠ 소화약제의 중량이 4[kg] 이하인 할로겐화합물소화기
㉡ 소화약제의 중량이 3[kg] 이하인 이산화탄소소화기
㉢ 소화약제의 중량이 2[kg] 이하인 분말소화기
㉣ 소화약제의 용량이 3[L] 이하인 액체계 소화약제 소화기

정답 | ④

72 빈출도 ★★

옥외소화전설비의 화재안전성능기준(NFPC 109) 상 옥외소화전설비에서 성능시험배관의 직관부에 설치된 유량측정장치는 펌프 및 정격토출량의 최소 몇 [%] 이상 측정할 수 있는 성능이 있어야 하는가?

① 175 ② 150
③ 75 ④ 50

해설

유량측정장치는 펌프 정격토출량의 175[%] 이상까지 측정할 수 있는 성능이 있어야 한다.

관련개념 성능시험배관의 설치기준

㉠ 성능시험배관은 펌프의 토출 측에 설치된 개폐밸브 이전에서 분기하여 직선으로 설치한다.
㉡ 유량측정장치를 기준으로 전단 직관부에는 개폐밸브를, 후단 직관부에는 유량조절밸브를 설치한다.
㉢ 성능시험배관의 호칭지름은 유량측정장치의 호칭지름에 따라 정한다.
㉣ 유량측정장치는 펌프 정격토출량의 175[%] 이상까지 측정할 수 있는 성능이 있어야 한다.

정답 | ①

73 빈출도 ★

전역방출방식의 분말 소화설비에 있어서 방호구역의 용적이 500[m^3]일 때 적합한 분사헤드의 수는? (단, 제1종 분말이며, 체적 1[m^3]당 소화약제의 양은 0.60[kg]이며, 분사헤드 1개의 분당 표준 방사량은 18[kg]이다.)

① 17개 ② 30개

③ 34개 ④ 134개

해설

체적 1[m^3] 당 소화약제의 양은 0.60[kg]이므로 방호구역의 체적이 500[m^3]일 때 필요한 소화약제의 양은

$$500[m^3] \times 0.60[kg/m^3] = 300[kg]$$

분사헤드 1개의 1분 당 표준 방사량은 18[kg]이므로 30초 당 표준 방사량은 9[kg]이다.

300[kg]의 분말소화약제를 30초 이내에 방사하기 위해서는

$\frac{300}{9} \fallingdotseq 33.4$개의 분사헤드가 필요하다.

관련개념 **전역방출방식의 분사헤드**

㉠ 방출된 소화약제가 방호구역의 전역에 균일하고 신속하게 확산할 수 있도록 한다.

㉡ 소화약제의 저장량을 30초 이내에 방출할 수 있는 것으로 한다.

정답 | ③

74 빈출도 ★★

옥내소화전설비의 화재안전기술기준(NFTC 102) 상 가압송수장치를 기동용 수압개폐장치로 사용할 경우 압력챔버의 용적 기준은?

① 50[L] 이상 ② 100[L] 이상

③ 150[L] 이상 ④ 200[L] 이상

해설

기동용 수압개폐장치 중 압력챔버를 사용할 경우 그 용적은 100[L] 이상으로 한다.

정답 | ②

75 빈출도 ★

할로겐화합물 및 불활성기체 소화설비를 설치할 수 없는 장소의 기준 중 옳은 것은? (단, 소화성능이 인정되는 위험물은 제외한다.)

① 제1류 위험물 및 제2류 위험물 사용
② 제2류 위험물 및 제4류 위험물 사용
③ 제3류 위험물 및 제5류 위험물 사용
④ 제4류 위험물 및 제6류 위험물 사용

해설

제3류 위험물 및 제5류 위험물을 저장·보관·사용하는 장소에는 할로겐화합물 및 불활성기체 소화설비를 설치할 수 없다.

관련개념 소화설비의 설치제외장소

㉠ 사람이 상주하는 곳으로서 최대허용 설계농도를 초과하는 장소
㉡ 제3류 위험물 및 제5류 위험물을 저장·보관·사용하는 장소. 소화성능이 인정되는 위험물 제외

정답 | ③

76 빈출도 ★

특별피난계단의 계단실 및 부속실 제연설비의 화재안전성능기준(NFPC 501A) 상 수직풍도에 따른 배출기준 중 각층의 옥내와 면하는 수직풍도의 관통부에 설치하여야 하는 배출댐퍼 설치기준으로 틀린 것은?

① 화재층의 옥내에 설치된 화재감지기의 동작에 따라 당해층의 댐퍼가 개방될 것
② 풍도의 배출댐퍼는 이·탈착구조가 되지 않도록 설치할 것
③ 개폐여부를 당해 장치 및 제어반에서 확인할 수 있는 감지기능을 내장하고 있을 것
④ 배출댐퍼는 두께 1.5[mm] 이상의 강판 또는 이와 동등 이상의 성능이 있는 것으로 설치하여야 하며 비내식성 재료의 경우에는 부식방지 조치를 할 것

해설

풍도의 배출댐퍼는 풍도의 내부마감 상태에 대한 점검 및 댐퍼의 정비가 가능한 이·탈착식 구조로 한다.

관련개념 수직풍도의 관통부에 설치하는 배출댐퍼의 설치기준

㉠ 배출댐퍼는 두께 1.5[mm] 이상의 강판 또는 이와 동등 이상의 성능이 있는 것으로 설치하며 비내식성 재료의 경우 부식방지 조치를 한다.
㉡ 평상시 닫힌 구조로 기밀상태를 유지한다.
㉢ 개폐여부를 장치 및 제어반에서 확인할 수 있는 감지 기능을 내장한다.
㉣ 구동부의 작동상태와 닫혀 있을 때의 기밀상태를 수시로 점검할 수 있는 구조로 한다.
㉤ 풍도의 내부마감 상태에 대한 점검 및 댐퍼의 정비가 가능한 이·탈착식 구조로 한다.
㉥ 화재 층에 설치된 화재감지기의 동작에 따라 해당 층의 댐퍼가 개방되도록 한다.
㉦ 개방 시의 실제 개구부(개구율을 감안한 것)의 크기는 수직풍도의 내부단면적 기준 이상으로 한다.
㉧ 댐퍼는 풍도 내의 공기흐름에 지장을 주지 않도록 수직풍도의 내부로 돌출하지 않게 설치한다.

정답 | ②

77 빈출도 ★★★

소화약제 외의 것을 이용한 간이소화용구의 능력단위 기준 중 다음 (   ) 안에 알맞은 것은?

간이소화용구		능력단위
마른모래	삽을 상비한 50[L] 이상의 것 1포	( ) 단위

① 0.5　　② 1
③ 3　　④ 5

해설

마른모래의 경우 삽을 상비한 50[L] 이상의 것 1포 당 능력단위는 0.5 단위이다.

관련개념 능력단위

소화약제 외의 것을 이용한 간이소화용구에 있어서는 다음에 따른 수치이다.

간이소화용구		능력단위
1. 마른모래	삽을 상비한 50[L] 이상의 것 1포	0.5 단위
2. 팽창질석 또는 팽창진주암	삽을 상비한 80[L] 이상의 것 1포	

정답 | ①

78 빈출도 ★★

할로겐화합물 및 불활성기체소화설비의 화재안전기술기준(NFTC 107A)에 따른 할로겐화합물 및 불활성기체 소화설비의 수동식 기동장치의 설치기준에 대한 설명으로 틀린 것은?

① 5[kg] 이상의 힘을 가하여 기동할 수 있는 구조로 할 것
② 전기를 사용하는 기동장치에는 전원표시등을 설치할 것
③ 기동장치의 방출용 스위치는 음향경보장치와 연동하여 조작될 수 있는 것으로 할 것
④ 해당 방호구역의 출입구 부근 등 조작을 하는 자가 쉽게 피난할 수 있는 장소에 설치할 것

해설

50[N] 이하의 힘을 가하여 기동할 수 있는 구조로 한다.

관련개념 수동식 기동장치의 설치기준

㉠ 수동식 기동장치의 부근에는 소화약제의 방출을 지연시킬 수 있는 방출지연스위치를 설치한다. 방출지연스위치는 자동복귀형 스위치로 수동식 기동장치의 타이머를 순간 정지시키는 기능의 스위치를 말한다.
㉡ 방호구역마다 설치한다.
㉢ 해당 방호구역의 출입구 부근 등 조작을 하는 자가 쉽게 피난할 수 있는 장소에 설치한다.
㉣ 기동장치의 조작부는 바닥으로부터 0.8[m] 이상 1.5[m] 이하의 위치에 설치하고, 보호판 등에 따른 보호장치를 설치한다.
㉤ 기동장치 인근의 보기 쉬운 곳에 "할로겐화합물 및 불활성기체소화설비 수동식 기동장치"라는 표지를 한다.
㉥ 전기를 사용하는 기동장치에는 전원표시등을 설치한다.
㉦ 기동장치의 방출용 스위치는 음향경보장치와 연동하여 조작될 수 있는 것으로 한다.
㉧ 50[N] 이하의 힘을 가하여 기동할 수 있는 구조로 한다.

정답 | ①

79 빈출도 ★★★

다음은 상수도 소화용수설비의 설치기준에 관한 설명이다. ( ) 안에 들어갈 내용으로 알맞은 것은?

> 호칭지름 75[mm] 이상의 수도배관에 호칭지름 (   )[mm] 이상의 소화전을 접속할 것

① 50　② 80
③ 100　④ 125

해설

호칭지름 75[mm] 이상의 수도배관에 호칭지름 100[mm] 이상의 소화전을 접속한다.

관련개념 상수도 소화용수설비의 설치기준

㉠ 호칭지름 75[mm] 이상의 수도배관에 호칭지름 100[mm] 이상의 소화전을 접속한다.
㉡ 소화전은 소방자동차 등의 진입이 쉬운 도로변 또는 공지에 설치한다.
㉢ 소화전은 특정소방대상물의 수평투영면의 각 부분으로부터 140[m] 이하가 되도록 설치한다.

정답 | ③

80 빈출도 ★★

포 소화설비의 화재안전기술기준(NFTC 105)에 따라 포 소화설비에 소방용 합성수지배관을 설치할 수 있는 경우로 틀린 것은?

① 배관을 지하에 매설하는 경우
② 다른 부분과 내화구조로 구획된 덕트 또는 피트의 내부에 설치하는 경우
③ 동결방지조치를 하거나 동결의 우려가 없는 경우
④ 천장과 반자를 불연재료 또는 준불연재료로 설치하고 그 내부에 습식으로 배관을 설치하는 경우

해설

금속관에 비해 합성수지배관은 비교적 낮은 온도에서 변형이 일어나므로 화재에 더욱 취약하다. 따라서 화재가 발생하더라도 배관이 변형되지 않고 소방용수를 충분히 공급할 수 있는 조건에서 합성수지배관을 사용할 수 있다.

관련개념 소방용 합성수지배관으로 사용할 수 있는 경우

㉠ 배관을 지하에 매설하는 경우
㉡ 다른 부분과 내화구조로 구획된 덕트 또는 피트의 내부에 설치하는 경우
㉢ 천장과 반자를 불연재료 또는 준불연재료로 설치하고 소화배관 내부에 항상 소화수가 채워진 상태로 설치하는 경우

정답 | ③

삶의 순간순간이
아름다운 마무리이며
새로운 시작이어야 한다.

– 법정 스님

START

여러분의 작은 소리
에듀윌은 크게 듣겠습니다.

본 교재에 대한 여러분의 목소리를 들려주세요.
공부하시면서 어려웠던 점, 궁금한 점,
칭찬하고 싶은 점, 개선할 점, 어떤 것이라도 좋습니다.

에듀윌은 여러분께서 나누어 주신 의견을
통해 끊임없이 발전하고 있습니다.

에듀윌 도서몰 book.eduwill.net

- 부가학습자료 및 정오표: 에듀윌 도서몰 → 도서자료실
- 교재 문의: 에듀윌 도서몰 → 문의하기 → 교재(내용, 출간) / 주문 및 배송

2023, 2022, 2021 대한민국 브랜드만족도 소방설비기사 교육 1위 (한경비즈니스)
2020, 2019 한국소비자만족지수 소방설비기사 교육 1위 (한경비즈니스, G밸리뉴스)

2026 에듀윌 소방설비기사 기계 기출문제집 필기

1 기초용어 무료특강으로 학습 준비 완료!
이용경로 에듀윌 도서몰(book.eduwill.net) ▶ 동영상강의실 ▶ '소방설비기사' 검색

2 8개년 기출문제 3회독으로 완벽 학습!
이용경로 2025년 3회 CBT 복원문제: 에듀윌 도서몰(book.eduwill.net) ▶ 도서자료실 ▶ 부가학습자료 ▶ '소방설비기사' 검색

3 CBT 모의고사 3회분으로 실전 감각 UP!
이용경로 교재 내 QR 코드로 접속

4 실기 합격도 에듀윌!
이용경로 에듀윌 실기 교재로 소방설비기사 완벽 정복

고객의 꿈, 직원의 꿈, 지역사회의 꿈을 실현한다

에듀윌 도서몰
book.eduwill.net

• 부가학습자료 및 정오표: 에듀윌 도서몰 > 도서자료실
• 교재 문의: 에듀윌 도서몰 > 문의하기 > 교재(내용, 출간) / 주문 및 배송

합격자 수가 선택의 기준!

2026

에듀윌 소방설비기사 기계 기출문제집

필기

❷권 | 플러스 4개년 기출(2021~2018)

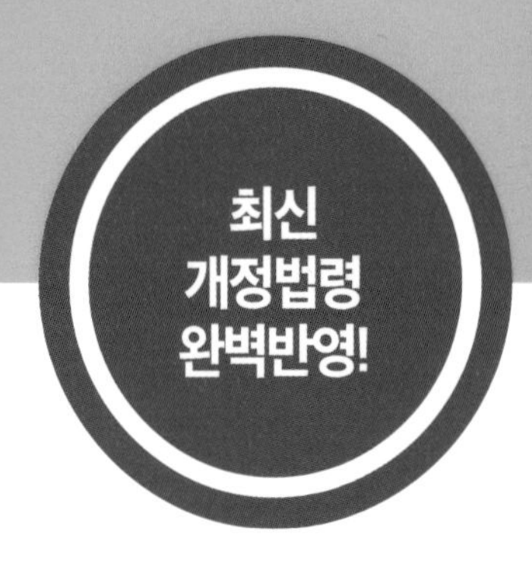

#기출은_이걸로_끝
8개년 기출 3회독으로 초단기 합격!

- 초시생을 위한 소방기초용어 무료특강 + 소방기초용어집(PDF)
- 실전과 같은 CBT 모의고사 3회분 수록
- 2025년 최신 CBT 복원문제 수록

eduwill

모든 시작에는
두려움과 서투름이
따르기 마련이에요.

당신이 나약해서가 아니에요.

소방설비기사 기계 기출문제집 필기

4주 합격 플래너

DAY 1	DAY 2	DAY 3	DAY 4	DAY 5	DAY 6	DAY 7
소방기초용어 무료특강	소방기초용어 무료특강	2025년 CBT 복원문제	2024년 CBT 복원문제	2023년 CBT 복원문제	2022년 기출문제	2021년 기출문제
완료 □	완료 □	완료 □	완료 □	완료 □	완료 □	완료 □
DAY 8	**DAY 9**	**DAY 10**	**DAY 11**	**DAY 12**	**DAY 13**	**DAY 14**
2020년 기출문제	2019년 기출문제	2018년 기출문제	틀린문제 복습	2025년 CBT 복원문제	2024년 CBT 복원문제	2023년 CBT 복원문제
완료 □	완료 □	완료 □	완료 □	완료 □	완료 □	완료 □
DAY 15	**DAY 16**	**DAY 17**	**DAY 18**	**DAY 19**	**DAY 20**	**DAY 21**
2022년 기출문제	2021년 기출문제	2020년 기출문제	2019년 기출문제	2018년 기출문제	틀린문제 복습	2025~2024년 CBT 복원문제
완료 □	완료 □	완료 □	완료 □	완료 □	완료 □	완료 □
DAY 22	**DAY 23**	**DAY 24**	**DAY 25**	**DAY 26**	**DAY 27**	**DAY 28**
2023~2022년 CBT 복원문제	2021~2020년 기출문제	2019~2018년 기출문제	틀린문제 복습	CBT 모의고사 1회	CBT 모의고사 2회	CBT 모의고사 3회
완료 □	완료 □	완료 □	완료 □	완료 □	완료 □	완료 □

에듀윌 소방설비기사

기계 기출문제집 필기

플러스 4개년 기출문제

(2021～2018)

차례

최신 4개년 기출문제

플러스 4개년 기출문제

2021년

2020년

2019년

2018년

"2025년 3회차 CBT 복원문제는 9월 중 제공됩니다."

※ 상세경로: 에듀윌 도서몰(book.eduwill.net) → 도서 자료실 → 부가학습자료 → [소방설비기사 기출문제집] 검색 → PDF 다운로드

2021년 1회 기출문제

■ 1회독 ■ 2회독 ■ 3회독

소방원론

01 빈출도 ★★★

위험물별 저장방법에 대한 설명 중 틀린 것은?

① 유황은 정전기가 축적되지 않도록 하여 저장한다.
② 적린은 화기로부터 격리하여 저장한다.
③ 마그네슘은 건조하면 부유하여 분진폭발의 위험이 있으므로 물에 적시어 보관한다.
④ 황화린은 산화제와 격리하여 저장한다.

해설

제2류 위험물인 마그네슘은 물과 반응하면 가연성 가스인 수소를 발생시키므로 물, 습기 등과의 접촉을 피하여 저장한다.

정답 | ③

02 빈출도 ★★

분자식이 CF_2BrCl인 할로겐화합물 소화약제는?

① Halon 1301 ② Halon 1211
③ Halon 2402 ④ Halon 2021

해설

분자식이 CF_2BrCl인 소화약제는 Halon 1211이다.
Cl과 Br의 위치는 바꾸어 표기하여도 동일한 화합물이다.

관련개념 **할론 소화약제 명명의 방식**

㉠ 제일 앞에 Halon이란 명칭을 쓴다.
㉡ 이후 구성 원소들의 수를 C, F, Cl, Br의 순서대로 쓰되 없는 경우 0으로 한다.
㉢ 마지막 0은 생략할 수 있다.

정답 | ②

03 빈출도 ★

건축물의 화재 시 피난자들의 집중으로 패닉(panic) 현상이 일어날 수 있는 피난방향은?

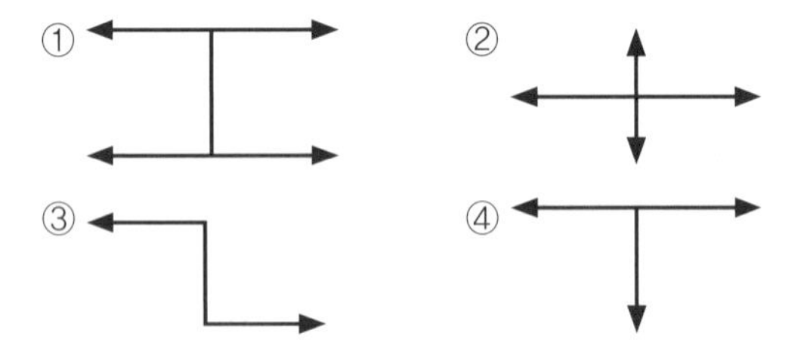

해설

피난방향은 간단 명료해야 한다. ①번 H형 방향의 경우 중앙 복도에 피난자들이 집중될 수 있으므로 패닉(panic) 현상이 발생할 수 있다.

정답 | ①

04 빈출도 ★★

할로겐화합물 소화약제에 관한 설명으로 옳지 않은 것은?

① 연쇄반응을 차단하여 소화한다.
② 할로겐족 원소가 사용된다.
③ 전기에 도체이므로 전기화재에 효과가 있다.
④ 소화약제의 변질분해 위험성이 낮다.

해설

할로겐화합물 소화약제는 전기전도도가 거의 없다.

관련개념 **할로겐화합물 소화약제**

㉠ 연쇄반응을 차단하는 부촉매효과가 있다.
㉡ Br을 제외한 할로겐족 원소가 사용된다.
㉢ 변질분해 위험성이 낮아 화재를 소화하는 동안 피연소물질에 물리적 · 화학적 변화를 주지 않는다.

정답 | ③

05 빈출도 ★★

슈테판－볼츠만의 법칙에 의해 복사열과 절대온도의 관계를 옳게 설명한 것은?

① 복사열은 절대온도의 제곱에 비례한다.
② 복사열은 절대온도의 4제곱에 비례한다.
③ 복사열은 절대온도의 제곱에 반비례한다.
④ 복사열은 절대온도의 4제곱에 반비례한다.

해설

복사는 열에너지가 매질을 통하지 않고 전자기파의 형태로 전달되는 현상이다.
슈테판－볼츠만 법칙에 의해 복사열은 절대온도의 4제곱에 비례한다.

$$Q \propto \sigma T^4$$

Q: 열전달량[W/m²], σ: 슈테판－볼츠만 상수(5.67 × 10^{-8})[W/m²·K⁴], T: 절대온도[K]

정답 | ②

06 빈출도 ★★

일반적으로 공기 중 산소농도를 몇 [vol%] 이하로 감소시키면 연소속도의 감소 및 질식소화가 가능한가?

① 15 ② 21
③ 25 ④ 31

해설

일반적으로 산소농도가 15[vol%] 이하인 경우 연소속도의 감소 및 질식소화가 가능하다.

정답 | ①

07 빈출도 ★★★

이산화탄소의 물성으로 옳은 것은?

① 임계온도: 31.35[℃] 증기비중: 0.529
② 임계온도: 31.35[℃] 증기비중: 1.529
③ 임계온도: 0.35[℃] 증기비중: 1.529
④ 임계온도: 0.35[℃] 증기비중: 0.529

해설

이산화탄소의 임계온도는 약 31.4[℃], 이산화탄소의 분자량이 44[g/mol]이므로 증기비중은

$\frac{\text{이산화탄소의 분자량}}{\text{공기의 평균 분자량}} = \frac{44}{29} \fallingdotseq 1.52$이다.

관련개념 이산화탄소의 일반적 성질

㉠ 상온에서 무색·무취·무미의 기체로서 독성이 없다.
㉡ 임계온도는 약 31.4[℃]이고, 비중이 약 1.52로 공기보다 무겁다.
㉢ 압축 및 냉각 시 쉽게 액화할 수 있으며, 더욱 압축냉각하면 드라이아이스가 된다.

정답 | ②

08 빈출도 ★★

조연성 가스에 해당하는 것은?

① 일산화탄소 ② 산소
③ 수소 ④ 뷰테인

해설

조연성(지연성) 가스는 스스로 연소하지 않지만 연소를 도와주는 물질로 산소, 불소, 염소, 오존 등이 있다.

선지분석

①, ③, ④ 모두 가연성 가스이다.

정답 | ②

09 빈출도 ★

가연물질의 구비조건으로 옳지 않은 것은?

① 화학적 활성이 클 것
② 열의 축적이 용이할 것
③ 활성화 에너지가 작을 것
④ 산소와 결합할 때 발열량이 작을 것

해설

산소와 결합할 때 발열량이 커야 화재로 이어진다.

관련개념 가연물이 되기 쉬운 조건

㉠ 수분이 적고, 표면적이 넓다.
㉡ 화학적으로 산소와 친화력이 크다.
㉢ 발열 반응을 하며, 발열량이 크다.
㉣ 열전도율과 활성화 에너지가 작다.
㉤ 가연물끼리 서로 영향을 주어 연소를 시켜주는 연쇄반응을 일으킨다.

정답 | ④

10 빈출도 ★★★

가연성 가스이면서도 독성 가스인 것은?

① 질소 ② 수소
③ 염소 ④ 황화수소

해설

황화수소(H_2S)는 황을 포함하고 있는 유기 화합물이 불완전 연소하면 발생하며, 계란이 썩는 악취가 나는 무색의 유독성 기체이다. 자극성이 심하고, 인체 허용농도는 10[ppm]이다.

정답 | ④

11 빈출도 ★★★

다음 물질 중 연소범위를 통하여 산출한 위험도 값이 가장 높은 것은?

① 수소 ② 에틸렌
③ 메테인 ④ 이황화탄소

해설

이황화탄소(CS_2)의 위험도가 $\frac{44-1.2}{1.2} \fallingdotseq 35.7$로 가장 높다.

관련개념 주요 가연성 가스의 연소범위와 위험도

가연성 가스	하한계 [vol%]	상한계 [vol%]	위험도
아세틸렌(C_2H_2)	2.5	81	31.4
수소(H_2)	4	75	17.8
일산화탄소(CO)	12.5	74	4.9
에테르($C_2H_5OC_2H_5$)	1.9	48	24.3
이황화탄소(CS_2)	1.2	44	35.7
에틸렌(C_2H_4)	2.7	36	12.3
암모니아(NH_3)	15	28	0.9
메테인(CH_4)	5	15	2
에테인(C_2H_6)	3	12.4	3.1
프로페인(C_3H_8)	2.1	9.5	3.5
뷰테인(C_4H_{10})	1.8	8.4	3.7

정답 | ④

12 빈출도 ★★★

다음 각 물질과 물이 반응하였을 때 발생하는 가스의 연결이 틀린 것은?

① 탄화칼슘 — 아세틸렌
② 탄화알루미늄 — 이산화황
③ 인화칼슘 — 포스핀
④ 수소화리튬 — 수소

해설

탄화알루미늄(Al_4C_3)과 물이 반응하면 메테인(CH_4)이 발생한다.
$Al_4C_3 + 12H_2O \rightarrow 4Al(OH)_3 + 3CH_4 \uparrow$

선지분석

① $CaC_2 + 2H_2O \rightarrow Ca(OH)_2 + C_2H_2 \uparrow$
③ $Ca_3P_2 + 6H_2O \rightarrow 3Ca(OH)_2 + 2PH_3 \uparrow$
④ $LiH + H_2O \rightarrow LiOH + H_2 \uparrow$

정답 | ②

13 빈출도 ★

블레비(BLEVE) 현상과 관계가 없는 것은?

① 핵분열
② 가연성액체
③ 화구(Fire ball)의 형성
④ 복사열의 대량 방출

해설

블레비(BLEVE) 현상은 고압의 액화가스용기 등이 외부 화재에 의해 가열되어 탱크 내 액체가 비등하고 증기가 팽창하면서 폭발을 일으키는 현상이므로 핵분열과는 관계가 없다.

정답 | ①

14 빈출도 ★★★

인화점이 낮은 것부터 높은 순서로 옳게 나열된 것은?

① 에틸알코올<이황화탄소<아세톤
② 이황화탄소<에틸알코올<아세톤
③ 에틸알코올<아세톤<이황화탄소
④ 이황화탄소<아세톤<에틸알코올

해설

인화점은 이황화탄소, 아세톤, 에틸알코올 순으로 높아진다.

관련개념 물질의 발화점과 인화점

물질	발화점[℃]	인화점[℃]
프로필렌	497	−107
산화프로필렌	449	−37
가솔린	300	−43
이황화탄소	100	−30
아세톤	538	−18
메틸알코올	385	11
에틸알코올	423	13
벤젠	498	−11
톨루엔	480	4.4
등유	210	43～72
경유	200	50～70
적린	260	—
황린	30	20

정답 | ④

15 빈출도 ★★★

물에 저장하는 것이 안전한 물질은?

① 나트륨　② 수소화칼슘
③ 이황화탄소　④ 탄화칼슘

해설

제4류 위험물 특수인화물인 이황화탄소는 물보다 무겁고 물에 녹지 않는 비수용성이므로 물 속에 저장하는 것이 안전하다.

선지분석

① 제3류 위험물인 나트륨은 물과 반응하면 수소를 발생하며 급격히 발화하므로 석유, 등유 등 산소가 함유되지 않는 보호액 속에 보관한다.
② 제3류 위험물인 수소화칼슘은 물과 반응하면 수소를 발생하며 급격히 발화하므로 금속제의 견고한 저장 용기에 완전히 밀폐하여 수분 및 공기와의 접촉을 피한다.
④ 제3류 위험물인 탄화칼슘은 물과 반응하면 아세틸렌 가스를 발생하며 급격히 발화하므로 금속제의 견고한 저장 용기에 완전히 밀폐하여 수분 및 공기와의 접촉을 피한다.

정답 ③

16 빈출도 ★★★

대두유가 침적된 기름걸레를 쓰레기통에 오래 방치한 결과 자연발화에 의해 화재가 발생한 경우 그 이유로 옳은 것은?

① 융해열 축적　② 산화열 축적
③ 증발열 축적　④ 발효열 축적

해설

기름 속 지방산은 산소, 수분 등에 오래 노출시키게 되면 산화가 진행되며 산화열이 발생한다. 산화열을 충분히 배출하지 못하면 점점 축적되어 온도가 상승하게 되고, 기름의 발화점에 도달하면 자연발화가 일어난다.

정답 ②

17 빈출도 ★

건축법령상 내력벽, 기둥, 바닥, 보, 지붕틀 및 주계단을 무엇이라 하는가?

① 내진구조부　② 건축설비부
③ 보조구조부　④ 주요구조부

해설

주요구조부란 내력벽, 기둥, 바닥, 보, 지붕틀 및 주계단을 말한다. 다만, 사이 기둥, 최하층 바닥, 작은 보, 차양, 옥외 계단, 그 밖에 이와 유사한 것으로 건축물의 구조상 중요하지 아니한 부분은 제외한다.

정답 ④

18 빈출도 ★★★

전기화재의 원인으로 거리가 먼 것은?

① 단락　② 과전류
③ 누전　④ 절연 과다

해설

절연이 충분히 이루어지지 못하면 화재가 발생할 수 있다.

관련개념 **전기화재의 발생 원인**

㉠ 단락 · 전기스파크 · 과전류 또는 절연불량
㉡ 접속부 과열, 열적 경과 또는 지락 · 낙뢰 · 누전

정답 ④

19 빈출도 ★★

소화약제로 사용하는 물의 증발잠열로 기대할 수 있는 소화효과는?

① 냉각소화 ② 질식소화
③ 제거소화 ④ 촉매소화

해설

물은 비열과 증발잠열이 높아 온도 및 상태변화에 많은 에너지를 필요로 하기 때문에 가연물의 온도를 빠르게 떨어뜨린다.

관련개념 **소화효과**

㉠ 제거소화(제거효과): 화재현장 주위의 물체를 치우고 연료를 제거하여 소화하는 방법
㉡ 억제소화(부촉매효과): 화재의 연쇄반응을 차단하여 소화하는 방법
㉢ 질식소화(피복효과): 산소의 공급을 차단하여 소화하는 방법
㉣ 냉각소화(냉각효과): 연소하는 가연물의 온도를 인화점 아래로 떨어뜨려 소화하는 방법

정답 | ①

20 빈출도 ★★

1기압 상태에서, 100[℃] 물 1[g]이 모두 기체로 변할 때 필요한 열량은 몇 [cal]인가?

① 429 ② 499
③ 539 ④ 639

해설

물의 기화(증발) 잠열은 539[cal/g]이다.

관련개념 **기화(증발) 잠열**

기화 시 액체가 기체로 변화하는 동안에는 온도가 상승하지 않고 일정하게 유지되는데, 이와 같이 온도의 변화 없이 어떤 물질의 상태를 변화시킬 때 필요한 열량을 잠열이라고 한다.

정답 | ③

소방유체역학

21 빈출도 ★★

대기압이 90[kPa]인 곳에서 진공 76[mmHg]는 절대압력[kPa]으로 약 얼마인가?

① 10.1　　② 79.9
③ 99.9　　④ 101.1

해설

진공을 기준으로 나타내는 압력을 절대압이라고 하며, 대기압을 기준으로 (−)압력을 진공압이라고 한다.
따라서 대기압에 진공압을 빼주면 진공으로부터의 절대압이 된다.
760[mmHg]는 101.325[kPa]와 같으므로

$$90[kPa]-76[mmHg]\times\frac{101.325[kPa]}{760[mmHg]}$$
$$≒79.87[kPa]$$

정답 | ②

22 빈출도 ★★★

지름 0.4[m]인 관에 물이 0.5[m^3/s]로 흐를 때 길이 300[m]에 대한 동력손실은 60[kW]이었다. 이 때 관 마찰계수 f는 얼마인가?

① 0.0151　　② 0.0202
③ 0.0256　　④ 0.0301

해설

일정한 양의 비압축성 유체가 일정한 속도로 흐를 때 배관에서의 마찰손실은 달시−바이스바하 방정식으로 구할 수 있다.

$$H=\frac{\Delta P}{\gamma}=\frac{flu^2}{2gD}$$

H: 마찰손실수두[m], ΔP: 압력 차이[kPa], γ: 비중량[kN/m^3], f: 마찰손실계수, l: 배관의 길이[m], u: 유속[m/s], g: 중력가속도[m/s^2], D: 배관의 직경[m]

동력손실이 60[kW] 발생하였으므로 손실수두는 다음과 같다.

$$P=\gamma QH$$

P: 동력손실[kW], γ: 유체의 비중량[kN/m^3], Q: 유량[m^3/s], H: 전양정[m]

$$H=\frac{60}{\gamma Q}$$

따라서 두 식을 연립하면 다음의 식이 성립한다.

$$\frac{60}{\gamma Q}=\frac{flu^2}{2gD}$$

부피유량 공식 $Q=Au$에 의해 유량과 배관의 직경 D를 알면 유속은 다음과 같이 구할 수 있다.

$$u=\frac{Q}{A}=\frac{Q}{\frac{\pi}{4}D^2}=\frac{4Q}{\pi D^2}$$

u: 유속[m/s], Q: 유량[m^3/s], A: 배관의 단면적[m^2], D: 배관의 직경[m]

주어진 조건을 공식에 대입하면 마찰계수 f는

$$\frac{60}{\gamma Q}=\frac{fl}{2gD}\times\left(\frac{4Q}{\pi D^2}\right)^2$$
$$f=\frac{60}{\gamma Q}\times\frac{2gD}{l}\times\left(\frac{\pi D^2}{4Q}\right)^2$$
$$=\frac{60}{9.8\times0.5}\times\frac{2\times9.8\times0.4}{300}\times\left(\frac{\pi\times0.4^2}{4\times0.5}\right)^2$$
$$≒0.0202$$

정답 | ②

23 빈출도 ★

액체 분자들 사이의 응집력과 고체면에 대한 부착력의 차이에 의하여 관내 액체표면과 자유표면 사이에 높이 차이가 나타나는 것과 가장 관계가 깊은 것은?

① 관성력　② 점성
③ 뉴턴의 마찰법칙　④ 모세관 현상

해설

모세관 현상은 분자간 인력인 응집력과 분자와 모세관 사이의 인력인 부착력의 차이에 의해 발생한다.

정답 | ④

24 빈출도 ★★

피스톤이 설치된 용기 속에서 1[kg]의 공기가 일정온도 50[℃]에서 처음 체적의 5배로 팽창되었다면 이 때 전달된 열량[kJ]은 얼마인가? (단, 공기의 기체상수는 0.287[kJ/kg · K]이다.)

① 149.2　② 170.6
③ 215.8　④ 240.3

해설

등온 과정에서 계에 전달된 열량 Q는 모두 일 W로 전환되므로 공급된 열 Q는 다음과 같다.

$$Q=m\bar{R}T\ln\left(\frac{V_2}{V_1}\right)$$

Q: 공급된 열[kJ], m: 질량[kg],
$\bar{R}$: 특정 기체상수[kJ/kg · K], T: 온도[K], V: 부피[m^3]

부피가 5배가 되었으므로 부피비는 다음과 같다.

$$\frac{V_2}{V_1}=5$$

주어진 조건을 공식에 대입하면 계에 전달된 열량 Q는

$$Q=1\times0.287\times(273+50)\times\ln(5)$$
$$\fallingdotseq 149.2[kJ]$$

관련개념 **등온 과정**

계에 공급된 열은 내부에너지를 높이는데 쓰이거나 일을 하는데 쓰인다.
내부에너지는 온도에 대한 함수로 온도가 일정하다면 변화하지 않는다.
따라서 공급된 열은 전부 일을 하는데 쓰인다.

정답 | ①

25 빈출도 ★★★

호주에서 무게가 20[N]인 어떤 물체를 한국에서 재어보니 19.8[N]이었다면 한국에서의 중력가속도[m/s^2]는 얼마인가? (단, 호주에서의 중력가속도는 9.82[m/s^2]이다.)

① 9.46 ② 9.61
③ 9.72 ④ 9.82

해설

$$W = mg$$

W: 무게[N], m: 질량[kg], g: 중력가속도[m/s^2]

질량은 물체가 가지는 고유한 양이므로 어디에서도 그 값은 일정하다.

$$m = \frac{W_1}{g_1} = \frac{W_2}{g_2}$$

호주에서의 무게 W_1는 20[N], 중력가속도 g_1는 9.82[m/s^2]이고, 한국에서의 무게 W_2는 19.8[N]이므로, 한국에서의 중력가속도 g_2는

$$g_2 = g_1 \times \left(\frac{W_2}{W_1}\right) = 9.82 \times \left(\frac{19.8}{20}\right)$$
$$= 9.7218[\text{m/s}^2]$$

정답 | ③

26 빈출도 ★★★

두께 20[cm]이고 열전도율 4[W/m · K]인 벽의 내부 표면온도는 20[℃]이고, 외부 벽은 −10[℃]인 공기에 노출되어 있어 대류 열전달이 일어난다. 외부의 대류 열전달계수가 20[W/m^2 · K] 일 때, 정상상태에서 벽의 외부 표면온도[℃]는 얼마인가? (단, 복사열전달은 무시한다.)

① 5 ② 10
③ 15 ④ 20

해설

벽의 내부온도는 20[℃]이고, 벽의 외부는 −10[℃]의 온도에 노출되어 열손실이 발생하고 있다. 이때 벽의 외부 표면온도가 일정하게 유지되기 위해서는 벽의 외부 표면에서 대류에 의해 손실되는 열 만큼 벽의 내부에서 전도에 의해 열이 전달되어야 한다.

$$Q = hA(T_2 - T_1)$$

Q: 열전달량[W], h: 대류 열전달계수[W/m^2 · ℃], A: 열전달 면적[m^2], $(T_2 - T_1)$: 온도 차이[℃]

$$Q = kA\frac{(T_2 - T_1)}{l}$$

Q: 열전달량[W], k: 열전도율[W/m · ℃], A: 열전달 면적[m^2], $(T_2 - T_1)$: 온도 차이[℃], l: 벽의 두께[m]

벽의 외부 표면온도를 T라고 했을 때 벽의 외부에서 대류에 의해 손실되는 열량은 다음과 같다.

$$Q_1 = 20 \times A \times (T - (-10)) = 20A(T + 10)$$

벽의 내부에서 전도에 의해 전달되는 열량은 다음과 같다.

$$Q_2 = 4 \times A \times \frac{20 - T}{0.2}$$

따라서 위의 두 식을 연립하여 벽의 외부 표면온도를 구하면

$$20A(T + 10) = 4A \times \frac{20 - T}{0.2}$$
$$T + 10 = 20 - T$$
$$T = 5[℃]$$

정답 | ①

27 빈출도 ★★

질량 m[kg]의 어떤 기체로 구성된 밀폐계가 Q[kJ]의 열을 받아 일을 하고, 이 기체의 온도가 ΔT[℃] 상승하였다면 이 계가 외부에 한 일 W[kJ]을 구하는 계산식으로 옳은 것은? (단, 이 기체의 정적비열은 C_v[kJ/kg · K], 정압비열은 C_p[kJ/kg · K]이다.)

① $W=Q-mC_v\Delta T$ ② $W=Q+mC_v\Delta T$

③ $W=Q-mC_p\Delta T$ ④ $W=Q+mC_p\Delta T$

해설

내부 에너지와 일, 열의 관계식은 다음과 같다.

$$\Delta U=Q-W$$

ΔU: 내부 에너지, Q:열, W: 일

여기서 정적비열 C_v는 $\frac{dU}{dT}$로 나타낼 수 있으므로 내부에너지 ΔU를 다음과 같이 나타낼 수 있다.

$dU=C_v dT$

$\Delta U=C_v \Delta T$

따라서 계가 외부에 한 일 W는

$W=Q-\Delta U=Q-mC_v\Delta T$

정답 | ①

28 빈출도 ★★

정육면체의 그릇에 물을 가득 채울 때, 그릇 밑면이 받는 압력에 의한 수직방향 평균 힘의 크기를 P라고 하면, 한 측면이 받는 압력에 의한 수평방향 평균 힘의 크기는 얼마인가?

① $0.5P$ ② P

③ $2P$ ④ $4P$

해설

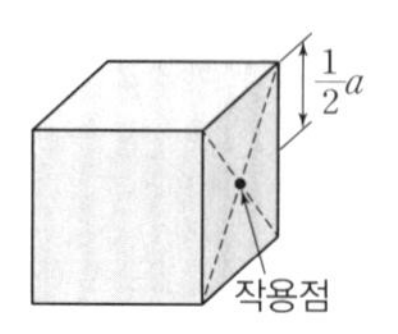

정육면체의 한 변의 길이가 a일 때, 수직 방향으로 작용하는 힘 F_v는 다음과 같다.

$$F_v=mg=\rho Vg=\gamma V$$

F_v: 수직 방향으로 작용하는 힘(수직분력)[N], m: 질량[kg], g: 중력가속도[m/s^2], ρ: 밀도[kg/m^3], V: 부피[m^3], γ: 유체의 비중량[N/m^3]

$F_v=\gamma V=\gamma(a\times a\times a)=\gamma a^3=P$

수평 방향으로 작용하는 힘은 중심 높이로부터 표면까지의 높이 $\frac{a}{2}$에 작용하므로 F_h는

$$F_h=PA=\rho ghA=\gamma hA$$

F_h: 수평 방향으로 작용하는 힘(수평분력)[N], P: 압력[N/m^2], A: 정사영 면적[m^2], ρ: 밀도[kg/m^3], g: 중력가속도[m/s^2], h: 중심 높이로부터 표면까지의 높이[m], γ: 유체의 비중량[N/m^3]

$F_h=\gamma hA=\gamma\times\frac{a}{2}\times(a\times a)=\frac{1}{2}\gamma a^3=0.5P$

정답 | ①

29 빈출도 ★★★

베르누이 방정식을 적용할 수 있는 기본 전제조건으로 옳은 것은?

① 비압축성 흐름, 점성 흐름, 정상 유동
② 압축성 흐름, 비점성 흐름, 정상 유동
③ 비압축성 흐름, 비점성 흐름, 비정상 유동
④ 비압축성 흐름, 비점성 흐름, 정상 유동

해설

베르누이의 정리에서 압력이 가지는 에너지, 유속이 가지는 에너지, 위치가 가지는 에너지의 합은 일정하다.

관련개념 **베르누이 정리의 조건**

㉠ 비압축성 유체이다.
㉡ 정상상태의 흐름이다.
㉢ 마찰이 없는 흐름이다.
㉣ 임의의 두 점은 같은 흐름선 상에 있다.

정답 | ④

30 빈출도 ★★

Newton의 점성법칙에 대한 옳은 설명으로 모두 짝지은 것은?

㉠ 전단응력은 점성계수와 속도기울기의 곱이다.
㉡ 전단응력은 점성계수에 비례한다.
㉢ 전단응력은 속도기울기에 반비례한다.

① ㉠, ㉡　　② ㉡, ㉢
③ ㉠, ㉢　　④ ㉠, ㉡, ㉢

해설

전단응력은 점성계수(점도)와 속도기울기의 곱으로 이루어져 있다.

$$\tau=\mu\frac{du}{dy}$$

τ: 전단응력[Pa], μ: 점성계수(점도)[$N \cdot s/m^2$],
$\frac{du}{dy}$: 속도기울기[s^{-1}]

정답 | ①

31 빈출도 ★★

물이 배관 내에 유동하고 있을 때 흐르는 물 속 어느 부분의 정압이 그때 물의 온도에 해당하는 증기압 이하로 되면 부분적으로 기포가 발생하는 현상을 무엇이라고 하는가?

① 수격현상　　② 서징현상
③ 공동현상　　④ 와류현상

해설

배관 내 흐르는 유체에서 압력이 증기압보다 낮아져 기포가 발생하는 현상을 공동현상이라고 한다.

관련개념 펌프의 이상현상

현상	설명
수격현상	배관 속 유체의 흐름이 갑자기 변화할 때 압력파에 의해 충격과 이상음이 발생하는 현상
맥동현상	펌프 압력계의 지침이 흔들리며 토출량이 주기적으로 변동하며 진동하는 현상
공동현상	배관 내 흐르는 유체에서 압력이 증기압보다 낮아져 기포가 발생하는 현상

정답 | ③

32 빈출도 ★★★

그림과 같이 사이펀에 의해 용기 속의 물이 4.8[m^3/min]로 방출된다면 전체 손실수두[m]는 얼마인가? (단, 관 내 마찰은 무시한다.)

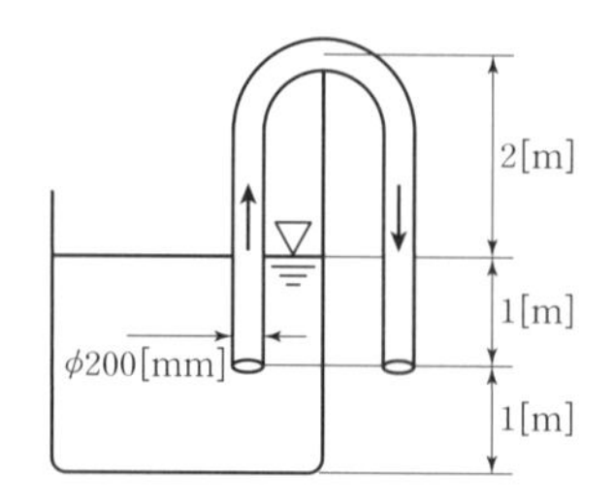

① 0.668　　② 0.330
③ 1.043　　④ 1.826

해설

수조의 표면에서 유체의 위치가 가지는 에너지는 사이펀을 통과하며 일부 손실이 되고, 나머지는 사이펀의 출구에서 유속이 가지는 에너지로 변환되며 속도 u를 가지게 된다.

$$Z=H+\frac{u^2}{2g}$$

사이펀을 통과하는 유량은 4.8[m^3/min]이므로 단위를 변환하면 $\frac{4.8}{60}$[m^3/s]이고, 사이펀은 원형이므로 유속 u는 다음과 같다.

$$Q=Au$$

Q: 부피유량[m^3/s], A: 유체의 단면적[m^2], u: 유속[m/s]

$$A=\frac{\pi}{4}D^2$$

$$u=\frac{Q}{A}=\frac{Q}{\frac{\pi}{4}D^2}=\frac{\frac{4.8}{60}}{\frac{\pi}{4}\times 0.2^2}=2.55[m/s]$$

표면과 사이펀 출구의 높이 차이는 1[m]이므로 손실수두 H는

$$H=Z-\frac{u^2}{2g}=1-\frac{2.55^2}{2\times 9.8}\fallingdotseq 0.6682[m]$$

정답 | ①

33 빈출도 ★

반지름 R_0인 원형파이프에 유체가 층류로 흐를 때, 중심으로부터 거리 R에서의 유속 U와 최대속도 U_{max}의 비에 대한 분포식으로 옳은 것은?

① $\frac{U}{U_{max}}=\left(\frac{R}{R_0}\right)^2$
② $\frac{U}{U_{max}}=2\left(\frac{R}{R_0}\right)^2$
③ $\frac{U}{U_{max}}=\left(\frac{R}{R_0}\right)^2-2$
④ $\frac{U}{U_{max}}=1-\left(\frac{R}{R_0}\right)^2$

해설

원형 단면을 가진 배관에서 속도분포식은 다음과 같다.

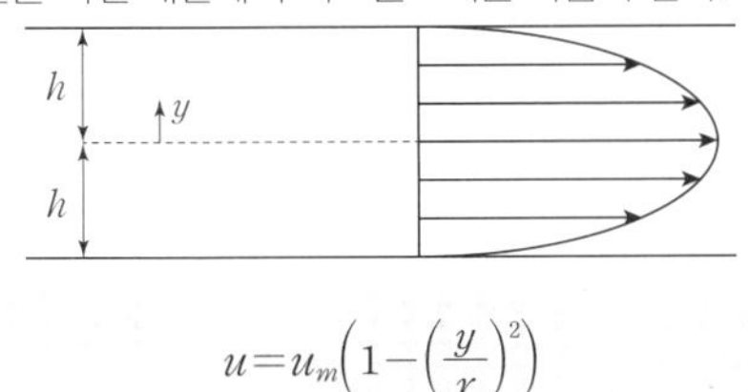

$$u=u_m\left(1-\left(\frac{y}{r}\right)^2\right)$$

u: 유속, u_m: 최대유속,
y: 관 중심으로부터 수직방향으로의 거리, r: 배관의 반지름

정답 | ④

34 빈출도 ★★

이상기체의 기체상수에 대해 옳은 설명으로 모두 짝지어진 것은?

> ㉠ 기체상수의 단위는 비열의 단위와 차원이 같다.
> ㉡ 기체상수는 온도가 높을수록 커진다.
> ㉢ 분자량이 큰 기체의 기체상수가 분자량이 작은 기체의 기체상수보다 크다.
> ㉣ 기체상수의 값은 기체의 종류에 관계없이 일정하다.

① ㉠
② ㉠, ㉢
③ ㉡, ㉢
④ ㉠, ㉡, ㉣

해설

기체상수의 단위와 비열의 단위는 [J/kg · K]로 동일하므로 그 차원도 같다.

선지분석

㉡ 기체상수는 온도와 관련이 없다.
㉢ [J/kmol · K] 단위의 기체상수에 분자량 M[kg/kmol]을 나눠주어야 하므로 분자량이 클수록 기체상수는 작다.
㉣ 기체상수의 값은 기체의 분자량에 따라 다르므로 기체의 종류에 따라 다르다.

정답 | ①

35 빈출도 ★★★

그림에서 두 피스톤의 지름이 각각 30[cm]와 5[cm]이다. 큰 피스톤이 1[cm] 아래로 움직이면 작은 피스톤은 위로 몇 [cm] 움직이는가?

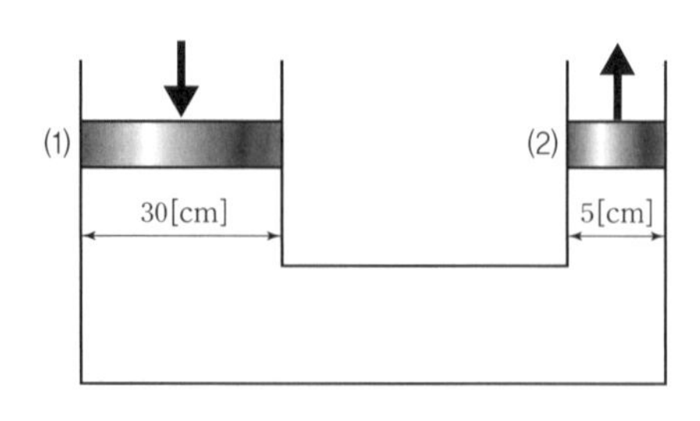

① 1　　② 5
③ 30　　④ 36

해설

큰 피스톤(1)에 의해 줄어드는 물의 부피는 작은 피스톤(2)에 의해 늘어나는 물의 부피와 같다.
피스톤은 원형이므로 단면적은 다음과 같다.

$$A=\frac{\pi}{4}D^2$$

따라서 다음의 식이 성립한다.

$$\frac{\pi}{4}D_1^2h_1=\frac{\pi}{4}D_2^2h_2$$

주어진 조건을 공식에 대입하면 작은 피스톤이 움직이는 높이 h_2는

$$\frac{\pi}{4}\times0.3^2\times1=\frac{\pi}{4}\times0.05^2\times h_2$$

$$h_2=36[\text{cm}]$$

정답 | ④

36 빈출도 ★

흐르는 유체에서 정상류의 의미로 옳은 것은?

① 흐름의 임의의 점에서 흐름 특성이 시간에 따라 일정하게 변하는 흐름
② 흐름의 임의의 점에서 흐름 특성이 시간에 관계없이 항상 일정한 상태에 있는 흐름
③ 임의의 시각에 유로 내 모든 점의 속도벡터가 일정한 흐름
④ 임의의 시각에 유로 내 각 점의 속도벡터가 다른 흐름

해설

흐름 특성이 더 이상 변화하지 않는 흐름을 정상류라고 한다. 배관 속 완전발달흐름이 정상류에 해당한다.

정답 | ②

37 빈출도 ★★★

용량 1,000[L]의 탱크차가 만수 상태로 화재현장에 출동하여 노즐압력 294.2[kPa], 노즐구경 21[mm]를 사용하여 방수한다면 탱크차 내의 물을 전부 방수하는데 몇 분 소요되는가? (단, 모든 손실은 무시한다.)

① 1.7분 ② 2분
③ 2.3분 ④ 2.7분

해설

노즐을 통과하기 전후의 압력과 속도의 관계식은 베르누이 방정식을 통해 구할 수 있다.

$$\frac{P_1}{\gamma}+\frac{u_1^2}{2g}+Z_1=\frac{P_2}{\gamma}+\frac{u_2^2}{2g}+Z_2$$

P: 압력[kN/m²], γ: 비중량[kN/m³], u: 유속[m/s], g: 중력가속도[m/s²], Z: 높이[m]

노즐을 통과하기 전(1) 유속 u_1은 0, 노즐을 통과한 후(2) 압력 P_2는 대기압이므로 0, 높이 차이는 없으므로 $Z_1=Z_2$로 두면 방정식은 다음과 같다.

$$\frac{P_1}{\gamma}=\frac{u_2^2}{2g}$$

따라서 노즐을 통과하기 전 P만큼의 방수압력을 가해주면 노즐을 통과한 유체는 u만큼의 유속으로 방사된다.

$$u=\sqrt{\frac{2gP}{\gamma}}$$

유체는 물이므로 물의 비중량은 9.8[kN/m³]이다.
노즐은 직경이 D인 원형이므로 노즐의 단면적은 다음과 같다.

$$A=\frac{\pi}{4}D^2$$

부피유량 공식 $Q=Au$에 의해 방수량은 다음과 같다.

$$Q=Au=\frac{\pi}{4}D^2\times\sqrt{\frac{2gP}{\gamma}}$$
$$=\frac{\pi}{4}\times0.021^2\times\sqrt{\frac{2\times9.8\times294.2}{9.8}}$$
$$\fallingdotseq0.0084[\text{m}^3/\text{s}]$$

따라서 1,000[L]의 물을 전부 방수하는데 걸리는 시간은

$$\frac{1{,}000[\text{L}]}{0.0084[\text{m}^3/\text{s}]}=\frac{1[\text{m}^3]}{0.0084[\text{m}^3/\text{s}]}$$
$$\fallingdotseq119[\text{s}]=1\text{분 }59\text{초}$$

정답 | ②

38 빈출도 ★★

그림과 같이 60°로 기울어진 고정된 평판에 직경 50[mm]의 물 분류가 속도 V=20[m/s]로 충돌하고 있다. 분류가 충돌할 때 판에 수직으로 작용하는 충격력 R(N)은?

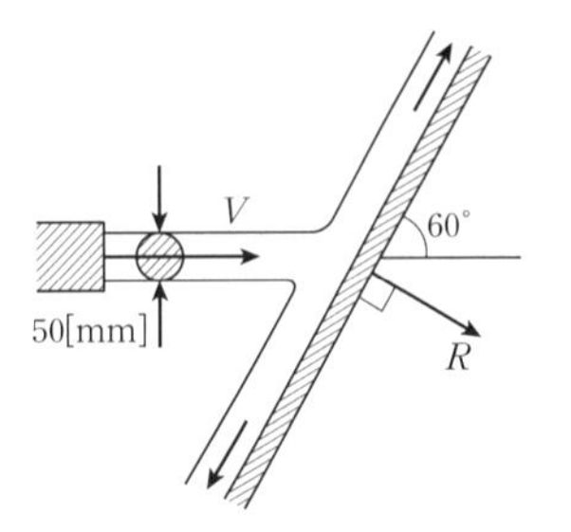

① 296 ② 393
③ 680 ④ 785

해설

기울어진 평판에 물 분류가 충돌하는 경우 초기 물 분류의 운동방향 중 평판에 수직인 성분만 고려하여 계산하여야 한다.

$$F=F_0\sin\theta=\rho Au^2\sin\theta$$

F: 유체가 평판에 가하는 힘[N], F_0: 초기 유체가 가진 힘[N], θ: 초기 유체의 운동방향과 작용하는 방향 사이의 각, ρ: 유체의 밀도[kg/m³], A: 유체의 단면적[m²], u: 유속[m/s]

물 분류는 직경이 D인 원형이므로 물제트의 단면적은 다음과 같다.

$$A=\frac{\pi}{4}D^2$$

물의 밀도는 1,000[kg/m³]이므로 물 분류가 기울어진 평판에 가하는 힘의 크기는

$$F=1{,}000\times\frac{\pi}{4}\times0.05^2\times20^2\times\sin60°$$
$$\fallingdotseq680.17[\text{N}]$$

정답 | ③

39 빈출도 ★

외부지름이 30[cm]이고 내부지름이 20[cm]인 길이 10[m]의 환형(annular)관에 물이 2[m/s]의 평균 속도로 흐르고 있다. 이때 손실수두가 1[m]일 때, 수력직경에 기초한 마찰계수는 얼마인가?

① 0.049　　② 0.054
③ 0.065　　④ 0.078

해설

일정한 양의 비압축성 유체가 일정한 속도로 흐를 때 배관에서의 마찰손실계수는 달시－바이스바하 방정식으로 구할 수 있다.

$$H=\frac{\Delta P}{\gamma}=\frac{flu^2}{2gD}$$

H: 마찰손실수두[m], ΔP: 압력 차이[kPa], γ: 비중량[kN/m³], f: 마찰손실계수, l: 배관의 길이[m], u: 유속[m/s], g: 중력가속도[m/s²], D: 배관의 직경[m]

배관은 원형이 아니므로 이 때 배관의 직경은 수력직경 D_h을 활용하여야 한다.

$$D_h=\frac{4A}{S}$$

D_h: 수력직경[m], A: 배관의 단면적[m²], S: 배관의 둘레[m]

배관의 단면적 A는 다음과 같다.

$$A=\frac{\pi}{4}(D_o^2-D_i^2)$$

배관의 둘레 S는 다음과 같다.

$$S=\pi(D_o+D_i)$$

따라서 수력직경 D_h는 다음과 같다.

$$D_h=\frac{4\times\frac{\pi}{4}(D_o^2-D_i^2)}{\pi(D_o+D_i)}=D_o-D_i=0.1[\text{m}]$$

주어진 조건을 공식에 대입하면 마찰손실계수 f는

$$f=H\times\frac{2gD_h}{lu^2}=1\times\frac{2\times9.8\times0.1}{10\times2^2}$$
$$=0.049$$

정답 | ①

40 빈출도 ★★★

토출량이 0.65[m³/min]인 펌프를 사용하는 경우 펌프의 소요 축동력[kW]은? (단, 전양정은 40[m]이고, 펌프의 효율은 50[%]이다.)

① 4.2　　② 8.5
③ 17.2　　④ 50.9

해설

$$P=\frac{\gamma QH}{\eta}$$

P: 축동력[kW], γ: 유체의 비중량[kN/m³], Q: 유량[m³/s], H: 전양정[m], η: 효율

유체는 물이므로 물의 비중량은 9.8[kN/m³]이다.
펌프의 토출량이 0.65[m³/min]이므로 단위를 변환하면 $\frac{0.65}{60}$[m³/s]이다.
따라서 주어진 조건을 공식에 대입하면 펌프의 소요 축동력 P는

$$P=\frac{9.8\times\frac{0.65}{60}\times40}{0.5}$$
$$\fallingdotseq8.49[\text{kW}]$$

정답 | ②

소방관계법규

41 빈출도 ★★★

소방기본법령상 저수조의 설치기준으로 틀린 것은?

① 지면으로부터의 낙차가 4.5[m] 이상일 것
② 흡수부분의 수심이 0.5[m] 이상일 것
③ 흡수에 지장이 없도록 토사 및 쓰레기 등을 제거할 수 있는 설비를 갖출 것
④ 흡수관의 투입구가 사각형인 경우에는 한 변의 길이가 60[cm] 이상, 원형의 경우에는 지름이 60[cm] 이상일 것

해설

저수조는 지면으로부터의 낙차가 4.5[m] 이하이어야 한다.

관련개념 **저수조의 설치기준**

㉠ 지면으로부터 낙차: 4.5[m] 이하
㉡ 흡수부분의 수심: 0.5[m] 이상
㉢ 흡수관의 투입구

사각형	한 변의 길이 60[cm] 이상
원형	지름 60[cm] 이상

정답 | ①

42 빈출도 ★★

소방시설공사업법령상 소방시설업 등록을 하지 아니하고 영업을 한 자에 대한 벌칙은?

① 500만 원 이하의 벌금
② 1년 이하의 징역 또는 1,000만 원 이하의 벌금
③ 3년 이하의 징역 또는 3,000만 원 이하의 벌금
④ 5년 이하의 징역

해설

소방시설업 등록을 하지 아니하고 영업을 한 자는 3년 이하의 징역 또는 3,000만 원 이하의 벌금에 처한다.

정답 | ③

43 빈출도 ★

소방시설 설치 및 관리에 관한 법령상 대통령령 또는 화재안전기준이 변경되어 그 기준이 강화되는 경우 기존 특정소방대상물의 소방시설 중 강화된 기준을 적용할 수 있는 소방시설은?

① 비상경보설비
② 비상방송설비
③ 비상콘센트설비
④ 옥내소화전설비

해설

강화된 기준을 적용하여야 하는 소방시설은 비상경보설비이다.

관련개념 **강화된 기준 적용 대상 소방시설**

㉠ 소화기구
㉡ 비상경보설비
㉢ 자동화재탐지설비
㉣ 자동화재속보설비
㉤ 피난구조설비

정답 | ①

44 빈출도 ★★

소방시설 설치 및 관리에 관한 법률상 분말형태의 소화약제를 사용하는 소화기의 내용연수로 옳은 것은? (단, 소방용품의 성능을 확인받아 그 사용기한을 연장하는 경우는 제외한다.)

① 3년　② 5년
③ 7년　④ 10년

해설

분말형태의 소화약제를 사용하는 소화기의 내용연수는 10년이다.

정답 | ④

45 빈출도 ★

소방기본법령상 소방신호의 방법으로 틀린 것은?

① 타종에 의한 훈련신호는 연 3타 반복
② 싸이렌에 의한 발화신호는 5초 간격을 두고, 10초씩 3회
③ 타종에 의한 해제신호는 상당한 간격을 두고 1타씩 반복
④ 싸이렌에 의한 경계신호는 5초 간격을 두고, 30초씩 3회

해설

싸이렌에 의한 발화신호는 5초 간격을 두고 5초씩 3회로 한다.

관련개념 소방신호의 방법

구분	타종신호	싸이렌신호
경계신호	1타와 연2타를 반복	5초 간격을 두고 30초씩 3회
발화신호	난타	5초 간격을 두고 5초씩 3회
해제신호	상당한 간격을 두고 1타씩 반복	1분간 1회
훈련신호	연3타 반복	10초 간격을 두고 1분씩 3회

정답 | ②

46 빈출도 ★

화재의 예방 및 안전관리에 관한 법령상 특정소방대상물의 관계인이 수행하여야 하는 소방안전관리 업무가 아닌 것은?

① 소방훈련의 지도·감독
② 화기(火氣) 취급의 감독
③ 피난시설, 방화구획 및 방화시설의 관리
④ 소방시설이나 그 밖의 소방 관련 시설의 관리

해설

소방훈련의 지도 및 감독은 특정소방대상물의 관계인이 수행하여야 하는 업무가 아니다.

관련개념 특정소방대상물 관계인의 업무

㉠ 피난시설, 방화구획 및 방화시설의 관리
㉡ 소방시설이나 그 밖의 소방 관련 시설의 관리
㉢ 화기 취급의 감독
㉣ 화재발생 시 초기대응
㉤ 그 밖에 소방안전관리에 필요한 업무

정답 | ①

47 빈출도 ★★

소방기본법에서 정의하는 소방대의 조직구성원이 아닌 것은?

① 의무소방원 ② 소방공무원
③ 의용소방대원 ④ 공항소방대원

해설

소방대의 조직구성원
㉠ 소방공무원
㉡ 의무소방원
㉢ 의용소방대원

정답 | ④

48 빈출도 ★★

위험물안전관리법령상 인화성액체위험물(이황화탄소 제외)의 옥외탱크저장소의 탱크 주위에 설치하여야 하는 방유제의 기준 중 틀린 것은?

① 방유제의 용량은 방유제 안에 설치된 탱크가 하나인 때에는 그 탱크 용량의 110[%] 이상으로 할 것
② 방유제의 용량은 방유제 안에 설치된 탱크가 2기 이상인 때에는 그 탱크 중 용량이 최대인 것의 용량의 110[%] 이상으로 할 것
③ 방유제는 높이 1[m] 이상 2[m] 이하, 두께 0.2[m] 이상, 지하매설깊이 0.5[m] 이상으로 할 것
④ 방유제 내의 면적은 80,000[m^2] 이하로 할 것

해설

옥외탱크저장소의 탱크 주위에 설치하여야 하는 방유제는 높이 0.5[m] 이상 3[m] 이하, 두께 0.2[m] 이상, 지하매설깊이 1[m] 이상으로 해야 한다.

관련개념 방유제 설치기준(옥외탱크저장소)

㉠ 높이: 0.5[m] 이상 3[m] 이하
㉡ 두께: 0.2[m] 이상
㉢ 지하매설깊이: 1[m] 이상
㉣ 면적: 80,000[m^2] 이하
㉤ 방유제 용량

구분	방유제 용량
방유제 내 탱크가 1기일 경우	• 인화성액체위험물: 탱크 용량의 110[%] 이상 • 인화성이 없는 위험물: 탱크 용량의 100[%] 이상
방유제 내 탱크가 2기 이상일 경우	• 인화성액체위험물: 용량이 최대인 탱크 용량의 110[%] 이상 • 인화성이 없는 위험물: 용량이 최대인 탱크용량의 100[%] 이상

정답 | ③

49 빈출도 ★★

위험물안전관리법상 시·도지사의 허가를 받지 아니하고 당해 제조소등을 설치할 수 있는 기준 중 다음 (　　) 안에 알맞은 것은?

> 농예용·축산용 또는 수산용으로 필요한 난방시설 또는 건조시설을 위한 지정수량 (　　　)배 이하의 저장소

① 20　② 30
③ 40　④ 50

해설

농예용·축산용 또는 수산용으로 필요한 난방시설 또는 건조시설을 위한 지정수량 20배 이하의 저장소인 경우 시·도지사의 허가를 받지 아니하고 당해 제조소등을 설치할 수 있다.

정답 | ①

50 빈출도 ★★★

소방시설 설치 및 관리에 관한 법령상 건축허가 등의 동의대상물의 범위기준 중 틀린 것은?

① 건축 등을 하려는 학교시설: 연면적 200[m^2] 이상
② 노유자시설: 연면적 200[m^2] 이상
③ 정신의료기관(입원실이 없는 정신건강의학과 의원 제외): 연면적 300[m^2] 이상
④ 장애인 의료재활시설: 연면적 300[m^2] 이상

해설

건축 등을 하려는 학교시설의 건축허가 동의기준은 연면적 100[m^2] 이상이다.

관련개념 **동의대상물의 범위**

㉠ 연면적 400[m^2] 이상 건축물이나 시설
㉡ 다음 표에서 제시된 기준 연면적 이상의 건축물이나 시설

구분	기준
학교시설	100[m^2] 이상
– 노유자시설 – 수련시설	200[m^2] 이상
– 정신의료기관 – 장애인 의료재활시설	300[m^2] 이상

㉢ 지하층, 무창층이 있는 건축물로서 바닥면적이 150[m^2](공연장 100[m^2]) 이상인 층이 있는 것
㉣ 차고, 주차장 또는 주차용도로 사용되는 시설
　– 차고·주차장으로 사용되는 바닥면적이 200[m^2] 이상인 층이 있는 건축물이나 주차시설
　– 승강기 등 기계장치에 의한 주차시설로서 자동차 20대 이상을 주차할 수 있는 시설
㉤ 층수가 6층 이상인 건축물
㉥ 항공기격납고, 관망탑, 항공관제탑, 방송용 송수신탑
㉦ 특정소방대상물 중 위험물 저장 및 처리시설, 지하구

정답 | ①

51 빈출도 ★★★

소방시설 설치 및 관리에 관한 법령상 지하가는 연면적이 최소 몇 [m^2] 이상이어야 스프링클러설비를 설치하여야 하는 특정소방대상물에 해당하는가? (단, 터널은 제외한다.)

① 100 ② 200
③ 1,000 ④ 2,000

해설

터널을 제외한 지하가는 연면적이 1,000[m^2] 이상인 경우 스프링클러설비를 설치해야 한다.

정답 | ③

52 빈출도 ★★

화재의 예방 및 안전관리에 관한 법령상 소방안전관리대상물의 소방계획서에 포함되어야 하는 사항이 아닌 것은?

① 소방시설 · 피난시설 및 방화시설의 점검 · 정비계획
② 위험물안전관리법에 따라 예방규정을 정하는 제조소등의 위험물 저장 · 취급에 관한 사항
③ 소방안전관리대상물의 근무자 및 거주자의 자위소방대 조직과 대원의 임무에 관한 사항
④ 방화구획, 제연구획, 건축물의 내부 마감재료 및 방염대상물품의 사용현황과 그 밖의 방화구조 및 설비의 유지 · 관리계획

해설

위험물안전관리법에 따라 예방규정을 정하는 제조소등의 위험물 저장 · 취급에 관한 사항은 소방계획서에 포함되는 내용이 아니다.

정답 | ②

53 빈출도 ★★

위험물안전관리법령상 업무상 과실로 제조소등에서 위험물을 유출 · 방출 또는 확산시켜 사람의 생명 · 신체 또는 재산에 대하여 위험을 발생시킨 자에 대한 벌칙 기준은?

① 5년 이하의 금고 또는 2,000만 원 이하의 벌금
② 5년 이하의 금고 또는 7,000만 원 이하의 벌금
③ 7년 이하의 금고 또는 2,000만 원 이하의 벌금
④ 7년 이하의 금고 또는 7,000만 원 이하의 벌금

해설

업무상 과실로 제조소등에서 위험물을 유출 · 방출 또는 확산시켜 사람의 생명 · 신체 또는 재산에 대하여 위험을 발생시킨 자는 7년 이하의 금고 또는 7,000만 원 이하(사상자 발생시 10년 이하의 징역 또는 금고나 1억원 이하)의 벌금에 처한다.

정답 | ④

54 빈출도 ★★★

소방기본법령상 소방용수시설의 설치기준 중 급수탑의 급수배관의 구경은 최소 몇 [mm] 이상이어야 하는가?

① 100 ② 150
③ 200 ④ 250

해설

급수탑의 급수배관의 구경은 100[mm] 이상이어야 한다.

관련개념 급수탑의 설치기준

급수배관 구경	100[mm] 이상
개폐밸브 설치 높이	지상에서 1.5[m] 이상 1.7[m] 이하

정답 | ①

55 빈출도 ★★

소방시설공사업법령상 공사감리자 지정대상 특정소방대상물의 범위가 아닌 것은?

① 물분무등소화설비(호스릴방식의 소화설비 제외)를 신설 · 개설하거나 방호 · 방수 구역을 증설할 때
② 제연설비를 신설 · 개설하거나 제연구역을 증설할 때
③ 연소방지설비를 신설 · 개설하거나 살수구역을 증설할 때
④ 캐비닛형 간이스프링클러설비를 신설 · 개설하거나 방호 · 방수구역을 증설할 때

해설

캐비닛형 간이스프링클러설비를 신설 · 개설하거나 방호 · 방수 구역을 증설할 때에는 공사감리자를 지정할 필요가 없다.

관련개념 공사감리자 지정대상 특정소방대상물의 범위

㉠ 옥내소화전설비를 신설 · 개설 또는 증설할 때
㉡ 스프링클러설비등(캐비닛형 간이스프링클러설비 제외)을 신설 · 개설하거나 방호 · 방수 구역을 증설할 때
㉢ 물분무등소화설비(호스릴방식의 소화설비 제외)를 신설 · 개설하거나 방호 · 방수 구역을 증설할 때
㉣ 옥외소화전설비를 신설 · 개설 또는 증설할 때
㉤ 자동화재탐지설비를 신설 또는 개설할 때
㉥ 비상방송설비를 신설 또는 개설할 때
㉦ 통합감시시설을 신설 또는 개설할 때
㉧ 소화용수설비를 신설 또는 개설할 때
㉨ 다음 소화활동설비에 대하여 시공을 할 때
- 제연설비를 신설 · 개설하거나 제연구역을 증설할 때
- 연결송수관설비를 신설 또는 개설할 때
- 연결살수설비를 신설 · 개설하거나 송수구역을 증설할 때
- 비상콘센트설비를 신설 · 개설하거나 전용회로를 증설할 때
- 무선통신보조설비를 신설 또는 개설할 때
- 연소방지설비를 신설 · 개설하거나 살수구역을 증설할 때

정답 | ④

56 빈출도 ★★★

소방시설 설치 및 관리에 관한 법령상 자동화재탐지설비를 설치하여야 하는 특정소방대상물에 대한 기준 중 ( )에 알맞은 것은?

> 근린생활시설(목욕장 제외), 의료시설(정신의료기관 또는 요양병원 제외), 위락시설, 장례시설 및 복합건축물로서 연면적 ( )[m^2] 이상인 것

① 400　　② 600
③ 1,000　　④ 3,500

해설

근린생활시설(목욕장 제외), 의료시설(정신의료기관, 요양병원 제외), 위락시설, 장례시설 및 복합건축물로서 연면적 600[m^2] 이상인 특정소방대상물은 자동화재탐지설비를 설치해야 한다.

관련개념 자동화재탐지설비를 설치해야 하는 특정소방대상물

시설	대상
• 아파트등 • 기숙사 • 숙박시설	모든 층
층수가 6층 이상인 건축물	모든 층
• 근린생활시설(목욕장 제외) • 의료시설(정신의료기관, 요양병원 제외) • 위락시설, 장례시설, 복합건축물	연면적 600[m^2] 이상인 것은 모든 층
근린생활시설 중 • 목욕장, 문화 및 집회시설 • 종교시설, 판매시설 • 운수시설, 운동시설 • 업무시설, 공장, 창고시설 • 위험물 저장 및 처리시설 • 항공기 및 자동차 관련 시설 • 교정 및 군사시설 중 국방 · 군사시설 • 방송통신시설, 발전시설 • 관광 휴게시설, 지하가(터널 제외)	연면적 1,000[m^2] 이상인 경우 모든 층
공장 및 창고시설	지정수량 500배 이상의 특수가연물을 저장 · 취급하는 것

정답 | ②

57 빈출도 ★★★

소방시설 설치 및 관리에 관한 법령상 형식승인을 받지 아니한 소방용품을 판매하거나 판매 목적으로 진열하거나 소방시설공사에 사용한 자에 대한 벌칙 기준은?

① 3년 이하의 징역 또는 3,000만 원 이하의 벌금
② 2년 이하의 징역 또는 1,500만 원 이하의 벌금
③ 1년 이하의 징역 또는 1,000만 원 이하의 벌금
④ 1년 이하의 징역 또는 500만 원 이하의 벌금

해설

소방용품의 형식승인을 받지 아니한 소방용품을 판매하거나 판매 목적으로 진열하거나 소방시설공사에 사용한 자는 3년 이하의 징역 또는 3,000만 원 이하의 벌금에 처한다.

정답 | ①

58 빈출도 ★★

소방기본법에서 정의하는 소방대상물에 해당하지 않는 것은?

① 산림
② 차량
③ 건축물
④ 항해 중인 선박

해설

항해 중인 선박은 소방대상물에 해당하지 않는다.

관련개념 **소방대상물**

㉠ 건축물
㉡ 차량
㉢ 선박(매어둔 선박만 해당)
㉣ 선박 건조 구조물
㉤ 산림

정답 | ④

59 빈출도 ★

소방시설 설치 및 관리에 관한 법령상 특정소방대상물의 소방시설 설치의 면제기준 중 다음 (   ) 안에 알맞은 것은?

> 물분무등소화설비를 설치하여야 하는 차고 · 주차장에 (   )를 화재안전기준에 적합하게 설치한 경우에는 그 설비의 유효범위에서 설치가 면제된다.

① 옥내소화전설비
② 스프링클러설비
③ 간이스프링클러설비
④ 할로겐화합물 및 불활성기체소화설비

해설

물분무등소화설비를 설치하여야 하는 차고 · 주차장에 **스프링클러설비**를 화재안전기준에 적합하게 설치한 경우에는 그 설비의 유효범위에서 설치가 면제된다.

정답 | ②

60 빈출도 ★

위험물안전관리법령상 위험물의 유별 저장 · 취급의 공통기준 중 다음 (   ) 안에 알맞은 것은?

> (   ) 위험물은 산화제와의 접촉 · 혼합이나 불티 · 불꽃 · 고온체와의 접근 또는 과열을 피하는 한편, 철분 · 금속분 · 마그네슘 및 이를 함유한 것에 있어서는 물이나 산과의 접촉을 피하고 인화성 고체에 있어서는 함부로 증기를 발생시키지 아니하여야 한다.

① 제1류　② 제2류
③ 제3류　④ 제4류

해설

제2류 위험물은 산화제와의 접촉 · 혼합이나 불티 · 불꽃 · 고온체와의 접근 또는 과열을 피하는 한편, 철분 · 금속분 · 마그네슘 및 이를 함유한 것에 있어서는 물이나 산과의 접촉을 피하고 인화성 고체에 있어서는 함부로 증기를 발생시키지 아니하여야 한다.

정답 | ②

소방기계시설의 구조 및 원리

61 빈출도 ★★

스프링클러설비의 화재안전기술기준(NFTC 103) 상 폐쇄형 스프링클러헤드의 방호구역 · 유수검지장치에 대한 기준으로 틀린 것은?

① 하나의 방호구역에는 1개 이상의 유수검지장치를 설치하되, 화재 발생 시 접근이 쉽고 점검하기 편리한 장소에 설치할 것
② 하나의 방호구역에는 2개 층에 미치지 아니하도록 할 것. 다만, 1개 층에 설치되는 스프링클러헤드의 수가 10개 이하인 경우와 복층형 구조의 공동주택에는 3개 층 이내로 할 수 있다.
③ 송수구를 통하여 스프링클러헤드에 공급되는 물은 유수검지장치 등을 지나도록 할 것
④ 조기반응형 스프링클러헤드를 설치하는 경우에는 습식 유수검지장치 또는 부압식 스프링클러설비를 설치할 것

해설

송수구를 통하여 공급되는 물은 유수검지장치를 지나지 않는다.

정답 | ③

62 빈출도 ★★★

스프링클러설비의 화재안전성능기준(NFPC 103) 상 조기반응형 스프링클러헤드를 설치해야 하는 장소가 아닌 것은?

① 수련시설의 침실
② 공동주택의 거실
③ 오피스텔의 침실
④ 병원의 입원실

해설

수련시설에는 조기반응형 스프링클러헤드를 설치하지 않는다.

관련개념 조기반응형 스프링클러헤드 설치장소

㉠ **공동주택**과 노유자시설의 거실
㉡ **오피스텔**과 숙박시설의 침실
㉢ **병원**과 의원의 입원실

정답 | ①

63 빈출도 ★★

스프링클러설비의 화재안전기술기준(NFTC 103) 상 스프링클러설비를 설치하여야 할 특정소방대상물에 있어서 스프링클러헤드를 설치하지 아니할 수 있는 장소 기준으로 틀린 것은?

① 천장과 반자 양쪽이 불연재료로 되어 있고 천장과 반자사이의 거리가 2.5[m] 미만인 부분
② 천장 및 반자가 불연재료 외의 것으로 되어 있고 천장과 반자사이의 거리가 0.5[m] 미만인 부분
③ 천장 · 반자 중 한쪽이 불연재료로 되어 있고 천장과 반자사이의 거리가 1[m] 미만인 부분
④ 현관 또는 로비 등으로서 바닥으로부터 높이가 20[m] 이상인 장소

해설

천장과 반자 양쪽이 불연재료로 되어있는 장소 중 천장과 반자 사이의 거리가 2[m] 미만인 부분에 스프링클러헤드를 설치하지 않을 수 있다.

정답 | ①

64 빈출도 ★

물분무 소화설비의 화재안전성능기준(NFPC 104) 상 배관의 설치기준으로 틀린 것은?

① 펌프 흡입측 배관은 공기고임이 생기지 않는 구조로 하고 여과장치를 설치한다.
② 펌프의 흡입측 배관은 수조가 펌프보다 낮게 설치된 경우에는 각 펌프(충압펌프를 포함한다)마다 수조로부터 별도로 설치한다.
③ 급수배관은 전용으로 한다.
④ 연결송수관설비의 배관과 겸용할 경우 방수구로 연결되는 배관의 구경은 65[mm] 이하로 한다.

해설

물분무 소화설비는 연결송수관설비의 배관과 겸용할 수 없다.

정답 | ④

65 빈출도 ★★

분말 소화설비의 화재안전성능기준(NFPC 108) 상 배관에 관한 기준으로 틀린 것은?

① 배관은 전용으로 할것
② 배관은 모두 스케줄 40 이상으로 할 것
③ 동관을 사용하는 경우의 배관은 고정압력 또는 최고사용압력의 1.5배 이상의 압력에 견딜 수 있는 것을 사용할 것
④ 밸브류는 개폐위치 또는 개폐방향을 표시한 것으로 할 것

해설

모든 배관을 스케줄 40 이상으로 하는 것은 아니다.

관련개념 **분말 소화설비 배관의 설치기준**

㉠ 배관은 전용으로 한다.
㉡ 강관을 사용하는 경우의 배관은 아연도금에 따른 배관용 탄소강관(KS D 3507)이나 이와 동등 이상의 강도·내식성 및 내열성을 가진 것으로 한다.
㉢ 축압식 분말소화설비에 사용하는 것 중 20[℃]에서 압력이 2.5[MPa] 이상 4.2[MPa] 이하인 것은 압력배관용 탄소강관(KS D 3562) 중 이음이 없는 스케줄 40 이상의 것 또는 이와 동등 이상의 강도를 가진 것으로서 아연도금으로 방식 처리된 것을 사용한다.
㉣ 동관을 사용하는 경우의 배관은 고정압력 또는 최고사용압력의 1.5배 이상의 압력에 견딜 수 있는 것을 사용한다.
㉤ 밸브류는 개폐위치 또는 개폐방향을 표시한 것으로 한다.
㉥ 배관의 관부속 및 밸브류는 배관과 동등 이상의 강도 및 내식성이 있는 것으로 한다.
㉦ 확관형 분기배관을 사용할 경우에는 소방청장이 정하여 고시한 기준에 적합한 것으로 설치한다.

정답 | ②

66 빈출도 ★★★

물분무 소화설비의 화재안전성능기준(NFPC 104) 상 수원의 저수량 설치기준으로 틀린 것은?

① 특수가연물을 저장 또는 취급하는 특정소방대상물 또는 그 부분에 있어서 그 바닥면적(최대 방수구역의 바닥면적을 기준으로 하며, 50[m^2] 이하인 경우에는 50[m^2]) 1[m^2]에 대하여 10[L/min]로 20분간 방수할 수 있는 양 이상으로 할 것

② 차고 또는 주차장은 그 바닥면적(최대방수구역의 바닥면적을 기준으로 하며, 50[m^2] 이하인 경우에는 50[m^2]) 1[m^2]에 대하여 20[L/min]로 20분간 방수할 수 있는 양 이상으로 할 것

③ 케이블트레이, 케이블덕트 등은 투영된 바닥면적 1[m^2]에 대하여 12[L/min]로 20분간 방수할 수 있는 양 이상으로 할 것

④ 콘베이어 벨트 등은 벨트부분의 바닥면적 1[m^2]에 대하여 20[L/min]로 20분간 방수할 수 있는 양 이상으로 할 것

해설

콘베이어 벨트 등은 벨트 부분의 바닥면적 1[m^2]에 대하여 10[L/min]로 20분 간 방수할 수 있는 양 이상으로 한다.

관련개념 저수량의 산정기준

㉠ 특수가연물을 저장 또는 취급하는 특정소방대상물 또는 그 부분에 있어서 그 바닥면적(최소 50[m^2]) 1[m^2]에 대하여 10[L/min]로 20분 간 방수할 수 있는 양 이상으로 한다.
㉡ 차고 또는 주차장은 그 바닥면적(최소 50[m^2]) 1[m^2]에 대하여 20[L/min]로 20분 간 방수할 수 있는 양 이상으로 한다.
㉢ 절연유 봉입 변압기는 바닥 부분을 제외한 표면적을 합한 면적 1[m^2]에 대하여 10[L/min]로 20분 간 방수할 수 있는 양 이상으로 한다.
㉣ 케이블트레이, 케이블덕트 등은 투영된 바닥면적 1[m^2]에 대하여 12[L/min]로 20분 간 방수할 수 있는 양 이상으로 한다.
㉤ 콘베이어 벨트 등은 벨트 부분의 바닥면적 1[m^2]에 대하여 10[L/min]로 20분 간 방수할 수 있는 양 이상으로 한다.

정답 | ④

67 빈출도 ★★

분말 소화설비의 화재안전성능기준(NFPC 108) 상 제1종 분말을 사용한 전역방출방식 분말 소화설비에서 방호구역의 체적 1[m^3]에 대한 소화약제의 양은 몇 [kg]인가?

① 0.24　　② 0.36
③ 0.60　　④ 0.72

해설

전역방출방식 제1종 분말 소화약제의 기준량은 방호구역의 체적 1[m^3]마다 0.6[kg], 방호구역의 개구부 1[m^2]마다 4.5[kg]이다.

관련개념 전역방출방식 분말 소화약제 저장량의 최소기준

소화약제의 종류	체적 1[m^3] 당 소화약제의 양	개구부 1[m^2] 당 소화약제의 양
제1종 분말	0.60[kg]	4.5[kg]
제2종 분말	0.36[kg]	2.7[kg]
제3종 분말	0.36[kg]	2.7[kg]
제4종 분말	0.24[kg]	1.8[kg]

정답 | ③

68 빈출도 ★★

옥내소화전설비의 화재안전기술기준(NFTC 102) 상 가압송수장치를 기동용 수압개폐장치로 사용할 경우 압력챔버의 용적 기준은?

① 50[L] 이상　　② 100[L] 이상
③ 150[L] 이상　　④ 200[L] 이상

해설

기동용 수압개폐장치 중 압력챔버를 사용할 경우 그 용적은 100[L] 이상으로 한다.

정답 | ②

69 빈출도 ★★★

포 소화설비의 화재안전성능기준(NFPC 105) 상 포 헤드를 소방대상물의 천장 또는 반자에 설치하여야 할 경우 헤드 1개가 방호해야 할 바닥면적은 최대 몇 [m^2]인가?

① 3　　② 5
③ 7　　④ 9

해설

바닥면적 9[m^2]마다 1개 이상의 헤드가 필요하므로 헤드 1개가 방호할 수 있는 최대 면적은 9[m^2]이다.

관련개념 포 헤드의 설치기준

㉠ 포워터 스프링클러 헤드는 특정소방대상물의 천장 또는 반자에 설치하되, 바닥면적 8[m^2]마다 1개 이상으로 하여 해당 방호대상물의 화재를 유효하게 소화할 수 있도록 한다.
㉡ 포 헤드는 특정소방대상물의 천장 또는 반자에 설치하되, 바닥면적 9[m^2]마다 1개 이상으로 하여 해당 방호대상물의 화재를 유효하게 소화할 수 있도록 한다.

정답 | ④

70 빈출도 ★★★

소화기구 및 자동소화장치의 화재안전기술기준(NFTC 101) 상 규정하는 화재의 종류가 아닌 것은?

① A급 화재　　② B급 화재
③ G급 화재　　④ K급 화재

해설

G급 화재는 소화기구 및 자동소화장치의 화재안전기술기준(NFTC 101)에서 정의하고 있지 않다.

관련개념 화재의 종류

구분	내용
일반화재 (A급 화재)	나무, 섬유, 종이, 고무, 플라스틱류와 같은 일반 가연물이 타고 나서 재가 남는 화재
유류화재 (B급 화재)	인화성 액체, 가연성 액체, 석유 그리스, 타르, 오일, 유성도료, 솔벤트, 래커, 알코올 및 인화성 가스와 같은 유류가 타고 나서 재가 남지 않는 화재
전기화재 (C급 화재)	전류가 흐르고 있는 전기기기, 배선과 관련된 화재
주방화재 (K급 화재)	주방에서 동식물유를 취급하는 조리기구에서 일어나는 화재

정답 | ③

71 빈출도 ★★★

상수도 소화용수설비의 화재안전성능기준(NFPC 401) 상 소화전은 구경(호칭지름)이 최소 얼마 이상의 수도배관에 접속하여야 하는가?

① 50[mm] 이상의 수도배관
② 75[mm] 이상의 수도배관
③ 85[mm] 이상의 수도배관
④ 100[mm] 이상의 수도배관

해설

호칭지름 75[mm] 이상의 수도배관에 호칭지름 100[mm] 이상의 소화전을 접속한다.

관련개념 상수도 소화용수설비의 설치기준

㉠ 호칭지름 75[mm] 이상의 수도배관에 호칭지름 100[mm] 이상의 소화전을 접속한다.
㉡ 소화전은 소방자동차 등의 진입이 쉬운 도로변 또는 공지에 설치한다.
㉢ 소화전은 특정소방대상물의 수평투영면의 각 부분으로부터 140[m] 이하가 되도록 설치한다.

정답 | ②

72 빈출도 ★

할로겐화합물 및 불활성기체소화설비의 화재안전기술기준(NFTC 107A) 상 저장용기 설치기준으로 틀린 것은?

① 온도가 40[℃] 이하이고 온도 변화가 작은 곳에 설치할 것
② 용기간의 간격은 점검에 지장이 없도록 3[cm] 이상의 간격을 유지할 것
③ 직사광선 및 빗물이 침투할 우려가 없는 곳에 설치할 것
④ 저장용기를 방호구역 외에 설치한 경우에는 방화문으로 구획된 실에 설치할 것

해설

온도가 55[℃] 이하이고, 온도 변화가 작은 곳에 설치한다.

관련개념 저장용기의 설치장소

㉠ 방호구역 외의 장소에 설치한다.
㉡ 방호구역 내에 설치할 경우 피난 및 조작이 용이하도록 피난구 부근에 설치한다.
㉢ 온도가 55[℃] 이하이고, 온도 변화가 작은 곳에 설치한다.
㉣ 직사광선 및 빗물이 침투할 우려가 없는 곳에 설치한다.
㉤ 방호구역 외의 장소에 설치하는 경우 방화문으로 방화구획 된 실에 설치한다.
㉥ 용기의 설치장소에는 해당 용기가 설치된 곳임을 표시하는 표지를 한다.
㉦ 용기 간의 간격은 점검에 지장이 없도록 3[cm] 이상의 간격을 유지한다.
㉧ 저장용기와 집합관을 연결하는 연결배관에는 체크밸브를 설치한다. 저장용기가 하나의 방호구역만을 담당하는 경우 제외

정답 | ①

73 빈출도 ★★

제연설비의 화재안전기술기준(NFTC 501) 상 제연풍도의 설치기준으로 틀린 것은?

① 배출기의 전동기 부분과 배풍기 부분은 분리하여 설치할 것
② 배출기와 배출풍도의 접속 부분에 사용하는 캔버스는 내열성이 있는 것으로 할 것
③ 배출기의 흡입 측 풍도 안의 풍속은 20[m/s] 이하로 할 것
④ 유입풍도 안의 풍속은 20[m/s] 이하로 할 것

해설

배출기의 흡입 측 풍도 안의 풍속은 15[m/s] 이하로 하고 배출 측 풍속은 20[m/s] 이하로 한다.

정답 | ③

74 빈출도 ★★★

포 소화설비의 화재안전성능기준(NFPC 105) 상 압축공기포 소화설비의 분사헤드를 유류탱크 주위에 설치하는 경우 바닥면적 몇 [m^2] 마다 1개 이상 설치하여야 하는가?

① 9.3 ② 10.8
③ 12.3 ④ 13.9

해설

압축공기포소화설비의 분사헤드는 유류탱크 주위에 바닥면적 13.9[m^2]마다 1개 이상, 특수가연물저장소에는 바닥면적 9.3[m^2]마다 1개 이상 설치한다.

정답 | ④

75 빈출도 ★★★

소화기구 및 자동소화장치의 화재안전기술기준(NFTC 101) 상 일반화재, 유류화재, 전기화재 모두에 적응성이 있는 소화약제는?

① 마른모래
② 인산염류 소화약제
③ 중탄산염류 소화약제
④ 팽창질석 · 팽창진주암

해설

일반화재(A급 화재), 유류화재(B급 화재), 전기화재(C급 화재)에 모두 적응성이 있는 소화약제는 인산염류 소화약제이다.

선지분석

① 마른모래는 일반화재(A급 화재), 유류화재(B급 화재)에 적응성이 있다.
③ 중탄산염류 소화약제는 유류화재(B급 화재), 전기화재(C급 화재)에 적응성이 있다.
④ 팽창질석 · 팽창진주암은 일반화재(A급 화재), 유류화재(B급 화재)에 적응성이 있다.

정답 | ②

76 빈출도 ★★★

소화기구 및 자동소화장치의 화재안전기술기준(NFTC 101) 상 바닥면적이 280[m^2]인 발전실에 부속용도별로 추가하여야 할 적응성이 있는 소화기의 최소 수량은 몇 개인가?

① 2
② 4
③ 6
④ 12

해설

발전실에 소화기구를 설치할 경우 부속용도별로 해당 용도의 바닥면적 50[m^2]마다 적응성이 있는 소화기를 1개 이상 설치해야 하므로

$$\frac{280[m^2]}{50[m^2]} = 5.6개 = 6개(절상)$$

정답 | ③

77 빈출도 ★★★

상수도 소화용수설비의 화재안전성능기준(NFPC 401)상 소화전은 소방대상물의 수평투영면의 각 부분으로부터 최대 몇 [m] 이하가 되도록 설치하는가?

① 75 ② 100
③ 125 ④ 140

해설

소화전은 특정소방대상물의 수평투영면의 각 부분으로부터 140[m] 이하가 되도록 설치한다.

관련개념 상수도 소화용수설비의 설치기준

㉠ 호칭지름 75[mm] 이상의 수도배관에 호칭지름 100[mm] 이상의 소화전을 접속한다.
㉡ 소화전은 소방자동차 등의 진입이 쉬운 도로변 또는 공지에 설치한다.
㉢ 소화전은 특정소방대상물의 수평투영면의 각 부분으로부터 140[m] 이하가 되도록 설치한다.

정답 | ④

78 빈출도 ★

이산화탄소 소화설비의 화재안전성능기준(NFPC 106) 상 배관의 설치기준 중 다음 ( ) 안에 알맞은 것은?

> 고압식의 1차 측(개폐밸브 또는 선택밸브 이전) 배관부속의 최소사용설계압력은 (㉠)[MPa]로 하고, 고압식의 2차 측과 저압식의 배관부속의 최소사용설계압력은 (㉡)[MPa]로 한다.

① ㉠ 9.0 ㉡ 4.5
② ㉠ 9.5 ㉡ 4.5
③ ㉠ 9.0 ㉡ 4.0
④ ㉠ 9.5 ㉡ 4.0

해설

고압식의 1차 측(개폐밸브 또는 선택밸브 이전) 배관부속의 최소사용설계압력은 9.5[MPa]로 하고, 고압식의 2차 측과 저압식의 배관부속의 최소사용설계압력은 4.5[MPa]로 한다.

정답 | ②

79 빈출도 ★★★

피난기구의 화재안전기술기준(NFTC 301) 상 의료시설에 구조대를 설치해야 할 층이 아닌 것은?

① 2 ② 3

③ 4 ④ 5

해설

의료시설에는 3층, 4층 이상 10층 이하의 층에 구조대를 설치해야 한다.

관련개념 설치장소별 피난기구의 적응성

설치장소별 \ 층별	1층	2층	3층	4층 이상 10층 이하
의료시설·근린생활시설 중 입원실이 있는 의원·접골원·조산원			• 미끄럼대 • 구조대 • 피난교 • 피난용트랩 • 다수인피난장비 • 승강식 피난기	• 구조대 • 피난교 • 피난용트랩 • 다수인피난장비 • 승강식 피난기

정답 | ①

80 빈출도 ★★

인명구조기구의 화재안전기술기준(NFTC 302) 상 특정소방대상물의 용도 및 장소별로 설치하여야 할 인명구조기구 종류의 기준 중 다음 (　　) 안에 알맞은 것은?

특정소방대상물	인명구조기구의 종류
물분무등소화설비 중 (　　)를 설치하여야 하는 특정소방대상물	공기호흡기

① 분말 소화설비

② 할론 소화설비

③ 이산화탄소 소화설비

④ 할로겐화합물 및 불활성기체 소화설비

해설

물분무등소화설비 중 이산화탄소 소화설비를 설치해야 하는 특정소방대상물에는 공기호흡기를 이산화탄소 소화설비가 설치된 장소의 출입구 외부 인근에 1개 이상 설치한다.

관련개념 특정소방대상물의 용도 및 장소별 설치해야 할 인명구조기구

특정소방대상물	인명구조기구	설치 수량
• 지하층을 포함하는 층수가 7층 이상인 관광호텔 • 5층 이상인 병원	• 방열복 또는 방화복(안전모, 보호장갑 및 안전화 포함) • 공기호흡기 • 인공소생기	각 2개 이상(병원의 경우 인공소생기 생략 가능)
• 수용인원 100명 이상의 영화상영관 • 대규모 점포 • 지하역사 • 지하상가	• 공기호흡기	층마다 2개 이상
• 물분무소화설비 중 이산화탄소 소화설비를 설치해야하는 특정소방대상물	• 공기호흡기	이산화탄소 소화설비가 설치된 장소의 출입구 외부 인근에 1개 이상

정답 | ③

2021년 2회 기출문제

■ 1회독 ■ 2회독 ■ 3회독

소방원론

01 빈출도 ★★

내화건축물과 비교하여 목조건축물 화재의 일반적인 특징을 옳게 나타낸 것은?

① 고온, 단시간형　② 저온, 단시간형
③ 고온, 장시간형　④ 저온, 장시간형

해설

내화건축물과 비교하여 목조건축물은 고온, 단시간형이다.

관련개념 목재 연소의 특징

목재의 열전도율은 콘크리트에 비해 작기 때문에 열이 축적되어 더 높은 온도에서 연소된다.

정답 | ①

02 빈출도 ★

다음 중 증기비중이 가장 큰 것은?

① Halon 1301　② Halon 2402
③ Halon 1211　④ Halon 104

해설

분자량이 가장 큰 Halon 2402가 증기비중도 가장 크다.

관련개념 증기비중

공기 분자량에 대한 증기의 분자량의 비이다.

$$증기비중=\frac{분자량}{29}$$

정답 | ②

03 빈출도 ★

화재 발생 시 피난기구로 직접 활용할 수 없는 것은?

① 완강기　② 무선통신보조설비
③ 피난사다리　④ 구조대

해설

피난기구에는 피난사다리, 구조대, 완강기, 간이완강기, 미끄럼대, 피난교, 피난용트랩, 공기안전매트, 다수인 피난장비, 승강식 피난기 등이 있다.

정답 | ②

04 빈출도 ★

정전기에 의한 발화과정으로 옳은 것은?

① 방전 → 전하의 축적 → 전하의 발생 → 발화
② 전하의 발생 → 전하의 축적 → 방전 → 발화
③ 전하의 발생 → 방전 → 전하의 축적 → 발화
④ 전하의 축적 → 방전 → 전하의 발생 → 발화

해설

정전기 화재는 전하의 발생 → 전하의 축적 → 방전 → 발화의 순으로 발생한다.

정답 | ②

05 빈출도 ★★

물리적 소화방법이 아닌 것은?

① 산소공급원 차단　② 연쇄반응 차단
③ 온도 냉각　④ 가연물제거

해설

연쇄반응 차단은 억제소화로 연소의 요소 중 연쇄적 산화반응을 약화시켜 연소의 계속을 불가능하게 하므로 화학적 방법에 의한 소화에 해당한다.

관련개념 소화의 분류

㉠ 물리적 소화: 냉각 · 질식 · 제거 · 희석소화
㉡ 화학적 소화: 부촉매소화(억제소화)

정답 | ②

06 빈출도 ★★★

탄화칼슘이 물과 반응할 때 발생되는 기체는?

① 일산화탄소　② 아세틸렌
③ 황화수소　④ 수소

해설

탄화칼슘(CaC_2)과 물(H_2O)이 반응하면 아세틸렌(C_2H_2)이 발생한다.
$CaC_2 + 2H_2O \rightarrow Ca(OH)_2 + C_2H_2 \uparrow$

정답 | ②

07 빈출도 ★★★

분말 소화약제 중 A급, B급, C급 화재에 모두 사용할 수 있는 것은?

① 제1종 분말　② 제2종 분말
③ 제3종 분말　④ 제4종 분말

해설

제3종 분말 소화약제는 A, B, C급 화재에 모두 적응성이 있다.

관련개념 분말 소화약제

구분	주성분	색상	적응화재
제1종	탄산수소나트륨 ($NaHCO_3$)	백색	B급 화재 C급 화재
제2종	탄산수소칼륨 ($KHCO_3$)	담자색 (보라색)	B급 화재 C급 화재
제3종	제1인산암모늄 ($NH_4H_2PO_4$)	담홍색	A급 화재 B급 화재 C급 화재
제4종	탄산수소칼륨＋요소 [$KHCO_3 + CO(NH_2)_2$]	회색	B급 화재 C급 화재

정답 | ③

08 빈출도 ★★

조연성 가스에 해당하는 것은?

① 수소　② 일산화탄소
③ 산소　④ 에테인

해설

조연성(지연성) 가스는 스스로 연소하지 않지만 연소를 도와주는 물질로 산소, 불소, 염소, 오존 등이 있다.

선지분석

①, ②, ④ 모두 가연성 가스이다.

정답 | ③

09 빈출도 ★

분자 내부에 니트로기를 갖고 있는 니트로셀룰로오스, TNT 등과 같은 제5류 위험물의 연소 형태는?

① 분해연소　　② 자기연소
③ 증발연소　　④ 표면연소

해설

제5류 위험물은 자기반응성 물질로 자체적으로 산소를 포함하고 있으므로 자기연소 또는 내부연소를 일으키기 쉽다.

관련개념 제5류 위험물의 특징

㉠ 가연성 물질로 상온에서 고체 또는 액체상태이다.
㉡ 불안정하고 분해되기 쉬우므로 폭발성이 강하고, 연소속도가 매우 빠르다.
㉢ 산소를 포함하고 있으므로 자기연소 또는 내부연소를 일으키기 쉽고, 연소 시 다량의 가스가 발생한다.
㉣ 산화반응에 의한 자연발화를 일으킨다.
㉤ 한 번 화재가 발생하면 소화가 어렵다.
㉥ 대부분 물에 잘 녹지 않으며 물과 반응하지 않는다.

정답 | ②

10 빈출도 ★★★

가연물의 종류에 따라 화재를 분류하였을 때 섬유류 화재가 속하는 것은?

① A급 화재　　② B급 화재
③ C급 화재　　④ D급 화재

해설

섬유(면화)류 화재는 A급 화재(일반화재)에 해당한다.

관련개념 A급 화재(일반화재) 대상물

㉠ 일반가연물: 섬유(면화)류, 종이, 고무, 석탄, 목재 등
㉡ 합성고분자: 폴리에스테르, 폴리에틸렌, 폴리우레탄 등

정답 | ①

11 빈출도 ★

위험물안전관리법령상 제6류 위험물을 수납하는 운반용기의 외부에 주의사항을 표시하여야 할 경우, 어떤 내용을 표시하여야 하는가?

① 물기엄금　　② 화기엄금
③ 화기주의/충격주의　　④ 가연물 접촉주의

해설

제6류 위험물 운반용기의 외부에는 주의사항으로 "가연물 접촉주의"를 표시해야 한다.

관련개념 위험물 운반용기에 표시해야 할 주의사항

제1류	알칼리금속의 과산화물	화기·충격주의 물기엄금 가연물 접촉주의
	그 밖의 것	화기·충격주의 가연물 접촉주의
제2류	철분·금속분·마그네슘	화기주의 물기엄금
	인화성고체	화기엄금
	그 밖의 것	화기주의
제3류	자연발화성 물질	화기엄금 공기접촉엄금
	금수성 물질	물기엄금
제4류		화기엄금
제5류		화기엄금 충격주의
제6류		가연물 접촉주의

정답 | ④

12 빈출도 ★★★

다음 연소생성물 중 인체에 독성이 가장 높은 것은?

① 이산화탄소 ② 일산화탄소
③ 수증기 ④ 포스겐

해설

선지 중 인체 허용농도가 가장 낮은 물질은 포스겐($COCl_2$)이다. 인체에 독성이 높을수록 인체 허용농도가 낮으므로 적은 양으로 인체에 치명적인 영향을 준다.

관련개념 **인체 허용농도(TLV, Threshold limit value)**

연소생성물	인체 허용농도[ppm]
일산화탄소(CO)	50
이산화탄소(CO_2)	5,000
포스겐($COCl_2$)	0.1
황화수소(H_2S)	10
이산화황(SO_2)	10
시안화수소(HCN)	10
아크롤레인(CH_2CHCHO)	0.1
암모니아(NH_3)	25
염화수소(HCl)	5

정답 | ④

13 빈출도 ★

알킬알루미늄 화재에 적합한 소화약제는?

① 물 ② 이산화탄소
③ 팽창질석 ④ 할로겐화합물

해설

제3류 위험물인 알킬알루미늄은 자연 발화성 물질이면서 금수성 물질로서 화재 시 건조한(마른) 모래나 분말, 팽창질석, 건조석회를 활용하여 질식소화를 하여야 한다.

정답 | ③

14 빈출도 ★★

열전도도(thermal conductivity)를 표시하는 단위에 해당하는 것은?

① $[J/m^2 \cdot h]$ ② $[kcal/h \cdot ℃^2]$
③ $[W/m \cdot K]$ ④ $[J \cdot K/m^3]$

해설

열전도도(열전도 계수)의 단위는 $[W/m \cdot K]$이다.

관련개념 **푸리에의 전도법칙**

$$Q = kA\frac{(T_2 - T_1)}{l}$$

Q: 열전달량[W], k: 열전도율$[W/m \cdot K]$,
A: 열전달 부분 면적$[m^2]$, $(T_2 - T_1)$: 온도 차이[K],
l: 벽의 두께[m]

정답 | ③

15 빈출도 ★★★

위험물안전관리법령상 위험물에 대한 설명으로 옳은 것은?

① 과염소산은 위험물이 아니다.
② 황린은 제2류 위험물이다.
③ 황화인의 지정수량은 100[kg]이다.
④ 산화성 고체는 제6류 위험물의 성질이다.

해설

황화인(제2류 위험물)의 지정수량은 100[kg]이다.

선지분석

① 과염소산은 제6류 위험물이다.
② 황린은 제3류 위험물이다.
④ 산화성 고체는 제1류 위험물이며, 제6류 위험물은 산화성 액체이다.

정답 | ③

16 빈출도 ★★★

제3종 분말 소화약제의 주성분은?

① 인산암모늄
② 탄산수소칼륨
③ 탄산수소나트륨
④ 탄산수소칼륨과 요소

해설

제3종 분말 소화약제의 주성분은 제1인산암모늄($NH_4H_2PO_4$)이다.

관련개념 분말 소화약제

구분	주성분	색상	적응화재
제1종	탄산수소나트륨 ($NaHCO_3$)	백색	B급 화재 C급 화재
제2종	탄산수소칼륨 ($KHCO_3$)	담자색 (보라색)	B급 화재 C급 화재
제3종	제1인산암모늄 ($NH_4H_2PO_4$)	담홍색	A급 화재 B급 화재 C급 화재
제4종	탄산수소칼륨+요소 [$KHCO_3+CO(NH_2)_2$]	회색	B급 화재 C급 화재

정답 | ①

17 빈출도 ★★★

이산화탄소 소화기의 일반적인 성질에서 단점이 아닌 것은?

① 밀폐된 공간에서 사용 시 질식의 위험성이 있다.
② 인체에 직접 방출 시 동상의 위험성이 있다.
③ 소화약제의 방사 시 소음이 크다.
④ 전기가 잘 통하기 때문에 전기설비에 사용할 수 없다.

해설

이산화탄소 소화약제는 전기가 통하지 않기 때문에 전기설비에 사용할 수 있다.

관련개념 이산화탄소 소화약제

구분	내용
장점	• 전기의 부도체(비전도성, 불량도체)이다. • 화재를 소화할 때에는 피연소물질의 내부까지 침투한다. • 증거보존이 가능하며, 피연소물질에 피해를 주지 않는다. • 장기간 저장하여도 변질·부패 또는 분해를 일으키지 않는다. • 소화약제의 구입비가 저렴하고, 자체압력으로 방출이 가능하다.
단점	• 인체의 질식이 우려된다. • 소화시간이 다른 소화약제에 비하여 길다. • 저장용기에 충전하는 경우 고압을 필요로 한다. • 고압가스에 해당되므로 저장·취급 시 주의를 요한다. • 소화약제의 방출 시 소리가 요란하며, 동상의 위험이 있다.

정답 | ④

18 빈출도 ★★★

IG−541 약제가 15[℃]에서 용적 50[L] 압력용기에 155[kgf/cm^2]으로 충전되어 있다. 온도가 30[℃]로 되었다면 IG−541 약제의 압력은 몇 [kgf/cm^2]가 되겠는가? (단, 용기의 팽창은 없다고 가정한다.)

① 78　　② 155
③ 163　　④ 310

해설

온도가 15[℃]일 때를 상태1, 30[℃]일 때를 상태2라고 하였을 때, 부피는 일정하므로 보일−샤를의 법칙에 의해 다음과 같은 식을 세울 수 있다.

$$\frac{P_1}{T_1}=\frac{155[kgf/cm^2]}{(273+15)[K]}=\frac{P_2}{T_2}=\frac{P_2}{(273+30)[K]}$$

$$P_2=\frac{155[kgf/cm^2]}{288[K]}\times 303[K]≒163[kgf/cm^2]$$

관련개념 이상기체의 상태방정식

보일의 법칙, 샤를의 법칙, 아보가드로의 법칙을 적용하여 상수를 (분자 수)×(기체상수)의 형태로 나타내면 다음의 식을 얻을 수 있다.

$$\frac{PV}{T}=C=nR\rightarrow PV=nRT$$

P: 압력, V: 부피, T: 절대온도[K], C: 상수,
n: 분자 수[mol], R: 기체상수

정답 | ③

19 빈출도 ★★

소화약제 중 HFC−125의 화학식으로 옳은 것은?

① CHF_2CF_3　　② CHF_3
③ CF_3CHFCF_3　　④ CF_3I

해설

할로겐화합물 소화약제인 HFC−125의 화학식은 CHF_2CF_3이다.

선지분석

② CHF_3는 HFC−23이다.
③ CF_3CHFCF_3는 HFC−227ea이다.
④ CF_3I는 FIC−13I1이다.

정답 | ①

20 빈출도 ★★★

프로페인 50[vol%], 뷰테인 40[vol%], 프로필렌 10[vol%]로 된 혼합가스의 폭발하한계는 약 몇 [vol%] 인가? (단, 각 가스의 폭발하한계는 프로페인 2.2[vol%], 뷰테인 1.9[vol%], 프로필렌 2.4[vol%]이다.)

① 0.83　　② 2.09
③ 5.05　　④ 9.44

해설

$$L=\frac{100}{\frac{V_1}{L_1}+\frac{V_2}{L_2}+\frac{V_3}{L_3}}=\frac{100}{\frac{50}{2.2}+\frac{40}{1.9}+\frac{10}{2.4}}≒2.09[vol\%]$$

관련개념 혼합가스의 폭발하한계

가연성 가스가 혼합되었을 때 '르 샤틀리에의 법칙'으로 혼합가스의 폭발하한계를 계산할 수 있다.

$$\frac{100}{L}=\frac{V_1}{L_1}+\frac{V_2}{L_2}+\cdots+\frac{V_n}{L_n}$$

$$\rightarrow L=\frac{100}{\frac{V_1}{L_1}+\frac{V_2}{L_2}+\cdots+\frac{V_n}{L_n}}$$

L: 혼합가스의 폭발하한계[vol%],
L_1, L_2, L_n: 가연성 가스의 폭발하한계[vol%],
V_1, V_2, V_n: 가연성 가스의 용량[vol%]

정답 | ②

21 빈출도 ★★

직경 20[cm]의 소화용 호스에 물이 392[N/s] 흐른다. 이 때의 평균유속[m/s]은?

① 2.96　　② 4.34

③ 3.68　　④ 1.27

해설

$$G=\rho gAu$$

G: 무게유량[N/s], ρ: 밀도[kg/m³], g: 중력가속도[m/s²], A: 유체의 단면적[m²], u: 유속[m/s]

유체는 물이므로 물의 밀도는 1,000[kg/m³]이다.
소화용 호스는 직경이 0.2[m]인 원형이므로 호스의 단면적은 다음과 같다.

$$A=\frac{\pi}{4}\times 0.2^2$$

주어진 조건을 공식에 대입하면 평균유속 u는

$$u=\frac{G}{\rho gA}=\frac{392}{1{,}000\times 9.8\times\frac{\pi}{4}\times 0.2^2}$$

$$\fallingdotseq 1.27[\text{m/s}]$$

정답 | ④

22 빈출도 ★★

수은이 채워진 U자관에 수은보다 비중이 작은 어떤 액체를 넣었다. 액체기둥의 높이가 10[cm], 수은과 액체의 자유표면의 높이 차이가 6[cm]일 때 이 액체의 비중은? (단, 수은의 비중은 13.6이다.)

① 5.44　　② 8.16

③ 9.63　　④ 10.88

해설

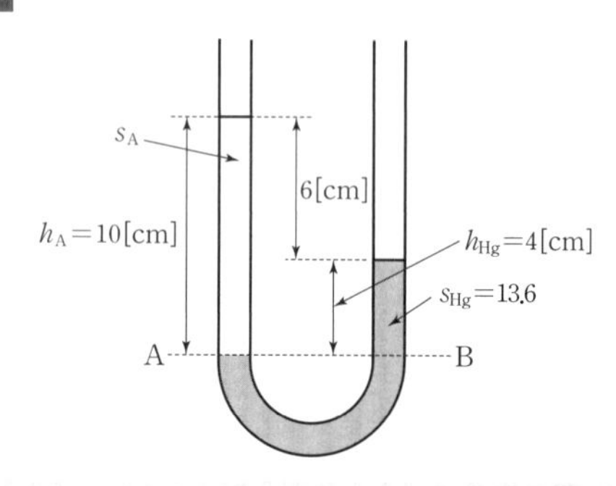

$$P_x=\gamma h=s\gamma_w h$$

P_x: x점에서의 압력[N/m²], γ: 비중량[N/m³], h: 표면까지의 높이[m], s: 비중, γ_w: 물의 비중량[N/m³]

액체기둥이 누르는 압력은 A면에서의 압력과 같다.

$$P_A=s_A\gamma_w h_A$$

B면에서의 압력은 B면 위의 수은이 누르는 압력과 같다.

$$P_B=s_B\gamma_w h_B$$

유체 내부에서 같은 수평면(높이)에는 같은 압력이 작용하므로 A면과 B면의 압력은 같다.

$$P_A=P_B$$

$$s_A\gamma_w h_A=s_B\gamma_w h_B$$

수은과 액체가 대기와 만나는 자유표면의 높이 차이가 0.06[m]이므로 A면과 높이가 같은 B면을 기준으로 수은기둥의 높이 h_B는 (0.1−0.06)[m]이다.
따라서 주어진 조건을 공식에 대입하면 액체의 비중 s_A는

$$s_A=\frac{s_B h_B}{h_A}=\frac{13.6\times 0.04}{0.1}$$

$$=5.44$$

정답 | ①

23 빈출도 ★

수압기에서 피스톤의 반지름이 각각 20[cm]와 10[cm]이다. 작은 피스톤에 19.6[N]의 힘을 가하는 경우 평형을 이루기 위해 큰 피스톤에는 몇 [N]의 하중을 가하여야 하는가?

① 4.9 ② 9.8

③ 68.4 ④ 78.4

해설

두 피스톤 안에 작용하는 압력이 동일하므로 파스칼의 원리에 의해 다음의 식이 성립한다.

$$P_1 = \frac{F_1}{A_1} = \frac{F_2}{A_2} = P_2$$

P: 압력[N/m²], F: 힘[N], A: 면적[m²]

피스톤은 지름이 D[m]인 원형이므로 피스톤의 단면적은 다음과 같다.

$$A = \frac{\pi}{4}D^2$$

작은 피스톤에 가하는 힘 F_1이 19.6[N], 작은 피스톤의 지름이 A_1, 큰 피스톤의 지름이 A_2이면 평형을 이루기 위해 큰 피스톤에 가하여야 하는 힘 F_2는 다음과 같다.

$$F_2 = F_1 \times \left(\frac{A_2}{A_1}\right) = 19.6 \times \left(\frac{\frac{\pi}{4} \times 0.2^2}{\frac{\pi}{4} \times 0.1^2}\right)$$

$$= 78.4[\text{N}]$$

정답 | ④

24 빈출도 ★★

그림과 같이 중앙부분에 구멍이 뚫린 원판에 지름 D의 원형 물제트가 대기압 상태에서 V의 속도로 충돌하여 원판 뒤로 지름 $\frac{D}{2}$의 원형 물제트가 V의 속도로 흘러나가고 있을 때, 이 원판이 받는 힘을 구하는 계산식으로 옳은 것은? (단, ρ는 물의 밀도이다.)

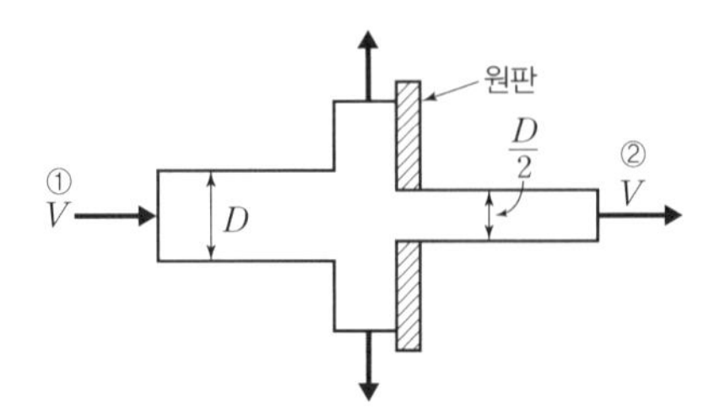

① $\frac{3}{16}\rho\pi V^2 D^2$ ② $\frac{3}{8}\rho\pi V^2 D^2$

③ $\frac{3}{4}\rho\pi V^2 D^2$ ④ $3\rho\pi V^2 D^2$

해설

물제트의 일부는 원판의 구멍을 통해 빠져나가고 나머지 부분이 원판에 힘을 가하고 있다.

$$F = \rho A u^2$$

F: 유체가 원판에 가하는 힘[N], ρ: 유체의 밀도[kg/m³], A: 유체의 단면적[m²], u: 유속[m/s]

물제트는 직경이 D인 원형이므로 물제트의 단면적은 다음과 같다.

$$A = \frac{\pi}{4}D^2$$

$$F_1 = \rho \times \frac{\pi}{4}D^2 \times V^2 = \frac{1}{4}\rho\pi V^2 D^2$$

구멍을 통해 빠져나가는 물제트가 가진 힘은 다음과 같다.

$$F_2 = \rho \times \frac{\pi}{4}\left(\frac{D}{2}\right)^2 \times V^2 = \frac{1}{16}\rho\pi V^2 D^2$$

따라서 원판이 받는 힘은

$$F = F_1 - F_2$$

$$= \frac{3}{16}\rho\pi V^2 D^2$$

정답 | ①

25 빈출도 ★★

압력 0.1[MPa], 온도 250[℃] 상태인 물의 엔탈피가 2,974.33[kJ/kg]이고 비체적은 2.40604[m³/kg]이다. 이 상태에서 물의 내부에너지[kJ/kg]는 얼마인가?

① 2,733.7 ② 2,974.1
③ 3,214.9 ④ 3,582.7

해설

계의 상태를 압력·부피의 곱과 내부에너지의 합으로 나타내는 물리량을 엔탈피라고 한다.

$$H=U+PV$$

H: 엔탈피, U: 내부에너지, P: 압력, V: 부피

주어진 조건을 공식에 대입하면 내부에너지 U는

$$U=H-PV=2{,}974.33-100\times2.40604$$
$$=2{,}733.726[\text{kJ/kg}]$$

정답 | ①

26 빈출도 ★

300[K]의 저온 열원을 가지고 카르노 사이클로 작동하는 열기관의 효율이 70[%]가 되기 위해서 필요한 고온 열원의 온도[K]는?

① 800 ② 900
③ 1,000 ④ 1,100

해설

카르노 사이클의 효율은 다음과 같다.

$$\eta=1-\frac{T_L}{T_H}$$

η: 효율, T_H: 고온부의 온도, T_L: 저온부의 온도

주어진 조건을 공식에 대입하면 고온 열원의 온도 T_H는

$$T_H=\frac{T_L}{1-\eta}=\frac{300}{1-0.7}=1{,}000[\text{K}]$$

정답 | ③

27 빈출도 ★★★

물이 들어있는 탱크에 수면으로부터 20[m] 깊이에 지름 50[mm]의 오리피스가 있다. 이 오리피스에서 흘러나오는 유량[m³/min]은? (단, 탱크의 수면 높이는 일정하고 모든 손실은 무시한다.)

① 1.3 ② 2.3
③ 3.3 ④ 4.3

해설

$$\frac{P_1}{\gamma}+\frac{u_1^2}{2g}+Z_1=\frac{P_2}{\gamma}+\frac{u_2^2}{2g}+Z_2$$

P: 압력[kN/m²], γ: 비중량[kN/m³], u: 유속[m/s],
g: 중력가속도[m/s²], Z: 높이[m]

수면과 파이프 출구의 압력은 대기압으로 같다.

$$P_1=P_2$$

수면과 오리피스 출구의 높이 차이는 다음과 같다.

$$Z_1-Z_2=20[\text{m}]$$

수면 높이는 일정하므로 수면 높이의 변화속도 u_1는 무시하고 주어진 조건을 공식에 대입하면 오리피스 출구의 유속 u_2은 다음과 같다.

$$\frac{u_2^2}{2g}=(Z_1-Z_2)$$

$$u_2=\sqrt{2g(Z_1-Z_2)}=\sqrt{2\times9.8\times20}\fallingdotseq19.8[\text{m/s}]$$

오리피스는 지름이 D[m]인 원형이므로 오리피스의 단면적은 다음과 같다.

$$A=\frac{\pi}{4}D^2$$

부피유량 공식 $Q=Au$에 의해 오리피스의 직경 D와 유속 u를 알면 유량 Q를 구할 수 있다.

따라서 주어진 조건을 공식에 대입하면 유량 Q는

$$Q=\frac{\pi}{4}D^2u=\frac{\pi}{4}\times0.05^2\times19.8$$
$$\fallingdotseq0.0389[\text{m}^3/\text{s}]=2.334[\text{m}^3/\text{min}]$$

정답 | ②

28 빈출도 ★★★

다음 중 열전달 매질이 없이도 열이 전달되는 형태는?

① 전도 ② 자연대류
③ 복사 ④ 강제대류

해설

열에너지가 매질을 통하지 않고 전자기파의 형태로 전달되는 현상을 복사라고 한다.

정답 | ③

29 빈출도 ★

양정 220[m], 유량 0.025[m^3/s], 회전수 2,900[rpm]인 4단 원심 펌프의 비교회전도(비속도)[m^3/min, m, rpm]는 얼마인가?

① 176 ② 167
③ 45 ④ 23

해설

펌프의 비교회전도(비속도)를 구하는 공식은 다음과 같다.

$$N_s = \frac{NQ^{\frac{1}{2}}}{\left(\frac{H}{n}\right)^{\frac{3}{4}}}$$

N_s: 비교회전도[m^3/min, m, rpm], N: 회전수[rpm], Q: 유량[m^3/min], H: 양정[m], n: 단수

유량이 0.025[m^3/s]이므로 단위를 변환하면

$0.025 \times 60 = 1.5$[m^3/min]

주어진 조건을 공식에 대입하면 비교회전도 N_s는

$$N_s = \frac{2{,}900 \times 1.5^{\frac{1}{2}}}{\left(\frac{220}{4}\right)^{\frac{3}{4}}}$$

$\fallingdotseq 175.86$[m^3/min, m, rpm]

정답 | ①

30 빈출도 ★★

동력(power)의 차원을 MLT(질량M, 길이L, 시간T)계로 바르게 나타낸 것은?

① MLT^{-1} ② M^2LT^{-2}
③ ML^2T^{-3} ④ MLT^{-2}

해설

동력의 단위는 [W]=[J/s]=[N · m/s]=[kg · m^2/s^3]이고, 동력의 차원은 ML^2T^{-3}이다.

정답 | ③

31 빈출도 ★

직사각형 단면의 덕트에서 가로와 세로가 각각 a 및 $1.5a$이고, 길이가 L이며, 이 안에서 공기가 V의 평균속도로 흐르고 있다. 이 때 손실수두를 구하는 식으로 옳은 것은? (단, f는 이 수력지름에 기초한 마찰계수이고, g는 중력가속도를 의미한다.)

① $f\frac{L}{a}\frac{V^2}{2.4g}$ ② $f\frac{L}{a}\frac{V^2}{2g}$

③ $f\frac{L}{a}\frac{V^2}{1.4g}$ ④ $f\frac{L}{a}\frac{V^2}{g}$

해설

일정한 양의 비압축성 유체가 일정한 속도로 흐를 때 배관에서의 마찰손실수두는 달시-바이스바하 방정식으로 구할 수 있다.

$$H=\frac{\Delta P}{\gamma}=\frac{flu^2}{2gD}$$

H: 마찰손실수두[m], ΔP: 압력 차이[kPa], γ: 비중량[kN/m³],
f: 마찰손실계수, l: 배관의 길이[m], u: 유속[m/s],
g: 중력가속도[m/s²], D: 배관의 직경[m]

배관은 원형이 아니므로 이 때 배관의 직경은 수력직경 D_h을 활용하여야 한다.

$$D_h=\frac{4A}{S}$$

D_h: 수력직경[m], A: 배관의 단면적[m²], S: 배관의 둘레[m]

배관의 단면적 A는 다음과 같다.

$A=a\times 1.5a=1.5a^2$

배관의 둘레 S는 다음과 같다.

$S=a+a+1.5a+1.5a=5a$

따라서 수력직경 D_h는 다음과 같다.

$D_h=\frac{4\times 1.5a^2}{5a}=1.2a$

주어진 조건을 공식에 대입하면 마찰손실수두 H는

$H=\frac{fLV^2}{2gD_h}=f\frac{L}{a}\frac{V^2}{2.4g}$

정답 | ①

32 빈출도 ★★

무차원수 중 레이놀즈 수(Reynolds number)의 물리적인 의미는?

① $\frac{관성력}{중력}$ ② $\frac{관성력}{탄성력}$

③ $\frac{관성력}{점성력}$ ④ $\frac{관성력}{음속}$

해설

레이놀즈 수는 유체의 관성력과 점성력의 비를 나타내는 수로 크기에 따라 클수록 난류, 작을수록 층류로 판단하는 척도가 된다.

$$Re=\frac{\rho uD}{\mu}=\frac{uD}{\nu}$$

Re: 레이놀즈 수, ρ: 밀도[kg/m³], u: 유속[m/s], D: 직경[m],
μ: 점성계수(점도)[kg/m · s], ν: 동점성계수(동점도)[m²/s]

정답 | ③

33 빈출도 ★★★

동일한 노즐구경을 갖는 소방차에서 방수압력이 1.5배가 되면 방수량은 몇 배로 되는가?

① 1.22배 ② 1.41배
③ 1.52배 ④ 2.25배

해설

노즐을 통과하기 전후의 압력과 속도의 관계식은 베르누이 방정식을 통해 구할 수 있다.

$$\frac{P_1}{\gamma}+\frac{u_1^2}{2g}+Z_1=\frac{P_2}{\gamma}+\frac{u_2^2}{2g}+Z_2$$

P: 압력[N/m²], γ: 비중량[N/m³], u: 유속[m/s],
g: 중력가속도[m/s²], Z: 높이[m]

노즐을 통과하기 전(1) 유속 u_1은 0, 노즐을 통과한 후(2) 압력 P_2는 대기압이므로 0, 높이 차이는 없으므로 $Z_1=Z_2$로 두면 방정식은 다음과 같다.

$$\frac{P_1}{\gamma}=\frac{u_2^2}{2g}$$

따라서 노즐을 통과하기 전 P만큼의 방수압력을 가해주면 노즐을 통과한 유체는 u만큼의 유속으로 방사된다.

$$u=\sqrt{\frac{2gP}{\rho}}$$

1.5배의 방수압력을 가해주면

$$\sqrt{\frac{2g\times1.5P}{\rho}}=\sqrt{1.5}\times\sqrt{\frac{2gP}{\rho}}=\sqrt{1.5}u$$

유속은 $\sqrt{1.5}≒1.22$배 증가한다.

정답 | ①

34 빈출도 ★★★

전양정 80[m], 토출량 500[L/min]인 물을 사용하는 소화펌프가 있다. 펌프효율 65[%], 전달계수 $K=1.1$인 경우 필요한 전동기의 최소동력[kW]은?

① 9 ② 11
③ 13 ④ 15

해설

$$P=\frac{\gamma QH}{\eta}K$$

P: 전동력[kW], γ: 유체의 비중량[kN/m³], Q: 유량[m³/s],
H: 전양정[m], η: 효율, K: 전달계수

유체는 물이므로 물의 비중량은 9.8[kN/m³]이다.
펌프의 토출량이 500[L/min]이므로 단위를 변환하면 $\frac{0.5}{60}$[m³/s]이다.
따라서 주어진 조건을 공식에 대입하면 전동기의 최소동력 P는

$$P=\frac{9.8\times\frac{0.5}{60}\times80}{0.65}\times1.1$$
$$≒11.06[\text{kW}]$$

정답 | ②

35 빈출도 ★

안지름 10[cm]인 수평 원관의 층류유동으로 4[km] 떨어진 곳에 원유(점성계수 0.02[N · s/m²], 비중 0.86)를 0.10[m³/min]의 유량으로 수송하려 할 때 펌프에 필요한 동력[W]은? (단, 펌프의 효율은 100[%]로 가정한다.)

① 76　　② 91
③ 10,900　　④ 9,100

해설

$$P=\gamma QH$$

P: 수동력[W], γ: 유체의 비중량[N/m³], Q: 유량[m³/s], H: 전양정[m]

유체의 비중이 0.86이므로 유체의 밀도와 비중량은 다음과 같다.

$$s=\frac{\rho}{\rho_w}=\frac{\gamma}{\gamma_w}$$

s: 비중, ρ: 비교물질의 밀도[kg/m³], ρ_w: 물의 밀도[kg/m³], γ: 비교물질의 비중량[N/m³], γ_w: 물의 비중량[N/m³]

$\rho=s\rho_w=0.86\times1{,}000$

$\gamma=s\gamma_w=0.86\times9{,}800$

유량이 0.1[m³/min]이므로 단위를 변환하면 $\frac{0.1}{60}$[m³/s]이다.

유체의 흐름이 층류일 때 배관에서의 마찰손실은 하겐-푸아죄유 방정식으로 구할 수 있다.

$$H=\frac{\Delta P}{\gamma}=\frac{128\mu lQ}{\gamma\pi D^4}$$

H: 마찰손실수두[m], ΔP: 압력 차이[Pa], γ: 비중량[N/m³], μ: 점성계수(점도)[kg/m · s], l: 배관의 길이[m], Q: 유량[m³/s], D: 배관의 직경[m]

주어진 조건을 공식에 대입하면 마찰손실수두는 다음과 같다.

$$H=\frac{128\times0.02\times4{,}000\times\frac{0.1}{60}}{(0.86\times9{,}800)\times\pi\times0.1^4}\fallingdotseq6.45[\text{m}]$$

따라서 펌프의 최소 동력 P는

$$P=(0.86\times9{,}800)\times\frac{0.1}{60}\times6.45$$
$$\fallingdotseq90.6[\text{W}]$$

정답 | ②

36 빈출도 ★

유속 6[m/s]로 정상류의 물이 화살표 방향으로 흐르는 배관에 압력계와 피토계가 설치되어있다. 이때 압력계의 계기압력이 300[kPa]이었다면 피토계의 계기압력은 약 몇 [kPa]인가?

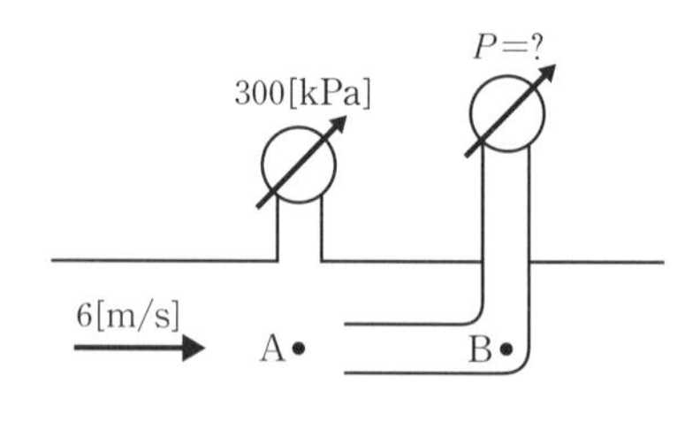

① 180　　② 280
③ 318　　④ 336

해설

$$u=\sqrt{2g\left(\frac{P_B-P_A}{\gamma_w}\right)}$$

u: 유속[m/s], g: 중력가속도[m/s²], P: 압력[kN/m²], γ_w: 배관 유체의 비중량[kN/m³]

B점의 압력을 구하여야 하므로 공식을 변형하여 P_B에 관한 식으로 나타낸다.

$$P_B=P_A+\frac{u^2}{2g}\times\gamma_w$$

따라서 주어진 조건을 공식에 대입하면 B점의 압력 P_B는

$$P_B=300+\frac{6^2}{2\times9.8}\times9.8=318[\text{kPa}]$$

정답 | ③

37 빈출도 ★★★

유체의 압축률에 관한 설명으로 올바른 것은?

① 압축률＝밀도×체적탄성계수

② 압축률$=\frac{1}{\text{체적탄성계수}}$

③ 압축률$=\frac{\text{밀도}}{\text{체적탄성계수}}$

④ 압축률$=\frac{\text{체적탄성계수}}{\text{밀도}}$

해설

체적탄성계수의 역수를 압축률이라고 한다.

$$\beta=\frac{1}{K}=-\frac{\frac{\Delta V}{V}}{\Delta P}$$

β: 압축률[Pa^{-1}], K: 체적탄성계수[Pa], ΔV: 부피변화량, V: 부피, ΔP: 압력변화량[Pa]

정답 | ②

38 빈출도 ★★

질량이 5[kg]인 공기(이상기체)가 온도 333[K]로 일정하게 유지되면서 체적이 10배가 되었다. 이 계(system)가 한 일[kJ]은? (단, 공기의 기체상수는 287[J/kg · K]이다.)

① 220 ② 478

③ 1,100 ④ 4,779

해설

등온 과정에서 계가 한 일 W는 다음과 같다.

$$W=m\bar{R}T\ln\left(\frac{V_2}{V_1}\right)$$

W: 일[kJ], m: 질량[kg], $\bar{R}$: 특정 기체상수[kJ/kg · K], T: 온도[K], V: 부피[m^3]

부피가 10배가 되었으므로 부피비는 다음과 같다.

$$\frac{V_2}{V_1}=10$$

주어진 조건을 공식에 대입하면 계에 전달된 열량 W는

$$W=5\times0.287\times333\times\ln(10)$$
$$\fallingdotseq1,100[kJ]$$

정답 | ③

39 빈출도 ★★

무한한 두 평판 사이에 유체가 채워져 있고 한 평판은 정지해 있고 또 다른 평판은 일정한 속도로 움직이는 Couette 유동을 하고 있다. 유체 A만 채워져 있을 때 평판을 움직이기 위한 단위면적당 힘을 τ_1이라 하고 같은 평판 사이에 점성이 다른 유체 B만 채워져 있을 때 필요한 힘을 τ_2라 하면 유체 A와 B가 반반씩 위아래로 채워져 있을 때 평판을 같은 속도로 움직이기 위한 단위면적당 힘에 대한 표현으로 옳은 것은?

① $\tau_1+\frac{\tau_2}{2}$　　② $\sqrt{\tau_1\tau_2}$

③ $\frac{2\tau_1\tau_2}{\tau_1+\tau_2}$　　④ $\tau_1+\tau_2$

해설

점도가 다른 두 유체가 채워져 있을 때 전단응력은 각각의 유체가 채워져 있을 때의 전단응력의 조화평균에 수렴한다.

정답 | ③

40 빈출도 ★★

2[m] 깊이로 물이 차있는 물탱크 바닥에 한 변이 20[cm]인 정사각형 모양의 관측창이 설치되어 있다. 관측창이 물로 인하여 받는 순 힘(net force)은 몇 [N]인가? (단, 관측창 밖의 압력은 대기압이다.)

① 784　　② 392

③ 196　　④ 98

해설

압력은 단위면적당 유체가 가하는 힘을 압력이라고 한다.

$$P=\frac{F}{A}$$

P: 압력[N/m²], F: 힘[N], A: 면적[m²]

물기둥 10.332[m]는 101,325[Pa]와 같으므로 물기둥 2[m]에 해당하는 압력은 다음과 같다.

$$2[\text{m}]\times\frac{101{,}325[\text{Pa}]}{10.332[\text{m}]}\fallingdotseq 19{,}614[\text{Pa}]$$

따라서 주어진 조건을 공식에 대입하면 관측창이 받는 힘 F는

$$F=PA=19{,}614\times(0.2\times0.2)$$
$$\fallingdotseq 784[\text{N}]$$

정답 | ①

소방관계법규

41 빈출도 ★★

소방시설공사업법령에 따른 완공검사를 위한 현장확인 대상 특정소방대상물의 범위 기준으로 틀린 것은?

① 연면적 10,000[m^2] 이상이거나 11층 이상인 특정소방대상물(아파트 제외)
② 가연성 가스를 제조·저장 또는 취급하는 시설 중 지상에 노출된 가연성 가스탱크의 저장용량 합계가 1,000[t] 이상인 시설
③ 호스릴방식의 소화설비가 설치되는 특정소방대상물
④ 문화 및 집회시설, 종교시설, 판매시설, 노유자시설, 수련시설, 운동시설, 숙박시설, 창고시설, 지하상가

해설

호스릴방식의 소화설비가 설치된 특정소방대상물은 완공검사를 위한 현장확인 대상 특정소방대상물이 아니다.

관련개념 완공검사를 위한 현장확인 대상 특정소방대상물

㉠ 문화 및 집회시설, 종교시설, 판매시설
㉡ 노유자시설, 수련시설, 운동시설
㉢ 숙박시설, 창고시설, 지하상가 및 다중이용업소
㉣ 다음 어느 하나에 해당하는 설비가 설치되는 특정소방대상물
– 스프링클러설비등
– 물분무등소화설비(호스릴방식의 소화설비 제외)
㉤ 연면적 10,000[m^2] 이상이거나 11층 이상인 특정소방대상물(아파트 제외)
㉥ 가연성 가스를 제조·저장 또는 취급하는 시설 중 지상에 노출된 가연성 가스탱크의 저장용량 합계가 1,000[t] 이상인 시설

정답 | ③

42 빈출도 ★★★

화재의 예방 및 안전관리에 관한 법률에 따른 특수가연물의 기준 중 다음 ( ) 안에 알맞은 것은?

품명	수량
나무껍질 및 대팻밥	(㉠)[kg] 이상
면화류	(㉡)[kg] 이상

① ㉠: 200, ㉡: 400
② ㉠: 200, ㉡: 1,000
③ ㉠: 400, ㉡: 200
④ ㉠: 400, ㉡: 1,000

해설

㉠ 나무껍질 및 대팻밥: 400[kg] 이상
㉡ 면화류: 200[kg] 이상

관련개념 특수가연물별 기준수량

품명		수량
면화류		200[kg] 이상
나무껍질 및 대팻밥		400[kg] 이상
넝마 및 종이부스러기		1,000[kg] 이상
사류(絲類)		
볏짚류		
가연성 고체류		3,000[kg] 이상
석탄·목탄류		10,000[kg] 이상
가연성 액체류		2[m^3] 이상
목재가공품 및 나무부스러기		10[m^3] 이상
고무류·플라스틱류	발포시킨 것	20[m^3] 이상
	그 밖의 것	3,000[kg] 이상

정답 | ③

43 빈출도 ★

소방시설 설치 및 관리에 관한 법률상 스프링클러설비를 설치하여야 할 특정소방대상물에 다음 중 어떤 소방시설을 화재안전기준에 적합하게 설치하면 면제받을 수 있는가?

① 포소화설비
② 물분무소화설비
③ 간이스프링클러설비
④ 이산화탄소소화설비

해설

스프링클러설비를 설치해야 하는 특정소방대상물에 적응성 있는 자동소화장치 또는 물분무등소화설비를 설치한 경우에는 스프링클러설비의 설치가 면제된다.

※ 물분무등소화설비에 포소화설비, 물분무소화설비, 이산화탄소 소화설비가 포함되는 것으로 개정되어 복수정답이 인정되었습니다.

정답 | ①, ②, ④

44 빈출도 ★

소방기본법령상 출동한 소방대원에게 폭행 또는 협박을 행사하여 화재진압 · 인명구조 또는 구급활동을 방해한 사람에 대한 벌칙 기준은?

① 500만 원 이하의 과태료
② 1년 이하의 징역 또는 1,000만 원 이하의 벌금
③ 3년 이하의 징역 또는 3,000만 원 이하의 벌금
④ 5년 이하의 징역 또는 5,000만 원 이하의 벌금

해설

출동한 소방대원에게 폭행 또는 협박을 행사하여 화재진압 · 인명구조 또는 구급활동을 방해한 사람은 5년 이하의 징역 또는 5,000만원 이하의 벌금에 처한다.

정답 | ④

45 빈출도 ★★

위험물안전관리법령상 제조소 또는 일반취급소에서 취급하는 제4류 위험물의 최대 수량의 합이 지정수량의 480,000배 이상인 사업소의 자체소방대에 두는 화학소방자동차 및 인원기준으로 다음 (　　) 안에 알맞은 것은?

화학소방자동차	자체소방대원의 수
(㉠)	(㉡)

① ㉠: 1대, ㉡: 5인
② ㉠: 2대, ㉡: 10인
③ ㉠: 3대, ㉡: 15인
④ ㉠: 4대, ㉡: 20인

해설

제4류 위험물의 최대수량의 합이 지정수량의 48만배 이상인 사업소의 자체소방대에 두는 화학소방자동차 수는 4대, 자체소방대원의 수는 20인이다.

관련개념 자체소방대에 두는 화학소방자동차 및 인원

사업소의 구분		화학소방자동차	자체소방대원의 수
제조소 또는 일반취급소(제4류 위험물 취급)	지정수량의 3,000배 이상 120,000배 미만	1대	5인
	지정수량의 120,000배 이상 240,000배 미만	2대	10인
	지정수량의 240,000배 이상 480,000배 미만	3대	15인
	지정수량의 480,000배 이상	4대	20인
옥외탱크저장소(제4류 위험물 저장)	지정수량의 500,000배 이상	2대	10인

정답 | ④

46 빈출도 ★

소방시설 설치 및 관리에 관한 법률상 펄프공장의 작업장, 음료수 공장의 충전을 하는 작업장 등과 같이 화재안전기준을 적용하기 어려운 특정소방대상물에 설치하지 아니할 수 있는 소방시설의 종류가 아닌 것은?

① 상수도소화용수설비
② 스프링클러설비
③ 연결송수관설비
④ 연결살수설비

해설

펄프공장의 작업장, 음료수 공장의 충전을 하는 작업장 등의 특정소방대상물에는 스프링클러설비, 상수도소화용수설비 및 연결살수설비를 설치하지 아니할 수 있다.

관련개념 화재안전기준을 적용하기 어려운 특정소방대상물

특정소방대상물	설치 면제 소방시설
• 펄프공장의 작업장 • 음료수 공장의 세정 또는 충전을 하는 작업장 • 그 밖에 비슷한 용도로 사용하는 것	• 스프링클러설비 • 상수도소화용수설비 • 연결살수설비
• 정수장, 수영장, 목욕장 • 농예 · 축산 · 어류양식용 시설 • 그 밖에 비슷한 용도로 사용되는 것	• 자동화재탐지설비 • 상수도소화용수설비 • 연결살수설비

정답 | ③

47 빈출도 ★★

소방기본법의 정의상 소방대상물의 관계인이 아닌 자는?

① 감리자　② 관리자
③ 점유자　④ 소유자

해설

관계인이란 소방대상물의 소유자 · 관리자 또는 점유자를 말한다.

관련개념 감리자(감리원)

소방공사감리업자에 소속된 소방기술자로서 해당 소방시설공사를 감리하는 사람을 말한다.

정답 | ①

48 빈출도 ★★★

위험물안전관리법령상 위험물별 성질로서 틀린 것은?

① 제1류: 산화성 고체
② 제2류: 가연성 고체
③ 제4류: 인화성 액체
④ 제6류: 인화성 고체

해설

제6류 위험물은 산화성 액체이다.

관련개념 위험물별 성질

유별	성질
제1류 위험물	산화성 고체
제2류 위험물	가연성 고체
제3류 위험물	자연발화성 물질 및 금수성 물질
제4류 위험물	인화성 액체
제5류 위험물	자기반응성 물질
제6류 위험물	산화성 액체

정답 | ④

49 빈출도 ★

소방시설 설치 및 관리에 관한 법령상 시·도지사가 소방시설 등의 자체점검을 하지 아니한 관리업자에게 영업정지를 명할 수 있으나, 이로 인해 국민에게 불편을 줄 때에는 영업정지처분을 갈음하여 과징금 처분을 한다. 과징금의 기준은?

① 1,000만 원 이하　　② 2,000만 원 이하
③ 3,000만 원 이하　　④ 5,000만 원 이하

해설

시·도지사가 영업정지를 명하는 경우로서 그 영업정지가 이용자에게 불편을 주거나 그 밖에 공익을 해칠 우려가 있을 때에는 영업정지 처분을 갈음하여 **3,000만 원** 이하의 과징금을 부과할 수 있다.

정답 | ③

50 빈출도 ★★★

화재의 예방 및 안전관리에 관한 법률상 화재의 예방상 위험하다고 인정되는 행위를 하는 사람에게 행위의 금지 또는 제한 명령을 할 수 있는 사람은?

① 소방본부장　　② 시·도지사
③ 의용소방대원　　④ 소방대상물의 관리자

해설

소방관서장(소방청장, **소방본부장**, 소방서장)은 화재 발생 위험이 크거나 소화 활동에 지장을 줄 수 있다고 인정되는 행위나 물건에 대하여 행위 당사자나 그 물건의 소유자, 관리자 또는 점유자에게 행위의 금지 또는 제한 명령을 할 수 있다.

정답 | ①

51 빈출도 ★★

소방기본법령상 소방대장은 화재, 재난·재해 그 밖의 위급한 상황이 발생한 현장에 소방활동구역을 정하여 소방활동에 필요한 자로서 대통령령으로 정하는 사람 외에는 그 구역에의 출입을 제한할 수 있다. 다음 중 소방활동구역에 출입할 수 없는 사람은?

① 소방활동구역 안에 있는 소방대상물의 소유자·관리자 또는 점유자
② 전기·가스·수도·통신·교통의 업무에 종사하는 사람으로서 원활한 소방활동을 위하여 필요한 사람
③ 시·도지사가 소방활동을 위하여 출입을 허가한 사람
④ 의사·간호사 그 밖에 구조·구급업무에 종사하는 사람

해설

소방대장이 소방활동을 위하여 출입을 허가한 사람이 소방활동구역에 출입할 수 있다. 시·도지사는 출입을 허가할 권한이 없다.

관련개념 **소방활동구역의 출입이 가능한 사람**

㉠ 소방활동구역 안에 있는 소방대상물의 소유자·관리자 또는 점유자
㉡ 전기·가스·수도·통신·교통의 업무에 종사하는 사람으로서 원활한 소방활동을 위하여 필요한 사람
㉢ 의사·간호사 그 밖의 구조·구급업무에 종사하는 사람
㉣ 취재인력 등 보도업무에 종사하는 사람
㉤ 수사업무에 종사하는 사람
㉥ 그 밖에 소방대장이 소방활동을 위하여 출입을 허가한 사람

정답 | ③

52 빈출도 ★★

위험물안전관리법령상 제조소의 위치 · 구조 및 설비의 기준 중 위험물의 최대수량이 지정수량의 10배 이하인 경우 보유하여야 할 공지의 너비 기준은?

① 2[m] 이하 ② 2[m] 이상
③ 3[m] 이하 ④ 3[m] 이상

해설

취급하는 위험물의 최대수량이 지정수량의 10배 이하인 경우 공지의 너비는 3[m] 이상이어야 한다.

관련개념 제조소 보유공지의 너비

취급하는 위험물의 최대수량	공지의 너비
지정수량의 10배 이하	3[m] 이상
지정수량의 10배 초과	5[m] 이상

정답 ④

53 빈출도 ★★

화재의 예방 및 안전관리에 관한 법률상 화재안전조사 위원회의 위원에 해당하지 아니하는 사람은?

① 소방기술사
② 소방시설관리사
③ 소방 관련 분야의 석사 이상 학위를 취득한 사람
④ 소방 관련 법인 또는 단체에서 소방 관련 업무에 3년 이상 종사한 사람

해설

소방 관련 법인 또는 단체에서 소방 관련 업무에 5년 이상 종사한 사람이 화재안전조사위원회의 위원 자격에 해당된다.

관련개념 화재안전조사위원회의 위원

㉠ 과장급 직위 이상의 소방공무원
㉡ 소방기술사
㉢ 소방시설관리사
㉣ 소방 관련 분야의 석사 이상 학위를 취득한 사람
㉤ 소방 관련 법인 또는 단체에서 소방 관련 업무에 5년 이상 종사한 사람
㉥ 소방공무원 교육훈련기관, 학교 또는 연구소에서 소방과 관련한 교육 또는 연구에 5년 이상 종사한 사람

정답 ④

54 빈출도 ★★★

화재의 예방 및 안전관리에 관한 법률상 특수가연물의 저장 및 취급기준이 아닌 것은? (단, 석탄 · 목탄류를 발전용으로 저장하는 경우는 제외)

① 품명별로 구분하여 쌓는다.

② 쌓는 높이는 20[m] 이하가 되도록 한다.

③ 쌓는 부분의 바닥면적 사이는 실내의 경우 1.2[m] 이상 또는 쌓는 높이의 $\frac{1}{2}$ 중 큰 값이 되도록 한다.

④ 특수가연물을 저장 또는 취급하는 장소에는 품명 · 최대저장수량 및 화기취급의 금지표지를 설치해야 한다.

해설

쌓는 높이는 10[m] 이하가 되도록 해야 한다.

관련개념 특수가연물의 저장 및 취급 기준

구분		살수설비를 설치하거나 대형수동식소화기를 설치하는 경우	그 밖의 경우
높이		15[m] 이하	10[m] 이하
쌓는 부분의 바닥면적	석탄 · 목탄류	300[m^2] 이하	200[m^2] 이하
	그 외	200[m^2] 이하	50[m^2] 이하

정답 | ②

55 빈출도 ★★

소방시설 설치 및 관리에 관한 법률상 소화설비를 구성하는 제품 또는 기기에 해당하지 않는 것은?

① 가스누설경보기 ② 소방호스

③ 스프링클러헤드 ④ 분말자동소화장치

해설

가스누설경보기는 경보설비에 해당한다.

관련개념 소화설비를 구성하는 제품 또는 기기

㉠ 소화기구

㉡ 자동소화장치

㉢ 소화설비를 구성하는 소화전, 관창, 소방호스

㉣ 스프링클러헤드, 기동용 수압개폐장치, 유수제어밸브 및 가스관선택밸브

정답 | ①

56 빈출도 ★★

소방시설공사업법령상 하자보수를 하여야 하는 소방시설 중 하자보수 보증기간이 3년이 아닌 것은?

① 자동소화장치 ② 비상방송설비

③ 스프링클러설비 ④ 상수도소화용수설비

해설

비상방송설비는 하자보수 보증기간이 2년이다.

관련개념 하자보수 보증기간

보증기간	소방시설	
2년	• 피난기구 • 유도등 • 비상경보설비	• 비상조명등 • 비상방송설비 • 무선통신보조설비
3년	• 자동소화장치 • 옥내소화전설비 • 스프링클러설비등 • 화재알림설비 • 물분무등소화설비	• 옥외소화전설비 • 자동화재탐지설비 • 상수도소화용수설비 • 소화활동설비(무선통신보조설비 제외)

정답 | ②

57 빈출도 ★

위험물안전관리법령상 소화난이도등급 Ⅰ의 옥내탱크저장소에서 황만을 저장 · 취급할 경우 설치하여야 하는 소화설비로 옳은 것은?

① 물분무소화설비 ② 스프링클러설비
③ 포소화설비 ④ 옥내소화전설비

해설

위험물안전관리법령상 소화난이도등급 Ⅰ의 옥내탱크저장소에서 황만을 저장 · 취급할 경우 설치하여야 하는 소화설비는 물분무소화설비이다.

관련개념 **소화난이도등급 Ⅰ의 옥내탱크저장소에 설치해야 하는 소화설비**

옥내 탱크 저장소	황만을 저장 · 취급하는 것	물분무소화설비
	인화점 70[℃] 이상의 제4류 위험물만을 저장 · 취급하는 것	• 물분무소화설비 • 고정식 포소화설비 • 이동식 이외의 불활성가스 소화설비 • 이동식 이외의 할로젠화합물 소화설비 • 이동식 이외의 분말소화설비
	그 밖의 것	• 고정식 포소화설비 • 이동식 이외의 불활성가스 소화설비 • 이동식 이외의 할로젠화합물 소화설비 • 이동식 이외의 분말소화설비

정답 | ①

58 빈출도 ★

소방시설 설치 및 관리에 관한 법률상 대통령령 또는 화재안전기준이 변경되어 그 기준이 강화되는 경우 기존 특정소방대상물의 소방시설 중 강화된 기준을 설치장소와 관계없이 항상 적용하여야 하는 것은? (단, 건축물의 신축 · 개축 · 재축 · 이전 및 대수선 중인 특정소방대상물을 포함한다.)

① 제연설비
② 비상경보설비
③ 옥내소화전설비
④ 화재조기진압용 스프링클러설비

해설

강화된 기준을 적용하여야 하는 소방시설은 비상경보설비이다.

관련개념 **강화된 기준 적용 대상 소방시설**

㉠ 소화기구
㉡ 비상경보설비
㉢ 자동화재탐지설비
㉣ 자동화재속보설비
㉤ 피난구조설비

정답 | ②

59 빈출도 ★★★

소방시설 설치 및 관리에 관한 법률상 소방시설 등의 종합점검 대상 기준에 맞게 (　　)에 들어갈 내용으로 옳은 것은?

> 물분무등소화설비(호스릴방식의 물분무등소화설비만을 설치한 경우 제외)가 설치된 연면적 (　　　)[m²] 이상인 특정소방대상물(위험물제조소등 제외)

① 2,000　　② 3,000
③ 4,000　　④ 5,000

해설

물분무등소화설비(호스릴방식의 물분무등소화설비만을 설치한 경우 제외)가 설치된 연면적 5,000[m²] 이상인 특정소방대상물(위험물제조소등 제외)은 종합점검 대상이다.

관련개념 종합점검 대상

㉠ 스프링클러설비가 설치된 특정소방대상물
㉡ 물분무등소화설비(호스릴방식의 물분무등소화설비만을 설치한 경우 제외)가 설치된 연면적 5,000[m²] 이상인 특정소방대상물(위험물제조소등 제외)
㉢ 다중이용업의 영업장이 설치된 특정소방대상물로서 연면적이 2,000[m²] 이상인 것
㉣ 제연설비가 설치된 터널
㉤ 공공기관 중 연면적이 1,000[m²] 이상인 것으로서 옥내소화전설비 또는 자동화재탐지설비가 설치된 것(소방대가 근무하는 공공기관 제외)

정답 | ④

60 빈출도 ★★★

소방시설 설치 및 관리에 관한 법률상 건축허가 등의 동의대상물의 범위로 틀린 것은?

① 항공기격납고
② 방송용 송수신탑
③ 연면적이 400[m²] 이상인 건축물
④ 지하층 또는 무창층이 있는 건축물로서 바닥면적이 50[m²] 이상인 층이 있는 것

해설

지하층, 무창층이 있는 건축물로서 바닥면적이 150[m²] 이상인 층이 있는 건축물이 건축허가 등의 동의대상물이다.

관련개념 동의대상물의 범위

㉠ 연면적 400[m²] 이상 건축물이나 시설
㉡ 다음 표에서 제시된 기준 연면적 이상의 건축물이나 시설

구분	기준
학교시설	100[m²] 이상
– 노유자시설 – 수련시설	200[m²] 이상
– 정신의료기관 – 장애인 의료재활시설	300[m²] 이상

㉢ 지하층, 무창층이 있는 건축물로서 바닥면적이 150[m²](공연장 100[m²]) 이상인 층이 있는 것
㉣ 차고, 주차장 또는 주차용도로 사용되는 시설
　– 차고 · 주차장으로 사용되는 바닥면적이 200[m²] 이상인 층이 있는 건축물이나 주차시설
　– 승강기 등 기계장치에 의한 주차시설로서 자동차 20대 이상을 주차할 수 있는 시설
㉤ 층수가 6층 이상인 건축물
㉥ 항공기격납고, 관망탑, 항공관제탑, 방송용 송수신탑
㉦ 특정소방대상물 중 위험물 저장 및 처리시설, 지하구

정답 | ④

소방기계시설의 구조 및 원리

61 빈출도 ★

화재조기진압용 스프링클러설비의 화재안전성능기준(NFPC 103B) 상 헤드의 설치기준 중 ( ) 안에 알맞은 것은?

> 헤드 하나의 방호면적은 (㉠)[m^2] 이상 (㉡)[m^2] 이하로 할 것

① ㉠ 2.4 ㉡ 3.7
② ㉠ 3.7 ㉡ 9.1
③ ㉠ 6.0 ㉡ 9.3
④ ㉠ 9.1 ㉡ 13.7

해설

헤드 하나의 방호면적은 6.0[m^2] 이상 9.3[m^2] 이하로 한다.

정답 | ③

62 빈출도 ★★

분말 소화설비의 화재안전기술기준(NFTC 108)상 수동식 기동장치의 부근에 설치하는 방출지연스위치에 대한 설명으로 옳은 것은?

① 자동복귀형 스위치로서 수동식 기동장치의 타이머를 순간정지 시키는 기능의 스위치를 말한다.
② 자동복귀형 스위치로서 수동식 기동장치가 수신기를 순간정지 시키는 기능의 스위치를 말한다.
③ 수동복귀형 스위치로서 수동식 기동장치의 타이머를 순간정지 시키는 기능의 스위치를 말한다.
④ 수동복귀형 스위치로서 수동식 기동장치가 수신기를 순간정지 시키는 기능의 스위치를 말한다.

해설

방출지연스위치는 자동복귀형 스위치로서 수동식 기동장치의 타이머를 순간 정지시키는 기능의 스위치이다.

관련개념 수동식 기동장치의 설치기준

㉠ 수동식 기동장치의 부근에는 소화약제의 방출을 지연시킬 수 있는 방출지연스위치(자동복귀형 스위치로서 수동식 기동장치의 타이머를 순간 정지시키는 기능의 스위치)를 설치한다.
㉡ 전역방출방식은 방호구역마다, 국소방출방식은 방호대상물마다 설치한다.
㉢ 해당 방호구역의 출입구 부근 등 조작을 하는 자가 쉽게 피난할 수 있는 장소에 설치한다.
㉣ 기동장치의 조작부는 바닥으로부터 0.8[m] 이상 1.5[m] 이하의 위치에 설치하고, 보호판 등에 따른 보호장치를 설치한다.
㉤ 기동장치 인근의 보기 쉬운 곳에 "분말소화설비 수동식 기동장치"라는 표지를 한다.
㉥ 전기를 사용하는 기동장치에는 전원표시등을 설치한다.
㉦ 기동장치의 방출용스위치는 음향경보장치와 연동하여 조작될 수 있는 것으로 한다.

정답 | ①

63 빈출도 ★

할론 소화설비의 화재안전기술기준(NFTC 107) 상 화재표시반의 설치기준이 아닌 것은?

① 소화약제 방출지연 비상스위치를 설치할 것
② 소화약제의 방출을 명시하는 표시등을 설치할 것
③ 수동식 기동장치는 그 방출용 스위치의 작동을 명시하는 표시등을 설치할 것
④ 자동식 기동장치는 자동·수동의 절환을 명시하는 표시등을 설치할 것

해설

소화약제의 방출을 지연시킬 수 있는 방출지연스위치는 수동식 기동장치의 부근에 설치한다.

관련개념 화재표시반의 설치기준

㉠ 각 방호구역마다 음향경보장치의 조작 및 감지기의 작동을 명시하는 표시등과 이와 연동하여 작동하는 벨·버저 등의 경보기를 설치한다.
㉡ 수동식 기동장치에 설치하는 화재표시반은 방출용 스위치의 작동을 명시하는 표시등을 설치한다.
㉢ 소화약제의 방출을 명시하는 표시등을 설치한다.
㉣ 자동식 기동장치에 설치하는 화재표시반은 자동·수동의 절환을 명시하는 표시등을 설치한다.

정답 | ①

64 빈출도 ★★★

피난기구의 화재안전기술기준(NFTC 301) 상 노유자시설의 4층 이상 10층 이하에서 적응성이 있는 피난기구가 아닌 것은?

① 피난교 ② 다수인피난장비
③ 승강식 피난기 ④ 미끄럼대

해설

미끄럼대는 노유자시설의 1층, 2층, 3층에 적응성이 있는 피난기구이다.

관련개념 설치장소별 피난기구의 적응성

층별 / 설치장소별	1층	2층	3층	4층 이상 10층 이하
노유자시설	• 미끄럼대 • 구조대 • 피난교 • 다수인 피난장비 • 승강식 피난기	• 미끄럼대 • 구조대 • 피난교 • 다수인 피난장비 • 승강식 피난기	• 미끄럼대 • 구조대 • 피난교 • 다수인 피난장비 • 승강식 피난기	• 구조대 • 피난교 • 다수인 피난장비 • 승강식 피난기

정답 | ④

65 빈출도 ★★★

분말 소화설비의 화재안전성능기준(NFPC 108) 상 다음 ( ) 안에 알맞은 것은?

> 분말소화약제의 가압용가스 용기에는 ( )의 압력에서 조정이 가능한 압력조정기를 설치하여야 한다.

① 2.5[MPa] 이하 ② 2.5[MPa] 이상
③ 25[MPa] 이하 ④ 25[MPa] 이상

해설

분말 소화약제의 가압용 가스용기에는 2.5[MPa] 이하의 압력에서 조정이 가능한 압력조정기를 설치하여야 한다.

관련개념 가압용 가스용기의 설치기준

㉠ 분말 소화약제의 가스용기는 분말소화약제의 저장용기에 접속하여 설치해야 한다.
㉡ 분말 소화약제의 가압용 가스용기를 3병 이상 설치한 경우에는 2개 이상의 용기에 전자개방밸브를 부착한다.
㉢ 분말 소화약제의 가압용 가스용기에는 2.5[MPa] 이하의 압력에서 조정이 가능한 압력조정기를 설치한다.

정답 | ①

66 빈출도 ★★

스프링클러설비의 화재안전성능기준(NFPC 103) 상 개방형 스프링클러설비에서 하나의 방수구역을 담당하는 헤드의 개수는 최대 몇 개 이하로 해야 하는가? (단, 방수구역은 나누어져 있지 않고 하나의 구역으로 되어 있다.)

① 50 ② 40
③ 30 ④ 20

해설

하나의 방수구역을 담당하는 헤드의 개수는 50개 이하로 한다.

관련개념 개방형 스프링클러설비의 방수구역 및 일제개방밸브

㉠ 하나의 방수구역은 2개 층에 미치지 않도록 한다.
㉡ 방수구역마다 일제개방밸브를 설치한다.
㉢ 하나의 방수구역을 담당하는 헤드의 개수는 50개 이하로 한다.
㉣ 하나의 방수구역을 2개 이상의 방수구역으로 나누는 경우 하나의 방수구역을 담당하는 헤드의 개수는 25개 이상으로 한다.
㉤ 일제개방밸브는 실내에 설치하거나 보호용 철망 등으로 구획하여 바닥으로부터 0.8[m] 이상 1.5[m] 이하의 위치에 설치하고, 그 실에는 가로 0.5[m] 이상 세로 1[m] 이상의 출입문(개구부)을 설치한다. 출입문 상단에는 "일제개방밸브실"이라고 표시한 표지를 한다.
㉥ 일제개방밸브를 기계실(공조용 기계실 포함) 안에 설치하는 경우 별도의 실 또는 보호용 철망을 설치하지 않을 수 있다. 출입문 상단에는 "일제개방밸브실"이라고 표시한 표지를 한다.

정답 | ①

67 빈출도 ★

연결살수설비의 화재안전성능기준(NFPC 503) 상 배관의 설치기준 중 하나의 배관에 부착하는 살수헤드의 개수가 3개인 경우 배관의 구경은 최소 몇 [mm] 이상으로 설치해야 하는가? (단, 연결살수설비 전용헤드를 사용하는 경우이다.)

① 40 ② 50
③ 65 ④ 80

해설

하나의 배관에 부착하는 전용헤드의 개수가 3개일 경우 배관의 구경은 50[mm] 이상으로 한다.

관련개념 연결살수설비 전용헤드 배관 구경

연소방지설비 전용헤드를 사용하는 경우 다음의 표에 따른 구경 이상으로 한다.

하나의 배관에 부착하는 전용헤드의 개수	배관의 구경[mm]
1개	32
2개	40
3개	50
4개 또는 5개	65
6개 이상 10개 이하	80

정답 | ②

68 빈출도 ★★

이산화탄소 소화설비의 화재안전기술기준(NFTC 106) 상 수동식 기동장치의 설치기준에 적합하지 않은 것은?

① 전역방출방식에 있어서는 방호대상물마다 설치
② 전기를 사용하는 기동장치에는 전원표시등을 설치할 것
③ 기동장치의 조작부는 바닥으로부터 높이 0.8[m] 이상 1.5[m] 이하의 위치에 설치하고, 보호판 등에 따른 보호장치를 설치할 것
④ 기동장치의 방출용 스위치는 음향경보장치와 연동하여 조작될 수 있는 것으로 할 것

해설

전역방출방식은 방호구역마다, 국소방출방식은 방호대상물마다 설치한다.

관련개념 수동식 기동장치의 설치기준

㉠ 수동식 기동장치의 부근에는 소화약제의 방출을 지연시킬 수 있는 방출지연스위치를 설치한다. 방출지연스위치는 자동복귀형 스위치로 수동식 기동장치의 타이머를 순간 정지시키는 기능의 스위치를 말한다.
㉡ 전역방출방식은 방호구역마다, 국소방출방식은 방호대상물마다 설치한다.
㉢ 해당 방호구역의 출입구 부근 등 조작을 하는 자가 쉽게 피난할 수 있는 장소에 설치한다.
㉣ 기동장치의 조작부는 바닥으로부터 0.8[m] 이상 1.5[m] 이하의 위치에 설치하고, 보호판 등에 따른 보호장치를 설치한다.
㉤ 기동장치 인근의 보기 쉬운 곳에 "이산화탄소 소화설비 수동식 기동장치"라는 표지를 한다.
㉥ 전기를 사용하는 기동장치에는 전원표시등을 설치한다.
㉦ 기동장치의 방출용 스위치는 음향경보장치와 연동하여 조작될 수 있는 것으로 한다.

정답 | ①

69 빈출도 ★★

옥내소화전설비의 화재안전성능기준(NFPC 102) 상 옥내소화전펌프의 풋밸브를 소방용 설비 외의 다른 설비의 풋밸브보다 낮은 위치에 설치한 경우의 유효수량으로 옳은 것은? (단, 옥내소화전설비와 다른 설비 수원을 저수조로 겸용하여 사용한 경우이다.)

① 저수조의 바닥면과 상단 사이의 전체 수량
② 옥내소화전설비 풋밸브와 소방용 설비외의 다른 설비의 풋밸브 사이의 수량
③ 옥내소화전설비의 풋밸브와 저수조 상단 사이의 수량
④ 저수조의 바닥면과 소방용 설비 외의 다른 설비의 풋밸브 사이의 수량

해설

다른 설비와 겸용하여 수조를 설치하는 경우에는 옥내소화전설비의 풋밸브·흡수구 또는 수직배관의 급수구와 다른 설비의 풋밸브·흡수구 또는 수직배관의 급수구 사이의 수량을 유효수량으로 한다.

정답 | ②

70 빈출도 ★★

포 소화설비의 화재안전성능기준(NFPC 105) 상 포 소화설비의 배관 등의 설치기준으로 옳은 것은?

① 포워터 스프링클러설비 또는 포헤드설비의 가지 배관의 배열은 토너먼트방식으로 한다.
② 송액관은 겸용으로 하여야 한다. 다만, 포소화전의 기동장치의 조작과 동시에 다른 설비의 용도에 사용하는 배관의 송수를 차단할 수 있거나, 포소화설비의 성능에 지장이 없는 경우에는 전용으로 할 수 있다.
③ 송액관은 포의 방출 종료 후 배관안의 액을 배출하기 위하여 적당한 기울기를 유지하도록 하고 그 낮은 부분에 배액밸브를 설치하여야 한다.
④ 연결송수관설비의 배관과 겸용할 경우의 주배관은 구경 65[mm] 이상, 방수구로 연결되는 배관의 구경은 100[mm] 이상의 것으로 하여야 한다.

해설

송액관은 포의 방출 종료 후 배관 안의 액을 배출하기 위하여 적당한 기울기를 유지하도록 하고 그 낮은 부분에 배액밸브를 설치한다.

선지분석

① 포워터 스프링클러설비 또는 포헤드설비의 가지배관의 배열은 토너먼트방식이 아니어야 하며, 교차배관에서 분기하는 지점을 기점으로 한쪽 가지배관에 설치하는 헤드의 수는 8개 이하로 한다.
② 송액관은 전용으로 한다.
포소화전의 기동장치의 조작과 동시에 다른 설비의 용도에 사용하는 배관의 송수를 차단할 수 있거나, 포소화설비의 성능에 지장이 없는 경우에는 다른 설비와 겸용할 수 있다.
④ 포 소화설비는 연결송수관설비의 배관과 겸용할 수 없다.

정답 | ③

71 빈출도 ★

물분무 소화설비의 화재안전기술기준(NFTC 104) 상 송수구의 설치기준으로 틀린 것은?

① 구경 65[mm]의 쌍구형으로 할 것
② 지면으로부터 높이가 0.5[m] 이상 1[m] 이하의 위치에 설치할 것
③ 송수구는 하나의 층의 바닥면적이 1,500[m^2]를 넘을 때마다 1개(5개를 넘을 경우에는 5개로 한다) 이상을 설치할 것
④ 가연성가스의 저장 · 취급시설에 설치하는 송수구는 그 방호대상물로부터 20[m] 이상의 거리를 두거나 방호대상물에 면하는 부분이 높이 1.5[m] 이상, 폭 2.5[m] 이상의 철근콘크리트 벽으로 가려진 장소에 설치할 것

해설

송수구는 하나의 층의 바닥면적이 3,000[m^2]를 넘을 때마다 1개 이상(최대 5개)을 설치한다.

관련개념 **송수구의 설치기준**

㉠ 송수구는 화재 층으로부터 지면으로 떨어지는 유리창 등이 송수 및 그 밖의 소화작업에 지장을 주지 않는 장소에 설치한다.
㉡ 가연성가스의 저장 · 취급시설에 설치하는 경우 그 방호대상물로부터 20[m] 이상의 거리를 두거나, 방호대상물에 면하는 부분이 1.5[m] 이상 폭 2.5[m] 이상의 철근콘크리트 벽으로 가려진 장소에 설치한다.
㉢ 송수구로부터 물분무소화설비의 주배관에 이르는 연결배관에 개폐밸브를 설치한 경우 그 개폐상태를 쉽게 확인 및 조작할 수 있는 옥외 또는 기계실 등의 장소에 송수구를 설치한다.
㉣ 송수구는 구경 65[mm]의 쌍구형으로 한다.
㉤ 송수구에는 그 가까운 곳의 보기 쉬운 곳에 송수압력범위를 표시한 표지를 한다.
㉥ 송수구는 하나의 층의 바닥면적이 3,000[m^2]를 넘을 때마다 1개 이상(최대 5개)을 설치한다.
㉦ 지면으로부터 높이가 0.5[m] 이상 1[m] 이하의 위치에 설치한다.
㉧ 송수구의 부근에는 자동배수밸브(또는 직경 5[mm]의 배수공) 및 체크밸브를 설치한다.
㉨ 자동배수밸브는 배관 안의 물이 잘 빠질 수 있는 위치에 설치한다.
㉩ 자동배수밸브를 통한 배수로 인하여 다른 물건이나 장소에 피해를 주지 않아야 한다.
㉪ 송수구에는 이물질을 막기 위한 마개를 씌운다.

정답 | ③

72 빈출도 ★

미분무 소화설비의 화재안전기술기준(NFTC 104A) 상 미분무 소화설비의 성능을 확인하기 위하여 하나의 발화원을 가정한 설계도서 작성 시 고려하여야 할 인자를 모두 고른 것은?

㉠ 화재 위치 ㉡ 점화원의 형태 ㉢ 시공 유형과 내장재 유형 ㉣ 초기 점화되는 연료 유형 ㉤ 공기조화설비, 자연형(문, 창문) 및 기계형 여부 ㉥ 문과 창문의 초기상태(열림, 닫힘) 및 시간에 따른 변화상태

① ㉠, ㉢, ㉥
② ㉠, ㉡, ㉢, ㉤
③ ㉠, ㉡, ㉣, ㉤, ㉥
④ ㉠, ㉡, ㉢, ㉣, ㉤, ㉥

해설

제시된 인자 모두 설계도서의 작성기준에 해당한다.

관련개념 **설계도서의 작성기준**

㉠ 점화원의 형태
㉡ 초기 점화되는 연료 유형
㉢ 화재 위치
㉣ 문과 창문의 초기상태(열림, 닫힘) 및 시간에 따른 변화상태
㉤ 공기조화설비, 자연형(문, 창문) 및 기계형 여부
㉥ 시공 유형과 내장재 유형

정답 | ④

73 빈출도 ★★

특별피난계단의 계단실 및 부속실 제연설비의 화재안전성능기준(NFPC 501A) 상 차압 등에 관한 기준 중 다음 괄호 안에 알맞은 것은?

> 제연설비가 가동되었을 경우 출입문의 개방에 필요한 힘은 (　　)[N] 이하로 하여야 한다.

① 12.5　　② 40
③ 70　　④ 110

해설

제연설비가 가동되었을 경우 출입문의 개방에 필요한 힘은 110[N] 이하로 한다.

관련개념 제연구역의 차압

㉠ 제연구역의 기압을 제연구역 이외의 옥내보다 높게 하고 일정한 기압의 차이를 유지해야 하는 최소 차압은 40[Pa] 이상으로 한다.
㉡ 옥내에 스프링클러설비가 설치된 경우 최소 차압은 12.5[Pa] 이상으로 한다.
㉢ 제연설비가 가동되었을 경우 출입문의 개방에 필요한 힘은 110[N] 이하로 한다.
㉣ 피난을 위하여 제연구역의 출입문이 일시적으로 개방되는 경우 개방되지 않은 제연구역과 옥내와의 차압은 ㉠과 ㉡의 70[%] 이상이어야 한다.
㉤ 계단실과 부속실을 동시에 제연하는 경우 부속실의 기압은 계단실과 같게 하거나 계단실의 기압보다 낮게 할 경우에는 부속실과 계단실의 압력 차이는 5[Pa] 이하가 되도록 한다.

정답 | ④

74 빈출도 ★★

포소화설비의 화재안전성능기준(NFPC 105) 상 펌프의 토출관에 압입기를 설치하여 포 소화약제 압입용 펌프로 포 소화약제를 압입시켜 혼합하는 방식은?

① 라인 프로포셔너방식
② 펌프 프로포셔너방식
③ 프레셔 프로포셔너방식
④ 프레셔사이드 프로포셔너방식

해설

프레셔사이드 프로포셔너방식에 대한 설명이다.

관련개념 포소화약제의 혼합방식

방식	설명
펌프 프로포셔너 방식	펌프의 토출관과 흡입관 사이의 배관 도중에 설치한 흡입기에 펌프에서 토출된 물의 일부를 보내고, 농도 조정밸브에서 조정된 포 소화약제의 필요량을 포 소화약제 저장탱크에서 펌프 흡입측으로 보내어 이를 혼합하는 방식
프레셔 프로포셔너 방식	펌프와 발포기의 중간에 설치된 벤추리관의 벤추리작용과 펌프 가압수의 포 소화약제 저장탱크에 대한 압력에 따라 포 소화약제를 흡입·혼합하는 방식
라인 프로포셔너 방식	펌프와 발포기의 중간에 설치된 벤추리관의 벤추리작용에 따라 포 소화약제를 흡입·혼합하는 방식
프레셔사이드 프로포셔너 방식	펌프의 토출관에 압입기를 설치하여 포 소화약제 압입용 펌프로 포 소화약제를 압입시켜 혼합하는 방식
압축공기포 믹싱챔버 방식	물, 포소화약제 및 공기를 믹싱챔버로 강제주입시켜 챔버 내에서 포수용액을 생성한 후 포를 방사하는 방식

정답 | ④

75 빈출도 ★★★

소화기구 및 자동소화장치의 화재안전성능기준(NFPC 101)에 따라 다음과 같이 간이소화용구를 비치하였을 경우 능력 단위의 합은?

> – 삽을 상비한 마른모래 50[L]포 2개
> – 삽을 상비한 팽창질석 80[L]포 1개

① 1단위　② 1.5단위
③ 2.5단위　④ 3 단위

해설

마른모래의 경우 삽을 상비한 50[L] 이상의 것 1포 당 능력단위는 0.5 단위이고, 팽창질석의 경우 삽을 상비한 80[L] 이상의 것 1포 당 능력단위는 0.5 단위이다.
따라서 마른모래 2포 × 0.5 단위와 팽창질석 1포 × 0.5 단위의 총합은 1.5 단위이다.

관련개념 **능력단위**

소화약제 외의 것을 이용한 간이소화용구에 있어서는 다음에 따른 수치이다.

간이소화용구		능력단위
1. 마른모래	삽을 상비한 50[L] 이상의 것 1포	0.5 단위
2. 팽창질석 또는 팽창진주암	삽을 상비한 80[L] 이상의 것 1포	

정답 | ②

76 빈출도 ★★★

소화수조 및 저수조의 화재안전성능기준(NFPC 402) 상 연면적이 40,000[m^2]인 특정소방대상물에 소화용수설비를 설치하는 경우 소화수조의 최소 저수량은 몇 [m^3]인가? (단, 지상 1층 및 2층의 바닥면적 합계가 15,000[m^2] 이상인 경우이다.)

① 53.3　② 60
③ 106.7　④ 120

해설

저수량은 1층 및 2층의 바닥면적 합계가 15,000[m^2] 이상인 경우 연면적 40,000[m^2]에 기준면적 7,500[m^2]을 나누어 얻은 수(소수점 이하 절상)에 20[m^3]을 곱한 양 이상으로 한다.

$$\frac{40{,}000[m^2]}{7{,}500[m^2]} \fallingdotseq 5.33 \fallingdotseq 6(\text{절상})$$

$$6 \times 20[m^3] = 120[m^3]$$

관련개념 **저수량의 산정기준**

저수량은 소방대상물의 연면적을 다음의 표에 따른 기준면적으로 나누어 얻은 수(소수점 이하 절상)에 20[m^3]을 곱한 양 이상으로 한다.

소방대상물의 구분	기준면적[m^2]
1층 및 2층의 바닥면적 합계가 15,000[m^2] 이상	7,500
그 밖의 소방대상물	12,500

정답 | ④

77 빈출도 ★★★

소화기구 및 자동소화장치의 화재안전성능기준(NFPC 101)에 따른 용어에 대한 정의로 틀린 것은?

① "소화약제"란 소화기구 및 자동소화장치에 사용되는 소화성능이 있는 고체·액체 및 기체의 물질을 말한다.
② "대형소화기"란 화재 시 사람이 운반할 수 있도록 운반대와 바퀴가 설치되어 있고 능력 단위가 A급 20단위 이상, B급 10단위 이상인 소화기를 말한다.
③ "전기화재(C급 화재)"란 전류가 흐르고 있는 전기기기, 배선과 관련된 화재를 말한다.
④ "능력단위"란 소화기 및 소화약제에 따른 간이소화용구에 있어서는 소방시설법에 따라 형식승인 된 수치를 말한다.

해설

대형소화기는 능력단위가 A급 10단위 이상, B급 20단위 이상인 소화기이다.

정답 | ②

78 빈출도 ★★

옥내소화전설비의 화재안전기술기준(NFTC 102)상 배관 등에 관한 설명으로 옳은 것은?

① 펌프의 토출측 주배관의 구경은 유속이 5[m/s] 이하가 될 수 있는 크기 이상으로 하여야 한다.
② 연결송수관설비의 배관과 겸용할 경우의 주배관은 구경 80[mm] 이상, 방수구로 연결되는 배관의 구경은 65[mm] 이상의 것으로 하여야 한다.
③ 성능시험배관은 펌프의 토출측에 설치된 개폐밸브 이전에서 분기하여 설치하고, 유량측정장치를 기준으로 전단 직관부에 개폐밸브를 후단 직관부에는 유량조절밸브를 설치하여야 한다.
④ 가압송수장치의 체절운전 시 수온의 상승을 방지하기 위하여 체크밸브와 펌프사이에서 분기한 구경 20[mm] 이상의 배관에 체절압력 이상에서 개방되는 릴리프밸브를 설치하여야 한다.

해설

유량측정장치를 기준으로 전단 직관부에는 개폐밸브를, 후단 직관부에는 유량조절밸브를 설치한다.

선지분석

① 펌프의 토출 측 주배관의 구경은 유속이 4[m/s] 이하가 될 수 있는 크기 이상으로 한다.
② 연결송수관설비의 배관과 겸용할 경우 주배관의 구경은 100[mm] 이상으로 한다.
연결송수관설비의 배관과 겸용할 경우 방수구로 연결되는 배관의 구경은 65[mm] 이상으로 한다.
④ 가압송수장치의 체절운전 시 수온의 상승을 방지하기 위하여 체크밸브와 펌프 사이에서 분기한 구경 20[mm] 이상의 배관에 체절압력 미만에서 개방되는 릴리프밸브를 설치한다.

정답 | ③

79 빈출도 ★

소화전함의 성능인증 및 제품검사의 기술기준 상 옥내 소화전함의 재질을 합성수지 재료로 할 경우 두께는 최소 몇 [mm] 이상이어야 하는가?

① 1.5 ② 2.0
③ 3.0 ④ 4.0

해설

합성수지를 사용하는 소화전함은 두께 4.0[mm] 이상으로 한다.

관련개념 **소화전함의 일반구조**

㉠ 견고해야 하며 쉽게 변형되지 않는 구조로 한다.
㉡ 보수 및 점검이 쉬워야 한다.
㉢ 소화전함의 내부폭은 180[mm] 이상으로 한다.
㉣ 소화전함이 원통형인 경우 단면 원은 가로 500[mm], 세로 180[mm]의 직사각형을 포함할 수 있는 크기로 한다.
㉤ 여닫이 방식의 문은 120° 이상 열리는 구조로 한다.
㉥ 지하소화장치함의 문은 80° 이상 개방되고 고정할 수 있는 장치가 있어야 한다.
㉦ 문은 두 번 이하의 동작에 의하여 열리는 구조로 한다. 지하소화장치함은 제외한다.
㉧ 문의 잠금장치는 외부 충격에 의하여 쉽게 열리지 않는 구조로 한다.
㉨ 문의 면적은 0.5[m^2] 이상으로 하고, 짧은 변의 길이(미닫이 방식의 경우 최대 개방길이)는 500[mm] 이상으로 한다.
㉩ 미닫이 방식의 문을 사용하는 경우, 최대 개방 시 문에 의해 가려지는 내부 공간은 소방용품이 적재될 수 없도록 칸막이 등으로 구획한다.
㉪ 소화전함의 두께(현무암 무기질 복합소재 포함)는 1.5[mm] 이상이어야 한다.
㉫ 합성수지를 사용하는 소화전함은 두께 4.0[mm] 이상으로 한다.

정답 | ④

80 빈출도 ★

소화설비용 헤드의 성능인증 및 제품검사의 기술기준 상 소화설비용 헤드의 분류 중 수류를 살수판에 충돌하여 미세한 물방울을 만드는 물분무 헤드 형식은?

① 디프렉타형 ② 충돌형
③ 슬리트형 ④ 분사형

해설

수류를 살수판에 충돌하여 미세한 물방울을 만드는 물분무 헤드는 디프렉타형이다.

관련개념 **물분무 헤드의 종류**

㉠ 충돌형: 유수와 유수의 충돌에 의해 미세한 물방울을 만드는 물분무헤드
㉡ 분사형: 소구경의 오리피스로부터 고압으로 분사하여 미세한 물방울을 만드는 물분무헤드
㉢ 선회류형: 선회류에 의해 확산방출 하든가 선회류와 직선류의 충돌에 의해 확산 방출하여 미세한 물방울로 만드는 물분무헤드
㉣ 디프렉타형: 수류를 살수판에 충돌하여 미세한 물방울을 만드는 물분무헤드
㉤ 슬리트형: 수류를 슬리트에 의해 방출하여 수막상의 분무를 만드는 물분무헤드

정답 | ①

2021년 4회 기출문제

■1회독 ■2회독 ■3회독

소방원론

01 빈출도 ★

소화기구 및 자동소화장치의 화재안전성능기준에 따르면 소화기구(자동확산소화기는 제외)는 거주자 등이 손쉽게 사용할 수 있는 장소에 바닥으로부터 높이 몇 [m] 이하의 곳에 비치하여야 하는가?

① 0.5 ② 1.0
③ 1.5 ④ 2.0

해설

소화기구(자동확산소화기 제외)는 거주자 등이 손쉽게 사용할 수 있는 장소에 바닥으로부터 높이 1.5[m] 이하의 곳에 비치하고, 소화기구의 종류를 표시한 표지를 보기 쉬운 곳에 부착해야 한다.

정답 | ③

02 빈출도 ★★★

화재의 분류방법 중 유류화재를 나타낸 것은?

① A급 화재 ② B급 화재
③ C급 화재 ④ D급 화재

해설

유류화재는 B급 화재이다.

관련개념 **화재의 분류**

급수	화재 종류	표시색	소화방법
A급	일반화재	백색	냉각
B급	유류화재	황색	질식
C급	전기화재	청색	질식
D급	금속화재	무색	질식
K급	주방화재 (식용유화재)	—	비누화 · 냉각 · 질식
E급	가스화재	황색	제거 · 질식

정답 | ②

03 빈출도 ★★

가시거리가 20~30[m]이고 연기감지기가 작동할 정도에 해당하는 감광계수는 얼마인가?

① $0.1[m^{-1}]$ ② $1.0[m^{-1}]$
③ $2.0[m^{-1}]$ ④ $10[m^{-1}]$

해설

감광계수 $[m^{-1}]$	가시거리 [m]	현상
0.1	20~30	연기감지기가 동작할 정도
0.3	5	건물 내부에 익숙한 사람이 피난할 때 지장을 받는 정도
0.5	3	어두움을 느낄 정도
1	1~2	거의 앞이 보이지 않을 정도
10	0.2~0.5	화재의 최성기에 해당, 유도등이 보이지 않을 정도
30	—	출화 시의 연기가 분출할 때의 농도

정답 | ①

04 빈출도 ★★

소화약제로 사용되는 물에 관한 소화성능 및 물성에 대한 설명으로 틀린 것은?

① 비열과 증발잠열이 커서 냉각소화 효과가 우수하다.
② 물(15[℃])의 비열은 약 1[cal/g·℃]이다.
③ 물(100[℃])의 증발잠열은 439.6[kcal/g]이다.
④ 물의 기화에 의한 팽창된 수증기는 질식소화 작용을 할 수 있다.

해설

물의 기화(증발) 잠열은 539[cal/g]이다.

관련개념

얼음 · 물(H_2O)은 분자의 단순한 구조와 수소결합으로 인해 분자 간 결합이 강하므로 타 물질보다 비열, 융해잠열 및 증발잠열이 크다.

정답 | ③

05 빈출도 ★★

소화에 필요한 CO_2의 이론소화농도가 공기 중에서 37[vol%] 일 때 한계산소농도는 약 몇 [vol%] 인가?

① 13.2 ② 14.5
③ 15.5 ④ 16.5

해설

산소 21[%], 이산화탄소 0[%]인 공기에 이산화탄소 소화약제가 추가되어 이산화탄소의 농도는 37[%]가 되었다.

$$\frac{x}{100+x}=\frac{37}{100}$$

따라서 추가된 이산화탄소 소화약제의 양 x는 58.73이며,
이때 전체 중 산소의 농도는

$$\frac{21}{100+x}=\frac{21}{100+58.73}\fallingdotseq 0.1323=13.23[\%]$$이다.

관련개념

㉠ 소화약제 방출 전 공기의 양을 100으로 두고 풀이하면 된다.
㉡ 분모의 x는 공학용 계산기의 SOLVE 기능을 활용하면 쉽다.

정답 | ①

06 빈출도 ★★

물리적 소화방법이 아닌 것은?

① 연쇄반응의 억제에 의한 방법
② 냉각에 의한 방법
③ 공기와의 접촉 차단에 의한 방법
④ 가연물 제거에 의한 방법

해설

연쇄반응을 억제하는 방법은 억제소화로 연소의 요소 중 연쇄적 산화반응을 약화시켜 연소의 계속을 불가능하게 하므로 화학적 방법에 의한 소화에 해당한다.

관련개념 **소화의 분류**

㉠ 물리적 소화: 냉각 · 질식 · 제거 · 희석소화
㉡ 화학적 소화: 부촉매소화(억제소화)

정답 | ①

07 빈출도 ★★

Halon 1211의 화학식에 해당하는 것은?

① CH_2BrCl ② CF_2ClBr
③ CH_2BrF ④ CF_2HBr

해설

Halon 1211 소화약제의 화학식은 CF_2ClBr이다.
Cl과 Br의 위치는 바꾸어 표기하여도 동일한 화합물이다.

관련개념 **할론 소화약제 명명의 방식**

㉠ 제일 앞에 Halon이란 명칭을 쓴다.
㉡ 이후 구성 원소들의 수를 C, F, Cl, Br의 순서대로 쓰되 없는 경우 0으로 한다.
㉢ 마지막 0은 생략할 수 있다.

정답 | ②

08 빈출도 ★★★

마그네슘의 화재에 주수하였을 때 물과 마그네슘의 반응으로 인하여 생성되는 가스는?

① 산소 ② 수소
③ 일산화탄소 ④ 이산화탄소

해설

마그네슘(Mg)과 물이 반응하면 수소(H_2)가 발생한다.
$Mg+2H_2O \rightarrow Mg(OH)_2+H_2\uparrow$

정답 | ②

09 빈출도 ★★★

제2종 분말 소화약제의 주성분으로 옳은 것은?

① NaH_2PO_4 ② KH_2PO_4
③ $NaHCO_3$ ④ $KHCO_3$

해설

제2종 분말 소화약제의 주성분은 탄산수소칼륨($KHCO_3$)이다.

관련개념 **분말 소화약제**

구분	주성분	색상	적응화재
제1종	탄산수소나트륨 ($NaHCO_3$)	백색	B급 화재 C급 화재
제2종	탄산수소칼륨 ($KHCO_3$)	담자색 (보라색)	B급 화재 C급 화재
제3종	제1인산암모늄 ($NH_4H_2PO_4$)	담홍색	A급 화재 B급 화재 C급 화재
제4종	탄산수소칼륨+요소 [$KHCO_3+CO(NH_2)_2$]	회색	B급 화재 C급 화재

정답 | ④

10 빈출도 ★★

조연성 가스로만 나열되어 있는 것은?

① 질소, 불소, 수증기
② 산소, 불소, 염소
③ 산소, 이산화탄소, 오존
④ 질소, 이산화탄소, 염소

해설

조연성(지연성) 가스는 스스로 연소하지 않지만 연소를 도와주는 물질로 산소, 불소, 염소, 오존 등이 있다.

선지분석

① 질소, 수증기는 불연성 가스이다.
③ 이산화탄소는 불연성 가스이다.
④ 질소, 이산화탄소는 불연성 가스이다.

정답 | ②

11 빈출도 ★★★

위험물안전관리법령상 자기반응성 물질에 해당하지 않는 것은?

① 니트로화합물 ② 할로젠간화합물
③ 질산에스테르류 ④ 히드록실아민염류

해설

할로젠간화합물은 제6류 위험물(산화성 액체)이다.
자기반응성 물질은 제5류 위험물이다.

정답 | ②

12 빈출도 ★★

건축물 화재에서 플래쉬 오버(Flash over) 현상이 일어나는 시기는?

① 초기에서 성장기로 넘어가는 시기
② 성장기에서 최성기로 넘어가는 시기
③ 최성기에서 감쇠기로 넘어가는 시기
④ 감쇠기에서 종기로 넘어가는 시기

해설

플래쉬 오버는 성장기~최성기에 발생한다.

관련개념

플래쉬 오버(flash over) 현상이란 화점 주위에서 화재가 서서히 진행하다가 어느 정도 시간이 경과함에 따라 대류와 복사현상에 의해 일정 공간 안에 있는 가연물이 발화점까지 가열되어 일순간에 걸쳐 동시 발화되는 현상이다.

정답 | ②

13 빈출도 ★★★

물과 반응하였을 때 가연성 가스를 발생하여 화재의 위험성이 증가하는 것은?

① 과산화칼슘 ② 메테인올
③ 칼륨 ④ 과산화수소

해설

물과 반응하였을 때 가연성 가스를 발생하여 화재의 위험성이 증가하는 것은 칼륨(K)이다.
$2K+2H_2O \rightarrow 2KOH+H_2\uparrow$

정답 | ③

14 빈출도 ★★★

인화칼슘과 물이 반응할 때 생성되는 가스는?

① 아세틸렌 ② 황화수소
③ 황산 ④ 포스핀

해설

인화칼슘(Ca_3P_2)과 물이 반응하면 포스핀(PH_3)이 발생한다.
$Ca_3P_2+6H_2O \rightarrow 3Ca(OH)_2+2PH_3\uparrow$

정답 | ④

15 빈출도 ★★★

다음 중 공기에서의 연소범위를 기준으로 하였을 때 위험도(H) 값이 가장 큰 것은?

① 디에틸에테르 ② 수소
③ 에틸렌 ④ 뷰테인

해설

디에틸에테르($C_2H_5OC_2H_5$)의 위험도가 $\frac{48-1.9}{1.9} \fallingdotseq 24.3$으로 가장 크다.

관련개념 주요 가연성 가스의 연소범위와 위험도

가연성 가스	하한계 [vol%]	상한계 [vol%]	위험도
아세틸렌(C_2H_2)	2.5	81	31.4
수소(H_2)	4	75	17.8
일산화탄소(CO)	12.5	74	4.9
에테르($C_2H_5OC_2H_5$)	1.9	48	24.3
이황화탄소(CS_2)	1.2	44	35.7
에틸렌(C_2H_4)	2.7	36	12.3
암모니아(NH_3)	15	28	0.9
메테인(CH_4)	5	15	2
에테인(C_2H_6)	3	12.4	3.1
프로페인(C_3H_8)	2.1	9.5	3.5
뷰테인(C_4H_{10})	1.8	8.4	3.7

정답 | ①

16 빈출도 ★★★

소화약제로 사용되는 이산화탄소에 대한 설명으로 옳은 것은?

① 산소와 반응 시 흡열반응을 일으킨다.
② 산소와 반응하여 불연성 물질을 발생시킨다.
③ 산화하지 않으나 산소와는 반응한다.
④ 산소와 반응하지 않는다.

해설

이산화탄소는 탄소의 최종 생성물로 더 이상 연소반응을 일으키지 않는다.

정답 | ④

17 빈출도 ★

다음 중 피난자의 집중으로 패닉 현상이 일어날 우려가 가장 큰 형태는?

① T형 ② X형
③ Z형 ④ H형

해설

피난방향은 간단 명료해야 한다. H형 방향의 경우 중앙 복도에 피난자들이 집중될 수 있으므로 패닉(panic) 현상이 발생할 수 있다.

정답 | ④

18 빈출도 ★★

물리적 폭발에 해당하는 것은?

① 분해 폭발 ② 분진 폭발
③ 중합 폭발 ④ 수증기 폭발

해설

물질의 물리적 변화에서 기인한 폭발을 물리적 폭발이라고 한다. 수증기 폭발은 액체상태의 물이 기체상태의 수증기로 변화하며 생기는 순간적인 부피 차이로 발생하는 물리적 폭발이다.

선지분석

① 분해 폭발은 물질이 다른 둘 이상의 물질로 분해되면서 생기는 부피 차이로 발생하는 화학적 폭발이다.
② 분진 폭발은 물질이 가루 상태일 때 더 빠르게 일어나는 화학반응으로 인해 생기는 부피 차이로 발생하는 화학적 폭발이다.
③ 중합 폭발은 저분자의 물질이 고분자의 물질로 합성되며 생기는 부피 차이로 발생하는 화학적 폭발이다.

정답 | ④

19 빈출도 ★★★

다음 중 착화온도가 가장 낮은 것은?

① 아세톤 ② 휘발유
③ 이황화탄소 ④ 벤젠

해설

선지 중 이황화탄소의 착화점(발화점)이 가장 낮다.

관련개념 물질의 발화점과 인화점

물질	발화점[℃]	인화점[℃]
프로필렌	497	−107
산화프로필렌	449	−37
가솔린	300	−43
이황화탄소	100	−30
아세톤	538	−18
메틸알코올	385	11
에틸알코올	423	13
벤젠	498	−11
톨루엔	480	4.4
등유	210	43~72
경유	200	50~70
적린	260	−
황린	30	20

정답 | ③

20 빈출도 ★

건물화재 시 패닉(panic)의 발생원인과 직접적으로 관련이 없는 것은?

① 연기에 의한 시계 제한
② 유독가스에 의한 호흡 장애
③ 외부와 단절되어 고립
④ 불연내장재의 사용

해설

불연내장재의 사용은 화재의 진행과정과 관련이 있으며, 피난 시 패닉 발생과는 관련이 없다.

정답 | ④

소방유체역학

21 빈출도 ★★

지름이 $5[cm]$인 원형 관내에 이상기체가 층류로 흐른다. 다음 중 이 기체의 속도가 될 수 있는 것을 모두 고르면? (단, 이 기체의 절대압력은 $200[kPa]$, 온도는 $27[℃]$, 기체상수는 $2,080[J/kg \cdot K]$, 점성계수는 $2\times10^{-5}[N \cdot s/m^2]$, 하임계 레이놀즈수는 2,200으로 한다.)

㉠ $0.3[m/s]$	㉡ $1.5[m/s]$
㉢ $8.3[m/s]$	㉣ $15.5[m/s]$

① ㉠　② ㉠, ㉡
③ ㉠, ㉡, ㉢　④ ㉠, ㉡, ㉢, ㉣

해설

유체가 층류로 흐르기 위해서는 레이놀즈 수 Re가 하임계 레이놀즈 수인 2,200보다 작아야 한다.

$$Re=\frac{\rho uD}{\mu}$$

Re: 레이놀즈 수, ρ: 밀도$[kg/m^3]$, u: 유속$[m/s]$, D: 직경$[m]$, μ: 점성계수(점도)$[kg/m \cdot s]$

유체는 이상기체이므로 밀도 ρ는 이상기체 상태방정식을 이용해 구할 수 있다.

$$\rho=\frac{m}{V}=\frac{P}{RT}=\frac{200}{2,080\times(273+27)}$$
$$\fallingdotseq 0.32[kg/m^3]$$

따라서 주어진 조건을 공식에 대입하여 레이놀즈 수를 구해보면 다음과 같다.

㉠ $Re=\frac{0.32\times0.3\times0.05}{2\times10^{-5}}=240$(층류)

㉡ $Re=\frac{0.32\times1.5\times0.05}{2\times10^{-5}}=1,200$(층류)

㉢ $Re=\frac{0.32\times8.3\times0.05}{2\times10^{-5}}=6,640$(난류)

㉣ $Re=\frac{0.32\times15.5\times0.05}{2\times10^{-5}}=12,400$(난류)

정답 | ②

22 빈출도 ★

표면장력에 관련된 설명 중 옳은 것은?

① 표면장력의 차원은 $\frac{힘}{면적}$이다.
② 액체와 공기의 경계면에서 액체 분자의 응집력보다 공기분자와 액체 분자 사이의 부착력이 클 때 발생된다.
③ 대기 중의 물방울은 크기가 작을수록 내부 압력이 크다.
④ 모세관 현상에 의한 수면 상승 높이는 모세관의 직경에 비례한다.

해설

표면장력이 일정한 경우 물방울은 크기가 작을수록 내부 압력이 크다.

$$\sigma \propto PD$$

σ: 표면장력$[N/m]$, P: 내부 압력$[N/m^2]$, D: 유체의 지름$[m]$

선지분석

① 표면장력의 차원은 FL^{-1}으로 $\frac{힘}{길이}$, $\frac{에너지}{면적}$이다.
② 표면장력은 분자 간 응집력이 분자 외부로의 부착력보다 클 때 발생한다.
④ 모세관 현상의 수면 상승 높이는 모세관의 직경에 반비례한다.

정답 | ③

23 빈출도 ★★

유체의 점성에 대한 설명으로 틀린 것은?

① 질소 기체의 동점성계수는 온도 증가에 따라 감소한다.

② 물(액체)의 점성계수는 온도 증가에 따라 감소한다.

③ 점성은 유동에 대한 유체의 저항을 나타낸다.

④ 뉴턴유체에 작용하는 전단응력은 속도기울기에 비례한다.

해설

기체는 온도 상승에 따라 점도가 증가한다.
동점성계수(동점도)는 점성계수(점도)를 밀도로 나눈 값이며, 밀도는 온도 증가에 따라 감소하므로 온도 상승에 따른 점도의 증가보다 동점도가 더 크게 증가한다.

관련개념 **유체의 점성**

㉠ 액체는 온도 상승에 따라 점도가 감소한다.
㉡ 기체는 온도 상승에 따라 점도가 증가한다.
㉢ 점성계수(점도)는 외부의 힘(전단력)에 대한 저항인 전단응력과 속도기울기 사이의 비례계수이다.

$$\tau = \mu \frac{du}{dy}$$

τ: 전단응력[Pa], μ: 점성계수(점도)[$N \cdot s/m^2$], $\frac{du}{dy}$: 속도기울기[s^{-1}]

정답 | ①

24 빈출도 ★★

회전속도 1,000[rpm]일 때 송출량 Q[m^3/min], 전양정 H[m]인 원심펌프가 상사한 조건에서 송출량이 $1.1Q$[m^3/min]가 되도록 회전속도를 증가시킬 때, 전양정은 어떻게 되는가?

① $0.91H$　　② H

③ $1.1H$　　④ $1.21H$

해설

펌프의 회전수를 변화시키면 동일한 펌프이므로 상사법칙에 따라 유량과 양정이 변화한다.

$$\frac{Q_2}{Q_1} = \left(\frac{N_2}{N_1}\right)\left(\frac{D_2}{D_1}\right)^3$$

Q: 유량, N: 펌프의 회전수, D: 직경

$$\frac{H_2}{H_1} = \left(\frac{N_2}{N_1}\right)^2\left(\frac{D_2}{D_1}\right)^2$$

H: 양정, N: 펌프의 회전수, D: 직경

동일한 펌프이므로 직경은 같고, 상태1의 유량이 Q, 상태2의 유량이 $1.1Q$이므로 회전수 변화는 다음과 같다.

$$N_2 = N_1\left(\frac{Q_2}{Q_1}\right) = N_1\left(\frac{1.1Q}{Q}\right) = 1.1N_1$$

양정 변화는 다음과 같다.

$$H_2 = H_1\left(\frac{N_2}{N_1}\right)^2 = H_1\left(\frac{1.1N_1}{N_1}\right)^2 = 1.21H$$

정답 | ④

25 빈출도 ★★★

그림과 같이 노즐이 달린 수평관에서 계기압력이 0.49[MPa]이었다. 이 관의 안지름이 6[cm]이고 관의 끝에 달린 노즐의 지름이 2[cm]이라면 노즐의 분출속도는 몇 [m/s]인가? (단, 노즐에서의 손실은 무시하고, 관마찰계수는 0.025이다.)

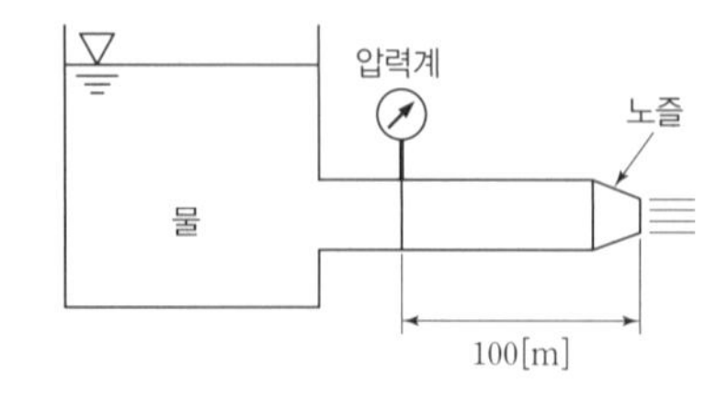

① 16.8　　② 20.4

③ 25.5　　④ 28.4

해설

노즐을 통과하기 전 후의 압력과 속도의 관계식은 베르누이 방정식을 통해 구할 수 있다.

$$\frac{P_1}{\gamma}+\frac{u_1^2}{2g}+Z_1=\frac{P_2}{\gamma}+\frac{u_2^2}{2g}+Z_2+H$$

P: 압력[N/m²], γ: 비중량[N/m³], u: 유속[m/s], g: 중력가속도[m/s²], Z: 높이[m], H: 손실수두[m]

노즐을 통과한 후(2) 압력 P_2는 대기압이므로 0이다.
유량은 일정하므로 부피유량 공식 $Q=Au$에 의해 유량과 노즐의 직경 D를 알면 유속은 다음과 같이 구할 수 있다.
노즐은 직경이 D인 원형이므로 노즐의 단면적은 다음과 같다.

$$A=\frac{\pi}{4}D^2$$

$$Q=A_1u_1=A_2u_2=\frac{\pi}{4}D_1^2u_1=\frac{\pi}{4}D_2^2u_2$$

$$\frac{\pi}{4}\times 0.06^2\times u_1=\frac{\pi}{4}\times 0.02^2\times u_2$$

$$9u_1=u_2$$

높이 차이는 없으므로 $Z_1=Z_2$로 두면 방정식은 다음과 같다.

$$\frac{P_1}{\gamma}+\frac{u_1^2}{2g}=\frac{(9u_1)^2}{2g}+H$$

일정한 양의 비압축성 유체가 일정한 속도로 흐를 때 배관에서의 마찰손실은 달시-바이스바하 방정식으로 구할 수 있다.

$$H=\frac{\Delta P}{\gamma}=\frac{flu^2}{2gD}$$

H: 마찰손실수두[m], ΔP: 압력 차이[kPa], γ: 비중량[kN/m³], f: 마찰손실계수, l: 배관의 길이[m], u: 유속[m/s], g: 중력가속도[m/s²], D: 배관의 직경[m]

따라서 방정식을 u_1에 대하여 정리하면 다음과 같다.

$$\frac{P_1}{\gamma}=\frac{80u_1^2}{2g}+\frac{flu_1^2}{2gD}$$

$$\frac{P_1}{\gamma}=\left(\frac{80}{2g}+\frac{fl}{2gD}\right)u_1^2$$

$$u_1=\sqrt{\frac{\frac{P_1}{\gamma}}{\frac{80}{2g}+\frac{fl}{2gD}}}$$

주어진 조건을 공식에 대입하면 노즐의 분출속도 u_2는

$$u_1=\sqrt{\frac{\frac{490}{9.8}}{\frac{80}{2\times 9.8}+\frac{0.025\times 100}{2\times 9.8\times 0.06}}}$$

$$\fallingdotseq 2.84[\text{m/s}]$$

$$u_2=9u_1=25.56[\text{m/s}]$$

정답 | ③

26 빈출도 ★★★

원심펌프가 전양정 120[m]에 대해 6[m³/s]의 물을 공급할 때 필요한 축동력이 9,530[kW]이었다. 이때 펌프의 체적효율과 기계효율이 각각 88[%], 89[%]라고 하면, 이 펌프의 수력효율은 약 몇 [%] 인가?

① 74.1　　② 84.2

③ 88.5　　④ 94.5

해설

$$P=\frac{\gamma QH}{\eta}$$

P: 축동력[kW], γ: 유체의 비중량[kN/m³], Q: 유량[m³/s], H: 전양정[m], η: 효율

유체는 물이므로 물의 비중량은 9.8[kN/m³]이다.
주어진 조건을 공식에 대입하면 펌프의 전효율 η는 다음과 같다.

$$\eta=\frac{\gamma QH}{P}=\frac{9.8\times 6\times 120}{9{,}530}\fallingdotseq 0.74$$

전효율은 수력효율, 체적효율, 기계효율의 곱이므로 이 펌프의 수력효율은

$$\text{수력효율}=\frac{\text{전효율}}{\text{체적효율}\times\text{기계효율}}=\frac{0.74}{0.88\times 0.89}$$

$$\fallingdotseq 0.9448=94.48[\%]$$

정답 | ④

27 빈출도 ★

안지름 4[cm], 바깥지름 6[cm]인 동심 이중관의 수력직경(hydraulic diameter)은 몇 [cm]인가?

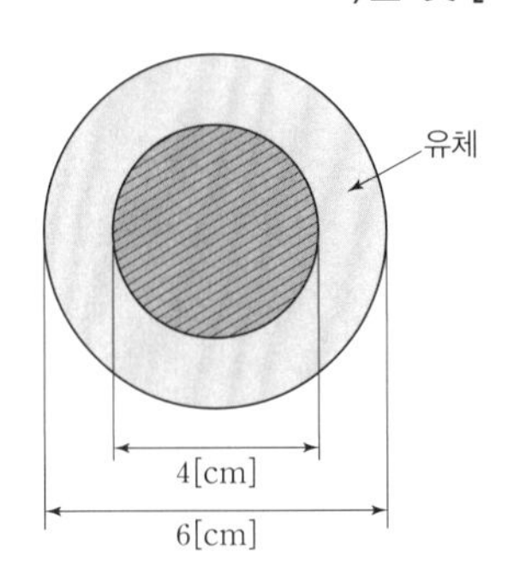

① 2 ② 3
③ 4 ④ 5

해설

배관은 원형이 아니므로 수력직경 D_h을 활용하여야 한다.

$$D_h = \frac{4A}{S}$$

D_h: 수력직경[m], A: 배관의 단면적[m^2], S: 배관의 둘레[m]

배관의 단면적 A는 다음과 같다.

$$A = \frac{\pi}{4}(D_o^2 - D_i^2)$$

배관의 둘레 S는 다음과 같다.

$$S = \pi(D_o + D_i)$$

따라서 수력직경 D_h는 다음과 같다.

$$D_h = \frac{4 \times \frac{\pi}{4}(D_o^2 - D_i^2)}{\pi(D_o + D_i)} = D_o - D_i$$

$$= 2[m]$$

정답 | ①

28 빈출도 ★★

열역학 관련 설명 중 틀린 것은?

① 삼중점에서는 물체의 고상, 액상, 기상이 공존한다.
② 압력이 증가하면 물의 끓는점도 높아진다.
③ 열을 완전히 일로 변환할 수 있는 효율이 100[%]인 열기관은 만들 수 없다.
④ 기체의 정적비열은 정압비열보다 크다.

해설

정압비열 C_p는 정적비열 C_v보다 기체상수 R만큼 더 크다. 정압비열은 압력을 유지하기 위해 부피팽창이 일어나므로 정적비열보다 더 크다.

선지분석

① 물질의 상평형도에서 삼중점은 서로 다른 세 개의 상이 공존하는 지점이다.
② 압력이 증가하면 분자 간 인력을 끊기 위해 더 많은 열을 필요로 하므로 더 높은 온도에서 끓기 시작한다.
③ 열역학 제2법칙에 의해 효율이 100[%]인 열기관은 존재할 수 없다.

정답 | ④

29 빈출도 ★★

다음 중 차원이 서로 같은 것을 모두 고르면? (단, P: 압력, ρ: 밀도, u: 속도, h: 높이, F: 힘, m: 질량, g: 중력가속도)

㉠ ρu^2	㉡ ρgh
㉢ P	㉣ $\frac{F}{m}$

① ㉠, ㉡　　② ㉠, ㉢
③ ㉠, ㉡, ㉢　　④ ㉠, ㉡, ㉢, ㉣

해설

㉠ ρu^2의 차원은 $ML^{-3} \times LT^{-1} \times LT^{-1} = ML^{-1}T^{-2}$이다.
㉡ ρgh의 차원은 $ML^{-3} \times LT^{-2} \times L = ML^{-1}T^{-2}$이다.
㉢ P의 차원은 $ML^{-1}T^{-2}$이다.
㉣ $\frac{F}{m}$의 차원은 $MLT^{-2} \div M = LT^{-2}$이다.
따라서 ㉠, ㉡, ㉢의 차원이 $ML^{-1}T^{-2}$로 같다.

관련개념 유도단위

물리량	차원	단위
질량	M	[kg]
길이	L	[m]
시간	T	[s]
면적	L^2	[m^2]
부피	L^3	[m^3]
속도	LT^{-1}	[m/s]
힘	$MLT^{-2}=F$	[N]=[$kg \cdot m/s^2$]
밀도	ML^{-3}	[kg/m^3]
압력	$FL^{-2}=ML^{-1}T^{-2}$	[Pa]=[N/m^2] =[$kg/m \cdot s^2$]
비중량	$FL^{-3}=ML^{-2}T^{-2}$	[N/m^3]=[$kg/m^2 \cdot s^2$]
점성계수	$ML^{-1}T^{-1}$	[kg/m·s]=[Pa·s]
에너지	ML^2T^{-2}	[J]=[$kg \cdot m^2/s^2$] =[N·m]
동력	ML^2T^{-3}	[W]=[J/s]=[N·m/s]

정답 | ③

30 빈출도 ★★

밀도가 10[kg/m^3]인 유체가 지름 30[cm]인 관내를 1[m^3/s]로 흐른다. 이때의 평균유속은 몇 [m/s]인가?

① 4.25　　② 14.1
③ 15.7　　④ 84.9

해설

$$Q = Au$$

Q: 부피유량[m^3/s], A: 유체의 단면적[m^2], u: 유속[m/s]

배관은 지름이 0.3[m]인 원형이므로 단면적은 다음과 같다.

$$A = \frac{\pi}{4} \times 0.3^2$$

배관의 부피유량이 1[m^3/s]이므로 배관의 평균유속은

$$u = \frac{Q}{A} = \frac{1}{\frac{\pi}{4} \times 0.3^2}$$

$$\fallingdotseq 14.15[m/s]$$

정답 | ②

31 빈출도 ★★

초기 상태에서 압력 100[kPa], 온도 15[℃]인 공기가 있다. 공기의 부피가 초기 부피의 $\frac{1}{20}$이 될 때까지 가역단열 압축할 때 압축 후의 온도는 약 몇 [℃]인가? (단, 공기의 비열비는 1.4이다.)

① 54 ② 348
③ 682 ④ 912

해설

단열변화에서 압력, 부피, 온도는 다음과 같은 관계를 가진다.

$$\left(\frac{P_2}{P_1}\right)=\left(\frac{V_1}{V_2}\right)^{x}=\left(\frac{T_2}{T_1}\right)^{\frac{x}{x-1}}$$

P: 압력, V: 부피, T: 절대온도, x: 비열비

공기의 부피 V_2가 초기 부피 V_1의 $\frac{1}{20}$이므로 부피변화는 다음과 같다.

$$V_2=\frac{1}{20}V_1$$

$$\frac{V_1}{V_2}=20$$

압축 후의 온도 T_2에 관한 식으로 나타내면 다음과 같다.

$$\left(\frac{V_1}{V_2}\right)^{x-1}=\left(\frac{T_2}{T_1}\right)$$

$$T_2=T_1\times\left(\frac{V_1}{V_2}\right)^{x-1}$$

따라서 주어진 조건을 공식에 대입하면 압축 후의 온도 T_2는

$$T_2=(273+15)\times(20)^{1.4-1}$$
$$≒954.56[K]=681.56[℃]$$

정답 | ③

32 빈출도 ★★

부피가 240[m³]인 방 안에 들어 있는 공기의 질량은 약 몇 [kg]인가? (단, 압력은 100[kPa], 온도는 300[K]이며, 공기의 기체상수는 0.287[kJ/kg · K]이다.)

① 0.279 ② 2.79
③ 27.9 ④ 279

해설

질량과 특정기체상수로 이루어진 이상기체의 상태방정식은 다음과 같다.

$$PV=m\bar{R}T$$

P: 압력[kPa], V: 부피[m³], m: 질량[kg],
$\bar{R}$: 특정기체상수[kJ/kg · K], T: 절대온도[K]

주어진 조건을 공식에 대입하면 공기의 질량 m은

$$m=\frac{PV}{\bar{R}T}=\frac{100\times240}{0.287\times300}≒278.75[kg]$$

정답 | ④

33 빈출도 ★★

그림의 액주계에서 밀도 $\rho_1=1{,}000[\mathrm{kg/m^3}]$, $\rho_2=13{,}600[\mathrm{kg/m^3}]$, 높이 $h_1=500[\mathrm{mm}]$, $h_2=800[\mathrm{mm}]$일 때 중심 A의 계기압력은 몇 [kPa]인가?

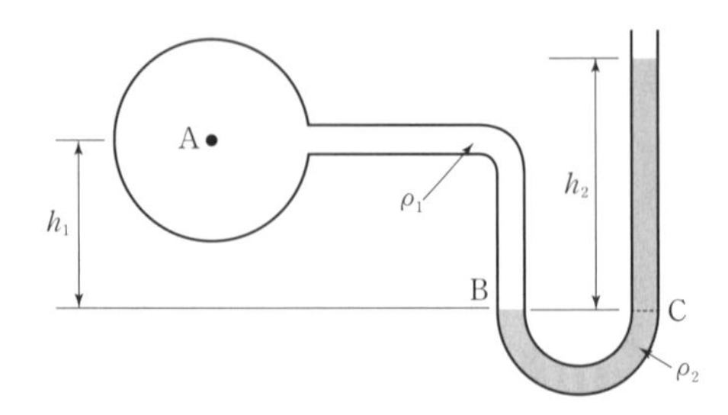

① 101.7　　② 109.6
③ 126.4　　④ 131.7

해설

$$P_x=\rho gh$$

P_x: x에서의 압력[Pa], ρ: 밀도[kg/m³], g: 중력가속도[m/s²], h: 높이[m]

A점에서의 압력과 A점의 유체가 누르는 압력의 합은 B면에서의 압력과 같다.

$P_A+\rho_1gh_1=P_B$

C면에서의 압력은 C면 위의 유체가 누르는 압력과 같다.

$P_C=\rho_2gh_2$

유체 내부에서 같은 수평면(높이)에는 같은 압력이 작용하므로 B면과 C면의 압력은 같다.

$P_B=P_C$

$P_A+\rho_1gh_1=\rho_2gh_2$

따라서 A점에 작용하는 압력 P_A는

$P_A=\rho_2gh_2-\rho_1gh_1$

$=13{,}600\times9.8\times0.8-1{,}000\times9.8\times0.5$

$=101{,}724[\mathrm{Pa}]=101.724[\mathrm{kPa}]$

정답 | ①

34 빈출도 ★★★

그림과 같이 수조의 두 노즐에서 물이 분출하여 한 점 A에서 만나려고 하면 어떤 관계가 성립되어야 하는가? (단, 공기저항과 노즐의 손실은 무시한다.)

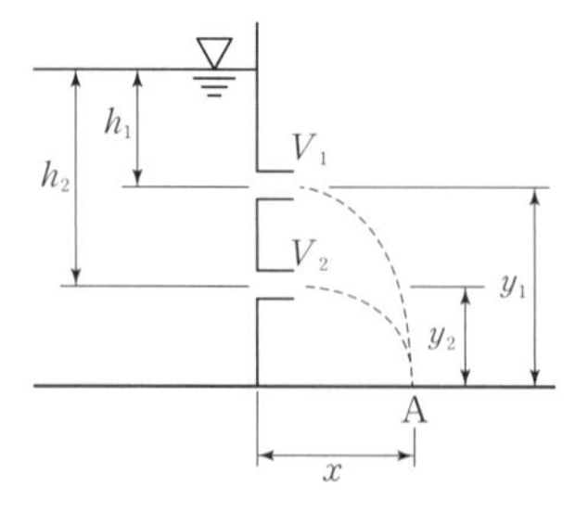

① $h_1y_1=h_2y_2$　　② $h_1y_2=h_2y_1$
③ $h_1h_2=y_1y_2$　　④ $h_1y_1=2h_2y_2$

해설

높이 차이가 h일 때 유체가 가지는 에너지는 속도수두 $\frac{u^2}{2g}$로 변환되며 손실은 무시하므로 높이와 속도의 관계식은 다음과 같다.

$h=\frac{u^2}{2g}$

$u=\sqrt{2gh}$

노즐에서 분출한 물은 x방향으로 등속도 운동을 하며, y방향으로 자유낙하 운동을 한다.

따라서 x방향으로 이동한 거리는 다음과 같다.

$x=u_xt=\sqrt{2gh}\,t$

y방향으로 이동한 거리는 다음과 같다.

$y=\frac{1}{2}gt^2$

두 방향으로 이동하는 시간 t는 같으므로 두 노즐에서 분출한 물의 x방향과 y방향의 관계식은 다음과 같다.

$y_1=\frac{1}{2}g\times\frac{x_1^2}{2gh_1}$

$y_2=\frac{1}{2}g\times\frac{x_2^2}{2gh_2}$

A지점에서 만나기 위해서는 x방향으로 이동한 거리 x_1, x_2가 같아야 하므로 두 식을 연립하면 다음과 같다.

$h_1y_1=h_2y_2$

정답 | ①

35 빈출도 ★★★

길이 100[m], 직경 50[mm], 상대조도 0.01인 원형 수도관 내에 물이 흐르고 있다. 관내 평균유속이 3[m/s]에서 6[m/s]로 증가하면 압력손실은 몇 배로 되겠는가? (단, 유동은 마찰계수가 일정한 완전난류로 가정한다.)

① 1.41배　② 2배
③ 4배　④ 8배

해설

$$H=\frac{\Delta P}{\gamma}=\frac{flu^2}{2gD}$$

H: 마찰손실수두[m], ΔP: 압력 차이[kPa], γ: 비중량[kN/m^3], f: 마찰손실계수, l: 배관의 길이[m], u: 유속[m/s], g: 중력가속도[m/s^2], D: 배관의 직경[m]

압력손실은 유속의 제곱에 비례하고, 마찰손실계수, 배관의 길이, 배관의 직경은 모두 일정하므로 유속이 2배 증가하면 압력손실은 $2^2=4$배 증가한다.

정답 | ③

36 빈출도 ★

한 변이 8[cm]인 정육면체를 비중이 1.26인 글리세린에 담그니 절반의 부피가 잠겼다. 이때 정육면체를 수직방향으로 눌러 완전히 잠기게 하는데 필요한 힘은 약 몇 [N] 인가?

① 2.56　② 3.16
③ 6.53　④ 12.5

해설

정육면체가 완전히 잠기기 위해서는 물체가 안정적으로 떠있을 때의 부력과 완전히 잠겼을 때의 부력의 차이만큼 힘이 더 필요하다.
정육면체가 안정적으로 떠있을 때의 부력은 다음과 같다.

$$F=s\gamma_w\times xV$$

F: 부력[N], s: 비중, γ_w: 물의 비중량[N/m^3], x: 물체가 잠긴 비율[%], V: 물체의 부피[m^3]

$$F_1=1.26\times 9{,}800\times 0.5\times(0.08\times 0.08\times 0.08)$$
$$\fallingdotseq 3.16[N]$$

정육면체가 완전히 잠겼을 때의 부력은 다음과 같다.

$$F_2=1.26\times 9{,}800\times(0.08\times 0.08\times 0.08)$$
$$\fallingdotseq 6.32[N]$$

따라서 정육면체가 완전히 잠기기 위해 추가적으로 필요한 힘은

$$F=F_2-F_1=6.32-3.16$$
$$=3.16[N]$$

정답 | ②

37 빈출도 ★★

그림과 같이 반지름 0.8[m]이고 폭이 2[m]인 곡면 AB가 수문으로 이용된다. 물에 의한 힘의 수평성분의 크기는 약 몇 [kN] 인가? (단, 수문의 폭은 2[m]이다.)

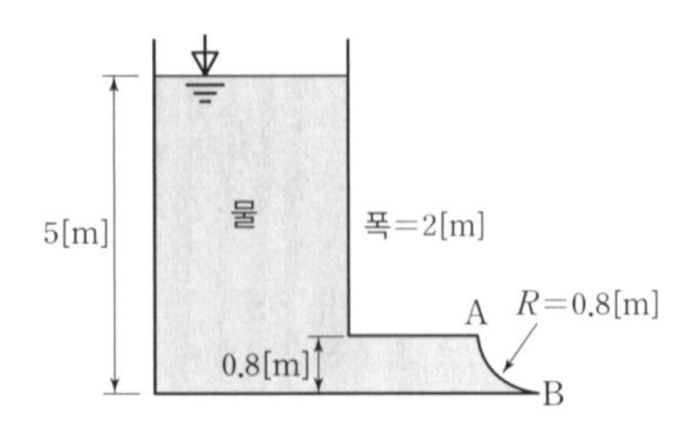

① 72.1 ② 84.7

③ 90.2 ④ 95.4

해설

$$F=PA=\rho ghA=\gamma hA$$

F: 수평 방향으로 작용하는 힘(수평분력)[N], P: 압력[N/m^2], A: 정사영 면적[m^2], ρ: 밀도[kg/m^3], g: 중력가속도[m/s^2], h: 중심 높이로부터 표면까지의 높이[m], γ: 유체의 비중량[N/m^3]

유체는 물이므로 물의 비중량은 9.8[kN/m^3]이다.
곡면의 중심 높이로부터 표면까지의 높이는 (5−0.4)[m]이다.
곡면과 나란한 수직인 벽으로 정사영을 내린 면적 A는 (0.8×2)[m]이므로 물에 의한 힘의 수평성분의 크기 F는

$F=9.8\times(5-0.4)\times(0.8\times2)$
$=72.128$[kN]

정답 | ①

38 빈출도 ★★

펌프 운전 시 캐비테이션의 발생을 예방하는 방법이 아닌 것은?

① 펌프의 회전수를 높여 흡입 비속도를 높게 한다.
② 펌프의 설치높이를 될 수 있는 대로 낮춘다.
③ 입형펌프를 사용하고, 회전차를 수중에 완전히 잠기게 한다.
④ 양흡입 펌프를 사용한다.

해설

펌프의 회전수를 크게 하면 회전력이 약해지므로 펌프의 회전수를 작게 한다.

관련개념 **공동현상 방지대책**

발생원인	방지대책
펌프의 설치 위치가 높아 유효흡입수두가 낮아진다.	펌프의 설치 위치를 낮게 한다.
펌프의 회전수가 커서 회전력이 약해진다.	펌프의 회전수를 작게 한다.
펌프의 흡입 관경이 작아 빠른 유속으로 인한 마찰손실이 커진다.	펌프의 흡입 관경을 크게 한다.
단흡입펌프 사용 시 적은 유량으로 인해 성능이 저하한다.	단흡입펌프보다 양흡입펌프를 사용한다.

정답 | ①

39 빈출도 ★★★

실내의 난방용 방열기(물－공기 열교환기)에는 대부분 방열 핀(fin)이 달려 있다. 그 주된 이유는?

① 열전달 면적 증가　　② 열전달계수 증가
③ 방사율 증가　　④ 열저항 증가

해설

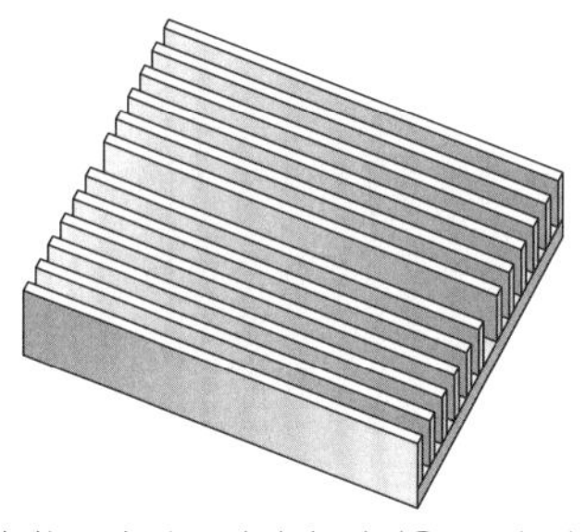

방열핀을 설치하는 이유는 열전달 면적을 크게 하여 열전달량을 높이기 위함이다.

$$Q=kA\frac{(T_2-T_1)}{l}$$

Q: 열전달량[W], k: 열전도율[W/m·℃], A: 열전달 면적[m²], (T_2-T_1): 온도 차이[℃], l: 벽의 두께[m]

$$Q=hA(T_2-T_1)$$

Q: 열전달량[W], h: 대류 열전달계수[W/m²·℃], A: 열전달 면적[m²], (T_2-T_1): 온도 차이[℃]

정답 | ①

40 빈출도 ★★

그림에서 물 탱크차가 받는 추력은 약 몇 [N] 인가? (단, 노즐의 단면적은 0.03[m²] 이며, 탱크 내의 계기 압력은 40[kPa] 이다. 또한 노즐에서 마찰 손실은 무시한다.)

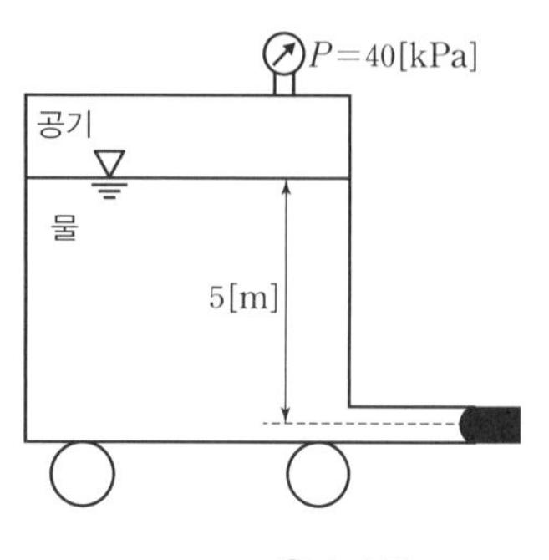

① 812　　② 1,490
③ 2,710　　④ 5,340

해설

유체가 노즐에서 분출되며 가지는 힘은 다음과 같다.

$$F=\rho Au^2$$

F: 유체가 가지는 힘[N], ρ: 유체의 밀도[kg/m³], A: 유체의 단면적[m²], u: 유속[m/s]

노즐을 통과하기 전 후의 압력과 속도의 관계식은 베르누이 방정식을 통해 구할 수 있다.

$$\frac{P_1}{\gamma}+\frac{u_1^2}{2g}+Z_1=\frac{P_2}{\gamma}+\frac{u_2^2}{2g}+Z_2$$

P: 압력[kN/m²], γ: 비중량[kN/m³], u: 유속[m/s], g: 중력가속도[m/s²], Z: 높이[m]

노즐을 통과하기 전(1) 유속 u_1은 0, 노즐을 통과한 후(2) 압력 P_2는 대기압이므로 0, 높이 차이는 (Z_1-Z_2)[m]로 두면 방정식은 다음과 같다.

$$\frac{P_1}{\gamma}+(Z_1-Z_2)=\frac{u_2^2}{2g}$$

$$u_2=\sqrt{2g\left(\frac{P_1}{\gamma}+(Z_1-Z_2)\right)}$$

따라서 노즐을 통과한 후 유속 u_2는 다음과 같다.

$$u_2=\sqrt{2\times9.8\times\left(\frac{40}{9.8}+5\right)}\fallingdotseq13.34[m/s]$$

물의 밀도는 1,000[kg/m³]이므로 주어진 조건을 공식에 대입하면 유체가 가지는 힘 F는

$$F=1{,}000\times0.03\times13.34^2\fallingdotseq5{,}338[N]$$

정답 | ④

소방관계법규

41 빈출도 ★★

다음 위험물안전관리법령의 자체소방대 기준에 대한 설명으로 틀린 것은?

> 다량의 위험물을 저장 · 취급하는 제조소등으로서 대통령령이 정하는 제조소등이 있는 동일한 사업소에서 대통령령이 정하는 수량 이상의 위험물을 저장 또는 취급하는 경우 당해 사업소의 관계인은 대통령령이 정하는 바에 따라 당해 사업소에 자체소방대를 설치하여야 한다.

① "대통령령이 정하는 제조소등"은 제4류 위험물을 취급하는 제조소를 포함한다.
② "대통령령이 정하는 제조소등"은 제4류 위험물을 취급하는 일반취급소를 포함한다.
③ "대통령령이 정하는 수량 이상의 위험물"은 제4류 위험물의 최대수량의 합이 지정수량의 3,000배 이상인 것을 포함한다.
④ "대통령령이 정하는 제조소등"은 보일러로 위험물을 소비하는 일반취급소를 포함한다.

해설

보일러로 위험물을 소비하는 일반취급소는 "대통령령이 정하는 제조소등"에서 제외된다.

관련개념

㉠ 대통령령이 정하는 제조소 등
- 제4류 위험물을 취급하는 제조소 또는 일반취급소(보일러로 위험물을 소비하는 일반취급소 등 행정안전부령으로 정하는 일반취급소 제외)
- 제4류 위험물을 저장하는 옥외탱크저장소

㉡ 대통령령이 정하는 수량 이상의 위험물
- 제조소 또는 일반취급소에서 취급하는 제4류 위험물의 최대수량의 합이 지정수량의 3,000배 이상
- 옥외탱크저장소에 저장하는 제4류 위험물의 최대수량이 지정수량의 500,000배 이상

정답 | ④

42 빈출도 ★★

위험물안전관리법령상 제조소등에 설치하여야 할 자동화재탐지설비의 설치기준 중 (　　) 안에 알맞은 내용은? (단, 광전식 분리형 감지기 설치는 제외한다.)

> 하나의 경계구역의 면적은 (㉠)[m^2] 이하로 하고 그 한 변의 길이는 (㉡)[m] 이하로 할 것. 다만, 당해 건축물 그 밖의 공작물의 주요한 출입구에서 그 내부의 전체를 볼 수 있는 경우에 있어서는 그 면적을 1,000[m^2] 이하로 할 수 있다.

① ㉠: 300, ㉡: 20
② ㉠: 400, ㉡: 30
③ ㉠: 500, ㉡: 40
④ ㉠: 600, ㉡: 50

해설

하나의 경계구역의 면적은 600[m^2] 이하로 하고 그 한 변의 길이는 50[m](광전식 분리형 감지기를 설치할 경우에는 100[m]) 이하로 해야 한다.

정답 | ④

43 빈출도 ★

소방시설공사업법령상 전문소방시설공사업의 등록기준 및 영업범위의 기준에 대한 설명으로 틀린 것은?

① 법인인 경우 자본금은 최소 1억 원 이상이다.
② 개인인 경우 자산평가액은 최소 1억 원 이상이다.
③ 주된 기술인력 최소 1명 이상, 보조기술인력 최소 3명 이상을 둔다.
④ 영업범위는 특정소방대상물에 설치되는 기계분야 및 전기분야 소방시설의 공사·개설·이전 및 정비이다.

해설

전문소방시설공사업의 등록기준에 필요한 기술인력은 주된 기술인력 최소 1명 이상, 보조기술인력 2명 이상이다.

관련개념 **전문소방시설공사업의 등록기준 및 영업범위**

구분	내용
기술인력	• 주된 기술인력: 소방기술사 또는 기계분야와 전기분야의 소방설비기사 각 1명 이상 • 보조기술인력: 2명 이상
자본금	• 법인: 1억 원 이상 • 개인: 자산평가액 1억 원 이상
영업범위	특정소방대상물에 설치되는 기계분야 및 전기분야 소방시설의 공사·개설·이전 및 정비

정답 | ③

44 빈출도 ★★★

소방시설 설치 및 관리에 관한 법률상 특정소방대상물의 관계인이 특정소방대상물의 규모·용도 및 수용인원 등을 고려하여 갖추어야 하는 소방시설의 종류에 대한 기준 중 다음 ( ) 안에 알맞은 것은?

> 화재안전기준에 따라 소화기구를 설치하여야 하는 특정소방대상물은 연면적 (㉠)[m^2] 이상인 것. 다만, 노유자시설의 경우에는 투척용 소화용구 등을 화재안전기준에 따라 산정된 소화기 수량의 (㉡) 이상으로 설치할 수 있다.

① ㉠: 33, ㉡: $\frac{1}{2}$
② ㉠: 33, ㉡: $\frac{1}{5}$
③ ㉠: 50, ㉡: $\frac{1}{2}$
④ ㉠: 50, ㉡: $\frac{1}{5}$

해설

화재안전기준에 따라 소화기구를 설치하여야 하는 특정소방대상물은 연면적 33[m^2] 이상인 것이다. 다만, 노유자시설의 경우에는 투척용 소화용구 등을 화재안전기준에 따라 산정된 소화기 수량의 $\frac{1}{2}$ 이상으로 설치할 수 있다.

정답 | ①

45 빈출도 ★

화재의 예방 및 안전관리에 관한 법률상 천재지변 및 그 밖에 대통령령으로 정하는 사유로 화재안전조사를 받기 곤란하여 화재안전조사의 연기를 신청하려는 자는 화재안전조사 시작 최대 며칠 전까지 연기신청서 및 증명서류를 제출해야 하는가?

① 3
② 5
③ 7
④ 10

해설

화재안전조사의 연기를 신청하려는 관계인은 화재안전조사 시작 3일 전까지 연기신청서 및 증명서류를 제출해야 한다.

정답 | ①

46 빈출도 ★★

위험물안전관리법령상 정기점검의 대상인 제조소등의 기준으로 틀린 것은?

① 지하탱크저장소
② 이동탱크저장소
③ 지정수량의 10배 이상의 위험물을 취급하는 제조소
④ 지정수량의 20배 이상의 위험물을 저장하는 옥외탱크저장소

해설

정기점검의 대상인 제조소는 지정수량의 200배 이상의 위험물을 저장하는 옥외탱크저장소이다.

관련개념 **정기점검의 대상인 제조소**

시설	취급 또는 저장량
제조소	지정수량의 10배 이상
옥외저장소	지정수량의 100배 이상
옥내저장소	지정수량의 150배 이상
옥외탱크저장소	지정수량의 200배 이상
암반탱크저장소	전체
이송취급소	전체
일반취급소	• 지정수량의 10배 이상 • 제4류 위험물(특수인화물 제외)만을 지정수량의 50배 이하로 취급하는 일반취급소(제1석유류 · 알코올류의 취급량이 지정수량의 10배 이하인 경우에 한함)로서 다음의 경우 제외 – 보일러 · 버너 또는 이와 비슷한 것으로서 위험물을 소비하는 장치로 이루어진 일반취급소 – 위험물을 용기에 옮겨 담거나 차량에 고정된 탱크에 주입하는 일반취급소
지하탱크저장소	전체
이동탱크저장소	전체
제조소, 주유취급소 또는 일반취급소	위험물을 취급하는 탱크로서 지하에 매설된 탱크가 있는 것

정답 | ④

47 빈출도 ★★★

위험물안전관리법령상 제4류 위험물 중 경유의 지정수량은 몇 [L]인가?

① 500 ② 1,000
③ 1,500 ④ 2,000

해설

경유(제2석유류 비수용성)의 지정수량은 1,000[L]이다.

관련개념 **제4류 위험물 및 지정수량**

위험물	품명		지정수량
제4류(인화성액체)	특수인화물		50[L]
	제1석유류	비수용성	200[L]
		수용성	400[L]
	알코올류		
	제2석유류	비수용성	1,000[L]
		수용성	2,000[L]
	제3석유류	비수용성	
		수용성	4,000[L]
	제4석유류		6,000[L]
	동식물유류		10,000[L]

정답 | ②

48 빈출도 ★

화재의 예방 및 안전관리에 관한 법률상 1급 소방안전관리대상물의 소방안전관리자 선임대상 기준 중 (　　) 안에 알맞은 내용은?

> 산업안전기사 또는 산업안전산업기사의 자격을 취득한 후 (　　) 2급 소방안전관리대상물 또는 3급 소방안전관리대상물의 소방안전관리자로 근무한 실무경력이 있는 사람 중 1급 소방안전관리자 시험에 합격한 사람

① 1년 이상　　② 2년 이상
③ 3년 이상　　④ 5년 이상

해설

산업안전기사 또는 산업안전산업기사의 자격을 취득한 후 2년 이상 2급 소방안전관리대상물 또는 3급 소방안전관리대상물의 소방안전관리자로 근무한 실무경력이 있는 사람 중 1급 소방안전관리자 시험에 합격한 사람은 1급 소방안전관리대상물의 소방안전관리자로 선임이 가능하다.

정답 | ②

49 빈출도 ★

소방시설 설치 및 관리에 관한 법령상 용어의 정의 중 (　　) 안에 알맞은 것은?

> 특정소방대상물이란 소방시설을 설치하여야 하는 소방대상물로서 (　　)으로 정하는 것을 말한다.

① 대통령령　　② 국토교통부령
③ 행정안전부령　　④ 고용노동부령

해설

특정소방대상물이란 건축물 등의 규모·용도 및 수용인원 등을 고려하여 소방시설을 설치하여야 하는 소방대상물로서 대통령령으로 정하는 것을 말한다.

정답 | ①

50 빈출도 ★

소방기본법 제1장 총칙에서 정하는 목적의 내용으로 거리가 먼 것은?

① 구조, 구급 활동 등을 통하여 공공의 안녕 및 질서 유지
② 풍수해의 예방, 경계, 진압에 관한 계획, 예산 지원 활동
③ 구조, 구급 활동 등을 통하여 국민의 생명·신체 및 재산 보호
④ 화재, 재난·재해, 그 밖의 위급한 상황에서의 구조·구급 활동

해설

풍수해의 예방, 경계, 진압에 관한 계획, 예산 지원 활동은 소방기본법의 목적이 아니다.

관련개념 소방기본법의 목적

㉠ 화재를 예방·경계하거나 진압
㉡ 화재, 재난·재해, 그 밖의 위급한 상황에서의 구조·구급 활동
㉢ 국민의 생명·신체 및 재산을 보호함으로써 공공의 안녕 및 질서 유지와 복리 증진에 이바지

정답 | ②

51 빈출도 ★★

소방기본법령상 소방본부 종합상황실의 실장이 서면·팩스 또는 컴퓨터통신 등으로 소방청 종합상황실에 보고하여야 하는 화재의 기준이 아닌 것은?

① 이재민이 100인 이상 발생한 화재
② 재산피해액이 50억 원 이상 발생한 화재
③ 사망자가 3인 이상 발생하거나 사상자가 5인 이상 발생한 화재
④ 층수가 5층 이상이거나 병상이 30개 이상인 종합병원에서 발생한 화재

해설

사망자가 5인 이상 또는 사상자가 10인 이상 발생한 화재의 경우 소방청 종합상황실에 보고하여야 한다.

관련개념 **실장의 상황 보고**

㉠ 사망자 5인 이상 또는 사상자 10인 이상 발생 화재
㉡ 이재민 100인 이상 발생 화재
㉢ 재산피해액 50억원 이상 발생 화재
㉣ 관공서·학교·정부미도정공장·문화재·지하철·지하구 발생 화재
㉤ 관광호텔, 11층 이상인 건축물, 지하상가, 시장, 백화점 발생 화재
㉥ 지정수량의 3,000배 이상 위험물의 제조소·저장소·취급소 발생 화재
㉦ 5층 이상 또는 객실이 30실 이상인 숙박시설 발생 화재
㉧ 5층 이상 또는 병상이 30개 이상인 종합병원·정신병원·한방병원·요양소 발생 화재
㉨ 연면적 15,000[m^2] 이상인 공장 발생 화재
㉩ 화재예방강화지구 발생 화재
㉪ 철도차량, 항구에 매어둔 1,000[t] 이상 선박, 항공기, 발전소, 변전소 발생 화재
㉫ 가스 및 화약류 폭발에 의한 화재
㉬ 다중이용업소 발생 화재

정답 | ③

52 빈출도 ★★

소방시설 설치 및 관리에 관한 법률상 관리업자가 소방시설 등의 점검을 마친 후 점검기록표에 기록하고 이를 해당 특정소방대상물에 부착하여야 하나 이를 위반하고 점검기록표를 기록하지 아니하거나 특정소방대상물의 출입자가 쉽게 볼 수 있는 장소에 게시하지 아니하였을 경우 벌칙 기준은?

① 100만 원 이하의 과태료
② 200만 원 이하의 과태료
③ 300만 원 이하의 과태료
④ 500만 원 이하의 과태료

해설

관리업자가 점검기록표를 기록하지 아니하거나 특정소방대상물의 출입자가 쉽게 볼 수 있는 장소에 게시하지 아니하였을 경우 300만 원 이하의 과태료를 부과한다.

정답 | ③

53 빈출도 ★★

소방시설 설치 및 관리에 관한 법률상 분말형태의 소화약제를 사용하는 소화기의 내용연수로 옳은 것은? (단, 소방용품의 성능을 확인받아 그 사용기한을 연장하는 경우는 제외한다.)

① 3년 ② 5년
③ 7년 ④ 10년

해설

분말형태의 소화약제를 사용하는 소화기의 내용연수는 10년이다.

정답 | ④

54 빈출도 ★

소방시설공사업법령상 소방시설공사업자가 소속 소방기술자를 소방시설공사 현장에 배치하지 않았을 경우의 과태료 기준은?

① 100만 원 이하 ② 200만 원 이하
③ 300만 원 이하 ④ 400만 원 이하

해설

소방기술자를 소방시설공사 현장에 배치하지 아니한 경우 200만 원 이하의 과태료를 부과한다.

정답 | ②

55 빈출도 ★★

화재의 예방 및 안전관리에 관한 법률상 옮긴 물건 등의 보관기간은 소방본부 또는 소방서의 인터넷 홈페이지에 공고하는 기간의 종료일 다음 날부터 며칠로 하는가?

① 3 ② 4
③ 5 ④ 7

해설

옮긴 물건 등의 보관기간은 공고기간의 종료일 다음 날부터 7일까지로 한다.

관련개념 옮긴 물건 등의 공고일 및 보관기간

인터넷 홈페이지 공고일	14일
보관기간	7일

정답 | ④

56 빈출도 ★

소방기본법령상 소방활동장비와 설비의 구입 및 설치 시 국고보조의 대상이 아닌 것은?

① 소방자동차
② 사무용 집기
③ 소방헬리콥터 및 소방정
④ 소방전용통신설비 및 전산설비

해설

사무용 집기의 구입은 국고보조 대상이 아니다.

관련개념 국고보조 대상 사업의 범위

소방활동장비와 설비의 구입 및 설치	• 소방자동차 • 소방헬리콥터 및 소방정 • 소방전용통신설비 및 전산설비 • 그 밖에 방화복 등 소방활동에 필요한 소방장비
소방관서용 청사의 건축	—

정답 | ②

57 빈출도 ★★

화재의 예방 및 안전관리에 관한 법률상 특정소방대상물의 관계인은 소방안전관리자를 기준일로부터 30일 이내에 선임하여야 한다. 다음 중 기준일로 틀린 것은?

① 소방안전관리자를 해임한 경우: 소방안전관리자를 해임한 날
② 특정소방대상물을 양수하여 관계인의 권리를 취득한 경우: 해당 권리를 취득한 날
③ 신축으로 해당 특정소방대상물의 소방안전관리자를 신규로 선임하여야 하는 경우: 해당 특정소방대상물의 완공일
④ 증축으로 인하여 특정소방대상물이 소방안전관리대상물로 된 경우: 증축공사의 개시일

해설

증축으로 인하여 특정소방대상물이 소방안전관리대상물로 된 경우 증축공사의 사용승인일 또는 용도변경 사실을 건축물관리대장에 기재한 날이 기준일이다.

관련개념 소방안전관리자 선임 기준일(30일 이내 선임)

구분	기준일
신축 · 증축 · 개축 · 재축 · 대수선 또는 용도변경으로 해당 특정소방대상물의 소방안전관리자를 신규로 선임해야 하는 경우	해당 특정소방대상물의 사용승인일
• 증축 또는 용도변경으로 특정소방대상물이 소방안전관리대상물로 된 경우 • 특정소방대상물의 소방안전관리 등급이 변경된 경우	• 증축공사의 사용승인일 • 용도변경 사실을 건축물관리대장에 기재한 날
소방안전관리자의 해임, 퇴직 등으로 해당 소방안전관리자의 업무가 종료된 경우	소방안전관리자가 해임된 날, 퇴직한 날 등 근무를 종료한 날
소방안전관리업무를 대행하는 자를 감독하는 자를 소방안전관리자로 선임한 경우로서 그 업무대행 계약이 해지 또는 종료된 경우	소방안전관리업무 대행이 끝난 날
소방안전관리자 자격이 정지 또는 취소된 경우	소방안전관리자 자격이 정지 또는 취소된 날

정답 | ④

58 빈출도 ★

위험물안전관리법령상 위험물을 취급함에 있어서 정전기가 발생할 우려가 있는 설비에 설치할 수 있는 정전기 제거설비 방법이 아닌 것은?

① 접지에 의한 방법
② 공기를 이온화하는 방법
③ 자동적으로 압력의 상승을 정지시키는 방법
④ 공기 중의 상대습도를 70[%] 이상으로 하는 방법

해설

자동적으로 압력의 상승을 정지시키는 방법으로는 정전기를 제거할 수 없다.

관련개념 정전기 제거방법

㉠ 접지에 의한 방법
㉡ 공기 중의 상대습도를 70[%] 이상으로 하는 방법
㉢ 공기를 이온화 하는 방법

정답 | ③

59 빈출도 ★★★

화재의 예방 및 안전관리에 관한 법률상 특수가연물의 수량 기준으로 옳은 것은?

① 면화류: 200[kg] 이상
② 가연성 고체류: 500[kg] 이상
③ 나무껍질 및 대팻밥: 300[kg] 이상
④ 넝마 및 종이부스러기: 400[kg] 이상

해설

면화류의 기준수량은 200[kg] 이상이다.

선지분석

② 가연성 고체류: 3,000[kg] 이상
③ 나무껍질 및 대팻밥: 400[kg] 이상
④ 넝마 및 종이부스러기: 1,000[kg] 이상

관련개념 특수가연물별 기준수량

품명		수량
면화류		200[kg] 이상
나무껍질 및 대팻밥		400[kg] 이상
넝마 및 종이부스러기		1,000[kg] 이상
사류(絲類)		
볏짚류		
가연성 고체류		3,000[kg] 이상
석탄 · 목탄류		10,000[kg] 이상
가연성 액체류		2[m^3] 이상
목재가공품 및 나무부스러기		10[m^3] 이상
고무류 · 플라스틱류	발포시킨 것	20[m^3] 이상
	그 밖의 것	3,000[kg] 이상

정답 | ①

60 빈출도 ★

화재의 예방 및 안전관리에 관한 법률상 소방관서장은 화재안전조사를 실시하려는 경우 사전에 조사대상, 조사기간 및 조사사유 등을 소방청, 소방본부 또는 소방서의 인터넷 홈페이지나 전산시스템을 통해 며칠 이상 공개해야 하는가? (단, 긴급하게 조사할 필요가 있는 경우와 사전에 통지하면 조사목적을 달성할 수 없다고 인정되는 경우는 제외한다.)

① 7
② 10
③ 12
④ 14

해설

소방관서장은 화재안전조사를 실시하려는 경우 사전에 조사대상, 조사기간 및 조사사유 등을 소방청, 소방본부 또는 소방서의 인터넷 홈페이지나 전산시스템 등을 통해 7일 이상 공개해야 한다.

정답 | ①

소방기계시설의 구조 및 원리

61 빈출도 ★

특별피난계단의 계단실 및 부속실 제연설비의 화재안전성능기준(NFPC 501A) 상 수직풍도에 따른 배출기준 중 각층의 옥내와 면하는 수직풍도의 관통부에 설치하여야 하는 배출댐퍼 설치기준으로 틀린 것은?

① 화재층의 옥내에 설치된 화재감지기의 동작에 따라 당해층의 댐퍼가 개방될 것
② 풍도의 배출댐퍼는 이·탈착구조가 되지 않도록 설치할 것
③ 개폐여부를 당해 장치 및 제어반에서 확인할 수 있는 감지기능을 내장하고 있을 것
④ 배출댐퍼는 두께 1.5[mm] 이상의 강판 또는 이와 동등 이상의 성능이 있는 것으로 설치하여야 하며 비 내식성 재료의 경우에는 부식방지 조치를 할 것

해설

풍도의 배출댐퍼는 풍도의 내부마감 상태에 대한 점검 및 댐퍼의 정비가 가능한 이·탈착식 구조로 한다.

관련개념 수직풍도의 관통부에 설치하는 배출댐퍼의 설치기준

㉠ 배출댐퍼는 두께 1.5[mm] 이상의 강판 또는 이와 동등 이상의 성능이 있는 것으로 설치하며 비내식성 재료의 경우 부식방지 조치를 한다.
㉡ 평상시 닫힌 구조로 기밀상태를 유지한다.
㉢ 개폐여부를 장치 및 제어반에서 확인할 수 있는 감지 기능을 내장한다.
㉣ 구동부의 작동상태와 닫혀 있을 때의 기밀상태를 수시로 점검할 수 있는 구조로 한다.
㉤ 풍도의 내부마감 상태에 대한 점검 및 댐퍼의 정비가 가능한 이·탈착식 구조로 한다.
㉥ 화재 층에 설치된 화재감지기의 동작에 따라 해당 층의 댐퍼가 개방되도록 한다.
㉦ 개방 시의 실제 개구부(개구율을 감안한 것)의 크기는 수직풍도의 내부단면적 기준 이상으로 한다.
㉧ 댐퍼는 풍도 내의 공기흐름에 지장을 주지 않도록 수직풍도의 내부로 돌출하지 않게 설치한다.

정답 | ②

62 빈출도 ★★

포 소화설비의 화재안전성능기준(NFPC 105)에 따라 포 소화설비 송수구의 설치기준에 대한 설명으로 옳은 것은?

① 구경 65[mm]의 쌍구형으로 할 것
② 지면으로부터 높이가 0.5[m] 이상 1.5[m] 이하의 위치에 설치할 것
③ 하나의 층 바닥면적이 2,000[m^2]를 넘을 때마다 1개 이상을 설치할 것
④ 송수구의 가까운 부분에 자동배수밸브(또는 직경 3[mm]의 배수공) 및 안전밸브를 설치할 것

해설

포 소화설비의 송수구는 구경 65[mm]의 쌍구형으로 한다.

선지분석

② 지면으로부터 높이가 0.5[m] 이상 1[m] 이하의 위치에 설치한다.
③ 송수구는 하나의 층의 바닥면적이 3,000[m^2]를 넘을 때마다 1개 이상(최대 5개)을 설치한다.
④ 송수구의 부근에는 자동배수밸브(또는 직경 5[mm]의 배수공) 및 체크밸브를 설치한다.

정답 | ①

63 빈출도 ★★

스프링클러설비 본체 내의 유수현상을 자동적으로 검지하여 신호 또는 경보를 발하는 장치는?

① 수압개폐장치　② 물올림장치
③ 일제개방밸브　④ 유수검지장치

해설

유수현상을 자동적으로 검지하여 신호 또는 경보를 발하는 장치는 유수검지장치이다.

선지분석

① 수압개폐장치: 소화설비의 배관 내 압력변동을 검지하여 자동으로 펌프를 기동 및 정지시키는 장치
② 물올림장치: 펌프의 흡입 측 배관에 물을 공급하는 장치
③ 일제개방밸브: 일제살수식 스프링클러설비에 설치되는 유수검지장치

정답 | ④

64 빈출도 ★

옥내소화전설비 화재안전기술기준(NFTC 102)에 따라 옥내소화전설비의 표시등 설치기준으로 옳은 것은?

① 가압송수장치의 기동을 표시하는 표시등은 옥내소화전함의 상부 또는 그 직근에 설치한다.
② 가압송수장치의 기동을 표시하는 표시등은 녹색등으로 한다.
③ 자체소방대를 구성하여 운영하는 경우 가압송수장치의 기동표시등을 반드시 설치해야 한다.
④ 옥내소화전설비의 위치를 표시하는 표시등은 함의 하부에 설치하되, 「표시등의 성능인증 및 제품검사의 기술기준」에 적합한 것으로 한다.

해설

가압송수장치의 기동을 표시하는 표시등은 옥내소화전함의 상부 또는 그 직근에 적색등으로 설치한다.

관련개념 표시등의 설치기준

㉠ 옥내소화전설비의 위치를 표시하는 표시등은 함의 상부에 설치한다.
㉡ 소방청장이 고시하는 「표시등의 성능인증 및 제품검사의 기술기준」에 적합한 것으로 설치한다.
㉢ 가압송수장치의 기동을 표시하는 표시등은 옥내소화전함의 상부 또는 그 직근에 적색등으로 설치한다.
㉣ 자체소방대를 구성하여 운영하는 경우 가압송수장치의 기동표시등을 설치하지 않을 수 있다.

정답 | ①

65 빈출도 ★★★

소화기구 및 자동소화장치의 화재안전기술기준(NFTC 101) 상 건축물의 주요구조부가 내화구조이고, 벽 및 반자의 실내에 면하는 부분이 불연재료로 된 바닥면적이 600[m²]인 노유자시설에 필요한 소화기구의 능력단위는 최소 얼마 이상으로 하여야 하는가?

① 2단위 ② 3단위

③ 4단위 ④ 6단위

해설

노유자시설에 소화기구를 설치할 경우 바닥면적 100[m²]마다 능력단위 1단위 이상으로 하며, 주요구조부가 내화구조이고, 벽 및 반자의 실내에 면하는 부분이 불연재료로 된 특정소방대상물의 경우 기준의 2배를 기준면적으로 하므로

$$\frac{600[m^2]}{100[m^2]\times 2}=3\text{단위}$$

관련개념 소화기구의 특정소방대상물별 능력단위

특정소방대상물	소화기구의 능력단위
1. 위락시설	해당 용도의 바닥면적 30[m²]마다 능력단위 1단위 이상
2. 공연장·집회장·관람장·문화재·장례식장 및 의료시설	해당 용도의 바닥면적 50[m²]마다 능력단위 1단위 이상
3. 근린생활시설·판매시설·운수시설·숙박시설·노유자시설·전시장·공동주택·업무시설·방송통신시설·공장·창고시설·항공기 및 자동차 관련 시설 및 관광휴게시설	해당 용도의 바닥면적 100[m²]마다 능력단위 1단위 이상
4. 그 밖의 것	해당 용도의 바닥면적 200[m²]마다 능력단위 1단위 이상

소화기구의 능력단위를 산출할 때 건축물의 주요구조부가 내화구조이고, 벽 및 반자의 실내에 면하는 부분이 불연재료·준불연재료 또는 난연재료로 된 특정소방대상물의 경우 위 기준의 2배를 기준면적으로 한다.

정답 | ②

66 빈출도 ★★

분말 소화설비의 화재안전기술기준(NFTC 108)에 따라 분말 소화설비의 자동식 기동장치의 설치기준으로 틀린 것은? (단, 자동식 기동장치는 자동화재탐지설비의 감지기의 작동과 연동하는 것이다.)

① 기동용 가스용기의 충전비는 1.5 이상으로 할 것

② 자동식 기동장치에는 수동으로도 기동할 수 있는 구조로 할 것

③ 전기식 기동장치로서 3병 이상의 저장용기를 동시에 개방하는 설비는 2병 이상의 저장용기에 전자 개방밸브를 부착할 것

④ 기동용 가스용기에는 내압시험압력의 0.8배 내지 내압시험압력 이하에서 작동하는 안전장치를 설치할 것

해설

전기식 기동장치로서 7병 이상의 저장용기를 동시에 개방하는 설비는 2병 이상의 저장용기에 전자 개방밸브를 부착한다.

관련개념 자동식 기동장치의 설치기준

㉠ 자동화재탐지설비의 감지기의 작동과 연동하는 것으로 한다.
㉡ 자동식 기동장치는 수동으로도 기동할 수 있는 구조로 한다.
㉢ 전기식 기동장치로서 **7병 이상의 저장용기를 동시에 개방하는 설비는 2병 이상의 저장용기에 전자 개방밸브를 부착한다.**
㉣ 가스압력식 기동장치는 다음 기준에 따른다.
- 기동용 가스용기 및 해당 용기에 사용하는 밸브는 25[MPa] 이상의 압력에 견딜 수 있는 것으로 한다.
- 기동용 가스용기에는 내압시험압력의 0.8배부터 내압시험압력 이하에서 작동하는 안전장치를 설치한다.
- 질소나 비활성기체를 사용하는 경우 기동용 가스용기의 체적은 5[L] 이상으로 하고, 6.0[MPa](21[℃] 기준)의 압력으로 충전한다.
- 이산화탄소를 사용하는 경우 기동용 가스용기의 체적은 1[L] 이상으로 하고, 해당 용기에 저장하는 양은 0.6[kg] 이상으로 하며, 충전비는 1.5 이상 1.9 이하로 한다.

㉤ 기계식 기동장치는 저장용기를 쉽게 개방할 수 있는 구조로 한다.

정답 | ③

67 빈출도 ★★★

상수도 소화용수설비의 화재안전성능기준(NFPC 401)에 따른 설치기준 중 다음 ( ) 안에 알맞은 것은?

> 호칭지름 (㉠)[mm] 이상의 수도배관에 호칭지름 (㉡)[mm] 이상의 소화전을 접속하여야 하며, 소화전은 특정소방대상물의 수평투영면의 각 부분으로부터 (㉢)[m] 이하가 되도록 설치할 것

① ㉠ 65 ㉡ 80 ㉢ 120
② ㉠ 65 ㉡ 100 ㉢ 140
③ ㉠ 75 ㉡ 80 ㉢ 120
④ ㉠ 75 ㉡ 100 ㉢ 140

해설

호칭지름 75[mm] 이상의 수도배관에 호칭지름 100[mm] 이상의 소화전을 접속한다.
소화전은 특정소방대상물의 수평투영면의 각 부분으로부터 140[m] 이하가 되도록 설치한다.

관련개념 **상수도 소화용수설비의 설치기준**

㉠ 호칭지름 75[mm] 이상의 수도배관에 호칭지름 100[mm] 이상의 소화전을 접속한다.
㉡ 소화전은 소방자동차 등의 진입이 쉬운 도로변 또는 공지에 설치한다.
㉢ 소화전은 특정소방대상물의 수평투영면의 각 부분으로부터 140[m] 이하가 되도록 설치한다.

정답 | ④

68 빈출도 ★★

스프링클러설비의 화재안전기술기준(NFTC 103)에 따라 스프링클러헤드를 설치하지 않을 수 있는 장소로만 나열된 것은?

① 계단실, 병원의 입원실, 목욕실, 냉동창고의 냉동실, 아파트(대피공간 제외)
② 발전실, 병원의 수술실·응급처치실, 통신기기실, 관람석이 없는 실내 테니스장(실내 바닥·벽 등이 불연재료)
③ 냉동창고의 냉동실, 변전실, 병원의 입원실, 목욕실, 수영장 관람석
④ 병원의 수술실, 관람석이 없는 실내 테니스장(실내 바닥·벽 등이 불연재료), 변전실, 발전실, 아파트(대피공간 제외)

해설

스프링클러헤드를 설치하지 않을 수 있는 장소로만 나열된 것은 ②이다.

선지분석

① 병원의 입원실, 아파트(대피공간 제외)는 스프링클러헤드를 설치해야 한다.
③ 병원의 입원실, 수영장 관람석은 스프링클러헤드를 설치해야 한다.
④ 아파트(대피공간 제외)는 스프링클러헤드를 설치해야 한다.

정답 | ②

69 빈출도 ★★

포 소화설비의 화재안전기술기준(NFTC 105)에 따라 포 소화설비에 소방용 합성수지배관을 설치할 수 있는 경우로 틀린 것은?

① 배관을 지하에 매설하는 경우
② 다른 부분과 내화구조로 구획된 덕트 또는 피트의 내부에 설치하는 경우
③ 동결방지조치를 하거나 동결의 우려가 없는 경우
④ 천장과 반자를 불연재료 또는 준불연재료로 설치하고 그 내부에 습식으로 배관을 설치하는 경우

해설

금속관에 비해 합성수지배관은 비교적 낮은 온도에서 변형이 일어나므로 화재에 더욱 취약하다. 따라서 화재가 발생하더라도 배관이 변형되지 않고 소방용수를 충분히 공급할 수 있는 조건에서 합성수지배관을 사용할 수 있다.

관련개념 **소방용 합성수지배관으로 사용할 수 있는 경우**

㉠ 배관을 지하에 매설하는 경우
㉡ 다른 부분과 내화구조로 구획된 덕트 또는 피트의 내부에 설치하는 경우
㉢ 천장과 반자를 불연재료 또는 준불연재료로 설치하고 소화배관 내부에 항상 소화수가 채워진 상태로 설치하는 경우

정답 | ③

70 빈출도 ★

다음 중 피난기구의 화재안전기술기준(NFTC 301)에 따라 피난기구를 설치하지 아니하여도 되는 소방대상물로 틀린 것은?

① 발코니 등을 통하여 인접세대로 피난할 수 있는 구조로 되어 있는 계단실형 아파트
② 주요구조부가 내화구조로서 거실의 각 부분으로 직접 복도로 피난할 수 있는 학교(강의실 용도로 사용되는 층에 한함)
③ 무인공장 또는 자동창고로서 사람의 출입이 금지된 장소
④ 문화집회 및 운동시설 · 판매시설 및 영업시설 또는 노유자시설의 용도로 사용되는 층으로서 그 층의 바닥면적이 1,000[m^2] 이상인 것

해설

문화집회 및 운동시설 · 판매시설 및 영업시설 또는 노유자시설의 용도로 사용되는 층으로서 그 층의 바닥면적이 1,000[m^2] 이상인 것은 제외한다.
문화시설, 집회시설, 운동시설, 판매시설, 영업시설, 노유자시설은 사람의 출입이 빈번한 장소로 일정 규모 이상의 장소에는 피난기구의 설치가 반드시 필요하다.

정답 | ④

71 빈출도 ★★★

지하구의 화재안전성능기준(NFPC 605)에 따라 연소방지설비 헤드의 설치기준으로 옳은 것은?

① 헤드 간의 수평거리는 연소방지설비 전용헤드의 경우에는 1.5[m] 이하로 할 것
② 헤드 간의 수평거리는 스프링클러헤드의 경우에는 2[m] 이하로 할 것
③ 천장 또는 벽면에 설치할 것
④ 한쪽 방향의 살수구역의 길이는 2[m] 이상으로 할 것

해설

연소방지설비의 헤드는 천장 또는 벽면에 설치한다.

관련개념 연소방지설비 헤드의 설치기준

㉠ 천장 또는 벽면에 설치한다.
㉡ 헤드 간의 수평거리는 연소방지설비 전용헤드의 경우 2[m] 이하, 개방형 스프링클러헤드의 경우 1.5[m] 이하로 한다.
㉢ 소방대원의 출입이 가능한 환기구 · 작업구마다 지하구의 양쪽 방향으로 살수헤드를 설치하고, 한쪽 방향의 살수구역의 길이는 3[m] 이상으로 한다.
㉣ 환기구 사이의 간격이 700[m]를 초과하는 경우 700[m] 이내마다 살수구역을 설정한다. 지하구의 구조를 고려하여 방화벽을 설치한 경우 그렇지 않다.

정답 | ③

72 빈출도 ★★★

소화기구 및 자동소화장치의 화재안전기술기준(NFTC 101) 상 소화기구의 소화약제별 적응성 중 C급 화재에 적응성이 없는 소화약제는?

① 마른모래
② 할로겐화합물 및 불활성기체 소화약제
③ 이산화탄소 소화약제
④ 중탄산염류 소화약제

해설

마른모래는 전기화재(C급 화재)에 적응성이 없다.

선지분석

② 할로겐화합물 및 불활성기체 소화약제는 일반화재(A급 화재), 유류화재(B급 화재), 전기화재(C급 화재)에 적응성이 있다.
③ 이산화탄소 소화약제는 유류화재(B급 화재), 전기화재(C급 화재)에 적응성이 있다.
④ 중탄산염류 소화약제는 유류화재(B급 화재), 전기화재(C급 화재)에 적응성이 있다.

정답 | ①

73 빈출도 ★

이산화탄소 소화설비 및 할론 소화설비의 국소방출방식에 대한 설명으로 옳은 것은?

① 고정식 소화약제 공급장치에 배관 및 분사헤드를 설치하여 직접 화점에 소화약제를 방출하는 방식이다.
② 고정된 분사헤드에서 밀폐 방호구역 공간 전체로 소화약제를 방출하는 방식이다.
③ 호스 선단에 부착된 노즐을 이동하여 방호대상물에 직접 소화약제를 방출하는 방식이다.
④ 소화약제 용기 노즐 등을 운반기구에 적재하고 방호대상물에 직접 소화약제를 방출하는 방식이다.

해설

국소방출방식은 소화약제 공급장치에 배관 및 분사헤드를 설치하여 직접 화점에 소화약제를 방출하는 방식이다.

관련개념 **소화약제의 방출방식**

전역방출방식	소화약제 공급장치에 배관 및 분사헤드 등을 설치하여 밀폐 방호구역 내에 소화약제를 방출하는 방식
국소방출방식	소화약제 공급장치에 배관 및 분사헤드를 설치하여 직접 화점에 소화약제를 방출하는 방식
호스릴방식	소화수 또는 소화약제 저장용기 등에 연결된 호스릴을 이용하여 사람이 직접 화점에 소화수 또는 소화약제를 방출하는 방식

정답 | ①

74 빈출도 ★★

특고압의 전기시설을 보호하기 위한 소화설비로 물분무 소화설비를 사용한다. 그 주된 이유로 옳은 것은?

① 물분무 설비는 다른 물 소화설비에 비해서 신속한 소화를 보여주기 때문이다.
② 물분무 설비는 다른 물 소화설비에 비해서 물의 소모량이 적기 때문이다.
③ 분무상태의 물은 전기적으로 비전도성이기 때문이다.
④ 물분무입자 역시 물이므로 전기전도성이 있으나 전기 시설물을 젖게 하지 않기 때문이다.

해설

물분무, 미분무소화는 물을 미세한 입자 형태로 방출하는 소화방식(무상주수)으로 입자 사이가 공기로 절연되어 있기 때문에 물방울 크기가 더 큰 적상주수나 물줄기 형태의 봉상주수와는 다르게 전기화재에도 적응성이 있다.

정답 | ③

75 빈출도 ★★

물분무 소화설비의 화재안전기술기준(NFTC 104)에 따라 물분무 소화설비를 설치하는 차고 또는 주차장이 배수설비 설치기준으로 틀린 것은?

① 차량이 주차하는 바닥은 배수구를 향해 1/100 이상의 기울기를 유지할 것
② 배수구에서 새어 나온 기름을 모아 소화할 수 있도록 길이 40[m] 이하마다 집수관·소화핏트 등 기름분리장치를 설치할 것
③ 차량이 주차하는 장소의 적당한 곳에 높이 10[cm] 이상이 경계턱으로 배수구를 설치할 것
④ 배수설비는 가압송수장치의 최대송수능력이 수량을 유효하게 배수할 수 있는 크기 및 기울기로 할 것

해설

차량이 주차하는 바닥은 배수구를 향하여 2/100 이상의 기울기를 유지한다.

관련개념 **배수설비의 설치기준**

물분무 소화설비를 설치하는 차고 또는 주차장에는 배수장치를 다음의 기준에 따라 설치한다.

㉠ 차량이 주차하는 장소의 적당한 곳에 높이 10[cm] 이상의 경계턱으로 배수구를 설치한다.
㉡ 배수구에는 새어 나온 기름을 모아 소화할 수 있도록 길이 40[m] 이하마다 집수관·소화핏트 등 기름분리장치를 설치한다.
㉢ 차량이 주차하는 바닥은 배수구를 향하여 2/100 이상의 기울기를 유지한다.
㉣ 배수설비는 가압송수장치의 최대송수능력의 수량을 유효하게 배수할 수 있는 크기 및 기울기로 한다.

정답 | ①

76 빈출도 ★

연결송수관설비의 화재안전기준에 따라 송수구가 부설된 옥내소화전을 설치한 특정소방대상물로서 연결송수관설비의 방수구를 설치하지 아니할 수 있는 층의 기준 중 다음 ( ) 안에 알맞은 것은? (단, 집회장·관람장·백화점·도매시장·소매시장·판매시설·공장·창고시설 또는 지하가를 제외한다.)

> – 지하층을 제외한 층수가 (㉠)층 이하이고 연면적이 (㉡)[m^2] 미만인 특정소방대상물의 지상층
> – 지하층의 층수가 (㉢) 이하인 특정소방대상물의 지하층

① ㉠ 3 ㉡ 5,000 ㉢ 3
② ㉠ 4 ㉡ 6,000 ㉢ 2
③ ㉠ 5 ㉡ 3,000 ㉢ 3
④ ㉠ 6 ㉡ 4,000 ㉢ 2

해설

지하층을 제외한 층수가 4층 이하이고, 연면적이 6,000[m^2] 미만인 지상층과 지하층의 층수가 2층 이하인 지하층에서 방수구를 설치하지 않을 수 있다.

관련개념 **방수구의 설치제외장소**

㉠ 아파트의 1층 및 2층
㉡ 소방차의 접근이 가능하고 소방대원이 소방차로부터 각 부분에 쉽게 도달할 수 있는 피난층
㉢ 송수구가 부설된 옥내소화전을 설치한 특정소방대상물 중 다음에 해당하는 장소
  – 지하층을 제외한 층수가 4층 이하이고 연면적이 6,000[m^2] 미만인 특정소방대상물의 지상층
  – 지하층의 층수가 2 이하인 특정소방대상물의 지하층
㉣ ㉢의 장소 중 집회장·관람장·백화점·도매시장·소매시장·판매시설·공장·창고시설 또는 지하가는 제외

정답 | ②

77 빈출도 ★★★

스프링클러설비의 화재안전기술기준(NFTC 103)에 따라 폐쇄형 스프링클러헤드를 최고 주위온도 40[℃]인 장소(공장 및 창고 제외)에 설치할 경우 표시온도는 몇 [℃]의 것을 설치하여야 하는가?

① 79[℃] 미만
② 79[℃] 이상 121[℃] 미만
③ 121[℃] 이상 162[℃] 미만
④ 162[℃] 이상

해설

최고 주위온도가 40[℃]인 경우 표시온도는 79[℃] 이상 121[℃] 미만인 것을 설치해야 한다.

관련개념 헤드의 설치기준

폐쇄형 스프링클러헤드는 그 설치장소의 평상시 최고 주위온도에 따라 다음의 표에 따른 적합한 표시온도의 것으로 설치한다. 높이가 4[m] 이상인 공장 및 창고(랙식 창고 포함)에는 주위온도와 관계없이 표시온도 121[℃] 이상의 것으로 할 수 있다.

설치장소의 최고 주위온도	표시온도
39[℃] 미만	79[℃] 미만
39[℃] 이상 64[℃] 미만	79[℃] 이상 121[℃] 미만
64[℃] 이상 106[℃] 미만	121[℃] 이상 162[℃] 미만
106[℃] 이상	162[℃] 이상

정답 | ②

78 빈출도 ★

할론 소화설비의 화재안전성능기준(NFPC 107) 상 할론 1211을 국소방출방식으로 방사할 때 분사헤드의 방사압력 기준은 몇 [MPa] 이상인가?

① 0.1　　② 0.2
③ 0.9　　④ 1.05

해설

할론 소화설비의 분사헤드는 할론 1211을 국소방출방식으로 방사할 때 0.2[MPa] 이상의 압력으로 한다.

관련개념 분사헤드의 방출압력

소화약제의 종류	분사헤드의 방출압력
할론 1301	0.9[MPa]
할론 1211	0.2[MPa]
할론 2402	0.1[MPa]

정답 | ②

79 빈출도 ★★

물분무 소화설비의 화재안전기술기준(NFTC 104) 상 물분무헤드를 설치하지 아니할 수 있는 장소의 기준 중 다음 ( ) 안에 알맞은 것은?

> 운전 시에 표면의 온도가 ( )[℃] 이상으로 되는 등 직접 분무를 하는 경우 그 부분에 손상을 입힐 우려가 있는 기계장치 등이 있는 장소

① 160
② 200
③ 260
④ 300

해설

운전 시에 표면의 온도가 260[℃] 이상으로 되는 등 직접 분무를 하는 경우 그 부분에 손상을 입힐 우려가 있는 기계장치 등이 있는 장소

관련개념 물분무헤드의 설치제외 장소

㉠ 물이 심하게 반응하는 물질 또는 물과 반응하여 위험한 물질을 생성하는 물질을 저장 또는 취급하는 장소
㉡ 고온의 물질 및 증류범위가 넓어 끓어 넘치는 위험이 있는 물질을 저장 또는 취급하는 장소
㉢ 운전 시에 표면의 온도가 260[℃] 이상으로 되는 등 직접 분무를 하는 경우 그 부분에 손상을 입힐 우려가 있는 기계장치 등이 있는 장소

정답 ③

80 빈출도 ★★

인명구조기구의 화재안전기술기준(NFTC 302)에 따라 특정소방대상물의 용도 및 장소별로 설치해야 할 인명구조기구의 기준으로 틀린 것은?

① 지하가 중 지하상가는 인공소생기를 층마다 2개 이상 비치할 것
② 판매시설 중 대규모 점포는 공기호흡기를 층마다 2개 이상 비치할 것
③ 지하층을 포함하는 층수가 7층 이상인 관광호텔은 방열복(또는 방화복), 공기호흡기, 인공소생기를 각 2개 이상 비치할 것
④ 물분무등소화설비 중 이산화탄소 소화설비를 설치해야 하는 특정소방대상물은 공기호흡기를 이산화탄소 소화설비가 설치된 장소의 출입구 외부 인근에 1대 이상 비치할 것

해설

지하가 중 지하상가는 공기호흡기를 층마다 2개 이상 설치한다.

관련개념 특정소방대상물의 용도 및 장소별 설치해야 할 인명구조기구

특정소방대상물	인명구조기구	설치 수량
• 지하층을 포함하는 층수가 7층 이상인 관광호텔 • 5층 이상인 병원	• 방열복 또는 방화복(안전모, 보호장갑 및 안전화 포함) • 공기호흡기 • 인공소생기	각 2개 이상(병원의 경우 인공소생기 생략 가능)
• 수용인원 100명 이상의 영화상영관 • 대규모 점포 • 지하역사 • 지하상가	• 공기호흡기	층마다 2개 이상
• 물분무소화설비 중 이산화탄소 소화설비를 설치해야하는 특정소방대상물	• 공기호흡기	이산화탄소 소화설비가 설치된 장소의 출입구 외부 인근에 1개 이상

정답 ①

ENERGY

날지 못하면 달려라.
달리지 못하면 걸어라.
그리고 걷지 못하면 기어라.
당신이 무엇을 하든 앞으로 가야 한다는 것만 명심해라.

– 마틴 루터 킹(Martin Luther King)

2020년 1, 2회 기출문제

■1회독 ■2회독 ■3회독

소방원론

01 빈출도 ★★★

0[℃], 1기압에서 부피가 44.8[m^3]인 이산화탄소를 액화하여 얻을 수 있는 액화탄산 가스의 무게는 약 몇 [kg]인가?

① 88　② 44
③ 22　④ 11

해설

0[℃], 1기압에서 22.4[L]의 기체 속에는 1[mol]의 기체 분자가 들어 있다. 따라서 0[℃], 1기압, 44.8[m^3]의 기체 속에는 2[kmol]의 이산화탄소가 들어 있다.
22.4[L] : 1[mol]=44.8[m^3] : 2[kmol]

이산화탄소의 분자량은 44[g/mol]이므로, 2[kmol]의 이산화탄소는 88[kg]의 질량을 가진다.
2[kmol]×44[g/mol]=88[kg]

정답 ①

02 빈출도 ★★

제거소화의 예에 해당하지 않는 것은?

① 밀폐 공간에서의 화재 시 공기를 제거한다.
② 가연성 가스 화재 시 가스의 밸브를 닫는다.
③ 산림화재 시 확산을 막기 위하여 산림의 일부를 벌목한다.
④ 유류탱크 화재 시 연소되지 않은 기름을 다른 탱크로 이동시킨다.

해설

제거소화는 연소의 요소를 구성하는 가연물질을 안전한 장소나 점화원이 없는 장소로 신속하게 이동시켜서 소화하는 방법이다. 연소에 필요한 산소의 공급을 차단시키는 방법은 질식소화에 해당한다.

정답 ①

03 빈출도 ★

다음 중 소화에 필요한 이산화탄소 소화약제의 최소 설계농도 값이 가장 높은 물질은?

① 메테인　② 에틸렌
③ 천연가스　④ 아세틸렌

해설

이산화탄소 소화약제의 최소설계농도 값이 가장 높은 물질은 아세틸렌(C_2H_2)이다.

관련개념 **방호대상물별 최소설계농도**

방호대상물	설계농도[%]
수소(Hydrogen)	75
아세틸렌(Acetylene)	66
일산화탄소(Carbon Monooxide)	64
산화에틸렌(Ethylene Oxide)	53
에틸렌(Ethylene)	49
에테인(Ethane)	40
석탄가스, 천연가스(Coal gas, Natural gas)	37
사이크로 프로페인(Cycle Propane)	37
이소뷰테인(Iso Butane)	36
프로페인(Propane)	36
뷰테인(Butane)	34
메테인(Methane)	34

정답 ④

04 빈출도 ★★★

인화알루미늄의 화재에 주수소화 시 발생하는 물질은?

① 수소 ② 메테인
③ 포스핀 ④ 아세틸렌

해설

인화알루미늄(AlP)과 물이 반응하면 포스핀(PH_3)이 발생한다.

$AlP+3H_2O \rightarrow Al(OH)_3+PH_3\uparrow$

정답 | ③

05 빈출도 ★★★

다음 물질을 저장하는 창고에서 화재가 발생하였을 때 주수소화를 할 수 없는 물질은?

① 부틸리튬 ② 질산에틸
③ 나이트로셀룰로스 ④ 적린

해설

부틸리튬(C_4H_9Li)과 물이 반응하면 뷰테인(C_4H_{10})이 발생하므로 주수소화가 적합하지 않다.

$C_4H_9Li+H_2O \rightarrow LiOH+C_4H_{10}$

선지분석

② 질산에틸(질산에스터류, 5류), ③ 나이트로셀룰로스(5류), ④ 적린(2류) 모두 물에 녹지 않고 가라앉으므로 주수소화를 하여 물에 의한 냉각소화를 할 수 있다.

정답 | ①

06 빈출도 ★★★

이산화탄소에 대한 설명으로 틀린 것은?

① 임계온도는 97.5[℃]이다.
② 고체의 형태로 존재할 수 있다.
③ 불연성 가스로 공기보다 무겁다.
④ 드라이아이스와 분자식이 동일하다.

해설

이산화탄소의 임계온도는 약 31.4[℃]이다.

관련개념 **이산화탄소의 일반적 성질**

㉠ 상온에서 무색 · 무취 · 무미의 기체로서 독성이 없다.
㉡ 임계온도는 약 31.4[℃]이고, 비중이 약 1.52로 공기보다 무겁다.
㉢ 압축 및 냉각 시 쉽게 액화할 수 있으며, 더욱 압축냉각하면 드라이아이스가 된다.

정답 | ①

07 빈출도 ★★

실내 화재 시 발생한 연기로 인한 감광계수[m^{-1}]와 가시거리에 대한 설명 중 틀린 것은?

① 감광계수가 0.1일 때 가시거리는 20~30[m]이다.
② 감광계수가 0.3일 때 가시거리는 15~20[m]이다.
③ 감광계수가 1.0일 때 가시거리는 1~2[m]이다.
④ 감광계수가 10일 때 가시거리는 0.2~0.5[m]이다.

해설

감광계수 [m^{-1}]	가시거리 [m]	현상
0.1	20~30	연기감지기가 동작할 정도
0.3	5	건물 내부에 익숙한 사람이 피난할 때 지장을 받는 정도
0.5	3	어두움을 느낄 정도
1	1~2	거의 앞이 보이지 않을 정도
10	0.2~0.5	화재의 최성기에 해당, 유도등이 보이지 않을 정도
30	—	출화 시의 연기가 분출할 때의 농도

정답 | ②

08 빈출도 ★★★

물질의 화재 위험성에 대한 설명으로 틀린 것은?

① 인화점 및 착화점이 낮을수록 위험
② 착화에너지가 작을수록 위험
③ 비점 및 융점이 높을수록 위험
④ 연소범위가 넓을수록 위험

해설

비점이 낮을수록 가연성 물질이 기체로 존재할 확률이 높아지므로 연소범위 내에 도달할 확률이 높아져 화재 위험성이 높다.
고체 또는 액체 상태에서도 연소가 시작될 수 있으나 표면연소나 증발연소의 조건이 갖추어져야 하므로 화재 위험성은 기체 상태일 때보다 낮다.

선지분석

① 인화점 및 착화점이 낮을수록 낮은 온도에서 연소가 시작되므로 화재 위험성이 높다.
② 착화에너지가 작을수록 더 적은 에너지로 연소가 시작되므로 화재 위험성이 높다.
④ 연소범위는 연소가 시작될 수 있는 기체의 농도 범위를 의미하므로 그 범위가 넓을수록 화재 위험성이 높다.

정답 | ③

09 빈출도 ★★★

이산화탄소의 증기비중은 약 얼마인가? (단, 공기의 분자량은 29이다.)

① 0.81 ② 1.52
③ 2.02 ④ 2.51

해설

이산화탄소의 분자량은 44[g/mol]이므로 증기비중은

$\frac{\text{이산화탄소의 분자량}}{\text{공기의 평균 분자량}} = \frac{44}{29} \fallingdotseq 1.52$이다.

관련개념 이산화탄소의 일반적 성질

㉠ 상온에서 무색 · 무취 · 무미의 기체로서 독성이 없다.
㉡ 임계온도는 약 31.4[℃]이고, 비중이 약 1.52로 공기보다 무겁다.
㉢ 압축 및 냉각 시 쉽게 액화할 수 있으며, 더욱 압축냉각하면 드라이아이스가 된다.

정답 | ②

10 빈출도 ★★★

위험물안전관리법령상 제2석유류에 해당하는 것으로 나열된 것은?

① 아세톤, 벤젠
② 중유, 아닐린
③ 에테르, 이황화탄소
④ 아세트산, 아크릴산

해설

제4류 위험물 제2석유류에 해당하는 것은 아세트산과 아크릴산이다.

선지분석

① 아세톤과 벤젠은 제4류 위험물 제1석유류이다.
② 중유와 아닐린은 제4류 위험물 제3석유류이다.
③ 에테르와 이황화탄소는 제4류 위험물 특수인화물이다.

정답 | ④

11 빈출도 ★★★

다음 중 연소범위를 근거로 계산한 위험도 값이 가장 큰 물질은?

① 이황화탄소　② 메테인
③ 수소　④ 일산화탄소

해설

이황화탄소(CS_2)의 위험도가 $\frac{44-1.2}{1.2}$ ≒35.7로 가장 크다.

관련개념 주요 가연성 가스의 연소범위와 위험도

가연성 가스	하한계 [vol%]	상한계 [vol%]	위험도
아세틸렌(C_2H_2)	2.5	81	31.4
수소(H_2)	4	75	17.8
일산화탄소(CO)	12.5	74	4.9
에테르($C_2H_5OC_2H_5$)	1.9	48	24.3
이황화탄소(CS_2)	1.2	44	35.7
에틸렌(C_2H_4)	2.7	36	12.3
암모니아(NH_3)	15	28	0.9
메테인(CH_4)	5	15	2
에테인(C_2H_6)	3	12.4	3.1
프로페인(C_3H_8)	2.1	9.5	3.5
뷰테인(C_4H_{10})	1.8	8.4	3.7

정답 | ①

12 빈출도 ★

가연물의 연소가 되기 쉬운 구비조건으로 틀린 것은?

① 열전도율이 클 것
② 산소와 화학적으로 친화력이 클 것
③ 표면적이 클 것
④ 활성화 에너지가 작을 것

해설

열전도율이 크면 가연물 내부에 열이 축적되지 못해 화재로 이어지지 못한다.

관련개념 가연물이 되기 쉬운 조건

㉠ 수분이 적고, 표면적이 넓다.
㉡ 화학적으로 산소와 친화력이 크다.
㉢ 발열 반응을 하며, 발열량이 크다.
㉣ 열전도율과 활성화 에너지가 작다.
㉤ 가연물끼리 서로 영향을 주어 연소를 시켜주는 연쇄반응을 일으킨다.

정답 | ①

13 빈출도 ★★

유류탱크 화재 시 기름 표면에 물을 살수하면 기름이 탱크 밖으로 비산하여 화재가 확대되는 현상은?

① 슬롭 오버(Slop Over)
② 플래쉬 오버(Flash Over)
③ 프로스 오버(Froth Over)
④ 블레비(BLEVE)

해설

화재가 발생한 유류저장탱크의 고온의 유류 표면에 물이 주입되어 급격히 증발하며 유류가 탱크 밖으로 넘치게 되는 현상을 슬롭 오버(Slop Over)라고 한다.

정답 | ①

14 빈출도 ★★

화재 시 나타나는 인간의 피난특성으로 볼 수 없는 것은?

① 어두운 곳으로 대피한다.
② 최초로 행동한 사람을 따른다.
③ 발화지점의 반대방향으로 이동한다.
④ 평소에 사용하던 문, 통로를 사용한다.

해설

화재 시 밝은 곳으로 대피한다. 이를 지광본능이라 한다.

관련개념 화재 시 인간의 피난특성

지광본능	밝은 곳으로 대비한다.
추종본능	최초로 행동한 사람을 따른다.
퇴피본능	발화지점의 반대방향으로 이동한다.
귀소본능	평소에 사용하던 문, 통로를 사용한다.
좌회본능	오른손잡이는 오른손이나 오른발을 이용하여 왼쪽으로 회전(좌회전)한다.

정답 | ①

15 빈출도 ★★★

종이, 나무, 섬유류 등에 의한 화재에 해당하는 것은?

① A급 화재 ② B급 화재
③ C급 화재 ④ D급 화재

해설

종이, 나무, 섬유류 화재는 A급 화재(일반화재)에 해당한다.

관련개념 A급 화재(일반화재) 대상물

㉠ 일반가연물: 섬유(면화)류, 종이, 고무, 석탄, 목재 등
㉡ 합성고분자: 폴리에스테르, 폴리에틸렌, 폴리우레탄 등

정답 | ①

16 빈출도 ★★★

$NH_4H_2PO_4$를 주성분으로 한 분말 소화약제는 제 몇 종 분말 소화약제인가?

① 제1종 ② 제2종
③ 제3종 ④ 제4종

해설

제3종 분말 소화약제의 주성분은 제1인산암모늄($NH_4H_2PO_4$)이다.

관련개념 분말 소화약제

구분	주성분	색상	적응화재
제1종	탄산수소나트륨 ($NaHCO_3$)	백색	B급 화재 C급 화재
제2종	탄산수소칼륨 ($KHCO_3$)	담자색 (보라색)	B급 화재 C급 화재
제3종	제1인산암모늄 ($NH_4H_2PO_4$)	담홍색	A급 화재 B급 화재 C급 화재
제4종	탄산수소칼륨+요소 [$KHCO_3+CO(NH_2)_2$]	회색	B급 화재 C급 화재

정답 | ③

17 빈출도 ★

다음 물질 중 연소하였을 때 시안화수소를 가장 많이 발생시키는 물질은?

① Polyethylene
② Polyurethane
③ Polyvinyl Chloride
④ Polystyrene

해설

연소 시 시안화수소(HCN)를 발생시키는 물질로 요소, 멜라민, 아닐린, 폴리우레탄 등이 있다.

선지분석

①, ③, ④는 분자 내 질소(N)를 포함하고 있지 않으므로 연소하더라도 시안화수소(HCN)를 발생시킬 수 없다.

정답 | ②

18 빈출도 ★★

산소의 농도를 낮추어 소화하는 방법은?

① 냉각소화　② 질식소화
③ 제거소화　④ 억제소화

해설

질식소화는 연소하고 있는 가연물이 들어있는 용기를 기계적으로 밀폐하여 외부와 차단하거나 타고 있는 가연물의 표면을 거품 또는 불연성의 액체로 덮어서 연소에 필요한 산소의 공급을 차단시켜 소화하는 것을 말한다.

정답 | ②

19 빈출도 ★

다음 중 상온, 상압에서 액체인 것은?

① 탄산가스　② 할론 1301
③ 할론 2402　④ 할론 1211

해설

상온, 상압에서 액체상태로 존재하는 물질은 할론 2402이다.

관련개념

탄산가스(HOCOOH)는 이산화탄소가 물에 녹아 생성된 물질을 말한다.

$CO_2+H_2O \leftrightarrow H_2CO_3$

정답 | ③

20 빈출도 ★

밀폐된 내화건물의 실내에 화재가 발생하였을 때 그 실내의 환경변화에 대한 설명 중 틀린 것은?

① 기압이 급강하한다.
② 산소가 감소한다.
③ 일산화탄소가 증가한다.
④ 이산화탄소가 증가한다.

해설

가연물에 따라 기압은 상승할 수도 하강할 수도 있다.

선지분석

② 연소반응은 가연물이 산소와 결합하여 연소생성물을 배출하는 반응이므로 산소는 감소한다.
③ 불완전 연소가 일어날 경우 연소생성물 중 일산화탄소가 포함된다.
④ 완전 연소가 일어날 경우 연소생성물 중 주요 생성물은 이산화탄소이다.

관련개념

연소반응 전후의 기압변화는 반응물과 생성물의 분자수 차이에 의해 발생한다. 일반적으로 가연성 기체인 탄화수소(C_mH_n)가 연소할 경우

$$C_mH_n+\left(m+\frac{n}{4}\right)O_2 \rightarrow mCO_2+\frac{n}{2}H_2O$$

$$\left(m+\frac{n}{2}\right)-\left(1+m+\frac{n}{4}\right)=\frac{n}{4}-1$$

$\left(\frac{n}{4}-1\right)$에 대응하는 만큼 기압이 상승하거나 하강할 것을 예상할 수 있다.

정답 | ①

21 빈출도 ★★★

비중이 0.8인 액체가 한 변이 10[cm]인 정육면체 모양 그릇의 반을 채울 때 액체의 질량[kg]은?

① 0.4　② 0.8
③ 400　④ 800

해설

유체의 비중이 0.86이므로 유체의 밀도는 다음과 같다.

$$s=\frac{\rho}{\rho_w}$$

s: 비중, ρ: 비교물질의 밀도[kg/m^3], ρ_w: 물의 밀도[kg/m^3]

$\rho=s\rho_w=0.8\times1{,}000=800$[kg/m^3]
액체는 한 변이 10[cm]인 정육면체의 반을 채우므로 액체의 부피는 다음과 같다.
$V=0.1\times0.1\times0.05=0.0005$[m^3]
밀도는 질량과 부피의 비이므로 액체의 질량 m은

$$\rho=\frac{m}{V}$$

ρ: 밀도[kg/m^3], m: 질량[kg], V: 부피[m^3]

$m=\rho V=800\times0.0005$
$=0.4$[kg]

정답 | ①

22 빈출도 ★★★

펌프의 입구에서 진공압은 −160[mmHg], 출구에서 압력계의 계기압력은 300[kPa], 송출 유량은 10[m^3/min]일 때 펌프의 수동력[kW]은? (단, 진공계와 압력계 사이의 수직거리는 2[m]이고, 흡입관과 송출관의 직경은 같으며, 손실은 무시한다)

① 5.7　② 56.8
③ 557　④ 3,400

해설

$$P=\frac{P_TQ}{\eta}K$$

P: 펌프의 동력[kW], P_T: 흡입구와 배출구의 압력 차이[kPa], Q: 유량[m^3/s], η: 효율, K: 전달계수

유체의 흡입구와 배출구의 압력 차이는
(300[kPa]−(−160[mmHg]))이고 높이 차이는 2[m]이다.
760[mmHg]와 10.332[m]는 101.325[kPa]와 같으므로 펌프가 유체에 가해주어야 하는 압력은 다음과 같다.

$$\left(300[\text{kPa}]-\left(-160[\text{mmHg}]\times\frac{101.325[\text{kPa}]}{760[\text{mmHg}]}\right)\right)+\left(2[\text{m}]\times\frac{101.325[\text{kPa}]}{10.332[\text{m}]}\right)\fallingdotseq340.95[\text{kPa}]$$

펌프의 토출량이 10[m^3/min]이므로 단위를 변환하면 $\frac{10}{60}$[m^3/s]이다.
수동력을 묻고 있으므로 효율 η와 전달계수 K를 모두 1로 두고 주어진 조건을 공식에 대입하면 펌프의 수동력 P는

$$P=\frac{340.95\times\frac{10}{60}}{1}\times1=56.825[\text{kW}]$$

정답 | ②

23 빈출도 ★★

다음 (㉠), (㉡)에 알맞은 것은?

> 파이프 속을 유체가 흐를 때 파이프 끝의 밸브를 갑자기 닫으면 유체의 (㉠)에너지가 압력으로 변환되면서 밸브 직전에서 높은 압력이 발생하고 상류로 압축파가 전달되는 (㉡) 현상이 발생한다.

① ㉠ 운동, ㉡ 서징　　② ㉠ 운동, ㉡ 수격
③ ㉠ 위치, ㉡ 서징　　④ ㉠ 위치, ㉡ 수격

해설

배관 속 유체의 흐름이 더 이상 진행하지 못하고 운동에너지가 압력으로 변화하면서 압력파에 의해 충격과 이상음이 발생하는 현상은 수격현상이다.

관련개념 펌프의 이상현상

수격현상	배관 속 유체의 흐름이 갑자기 변화할 때 압력파에 의해 충격과 이상음이 발생하는 현상
맥동현상	펌프 압력계의 지침이 흔들리며 토출량이 주기적으로 변동하며 진동하는 현상
공동현상	배관 내 흐르는 유체에서 압력이 증기압보다 낮아져 기포가 발생하는 현상

정답 | ②

24 빈출도 ★

과열증기에 대한 설명으로 틀린 것은?

① 과열증기의 압력은 해당 온도에서의 포화압력보다 높다.
② 과열증기의 온도는 해당 압력에서의 포화온도보다 높다.
③ 과열증기의 비체적은 해당 온도에서의 포화증기의 비체적보다 크다.
④ 과열증기의 엔탈피는 해당 압력에서의 포화증기의 엔탈피보다 크다.

해설

과열증기는 포화증기보다 더 높은 온도에서의 증기로 압력은 포화압력과 같다.

정답 | ①

25 빈출도 ★★★

비중이 0.85이고 동점성계수가 3×10^{-4}[m²/s]인 기름이 직경 10[cm]의 수평 원형 관 내에 20[L/s]으로 흐른다. 이 원형 관의 100[m] 길이에서의 수두손실[m]은? (단, 정상 비압축성 유동이다)

① 16.6　　② 25.0
③ 49.8　　④ 82.2

해설

일정한 양의 비압축성 유체가 일정한 속도로 흐를 때 배관에서의 마찰손실은 달시-바이스바하 방정식으로 구할 수 있다.

$$H=\frac{\Delta P}{\gamma}=\frac{flu^2}{2gD}$$

H: 마찰손실수두[m], ΔP: 압력 차이[kPa], γ: 비중량[kN/m³], f: 마찰손실계수, l: 배관의 길이[m], u: 유속[m/s], g: 중력가속도[m/s²], D: 배관의 직경[m]

부피유량 공식 $Q=Au$에 의해 유량과 배관의 직경 D를 알면 유속은 다음과 같이 구할 수 있다.

$$u=\frac{Q}{A}=\frac{Q}{\frac{\pi}{4}D^2}=\frac{4Q}{\pi D^2}$$

u: 유속[m/s], Q: 유량[m³/s], A: 배관의 단면적[m²], D: 배관의 직경[m]

유체의 흐름을 판단하기 위해 레이놀즈 수를 계산해보면 다음과 같다.

$$Re=\frac{\rho uD}{\mu}=\frac{uD}{\nu}$$

Re: 레이놀즈 수, ρ: 밀도[kg/m³], u: 유속[m/s], D: 직경[m], μ: 점성계수(점도)[kg/m·s], ν: 동점성계수(동점도)[m²/s]

$$Re=\frac{uD}{\nu}=\frac{4Q}{\pi D^2}\times\frac{D}{\nu}=\frac{4\times0.02}{\pi\times0.1^2}\times\frac{0.1}{3\times10^{-4}}$$
$$\fallingdotseq 848.82$$

레이놀즈 수가 2,100 이하이므로 유체의 흐름은 층류이다.

층류일 때 마찰계수 f는 $\frac{64}{Re}$이므로 마찰계수 f는 다음과 같다.

$$f=\frac{64}{Re}=\frac{64}{848.82}\fallingdotseq 0.0754$$

따라서 주어진 조건을 대입하면 손실수두 H는

$$H=\frac{fl}{2gD}\times\left(\frac{4Q}{\pi D^2}\right)^2=\frac{0.0754\times100}{2\times9.8\times0.1}\times\left(\frac{4\times0.02}{\pi\times0.1^2}\right)^2$$
$$\fallingdotseq 24.95[\text{m}]$$

정답 | ②

26 빈출도 ★★

그림과 같이 수족관에 직경 3[m]의 투시경이 설치되어있다. 이 투시경에 작용하는 힘[kN]은?

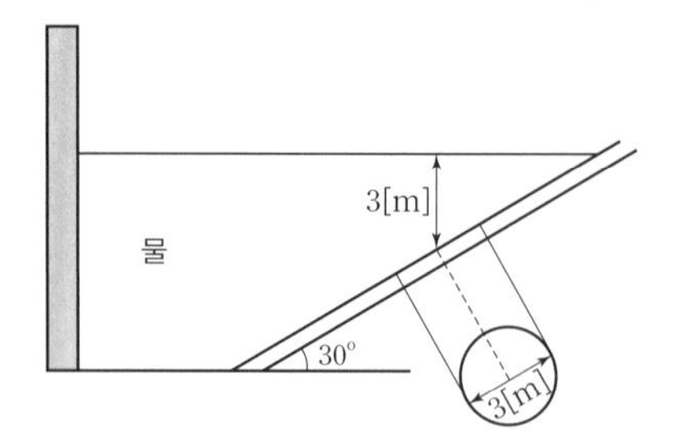

① 207.8　　② 123.9
③ 87.1　　④ 52.4

해설

투시경에 작용하는 힘 F의 크기는 다음과 같다.

$$F=\gamma hA$$

F: 투시경에 작용하는 힘[kN], γ: 유체의 비중량[kN/m³], h: 투시경의 중심 높이로부터 표면까지의 높이[m], A: 투시경의 면적[m²]

유체는 물이므로 물의 비중량은 9.8[kN/m³]이다.
투시경은 직경이 D인 원형이므로 투시경의 단면적은 다음과 같다.

$$A=\frac{\pi}{4}D^2$$

주어진 조건을 공식에 대입하면 투시경에 작용하는 힘 F는

$$F=9.8\times3\times\frac{\pi}{4}\times3^2$$
$$\fallingdotseq 207.8[\text{kN}]$$

정답 | ①

27 빈출도 ★★

점성에 관한 설명으로 틀린 것은?

① 액체의 점성은 분자 간 결합력에 관계된다.
② 기체의 점성은 분자 간 운동량 교환에 관계된다.
③ 온도가 증가하면 기체의 점성은 감소된다.
④ 온도가 증가하면 액체의 점성은 감소된다.

해설

기체는 온도 상승에 따라 점도가 증가한다.

관련개념 **유체의 점성**

㉠ 액체는 온도 상승에 따라 점도가 감소한다.
㉡ 기체는 온도 상승에 따라 점도가 증가한다.
㉢ 점성계수(점도)는 외부의 힘(전단력)에 대한 저항인 전단응력과 속도기울기 사이의 비례계수이다.

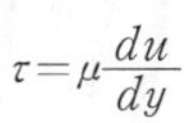

$$\tau = \mu \frac{du}{dy}$$

τ: 전단응력[Pa], μ: 점성계수(점도)[$N \cdot s/m^2$],
$\frac{du}{dy}$: 속도기울기[s^{-1}]

정답 | ③

28 빈출도 ★★

240[mmHg]의 절대압력은 계기압력으로 약 몇 [kPa]인가? (단, 대기압은 760[mmHg]이고, 수은의 비중은 13.6이다)

① -32.0 ② 32.0
③ -69.3 ④ 69.3

해설

진공을 기준으로 나타내는 압력을 절대압이라고 하며, 대기압을 기준으로 (−)압력을 진공압이라고 한다.
따라서 대기압에 계기압력(진공압)을 더해주면 진공으로부터의 절대압이 된다.

$760[mmHg] + x = 240[mmHg]$

$x = -520[mmHg]$

760[mmHg]는 101.325[kPa]와 같으므로

$$-520[mmHg] \times \frac{101.325[kPa]}{760[mmHg]} \fallingdotseq -69.33[kPa]$$

정답 | ③

29 빈출도 ★★

관의 길이가 l이고, 지름이 d, 관마찰계수가 f일 때, 총 손실수두 H[m]를 식으로 바르게 나타낸 것은? (단, 입구 손실계수가 0.5, 출구 손실계수가 1.0, 속도수두는 $\frac{V^2}{2g}$이다.)

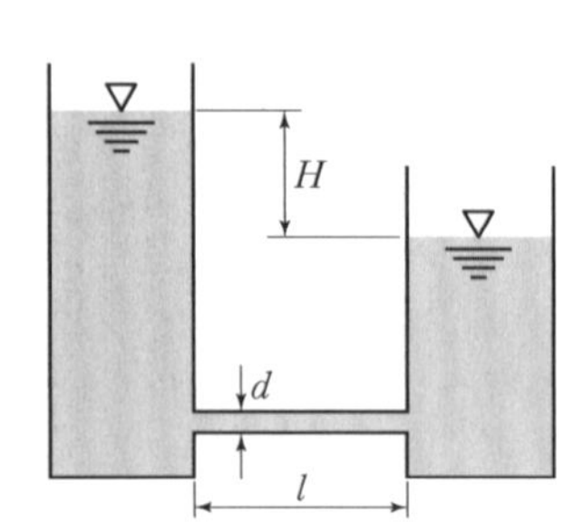

① $\left(1.5+f\frac{l}{d}\right)\frac{V^2}{2g}$

② $\left(f\frac{l}{d}+1\right)\frac{V^2}{2g}$

③ $\left(0.5+f\frac{l}{d}\right)\frac{V^2}{2g}$

④ $\left(f\frac{l}{d}\right)\frac{V^2}{2g}$

해설

총 손실수두 H는 배관으로 들어가는 축소관에서 부차적 손실 H_1, 배관을 통과하며 발생하는 마찰손실 H_2, 배관에서 나오는 확대관에서 부차적 손실 H_3의 합으로 구성된다.

$H=H_1+H_2+H_3$

축소관에서 부차적 손실 H_1는 다음과 같다.

$$H=\frac{(u_0-u_2)^2}{2g}=K\frac{u_2^2}{2g}$$

H: 마찰손실수두[m], u_0: 좁은 흐름의 유속[m/s], u_2: 좁은 배관의 유속[m/s], g: 중력가속도[m/s²], K: 부차적 손실계수

$H_1=0.5\times\frac{V^2}{2g}$

배관에서의 마찰손실수두 H_2는 다음과 같다.

$$H=\frac{\Delta P}{\gamma}=\frac{flu^2}{2gD}$$

H: 마찰손실수두[m], ΔP: 압력 차이[kPa], γ: 비중량[kN/m³], f: 마찰손실계수, l: 배관의 길이[m], u: 유속[m/s], g: 중력가속도[m/s²], D: 배관의 직경[m]

$H_2=f\frac{l}{d}\frac{V^2}{2g}$

확대관에서 부차적 손실 H_3는 다음과 같다.

$$H=\frac{(u_1-u_2)^2}{2g}=K\frac{u_1^2}{2g}$$

H: 마찰손실수두[m], u_1: 좁은 배관의 유속[m/s], u_2: 넓은 배관의 유속[m/s], g: 중력가속도[m/s²], K: 부차적 손실계수

$H_3=1\times\frac{V^2}{2g}$

따라서 총 손실수두 H는

$H=\left(1.5+f\frac{l}{d}\right)\frac{V^2}{2g}$

정답 | ①

30 빈출도 ★★

회전속도 N[rpm]일 때 송출량 Q[m³/min], 전양정 H[m]인 원심펌프를 상사한 조건에서 회전속도를 $1.4N$[rpm]으로 바꾸어 작동할 때 ㉠유량과 ㉡전양정은?

① ㉠ $1.4Q$ ㉡ $1.4H$

② ㉠ $1.4Q$ ㉡ $1.96H$

③ ㉠ $1.96Q$ ㉡ $1.4H$

④ ㉠ $1.96Q$ ㉡ $1.96H$

해설

펌프의 회전수를 변화시키면 동일한 펌프이므로 상사법칙에 따라 유량과 양정이 변화한다.

$$\frac{Q_2}{Q_1}=\left(\frac{N_2}{N_1}\right)\left(\frac{D_2}{D_1}\right)^3$$

Q: 유량, N: 펌프의 회전수, D: 직경

$$\frac{H_2}{H_1}=\left(\frac{N_2}{N_1}\right)^2\left(\frac{D_2}{D_1}\right)^2$$

H: 양정, N: 펌프의 회전수, D: 직경

동일한 펌프이므로 직경은 같고, 상태1의 회전수가 N, 상태2의 회전수가 $1.4N$이므로 유량 변화는 다음과 같다.

$Q_2=Q_1\left(\frac{N_2}{N_1}\right)=Q_1\left(\frac{1.4N}{N}\right)=1.4Q$

양정 변화는 다음과 같다.

$H_2=H_1\left(\frac{1.4N}{N}\right)^2=1.96H$

정답 | ②

31 빈출도 ★★★

그림과 같이 길이 5[m], 입구직경(D_1) 30[cm], 출구직경(D_2) 16[cm]인 직관을 수평면과 30° 기울어지게 설치하였다. 입구에서 0.3[m^3/s]로 유입되어 출구에서 대기 중으로 분출된다면 입구에서의 압력[kPa]은? (단, 대기는 표준대기압 상태이고 마찰손실은 없다)

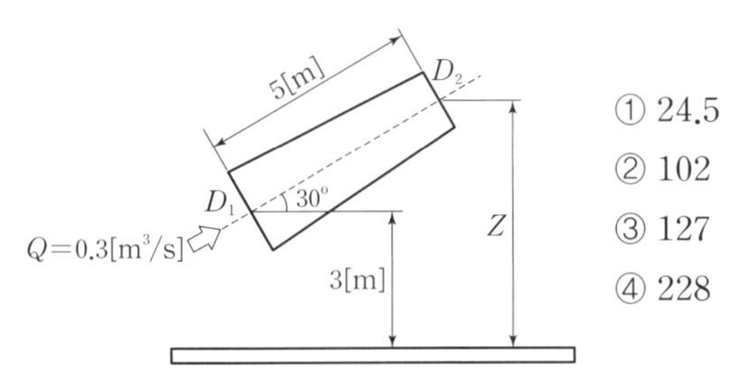

① 24.5
② 102
③ 127
④ 228

해설

직관을 통과하기 전후의 압력과 속도의 관계식은 베르누이 방정식을 통해 구할 수 있다.

$$\frac{P_1}{\gamma}+\frac{u_1^2}{2g}+Z_1=\frac{P_2}{\gamma}+\frac{u_2^2}{2g}+Z_2$$

P: 압력[kN/m^2], γ: 비중량[kN/m^3], u: 유속[m/s],
g: 중력가속도[m/s^2], Z: 높이[m]

직관을 통과한 후(2) 압력 P_2는 대기압이므로 101.325[kPa]이다.
유체는 물이므로 물의 비중량은 9.8[kN/m^3]이다.
부피유량 공식 $Q=Au$에 의해 유량과 배관의 직경 D를 알면 유속은 다음과 같이 구할 수 있다.

$$u=\frac{Q}{A}=\frac{Q}{\frac{\pi}{4}D^2}=\frac{4Q}{\pi D^2}$$

u: 유속[m/s], Q: 유량[m^3/s], A: 배관의 단면적[m^2],
D: 배관의 직경[m]

직관의 입구 측 유속 u_1은 다음과 같다.

$$u_1=\frac{4\times 0.3}{\pi\times 0.3^2}\fallingdotseq 4.24[m/s]$$

직관의 출구 측 유속 u_2은 다음과 같다.

$$u_2=\frac{4\times 0.3}{\pi\times 0.16^2}\fallingdotseq 14.92[m/s]$$

입구와 출구의 높이 차이 (Z_2-Z_1)는 $5\times\sin 30°=2.5$[m]이다.
따라서 주어진 조건을 공식에 대입하면 입구에서의 압력 P_1는

$$\frac{P_1-P_2}{\gamma}=\left(\frac{u_2^2-u_1^2}{2g}+(Z_2-Z_1)\right)$$

$$P_1=P_2+\gamma\left(\frac{u_2^2-u_1^2}{2g}+(Z_2-Z_1)\right)$$

$$=101.325+9.8\times\left(\frac{14.92^2-4.24^2}{2\times 9.8}+2.5\right)$$

$$\fallingdotseq 228[kPa]$$

정답 | ④

32 빈출도 ★

다음 중 배관의 유량을 측정하는 계측 장치가 아닌 것은?

① 로터미터(Rotameter)
② 유동노즐(Flow Nozzel)
③ 마노미터(Manometer)
④ 오리피스(Orifice)

해설

마노미터는 배관의 압력을 측정하는 장치이다.

정답 | ③

33 빈출도 ★★

지름 10[cm]의 호스에 출구 지름이 3[cm]인 노즐이 부착되어 있고, 1,500[L/min]의 물이 대기 중으로 뿜어져 나온다. 이때 4개의 플랜지 볼트를 사용하여 노즐을 호스에 부착하고 있다면 볼트 1개에 작용되는 힘의 크기[N]는? (단, 유동에서 마찰이 존재하지 않는다고 가정한다)

① 58.3　　② 899.4
③ 1,018.4　　④ 4,098.2

해설

플랜지 볼트에 작용하는 힘은 다음과 같다.

$$F=\frac{\gamma Q^2 A_1}{2g}\left(\frac{A_1-A_2}{A_1A_2}\right)^2$$

F: 플랜지 볼트에 작용하는 힘[N], γ: 비중량[N/m³], Q: 유량[m³/s], A_1: 배관의 단면적[m²], A_2: 노즐의 단면적[m²], g: 중력가속도[m/s²]

유체는 물이므로 물의 비중량은 9,800[N/m³]이다.

유량이 1,500[L/min]이므로 단위를 변환하면 $\frac{1.5}{60}$[m³/s]이다.

호스는 지름이 D인 원형이므로 호스의 단면적은 다음과 같다.

$$A=\frac{\pi}{4}D^2$$

$$A_1=\frac{\pi}{4}\times 0.1^2$$

$$A_2=\frac{\pi}{4}\times 0.03^2$$

따라서 주어진 조건을 공식에 대입하면 플랜지 볼트에 작용하는 힘 F는 다음과 같다.

$$F=\frac{9{,}800\times\left(\frac{1.5}{30}\right)^2\times\frac{\pi}{4}\times 0.1^2}{2\times 9.8}\left(\frac{\frac{\pi}{4}\times 0.1^2-\frac{\pi}{4}\times 0.03^2}{\frac{\pi}{4}\times 0.1^2\times\frac{\pi}{4}\times 0.03^2}\right)^2$$

$$\fallingdotseq 4{,}067.78[\text{N}]$$

플랜지 볼트는 4개 이므로 1개의 플랜지 볼트에 작용하는 힘 F는

$$F=\frac{4{,}067.78}{4}\fallingdotseq 1{,}017[\text{N}]$$

정답 | ③

34 빈출도 ★★

−10[℃], 6기압의 이산화탄소 10[kg]이 분사노즐에서 1기압까지 가역 단열팽창 하였다면 팽창 후의 온도는 몇 [℃]가 되겠는가? (단, 이산화탄소의 비열비는 1.289이다)

① −85　　② −97
③ −105　　④ −115

해설

단열변화에서 압력, 부피, 온도는 다음과 같은 관계를 가진다.

$$\left(\frac{P_2}{P_1}\right)=\left(\frac{V_1}{V_2}\right)^x=\left(\frac{T_2}{T_1}\right)^{\frac{x}{x-1}}$$

P: 압력, V: 부피, T: 절대온도, x: 비열비

이산화탄소의 압력 P_2가 초기 압력 P_1의 $\frac{1}{6}$이므로 압력변화는 다음과 같다.

$$P_2=\frac{1}{6}P_1$$

$$\frac{P_2}{P_1}=\frac{1}{6}$$

팽창 후의 온도 T_2에 관한 식으로 나타내면 다음과 같다.

$$\left(\frac{P_2}{P_1}\right)^{\frac{x}{x-1}}=\left(\frac{T_2}{T_1}\right)$$

$$T_2=T_1\times\left(\frac{P_2}{P_1}\right)^{\frac{x}{x-1}}$$

따라서 주어진 조건을 공식에 대입하면 팽창 후의 온도 T_2는

$$T_2=(273-10)\times\left(\frac{1}{6}\right)^{\frac{1.289-1}{1.289}}$$

$$\fallingdotseq 176[\text{K}]=-97[℃]$$

정답 | ②

35 빈출도 ★★

다음 그림에서 A, B점의 압력차[kPa]는? (단, A는 비중 1의 물, B는 비중 0.899의 벤젠이다)

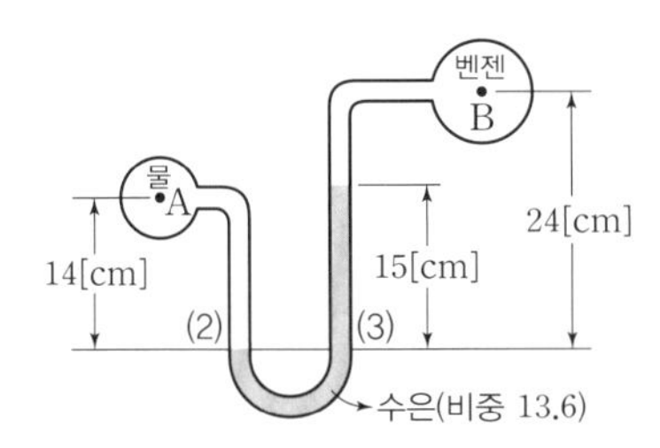

① 278.7 ② 191.4

③ 23.07 ④ 19.4

해설

$$P_x = \gamma h = s\gamma_w h$$

P_x: x에서의 압력[kPa], γ: 비중량[kN/m³], h: 높이[m], s: 비중, γ_w: 물의 비중량[kN/m³]

(2)면에 작용하는 압력은 A점에서의 압력과 물이 누르는 압력의 합과 같다.

$P_2 = P_A + s_1\gamma_w h_1$

(3)면에 작용하는 압력은 B점에서의 압력과 벤젠이 누르는 압력, 수은이 누르는 압력의 합과 같다.

$P_3 = P_B + s_3\gamma_w h_3 + s_2\gamma_w h_2$

유체 내부에서 같은 수평면(높이)에는 같은 압력이 작용하므로 (2)면과 (3)면의 압력은 같다.

$P_2 = P_3$

$P_A + s_1\gamma_w h_1 = P_B + s_3\gamma_w h_3 + s_2\gamma_w h_2$

따라서 A점과 B점의 압력 차이 $P_A - P_B$는

$$P_A - P_B = s_3\gamma_w h_3 + s_2\gamma_w h_2 - s_1\gamma_w h_1$$
$$= 0.899 \times 9.8 \times (0.24 - 0.15) + 13.6 \times 9.8 \times 0.15 - 1 \times 9.8 \times 0.14$$
$$\fallingdotseq 19.41[\text{kPa}]$$

정답 | ④

36 빈출도 ★★★

펌프의 일과 손실을 고려할 때 베르누이 수정 방정식을 바르게 나타낸 것은? (단, H_P와 H_L은 펌프의 수두와 손실수두를 나타내며, 하첨자 1, 2는 각각 펌프의 전후 위치를 나타낸다)

① $\frac{v_1^2}{2g} + \frac{P_1}{\gamma} + z_1 = \frac{v_2^2}{2g} + \frac{P_2}{\gamma} + H_L$

② $\frac{v_1^2}{2g} + \frac{P_1}{\gamma} + z_1 + H_P = \frac{v_2^2}{2g} + \frac{P_2}{\gamma} + H_L$

③ $\frac{v_1^2}{2g} + \frac{P_1}{\gamma} + H_P = \frac{v_2^2}{2g} + \frac{P_2}{\gamma} + z_2 + H_L$

④ $\frac{v_1^2}{2g} + \frac{P_1}{\gamma} + z_1 + H_P = \frac{v_2^2}{2g} + \frac{P_2}{\gamma} + z_2 + H_L$

해설

배관 속을 흐르며 발생한 마찰손실은 배관 통과 후 상태에 반영할 수 있다.

펌프로부터 받은 에너지는 펌프 통과 전 상태에 반영할 수 있다.

정답 | ④

37 빈출도 ★★

그림과 같이 단면 A에서 정압이 500[kPa]이고 10[m/s]로 난류의 물이 흐르고 있을 때 단면 B에서의 유속[m/s]은?

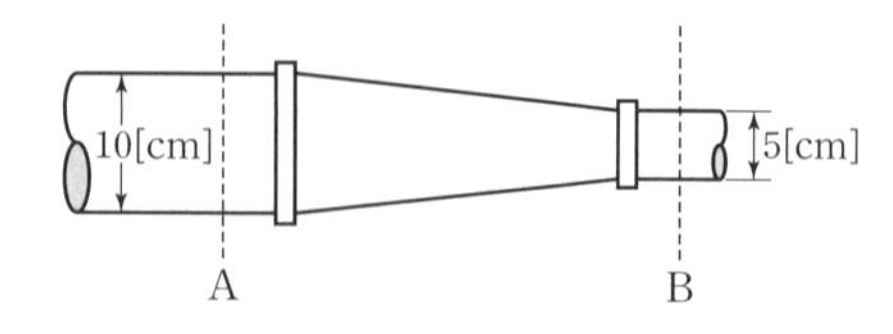

① 20 ② 40
③ 60 ④ 80

해설

$$Q=Au$$

Q: 부피유량[m^3/s], A: 유체의 단면적[m^2], u: 유속[m/s]

배관은 지름이 D인 원형이므로 배관의 단면적은 다음과 같다.

$$A=\frac{\pi}{4}D^2$$

$A_1=\frac{\pi}{4}\times 0.1^2$

$A_2=\frac{\pi}{4}\times 0.05^2$

두 단면의 부피유량은 일정하고, 단면 A의 유속 u_1가 10[m/s]이므로 단면 B의 유속 u_2는

$Q=\frac{\pi}{4}\times 0.1^2\times 10=\frac{\pi}{4}\times 0.05^2\times u_2$

$u_2=40$[m/s]

정답 | ②

38 빈출도 ★★

압력이 100[kPa]이고 온도가 20[℃]인 이산화탄소를 완전기체라고 가정할 때 밀도[kg/m^3]는? (단, 이산화탄소의 기체상수는 188.95[J/kg·K]이다)

① 1.1 ② 1.8
③ 2.56 ④ 3.8

해설

밀도는 질량을 부피로 나눈 값이므로 $\rho=\frac{m}{V}$이다. 질량과 특정기체상수로 이루어진 이상기체의 상태방정식은 다음과 같다.

$$PV=m\bar{R}T$$

P: 압력[Pa], V: 부피[m^3], m: 질량[kg],
$\bar{R}$: 특정기체상수[J/kg·K], T: 절대온도[K]

기체상수의 단위가 [J/kg·K]이므로 압력과 부피의 단위를 [Pa]과 [m^3]로 변환하여야 한다.
따라서 주어진 조건을 공식에 대입하면 밀도 ρ는

$\rho=\frac{m}{V}=\frac{P}{\bar{R}T}=\frac{100{,}000}{188.95\times(273+20)}$

$\fallingdotseq 1.8$[kg/m^3]

정답 | ②

39 빈출도 ★★★

온도차이가 ΔT, 열전도율이 k_1, 두께 x인 벽을 통한 열유속(Heat Flux)과 온도차이가 $2\Delta T$, 열전도율이 k_2, 두께 $0.5x$인 벽을 통한 열유속이 서로 같다면 두 재질의 열전도율비 $\frac{k_1}{k_2}$의 값은?

① 1　　② 2
③ 4　　④ 8

해설

열유속은 단위면적 당 열전달량을 의미한다.

$$Q = kA\frac{(T_2 - T_1)}{l}$$

Q: 열전달량[W], k: 열전도율[W/m·℃],
A: 열전달 면적[m²], $(T_2 - T_1)$: 온도 차이[℃],
l: 벽의 두께[m]

두 열유속이 서로 같으므로 관계식은 다음과 같다.

$$\frac{Q}{A} = k_1\frac{\Delta T}{x} = \frac{Q_2}{A} = k_2\frac{2\Delta T}{0.5x}$$

따라서 두 재질의 열전도율의 비율은

$$\frac{k_1}{k_2} = \frac{x}{\Delta T} \times \frac{2\Delta T}{0.5x} = 4$$

정답 | ③

40 빈출도 ★

표준대기압 상태인 어떤 지방의 호수 밑 72.4[m]에 있던 공기의 기포가 수면으로 올라오면 기포의 부피는 최초 부피의 몇 배가 되는가? (단, 기포 내의 공기는 보일의 법칙을 따른다)

① 2　　② 4
③ 7　　④ 8

해설

보일의 법칙을 적용하므로 온도와 기체의 양이 일정한 경우이다.

$$P_1V_1 = C = P_2V_2$$

상태1의 압력은 대기압과 기포를 누르고 있는 물의 압력으로 구할 수 있다.

1[atm]=10.332[mH_2O]이므로 상태1의 압력은

$$1[\text{atm}] + 72.4[\text{mH}_2\text{O}] \times \frac{1[\text{atm}]}{10.332[\text{mH}_2\text{O}]} \fallingdotseq 8.01[\text{atm}]$$

상태2의 압력은 수면의 기압이므로 대기압인 1[atm]이므로 상태1과 상태2의 부피비는

$$\frac{V_2}{V_1} = \frac{P_1}{P_2} = \frac{8.01[\text{atm}]}{1[\text{atm}]} \fallingdotseq 8$$

관련개념 보일의 법칙

온도와 기체의 양이 일정할 때 부피와 압력은 반비례 관계에 있다.

$$PV = C$$

P: 압력, V: 부피, C: 상수

정답 | ④

41 빈출도 ★

소방시설공사업법령에 따른 소방시설업 등록이 가능한 사람은?

① 피성년후견인
② 소방관계법규에 따른 금고 이상의 형의 집행유예를 선고받고 그 유예기간 중에 있는 사람
③ 등록하려는 소방시설업 등록이 취소된 날부터 3년이 지난 사람
④ 소방기본법에 따른 금고 이상의 실형을 선고받고 그 집행이 면제된 날부터 1년이 지난 사람

해설

등록하려는 소방시설업 등록이 취소된 날부터 2년이 지났으므로 소방시설업 등록이 가능하다.

관련개념 **소방시설업 등록의 결격사유**

㉠ 피성년후견인
㉡ 소방관계법규 또는 위험물안전관리법에 따른 금고 이상의 실형을 선고받고 그 집행이 끝나거나(집행이 끝난 것으로 보는 경우 포함) 면제된 날부터 2년이 지나지 아니한 사람
㉢ 소방관계법규 또는 위험물안전관리법에 따른 금고 이상의 형의 집행유예를 선고받고 그 유예기간 중에 있는 사람
㉣ 등록하려는 소방시설업 등록이 취소된 날부터 2년이 지나지 아니한 자(피성년후견인에 해당하여 취소된 경우 제외)
㉤ 법인의 대표자가 ㉠~㉣에 해당하는 경우 그 법인
㉥ 법인의 임원이 ㉡~㉣에 해당하는 경우 그 법인

정답 | ③

42 빈출도 ★★

소방시설 설치 및 관리에 관한 법률상 방염성능기준 이상의 실내장식물 등을 설치해야 하는 특정소방대상물이 아닌 것은?

① 숙박이 가능한 수련시설
② 층수가 11층 이상인 아파트
③ 건축물 옥내에 있는 종교시설
④ 방송통신시설 중 방송국 및 촬영소

해설

11층 이상인 아파트는 방염성능기준 이상의 실내장식물 등을 설치하여야 하는 특정소방대상물이 아니다.

관련개념 **방염성능기준 이상의 실내장식물 등을 설치하여야 하는 특정소방대상물**

㉠ 근린생활시설
- 의원, 치과의원, 한의원, 조산원, 산후조리원
- 체력단련장
- 공연장 및 종교집회장

㉡ 옥내에 있는 시설
- 문화 및 집회시설
- 종교시설
- 운동시설(수영장 제외)

㉢ 의료시설
㉣ 교육연구시설 중 합숙소
㉤ 숙박이 가능한 수련시설
㉥ 숙박시설
㉦ 방송통신시설 중 방송국 및 촬영소
㉧ 다중이용업소
㉨ 층수가 11층 이상인 것(아파트등 제외)

정답 | ②

43 빈출도 ★★★

소방시설 설치 및 관리에 관한 법률상 건축허가 등의 동의대상물이 아닌 것은?

① 항공기격납고
② 연면적이 50[m^2]인 공연장
③ 바닥면적이 300[m^2]인 차고
④ 연면적이 300[m^2]인 노유자시설

해설

바닥면적 100[m^2] 이상인 공연장이 건축허가 등의 동의대상물이다.

관련개념 동의대상물의 범위

㉠ 연면적 400[m^2] 이상 건축물이나 시설
㉡ 다음 표에서 제시된 기준 연면적 이상의 건축물이나 시설

구분	기준
학교시설	100[m^2] 이상
– 노유자시설 – 수련시설	200[m^2] 이상
– 정신의료기관 – 장애인 의료재활시설	300[m^2] 이상

㉢ 지하층, 무창층이 있는 건축물로서 바닥면적이 150[m^2](공연장 100[m^2]) 이상인 층이 있는 것
㉣ 차고, 주차장 또는 주차용도로 사용되는 시설
 – 차고 · 주차장으로 사용되는 바닥면적이 200[m^2] 이상인 층이 있는 건축물이나 주차시설
 – 승강기 등 기계장치에 의한 주차시설로서 자동차 20대 이상을 주차할 수 있는 시설
㉤ 층수가 6층 이상인 건축물
㉥ 항공기격납고, 관망탑, 항공관제탑, 방송용 송수신탑
㉦ 특정소방대상물 중 위험물 저장 및 처리시설, 지하구

정답 | ②

44 빈출도 ★★

위험물안전관리법령에 따라 위험물안전관리자를 해임하거나 퇴직한 때에는 해임하거나 퇴직한 날부터 며칠 이내에 다시 안전관리자를 선임하여야 하는가?

① 30일 ② 35일
③ 40일 ④ 55일

해설

위험물안전관리자를 해임하거나 퇴직한 때에는 해임하거나 퇴직한 날부터 30일 이내에 다시 안전관리자를 선임해야 한다.

정답 | ①

45 빈출도 ★★

소방시설공사업법령상 소방공사감리를 실시함에 있어 용도와 구조에서 특별히 안전성과 보안성이 요구되는 소방대상물로서 소방시설물에 대한 감리를 감리업자가 아닌 자가 감리할 수 있는 장소는?

① 정보기관의 청사
② 교도소 등 교정관련시설
③ 국방 관계시설 설치장소
④ 원자력안전법상 관계시설이 설치되는 장소

해설

감리업자가 아닌 자가 감리할 수 있는 보안성 등이 요구되는 소방대상물의 시공 장소는 원자력안전법상 관계시설이 설치되는 장소이다.

정답 | ④

46 빈출도 ★

위험물안전관리법령상 다음의 규정을 위반하여 위험물의 운송에 관한 기준을 따르지 아니한 자에 대한 과태료 기준은?

> 위험물운송자는 이동탱크저장소에 의하여 위험물을 운송하는 때에는 행정안전부령으로 정하는 기준을 준수하는 등 당해 위험물의 안전확보를 위하여 세심한 주의를 기울여야 한다.

① 50만 원 이하　　② 100만 원 이하
③ 200만 원 이하　　④ 500만 원 이하

해설

위험물운송자는 이동탱크저장소에 의하여 위험물을 운송하는 때에는 행정안전부령으로 정하는 기준을 준수하는 등 당해 위험물의 안전확보를 위하여 세심한 주의를 기울여야 한다. 이를 위반한 경우 500만 원 이하의 과태료를 부과한다.

정답 | ④

47 빈출도 ★

위험물안전관리법령상 정기검사를 받아야 하는 특정·준특정옥외탱크저장소의 관계인은 특정·준특정옥외탱크저장소의 설치허가에 따른 완공검사합격확인증을 발급받은 날부터 몇 년 이내에 정밀정기검사를 받아야 하는가?

① 9　　② 10
③ 11　　④ 12

해설

특정·준특정옥외탱크저장소의 설치허가에 따른 완공검사합격확인증을 발급받은 날부터 12년 이내에 정밀정기검사를 받아야 한다.

관련개념 특정·준특정옥외탱크저장소의 정기점검 기한

구분	내용	기한
정밀정기검사	특정·준특정옥외탱크저장소의 설치허가에 따른 완공검사합격확인증을 발급받은 날부터	12년
	최근의 정밀정기검사를 받은 날부터	11년
중간정기검사	특정·준특정옥외탱크저장소의 설치허가에 따른 완공검사합격확인증을 발급받은 날부터	4년
	최근의 정밀정기검사 또는 중간정기검사를 받은 날부터	4년

정답 | ④

48 빈출도 ★★

다음 소방시설 중 경보설비가 아닌 것은?

① 통합감시시설　　② 가스누설경보기
③ 비상콘센트설비　　④ 자동화재속보설비

해설

비상콘센트설비는 소화활동설비에 해당한다.

관련개념 소방시설의 종류

구분	종류	
소화설비	• 소화기구 • 자동소화장치 • 옥내소화전설비	• 스프링클러설비등 • 물분무등소화설비 • 옥외소화전설비
경보설비	• 단독경보형 감지기 • 비상경보설비 • 자동화재탐지설비 • 시각경보기 • 화재알림설비	• 비상방송설비 • 자동화재속보설비 • 통합감시시설 • 누전경보기 • 가스누설경보기
피난구조설비	• 피난기구 • 인명구조기구 • 유도등	• 비상조명등 • 휴대용비상조명등
소화용수설비	• 상수도소화용수설비 • 소화수조·저수조	• 그 밖의 소화용수설비
소화활동설비	• 제연설비 • 연결송수관설비 • 연결살수설비	• 비상콘센트설비 • 무선통신보조설비 • 연소방지설비

정답 | ③

49 빈출도 ★

다음 중 화재안전조사의 실시권자가 아닌 것은?

① 소방청장
② 소방대장
③ 소방본부장
④ 소방서장

해설

소방청장, 소방본부장 또는 소방서장은 화재안전조사를 할 수 있다.

정답 | ②

※ 법령 개정으로 인해 수정된 문항입니다.

50 빈출도 ★★★

소방기본법령에 따라 주거지역 · 상업지역 및 공업지역에 소방용수시설을 설치하는 경우 소방대상물과의 수평거리를 몇 [m] 이하가 되도록 해야 하는가?

① 50 ② 100

③ 150 ④ 200

해설

소방용수시설을 주거지역, 상업지역, 공업지역에 설치하는 경우 소방대상물과의 수평거리는 100[m] 이하가 되도록 해야 한다.

관련개념 소방용수시설을 설치하는 경우 소방대상물과의 수평거리

구분	수평거리
• 주거지역 • 상업지역 • 공업지역	100[m] 이하
그 외 지역	140[m] 이하

정답 | ②

51 빈출도 ★★

화재의 예방 및 안전관리에 관한 법률상 정당한 사유 없이 화재의 예방조치에 관한 명령에 따르지 아니한 경우에 대한 벌칙은?

① 100만 원 이하의 벌금

② 200만 원 이하의 벌금

③ 300만 원 이하의 벌금

④ 500만 원 이하의 벌금

해설

화재의 예방조치에 관한 명령을 정당한 사유 없이 따르지 아니한 경우 300만 원 이하의 벌금에 처한다.

정답 | ③

52 빈출도 ★★★

화재의 예방 및 안전관리에 관한 법률상 불꽃을 사용하는 용접 · 용단 기구의 용접 또는 용단 작업장에서 지켜야 하는 사항 중 다음 (　　) 안에 알맞은 것은?

> – 용접 또는 용단 작업장 주변 반경 (㉠)[m] 이내에 소화기를 갖추어 둘 것
> – 용접 또는 용단 작업장 주변 반경 (㉡)[m] 이내에는 가연물을 쌓아두거나 놓아두지 말 것. 다만, 가연물의 제거가 곤란하여 방화포 등으로 방호조치를 한 경우는 제외한다.

① ㉠: 3, ㉡: 5 ② ㉠: 5, ㉡: 3

③ ㉠: 5, ㉡: 10 ④ ㉠: 10, ㉡: 5

해설

㉠ 용접 또는 용단 작업장 주변 반경 5[m] 이내에 소화기를 갖추어 두어야 한다.

㉡ 용접 또는 용단 작업장 주변 반경 10[m] 이내에는 가연물을 쌓아두거나 놓아두지 말아야 한다(가연물의 제거가 곤란하여 방화포 등으로 방호조치를 한 경우 제외).

정답 | ③

53 빈출도 ★★

소방기본법령상 소방업무 상호응원협정 체결 시 포함되어야 하는 사항이 아닌 것은?

① 응원출동의 요청방법
② 응원출동훈련 및 평가
③ 응원출동대상지역 및 규모
④ 응원출동 시 현장지휘에 관한 사항

해설

응원출동 시 현장지휘에 관한 사항은 상호응원협정사항이 아니다.

관련개념 **소방업무의 상호응원협정사항**

㉠ 소방활동에 관한 사항
- 화재의 경계 · 진압 활동
- 구조 · 구급업무의 지원
- 화재조사활동

㉡ 응원출동대상지역 및 규모
㉢ 소요경비의 부담에 관한 사항
- 출동대원 수당 · 식사 및 피복의 수선
- 소방장비 및 기구의 정비와 연료의 보급

㉣ 응원출동의 요청방법
㉤ 응원출동훈련 및 평가

정답 | ④

54 빈출도 ★★★

소방시설 설치 및 관리에 관한 법률상 소방용품의 형식승인을 받지 아니하고 소방용품을 제조하거나 수입한 자에 대한 벌칙 기준은?

① 100만 원 이하의 벌금
② 300만 원 이하의 벌금
③ 1년 이하의 징역 또는 1,000만 원 이하의 벌금
④ 3년 이하의 징역 또는 3,000만 원 이하의 벌금

해설

소방용품의 형식승인을 받지 아니하고 소방용품을 제조하거나 수입한 경우 3년 이하의 징역 또는 3,000만 원 이하의 벌금에 처한다.

정답 | ④

55 빈출도 ★★

위험물안전관리법령상 제조소등의 경보설비 설치기준에 대한 설명으로 틀린 것은?

① 제조소 및 일반취급소의 연면적이 500[m^2] 이상인 것에는 자동화재탐지설비를 설치한다.
② 자동신호장치를 갖춘 스프링클러설비 또는 물분무등소화설비를 설치한 제조소등에 있어서는 자동화재탐지설비를 설치한 것으로 본다.
③ 경보설비는 자동화재탐지설비 · 자동화재속보설비 · 비상경보설비(비상벨장치 또는 경종 포함) · 확성장치(휴대용확성기 포함) 및 비상방송설비로 구분한다.
④ 지정수량의 10배 이상의 위험물을 저장 또는 취급하는 제조소등(이동탱크저장소 포함)에는 화재발생시 이를 알릴 수 있는 경보설비를 설치하여야 한다.

해설

지정수량의 10배 이상의 위험물을 저장 또는 취급하는 제조소등(이동탱크저장소 제외)에는 화재발생시 이를 알릴 수 있는 경보설비를 설치하여야 한다.

정답 | ④

56 빈출도 ★★★

소방시설 설치 및 관리에 관한 법률상 소방시설 등에 대한 자체점검 중 종합점검 대상인 것은?

① 제연설비가 설치되지 않은 터널
② 스프링클러설비가 설치된 연면적이 5,000[m^2]이고, 12층인 아파트
③ 물분무등소화설비가 설치된 연면적이 5,000[m^2]인 위험물제조소
④ 호스릴방식의 물분무등소화설비만을 설치한 연면적 3,000[m^2]인 특정소방대상물

해설

스프링클러설비가 설치된 특정소방대상물은 면적과 층수와 무관하게 종합점검 대상이다.

선지분석

① 제연설비가 설치된 터널
③ 물분무등소화설비가 설치된 연면적 5,000[m^2] 이상인 특정소방대상물(위험물제조소등 제외)
④ 호스릴방식의 물분무등소화설비만을 설치한 경우 제외

관련개념 종합점검 대상

㉠ 스프링클러설비가 설치된 특정소방대상물
㉡ 물분무등소화설비(호스릴방식의 물분무등소화설비만을 설치한 경우 제외)가 설치된 연면적 5,000[m^2] 이상인 특정소방대상물(위험물제조소등 제외)
㉢ 다중이용업의 영업장이 설치된 특정소방대상물로서 연면적이 2,000[m^2] 이상인 것
㉣ 제연설비가 설치된 터널
㉤ 공공기관 중 연면적이 1,000[m^2] 이상인 것으로서 옥내소화전설비 또는 자동화재탐지설비가 설치된 것(소방대가 근무하는 공공기관 제외)

정답 | ②

57 빈출도 ★

소방시설공사업법령에 따른 소방시설업의 등록권자는?

① 국무총리
② 소방서장
③ 시 · 도지사
④ 한국소방안전협회장

해설

특정소방대상물의 소방시설공사등을 하려는 자는 시 · 도지사에게 소방시설업을 등록하여야 한다.

정답 | ③

58 빈출도 ★★★

소방기본법령에 따른 소방용수시설 급수탑 개폐밸브의 설치기준으로 맞는 것은?

① 지상에서 1.0[m] 이상 1.5[m] 이하
② 지상에서 1.2[m] 이상 1.8[m] 이하
③ 지상에서 1.5[m] 이상 1.7[m] 이하
④ 지상에서 1.5[m] 이상 2.0[m] 이하

해설

급수탑의 개폐밸브는 지상에서 1.5[m] 이상 1.7[m] 이하의 위치에 설치해야 한다.

관련개념 급수탑의 설치기준

급수배관 구경	100[mm] 이상
개폐밸브 설치 높이	지상에서 1.5[m] 이상 1.7[m] 이하

정답 | ③

59 빈출도 ★★

화재의 예방 및 안전관리에 관한 법률상 소방안전관리대상물의 소방안전관리자의 업무가 아닌 것은?

① 소방시설 공사
② 소방훈련 및 교육
③ 소방계획서의 작성 및 시행
④ 자위소방대의 구성 · 운영 · 교육

해설

소방시설 공사는 소방안전관리대상물 소방안전관리자의 업무가 아니다.

관련개념 **소방안전관리대상물 소방안전관리자의 업무**

㉠ 피난계획과 관한 사항과 소방계획서의 작성 및 시행
㉡ 자위소방대 및 초기대응체계의 구성, 운영 및 교육
㉢ 피난시설, 방화구획 및 방화시설의 관리
㉣ 소방시설이나 그 밖의 소방 관련 시설의 관리
㉤ 소방훈련 및 교육
㉥ 화기 취급의 감독
㉦ 소방안전관리에 관한 업무수행에 관한 기록 · 유지
㉧ 화재발생 시 초기대응
㉨ 그 밖에 소방안전관리에 필요한 업무

정답 | ①

60 빈출도 ★

소방기본법에 따라 화재 등 그 밖의 위급한 상황이 발생한 현장에서 소방활동을 위하여 필요한 때에는 그 관할 구역에 사는 사람 또는 그 현장에 있는 사람으로 하여금 사람을 구출하는 일 또는 불을 끄는 등의 일을 하도록 명령할 수 있는 권한이 없는 사람은?

① 소방서장 ② 소방대장
③ 시 · 도지사 ④ 소방본부장

해설

소방활동 종사명령은 소방본부장, 소방서장 또는 소방대장의 권한이다.

관련개념 **소방본부장, 소방서장, 소방대장의 권한**

구분	소방본부장	소방서장	소방대장
소방활동	○	○	×
소방업무 응원요청	○	○	×
소방활동 구역설정	×	×	○
소방활동 종사명령	○	○	○
강제처분 (토지, 차량 등)	○	○	○

정답 | ③

61 빈출도 ★★

분말 소화설비의 화재안전기술기준(NFTC 108)상 차고 또는 주차장에 설치하는 분말 소화설비의 소화약제는?

① 인산염을 주성분으로 한 분말
② 탄산수소칼륨을 주성분으로 한 분말
③ 탄산수소칼륨과 요소가 화합된 분말
④ 탄산수소나트륨을 주성분으로 한 분말

해설

차고 또는 주차장에는 제3종 분말소화약제(인산염(PO_4^{3-})을 주성분으로 한 분말소화약제)로 설치해야 한다.

정답 | ①

62 빈출도 ★★

할론 소화설비의 화재안전성능기준(NFPC 107) 상 축압식 할론 소화약제 저장용기에 사용되는 축압용가스로서 적합한 것은?

① 질소 ② 산소
③ 이산화탄소 ④ 불활성가스

해설

축압식 저장용기의 축압용 가스는 질소가스로 한다.

관련개념 **저장용기의 설치기준**

㉠ 축압식 저장용기의 압력은 온도 20[°C]에서 할론 1211을 저장하는 것은 1.1[MPa] 또는 2.5[MPa], 할론 1301을 저장하는 것은 2.5[MPa] 또는 4.2[MPa]이 되도록 질소가스로 축압한다.
㉡ 저장용기의 충전비는 다음의 표에 따른 기준으로 한다.

소화약제의 종류		충전비
할론 1301		0.9 이상 1.6 이하
할론 1211		0.7 이상 1.4 이하
할론 2402	가압식	0.51 이상 0.67 미만
	축압식	0.67 이상 2.75 이하

㉢ 동일 집합관에 접속되는 저장용기의 소화약제 충전량은 동일 충전비로 한다.
㉣ 가압용 가스용기는 질소가스가 충전된 것으로 하고, 그 압력은 21[°C]에서 2.5[MPa] 또는 4.2[MPa]이 되도록 한다.
㉤ 저장용기의 개방밸브는 전기식·가스압력식 또는 기계식에 따라 자동으로 개방되고 수동으로도 개방되는 것으로서 안전장치가 부착된 것으로 한다.
㉥ 가압식 저장용기에는 2.0[MPa] 이하의 압력으로 조정할 수 있는 압력조정장치를 설치한다.
㉦ 하나의 방호구역을 담당하는 소화약제 저장용기의 소화약제량의 체적합계보다 그 소화약제 방출 시 방출경로가 되는 배관(집합관 포함)의 내용적의 비율이 1.5배 이상일 경우에는 해당 방호구역에 대한 설비는 별도 독립방식으로 한다.

정답 | ①

63 빈출도 ★★★

물분무 소화설비의 화재안전성능기준(NFPC 104)에 따른 물분무 소화설비의 설치장소 별 1[m²]당 수원의 최소 저수량으로 맞는 것은?

① 차고: 30[L/min]×20분×바닥면적
② 케이블트레이: 12[L/min]×20분×투영된 바닥면적
③ 컨베이어 벨트: 37[L/min]×20분×벨트부분의 바닥면적
④ 특수가연물을 취급하는 특정소방대상물: 20[L/min]×20분×바닥면적

해설

케이블트레이는 투영된 바닥면적 1[m²]에 대하여 12[L/min]로 20분 간 방수할 수 있는 양 이상으로 한다.

관련개념 저수량의 산정기준

㉠ 특수가연물을 저장 또는 취급하는 특정소방대상물 또는 그 부분에 있어서 그 바닥면적(최소 50[m²]) 1[m²]에 대하여 10[L/min]로 20분 간 방수할 수 있는 양 이상으로 한다.
㉡ 차고 또는 주차장은 그 바닥면적(최소 50[m²]) 1[m²]에 대하여 20[L/min]로 20분 간 방수할 수 있는 양 이상으로 한다.
㉢ 절연유 봉입 변압기는 바닥 부분을 제외한 표면적을 합한 면적 1[m²]에 대하여 10[L/min]로 20분 간 방수할 수 있는 양 이상으로 한다.
㉣ 케이블트레이, 케이블덕트 등은 투영된 바닥면적 1[m²]에 대하여 12[L/min]로 20분 간 방수할 수 있는 양 이상으로 한다.
㉤ 콘베이어 벨트 등은 벨트 부분의 바닥면적 1[m²]에 대하여 10[L/min]로 20분 간 방수할 수 있는 양 이상으로 한다.

정답 | ②

64 빈출도 ★★★

소화기구 및 자동소화장치의 화재안전성능기준(NFPC 101) 상 자동소화장치를 모두 고른 것은?

㉠ 분말 자동소화장치
㉡ 액체 자동소화장치
㉢ 고체에어로졸 자동소화장치
㉣ 공업용 주방자동소화장치
㉤ 캐비닛형 자동소화장치

① ㉠, ㉡
② ㉡, ㉢, ㉣
③ ㉠, ㉢ ,㉤
④ ㉠, ㉡, ㉢, ㉣, ㉤

해설

분말 자동소화장치, 고체에어로졸 자동소화장치, 캐비닛형 자동소화장치는 소화기구 및 자동소화장치의 화재안전성능기준(NFPC 101)에서 정의하고 있다.

관련개념 자동소화장치

구분	내용
주거용 주방자동소화장치	주거용 주방에 설치된 열발생 조리기구의 사용으로 인한 화재 발생 시 열원(전기 또는 가스)을 자동으로 차단하며 소화약제를 방출하는 소화장치
상업용 주방자동소화장치	상업용 주방에 설치된 열발생 조리기구의 사용으로 인한 화재 발생 시 열원(전기 또는 가스)을 자동으로 차단하며 소화약제를 방출하는 소화장치
캐비닛형 자동소화장치	열, 연기 또는 불꽃 등을 감지하여 소화약제를 방사하여 소화하는 캐비닛형태의 소화장치
가스 자동소화장치	열, 연기 또는 불꽃 등을 감지하여 가스계 소화약제를 방사하여 소화하는 소화장치
분말 자동소화장치	열, 연기 또는 불꽃 등을 감지하여 분말의 소화약제를 방사하여 소화하는 소화장치
고체에어로졸 자동소화장치	열, 연기 또는 불꽃 등을 감지하여 에어로졸의 소화약제를 방사하여 소화하는 소화장치

정답 | ③

65 빈출도 ★

피난기구를 설치하여야 할 소방대상물 중 피난기구의 2분의 1을 감소할 수 있는 조건이 아닌 것은?

① 주요구조부가 내화구조로 되어 있다.
② 특별피난계단이 2 이상 설치되어 있다.
③ 소방구조용(비상용) 엘리베이터가 설치되어 있다.
④ 직통계단인 피난계단이 2 이상 설치되어 있다.

해설

소방구조용 엘리베이터의 유무는 피난기구의 수를 감소할 수 있는 기준과 관련이 없다.

관련개념 **피난기구의 $\frac{1}{2}$을 감소할 수 있는 기준**

㉠ 주요구조부가 내화구조로 되어 있어야 한다.
㉡ 직통계단인 피난계단 또는 특별피난계단이 2 이상 설치되어 있어야 한다.

정답 | ③

66 빈출도 ★★★

소화수조 및 저수조의 화재안전성능기준(NFPC 402)에 따라 소화용수설비에 설치하는 채수구의 수는 소요수량이 40[m³] 이상 100[m³] 미만인 경우 몇 개를 설치해야 하는가?

① 1 ② 2
③ 3 ④ 4

해설

소요수량이 40[m³] 이상 100[m³] 미만인 경우 채수구의 수는 2개를 설치해야 한다.

관련개념 **채수구의 설치개수**

채수구는 다음의 표에 따른 소요수량에 따라 설치한다.

소요수량[m³]	채수구의 수(개)
20 이상 40 미만	1
40 이상 100 미만	2
100 이상	3

정답 | ②

67 빈출도 ★

포 소화설비의 화재안전기술기준(NFTC 105)에 따라 바닥면적이 180[m²]인 건축물 내부에 호스릴방식의 포소화설비를 설치할 경우 가능한 포 소화약제의 최소 필요량은 몇 [L]인가? (단, 호스 접결구: 2개, 약제 농도: 3[%])

① 180 ② 270
③ 650 ④ 720

해설

호스릴방식의 저장량 산출기준에 따라 계산하면

$Q=N\times S\times 6,000[L]=2\times 0.03\times 6,000[L]=360[L]$

바닥면적이 200[m²] 미만이므로 산출량의 75[%]으로 한다.

$360[L]\times 0.75=270[L]$

관련개념

옥내 포 소화전방식 또는 호스릴방식은 다음의 식에 따라 산출한 양 이상으로 한다.

$$Q=N\times S\times 6,000[L]$$

Q: 포 소화약제의 양[L], N: 호스 접결구 개수(최대 5개), S: 포 소화약제의 사용농도[%]

바닥면적이 200[m²] 미만인 건축물은 산출한 양의 75[%]로 할 수 있다.

정답 | ②

68 빈출도 ★★★

소화수조 및 저수조의 화재안전기술기준(NFTC 402)에 따라 소화용수 설비를 설치하여야 할 특정소방대상물에 있어서 유수의 양이 최소 몇 [m³/min] 이상인 유수를 사용할 수 있는 경우에 소화수조를 설치하지 아니할 수 있는가?

① 0.8 ② 1
③ 1.5 ④ 2

해설

소화용수설비를 설치해야 할 특정소방물에서 유수의 양이 0.8[m³/min] 이상인 유수를 사용할 수 있는 경우에는 소화수조를 설치하지 않을 수 있다.

정답 | ①

69 빈출도 ★★

스프링클러설비의 화재안전성능기준(NFPC 103)에 따라 개방형 스프링클러설비에서 하나의 방수구역을 담당하는 헤드 개수는 최대 몇 개 이하로 설치하여야 하는가?

① 30　　② 40
③ 50　　④ 60

해설

하나의 방수구역을 담당하는 헤드의 개수는 50개 이하로 한다.

관련개념 **개방형 스프링클러설비의 방수구역 및 일제개방밸브**

㉠ 하나의 방수구역은 2개 층에 미치지 않도록 한다.
㉡ 방수구역마다 일제개방밸브를 설치한다.
㉢ 하나의 방수구역을 담당하는 헤드의 개수는 50개 이하로 한다.
㉣ 하나의 방수구역을 2개 이상의 방수구역으로 나누는 경우 하나의 방수구역을 담당하는 헤드의 개수는 25개 이상으로 한다.
㉤ 일제개방밸브는 실내에 설치하거나 보호용 철망 등으로 구획하여 바닥으로부터 0.8[m] 이상 1.5[m] 이하의 위치에 설치하고, 그 실에는 가로 0.5[m] 이상 세로 1[m] 이상의 출입문(개구부)을 설치한다. 출입문 상단에는 "일제개방밸브실"이라고 표시한 표지를 한다.
㉥ 일제개방밸브를 기계실(공조용 기계실 포함) 안에 설치하는 경우 별도의 실 또는 보호용 철망을 설치하지 않을 수 있다. 출입문 상단에는 "일제개방밸브실"이라고 표시한 표지를 한다.

정답 | ③

70 빈출도 ★

완강기의 형식승인 및 제품검사의 기술기준에서 완강기의 최대사용하중은 최소 몇 [N] 이상의 하중이어야 하는가?

① 800　　② 1,000
③ 1,200　　④ 1,500

해설

완강기의 최대사용하중은 1,500[N] 이상의 하중이어야 한다.

관련개념 **완강기의 최대사용하중 및 최대사용자수**

㉠ 최대사용하중은 1,500[N] 이상의 하중이어야 한다.
㉡ 최대사용자수는 최대사용하중을 1,500[N]으로 나누어서 얻은 값(절사)으로 한다.
㉢ 최대사용자수에 상당하는 수의 벨트가 있어야 한다.

정답 | ④

71 빈출도 ★★

옥외소화전설비의 화재안전성능기준(NFPC 109)에 따라 옥외소화전 배관은 특정소방대상물의 각 부분으로부터 하나의 호스접결구까지의 수평거리가 최대 몇 [m] 이하가 되도록 설치하여야 하는가?

① 25　　② 35
③ 40　　④ 50

해설

호스접결구는 특정소방대상물의 각 부분으로부터 하나의 호스접결구까지의 수평거리가 40[m] 이하가 되도록 한다.

정답 | ③

72 빈출도 ★

난방설비가 없는 교육장소에 비치하는 소화기로 가장 적합한 것은? (단, 교육장소의 겨울 최저온도는 −15[℃] 이다)

① 화학포소화기　　② 기계포소화기
③ 산알칼리 소화기　　④ ABC 분말소화기

해설

겨울 최저온도가 −15[℃]이므로 사용할 수 있는 소화기는 강화액소화기 또는 분말소화기이다.

관련개념 **소화기의 사용온도범위**

㉠ 강화액소화기: −20[℃] 이상 40[℃] 이하
㉡ 분말소화기: −20[℃] 이상 40[℃] 이하
㉢ 그 밖의 소화기: 0[℃] 이상 40[℃] 이하
㉣ 사용온도 범위를 확대할 경우 10[℃] 단위로 한다.

정답 | ④

73 빈출도 ★★

스프링클러설비의 화재안전기술기준(NFTC 103)에 따라 연소할 우려가 있는 개구부에 드렌처설비를 설치한 경우 해당 개구부에 한하여 스프링클러 헤드를 설치하지 아니할 수 있다. 관련 기준으로 틀린 것은?

① 드렌처헤드는 개구부 위 측에 2.5[m] 이내마다 1개를 설치할 것
② 제어밸브는 특정소방대상물 층마다에 바닥면으로부터 0.5[m] 이상 1.5[m] 이하의 위치에 설치할 것
③ 드렌처헤드가 가장 많이 설치된 제어밸브에 설치된 드렌처헤드를 동시에 사용하는 경우에 각 헤드 선단의 방수압력은 0.1[MPa] 이상이 되도록 할 것
④ 드렌처헤드가 가장 많이 설치된 제어밸브에 설치된 드렌처헤드를 동시에 사용하는 경우에 각 헤드선단의 방수량은 80[L/min] 이상이 되도록 할 것

해설

제어밸브(일제개방밸브 · 개폐표시형밸브 및 수동조작부)는 특정소방대상물의 층마다 바닥면으로부터 0.8[m] 이상 1.5[m] 이하의 위치에 설치한다.

관련개념 헤드의 설치제외 개구부

㉠ 드렌처헤드는 개구부 위 측에 2.5[m] 이내마다 1개 설치한다.
㉡ 제어밸브(일제개방밸브 · 개폐표시형밸브 및 수동조작부)는 특정소방대상물의 층마다 바닥면으로부터 0.8[m] 이상 1.5[m] 이하의 위치에 설치한다.
㉢ 수원의 수량은 드렌처헤드가 가장 많이 설치된 제어밸브의 드렌처헤드 설치개수에 1.6[m^3]를 곱하여 얻은 수치 이상이 되도록 한다.
㉣ 드렌처설비는 드렌처헤드가 가장 많이 설치된 제어밸브의 드렌처헤드를 동시에 사용하는 경우 각각의 헤드선단에 방수압력이 0.1[MPa] 이상, 방수량이 80[L/min] 이상이 되도록 한다.
㉤ 수원에 연결하는 가압송수장치는 점검이 쉽고 화재 등의 재해로 인한 피해우려가 없는 장소에 설치한다.

정답 | ②

74 빈출도 ★

연결살수설비의 화재안전기술기준(NFTC 503)에 따른 건축물에 설치하는 연결살수설비의 헤드에 대한 기준 중 다음 ( ) 안에 알맞은 것은?

> 천장 또는 반자의 각 부분으로부터 하나의 살수헤드까지의 수평거리가 연결살수설비 전용헤드의 경우는 (㉠)[m] 이하, 스프링클러헤드의 경우는 (㉡)[m] 이하로 할 것. 다만, 살수헤드의 부착면과 바닥과의 높이가 (㉢)[m] 이하인 부분은 살수헤드의 살수분포에 따른 거리로 할 수 있다.

① ㉠ 3.7 ㉡ 2.3 ㉢ 2.1
② ㉠ 3.7 ㉡ 2.3 ㉢ 2.3
③ ㉠ 2.3 ㉡ 3.7 ㉢ 2.3
④ ㉠ 2.3 ㉡ 3.7 ㉢ 2.1

해설

전용헤드의 경우 3.7[m] 이하, 스프링클러헤드의 경우 2.3[m] 이하로 하고, 살수헤드의 부착면과 바닥과의 높이가 2.1[m] 이하인 부분은 살수헤드의 살수분포에 따른 거리로 한다.

관련개념 연결살수설비 헤드의 설치기준

㉠ 천장 또는 반자의 실내에 면하는 부분에 설치한다.
㉡ 천장 또는 반자의 각 부분으로부터 하나의 살수헤드까지의 수평거리가 연결살수설비 전용헤드의 경우 3.7[m] 이하, 스프링클러헤드의 경우 2.3[m] 이하로 한다.
㉢ 살수헤드의 부착면과 바닥과의 높이가 2.1[m] 이하인 부분은 살수헤드의 살수분포에 따른 거리로 할 수 있다.

정답 | ①

75 빈출도 ★★★

분말 소화설비의 화재안전성능기준(NFPC 108)에 따라 분말 소화약제의 가압용 가스용기에는 최대 몇 [MPa] 이하의 압력에서 조정이 가능한 압력조정기를 설치하여야 하는가?

① 1.5 ② 2.0
③ 2.5 ④ 3.0

해설

분말 소화약제의 가압용 가스용기에는 2.5[MPa] 이하의 압력에서 조정이 가능한 압력조정기를 설치하여야 한다.

관련개념 **가압용 가스용기의 설치기준**

㉠ 분말 소화약제의 가스용기는 분말소화약제의 저장용기에 접속하여 설치해야 한다.
㉡ 분말 소화약제의 가압용 가스용기를 3병 이상 설치한 경우에는 2개 이상의 용기에 전자개방밸브를 부착한다.
㉢ 분말 소화약제의 가압용 가스용기에는 2.5[MPa] 이하의 압력에서 조정이 가능한 압력조정기를 설치한다.

정답 | ③

76 빈출도 ★★★

포 소화설비의 화재안전성능기준(NFPC 105) 상 차고·주차장에 설치하는 포 소화전설비의 설치기준 중 다음 ( ) 안에 알맞은 것은? (단, 1개 층의 바닥면적이 200[m²] 이하인 경우는 제외한다)

> 특정소방대상물의 어느 층에 있어서도 그 층에 설치된 포소화전방수구(포소화전방수구가 5개 이상 설치된 경우에는 5개)를 동시에 사용할 경우 각 이동식 포노즐선단의 포수용액 방사압력이 (㉠)[MPa] 이상이고 (㉡)[L/min] 이상의 포수용액을 수평거리 15[m] 이상으로 방사할 수 있도록 할 것

① ㉠ 0.25, ㉡ 230 ② ㉠ 0.25, ㉡ 300
③ ㉠ 0.35, ㉡ 230 ④ ㉠ 0.35, ㉡ 300

해설

차고·주차장에 설치하는 포 소화설비는 방사압력 0.35[MPa] 이상으로 300[L/min] 이상 방사할 수 있도록 한다.

관련개념 **차고·주차장에 설치하는 포 소화설비의 설치기준**

㉠ 특정소방대상물의 어느 층에 있어서도 그 층에 설치된 호스릴포방수구 또는 포소화전방수구(최대 5개)를 동시에 사용할 경우 각 이동식 포노즐 선단의 포수용액 방사압력이 0.35[MPa] 이상이고 300[L/min] 이상(1개 층의 바닥면적이 200[m²] 이하인 경우 230[L/min] 이상)의 포수용액을 수평거리 15[m] 이상으로 방사할 수 있도록 한다.
㉡ 저발포의 포소화약제를 사용할 수 있는 것으로 한다.
㉢ 호스릴 또는 호스를 호스릴포방수구 또는 포소화전방수구로 분리하여 비치하는 때에는 그로부터 3[m] 이내의 거리에 호스릴함 또는 호스함을 설치한다.
㉣ 호스릴함 또는 호스함은 바닥으로부터 높이 1.5[m] 이하의 위치에 설치하고 그 표면에는 "포호스릴함(또는 포소화전함)"이라고 표시한 표지와 적색의 위치표시등을 설치한다.
㉤ 방호대상물의 각 부분으로부터 하나의 호스릴포방수구까지의 수평거리는 15[m] 이하(포소화전방수구의 경우에는 25[m] 이하)가 되도록 하고 호스릴 또는 호스의 길이는 방호대상물의 각 부분에 포가 유효하게 뿌려질 수 있도록 한다.

정답 | ④

77 빈출도 ★★

이산화탄소 소화설비의 화재안전기술기준(NFTC 106)에 따른 이산화탄소 소화설비 기동장치의 설치기준으로 맞는 것은?

① 가스압력식 기동장치 기동용 가스용기의 용적은 3[L] 이상으로 한다.

② 수동식 기동장치는 전역방출방식에 있어서 방호대상물마다 설치한다.

③ 수동식 기동장치의 부근에는 소화약제의 방출을 지연킬 수 있는 비상스위치를 설치해야 한다.

④ 전기식 기동장치로서 5병의 저장용기를 동시에 개방하는 설비는 2병 이상의 저장용기에 전자개방밸브를 부착해야 한다.

해설

수동식 기동장치의 부근에는 소화약제의 방출을 지연시킬 수 있는 방출지연스위치를 설치한다. 방출지연스위치는 자동복귀형 스위치로 수동식 기동장치의 타이머를 순간 정지시키는 기능의 스위치를 말한다.

선지분석

① 가스압력식 기동장치는 질소나 비활성기체를 사용하는 경우 기동용 가스용기의 체적은 5[L] 이상으로 하고, 6.0[MPa](21[℃] 기준) 이상의 압력으로 충전한다.

② 수동식 기동장치는 전역방출방식은 방호구역마다, 국소방출방식은 방호대상물마다 설치한다.

④ 전기식 기동장치로서 7병 이상의 저장용기를 동시에 개방하는 설비는 2병 이상의 저장용기에 전자 개방밸브를 부착한다.

정답 | ③

78 빈출도 ★★★

물분무 소화설비의 화재안전성능기준(NFPC 104)에 따른 물분무 소화설비의 저수량에 대한 기준 중 다음 (　　) 안의 내용으로 맞는 것은?

> 절연유 봉입 변압기는 바닥부분을 제외한 표면적을 합한 면적 $1[m^2]$에 대하여 (　　)[L/min]로 20분간 방수할 수 있는 양 이상으로 할 것

① 4　　② 8
③ 10　　④ 12

해설

절연유 봉입 변압기는 바닥 부분을 제외한 표면적을 합한 면적 $1[m^2]$에 대하여 10[L/min]로 20분 간 방수할 수 있는 양 이상으로 한다.

관련개념 저수량의 산정기준

㉠ 특수가연물을 저장 또는 취급하는 특정소방대상물 또는 그 부분에 있어서 그 바닥면적(최소 $50[m^2]$) $1[m^2]$에 대하여 10[L/min]로 20분 간 방수할 수 있는 양 이상으로 한다.

㉡ 차고 또는 주차장은 그 바닥면적(최소 $50[m^2]$) $1[m^2]$에 대하여 20[L/min]로 20분 간 방수할 수 있는 양 이상으로 한다.

㉢ 절연유 봉입 변압기는 바닥 부분을 제외한 표면적을 합한 면적 $1[m^2]$에 대하여 10[L/min]로 20분 간 방수할 수 있는 양 이상으로 한다.

㉣ 케이블트레이, 케이블덕트 등은 투영된 바닥면적 $1[m^2]$에 대하여 12[L/min]로 20분 간 방수할 수 있는 양 이상으로 한다.

㉤ 콘베이어 벨트 등은 벨트 부분의 바닥면적 $1[m^2]$에 대하여 10[L/min]로 20분 간 방수할 수 있는 양 이상으로 한다.

정답 | ③

79 빈출도 ★

화재조기진압용 스프링클러설비의 화재안전기술기준(NFTC 103B) 상 화재조기진압용 스프링클러설비 설치장소의 구조 기준으로 틀린 것은?

① 창고 내의 선반의 형태는 하부로 물이 침투되는 구조로 할 것
② 천장의 기울기가 1,000분의 168을 초과하지 않아야 하고, 이를 초과하는 경우에는 반자를 지면과 수평으로 설치할 것
③ 천장은 평평하여야 하며 철재나 목재트러스 구조인 경우, 철재나 목재의 돌출부분이 102[mm]를 초과하지 아니할 것
④ 해당 층의 높이가 10[m] 이하일 것. 다만, 3층 이상일 경우에는 해당 층의 바닥을 내화구조로 하고 다른 부분과 방화구획 할 것

해설

해당 층의 높이가 13.7[m] 이하이어야 한다.
2층 이상인 층에서는 해당 층의 바닥을 내화구조로 하고 다른 부분과 방화구획 한다.

관련개념 **화재조기진압용 스프링클러설비 설치장소의 구조기준**

㉠ 해당 층의 높이가 13.7[m] 이하이어야 한다.
㉡ 2층 이상인 층에서는 해당 층의 바닥을 내화구조로 하고 다른 부분과 방화구획 한다.
㉢ 천장의 기울기가 168/1,000을 초과하지 않고, 초과하는 경우 반자를 지면과 수평으로 설치한다.
㉣ 천장은 평평해야 하고, 철재나 목재트러스 구조인 경우 철재나 목재의 돌출 부분이 102[mm]를 초과하지 않아야 한다.
㉤ 보로 사용되는 목재 · 콘크리트 및 철재 사이의 간격은 0.9[m] 이상 2.3[m] 이하이어야 한다.
㉥ 보의 간격이 2.3[m] 이상인 경우 화재조기진압용 스프링클러헤드의 동작을 원활히 하기 위해 보로 구획된 부분의 천장 및 반자의 넓이가 28[m^2]를 초과하지 않아야 한다.
㉦ 창고 내의 선반 등의 형태는 하부로 물이 침투되는 구조이어야 한다.

정답 | ④

80 빈출도 ★★

제연설비의 화재안전기술기준(NFTC 501) 상 유입풍도 및 배출풍도에 관한 설명으로 맞는 것은?

① 유입풍도 안의 풍속은 25[m/s] 이하로 한다.
② 배출풍도는 석면재료와 같은 내열성의 단열재로 유효한 단열 처리를 한다.
③ 배출풍도와 유입풍도의 아연도금강판 최소 두께는 0.45[mm] 이상으로 하여야 한다.
④ 배출기 흡입측 풍도 안의 풍속은 15[m/s] 이하로 하고 배출측 풍속은 20[m/s] 이하로 한다.

해설

배출기의 흡입 측 풍도 안의 풍속은 15[m/s] 이하로 하고 배출 측 풍속은 20[m/s] 이하로 한다.

선지분석

① 유입풍도 안의 풍속은 20[m/s] 이하로 하고 풍도의 강판 두께는 배출풍도의 기준에 따라 설치한다.
② 건축법에 따른 불연재료(석면 제외)인 단열재로 풍도 외부에 유효한 단열 처리를 한다.
③ 강판의 두께는 배출풍도의 크기에 따라 다음의 표에 따른 기준 이상으로 한다. 유입풍도의 강판 두께도 동일하다.

풍도 단면의 긴변 또는 직경의 크기[mm]	강판 두께[mm]
450 이하	0.5
450 초과 750 이하	0.6
750 초과 1,500 이하	0.8
1,500 초과 2,250 이하	1.0
2,250 초과	1.2

정답 | ④

2020년 3회 기출문제

■1회독 ■2회독 ■3회독

소방원론

01 빈출도 ★★★

화재의 종류에 따른 분류가 틀린 것은?

① A급: 일반화재 ② B급: 유류화재
③ C급: 가스화재 ④ D급: 금속화재

해설

C급 화재는 전기화재이다.

관련개념 **화재의 분류**

급수	화재 종류	표시색	소화방법
A급	일반화재	백색	냉각
B급	유류화재	황색	질식
C급	전기화재	청색	질식
D급	금속화재	무색	질식
K급	주방화재 (식용유화재)	—	비누화 · 냉각 · 질식
E급	가스화재	황색	제거 · 질식

정답 | ③

02 빈출도 ★★★

고체 가연물이 덩어리보다 가루일 때 연소되기 쉬운 이유로 가장 적합한 것은?

① 발열량이 작아지기 때문이다.
② 공기와 접촉면이 커지기 때문이다.
③ 열전도율이 커지기 때문이다.
④ 활성화에너지가 커지기 때문이다.

해설

덩어리일 때보다 가루일 때 표면적이 넓어져 산소와의 접촉량이 많아지므로 연소되기 쉽다.

관련개념 **발화의 조건**

㉠ 주변 온도가 높고, 발열량이 클수록 발화하기 쉽다.
㉡ 열전도율이 낮을수록 열 축적이 쉬워 발화하기 쉽다.
㉢ 표면적이 넓어 산소와의 접촉량이 많을수록 발화하기 쉽다.
㉣ 분자량, 온도, 습도, 농도, 압력이 클수록 발화하기 쉽다.
㉤ 활성화 에너지가 작을수록 발화하기 쉽다.

정답 | ②

03 빈출도 ★★★

위험물과 위험물안전관리법령에서 정한 지정수량을 옳게 연결한 것은?

① 무기과산화물 — 300[kg]
② 황화인 — 500[kg]
③ 황린 — 20[kg]
④ 과염소산 — 200[kg]

해설

황린(제3류 위험물)의 지정수량은 20[kg]이다.

선지분석

① 무기과산화물(제1류 위험물)의 지정수량은 50[kg]이다.
② 황화인(제2류 위험물)의 지정수량은 100[kg]이다.
④ 과염소산(제6류 위험물)의 지정수량은 300[kg]이다.

정답 | ③

04 빈출도 ★★

다음 중 발화점이 가장 낮은 물질은?

① 휘발유 ② 이황화탄소
③ 적린 ④ 황린

해설

선지 중 황린의 발화점이 가장 낮다.

관련개념 물질의 발화점과 인화점

물질	발화점[℃]	인화점[℃]
프로필렌	497	−107
산화프로필렌	449	−37
가솔린	300	−43
이황화탄소	100	−30
아세톤	538	−18
메틸알코올	385	11
에틸알코올	423	13
벤젠	498	−11
톨루엔	480	4.4
등유	210	43~72
경유	200	50~70
적린	260	−
황린	30	20

정답 | ④

05 빈출도 ★★★

화재 시 발생하는 연소가스 중 인체에서 헤모글로빈과 결합하여 혈액의 산소운반을 저해하고 두통, 근육조절의 장애를 일으키는 것은?

① CO_2 ② CO
③ HCN ④ H_2S

해설

헤모글로빈과 결합하여 산소결핍 상태를 유발하는 물질은 일산화탄소(CO)이다.

관련개념 일산화탄소

㉠ 무색·무취·무미의 환원성이 강한 가스로 연탄의 연소가스, 자동차 배기가스, 담배 연기, 대형 산불 등에서 발생한다.
㉡ 혈액의 헤모글로빈과 결합력이 산소보다 210배로 매우 커 흡입하면 산소결핍 상태가 되어 질식 또는 사망에 이르게 한다.
㉢ 인체 허용농도는 50[ppm]이다.

정답 | ②

06 빈출도 ★

다음 원소 중 전기 음성도가 가장 큰 것은?

① F ② Br
③ Cl ④ I

해설

전기 음성도는 F > Cl > Br > I 순으로 커진다.

정답 | ①

07 빈출도 ★★★

탄화칼슘이 물과 반응 시 발생하는 가연성 가스는?

① 메테인 ② 포스핀
③ 아세틸렌 ④ 수소

해설

탄화칼슘(CaC_2)과 물(H_2O)이 반응하면 아세틸렌(C_2H_2)이 발생한다.

$CaC_2 + 2H_2O \rightarrow Ca(OH)_2 + C_2H_2 \uparrow$

정답 | ③

08 빈출도 ★★★

공기의 평균 분자량이 29일 때 이산화탄소 기체의 증기비중은 얼마인가?

① 1.44 ② 1.52
③ 2.88 ④ 3.24

해설

이산화탄소의 분자량은 44[g/mol]이므로 증기비중은

$\frac{\text{이산화탄소의 분자량}}{\text{공기의 평균 분자량}}=\frac{44}{29}\fallingdotseq 1.52$이다.

관련개념 이산화탄소의 일반적 성질

㉠ 상온에서 무색 · 무취 · 무미의 기체로서 독성이 없다.
㉡ 임계온도는 약 31.4[℃]이고, 비중이 약 1.52로 공기보다 무겁다.
㉢ 압축 및 냉각 시 쉽게 액화할 수 있으며, 더욱 압축냉각하면 드라이아이스가 된다.

정답 | ②

09 빈출도 ★★

밀폐된 공간에 이산화탄소를 방사하여 산소의 부피농도를 12[%]가 되도록 하려면 상대적으로 방사되는 이산화탄소의 농도는 얼마가 되어야 하는가?

① 25.40[%] ② 28.70[%]
③ 38.35[%] ④ 42.86[%]

해설

산소 21[%], 이산화탄소 0[%]인 공기에 이산화탄소 소화약제가 추가되어 산소의 농도는 12[%]가 되어야 한다.

$\frac{21}{100+x}=\frac{12}{100}$

따라서 추가된 이산화탄소 소화약제의 양 x는 75이며,
이때 전체 중 이산화탄소의 농도는

$\frac{x}{100+x}=\frac{75}{100+75}\fallingdotseq 0.4286=42.86[\%]$이다.

관련개념

㉠ 소화약제 방출 전 공기의 양을 100으로 두고 풀이하면 된다.
㉡ 분모의 x는 공학용 계산기의 SOLVE 기능을 활용하면 쉽다.

정답 | ④

10 빈출도 ★

화재하중의 단위로 옳은 것은?

① [kg/m^2] ② [℃/m^2]
③ [kg·L/m^3] ④ [℃·L/m^3]

해설

화재하중의 단위는 [kg/m^2]이다.

관련개념

화재하중은 단위 면적당 목재로 환산한 가연물의 중량[kg/m^2]이다.

정답 | ①

11 빈출도 ★★★

인화점이 20[℃]인 액체 위험물을 보관하는 창고의 인화 위험성에 대한 설명 중 옳은 것은?

① 여름철에 창고 안이 더워질수록 인화의 위험성이 커진다.
② 겨울철에 창고 안이 추워질수록 인화의 위험성이 커진다.
③ 20[℃]에서 가장 안전하고 20[℃]보다 높아지거나 낮아질수록 인화의 위험성이 커진다.
④ 인화의 위험성은 계절의 온도와는 상관없다.

해설

여름철 창고의 온도가 높아질수록 액체 위험물이 기화하는 정도가 커지므로 인화의 위험성이 커진다.

선지분석

② 겨울철 창고의 온도가 낮아질수록 액체 위험물이 기화하는 정도가 작아지므로 인화의 위험성이 작아진다.
③, ④ 온도가 높아질수록 분자의 운동이 활발해지므로 기화하는 정도가 커져 인화의 위험성이 커진다.

정답 | ①

12 빈출도 ★★

소화약제인 IG－541의 성분이 아닌 것은?

① 질소　② 아르곤
③ 헬륨　④ 이산화탄소

해설

IG－541은 질소(N_2) 52[%], 아르곤(Ar) 40[%], 이산화탄소(CO_2) 8[%]로 구성된다.

관련개념 **불활성기체 소화약제**

소화약제	화학식
IG－01	Ar
IG－100	N_2
IG－541	N_2: 52[%], Ar: 40[%], CO_2: 8[%]
IG－55	N_2: 50[%], Ar: 50[%]

정답 | ③

13 빈출도 ★★★

이산화탄소 소화약제 저장용기의 설치장소에 대한 설명 중 옳지 않는 것은?

① 반드시 방호구역 내의 장소에 설치한다.
② 온도의 변화가 적은 곳에 설치한다.
③ 방화문으로 구획된 실에 설치한다.
④ 해당 용기가 설치된 곳임을 표시하는 표지를 한다.

해설

저장용기는 방호구역 외의 장소에 설치한다.

관련개념 **이산화탄소 소화약제 저장용기의 설치장소**

㉠ 방호구역 외의 장소에 설치한다.
㉡ 온도가 40[℃] 이하이고, 온도변화가 작은 곳에 설치한다.
㉢ 직사광선 및 빗물이 침투할 우려가 없는 곳에 설치한다.
㉣ 방화문으로 구획된 실에 설치한다.
㉤ 용기를 설치한 장소에는 해당 용기가 설치된 곳임을 표시하는 표지를 한다.
㉥ 용기 간의 간격은 점검에 지장이 없도록 3[cm] 이상의 간격을 유지한다.
㉦ 저장용기와 집합관을 연결하는 연결배관에는 체크밸브를 설치한다.

정답 | ①

14 빈출도 ★★

화재의 소화원리에 따른 소화방법의 적용으로 틀린 것은?

① 냉각소화: 스프링클러설비
② 질식소화: 이산화탄소 소화설비
③ 제거소화: 포 소화설비
④ 억제소화: 할로겐화합물 소화설비

해설

포 소화약제는 질식소화와 냉각소화에 의해 화재를 진압한다.
제거소화는 연소의 요소를 구성하는 가연물질을 안전한 장소나 점화원이 없는 장소로 신속하게 이동시켜서 소화하는 방법이다.

관련개념

포(Foam)는 유류보다 가벼운 미세한 기포의 집합체로 연소물의 표면을 덮어 공기와의 접촉을 차단하여 질식효과를 나타내며 함께 사용된 물에 의해 냉각효과도 나타낸다.

정답 | ③

15 빈출도 ★★

건축물의 내화구조에서 바닥의 경우에는 철근콘크리트의 두께가 몇 [cm] 이상이어야 하는가?

① 7 ② 10
③ 12 ④ 15

해설

바닥의 경우 철근콘크리트조 또는 철골철근콘크리트조로서 두께가 10[cm] 이상이어야 내화구조로 적합하다.

관련개념 바닥의 내화구조 기준

㉠ 철근콘크리트조 또는 철골철근콘크리트조로서 두께가 10[cm] 이상인 것
㉡ 철재로 보강된 콘크리트블록조 · 벽돌조 또는 석조로서 철재에 덮은 콘크리트블록등의 두께가 5[cm] 이상인 것
㉢ 철재의 양면을 두께 5[cm] 이상의 철망모르타르 또는 콘크리트로 덮은 것

정답 | ②

16 빈출도 ★

소화효과를 고려하였을 경우 화재 시 사용할 수 있는 물질이 아닌 것은?

① 이산화탄소 ② 아세틸렌
③ Halon 1211 ④ Halon 1301

해설

아세틸렌은 삼중결합을 가진 불안정한 물질로 연소 시 고온의 열을 방출하여 가스 용접 시 주로 사용된다.

선지분석

① 이산화탄소는 질식소화 시 주로 사용되는 불연성 물질이다.
③, ④ 할론 소화약제는 억제소화 시 주로 사용된다.

정답 | ②

17 빈출도 ★★

질식소화 시 공기 중의 산소농도는 일반적으로 약 몇 [vol%] 이하로 하여야 하는가?

① 25 ② 21
③ 19 ④ 15

해설

일반적으로 산소농도가 15[vol%] 이하인 경우 연소속도의 감소 및 질식소화가 가능하다.

정답 | ④

18 빈출도 ★★★

제1종 분말 소화약제의 주성분으로 옳은 것은?

① $KHCO_3$ ② $NaHCO_3$
③ $NH_4H_2PO_4$ ④ $Al_2(SO_4)_3$

해설

제1종 분말 소화약제의 주성분은 탄산수소나트륨($NaHCO_3$)이다.

관련개념 분말 소화약제

구분	주성분	색상	적응화재
제1종	탄산수소나트륨 ($NaHCO_3$)	백색	B급 화재 C급 화재
제2종	탄산수소칼륨 ($KHCO_3$)	담자색 (보라색)	B급 화재 C급 화재
제3종	제1인산암모늄 ($NH_4H_2PO_4$)	담홍색	A급 화재 B급 화재 C급 화재
제4종	탄산수소칼륨+요소 [$KHCO_3+CO(NH_2)_2$]	회색	B급 화재 C급 화재

정답 | ②

19 빈출도 ★★

Halon 1301의 분자식은?

① CH_3Cl ② CH_3Br
③ CF_3Cl ④ CF_3Br

해설

Halon 1301 소화약제의 분자식은 CF_3Br이다.

관련개념 할론 소화약제 명명의 방식

㉠ 제일 앞에 Halon이란 명칭을 쓴다.
㉡ 이후 구성 원소들의 수를 C, F, Cl, Br의 순서대로 쓰되 없는 경우 0으로 한다.
㉢ 마지막 0은 생략할 수 있다.

정답 | ④

20 빈출도 ★

다음 중 연소와 가장 관련 있는 화학반응은?

① 중화반응 ② 치환반응
③ 환원반응 ④ 산화반응

해설

연소는 가연물이 산소와 빠르게 결합하여 연소생성물을 배출하는 산화반응의 하나이다.

정답 | ④

21 빈출도 ★★

체적 0.1[m³]의 밀폐 용기 안에 기체상수가 0.4615[kJ/kg · K]인 기체 1[kg]이 압력 2[MPa], 온도 250[℃] 상태로 들어있다. 이때 이 기체의 압축계수(또는 압축성 인자)는?

① 0.578 ② 0.828
③ 1.21 ④ 1.73

해설

질량과 특정기체상수로 이루어진 이상기체의 상태방정식에 압축성 인자를 반영한 식은 다음과 같다.

$$PV = Zm\overline{R}T$$

P: 압력[Pa], V: 부피[m³], Z: 압축성 인자, m: 질량[kg], $\overline{R}$: 특정기체상수[J/kg · K], T: 절대온도[K]

기체상수의 단위가 [kJ/kg · K]이므로 압력과 부피의 단위를 [kPa]과 [m³]로 변환하여야 한다.
따라서 주어진 조건을 공식에 대입하면 기체의 압축성 인자 Z는

$$Z = \frac{PV}{m\overline{R}T} = \frac{2{,}000 \times 0.1}{1 \times 0.4615 \times (273+250)}$$
$$\fallingdotseq 0.828$$

정답 | ②

22 빈출도 ★★★

물의 체적탄성계수가 2.5[GPa] 일 때 물의 체적을 1[%] 감소시키기 위해서 얼마의 압력[MPa]을 가하여야 하는가?

① 20 ② 25
③ 30 ④ 35

해설

$$K = -\frac{\Delta P}{\frac{\Delta V}{V}}$$

K: 체적탄성계수[MPa], ΔP: 압력변화량[MPa], ΔV: 부피변화량, V: 부피

체적탄성계수를 압력에 관한 식으로 나타내면 다음과 같다.

$$\Delta P = -K \times \frac{\Delta V}{V}$$

부피가 1[%] 감소하였다는 것은 이전부피 V_1가 100일 때 이후부피 V_2는 99라는 의미이므로 부피변화율 $\frac{\Delta V}{V}$는 $\frac{99-100}{100} = -0.01$이다.
따라서 압력변화량 ΔP는

$$\Delta P = -2{,}500 \times -0.01 = 25[\text{MPa}]$$

정답 | ②

23 빈출도 ★★

안지름 40[mm]의 배관 속을 정상류의 물이 매분 150[L]로 흐를 때의 평균 유속[m/s]은?

① 0.99 ② 1.99
③ 2.45 ④ 3.01

해설

$$Q=Au$$

Q: 부피유량[m³/s], A: 유체의 단면적[m²], u: 유속[m/s]

배관은 지름이 0.04[m]인 원형이므로 배관의 단면적은 다음과 같다.

$$A=\frac{\pi}{4}\times 0.04^2$$

배관의 부피유량은 150[L/min]이므로 단위를 변환하면 $\frac{0.15}{60}$ [m³/s]이다.

따라서 주어진 조건을 공식에 대입하면 배관의 평균 유속 u는

$$u=\frac{Q}{A}=\frac{\frac{0.15}{60}}{\frac{\pi}{4}\times 0.04^2}\fallingdotseq 1.99[\text{m/s}]$$

정답 | ②

24 빈출도 ★★★

원심펌프를 이용하여 0.2[m³/s]로 저수지의 물을 2[m] 위의 물 탱크로 퍼 올리고자 한다. 펌프의 효율이 80[%]라고 하면 펌프에 공급하여야 하는 동력[kW]은?

① 1.96 ② 3.14
③ 3.92 ④ 4.90

해설

펌프에 공급하여야 하는 동력이므로 축동력을 묻는 문제이다.

$$P=\frac{\gamma QH}{\eta}$$

P: 축동력[kW], γ: 유체의 비중량[kN/m³], Q: 유량[m³/s], H: 전양정[m], η: 효율

유체는 물이므로 물의 비중량은 9.8[kN/m³]이다.
따라서 주어진 조건을 공식에 대입하면 동력 P는

$$P=\frac{9.8\times 0.2\times 2}{0.8}=4.9[\text{kW}]$$

정답 | ④

25 빈출도 ★★★

원관에서 길이가 2배, 속도가 2배가 되면 손실수두는 원래의 몇 배가 되는가? (단, 두 경우 모두 완전발달 난류유동에 해당되며, 관 마찰계수는 일정하다.)

① 동일하다. ② 2배
③ 4배 ④ 8배

해설

일정한 양의 비압축성 유체가 일정한 속도로 흐를 때 배관에서의 마찰손실은 달시-바이스바하 방정식으로 구할 수 있다.

$$H=\frac{\Delta P}{\gamma}=\frac{flu^2}{2gD}$$

H: 마찰손실수두[m], ΔP: 압력 차이[kPa], γ: 비중량[kN/m³], f: 마찰손실계수, l: 배관의 길이[m], u: 유속[m/s], g: 중력가속도[m/s²], D: 배관의 직경[m]

상태1에서의 마찰손실수두를 H_1라고 했을 때 상태2에서 길이가 2배인 $2l$, 속도가 2배인 $2u$이므로, 마찰손실수두 H_2는

$$H_2=\frac{f(2l)(2u)^2}{2gD}=8\times\frac{flu^2}{2gD}=8H_1$$

정답 | ④

26 빈출도 ★★

펌프가 운전 중에 한숨을 쉬는 것과 같은 상태가 되어 펌프 입구의 진공계 및 출구의 압력계 지침이 흔들리고 송출 유량도 주기적으로 변화하는 이상 현상을 무엇이라고 하는가?

① 공동현상(cavitation)
② 수격작용(water hammering)
③ 맥동현상(surging)
④ 언밸런스(unbalance)

해설

펌프 압력계의 지침이 흔들리며 토출량이 주기적으로 변동하며 진동하는 현상은 맥동현상이다.

관련개념 **펌프의 이상현상**

수격현상	배관 속 유체의 흐름이 갑자기 변화할 때 압력파에 의해 충격과 이상음이 발생하는 현상
맥동현상	펌프 압력계의 지침이 흔들리며 토출량이 주기적으로 변동하며 진동하는 현상
공동현상	배관 내 흐르는 유체에서 압력이 증기압보다 낮아져 기포가 발생하는 현상

정답 | ③

27 빈출도 ★★

터보팬을 6,000[rpm]으로 회전시킬 경우, 풍량은 0.5[m³/min], 축동력은 0.049[kW]이었다. 만약 터보팬의 회전수를 8,000[rpm]으로 바꾸어 회전시킬 경우 축동력[kW]은?

① 0.0207 ② 0.207
③ 0.116 ④ 1.161

해설

$$\frac{P_2}{P_1}=\left(\frac{N_2}{N_1}\right)^3\left(\frac{D_2}{D_1}\right)^5$$

P: 축동력, N: 펌프의 회전수, D: 직경

동일한 터보팬이므로 직경은 같고, 상태1의 회전수가 6,000[rpm], 상태2의 회전수가 8,000[rpm]이므로 축동력 변화는 다음과 같다.

$$P_2=P_1\left(\frac{N_2}{N_1}\right)^3=0.049\times\left(\frac{8,000}{6,000}\right)^3$$
$$\fallingdotseq 0.116[kW]$$

정답 | ③

28 빈출도 ★

어떤 기체를 20[℃]에서 등온 압축하여 절대압력이 0.2[MPa]에서 1[MPa]으로 변할 때 체적은 초기 체적과 비교하여 어떻게 변화하는가?

① 5배로 증가한다.
② 10배로 증가한다.
③ $\frac{1}{5}$로 감소한다.
④ $\frac{1}{10}$로 감소한다.

해설

온도와 기체의 양이 일정한 이상기체이므로 보일의 법칙을 적용할 수 있다.

$$P_1V_1=C=P_2V_2$$

상태1의 압력이 0.2[MPa], 상태2의 압력이 1[MPa]이므로 상태1과 상태2의 부피비는

$$\frac{V_2}{V_1}=\frac{P_1}{P_2}=\frac{0.2[\text{MPa}]}{1[\text{MPa}]}=\frac{1}{5}$$

관련개념 보일의 법칙

온도와 기체의 양이 일정할 때 부피와 압력은 반비례 관계에 있다.

$$PV=C$$

P: 압력, V: 부피, C: 상수

정답 | ③

29 빈출도 ★★★

원관 속의 흐름에서 관의 직경, 유체의 속도, 유체의 밀도, 유체의 점성계수가 각각 D, V, ρ, μ로 표시될 때 층류 흐름의 마찰계수(f)는 어떻게 표현될 수 있는가?

① $f=\frac{64\mu}{DV\rho}$　② $f=\frac{64\rho}{DV\mu}$
③ $f=\frac{64D}{V\rho\mu}$　④ $f=\frac{64}{DV\rho\mu}$

해설

층류일 때 마찰계수 f는 $\frac{64}{Re}$이므로 마찰계수 f는 다음과 같다.

$$Re=\frac{\rho uD}{\mu}=\frac{uD}{\nu}$$

Re: 레이놀즈 수, ρ: 밀도[kg/m³], u: 유속[m/s], D: 직경[m], μ: 점성계수(점도)[kg/m · s], ν: 동점성계수(동점도)[m²/s]

$$f=\frac{64}{\frac{\rho uD}{\mu}}=\frac{64\mu}{\rho uD}$$

정답 | ①

30 빈출도 ★★

그림과 같이 매우 큰 탱크에 연결된 길이 100[m], 안지름 20[cm]인 원관에 부차적 손실계수가 5인 밸브 A가 부착되어 있다. 관 입구에서의 부차적 손실계수가 0.5, 관마찰계수는 0.02이고, 평균속도가 2[m/s]일 때 물의 높이 h[m]는?

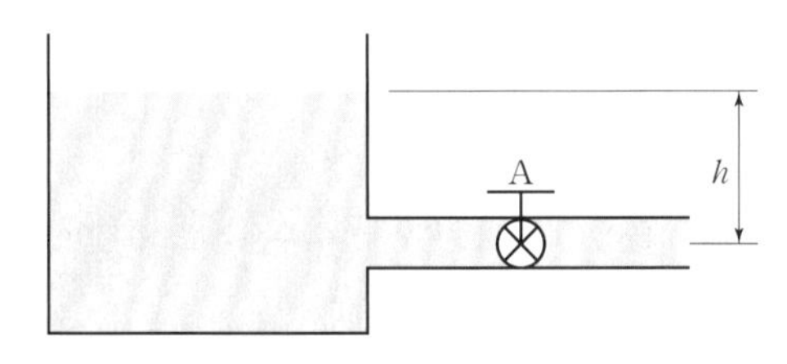

① 1.48　② 2.14
③ 2.81　④ 3.36

해설

유체가 가진 위치수두는 배관을 통해 유출되는 유체의 속도수두와 마찰손실수두의 합으로 전환된다.

$$\frac{P_1}{\gamma}+\frac{u_1^2}{2g}+Z_1=\frac{P_2}{\gamma}+\frac{u_2^2}{2g}+Z_2+H$$

P: 압력[N/m²], γ: 비중량[N/m³], u: 유속[m/s],
g: 중력가속도[m/s²], Z: 높이[m], H: 손실수두[m]

$$Z_1=\frac{u_2^2}{2g}+Z_2+H$$

일정한 양의 비압축성 유체가 일정한 속도로 흐를 때 배관에서의 마찰손실은 달시-바이스바하 방정식으로 구할 수 있다.

$$H=\frac{\Delta P}{\gamma}=\frac{flu^2}{2gD}$$

H: 마찰손실수두[m], ΔP: 압력 차이[kPa], γ: 비중량[kN/m³],
f: 마찰손실계수, l: 배관의 길이[m], u: 유속[m/s],
g: 중력가속도[m/s²], D: 배관의 직경[m]

배관의 길이 l은 실제 배관의 길이 l_1과 밸브 A에 의해 발생하는 손실을 환산한 상당길이 l_2, 관 입구에서 발생하는 손실을 환산한 상당길이 l_3의 합이다.

$$l=l_1+l_2+l_3$$

$$L=\frac{KD}{f}$$

L: 상당길이[m], K: 부차적 손실계수, D: 직경[m],
f: 마찰손실계수

밸브 A의 상당길이 l_2은 다음과 같다.

$$l_2=\frac{5\times0.2}{0.02}=50[\text{m}]$$

관 입구에서의 상당길이 l_3은 다음과 같다.

$$l_3=\frac{0.5\times0.2}{0.02}=5[\text{m}]$$

전체 배관의 길이 l은 다음과 같다.

$$l=100+50+5=155[\text{m}]$$

따라서 마찰손실수두 H는 다음과 같다.

$$H=\frac{0.02\times155\times2^2}{2\times9.8\times0.2}\fallingdotseq3.16[\text{m}]$$

주어진 조건을 공식에 대입하면 물의 높이 h는

$$h=Z_1-Z_2=\frac{u^2}{2g}+H=\frac{2^2}{2\times9.8}+3.16$$
$$\fallingdotseq3.36[\text{m}]$$

정답 | ④

31 빈출도 ★★★

마그네슘은 절대온도 293[K]에서 열전도도가 156[W/m·K], 밀도는 1,740[kg/m³]이고, 비열이 1,017[J/kg·K] 일 때 열확산계수[m²/s]는?

① 8.96×10^{-2}　② 1.53×10^{-1}
③ 8.81×10^{-5}　④ 8.81×10^{-4}

해설

$$\alpha=\frac{k}{\rho c}$$

α: 열확산계수[m²/s], k: 열전도율[W/m·K],
ρ: 밀도[kg/m³], c: 비열[J/kg·K]

주어진 조건을 공식에 대입하면 열확산계수 α는

$$\alpha=\frac{156}{1{,}740\times1{,}017}\fallingdotseq8.816\times10^{-5}[\text{m}^2/\text{s}]$$

정답 | ③

32 빈출도 ★★

그림과 같이 반지름이 1[m], 폭(y 방향) 2[m]인 곡면 AB에 작용하는 물에 의한 힘의 수직성분(z방향) F_z와 수평성분(x방향) F_x와의 비$\left(\frac{F_z}{F_x}\right)$는 얼마인가?

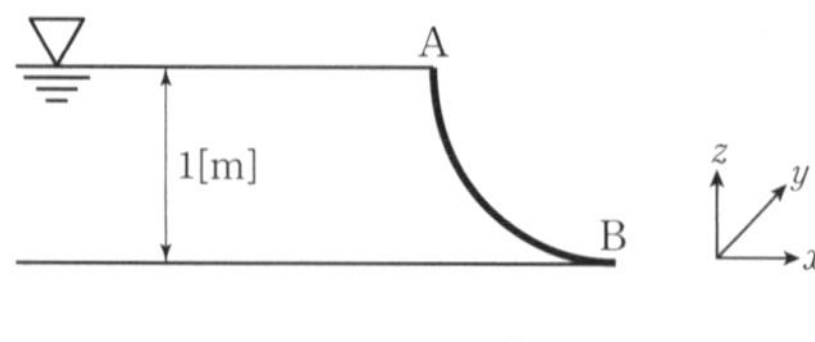

① $\frac{\pi}{2}$　　② $\frac{2}{\pi}$

③ 2π　　④ $\frac{1}{2\pi}$

해설

곡면의 수평 방향으로 작용하는 힘 F_x는 다음과 같다.

$$F=PA=\rho ghA=\gamma hA$$

F: 수평 방향으로 작용하는 힘(수평분력)[N], P: 압력[N/m²], A: 정사영 면적[m²], ρ: 밀도[kg/m³], g: 중력가속도[m/s²], h: 중심 높이로부터 표면까지의 높이[m], γ: 유체의 비중량[N/m³]

곡면의 중심 높이로부터 표면까지의 높이 h는 0.5[m]이다.
곡면과 나란한 수직인 벽으로 정사영을 내린 면적 A는 (1×2)[m²]이다.

$F_x=\gamma\times0.5\times(1\times2)=\gamma$

곡면의 수직 방향으로 작용하는 힘 F_z는 다음과 같다.

$$F=mg=\rho Vg=\gamma V$$

F: 수직 방향으로 작용하는 힘(수직분력)[N], m: 질량[kg], g: 중력가속도[m/s²], ρ: 밀도[kg/m³], V: 곡면 위 유체의 부피[m³], γ: 유체의 비중량[N/m³]

곡면 아래에 유체가 있는 경우 곡면 위의 유체 표면까지 채울 수 있는 가상 유체의 무게로 한다.

$V=\frac{1}{4}\times\pi r^2\times2=\frac{\pi}{2}$

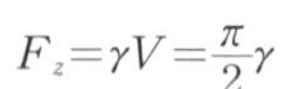

$F_z=\gamma V=\frac{\pi}{2}\gamma$

따라서 곡면 AB에 작용하는 물에 의한 힘의 수직성분 F_z와 수평성분 F_x와의 비 $\frac{F_z}{F_x}$는

$$\frac{F_z}{F_x}=\frac{\frac{\pi}{2}\gamma}{\gamma}=\frac{\pi}{2}$$

정답 | ①

33 빈출도 ★

대기압 하에서 10[℃]의 물 2[kg]이 전부 증발하여 100[℃]의 수증기로 되는 동안 흡수되는 열량[kJ]은 얼마인가? (단, 물의 비열은 4.2[kJ/kg·K], 기화열은 2,250[kJ/kg]이다.)

① 756　　② 2,638

③ 5,256　　④ 5,360

해설

10[℃]의 물은 100[℃]까지 온도변화 후 수증기로 상태변화한다.

$$Q=cm\Delta T$$

Q: 열량[kJ], c: 비열[kJ/kg·K], m: 질량[kg], ΔT: 온도 변화[K]

$$Q=mr$$

Q: 열량[kJ], m: 질량[kg], r: 잠열[kJ/kg]

물의 평균 비열은 4.2[kJ/kg·K]이므로 2[kg]의 물이 10[℃]에서 100[℃]까지 온도변화하는 데 필요한 열량은 다음과 같다.

$Q_1=4.2\times2\times(100-10)=756$[kJ]

물의 증발잠열은 2,250[kJ/kg]이므로 100[℃]의 물이 수증기로 상태변화하는 데 필요한 열량은 다음과 같다.

$Q_2=2\times2{,}250=4{,}500$[kJ]

따라서 10[℃]의 물이 100[℃]의 수증기로 변화하는 데 필요한 열량은

$Q=Q_1+Q_2=756+4{,}500$
$=5{,}256$[kJ]

정답 | ③

34 빈출도 ★

경사진 관로의 유체 흐름에서 수력기울기선의 위치로 옳은 것은?

① 언제나 에너지선보다 위에 있다.
② 에너지선보다 속도수두만큼 아래에 있다.
③ 항상 수평이 된다.
④ 개수로의 수면보다 속도수두 만큼 위에 있다.

해설

수력기울기선은 압력수두와 위치수두의 합인 피에조미터 수두를 그래프에 나타낸 것이다.
피에조미터 수두는 전수두에서 속도수두를 뺀 값이므로 수력기울기선은 에너지선보다 속도수두만큼 아래에 있다.

정답 | ②

35 빈출도 ★

그림과 같이 폭(b)이 1[m]이고 깊이(h_0) 1[m]로 물이 들어있는 수조가 트럭 위에 실려 있다. 이 트럭이 7[m/s²]의 가속도로 달릴 때 물의 최대 높이(h_2)와 최소 높이(h_1)는 각각 몇 [m]인가?

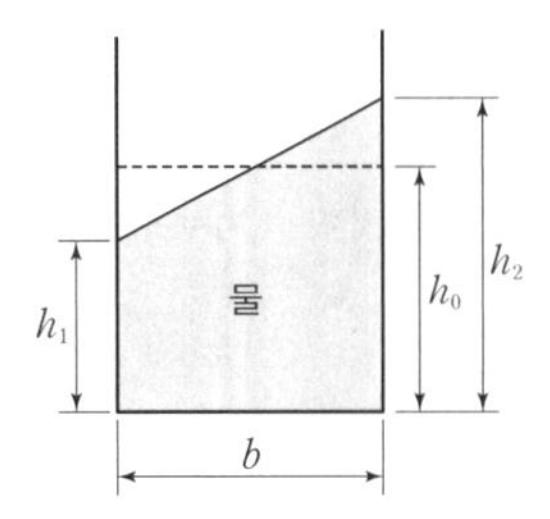

① $h_1 = 0.643$[m] $h_2 = 1.413$[m]
② $h_1 = 0.643$[m] $h_2 = 1.357$[m]
③ $h_1 = 0.676$[m] $h_2 = 1.413$[m]
④ $h_1 = 0.676$[m] $h_2 = 1.357$[m]

해설

문제의 조건에서 수조의 폭 $b=1$이고, 높이 $h_0=\frac{h_2+h_1}{2}=1$이므로 물의 최대 높이 h_2와 최소 높이 h_1의 관계는 다음과 같다.

$$h_2+h_1=2$$

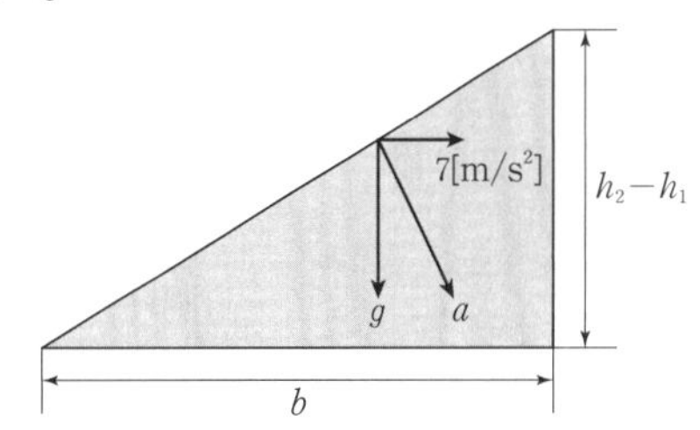

유체에 작용하는 가속도 a는 유체 자유표면에 수직으로 작용한다. 경사를 이루는 유체와 작용하는 가속도의 성분은 서로 닮음을 이루므로 다음과 같은 방정식을 세울 수 있다.

$$\frac{h_2-h_1}{b}=\frac{7}{g}$$

$$h_2-h_1=\frac{7}{9.8}$$

따라서 위 식을 연립하면 물의 최대 높이 h_2와 최소 높이 h_1는

$$h_2=\frac{1}{2}\left(2+\frac{7}{9.8}\right)\fallingdotseq 1.357[\text{m}]$$

$$h_1=2-h_2\fallingdotseq 0.643[\text{m}]$$

정답 | ②

36 빈출도 ★★

유체의 거동을 해석하는데 있어서 비점성 유체에 대한 설명으로 옳은 것은?

① 실제 유체를 말한다.
② 전단응력이 존재하는 유체를 말한다.
③ 유체 유동 시 마찰저항이 속도 기울기에 비례하는 유체이다.
④ 유체 유동 시 마찰저항을 무시한 유체를 말한다.

해설

유체를 구성하는 분자가 다른 분자로부터 저항을 받지 않는 유체를 비점성 유체라고 한다.

정답 | ④

37 빈출도 ★★

출구단면적이 0.0004[m²]인 소방호스로부터 25[m/s]의 속도로 수평으로 분출되는 물제트가 수직으로 세워진 평판과 충돌한다. 평판을 고정시키기 위한 힘(F)은 몇 [N] 인가?

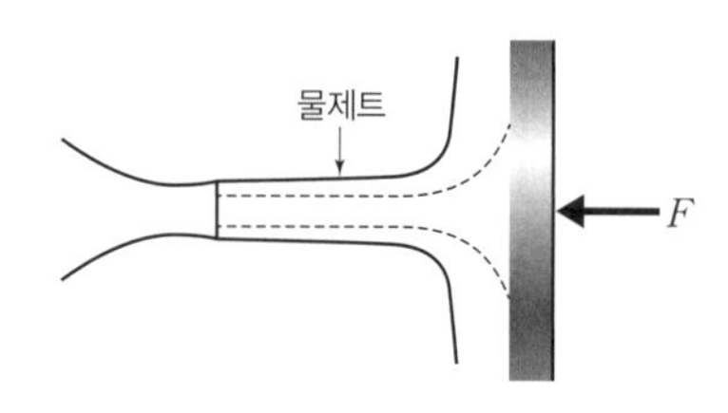

① 150 ② 200
③ 250 ④ 300

해설

원판을 고정하기 위해서는 원판에 가해지는 외력의 합이 0이어야 한다.
원판을 고정하기 위해서는 원판에 가해지는 힘의 크기만큼 고정하기 위한 힘을 가하면 원판의 외력의 합이 0이 된다.

$$F=\rho Au^2$$

F: 유체가 원판에 가하는 힘[N], ρ: 유체의 밀도[kg/m³], A: 유체의 단면적[m²], u: 유속[m/s]

물의 밀도는 1,000[kg/m³]이므로 초기 물제트가 가진 힘은
$F=1,000\times0.0004\times25^2=250$[N]

정답 | ③

38 빈출도 ★★★

두 개의 가벼운 공을 그림과 같이 실로 매달아 놓았다. 두 개의 공 사이로 공기를 불어 넣으면 공은 어떻게 되겠는가?

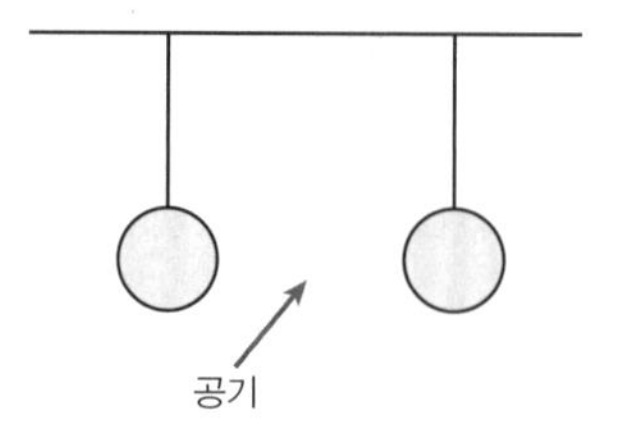

① 파스칼의 법칙에 따라 벌어진다.
② 파스칼의 법칙에 따라 가까워진다.
③ 베르누이의 법칙에 따라 벌어진다.
④ 베르누이의 법칙에 따라 가까워진다.

해설

두 개의 공 사이로 공기를 불어 넣으면 공기의 유속이 가지는 에너지는 증가하며 베르누이 정리에 의해 에너지는 보존되므로 공기의 압력이 가지는 에너지는 감소한다.
따라서 공 사이의 압력이 감소하며 두 개의 공은 가까워진다.

정답 | ④

39 빈출도 ★

다음 중 뉴턴(Newton)의 점성법칙을 이용하여 만든 회전 원통식 점도계는?

① 세이볼트(Saybolt) 점도계
② 오스왈트(Ostwald) 점도계
③ 레드우드(Redwood) 점도계
④ 맥미셀(MacMichael) 점도계

해설

뉴턴(Newton)의 점성법칙을 이용한 회전 원통식 점도계는 맥미셀(MacMichael) 점도계이다.

관련개념 점성의 측정

구분	측정원리	점도계의 종류
하겐－푸아죄유(Hagen－Poiseuille)의 법칙	세관법	• 세이볼트(Saybolt) 점도계 • 오스왈트(Ostwald) 점도계 • 레드우드(Redwood) 점도계 • 앵글러(Engler) 점도계 • 바베이(Barbey) 점도계
뉴턴(Newton)의 점성법칙	회전원통법	• 스토머(Stormer) 점도계 • 맥미셀(MacMichael) 점도계
스토크스(Stokes)의 법칙	낙구법	낙구식 점도계

정답 | ④

40 빈출도 ★★

그림과 같이 수은 마노미터를 이용하여 물의 유속을 측정하고자 한다. 마노미터에서 측정한 높이차(h)가 30[mm]일 때 오리피스 전후의 압력[kPa] 차이는? (단, 수은의 비중은 13.6이다.)

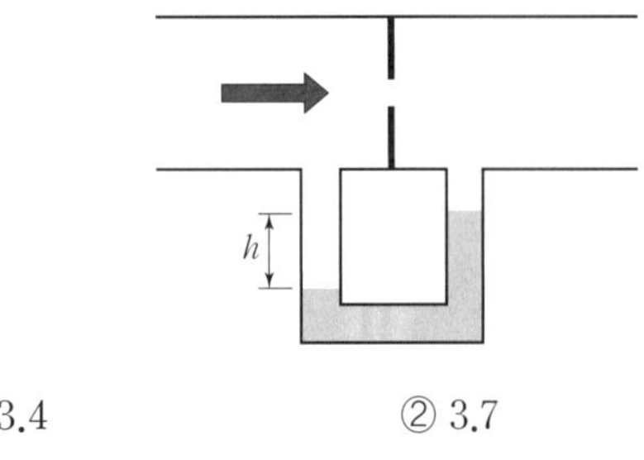

① 3.4　　② 3.7
③ 3.9　　④ 4.4

해설

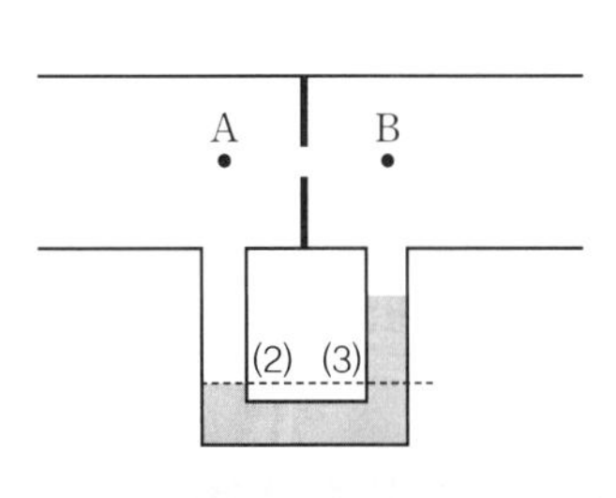

$$P_x = \gamma h = s\gamma_w h$$

P_x: x에서의 압력[kPa], γ: 비중량[kN/m³], h: 높이[m³], s: 비중, γ_w: 물의 비중량[kN/m³]

A점에서의 압력과 물이 누르는 압력의 합은 (2)면에서의 압력과 같다.

$$P_A + \gamma_w h = P_2$$

B점에서의 압력과 수은이 누르는 압력의 합은 (3)면에서의 압력과 같다.

$$P_B + s\gamma_w h = P_3$$

유체 내부에서 같은 수평면(높이)에는 같은 압력이 작용하므로 (2)면과 (3)면의 압력은 같다.

$$P_2 = P_3$$

$$P_A + \gamma_w h = P_B + s\gamma_w h$$

따라서 오리피스 전후의 압력 차이 $P_A - P_B$는

$$P_A - P_B = s\gamma_w h - \gamma_w h = 13.6 \times 9.8 \times 0.03 - 9.8 \times 0.03 \fallingdotseq 3.7[\text{kPa}]$$

정답 | ②

소방관계법규

41 빈출도 ★★★

화재예방강화지구로 지정할 수 있는 대상이 아닌 것은?

① 시장지역
② 소방출동로가 있는 지역
③ 공장 · 창고가 밀집한 지역
④ 목조건물이 밀집한 지역

해설

소방출동로가 있는 지역은 화재예방강화지구의 지정대상이 아니다.

관련개념 화재예방강화지구의 지정대상

㉠ 시장지역
㉡ 공장 · 창고가 밀집한 지역
㉢ 목조건물이 밀집한 지역
㉣ 노후 · 불량건축물이 밀집한 지역
㉤ 위험물의 저장 및 처리 시설이 밀집한 지역
㉥ 석유화학제품을 생산하는 공장이 있는 지역
㉦ 산업단지
㉧ 소방시설 · 소방용수시설 또는 소방출동로가 없는 지역
㉨ 물류단지

정답 | ②

42 빈출도 ★

위험물안전관리법령상 제조소의 기준에 따라 건축물의 외벽 또는 이에 상당하는 공작물의 외측으로부터 제조소의 외벽 또는 이에 상당하는 공작물의 외측까지의 안전거리 기준으로 틀린 것은? (단, 제6류 위험물을 취급하는 제조소를 제외하고, 건축물에 불연재료로 된 방화상 유효한 담 또는 벽을 설치하지 않은 경우이다.)

① 의료법에 의한 종합병원에 있어서는 30[m] 이상
② 도시가스사업법에 의한 가스공급시설에 있어서는 20[m] 이상
③ 사용전압 35,000[V]를 초과하는 특고압가공전선에 있어서는 5[m] 이상
④ 문화유산법에 따른 지정문화유산에 있어서는 30[m] 이상

해설

문화유산법에 따른 지정문화유산에 있어서 건축물의 외벽 또는 이에 상당하는 공작물의 외측으로부터 제조소의 외벽 또는 이에 상당하는 공작물의 외측까지의 안전거리는 50[m] 이상이어야 한다.

관련개념 제조소의 안전거리(수평거리)

구분		안전거리
주거용 건축물 · 공작물		10[m] 이상
고압가스, 액화석유가스 또는 도시가스 저장 또는 취급하는 시설		20[m] 이상
학교, 병원급 의료기관(종합병원 포함), 극장		30[m] 이상
지정문화유산 및 천연기념물		50[m] 이상
특고압 가공전선	7[kV] 초과 35[kV] 이하	3[m] 이상
	35[kV] 초과	5[m] 이상

정답 | ④

43 빈출도 ★★

위험물안전관리법령상 허가를 받지 아니하고 당해 제조소등을 설치하거나 그 위치·구조 또는 설비를 변경할 수 있으며, 신고를 하지 아니하고 위험물의 품명·수량 또는 지정수량의 배수를 변경할 수 있는 기준으로 옳은 것은?

① 축산용으로 필요한 건조시설을 위한 지정수량 40배 이하의 저장소
② 수산용으로 필요한 건조시설을 위한 지정수량 30배 이하의 저장소
③ 농예용으로 필요한 난방시설을 위한 지정수량 40배 이하의 저장소
④ 주택의 난방시설(공동주택의 중앙난방시설 제외)을 위한 저장소

해설

주택의 난방시설(공동주택의 중앙난방시설 제외)을 위한 저장소 또는 취급소의 경우 시·도지사의 허가를 받지 않고 당해 제조소 등을 설치하거나 그 위치·구조 또는 설비를 변경할 수 있으며, 신고를 하지 아니하고 위험물의 품명·수량 또는 지정수량의 배수를 변경할 수 있다.

관련개념 **시·도지사의 허가를 받지 않고 당해 제조소등을 설치하거나 그 위치·구조 또는 설비를 변경할 수 있으며, 신고를 하지 아니하고 위험물의 품명·수량 또는 지정수량의 배수를 변경할 수 있는 경우**

㉠ 주택의 난방시설(공동주택의 중앙난방시설 제외)을 위한 저장소 또는 취급소
㉡ 농예용·축산용 또는 수산용으로 필요한 난방시설 또는 건조시설을 위한 지정수량 20배 이하의 저장소

정답 | ④

44 빈출도 ★★

소방시설공사업법령상 공사감리자 지정 대상 특정소방대상물의 범위가 아닌 것은?

① 제연설비를 신설·개설하거나 제연구역을 증설할 때
② 연소방지설비를 신설·개설하거나 살수구역을 증설할 때
③ 캐비닛형 간이스프링클러설비를 신설·개설하거나 방호·방수구역을 증설할 때
④ 물분무등소화설비(호스릴방식의 소화설비 제외)를 신설·개설하거나 방호·방수구역을 증설할 때

해설

캐비닛형 간이스프링클러설비를 신설·개설하거나 방호·방수구역을 증설할 때에는 공사감리자를 지정할 필요가 없다.

관련개념 **공사감리자 지정대상 특정소방대상물의 범위**

㉠ 옥내소화전설비를 신설·개설 또는 증설할 때
㉡ 스프링클러설비등(캐비닛형 간이스프링클러설비 제외)을 신설·개설하거나 방호·방수 구역을 증설할 때
㉢ 물분무등소화설비(호스릴방식의 소화설비 제외)를 신설·개설하거나 방호·방수 구역을 증설할 때
㉣ 옥외소화전설비를 신설·개설 또는 증설할 때
㉤ 자동화재탐지설비를 신설 또는 개설할 때
㉥ 비상방송설비를 신설 또는 개설할 때
㉦ 통합감시시설을 신설 또는 개설할 때
㉧ 소화용수설비를 신설 또는 개설할 때
㉨ 다음 소화활동설비에 대하여 시공을 할 때
- 제연설비를 신설·개설하거나 제연구역을 증설할 때
- 연결송수관설비를 신설 또는 개설할 때
- 연결살수설비를 신설·개설하거나 송수구역을 증설할 때
- 비상콘센트설비를 신설·개설하거나 전용회로를 증설할 때
- 무선통신보조설비를 신설 또는 개설할 때
- 연소방지설비를 신설·개설하거나 살수구역을 증설할 때

정답 | ③

45 빈출도 ★★★

다음 중 화재의 예방 및 안전관리에 관한 법률상 특수가연물에 해당하는 품명별 기준수량으로 틀린 것은?

① 사류: 1,000[kg] 이상
② 면화류: 200[kg] 이상
③ 나무껍질 및 대팻밥: 400[kg] 이상
④ 넝마 및 종이부스러기: 500[kg] 이상

해설

넝마 및 종이부스러기의 기준수량은 1,000[kg] 이상이다.

관련개념 특수가연물별 기준수량

<table>
<tr><th colspan="2">품명</th><th>수량</th></tr>
<tr><td colspan="2">면화류</td><td>200[kg] 이상</td></tr>
<tr><td colspan="2">나무껍질 및 대팻밥</td><td>400[kg] 이상</td></tr>
<tr><td colspan="2">넝마 및 종이부스러기</td><td rowspan="3">1,000[kg] 이상</td></tr>
<tr><td colspan="2">사류(絲類)</td></tr>
<tr><td colspan="2">볏짚류</td></tr>
<tr><td colspan="2">가연성 고체류</td><td>3,000[kg] 이상</td></tr>
<tr><td colspan="2">석탄 · 목탄류</td><td>10,000[kg] 이상</td></tr>
<tr><td colspan="2">가연성 액체류</td><td>2[m³] 이상</td></tr>
<tr><td colspan="2">목재가공품 및 나무부스러기</td><td>10[m³] 이상</td></tr>
<tr><td rowspan="2">고무류 · 플라스틱류</td><td>발포시킨 것</td><td>20[m³] 이상</td></tr>
<tr><td>그 밖의 것</td><td>3,000[kg] 이상</td></tr>
</table>

정답 | ④

46 빈출도 ★

소방기본법령상 소방대장의 권한이 아닌 것은?

① 화재 현장에 대통령령으로 정하는 사람 외에는 그 구역에 출입하는 것을 제한할 수 있다.
② 화재 진압 등 소방활동을 위하여 필요할 때에는 소방용수 외에 댐 · 저수지 등의 물을 사용할 수 있다.
③ 국민의 안전의식을 높이기 위하여 소방박물관 및 소방체험관을 설립하여 운영할 수 있다.
④ 불이 번지는 것을 막기 위하여 필요할 때에는 불이 번질 우려가 있는 소방대상물 및 토지를 일시적으로 사용할 수 있다.

해설

소방박물관과 소방체험관의 설립 · 운영권자는 각각 소방청장과 시 · 도지사이며 소방대장의 권한이 아니다.

관련개념 소방대장의 권한

㉠ 소방활동구역의 설정(출입 제한)
㉡ 소방활동 종사명령
㉢ 소방활동에 필요한 처분(강제처분)
㉣ 피난명령
㉤ 위험시설 등에 대한 긴급조치

정답 | ③

47 빈출도 ★★★

소방시설 설치 및 관리에 관한 법률상 단독경보형 감지기를 설치하여야 하는 특정소방대상물의 기준으로 틀린 것은?

① 숙박시설이 없는 수련시설
② 연면적 400[m²] 미만의 유치원
③ 수련시설 내에 있는 합숙소로서 연면적 2,000[m²] 미만인 것
④ 교육연구시설 내에 있는 기숙사로서 연면적 2,000[m²] 미만인 것

해설

숙박시설이 없는 수련시설은 단독경보형 감지기를 설치하지 않아도 된다.

관련개념 단독경보형 감지기를 설치해야 하는 특정소방대상물

시설	대상
기숙사 또는 합숙소	• 교육연구시설 내에 있는 것으로서 연면적 2,000[m²] 미만 • 수련시설 내에 있는 것으로서 연면적 2,000[m²] 미만
수련시설	수용인원 100명 미만인 숙박시설이 있는 것
유치원	연면적 400[m²] 미만
연립주택 및 다세대 주택*	전체

*연립주택 및 다세대 주택인 경우 연동형으로 설치할 것

정답 | ①

48 빈출도 ★★

소방기본법령상 시장지역에서 화재로 오인할 만한 우려가 있는 불을 피우거나 연막소독을 하려는 자가 신고를 하지 아니하여 소방자동차를 출동하게 한 자에 대한 과태료 부과 · 징수권자는?

① 국무총리
② 시 · 도지사
③ 행정안전부장관
④ 소방본부장 또는 소방서장

해설

화재로 오인할 만한 우려가 있는 불을 피우거나 연막소독을 하려는 자가 신고를 하지 아니하여 소방자동차를 출동하게 한 자에 대한 과태료는 관할 소방본부장 또는 소방서장이 부과 · 징수한다.

정답 | ④

49 빈출도 ★★★

소방시설 설치 및 관리에 관한 법률상 지하가 중 터널로서 길이가 1,000[m]일 때 설치하지 않아도 되는 소방시설은?

① 인명구조기구 ② 옥내소화전설비
③ 연결송수관설비 ④ 무선통신보조설비

해설

인명구조기구는 터널길이와 무관하게 설치하지 않아도 된다.

관련개념 터널길이에 따라 설치해야 하는 소방시설

터널길이	소방시설
500[m] 이상	• 비상경보설비 • 비상조명등 • 비상콘센트설비 • 무선통신보조설비
1,000[m] 이상	• 옥내소화전설비 • 자동화재탐지설비 • 연결송수관설비

정답 | ①

50 빈출도 ★★

화재의 예방 및 안전관리에 관한 법률상 1급 소방안전관리대상물에 해당하는 건축물은?

① 지하구
② 층수가 15층인 공공업무시설
③ 연면적 15,000[m^2] 이상인 동물원
④ 층수가 20층이고, 지상으로부터 높이가 100[m]인 아파트

해설

층수가 15층인 공공업무시설(특정소방대상물)은 1급 소방안전관리대상물에 해당한다.

선지분석

① 지하구는 2급 소방안전관리 대상물이다.
③ 동물원은 면적과 관계없이 특급, 1급 소방안전관리대상물에서 제외한다.
④ 층수가 30층 이상(지하층 제외)이거나 지상으로부터 높이가 120[m] 이상인 아파트가 1급 소방안전관리대상물의 기준이다.

관련개념 **1급 소방안전관리대상물**

시설	대상
아파트	• 30층 이상(지하층 제외) • 지상으로부터 높이 120[m] 이상
특정소방대상물 (아파트 제외)	• 연면적 15,000[m^2] 이상 • 지상층의 층수가 11층 이상
가연성 가스 저장·취급 시설	1,000[t] 이상 저장·취급

• 제외대상: 동·식물원, 철강 등 불연성 물품을 저장·취급하는 창고, 위험물 저장 및 처리 시설 중 제조소등과 지하구

정답 | ②

51 빈출도 ★★★

소방시설 설치 및 관리에 관한 법률상 수용인원 산정 방법 중 침대가 없는 숙박시설로서 해당 특정소방대상물의 종사자의 수는 5명, 복도, 계단 및 화장실의 바닥면적을 제외한 바닥면적이 158[m^2]인 경우의 수용인원은 약 몇 명인가?

① 37　　② 45
③ 58　　④ 84

해설

$$\text{종사자 수} + \frac{\text{바닥면적의 합계}}{3[m^2]}$$

$$= 5 + \frac{158}{3} = 57.67 \rightarrow 58\text{명(소수점 반올림)}$$

관련개념 **수용인원의 산정방법**

구분		산정방법
숙박시설	침대가 있는 숙박시설	종사자 수 + 침대 수(2인용 침대는 2개)
	침대가 없는 숙박시설	$\text{종사자 수} + \frac{\text{바닥면적의 합계}}{3[m^2]}$
강의실·교무실·상담실·실습실·휴게실 용도로 쓰이는 특정소방대상물		$\frac{\text{바닥면적의 합계}}{1.9[m^2]}$
강당, 문화 및 집회시설, 운동시설, 종교시설		$\frac{\text{바닥면적의 합계}}{4.6[m^2]}$
그 밖의 특정소방대상물		$\frac{\text{바닥면적의 합계}}{3[m^2]}$

* 계산 결과 소수점 이하의 수는 반올림한다.
* 복도(준불연재료 이상의 것), 화장실, 계단은 면적에서 제외한다.

정답 | ③

52 빈출도 ★★★

화재의 예방 및 안전관리에 관한 법률상 화재안전조사 결과 소방대상물의 위치 상황이 화재 예방을 위하여 보완될 필요가 있을 것으로 예상되는 때에 소방대상물의 개수 · 이전 · 제거, 그 밖의 필요한 조치를 관계인에게 명령할 수 있는 사람은?

① 소방서장　　② 경찰청장

③ 시 · 도지사　　④ 해당 구청장

해설

화재 예방을 위하여 보완될 필요가 있을 것으로 예상되는 때 소방대상물의 개수 · 이전 · 제거, 그 밖의 필요한 조치를 관계인에게 명령할 수 있는 사람은 소방관서장(소방청장, 소방본부장, 소방서장)이다.

관련개념 화재안전조사 결과에 따른 조치명령

소방관서장(소방청장, 소방본부장, 소방서장)은 화재안전조사 결과에 따른 소방대상물의 위치 · 구조 · 설비 또는 관리의 상황이 화재 예방을 위하여 보완될 필요가 있거나 화재가 발생하면 인명 또는 재산의 피해가 클 것으로 예상되는 때에는 행정안전부령으로 정하는 바에 따라 관계인에게 그 소방대상물의 개수 · 이전 · 제거, 사용의 금지 또는 제한, 사용폐쇄, 공사의 정지 또는 중지, 그 밖에 필요한 조치를 명할 수 있다.

정답 | ①

53 빈출도 ★★

소방시설공사업법령상 소방시설공사의 하자보수 보증기간이 3년이 아닌 것은?

① 자동소화장치　　② 무선통신보조설비

③ 자동화재탐지설비　　④ 간이스프링클러설비

해설

무선통신보조설비의 하자보수 보증기간은 2년이다.

관련개념 하자보수 보증기간

보증기간	소방시설	
2년	• 피난기구 • 유도등 • 비상경보설비	• 비상조명등 • 비상방송설비 • 무선통신보조설비
3년	• 자동소화장치 • 옥내소화전설비 • 스프링클러설비등 • 화재알림설비 • 물분무등소화설비	• 옥외소화전설비 • 자동화재탐지설비 • 상수도소화용수설비 • 소화활동설비(무선통신 보조설비 제외)

정답 | ②

54 빈출도 ★

위험물안전관리법령상 위험물취급소의 구분에 해당하지 않는 것은?

① 이송취급소

② 관리취급소

③ 판매취급소

④ 일반취급소

해설

관리취급소는 위험물취급소의 구분에 해당하지 않는다.

관련개념 위험물취급소의 구분

㉠ 주유취급소
㉡ 판매취급소
㉢ 이송취급소
㉣ 일반취급소

정답 | ②

55 빈출도 ★★★

소방시설 설치 및 관리에 관한 법률상 스프링클러설비를 설치하여야 하는 특정소방대상물의 기준으로 틀린 것은? (단, 위험물 저장 및 처리 시설 중 가스시설 또는 지하구는 제외한다.)

① 복합건축물로서 연면적 3,500[m^2] 이상인 경우에는 모든 층

② 창고시설(물류터미널 제외)로서 바닥면적 합계가 5,000[m^2] 이상인 경우에는 모든 층

③ 숙박이 가능한 수련시설 용도로 사용되는 시설의 바닥면적의 합계가 600[m^2] 이상인 것은 모든 층

④ 판매시설, 운수시설 및 창고시설(물류터미널에 한정)로서 바닥면적의 합계가 5,000[m^2] 이상이거나 수용인원이 500명 이상인 경우에는 모든 층

해설

복합건축물로서 연면적 5,000[m^2] 이상인 경우에는 모든 층에 스프링클러설비를 설치해야 한다.

정답 | ①

56 빈출도 ★

국민의 안전의식과 화재에 대한 경각심을 높이고 안전문화를 정착시키기 위한 소방의 날은 몇 월 며칠인가?

① 1월 19일

② 10월 9일

③ 11월 9일

④ 12월 19일

해설

국민의 안전의식과 화재에 대한 경각심을 높이고 안전문화를 정착시키기 위하여 매년 11월 9일을 소방의 날로 정하여 기념행사를 한다.

정답 | ③

57 빈출도 ★★

위험물안전관리법령상 위험물시설의 설치 및 변경 등에 관한 기준 중 다음 ( ) 안에 들어갈 내용으로 옳은 것은?

> 제조소등의 위치·구조 또는 설비의 변경 없이 당해 제조소등에서 저장하거나 취급하는 위험물의 품명·수량 또는 지정수량의 배수를 변경하고자 하는 자는 변경하고자 하는 날의 (㉠)일 전까지 (㉡)이 정하는 바에 따라 (㉢)에게 신고하여야 한다.

① ㉠: 1, ㉡: 대통령령, ㉢: 소방본부장

② ㉠: 1, ㉡: 행정안전부령, ㉢: 시·도지사

③ ㉠: 14, ㉡: 대통령령, ㉢: 소방서장

④ ㉠: 14, ㉡: 행정안전부령, ㉢: 시·도지사

해설

제조소등의 위치·구조 또는 설비의 변경 없이 당해 제조소등에서 저장하거나 취급하는 위험물의 품명·수량 또는 지정수량의 배수를 변경하고자 하는 자는 변경하고자 하는 날의 1일 전까지 행정안전부령이 정하는 바에 따라 시·도지사에게 신고하여야 한다.

정답 | ②

58 빈출도 ★★★

소방시설 설치 및 관리에 관한 법령상 1년 이하의 징역 또는 1,000만 원 이하의 벌금 기준에 해당하는 경우는?

① 소방용품의 형식승인을 받지 아니하고 소방용품을 제조하거나 수입한 자
② 형식승인을 받은 소방용품에 대하여 제품검사를 받지 아니한 자
③ 거짓이나 그 밖의 부정한 방법으로 제품검사 전문기관으로 지정을 받은 자
④ 소방용품에 대하여 형상 등의 일부를 변경한 후 형식승인의 변경승인을 받지 아니한 자

해설

소방용품에 대하여 형상 등의 일부를 변경 시 형식승인의 변경승인을 받지 아니한 자는 1년 이하의 징역 또는 1,000만 원 이하의 벌금에 처한다.

선지분석

①, ②, ③은 3년 이하의 징역 또는 3,000만 원 이하의 벌금 기준에 해당한다.

정답 | ④

59 빈출도 ★★

시 · 도지사가 소방시설업의 등록취소처분이나 영업정지처분을 하고자 할 경우 실시하여야 하는 것은?

① 청문을 실시하여야 한다.
② 징계위원회의 개최를 요구하여야 한다.
③ 직권으로 취소 처분을 결정하여야 한다.
④ 소방기술심의위원회의 개최를 요구하여야 한다.

해설

소방시설업 등록취소처분이나 영업정지처분 또는 소방기술 인정 자격취소처분을 하려면 청문을 하여야 한다.

정답 | ①

60 빈출도 ★

다음 중 소방시설 설치 및 관리에 관한 법령상 소방시설관리업을 등록할 수 있는 자는?

① 피성년후견인
② 소방시설관리업의 등록이 취소된 날부터 2년이 경과된 자
③ 금고 이상의 형의 집행유예를 선고받고 그 유예기간 중에 있는 자
④ 금고 이상의 실형을 선고받고 그 집행이 면제된 날부터 2년이 지나지 아니한 자

해설

소방시설관리업의 등록이 취소된 날부터 2년이 경과된 자는 소방시설관리업을 등록할 수 있다.

관련개념 소방시설관리업 등록의 결격사유

㉠ 피성년후견인
㉡ 소방관계법규 또는 위험물안전관리법을 위반하여 금고 이상의 실형을 선고받고 그 집행이 끝나거나 집행이 면제된 날부터 2년이 지나지 아니한 사람
㉢ 소방관계법규 또는 위험물안전관리법을 위반하여 금고 이상의 형의 집행유예를 선고받고 그 유예기간 중에 있는 사람
㉣ 관리업의 등록이 취소(피성년후견인에 해당하여 취소된 경우 제외)된 날부터 2년이 지나지 아니한 자
㉤ 임원 중에 위 4가지 사항 중 어느 하나에 해당하는 사람이 있는 법인

정답 | ②

61 빈출도 ★★

다음 중 스프링클러설비에서 자동경보밸브에 리타딩 챔버(retarding chamber)를 설치하는 목적으로 가장 적절한 것은?

① 자동으로 배수하기 위하여
② 압력수의 압력을 조절하기 위하여
③ 자동경보밸브의 오보를 방지하기 위하여
④ 경보를 발하기까지 시간을 단축하기 위하여

해설

리타딩 챔버는 순간적인 압력변화를 완충하여 압력스위치의 작동을 방지하며 이로 인한 누수를 외부로 배출시켜 유수검지장치(자동경보밸브)의 오작동을 방지한다.

정답 ③

62 빈출도 ★

구조대의 형식승인 및 제품검사의 기술기준 상 수직강하식 구조대의 구조 기준 중 틀린 것은?

① 구조대는 연속하여 강하할 수 있는 구조이어야 한다.
② 구조대는 안전하고 쉽게 사용할 수 있는 구조이어야 한다.
③ 입구틀 및 고정틀의 입구는 지름 40[cm] 이하의 구체가 통과할 수 있는 것이어야 한다.
④ 구조대의 포지는 외부포지와 내부포지로 구성하되, 외부포지와 내부포지의 사이에 충분한 공기층을 두어야 한다.

해설

입구틀 및 고정틀의 입구는 지름 60[cm] 이상의 구체가 통과할 수 있는 것이어야 한다.

관련개념 **수직강하식 구조대의 구조 기준**

㉠ 수직구조대는 안전하고 쉽게 사용할 수 있는 구조이어야 한다.
㉡ 수직구조대의 포지는 외부포지와 내부포지로 구성하고, 외부포지와 내부포지의 사이에 충분한 공기층을 둔다.
㉢ 건물내부의 별실에 설치하는 것은 외부포지를 설치하지 않을 수 있다.
㉣ 입구틀 및 고정틀의 입구는 지름 60[cm] 이상의 구체가 통과할 수 있는 것이어야 한다.
㉤ 수직구조대는 연속하여 강하할 수 있는 구조이어야 한다.
㉥ 포지는 사용 시 수직방향으로 현저하게 늘어나지 않아야 한다.
㉦ 포지, 지지틀, 고정틀, 그 밖의 부속장치 등은 견고하게 부착되어야 한다.

정답 ③

63 빈출도 ★★★

분말 소화설비의 화재안전성능기준(NFPC 108)상 분말 소화설비의 가압용 가스로 질소가스를 사용하는 경우 질소가스는 소화약제 1[kg]마다 최소 몇 [L] 이상이어야 하는가? (단, 질소가스의 양은 35[℃]에서 1기압의 압력상태로 환산한 것이다.)

① 10　② 20

③ 30　④ 40

해설

가압용 가스에 질소가스를 사용하는 경우 질소가스는 소화약제 1[kg] 마다 40[L](35[℃]에서 1기압의 압력상태로 환산한 것) 이상으로 해야 한다.

관련개념 **가압용·축압용 가스의 소요량(소화약제 1[kg] 기준)**

	질소	이산화탄소
가압용 가스	40[L]	20[g]+청소에 필요한 양
축압용 가스	10[L]	20[g]+청소에 필요한 양

정답 ④

64 빈출도 ★

도로터널의 화재안전성능기준(NFPC 603) 상 옥내소화전설비 설치기준 중 괄호 안에 알맞은 것은?

> 가압송수장치는 옥내소화전 2개(4차로 이상의 터널인 경우 3개)를 동시에 사용할 경우 각 옥내소화전의 노즐선단에서의 방수압력은 (㉠)[MPa] 이상이고 방수량은 (㉡)[L/min] 이상이 되는 성능의 것으로 할 것

① ㉠ 0.1　㉡ 130

② ㉠ 0.17　㉡ 130

③ ㉠ 0.25　㉡ 350

④ ㉠ 0.35　㉡ 190

해설

노즐선단에서의 방수압력은 0.35[MPa] 이상, 방수량은 190[L/min] 이상으로 한다.

관련개념 **도로터널의 옥내소화전설비 설치기준**

㉠ 소화전함과 방수구는 주행차로 우측 측벽을 따라 50[m] 이내의 간격으로 설치하고, 편도 2차선 이상의 양방향 터널이나 4차로 이상의 일방향 터널의 경우에는 양쪽 측벽에 각각 50[m] 이내의 간격으로 엇갈리게 설치한다.

㉡ 수원은 그 저수량이 옥내소화전의 설치개수 2개(4차로 이상의 터널인 경우 3개)를 동시에 40분 이상 사용할 수 있는 충분한 양 이상으로 한다.

㉢ 가압송수장치는 옥내소화전 2개(4차로 이상의 터널인 경우 3개)를 동시에 사용할 경우 각 옥내소화전의 노즐선단에서의 방수압력은 **0.35[MPa]** 이상이고 방수량은 **190[L/min]** 이상이 되도록 한다.

㉣ 하나의 옥내소화전을 사용하는 노즐선단의 방수압력이 0.7[MPa]을 초과하는 경우 호스접결구의 인입측에 감압장치를 설치한다.

㉤ 전동기 또는 내연기관에 의한 펌프를 이용하는 가압송수장치는 주펌프와 동등 이상의 성능이 있는 별도의 펌프로서 내연기관의 기동과 연동하여 작동되거나 비상전원을 연결한 예비펌프를 추가로 설치한다.

㉥ 방수구는 40[mm] 구경의 단구형을 옥내소화전이 설치된 벽면의 바닥면으로부터 1.5[m] 이하의 쉽게 사용 가능한 높이에 설치할 것

㉦ 소화전함에는 옥내소화전 방수구 1개, 15[m] 이상의 소방호스 3본 이상 및 방수노즐을 비치한다.

㉧ 옥내소화전설비의 비상전원은 옥내소화전설비를 유효하게 40분 이상 작동할 수 있어야 한다.

정답 ④

65 빈출도 ★★

물분무 소화설비의 화재안전기술기준(NFTC 104)상 110[kV] 초과 154[kV] 이하의 고압 전기기기와 물분무헤드 사이의 이격거리는 최소 몇 [cm] 이상이어야 하는가?

① 110　② 150
③ 180　④ 210

해설

고압 전기기기와 물분무헤드 사이의 이격거리는 110[kV] 초과 154[kV] 이하인 경우 150[cm] 이상으로 한다.

관련개념 물분무 헤드의 설치기준

㉠ 물분무 헤드는 표준방사량으로 해당 방호대상물의 화재를 유효하게 소화하는데 필요한 수를 적정한 위치에 설치한다.
㉡ 고압의 전기기기가 있는 장소는 전기의 절연을 위하여 전기기기와 물분무 헤드 사이에 다음의 표에 따른 거리를 둔다.

전압[kV]	거리[cm]
66 이하	70 이상
66 초과 77 이하	80 이상
77 초과 110 이하	110 이상
110 초과 154 이하	150 이상
154 초과 181 이하	180 이상
181 초과 220 이하	210 이상
220 초과 275 이하	260 이상

정답 | ②

66 빈출도 ★★

분말 소화설비의 화재안전성능기준(NFPC 108)상 분말 소화설비의 배관으로 동관을 사용하는 경우에는 최고사용압력의 최소 몇 배 이상의 압력에 견딜 수 있는 것을 사용하여야 하는가?

① 1　② 1.5
③ 2　④ 2.5

해설

동관을 사용하는 경우의 배관은 고정압력 또는 최고사용압력의 1.5배 이상의 압력에 견딜 수 있는 것을 사용한다.

관련개념 분말 소화설비 배관의 설치기준

㉠ 배관은 전용으로 한다.
㉡ 강관을 사용하는 경우의 배관은 아연도금에 따른 배관용 탄소강관(KS D 3507)이나 이와 동등 이상의 강도·내식성 및 내열성을 가진 것으로 한다.
㉢ 축압식 분말 소화설비에 사용하는 것 중 20[℃]에서 압력이 2.5[MPa] 이상 4.2[MPa] 이하인 것은 압력배관용 탄소강관(KS D 3562) 중 이음이 없는 스케줄 40 이상의 것 또는 이와 동등 이상의 강도를 가진 것으로서 아연도금으로 방식 처리된 것을 사용한다.
㉣ 동관을 사용하는 경우의 배관은 고정압력 또는 최고사용압력의 1.5배 이상의 압력에 견딜 수 있는 것을 사용한다.
㉤ 밸브류는 개폐위치 또는 개폐방향을 표시한 것으로 한다.
㉥ 배관의 관부속 및 밸브류는 배관과 동등 이상의 강도 및 내식성이 있는 것으로 한다.
㉦ 확관형 분기배관을 사용할 경우에는 소방청장이 정하여 고시한 기준에 적합한 것으로 설치한다.

정답 | ②

67 빈출도 ★

소화기의 형식승인 및 제품검사의 기술기준 상 A급 화재용 소화기의 능력단위 산정을 위한 소화능력시험의 내용으로 틀린 것은?

① 모형 배열 시 모형 간의 간격은 3[m] 이상으로 한다.
② 소화는 최초의 모형에 불을 붙인 다음 1분 후에 시작한다.
③ 소화는 무풍상태(풍속 0.5[m/s] 이하)와 사용상태에서 실시한다.
④ 소화약제의 방사가 완료된 때 잔염이 없어야 하며, 방사완료 후 2분 이내에 다시 불타지 아니한 경우 그 모형은 완전히 소화된 것으로 본다.

해설

소화는 최초의 모형에 불을 붙인 다음 3분 후에 시작하고, 불을 붙인 순으로 한다.

정답 | ②

68 빈출도 ★★★

상수도 소화용수설비의 화재안전성능기준(NFPC 401)상 소화전은 특정소방대상물의 수평투영면의 각 부분으로부터 몇 [m] 이하가 되도록 설치하여야 하는가?

① 70 ② 100
③ 140 ④ 200

해설

소화전은 특정소방대상물의 수평투영면의 각 부분으로부터 140[m] 이하가 되도록 설치한다.

관련개념 **상수도 소화용수설비 설치기준**

㉠ 호칭지름 75[mm] 이상의 수도배관에 호칭지름 100[mm] 이상의 소화전을 접속한다.
㉡ 소화전은 소방자동차 등의 진입이 쉬운 도로변 또는 공지에 설치한다.
㉢ 소화전은 특정소방대상물의 수평투영면의 각 부분으로부터 140[m] 이하가 되도록 설치한다.

정답 | ③

69 빈출도 ★★★

지하구의 화재안전성능기준(NFPC 605) 상 연소방지설비 송수구의 설치기준으로 옳은 것은?

① 송수구는 구경 65[mm]의 쌍구형으로 할 것
② 지면으로부터 높이가 0.5[m] 이상 1.5[m] 이하의 위치에 설치할 것
③ 송수구의 가까운 부분에 수동배수밸브를 설치할 것
④ 송수구로부터 주배관에 이르는 연결배관에는 개폐밸브를 설치할 것

해설

송수구는 구경 65[mm]의 쌍구형으로 한다.

선지분석

② 지면으로부터 높이가 0.5[m] 이상 1[m] 이하의 위치에 설치한다.
③ 송수구의 가까운 부분에 자동배수밸브(또는 직경 5[mm]의 배수공)를 설치한다.
④ 송수구로부터 주배관에 이르는 연결배관에는 개폐밸브를 설치하지 않는다.

정답 | ①

70 빈출도 ★★★

포 소화설비의 화재안전성능기준(NFPC 105) 상 포헤드의 설치기준 중 다음 괄호 안에 알맞은 것은?

> 압축공기포 소화설비의 분사헤드는 천장 또는 반자에 설치하되 방호대상물에 따라 측벽에 설치할 수 있으며 유류탱크 주위에는 바닥면적 (㉠)[m^2]마다 1개 이상, 특수가연물 저장소에는 바닥면적 (㉡)[m^2]마다 1개 이상으로 당해 방호대상물의 화재를 유효하게 소화할 수 있도록 할 것

① ㉠ 8 ㉡ 9
② ㉠ 9 ㉡ 8
③ ㉠ 9.3 ㉡ 13.9
④ ㉠ 13.9 ㉡ 9.3

해설

압축공기포 소화설비의 분사헤드는 유류탱크 주위에 바닥면적 13.9[m^2]마다 1개 이상, 특수가연물 저장소에는 바닥면적 9.3[m^2]마다 1개 이상 설치한다.

정답 | ④

71 빈출도 ★★

제연설비의 화재안전성능기준(NFPC 501) 상 배출구 설치 시 예상제연구역의 각 부분으로부터 하나의 배출구까지의 수평거리는 최대 몇 [m] 이내가 되어야 하는가?

① 5　　② 10
③ 15　　④ 20

해설

예상제연구역의 각 부분으로부터 하나의 배출구까지의 수평거리는 10[m] 이내로 한다.

관련개념 **배출구의 설치기준**

㉠ 예상제연구역(통로 제외)의 바닥면적이 400[m^2] 미만인 경우
- 벽으로 구획되어 있는 경우 배출구는 천장 또는 반자와 바닥 사이의 중간 윗부분에 설치한다.
- 어느 한 부분이 제연경계로 구획되어 있는 경우 천장·반자 또는 이에 가까운 벽의 부분에 설치한다.
- 배출구를 벽에 설치하는 경우 배출구의 하단이 해당 예상제연구역에서 제연경계의 폭이 가장 짧은 제연경계의 하단보다 높이 되도록 한다.

㉡ 통로인 예상제연구역과 바닥면적이 400[m^2] 이상인 경우
- 벽으로 구획되어 있는 경우 배출구는 천장·반자 또는 이에 가까운 벽의 부분에 설치한다.
- 배출구를 벽에 설치하는 경우 배출구의 하단과 바닥 간의 최단거리를 2[m] 이상으로 한다.
- 어느 한 부분이 제연경계로 구획되어 있는 경우 천장·반자 또는 이에 가까운 벽의 부분에 설치한다.
- 배출구를 벽 또는 제연경계에 설치하는 경우 배출구의 하단이 해당 예상제연구역에서 제연경계의 폭이 가장 짧은 제연경계의 하단보다 높이 되도록 한다.

㉢ 예상제연구역의 각 부분으로부터 하나의 배출구까지의 수평거리는 10[m] 이내로 한다.

정답 | ②

72 빈출도 ★★★

스프링클러설비의 화재안전성능기준(NFPC 103) 상 스프링클러 헤드를 설치하는 천장·반자·천장과 반자 사이·덕트·선반 등의 각 부분으로부터 하나의 스프링클러 헤드까지의 수평거리 기준으로 틀린 것은? (단, 성능이 별도로 인정된 스프링클러 헤드를 수리계산에 따라 설치하는 경우는 제외한다.)

① 무대부에 있어서는 1.7[m] 이하
② 공동주택(아파트) 세대 내의 거실에 있어서는 2.6[m] 이하
③ 특수가연물을 저장 또는 취급하는 장소에 있어서는 2.1[m] 이하
④ 특수가연물을 저장 또는 취급하는 랙식 창고의 경우에는 1.7[m] 이하

해설

특수가연물을 저장 또는 취급하는 장소에서 천장·반자·천장과 반자 사이·덕트·선반 등의 각 부분으로부터 하나의 스프링클러 헤드까지의 수평거리는 1.7[m] 이하가 되도록 한다.

관련개념 **헤드의 방사범위**

천장·반자·천장과 반자 사이·덕트·선반 등의 각 부분으로부터 하나의 스프링클러 헤드까지의 수평거리는 다음의 표에 따른 거리 이하가 되도록 한다.

소방대상물	수평거리
무대부·특수가연물을 저장 또는 취급하는 장소	1.7[m]
비내화구조 특정소방대상물	2.1[m]
내화구조 특정소방대상물	2.3[m]
아파트 세대 내	2.6[m]

정답 | ③

73 빈출도 ★★

이산화탄소 소화설비의 화재안전성능기준(NFPC 106) 상 전역방출방식 이산화탄소 소화설비의 분사헤드 방사압력은 저압식인 경우 최소 몇 [MPa] 이상이어야 하는가?

① 0.5 ② 1.05
③ 1.4 ④ 2.0

해설

분사헤드의 방출압력은 2.1[MPa](저압식은 1.05[MPa]) 이상으로 한다.

관련개념 **전역방출방식의 분사헤드**

㉠ 방출된 소화약제가 방호구역의 전역에 균일하고 신속하게 확산할 수 있도록 한다.
㉡ 분사헤드의 방출압력은 2.1[MPa](저압식은 1.05[MPa]) 이상으로 한다.
㉢ 기준저장량의 소화약제를 다음의 표에 따른 시간 이내에 방출할 수 있는 것으로 한다.

방호대상물	소화약제의 방출시간
표면화재 (가연성 액체, 가연성 가스)	1분
심부화재 (종이, 목재, 석탄, 섬유류, 합성수지류)	7분

정답 | ②

74 빈출도 ★

완강기의 형식승인 및 제품검사의 기술기준 상 완강기 및 간이완강기의 구성으로 적합한 것은?

① 속도조절기, 속도조절기의 연결부, 하부지지장치, 연결금속구, 벨트
② 속도조절기, 속도조절기의 연결부, 로우프, 연결금속구, 벨트
③ 속도조절기, 가로봉 및 세로봉, 로우프, 연결금속구, 벨트
④ 속도조절기, 가로봉 및 세로봉, 로우프, 하부지지장치, 벨트

해설

완강기 및 간이완강기는 속도조절기·속도조절기의 연결부·로프·연결금속구 및 벨트로 구성한다.

관련개념 **완강기 및 간이완강기의 구조 및 성능**

㉠ 속도조절기·속도조절기의 연결부·로프·연결금속구 및 벨트로 구성한다.
㉡ 강하 시 사용자를 심하게 선회시키지 않아야 한다.
㉢ 기능에 이상이 생길 수 있는 모래나 기타의 이물질이 쉽게 들어가지 않도록 견고한 덮개로 덮어져 있어야 한다.
㉣ 부품 및 덮개를 나사로 체결할 경우 풀림방지조치를 해야 한다.

정답 | ②

75 빈출도 ★★★

스프링클러설비의 화재안전성능기준(NFPC 103) 상 스프링클러설비의 교차배관에서 분기되는 지점을 기점으로 한쪽 가지배관에 설치되는 헤드의 개수는 최대 몇 개 이하인가? (단, 방호구역 안에서 칸막이 등으로 구획하여 헤드를 증설하는 경우와 격자형 배관방식을 채택하는 경우는 제외한다.)

① 8　② 10
③ 12　④ 15

해설

교차배관에서 분기되는 지점을 기점으로 한 쪽 가지배관에 설치되는 헤드의 개수는 8개 이하로 한다.

관련개념 **가지배관의 설치기준**

가지배관의 배열은 다음의 기준에 따라 설치한다.
㉠ 토너먼트 배관방식이 아니어야 한다.
㉡ 교차배관에서 분기되는 지점을 기점으로 한 쪽 가지배관에 설치되는 헤드의 개수는 8개 이하로 한다.
㉢ 가지배관과 헤드 사이의 배관을 신축배관으로 하는 경우 소방청장이 정하여 고시한 기준에 적합한 것으로 설치한다.

정답 | ①

76 빈출도 ★★

제연설비의 화재안전성능기준(NFPC 501) 상 제연설비의 설치장소 기준 중 하나의 제연구역의 면적은 최대 몇 [m^2] 이내로 하여야 하는가?

① 700　② 1,000
③ 1,300　④ 1,500

해설

하나의 제연구역의 면적은 1,000[m^2] 이내로 한다.

관련개념 **제연구역의 구획기준**

㉠ 하나의 제연구역의 면적은 1,000[m^2] 이내로 한다.
㉡ 거실과 통로(복도 포함)는 각각 제연구획 한다.
㉢ 통로상의 제연구역은 보행중심선의 길이가 60[m]를 초과하지 않는다.
㉣ 하나의 제연구역은 직경 60[m] 원 내에 들어갈 수 있어야 한다.
㉤ 하나의 제연구역은 2 이상의 층에 미치지 않도록 한다.
㉥ 층의 구분이 불분명한 부분은 그 부분을 다른 부분과 별도로 제연구획 한다.

정답 | ②

77 빈출도 ★★

옥내소화전설비의 화재안전성능기준(NFPC 102) 상 배관의 설치기준 중 다음 괄호 안에 알맞은 것은?

> 연결송수관설비의 배관과 겸용할 경우의 주배관은 구경 (㉠)[mm] 이상, 방수구로 연결되는 배관의 구경은 (㉡)[mm] 이상의 것으로 하여야 한다.

① ㉠ 80　㉡ 65
② ㉠ 80　㉡ 50
③ ㉠ 100　㉡ 65
④ ㉠ 125　㉡ 80

해설

연결송수관설비의 배관과 겸용할 경우 주배관의 구경은 100[mm] 이상으로 한다.
연결송수관설비의 배관과 겸용할 경우 방수구로 연결되는 배관의 구경은 65[mm] 이상으로 한다.

정답 | ③

78 빈출도 ★★★

이산화탄소 소화설비의 화재안전기술기준(NFTC 106) 상 저압식 이산화탄소 소화약제 저장용기에 설치하는 안전밸브의 작동압력은 내압시험압력의 몇 배에서 작동해야 하는가?

① 0.24 ~ 0.4　② 0.44 ~ 0.6
③ 0.64 ~ 0.8　④ 0.84 ~ 1

해설

저압식 저장용기에는 내압시험압력의 0.64배 이상 0.8배 이하의 압력에서 작동하는 안전밸브를 설치한다.

관련개념 저장용기의 설치기준

㉠ 저장용기의 충전비는 고압식은 1.5 이상 1.9 이하, 저압식은 1.1 이상 1.4 이하로 한다.
㉡ 저압식 저장용기에는 내압시험압력의 0.64배 이상 0.8배 이하의 압력에서 작동하는 안전밸브를 설치한다.
㉢ 저압식 저장용기에는 내압시험압력의 0.8배 이상 1배 이하의 압력에서 작동하는 봉판을 설치한다.
㉣ 저압식 저장용기에는 액면계 및 압력계와 2.3[MPa] 이상 1.9[MPa] 이하의 압력에서 작동하는 압력경보장치를 설치한다.
㉤ 저압식 저장용기에는 용기 내부의 온도가 −18[℃] 이하에서 2.1[MPa]의 압력을 유지할 수 있는 자동냉동장치를 설치한다.
㉥ 고압식 저장용기는 25[MPa] 이상, 저압식 저장용기는 3.5[MPa] 이상의 내압시험압력에 합격한 것으로 한다.
㉦ 저장용기의 개방밸브는 전기식·가스압력식 또는 기계식에 따라 자동으로 개방되고 수동으로도 개방되는 것으로서 안전장치가 부착된 것으로 한다.
㉧ 저장용기와 선택밸브 또는 개폐밸브 사이에는 배관의 최소사용설계압력과 최대허용압력 사이의 압력에서 작동하는 안전장치를 설치한다.

정답 | ③

79 빈출도 ★★★

소화기구 및 자동소화장치의 화재안전기술기준(NFTC 101) 상 노유자시설은 당해 용도의 바닥면적 얼마마다 능력단위 1단위 이상의 소화기구를 비치해야 하는가?

① 바닥면적 30[m^2] 마다
② 바닥면적 50[m^2] 마다
③ 바닥면적 100[m^2] 마다
④ 바닥면적 200[m^2] 마다

해설

노유자시설에 소화기구를 설치할 경우 바닥면적 100[m^2]마다 능력단위 1단위 이상으로 한다.

관련개념 소화기구의 특정소방대상물별 능력단위

특정소방대상물	소화기구의 능력단위
1. 위락시설	해당 용도의 바닥면적 30[m^2] 마다 능력단위 1단위 이상
2. 공연장 · 집회장 · 관람장 · 문화재 · 장례식장 및 의료시설	해당 용도의 바닥면적 50[m^2] 마다 능력단위 1단위 이상
3. 근린생활시설 · 판매시설 · 운수시설 · 숙박시설 · 노유자시설 · 전시장 · 공동주택 · 업무시설 · 방송통신시설 · 공장 · 창고시설 · 항공기 및 자동차 관련 시설 및 관광휴게시설	해당 용도의 바닥면적 100[m^2] 마다 능력단위 1단위 이상
4. 그 밖의 것	해당 용도의 바닥면적 200[m^2] 마다 능력단위 1단위 이상

소화기구의 능력단위를 산출할 때 건축물의 주요구조부가 내화구조이고, 벽 및 반자의 실내에 면하는 부분이 불연재료 · 준불연재료 또는 난연재료로 된 특정소방대상물의 경우 위 기준의 2배를 기준면적으로 한다.

정답 | ③

80 빈출도 ★★★

포 소화설비의 화재안전성능기준(NFPC 105) 상 전역방출방식 고발포용 고정포 방출구의 설치기준으로 옳은 것은? (단, 해당 방호구역에서 외부로 새는 양 이상의 포 수용액을 유효하게 추가하여 방출하는 설비가 있는 경우는 제외한다.)

① 개구부에 자동폐쇄장치를 설치할 것
② 바닥면적 600[m^2] 마다 1개 이상으로 할 것
③ 방호대상물의 최고부분보다 낮은 위치에 설치할 것
④ 특정소방대상물 및 포의 팽창비에 따른 종별에 관계없이 해당 방호구역의 관포체적 1[m^3]에 대한 1분당 포수용액 방출량은 1[L] 이상으로 할 것

해설

전역방출방식의 고발포용 고정포 방출구에는 개구부에 자동폐쇄장치를 설치해야 한다.

선지분석

② 고정포 방출구는 바닥면적 500[m^2]마다 1개 이상으로 하여 방호대상물의 화재를 유효하게 소화할 수 있도록 한다.
③ 고정포 방출구는 방호대상물의 최고부분보다 높은 위치에 설치한다. 밀어올리는 능력을 가진 것은 방호대상물과 같은 높이로 할 수 있다.
④ 고정포 방출구는 특정소방대상물 및 포의 팽창비에 따라 해당 방호구역의 관포체적 1[m^3]에 대하여 1분 당 방출량을 기준량 이상이 되도록 한다.

정답 | ①

자동채점

소방원론

01 빈출도 ★

일반적인 플라스틱 분류상 열경화성 플라스틱에 해당하는 것은?

① 폴리에틸렌　　② 폴리염화비닐
③ 페놀수지　　④ 폴리스티렌

해설

페놀수지는 열경화성 플라스틱이다.

관련개념 열가소성, 열경화성

㉠ 열가소성: 열을 가하면 분자 간 결합이 약해지면서 물질이 물러지는 성질
㉡ 열경화성: 열을 가할수록 단단해지는 성질

일반적으로 물질의 명칭이 '폴리-'로 이루어진 경우 열가소성인 경우가 많다.

정답 | ③

02 빈출도 ★★★

공기 중에서 수소의 연소범위로 옳은 것은?

① 0.4~4[vol%]　　② 1~12.5[vol%]
③ 4~75[vol%]　　④ 67~92[vol%]

해설

수소의 연소범위는 4~75[vol%]이다.

관련개념 주요 가연성 가스의 연소범위와 위험도

가연성 가스	하한계 [vol%]	상한계 [vol%]	위험도
아세틸렌(C_2H_2)	2.5	81	31.4
수소(H_2)	4	75	17.8
일산화탄소(CO)	12.5	74	4.9
에테르($C_2H_5OC_2H_5$)	1.9	48	24.3
이황화탄소(CS_2)	1.2	44	35.7
에틸렌(C_2H_4)	2.7	36	12.3
암모니아(NH_3)	15	28	0.9
메테인(CH_4)	5	15	2
에테인(C_2H_6)	3	12.4	3.1
프로페인(C_3H_8)	2.1	9.5	3.5
뷰테인(C_4H_{10})	1.8	8.4	3.7

정답 | ③

03 빈출도 ★★

건물 내 피난동선의 조건으로 옳지 않은 것은?

① 2개 이상의 방향으로 피난할 수 있어야 한다.
② 가급적 단순한 형태로 한다.
③ 통로의 말단은 안전한 장소이어야 한다.
④ 수직동선은 금하고 수평동선만 고려한다.

해설

피난동선은 수직동선도 고려하여 구성해야 한다.

관련개념 **화재 시 피난동선의 조건**

㉠ 피난동선은 가급적 단순한 형태로 한다.
㉡ 2 이상의 피난동선을 확보한다.
㉢ 피난통로는 불연재료로 구성한다.
㉣ 인간의 본능을 고려하여 동선을 구성한다.
㉤ 계단은 직통계단으로 한다.
㉥ 피난통로의 종착지는 안전한 장소여야 한다.
㉦ 수평동선과 수직동선을 구분하여 구성한다.

정답 | ④

04 빈출도 ★★

증발잠열을 이용하여 가연물의 온도를 떨어뜨려 화재를 진압하는 소화방법은?

① 제거소화 ② 억제소화
③ 질식소화 ④ 냉각소화

해설

냉각소화는 연소 중인 가연물질의 온도를 인화점 이하로 냉각시켜 소화하는 것을 말한다.

정답 | ④

05 빈출도 ★

열분해에 의하여 가연물 표면에 유리상의 메타인산 피막을 형성하고 연소에 필요한 산소의 유입을 차단하는 분말약제는?

① 요소 ② 탄산수소칼륨
③ 제1인산암모늄 ④ 탄산수소나트륨

해설

제1인산암모늄은 360[℃] 이상의 온도에서 열분해하는 과정 중에 생성되는 메타인산이 가연물 표면에 유리상의 피막을 형성하여 산소 공급을 차단시킨다.

정답 | ③

06 빈출도 ★★

화재를 소화하는 방법 중 물리적 방법에 의한 소화가 아닌 것은?

① 억제소화 ② 제거소화
③ 질식소화 ④ 냉각소화

해설

억제소화는 연소의 요소 중 연쇄적 산화반응을 약화시켜 연소의 계속을 불가능하게 하므로 화학적 방법에 의한 소화에 해당한다.

관련개념 **소화의 분류**

㉠ 물리적 소화: 냉각 · 질식 · 제거 · 희석소화
㉡ 화학적 소화: 부촉매소화(억제소화)

정답 | ①

07 빈출도 ★★★

물과 반응하여 가연성 기체를 발생하지 않는 것은?

① 칼륨 ② 인화알루미늄
③ 산화칼슘 ④ 탄화알루미늄

해설

산화칼슘(CaO)은 물과 반응하였을 때 수산화칼슘($Ca(OH)_2$)을 생성한다.

선지분석

① $2K+2H_2O \rightarrow 2KOH+H_2\uparrow$
② $AlP+3H_2O \rightarrow Al(OH)_3+PH_3\uparrow$
④ $Al_4C_3+12H_2O \rightarrow 4Al(OH)_3+3CH_4\uparrow$

정답 | ③

08 빈출도 ★★★

다음 물질을 저장하고 있는 장소에서 화재가 발생하였을 때 주수소화가 적합하지 않은 것은?

① 적린 ② 마그네슘 분말
③ 과염소산칼륨 ④ 유황

해설

마그네슘 분말(Mg)과 물(H_2O)이 반응하면 수소(H_2)가 발생하므로 주수소화가 적합하지 않다.
$Mg+2H_2O \rightarrow Mg(OH)_2+H_2\uparrow$

정답 | ②

09 빈출도 ★

과산화수소와 과염소산의 공통성질이 아닌 것은?

① 산화성 액체이다. ② 유기화합물이다.
③ 불연성 물질이다. ④ 비중이 1보다 크다.

해설

과산화수소(H_2O_2)와 과염소산($HClO_4$) 모두 무기화합물이다.

선지분석

① 제6류 위험물(산화성 액체)이다.
③ 직접 연소하지 않는 불연성 물질이며 산소를 함유하고 있어 조연성 물질이기도 하다.
④ 물보다 무거워 비중이 1보다 크다.

관련개념

유기화합물은 기본 구조가 탄소(C) 원자로 이루어진 물질이다.

정답 | ②

10 빈출도 ★

다음 중 가연성 가스가 아닌 것은?

① 일산화탄소 ② 프로페인
③ 아르곤 ④ 메테인

해설

아르곤(Ar)은 주기율표상 18족 원소인 불활성기체로 연소하지 않는다.

정답 | ③

11 빈출도 ★★

화재 발생 시 인간의 피난 특성으로 틀린 것은?

① 본능적으로 평상시 사용하는 출입구를 사용한다.
② 최초로 행동을 개시한 사람을 따라서 움직인다.
③ 공포감으로 인해서 빛을 피하여 어두운 곳으로 몸을 숨긴다.
④ 무의식중에 발화 장소의 반대쪽으로 이동한다.

해설

화재 시 밝은 곳으로 대피한다. 이를 지광본능이라 한다.

관련개념 화재 시 인간의 피난특성

지광본능	밝은 곳으로 대비한다.
추종본능	최초로 행동한 사람을 따른다.
퇴피본능	발화지점의 반대방향으로 이동한다.
귀소본능	평소에 사용하던 문, 통로를 사용한다.
좌회본능	오른손잡이는 오른손이나 오른발을 이용하여 왼쪽으로 회전(좌회전)한다.

정답 | ③

12 빈출도 ★★

실내화재에서 화재의 최성기에 돌입하기 전에 다량의 가연성 가스가 동시에 연소되면서 급격한 온도상승을 유발하는 현상은?

① 패닉(Panic) 현상
② 스택(Stack) 현상
③ 화이어 볼(Fire Ball) 현상
④ 플래쉬 오버(Flash Over) 현상

해설

플래쉬 오버(Flash Over) 현상이란 화점 주위에서 화재가 서서히 진행하다가 어느 정도 시간이 경과함에 따라 대류와 복사현상에 의해 일정 공간 안에 있는 가연물이 발화점까지 가열되어 일순간에 걸쳐 동시 발화되는 현상이다.

정답 | ④

13 빈출도 ★★

다음 원소 중 할로겐족 원소인 것은?

① Ne ② Ar
③ Cl ④ Xe

해설

염소(Cl)는 주기율표상 17족 원소로 할로겐족 원소이다.

선지분석

네온(Ne), 아르곤(Ar), 제논(Xe)은 주기율표상 18족 원소로 불활성(비활성)기체이다.

정답 | ③

14 빈출도 ★★

피난 시 하나의 수단이 고장 등으로 사용이 불가능하더라도 다른 수단 및 방법을 통해서 피난할 수 있도록 하는 것으로 2방향 이상의 피난통로를 확보하는 피난대책의 일반 원칙은?

① Risk－down 원칙 ② Feed－back 원칙
③ Fool－proof 원칙 ④ Fail－safe 원칙

해설

하나의 수단에 문제가 생겨 작동하지 않더라도(Fail) 차선책을 활용해 목적을 달성(Safe)할 수 있도록 하는 원칙은 Fail－safe 원칙이다.

정답 | ④

15 빈출도 ★★

목재건축물의 화재 진행과정을 순서대로 나열한 것은?

① 무염착화－발염착화－발화－최성기
② 무염착화－최성기－발염착화－발화
③ 발염착화－발화－최성기－무염착화
④ 발염착화－최성기－무염착화－발화

해설

목조건축물의 화재 진행 과정은 다음과 같은 순서로 진행된다.
화재의 원인 － 무염착화 － 발염착화 － 발화 － 성장기 － 최성기 － 연소낙하 － 소화

정답 | ①

16 빈출도 ★★★

탄산수소나트륨이 주성분인 분말 소화약제는?

① 제1종 분말　② 제2종 분말
③ 제3종 분말　④ 제4종 분말

해설

제1종 분말 소화약제의 주성분은 탄산수소나트륨($NaHCO_3$)이다.

관련개념 분말 소화약제

구분	주성분	색상	적응화재
제1종	탄산수소나트륨 ($NaHCO_3$)	백색	B급 화재 C급 화재
제2종	탄산수소칼륨 ($KHCO_3$)	담자색 (보라색)	B급 화재 C급 화재
제3종	제1인산암모늄 ($NH_4H_2PO_4$)	담홍색	A급 화재 B급 화재 C급 화재
제4종	탄산수소칼륨＋요소 [$KHCO_3+CO(NH_2)_2$]	회색	B급 화재 C급 화재

정답 | ①

17 빈출도 ★★★

공기와 Halon 1301의 혼합기체에서 Halon 1301에 비해 공기의 확산속도는 약 몇 배인가? (단, 공기의 평균분자량은 29, 할론 1301의 분자량은 149이다.)

① 2.27배　② 3.85배
③ 5.17배　④ 6.46배

해설

같은 온도와 압력에서 두 기체의 확산속도의 비는 두 기체 분자량의 제곱근의 비와 같다.

$$\frac{v_a}{v_b}=\sqrt{\frac{M_b}{M_a}}=\sqrt{\frac{149}{29}}\fallingdotseq 2.27$$

관련개념 그레이엄의 법칙

$$\frac{v_a}{v_b}=\sqrt{\frac{M_b}{M_a}}$$

v_a: a기체의 확산속도 [m/s], v_b: b기체의 확산속도 [m/s],
M_a: a기체의 분자량, M_b: b기체의 분자량

정답 | ①

18 빈출도 ★★

불연성 기체나 고체 등으로 연소물을 감싸 산소공급을 차단하는 소화방법은?

① 질식소화　② 냉각소화
③ 연쇄반응차단소화　④ 제거소화

해설

질식소화는 연소하고 있는 가연물이 들어있는 용기를 기계적으로 밀폐하여 외부와 차단하거나 타고 있는 가연물의 표면을 거품 또는 불연성의 액체로 덮어서 연소에 필요한 공기의 공급을 차단시켜 소화하는 것을 말한다.

정답 | ①

19 빈출도 ★★★

공기 중의 산소의 농도는 약 몇 [vol%] 인가?

① 10　② 13
③ 17　④ 21

해설

공기 중 산소의 농도는 21[vol%]이다.

관련개념 **공기의 구성성분과 분자량**

약 78[%]의 질소(N_2), 21[%]의 산소(O_2), 1[%]의 아르곤(Ar)으로 구성된다.
질소, 산소, 아르곤의 원자량은 각각 14, 16, 40으로 공기의 평균 분자량은 다음과 같다.
$(14\times2\times0.78)+(16\times2\times0.21)+(40\times0.01)\fallingdotseq29$

정답 | ④

20 빈출도 ★★★

자연발화 방지대책에 대한 설명 중 틀린 것은?

① 저장실의 온도를 낮게 유지한다.
② 저장실의 환기를 원활히 시킨다.
③ 촉매물질과의 접촉을 피한다.
④ 저장실의 습도를 높게 유지한다.

해설

수분은 비열이 높아 많은 열을 축적할 수 있으므로 습도가 낮아야 자연발화를 방지할 수 있다.

관련개념 **발화의 조건**

㉠ 주변 온도가 높고, 발열량이 클수록 발화하기 쉽다.
㉡ 열전도율이 낮을수록 열 축적이 쉬워 발화하기 쉽다.
㉢ 표면적이 넓어 산소와의 접촉량이 많을수록 발화하기 쉽다.
㉣ 분자량, 온도, 습도, 농도, 압력이 클수록 발화하기 쉽다.
㉤ 활성화 에너지가 작을수록 발화하기 쉽다.

정답 | ④

소방유체역학

21 빈출도 ★★★

그림과 같이 수조의 밑부분에 구멍을 뚫고 물을 유량 Q로 방출시키고 있다. 손실을 무시할 때 수위가 처음 높이의 $\frac{1}{2}$로 되었을 때 방출되는 유량은 어떻게 되는가?

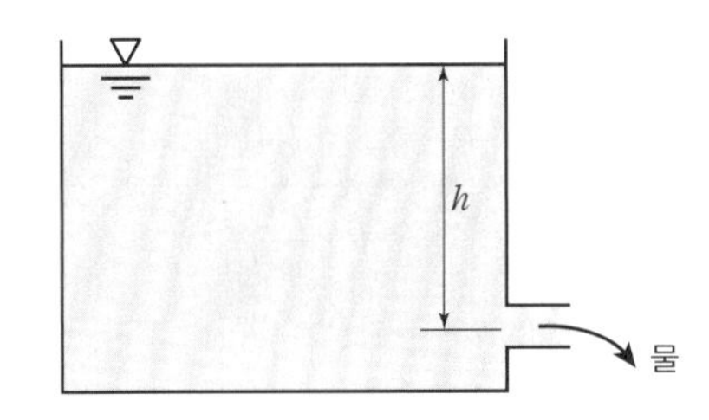

① $\frac{1}{\sqrt{2}}Q$ ② $\frac{1}{2}Q$

③ $\frac{1}{\sqrt{3}}Q$ ④ $\frac{1}{3}Q$

해설

높이 차이가 h일 때 유체가 가지는 에너지는 속도수두 $\frac{u^2}{2g}$로 변환되며 손실은 무시하므로 높이와 속도의 관계식은 다음과 같다.

$$h=\frac{u^2}{2g}$$

$$u=\sqrt{2gh}$$

부피유량 공식 $Q=Au$에 의해 높이 차이가 h일 때 유량 Q는 다음과 같다.

$$Q=Au=A\sqrt{2gh}$$

높이 차이가 처음 높이의 $\frac{1}{2}$인 $\frac{h}{2}$가 되었을 때 유량은

$$A\sqrt{2g\frac{h}{2}}=\frac{1}{\sqrt{2}}A\sqrt{2gh}=\frac{1}{\sqrt{2}}Q$$

정답 | ①

22 빈출도 ★★

다음 중 등엔트로피 과정은 어느 과정인가?

① 가역 단열 과정 ② 가역 등온 과정

③ 비가역 단열 과정 ④ 비가역 등온 과정

해설

가역 단열 과정은 열의 출입이 없고 초기 상태로 돌아갈 수 있으므로 엔트로피가 변화하지 않는 과정이다.

정답 | ①

23 빈출도 ★★★

비중이 0.95인 액체가 흐르는 곳에 그림과 같이 피토튜브를 직각으로 설치하였을 때 h가 150[mm], H가 30[mm]로 나타났다면 점 1위치에서의 유속[m/s]은?

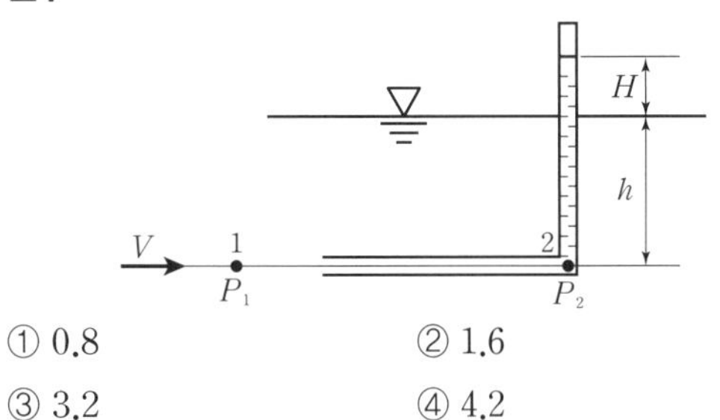

① 0.8 ② 1.6

③ 3.2 ④ 4.2

해설

점 1에서 유속이 가지는 에너지는 점 2에서 더 이상 진행하지 못하게 되어 위치가 가지는 에너지로 변환되며 유체를 H만큼 표면 위로 밀어올리게 된다.

$$\frac{u^2}{2g}=Z$$

$$u=\sqrt{2gZ}=\sqrt{2\times 9.8\times 0.03}\fallingdotseq 0.77[\text{m/s}]$$

정답 | ①

24 빈출도 ★★

어떤 밀폐계가 압력 200[kPa], 체적 0.1[m³]인 상태에서 100[kPa], 0.3[m³]인 상태까지 가역적으로 팽창하였다. 이 과정이 $P-V$ 선도에서 직선으로 표시된다면 이 과정 동안에 계가 한 일[kJ]은?

① 20　② 30
③ 45　④ 60

해설

일은 압력과 부피 곱의 변화량을 의미한다.

$$\Delta W = \Delta(PV)$$

W: 일[J], P: 압력[N/m²], V: 부피[m³]

$$W = \int P dV$$

$P-V$ 선도에서 직선으로 표시되었으므로 압력은 평균값인 $\frac{200+100}{2} = 150$[kPa]을 적용한다.

$$W = \int_{0.1}^{0.3} 150 dV = 150 \times (0.3 - 0.1) = 30[\mathrm{kJ}]$$

정답 | ②

25 빈출도 ★★

유체에 관한 설명으로 틀린 것은?

① 실제유체는 유동할 때 마찰로 인한 손실이 생긴다.
② 이상유체는 높은 압력에서 밀도가 변화하는 유체이다.
③ 유체에 압력을 가하면 체적이 줄어드는 유체는 압축성 유체이다.
④ 전단력을 받았을 때 저항하지 못하고 연속적으로 변형하는 물질을 유체라 한다.

해설

점성과 압축성에 따른 영향이 없는 유체를 이상유체(ideal fluid)라고 한다.
이상유체는 압축성이 없으므로 밀도가 변화하지 않는다.

정답 | ②

26 빈출도 ★★

대기압에서 10[℃]의 물 10[kg]을 70[℃]까지 가열할 경우 엔트로피 증가량[kJ/K]은? (단, 물의 정압비열은 4.18[kJ/kg·K]이다.)

① 0.43　② 8.03
③ 81.3　④ 2,508.1

해설

$$dS = \frac{\delta Q}{T}$$

dS: 엔트로피 변화량[J/K], δQ: 계에 공급된 열[J],
T: 계의 온도[K]

물에 공급된 열 δQ는 다음과 같이 구할 수 있다.

$$\delta Q = mC_p dT$$

따라서 엔트로피 변화량 dS는 다음과 같다.

$$dS = \frac{mC_p}{T} dT$$

양 변을 적분해주면 물의 온도가 10[℃]에서 70[℃]까지 변하는 동안의 엔트로피 증가량을 구할 수 있다.

$$\int dS = \int \frac{mC_p}{T} dT = mC_p \ln\frac{T_2}{T_1}$$

따라서 엔트로피 증가량 ΔS는

$$\Delta S = 10 \times 4.18 \times \ln\left(\frac{273+70}{273+10}\right) \fallingdotseq 8.037[\mathrm{kJ/K}]$$

정답 | ②

27 빈출도 ★★

물속에 수직으로 완전히 잠긴 원판의 도심과 압력 중심 사이의 최대 거리는 얼마인가? (단, 원판의 반지름은 R이며, 이 원판의 면적 관성모멘트는 $I_{xc}=\frac{\pi R^4}{4}$이다.)

① $\frac{R}{8}$　② $\frac{R}{4}$

③ $\frac{R}{2}$　④ $\frac{2R}{3}$

해설

원판에 작용하는 힘의 위치 y는 다음과 같다.

$$y=l+\frac{I}{Al}$$

y: 원판에 작용하는 힘의 위치[m], l: 원판의 중심[m], I: 관성모멘트[m^4], A: 원판의 면적[m^2]

원판의 면적 A는 다음과 같다.

$A=\pi R^2$

주어진 조건을 공식에 대입하면 원판의 중심과 압력이 작용하는 점 사이의 거리는

$$y-l=\frac{\frac{\pi R^4}{4}}{\pi R^2\times R}=\frac{R}{4}$$

정답 | ②

28 빈출도 ★★★

점성계수가 0.101[N·s/m^2], 비중이 0.85인 기름이 내경 300[mm], 길이 3[km]의 주철관 내부를 0.0444[m^3/s]의 유량으로 흐를 때 손실수두[m]는?

① 7.1　② 7.7

③ 8.1　④ 8.9

해설

일정한 양의 비압축성 유체가 일정한 속도로 흐를 때 배관에서의 마찰손실은 달시-바이스바하 방정식으로 구할 수 있다.

$$H=\frac{\Delta P}{\gamma}=\frac{flu^2}{2gD}$$

H: 마찰손실수두[m], ΔP: 압력 차이[Pa], γ: 비중량[N/m^3], f: 마찰손실계수, l: 배관의 길이[m], u: 유속[m/s], g: 중력가속도[m/s^2], D: 배관의 직경[m]

부피유량 공식 $Q=Au$에 의해 유량과 배관의 직경 D를 알면 유속은 다음과 같이 구할 수 있다.

$$u=\frac{Q}{A}=\frac{Q}{\frac{\pi}{4}D^2}=\frac{4Q}{\pi D^2}$$

u: 유속[m/s], Q: 유량[m^3/s], A: 배관의 단면적[m^2], D: 배관의 직경[m]

유체의 비중이 0.85이므로 유체의 밀도는 다음과 같다.

$\rho=s\rho_w=0.85\times 1{,}000$

유체의 흐름을 판단하기 위해 레이놀즈 수를 계산해보면 다음과 같다.

$$Re=\frac{\rho uD}{\mu}=\frac{uD}{\nu}$$

Re: 레이놀즈 수, ρ: 밀도[kg/m^3], u: 유속[m/s], D: 직경[m], μ: 점성계수(점도)[kg/m·s], ν: 동점성계수(동점도)[m^2/s]

$$Re=\frac{\rho uD}{\mu}=\frac{4Q}{\pi D^2}\times\frac{\rho D}{\mu}$$
$$=\frac{4\times 0.0444}{\pi\times 0.3^2}\times\frac{0.85\times 1{,}000\times 0.3}{0.101}\fallingdotseq 1{,}585.88$$

레이놀즈 수가 2,100 이하이므로 유체의 흐름은 층류이다.

층류일 때 마찰계수 f는 $\frac{64}{Re}$이므로 마찰계수 f는 다음과 같다.

$$f=\frac{64}{Re}=\frac{64}{1{,}585.88}\fallingdotseq 0.0404$$

따라서 주어진 조건을 대입하면 손실수두 H는

$$H=\frac{fl}{2gD}\times\left(\frac{4Q}{\pi D^2}\right)^2$$
$$=\frac{0.0404\times 3{,}000}{2\times 9.8\times 0.3}\times\left(\frac{4\times 0.0444}{\pi\times 0.3^2}\right)^2$$
$$\fallingdotseq 8.13[m]$$

정답 | ③

29 빈출도 ★★

그림과 같은 곡관에 물이 흐르고 있을 때 계기 압력으로 P_1이 98[kPa]이고, P_2가 29.42[kPa]이면 이 곡관을 고정시키는데 필요한 힘[N]은? (단, 높이차 및 모든 손실은 무시한다.)

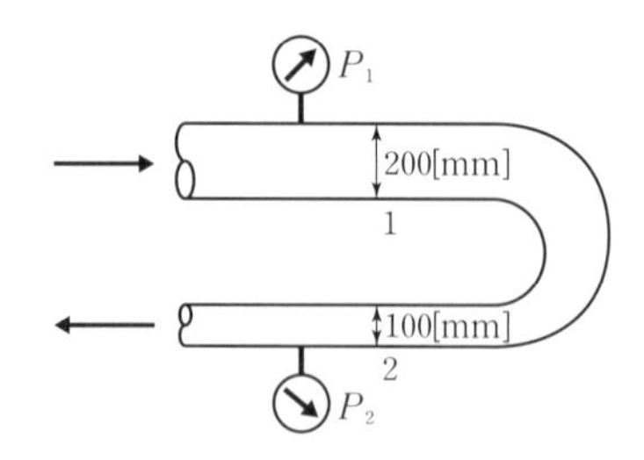

① 4,141 ② 4,314

③ 4,565 ④ 4,744

해설

곡관을 고정하기 위해서는 곡관에 가해지는 외력의 합이 0이어야 한다.
곡관에 작용하는 힘은 유체의 압력에 의한 힘과 유체의 유속에 의한 힘의 합이다.
곡관에 들어오는 물이 가하는 힘을 반대 방향으로 바꾸어 나가는 물에 힘을 가하여야 하므로 두 힘의 합만큼 고정하기 위한 힘을 가하면 곡관의 외력의 합이 0이 된다.

$$F=PA+\rho Qu$$

F: 유체가 곡관에 가하는 힘[N], P: 압력[N/m²],
A: 유체의 단면적[m²], ρ: 밀도[kg/m³], Q: 유량[m³/s],
u: 유속[m/s]

들어오는 물과 나가는 물의 유량은 일정하므로 부피유량 공식 $Q=Au$에 의해 유량과 노즐의 직경 D를 알면 유속은 다음과 같이 구할 수 있다.
곡관은 직경이 D인 원형이므로 곡관의 단면적은 다음과 같다.

$$A=\frac{\pi}{4}D^2$$

$$Q=A_1u_1=A_2u_2=\frac{\pi}{4}D_1^2u_1=\frac{\pi}{4}D_2^2u_2$$

$$\frac{\pi}{4}\times 0.2^2\times u_1=\frac{\pi}{4}\times 0.1^2\times u_2$$

$$4u_1=u_2$$

유체의 압력을 알고 있으므로 유속은 베르누이 방정식을 통해 구할 수 있다.

$$\frac{P_1}{\gamma}+\frac{u_1^2}{2g}+Z_1=\frac{P_2}{\gamma}+\frac{u_2^2}{2g}+Z_2$$

P: 압력[N/m²], γ: 비중량[N/m³], u: 유속[m/s],
g: 중력가속도[m/s²], Z: 높이[m]

높이 차이는 없으므로 $Z_1=Z_2$로 두면 관계식은 다음과 같다.

$$\frac{P_1-P_2}{\gamma}=\frac{u_2^2-u_1^2}{2g}$$

$$2\times\frac{P_1-P_2}{\rho}=16u_1^2-u_1^2$$

$$u_1=\sqrt{\frac{2}{15}\times\frac{P_1-P_2}{\rho}}$$

물의 밀도는 1,000[kg/m³]이므로 곡관을 흐르는 물의 유속과 유량은 다음과 같다.

$$u_1=\sqrt{\frac{2}{15}\times\frac{98{,}000-29{,}420}{1{,}000}}\fallingdotseq 3.024[\text{m/s}]$$

$$u_2=4u_1=12.096[\text{m/s}]$$

$$Q=\frac{\pi}{4}D_1^2u_1=\frac{\pi}{4}\times 0.2^2\times 3.024\fallingdotseq 0.095[\text{m}^3/\text{s}]$$

따라서 들어오는 물이 가진 힘은 다음과 같다.

$$F_1=98{,}000\times\frac{\pi}{4}\times 0.2^2+1{,}000\times 0.095\times 3.024$$
$$\fallingdotseq 3{,}366[\text{N}]$$

나가는 물이 가진 힘은 다음과 같다.

$$F_2=29{,}420\times\frac{\pi}{4}\times 0.1^2+1{,}000\times 0.095\times 12.096$$
$$\fallingdotseq 1{,}380[\text{N}]$$

곡관을 고정시키는데 필요한 힘은

$$F=F_1+F_2=3{,}366+1{,}380$$
$$=4{,}746[\text{N}]$$

정답 | ④

30 빈출도 ★★★

물의 체적을 5[%] 감소시키려면 얼마의 압력[kPa]을 가하여야 하는가? (단, 물의 압축률은 5×10^{-10}[m^2/N]이다.)

① 1　　② 10^2
③ 10^4　　④ 10^5

해설

$$\beta=\frac{1}{K}=-\frac{\frac{\Delta V}{V}}{\Delta P}$$

β: 압축률[m^2/N], K: 체적탄성계수[N/m^2], ΔV: 부피변화량, V: 부피, ΔP: 압력변화량[N/m^2]

압축률을 압력에 관한 식으로 나타내면 다음과 같다.

$$\Delta P=-\frac{\frac{\Delta V}{V}}{\beta}$$

부피가 5[%] 감소하였다는 것은 이전부피 V_1가 100일 때 이후부피 V_2는 95라는 의미이므로 부피변화율 $\frac{\Delta V}{V}$는 $\frac{95-100}{100}=-0.05$이다.

따라서 압력변화량 ΔP는

$$\Delta P=-\frac{-0.05}{5\times10^{-10}}=10^8[Pa]=10^5[kPa]$$

정답 | ④

31 빈출도 ★★★

옥내 소화전에서 노즐의 직경이 2[cm]이고, 방수량이 0.5[m^3/min]이라면 방수압(계기압력, [kPa])은?

① 35.18　　② 351.8
③ 566.4　　④ 56.64

해설

노즐을 통과하기 전후의 압력과 속도의 관계식은 베르누이 방정식을 통해 구할 수 있다.

$$\frac{P_1}{\gamma}+\frac{u_1^2}{2g}+Z_1=\frac{P_2}{\gamma}+\frac{u_2^2}{2g}+Z_2$$

P: 압력[N/m^2], γ: 비중량[N/m^3], u: 유속[m/s], g: 중력가속도[m/s^2], Z: 높이[m]

노즐을 통과하기 전(1) 유속 u_1는 0, 노즐을 통과한 후(2) 압력 P_2는 대기압이므로 0, 높이 차이는 없으므로 $Z_1=Z_2$로 두면 방정식은 다음과 같다.

$$\frac{P_1}{\gamma}=\frac{u_2^2}{2g}$$

따라서 노즐을 통과하기 전 P만큼의 방수압력을 가해주면 노즐을 통과한 유체는 u만큼의 유속으로 방사된다.

$$P=\frac{1}{2}\rho u^2$$

부피유량 공식 $Q=Au$에 의해 유량과 노즐의 직경 D를 알면 유속은 다음과 같이 구할 수 있다.

$$u=\frac{Q}{A}=\frac{Q}{\frac{\pi}{4}D^2}=\frac{4Q}{\pi D^2}$$

u: 유속[m/s], Q: 유량[m^3/s], A: 배관의 단면적[m^2], D: 배관의 직경[m]

$$P=\frac{1}{2}\rho\left(\frac{4Q}{\pi D^2}\right)^2$$

노즐의 방수량은 0.5[m^3/min]이므로 단위를 변환하면 $\frac{0.5}{60}$[m^3/s]이다.

따라서 주어진 조건을 공식에 대입하면 방수압 P는

$$P=\frac{1}{2}\times1{,}000\times\left(\frac{4\times\frac{0.5}{60}}{\pi\times0.02^2}\right)^2$$

$$\fallingdotseq351{,}809[N/m^2]=351.8[kPa]$$

정답 | ②

32 빈출도 ★

공기 중에서 무게가 941[N]인 돌이 물속에서 500[N] 이라면 이 돌의 체적[m³]은? (단, 공기의 부력은 무시한다.)

① 0.012 ② 0.028

③ 0.034 ④ 0.045

해설

공기 중에서 물체에 작용하는 힘은 중력이고, 수중에서 물체에 작용하는 힘은 중력과 부력이다.
따라서 공기 중에서의 무게 941[N]과 수중에서의 무게 500[N]의 차이만큼 부력이 작용하고 있다.

$$F = s\gamma_w V$$

F: 부력[N], s: 비중, γ_w: 물의 비중량[N/m³], V: 돌의 부피[m³]

물의 비중은 1이므로

$F = 941 - 500 = 441 = 1 \times 9{,}800 \times V$

$V = \frac{441}{9{,}800} = 0.045[\text{m}^3]$

정답 | ④

33 빈출도 ★★

그림과 같이 비중이 0.8인 기름이 흐르고 있는 관에 U자관이 설치되어 있다. A점에서의 계기압력이 200[kPa]일 때 높이 h[m]는 얼마인가? (단, U자관 내의 유체의 비중은 13.6이다.)

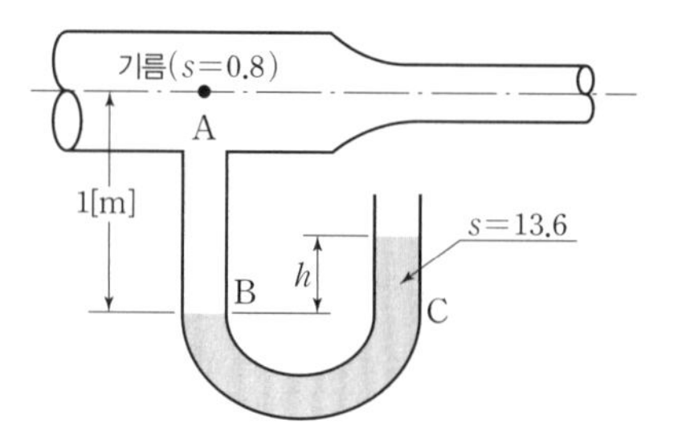

① 1.42 ② 1.56

③ 2.43 ④ 3.20

해설

$$P_x = \gamma h = s\gamma_w h$$

P_x: x점에서의 압력[kN/m²], γ: 비중량[kN/m³], h: 표면까지의 높이[m], s: 비중, γ_w: 물의 비중량[kN/m³]

A점에서의 압력과 기름이 누르는 압력의 합은 B면에서의 압력과 같다.

$P_A + s_1\gamma_w h_1 = P_B$

수은이 누르는 압력은 C면에서의 압력과 같다.

$s_2\gamma_w h_2 = P_C$

유체 내부에서 같은 수평면(높이)에는 같은 압력이 작용하므로 B면과 C면의 압력은 같다.

$P_B = P_C$

$P_A + s_1\gamma_w h_1 = s_2\gamma_w h_2$

따라서 수은의 높이 h_2는

$h_2 = \frac{P_A + s_1\gamma_w h_1}{s_2\gamma_w} = \frac{200 + 0.8 \times 9.8 \times 1}{13.6 \times 9.8}$

$\fallingdotseq 1.56[\text{m}]$

정답 | ②

34 빈출도 ★★★

열전달 면적이 A이고, 온도 차이가 10[℃], 벽의 열전도율이 10[W/m · K], 두께 25[cm]인 벽을 통한 열류량은 100[W]이다. 동일한 열전달 면적에서 온도 차이가 2배, 벽의 열전도율이 4배가 되고 벽의 두께가 2배가 되는 경우 열류량[W]은 얼마인가?

① 50 ② 200
③ 400 ④ 800

해설

$$Q = kA\frac{(T_2 - T_1)}{l}$$

Q: 열전달량[W], k: 열전도율[W/m · ℃],
A: 열전달 면적[m²], $(T_2 - T_1)$: 온도 차이[℃],
l: 벽의 두께[m]

온도 차이가 2배, 열전도율이 4배, 벽의 두께가 2배가 되는 경우 열류량은

$$Q_2 = 4k \times A \times \frac{2(T_2 - T_1)}{2l} = 4Q_1 = 400[\text{W}]$$

정답 | ③

35 빈출도 ★★

지름 40[cm]인 소방용 배관에 물이 80[kg/s]로 흐르고 있다면 물의 유속[m/s]은?

① 6.4 ② 0.64
③ 12.7 ④ 1.27

해설

$$M = \rho A u$$

M: 질량유량[kg/s], ρ: 밀도[kg/m³], A: 유체의 단면적[m²],
u: 유속[m/s]

유체는 물이므로 물의 밀도는 1,000[kg/m³]이다.
배관은 지름이 0.4[m]인 원형이므로 배관의 단면적은 다음과 같다.

$$A = \frac{\pi}{4} \times 0.4^2$$

따라서 주어진 조건을 공식에 대입하면 평균 유속 u는

$$u = \frac{M}{\rho A} = \frac{80}{1{,}000 \times \frac{\pi}{4} \times 0.4^2} \fallingdotseq 0.64[\text{m/s}]$$

정답 | ②

36 빈출도 ★

지름이 400[mm]인 베어링이 400[rpm]으로 회전하고 있을 때 마찰에 의한 손실동력[kW]은? (단, 베어링과 축 사이에는 점성계수가 0.049[N · s/m²]인 기름이 차 있다.)

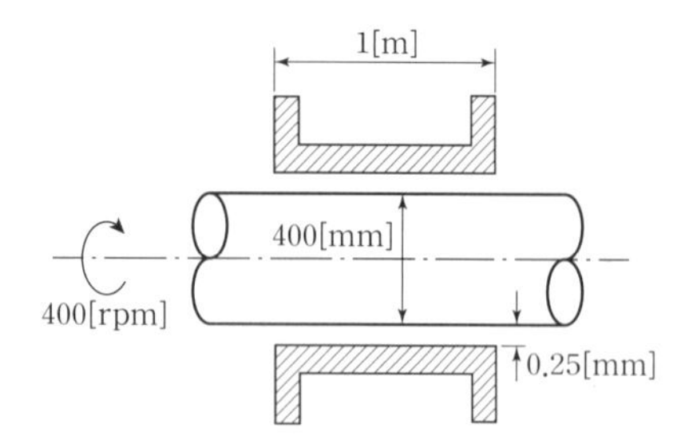

① 15.1 ② 15.6

③ 16.3 ④ 17.3

해설

베어링의 회전속도는 다음과 같다.

$$V=\frac{\pi DN}{60}$$

V: 회전속도[m/s], D: 지름[m], N: 회전수[rpm]

$$V=\frac{\pi\times 0.4\times 400}{60}\fallingdotseq 8.38[m/s]$$

베어링이 회전하면서 유체로부터 받는 힘은 다음과 같다.

$$F=\mu\frac{V}{C}A=\mu\frac{V}{C}\pi DL$$

F: 힘[N], μ: 점성계수[N · s/m²], V: 회전속도[m/s], C: 유체의 두께[m], A: 유체와 접하는 면적[m²], D: 지름[m], L: 길이[m]

$$F=0.049\times\frac{8.38}{0.25\times 10^{-3}}\times\pi\times 0.4\times 1\fallingdotseq 2{,}064[N]$$

마찰에 의한 손실동력은 다음과 같다.

$$P=FV$$

P: 손실동력[W], F: 힘[N], V: 회전속도[m/s]

$$P=2{,}064\times 8.38$$
$$\fallingdotseq 17{,}300[W]=17.3[kW]$$

정답 | ④

37 빈출도 ★★★

12층 건물의 지하 1층에 제연설비용 배연기를 설치하였다. 이 배연기의 풍량은 500[m³/min]이고, 풍압이 290[Pa]일 때 배연기의 동력[kW]은? (단, 배연기의 효율은 60[%]이다.)

① 3.55 ② 4.03

③ 5.55 ④ 6.11

해설

$$P=\frac{P_T Q}{\eta}$$

P: 배연기의 동력[kW], P_T: 배연기 전후의 압력 차이[kPa], Q: 유량[m³/s], η: 효율

배연기 전후의 압력 차이는 290[Pa]이고, 배연기의 풍량이 500[m³/min]이므로 단위를 변환하면 $\frac{500}{60}$[m³/s]이다.

주어진 조건을 공식에 대입하면 배연기의 동력 P는

$$P=\frac{0.29\times\frac{500}{60}}{0.8}$$
$$\fallingdotseq 4.03[kW]$$

정답 | ②

38 빈출도 ★★

다음 중 배관의 출구 측 형상에 따라 손실계수가 가장 큰 것은?

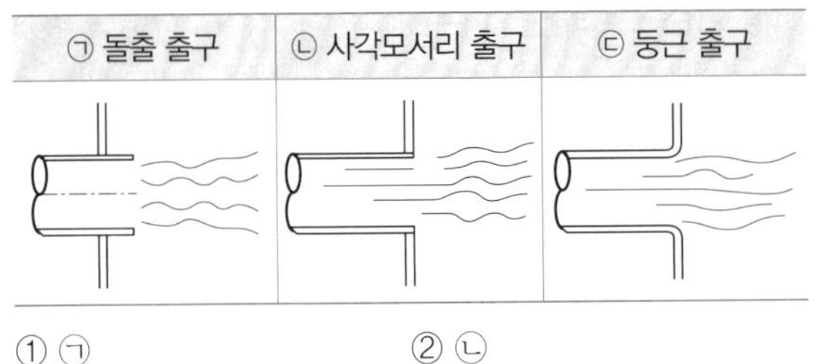

① ㉠　　② ㉡
③ ㉢　　④ 모두 같다.

해설

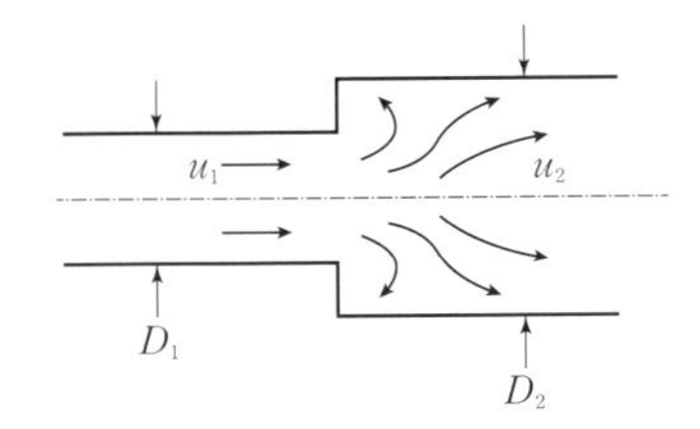

$$H=\frac{(u_1-u_2)^2}{2g}=K\left(\frac{u_1^2}{2g}\right)$$

$$K=\left(1-\frac{A_1}{A_2}\right)^2=\left(1-\frac{D_1^2}{D_2^2}\right)^2$$

H: 마찰손실수두[m], u_1: 좁은 배관의 유속[m/s],
u_2: 넓은 배관의 유속[m/s], g: 중력가속도[m/s^2],
K: 부차적 손실계수

확대관에서 부차적 손실계수는 좁은 배관과 넓은 배관의 직경에만 의존하므로 출구 측 형상과는 관련이 없다.
따라서 손실계수는 모두 같다.

정답 | ④

39 빈출도 ★★

원관 내에 유체가 흐를 때 유동의 특성을 결정하는 가장 중요한 요소는?

① 관성력과 점성력　　② 압력과 관성력
③ 중력과 압력　　④ 압력과 점성력

해설

레이놀즈 수는 유체의 관성력과 점성력의 비를 나타내는 수로 크기에 따라 클수록 난류, 작을수록 층류로 판단하는 척도가 된다.

$$Re=\frac{\rho uD}{\mu}=\frac{uD}{\nu}$$

Re: 레이놀즈 수, ρ: 밀도[kg/m^3], u: 유속[m/s], D: 직경[m],
μ: 점성계수(점도)[kg/m · s], ν: 동점성계수(동점도)[m^2/s]

정답 | ①

40 빈출도 ★★

토출량이 1,800[L/min], 회전차의 회전수가 1,000[rpm]인 소화펌프의 회전수를 1,400[rpm]으로 증가시키면 토출량은 처음보다 얼마나 더 증가되는가?

① 10[%]　　② 20[%]
③ 30[%]　　④ 40[%]

해설

펌프의 회전수를 변화시키면 동일한 펌프이므로 상사법칙에 따라 유량이 변화한다.

$$\frac{Q_2}{Q_1}=\left(\frac{N_2}{N_1}\right)\left(\frac{D_2}{D_1}\right)^3$$

Q: 유량, N: 펌프의 회전수, D: 직경

동일한 펌프이므로 직경은 같고, 상태1의 회전수가 1,000[rpm], 상태2의 회전수가 1,400[rpm]이므로 유량 변화는 다음과 같다.

$$Q_2=Q_1\left(\frac{N_2}{N_1}\right)=Q_1\left(\frac{1,400}{1,000}\right)=1.4Q$$

정답 | ④

소방관계법규

41 빈출도 ★★★

위험물안전관리법령상 위험물 중 제1석유류에 속하는 것은?

① 경유 ② 등유
③ 중유 ④ 아세톤

해설

아세톤은 제1석유류에 속한다.

관련개념 석유류의 분류

구분	종류
제1석유류	휘발유, 아세톤 등
제2석유류	경유, 등유 등
제3석유류	중유, 크레오소트유 등
제4석유류	기어유, 실린더유 등

정답 | ④

42 빈출도 ★★

화재의 예방 및 안전관리에 관한 법률상 특수가연물의 저장 및 취급 기준을 위반한 경우 과태료 부과기준은?

① 50만 원 ② 100만 원
③ 150만 원 ④ 200만 원

해설

특수가연물의 저장 및 취급 기준을 위반한 경우 200만 원 이하의 과태료를 부과한다.

정답 | ④

43 빈출도 ★★★

소방시설 설치 및 관리에 관한 법률상 소방시설 등의 자체점검 중 종합점검을 받아야 하는 특정소방대상물 대상 기준으로 틀린 것은?

① 제연설비가 설치된 터널
② 스프링클러설비가 설치된 특정소방대상물
③ 공공기관 중 연면적이 1,000[m^2] 이상인 것으로서 옥내소화전설비 또는 자동화재탐지설비가 설치된 것(소방대가 근무하는 공공기관 제외)
④ 호스릴방식의 물분무등소화설비만이 설치된 연면적 5,000[m^2] 이상인 특정소방대상물(위험물제조소등 제외)

해설

호스릴방식의 물분무등소화설비만이 설치된 특정소방대상물은 종합점검을 받아야 하는 대상이 아니다.

관련개념 종합점검 대상

㉠ 스프링클러설비가 설치된 특정소방대상물
㉡ 물분무등소화설비(호스릴방식의 물분무등소화설비만을 설치한 경우 제외)가 설치된 연면적 5,000[m^2] 이상인 특정소방대상물(위험물제조소등 제외)
㉢ 다중이용업의 영업장이 설치된 특정소방대상물로서 연면적이 2,000[m^2] 이상인 것
㉣ 제연설비가 설치된 터널
㉤ 공공기관 중 연면적이 1,000[m^2] 이상인 것으로서 옥내소화전설비 또는 자동화재탐지설비가 설치된 것(소방대가 근무하는 공공기관 제외)

정답 | ④

44 빈출도 ★★

소방기본법상 소방대장의 권한이 아닌 것은?

① 소방활동을 할 때에 긴급한 경우에는 이웃한 소방본부장 또는 소방서장에게 소방업무의 응원을 요청할 수 있다.

② 화재, 재난·재해, 그 밖의 위급한 상황이 발생한 현장에서 소방활동을 위하여 필요할 때에는 그 관할구역에 사는 사람 또는 그 현장에 있는 사람으로 하여금 사람을 구출하는 일 또는 불을 끄거나 불이 번지지 아니하도록 하는 일을 하게 할 수 있다.

③ 사람을 구출하거나 불이 번지는 것을 막기 위하여 필요할 때에는 화재가 발생하거나 불이 번질 우려가 있는 소방대상물 및 토지를 일시적으로 사용하거나 그 사용의 제한 또는 소방활동에 필요한 처분을 할 수 있다.

④ 소방활동을 위하여 긴급하게 출동할 때에는 소방자동차의 통행과 소방활동에 방해가 되는 주차 또는 정차된 차량 및 물건 등을 제거하거나 이동시킬 수 있다.

해설

소방활동을 할 때에 긴급한 경우 이웃한 소방본부장 또는 소방서장에게 소방업무의 응원을 요청할 수 있는 사람은 소방본부장이나 소방서장이다.
소방대장은 소방업무의 응원을 요청할 수 있는 권한이 없다.

관련개념 소방대장의 권한

㉠ 소방활동구역의 설정(출입 제한)
㉡ 소방활동 종사명령
㉢ 소방활동에 필요한 처분(강제처분)
㉣ 피난명령
㉤ 위험시설 등에 대한 긴급조치

정답 | ①

45 빈출도 ★★

위험물안전관리법령상 제조소등이 아닌 장소에서 지정수량 이상의 위험물을 취급할 수 있는 경우에 대한 기준으로 맞는 것은? (단, 시·도의 조례가 정하는 바에 따른다.)

① 관할 소방서장의 승인을 받아 지정수량 이상의 위험물을 60일 이내의 기간 동안 임시로 저장 또는 취급하는 경우

② 관할 소방대장의 승인을 받아 지정수량 이상의 위험물을 60일 이내의 기간 동안 임시로 저장 또는 취급하는 경우

③ 관할 소방서장의 승인을 받아 지정수량 이상의 위험물을 90일 이내의 기간 동안 임시로 저장 또는 취급하는 경우

④ 관할 소방대장의 승인을 받아 지정수량 이상의 위험물을 90일 이내의 기간 동안 임시로 저장 또는 취급하는 경우

해설

관할 소방서장의 승인을 받아 지정수량 이상의 위험물을 90일 이내의 기간 동안 임시로 저장 또는 취급하는 경우 제조소등이 아닌 장소에서 지정수량 이상의 위험물을 취급할 수 있다.

정답 | ③

46 빈출도 ★★★

위험물안전관리법령상 제4류 위험물별 지정수량 기준의 연결이 틀린 것은?

① 특수인화물 - 50[L]
② 알코올류 - 400[L]
③ 동식물유류 - 1,000[L]
④ 제4석유류 - 6,000[L]

해설

동식물유류의 지정수량은 10,000[L]이다.

관련개념 제4류 위험물 및 지정수량

위험물	품명		지정수량
제4류 (인화성액체)	특수인화물		50[L]
	제1석유류	비수용성	200[L]
		수용성	400[L]
	알코올류		
	제2석유류	비수용성	1,000[L]
		수용성	2,000[L]
	제3석유류	비수용성	
		수용성	4,000[L]
	제4석유류		6,000[L]
	동식물유류		10,000[L]

정답 | ③

47 빈출도 ★★★

화재의 예방 및 안전관리에 관한 법률상 화재예방강화지구의 지정권자는?

① 소방서장
② 시 · 도지사
③ 소방본부장
④ 행정안전부장관

해설

시 · 도지사는 화재예방강화지구의 지정권자이다.

정답 | ②

48 빈출도 ★★

위험물안전관리법령상 관계인이 예방규정을 정하여야 하는 위험물을 취급하는 제조소의 지정수량 기준으로 옳은 것은?

① 지정수량의 10배 이상
② 지정수량의 100배 이상
③ 지정수량의 150배 이상
④ 지정수량의 200배 이상

해설

지정수량의 10배 이상의 위험물을 취급하는 제조소는 관계인이 예방규정을 정해야 한다.

관련개념 관계인이 예방규정을 정해야 하는 제조소등

시설	저장 또는 취급량
제조소	지정수량의 10배 이상
옥외저장소	지정수량의 100배 이상
옥내저장소	지정수량의 150배 이상
옥외탱크저장소	지정수량의 200배 이상
암반탱크저저장소	전체
이송취급소	전체
일반취급소	• 지정수량의 10배 이상 • 제4류 위험물(특수인화물 제외)만을 지정수량의 50배 이하로 취급하는 일반취급소(제1석유류 · 알코올류의 취급량이 지정수량의 10배 이하인 경우에 한함)로서 다음 경우 제외 – 보일러 · 버너 또는 이와 비슷한 것으로서 위험물을 소비하는 장치로 이루어진 일반취급소 – 위험물을 용기에 옮겨 담거나 차량에 고정된 탱크에 주입하는 일반취급소

정답 | ①

49 빈출도 ★

소방시설 설치 및 관리에 관한 법령상 주택의 소유자가 소방시설을 설치하여야 하는 대상이 아닌 것은?

① 아파트
② 연립주택
③ 다세대주택
④ 다가구주택

해설

아파트는 주택의 소유자가 소방시설을 설치하여야 하는 대상이 아니다.
단독주택과 공동주택(아파트, 기숙사 제외)의 소유자는 소화기 등의 소방시설을 설치하여야 한다.

관련개념 주택의 분류

단독주택	– 단독주택 – 다중주택 – 다가구주택
공동주택	– 아파트 – 연립주택 – 다세대주택 – 기숙사

정답 | ①

50 빈출도 ★★

소방시설 설치 및 관리에 관한 법률상 정당한 사유 없이 피난시설, 방화구획 및 방화시설의 유지 · 관리에 필요한 조치 명령을 위반한 경우 이에 대한 벌칙 기준으로 옳은 것은?

① 200만 원 이하의 벌금
② 300만 원 이하의 벌금
③ 1년 이하의 징역 또는 1,000만 원 이하의 벌금
④ 3년 이하의 징역 또는 3,000만 원 이하의 벌금

해설

정당한 사유 없이 피난시설, 방화구획 및 방화시설의 유지 · 관리에 필요한 조치 명령을 위반한 경우 3년 이하의 징역 또는 3,000만 원 이하의 벌금에 처한다.

정답 | ④

51 빈출도 ★

소방시설공사업법령상 정의된 업종 중 소방시설업의 종류에 해당되지 않는 것은?

① 소방시설설계업
② 소방시설공사업
③ 소방시설정비업
④ 소방공사감리업

해설

소방시설정비업은 소방시설업의 종류가 아니다.

관련개념 소방시설업의 종류

㉠ 소방시설설계업
㉡ 소방시설공사업
㉢ 소방공사감리업
㉣ 방염처리업

정답 | ③

52 빈출도 ★★

소방시설 설치 및 관리에 관한 법률상 특정소방대상물로서 숙박시설에 해당되지 않는 것은?

① 오피스텔
② 일반형 숙박시설
③ 생활형 숙박시설
④ 근린생활시설에 해당하지 않는 고시원

해설

오피스텔은 업무시설 중 일반업무시설이다.

관련개념 특정소방대상물(숙박시설)

㉠ 일반형 숙박시설(취사시설이 제외된 숙박업의 시설)
㉡ 생활형 숙박시설(취사시설이 포함된 숙박업의 시설)
㉢ 고시원(근린생활시설에 해당하지 않는 것)

정답 | ①

53 빈출도 ★★★

소방시설 설치 및 관리에 관한 법률상 수용인원 산정 방법 중 다음과 같은 시설의 수용인원은 몇 명인가?

> 숙박시설이 있는 특정소방대상물로서 종사자 수는 5명, 숙박시설은 모두 2인용 침대이며 침대 수량은 50개이다.

① 55 ② 75
③ 85 ④ 105

해설

종사자 수+침대 수(2인용 침대는 2개)
$=5+50\times2=105$명

관련개념 수용인원의 산정방법

구분		산정방법
숙박시설	침대가 있는 숙박시설	종사자 수+침대 수(2인용 침대는 2개)
	침대가 없는 숙박시설	종사자 수$+\frac{\text{바닥면적의 합계}}{3[m^2]}$
강의실 · 교무실 · 상담실 · 실습실 · 휴게실 용도로 쓰이는 특정소방대상물		$\frac{\text{바닥면적의 합계}}{1.9[m^2]}$
강당, 문화 및 집회시설, 운동시설, 종교시설		$\frac{\text{바닥면적의 합계}}{4.6[m^2]}$
그 밖의 특정소방대상물		$\frac{\text{바닥면적의 합계}}{3[m^2]}$

* 계산 결과 소수점 이하의 수는 반올림한다.
* 복도(준불연재료 이상의 것), 화장실, 계단은 면적에서 제외한다.

정답 | ④

54 빈출도 ★★★

소방시설 설치 및 관리에 관한 법령상 소방시설등에 대하여 스스로 점검을 하지 아니하거나 관리업자등으로 하여금 정기적으로 점검하게 하지 아니한 자에 대한 벌칙 기준으로 옳은 것은?

① 6개월 이하의 징역 또는 1,000만 원 이하의 벌금
② 1년 이하의 징역 또는 1,000만 원 이하의 벌금
③ 3년 이하의 징역 또는 1,500만 원 이하의 벌금
④ 3년 이하의 징역 또는 3,000만 원 이하의 벌금

해설

소방시설등에 대하여 스스로 점검을 하지 아니하거나 관리업자등으로 하여금 정기적으로 점검하게 하지 아니한 자는 1년 이하의 징역 또는 1,000만 원 이하의 벌금에 처한다.

정답 | ②

55 빈출도 ★★

소방시설 설치 및 관리에 관한 법령상 소방시설이 아닌 것은?

① 소화설비 ② 경보설비
③ 방화설비 ④ 소화활동설비

해설

방화설비는 소방시설이 아니다.

관련개념 소방시설의 종류

㉠ 소화설비
㉡ 경보설비
㉢ 피난구조설비
㉣ 소화용수설비
㉤ 소화활동설비

정답 | ③

56 빈출도 ★★★

화재의 예방 및 안전관리에 관한 법률상 화재예방강화지구의 지정대상이 아닌 것은? (단, 소방청장·소방본부장 또는 소방서장이 화재예방강화지구로 지정할 필요가 있다고 인정하는 지역은 제외한다.)

① 시장지역
② 농촌지역
③ 목조건물이 밀집한 지역
④ 공장·창고가 밀집한 지역

해설

농촌지역은 화재예방강화지구의 지정대상이 아니다.

관련개념 화재예방강화지구의 지정대상

㉠ 시장지역
㉡ 공장·창고가 밀집한 지역
㉢ 목조건물이 밀집한 지역
㉣ 노후·불량건축물이 밀집한 지역
㉤ 위험물의 저장 및 처리 시설이 밀집한 지역
㉥ 석유화학제품을 생산하는 공장이 있는 지역
㉦ 산업단지
㉧ 소방시설·소방용수시설 또는 소방출동로가 없는 지역
㉨ 물류단지

정답 | ②

57 빈출도 ★★★

화재의 예방 및 안전관리에 관한 법률상 특수가연물의 품명과 지정수량 기준의 연결이 틀린 것은?

① 사류 - 1,000[kg] 이상
② 볏짚류 - 300[kg] 이상
③ 석탄·목탄류 - 10,000[kg] 이상
④ 플라스틱류 중 발포시킨 것 - 20[m^3] 이상

해설

볏짚류의 기준수량은 1,000[kg] 이상이다.

관련개념 특수가연물별 기준수량

품명		수량
면화류		200[kg] 이상
나무껍질 및 대팻밥		400[kg] 이상
넝마 및 종이부스러기		1,000[kg] 이상
사류(絲類)		
볏짚류		
가연성 고체류		3,000[kg] 이상
석탄·목탄류		10,000[kg] 이상
가연성 액체류		2[m^3] 이상
목재가공품 및 나무부스러기		10[m^3] 이상
고무류·플라스틱류	발포시킨 것	20[m^3] 이상
	그 밖의 것	3,000[kg] 이상

정답 | ②

58 빈출도 ★

소방기본법령상 소방안전교육사의 배치대상별 배치 기준으로 틀린 것은?

① 소방청: 2명 이상 배치
② 소방서: 1명 이상 배치
③ 소방본부: 2명 이상 배치
④ 한국소방안전원(본회): 1명 이상 배치

해설

한국소방안전원(본회)은 소방안전교육사를 2명 이상 배치해야 한다.

관련개념 소방안전교육사의 배치대상 및 기준

배치대상	배치기준
소방청	2명 이상
소방본부	2명 이상
소방서	1명 이상
한국소방안전원	• 본회: 2명 이상 • 시·도지부: 1명 이상
한국소방산업기술원	2명 이상

정답 ④

59 빈출도 ★★

소방시설공사업법상 도급을 받은 자가 제3자에게 소방시설의 시공을 다시 하도급한 경우에 대한 벌칙 기준으로 옳은 것은? (단, 대통령령으로 정하는 경우는 제외한다.)

① 100만 원 이하의 벌금
② 300만 원 이하의 벌금
③ 1년 이하의 징역 또는 1,000만 원 이하의 벌금
④ 3년 이하의 징역 또는 1,500만 원 이하의 벌금

해설

도급을 받은 자가 제3자에게 소방시설의 시공을 다시 하도급한 경우 **1년 이하의 징역 또는 1,000만 원 이하의 벌금**에 처한다.

정답 ③

60 빈출도 ★★

화재의 예방 및 안전관리에 관한 법률상 총괄소방안전관리자를 선임해야 하는 특정소방대상물이 아닌 것은?

① 판매시설 중 도매시장 및 소매시장
② 복합건축물로서 층수가 11층 이상인 것
③ 지하층을 제외한 층수가 7층 이상인 고층 건축물
④ 복합건축물로서 연면적이 30,000[m^2] 이상인 것

해설

지하층을 제외한 층수가 7층 이상인 고층 건축물은 총괄소방안전관리자를 선임해야 하는 특정소방대상물이 아니다.

관련개념 총괄소방안전관리자 선임 대상 특정소방대상물

시설	대상
복합건축물	• 지하층을 제외한 층수가 11층 이상 • 연면적 30,000[m^2] 이상
지하가	지하의 인공구조물 안에 설치된 상점 및 사무실 그 밖에 이와 비슷한 시설이 연속하여 지하도에 접하여 설치된 것과 그 지하도를 합한 것
판매시설	• 도매시장 • 소매시장 및 전통시장

정답 ③

소방기계시설의 구조 및 원리

61 빈출도 ★★★

상수도 소화용수설비의 화재안전성능기준(NFPC 401)에 따라 호칭지름 75[mm] 이상의 수도배관에 호칭지름 100[mm] 이상의 소화전을 접속한 경우 상수도 소화용수설비 소화전의 설치 기준으로 맞는 것은?

① 특정소화대상물의 수평투영면의 각 부분으로부터 80[m] 이하가 되도록 설치할 것
② 특정소화대상물의 수평투영면의 각 부분으로부터 100[m] 이하가 되도록 설치할 것
③ 특정소화대상물의 수평투영면의 각 부분으로부터 120[m] 이하가 되도록 설치할 것
④ 특정소화대상물의 수평투영면의 각 부분으로부터 140[m] 이하가 되도록 설치할 것

해설

소화전은 특정소방대상물의 수평투영면의 각 부분으로부터 140[m] 이하가 되도록 설치한다.

관련개념 상수도 소화용수설비 설치기준

㉠ 호칭지름 75[mm] 이상의 수도배관에 호칭지름 100[mm] 이상의 소화전을 접속한다.
㉡ 소화전은 소방자동차 등의 진입이 쉬운 도로변 또는 공지에 설치한다.
㉢ 소화전은 특정소방대상물의 수평투영면의 각 부분으로부터 140[m] 이하가 되도록 설치한다.

정답 | ④

62 빈출도 ★★

분말 소화설비의 화재안전성능기준(NFPC 108)에 따른 분말 소화설비의 배관과 선택밸브의 설치기준에 대한 내용으로 틀린 것은?

① 배관은 겸용으로 설치할 것
② 선택밸브는 방호구역 또는 방호대상물마다 설치할 것
③ 동관은 고정압력 또는 최고사용압력의 1.5배 이상의 압력에 견딜 수 있는 것을 사용할 것
④ 강관은 아연도금에 따른 배관용 탄소강관이나 이와 동등 이상의 강도·내식성 및 내열성을 가진 것을 사용할 것

해설

배관은 전용으로 한다.

관련개념 분말 소화설비 배관의 설치기준

㉠ 배관은 전용으로 한다.
㉡ 강관을 사용하는 경우의 배관은 아연도금에 따른 배관용 탄소강관(KS D 3507)이나 이와 동등 이상의 강도·내식성 및 내열성을 가진 것으로 한다.
㉢ 축압식 분말소화설비에 사용하는 것 중 20[℃]에서 압력이 2.5[MPa] 이상 4.2[MPa] 이하인 것은 압력배관용 탄소강관(KS D 3562) 중 이음이 없는 스케줄 40 이상의 것 또는 이와 동등 이상의 강도를 가진 것으로서 아연도금으로 방식 처리된 것을 사용한다.
㉣ 동관을 사용하는 경우의 배관은 고정압력 또는 최고사용압력의 1.5배 이상의 압력에 견딜 수 있는 것을 사용한다.
㉤ 밸브류는 개폐위치 또는 개폐방향을 표시한 것으로 한다.
㉥ 배관의 관부속 및 밸브류는 배관과 동등 이상의 강도 및 내식성이 있는 것으로 한다.
㉦ 확관형 분기배관을 사용할 경우에는 소방청장이 정하여 고시한 기준에 적합한 것으로 설치한다.

정답 | ①

63 빈출도 ★★★

피난기구의 화재안전기술기준(NFTC 301)에 따라 숙박시설·노유자시설 및 의료시설로 사용되는 층에 있어서는 그 층의 바닥면적이 몇 [m^2] 마다 피난기구를 1개 이상 설치해야하는가?

① 300　　② 500

③ 800　　④ 1,000

해설

숙박시설·노유자시설 및 의료시설로 사용되는 층에는 그 층의 바닥면적 500[m^2]마다 1개 이상 설치한다.

관련개념 피난기구의 설치개수

㉠ 층마다 설치한다.
㉡ 숙박시설·노유자시설 및 의료시설로 사용되는 층에는 그 층의 바닥면적 500[m^2]마다 1개 이상 설치한다.
㉢ 위락시설·문화집회 및 운동시설·판매시설로 사용되는 층 또는 복합용도의 층에는 그 층의 바닥면적 800[m^2]마다 1개 이상설치한다.
㉣ 계단실형 아파트에는 각 세대마다 1개 이상 설치한다.
㉤ 그 밖의 용도의 층에는 그 층의 바닥면적 1,000[m^2]마다 1개 이상 설치한다.
㉥ 숙박시설(휴양콘도미니엄 제외)의 경우 객실마다 완강기 또는 2 이상의 간이완강기를 추가로 설치한다.
㉦ 4층 이상의 층에 설치된 노유자시설 중 장애인 관련 시설로서 주된 사용자 중 스스로 피난이 불가한 사람이 있는 경우 층마다 구조대를 1개 이상 추가로 설치한다.

정답 | ②

64 빈출도 ★

다음 설명은 미분무 소화설비의 화재안전성능기준(NFPC 104A)에 따른 미분무 소화설비 기동장치의 화재감지기 회로에서 발신기 설치기준이다. (　　) 안에 알맞은 내용은? (단, 자동화재탐지설비의 발신기가 설치된 경우는 제외한다.)

> – 조작이 쉬운 장소에 설치하고, 스위치는 바닥으로부터 0.8[m] 이상 (㉠)[m] 이하의 높이에 설치할 것
> – 소방대상물의 층마다 설치하되, 당해 소방대상물의 각 부분으로부터 하나의 발신기까지의 수평거리가 (㉡)[m] 이하가 되도록 할 것
> – 발신기의 위치를 표시하는 표시등은 함의 상부에 설치하되, 그 불빛은 부착면으로부터 15° 이상의 범위안에서 부착지점으로부터 (㉢)[m] 이내의 어느 곳에서도 쉽게 식별할 수 있는 적색등으로 할 것

① ㉠ 1.5　㉡ 20　㉢ 10

② ㉠ 1.5　㉡ 25　㉢ 10

③ ㉠ 2.0　㉡ 20　㉢ 15

④ ㉠ 2.0　㉡ 25　㉢ 15

관련개념 발신기의 설치기준

㉠ 조작이 쉬운 장소에 설치한다.
㉡ 스위치는 바닥으로부터 0.8[m] 이상 1.5[m] 이하의 높이에 설치한다.
㉢ 소방대상물의 층마다 설치하고 해당 소방대상물의 각 부분으로부터 수평거리가 25[m] 이하가 되도록 한다.
㉣ 복도 또는 별도로 구획된 실로서 보행거리가 40[m] 이상일 경우에는 추가로 설치한다.
㉤ 발신기의 위치를 표시하는 표시등은 함의 상부에 설치하고 그 불빛은 부착면으로부터 15° 이상의 범위 안에서 부착지점으로부터 10[m] 이내의 어느 곳에서도 쉽게 식별할 수 있는 적색등으로 한다.

정답 | ②

65 빈출도 ★★

옥외소화전설비의 화재안전성능기준(NFPC 109)상 하나의 옥외소화전을 사용하는 노즐선단에서 방수압력에 몇 [MPa]을 초과할 경우 호스접결구의 인입측에 감압장치를 설치하여야 하는가?

① 0.5 ② 0.6
③ 0.7 ④ 0.8

해설

하나의 옥외소화전을 사용하는 노즐선단에서의 방수압력이 0.7[MPa]을 초과하는 경우에는 호스접결구의 인입 측에 감압장치를 설치한다.

정답 | ③

66 빈출도 ★★

할로겐화합물 및 불활성기체 소화설비의 화재안전기술기준(NFTC 107A)에 따른 할로겐화합물 및 불활성기체 소화설비의 수동식 기동장치의 설치기준에 대한 설명으로 틀린 것은?

① 5[kg] 이상의 힘을 가하여 기동할 수 있는 구조로 할 것
② 전기를 사용하는 기동장치에는 전원표시등을 설치할 것
③ 기동장치의 방출용 스위치는 음향경보장치와 연동하여 조작될 수 있는 것으로 할 것
④ 해당 방호구역의 출입구 부근 등 조작을 하는 자가 쉽게 피난할 수 있는 장소에 설치할 것

해설

50[N] 이하의 힘을 가하여 기동할 수 있는 구조로 한다.

관련개념 수동식 기동장치의 설치기준

㉠ 수동식 기동장치의 부근에는 소화약제의 방출을 지연시킬 수 있는 방출지연스위치를 설치한다. 방출지연스위치는 자동복귀형 스위치로 수동식 기동장치의 타이머를 순간 정지시키는 기능의 스위치를 말한다.
㉡ 방호구역마다 설치한다.
㉢ 해당 방호구역의 출입구 부근 등 조작을 하는 자가 쉽게 피난할 수 있는 장소에 설치한다.
㉣ 기동장치의 조작부는 바닥으로부터 0.8[m] 이상 1.5[m] 이하의 위치에 설치하고, 보호판 등에 따른 보호장치를 설치한다.
㉤ 기동장치 인근의 보기 쉬운 곳에 "할로겐화합물 및 불활성기체소화설비 수동식 기동장치"라는 표지를 한다.
㉥ 전기를 사용하는 기동장치에는 전원표시등을 설치한다.
㉦ 기동장치의 방출용 스위치는 음향경보장치와 연동하여 조작될 수 있는 것으로 한다.
㉧ 50[N] 이하의 힘을 가하여 기동할 수 있는 구조로 한다.

정답 | ①

67 빈출도 ★★★

지하구의 화재안전성능기준(NFPC 605)에 따라 연소방지설비의 살수구역은 환기구 등을 기준으로 최대 몇 [m] 이내마다 살수구역을 설정하여야 하는가?

① 150 ② 350
③ 700 ④ 1,000

해설

환기구 사이의 간격이 700[m]를 초과하는 경우 700[m] 이내마다 살수구역을 설정한다.

관련개념 연소방지설비 헤드의 설치기준

㉠ 천장 또는 벽면에 설치한다.
㉡ 헤드 간의 수평거리는 연소방지설비 전용헤드의 경우 2[m] 이하, 개방형 스프링클러헤드의 경우 1.5[m] 이하로 한다.
㉢ 소방대원의 출입이 가능한 환기구 · 작업구마다 지하구의 양쪽 방향으로 살수헤드를 설치하고, 한쪽 방향의 살수구역의 길이는 3[m] 이상으로 한다.
㉣ 환기구 사이의 간격이 700[m]를 초과하는 경우 700[m] 이내마다 살수구역을 설정한다. 지하구의 구조를 고려하여 방화벽을 설치한 경우 그렇지 않다.

정답 | ③

68 빈출도 ★★

구조대의 형식승인 및 제품검사의 기술기준에 따른 경사강하식 구조대의 구조에 대한 설명으로 틀린 것은?

① 구조대 본체는 강하방향으로 봉합부가 설치되어야 한다.
② 연속하여 활강할 수 있는 구조로 안전하고 쉽게 사용할 수 있어야 한다.
③ 땅에 닿을 때 충격을 받는 부분에는 완충장치로서 받침포 등을 부착하여야 한다.
④ 입구틀 및 취부틀의 입구는 지름 60[cm] 이상의 구체가 통과할 수 있어야 한다.

해설

경사구조대 본체는 강하방향으로 봉합부가 설치되지 않아야 한다.

관련개념 경사강하식 구조대의 구조 기준

㉠ 연속하여 활강할 수 있는 구조로 안전하고 쉽게 사용할 수 있어야 한다.
㉡ 입구틀 및 고정틀의 입구는 지름 60[cm] 이상의 구체가 통과할 수 있어야 한다.
㉢ 경사구조대 본체는 강하방향으로 봉합부가 설치되지 않아야 한다.
㉣ 본체의 포지는 하부지지장치에 인장력이 균등하게 걸리도록 부착하여야 하며 하부지지장치는 쉽게 조작할 수 있어야 한다.
㉤ 땅에 닿을 때 충격을 받는 부분에는 완충장치로서 받침포 등을 부착하여야 한다.

정답 | ①

69 빈출도 ★★★

스프링클러설비의 화재안전기술기준(NFTC 103)에 따른 습식 유수검지장치를 사용하는 스프링클러설비 시험장치의 설치기준에 대한 설명으로 틀린 것은?

① 유수검지장치에서 가장 가까운 가지배관의 끝으로부터 연결하여 설치해야 한다.
② 시험배관의 끝에는 물받이 통 및 배수관을 설치하여 시험 중 방사된 물이 바닥에 흘러내리지 않도록 해야 한다.
③ 화장실과 같은 배수처리가 쉬운 장소에 시험배관을 설치한 경우에는 물받이 통 및 배수관을 생략할 수 있다.
④ 시험장치 배관의 구경은 25[mm] 이상으로 하고, 그 끝에 개폐밸브 및 개방형 헤드 또는 스프링클러헤드와 동등항 방수성능을 가진 오리피스를 설치해야 한다.

해설

시험장치는 습식 스프링클러설비의 경우 유수검지장치 2차 측 배관에 연결하여 설치한다.

관련개념 시험장치의 설치기준

㉠ 습식 스프링클러설비 및 부압식 스프링클러설비에는 유수검지장치 2차 측 배관에 연결하여 설치하고 건식 스프링클러설비인 경우 유수검지장치에서 가장 먼 거리에 위치한 가지배관의 끝으로부터 연결하여 설치한다.
㉡ 건식 스프링클러설비의 시험장치 중 유수검지장치 2차 측 설비의 내용적이 2,840[L]를 초과하는 경우 개폐밸브를 완전 개방 후 1분 이내에 물이 방사되어야 한다.
㉢ 시험장치 배관의 구경은 25[mm] 이상으로 하고, 그 끝에 개폐밸브 및 개방형 헤드 또는 스프링클러헤드와 동등한 방수성능을 가진 오리피스를 설치한다. 개방형 헤드는 반사판 및 프레임을 제거한 오리피스만으로 설치할 수 있다.
㉣ 시험배관의 끝에는 물받이 통 및 배수관을 설치하여 시험 중 방사된 물이 바닥에 흘러내리지 않도록 한다. 목욕실·화장실 등 배수처리가 쉬운 장소에 시험배관을 설치한 경우 제외할 수 있다.

정답 ①

70 빈출도 ★

화재조기진압용 스프링클러설비 가지배관 사이의 거리 기준으로 옳은 것은?

① 2.4[m] 이상 3.1[m] 이하
② 2.4[m] 이상 3.7[m] 이하
③ 6.0[m] 이상 8.5[m] 이하
④ 6.0[m] 이상 9.3[m] 이하

해설

가지배관 사이의 거리는 2.4[m] 이상 3.7[m] 이하로 한다.

관련개념 가지배관의 설치기준

㉠ 토너먼트 배관방식이 아니어야 한다.
㉡ 가지배관 사이의 거리는 2.4[m] 이상 3.7[m] 이하로 한다.
㉢ 천장의 높이가 9.1[m] 이상 13.7[m] 이하인 경우 가지배관 사이의 거리는 2.4[m] 이상 3.1[m] 이하로 한다.
㉣ 교차배관에서 분기되는 지점을 기점으로 한 쪽 가지배관에 설치되는 헤드의 개수는 8개 이하로 한다.
㉤ 가지배관과 헤드 사이의 배관을 신축배관으로 하는 경우 소방청장이 정하여 고시한 기준에 적합한 것으로 설치한다.

정답 ②

71 빈출도 ★

옥내소화전설비의 화재안전기술기준(NFTC 102)에 따라 옥내소화전 방수구를 반드시 설치하여야 하는 곳은?

① 식물원
② 수족관
③ 수영장의 관람석
④ 냉장창고 중 온도가 영하인 냉장실

해설

식물원, 수족관은 물을 방수하는 설비가 이미 갖추어져 있고, 온도가 영하인 장소는 물이 응결하여 흐르지 못하기 때문에 적절한 소화가 이루어지기 어렵다.
수영장의 관람석은 수영장의 물을 활용하여 소화하기 위해서라도 방수구는 필요하다.

관련개념 **방수구의 설치제외 장소**

㉠ 냉장창고 중 온도가 영하인 냉장실 또는 냉동창고의 냉동실
㉡ 고온의 노가 설치된 장소 또는 물과 격렬하게 반응하는 물품의 저장 또는 취급 장소
㉢ 발전소 · 변전소 등으로서 전기시설이 설치된 장소
㉣ 식물원 · 수족관 · 목욕실 · 수영장(관람석 부분 제외) 또는 그 밖에 이와 비슷한 장소
㉤ 야외음악당 · 야외극장 또는 그 밖의 이와 비슷한 장소

정답 | ③

72 빈출도 ★★

스프링클러설비의 화재안전성능기준(NFPC 103)에 따른 특정소방대상물의 방호구역 층마다 설치하는 폐쇄형 스프링클러설비 유수검지장치의 설치 높이 기준은?

① 바닥으로부터 0.8[m] 이상 1.2[m] 이하
② 바닥으로부터 0.8[m] 이상 1.5[m] 이하
③ 바닥으로부터 1.0[m] 이상 1.2[m] 이하
④ 바닥으로부터 1.0[m] 이상 1.5[m] 이하

해설

유수검지장치는 실내에 설치하거나 보호용 철망 등으로 구획하여 바닥으로부터 0.8[m] 이상 1.5[m] 이하의 위치에 설치한다.

정답 | ②

73 빈출도 ★★

포 소화설비의 화재안전성능기준(NFPC 105)에 따른 용어의 정의 중 다음 (　　) 안에 알맞은 내용은?

> (　　) 프로포셔너방식이란 펌프와 발포기의 중간에 설치된 벤추리관의 벤추리작용과 펌프 가압수의 포 소화약제 저장탱크에 대한 압력에 따라 포 소화약제를 흡입 · 혼합하는 방식을 말한다.

① 라인　　② 펌프
③ 프레셔　　④ 프레셔사이드

해설

프레셔 프로포셔너방식에 대한 설명이다.

관련개념 **포소화약제의 혼합방식**

펌프 프로포셔너 방식	펌프의 토출관과 흡입관 사이의 배관 도중에 설치한 흡입기에 펌프에서 토출된 물의 일부를 보내고, 농도 조정밸브에서 조정된 포 소화약제의 필요량을 포 소화약제 저장탱크에서 펌프 흡입측으로 보내어 이를 혼합하는 방식
프레셔 프로포셔너 방식	펌프와 발포기의 중간에 설치된 벤추리관의 벤추리작용과 펌프 가압수의 포 소화약제 저장탱크에 대한 압력에 따라 포 소화약제를 흡입 · 혼합하는 방식
라인 프로포셔너 방식	펌프와 발포기의 중간에 설치된 벤추리관의 벤추리작용에 따라 포 소화약제를 흡입 · 혼합하는 방식
프레셔 사이드 프로포셔너 방식	펌프의 토출관에 압입기를 설치하여 포 소화약제 압입용 펌프로 포 소화약제를 압입시켜 혼합하는 방식
압축공기포 믹싱챔버 방식	물, 포소화약제 및 공기를 믹싱챔버로 강제주입시켜 챔버 내에서 포수용액을 생성한 후 포를 방사하는 방식

정답 | ③

74 빈출도 ★★★

소화기구 및 자동소화장치의 화재안전성능기준(NFPC 101)에 따른 수동으로 조작하는 대형소화기 B급의 능력단위 기준은?

① 10단위 이상 ② 15단위 이상

③ 20단위 이상 ④ 25단위 이상

해설

대형소화기는 능력단위가 A급 10단위 이상, B급 20단위 이상인 소화기이다.

정답 | ③

75 빈출도 ★★★

포 소화설비의 화재안전성능기준(NFPC 105)에 따른 포 소화설비의 포헤드 설치기준에 대한 설명으로 틀린 것은?

① 항공기격납고에 단백포 소화약제가 사용되는 경우 1분당 방사량은 바닥면적 $1[m^2]$ 당 6.5[L] 이상 방사되도록 할 것

② 특수가연물을 저장·취급하는 소방대상물에 단백포 소화약제가 사용되는 경우 1분당 방사량은 바닥면적 $1[m^2]$ 당 6.5[L] 이상 방사되도록 할 것

③ 특수가연물을 저장·취급하는 소방대상물에 합성계면활성제포 소화약제가 사용되는 경우 1분당 방사량은 바닥면적 $1[m^2]$ 당 8.0[L] 이상 방사되도록 할 것

④ 포헤드는 특정소방대상물의 천장 또는 반자에 설치하되, 바닥면적 $9[m^2]$마다 1개 이상으로 하여 해당 방호대상물의 화재를 유효하게 소화할 수 있도록 할 것

해설

특수가연물을 저장·취급하는 소방대상물에 합성계면활성제포 소화약제가 사용되는 경우 1분당 방사량은 바닥면적 $1[m^2]$ 당 6.5[L] 이상 방사되도록 한다.

관련개념 **포헤드의 특정소방대상물별 방사량**

소방대상물	포 소화약제의 종류	바닥면적 $1[m^2]$당 방사량
차고·주차장 및 항공기격납고	수성막포 소화약제	3.7[L] 이상
	단백포 소화약제	6.5[L] 이상
	합성계면활성제포 소화약제	8.0[L] 이상
특수가연물을 저장·취급하는 소방대상물	수성막포 소화약제	6.5[L] 이상
	단백포 소화약제	6.5[L] 이상
	합성계면활성제포 소화약제	6.5[L] 이상

정답 | ③

76 빈출도 ★★★

소화기구 및 자동소화장치의 화재안전성능기준(NFPC 101)에 따라 대형소화기를 설치할 때 특정소방대상물의 각 부분으로부터 1개의 소화기까지의 보행거리가 최대 몇 [m] 이내가 되도록 배치하여야 하는가?

① 20 ② 25
③ 30 ④ 40

해설

특정소방대상물의 각 부분으로부터 1개의 소화기까지의 보행거리가 소형소화기의 경우 20[m] 이내, 대형소화기의 경우 30[m] 이내가 되도록 배치한다.

관련개념 소화기의 설치기준

㉠ 특정소방대상물의 각 층마다 설치한다.
㉡ 각 층이 2 이상의 거실로 구획된 경우 각 층마다 설치하는 것 외에 바닥면적이 33[m^2] 이상인 각 거실에도 배치한다.
㉢ 특정소방대상물의 각 부분으로부터 1개의 소화기까지의 보행거리가 소형소화기의 경우 20[m] 이내, 대형소화기의 경우 30[m] 이내가 되도록 배치한다.
㉣ 가연성 물질이 없는 작업장의 경우 작업장의 실정에 맞게 보행거리를 완화하여 배치할 수 있다.

정답 | ③

77 빈출도 ★★★

소화수조 및 저수조와 화재안전성능기준(NFPC 402)에 따라 소화수조의 채수구는 소방차가 최대 몇 [m] 이내의 지점까지 접근할 수 있도록 설치하여야 하는가?

① 1 ② 2
③ 4 ④ 5

해설

채수구 또는 흡수관투입구는 소방차가 2[m] 이내의 지점까지 접근할 수 있는 위치에 설치한다.

정답 | ②

78 빈출도 ★★

미분무 소화설비의 화재안전성능기준(NFPC 104A)에 따른 용어 정의 중 다음 (　　) 안에 알맞은 것은?

> "미분무"란 물만의 사용하여 소화하는 방식으로 최소설계압력에서 헤드로부터 방출되는 물입자 중 99[%]의 누적체적분포가 (㉠)[μm] 이하로 분무되고 (㉡)급 화재에 적응성을 갖는 것을 말한다.

① ㉠ 400 ㉡ A, B, C
② ㉠ 400 ㉡ B, C
③ ㉠ 200 ㉡ A, B, C
④ ㉠ 200 ㉡ B, C

해설

미분무란 헤드로부터 방출되는 물입자 중 99[%]의 누적체적분포가 400[μm] 이하로 분무되고 A, B, C급 화재에 적응성을 갖는 것이다.

관련개념 용어의 정의

구분	정의
미분무	헤드로부터 방출되는 물입자 중 99[%]의 누적체적분포가 400[μm] 이하로 분무되고 A, B, C급 화재에 적응성을 갖는 것
저압 미분무소화설비	최고사용압력이 1.2[MPa] 이하인 미분무소화설비
중압 미분무소화설비	사용압력이 1.2[MPa]을 초과하고 3.5[MPa] 이하인 미분무소화설비
고압 미분무소화설비	최저사용압력이 3.5[MPa]을 초과하는 미분무소화설비

정답 | ①

79 빈출도 ★★

분말 소화설비의 화재안전기술기준(NFTC 108)에 따라 분말 소화약제 저장용기의 설치기준으로 맞는 것은?

① 저장용기의 충전비는 0.5 이상으로 할 것
② 제1종 분말(탄산수소나트륨을 주성분으로 한 분말)의 경우 소화약제 1[kg]당 저장용기의 내용적은 1.25[L]일 것
③ 저장용기에는 저장용기의 내부압력이 설정압력으로 되었을 때 주밸브를 개방하는 정압작동장치를 설치할 것
④ 저장용기에는 가압식은 최고사용압력 2배 이하, 축압식은 용기의 내압시험압력의 1배 이하의 압력에서 작동하는 안전밸브를 설치할 것

선지분석

① 저장용기의 충전비는 0.8 이상으로 한다.
② 제1종 분말의 경우 소화약제 1[kg] 당 저장용기의 내용적은 0.8[L] 이상이다.
④ 저장용기에는 가압식의 경우 최고사용압력의 1.8배 이하, 축압식의 경우 내압시험압력의 0.8배 이하의 압력에서 작동하는 안전밸브를 설치한다.

관련개념 저장용기의 설치기준

㉠ 저장용기의 내용적은 다음과 같다.

소화약제의 종류	소화약제 1[kg] 당 저장용기의 내용적
제1종 분말	0.8[L]
제2종 분말	1.0[L]
제3종 분말	1.0[L]
제4종 분말	1.25[L]

㉡ 저장용기에는 가압식의 경우 최고사용압력의 1.8배 이하, 축압식의 경우 내압시험압력의 0.8배 이하의 압력에서 작동하는 안전밸브를 설치한다.
㉢ 저장용기에는 저장용기의 내부압력이 설정압력으로 되었을 때 주밸브를 개방하는 정압작동장치를 설치한다.
㉣ 저장용기의 충전비는 0.8 이상으로 한다.
㉤ 저장용기 및 배관에는 잔류 소화약제를 처리할 수 있는 청소장치를 설치한다.
㉥ 축압식 저장용기에는 사용압력 범위를 표시한 지시압력계를 설치한다.

정답 | ③

80 빈출도 ★★

할론 소화설비의 화재안전기술기준(NFTC 107)에 따른 할론 1301 소화약제의 저장용기에 대한 설명으로 틀린 것은?

① 저장용기의 충전비는 0.9 이상 1.6 이하로 할 것
② 동일 집합관에 접속되는 용기의 충전비는 같도록 할 것
③ 저장용기의 개방밸브는 안전장치가 부착된 것으로 하며 수동으로 개방되지 않도록 할 것
④ 축압식 용기의 경우에는 20[℃]에서 2.5[MPa] 또는 4.2[MPa]의 압력이 되도록 질소가스로 축압할 것

해설

저장용기의 개방밸브는 자동 · 수동으로 개방되고, 안전장치가 부착된 것으로 한다.

관련개념 저장용기의 설치기준

㉠ 축압식 저장용기의 압력은 온도 20[℃]에서 할론 1211을 저장하는 것은 1.1[MPa] 또는 2.5[MPa], 할론 1301을 저장하는 것은 2.5[MPa] 또는 4.2[MPa]이 되도록 질소가스로 축압한다.
㉡ 저장용기의 충전비는 다음의 표에 따른 기준으로 한다.

소화약제의 종류		충전비
할론 1301		0.9 이상 1.6 이하
할론 1211		0.7 이상 1.4 이하
할론 2402	가압식	0.51 이상 0.67 미만
	축압식	0.67 이상 2.75 이하

㉢ 동일 집합관에 접속되는 저장용기의 소화약제 충전량은 동일 충전비로 한다.
㉣ 가압용 가스용기는 질소가스가 충전된 것으로 하고, 그 압력은 21[℃]에서 2.5[MPa] 또는 4.2[MPa]이 되도록 한다.
㉤ 저장용기의 개방밸브는 전기식 · 가스압력식 또는 기계식에 따라 자동으로 개방되고 수동으로도 개방되는 것으로서 안전장치가 부착된 것으로 한다.
㉥ 가압식 저장용기에는 2.0[MPa] 이하의 압력으로 조정할 수 있는 압력조정장치를 설치한다.
㉦ 하나의 방호구역을 담당하는 소화약제 저장용기의 소화약제량의 체적합계보다 그 소화약제 방출 시 방출경로가 되는 배관(집합관 포함)의 내용적의 비율이 1.5배 이상일 경우에는 해당 방호구역에 대한 설비는 별도 독립방식으로 한다.

정답 | ③

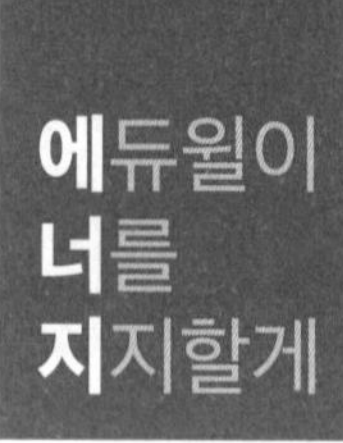

ENERGY

나침반 바늘은 정확한 방향을 가리키기 전에 항상 흔들린다.
인생도 마찬가지다.
그러므로 지금 흔들리고 있는 것을 걱정할 필요가 없다.
언젠가는 바른 방향을 가리키게 될 것이기 때문이다.

– 김은주, 『달팽이 안에 달』 中

2019년 1회 기출문제

■1회독 ■2회독 ■3회독

소방원론

01 빈출도 ★★★

공기와 접촉되었을 때 위험도(H)가 가장 큰 것은?

① 에테르 ② 수소
③ 에틸렌 ④ 뷰테인

해설

에테르($C_2H_5OC_2H_5$)의 위험도가 $\frac{48-1.9}{1.9}$ ≒24.3으로 가장 크다.

관련개념 주요 가연성 가스의 연소범위와 위험도

가연성 가스	하한계 [vol%]	상한계 [vol%]	위험도
아세틸렌(C_2H_2)	2.5	81	31.4
수소(H_2)	4	75	17.8
일산화탄소(CO)	12.5	74	4.9
에테르($C_2H_5OC_2H_5$)	1.9	48	24.3
이황화탄소(CS_2)	1.2	44	35.7
에틸렌(C_2H_4)	2.7	36	12.3
암모니아(NH_3)	15	28	0.9
메테인(CH_4)	5	15	2
에테인(C_2H_6)	3	12.4	3.1
프로페인(C_3H_8)	2.1	9.5	3.5
뷰테인(C_4H_{10})	1.8	8.4	3.7

정답 | ①

02 빈출도 ★

연면적이 1,000[m^2] 이상인 목조건축물은 그 외벽 및 처마 밑의 연소할 우려가 있는 부분을 방화구조로 하여야 하는데 이때 연소우려가 있는 부분은? (단, 동일한 대지 안에 2동 이상의 건물이 있는 경우이며, 공원·광장·하천의 공지나 수면 또는 내화구조의 벽 기타 이와 유사한 것에 접하는 부분을 제외한다.)

① 상호의 외벽 간 중심선으로부터 1층은 3[m] 이내의 부분
② 상호의 외벽 간 중심선으로부터 2층은 7[m] 이내의 부분
③ 상호의 외벽 간 중심선으로부터 3층은 11[m] 이내의 부분
④ 상호의 외벽 간 중심선으로부터 4층은 13[m] 이내의 부분

해설

상호의 외벽 간의 중심선으로부터 1층은 3[m] 이내, 2층 이상의 층은 5[m] 이내의 거리에 있는 부분을 연소할 우려가 있는 부분이라고 한다.

관련개념 연소할 우려가 있는 부분

건축물방화구조규칙에 따르면 연면적이 1,000[m^2] 이상인 목조의 건축물은 그 외벽 및 처마밑의 연소할 우려가 있는 부분을 방화구조로 하고 지붕은 불연재료로 하여야 한다.
연소할 우려가 있는 부분은 2동 이상의 건축물 외벽 간의 중심선으로부터 1층은 3[m] 이내, 2층 이상의 층은 5[m] 이내의 거리에 있는 건축물의 각 부분을 말한다.

정답 | ①

03 빈출도 ★

주요구조부가 내화구조로 된 건축물에서 거실 각 부분으로부터 하나의 직통계단에 이르는 보행거리는 피난자의 안전상 몇 [m] 이하이어야 하는가?

① 50 ② 60
③ 70 ④ 80

해설

거실의 각 부분으로부터 직통계단에 이르는 보행거리는 일반구조의 경우 30[m] 이하, 내화구조의 경우 50[m] 이하가 되어야 한다.

관련개념

건축법 시행령에 따르면 건축물의 피난층 외의 층에서 피난층 또는 지상으로 통하는 직통계단은 거실의 각 부분으로부터 계단에 이르는 보행거리가 30[m] 이하가 되도록 설치해야 한다. 다만, 건축물의 주요구조부가 내화구조 또는 불연재료로 된 건축물은 그 보행거리가 50[m] 이하가 되도록 설치할 수 있다.

정답 | ①

04 빈출도 ★★★

제2류 위험물에 해당하지 않는 것은?

① 유황 ② 황화린
③ 적린 ④ 황린

해설

황린은 제3류 위험물(자연발화성 및 금수성 물질)이다.

정답 | ④

05 빈출도 ★

화재에 관련된 국제적인 규정을 제정하는 단체는?

① IMO(International Matritime Organization)
② SFPE(Society of Fire Protection Engineers)
③ NFPA(Nation Fire Protection Association)
④ ISO(International Organization for Standardization) TC 92

해설

화재 관련 국제적인 규정을 제정하는 단체는 ISO/TC92이다.

선지분석

① IMO는 국제해사기구로 해운과 관련된 국제적인 문제를 협의하는 단체이다.
② SFPE는 세계적으로 소방 기술 분야를 다루는 학회이다.
③ NFPA는 미국화재예방협회이다.

정답 | ④

06 빈출도 ★★★

이산화탄소 소화약제의 임계온도로 옳은 것은?

① 24.4[℃] ② 31.4[℃]
③ 56.4[℃] ④ 78.2[℃]

해설

이산화탄소의 임계온도는 약 31.4[℃]이다.

관련개념 이산화탄소의 일반적 성질

㉠ 상온에서 무색·무취·무미의 기체로서 독성이 없다.
㉡ 임계온도는 약 31.4[℃]이고, 비중이 약 1.52로 공기보다 무겁다.
㉢ 압축 및 냉각 시 쉽게 액화할 수 있으며, 더욱 압축냉각하면 드라이아이스가 된다.

정답 | ②

07 빈출도 ★★★

위험물안전관리법령상 위험물의 지정수량이 틀린 것은?

① 과산화나트륨 — 50[kg]
② 적린 — 100[kg]
③ 과산화수소 — 300[kg]
④ 탄화알루미늄 — 400[kg]

해설

탄화알루미늄(제3류 위험물, 칼슘 또는 알루미늄의 탄화물)의 지정수량은 300[kg]이다.

선지분석

① 과산화나트륨(제1류 위험물, 무기과산화물)의 지정수량은 50[kg]이다.
② 적린(제2류 위험물)의 지정수량은 100[kg]이다.
③ 과산화수소(제6류 위험물)의 지정수량은 300[kg]이다.

정답 | ④

08 빈출도 ★★

물질의 취급 또는 위험성에 대한 설명 중 틀린 것은?

① 융해열은 점화원이다.
② 질산은 물과 반응시 발열 반응하므로 주의를 해야 한다.
③ 네온, 이산화탄소, 질소는 불연성 물질로 취급한다.
④ 암모니아를 충전하는 공업용 용기의 색상은 백색이다.

해설

융해는 고체가 액체로 변화하는 현상이다. 주변의 열을 흡수하며 융해가 일어나므로 점화원이 될 수 없다.

정답 | ①

09 빈출도 ★★

인화점이 40[℃] 이하인 위험물을 저장, 취급하는 장소에 설치하는 전기설비는 방폭구조로 설치하는데, 용기의 내부에 기체를 압입하여 압력을 유지하도록 함으로써 폭발성 가스가 침입하는 것을 방지하는 구조는?

① 압력방폭구조　　② 유입방폭구조
③ 안전증방폭구조　　④ 본질안전방폭구조

해설

용기의 내부에 기체를 압입하여 폭발성 가스가 침입하는 것을 방지하는 구조는 압력방폭구조이다.

관련개념 방폭구조

폭발성 분위기에서 점화되지 않도록 하기 위하여 전기기기에 적용되는 특수한 조치를 방폭구조라고 한다.

㉠ 내압방폭구조: 점화원에 의해 용기 내부에서 폭발이 발생할 경우에 용기가 폭발압력에 견딜 수 있고, 화염이 용기 외부의 폭발성 분위기로 전파되지 않도록 한 방폭구조
㉡ 압력방폭구조: 전기설비의 용기 내부에 외부보다 높은 압력을 형성시켜 용기 내부로 가연성 물질이 유입되지 못하도록 한 방폭구조
㉢ 안전증방폭구조: 전기기기의 과도한 온도 상승, 아크 또는 불꽃 발생의 위험을 방지하기 위하여 추가적인 안전조치를 통한 안전도를 증가시킨 방폭구조
㉣ 유입방폭구조: 유체 상부 또는 용기 외부에 존재할 수 있는 폭발성 분위기가 발화할 수 없도록 전기설비 또는 전기설비의 부품을 보호액에 함침시키는 방폭구조
㉤ 본질안전방폭구조: 전기에너지에 의한 발화가 불가능하다는 것을 시험을 통해 확인할 수 있는 방폭구조
㉥ 특수방폭구조: 전기기기의 구조, 재료, 사용장소 또는 사용방법 등을 고려하여 적용대상인 폭발성 가스 분위기를 점화시키지 않도록 한 방폭구조

정답 | ①

10 빈출도 ★★★

화재의 분류방법 중 유류화재를 나타낸 것은?

① A급 화재 ② B급 화재
③ C급 화재 ④ D급 화재

해설

유류화재는 B급 화재이다.

관련개념 화재의 분류

급수	화재 종류	표시색	소화방법
A급	일반화재	백색	냉각
B급	유류화재	황색	질식
C급	전기화재	청색	질식
D급	금속화재	무색	질식
K급	주방화재 (식용유화재)	—	비누화 · 냉각 · 질식
E급	가스화재	황색	제거 · 질식

정답 ②

11 빈출도 ★★★

마그네슘의 화재에 주수하였을 때 물과 마그네슘의 반응으로 인하여 생성되는 가스는?

① 산소 ② 수소
③ 일산화탄소 ④ 이산화탄소

해설

마그네슘(Mg)과 물이 반응하면 수소(H_2)가 발생한다.

$Mg + 2H_2O \rightarrow Mg(OH)_2 + H_2 \uparrow$

정답 ②

12 빈출도 ★★

물의 기화열이 539.6[cal/g]인 것은 어떤 의미인가?

① 0[℃]의 물 1[g]이 얼음으로 변화하는 데 539.6[cal]의 열량이 필요하다.
② 0[℃]의 물 1[g]이 물로 변화하는 데 539.6[cal]의 열량이 필요하다.
③ 0[℃]의 물 1[g]이 100[℃]의 물로 변화하는 데 539.6[cal]의 열량이 필요하다.
④ 100[℃]의 물 1[g]이 수증기로 변화하는 데 539.6[cal]의 열량이 필요하다.

해설

기화열은 기화(증발) 잠열이라고 하며 액체상태인 물 1[g]이 기화점 100[℃]에서 기체상태인 수증기로 변화하는 데 필요한 열량이 539.6[cal]이라는 것을 의미한다.

관련개념 기화(증발) 잠열

기화 시 액체가 기체로 변화하는 동안에는 온도가 상승하지 않고 일정하게 유지되는데, 이와 같이 온도의 변화 없이 어떤 물질의 상태를 변화시킬 때 필요한 열량을 잠열이라고 한다.

정답 ④

13 빈출도 ★

방화구획의 설치기준 중 스프링클러 기타 이와 유사한 자동식소화설비를 설치한 10층 이하의 층은 몇 [m^2] 이내마다 구획하여야 하는가?

① 1,000 ② 1,500
③ 2,000 ④ 3,000

해설

스프링클러를 설치한 경우 10층 이하의 층은 바닥면적 3,000[m^2]마다 방화구획하여야 한다.

관련개념 방화구획 설치기준

㉠ 10층 이하의 층은 바닥면적 1,000[m^2](스프링클러를 설치한 경우 3,000[m^2]) 이내마다 구획할 것
㉡ 매 층마다 구획할 것
㉢ 11층 이상의 층은 바닥면적 200[m^2](스프링클러를 설치한 경우 600[m^2]) 이내마다 구획할 것
㉣ 11층 이상의 층 중에서 실내에 접하는 부분이 불연재료인 경우 바닥면적 500[m^2](스프링클러를 설치한 경우 1,500[m^2]) 이내마다 구획할 것

정답 ④

14 빈출도 ★

불활성 가스에 해당하는 것은?

① 수증기 ② 일산화탄소
③ 아르곤 ④ 아세틸렌

해설

아르곤(Ar)은 주기율표상 18족 원소인 불활성기체로 연소하지 않는다.

정답 | ③

15 빈출도 ★

이산화탄소의 질식 및 냉각효과에 대한 설명 중 틀린 것은?

① 이산화탄소의 증기비중이 산소보다 크기 때문에 가연물과 산소의 접촉을 방해한다.
② 액체 이산화탄소가 기화되는 과정에서 열을 흡수한다.
③ 이산화탄소는 불연성 가스로서 가연물의 연소반응을 방해한다.
④ 이산화탄소는 산소와 반응하며 이 과정에서 발생한 연소열을 흡수하므로 냉각효과를 나타낸다.

해설

이산화탄소는 산소와 반응하지 않으며 가연물 표면을 덮어 연소에 필요한 산소의 공급을 차단시키는 질식소화에 사용된다.

선지분석

① 이산화탄소의 질식효과에 대한 설명이다.
② 액체 이산화탄소의 냉각효과에 대한 설명이다.
③ 이산화탄소의 질식효과에 대한 설명이다.

정답 | ④

16 빈출도 ★

분말 소화약제 분말입도의 소화성능에 관한 설명으로 옳은 것은?

① 미세할수록 소화성능이 우수하다.
② 입도가 클수록 소화성능이 우수하다.
③ 입도와 소화성능과는 관련이 없다.
④ 입도가 너무 미세하거나 너무 커도 소화성능은 저하된다.

해설

소화성능이 최대가 되는 분말의 입도는 20~25[μm] 정도이므로 입도가 너무 미세하거나 크면 소화성능은 저하된다.

정답 | ④

17 빈출도 ★

화재하중에 대한 설명 중 틀린 것은?

① 화재하중이 크면 단위 면적당의 발열량이 크다.
② 화재하중이 크다는 것은 화재구획의 공간이 넓다는 것이다.
③ 화재하중이 같더라도 물질의 상태에 따라 가혹도는 달라진다.
④ 화재하중은 화재구획실 내의 가연물 총량을 목재 중량당비로 환산하여 면적으로 나눈 수치이다.

해설

화재하중이 크다는 것은 단위 면적당 목재로 환산한 가연물의 중량이 크다는 의미이다.

관련개념

화재하중은 단위 면적당 목재로 환산한 가연물의 중량[kg/m^2]이다.

정답 | ②

18 빈출도 ★★★

분말 소화약제 중 A급, B급, C급 화재에 모두 사용할 수 있는 것은?

① $NaCO_3$ ② $NH_4H_2PO_4$
③ $KHCO_3$ ④ $NaHCO_3$

해설

제3종 분말 소화약제는 A, B, C급 화재에 모두 적응성이 있다.

관련개념 **분말 소화약제**

구분	주성분	색상	적응화재
제1종	탄산수소나트륨 ($NaHCO_3$)	백색	B급 화재 C급 화재
제2종	탄산수소칼륨 ($KHCO_3$)	담자색 (보라색)	B급 화재 C급 화재
제3종	제1인산암모늄 ($NH_4H_2PO_4$)	담홍색	A급 화재 B급 화재 C급 화재
제4종	탄산수소칼륨＋요소 [$KHCO_3+CO(NH_2)_2$]	회색	B급 화재 C급 화재

정답 ②

19 빈출도 ★

증기비중의 정의로 옳은 것은? (단, 분자, 분모의 단위는 모두 [g/mol]이다.)

① 분자량/22.4 ② 분자량/29
③ 분자량/44.8 ④ 분자량/100

해설

증기비중은 공기 분자량에 대한 증기의 분자량의 비이다.

$$\text{증기비중} = \frac{\text{분자량}}{29}$$

정답 ②

20 빈출도 ★★★

탄화칼슘의 화재 시 물을 주수하였을 때 발생하는 가스로 옳은 것은?

① C_2H_2 ② H_2
③ O_2 ④ C_2H_6

해설

탄화칼슘(CaC_2)과 물(H_2O)이 반응하면 아세틸렌(C_2H_2)이 발생한다.

$CaC_2+2H_2O \rightarrow Ca(OH)_2+C_2H_2\uparrow$

정답 ①

소방유체역학

21 빈출도 ★

다음 중 열역학 제1법칙에 관한 설명으로 옳은 것은?

① 열은 그 자신만으로 저온에서 고온으로 이동할 수 없다.
② 일은 열로 변환시킬 수 있고 열은 일로 변환시킬 수 있다.
③ 사이클 과정에서 열이 모두 일로 변화할 수 없다.
④ 열평형 상태에 있는 물체의 온도는 같다.

해설

열역학 제1법칙은 에너지 보존법칙을 설명하며, 열과 일은 서로 변환될 수 있음을 설명한다.

관련개념 열역학 법칙

열역학 제0법칙	• 열적 평형상태를 설명한다. • 열역학계(system) A와 B가 평형이고, B와 C가 평형이면 A와 C도 평형이다. • 열평형 상태에 있는 물체의 온도는 같다.
열역학 제1법칙	• 에너지 보존법칙을 설명한다. • 열과 일은 서로 변환될 수 있다. • 에너지의 형태는 바뀌더라도 그 총량은 일정하다.
열역학 제2법칙	• 에너지가 흐르는 방향을 설명한다. • 에너지는 엔트로피가 증가하는 방향으로 흐른다. • 열은 고온에서 저온으로 흐른다. • 모든 열이 전부 일로 변환되지 않는다.
열역학 제3법칙	• 0[K]에서 물질의 운동에너지는 0이며, 엔트로피는 0이다.

정답 | ②

22 빈출도 ★

안지름 25[mm], 길이 10[m]의 수평 파이프를 통해 비중은 0.8이고, 점성계수는 5×10^{-3}[kg/m·s]인 기름을 유량 0.2×10^{-3}[m³/s]로 수송하고자 할 때, 필요한 펌프의 최소 동력은 약 몇 [W] 인가?

① 0.21 ② 0.58
③ 0.77 ④ 0.81

해설

$$P=\gamma QH$$

P: 수동력[W], γ: 유체의 비중량[N/m³], Q: 유량[m³/s], H: 전양정[m]

유체의 비중이 0.8이므로 유체의 밀도와 비중량은 다음과 같다.

$$s=\frac{\rho}{\rho_w}=\frac{\gamma}{\gamma_w}$$

s: 비중, ρ: 비교물질의 밀도[kg/m³], ρ_w: 물의 밀도[kg/m³], γ: 비교물질의 비중량[N/m³], γ_w: 물의 비중량[N/m³]

$\rho=s\rho_w=0.8\times1,000$
$\gamma=s\gamma_w=0.8\times9,800$

유체의 흐름을 판단하기 위해 레이놀즈 수를 계산해보면 다음과 같다.

$$Re=\frac{\rho uD}{\mu}=\frac{uD}{\nu}$$

Re: 레이놀즈 수, ρ: 밀도[kg/m³], u: 유속[m/s], D: 직경[m], μ: 점성계수(점도)[kg/m·s], ν: 동점성계수(동점도)[m²/s]

부피유량 공식 $Q=Au$에 의해 유량과 배관의 직경 D를 알면 유속은 다음과 같이 구할 수 있다.

$$u=\frac{Q}{A}=\frac{Q}{\frac{\pi}{4}D^2}=\frac{4Q}{\pi D^2}$$

u: 유속[m/s], Q: 유량[m³/s], A: 배관의 단면적[m²], D: 배관의 직경[m]

$$Re=\frac{\rho uD}{\mu}=\frac{\rho D}{\mu}\times\frac{4Q}{\pi D^2}$$
$$=\frac{(0.8\times1,000)\times0.025}{5\times10^{-3}}\times\frac{4\times(0.2\times10^{-3})}{\pi\times0.025^2}$$
$$\fallingdotseq 1,630$$

레이놀즈 수가 2,100 이하이므로 유체의 흐름은 층류이다.

유체의 흐름이 층류일 때 배관에서의 마찰손실은 하겐－푸아죄유 방정식으로 구할 수 있다.

$$H=\frac{\Delta P}{\gamma}=\frac{128\mu lQ}{\gamma\pi D^4}$$

H: 마찰손실수두[m], ΔP: 압력 차이[Pa], γ: 비중량[N/m^3], μ: 점성계수(점도)[kg/m · s], l: 배관의 길이[m], Q: 유량[m^3/s], D: 배관의 직경[m]

주어진 조건을 공식에 대입하면 마찰손실수두 H는 다음과 같다.

$$H=\frac{128\times(5\times10^{-3})\times10\times(0.2\times10^{-3})}{(0.8\times9{,}800)\times\pi\times0.025^4}$$
$$\fallingdotseq 0.133[\text{m}]$$

따라서 펌프의 최소 동력 P는

$$P=(0.8\times9{,}800)\times(0.2\times10^{-3})\times0.133$$
$$\fallingdotseq 0.21[\text{W}]$$

정답 | ①

23 빈출도 ★★★

수은의 비중이 13.6일 때 수은의 비체적은 몇 [m^3/kg]인가?

① $\frac{1}{13.6}$　② $\frac{1}{13.6}\times10^{-3}$

③ 13.6　④ 13.6×10^{-3}

해설

비체적은 밀도의 역수이므로 수은의 밀도를 계산하면 다음과 같다.

$$s=\frac{\rho}{\rho_w}$$

s: 비중, ρ: 비교물질의 밀도[kg/m^3], ρ_w: 물의 밀도[kg/m^3]

$$\rho=s\rho_w=13.6\times1{,}000=13{,}600[\text{kg/m}^3]$$

따라서 수은의 비체적 ν은

$$\nu=\frac{1}{\rho}=\frac{1}{13{,}600}=\frac{1}{13.6}\times10^{-3}[\text{m}^3/\text{kg}]$$

정답 | ②

24 빈출도 ★★

그림과 같은 U자관 차압 액주계에서 A와 B에 있는 유체는 물이고 그 중간에 유체는 수은(비중 13.6)이다. 또한, 그림에서 $h_1=20$[cm], $h_2=30$[cm], $h_3=15$[cm] 일 때 A의 압력(P_A)와 B의 압력(P_B)의 차이(P_A-P_B)는 약 몇 [kPa] 인가?

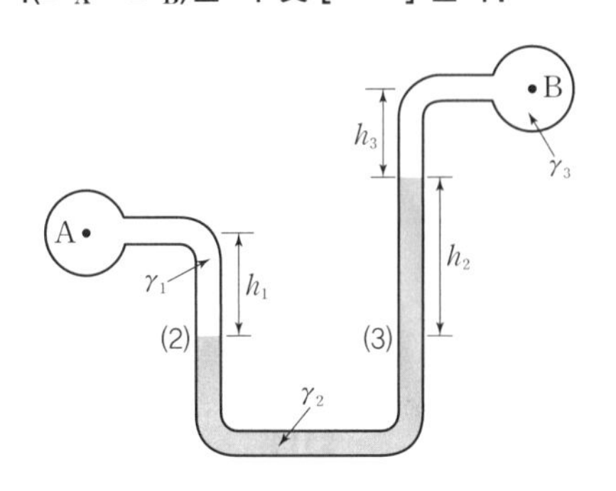

① 35.4　② 39.5

③ 44.7　④ 49.8

해설

$$P_x=\gamma h=s\gamma_w h$$

P_x: x에서의 압력[kPa], γ: 비중량[kN/m^3], h: 높이[m], s: 비중, γ_w: 물의 비중량[kN/m^3]

(2)면에 작용하는 압력은 A점에서의 압력과 물이 누르는 압력의 합과 같다.

$$P_2=P_A+s_1\gamma_w h_1$$

(3)면에 작용하는 압력은 B점에서의 압력과 물이 누르는 압력, 수은이 누르는 압력의 합과 같다.

$$P_3=P_B+s_3\gamma_w h_3+s_2\gamma_w h_2$$

유체 내부에서 같은 수평면(높이)에는 같은 압력이 작용하므로 (2)면과 (3)면의 압력은 같다.

$$P_2=P_3$$
$$P_A+s_1\gamma_w h_1=P_B+s_3\gamma_w h_3+s_2\gamma_w h_2$$

따라서 A점과 B점의 압력 차이 P_A-P_B는

$$P_A-P_B=s_3\gamma_w h_3+s_2\gamma_w h_2-s_1\gamma_w h_1$$
$$=1\times9.8\times0.15+13.6\times9.8\times0.3-1\times9.8\times0.2$$
$$\fallingdotseq 39.49[\text{kPa}]$$

정답 | ②

25 빈출도 ★★

평균유속 2[m/s]로 50[L/s] 유량의 물을 흐르게 하는데 필요한 관의 안지름은 약 몇 [mm] 인가?

① 158　　② 168
③ 178　　④ 188

해설

$$Q = Au$$

Q: 부피유량[m³/s], A: 유체의 단면적[m²], u: 유속[m/s]

배관의 부피유량은 50[L/s]이므로 단위를 변환하면 0.05[m³/s]이다.
주어진 조건을 공식에 대입하면 배관의 단면적 A는 다음과 같다.

$$A = \frac{Q}{u} = \frac{0.05}{2} = 0.025[\text{m}^2]$$

배관은 지름이 D[m]인 원형이므로 배관의 단면적은 다음과 같다.

$$A = \frac{\pi}{4}D^2$$

따라서 배관의 안지름 D는

$$D = \sqrt{\frac{4A}{\pi}} = \sqrt{\frac{4 \times 0.025}{\pi}}$$
$$\fallingdotseq 0.1784[\text{m}] = 178.4[\text{mm}]$$

정답 | ③

26 빈출도 ★

30[℃]에서 부피가 10[L]인 이상기체를 일정한 압력으로 0[℃]로 냉각시키면 부피는 약 몇 [L]로 변하는가?

① 3　　② 9
③ 12　　④ 18

해설

압력과 기체의 양이 일정한 이상기체이므로 샤를의 법칙을 적용할 수 있다.

$$\frac{V_1}{T_1} = C = \frac{V_2}{T_2}$$

상태1의 부피가 10[L], 절대온도가 (273+30)[K]이고, 상태2의 절대온도가 (273+0)[K]이므로 상태2의 부피는

$$V_2 = \frac{V_1}{T_1} \times T_2 = \frac{10[\text{L}]}{(273+30)[\text{K}]} \times (273+0)[\text{K}]$$
$$\fallingdotseq 9.01[\text{L}]$$

관련개념 **샤를의 법칙**

압력과 기체의 양이 일정할 때 부피와 절대온도는 비례 관계에 있다.

$$\frac{V}{T} = C$$

V: 부피, T: 절대온도[K], C: 상수

정답 | ②

27 빈출도 ★

이상적인 카르노 사이클의 과정인 단열 압축과 등온 압축의 엔트로피 변화에 관한 설명으로 옳은 것은?

① 등온 압축의 경우 엔트로피 변화는 없고, 단열 압축의 경우 엔트로피 변화는 감소한다.

② 등온 압축의 경우 엔트로피 변화는 없고, 단열 압축의 경우 엔트로피 변화는 증가한다.

③ 단열 압축의 경우 엔트로피 변화는 없고, 등온 압축의 경우 엔트로피 변화는 감소한다.

④ 단열 압축의 경우 엔트로피 변화는 없고, 등온 압축의 경우 엔트로피 변화는 증가한다.

해설

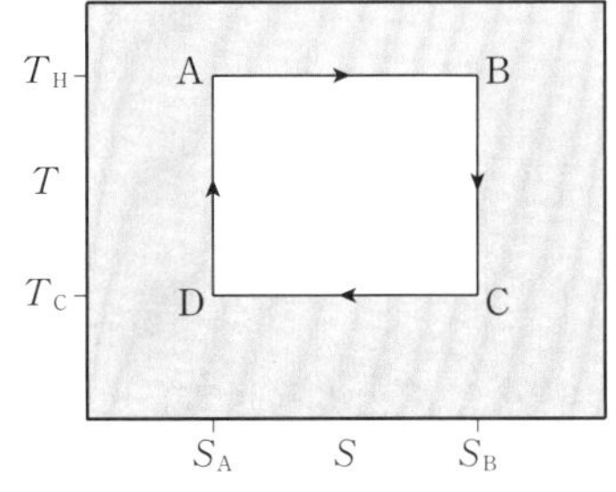

카르노 사이클은 등온 팽창(A－B)에서 엔트로피가 증가하고, 등온 압축(C－D)에서 엔트로피가 감소한다.
단열 팽창(B－C), 단열 압축(D－A)에서는 엔트로피 변화가 없다.

정답 ③

28 빈출도 ★★

그림에서 물 탱크차가 받는 추력은 약 몇 [N] 인가? (단, 노즐의 단면적은 0.03[m²]이며, 탱크 내의 계기압력은 40[kPa]이다. 또한 노즐에서 마찰 손실은 무시한다.)

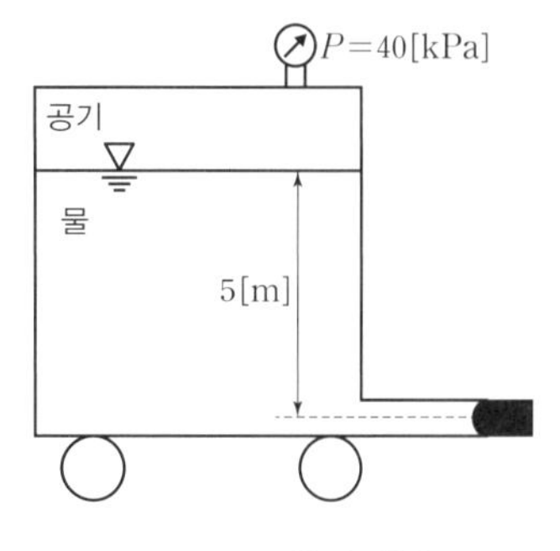

① 812 ② 1,489

③ 2,709 ④ 5,343

해설

유체가 노즐에서 분출되며 가지는 힘은 다음과 같다.

$$F=\rho A u^2$$

F: 유체가 가지는 힘[N], ρ: 유체의 밀도[kg/m³], A: 유체의 단면적[m²], u: 유속[m/s]

노즐을 통과하기 전 후의 압력과 속도의 관계식은 베르누이 방정식을 통해 구할 수 있다.

$$\frac{P_1}{\gamma}+\frac{u_1^2}{2g}+Z_1=\frac{P_2}{\gamma}+\frac{u_2^2}{2g}+Z_2$$

P: 압력[N/m²], γ: 비중량[N/m³], u: 유속[m/s], g: 중력가속도[m/s²], Z: 높이[m]

노즐을 통과하기 전(1) 유속 u_1은 0, 노즐을 통과한 후(2) 압력 P_2는 대기압이므로 0, 높이 차이는 (Z_1-Z_2)[m]로 두면 방정식은 다음과 같다.

$$\frac{P_1}{\gamma}+(Z_1-Z_2)=\frac{u_2^2}{2g}$$

$$u_2=\sqrt{2g\left(\frac{P_1}{\gamma}+(Z_1-Z_2)\right)}$$

따라서 노즐을 통과한 후 유속 u_2는 다음과 같다.

$$u_2=\sqrt{2\times 9.8\times\left(\frac{40}{9.8}+5\right)}\fallingdotseq 13.34[\text{m/s}]$$

물의 밀도는 1,000[kg/m³]이므로 주어진 조건을 공식에 대입하면 유체가 가지는 힘 F는

$$F=1{,}000\times 0.03\times 13.34^2\fallingdotseq 5{,}338[\text{N}]$$

정답 ④

29 빈출도 ★★★

비중이 0.877인 기름이 단면적이 변하는 원관을 흐르고 있으며 체적유량은 0.146[m³/s]이다. A점에서는 안지름이 150[mm], 압력이 91[kPa]이고, B점에서는 안지름이 450[mm], 압력이 60.3[kPa]이다. 또한 B점은 A점보다 3.66[m] 높은 곳에 위치한다. 기름이 A점에서 B점까지 흐르는 동안의 손실수두는 약 몇 [m] 인가? (단, 물의 비중량은 9,810[N/m³] 이다.)

① 3.3　　② 7.2
③ 10.7　　④ 14.1

해설

$$\frac{P_1}{\gamma}+\frac{u_1^2}{2g}+Z_1=\frac{P_2}{\gamma}+\frac{u_2^2}{2g}+Z_2+H$$

P: 압력[kN/m²], γ: 비중량[kN/m³], u: 유속[m/s], g: 중력가속도[m/s²], Z: 높이[m], H: 손실수두[m]

유체의 비중이 0.877이므로 유체의 비중량은 다음과 같다.

$$s=\frac{\rho}{\rho_w}=\frac{\gamma}{\gamma_w}$$

s: 비중, ρ: 비교물질의 밀도[kg/m³], ρ_w: 물의 밀도[kg/m³], γ: 비교물질의 비중량[kN/m³], γ_w: 물의 비중량[kN/m³]

$\gamma=s\gamma_w=0.877\times9.81≒8.6$

부피유량이 일정하므로 A점의 유속 u_1과 B점의 유속 u_2는 다음과 같다.

$$Q=A_1u_1=A_2u_2$$

$$u_1=\frac{Q}{A_1}=\frac{Q}{\frac{\pi}{4}D_1^2}=\frac{0.146}{\frac{\pi}{4}\times0.15^2}≒8.262[m/s]$$

$$u_2=\frac{Q}{A_2}=\frac{Q}{\frac{\pi}{4}D_2^2}=\frac{0.146}{\frac{\pi}{4}\times0.45^2}≒0.918[m/s]$$

B점이 A점보다 3.66[m] 높은 곳에 위치하므로 위치수두는 다음과 같다.

$$Z_1+3.66=Z_2$$

따라서 주어진 조건을 공식에 대입하면 마찰손실수두 H는

$$H=\frac{P_1-P_2}{\gamma}+\frac{u_1^2-u_2^2}{2g}+(Z_1-Z_2)$$

$$=\frac{91-60.3}{8.6}+\frac{8.262^2-0.918^2}{2\times9.8}+(-3.66)$$

$$≒3.35[m]$$

정답 | ①

30 빈출도 ★★★

그림과 같이 피스톤의 지름이 각각 25[cm]와 5[cm]이다. 작은 피스톤을 화살표 방향으로 20[cm] 만큼 움직일 경우 큰 피스톤이 움직이는 거리는 약 몇 [mm]인가? (단, 누설은 없고, 비압축성이라고 가정한다.)

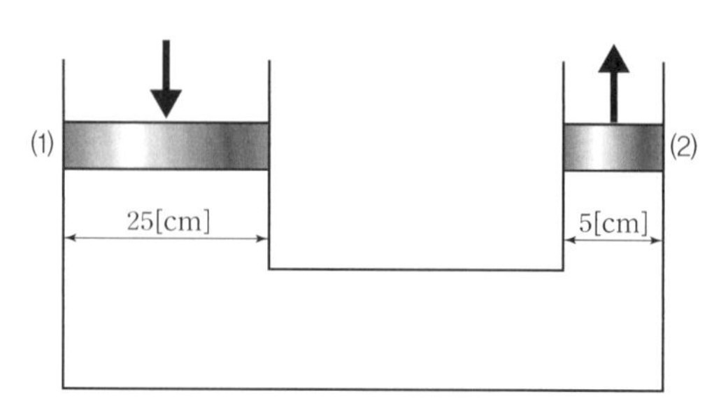

① 2　　② 4
③ 8　　④ 10

해설

작은 피스톤(1)에 의해 늘어나는 물의 부피는 큰 피스톤(2)에 의해 줄어드는 물의 부피와 같다.
피스톤은 원형이므로 단면적은 다음과 같다.

$$A=\frac{\pi}{4}D^2$$

따라서 다음의 식이 성립한다.

$$\frac{\pi}{4}D_1^2h_1=\frac{\pi}{4}D_2^2h_2$$

주어진 조건을 공식에 대입하면 큰 피스톤이 움직이는 높이 h_1는

$$\frac{\pi}{4}\times0.25^2\times h_1=\frac{\pi}{4}\times0.05^2\times20$$

$$h_1=0.8[cm]=8[mm]$$

정답 | ③

31 빈출도 ★★★

스프링클러 헤드의 방수압이 4배가 되면 방수량은 몇 배가 되는가?

① $\sqrt{2}$배 ② 2배
③ 4배 ④ 8배

해설

헤드를 통과하기 전후의 압력과 속도의 관계식은 베르누이 방정식을 통해 구할 수 있다.

$$\frac{P_1}{\gamma}+\frac{u_1^2}{2g}+Z_1=\frac{P_2}{\gamma}+\frac{u_2^2}{2g}+Z_2$$

P: 압력[N/m²], γ: 비중량[N/m³], u: 유속[m/s], g: 중력가속도[m/s²], Z: 높이[m]

헤드를 통과하기 전(1) 유속 u_1은 0, 헤드를 통과한 후(2) 압력 P_2는 대기압이므로 0, 높이 차이는 없으므로 $Z_1=Z_2$로 두면 방정식은 다음과 같다.

$$\frac{P_1}{\gamma}=\frac{u_2^2}{2g}$$

따라서 헤드를 통과하기 전 P만큼의 방수압력을 가해주면 헤드를 통과한 유체는 u만큼의 유속으로 방사된다.

$$u=\sqrt{\frac{2gP}{\gamma}}$$

부피유량 공식 $Q=Au$에 의해 방수량은 다음과 같다.

$$Q=Au=A\sqrt{\frac{2gP}{\gamma}}$$

따라서 헤드의 방수압이 4배가 되면 방수량 Q는 2배가 된다.

$$A\sqrt{\frac{2g\times 4P}{\gamma}}=2A\sqrt{\frac{2gP}{\gamma}}=2Q$$

정답 ②

32 빈출도 ★★

다음 중 표준대기압인 1기압에 가장 가까운 것은?

① 860[mmHg] ② 10.33[mAq]
③ 101.325[bar] ④ 1.0332[kgf/m²]

해설

대기압은 10.332[m]의 물기둥이 누르는 압력과 같다.
10.332[mAq] 또는 10.332[mH_2O]로 쓴다.

선지분석

① 1[atm]은 760[mmHg]와 같다.
③ 1[atm]은 1.01325[bar]와 같다.
④ 1[atm]은 10,332[kgf/m²], 10.332[kgf/cm²]와 같다.

정답 ②

33 빈출도 ★★★

안지름 $10[cm]$의 관로에서 마찰손실수두가 속도수두와 같다면 그 관로의 길이는 약 몇 $[m]$인가? (단, 관마찰계수는 0.03이다.)

① 1.58　　② 2.54
③ 3.33　　④ 4.52

해설

일정한 양의 비압축성 유체가 일정한 속도로 흐를 때 배관에서의 마찰손실은 달시-바이스바하 방정식으로 구할 수 있다.

$$H=\frac{\Delta P}{\gamma}=\frac{flu^2}{2gD}$$

H: 마찰손실수두$[m]$, ΔP: 압력 차이$[kPa]$, γ: 비중량$[kN/m^3]$,
f: 마찰손실계수, l: 배관의 길이$[m]$, u: 유속$[m/s]$,
g: 중력가속도$[m/s^2]$, D: 배관의 직경$[m]$

속도수두는 $\frac{u^2}{2g}$이므로 마찰손실수두와 속도수두가 같으려면 다음의 조건을 만족하여야 한다.

$$H=\frac{fl}{D}\times\frac{u^2}{2g}\ \rightarrow\ \frac{fl}{D}=1$$

따라서 관로의 길이 l은

$$l=\frac{D}{f}=\frac{0.1}{0.03}\fallingdotseq 3.33[m]$$

정답 | ③

34 빈출도 ★★

원심식 송풍기에서 회전수를 변화시킬 때 동력변화를 구하는 식으로 옳은 것은? (단, 변화 전후의 회전수는 각각 N_1, N_2, 동력은 L_1, L_2이다.)

① $L_2=L_1\times\left(\frac{N_1}{N_2}\right)^3$　　② $L_2=L_1\times\left(\frac{N_1}{N_2}\right)^2$

③ $L_2=L_1\times\left(\frac{N_2}{N_1}\right)^3$　　④ $L_2=L_1\times\left(\frac{N_2}{N_1}\right)^2$

해설

송풍기의 회전수를 변화시키면 동일한 송풍기이므로 상사법칙에 따라 축동력이 변화한다.

$$\frac{P_2}{P_1}=\left(\frac{N_2}{N_1}\right)^3\left(\frac{D_2}{D_1}\right)^5$$

P: 축동력, N: 펌프의 회전수, D: 직경

동일한 송풍기이므로 직경은 같고, 상태1의 축동력이 L_1, 상태2의 축동력이 L_2이므로 축동력 변화는 다음과 같다.

$$L_2=L_1\times\left(\frac{N_2}{N_1}\right)^3$$

정답 | ③

35 빈출도 ★★

그림과 같은 $\frac{1}{4}$원형의 수문(水門) AB가 받는 수평성분 힘(F_H)과 수직성분 힘(F_V)은 각각 약 몇 [kN]인가? (단, 수문의 반지름은 2[m]이고, 폭은 3[m]이다.)

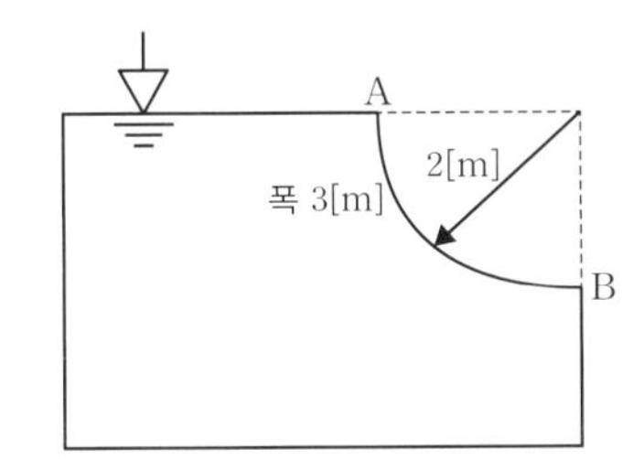

① $F_H=24.4$ $F_V=46.2$
② $F_H=24.4$ $F_V=92.4$
③ $F_H=58.8$ $F_V=46.2$
④ $F_H=58.8$ $F_V=92.4$

해설

곡면의 수평 방향으로 작용하는 힘 F_H는 다음과 같다.

$$F=PA=\rho ghA=\gamma hA$$

F: 수평 방향으로 작용하는 힘(수평분력)[N], P: 압력[N/m²], A: 정사영 면적[m²], ρ: 밀도[kg/m³], g: 중력가속도[m/s²], h: 중심 높이로부터 표면까지의 높이[m], γ: 유체의 비중량[N/m³]

유체는 물이므로 물의 비중량은 9.8[kN/m³]이다.
곡면의 중심 높이로부터 표면까지의 높이 h는 1[m]이다.
곡면과 나란한 수직인 벽으로 정사영을 내린 면적 A는 (2×3)[m]이다.

$F_H=9.8\times1\times(2\times3)=58.8$[kN]

곡면의 수직 방향으로 작용하는 힘 F_V는 다음과 같다.

$$F=mg=\rho Vg=\gamma V$$

F: 수직 방향으로 작용하는 힘(수직분력)[N], m: 질량[kg], g: 중력가속도[m/s²], ρ: 밀도[kg/m³], V: 곡면 위 유체의 부피[m³], γ: 유체의 비중량[N/m³]

곡면 아래에 유체가 있는 경우 곡면 위의 유체 표면까지 채울 수 있는 가상 유체의 무게로 한다.

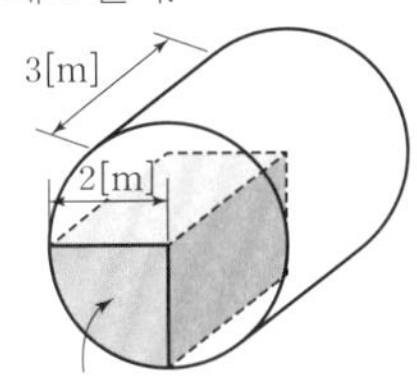

$V=\frac{1}{4}\times\pi r^2\times3=3\pi$

$F_V=9.8\times3\pi\fallingdotseq92.36$[kN]

정답 | ④

36 빈출도 ★★★

펌프 중심으로부터 2[m] 아래에 있는 물을 펌프 중심으로부터 15[m] 위에 있는 송출수면으로 양수하려 한다. 관로의 전 손실수두가 6[m]이고, 송출수량이 1[m³/min]라면 필요한 펌프의 동력은 약 몇 [W]인가?

① 2,777 ② 3,103
③ 3,430 ④ 3,757

해설

$$P=\gamma QH$$

P: 수동력[W], γ: 유체의 비중량[N/m³], Q: 유량[m³/s], H: 전양정[m]

유체는 물이므로 물의 비중량은 9,800[N/m³]이다.
펌프의 토출량이 1[m³/min]이므로 단위를 변환하면 $\frac{1}{60}$[m³/s]이다.
펌프는 (15−(−2))[m] 높이만큼 유체를 이동시켜야 하며 배관에서 손실되는 압력은 물기둥 6[m] 높이의 압력과 같다.

$(15-(-2))+6=23$[m]

따라서 주어진 조건을 공식에 대입하면 필요한 펌프의 동력 P는

$P=9{,}800\times\frac{1}{60}\times23$
$\fallingdotseq3{,}756.67$[W]

정답 | ④

37 빈출도 ★★

일반적인 배관 시스템에서 발생되는 손실을 주손실과 부차적 손실로 구분할 때 다음 중 주손실에 속하는 것은?

① 직관에서 발생하는 마찰손실
② 파이프 입구와 출구에서의 손실
③ 단면의 확대 및 축소에 의한 손실
④ 배관부품(엘보, 리턴밴드, 티, 리듀서, 유니언, 밸브 등)에서 발생하는 손실

해설

직관에서 발생하는 마찰손실은 주손실에 해당한다.

관련개념 **주손실과 부차적 손실**

㉠ 주손실
- 배관의 벽에 의한 손실
- 수직인 배관을 올라가면서 발생하는 손실

㉡ 부차적 손실
- 배관 입구와 출구에서의 손실
- 배관 단면의 확대 및 축소에 의한 손실
- 배관부품(엘보, 티, 리듀서, 밸브 등)에서 발생하는 손실
- 곡선인 배관에서의 손실

정답 | ①

38 빈출도 ★★★

온도차이 20[℃], 열전도율 5[W/m · K], 두께 20[cm]인 벽을 통한 열유속(heat flux)과 온도차이 40[℃], 열전도율 10[W/m · K], 두께 t인 같은 면적을 가진 벽을 통한 열유속이 같다면 두께 t는 약 몇 [cm]인가?

① 10 ② 20
③ 40 ④ 80

해설

열유속은 단위면적 당 열전달량을 의미한다.

$$Q=kA\frac{(T_2-T_1)}{l}$$

Q: 열전달량[W], k: 열전도율[W/m · ℃],
A: 열전달 면적[m^2], (T_2-T_1): 온도 차이[℃],
l: 벽의 두께[m]

두 열유속이 서로 같으므로 관계식은 다음과 같다.

$$\frac{Q_1}{A}=k_1\frac{\Delta T_1}{l_1}=\frac{Q_2}{A}=k_2\frac{\Delta T_2}{l_2}$$

따라서 두께 t는

$$5\times\frac{20}{20}=10\times\frac{40}{t}$$

$$t=80[\text{cm}]$$

정답 | ④

39 빈출도 ★

낙구식 점도계는 어떤 법칙을 이론적 근거로 하는가?

① Stokes의 법칙
② 열역학 제1법칙
③ Hagen−Poiseuille의 법칙
④ Boyle의 법칙

해설

낙구식 점도계는 스토크스(Stokes)의 법칙을 이용해 점성을 측정한다.

관련개념 점성의 측정

구분	측정원리	점도계의 종류
하겐−푸아죄유(Hagen−Poiseuille)의 법칙	세관법	• 세이볼트(Saybolt) 점도계 • 오스왈트(Ostwald) 점도계 • 레드우드(Redwod) 점도계 • 앵글러(Engler) 점도계 • 바베이(Barbey) 점도계
뉴턴(Newton)의 점성법칙	회전원통법	• 스토머(Stormer) 점도계 • 맥미셸(MacMichael) 점도계
스토크스(Stokes)의 법칙	낙구법	낙구식 점도계

정답 | ①

40 빈출도 ★★★

지면으로부터 4[m]의 높이에 설치된 수평관 내로 물이 4[m/s]로 흐르고 있다. 물의 압력이 78.4[kPa]인 관 내의 한 점에서 전수두는 지면을 기준으로 약 몇 [m]인가?

① 4.76 ② 6.24
③ 8.82 ④ 12.81

해설

전수두는 압력수두 $\frac{P}{\gamma}$, 속도수두 $\frac{u^2}{2g}$, 위치수두 Z의 합으로 구할 수 있다.

$$\frac{P}{\gamma}+\frac{u^2}{2g}+Z=\text{일정}$$

P: 압력[kN/m²], γ: 비중량[kN/m³], u: 유속[m/s], g: 중력가속도[m/s²], Z: 높이[m]

따라서 주어진 조건을 공식에 대입하면 전수두 H는

$$H=\frac{78.4}{9.8}+\frac{4^2}{2\times 9.8}+4$$
$$\fallingdotseq 12.82[m]$$

정답 | ④

41 빈출도 ★★★

아파트로 층수가 20층인 특정소방대상물에서 스프링클러 설비를 하여야 하는 층수는? (단, 아파트는 신축을 실시하는 경우이다.)

① 모든 층 ② 15층 이상
③ 11층 이상 ④ 6층 이상

해설

층수가 6층 이상인 특정소방대상물의 경우에는 모든 층에 스프링클러 설비를 설치해야 한다.

정답 | ①

42 빈출도 ★★

1급 소방안전관리대상물이 아닌 것은?

① 15층인 특정소방대상물(아파트 제외)
② 가연성 가스를 2,000[t] 저장 · 취급하는 시설
③ 21층인 아파트로서 300세대인 것
④ 연면적 20,000[m^2]인 문화집회 및 운동시설

해설

층수가 30층 이상(지하층 제외)이거나 지상으로부터 높이가 120[m] 이상인 아파트가 1급 소방안전관리대상물의 기준이다.

관련개념 1급 소방안전관리대상물

시설	대상
아파트	• 30층 이상(지하층 제외) • 지상으로부터 높이 120[m] 이상
특정소방대상물 (아파트 제외)	• 연면적 15,000[m^2] 이상 • 지상층의 층수가 11층 이상
가연성 가스 저장 · 취급 시설	1,000[t] 이상 저장 · 취급

• 제외대상: 동 · 식물원, 철강 등 불연성 물품을 저장 · 취급하는 창고, 위험물 저장 및 처리 시설 중 제조소등과 지하구

정답 | ③

43 빈출도 ★★

다음 중 중급기술자의 학력 · 경력자에 대한 기준으로 옳은 것은? (단, 학력 · 경력자란 고등학교 · 대학 또는 이와 같은 수준 이상의 교육기관의 소방관련학과의 정해진 교육 과정을 이수하고 졸업하거나 그 밖의 관계 법령에 따라 국내 또는 외국에서 이와 같은 수준 이상의 학력이 있다고 인정되는 사람을 말한다.)

① 고등학교를 졸업 후 10년 이상 소방 관련 업무를 수행한 자
② 학사학위를 취득한 후 6년 이상 소방 관련 업무를 수행한 자
③ 석사학위를 취득한 후 2년 이상 소방 관련 업무를 수행한 자
④ 박사학위를 취득한 후 1년 이상 소방 관련 업무를 수행한 자

해설

석사학위를 취득한 후 2년 이상 소방 관련 업무를 수행한 사람인 경우 중급기술자의 학력 · 경력자 기준을 충족한다.

관련개념 중급기술자의 학력 · 경력자 기준

㉠ 박사학위를 취득한 사람
㉡ 석사학위
→ 취득한 후 2년 이상 소방관련 업무 수행
㉢ 학사학위
→ 취득한 후 5년 이상 소방관련 업무 수행
㉣ 전문학사학위
→ 취득한 후 8년 이상 소방관련 업무 수행
㉤ 고등학교 소방학과
→ 졸업한 후 10년 이상 소방관련 업무 수행
㉥ 고등학교
→ 졸업한 후 12년 이상 소방관련 업무 수행

정답 | ③

44 빈출도 ★★★

화재안전조사 결과에 따른 조치명령으로 손실을 입어 손실을 보상하는 경우 그 손실을 입은 자는 누구와 손실보상을 협의하여야 하는가?

① 소방서장　② 시 · 도지사
③ 소방본부장　④ 행정안전부장관

해설

소방청장 또는 시 · 도지사는 화재안전조사 결과에 따른 조치명령으로 손실을 입은 자가 있는 경우에는 대통령령으로 정하는 바에 따라 보상해야 한다.

정답 | ②

45 빈출도 ★★★

화재의 예방 및 안전관리에 관한 법률상 특수가연물의 저장 및 취급 기준 중 석탄 · 목탄류를 저장하는 경우 쌓는 부분의 바닥면적은 몇 $[m^2]$ 이하인가? (단, 살수설비를 설치하거나 방사능력 범위에 해당 특수가연물이 포함되도록 대형수동식소화기를 설치하는 경우이다.)

① 200　② 250
③ 300　④ 350

해설

살수설비를 설치하거나 방사능력 범위에 해당 특수가연물이 포함되도록 대형수동식소화기를 설치하는 경우 석탄 · 목탄류를 저장할 때 쌓는 부분의 바닥면적은 $300[m^2]$ 이하이다.

정답 | ③

2019년 1회

46 빈출도 ★

소방기본법상 명령권자가 소방본부장, 소방서장 또는 소방대장에게 있는 사항은?

① 소방활동을 할 때에 긴급한 경우에는 이웃한 소방본부장 또는 소방서장에게 소방 업무의 응원을 요청할 수 있다.

② 화재, 재난·재해, 그 밖의 위급한 상황이 발생한 현장에서 소방활동을 위하여 필요할 때에는 그 관할구역에 사는 사람 또는 그 현장에 있는 사람으로 하여금 사람을 구출하는 일 또는 불을 끄거나 불이 번지지 아니하도록 하는 일을 하게 할 수 있다.

③ 수사기관이 방화 또는 실화의 혐의가 있어서 이미 피의자를 체포하였거나 증거물을 압수하였을 때에 화재조사를 위하여 필요한 경우에는 수사에 지장을 주지 아니하는 범위에서 그 피의자 또는 압수된 증거물에 대한 조사를 할 수 있다.

④ 화재, 재난·재해, 그 밖의 위급한 상황이 발생하였을 때에는 소방대를 현장에 신속하게 출동시켜 화재진압과 인명구조, 구급 등 소방에 필요한 활동을 하게 하여야 한다.

해설

소방본부장, 소방서장 또는 소방대장은 화재, 재난·재해, 그 밖의 위급한 상황이 발생한 현장에서 소방활동을 위하여 필요할 때에는 그 관할구역에 사는 사람 또는 그 현장에 있는 사람으로 하여금 사람을 구출하는 일 또는 불을 끄거나 불이 번지지 아니하도록 하는 일을 하게 할 수 있다.

관련개념 **소방본부장, 소방서장, 소방대장의 권한**

구분	소방본부장	소방서장	소방대장
소방활동	○	○	×
소방업무 응원요청	○	○	×
소방활동 구역설정	×	×	○
소방활동 종사명령	○	○	○
강제처분 (토지, 차량 등)	○	○	○

정답 | ②

47 빈출도 ★★★

경유의 저장량이 2,000[L], 중유의 저장량이 4,000[L], 등유의 저장량이 2,000[L]인 저장소에 있어서 지정수량 배수의 합은?

① 8배　　② 6배
③ 3배　　④ 2배

해설

$$\frac{\text{A품목의 저장수량}}{\text{A품목의 지정수량}}+\frac{\text{B품목의 저장수량}}{\text{B품목의 지정수량}}+\cdots+\frac{n\text{품목의 저장수량}}{n\text{품목의 지정수량}}$$

$$\frac{2{,}000}{1{,}000(\text{경유})}+\frac{4{,}000}{2{,}000(\text{중유})}+\frac{2{,}000}{1{,}000(\text{등유})}$$

$=2+2+2=6$

관련개념 **제4류 위험물 및 지정수량**

위험물	품명		지정수량
제4류 (인화성액체)	특수인화물		50[L]
	제1석유류	비수용성	200[L]
		수용성	400[L]
	알코올류		
	제2석유류	비수용성	1,000[L]
		수용성	2,000[L]
	제3석유류	비수용성	
		수용성	4,000[L]
	제4석유류		6,000[L]
	동식물유류		10,000[L]

정답 | ②

48 빈출도 ★★★

소방용수시설 중 소화전과 급수탑의 설치기준으로 틀린 것은?

① 급수탑 급수배관의 구경은 100[mm] 이상으로 할 것
② 소화전은 상수도와 연결하여 지하식 또는 지상식의 구조로 할 것
③ 소방용 호스와 연결하는 소화전의 연결금속구의 구경은 65[mm]로 할 것
④ 급수탑의 개폐밸브는 지상에서 1.5[m] 이상 1.8[m] 이하의 위치에 설치할 것

해설

급수탑의 개폐밸브는 지상에서 1.5[m] 이상 1.7[m] 이하의 위치에 설치해야 한다.

관련개념 **소화전의 설치기준**

㉠ 상수도와 연결하여 지하식 또는 지상식의 구조로 할 것
㉡ 연결금속구의 구경: 65[mm]

급수탑의 설치기준

㉠ 급수배관의 구경: 100[mm] 이상
㉡ 개폐밸브: 지상에서 1.5[m] 이상 1.7[m] 이하

정답 ④

49 빈출도 ★★

특정소방대상물의 관계인이 소방안전관리자를 해임한 경우 재선임을 해야 하는 기준은? (단, 해임한 날부터를 기준일로 한다.)

① 10일 이내 ② 20일 이내
③ 30일 이내 ④ 40일 이내

해설

소방안전관리자를 해임한 날부터 30일 이내 재선임 신고를 해야 한다.

정답 ③

50 빈출도 ★★

화재의 예방 및 안전관리에 관한 법률상 소방안전관리대상물의 소방안전관리자 업무가 아닌 것은?

① 소방훈련 및 교육
② 소방시설 공사
③ 자위소방대 및 초기대응체계의 구성 · 운영 · 교육
④ 피난계획에 관한 사항과 대통령령으로 정하는 사항이 포함된 소방계획서의 작성 및 시행

해설

소방시설 공사는 소방안전관리대상물 소방안전관리자의 업무가 아니다.

관련개념 **소방안전관리대상물 소방안전관리자의 업무**

㉠ 피난계획에 관한 사항과 소방계획서의 작성 및 시행
㉡ 자위소방대 및 초기대응체계의 구성, 운영 및 교육
㉢ 피난시설, 방화구획 및 방화시설의 관리
㉣ 소방시설이나 그 밖의 소방 관련 시설의 관리
㉤ 소방훈련 및 교육
㉥ 화기 취급의 감독
㉦ 소방안전관리에 관한 업무수행에 관한 기록 · 유지
㉧ 화재발생 시 초기대응
㉨ 그 밖에 소방안전관리에 필요한 업무

정답 ②

51 빈출도 ★

문화유산법에 따른 지정문화유산에 있어서는 제조소와의 수평거리를 몇 [m] 이상 유지하여야 하는가?

① 20 ② 30
③ 50 ④ 70

해설

문화유산법에 따른 지정문화유산에 있어서 건축물의 외벽 또는 이에 상당하는 공작물의 외측으로부터 제조소의 외벽 또는 이에 상당하는 공작물의 외측까지의 안전거리는 50[m] 이상이어야 한다.

관련개념 **제조소의 안전거리(수평거리)**

구분		안전거리
주거용 건축물 · 공작물		10[m] 이상
고압가스, 액화석유가스 또는 도시가스 저장 또는 취급하는 시설		20[m] 이상
학교, 병원급 의료기관(종합병원 포함), 극장		30[m] 이상
지정문화유산 및 천연기념물		50[m] 이상
특고압 가공전선	7[kV] 초과 35[kV] 이하	3[m] 이상
	35[kV] 초과	5[m] 이상

정답 | ③

52 빈출도 ★★★

소방시설 설치 및 관리에 관한 법률상 소방시설등에 대하여 스스로 점검을 하지 아니하거나 관리업자등으로 하여금 정기적으로 점검하게 하지 아니한 자에 대한 벌칙 기준으로 옳은 것은?

① 1년 이하의 징역 또는 1,000만 원 이하의 벌금
② 3년 이하의 징역 또는 1,500만 원 이하의 벌금
③ 3년 이하의 징역 또는 3,000만 원 이하의 벌금
④ 6개월 이하의 징역 또는 1,000만 원 이하의 벌금

해설

소방시설등에 대하여 스스로 점검을 하지 아니하거나 관리업자등으로 하여금 정기적으로 점검하게 하지 아니한 자는 1년 이하의 징역 또는 1,000만 원 이하의 벌금에 처한다.

정답 | ①

53 빈출도 ★★

소방기본법령상 소방본부 종합상황실 실장이 소방청의 종합상황실에 서면 · 팩스 또는 컴퓨터통신 등으로 보고하여야 하는 화재의 기준에 해당하지 않는 것은?

① 항구에 매어둔 총 톤수가 1,000[t] 이상인 선박에서 발생한 화재
② 연면적 15,000[m^2] 이상인 공장 또는 화재예방강화지구에서 발생한 화재
③ 지정수량의 1,000배 이상의 위험물의 제조소 · 저장소 · 취급소에서 발생한 화재
④ 층수가 5층 이상이거나 병상이 30개 이상인 종합병원 · 정신병원 · 한방병원 · 요양소에서 발생한 화재

해설

지정수량의 3,000배 이상 위험물의 제조소 · 저장소 · 취급소 발생 화재의 경우 소방청 종합상황실에 보고하여야 한다.

관련개념 **실장의 상황 보고**

㉠ 사망자 5인 이상 또는 사상자 10인 이상 발생 화재
㉡ 이재민 100인 이상 발생 화재
㉢ 재산피해액 50억 원 이상 발생 화재
㉣ 관공서 · 학교 · 정부미도정공장 · 문화재 · 지하철 · 지하구 발생 화재
㉤ 관광호텔, 11층 이상인 건축물, 지하상가, 시장, 백화점 발생 화재
㉥ 지정수량의 3,000배 이상 위험물의 제조소 · 저장소 · 취급소 발생 화재
㉦ 5층 이상 또는 객실이 30실 이상인 숙박시설 발생 화재
㉧ 5층 이상 또는 병상이 30개 이상인 종합병원 · 정신병원 · 한방병원 · 요양소 발생 화재
㉨ 연면적 15,000[m^2] 이상인 공장 발생 화재
㉩ 화재예방강화지구 발생 화재
㉪ 철도차량, 항구에 매어둔 1,000[t] 이상 선박, 항공기, 발전소, 변전소 발생 화재
㉫ 가스 및 화약류 폭발에 의한 화재
㉬ 다중이용업소 발생 화재

정답 | ③

54 빈출도 ★★

소방시설공사업법령상 상주공사감리 대상 기준 중 다음 ㉠, ㉡, ㉢에 알맞은 것은?

> – 연면적 (㉠)[m^2] 이상의 특정소방대상물(아파트 제외)에 대한 소방시설의 공사
> – 지하층을 포함한 층수가 (㉡)층 이상으로서 (㉢)세대 이상인 아파트에 대한 소방시설의 공사

① ㉠: 10,000, ㉡: 11, ㉢: 600
② ㉠: 10,000, ㉡: 16, ㉢: 500
③ ㉠: 30,000, ㉡: 11, ㉢: 600
④ ㉠: 30,000, ㉡: 16, ㉢: 500

해설

상주공사감리 대상 기준
㉠ 연면적 30,000[m^2] 이상의 특정소방대상물(아파트 제외)에 대한 소방시설의 공사
㉡ 지하층을 포함한 층수가 16층 이상으로서 500세대 이상인 아파트에 대한 소방시설의 공사

정답 | ④

55 빈출도 ★★

위험물운송자 자격을 취득하지 아니한 자가 위험물 이동탱크저장소 운전 시의 벌칙으로 옳은 것은?

① 100만 원 이하의 벌금
② 300만 원 이하의 벌금
③ 500만 원 이하의 벌금
④ 1,000만 원 이하의 벌금

해설

위험물운송자 자격을 취득하지 아니한 자가 위험물 이동탱크저장소 운전 시 1,000만 원 이하의 벌금에 처한다.

정답 | ④

56 빈출도 ★★

화재의 예방 및 안전관리에 관한 법률상 화재안전조사 위원회의 위원에 해당하지 아니하는 사람은?

① 소방기술사
② 소방시설관리사
③ 소방 관련 분야의 석사 이상 학위를 취득한 사람
④ 소방 관련 법인 또는 단체에서 소방 관련 업무에 3년 이상 종사한 사람

해설

소방 관련 법인 또는 단체에서 소방 관련 업무에 5년 이상 종사한 사람이 화재안전조사위원회의 위원에 해당된다.

관련개념 화재안전조사위원회의 위원

㉠ 과장급 직위 이상의 소방공무원
㉡ 소방기술사
㉢ 소방시설관리사
㉣ 소방 관련 분야의 석사 이상 학위를 취득한 사람
㉤ 소방 관련 법인 또는 단체에서 소방 관련 업무에 5년 이상 종사한 사람
㉥ 소방공무원 교육훈련기관, 학교 또는 연구소에서 소방과 관련한 교육 또는 연구에 5년 이상 종사한 사람

정답 | ④

57 빈출도 ★

제3류 위험물 중 금수성 물품에 적응성이 있는 소화약제는?

① 물 ② 강화액
③ 팽창질석 ④ 인산염류분말

해설

금수성 물품에 적응성이 있는 소화약제는 팽창질석이다.

관련개념 금수성 물품에 적응성이 있는 소화약제

㉠ 건조사
㉡ 팽창질석
㉢ 팽창진주암

정답 | ③

58 빈출도 ★★★

화재가 발생하는 경우 인명 또는 재산의 피해가 클 것으로 예상되는 때 소방대상물의 개수 · 이전 · 제거, 사용금지 등의 필요한 조치를 명할 수 있는 자는?

① 시 · 도지사
② 의용소방대장
③ 기초자치단체장
④ 소방본부장 또는 소방서장

해설

화재가 발생하는 경우 인명 또는 재산의 피해가 클 것으로 예상되는 때 소방대상물의 개수 · 이전 · 제거, 그 밖의 필요한 조치를 관계인에게 명령할 수 있는 사람은 소방관서장(소방청장, **소방본부장, 소방서장**)이다.

관련개념 **화재안전조사 결과에 따른 조치명령**

소방관서장(**소방청장, 소방본부장, 소방서장**)은 화재안전조사 결과에 따른 소방대상물의 위치 · 구조 · 설비 또는 관리의 상황이 화재 예방을 위하여 보완될 필요가 있거나 화재가 발생하면 인명 또는 재산의 피해가 클 것으로 예상되는 때에는 행정안전부령으로 정하는 바에 따라 관계인에게 그 소방대상물의 개수 · 이전 · 제거, 사용의 금지 또는 제한, 사용폐쇄, 공사의 정지 또는 중지, 그 밖에 필요한 조치를 명할 수 있다.

정답 | ④

59 빈출도 ★★

화재의 예방 및 안전관리에 관한 법률상 소방본부장 또는 소방서장은 소방상 필요한 훈련 및 교육을 실시하고자 하는 때에는 화재예방강화지구 안의 관계인에게 훈련 또는 교육 며칠 전까지 그 사실을 통보하여야 하는가?

① 5　② 7
③ 10　④ 14

해설

소방관서장은 소방상 필요한 훈련 및 교육을 실시하려는 경우에는 화재예방강화지구 안의 관계인에게 훈련 또는 교육 **10**일 전까지 그 사실을 통보해야 한다.

정답 | ③

60 빈출도 ★★★

화재의 예방 및 안전관리에 관한 법률상 보일러, 난로, 건조설비, 가스 · 전기시설, 그 밖에 화재 발생 우려가 있는 설비 또는 기구 등의 위치 · 구조 및 관리와 화재 예방을 위하여 불을 사용할 때 지켜야 하는 사항은 무엇으로 정하는가?

① 총리령
② 대통령령
③ 시 · 도 조례
④ 행정안전부령

해설

화재 예방을 위하여 불을 사용할 때 지켜야 하는 사항은 **대통령령**으로 정한다.

정답 | ②

소방기계시설의 구조 및 원리

61 빈출도 ★

대형 이산화탄소 소화기의 소화약제 충전량은 얼마인가?

① 20[kg] 이상 ② 30[kg] 이상
③ 50[kg] 이상 ④ 70[kg] 이상

해설

대형 이산화탄소소화기의 소화약제 충전량은 50[kg] 이상이다.

관련개념 **대형소화기의 소화약제**

㉠ 물소화기: 80[L] 이상
㉡ 강화액소화기: 60[L] 이상
㉢ 할로겐화합물소화기: 30[kg] 이상
㉣ 이산화탄소소화기: 50[kg] 이상
㉤ 분말소화기: 20[kg] 이상
㉥ 포소화기: 20[L] 이상

정답 | ③

62 빈출도 ★★

개방형 스프링클러설비에서 하나의 방수구역을 담당하는 헤드의 개수는 몇 개 이하로 해야 하는가? (단, 방수구역은 나누어져 있지 않고 하나의 구역으로 되어 있다.)

① 50 ② 40
③ 30 ④ 20

해설

하나의 방수구역을 담당하는 헤드의 개수는 50개 이하로 한다.

관련개념 **개방형 스프링클러설비의 방수구역 및 일제개방밸브**

㉠ 하나의 방수구역은 2개 층에 미치지 않도록 한다.
㉡ 방수구역마다 일제개방밸브를 설치한다.
㉢ 하나의 방수구역을 담당하는 헤드의 개수는 50개 이하로 한다.
㉣ 하나의 방수구역을 2개 이상의 방수구역으로 나누는 경우 하나의 방수구역을 담당하는 헤드의 개수는 25개 이상으로 한다.
㉤ 일제개방밸브는 실내에 설치하거나 보호용 철망 등으로 구획하여 바닥으로부터 0.8[m] 이상 1.5[m] 이하의 위치에 설치하고, 그 실에는 가로 0.5[m] 이상 세로 1[m] 이상의 출입문(개구부)을 설치한다. 출입문 상단에는 "일제개방밸브실"이라고 표시한 표지를 한다.
㉥ 일제개방밸브를 기계실(공조용 기계실 포함) 안에 설치하는 경우 별도의 실 또는 보호용 철망을 설치하지 않을 수 있다. 출입문 상단에는 "일제개방밸브실"이라고 표시한 표지를 한다.

정답 | ①

63 빈출도 ★★★

분말 소화설비의 가압용 가스용기에 대한 설명으로 틀린 것은?

① 가압용 가스용기를 3병 이상 설치한 경우에는 2개 이상의 용기에 전자개방밸브를 부착할 것
② 가압용 가스용기에는 2.5[MPa] 이하의 압력에서 조정이 가능한 압력조정기를 설치할 것
③ 가압용 가스에 질소가스를 사용하는 것의 질소가스는 소화약제 1[kg] 마다 20[L](35[℃]에서 1기압의 압력상태로 환산한 것) 이상으로 할 것
④ 축압용 가스에 질소가스를 사용하는 것의 질소가스는 소화약제 1[kg] 마다 10[L](35[℃]에서 1기압의 압력상태로 환산한 것) 이상으로 할 것

해설

가압용 가스에 질소가스를 사용하는 경우 질소가스는 소화약제 1[kg] 마다 40[L](35[℃]에서 1기압의 압력상태로 환산한 것) 이상으로 해야 한다.

관련개념 **가압용 · 축압용 가스의 소요량(소화약제 1[kg] 기준)**

	질소	이산화탄소
가압용 가스	40[L]	20[g]+청소에 필요한 양
축압용 가스	10[L]	20[g]+청소에 필요한 양

정답 | ③

64 빈출도 ★★

소화용수설비의 소화수조가 옥상 또는 옥탑의 부분에 설치된 경우 지상에 설치된 채수구에서의 압력은 얼마 이상이어야 하는가?

① 0.15[MPa] ② 0.20[MPa]
③ 0.25[MPa] ④ 0.35[MPa]

해설

소화수조가 옥상 또는 옥탑의 부분에 설치된 경우 지상에 설치된 채수구에서의 압력은 0.15[MPa] 이상으로 한다.

정답 | ①

65 빈출도 ★★★

스프링클러소화설비의 배관 내 압력이 얼마 이상일 때 압력 배관용 탄소강관을 사용해야 하는가?

① 0.1[MPa] ② 0.5[MPa]
③ 0.8[MPa] ④ 1.2[MPa]

해설

압력 배관용 탄소 강관(KS D 3562)은 배관 내 사용압력이 1.2[MPa] 이상인 경우 사용할 수 있다.

관련개념 **배관의 종류**

㉠ 배관 내 사용압력이 1.2[MPa] 미만인 경우
- 배관용 탄소 강관(KS D 3507)
- 이음매 없는 구리 및 구리합금관(KS D 5301)
- 배관용 스테인리스 강관(KS D 3576) 또는 일반배관용 스테인리스 강관(KS D 3595)
- 덕타일 주철관(KS D 4311)

㉡ 배관 내 사용압력이 1.2[MPa] 이상인 경우
- 압력 배관용 탄소 강관(KS D 3562)
- 배관용 아크용접 탄소강 강관(KS D 3583)

㉢ 소방용 합성수지배관으로 사용할 수 있는 경우
- 배관을 지하에 매설하는 경우
- 다른 부분과 내화구조로 구획된 덕트 또는 피트의 내부에 설치하는 경우
- 천장과 반자를 불연재료 또는 준불연재료로 설치하고 소화배관 내부에 항상 소화수가 채워진 상태로 설치하는 경우

정답 | ④

66 빈출도 ★

할론 소화설비에서 국소방출방식의 경우 할론소화약제의 양을 산출하는 식은 다음과 같다. 여기서 A는 무엇을 의미하는가? (단, 가연물이 비산할 우려가 있는 경우로 가정한다.)

$$Q = X - Y\frac{a}{A}$$

① 방호공간의 벽면적의 합계
② 창문이나 문의 틈새면적의 합계
③ 개구부 면적의 합계
④ 방호대상물 주위에 설치된 벽의 면적의 합계

해설

국소방출방식 소화약제의 저장량 계산식에서 A는 방호공간의 벽면적의 합계를 의미한다.

관련개념 국소방출방식 소화약제 저장량

$$Q = \left(X - Y \times \left(\frac{a}{A}\right)\right) \times K$$

Q: 방호공간 1[m^3] 당 소화약제의 양[kg/m^3], a: 방호대상물 주변 실제 벽면적의 합계[m^2], A: 방호공간 벽면적의 합계[m^2], X, Y, K: 표에 따른 수치

소화약제의 종류	X	Y	K
할론 1301	4.0	3.0	1.25
할론 1211	4.4	3.3	1.1
할론 2402	5.2	3.9	1.1

정답 | ①

67 빈출도 ★★★

이산화탄소 소화약제의 저장용기 설치기준 중 옳은 것은?

① 저장용기의 충전비는 고압식은 1.9 이상 2.3 이하, 저압식은 1.5 이상 1.9 이하로 할 것
② 저압식 저장용기에는 액면계 및 압력계와 2.1[MPa] 이상 1.7[MPa] 이하의 압력에서 작동하는 압력경보장치를 설치할 것
③ 저장용기는 고압식은 25[MPa] 이상, 저압식은 3.5[MPa] 이상의 내압시험압력에 합격한 것으로 할 것
④ 저압식 저장용기에는 내압시험압력의 1.8배의 압력에서 작동하는 안전밸브와 내압시험압력의 0.8배부터 내압시험압력까지의 범위에서 작동하는 봉판을 설치할 것

해설

고압식 저장용기는 25[MPa] 이상, 저압식 저장용기는 3.5[MPa] 이상의 내압시험압력에 합격한 것으로 한다.

관련개념 저장용기의 설치기준

㉠ 저장용기의 충전비는 고압식은 1.5 이상 1.9 이하, 저압식은 1.1 이상 1.4 이하로 한다.
㉡ 저압식 저장용기에는 내압시험압력의 0.64배 이상 0.8배 이하의 압력에서 작동하는 안전밸브를 설치한다.
㉢ 저압식 저장용기에는 내압시험압력의 0.8배 이상 1배 이하의 압력에서 작동하는 봉판을 설치한다.
㉣ 저압식 저장용기에는 액면계 및 압력계와 2.3[MPa] 이상 1.9[MPa] 이하의 압력에서 작동하는 압력경보장치를 설치한다.
㉤ 저압식 저장용기에는 용기 내부의 온도가 −18[℃] 이하에서 2.1[MPa]의 압력을 유지할 수 있는 자동냉동장치를 설치한다.
㉥ 고압식 저장용기는 25[MPa] 이상, 저압식 저장용기는 3.5[MPa] 이상의 내압시험압력에 합격한 것으로 한다.
㉦ 저장용기의 개방밸브는 전기식·가스압력식 또는 기계식에 따라 자동으로 개방되고 수동으로도 개방되는 것으로서 안전장치가 부착된 것으로 한다.
㉧ 저장용기와 선택밸브 또는 개폐밸브 사이에는 배관의 최소사용설계압력과 최대허용압력 사이의 압력에서 작동하는 안전장치를 설치한다.

정답 | ③

68 빈출도 ★★★

포헤드를 정방형으로 설치 시 헤드와 벽과의 최대 이격거리는 약 몇 [m] 인가?

① 1.48 ② 1.62
③ 1.76 ④ 1.91

해설

포헤드 상호 간 거리기준에 따라 계산하면

$S=2\times r\times \cos 45^\circ=2\times 2.1[m]\times \cos 45^\circ=2.9698[m]$

포헤드와 벽과의 거리는 포헤드 상호 간 거리의 $\frac{1}{2}$ 이하의 거리를 두어야 하므로 최대 이격거리는

$2.9698[m]\times \frac{1}{2}=1.4849[m]$이다.

관련개념

㉠ 포헤드를 정방형으로 배치한 경우 상호 간 거리는 다음의 식에 따라 산정한 수치 이하가 되도록 한다.

$$S=2\times r\times \cos 45^\circ$$

S: 포헤드 상호 간의 거리[m], r: 유효반경(2.1[m])

㉡ 포헤드와 벽 방호구역의 경계선은 상호 간 기준거리의 1/2 이하의 거리를 둔다.

정답 | ①

69 빈출도 ★

소화용수설비와 관련하여 다음 설명 중 괄호 안에 들어갈 항목으로 옳게 짝지어진 것은?

> 상수도 소화용수설비를 설치하여야 하는 특정소방대상물은 다음 각 목의 어느 하나와 같다. 다만, 상수도 소화용수설비를 설치하여야 하는 특정소방대상물의 대지 경계선으로부터 (㉠)[m] 이내에 지름 (㉡)[mm] 이상인 상수도용 배수관이 설치되지 않은 지역의 경우에는 화재안전기준에 따른 소화수조 또는 저수조를 설치하여야 한다.

① ㉠: 150 ㉡: 75
② ㉠: 150 ㉡: 100
③ ㉠: 180 ㉡: 75
④ ㉠: 180 ㉡: 100

해설

상수도소화용수설비를 설치해야하는 특정소방대상물의 대지 경계선으로부터 180[m] 이내에 지름 75[mm] 이상인 상수도용 배수관이 설치되지 않은 지역의 경우 소화수조 또는 저수조를 설치한다.

관련개념 **상수도 소화용수설비를 설치해야 하는 특정소방대상물**

㉠ 연면적 5,000[m^2] 이상인 것. 위험물 저장 및 처리시설 중 가스시설, 지하가 중 터널 또는 지하구의 경우 제외
㉡ 가스시설로서 지상에 노출된 탱크의 저장용량의 합계가 100톤 이상인 것
㉢ 자원순환 관련 시설 중 폐기물재활용시설 및 폐기물처분시설
㉣ 상수도소화용수설비를 설치해야하는 특정소방대상물의 대지 경계선으로부터 180[m] 이내에 지름 75[mm] 이상인 상수도용 배수관이 설치되지 않은 지역의 경우 화재안전기준에 따른 소화수조 또는 저수조를 설치한다.

정답 | ③

70 빈출도 ★★★

지하구의 화재안전성능기준(NFPC 605)에 따라 연소방지설비를 설치하는 경우 교차배관의 최소구경은 얼마 이상으로 하여야 하는가?

① 32 ② 40
③ 50 ④ 65

해설

교차배관은 가지배관과 수평으로 설치하거나 가지배관 밑에 설치하고, 최소구경은 40[mm] 이상으로 한다.

정답 | ②

71 빈출도 ★

예상제연구역 바닥면적 400[m^2] 미만 거실의 공기유입구와 배출구간의 직선거리 기준으로 옳은 것은? (단, 제연경계에 의한 구획을 제외한다.)

① 2[m] 이상 확보되어야 한다.
② 3[m] 이상 확보되어야 한다.
③ 5[m] 이상 확보되어야 한다.
④ 10[m] 이상 확보되어야 한다.

해설

바닥면적 400[m^2] 미만의 거실인 예상제연구역(제연경계에 따른 구획 제외)에는 공기유입구와 배출구간의 직선거리를 5[m] 이상 또는 구획된 실의 긴변의 $\frac{1}{2}$ 이상으로 한다.

정답 | ③

72 빈출도 ★★

다음 중 스프링클러설비와 비교하여 물분무 소화설비의 장점으로 옳지 않은 것은?

① 소량의 물을 사용함으로써 물의 사용량 및 방사량을 줄일 수 있다.
② 운동에너지가 크므로 파괴주수 효과가 크다.
③ 전기 절연성이 높아서 고압통전기기의 화재에도 안전하게 사용할 수 있다.
④ 물의 방수과정에서 화재열에 따른 부피증가량이 커서 질식효과를 높일 수 있다.

해설

파괴주수 효과는 물분무소화설비의 무상주수보다 스프링클러설비의 적상주수가 더 크다.

관련개념 **물분무소화**

물분무, 미분무소화는 물을 미세한 입자 형태로 방출하는 소화방식(무상주수)으로 입자 사이가 공기로 절연되어 있기 때문에 물방울 크기가 더 큰 적상주수나 물줄기 형태의 봉상주수와는 다르게 전기화재에도 적응성이 있다.

정답 | ②

73 빈출도 ★

일정 이상의 층수를 가진 오피스텔에서는 모든 층에 주거용 주방자동소화장치를 설치해야 하는데, 몇 층 이상인 경우 이러한 조치를 취해야 하는가?

① 20층 이상 ② 25층 이상
③ 30층 이상 ④ 층수 무관

해설

층수와 관계없이 아파트 및 오피스텔의 모든 층에는 주거용 주방자동소화장치를 설치해야 한다.

관련개념 **주방자동소화장치를 설치해야 하는 장소**

㉠ 주거용 주방자동소화장치
  – 아파트 및 오피스텔의 모든 층
㉡ 상업용 주방자동소화장치
  – 판매시설 중 대규모점포에 입점해 있는 일반음식점
  – 식품위생법에 따른 집단급식소

정답 | ④

74 빈출도 ★

수직강하식 구조대가 구조적으로 갖추어야 할 조건으로 옳지 않은 것은? (단, 건물내부의 별실에 설치하는 경우는 제외한다.)

① 구조대의 포지는 외부포지와 내부포지로 구성한다.
② 포지는 사용 시 충격을 흡수하도록 수직방향으로 현저하게 늘어나야 한다.
③ 구조대는 연속하여 강하할 수 있는 구조이어야 한다.
④ 입구틀 및 취부틀의 입구는 지름 60[cm] 이상의 구체가 통과할 수 있어야 한다.

해설

포지는 사용 시 수직방향으로 현저하게 늘어나지 않아야 한다.

관련개념 수직강하식 구조대의 구조 기준

㉠ 수직구조대는 안전하고 쉽게 사용할 수 있는 구조이어야 한다.
㉡ 수직구조대의 포지는 외부포지와 내부포지로 구성하고, 외부포지와 내부포지의 사이에 충분한 공기층을 둔다.
㉢ 건물내부의 별실에 설치하는 것은 외부포지를 설치하지 않을 수 있다.
㉣ 입구틀 및 고정틀의 입구는 지름 60[cm] 이상의 구체가 통과할 수 있는 것이어야 한다.
㉤ 수직구조대는 연속하여 강하할 수 있는 구조이어야 한다.
㉥ 포지는 사용 시 수직방향으로 현저하게 늘어나지 않아야 한다.
㉦ 포지, 지지틀, 고정틀, 그 밖의 부속장치 등은 견고하게 부착되어야 한다.

정답 | ②

75 빈출도 ★★

주차장에 분말 소화약제 120[kg]을 저장하려고 한다. 이때 필요한 저장용기의 최소 내용적[L]은?

① 96　② 120
③ 150　④ 180

해설

주차장에는 제3종 분말 소화약제를 구비해야 하고, 제3종 분말 소화약제는 소화약제 1[kg] 당 1.0[L]의 저장용기 내용적이 필요하다.
따라서 120[kg]의 제3종 분말 소화약제를 갖추기 위해서는 120[L]의 저장용기가 필요하다.

관련개념

차고 또는 주차장에는 제3종 분말 소화약제(인산염(PO_4^{3-})을 주성분으로 한 분말 소화약제)로 설치해야 한다.
제3종 분말 소화약제는 소화약제 1[kg] 당 1.0[L]의 저장용기 내용적을 갖추어야 한다.

정답 | ②

76 빈출도 ★★★

다음 중 노유자시설의 4층 이상 10층 이하에서 적응성이 있는 피난기구가 아닌 것은?

① 피난교　② 다수인피난장비
③ 승강식피난기　④ 미끄럼대

해설

미끄럼대는 노유자시설의 1층, 2층, 3층에 적응성이 있는 피난기구이다.

관련개념 설치장소별 피난기구의 적응성

설치장소별 \ 층별	1층	2층	3층	4층 이상 10층 이하
노유자시설	• 미끄럼대 • 구조대 • 피난교 • 다수인 피난장비 • 승강식 피난기	• 미끄럼대 • 구조대 • 피난교 • 다수인 피난장비 • 승강식 피난기	• 미끄럼대 • 구조대 • 피난교 • 다수인 피난장비 • 승강식 피난기	• 구조대 • 피난교 • 다수인 피난장비 • 승강식 피난기

정답 | ④

77 빈출도 ★★

물분무 소화설비를 설치하는 차고의 배수설비 설치기준 중 틀린 것은?

① 차량이 주차하는 장소의 적당한 곳에 높이 10[cm] 이상의 경계턱으로 배수구를 설치할 것
② 길이 40[m] 이하마다 집수관, 소화핏트 등 기름분리장치를 설치할 것
③ 차량이 주차하는 바닥은 배수구를 향하여 100분의 1 이상의 기울기를 유지할 것
④ 배수설비는 가압송수장치의 최대 송수능력의 수량을 유효하게 배수할 수 있는 크기 및 기울기로 할 것

해설

차량이 주차하는 바닥은 배수구를 향하여 $\frac{2}{100}$ 이상의 기울기를 유지한다.

관련개념 배수설비의 설치기준

물분무소화설비를 설치하는 차고 또는 주차장에는 배수장치를 다음의 기준에 따라 설치한다.

㉠ 차량이 주차하는 장소의 적당한 곳에 높이 10[cm] 이상의 경계턱으로 배수구를 설치한다.
㉡ 배수구에는 새어 나온 기름을 모아 소화할 수 있도록 길이 40[m] 이하마다 집수관·소화핏트 등 기름분리장치를 설치한다.
㉢ 차량이 주차하는 바닥은 배수구를 향하여 $\frac{2}{100}$ 이상의 기울기를 유지한다.
㉣ 배수설비는 가압송수장치의 최대송수능력의 수량을 유효하게 배수할 수 있는 크기 및 기울기로 한다.

정답 | ③

78 빈출도 ★

층수가 10층인 공장에 습식 폐쇄형 스프링클러 헤드가 설치되어 있다면 이 설비에 필요한 수원의 양은 얼마 이상이어야 하는가? (단, 이 창고는 특수가연물을 저장·취급하지 않는 일반물품을 적용하고, 헤드가 가장 많이 설치된 층은 8층으로서 40개가 설치되어 있다.)

① 16[m^3] ② 32[m^3]
③ 48[m^3] ④ 64[m^3]

해설

폐쇄형 스프링클러 헤드를 사용하는 경우 층수가 10층이고 특수가연물을 취급하지 않는 공장의 기준개수는 20이다.

$20 \times 1.6[m^3] = 32[m^3]$

관련개념 저수량의 산정기준

폐쇄형 스프링클러 헤드를 사용하는 경우 다음의 표에 따른 기준개수에 1.6[m^3]를 곱한 양 이상이 되도록 한다.

스프링클러설비의 설치장소		기준 개수
아파트		10
지하층을 제외한 10층 이하인 특정소방대상물	헤드의 높이가 8[m] 미만인 것	10
	헤드의 높이가 8[m] 이상인 것	20
	판매시설이 없는 근린생활시설·운수시설·복합건축물	20
	특수가연물을 취급하지 않는 공장	20
	판매시설 또는 판매시설이 있는 복합건축물	20
	특수가연물을 저장·취급하는 공장	30
지하층을 제외한 11층 이상인 특정소방대상물		30
지하가 또는 지하역사		30

정답 | ②

79 빈출도 ★★

포 소화설비에서 펌프의 토출관에 압입기를 설치하여 포 소화약제 압입용 펌프로 포 소화약제를 압입시켜 혼합하는 방식은?

① 라인 프로포셔너방식
② 펌프 프로포셔너방식
③ 프레셔 프로포셔너방식
④ 프레셔사이드 프로포셔너방식

해설

프레셔사이드 프로포셔너방식에 대한 설명이다.

관련개념 **포 소화약제의 혼합방식**

펌프 프로포셔너 방식	펌프의 토출관과 흡입관 사이의 배관 도중에 설치한 흡입기에 펌프에서 토출된 물의 일부를 보내고, 농도 조정밸브에서 조정된 포 소화약제의 필요량을 포 소화약제 저장탱크에서 펌프 흡입측으로 보내어 이를 혼합하는 방식
프레셔 프로포셔너 방식	펌프와 발포기의 중간에 설치된 벤추리관의 벤추리작용과 펌프 가압수의 포 소화약제 저장탱크에 대한 압력에 따라 포 소화약제를 흡입·혼합하는 방식
라인 프로포셔너 방식	펌프와 발포기의 중간에 설치된 벤추리관의 벤추리작용에 따라 포 소화약제를 흡입·혼합하는 방식
프레셔사이드 프로포셔너 방식	펌프의 토출관에 압입기를 설치하여 포 소화약제 압입용 펌프로 포 소화약제를 압입시켜 혼합하는 방식
압축공기포 믹싱챔버 방식	물, 포소화약제 및 공기를 믹싱챔버로 강제주입시켜 챔버 내에서 포수용액을 생성한 후 포를 방사하는 방식

정답 | ④

80 빈출도 ★★

다음 중 옥내소화전의 배관 등에 대한 설치방법으로 옳지 않은 것은?

① 펌프의 토출 측 주배관의 구경은 평균 유속을 5[m/s]가 되도록 설치하였다.
② 배관 내 사용압력이 1.1[MPa]인 곳에 배관용 탄소 강관을 사용하였다.
③ 옥내소화전 송수구를 단구형으로 설치하였다.
④ 송수구로부터 주배관에 이르는 연결배관에는 개폐밸브를 설치하지 않았다.

해설

펌프의 토출 측 주배관의 구경은 유속이 4[m/s] 이하가 될 수 있는 크기 이상으로 한다.

선지분석

② 배관 내 사용압력이 1.2[MPa] 미만인 경우
  ㉠ 배관용 탄소 강관(KS D 3507)
  ㉡ 이음매 없는 구리 및 구리합금관(KS D 5301)
  ㉢ 배관용 스테인리스 강관(KS D 3576) 또는 일반배관용 스테인리스 강관(KS D 3595)
  ㉣ 덕타일 주철관(KS D 4311)
③ 송수구는 구경 65[mm]의 쌍구형 또는 단구형으로 한다.
④ 송수구로부터 옥내소화전설비의 주배관에 이르는 연결배관에는 개폐밸브를 설치하지 않는다.

정답 | ①

2019년 2회 기출문제

■1회독 ■2회독 ■3회독

소방원론

01 빈출도 ★

건축물의 화재를 확산시키는 요인이라 볼 수 없는 것은?

① 비화(飛火) ② 복사열(輻射熱)
③ 자연발화(自然發火) ④ 접염(接炎)

해설

자연발화는 물질이 스스로 연소를 시작하는 것을 말한다.

선지분석

① 비화: 불씨가 날아가 다른 건축물에 옮겨붙는 것을 말한다.
② 복사열: 복사파에 의해 열이 높은 온도에서 낮은 온도로 이동하는 것을 말한다.
④ 접염: 건축물과 건축물이 연결되어 불이 옮겨붙는 것을 말한다.

정답 | ③

02 빈출도 ★

화재의 일반적 특성으로 틀린 것은?

① 확대성 ② 정형성
③ 우발성 ④ 불안정성

해설

화재는 우발성, 확대성, 비정형성, 불안정성의 특성이 있다.

관련개념 **화재의 특성**

우발성	• 화재는 우발적으로 발생한다. • 인위적인 화재(방화 등)를 제외하고는 예측이 어려우며, 사람의 의도와 관계없이 발생한다.
확대성	화재가 발생하면 확대가 가능하다.
비정형성	화재의 형태는 비정형성으로 정해져 있지 않다.
불안정성	화재가 발생한 후 연소는 기상상태, 가연물의 종류·형태, 건축물의 위치·구조 등의 조건이 가해지면서 복잡한 현상으로 진행된다.

정답 | ②

03 빈출도 ★★

다음 중 가연물의 제거를 통한 소화방법과 무관한 것은?

① 산불의 확산방지를 위하여 산림의 일부를 벌채한다.
② 화학반응기의 화재 시 원료 공급관의 밸브를 잠근다.
③ 전기실 화재 시 IG−541 약제를 방출한다.
④ 유류탱크 화재 시 주변에 있는 유류탱크의 유류를 다른 곳으로 이동시킨다.

해설

제거소화는 연소의 요소를 구성하는 가연물질을 안전한 장소나 점화원이 없는 장소로 신속하게 이동시켜서 소화하는 방법이다.
IG−541과 같은 불활성기체 소화약제를 방출하는 것은 연소에 필요한 산소의 공급을 차단시키는 질식소화에 해당한다.

정답 | ③

04 빈출도 ★★

물의 소화능력에 관한 설명 중 틀린 것은?

① 다른 물질보다 비열이 크다.
② 다른 물질보다 융해잠열이 작다.
③ 다른 물질보다 증발잠열이 크다.
④ 밀폐된 장소에서 증발가열되면 산소희석작용을 한다.

해설

얼음 · 물(H_2O)은 분자의 단순한 구조와 수소결합으로 인해 분자 간 결합이 강하므로 타 물질보다 비열, 융해잠열 및 증발잠열이 크다.

관련개념

물의 비열은 다른 물질의 비열보다 높은데 이는 물이 소화제로 사용되는 이유 중 하나이다.

정답 | ②

05 빈출도 ★★

탱크화재 시 발생되는 보일 오버(Boil Over)의 방지 방법으로 틀린 것은?

① 탱크 내용물의 기계적 교반
② 물의 배출
③ 과열 방지
④ 위험물 탱크 내의 하부에 냉각수 저장

해설

화재가 발생한 유류저장탱크의 하부에 고여 있던 물이 급격하게 증발하며 유류를 밀어 올려 탱크 밖으로 넘치게 되는 현상을 보일 오버(Boil Over)라고 한다.
따라서 유류저장탱크의 하부에 냉각수를 저장하는 것은 적절하지 않다.

정답 | ④

06 빈출도 ★

물 소화약제를 어떠한 상태로 주수할 경우 전기화재의 진압에서도 소화능력을 발휘할 수 있는가?

① 물에 의한 봉상주수
② 물에 의한 적상주수
③ 물에 의한 무상주수
④ 어떤 상태의 주수에 의해서도 효과가 없다.

해설

전기화재의 소화에 적합한 방식은 물에 의한 무상주수이다.

관련개념 무상주수

주수방법	• 고압으로 방수할 때 나타나는 안개 형태의 주수 방법 • 물방울의 평균 직경은 0.01[mm] ~1.0[mm] 정도 • 전기의 전도성이 없어 전기화재의 소화에도 적합
적용 소화설비	• 물소화기(분무노즐 사용) • 옥내 · 옥외소화전설비(분무노즐 사용) • 물분무 · 미분무소화설비

정답 | ③

07 빈출도 ★★

화재 시 CO_2를 방사하여 산소농도를 11[vol%]로 낮추어 소화하려면 공기 중 CO_2의 농도는 약 몇 [vol%]가 증가 되어야 하는가?

① 47.6　　② 42.9
③ 37.9　　④ 34.5

해설

산소 21[%], 이산화탄소 0[%]인 공기에 이산화탄소 소화약제가 추가되어 산소의 농도는 11[%]가 되어야 한다.

$$\frac{21}{100+x}=\frac{11}{100}$$

따라서 추가된 이산화탄소 소화약제의 양 x는 90.91이며,
이때 전체 중 이산화탄소의 농도는

$$\frac{x}{100+x}=\frac{90.91}{100+90.91}\fallingdotseq 0.4762=47.62[\%]$$이다.

관련개념

㉠ 소화약제 방출 전 공기의 양을 100으로 두고 풀이하면 된다.
㉡ 분모의 x는 공학용 계산기의 SOLVE 기능을 활용하면 쉽다.

정답 | ①

08 빈출도 ★★★

분말 소화약제의 취급 시 주의사항으로 틀린 것은?

① 습도가 높은 공기 중에 노출되면 고화되므로 항상 주의를 기울인다.
② 충진 시 다른 소화약제와의 혼합을 피하기 위하여 종별로 각각 다른 색으로 착색되어 있다.
③ 실내에서 다량으로 방사하는 경우 분말을 흡입하지 않도록 한다.
④ 분말 소화약제와 수성막포를 함께 사용할 경우 포의 소포 현상을 발생시키므로 병용해서는 안 된다.

해설

분말 소화약제와 수성막포는 함께 사용할 수 있다.

관련개념

분말 소화약제는 빠른 소화능력을 가지고 있으며, 포 소화약제는 낮은 재착화의 위험을 가지고 있으므로 두가지 소화약제의 장점을 모두 취하는 방식을 사용하기도 한다.

정답 | ④

09 빈출도 ★

화재실의 연기를 옥외로 배출시키는 제연방식으로 효과가 가장 적은 것은?

① 자연 제연방식
② 스모크 타워 제연방식
③ 기계식 제연방식
④ 냉난방설비를 이용한 제연방식

해설

제연방식에는 밀폐 제연방식, 자연 제연방식, 스모크 타워 제연방식, 기계식 제연방식이 있다.

정답 | ④

10 빈출도 ★★★

다음 위험물 중 특수인화물이 아닌 것은?

① 아세톤
② 디에틸에테르
③ 산화프로필렌
④ 아세트알데히드

해설

아세톤은 제4류 위험물 제1석유류 수용성액체이다.

정답 | ①

11 빈출도 ★★

목조건축물의 화재 진행상황에 관한 설명으로 옳은 것은?

① 화원－발염착화－무염착화－출화－최성기－소화
② 화원－발염착화－무염착화－소화－연소낙화
③ 화원－무염착화－발염착화－출화－최성기－소화
④ 화원－무염착화－출화－발염착화－최성기－소화

해설

목조건축물의 화재 진행 과정은 다음과 같은 순서로 진행된다.
화재의 원인 － 무염착화 － 발염착화 － 발화 － 성장기 － 최성기 － 연소낙하 － 소화

정답 | ③

12 빈출도 ★

방호공간 안에서 화재의 세기를 나타내고 화재가 진행되는 과정에서 온도에 따라 변하는 것으로 온도－시간 곡선으로 표시할 수 있는 것은?

① 화재저항 ② 화재가혹도
③ 화재하중 ④ 화재플럼

해설

화재의 발생으로 건물과 그 내부의 수용재산 등을 파괴하거나 손상을 입히는 능력의 정도를 화재가혹도라 한다.
온도－시간의 개념 곡선을 통해 화재가혹도를 나타낼 수 있다.

정답 | ②

13 빈출도 ★★

다음 중 동일한 조건에서 증발잠열[kJ/kg]이 가장 큰 것은?

① 질소 ② 할론 1301
③ 이산화탄소 ④ 물

해설

얼음·물(H_2O)은 분자의 단순한 구조와 수소결합으로 인해 분자간 결합이 강하므로 타 물질보다 비열, 융해잠열 및 증발잠열이 크다.

정답 | ④

14 빈출도 ★★

화재 표면온도(절대온도)가 2배가 되면 복사에너지는 몇 배로 증가되는가?

① 2 ② 4
③ 8 ④ 16

해설

복사열은 절대온도의 4제곱에 비례하므로, 복사에너지는 $2^4=16$배 증가한다.

관련개념 **복사**

복사는 열에너지가 매질을 통하지 않고 전자기파의 형태로 전달되는 현상이다.
슈테판－볼츠만 법칙에 의해 복사열은 절대온도의 4제곱에 비례한다.

$$Q \propto \sigma T^4$$

Q: 열전달량[W/m^2], σ: 슈테판－볼츠만 상수(5.67×10^{-8})[W/m^2·K^4], T: 절대온도[K]

정답 | ④

15 빈출도 ★★

연면적이 1,000[m^2] 이상인 건축물에 설치하는 방화벽이 갖추어야 할 기준으로 틀린 것은?

① 내화구조로서 설 수 있는 구조일 것
② 방화벽의 양쪽 끝과 위쪽 끝을 건축물의 외벽면 및 지붕면으로부터 0.1[m] 이상 튀어나오게 할 것
③ 방화벽에 설치하는 출입문의 너비는 2.5[m] 이하로 할 것
④ 방화벽에 설치하는 출입문의 높이는 2.5[m] 이하로 할 것

해설

방화벽의 양쪽 끝과 위쪽 끝을 건축물의 외벽면 및 지붕면으로부터 0.5[m] 이상 튀어 나오게 하여야 한다.

관련개념 **방화벽의 구조**

㉠ 내화구조로서 홀로 설 수 있는 구조일 것
㉡ 방화벽의 양쪽 끝과 위쪽 끝을 건축물의 외벽면 및 지붕면으로부터 0.5[m] 이상 튀어 나오게 할 것
㉢ 방화벽에 설치하는 출입문의 너비 및 높이는 각각 2.5[m] 이하로 하고, 해당 출입문에는 60분+ 방화문 또는 60분 방화문을 설치할 것

정답 | ②

16 빈출도 ★

도장작업 공정에서의 위험도를 설명한 것으로 틀린 것은?

① 도장작업 그 자체 못지않게 건조공정도 위험하다.
② 도장작업에서는 인화성 용제가 쓰이지 않으므로 폭발의 위험이 없다.
③ 도장작업장은 폭발 시를 대비하여 지붕을 시공한다.
④ 도장실은 환기덕트를 주기적으로 청소하여 도료가 덕트 내에 부착되지 않게 한다.

해설

도장작업에서 사용되는 기름 용매에는 시너와 같은 인화성 용매가 쓰이기도 한다.

관련개념 도장작업

도장작업은 물 또는 기름 용매에 기능성을 갖는 도료를 희석시켜 대상물에 칠하는 작업을 말한다.
도장작업이 끝난 후 건조공정에서는 인화성 물질인 용매가 기화하므로 화재 및 폭발의 위험이 있다.

정답 | ②

17 빈출도 ★★

공기의 부피 비율이 질소 79[%], 산소 21[%]인 전기실에 화재가 발생하여 이산화탄소소화약제를 방출하여 소화하였다. 이때 산소의 부피농도가 14[%]이었다면 이 혼합 공기의 분자량은 약 얼마인가? (단, 화재 시 발생한 연소가스는 무시한다.)

① 28.9　② 30.9
③ 33.9　④ 35.9

해설

산소 21[%], 이산화탄소 0[%]인 공기에 이산화탄소 소화약제가 추가되어 산소의 농도는 14[%]가 되어야 한다.

$$\frac{21}{100+x}=\frac{14}{100}$$

따라서 추가된 이산화탄소 소화약제의 양 x는 50이다.
질소, 산소, 이산화탄소의 분자량은 각각 28, 32, 44이므로 혼합 공기의 분자량은 다음과 같다.

$$\left(28\times\frac{79}{150}\right)+\left(32\times\frac{21}{150}\right)+\left(44\times\frac{50}{150}\right)\fallingdotseq 33.89$$

관련개념

㉠ 소화약제 방출 전 공기의 양을 100으로 두고 풀이하면 된다.
㉡ 분모의 x는 공학용 계산기의 SOLVE 기능을 활용하면 쉽다.

정답 | ③

18 빈출도 ★★★

산불화재의 형태로 틀린 것은?

① 지중화 형태　② 수평화 형태
③ 지표화 형태　④ 수관화 형태

해설

산림화재의 형태로 수간화, 수관화, 지표화, 지중화가 있다.

관련개념 산림화재의 형태

구분	내용
수간화	수목에서 화재가 발생하는 현상으로, 나무의 기둥부분부터 화재가 발생하는 것
수관화	나무의 가지 또는 잎에서 화재가 발생하는 현상
지표화	지표면의 습도가 50[%] 이하일 때 낙엽 등이 연소하여 화재가 발생하는 현상
지중화	지중(땅속)에 있는 유기물층에서 화재가 발생하는 현상

정답 | ②

19 빈출도 ★★★

석유, 고무, 동물의 털, 가죽 등과 같이 황성분을 함유하고 있는 물질이 불완전 연소될 때 발생하는 연소가스로 계란 썩는 듯한 냄새가 나는 기체는?

① 아황산가스 ② 시안화수소
③ 황화수소 ④ 암모니아

해설

황화수소(H_2S)는 황을 포함하고 있는 유기화합물이 불완전 연소하면 발생하며, 계란이 썩는 악취가 나는 무색의 유독성 기체이다. 자극성이 심하고, 인체 허용농도는 10[ppm]이다.

정답 | ③

20 빈출도 ★★

다음 가연성 기체 1몰이 완전 연소하는 데 필요한 이론 공기량으로 틀린 것은? (단, 체적비로 계산하며 공기 중 산소의 농도를 21[vol%]로 한다.)

① 수소－약 2.38몰
② 메테인－약 9.52몰
③ 아세틸렌－약 16.97몰
④ 프로페인－약 23.81몰

해설

아세틸렌의 연소반응식은 다음과 같다.

$C_2H_2 + 2.5O_2 \rightarrow 2CO_2 + H_2O$

아세틸렌 1[mol]이 완전 연소하는 데 필요한 산소의 양은 2.5[mol]이며, 공기 중 산소의 농도는 21[vol%]이므로

필요한 이론 공기량은 $\frac{2.5[mol]}{0.21} \fallingdotseq 11.9[mol]$이다.

관련개념 **탄화수소의 연소반응식**

$$C_mH_n + \left(m + \frac{n}{4}\right)O_2 \rightarrow mCO_2 + H_2O$$

정답 | ③

21 빈출도 ★★

그림에서 물에 의하여 점 B에서 힌지된 사분원 모양의 수문이 평형을 유지하기 위하여 수면에서 수문을 잡아당겨야 하는 힘 T는 약 몇 [kN]인가? (단, 수문의 폭 1[m], 반지름 $r=\overline{OB}$는 2[m], 4분원의 중심은 O점에서 왼쪽으로 $\frac{4r}{3\pi}$인 곳에 있다.)

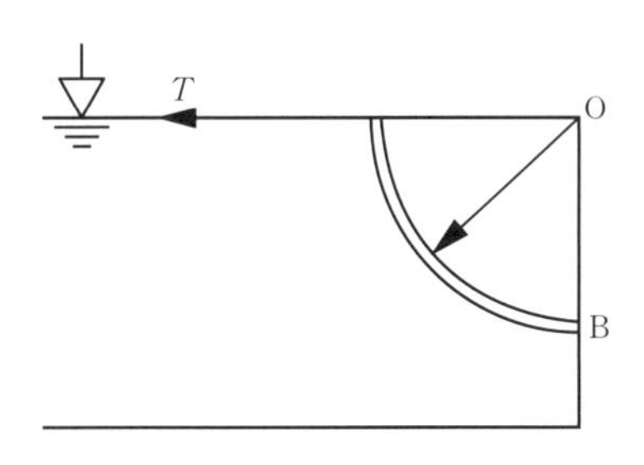

① 1.96　② 9.8
③ 19.6　④ 29.4

해설

곡면에 수평방향으로 작용하는 힘 F만큼 반대방향으로 잡아당기면 수문의 평형을 유지할 수 있다.
곡면의 수평 방향으로 작용하는 힘 F는 다음과 같다.

$$F=PA=\rho ghA=\gamma hA$$

F: 수평 방향으로 작용하는 힘(수평분력)[N], P: 압력[N/m²],
A: 정사영 면적[m²], ρ: 밀도[kg/m³], g: 중력가속도[m/s²],
h: 중심 높이로부터 표면까지의 높이[m],
γ: 유체의 비중량[N/m³]

유체는 물이므로 물의 비중량은 9.8[kN/m³]이다.
곡면의 중심 높이로부터 표면까지의 높이 h는 1[m]이다.
곡면과 나란한 수직인 벽으로 정사영을 내린 면적 A는 (2×1)[m]이다.

$$F=9.8\times1\times(2\times1)$$
$$=19.6[\text{kN}]$$

정답 | ③

22 빈출도 ★★

물의 온도에 상응하는 증기압보다 낮은 부분이 발생하면 물은 증발되고 물 속에 있던 공기와 물이 분리되어 기포가 발생하는 펌프의 현상은?

① 피드백(Feed Back)
② 서징현상(Surging)
③ 공동현상(Cavitation)
④ 수격작용(Water Hammering)

해설

배관 내 흐르는 유체에서 압력이 증기압보다 낮아져 기포가 발생하는 현상을 공동현상이라고 한다.

관련개념 펌프의 이상현상

수격현상	배관 속 유체의 흐름이 갑자기 변화할 때 압력파에 의해 충격과 이상음이 발생하는 현상
맥동현상	펌프 압력계의 지침이 흔들리며 토출량이 주기적으로 변동하며 진동하는 현상
공동현상	배관 내 흐르는 유체에서 압력이 증기압보다 낮아져 기포가 발생하는 현상

정답 | ③

23 빈출도 ★

단면적이 A와 $2A$인 U자형 관에 밀도가 d인 기름이 담겨져 있다. 단면적이 $2A$인 관에 관벽과는 마찰이 없는 물체를 놓았더니 그림과 같이 평형을 이루었다. 이 때 이 물체의 질량은?

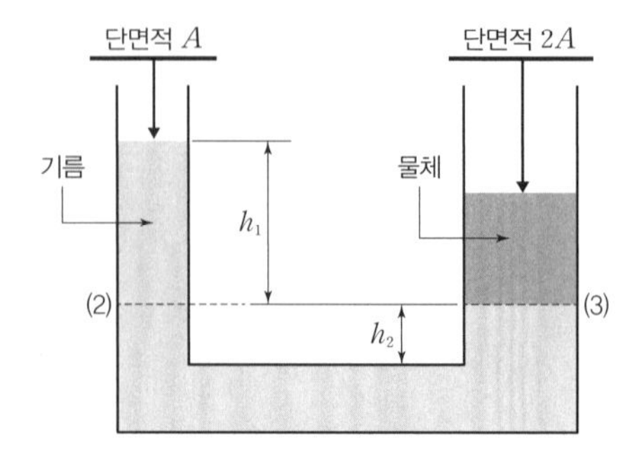

① $2Ah_1d$ ② Ah_1d
③ $A(h_1+h_2)d$ ④ $A(h_1-h_2)d$

해설

$$P_x=\rho gh$$

P_x: x에서의 압력[N/m²], ρ: 밀도[kg/m³], g: 중력가속도[m/s²], h: 높이[m]

(2)면에 작용하는 압력은 기름이 누르는 압력과 같다.

$P_2=dgh_1$

(3)면에 작용하는 압력은 물체가 누르는 압력과 같다.

$$P=\frac{F}{A}$$

P: 압력[N/m²], F: 힘[N], A: 면적[m²]

물체가 가진 질량을 m이라고 하면 물체가 누르는 힘 F는 mg이고, 따라서 물체가 누르는 압력은 다음과 같다.

$P_3=\frac{mg}{2A}$

유체 내부에서 같은 수평면(높이)에는 같은 압력이 작용하므로 (2)면과 (3)면의 압력은 같다.

$P_2=P_3$

$dgh_1=\frac{mg}{2A}$

따라서 물체의 질량 m은

$m=2Ah_1d$

정답 | ①

24 빈출도 ★★★

그림과 같이 물이 들어있는 아주 큰 탱크에 사이펀이 장치되어 있다. 출구에서의 속도 V와 관의 상부 중심 A지점에서의 게이지 압력 p_A를 구하는 식은? (단, g는 중력가속도, ρ는 물의 밀도이며, 관의 직경은 일정하고 모든 손실은 무시한다.)

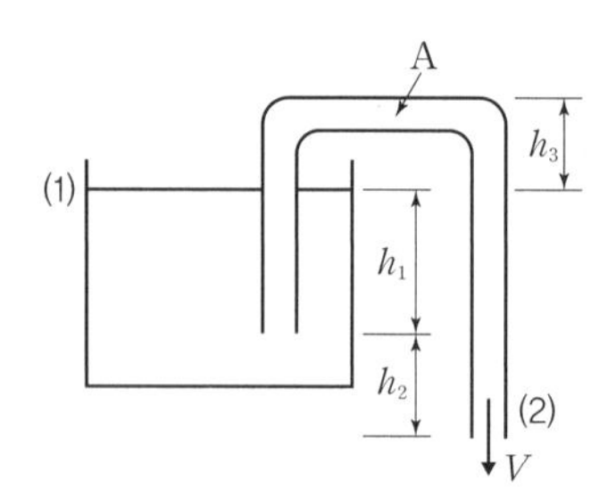

① $V=\sqrt{2g(h_1+h_2)}$ $p_A=-\rho gh_3$
② $V=\sqrt{2g(h_1+h_2)}$ $p_A=-\rho g(h_1+h_2+h_3)$
③ $V=\sqrt{2gh_2}$ $p_A=-\rho g(h_1+h_2+h_3)$
④ $V=\sqrt{2g(h_1+h_2)}$ $p_A=\rho g(h_1+h_2-h_3)$

해설

수조의 표면에서 유체의 위치가 가지는 에너지는 사이펀의 출구에서 유속이 가지는 에너지로 변환되며 속도 u를 가지게 된다.

$\frac{u^2}{2g}=Z$

수조의 표면과 사이펀 출구의 높이 차이는 (h_1+h_2)[m]이므로

$u=\sqrt{2g(h_1+h_2)}$

수조의 표면(1)과 A지점(2)에서의 유체가 가지는 에너지는 보존되므로 두 지점을 베르누이 방정식으로 비교할 수 있다.

$$\frac{P_1}{\gamma}+\frac{u_1^2}{2g}+Z_1=\frac{P_2}{\gamma}+\frac{u_2^2}{2g}+Z_2$$

P: 압력[N/m²], γ: 비중량[N/m³], u: 유속[m/s], g: 중력가속도[m/s²], Z: 높이[m]

수조의 표면에서 압력 P_1은 대기압으로 0, 아주 큰 탱크이므로 유속 u_1은 0이다.

A지점의 위치 Z_2와 수조의 표면의 위치 Z_1는 h_3만큼 차이가 난다.

$Z_2-Z_1=h_3$

사이펀의 직경은 일정하므로 A지점의 유속 u_2는 사이펀 출구의 유속과 같다.

$u_2=\sqrt{2g(h_1+h_2)}$

따라서 주어진 조건을 공식에 대입하면 A지점의 계기압 P_2는

$\frac{P_2}{\gamma}+\frac{2g(h_1+h_2)}{2g}+h_3=0$

$P_2=-\rho g(h_1+h_2+h_3)$

정답 | ②

25 빈출도 ★★★

$0.02[m^3]$의 체적을 갖는 액체가 강체의 실린더 속에서 730[kPa]의 압력을 받고 있다. 압력이 1,030[kPa]로 증가되었을 때 액체의 체적이 $0.019[m^3]$으로 축소되었다. 이 때 이 액체의 체적탄성계수는 약 몇 [kPa]인가?

① 3,000　② 4,000
③ 5,000　④ 6,000

해설

$$K = -\frac{\Delta P}{\frac{\Delta V}{V}}$$

K: 체적탄성계수[MPa], ΔP: 압력변화량[MPa],
ΔV: 부피변화량, V: 부피

주어진 조건을 공식에 대입하면 체적탄성계수 K는

$$K = -\frac{1{,}030 - 730}{\frac{0.019 - 0.02}{0.02}} = 6{,}000[\text{kPa}]$$

정답 ④

26 빈출도 ★★★

비중병의 무게가 비었을 때는 2[N]이고, 액체로 충만되어 있을 때는 8[N]이다. 액체의 체적이 0.5[L]이면 이 액체의 비중량은 약 몇 $[N/m^3]$인가?

① 11,000　② 11,500
③ 12,000　④ 12,500

해설

액체의 무게는 $(8-2)=6[N]$이고, 액체의 부피는 $0.5[L]=0.0005[m^3]$이므로 액체의 비중량 γ는

$$\gamma = \frac{6}{0.0005} = 12{,}000[N/m^3]$$

정답 ③

27 빈출도 ★★★

10[kg]의 수증기가 들어있는 체적 $2[m^3]$의 단단한 용기를 냉각하여 온도를 200[℃]에서 150[℃]로 낮추었다. 나중 상태에서 액체상태의 물은 약 몇 [kg]인가? (단, 150[℃]에서 물의 포화액 및 포화증기의 비체적은 각각 $0.0011[m^3/kg]$, $0.3925[m^3/kg]$이다.)

① 0.508　② 1.24
③ 4.92　④ 7.86

해설

10[kg]의 수증기는 150[℃]에서 x[kg]의 물과 $(10-x)$[kg]의 수증기로 상태변화 하였다.
물과 수증기는 부피 $2[m^3]$의 단단한 용기를 가득 채우고 있다.

$$0.0011 \times x + 0.3925 \times (10 - x) = 2$$

따라서 액체상태 물의 질량 x는

$$3.925 - 2 = (0.3925 - 0.0011)x$$

$$x = \frac{3.925 - 2}{0.3925 - 0.0011}$$

$$\fallingdotseq 4.92[\text{kg}]$$

정답 ③

28 빈출도 ★★★

펌프의 입구 및 출구 측에 연결된 진공계와 압력계가 각각 25[mmHg]와 260[kPa]을 가리켰다. 이 펌프의 배출 유량이 0.15[m³/s]가 되려면 펌프의 동력은 약 몇 [kW]가 되어야 하는가? (단, 펌프의 입구와 출구의 높이차는 없고, 입구 측 안지름은 20[cm], 출구 측 안지름은 15[cm]이다.)

① 3.95 ② 4.32
③ 39.5 ④ 43.2

해설

$$P=\gamma QH$$

P: 수동력[kW], γ: 유체의 비중량[kN/m³], Q: 유량[m³/s], H: 전양정[m]

펌프를 통과하기 전후의 압력과 속도의 관계식은 베르누이 방정식을 통해 구할 수 있다.

$$\frac{P_1}{\gamma}+\frac{u_1^2}{2g}+Z_1+H_P=\frac{P_2}{\gamma}+\frac{u_2^2}{2g}+Z_2$$

P: 압력[N/m²], γ: 비중량[N/m³], u: 유속[m/s], g: 중력가속도[m/s²], Z: 높이[m], H_P: 펌프의 전양정[m]

수은기둥 760[mmHg]는 101.325[kPa]와 같으므로 진공계 25[mmHg]에 해당하는 압력 P_1는 다음과 같다.

$$P_1=-25[\text{mmHg}]\times\frac{101.325[\text{kPa}]}{760[\text{mmHg}]}\fallingdotseq-3.33[\text{kPa}]$$

유체는 물이므로 물의 비중량은 9.8[kN/m³]이다.
부피유량 공식 $Q=Au$에 의해 유량과 배관의 직경 D를 알면 유속은 다음과 같이 구할 수 있다.

$$u=\frac{Q}{A}=\frac{Q}{\frac{\pi}{4}D^2}=\frac{4Q}{\pi D^2}$$

u: 유속[m/s], Q: 유량[m³/s], A: 배관의 단면적[m²], D: 배관의 직경[m]

펌프의 입구 측 유속 u_1은 다음과 같다.

$$u_1=\frac{4\times0.15}{\pi\times0.2^2}\fallingdotseq4.77[\text{m/s}]$$

펌프의 출구 측 유속 u_2은 다음과 같다.

$$u_2=\frac{4\times0.15}{\pi\times0.15^2}\fallingdotseq8.49[\text{m/s}]$$

주어진 조건을 공식에 대입하면 펌프의 전양정 H_P는 다음과 같다.

$$H_P=\frac{P_2-P_1}{\gamma}+\frac{u_2^2-u_1^2}{2g}$$
$$=\frac{260-(-3.33)}{9.8}+\frac{8.49^2-4.77^2}{2\times9.8}$$
$$\fallingdotseq29.39[\text{m}]$$

따라서 펌프의 동력 P는

$$P=9.8\times0.15\times29.39\fallingdotseq43.2[\text{kW}]$$

정답 | ④

29 빈출도 ★

피토관을 사용하여 일정 속도로 흐르고 있는 물의 유속(V)을 측정하기 위해, 그림과 같이 비중 s인 유체를 갖는 액주계를 설치하였다. $s=2$일 때 액주의 높이 차이가 $H=h$가 되면, $s=3$일 때 액주의 높이 차(H)는 얼마가 되는가?

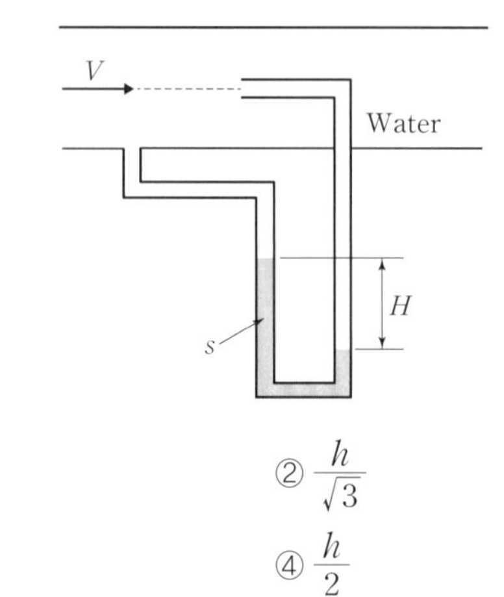

① $\frac{h}{9}$ ② $\frac{h}{\sqrt{3}}$
③ $\frac{h}{3}$ ④ $\frac{h}{2}$

해설

$$u=\sqrt{2g\left(\frac{\gamma-\gamma_w}{\gamma_w}\right)R}$$

u: 유속[m/s], g: 중력가속도[m/s²], γ: 액주계 유체의 비중량[N/m³], γ_w: 배관 유체의 비중량[N/m³], R: 액주계의 높이 차이[m]

액주계 속 유체의 비중 $s=2$인 경우와 $s=3$인 경우 모두 유속은 같으므로 관계식은 다음과 같다.

$$\sqrt{2g\left(\frac{2\gamma_w-\gamma_w}{\gamma_w}\right)h}=\sqrt{2g\left(\frac{3\gamma_w-\gamma_w}{\gamma_w}\right)H}$$
$$1h=2H$$
$$H=\frac{h}{2}$$

정답 | ④

30 빈출도 ★★

관내의 흐름에서 부차적으로 손실에 해당하지 않는 것은?

① 곡선부에 의한 손실
② 직선 원관 내의 손실
③ 유동단면의 장애물에 의한 손실
④ 관 단면의 급격한 확대에 의한 손실

해설

직선 원관 내의 손실은 주손실에 해당한다.

관련개념 주손실과 부차적 손실

㉠ 주손실
- 배관의 벽에 의한 손실
- 수직인 배관을 올라가면서 발생하는 손실

㉡ 부차적 손실
- 배관 입구와 출구에서의 손실
- 배관 단면의 확대 및 축소에 의한 손실
- 배관부품(엘보, 티, 리듀서, 밸브 등)에서 발생하는 손실
- 곡선인 배관에서의 손실

정답 | ②

31 빈출도 ★★

압력 2[MPa]인 수증기 건도가 0.2일 때 엔탈피는 몇 [kJ/kg]인가? (단, 포화증기 엔탈피는 2,780.5[kJ/kg]이고, 포화액의 엔탈피는 910[kJ/kg]이다.)

① 1,284　② 1,466
③ 1,845　④ 2,406

해설

20[%]의 수증기와 80[%]의 물이므로 혼합물의 엔탈피는 다음과 같다.

$$H = 2{,}780.5 \times 0.2 + 910 \times 0.8 = 1{,}284.1[\text{kJ/kg}]$$

정답 | ①

32 빈출도 ★★

출구 단면적이 0.02[m²]인 수평 노즐을 통하여 물이 수평 방향으로 8[m/s]의 속도로 노즐 출구에 놓여있는 수직 평판에 분사될 때 평판에 작용하는 힘은 약 몇 [N]인가?

① 800 ② 1,280
③ 2,560 ④ 12,544

해설

유체가 수평 방향으로 분사되어 수직 평판에 수직으로 충돌하는 경우 평판에 작용하는 힘은 다음과 같다.

$$F=\rho Au^2$$

F: 유체가 원판에 가하는 힘[N], ρ: 유체의 밀도[kg/m³], A: 유체의 단면적[m²], u: 유속[m/s]

물의 밀도는 1,000[kg/m³]이므로 평판에 작용하는 힘은

$F=1,000\times0.02\times8^2=1,280$[N]

정답 | ②

33 빈출도 ★★★

안지름이 25[mm]인 노즐 선단에서의 방수압력은 계기압력으로 5.8×10^5[Pa]이다. 이 때 방수량은 약 [m³/s]인가?

① 0.017 ② 0.17
③ 0.034 ④ 0.34

해설

노즐을 통과하기 전후의 압력과 속도의 관계식은 베르누이 방정식을 통해 구할 수 있다.

$$\frac{P_1}{\gamma}+\frac{u_1^2}{2g}+Z_1=\frac{P_2}{\gamma}+\frac{u_2^2}{2g}+Z_2$$

P: 압력[N/m²], γ: 비중량[N/m³], u: 유속[m/s], g: 중력가속도[m/s²], Z: 높이[m]

유체는 물이므로 물의 비중량은 9,800[N/m³]이다.

노즐을 통과하기 전(1) 유속 u_1은 0, 노즐을 통과한 후(2) 압력 P_2는 대기압이므로 0, 높이 차이는 없으므로 $Z_1=Z_2$로 두면 방정식은 다음과 같다.

$$\frac{P_1}{\gamma}=\frac{u_2^2}{2g}$$

따라서 노즐을 통과하기 전 P만큼의 방수압력을 가해주면 노즐을 통과한 유체는 u만큼의 유속으로 방사된다.

$$P=\frac{\gamma u^2}{2g}$$

$$u=\sqrt{\frac{2gP}{\gamma}}$$

노즐은 직경이 D인 원형이므로 노즐의 단면적은 다음과 같다.

$$A=\frac{\pi}{4}D^2$$

부피유량 공식 $Q=Au$에 의해 방수량은 다음과 같다.

$$Q=Au=\frac{\pi}{4}D^2\times\sqrt{\frac{2gP}{\gamma}}$$

$$=\frac{\pi}{4}\times0.025^2\times\sqrt{\frac{2\times9.8\times(5.8\times10^5)}{9,800}}$$

$$\fallingdotseq0.017[m^3/s]$$

정답 | ①

34 빈출도 ★★★

수평관의 길이가 100[m]이고, 안지름이 100[mm]인 소화설비 배관 내를 평균유속 2[m/s]로 물이 흐를 때 마찰손실수두는 약 몇 [m]인가? (단, 관의 마찰계수는 0.05이다.)

① 9.2　　② 10.2
③ 11.2　　④ 12.2

해설

일정한 양의 비압축성 유체가 일정한 속도로 흐를 때 배관에서의 마찰손실은 달시－바이스바하 방정식으로 구할 수 있다.

$$H=\frac{\Delta P}{\gamma}=\frac{flu^2}{2gD}$$

H: 마찰손실수두[m], ΔP: 압력 차이[kPa], γ: 비중량[kN/m^3], f: 마찰손실계수, l: 배관의 길이[m], u: 유속[m/s], g: 중력가속도[m/s^2], D: 배관의 직경[m]

따라서 주어진 조건을 공식에 대입하면 손실수두 H는

$$H=\frac{0.05\times100\times2^2}{2\times9.8\times0.1}$$
$$≒10.2[m]$$

정답 | ②

35 빈출도 ★

수평 원관 내 완전발달 유동에서 유동을 일으키는 힘 ㉠과 방해하는 힘 ㉡은 각각 무엇인가?

① ㉠: 압력차에 의한 힘　㉡: 점성력
② ㉠: 중력 힘　㉡: 점성력
③ ㉠: 중력 힘　㉡: 압력차에 의한 힘
④ ㉠: 압력차에 의한 힘　㉡: 중력 힘

해설

배관 속에서 유체는 두 지점의 압력 차이에 의해 이동하며, 유체가 가진 점성력에 의해 분자 간, 분자와 벽 사이에서 저항을 받는다.

정답 | ①

36 빈출도 ★★★

외부표면의 온도가 24[℃], 내부표면의 온도가 24.5[℃]일 때, 높이 1.5[m], 폭 1.5[m], 두께 0.5[cm]인 유리창을 통한 열전달률은 약 몇 [W]인가? (단, 유리창의 열전도계수는 0.8[W/m · K]이다.

① 180　　② 200
③ 1,800　　④ 2,000

해설

$$Q=kA\frac{(T_2-T_1)}{l}$$

Q: 열전달량[W], k: 열전도율[W/m · ℃], A: 열전달 면적[m^2], (T_2-T_1): 온도 차이[℃], l: 벽의 두께[m]

유리창의 넓이가 $(1.5\times1.5)[m^2]$이고, 주어진 조건을 공식에 대입하면 유리창을 통한 열전달률 Q는

$$Q=0.8\times(1.5\times1.5)\times\frac{(24.5-24)}{0.005}$$
$$=180[W]$$

정답 | ①

37 빈출도 ★★

어떤 용기 내의 이산화탄소(45[kg])가 방호공간에 가스 상태로 방출되고 있다. 방출 온도와 압력이 15[℃], 101[kPa]일 때 방출가스의 체적은 약 몇 [m³]인가? (단, 일반 기체상수는 8,314[J/kmol · K]이다.)

① 2.2　　② 12.2
③ 20.2　　④ 24.3

해설

이상기체의 상태방정식은 다음과 같다.

$$PV = nRT$$

P: 압력[Pa], V: 부피[m^3], n: 분자수[kmol],
R: 기체상수(8,314)[J/kmol · K], T: 절대온도[K]

이산화탄소의 분자량은 44[kg/kmol]이므로 45[kg] 이산화탄소의 분자수는 $\frac{45}{44}$[kmol]이다.

주어진 조건을 공식에 대입하면 이산화탄소 가스의 부피 V는

$$V = \frac{nRT}{P} = \frac{\frac{45}{44} \times 8{,}314 \times (273+15)}{101{,}000} \fallingdotseq 24.25[m^3]$$

정답 | ④

38 빈출도 ★★

점성계수와 동점성계수에 관한 설명으로 올바른 것은?

① 동점성계수＝점성계수×밀도
② 점성계수＝동점성계수×중력가속도
③ 동점성계수＝점성계수/밀도
④ 점성계수＝동점성계수/중력가속도

해설

동점성계수(동점도)는 점성계수(점도)를 밀도로 나누어 구한다.

$$\nu = \frac{\mu}{\rho}$$

ν: 동점성계수(동점도)[m^2/s], μ: 점성계수(점도)[kg/m · s],
ρ: 밀도[kg/m^3]

정답 | ③

39 빈출도 ★★

그림과 같은 관에 비압축성 유체가 흐를 때 A단면의 평균속도가 V_1이라면 B단면에서의 평균속도 V_2는? (단, A단면의 지름은 d_1이고 B단면의 지름은 d_2이다.)

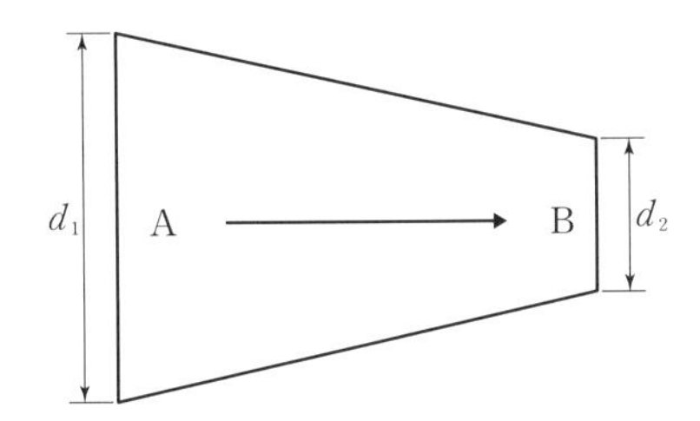

① $V_2=\left(\frac{d_1}{d_2}\right)V_1$　② $V_2=\left(\frac{d_1}{d_2}\right)^2V_1$

③ $V_2=\left(\frac{d_2}{d_1}\right)V_1$　④ $V_2=\left(\frac{d_2}{d_1}\right)^2V_1$

해설

$$Q=Au$$

Q: 부피유량[m^3/s], A: 유체의 단면적[m^2], u: 유속[m/s]

배관은 지름이 D인 원형이므로 배관의 단면적은 다음과 같다.

$$A=\frac{\pi}{4}D^2$$

$$A_1=\frac{\pi}{4}d_1^2$$

$$A_2=\frac{\pi}{4}d_2^2$$

두 단면의 부피유량은 일정하고, 단면 A의 유속이 V_1, 단면 B의 유속이 V_2이므로

$$Q=\frac{\pi}{4}d_1^2\times V_1=\frac{\pi}{4}d_2^2\times V_2$$

$$V_2=\left(\frac{d_1}{d_2}\right)^2V_1$$

정답 | ②

40 빈출도 ★★

일률(시간당 에너지)의 차원을 기본 차원인 M(질량), L(길이), T(시간)로 올바르게 표시한 것은?

① L^2T^{-2}　② $MT^{-2}L^{-1}$

③ ML^2T^{-2}　④ ML^2T^{-3}

해설

일률의 단위는 [W]=[J/s]=[N·m/s]=[kg·m^2/s^3]이고, 일률의 차원은 ML^2T^{-3}이다.

정답 | ④

2019년 2회

41 빈출도 ★★

소방본부장 또는 소방서장은 건축허가 등의 동의요구 서류를 접수한 날부터 최대 며칠 이내에 건축허가 등의 동의여부를 회신하여야 하는가? (단, 허가 신청한 건축물은 지상으로부터 높이가 200[m]인 아파트이다.)

① 5일　② 7일
③ 10일　④ 15일

해설

지상으로부터 높이가 200[m]인 아파트는 특급 소방안전관리대상물로 구분되며 이 경우 건축허가 등의 요구서류를 접수한 날부터 10일 이내에 건축허가 등의 동의여부를 회신하여야 한다.

관련개념 건축허가 등의 동의

구분	회신기간	대상물
특급 소방안전관리 대상물	10일 이내	• 50층 이상(지하층 제외)이거나 지상으로부터 높이가 200[m] 이상인 아파트 • 30층 이상(지하층 포함)이거나 지상으로부터 높이가 120[m] 이상인 특정소방대상물(아파트 제외) • 연면적 100,000[m^2] 이상인 특정소방대상물(아파트 제외)
그 외	5일 이내	건축허가 등의 동의대상 특정소방대상물

정답 | ③

42 빈출도 ★★

소방기본법령상 소방활동구역의 출입자에 해당되지 않는 자는?

① 소방활동구역 안에 있는 소방대상물의 소유자·관리자 또는 점유자
② 전기·가스·수도·통신·교통의 업무에 종사하는 사람으로서 원활한 소방활동을 위하여 필요한 사람
③ 화재건물과 관련 있는 부동산업자
④ 취재인력 등 보도업무에 종사하는 사람

해설

화재건물과 관련 있는 부동산업자는 소방활동구역의 출입자에 해당되지 않는다.

관련개념 소방활동구역의 출입이 가능한 사람

㉠ 소방활동구역 안에 있는 소방대상물의 소유자·관리자 또는 점유자
㉡ 전기·가스·수도·통신·교통의 업무에 종사하는 사람으로서 원활한 소방활동을 위하여 필요한 사람
㉢ 의사·간호사 그 밖의 구조·구급업무에 종사하는 사람
㉣ 취재인력 등 보도업무에 종사하는 사람
㉤ 수사업무에 종사하는 사람
㉥ 그 밖에 소방대장이 소방활동을 위하여 출입을 허가한 사람

정답 | ③

43 빈출도 ★

소방기본법상 화재 현상에서의 피난 등을 체험할 수 있는 소방체험관의 설립·운영권자는?

① 시·도지사
② 행정안전부장관
③ 소방본부장 또는 소방서장
④ 소방청장

해설

시·도지사는 소방체험관을 설립하여 운영할 수 있다.

관련개념 소방박물관·소방체험관의 설립 및 운영

구분	소방박물관	소방체험관
설립 및 운영권자	소방청장	시·도지사
설립 및 운영에 필요한 사항	행정안전부령	시·도의 조례

정답 | ①

44 빈출도 ★

지정수량의 최소 몇 배 이상의 위험물을 취급하는 제조소에는 피뢰침을 설치해야 하는가? (단, 제6류 위험물을 취급하는 위험물제조소는 제외하고, 제조소 주위의 상황에 따라 안전상 지장이 없는 경우도 제외한다.)

① 5배　② 10배
③ 50배　④ 100배

해설

지정수량의 10배 이상의 위험물을 취급하는 제조소(제6류 위험물을 취급하는 위험물제조소 제외)에는 피뢰침을 설치하여야 한다.

정답 | ②

45 빈출도 ★★★

산화성고체인 제1류 위험물에 해당되는 것은?

① 질산염류　② 특수인화물
③ 과염소산　④ 유기과산화물

해설

질산염류는 제1류 위험물에 해당된다.

선지분석

② 특수인화물: 제4류 위험물
③ 과염소산: 제6류 위험물
④ 유기과산화물: 제5류 위험물

관련개념 제1류 위험물 및 지정수량

위험물	품명	지정수량
제1류 (산화성고체)	아염소산염류	50[kg]
	염소산염류	
	과염소산염류	
	무기과산화물	
	브로민산염류	300[kg]
	질산염류	
	아이오딘산염류	
	과망가니즈산염류	1,000[kg]
	다이크로뮴산염류	

정답 | ①

46 빈출도 ★

소방시설관리업자가 기술인력을 변경하는 경우, 시·도지사에게 제출하여야 하는 서류로 틀린 것은?

① 소방시설관리업 등록수첩
② 변경된 기술인력의 기술자격증(자격수첩)
③ 소방기술인력대장
④ 사업자등록증 사본

해설

사업자등록증 사본은 기술인력 변경 시 제출해야 하는 서류가 아니다.

관련개념 **소방시설관리업 등록사항의 변경신고**

기술인력이 변경된 경우 다음의 서류를 첨부하여 시·도지사에게 제출하여야 한다.
㉠ 소방시설관리업 등록수첩
㉡ 변경된 기술인력의 기술자격증(경력수첩 포함)
㉢ 소방기술인력대장

정답 | ④

47 빈출도 ★★

소방대라 함은 화재를 진압하고 화재, 재난·재해 그 밖의 위급한 상황에서 구조·구급 활동 등을 하기 위하여 구성된 조직체를 말한다. 소방대의 구성원으로 틀린 것은?

① 소방공무원　② 소방안전관리원
③ 의무소방원　④ 의용소방대원

해설

소방대의 조직구성원
㉠ 소방공무원
㉡ 의무소방원
㉢ 의용소방대원

정답 | ②

48 빈출도 ★★

소방기본법령상 인접하고 있는 시·도 간 소방업무의 상호응원협정을 체결하고자 할 때, 포함되어야 하는 사항으로 틀린 것은?

① 소방교육·훈련의 종류에 관한 사항
② 화재의 경계·진압 활동에 관한 사항
③ 출동대원의 수당·식사 및 피복의 수선의 소요경비의 부담에 관한 사항
④ 화재조사활동에 관한 사항

해설

소방교육·훈련의 종류에 관한 사항은 상호응원협정사항이 아니다.

관련개념 **소방업무의 상호응원협정사항**

㉠ 소방활동에 관한 사항
- 화재의 경계·진압 활동
- 구조·구급업무의 지원
- 화재조사활동

㉡ 응원출동대상지역 및 규모
㉢ 소요경비의 부담에 관한 사항
- 출동대원 수당·식사 및 피복의 수선
- 소방장비 및 기구의 정비와 연료의 보급

㉣ 응원출동의 요청방법
㉤ 응원출동훈련 및 평가

정답 | ①

49 빈출도 ★★

소방시설 설치 및 관리에 관한 법률상 건축허가 등의 동의를 요구한 기관이 그 건축허가 등을 취소하였을 때, 취소한 날부터 최대 며칠 이내에 건축물 등의 시공지 또는 소재지를 관할하는 소방본부장 또는 소방서장에게 그 사실을 통보하여야 하는가?

① 3일 ② 4일
③ 7일 ④ 10일

해설

건축허가 등의 동의를 요구한 기관이 그 건축허가 등을 취소했을 때에는 취소한 날부터 7일 이내에 건축물 등의 시공지 또는 소재지를 관할하는 소방본부장 또는 소방서장에게 그 사실을 통보해야 한다.

정답 | ③

50 빈출도 ★★

다음 중 300만 원 이하의 벌금에 해당되지 않는 것은?

① 등록수첩을 다른 자에게 빌려준 자
② 소방시설공사의 완공검사를 받지 아니한 자
③ 소방기술자가 동시에 둘 이상의 업체에 취업한 사람
④ 소방시설공사 현장에 감리원을 배치하지 아니한 자

해설

소방시설공사의 완공검사를 받지 아니한 자는 200만 원 이하의 과태료에 처한다.

정답 | ②

51 빈출도 ★★

소방시설 설치 및 관리에 관한 법률상 특정소방대상물 중 오피스텔은 어느 시설에 해당하는가?

① 숙박시설 ② 일반업무시설
③ 공동주택 ④ 근린생활시설

해설

오피스텔은 업무시설 중 일반업무시설이다.

관련개념 **특정소방대상물(업무시설)**

㉠ 공공업무시설: 국가 또는 지방자치단체의 청사와 외국공관의 건축물로서 근린생활시설에 해당하지 않는 것
㉡ 일반업무시설: 금융업소, 사무소, 신문사, 오피스텔로서 근린생활시설에 해당하지 않는 것
㉢ 주민자치센터(동사무소), 경찰서, 지구대, 파출소, 소방서, 119 안전센터, 우체국, 보건소, 공공도서관, 국민건강보험공단

정답 | ②

52 빈출도 ★

제4류 위험물을 저장 · 취급하는 제조소에 "화기엄금"이란 주의사항을 표시하는 게시판을 설치할 경우 게시판의 색상은?

① 청색 바탕에 백색 문자
② 적색 바탕에 백색 문자
③ 백색 바탕에 적색 문자
④ 백색 바탕에 흑색 문자

해설

"화기엄금" 게시판의 색상은 적색 바탕에 백색 문자이다.

관련개념 **주의사항 게시판 색상**

구분	바탕	문자
화기주의 화기엄금	적색	백색
물기엄금	청색	백색

정답 | ②

53 빈출도 ★★★

소방시설 설치 및 관리에 관한 법률상 종사자 수가 5명이고, 숙박시설이 모두 2인용 침대이며 침대수량은 50개인 청소년 시설에서 수용인원은 몇 명인가?

① 55 ② 75
③ 85 ④ 105

해설

종사자 수+침대 수(2인용 침대는 2개)
=5+50×2=105명

관련개념 수용인원의 산정방법

구분		산정방법
숙박시설	침대가 있는 숙박시설	종사자 수+침대 수(2인용 침대는 2개)
	침대가 없는 숙박시설	종사자 수+$\frac{\text{바닥면적의 합계}}{3[m^2]}$
강의실·교무실·상담실·실습실·휴게실 용도로 쓰이는 특정소방대상물		$\frac{\text{바닥면적의 합계}}{1.9[m^2]}$
강당, 문화 및 집회시설, 운동시설, 종교시설		$\frac{\text{바닥면적의 합계}}{4.6[m^2]}$
그 밖의 특정소방대상물		$\frac{\text{바닥면적의 합계}}{3[m^2]}$

* 계산 결과 소수점 이하의 수는 반올림한다.
* 복도(준불연재료 이상의 것), 화장실, 계단은 면적에서 제외한다.

정답 | ④

54 빈출도 ★★

다음 중 고급기술자에 해당하는 학력·경력 기준으로 옳은 것은?

① 박사학위를 취득한 후 1년 이상 소방 관련 업무를 수행한 사람
② 석사학위를 취득한 후 6년 이상 소방 관련 업무를 수행한 사람
③ 학사학위를 취득한 후 8년 이상 소방 관련 업무를 수행한 사람
④ 고등학교를 취득한 후 10년 이상 소방 관련 업무를 수행한 사람

해설

박사학위를 취득한 후 1년 이상 소방 관련 업무를 수행한 사람이 고급기술자의 학력·경력자 기준이다.

관련개념 고급기술자의 학력·경력자 기준

㉠ 박사학위
→ 취득한 후 1년 이상 소방관련 업무 수행
㉡ 석사학위
→ 취득한 후 4년 이상 소방관련 업무 수행
㉢ 학사학위
→ 취득한 후 7년 이상 소방관련 업무 수행
㉣ 전문학사학위
→ 취득한 후 10년 이상 소방관련 업무 수행
㉤ 고등학교 소방학과
→ 졸업한 후 13년 이상 소방관련 업무 수행
㉥ 고등학교
→ 졸업한 후 15년 이상 소방관련 업무 수행

정답 | ①

55 빈출도 ★★★

화재안전조사 결과 소방대상물의 위치 · 구조 · 설비 또는 관리의 상황이 화재예방을 위하여 보완될 필요가 있거나 화재가 발생하면 인명 또는 재산의 피해가 클 것으로 예상되는 때에 관계인에게 그 소방대상물의 개수 · 이전 · 제거, 사용의 금지 또는 제한, 사용폐쇄, 공사의 정지 또는 중지, 그 밖의 필요한 조치를 명할 수 있는 자로 틀린 것은?

① 시 · 도지사 ② 소방서장
③ 소방청장 ④ 소방본부장

해설

시 · 도지사는 조치를 명할 수 있는 자(소방관서장)가 아니다.

관련개념 **화재안전조사 결과에 따른 조치명령**

소방관서장(소방청장, 소방본부장, 소방서장)은 화재안전조사 결과에 따른 소방대상물의 위치 · 구조 · 설비 또는 관리의 상황이 화재예방을 위하여 보완될 필요가 있거나 화재가 발생하면 인명 또는 재산의 피해가 클 것으로 예상되는 때에는 행정안전부령으로 정하는 바에 따라 관계인에게 그 소방대상물의 개수 · 이전 · 제거, 사용의 금지 또는 제한, 사용폐쇄, 공사의 정지 또는 중지, 그 밖에 필요한 조치를 명할 수 있다.

정답 | ①

56 빈출도 ★

다음 중 품질이 우수하다고 인정되는 소방용품에 대하여 우수품질인증을 할 수 있는 자는?

① 산업통상자원부장관
② 시 · 도지사
③ 소방청장
④ 소방본부장 또는 소방서장

해설

소방청장은 형식승인의 대상이 되는 소방용품 중 품질이 우수하다고 인정하는 소방용품에 대하여 우수품질인증을 할 수 있다.

정답 | ③

57 빈출도 ★★

화재의 예방 및 안전관리에 관한 법률상 옮긴 물건 등의 보관기간은 소방본부 또는 소방서의 인터넷 홈페이지에 공고하는 기간의 종료일 다음 날부터 며칠로 하는가?

① 3일 ② 5일
③ 7일 ④ 14일

해설

옮긴 물건 등의 보관기간은 공고기간의 종료일 다음 날부터 7일까지로 한다.

관련개념 **옮긴 물건 등의 공고일 및 보관기간**

인터넷 홈페이지 공고일	14일
보관기관	7일

정답 | ③

58 빈출도 ★

소방시설 설치 및 관리에 관한 법률상 둘 이상의 특정소방대상물이 내화구조로 된 연결통로가 벽이 없는 구조로서 그 길이가 몇 [m] 이하인 경우 하나의 소방대상물로 보는가?

① 6 ② 9

③ 10 ④ 12

해설

둘 이상의 특정소방대상물이 내화구조로 된 연결통로가 벽이 없는 구조로서 그 길이가 6[m] 이하인 경우 하나의 특정소방대상물로 본다.

관련개념 하나의 특정소방대상물로 보는 경우

㉠ 내화구조로 된 연결통로가 다음의 어느 하나에 해당되는 경우
- 벽이 없는 구조로서 그 길이가 6[m] 이하인 경우
- 벽이 있는 구조로서 그 길이가 10[m] 이하인 경우

㉡ 내화구조가 아닌 연결통로로 연결된 경우
㉢ 지하보도, 지하상가, 지하가로 연결된 경우

정답 | ①

59 빈출도 ★

위험물안전관리법상 청문을 실시하여 처분해야 하는 것은?

① 제조소등 설치허가의 취소
② 제조소등 영업정지 처분
③ 탱크시험자의 영업정지 처분
④ 과징금 부과 처분

해설

제조소등 설치허가의 취소를 하는 경우 청문을 실시하여 처분해야 한다.

관련개념

시 · 도지사, 소방본부장 또는 소방서장은 다음 어느 하나에 해당하는 처분을 하고자 하는 경우에는 청문(처분을 하기 전에 이해관계인의 의견을 직접 듣고 증거를 조사하는 절차)을 실시하여야 한다.
㉠ 제조소등 설치허가의 취소
㉡ 탱크시험자의 등록취소

정답 | ①

60 빈출도 ★★

소방시설을 구분하는 경우 소화설비에 해당되지 않는 것은?

① 스프링클러설비 ② 제연설비

③ 자동확산소화기 ④ 옥외소화전설비

해설

제연설비는 소화활동설비에 해당한다.
자동확산소화기는 소화기구에 포함된다.

관련개념 소방시설의 종류

구분		
소화설비	• 소화기구 • 자동소화장치 • 옥내소화전설비	• 스프링클러설비 등 • 물분무등소화설비 • 옥외소화전설비
경보설비	• 단독경보형 감지기 • 비상경보설비 • 자동화재탐지설비 • 시각경보기 • 화재알림설비	• 비상방송설비 • 자동화재속보설비 • 통합감시시설 • 누전경보기 • 가스누설경보기
피난구조설비	• 피난기구 • 인명구조기구 • 유도등	• 비상조명등 • 휴대용비상조명등
소화용수설비	• 상수도소화용수설비 • 소화수조 · 저수조	• 그 밖의 소화용수설비
소화활동설비	• 제연설비 • 연결송수관설비 • 연결살수설비	• 비상콘센트설비 • 무선통신보조설비 • 연소방지설비

정답 | ②

소방기계시설의 구조 및 원리

61 빈출도 ★★

작동전압이 22,900[V]의 고압의 전기기기가 있는 장소에 물분무설비를 설치할 때 전기기기와 물분무 헤드 사이의 최소 이격거리는 얼마로 해야 하는가?

① 70[cm] 이상　② 80[cm] 이상
③ 110[cm] 이상　④ 150[cm] 이상

해설

고압 전기기기와 물분무 헤드 사이의 이격거리는 22.9[kV] (66[kV] 이하)인 경우 70[cm] 이상으로 한다.

관련개념 **물분무 헤드의 설치기준**

㉠ 물분무 헤드는 표준방사량으로 해당 방호대상물의 화재를 유효하게 소화하는데 필요한 수를 적정한 위치에 설치한다.
㉡ 고압의 전기기기가 있는 장소는 전기의 절연을 위하여 전기기기와 물분무 헤드 사이에 다음의 표에 따른 거리를 둔다.

전압[kV]	거리[cm]
66 이하	70 이상
66 초과 77 이하	80 이상
77 초과 110 이하	110 이상
110 초과 154 이하	150 이상
154 초과 181 이하	180 이상
181 초과 220 이하	210 이상
220 초과 275 이하	260 이상

정답 | ①

62 빈출도 ★★★

소화기구 및 자동소화장치의 화재안전기술기준 (NFTC 101) 상 일반화재(A급 화재)에 적응성을 만족하지 못한 소화약제는?

① 포 소화약제　② 강화액 소화약제
③ 할론 소화약제　④ 이산화탄소 소화약제

해설

이산화탄소 소화약제는 일반화재(A급 화재)에 효과적인 소화약제는 아니다.

선지분석

① 포 소화약제는 일반화재(A급 화재), 유류화재(B급 화재)에 적응성이 있다.
② 강화액 소화약제는 일반화재(A급 화재), 유류화재(B급 화재)에 적응성이 있다.
③ 할론 소화약제는 일반화재(A급 화재), 유류화재(B급 화재), 전기화재(C급 화재)에 적응성이 있다.

정답 | ④

63 빈출도 ★

거실 제연설비 설계 중 배출량 선정에 있어서 고려하지 않아도 되는 사항은?

① 예상제연구역의 수직거리
② 예상제연구역의 바닥면적
③ 제연설비의 배출방식
④ 자동식 소화설비 및 피난설비의 설치 유무

해설

자동식 소화설비 및 피난설비의 설치 유무는 거실 제연설비의 배출량 산정과 관계가 없다.

선지분석

① 2[m], 2.5[m], 3[m]로 구분되는 예상제연구역의 수직거리에 따라 배출량을 다르게 산정한다.
② 400[m^2]로 구분되는 거실의 바닥면적에 따라 배출량을 다르게 산정한다.
③ 거실이 통로와 인접하고 바닥면적이 50[m^2] 미만인 경우 통로 배출방식으로 할 수 있다.

정답 | ④

64 빈출도 ★★★

폐쇄형 스프링클러 헤드를 최고 주위온도 40[℃]인 장소(공장 및 창고 제외)에 설치할 경우 표시온도는 몇 [℃]의 것을 설치하여야 하는가?

① 79[℃] 미만
② 79[℃] 이상 121[℃] 미만
③ 121[℃] 이상 162[℃] 미만
④ 162[℃] 이상

해설

최고 주위온도가 40[℃]인 경우 표시온도는 79[℃] 이상 121[℃] 미만인 것을 설치해야 한다.

관련개념 **헤드의 설치기준**

폐쇄형 스프링클러 헤드는 그 설치장소의 평상시 최고 주위온도에 따라 다음의 표에 따른 적합한 표시온도의 것으로 설치한다. 높이가 4[m] 이상인 공장 및 창고(랙식 창고 포함)에는 주위온도와 관계없이 표시온도 121[℃] 이상의 것으로 할 수 있다.

설치장소의 최고 주위온도	표시온도
39[℃] 미만	79[℃] 미만
39[℃] 이상 64[℃] 미만	79[℃] 이상 121[℃] 미만
64[℃] 이상 106[℃] 미만	121[℃] 이상 162[℃] 미만
106[℃] 이상	162[℃] 이상

정답 | ②

65 빈출도 ★★

스프링클러 헤드를 설치하지 않을 수 있는 장소로만 나열된 것은?

① 계단, 병원의 입원실, 목욕실, 냉동창고의 냉동실, 아파트(대피공간 제외)
② 발전실, 수술실, 응급처치실, 통신기기실, 관람석이 없는 테니스장
③ 냉동창고의 냉동실, 변전실, 병원의 입원실, 목욕실, 수영장 관람석
④ 수술실, 관람석이 없는 테니스장, 변전실, 발전실, 아파트(대피공간 제외)

해설

스프링클러헤드를 설치하지 않을 수 있는 장소로만 나열된 것은 ②이다.

선지분석

① 병원의 입원실, 아파트(대피공간 제외)는 스프링클러헤드를 설치해야 한다.
③ 병원의 입원실, 수영장 관람석은 스프링클러헤드를 설치해야 한다.
④ 아파트(대피공간 제외)는 스프링클러헤드를 설치해야 한다.

정답 | ②

66 빈출도 ★★

학교, 공장, 창고시설에 설치하는 옥내소화전에서 가압송수장치 및 기동장치가 동결의 우려가 있는 경우 일부 사항을 제외하고는 주펌프와 동등 이상의 성능이 있는 별도의 펌프로서 내연기관의 기동과연동하여 작동되거나 비상전원을 연결한 펌프를 추가 설치해야 한다. 다음 중 이러한 조치를 취해야 하는 경우는?

① 지하층이 없이 지상층만 있는 건축물
② 고가수조를 가압송수장치로 설치한 경우
③ 수원이 건축물의 최상층에 설치된 방수구보다 높은 위치에 설치된 경우
④ 건축물의 높이가 지표면으로부터 10[m] 이하인 경우

해설

지상층만 있는 건축물의 경우 동결의 우려가 있는 장소에는 내연기관의 기동과 연동하거나 비상전원을 연결한 펌프를 추가로 설치한다.

관련개념

㉠ 학교 · 공장 · 창고시설과 같이 동결의 우려가 있는 장소에서는 기동용 수압개폐장치를 기동스위치에 보호판을 부착하여 옥내소화전함 내에 설치할 수 있다.
㉡ 기동용 수압개폐장치를 옥내소화전함 내에 설치한 경우(㉠) 주펌프와 동등 이상의 성능이 있는 별도의 펌프를 내연기관의 기동과 연동하거나 비상전원을 연결하여 추가로 설치한다.
㉢ 다음에 해당하는 경우 ㉡의 펌프를 설치하지 않는다.
- 지하층만 있는 건축물
- 고가수조를 가압송수장치로 설치한 경우
- 수원이 건축물의 최상층에 설치된 방수구보다 높은 위치에 설치된 경우
- 건축물의 높이가 지표면으로부터 10[m] 이하인 경우
- 가압수조를 가압송수장치로 설치한 경우

정답 | ①

67 빈출도 ★★

다음 중 할로겐화합물 소화설비의 수동식 기동장치 점검 내용으로 맞지 않은 것은?

① 방호구역마다 설치되어 있는지 점검한다.
② 방출지연용 비상스위치가 설치되어 있는지 점검한다.
③ 화재감지기와 연동되어 있는지 점검한다.
④ 조작부는 바닥으로부터 0.8[m] 이상 1.5[m] 이하의 위치에 설치되어 있는지 점검한다.

해설

자동화재탐지설비의 감지기와 연동되어 작동하는 기동장치는 자동식 기동장치이다.

관련개념 **수동식 기동장치의 설치기준**

㉠ 수동식 기동장치의 부근에는 소화약제의 방출을 지연시킬 수 있는 방출지연스위치를 설치한다. 방출지연스위치는 자동복귀형 스위치로 수동식 기동장치의 타이머를 순간 정지시키는 기능의 스위치를 말한다.
㉡ 방호구역마다 설치한다.
㉢ 해당 방호구역의 출입구 부근 등 조작을 하는 자가 쉽게 피난할 수 있는 장소에 설치한다.
㉣ 기동장치의 조작부는 바닥으로부터 0.8[m] 이상 1.5[m] 이하의 위치에 설치하고, 보호판 등에 따른 보호장치를 설치한다.
㉤ 기동장치 인근의 보기 쉬운 곳에 "할로겐화합물 및 불활성기체 소화설비 수동식 기동장치"라는 표지를 한다.
㉥ 전기를 사용하는 기동장치에는 전원표시등을 설치한다.
㉦ 기동장치의 방출용 스위치는 음향경보장치와 연동하여 조작될 수 있는 것으로 한다.
㉧ 50[N] 이하의 힘을 가하여 기동할 수 있는 구조로 한다.

정답 | ③

68 빈출도 ★

화재 시 연기가 찰 우려가 없는 장소로서 호스릴 분말 소화설비를 설치할 수 있는 기준 중 다음 ( ) 안에 알맞은 것은?

> – 지상 1층 및 피난층에 있는 부분으로서 지상에서 수동 또는 원격조작에 따라 개방할 수 있는 개구부의 유효면적의 합계가 바닥면적의 (㉠)[%] 이상이 되는 부분
> – 전기설비가 설치되어 있는 부분 또는 다량의 화기를 사용하는 부분의 바닥면적이 해당 설비가 설치되어 있는 구획의 바닥면적의 (㉡) 미만이 되는 부분

① ㉠ 15 ㉡ $\frac{1}{5}$
② ㉠ 15 ㉡ $\frac{1}{2}$
③ ㉠ 20 ㉡ $\frac{1}{5}$
④ ㉠ 20 ㉡ $\frac{1}{2}$

관련개념 **호스릴방식 분말 소화설비의 설치장소**

㉠ 화재 시 현저하게 연기가 찰 우려가 없는 장소에 설치한다.
㉡ 지상 1층 및 피난층에 있는 부분으로서 지상에서 수동 또는 원격조작에 따라 개방할 수 있는 개구부의 유효면적의 합계가 바닥면적의 15[%] 이상이 되는 부분에 설치한다.
㉢ 전기설비가 설치되어 있는 부분 또는 다량의 화기를 사용하는 부분의 바닥면적이 해당 설비가 설치되어 있는 구획의 바닥면적의 5분의 1 미만이 되는 부분에 설치한다.

정답 | ①

69 빈출도 ★★★

다음 ( ) 안에 들어가는 기기로 옳은 것은?

> – 분말 소화약제의 가압용 가스용기를 3병 이상 설치한 경우에는 2개 이상의 용기에 (㉠)를 부착하여야 한다.
> – 분말 소화약제의 가압용 가스용기에는 2.5[MPa] 이하의 압력에서 조정이 가능한 (㉡)를 설치하여야 한다.

① ㉠ 전자개방밸브 ㉡ 압력조정기
② ㉠ 전자개방밸브 ㉡ 정압작동장치
③ ㉠ 압력조정기 ㉡ 전자개방밸브
④ ㉠ 압력조정기 ㉡ 정압개방밸브

해설

분말 소화약제의 가압용 가스용기를 3병 이상 설치한 경우에는 2개 이상의 용기에 전자개방밸브를 부착하고, 가압용 가스용기에는 2.5[MPa] 이하의 압력에서 조정이 가능한 압력조정기를 설치한다.

관련개념 가압용 가스용기의 설치기준

㉠ 분말 소화약제의 가스용기는 분말소화약제의 저장용기에 접속하여 설치해야 한다.
㉡ 분말 소화약제의 가압용 가스용기를 3병 이상 설치한 경우에는 2개 이상의 용기에 전자개방밸브를 부착한다.
㉢ 분말 소화약제의 가압용 가스용기에는 2.5[MPa] 이하의 압력에서 조정이 가능한 압력조정기를 설치한다.

정답 | ①

70 빈출도 ★★★

이산화탄소 소화약제의 저장용기에 관한 일반적인 설명으로 옳지 않은 것은?

① 방호구역 내의 장소에 설치하되 피난구 부근을 피하여 설치할 것
② 온도가 40[℃] 이하이고, 온도 변화가 적은 곳에 설치할 것
③ 직사광선 및 빗물이 침투할 우려가 없는 곳에 설치할 것
④ 용기 간의 간격은 점검에 지장이 없도록 3[cm] 이상의 간격을 유지할 것

해설

저장용기는 방호구역 외의 장소에 설치한다. 방호구역 내에 설치할 경우 피난 및 조작이 용이하도록 피난구 부근에 설치한다.

관련개념 저장용기의 설치장소

㉠ 방호구역 외의 장소에 설치한다.
㉡ 방호구역 내에 설치할 경우 피난 및 조작이 용이하도록 피난구 부근에 설치한다.
㉢ 온도가 40[℃] 이하이고, 온도 변화가 작은 곳에 설치한다.
㉣ 직사광선 및 빗물이 침투할 우려가 없는 곳에 설치한다.
㉤ 방화문으로 방화구획 된 실에 설치한다.
㉥ 용기의 설치장소에는 해당 용기가 설치된 곳임을 표시하는 표지를 한다.
㉦ 용기 간의 간격은 점검에 지장이 없도록 3[cm] 이상의 간격을 유지한다.
㉧ 저장용기와 집합관을 연결하는 연결배관에는 체크밸브를 설치한다. 저장용기가 하나의 방호구역만을 담당하는 경우 제외

정답 | ①

71 빈출도 ★

다음 중 피난사다리 하부지지점에 미끄럼 방지장치를 설치하여야 하는 것은?

① 내림식사다리 ② 올림식사다리
③ 수납식사다리 ④ 신축식사다리

해설

하부지지점에 미끄러짐을 막는 장치를 설치해야 하는 사다리는 올림식사다리이다.

관련개념 **올림식사다리의 구조**

㉠ 상부지지점(끝 부분으로부터 60[cm] 이내)에 미끄러지거나 넘어지지 않도록 하기 위해 안전장치를 설치한다.
㉡ 하부지지점에는 미끄러짐을 막는 장치를 설치한다.
㉢ 신축하는 구조인 것은 사용할 때 자동적으로 작동하는 축제방지장치를 설치한다.
㉣ 접어지는 구조인 것은 사용할 때 자동적으로 작동하는 접힘방지장치를 설치한다.

정답 | ②

72 빈출도 ★★

포 소화약제의 혼합장치 중 펌프의 토출관에 압입기를 설치하여 포 소화약제 압입용 펌프로 소화약제를 압입시켜 혼합하는 방식은?

① 펌프 프로포셔너 방식
② 프레셔사이드 프로포셔너 방식
③ 라인 프로포셔너 방식
④ 프레셔 프로포셔너 방식

해설

프레셔사이드 프로포셔너방식에 대한 설명이다.

관련개념 **포 소화약제의 혼합방식**

펌프 프로포셔너 방식	펌프의 토출관과 흡입관 사이의 배관 도중에 설치한 흡입기에 펌프에서 토출된 물의 일부를 보내고, 농도 조정밸브에서 조정된 포 소화약제의 필요량을 포 소화약제 저장탱크에서 펌프 흡입측으로 보내어 이를 혼합하는 방식
프레셔 프로포셔너 방식	펌프와 발포기의 중간에 설치된 벤추리관의 벤추리작용과 펌프 가압수의 포 소화약제 저장탱크에 대한 압력에 따라 포 소화약제를 흡입·혼합하는 방식
라인 프로포셔너 방식	펌프와 발포기의 중간에 설치된 벤추리관의 벤추리작용에 따라 포 소화약제를 흡입·혼합하는 방식
프레셔사이드 프로포셔너 방식	펌프의 토출관에 압입기를 설치하여 포 소화약제 압입용 펌프로 포 소화약제를 압입시켜 혼합하는 방식
압축공기포 믹싱챔버 방식	물, 포소화약제 및 공기를 믹싱챔버로 강제주입시켜 챔버 내에서 포수용액을 생성한 후 포를 방사하는 방식

정답 | ②

73 빈출도 ★★

제연설비에서 예상제연구역의 각 부분으로부터 하나의 배출구까지의 수평거리를 몇 [m] 이내가 되도록 하여야 하는가?

① 10[m]　　② 12[m]
③ 15[m]　　④ 20[m]

해설

예상제연구역의 각 부분으로부터 하나의 배출구까지의 수평거리는 10[m] 이내로 한다.

관련개념 배출구의 설치기준

㉠ 예상제연구역(통로 제외)의 바닥면적이 400[m^2] 미만인 경우
- 벽으로 구획되어 있는 경우 배출구는 천장 또는 반자와 바닥 사이의 중간 윗부분에 설치한다.
- 어느 한 부분이 제연경계로 구획되어 있는 경우 천장·반자 또는 이에 가까운 벽의 부분에 설치한다.
- 배출구를 벽에 설치하는 경우 배출구의 하단이 해당 예상제연구역에서 제연경계의 폭이 가장 짧은 제연경계의 하단보다 높이 되도록 한다.

㉡ 통로인 예상제연구역과 바닥면적이 400[m^2] 이상인 경우
- 벽으로 구획되어 있는 경우 배출구는 천장·반자 또는 이에 가까운 벽의 부분에 설치한다.
- 배출구를 벽에 설치하는 경우 배출구의 하단과 바닥 간의 최단거리를 2[m] 이상으로 한다.
- 어느 한 부분이 제연경계로 구획되어 있는 경우 천장·반자 또는 이에 가까운 벽의 부분에 설치한다.
- 배출구를 벽 또는 제연경계에 설치하는 경우 배출구의 하단이 해당 예상제연구역에서 제연경계의 폭이 가장 짧은 제연경계의 하단보다 높이 되도록 한다.

㉢ 예상제연구역의 각 부분으로부터 하나의 배출구까지의 수평거리는 10[m] 이내로 한다.

정답 | ①

74 빈출도 ★★★

상수도 소화용수설비의 소화전은 특정소방대상물의 수평투영면 각 부분으로부터 최대 몇 [m] 이하가 되도록 설치하는가?

① 25[m]　　② 40[m]
③ 100[m]　　④ 140[m]

해설

소화전은 특정소방대상물의 수평투영면의 각 부분으로부터 140[m] 이하가 되도록 설치한다.

관련개념 상수도 소화용수설비의 설치기준

㉠ 호칭지름 75[mm] 이상의 수도배관에 호칭지름 100[mm] 이상의 소화전을 접속한다.
㉡ 소화전은 소방자동차 등의 진입이 쉬운 도로변 또는 공지에 설치한다.
㉢ 소화전은 특정소방대상물의 수평투영면의 각 부분으로부터 140[m] 이하가 되도록 설치한다.

정답 | ④

75 빈출도 ★★★

물분무 소화설비 가압송수장치의 토출량에 대한 최소 기준으로 옳은 것은? (단, 특수가연물을 저장 취급하는 특정소방대상물 및 차고 주차장의 바닥면적은 50[m^2]이하인 경우는 50[m^2]를 기준으로 한다.)

① 차고 또는 주차장의 바닥면적 1[m^2]에 대해 10[L/min]로 20분 간 방수할 수 있는 양 이상
② 특수가연물을 저장·취급하는 특정 소방대상물의 바닥면적 1[m^2]에 대해 20[L/min]로 20분 간 방수할 수 있는 양 이상
③ 케이블트레이, 케이블덕트는 투영된 바닥면적 1[m^2]에 대해 10[L/mim]로 20분 간 방수할 수 있는 양 이상
④ 절연유 봉입 변압기는 바닥면적을 제외한 표면적을 합한 면적 1[m^2]에 대해 10[L/min]로 20분 간 방수할 수 있는 양 이상

해설

절연유 봉입 변압기는 바닥 부분을 제외한 표면적을 합한 면적 1[m^2]에 대하여 10[L/min]로 20분 간 방수할 수 있는 양 이상으로 한다.

관련개념 **저수량의 산정기준**

㉠ 특수가연물을 저장 또는 취급하는 특정소방대상물 또는 그 부분에 있어서 그 바닥면적(최소 50[m^2]) 1[m^2]에 대하여 10[L/min]로 20분 간 방수할 수 있는 양 이상으로 한다.
㉡ 차고 또는 주차장은 그 바닥면적(최소 50[m^2]) 1[m^2]에 대하여 20[L/min]로 20분 간 방수할 수 있는 양 이상으로 한다.
㉢ 절연유 봉입 변압기는 바닥 부분을 제외한 표면적을 합한 면적 1[m^2]에 대하여 10[L/min]로 20분 간 방수할 수 있는 양 이상으로 한다.
㉣ 케이블트레이, 케이블덕트 등은 투영된 바닥면적 1[m^2]에 대하여 12[L/min]로 20분 간 방수할 수 있는 양 이상으로 한다.
㉤ 콘베이어 벨트 등은 벨트 부분의 바닥면적 1[m^2]에 대하여 10[L/min]로 20분 간 방수할 수 있는 양 이상으로 한다.

정답 | ④

76 빈출도 ★★★

피난기구 설치기준으로 옳지 않은 것은?

① 피난기구는 소방대상물의 기둥·바닥·보, 기타 구조상 견고한 부분에 볼트조임·매입·용접, 기타의 방법으로 견고하게 부착할 것
② 2층 이상의 층에 피난사다리(하향식 피난구용 내림식사다리는 제외한다.)를 설치하는 경우에는 금속성 고정사다리를 설치하고, 피난에 방해되지 않도록 노대는 설치되지 않아야 할 것
③ 승강식피난기 및 하향식 피난구용 내림식사다리는 설치경로가 설치 층에서 피난층까지 연계될 수 있는 구조로 설치할 것. 다만, 건축물의 구조 및 설치 여건 상 불가피한 경우에는 그러하지 아니한다.
④ 승강식피난기 및 하향식 피난구용 내림식사다리의 하강식 내측에는 기구의 연결 금속구 등이 없어야 하며 전개된 피난기구는 하강구 수평투영면적 공간 내의 범위를 침범하지 않는 구조이어야 할 것. 단, 직경 60[cm] 크기의 범위를 벗어난 경우이거나, 직하층의 바닥 면으로부터 높이 50[cm] 이하의 범위는 제외한다.

해설

4층 이상의 층에 피난사다리(하향식 피난구용 내림식 사다리 제외)를 설치하는 경우 금속성 고정사다리를 설치하고, 고정사다리에는 쉽게 피난할 수 있는 구조의 노대를 설치한다.

정답 | ②

77 빈출도 ★★

포 소화설비의 자동식 기동장치를 패쇄형 스프링클러 헤드의 개방과 연동하여 가압송수장치 · 일제개방밸브 및 포 소화약제 혼합장치를 기동하는 경우 다음 (   ) 안에 알맞은 것은? (단, 자동화재탐지설비의 수신기가 설치된 장소에 장시 사람이 근무하고 있고, 화재 시 즉시 해당 조작부를 작동시킬 수 있는 경우는 제외한다.)

> 표시온도가 (㉠)[℃] 미만인 것을 사용하고, 1개의 스프링클러 헤드의 경계면적은 (㉡)[m^2] 이하로 할 것

① ㉠ 79 ㉡ 8
② ㉠ 121 ㉡ 8
③ ㉠ 79 ㉡ 20
④ ㉠ 121 ㉡ 20

해설

표시온도가 79[℃] 미만인 것을 사용하고, 1개의 스프링클러 헤드의 경계면적은 20[m^2] 이하로 한다.

관련개념 자동식 기동장치의 설치기준

폐쇄형 스프링클러 헤드를 사용하는 경우에는 다음의 기준에 따라 설치한다.

㉠ 표시온도가 79[℃] 미만인 것을 사용하고, 1개의 스프링클러헤드의 경계면적은 20[m^2] 이하로 한다.
㉡ 부착면의 높이는 바닥으로부터 5[m] 이하로 하고, 화재를 유효하게 감지할 수 있도록 한다.
㉢ 하나의 감지장치 경계구역은 하나의 층이 되도록 한다.

정답 | ③

78 빈출도 ★★★

특정소방대상물별 소화기구의 능력단위의 기준 중 다음 (   ) 안에 알맞은 것은?

특정소방대상물	소화기구의 능력단위
장례식장 및 의료시설	해당 용도의 바닥면적 (㉠)[m^2]마다 능력단위 1단위 이상
노유자시설	해당 용도의 바닥면적 (㉡)[m^2]마다 능력단위 1단위 이상
위락시설	해당 용도의 바닥면적 (㉢)[m^2]마다 능력단위 1단위 이상

① ㉠ 30 ㉡ 50 ㉢ 100
② ㉠ 30 ㉡ 100 ㉢ 50
③ ㉠ 50 ㉡ 100 ㉢ 30
④ ㉠ 50 ㉡ 30 ㉢ 100

해설

장례식장 및 의료시설에 소화기구를 설치할 경우 바닥면적 50[m^2]마다 능력단위 1단위 이상으로 한다.
노유자시설에 소화기구를 설치할 경우 바닥면적 100[m^2]마다 능력단위 1단위 이상으로 한다.
위락시설에 소화기구를 설치할 경우 바닥면적 30[m^2]마다 능력단위 1단위 이상으로 한다.

관련개념 소화기구의 특정소방대상물별 능력단위

특정소방대상물	소화기구의 능력단위
1. 위락시설	해당 용도의 바닥면적 30[m^2]마다 능력단위 1단위 이상
2. 공연장 · 집회장 · 관람장 · 문화재 · 장례식장 및 의료시설	해당 용도의 바닥면적 50[m^2]마다 능력단위 1단위 이상
3. 근린생활시설 · 판매시설 · 운수시설 · 숙박시설 · 노유자시설 · 전시장 · 공동주택 · 업무시설 · 방송통신시설 · 공장 · 창고시설 · 항공기 및 자동차 관련 시설 및 관광휴게시설	해당 용도의 바닥면적 100[m^2]마다 능력단위 1단위 이상
4. 그 밖의 것	해당 용도의 바닥면적 200[m^2]마다 능력단위 1단위 이상

소화기구의 능력단위를 산출할 때 건축물의 주요구조부가 내화구조이고, 벽 및 반자의 실내에 면하는 부분이 불연재료 · 준불연재료 또는 난연재료로 된 특정소방대상물의 경우 위 기준의 2배를 기준면적으로 한다.

정답 | ③

79 빈출도 ★★★

아래 평면도와 같이 반자가 있는 어느 실내에 전등이나 공조용 디퓨져 등의 시설물을 무시하고 수평거리를 2.1[m]로 하여 스프링클러 헤드를 정방형으로 설치하고자 할 때 최소 몇 개의 헤드를 설치해야 하는가? (단, 반자 속에는 헤드를 설치하지 아니하는 것으로 본다.)

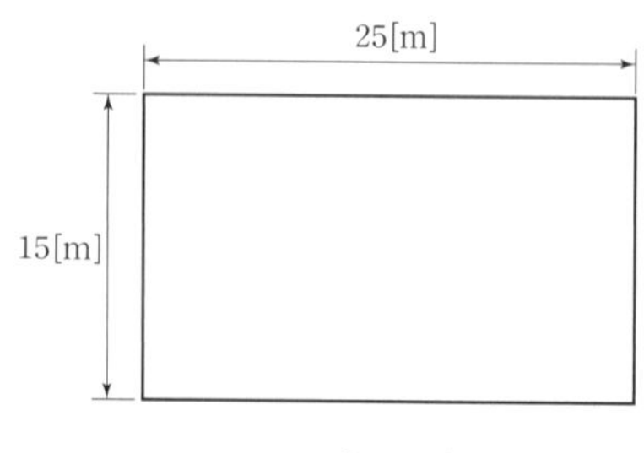

① 24개 ② 42개
③ 54개 ④ 72개

해설

하나의 헤드가 방사할 수 있는 반경(수평거리)이 2.1[m]로 주어져 있으므로 다음의 그림과 같이 헤드 간 거리는 $2\times r\times\cos 45^{\circ}$로 구할 수 있다.

$2\times r\times\cos 45^{\circ}=2\times 2.1\times\cos 45^{\circ}=2.97[m]$

따라서 가로 방향으로 배치해야 하는 헤드의 최소개수는

25[m]÷2.97[m]≒8.4≒9개

세로 방향으로 배치해야 하는 헤드의 최소 개수는

15[m]÷2.97[m]≒5.1≒6개

전체 면적에 배치해야 하는 헤드의 최소 개수는

9×6=54개

관련개념 헤드의 설치기준

정방형으로 배치한 경우 다음의 식에 따라 산정한 수치 이하가 되도록 한다.

$$S=2\times r\times\cos 45^{\circ}$$

S: 헤드 상호 간의 거리[m], r: 수평거리

정답 | ③

80 빈출도 ★★

소화용수설비 중 소화수조 및 저수조에 대한 설명으로 틀린 것은?

① 소화수조, 저수조의 채수구 또는 흡수관투입구는 소방차가 2[m] 이내의 지점까지 접근할 수 있는 위치에 설치할 것
② 지하에 설치하는 소화용수설비의 흡수관투입구는 그 한 변이 0.6[m] 이상인 것으로 할 것
③ 채수구는 지면으로부터의 높이가 0.5[m] 이상 1[m] 이하의 위치에 설치하고 "채수구"라고 표시한 표시를 할 것
④ 소화수조가 옥상 또는 옥탑의 부분에 설치된 경우에는 지상에 설치된 채수구에서의 압력이 0.1[MPa]이상이 되도록 할 것

해설

소화수조가 옥상 또는 옥탑의 부분에 설치된 경우 지상에 설치된 채수구에서의 압력은 0.15[MPa] 이상으로 한다.

정답 | ④

소방원론

01 빈출도 ★★

소화원리에 대한 설명으로 틀린 것은?

① 냉각소화: 물의 증발잠열에 의해서 가연물의 온도를 저하시키는 소화방법
② 제거효과: 가연성 가스의 분출화재 시 연료공급을 차단시키는 소화방법
③ 질식소화: 포소화약제 또는 불연성 가스를 이용해서 공기 중의 산소공급을 차단하여 소화하는 방법
④ 억제소화: 불활성기체를 방출하여 연소범위 이하로 낮추어 소화하는 방법

해설

억제소화는 연소의 요소 중 연쇄적 산화반응을 약화시켜 연소의 지속을 불가능하게 하는 방법이다.
가연물질 내 함유되어 있는 수소·산소로부터 생성되는 수소기(H•)·수산기(•OH)를 화학적으로 제조된 부촉매제(분말 소화약제, 할론가스 등)와 반응하게 하여 더 이상 연소생성물인 이산화탄소·수증기 등의 생성을 억제시킨다.

관련개념

연소범위 이하로 낮추어 소화하는 방법은 희석소화에 대한 설명이며, 불활성기체 뿐만 아니라 연료와 섞이는 소화약제면 가능하다.

정답 | ④

02 빈출도 ★

할로겐화합물 소화약제는 일반적으로 열을 받으면 할로겐족이 분해되어 가연물질의 연소 과정에서 발생하는 활성종과 화합하여 연소의 연쇄반응을 차단한다. 연쇄반응의 차단과 가장 거리가 먼 소화약제는?

① FC−3−1−10　② HFC−125
③ IG−541　④ FIC−1311

해설

IG−541은 질소(N_2), 아르곤(Ar), 이산화탄소(CO_2)로 구성된 불활성기체 소화약제이다.

관련개념 할로겐화합물 소화약제

소화약제	화학식
FC−3−1−10	C_4F_{10}
FK−5−1−12	$CF_3CF_2C(O)CF(CF_3)_2$
HCFC BLEND A	• HCFC−123($CHCl_2CF_3$): 4.75[%] • HCFC−22($CHClF_2$): 82[%] • HCFC−124($CHClFCF_3$): 9.5[%] • $C_{10}H_{16}$: 3.75[%]
HCFC−124	$CHClFCF_3$
HFC−125	CHF_2CF_3
HFC−227ea	CF_3CHFCF_3
HFC−23	CHF_3
HFC−236fa	$CF_3CH_2CF_3$
FIC−13I1	CF_3I

정답 | ③

03 빈출도 ★

물의 소화력을 증대시키기 위하여 첨가하는 첨가제 중 물의 유실을 방지하고 건물, 임야 등의 입체 면에 오랫동안 잔류하게 하기 위한 것은?

① 증점제 ② 강화액
③ 침투제 ④ 유화제

해설

물 소화약제의 첨가제 중 물 소화약제의 점착성을 증가시켜 소방대상물에 소화약제를 오래 잔류시키기 위한 물질은 증점제이다.

정답 | ①

04 빈출도 ★★

화재 시 이산화탄소를 방출하여 산소의 농도를 13[vol%]로 낮추어 소화하기 위한 이산화탄소의 공기 중 농도는 약 몇 [vol%]인가?

① 9.5 ② 25.8
③ 38.1 ④ 61.5

해설

산소 21[%], 이산화탄소 0[%]인 공기에 이산화탄소 소화약제가 추가되어 산소의 농도는 13[%]가 되어야 한다.

$$\frac{21}{100+x}=\frac{13}{100}$$

따라서 추가된 이산화탄소 소화약제의 양 x는 61.54이며, 이때 전체 중 이산화탄소의 농도는

$$\frac{x}{100+x}=\frac{61.54}{100+61.54}\fallingdotseq 0.3809=38.1[\%]$$이다.

관련개념

㉠ 소화약제 방출 전 공기의 양을 100으로 두고 풀이하면 된다.
㉡ 분모의 x는 공학용 계산기의 SOLVE 기능을 활용하면 쉽다.

정답 | ③

05 빈출도 ★

다음 중 인명구조기구에 속하지 않는 것은?

① 방열복 ② 공기안전매트
③ 공기호흡기 ④ 인공소생기

해설

공기안전매트는 소방용품이다.

관련개념

인명구조기구에는 방열복, 방화복(안전모, 보호장갑, 안전화 포함), 공기호흡기, 인공소생기가 있다.

정답 | ②

06 빈출도 ★★

다음 중 인화점이 가장 낮은 물질은?

① 산화프로필렌 ② 이황화탄소
③ 메틸알코올 ④ 등유

해설

선지 중 산화프로필렌의 인화점이 가장 낮다.

관련개념 물질의 발화점과 인화점

물질	발화점[℃]	인화점[℃]
프로필렌	497	−107
산화프로필렌	449	−37
가솔린	300	−43
이황화탄소	100	−30
아세톤	538	−18
메틸알코올	385	11
에틸알코올	423	13
벤젠	498	−11
톨루엔	480	4.4
등유	210	43~72
경유	200	50~70
적린	260	−
황린	30	20

정답 | ①

07 빈출도 ★★

화재의 지속시간 및 온도에 따라 목재건축물과 내화건축물을 비교하였을 때, 목재건물의 화재성상으로 가장 적합한 것은?

① 저온장기형이다. ② 저온단기형이다.
③ 고온장기형이다. ④ 고온단기형이다.

해설

내화건축물과 비교하여 목조건축물은 고온, 단시간형이다.

관련개념 **목재 연소의 특징**

목재의 열전도율은 콘크리트에 비해 작기 때문에 열이 축적되어 더 높은 온도에서 연소된다.

정답 | ④

08 빈출도 ★★

방화벽의 구조 기준 중 다음 ( ) 안에 알맞은 것은?

- 방화벽의 양쪽 끝과 위쪽 끝을 건축물의 외벽면 및 지붕면으로부터 (㉠)[m] 이상 튀어 나오게 할 것
- 방화벽에 설치하는 출입문의 너비 및 높이는 각각 (㉡)[m] 이하로 하고, 해당 출입문에는 60분+ 방화문 또는 60분 방화문을 설치할 것

① ㉠ 0.3 ㉡ 2.5
② ㉠ 0.3 ㉡ 3.0
③ ㉠ 0.5 ㉡ 2.5
④ ㉠ 0.5 ㉡ 3.0

해설

방화벽의 양쪽 끝과 위쪽 끝을 건축물의 외벽면 및 지붕면으로부터 0.5[m] 이상 튀어 나오게 하여야 한다.
방화벽에 설치하는 출입문의 너비 및 높이는 각각 2.5[m] 이하로 하고, 해당 출입문에는 60분+ 방화문 또는 60분 방화문을 설치하여야 한다.

관련개념 **방화벽의 구조**

㉠ 내화구조로서 홀로 설 수 있는 구조일 것
㉡ 방화벽의 양쪽 끝과 위쪽 끝을 건축물의 외벽면 및 지붕면으로부터 0.5[m] 이상 튀어 나오게 할 것
㉢ 방화벽에 설치하는 출입문의 너비 및 높이는 각각 2.5[m] 이하로 하고, 해당 출입문에는 60분+ 방화문 또는 60분 방화문을 설치할 것

정답 | ③

09 빈출도 ★

에테르, 케톤, 에스테르, 알데히드, 카르복실산, 아민 등과 같은 가연성인 수용성 용매에 유효한 포소화약제는?

① 단백포 ② 수성막포
③ 불화단백포 ④ 내알코올포

해설

수용성인 가연성 물질의 화재 진압에 적합한 포소화약제는 내알코올포이다.

정답 | ④

10 빈출도 ★

특정소방대상물(소방안전관리대상물은 제외)의 관계인과 소방안전관리대상물의 소방안전관리자의 공통 업무가 아닌 것은?

① 화기 취급의 감독
② 자위소방대의 운용
③ 소방 관련 시설의 유지 · 관리
④ 피난시설, 방화구획 및 방화시설의 유지 · 관리

해설

자위소방대의 운용은 관계인이 아닌 소방안전관리자의 업무이다.

관련개념 **소방안전관리자 및 관계인의 업무**

업무	관계인	소방안전관리자
소방계획서의 작성 및 시행		○
자위소방대 및 초기대응체계의 구성, 운영 및 교육		○
피난시설, 방화구획 및 방화시설의 관리	○	○
소방시설이나 그 밖의 소방 관련 시설의 관리	○	○
소방훈련 및 교육		○
화기 취급의 감독	○	○
소방안전관리에 관한 업무수행에 관한 기록 · 유지		○
화재 발생 시 초기대응	○	○
그 밖에 소방안전관리에 필요한 업무	○	○

정답 | ②

11 빈출도 ★★★

화재의 유형별 특성에 관한 설명으로 옳은 것은?

① A급 화재는 무색으로 표시하며, 감전의 위험이 있으므로 주수소화를 엄금한다.
② B급 화재는 황색으로 표시하며, 질식소화를 통해 화재를 진압한다.
③ C급 화재는 백색으로 표시하며, 가연성이 강한 금속의 화재이다.
④ D급 화재는 청색으로 표시하며, 연소 후에 재를 남긴다.

해설

급수	화재 종류	표시색	소화방법
A급	일반화재	백색	냉각
B급	유류화재	황색	질식
C급	전기화재	청색	질식
D급	금속화재	무색	질식
K급	주방화재 (식용유화재)	—	비누화 · 냉각 · 질식
E급	가스화재	황색	제거 · 질식

정답 | ②

12 빈출도 ★

화재 발생 시 인명피해 방지를 위한 건물로 적합한 것은?

① 피난설비가 없는 건물
② 특별피난계단의 구조로 된 건물
③ 피난기구가 관리되고 있지 않은 건물
④ 피난구 폐쇄 및 피난구유도등이 미비되어 있는 건물

해설

피난설비 · 기구가 잘 관리되며, 피난구가 항상 개방되어 있는 건물이 인명피해 방지를 위한 건물이라고 할 수 있다.

정답 | ②

13 빈출도 ★★★

프로페인가스의 연소범위[vol%]에 가장 가까운 것은?

① 9.8~28.4 ② 2.5~81
③ 4.0~75 ④ 2.1~9.5

해설

프로페인가스의 연소범위는 2.1~9.5[vol%]이다.

관련개념 주요 가연성 가스의 연소범위와 위험도

가연성 가스	하한계 [vol%]	상한계 [vol%]	위험도
아세틸렌(C_2H_2)	2.5	81	31.4
수소(H_2)	4	75	17.8
일산화탄소(CO)	12.5	74	4.9
에테르($C_2H_5OC_2H_5$)	1.9	48	24.3
이황화탄소(CS_2)	1.2	44	35.7
에틸렌(C_2H_4)	2.7	36	12.3
암모니아(NH_3)	15	28	0.9
메테인(CH_4)	5	15	2
에테인(C_2H_6)	3	12.4	3.1
프로페인(C_3H_8)	2.1	9.5	3.5
뷰테인(C_4H_{10})	1.8	8.4	3.7

정답 | ④

14 빈출도 ★★★

불포화 섬유지나 석탄이 자연발화하는 원인은?

① 분해열 ② 산화열
③ 발효열 ④ 중합열

해설

불포화 섬유지나 석탄은 산소, 수분 등에 장시간 노출되면 산화가 진행되며 산화열이 발생한다. 산화열을 충분히 배출하지 못하면 점점 축적되어 온도가 상승하게 되고, 기름의 발화점에 도달하면 자연발화가 일어난다.

정답 | ②

15 빈출도 ★★

CF_3Br 소화약제의 명칭을 옳게 나타낸 것은?

① 할론 1011 ② 할론 1211
③ 할론 1301 ④ 할론 2402

해설

CF_3Br 소화약제의 명칭은 할론 1301이다.
Cl과 Br의 위치는 바꾸어 표기하여도 동일한 화합물이다.

관련개념 할론 소화약제 명명의 방식

㉠ 제일 앞에 Halon이란 명칭을 쓴다.
㉡ 이후 구성 원소들의 수를 C, F, Cl, Br의 순서대로 쓰되 없는 경우 0으로 한다.
㉢ 마지막 0은 생략할 수 있다.

정답 | ③

16 빈출도 ★

다음 설비 중에서 전산실, 통신기기실 등의 화재에 가장 적합한 것은?

① 스프링클러설비
② 옥내소화전설비
③ 분말 소화설비
④ 할로겐화합물 및 불활성기체 소화설비

해설

전산실, 통신기기실 등의 전기화재에 적합한 소화방법은 가스계 소화약제(이산화탄소, 할론, 할로겐화합물 및 불활성기체)의 질식 효과를 이용한 소화방법이다.

선지분석

①, ② 전기 전도성을 가진 물 등으로 소화 시 감전 및 과전류로 인한 피연소물질의 피해가 우려되므로 적합하지 않다.
③ 분말 소화약제는 전기화재에 적응성이 우수하나 피연소물질에 소화약제가 남아 피해를 줄 수 있으므로 가장 적합한 방법은 아니다.

정답 | ④

17 빈출도 ★★

가연물의 제거와 가장 관련이 없는 소화방법은?

① 유류화재 시 유류공급 밸브를 잠근다.
② 산불화재 시 나무를 잘라 없앤다.
③ 팽창 진주암을 사용하여 진화한다.
④ 가스화재 시 중간밸브를 잠근다.

해설

제거소화는 연소의 요소를 구성하는 가연물질을 안전한 장소나 점화원이 없는 장소로 신속하게 이동시켜서 소화하는 방법이다.
팽창 진주암으로 가연물을 덮는 것은 연소에 필요한 산소의 공급을 차단시키는 질식소화에 해당한다.

정답 | ③

18 빈출도 ★

독성이 매우 높은 가스로서 석유제품, 유지(油脂) 등이 연소할 때 생성되는 알데히드 계통의 가스는?

① 시안화수소 ② 암모니아
③ 포스겐 ④ 아크롤레인

해설

아크롤레인은 석유제품, 유지류 등이 연소할 때 발생하며, 포스겐보다 독성이 강한 물질이다.

정답 | ④

19 빈출도 ★

BLEVE 현상을 설명한 것으로 가장 옳은 것은?

① 물이 뜨거운 기름표면 아래에서 끓을 때 화재를 수반하지 않고 over flow 되는 현상
② 물이 연소유의 뜨거운 표면에 들어갈 때 발생되는 over flow 현상
③ 탱크 바닥에 물과 기름의 에멀젼이 섞여있을 때 물의 비등으로 인하여 급격하게 over flow 되는 현상
④ 탱크 주위 화재로 탱크 내 인화성 액체가 비등하고 가스부분의 압력이 상승하여 탱크가 파괴되고 폭발을 일으키는 현상

해설

블레비(BLEVE) 현상은 고압의 액화가스용기 등이 외부 화재에 의해 가열되어 탱크 내 액체가 비등하고 증기가 팽창하면서 폭발을 일으키는 현상이다.

선지분석

① 프로스 오버
② 슬롭 오버
③ 보일 오버

정답 | ④

20 빈출도 ★

화재강도(Fire Intensity)와 관계가 없는 것은?

① 가연물의 비표면적
② 발화원의 온도
③ 화재실의 구조
④ 가연물의 발열량

해설

발화원의 온도는 화재의 발생과 관련이 있으며 화재강도와는 관련이 없다.

관련개념 화재강도의 관련 요인

가연물의 연소열	물질의 종류에 따른 특성치로서 연소열은 물질의 종류별로 다양하며 연소열이 큰 물질이 존재할수록 발열량이 크므로 화재강도가 크다.
가연물의 비표면적	물질의 단위질량당 표면적을 말하며 통나무와 대팻밥같이 물질의 형상에 따라 달라진다. 비표면적이 크면 공기와의 접촉면적이 크게 되어 가연물의 연소속도가 빨라져 열축적률이 커지므로 화재강도가 커진다
공기(산소)의 공급	개구부 계수가 클수록, 즉 환기계수가 크고 벽 등의 면적은 작을 때 온도곡선은 가파르게 상승하며 지속시간도 짧다. 이는 공기의 공급이 화재 시 온도의 상승곡선의 기울기에 결정적 영향을 미친다고 볼 수 있다.
화재실의 벽·천장·바닥 등의 단열성	화재실의 열은 개구부를 통해서도 외부로 빠져 나가지만 실을 둘러싸는 벽, 바닥, 천장 등을 통해 열전도에 의해서도 빠져나간다. 따라서 구조물이 갖는 단열효과가 클수록 열의 외부 유출이 용이치 않고 화재실 내에 축적상태로 유지되어 화재강도가 커진다.

정답 | ②

21 빈출도 ★★★

아래 그림과 같이 두 개의 가벼운 공 사이로 빠른 기류를 불어 넣으면 두 개의 공은 어떻게 되겠는가?

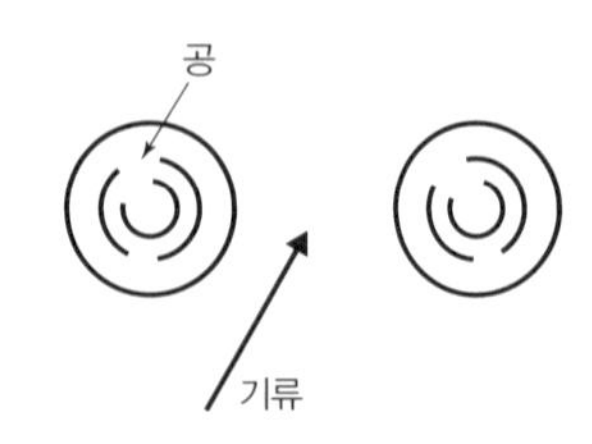

① 뉴턴의 법칙에 따라 벌어진다.
② 뉴턴의 법칙에 따라 가까워진다.
③ 베르누이의 법칙에 따라 벌어진다.
④ 베르누이의 법칙에 따라 가까워진다.

해설

두 개의 공 사이로 빠른 기류를 불어 넣으면 기류의 유속이 가지는 에너지는 증가하며 베르누이 정리에 의해 에너지는 보존되므로 기류의 압력이 가지는 에너지는 감소한다.
따라서 공 사이의 압력이 감소하며 두 개의 공은 가까워진다.

정답 | ④

22 빈출도 ★

다음 유체 기계들의 압력 상승이 일반적으로 큰 것부터 순서대로 바르게 나열한 것은?

① 압축기(compressor) > 블로어(blower) > 팬(fan)
② 블로어(blower) > 압축기(compressor) > 팬(fan)
③ 팬(fan) > 블로어(blower) > 압축기(compressor)
④ 팬(fan) > 압축기(compressor) > 블로어(blower)

해설

압축기 > 블로어 > 팬 순으로 성능(압력 차이)이 좋다.

정답 | ①

23 빈출도 ★★★

표면적이 같은 두 물체가 있다. 표면 온도가 2,000[K]인 물체가 내는 복사에너지는 표면 온도가 1,000[K]인 물체가 내는 복사에너지의 몇 배인가?은?

① 4 ② 8
③ 16 ④ 32

해설

$$Q=\sigma T^4$$

Q: 열전달량[W/m²],
σ: 슈테판−볼츠만 상수(5.67×10^{-8})[W/m²·K⁴],
T: 절대온도[K]

두 물체의 표면 온도가 각각 2,000[K], 1,000[K]이므로 각 물체가 방출하는 복사에너지의 비율은

$$\frac{Q_2}{Q_1}=\frac{\sigma\times2{,}000^4}{\sigma\times1{,}000^4}=2^4=16$$

정답 | ③

24 빈출도 ★★

이상기체의 폴리트로픽 변화 'PV^n=일정'에서 $n=1$인 경우 어느 변화에 속하는가? (단, P는 압력, V는 부피, n은 폴리트로픽 지수를 나타낸다.)

① 단열변화 ② 등온변화
③ 정적변화 ④ 정압변화

해설

폴리트로픽 지수 n이 1인 과정은 등온 과정이다.

관련개념 폴리트로픽 과정

상태변화과정	폴리트로픽 지수(n)	일
등압 과정	0	$m\bar{R}(T_2-T_1)$
등온 과정	1	$m\bar{R}T\ln\left(\frac{V_2}{V_1}\right)$
폴리트로픽 과정	$1<n<x$	$\frac{m\bar{R}}{1-n}(T_2-T_1)$
단열 과정	x	$\frac{m\bar{R}}{1-x}(T_2-T_1)$
등적 과정	∞	0

정답 | ②

25 빈출도 ★★

지름이 75[mm]인 관로 속에 평균 속도 4[m/s]로 흐르고 있을 때 유량[kg/s]은?

① 15.52 ② 16.92
③ 17.67 ④ 18.52

해설

$$M=\rho Au$$

M: 질량유량[kg/s], ρ: 밀도[kg/m³], A: 유체의 단면적[m²], u: 유속[m/s]

유체는 물이므로 물의 밀도는 1,000[kg/m³]이다.
배관은 지름이 0.075[m]인 원형이므로 배관의 단면적은 다음과 같다.

$$A=\frac{\pi}{4}\times 0.075^2$$

따라서 주어진 조건을 공식에 대입하면 질량유량 M은

$$M=1,000\times\frac{\pi}{4}\times 0.075^2\times 4$$
$$\fallingdotseq 17.67[kg/s]$$

정답 | ③

26 빈출도 ★★

초기에 비어 있는 체적이 0.1[m^3]인 견고한 용기 안에 공기(이상기체)를 서서히 주입한다. 공기 1[kg]을 넣었을 때 용기 안의 온도가 300[K]가 되었다면 이때 용기 안의 압력[kPa]은? (단, 공기의 기체상수는 0.287[kJ/kg · K]이다.)

① 287 ② 300

③ 448 ④ 861

해설

질량과 특정기체상수로 이루어진 이상기체의 상태방정식은 다음과 같다.

$$PV = m\bar{R}T$$

P: 압력[kPa], V: 부피[m^3], m: 질량[kg],
$\bar{R}$: 특정기체상수[kJ/kg · K], T: 절대온도[K]

기체상수의 단위가 [kJ/kg · K]이므로 압력과 부피의 단위를 [kPa]과 [m^3]로 변환하여야 한다.
따라서 주어진 조건을 공식에 대입하면 용기 안의 압력 P는

$$P = \frac{m\bar{R}T}{V} = \frac{1 \times 0.287 \times 300}{0.1}$$
$$= 861[\text{kPa}]$$

정답 | ④

27 빈출도 ★

다음 중 Stokes의 법칙과 관계되는 점도계는?

① Ostwald 점도계 ② 낙구식 점도계

③ Saybolt 점도계 ④ 회전식 점도계

해설

스토크스(Stokes)의 법칙과 관계되는 점도계는 낙구식 점도계이다.

관련개념 **점성의 측정**

구분	측정원리	점도계의 종류
하겐—푸아죄유(Hagen—Poiseuille)의 법칙	세관법	• 세이볼트(Saybolt) 점도계 • 오스왈트(Ostwald) 점도계 • 레드우드(Redwod) 점도계 • 앵글러(Engler) 점도계 • 바베이(Barbey) 점도계
뉴턴(Newton)의 점성법칙	회전원통법	• 스토머(Stormer) 점도계 • 맥미셀(MacMichael) 점도계
스토크스(Stokes)의 법칙	낙구법	낙구식 점도계

정답 | ②

28 빈출도 ★★★

피토관으로 파이프 중심선에서 흐르는 물의 유속을 측정할 때 피토관의 액주높이가 5.2[m], 정압튜브의 액주높이가 4.2[m]를 나타낸다면 유속[m/s]은? (단, 속도계수(C_v)는 0.97이다.)

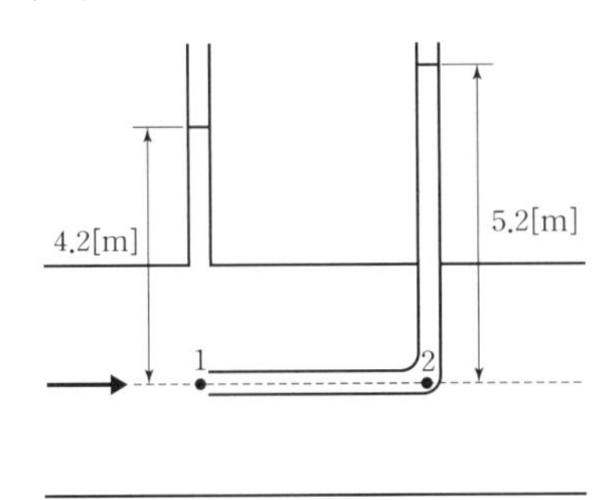

① 4.3 ② 3.5
③ 2.0 ④ 1.9

해설

점 1에서 유속이 가지는 에너지는 점 2에서 더 이상 진행하지 못하게 되어 위치가 가지는 에너지로 변환되며 유체를 Z만큼 표면 위로 밀어올리게 된다.

$$\frac{u^2}{2g}=Z$$

이론유속과 실제유속은 차이가 있으므로 속도계수 C_v를 곱해 그 차이를 보정하면

$$u=C_v\sqrt{2gZ}=0.97\times\sqrt{2\times9.8\times(5.2-4.2)}$$
$$\fallingdotseq 4.29[\text{m/s}]$$

정답 | ①

29 빈출도 ★★

그림의 역U자관 마노미터에서 압력 차(P_x-P_y)는 약 몇 [Pa]인가?

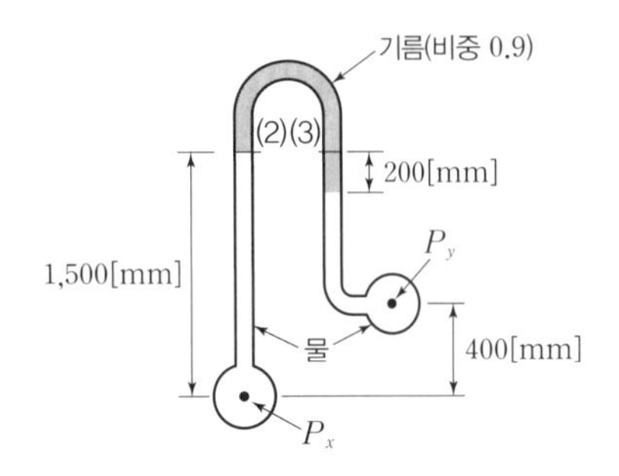

① 3,215 ② 4,116
③ 5,045 ④ 6,826

해설

$$P_x=\gamma h=s\gamma_w h$$

P_x: x에서의 압력[Pa], γ: 비중량[N/m³], h: 높이[m], s: 비중, γ_w: 물의 비중량[N/m³]

P_x는 물이 누르는 압력과 (2)면에 작용하는 압력의 합과 같다.

$$P_x=s_1\gamma_w h_1+P_2$$

P_y는 물이 누르는 압력과 기름이 누르는 압력, (3)면에 작용하는 압력의 합과 같다.

$$P_y=s_3\gamma_w h_3+s_2\gamma_w h_2+P_3$$

유체 내부에서 같은 수평면(높이)에는 같은 압력이 작용하므로 (2)면과 (3)면의 압력은 같다.

$$P_2=P_3$$
$$P_x-s_1\gamma_w h_1=P_y-s_3\gamma_w h_3-s_2\gamma_w h_2$$

따라서 압력 차이 P_x-P_y는

$$P_x-P_y=s_1\gamma_w h_1-s_3\gamma_w h_3-s_2\gamma_w h_2$$
$$=1\times9{,}800\times1.5-1\times9{,}800\times(1.5-0.2-0.4)$$
$$-0.9\times9{,}800\times0.2$$
$$\fallingdotseq 4{,}116[\text{Pa}]$$

정답 | ②

30 빈출도 ★

지름이 다른 두 개의 피스톤이 그림과 같이 연결되어 있다. "1" 부분의 피스톤의 지름이 "2"부분의 2배일 때, 각 피스톤에 작용하는 힘 F_1과 F_2의 크기의 관계는?

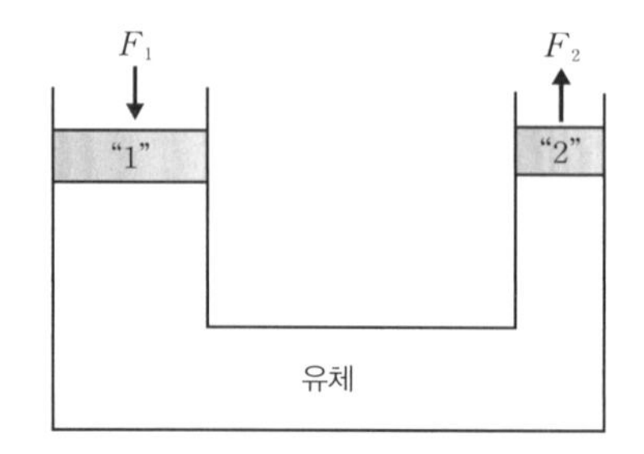

① $F_1=F_2$ ② $F_1=2F_2$
③ $F_1=4F_2$ ④ $4F_1=F_2$

해설

두 피스톤 안에 작용하는 압력이 동일하므로 파스칼의 원리에 의해 다음의 식이 성립한다.

$$P_1=\frac{F_1}{A_1}=\frac{F_2}{A_2}=P_2$$

P: 압력[N/m²], F: 힘[N], A: 면적[m²]

피스톤은 지름이 D[m]인 원형이므로 피스톤 단면적의 비율은 다음과 같다.

$$A=\frac{\pi}{4}D^2$$

$D_1=2D_2$

$A_1=\frac{\pi}{4}D_1^2=\frac{\pi}{4}(2D_2)^2=4\times\frac{\pi}{4}D_2^2=4A_2$

따라서 두 피스톤에 작용하는 힘은 다음과 같은 관계식을 갖는다.

$\frac{F_1}{A_1}=\frac{F_1}{4A_2}=\frac{F_2}{A_2}$

$F_1=4F_2$

정답 | ③

31 빈출도 ★★★

용량 2,000[L]의 탱크에 물을 가득 채운 소방차가 화재현장에 출동하여 노즐압력 390[kPa](계기압력), 노즐구경 2.5[cm]를 사용하여 방수한다면 소방차 내의 물이 전부 방수되는 데 걸리는 시간은?

① 약 2분 26초 ② 약 3분 35초
③ 약 4분 12초 ④ 약 5분 44초

해설

노즐을 통과하기 전후의 압력과 속도의 관계식은 베르누이 방정식을 통해 구할 수 있다.

$$\frac{P_1}{\gamma}+\frac{u_1^2}{2g}+Z_1=\frac{P_2}{\gamma}+\frac{u_2^2}{2g}+Z_2$$

P: 압력[N/m²], γ: 비중량[N/m³], u: 유속[m/s], g: 중력가속도[m/s²], Z: 높이[m]

노즐을 통과하기 전(1) 유속 u_1은 0, 노즐을 통과한 후(2) 압력 P_2는 대기압이므로 0, 높이 차이는 없으므로 $Z_1=Z_2$로 두면 방정식은 다음과 같다.

$\frac{P_1}{\gamma}=\frac{u_2^2}{2g}$

따라서 노즐을 통과하기 전 P만큼의 방수압력을 가해주면 노즐을 통과한 유체는 u만큼의 유속으로 방사된다.

$P=\frac{\gamma u^2}{2g}$

$u=\sqrt{\frac{2gP}{\gamma}}$

노즐은 직경이 D인 원형이므로 노즐의 단면적은 다음과 같다.

$$A=\frac{\pi}{4}D^2$$

부피유량 공식 $Q=Au$에 의해 방수량은 다음과 같다.

$Q=Au=\frac{\pi}{4}D^2\times\sqrt{\frac{2gP}{\gamma}}$

$=\frac{\pi}{4}\times0.025^2\times\sqrt{\frac{2\times9.8\times390}{9.8}}\fallingdotseq0.0137[\text{m}^3/\text{s}]$

따라서 2,000[L]의 물을 전부 방수하는데 걸리는 시간은

$\frac{2{,}000[\text{L}]}{0.0137[\text{m}^3/\text{s}]}=\frac{2[\text{m}^3]}{0.0137[\text{m}^3/\text{s}]}$

$\fallingdotseq146[\text{s}]=$2분 26초

정답 | ①

32 빈출도 ★★★

거리가 1,000[m] 되는 곳에 안지름 20[cm]의 관을 통하여 물을 수평으로 수송하려 한다. 한 시간에 800[m³]를 보내기 위해 필요한 압력[kPa]는? (단, 관의 마찰계수는 0.03이다.)

① 1,370　　② 2,010
③ 3,750　　④ 4,580

해설

$$H=\frac{\Delta P}{\gamma}=\frac{flu^2}{2gD}$$

H: 마찰손실수두[m], ΔP: 압력 차이[kPa], γ: 비중량[kN/m³], f: 마찰손실계수, l: 배관의 길이[m], u: 유속[m/s], g: 중력가속도[m/s²], D: 배관의 직경[m]

유체는 물이므로 물의 비중량은 9.8[kN/m³]이다.
부피유량 공식 $Q=Au$에 의해 유량과 배관의 직경 D를 알면 유속은 다음과 같이 구할 수 있다.

$$u=\frac{Q}{A}=\frac{Q}{\frac{\pi}{4}D^2}=\frac{4Q}{\pi D^2}$$

u: 유속[m/s], Q: 유량[m³/s], A: 배관의 단면적[m²], D: 배관의 직경[m]

유량이 800[m³/h]이므로 단위를 변환하면 $\frac{800}{3,600}$[m³/s]이다.
따라서 주어진 조건을 공식에 대입하면 필요한 압력 ΔP는

$$\Delta P=\gamma\times\frac{fl}{2gD}\times\left(\frac{4Q}{\pi D^2}\right)^2$$
$$=9.8\times\frac{0.03\times1,000}{2\times9.8\times0.2}\times\left(\frac{4\times\frac{800}{3,600}}{\pi\times0.2^2}\right)^2$$
$$\fallingdotseq 3,752[kPa]$$

정답 ③

33 빈출도 ★★

글로브 밸브에 의한 손실을 지름이 10[cm]이고 관 마찰계수가 0.025인 관의 길이로 환산하면 상당길이가 40[m]가 된다. 이 밸브의 부차적 손실계수는?

① 0.25　　② 1
③ 2.5　　④ 10

해설

$$L=\frac{KD}{f}$$

L: 상당길이[m], K: 부차적 손실계수, D: 직경[m], f: 마찰손실계수

주어진 조건을 공식에 대입하면 부차적 손실계수 K는

$$K=\frac{Lf}{D}=\frac{40\times0.025}{0.1}$$
$$=10$$

정답 ④

34 빈출도 ★★★

체적탄성계수가 2×10^9[Pa]인 물의 체적을 3[%] 감소시키려면 몇 [MPa]의 압력을 가하여야 하는가?

① 25　　② 30

③ 45　　④ 60

해설

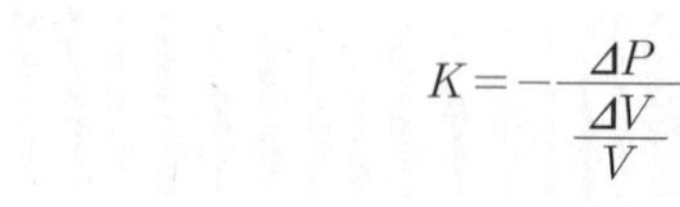

$$K=-\frac{\Delta P}{\frac{\Delta V}{V}}$$

K: 체적탄성계수[Pa], ΔP: 압력변화량[Pa], ΔV: 부피변화량, V: 부피

체적탄성계수를 압력에 관한 식으로 나타내면 다음과 같다.

$$\Delta P=-K\times\frac{\Delta V}{V}$$

부피가 3[%] 감소하였다는 것은 이전부피 V_1가 100일 때 이후부피 V_2는 97라는 의미이므로 부피변화율 $\frac{\Delta V}{V}$는 $\frac{97-100}{100}=-0.03$이다.

따라서 압력변화량 ΔP는

$$\Delta P=-(2\times10^9)\times-0.03$$
$$=6\times10^7[\text{Pa}]=60[\text{MPa}]$$

정답 | ④

35 빈출도 ★★

물질의 열역학적 변화에 대한 설명으로 틀린 것은?

① 마찰은 비가역성의 원인이 될 수 있다.

② 열역학 제1법칙은 에너지 보존에 대한 것이다.

③ 이상기체는 이상기체 상태방정식을 만족한다.

④ 가역 단열 과정은 엔트로피가 증가하는 과정이다.

해설

가역 단열 과정은 열의 출입이 없고 초기 상태로 돌아갈 수 있으므로 엔트로피가 변화하지 않는 과정이다.

정답 | ④

36 빈출도 ★★

폭이 4[m]이고 반경이 1[m]인 그림과 같은 1/4원형 모양으로 설치된 수문 AB가 있다. 이 수문이 받는 수직방향 분력 F_V의 크기[N]는?

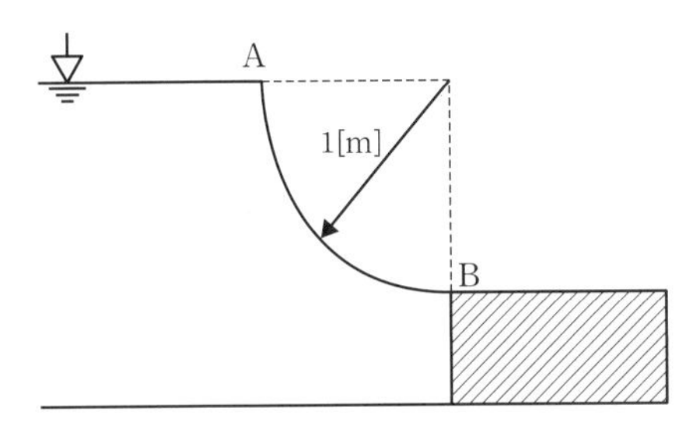

① 7,613 ② 9,801
③ 30,787 ④ 123,000

해설

곡면의 수직 방향으로 작용하는 힘 F_V는 다음과 같다.

$$F=mg=\rho Vg=\gamma V$$

F: 수직 방향으로 작용하는 힘(수직분력)[N], m: 질량[kg],
g: 중력가속도[m/s²], ρ: 밀도[kg/m³],
V: 곡면 위 유체의 부피[m³], γ: 유체의 비중량[N/m³]

유체는 물이므로 물의 비중량은 9,800[N/m³]이다.
곡면 아래에 유체가 있는 경우 곡면 위의 유체 표면까지 채울 수 있는 가상 유체의 무게로 한다.

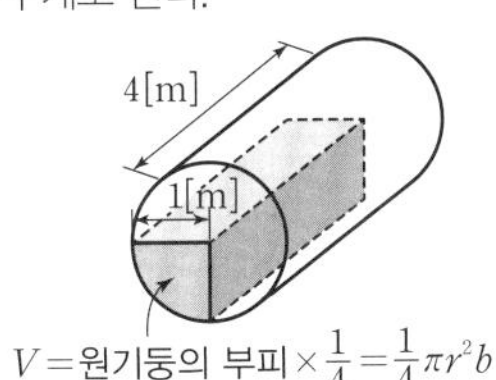

V=원기둥의 부피$\times\frac{1}{4}=\frac{1}{4}\pi r^2 b$

$$V=\frac{1}{4}\times\pi r^2\times 4=\pi$$

$$F_V=9,800\times\pi$$
$$\fallingdotseq 30,787[\mathrm{N}]$$

정답 | ③

37 빈출도 ★★

다음 단위 중 3가지는 동일한 단위이고 나머지 하나는 다른 단위이다. 이 중 동일한 단위가 아닌 것은?

① [J] ② [N · s]
③ [Pa · m³] ④ [kg · m²/s²]

해설

에너지의 단위는 [J]=[kg · m/s²]=[N · m]=[Pa · m³]=[kg · m²/s²]이고, 에너지의 차원은 ML^2T^{-2}이다.

정답 | ②

38 빈출도 ★★★

전양정이 60[m], 유량이 6[m³/min], 효율이 60[%]인 펌프를 작동시키는 데 필요한 동력[kW]는?

① 44 ② 60
③ 98 ④ 117

해설

$$P=\frac{\gamma QH}{\eta}$$

P: 축동력[kW], γ: 유체의 비중량[kN/m³],
Q: 유량[m³/s], H: 전양정[m], η: 효율

유체는 물이므로 물의 비중량은 9.8[kN/m³]이다.
펌프의 토출량이 6[m³/min]이므로 단위를 변환하면 $\frac{6}{60}$[m³/s]이다.
주어진 조건을 공식에 대입하면 펌프를 작동시키는 데 필요한 동력 P는

$$P=\frac{9.8\times\frac{6}{60}\times 60}{0.6}=98[\mathrm{kW}]$$

정답 | ③

2019년 4회

39 빈출도 ★★★

지름이 150[mm]인 원관에 비중이 0.85, 동점성계수가 1.33×10^{-4}[m²/s], 기름이 0.01[m³/s]의 유량으로 흐르고 있다. 이때 관 마찰계수는? (단, 임계 레이놀즈 수는 2,100이다.)

① 0.10 ② 0.14
③ 0.18 ④ 0.22

해설

유체의 흐름을 판단하기 위해 레이놀즈 수를 계산해보면 다음과 같다.

$$Re=\frac{\rho uD}{\mu}=\frac{uD}{\nu}$$

Re: 레이놀즈 수, ρ: 밀도[kg/m³], u: 유속[m/s], D: 직경[m], μ: 점성계수(점도)[kg/m · s], ν: 동점성계수(동점도)[m²/s]

부피유량 공식 $Q=Au$에 의해 유량과 배관의 직경 D를 알면 유속은 다음과 같이 구할 수 있다.

$$u=\frac{Q}{A}=\frac{Q}{\frac{\pi}{4}D^2}=\frac{4Q}{\pi D^2}$$

u: 유속[m/s], Q: 유량[m³/s], A: 배관의 단면적[m²], D: 배관의 직경[m]

$$Re=\frac{uD}{\nu}=\frac{4Q}{\pi D^2}\times\frac{D}{\nu}$$
$$=\frac{4\times0.01}{\pi\times0.15^2}\times\frac{0.15}{1.33\times10^{-4}}\fallingdotseq638.22$$

레이놀즈 수가 2,100 이하이므로 유체의 흐름은 층류이다.

층류일 때 마찰계수 f는 $\frac{64}{Re}$이므로 마찰계수 f는

$$f=\frac{64}{Re}=\frac{64}{638.22}\fallingdotseq0.1$$

정답 | ①

40 빈출도 ★★

검사체적(control volume)에 대한 운동량 방정식(momentum equation)과 가장 관계가 깊은 법칙은?

① 열역학 제2법칙
② 질량보존의 법칙
③ 에너지보존의 법칙
④ 뉴턴(Newton)의 법칙

해설

운동량 방정식은 뉴턴의 제2법칙인 가속도의 법칙으로 설명된다.

정답 | ④

소방관계법규

41 빈출도 ★★

소방기본법상 소방대의 구성원에 속하지 않는 자는?

① 소방공무원법에 따른 소방공무원
② 의용소방대 설치 및 운영에 관한 법률에 따른 의용소방대원
③ 위험물안전관리법에 따른 자체소방대원
④ 의무소방대설치법에 따라 임용된 의무소방원

해설

소방대의 조직구성원
㉠ 소방공무원
㉡ 의무소방원
㉢ 의용소방대원

정답 | ③

42 빈출도 ★★

소방안전관리자 및 소방안전관리보조자에 대한 실무교육의 교육대상, 교육일정 등 실무교육에 필요한 계획을 수립하여 실시하는 자로 옳은 것은?

① 한국소방안전원장　　② 소방본부장
③ 소방청장　　④ 시 · 도지사

해설

소방청장은 실무교육의 대상 · 일정 · 횟수 등을 포함한 실무교육의 실시 계획을 매년 수립 · 시행해야 한다.

정답 | ③

43 빈출도 ★★

소방시설 설치 및 관리에 관한 법률상 분말형태의 소화약제를 사용하는 소화기의 내용연수로 옳은 것은? (단, 소방용품의 성능을 확인받아 그 사용기한을 연장하는 경우는 제외한다.)

① 3년　　② 5년
③ 7년　　④ 10년

해설

분말형태의 소화약제를 사용하는 소화기의 내용연수는 10년이다.

정답 | ④

44 빈출도 ★★

항공기격납고는 특정소방대상물 중 어느 시설에 해당하는가?

① 위험물 저장 및 처리 시설
② 항공기 및 자동차 관련 시설
③ 창고시설
④ 업무시설

해설

항공기격납고는 특정소방대상물 중 항공기 및 자동차 관련 시설에 해당한다.

정답 | ②

45 빈출도 ★★

소방대상물의 방염 등과 관련하여 방염성능기준은 무엇으로 정하는가?

① 대통령령　　② 행정안전부령
③ 소방청훈령　　④ 소방청예규

해설

방염성능기준은 대통령령으로 정한다.

관련개념 **방염규정 및 소관 법령**

규정	소관 법령
방염성능기준	대통령령
방염성능검사의 방법과 합격 표시	행정안전부령

정답 | ①

46 빈출도 ★★

위험물안전관리법령상 제조소등이 아닌 장소에서 지정수량 이상의 위험물을 취급할 수 있는 기준 중 다음 (　　) 안에 알맞은 것은?

> 시 · 도의 조례가 정하는 바에 따라 관할 소방서장의 승인을 받아 지정수량 이상의 위험물을 (　　)일 이내의 기간 동안 임시로 저장 또는 취급하는 경우

① 15　　② 30
③ 60　　④ 90

해설

시 · 도의 조례가 정하는 바에 따라 관할 소방서장의 승인을 받아 지정수량 이상의 위험물을 **90일** 이내의 기간 동안 임시로 저장 또는 취급하는 경우 제조소 등이 아닌 장소에서 지정수량 이상의 위험물을 취급할 수 있다.

정답 | ④

47 빈출도 ★★

위험물안전관리법령상 제조소등의 관계인은 위험물의 안전관리에 관한 직무를 수행하게 하기 위하여 제조소등마다 위험물의 취급에 관한 자격이 있는 자를 위험물안전관리자로 선임하여야 한다. 이 경우 제조소등의 관계인이 지켜야 할 기준으로 틀린 것은?

① 제조소등의 관계인은 안전관리자를 해임하거나 안전관리자가 퇴직한 때에는 해임하거나 퇴직한 날부터 15일 이내에 다시 안전관리자를 선임하여야 한다.
② 제조소등의 관계인이 안전관리자를 선임한 경우에는 선임한 날부터 14일 이내에 소방본부장 또는 소방 서장에게 신고하여야 한다.
③ 제조소등의 관계인은 안전관리자가 여행 · 질병 그 밖의 사유로 인하여 일시적으로 직무를 수행할 수 없는 경우에는 국가기술자격법에 따른 위험물의 취급에 관한 자격취득자 또는 위험물안전에 관한 기본 지식과 경험이 있는 자를 대리자로 지정하여 그 직무를 대행하게 하여야 한다. 이 경우 대행하는 기간은 30일을 초과할 수 없다.
④ 안전관리자는 위험물을 취급하는 작업을 하는 때에는 작업자에게 안전관리에 관한 필요한 지시를 하는 등 위험물의 취급에 관한 안전관리와 감독을 하여야 하고, 제조소등의 관계인은 안전관리자의 위험물 안전관리에 관한 의견을 존중하고 그 권고에 따라야 한다.

해설

제조소등의 관계인은 안전관리자를 해임하거나 안전관리자가 퇴직한 때에는 해임하거나 퇴직한 날부터 **30일** 이내에 다시 안전관리자를 선임하고 14일 이내에 소방본부장 또는 소방서장에게 신고하여야 한다.

정답 | ①

48 빈출도 ★★

다음 중 상주 공사감리를 하여야 할 대상의 기준으로 옳은 것은?

① 지하층을 포함한 층수가 16층 이상으로서 300세대 이상인 아파트에 대한 소방시설의 공사
② 지하층을 포함한 층수가 16층 이상으로서 500세대 이상인 아파트에 대한 소방시설의 공사
③ 지하층을 포함하지 않은 층수가 16층 이상으로서 300세대 이상인 아파트에 대한 소방시설의 공사
④ 지하층을 포함하지 않은 층수가 16층 이상으로서 500세대 이상인 아파트에 대한 소방시설의 공사

해설

지하층을 포함한 층수가 16층 이상으로서 500세대 이상인 아파트에 대한 소방시설의 공사는 상주 공사감리 대상이다.

관련개념 상주 공사감리 대상

㉠ 연면적 30,000[m^2] 이상의 특정소방대상물(아파트 제외)에 대한 소방시설의 공사
㉡ 지하층을 포함한 층수가 16층 이상으로서 500세대 이상인 아파트에 대한 소방시설의 공사

정답 | ②

49 빈출도 ★★★

화재의 예방 및 안전관리에 관한 법률상 소방대상물의 개수·이전·제거, 사용의 금지 또는 제한, 사용폐쇄, 공사의 정지 또는 중지, 그 밖의 필요한 조치로 인하여 손실을 받은 자가 손실보상 청구서에 첨부하여야 하는 서류로 틀린 것은?

① 손실보상 합의서
② 손실을 증명할 수 있는 사진
③ 손실을 증명할 수 있는 증빙자료
④ 소방대상물의 관계인임을 증명할 수 있는 서류(건축물대장 제외)

해설

손실보상 합의서는 손실보상 청구서에 첨부하여야 하는 서류가 아니다.

관련개념 손실보상 청구 시 제출 서류

㉠ 소방대상물의 관계인임을 증명할 수 있는 서류(건축물대장 제외)
㉡ 손실을 증명할 수 있는 사진 및 그 밖의 증빙자료

정답 | ①

50 빈출도 ★★★

제6류 위험물에 속하지 않는 것은?

① 질산
② 과산화수소
③ 과염소산
④ 과염소산염류

해설

과염소산염류는 제1류 위험물로 제6류 위험물에 속하지 않는다.

관련개념 제6류 위험물 및 지정수량

위험물	품명	지정수량
산화성액체 (제6류)	과염소산	300[kg]
	과산화수소	
	질산	

정답 | ④

51 빈출도 ★

화재의 예방 및 안전관리에 관한 법률상 소방청장, 소방본부장 또는 소방서장은 관할구역에 있는 소방대상물에 대하여 화재안전조사를 실시할 수 있다. 화재안전조사 대상과 거리가 먼 것은? (단, 개인 주거에 대하여는 관계인의 승낙한 경우이다.)

① 화재예방강화지구에 대한 화재안전조사 등 다른 법률에서 화재안전조사를 실시하도록 한 경우
② 관계인이 법령에 따라 실시하는 소방시설등, 방화시설, 피난시설 등에 대한 자체점검 등이 불성실하거나 불완전하다고 인정되는 경우
③ 화재가 발생할 우려는 없으나 소방대상물의 정기점검이 필요한 경우
④ 국가적 행사 등 주요행사가 개최되는 장소에 대하여 소방안전관리 실태를 점검할 필요가 있는 경우

해설

화재가 발생할 우려는 없으나 소방대상물의 정기점검이 필요한 경우는 화재안전조사 대상이 아니다.

관련개념 화재안전조사 대상

㉠ 자체점검이 불성실하거나 불완전하다고 인정되는 경우
㉡ 화재예방강화지구 등 법령에서 화재안전조사를 하도록 규정되어 있는 경우
㉢ 화재예방안전진단이 불성실하거나 불완전하다고 인정되는 경우
㉣ 국가적 행사 등 주요 행사가 개최되는 장소 및 그 주변의 관계지역에 대하여 소방안전관리 실태를 조사할 필요가 있는 경우
㉤ 화재가 자주 발생하였거나 발생할 우려가 뚜렷한 곳에 대한 조사가 필요한 경우
㉥ 재난예측정보, 기상예보 등을 분석한 결과 소방대상물에 화재의 발생 위험이 크다고 판단되는 경우
㉦ 그 밖의 긴급한 상황이 발생할 경우 인명 또는 재산 피해의 우려가 현저하다고 판단되는 경우

정답 | ③

52 빈출도 ★★

소방본부장 또는 소방서장은 화재예방강화지구 안의 관계인에 대하여 소방상 필요한 훈련 및 교육은 연 몇 회 이상 실시할 수 있는가?

① 1　　② 2
③ 3　　④ 4

해설

소방관서장은 화재예방강화지구 안의 관계인에 대하여 소방에 필요한 훈련 및 교육을 연 1회 이상 실시할 수 있다.

정답 | ①

53 빈출도 ★★★

소방시설 설치 및 관리에 관한 법률상 소방시설등의 자체점검 시 점검인력 배치기준 중 종합점검에 대한 점검인력 1단위가 하루 동안 점검할 수 있는 특정소방대상물의 연면적 기준으로 옳은 것은?

① 3,500[m^2]　　② 7,000[m^2]
③ 8,000[m^2]　　④ 12,000[m^2]

해설

종합점검 시 보조인력이 없는 경우 점검인력 1단위가 하루 동안 점검할 수 있는 면적은 8,000[m^2]이다.

관련개념 점검한도 면적

구분	점검한도 면적	보조인력 추가 시
종합점검	8,000[m^2]	보조인력 1명 추가 시 점검한도 면적 2,000[m^2] 증가
작동점검	10,000[m^2]	보조인력 1명 추가 시 점검한도 면적 2,500[m^2] 증가

정답 | ③

54 빈출도 ★

다음 중 한국소방안전원의 업무에 해당하지 않는 것은?

① 소방용 기계 · 기구의 형식승인
② 소방업무에 관하여 행정기관이 위탁하는 업무
③ 화재 예방과 안전관리의식 고취를 위한 대국민 홍보
④ 소방기술과 안전관리에 관한 교육, 조사 · 연구 및 각종 간행물 발간

해설

소방용 기계 · 기구의 형식승인은 **한국소방산업기술원**의 업무로 한국소방안전원의 업무가 아니다.

관련개념 **한국소방안전원의 업무**

㉠ 소방기술과 안전관리에 관한 교육 및 조사 · 연구
㉡ 소방기술과 안전관리에 관한 각종 간행물 발간
㉢ 화재 예방과 안전관리의식 고취를 위한 대국민 홍보
㉣ 소방업무에 관하여 행정기관이 위탁하는 업무
㉤ 소방안전에 관한 국제협력
㉥ 그 밖에 회원에 대한 기술지원 등 정관으로 정하는 사항

정답 | ①

55 빈출도 ★

소방기본법령상 국고보조 대상사업의 범위 중 소방활동장비와 설비에 해당하지 않는 것은?

① 소방자동차
② 소방헬리콥터 및 소방정
③ 소화용수설비 및 피난구조설비
④ 방화복 등 소방활동에 필요한 소방장비

해설

소화용수설비 및 피난구조설비는 국고보조 대상사업에 해당하지 않는다.

관련개념 **국고보조 대상사업의 범위**

소방활동장비와 설비의 구입 및 설치	• 소방자동차 • 소방헬리콥터 및 소방정 • 소방전용통신설비 및 전산설비 • 그 밖에 방화복 등 소방활동에 필요한 소방장비
소방관서용 청사의 건축	–

정답 | ③

56 빈출도 ★★★

소방시설 설치 및 관리에 관한 법률상 간이스프링클러설비를 설치하여야 하는 특정소방대상물의 기준으로 옳은 것은?

① 근린생활시설로 사용하는 부분의 바닥면적 합계가 1,000[m^2] 이상인 것은 모든 층
② 교육연구시설 내에 있는 합숙소로서 연면적 500[m^2] 이상인 것
③ 정신병원과 의료재활시설을 제외한 요양병원으로 사용되는 바닥면적의 합계가 300[m^2] 이상 600[m^2] 미만인 시설
④ 정신의료기관 또는 의료재활시설로 사용되는 바닥면적의 합계가 600[m^2] 미만인 시설

해설

근린생활시설로 사용하는 부분의 바닥면적 합계가 1,000[m^2] 이상인 것은 모든 층에 간이스프링클러설비를 설치하여야 한다.

선지분석

② 교육연구시설 내에 있는 합숙소로서 연면적 **100[m^2]** 이상인 것
③ 정신병원과 의료재활시설을 제외한 요양병원으로 사용되는 바닥면적의 **합계가 600[m^2]** 미만인 시설
④ 정신의료기관 또는 의료재활시설로 사용되는 바닥면적의 합계가 **300[m^2] 이상 600[m^2]** 미만인 시설

정답 | ①

57 빈출도 ★★

제조소등의 위치·구조 또는 설비의 변경 없이 당해 제조소등에서 저장하거나 취급하는 위험물의 품명·수량 또는 지정수량의 배수를 변경하고자 할 때는 누구에게 신고해야 하는가?

① 국무총리　② 시·도지사
③ 관할소방서장　④ 행정안전부장관

해설

제조소등의 위치·구조 또는 설비의 변경 없이 당해 제조소등에서 저장하거나 취급하는 위험물의 품명·수량 또는 지정수량의 배수를 변경하고자 하는 자는 변경하고자 하는 날의 1일 전까지 행정안전부령이 정하는 바에 따라 **시·도지사**에게 신고하여야 한다.

정답 | ②

58 빈출도 ★★

화재의 예방 및 안전관리에 관한 법률상 정당한 사유 없이 화재안전조사 결과에 따른 조치명령을 위반한 자에 대한 벌칙으로 옳은 것은?

① 100만 원 이하의 벌금
② 300만 원 이하의 벌금
③ 1년 이하의 징역 또는 1천만 원 이하의 벌금
④ 3년 이하의 징역 또는 3천만 원 이하의 벌금

해설

정당한 사유 없이 화재안전조사 결과에 따른 조치명령을 위반한 자는 **3년 이하의 징역 또는 3천만 원 이하의 벌금**에 처한다.

정답 | ④

59 빈출도 ★★★

화재예방강화지구로 지정할 수 있는 대상이 아닌 것은?

① 시장지역
② 소방출동로가 있는 지역
③ 공장 · 창고가 밀집한 지역
④ 목조건물이 밀집한 지역

해설

소방출동로가 있는 지역은 화재예방강화지구의 지정대상이 아니다.

관련개념 **화재예방강화지구의 지정대상**

㉠ 시장지역
㉡ 공장 · 창고가 밀집한 지역
㉢ 목조건물이 밀집한 지역
㉣ 노후 · 불량건축물이 밀집한 지역
㉤ 위험물의 저장 및 처리 시설이 밀집한 지역
㉥ 석유화학제품을 생산하는 공장이 있는 지역
㉦ 산업단지
㉧ 소방시설 · 소방용수시설 또는 소방출동로가 없는 지역
㉨ 물류단지

정답 | ②

60 빈출도 ★★★

다음 조건을 참고하여 숙박시설이 있는 특정소방대상물의 수용인원 산정 수로 옳은 것은?

> 침대가 있는 숙박시설로서 1인용 침대의 수는 20개이고, 2인용 침대의 수는 10개이며, 종업원의 수는 3명이다.

① 33명 ② 40명
③ 43명 ④ 46명

해설

종사자 수+침대 수
=3+20(1인용 침대)+10(2인용 침대)×2
=43명

관련개념 **수용인원의 산정방법**

구분		산정방법
숙박시설	침대가 있는 숙박시설	종사자 수+침대 수(2인용 침대는 2개)
	침대가 없는 숙박시설	종사자 수+$\frac{\text{바닥면적의 합계}}{3[m^2]}$
강의실 · 교무실 · 상담실 · 실습실 · 휴게실 용도로 쓰이는 특정소방대상물		$\frac{\text{바닥면적의 합계}}{1.9[m^2]}$
강당, 문화 및 집회시설, 운동시설, 종교시설		$\frac{\text{바닥면적의 합계}}{4.6[m^2]}$
그 밖의 특정소방대상물		$\frac{\text{바닥면적의 합계}}{3[m^2]}$

* 계산 결과 소수점 이하의 수는 반올림한다.
* 복도(준불연재료 이상의 것), 화장실, 계단은 면적에서 제외한다.

정답 | ③

소방기계시설의 구조 및 원리

61 빈출도 ★★

이산화탄소 소화설비의 기동장치에 대한 기준으로 틀린 것은?

① 자동식 기동장치에는 수동으로도 기동할 수 있는 구조이어야 한다.

② 가스압력식 기동장치에서 기동용가스용기 및 해당 용기에 사용하는 밸브는 20[MPa] 이상의 압력에 견딜 수 있어야 한다.

③ 수동식 기동장치의 조작부는 바닥으로부터 높이 0.8[m] 이상 1.5[m] 이하의 위치에 설치한다.

④ 전기식 기동장치로서 7병 이상의 저장용기를 동시에 개방하는 설비는 2병 이상의 저장용기에 전자 개방밸브를 부착해야 한다.

해설

가스압력식 기동장치의 기동용 가스용기 및 해당 용기에 사용하는 밸브는 25[MPa] 이상의 압력에 견딜 수 있는 것으로 한다.

정답 | ②

62 빈출도 ★★★

천장의 기울기가 10분의 1을 초과할 경우에 가지관의 최상부에 설치되는 톱날지붕의 스프링클러헤드는 천장의 최상부로부터의 수직거리가 몇 [cm] 이하가 되도록 설치하여야 하는가?

① 50 ② 70
③ 90 ④ 120

해설

가지관의 최상부에 설치하는 스프링클러헤드는 천장의 최상부로부터 수직거리가 90[cm] 이하가 되도록 한다. 톱날지붕, 둥근지붕, 기타 이와 유사한 지붕의 경우에도 이와 같다.

관련개념 **가지관의 설치기준**

천장의 기울기가 $\frac{1}{10}$을 초과하는 경우에는 가지관을 천장의 마루와 평행하게 다음의 기준에 따라 설치한다.

㉠ 천장의 최상부에 스프링클러헤드를 설치하는 경우 최상부에 설치하는 스프링클러헤드의 반사판을 수평으로 설치한다.

㉡ 천장의 최상부를 중심으로 가지관을 서로 마주보게 설치하는 경우 최상부의 가지관 상호 간의 거리가 가지관 상의 스프링클러헤드 상호 간의 거리의 $\frac{1}{2}$ 이하(최소 1[m])가 되게 설치한다.

㉢ 가지관의 최상부에 설치하는 스프링클러헤드는 천장의 최상부로부터 수직거리가 90[cm] 이하가 되도록 한다. 톱날지붕, 둥근지붕, 기타 이와 유사한 지붕의 경우에도 이와 같다.

정답 | ③

63 빈출도 ★

주요구조부가 내화구조이고 건널 복도가 설치된 층의 피난기구 수의 설치 감소 방법으로 적합한 것은?

① 피난기구를 설치하지 아니할 수 있다.

② 피난기구의 수에서 $\frac{1}{2}$을 감소한 수로 한다.

③ 원래의 수에서 건널 복도 수를 더한 수로 한다.

④ 피난기구의 수에서 해당 건널 복도의 수의 2배의 수를 뺀 수로 한다.

해설

주요구조부가 내화구조이고 건널 복도가 설치된 층에는 피난기구의 수에서 건널 복도 수의 2배를 감소할 수 있다.

정답 | ④

64 빈출도 ★★

제연설비의 설치장소에 따른 제연구역의 구획 기준으로 틀린 것은?

① 거실과 통로는 각각 제연구획 할 것

② 하나의 제연구역의 면적은 600[m²] 이내로 할 것

③ 하나의 제연구역은 직경 60[m] 원내에 들어갈 수 있을 것

④ 하나의 제연구역은 2개 이상 층에 미치지 아니하도록 할 것

해설

하나의 제연구역의 면적은 1,000[m²] 이내로 한다.

관련개념 **제연구역의 구획기준**

㉠ 하나의 제연구역의 면적은 1,000[m²] 이내로 한다.
㉡ 거실과 통로(복도 포함)는 각각 제연구획 한다.
㉢ 통로상의 제연구역은 보행중심선의 길이가 60[m]를 초과하지 않는다.
㉣ 하나의 제연구역은 직경 60[m] 원 내에 들어갈 수 있어야 한다.
㉤ 하나의 제연구역은 2 이상의 층에 미치지 않도록 한다.
㉥ 층의 구분이 불분명한 부분은 그 부분을 다른 부분과 별도로 제연구획 한다.

정답 | ②

65 빈출도 ★★

물분무 소화설비의 가압송수장치로 압력수조의 필요 압력을 산출할 때 필요한 것이 아닌 것은?

① 낙차의 환산수두압

② 물분무헤드의 설계압력

③ 배관의 마찰손실 수두압

④ 소방용 호스의 마찰손실 수두압

해설

물분무 소화설비는 헤드를 통해 소화수가 방사되므로 소방용 호스의 마찰손실수두압은 계산하지 않는다.

관련개념 **압력수조를 이용한 가압송수장치의 설치기준**

㉠ 압력수조의 압력은 다음의 식에 따라 계산하여 나온 수치 이상 유지되도록 한다.

$$P=P_1+P_2+P_3$$

P: 필요한 압력[MPa], P_1: 물분무헤드의 설계압력[MPa], P_2: 배관의 마찰손실수두압[MPa], P_3: 낙차의 환산수두압[MPa]

㉡ 압력수조에는 수위계·급수관·배수관·급기관·맨홀·압력계·안전장치 및 압력저하 방지를 위한 자동식 공기압축기를 설치한다.

정답 | ④

66 빈출도 ★

주거용 주방자동소화장치의 설치기준으로 틀린 것은?

① 감지부는 형식승인 받은 유효한 높이 및 위치에 설치해야 한다.
② 소화약제 방출구는 환기구의 청소부분과 분리되어 있어야 한다.
③ 가스차단 장치는 상시 확인 및 점검이 가능하도록 설치해야 한다.
④ 탐지부는 수신부와 분리하여 설치하되, 공기보다 무거운 가스를 사용하는 장소에는 바닥면으로부터 0.2[m] 이하의 위치에 설치해야 한다.

해설

가스용 주방자동소화장치를 사용하는 경우 탐지부는 수신부와 분리하여 설치하되, 공기보다 가벼운 가스를 사용하는 경우 천장면으로부터 30[cm] 이하의 위치에 설치하고, 공기보다 무거운 가스를 사용하는 장소에는 바닥면으로부터 30[cm] 이하의 위치에 설치한다.

관련개념 **주거용 주방자동소화장치의 설치기준**

㉠ 소화약제 방출구는 환기구의 청소부분과 분리되어 있어야 한다.
㉡ 소화약제 방출구는 형식승인 받은 유효설치 높이 및 방호면적에 따라 설치한다.
㉢ 감지부는 형식승인 받은 유효한 높이 및 위치에 설치한다.
㉣ 차단장치(전기 또는 가스)는 상시 확인 및 점검이 가능하도록 설치한다.
㉤ 가스용 주방자동소화장치를 사용하는 경우 탐지부는 수신부와 분리하여 설치하되, 공기보다 가벼운 가스를 사용하는 경우 천장면으로부터 30[cm] 이하의 위치에 설치하고, 공기보다 무거운 가스를 사용하는 장소에는 바닥면으로부터 30[cm] 이하의 위치에 설치한다.
㉥ 수신부는 주위의 열기류 또는 습기 등과 주위온도에 영향을 받지 않고 사용자가 상시 볼 수 있는 장소에 설치한다.

정답 | ④

67 빈출도 ★★

물분무 소화설비의 소화작용이 아닌 것은?

① 부촉매작용 ② 냉각작용
③ 질식작용 ④ 희석작용

해설

부촉매작용은 연소의 요소 중 연쇄적 산화반응을 약화시켜 연소의 계속을 불가능하게 하는 화학적 소화방법이다.
부촉매작용을 하는 소화설비는 할론 소화설비, 할로겐화합물 소화설비 등이 있다.

정답 | ①

68 빈출도 ★★★

소화용수설비에서 소화수조의 소요수량이 20[m^2] 이상 40[m^2] 미만인 경우에 설치하여야 하는 채수구의 개수는?

① 1개 ② 2개
③ 3개 ④ 4개

해설

소요수량이 20[m^3] 이상 40[m^3] 미만인 경우 채수구의 수는 1개를 설치해야 한다.

관련개념 **채수구의 설치개수**

채수구는 다음의 표에 따른 소요수량에 따라 설치한다.

소요수량[m^3]	채수구의 수(개)
20 이상 40 미만	1
40 이상 100 미만	2
100 이상	3

정답 | ①

69 빈출도 ★★

분말 소화설비의 분말 소화약제 1[kg]당 저장용기의 내용적 기준으로 틀린 것은?

① 제1종 분말: 0.8[L]　② 제2종 분말: 1.0[L]
③ 제3종 분말: 1.0[L]　④ 제4종 분말: 1.8[L]

해설

제4종 분말 소화약제의 경우 소화약제 1[kg] 당 저장용기의 내용적 기준은 1.25[L]이다.

관련개념 **저장용기의 설치기준**

㉠ 저장용기의 내용적은 다음과 같다.

소화약제의 종류	소화약제 1[kg] 당 저장용기의 내용적
제1종 분말	0.8[L]
제2종 분말	1.0[L]
제3종 분말	1.0[L]
제4종 분말	1.25[L]

㉡ 저장용기에는 가압식의 경우 최고사용압력의 1.8배 이하, 축압식의 경우 내압시험압력의 0.8배 이하의 압력에서 작동하는 안전밸브를 설치한다.
㉢ 저장용기에는 저장용기의 내부압력이 설정압력으로 되었을 때 주밸브를 개방하는 정압작동장치를 설치한다.
㉣ 저장용기의 충전비는 0.8 이상으로 한다.
㉤ 저장용기 및 배관에는 잔류 소화약제를 처리할 수 있는 청소장치를 설치한다.
㉥ 축압식 저장용기에는 사용압력 범위를 표시한 지시압력계를 설치한다.

정답 | ④

70 빈출도 ★★★

다음은 상수도 소화용수설비의 설치기준에 관한 설명이다. (　) 안에 들어갈 내용으로 알맞은 것은?

> 호칭지름 75[mm] 이상의 수도배관에 호칭지름 (　)[mm] 이상의 소화전을 접속할 것

① 50　② 80
③ 100　④ 125

해설

호칭지름 75[mm] 이상의 수도배관에 호칭지름 100[mm] 이상의 소화전을 접속한다.

관련개념 **상수도 소화용수설비의 설치기준**

㉠ 호칭지름 75[mm] 이상의 수도배관에 호칭지름 100[mm] 이상의 소화전을 접속한다.
㉡ 소화전은 소방자동차 등의 진입이 쉬운 도로변 또는 공지에 설치한다.
㉢ 소화전은 특정소방대상물의 수평투영면의 각 부분으로부터 140[m] 이하가 되도록 설치한다.

정답 | ③

71 빈출도 ★★

특별피난계단의 계단실 및 부속실 제연설비의 화재안전성능기준(NFPC 501A)에 대한 내용으로 틀린 것은?

① 제연구역과 옥내와의 사이에 유지하여야 하는 최소 차압은 40[Pa] 이상으로 하여야 한다.
② 제연설비가 가동되었을 경우 출입문의 개방에 필요한 힘은 110[N] 이상으로 하여야 한다.
③ 계단실과 부속실을 동시에 제연하는 경우 부속실의 기압은 계단실과 같게 하거나 부속실과 계단실의 압력차이가 5[Pa] 이하가 되도록 하여야 한다.
④ 계단실 및 그 부속실을 동시에 제연하거나 또는 계단실만 단독으로 제연할 때의 방연풍속은 0.5[m/s] 이상이어야 한다.

해설

출입문 개방에 필요한 힘은 110[N] 이하로 한다.
기준 이상의 힘이 필요하도록 설계하면 화재 시 탈출할 수 없는 경우가 생길 수 있으므로 기준 이하의 힘이 필요하도록 설계해야 한다.

관련개념 방연풍속

방연풍속은 다음의 표에 따른 기준 이상으로 한다.

제연구역		방연풍속
계단실 및 그 부속실을 동시에 제연하는 것 또는 계단실만 단독으로 제연하는 것		0.5[m/s] 이상
부속실만 단독으로 제연하는 것 또는 비상용승강기의 승강장만 단독으로 제연하는 것	부속실 또는 승강장이 면하는 옥내가 거실인 경우	0.7[m/s] 이상
	부속실 또는 승강장이 면하는 옥내가 복도로서 그 구조가 방화구조(내화시간이 30분 이상인 구조를 포함)인 것	0.5[m/s] 이상

정답 | ②

72 빈출도 ★★

스프링클러설비의 가압송수장치의 정격토출압력은 하나의 헤드선단에 얼마의 방수압력이 될 수 있는 크기이어야 하는가?

① 0.01[MPa] 이상 0.05[MPa] 이하
② 0.1[MPa] 이상 1.2[MPa] 이하
③ 1.5[MPa] 이상 2.0[MPa] 이하
④ 2.5[MPa] 이상 3.3[MPa] 이하

해설

정격토출압력은 하나의 헤드선단에 0.1[MPa] 이상 1.2[MPa] 이하의 방수압력이 될 수 있게 한다.

정답 | ②

73 빈출도 ★★★

스프링클러설비의 교차배관에서 분기되는 지점을 기점으로 한쪽 가지배관에 설치되는 헤드는 몇 개 이하로 설치하여야 하는가? (단, 수리학적 배관방식의 경우는 제외한다.)

① 8
② 10
③ 12
④ 18

해설

교차배관에서 분기되는 지점을 기점으로 한 쪽 가지배관에 설치되는 헤드의 개수는 8개 이하로 한다.

관련개념 가지배관의 설치기준

가지배관의 배열은 다음의 기준에 따라 설치한다.
㉠ 토너먼트 배관방식이 아니어야 한다.
㉡ 교차배관에서 분기되는 지점을 기점으로 한 쪽 가지배관에 설치되는 헤드의 개수는 8개 이하로 한다.
㉢ 가지배관과 헤드 사이의 배관을 신축배관으로 하는 경우 소방청장이 정하여 고시한 기준에 적합한 것으로 설치한다.

정답 | ①

74 빈출도 ★

지상으로부터 높이 30[m]가 되는 창문에서 구조대용 유도 로프의 모래주머니를 자연낙하 시킨 경우 지상에 도달할 때까지 걸리는 시간(초)은?

① 2.5　　② 5
③ 7.5　　④ 10

해설

자유낙하 운동에서 초기상태로부터 이동한 거리와 걸린 시간은 다음의 관계식으로 나타낼 수 있다.

$$h=\frac{1}{2}gt^2$$

h: 이동한 거리[m], g: 중력가속도[m/s²], t: 걸린 시간[s]

주어진 조건을 관계식에 대입하면

$30=\frac{1}{2}\times 9.8\times t^2$

모래주머니가 30[m]를 이동하는데 걸린 시간 t는

$\sqrt{\frac{30\times 2}{9.8}}\fallingdotseq 2.47$[s]

정답 ①

75 빈출도 ★★

포 소화설비의 자동식 기동장치에서 폐쇄형 스프링클러 헤드를 사용하는 경우의 설치기준에 대한 설명이다. ㉠~㉢의 내용으로 옳은 것은?

> – 표시온도가 (㉠)[℃] 미만인 것을 사용하고, 1개의 스프링클러 헤드의 경계면적은 (㉡)[m²] 이하로 할 것
> – 부착면의 높이는 바닥으로부터 (㉢)[m] 이하로 하고, 화재를 유효하게 감지할 수 있도록 할 것

① ㉠ 68　㉡ 20　㉢ 5
② ㉠ 68　㉡ 30　㉢ 7
③ ㉠ 79　㉡ 20　㉢ 5
④ ㉠ 79　㉡ 30　㉢ 7

해설

표시온도가 79[℃] 미만인 것을 사용하고, 1개의 스프링클러 헤드의 경계면적은 20[m²] 이하로 한다.
부착면의 높이는 바닥으로부터 5[m] 이하로 하고, 화재를 유효하게 감지할 수 있도록 한다.

관련개념 자동식 기동장치의 설치기준

폐쇄형 스프링클러 헤드를 사용하는 경우에는 다음의 기준에 따라 설치한다.

㉠ 표시온도가 79[℃] 미만인 것을 사용하고, 1개의 스프링클러 헤드의 경계면적은 20[m²] 이하로 한다.
㉡ 부착면의 높이는 바닥으로부터 5[m] 이하로 하고, 화재를 유효하게 감지할 수 있도록 한다.
㉢ 하나의 감지장치 경계구역은 하나의 층이 되도록 한다.

정답 ③

76 빈출도 ★

다음은 포 소화설비에서 배관 등 설치기준에 관한 내용이다. ㉠~㉢ 안에 들어갈 내용으로 옳은 것은?

> – 송수구는 구경 65[mm]의 쌍구형으로 하고, 지면으로부터 높이가 0.5[m] 이상 (㉠)[m] 이하의 위치에 설치한다.
> – 펌프의 성능은 체절운전 시 정격토출압력의 (㉡)[%]를 초과하지 아니하고, 정격토출량의 150[%]로 운전 시 정격토출압력의 (㉢)[%] 이상이 되어야 한다.

① ㉠ 1.2 ㉡ 120 ㉢ 65
② ㉠ 1.2 ㉡ 120 ㉢ 75
③ ㉠ 1 ㉡ 140 ㉢ 65
④ ㉠ 1 ㉡ 140 ㉢ 75

해설

송수구는 구경 65[mm]의 쌍구형으로 하고, 지면으로부터 높이가 0.5[m] 이상 1[m] 이하의 위치에 설치한다.
펌프의 성능은 체절운전 시 정격토출압력의 140[%]를 초과하지 않고, 정격토출량의 150[%]로 운전 시 정격토출압력의 65[%] 이상이 되어야 한다.

정답 | ③

77 빈출도 ★★

옥내소화전이 하나의 층에는 6개, 또 다른 층에는 3개, 나머지 모든 층에는 4개씩 설치되어 있다. 수원의 최소 수량[m^3] 기준은?

① 5.2 ② 10.4
③ 13 ④ 15.6

해설

옥내소화전의 설치개수가 가장 많은 층의 설치개수는 6개이지만 최대 설치개수는 2개이므로 2개로 간주하고, 기준량은 2.6[m^3]이므로 수원의 최소 수량[m^3]은

$2\times 2.6[m^3]=5.2[m^3]$이다.

특별한 조건이 없는 한 29층 이하로 간주한다.

관련개념 저수량의 산정기준

수원의 저수량은 옥내소화전의 설치개수가 가장 많은 층의 설치개수에 기준량을 곱한 양 이상이 되도록 한다.

층수	최대 설치개수	기준량
~29층	2개	2.6[m^3]
30층~49층	5개	5.2[m^3]
50층~	5개	7.8[m^3]

정답 | ①

78 빈출도 ★★

스프링클러설비의 누수로 인한 유수검지장치의 오작동을 방지하기 위한 목적으로 설치하는 것은?

① 솔레노이드 밸브 ② 리타딩 챔버
③ 물올림 장치 ④ 성능시험배관

해설

리타딩 챔버는 순간적인 압력변화를 완충하여 압력스위치의 작동을 방지하며 이로 인한 누수를 외부로 배출시켜 유수검지장치(자동경보밸브)의 오작동을 방지한다.

정답 | ②

79 빈출도 ★★

전역방출방식 분말 소화설비에서 방호구역의 개구부에 자동폐쇄장치를 설치하지 아니한 경우, 개구부의 면적 1[m²]에 대한 분말 소화약제의 가산량으로 잘못 연결된 것은?

① 제1종 분말 – 4.5[kg]
② 제2종 분말 – 2.7[kg]
③ 제3종 분말 – 2.5[kg]
④ 제4종 분말 – 1.8[kg]

해설

전역방출방식 제3종 분말 소화약제의 기준량은 방호구역의 체적 1[m³]마다 0.36[kg], 방호구역의 개구부 1[m²]마다 2.7[kg]이다.

관련개념 전역방출방식 분말 소화약제 저장량의 최소기준

소화약제의 종류	소화약제의 양 [kg/m³]	개구부 가산량 [kg/m²]
제1종 분말	0.60	4.5
제2종 분말	0.36	2.7
제3종 분말	0.36	2.7
제4종 분말	0.24	1.8

정답 | ③

80 빈출도 ★★

체적 100[m³]의 면화류 창고에 전역방출방식의 이산화탄소 소화설비를 설치하는 경우에 소화약제는 몇 [kg] 이상 저장하여야 하는가? (단, 방호구역의 개구부에 자동폐쇄장치가 부착되어 있다.)

① 12 ② 27
③ 120 ④ 270

해설

소화약제의 저장량은 방호구역의 체적과 개구부의 면적에 따라 산출한 값의 합으로 한다.
면화류 창고는 방호구역 체적 1[m³] 당 2.7[kg/m³]의 소화약제가 필요하므로

$100[m^3] \times 2.7[kg/m^3] = 270[kg]$

심부화재의 경우 자동폐쇄장치가 없는 방호구역의 개구부 1[m²] 당 10[kg/m²]의 소화약제가 필요하므로 자동폐쇄장치가 있는 경우 가산하지 않는다.

관련개념 심부화재 전역방출방식의 소화약제 저장량

심부화재 전역방출방식의 경우 소화약제의 저장량은 방호구역의 체적과 개구부의 면적에 따라 산출한 값의 합으로 한다.

㉠ 방호구역의 체적 1[m³]마다 다음의 기준에 따른 양. 불연재료나 내열성의 재료로 밀폐된 구조물이 있는 경우 그 체적은 제외한다.

방호대상물	소화약제의 양 [kg/m³]	설계농도 [%]
유압기기를 제외한 전기설비, 케이블실	1.3	50
체적 55[m³] 미만의 전기설비	1.6	50
서고, 전자제품창고, 목재가공품창고, 박물관	2.0	65
고무류·면화류 창고, 모피창고, 석탄창고, 집진설비	2.7	75

㉡ 방호구역의 개구부(창문·출입구) 1[m²]마다 10[kg]을 가산해야 한다.(자동폐쇄장치가 없는 경우 限) 개구부의 면적은 방호구역 전체 표면적의 3[%] 이하로 한다.

정답 | ④

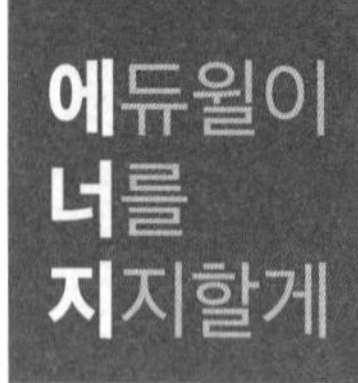

ENERGY

우리의 모든 꿈은 이루어질 것이다.
그것들을 믿고 나아갈 용기만 있다면

– 월트 디즈니(Walt Disney)

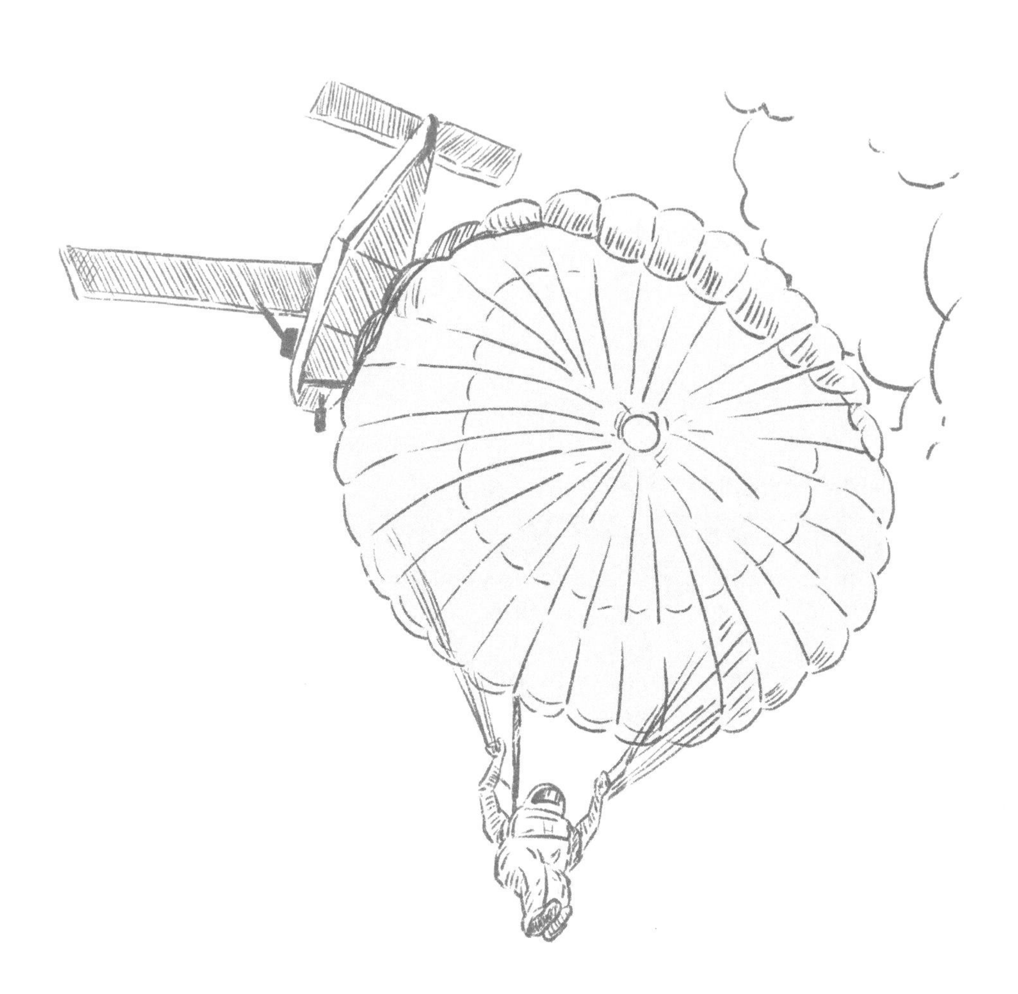

2018년 1회 기출문제

■ 1회독 ■ 2회독 ■ 3회독

소방원론

01 빈출도 ★★★

다음의 가연성 물질 중 위험도가 가장 높은 것은?

① 수소 ② 에틸렌
③ 아세틸렌 ④ 이황화탄소

해설

이황화탄소(CS_2)의 위험도가 $\frac{44-1.2}{1.2}$≒35.7로 가장 높다.

관련개념 **주요 가연성 가스의 연소범위와 위험도**

가연성 가스	하한계 [vol%]	상한계 [vol%]	위험도
아세틸렌(C_2H_2)	2.5	81	31.4
수소(H_2)	4	75	17.8
일산화탄소(CO)	12.5	74	4.9
에테르($C_2H_5OC_2H_5$)	1.9	48	24.3
이황화탄소(CS_2)	1.2	44	35.7
에틸렌(C_2H_4)	2.7	36	12.3
암모니아(NH_3)	15	28	0.9
메테인(CH_4)	5	15	2
에테인(C_2H_6)	3	12.4	3.1
프로페인(C_3H_8)	2.1	9.5	3.5
뷰테인(C_4H_{10})	1.8	8.4	3.7

정답 | ④

02 빈출도 ★

상온, 상압에서 액체인 물질은?

① CO_2 ② Halon 1301
③ Halon 1211 ④ Halon 2402

해설

상온, 상압에서 액체상태로 존재하는 물질은 할론 2402이다.

정답 | ④

03 빈출도 ★★

0[℃], 1[atm] 상태에서 뷰테인(C_4H_{10}) 1[mol]을 완전 연소시키기 위해 필요한 산소의 [mol] 수는?

① 2 ② 4
③ 5.5 ④ 6.5

해설

뷰테인의 연소반응식은 다음과 같다.
$C_4H_{10}+6.5O_2 \rightarrow 4CO_2+5H_2O$
뷰테인 1[mol]이 완전 연소하는 데 필요한 산소의 양은 6.5[mol]이다.

관련개념 **탄화수소의 연소반응식**

$$C_mH_n+\left(m+\frac{n}{4}\right)O_2 \rightarrow mCO_2+H_2O$$

정답 | ④

04 빈출도 ★★

다음 그림에서 목조 건물의 표준 화재 온도 시간 곡선으로 옳은 것은?

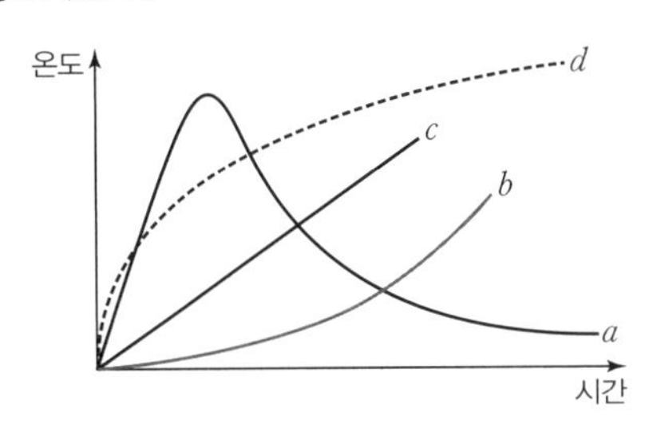

① a ② b

③ c ④ d

해설

목재의 열전도율은 콘크리트에 비해 작기 때문에 열이 축적되어 수분증발, 목재분해의 과정에서 더 높은 온도로 올라간다.
곡선 b는 실내건축물의 화재 온도 시간 곡선이다.

정답 | ①

05 빈출도 ★

포 소화약제가 갖추어야 할 조건이 아닌 것은?

① 부착성이 있을 것
② 유동성과 내열성이 있을 것
③ 응집성과 안정성이 있을 것
④ 소포성이 있고 기화가 용이할 것

해설

포 소화약제는 미세한 기포로 연소물의 표면을 덮어 공기를 차단(질식효과)하며 함께 사용한 물에 의한 냉각효과로 화재를 진압한다. 따라서 거품이 꺼지는 성질(소포성)은 없을수록, 기화는 어려울수록 좋다.

관련개념 포 소화약제의 구비조건

내열성	• 화염 및 화열에 대한 내력이 강해야 화재 시 포(Foam)가 파괴되지 않는다. • 발포 배율이 낮을수록 환원시간이 길수록 내열성이 우수하다.
내유성	• 포가 유류에 오염되어 파괴되지 않아야 한다. • 특히 표면하주입식의 경우는 포(Foam)가 유류에 오염될 경우 적용할 수 없다.
유동성	포가 연소하는 유면 위를 자유로이 유동하여 확산되어야 소화가 원활해진다.
점착성	포가 표면에 잘 흡착하여야 질식의 효과를 극대화시킬 수 있으며, 점착성이 불량할 경우 바람에 의하여 포가 날아가게 된다.

정답 | ④

06 빈출도 ★★

건축물 내 방화벽에 설치하는 출입문의 너비 및 높이의 기준은 각각 몇 [m] 이하인가?

① 2.5 ② 3.0
③ 3.5 ④ 4.0

해설

방화벽에 설치하는 출입문의 너비 및 높이는 각각 2.5[m] 이하로 하여야 한다.

관련개념 방화벽의 구조

㉠ 내화구조로서 홀로 설 수 있는 구조일 것
㉡ 방화벽의 양쪽 끝과 위쪽 끝을 건축물의 외벽면 및 지붕면으로부터 0.5[m] 이상 튀어 나오게 할 것
㉢ 방화벽에 설치하는 출입문의 너비 및 높이는 각각 2.5[m] 이하로 하고, 해당 출입문에는 60분+ 방화문 또는 60분 방화문을 설치할 것

정답 | ①

07 빈출도 ★

건축물의 바깥쪽에 설치하는 피난계단의 구조 기준 중 계단의 유효너비는 몇 [m] 이상으로 하여야 하는가?

① 0.6 ② 0.7
③ 0.8 ④ 0.9

해설

건축물의 바깥쪽에 설치하는 피난계단의 유효너비는 0.9[m] 이상으로 하여야 한다.

관련개념 건축물의 바깥쪽에 설치하는 피난계단의 구조

㉠ 계단은 그 계단으로 통하는 출입구 외의 창문 등(면적이 1[m^2] 이하인 것 제외)으로부터 2[m] 이상의 거리를 두고 설치할 것
㉡ 건축물의 내부에서 계단으로 통하는 출입구에는 60분+ 방화문 또는 60분 방화문을 설치할 것
㉢ 계단의 유효너비는 0.9[m] 이상으로 할 것
㉣ 계단은 내화구조로 하고 지상까지 직접 연결되도록 할 것

정답 | ④

08 빈출도 ★★

소화약제로 물을 사용하는 주된 이유는?

① 촉매역할을 하기 때문에
② 증발잠열이 크기 때문에
③ 연소작용을 하기 때문에
④ 제거작용을 하기 때문에

해설

얼음 · 물(H_2O)은 분자의 단순한 구조와 수소결합으로 인해 분자 간 결합이 강하므로 타 물질보다 비열, 융해잠열 및 증발잠열이 크다.

정답 | ②

09 빈출도 ★

MOC(Minimum Oxygen Concentration: 최소 산소 농도)가 가장 작은 물질은?

① 메테인　　② 에테인
③ 프로페인　　④ 뷰테인

해설

MOC(Minimum Oxygen Concentration)는 어떤 물질이 완전 연소하는 데 필요한 산소의 농도를 의미한다.

① 메테인의 연소반응식은 다음과 같다.
$CH_4+2O_2 \rightarrow CO_2+2H_2O$
메테인 1[mol]이 완전 연소하는 데 필요한 산소는 2[mol]이므로 메테인의 최소 산소 농도는 연소하한계인 5[vol%]에 비례하여 5[vol%]×2=10[vol%]이다.

② 에테인의 연소반응식은 다음과 같다.
$C_2H_6+3.5O_2 \rightarrow 2CO_2+3H_2O$
에테인 1[mol]이 완전 연소하는 데 필요한 산소는 3.5[mol]이므로 에테인의 최소 산소 농도는 연소하한계인 3[vol%]에 비례하여 3[vol%]×3.5=10.5[vol%]이다.

③ 프로페인의 연소반응식은 다음과 같다.
$C_3H_8+5O_2 \rightarrow 3CO_2+4H_2O$
프로페인 1[mol]이 완전 연소하는 데 필요한 산소는 5[mol]이므로 프로페인의 최소 산소 농도는 연소하한계인 2.1[vol%]에 비례하여 2.1[vol%]×5=10.5[vol%]이다.

④ 뷰테인의 연소반응식은 다음과 같다.
$C_4H_{10}+6.5O_2 \rightarrow 4CO_2+5H_2O$
뷰테인 1[mol]이 완전 연소하는 데 필요한 산소는 6.5[mol]이므로 뷰테인의 최소 산소 농도는 연소하한계인 1.8[vol%]에 비례하여 1.8[vol%]×6.5=11.7[vol%]이다.

관련개념 주요 가연성 가스의 연소범위와 위험도

가연성 가스	하한계 [vol%]	상한계 [vol%]	위험도
아세틸렌(C_2H_2)	2.5	81	31.4
수소(H_2)	4	75	17.8
일산화탄소(CO)	12.5	74	4.9
에테르($C_2H_5OC_2H_5$)	1.9	48	24.3
이황화탄소(CS_2)	1.2	44	35.7
에틸렌(C_2H_4)	2.7	36	12.3
암모니아(NH_3)	15	28	0.9
메테인(CH_4)	5	15	2
에테인(C_2H_6)	3	12.4	3.1
프로페인(C_3H_8)	2.1	9.5	3.5
뷰테인(C_4H_{10})	1.8	8.4	3.7

정답 | ①

10 빈출도 ★★

소화의 방법으로 틀린 것은?

① 가연성 물질을 제거한다.
② 불연성 가스의 공기 중 농도를 높인다.
③ 산소의 공급을 원활히 한다.
④ 가연성 물질을 냉각시킨다.

해설

산소의 공급을 차단시켜 소화하는 방법을 질식소화라고 한다. 산소의 공급을 원활히 하면 연소반응이 더욱 활성화되어 소화가 어려워진다.

관련개념 소화효과

㉠ 제거소화(제거효과): 화재현장 주위의 물체를 치우고 연료를 제거하여 소화하는 방법
㉡ 억제소화(부촉매효과): 화재의 연쇄반응을 차단하여 소화하는 방법
㉢ 질식소화(피복효과): 산소의 공급을 차단하여 소화하는 방법
㉣ 냉각소화(냉각효과): 연소하는 가연물의 온도를 인화점 아래로 떨어뜨려 소화하는 방법

정답 | ③

11 빈출도 ★★

다음 중 발화점이 가장 낮은 물질은?

① 휘발유 ② 이황화탄소
③ 적린 ④ 황린

해설

선지 중 황린의 발화점이 가장 낮다.

관련개념 물질의 발화점과 인화점

물질	발화점[℃]	인화점[℃]
프로필렌	497	−107
산화프로필렌	449	−37
가솔린	300	−43
이황화탄소	100	−30
아세톤	538	−18
메틸알코올	385	11
에틸알코올	423	13
벤젠	498	−11
톨루엔	480	4.4
등유	210	43~72
경유	200	50~70
적린	260	−
황린	30	20

정답 ④

12 빈출도 ★★★

탄화칼슘이 물과 반응 시 발생하는 가연성 가스는?

① 메테인 ② 포스핀
③ 아세틸렌 ④ 수소

해설

탄화칼슘(CaC_2)과 물(H_2O)이 반응하면 아세틸렌(C_2H_2)이 발생한다.

$CaC_2 + 2H_2O \rightarrow Ca(OH)_2 + C_2H_2 \uparrow$

정답 ③

13 빈출도 ★

수성막포 소화약제의 특성에 대한 설명으로 틀린 것은?

① 내열성이 우수하여 고온에서 수성막의 형성이 용이하다.
② 기름에 의한 오염이 적다.
③ 다른 소화약제와 병용하여 사용이 가능하다.
④ 불소계 계면활성제가 주성분이다.

해설

수성막포 소화약제는 내열성이 약해 윤화(Ring Fire) 현상이 일어날 수 있다.

관련개념 수성막포

구분	내용
성분	불소계 계면활성제가 주성분으로 탄화불소계 계면활성제의 소수기에 붙어있는 수소원자의 그 일부 또는 전부를 불소 원자로 치환한 계면활성제가 주체이다.
적응 화재	유류화재(B급 화재)
장점	• 초기 소화속도가 빠르다. • 분말 소화약제와 함께 소화작업을 할 수 있다. • 장기 보존이 가능하다. • 포 · 막의 차단효과로 재연방지에 효과가 있다.
단점	• 내열성이 약해 윤화(Ring Fire) 현상이 일어날 수 있다. • 표면장력이 적어 금속 및 페인트칠에 대한 부식성이 크다.

정답 ①

14 빈출도 ★★

Fourier법칙(전도)에 대한 설명으로 틀린 것은?

① 이동열량은 전열체의 단면적에 비례한다.
② 이동열량은 전열체의 두께에 비례한다.
③ 이동열량은 전열체의 열전도도에 비례한다.
④ 이동열량은 전열체 내 · 외부의 온도차에 비례한다.

해설

이동열량은 전열체의 두께에 반비례한다.

관련개념 푸리에의 전도법칙

$$Q=kA\frac{(T_2-T_1)}{l}$$

Q: 열전달량[W], k: 열전도율[W/m·℃], A: 열전달 부분 면적[m²], (T_2-T_1): 온도 차이[℃], l: 벽의 두께[m]

열전도(이동열량)는 열전도도(열전도 계수), 단면적, 온도차에 비례하고, 두께에 반비례한다.

정답 | ②

15 빈출도 ★★★

대두유가 침적된 기름걸레를 쓰레기통에 오래 방치한 결과 자연발화에 의해 화재가 발생한 경우 그 이유로 옳은 것은?

① 분해열 축적
② 산화열 축적
③ 흡착열 축적
④ 발효열 축적

해설

기름 속 지방산은 산소, 수분 등에 오래 노출시키게 되면 산화가 진행되며 산화열이 발생한다. 산화열을 충분히 배출하지 못하면 점점 축적되어 온도가 상승하게 되고, 기름의 발화점에 도달하면 자연발화가 일어난다.

정답 | ②

16 빈출도 ★★

분진 폭발의 위험성이 가장 낮은 것은?

① 알루미늄분
② 유황
③ 팽창질석
④ 소맥분

해설

팽창질석은 암석으로 연소반응이 일어나지 않는다. 따라서 연소 중인 가연물을 덮어 공기의 공급을 차단시키는 데 쓰인다.

정답 | ③

17 빈출도 ★★

1기압 상태에서, 100[℃]의 물 1[g]이 모두 기체로 변할 때 필요한 열량은 몇 [cal]인가?

① 429
② 499
③ 539
④ 639

해설

물의 기화(증발) 잠열은 539[cal/g]이다.

관련개념 기화(증발) 잠열

기화 시 액체가 기체로 변화하는 동안에는 온도가 상승하지 않고 일정하게 유지되는데, 이와 같이 온도의 변화 없이 어떤 물질의 상태를 변화시킬 때 필요한 열량을 잠열이라고 한다.

정답 | ③

18 빈출도 ★★★

pH9 정도의 물을 보호액으로 하여 보호액 속에 저장하는 물질은?

① 나트륨　② 탄화칼슘
③ 칼륨　④ 황린

해설

황린은 자연발화의 위험이 있으므로 보호액(물) 속에 저장해야 한다. 나머지 물질들은 물과 접촉 시 가연성 물질을 내어 놓는다.

선지분석

① $Na+2H_2O \rightarrow Na(OH)_2+H_2\uparrow$
② $CaC_2+2H_2O \rightarrow Ca(OH)_2+C_2H_2\uparrow$
③ $2K+2H_2O \rightarrow 2KOH+H_2\uparrow$

정답 | ④

19 빈출도 ★

「위험물안전관리법령」에서 정하는 위험물의 한계에 대한 정의로 틀린 것은?

① 유황은 순도가 60 중량퍼센트 이상인 것
② 인화성고체는 고형알코올 그 밖에 1기압에서 인화점이 섭씨 40도 미만인 고체
③ 과산화수소는 그 농도가 35 중량퍼센트 이상인 것
④ 제1석유류는 아세톤, 휘발유 그 밖에 1기압에서 인화점이 섭씨 21도 미만인 것

해설

과산화수소는 그 농도가 36[wt%] 이상인 것이다.

관련개념 「위험물안전관리법령」상 위험물

㉠ 황은 순도가 60[wt%] 이상인 것을 말하며, 순도측정을 하는 경우 불순물은 활석 등 불연성물질과 수분으로 한정한다.
㉡ 인화성고체는 고형알코올 그 밖에 1기압에서 인화점이 40[℃] 미만인 고체를 말한다.
㉢ 과산화수소는 그 농도가 36[wt%] 이상인 것에 한한다.
㉣ 제1석유류는 아세톤, 휘발유 그 밖에 1기압에서 인화점이 21[℃] 미만인 것을 말한다.

정답 | ③

20 빈출도 ★

고분자 재료와 열적 특성의 연결이 옳은 것은?

① 폴리염화비닐 수지 — 열가소성
② 페놀 수지 — 열가소성
③ 폴리에틸렌 수지 — 열경화성
④ 멜라민 수지 — 열가소성

해설

폴리염화비닐(PVC) 수지는 사슬구조로 이루어져 있어 열에 약하다.

관련개념 열가소성, 열경화성

㉠ 열가소성: 열을 가하면 분자 간 결합이 약해지면서 물질이 물러지는 성질
㉡ 열경화성: 열을 가할수록 단단해지는 성질

일반적으로 물질의 명칭이 '폴리—'로 이루어진 경우 열가소성인 경우가 많다.

정답 | ①

21 빈출도 ★

유속 6[m/s]로 정상류의 물이 화살표 방향으로 흐르는 배관에 압력계와 피토계가 설치되어 있다. 이때 압력계의 계기압력이 300[kPa]이었다면 피토계의 계기압력은 약 몇 [kPa]인가?

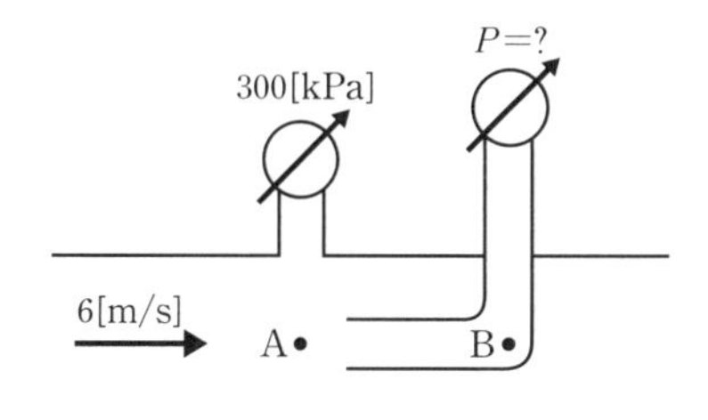

① 180　② 280
③ 318　④ 336

해설

$$u=\sqrt{2g\left(\frac{P_B-P_A}{\gamma_w}\right)}$$

u: 유속[m/s], g: 중력가속도[m/s²], P: 압력[kN/m²],
γ_w: 배관 유체의 비중량[kN/m³]

B점의 압력을 구하여야 하므로 공식을 변형하여 P_B에 관한 식으로 나타낸다.

$$P_B=P_A+\frac{u^2}{2g}\times\gamma_w$$

따라서 주어진 조건을 공식에 대입하면 B점의 압력 P_B는

$$P_B=300+\frac{6^2}{2\times9.8}\times9.8$$
$$=318[kPa]$$

정답 | ③

22 빈출도 ★★

관내에 흐르는 유체의 흐름을 구분하는데 사용되는 레이놀즈 수의 물리적인 의미는?

① $\frac{관성력}{중력}$　② $\frac{관성력}{탄성력}$
③ $\frac{관성력}{압축력}$　④ $\frac{관성력}{점성력}$

해설

레이놀즈 수는 유체의 관성력과 점성력의 비를 나타내는 수로 크기에 따라 클수록 난류, 작을수록 층류로 판단하는 척도가 된다.

$$Re=\frac{\rho uD}{\mu}=\frac{uD}{\nu}$$

Re: 레이놀즈 수, ρ: 밀도[kg/m³], u: 유속[m/s], D: 직경[m],
μ: 점성계수(점도)[kg/m·s], ν: 동점성계수(동점도)[m²/s]

정답 | ④

23 빈출도 ★★

정육면체의 그릇에 물을 가득 채울 때, 그릇 밑면이 받는 압력에 의한 수직방향 평균 힘의 크기를 P라고 하면, 한 측면이 받는 압력에 의한 수평방향 평균 힘의 크기는 얼마인가?

① $0.5P$　　② P
③ $2P$　　④ $4P$

해설

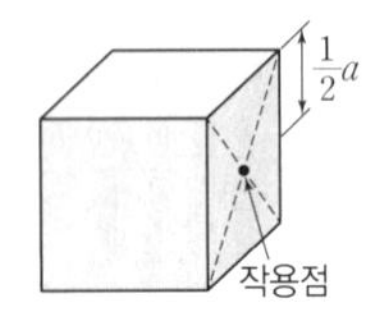

정육면체의 한 변의 길이가 a일 때, 수직 방향으로 작용하는 힘 F_v는 다음과 같다.

$$F = mg = \rho Vg = \gamma V$$

F: 수직 방향으로 작용하는 힘(수직분력)[N], m: 질량[kg], g: 중력가속도[m/s^2], ρ: 밀도[kg/m^3], V: 부피[m^3], γ: 유체의 비중량[N/m^3]

$$F_v = \gamma V = \gamma(a \times a \times a) = \gamma a^3 = P$$

수평 방향으로 작용하는 힘은 중심 높이로부터 표면까지의 높이 $\frac{a}{2}$에 작용하므로 F_h는

$$F = PA = \rho ghA = \gamma hA$$

F: 수평 방향으로 작용하는 힘(수평분력)[N], P: 압력[N/m^2], A: 정사영 면적[m^2], ρ: 밀도[kg/m^3], g: 중력가속도[m/s^2], h: 중심 높이로부터 표면까지의 높이[m], γ: 유체의 비중량[N/m^3]

$$F_h = \gamma hA = \gamma \times \frac{a}{2} \times (a \times a) = \frac{1}{2}\gamma a^3 = 0.5P$$

정답 | ①

24 빈출도 ★★

그림과 같이 수직 평판에 속도 2[m/s]로 단면적이 0.01[m^2]인 물제트가 수직으로 세워진 벽면에 충돌하고 있다. 벽면의 오른쪽에서 물제트를 왼쪽 방향으로 쏘아 벽면의 평형을 이루게 하려면 물제트의 속도를 약 몇 [m/s]로 하여야 하는가? (단, 오른쪽에서 쏘는 물제트의 단면적은 0.005[m^2]이다.)

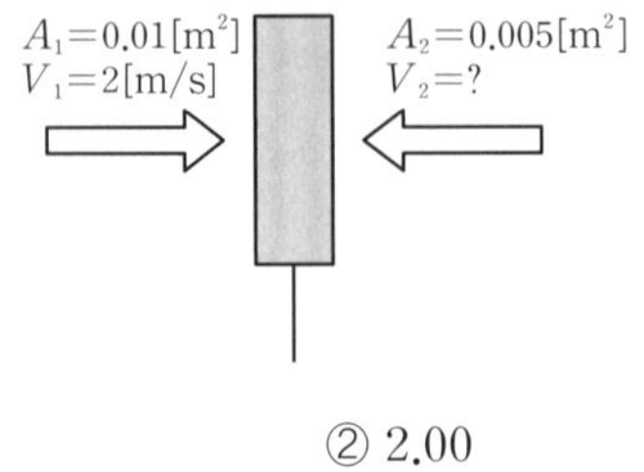

① 1.42　　② 2.00
③ 2.83　　④ 4.00

해설

수직 평판이 평형을 이루기 위해서는 수직 평판에 가해지는 외력의 합이 0이어야 한다. 따라서 초기 물제트와 같은 크기의 힘을 반대 방향으로 분사하면 외력의 합이 0이 된다.

$$F = \rho Au^2$$

F: 유체가 가지는 힘[N], ρ: 유체의 밀도[kg/m^3], A: 유체의 단면적[m^2], u: 유속[m/s]

초기 물제트가 가진 힘은 다음과 같다.

$F_1 = \rho \times 0.01 \times 2^2 = 0.04\rho$

반대 방향으로 쏘아주는 물제트가 가진 힘은 다음과 같다.

$F_2 = \rho \times 0.005 \times u^2$

따라서 반대 방향으로 쏘아주는 물제트의 유속은

$0.04\rho = 0.005\rho u^2$

$u = \sqrt{\frac{0.04}{0.005}} \fallingdotseq 2.83$[m/s]

정답 | ③

25 빈출도 ★★★

그림과 같은 사이펀에서 마찰손실을 무시할 때, 사이펀 끝단에서의 속도(V)가 4[m/s]이기 위해서는 h가 약 몇 [m]이어야 하는가?

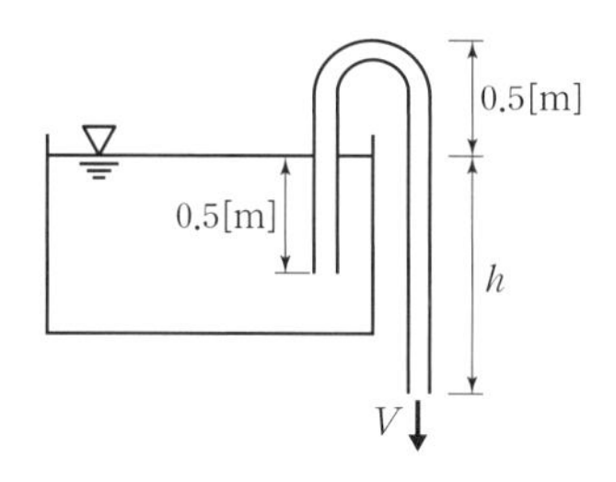

① 0.82[m] ② 0.77[m]

③ 0.72[m] ④ 0.87[m]

해설

수조의 표면에서 유체의 위치가 가지는 에너지는 사이펀의 출구에서 유속이 가지는 에너지로 변환되며 속도 u를 가지게 된다.

$$\frac{u^2}{2g}=Z$$

수조의 표면과 사이펀 출구의 높이 차이는 h[m]이므로

$$h=\frac{u^2}{2g}=\frac{4^2}{2\times 9.8}$$
$$\fallingdotseq 0.82[\text{m}]$$

정답 | ①

26 빈출도 ★★★

펌프에 의하여 유체에 실제로 주어지는 동력은? (단, L_w는 동력[kW], γ는 물의 비중량[N/m^3], Q는 토출량[m^3/min], H는 전양정[m], g는 중력가속도[m/s^2]이다.)

① $L_w=\frac{\gamma QH}{102\times 60}$ ② $L_w=\frac{\gamma QH}{1,000\times 60}$

③ $L_w=\frac{\gamma QHg}{102\times 60}$ ④ $L_w=\frac{\gamma QHg}{1,000\times 60}$

해설

펌프가 유체에 전달하여야 하는 에너지는 수동력이다.

$$P=\gamma QH$$

P: 수동력[kW], γ: 유체의 비중량[kN/m^3],
Q: 유량[m^3/s], H: 전양정[m]

[kW] 단위의 동력을 구하기 위해서는 유체의 비중량의 단위는 [kN/m^3], 유량의 단위는 [m^3/s]이어야 한다.

따라서 조건에서 주어진 물의 비중량 γ[N/m^3]는 $\frac{\gamma}{1,000}$[kN/m^3]으로 대입하여야 하고, 토출량 Q[m^3/min]은 $\frac{Q}{60}$[m^3/s]으로 대입하여야 한다.

$$P=\frac{\gamma QH}{1,000\times 60}$$

관련개념 **단위변환**

킬로(kilo, [k])는 10^3을 의미하는 단위 접두어로 단위에서 [k]를 빼는 대신 10^3을, [k]를 넣는 대신 10^{-3}을 곱해주면 된다.

Q의 단위가 [m^3/min]일 때 Q는 1분 동안의 양이므로 이를 1초 동안의 양인 [m^3/s]으로 변환하려면 Q보다 작은 $\frac{Q}{60}$이 되어야 한다.

정답 | ②

2018년 1회

27 빈출도 ★

성능이 같은 3대의 펌프를 병렬로 연결하였을 경우 양정과 유량은 얼마인가? (단, 펌프 1대에서 유량은 Q, 양정은 H라고 한다.)

① 유량은 $9Q$, 양정은 H
② 유량은 $9Q$, 양정은 $3H$
③ 유량은 $3Q$, 양정은 $3H$
④ 유량은 $3Q$, 양정은 H

해설

펌프를 병렬로 연결하면 유량은 증가하고 양정은 변하지 않는다. 성능이 같은 펌프를 병렬로 연결하면 유량은 3배가 된다.

정답 | ④

28 빈출도 ★★

비압축성 유체의 2차원 정상 유동에서 x방향의 속도를 u, y방향의 속도를 v라고 할 때 다음에 주어진 식들 중에서 연속방정식을 만족하는 것은 어느 것인가?

① $u=2x+2y$ $\quad v=2x-2y$
② $u=a+2y$ $\quad v=x^2-2y$
③ $u=2x+y$ $\quad v=x^2+2y$
④ $u=x+2y$ $\quad v=2x-y^2$

해설

2차원 정상상태의 비압축성 유동의 연속방정식은 다음과 같다.

$$\frac{\partial u_x}{\partial x}+\frac{\partial u_y}{\partial y}=0$$

x방향의 속도를 u, y방향의 속도를 v라고 하면 연속방정식을 만족하는 식은 ①이다.

$$\frac{\partial}{\partial x}(2x+2y)+\frac{\partial}{\partial y}(2x-2y)=2-2=0$$

정답 | ①

29 빈출도 ★★

다음 중 동력의 단위가 아닌 것은?

① [J/s]　　② [W]

③ [kg · m²/s]　　④ [N · m/s]

해설

동력의 단위는 [W]=[J/s]=[N · m/s]=[kg · m²/s³]이고, 동력의 차원은 ML^2T^{-3}이다.

정답 | ③

30 빈출도 ★★★

지름 10[cm]인 금속구가 대류에 의해 열을 외부 공기로 방출한다. 이때 발생하는 열전달량이 40[W]이고, 구 표면과 공기 사이의 온도 차가 50[℃]라면 공기와 구 사이의 대류 열전달계수[W/m² · K]는 약 얼마인가?

① 25　　② 50

③ 75　　④ 100

해설

$$Q=hA(T_2-T_1)$$

Q: 열전달량[W], h: 대류 열전달계수[W/m² · ℃], A: 열전달 면적[m²], (T_2-T_1): 온도 차이[℃]

구의 지름이 10[cm]이므로 구의 표면적은 다음과 같다.

$$A=4\pi r^2$$

A: 구의 표면적[m²], r: 구의 반지름[m]

$$A=4\times\pi\times\left(\frac{0.1}{2}\right)^2=\pi\times 0.01$$

대류에 의해 외부로 전달하는 열이 40[W]이고, 금속구의 표면과 외부 공기의 온도 차이가 50[K]이므로 대류 열전달계수는

$$h=\frac{Q}{A(T_2-T_1)}=\frac{40}{\pi\times 0.01\times 50}$$
$$\fallingdotseq 25.46[W/m^2\cdot K]$$

정답 | ①

31 빈출도 ★★★

지름 0.4[m]인 관에 물이 0.5[m³/s]로 흐를 때 길이 300[m]에 대한 동력손실은 60[kW]였다. 이때 관마찰계수(f)는 약 얼마인가?

① 0.015 ② 0.020
③ 0.025 ④ 0.030

해설

일정한 양의 비압축성 유체가 일정한 속도로 흐를 때 배관에서의 마찰손실은 달시-바이스바하 방정식으로 구할 수 있다.

$$H=\frac{\Delta P}{\gamma}=\frac{flu^2}{2gD}$$

H: 마찰손실수두[m], ΔP: 압력 차이[kPa], γ: 비중량[kN/m³], f: 마찰손실계수, l: 배관의 길이[m], u: 유속[m/s], g: 중력가속도[m/s²], D: 배관의 직경[m]

동력손실이 60[kW] 발생하였으므로 마찰손실수두는 다음과 같다.

$$P=\gamma QH$$

P: 동력손실[kW], γ: 유체의 비중량[kN/m³], Q: 유량[m³/s], H: 마찰손실수두[m]

$$H=\frac{60}{\gamma Q}$$

따라서 두 식을 연립하면 다음의 식이 성립한다.

$$\frac{60}{\gamma Q}=\frac{flu^2}{2gD}$$

부피유량 공식 $Q=Au$에 의해 유량과 배관의 직경 D를 알면 유속은 다음과 같이 구할 수 있다.

$$u=\frac{Q}{A}=\frac{Q}{\frac{\pi}{4}D^2}=\frac{4Q}{\pi D^2}$$

u: 유속[m/s], Q: 유량[m³/s], A: 배관의 단면적[m²], D: 배관의 직경[m]

주어진 조건을 공식에 대입하면 마찰계수 f는

$$\frac{60}{\gamma Q}=\frac{fl}{2gD}\times\left(\frac{4Q}{\pi D^2}\right)^2$$

$$f=\frac{60}{\gamma Q}\times\frac{2gD}{l}\times\left(\frac{\pi D^2}{4Q}\right)^2$$

$$=\frac{60}{9.8\times 0.5}\times\frac{2\times 9.8\times 0.4}{300}\times\left(\frac{\pi\times 0.4^2}{4\times 0.5}\right)^2$$

$$\fallingdotseq 0.0202$$

정답 | ②

32 빈출도 ★★★

체적이 10[m³]인 기름의 무게가 30,000[N]이라면 이 기름의 비중은 얼마인가? (단, 물의 밀도는 1,000[kg/m³]이다.)

① 0.153 ② 0.306
③ 0.459 ④ 0.612

해설

$$s=\frac{\rho}{\rho_w}=\frac{\gamma}{\gamma_w}$$

s: 비중, ρ: 비교물질의 밀도[kg/m³], ρ_w: 물의 밀도[kg/m³], γ: 비교물질의 비중량[N/m³], γ_w: 물의 비중량[N/m³]

기름의 비중량은 무게를 부피로 나누어 구할 수 있다.

$$\gamma=\frac{30{,}000}{10}=3{,}000[\text{N/m}^3]$$

물의 비중량은 밀도와 중력가속도의 곱으로 구할 수 있다.

$$\gamma_w=\rho_w g=1{,}000\times 9.8=9{,}800[\text{N/m}^3]$$

비중은 비교물질의 비중량과 물의 비중량의 비율이므로 기름의 비중 s는

$$s=\frac{\gamma}{\gamma_w}=\frac{3{,}000}{9{,}800}\fallingdotseq 0.306$$

정답 | ②

33 빈출도 ★★

비열에 대한 다음 설명 중 틀린 것은?

① 정적비열은 체적이 일정하게 유지되는 동안 온도변화에 대한 내부에너지 변화율이다.
② 정압비열을 정적비열로 나눈 것이 비열비이다.
③ 정압비열은 압력이 일정하게 유지될 때 온도변화에 대한 엔탈피 변화율이다.
④ 비열비는 일반적으로 1보다 크나 1보다 작은 물질도 있다.

해설

정압비열 C_p는 정적비열 C_v보다 항상 크기 때문에 비열비 $x\left(=\frac{C_p}{C_v}\right)$는 항상 1보다 크다.

정답 | ④

34 빈출도 ★

비중 0.92인 빙산이 비중 1.025의 바닷물 수면에 떠 있다. 수면 위에 나온 빙산의 체적이 150[m³]이면 빙산의 전체 체적은 약 몇 [m³]인가?

① 1,314 ② 1,464
③ 1,725 ④ 1,875

해설

빙산이 바닷물 수면에 안정적으로 떠있으므로 빙산에 작용하는 중력과 부력의 크기는 같다.

$$F_1 - F_2 = s_1\gamma_w V - s_2\gamma_w \times xV = 0$$

F_1: 중력[N], F_2: 부력[N], s_1: 빙산의 비중, γ_w: 물의 비중량[N/m³], V: 빙산의 부피[m³], s_2: 바닷물의 비중, x: 물체가 잠긴 비율[%]

$$F_1 - F_2 = 0.92 \times 9{,}800 \times V - 1.025 \times 9{,}800 \times xV = 0$$

$$x = \frac{0.92 \times 9{,}800 \times V}{1.025 \times 9{,}800 \times V} \fallingdotseq 0.8976 = 89.76[\%]$$

수면 위에 나온 빙산의 부피가 150[m³]이고, 그 비율은 (100−89.76)[%]이므로 빙산의 전체 부피는

$$\frac{150[\text{m}^3]}{1-0.8976} \fallingdotseq 1{,}464[\text{m}^3]$$

정답 | ②

35 빈출도 ★★

초기 상태에서 압력 100[kPa], 온도 15[℃]인 공기가 있다. 공기의 부피가 초기 부피의 $\frac{1}{20}$이 될 때까지 가역단열 압축할 때 압축 후의 온도는 약 몇 [℃]인가? (단, 공기의 비열비는 1.4이다.)

① 54　　② 348
③ 682　　④ 912

해설

단열변화에서 압력, 부피, 온도는 다음과 같은 관계를 가진다.

$$\left(\frac{P_2}{P_1}\right)=\left(\frac{V_1}{V_2}\right)^{x}=\left(\frac{T_2}{T_1}\right)^{\frac{x}{x-1}}$$

P: 압력, V: 부피, T: 절대온도, x: 비열비

공기의 부피 V_2가 초기 부피 V_1의 $\frac{1}{20}$이므로 부피변화는 다음과 같다.

$$V_2=\frac{1}{20}V_1$$

$$\frac{V_1}{V_2}=20$$

압축 후의 온도 T_2에 관한 식으로 나타내면 다음과 같다.

$$\left(\frac{V_1}{V_2}\right)^{x-1}=\left(\frac{T_2}{T_1}\right)$$

$$T_2=T_1\times\left(\frac{V_1}{V_2}\right)^{x-1}$$

따라서 주어진 조건을 공식에 대입하면 압축 후의 온도 T_2는

$$T_2=(273+15)\times(20)^{1.4-1}$$

$$\fallingdotseq 954.56[\mathrm{K}]=681.56[℃]$$

정답 | ③

36 빈출도 ★★

수격작용에 대한 설명으로 맞는 것은?

① 관로가 변할 때 물의 급격한 압력 저하로 인해 수중에서 공기가 분리되어 기포가 발생하는 것을 말한다.
② 펌프의 운전 중에 송출압력과 송출유량이 주기적으로 변동하는 현상을 말한다.
③ 관로의 급격한 온도변화로 인해 응결되는 현상을 말한다.
④ 흐르는 물을 갑자기 정지시킬 때 수압이 급격히 변화하는 현상을 말한다.

해설

배관 속 유체의 흐름이 갑자기 변화할 때 압력파에 의해 충격과 이상음이 발생하는 현상을 수격현상이라고 한다.

관련개념 **펌프의 이상현상**

현상	설명
수격현상	배관 속 유체의 흐름이 갑자기 변화할 때 압력파에 의해 충격과 이상음이 발생하는 현상
맥동현상	펌프 압력계의 지침이 흔들리며 토출량이 주기적으로 변동하며 진동하는 현상
공동현상	배관 내 흐르는 유체에서 압력이 증기압보다 낮아져 기포가 발생하는 현상

정답 | ④

37 빈출도 ★★

그림에서 $h_1=120[mm]$, $h_2=180[mm]$, $h_3=100[mm]$일 때 A에서의 압력과 B에서의 압력의 차이 (P_A-P_B)를 구하면? (단, A, B 속의 액체는 물이고, 차압액주계에서의 중간 액체는 수은(비중 13.6)이다.)

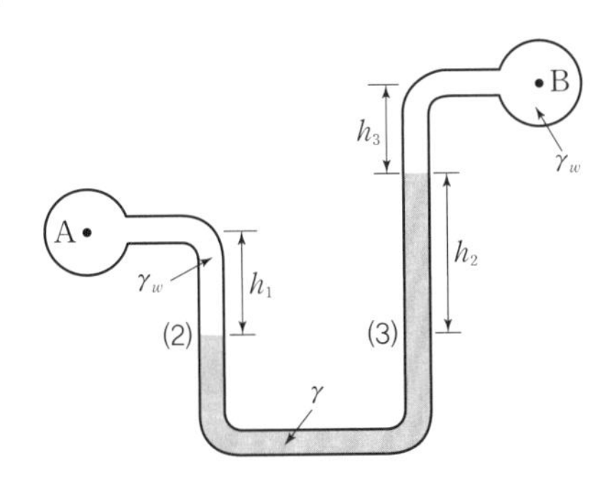

① 20.4[kPa]　② 23.8[kPa]
③ 26.4[kPa]　④ 29.8[kPa]

해설

$$P_x=\gamma h=s\gamma_w h$$

P_x: x에서의 압력[kPa], γ: 비중량[kN/m³], h: 높이[m], s: 비중, γ_w: 물의 비중량[kN/m³]

(2)면에 작용하는 압력은 A점에서의 압력과 물이 누르는 압력의 합과 같다.

$$P_2=P_A+s_1\gamma_w h_1$$

(3)면에 작용하는 압력은 B점에서의 압력과 물이 누르는 압력, 수은이 누르는 압력의 합과 같다.

$$P_3=P_B+s_3\gamma_w h_3+s_2\gamma_w h_2$$

유체 내부에서 같은 수평면(높이)에는 같은 압력이 작용하므로 (2)면과 (3)면의 압력은 같다.

$$P_2=P_3$$

$$P_A+s_1\gamma_w h_1=P_B+s_3\gamma_w h_3+s_2\gamma_w h_2$$

따라서 A점과 B점의 압력 차이 P_A-P_B는

$$P_A-P_B=s_3\gamma_w h_3+s_2\gamma_w h_2-s_1\gamma_w h_1$$
$$=1\times9.8\times0.1+13.6\times9.8\times0.18-1\times9.8\times0.12$$
$$\fallingdotseq 23.79[kPa]$$

정답 | ②

38 빈출도 ★

원형 단면을 가진 관내에 유체가 완전 발달된 비압축성 층류유동으로 흐를 때 전단응력은?

① 중심에서 0이고, 중심선으로부터 거리에 비례하여 변한다.
② 관벽에서 0이고, 중심선에서 최대이며 선형분포한다.
③ 중심에서 0이고, 중심선으로부터 거리의 제곱에 비례하여 변한다.
④ 전 단면에 걸쳐 일정하다.

해설

전단응력은 점성계수(점도)와 속도기울기의 곱으로 이루어져 있다.

$$\tau=\mu\frac{du}{dy}$$

τ: 전단응력[Pa], μ: 점성계수(점도)[N·s/m²], $\frac{du}{dy}$: 속도기울기[s⁻¹]

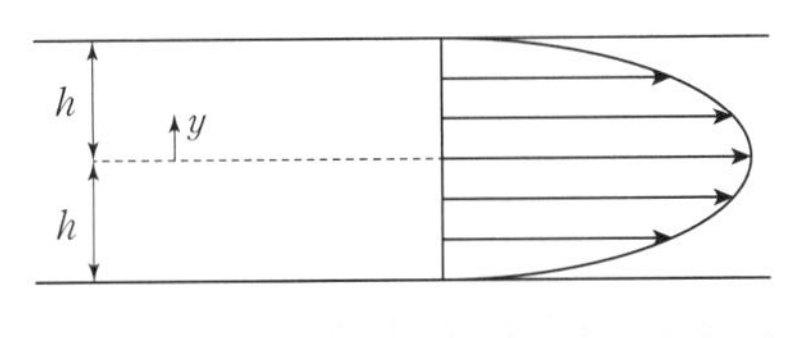

$$u=u_m\left(1-\left(\frac{y}{r}\right)^2\right)$$

u: 유속, u_m: 최대유속, y: 관 중심으로부터 수직방향으로의 거리, r: 배관의 반지름

원형 단면을 가진 배관에서 속도분포식을 중심으로부터의 거리 y에 대하여 미분하면 다음과 같다.

$$\frac{du}{dy}=u_m\left(-\frac{2}{r}\left(\frac{y}{r}\right)\right)=u_m\left(-\frac{2y}{r^2}\right)$$

따라서 전단응력 τ는 다음과 같다.

$$\tau=\mu\frac{du}{dy}=\mu u_m\left(\frac{2y}{r^2}\right)$$

그러므로 전단응력 τ는 배관의 중심에서 0이고, 중심선으로부터 거리 y에 비례하여 변한다.

정답 | ①

39 빈출도 ★★

부피가 0.3[m³]으로 일정한 용기 내의 공기가 원래 300[kPa](절대압력), 400[K]의 상태였으나, 일정 시간 동안 출구가 개방되어 공기가 빠져나가 200[kPa](절대압력), 350[K]의 상태가 되었다. 빠져나간 공기의 질량은 약 몇 [g]인가? (단, 공기는 이상기체로 가정하며 기체상수는 287[J/kg · K]이다.)

① 74　　② 187
③ 295　　④ 388

해설

질량과 특정기체상수로 이루어진 이상기체의 상태방정식은 다음과 같다.

$$PV = m\bar{R}T$$

P: 압력[Pa], V: 부피[m³], m: 질량[kg],
$\bar{R}$: 특정기체상수[J/kg · K], T: 절대온도[K]

기체상수의 단위가 [J/kg · K]이므로 압력과 부피의 단위를 [Pa]과 [m³]로 변환하여야 한다.
공기가 빠져나가기 전 용기 내 공기의 질량은 다음과 같다.

$$m = \frac{PV}{\bar{R}T} = \frac{300{,}000 \times 0.3}{287 \times 400} \fallingdotseq 0.784[kg]$$

공기가 빠져나간 후 용기 내 공기의 질량은 다음과 같다.

$$m = \frac{PV}{\bar{R}T} = \frac{200{,}000 \times 0.3}{287 \times 350} \fallingdotseq 0.597[kg]$$

따라서 빠져나간 공기의 질량은

$$0.784[kg] - 0.597[kg] = 0.187[kg] = 187[g]$$

정답 | ②

40 빈출도 ★

한 변의 길이가 L인 정사각형 단면의 수력지름(hydraulic diameter)은?

① $\frac{L}{4}$　　② $\frac{L}{2}$
③ L　　④ $2L$

해설

원형의 배관이 아닌 경우 배관의 직경은 수력직경 D_h을 활용하여야 한다.

$$D_h = \frac{4A}{S}$$

D_h: 수력직경[m], A: 배관의 단면적[m²], S: 배관의 둘레[m]

배관의 단면적 A는 다음과 같다.

$$A = L^2$$

배관의 둘레 S는 다음과 같다.

$$S = 4L$$

따라서 수력직경 D_h는 다음과 같다.

$$D_h = \frac{4 \times L^2}{4L} = L$$

정답 | ③

소방관계법규

41 빈출도 ★★

소방시설공사업법령상 소방시설공사 완공검사를 위한 현장 확인 대상 특정소방대상물의 범위가 아닌 것은?

① 위락시설　② 판매시설
③ 운동시설　④ 창고시설

해설

위락시설은 소방시설공사 완공검사를 위한 현장 확인 대상 특정소방대상물이 아니다.

관련개념 완공검사를 위한 현장 확인 대상 특정소방대상물

㉠ 문화 및 집회시설, 종교시설, 판매시설
㉡ 노유자시설, 수련시설, 운동시설
㉢ 숙박시설, 창고시설, 지하상가 및 다중이용업소
㉣ 스프링클러설비등
㉤ 물분무등소화설비(호스릴방식의 소화설비 제외)
㉥ 연면적 10,000[m^2] 이상이거나 11층 이상인 특정소방대상물(아파트 제외)
㉦ 가연성 가스를 제조 · 저장 또는 취급하는 시설 중 지상에 노출된 가연성 가스탱크의 저장용량 합계가 1,000[t] 이상인 시설

정답 | ①

42 빈출도 ★★★

화재의 예방 및 안전관리에 관한 법률상 특수가연물의 저장 및 취급의 기준 중 다음 (　　) 안에 알맞은 것은? (단, 석탄 · 목탄류를 발전용으로 저장하는 경우는 제외한다.)

> 살수설비를 설치하거나, 방사능력 범위에 해당 특수가연물이 포함되도록 대형수동식소화기를 설치하는 경우에는 쌓는 높이를 (㉠)[m] 이하, 석탄 · 목탄류의 경우에는 쌓는 부분의 바닥면적을 (㉡)[m^2] 이하로 할 수 있다.

① ㉠: 10, ㉡: 50　② ㉠: 10, ㉡: 200
③ ㉠: 15, ㉡: 200　④ ㉠: 15, ㉡: 300

해설

살수설비를 설치하거나, 방사능력 범위에 해당 특수가연물이 포함되도록 대형수동식소화기를 설치하는 경우에는 쌓는 높이를 15[m] 이하, 석탄 · 목탄류의 경우에는 쌓는 부분의 바닥면적을 300[m^2] 이하로 할 수 있다.

관련개념 특수가연물의 저장 및 취급 기준

구분		살수설비를 설치하거나 대형수동식소화기를 설치하는 경우	그 밖의 경우
높이		15[m] 이하	10[m] 이하
쌓는 부분의 바닥면적	석탄 · 목탄류	300[m^2] 이하	200[m^2] 이하
	그 외	200[m^2] 이하	50[m^2] 이하

정답 | ④

43 빈출도 ★★

위험물안전관리법상 시·도지사의 허가를 받지 아니하고 당해 제조소등을 설치할 수 있는 기준 중 다음 (   ) 안에 알맞은 것은?

> 농예용·축산용 또는 수산용으로 필요한 난방시설 또는 건조시설을 위한 지정수량 (   )배 이하의 저장소

① 20　　② 30
③ 40　　④ 50

해설

농예용·축산용 또는 수산용으로 필요한 난방시설 또는 건조시설을 위한 지정수량 **20배** 이하의 저장소인 경우 시·도지사의 허가를 받지 아니하고 당해 제조소등을 설치할 수 있다.

정답 | ①

44 빈출도 ★★★

소방시설 설치 및 관리에 관한 법률상 단독경보형 감지기를 설치하여야 하는 특정소방대상물의 기준 중 옳은 것은?

① 연면적 600[m^2] 미만의 아파트 등
② 연면적 400[m^2] 미만의 유치원
③ 연면적 1,000[m^2] 미만의 숙박시설
④ 교육연구시설 또는 수련시설 내에 있는 합숙소 또는 기숙사로서 연면적 1,000[m^2] 미만인 것

해설

연면적 400[m^2] 미만의 유치원에 단독경보형 감지기를 설치해야 한다.

관련개념 **단독경보형 감지기를 설치해야 하는 특정소방대상물**

시설	대상
기숙사 또는 합숙소	• 교육연구시설 내에 있는 것으로서 연면적 2,000[m^2] 미만 • 수련시설 내에 있는 것으로서 연면적 2,000[m^2] 미만
수련시설	수용인원 100명 미만인 숙박시설이 있는 것
유치원	연면적 400[m^2] 미만
연립주택 및 다세대 주택*	전체

*연립주택 및 다세대 주택인 경우 연동형으로 설치할 것

정답 | ②

45 빈출도 ★★★

화재의 예방 및 안전관리에 관한 법률상 일반음식점에서 조리를 위하여 불을 사용하는 설비를 설치하는 경우 지켜야 하는 사항 중 다음 (   ) 안에 알맞은 것은?

- 주방설비에 부속된 배출덕트는 (㉠)[mm] 이상의 아연도금강판 또는 이와 동등 이상의 내식성 불연재료로 설치할 것
- 열을 발생하는 조리기구로부터 (㉡)[m] 이내의 거리에 있는 가연성 주요구조부는 석면판 또는 단열성이 있는 불연재료로 덮어씌울 것

① ㉠: 0.5, ㉡: 0.15 ② ㉠: 0.5, ㉡: 0.6
③ ㉠: 0.6, ㉡: 0.15 ④ ㉠: 0.6, ㉡: 0.5

해설

㉠ 주방설비에 부속된 배출덕트(공기배출통로)는 0.5[mm] 이상의 아연도금강판 또는 이와 같거나 그 이상의 내식성 불연재료로 설치해야 한다.
㉡ 열을 발생하는 조리기구로부터 0.15[m] 이내의 거리에 있는 가연성 주요구조부는 석면판 또는 단열성이 있는 불연재료로 덮어씌워야 한다.

정답 | ①

46 빈출도 ★★★

화재의 예방 및 안전관리에 관한 법률상 특수가연물의 품명별 수량 기준으로 틀린 것은?

① 합성수지류(발포시킨 것): 20[m^3] 이상
② 가연성 액체류: 2[m^3] 이상
③ 넝마 및 종이부스러기: 400[kg] 이상
④ 볏짚류: 1,000[kg] 이상

해설

넝마 및 종이부스러기의 기준수량은 1,000[kg] 이상이다.

관련개념 특수가연물별 기준수량

품명		수량
면화류		200[kg] 이상
나무껍질 및 대팻밥		400[kg] 이상
넝마 및 종이부스러기		1,000[kg] 이상
사류(絲類)		1,000[kg] 이상
볏짚류		1,000[kg] 이상
가연성 고체류		3,000[kg] 이상
석탄 · 목탄류		10,000[kg] 이상
가연성 액체류		2[m^3] 이상
목재가공품 및 나무부스러기		10[m^3] 이상
고무류 · 플라스틱류	발포시킨 것	20[m^3] 이상
	그 밖의 것	3,000[kg] 이상

정답 | ③

47 빈출도 ★

소방시설 설치 및 관리에 관한 법률상 용어의 정의 중 다음 (　　) 안에 알맞은 것은?

특정소방대상물이란 소방시설을 설치하여야 하는 소방대상물로서 (　　　)으로 정하는 것을 말한다.

① 행정안전부령　② 국토교통부령
③ 고용노동부령　④ 대통령령

해설

특정소방대상물이란 건축물 등의 규모·용도 및 수용인원 등을 고려하여 소방시설을 설치하여야 하는 소방대상물로서 대통령령으로 정하는 것을 말한다.

정답 | ④

48 빈출도 ★★★

소방시설 설치 및 관리에 관한 법률상 종합점검 실시 대상이 되는 특정소방대상물의 기준 중 다음 (　　) 안에 알맞은 것은?

- 물분무등소화설비가 설치된 연면적 (㉠)[m^2] 이상인 특정소방대상물
- 다중이용업의 영업장이 설치된 특정소방대상물로서 연면적이 (㉡)[m^2] 이상인 것
- 공공기관 중 연면적이 (㉢)[m^2] 이상인 것으로서 옥내소화전설비 또는 자동화재탐지설비가 설치된 것

① ㉠: 5,000, ㉡: 1,000, ㉢: 2,000
② ㉠: 5,000, ㉡: 2,000, ㉢: 1,000
③ ㉠: 2,000, ㉡: 1,000, ㉢: 1,000
④ ㉠: 1,000, ㉡: 2,000, ㉢: 2,000

해설

종합점검 대상	㉠ 스프링클러설비가 설치된 특정소방대상물 ㉡ 물분무등소화설비(호스릴방식의 물분무등소화설비만을 설치한 경우는 제외)가 설치된 연면적 5,000[m^2] 이상인 특정소방대상물(제조소등 제외) ㉢ 다중이용업의 영업장이 설치된 특정소방대상물로서 연면적이 2,000[m^2] 이상인 것 ㉣ 제연설비가 설치된 터널 ㉤ 공공기관 중 연면적이 1,000[m^2] 이상인 것으로서 옥내소화전설비 또는 자동화재탐지설비가 설치된 것(소방대가 근무하는 공공기관 제외)

정답 | ②

49 빈출도 ★

소방시설공사업법상 특정소방대상물의 관계인 또는 발주자가 해당 도급계약의 수급인을 도급계약 해지할 수 있는 경우의 기준 중 틀린 것은?

① 하도급 계약의 적정성 심사 결과 하수급인 또는 하도급 계약 내용의 변경 요구에 정당한 사유 없이 따르지 아니하는 경우
② 정당한 사유 없이 15일 이상 소방시설공사를 계속하지 아니하는 경우
③ 소방시설업이 등록 취소되거나 영업 정지된 경우
④ 소방시설업을 휴업하거나 폐업한 경우

해설

정당한 사유 없이 30일 이상 소방시설공사를 계속하지 아니한 경우 도급 계약을 해지할 수 있다.

관련개념 도급계약의 해지 기준

㉠ 소방시설업이 등록 취소되거나 영업 정지된 경우
㉡ 소방시설업을 휴업하거나 폐업한 경우
㉢ 정당한 사유 없이 30일 이상 소방시설공사를 계속하지 아니하는 경우
㉣ 적정성 심사에 따른 하도급 계약내용의 변경 요구에 정당한 사유 없이 따르지 아니하는 경우

정답 | ②

50 빈출도 ★★

위험물안전관리법령상 인화성액체위험물(이황화탄소 제외)의 옥외탱크저장소의 탱크 주위에 설치하여야 하는 방유제의 설치기준 중 틀린 것은?

① 방유제 내의 면적은 60,000[m^2] 이하로 하여야 한다.
② 방유제는 높이 0.5[m] 이상 3[m] 이하, 두께 0.2[m] 이상, 지하매설깊이 1[m] 이상으로 하여야 한다. 다만, 방유제와 옥외저장탱크 사이의 지반면 아래에 불침윤성 구조물을 설치하는 경우에는 지하매설 깊이를 해당 불침윤성 구조물까지로 할 수 있다.
③ 방유제의 용량은 방유제 안에 설치된 탱크가 하나인 때에는 그 탱크 용량의 110[%] 이상, 2기 이상인 때에는 그 탱크 중 용량이 최대인 것의 용량의 110[%] 이상으로 하여야 한다.
④ 방유제는 철근콘크리트로 하고, 방유제와 옥외저장탱크 사이의 지표면은 불연성과 불침윤성이 있는 구조(철근콘크리트 등)로 하여야 한다. 다만, 누출된 위험물을 수용할 수 있는 전용유조 및 펌프 등의 설비를 갖춘 경우에는 방유제와 옥외저장탱크 사이의 지표면을 흙으로 할 수 있다.

해설

옥외탱크저장소의 탱크 주위에 설치하여야 하는 방유제 내의 면적은 80,000[m^2] 이하로 하여야 한다.

관련개념 **방유제 설치기준(옥외탱크저장소)**

㉠ 높이: 0.5[m] 이상 3[m] 이하
㉡ 두께: 0.2[m] 이상
㉢ 지하매설깊이: 1[m] 이상
㉣ 면적: 80,000[m^2] 이하
㉤ 방유제 용량

구분	방유제 용량
방유제 내 탱크가 1기일 경우	• 인화성액체위험물: 탱크 용량의 110[%] 이상 • 인화성이 없는 위험물: 탱크 용량의 100[%] 이상
방유제 내 탱크가 2기 이상일 경우	• 인화성 액체위험물: 용량이 최대인 탱크 용량의 110[%] 이상 • 인화성이 없는 위험물: 용량이 최대인 탱크용량의 100[%] 이상

정답 | ①

51 빈출도 ★★★

화재의 예방 및 안전관리에 관한 법률상 시·도지사가 화재예방강화지구로 지정할 필요가 있는 지역을 화재예방강화지구로 지정하지 아니하는 경우 해당 시·도지사에게 해당 지역의 화재예방강화지구 지정을 요청할 수 있는 자는?

① 행정안전부장관 ② 소방청장
③ 소방본부장 ④ 소방서장

해설

소방청장은 해당 시·도지사에게 해당 지역의 화재예방강화지구 지정을 요청할 수 있다.

정답 | ②

52 빈출도 ★★

화재의 예방 및 안전관리에 관한 법률상 소방안전 특별관리시설물의 대상 기준 중 틀린 것은?

① 수련시설
② 항만시설
③ 전력용 및 통신용 지하구
④ 지정문화유산인 시설(시설이 아닌 지정문화유산을 보호하거나 소장하고 있는 시설을 포함)

해설

수련시설은 소방안전 특별관리시설물의 대상이 아니다.

정답 | ①

53 빈출도 ★★★

소방기본법령상 소방용수시설별 설치기준 중 옳은 것은?

① 저수조는 지면으로부터의 낙차가 4.5[m] 이상일 것
② 소화전은 상수도와 연결하여 지하식 또는 지상식의 구조로 하고, 소방용 호스와 연결하는 소화전의 연결금속구의 구경은 50[mm]로 할 것
③ 저수조 흡수관의 투입구가 사각형의 경우에는 한 변의 길이가 60[cm] 이상일 것
④ 급수탑 급수배관의 구경은 65[mm] 이상으로 하고, 개폐밸브는 지상에서 0.8[m] 이상, 1.5[m] 이하의 위치에 설치하도록 할 것

해설

저수조 흡수관의 투입구가 사각형의 경우에는 한 변의 길이가 60[cm] 이상이어야 한다.

선지분석

① 저수조는 지면으로부터 낙차가 4.5[m] 이하일 것
② 소화전은 상수도와 연결하여 지하식 또는 지상식의 구조로 하고, 소방용 호스와 연결하는 소화전의 연결금속구의 구경은 65[mm]로 할 것
④ 급수탑 급수배관의 구경은 100[mm] 이상으로 하고, 개폐밸브는 지상에서 1.5[m] 이상, 1.7[m] 이하의 위치에 설치하도록 할 것

관련개념 소화전의 설치기준

㉠ 상수도와 연결하여 지하식 또는 지상식의 구조로 할 것
㉡ 연결금속구의 구경: 65[mm]

급수탑의 설치기준

㉠ 급수배관의 구경: 100[mm] 이상
㉡ 개폐밸브: 지상에서 1.5[m] 이상 1.7[m] 이하

저수조의 설치기준

㉠ 지면으로부터 낙차: 4.5[m] 이하
㉡ 흡수부분의 수심: 0.5[m] 이상
㉢ 흡수관의 투입구

사각형	한 변의 길이 60[cm] 이상
원형	지름 60[cm] 이상

정답 | ③

54 빈출도 ★★

위험물안전관리법상 업무상 과실로 제조소등에서 위험물을 유출·방출 또는 확산시켜 사람의 생명·신체 또는 재산에 대하여 위험을 발생시킨 자에 대한 벌칙기준으로 옳은 것은?

① 10년 이하의 징역 또는 금고나 1억 원 이하의 벌금
② 7년 이하의 금고 또는 7천만 원 이하의 벌금
③ 5년 이하의 징역 또는 1억 원 이하의 벌금
④ 3년 이하의 징역 또는 3천만 원 이하의 벌금

해설

업무상 과실로 제조소등에서 위험물을 유출·방출 또는 확산시켜 사람의 생명·신체 또는 재산에 대하여 위험을 발생시킨 자는 7년 이하의 금고 또는 7,000만 원 이하(사상자 발생시 10년 이하의 징역 또는 금고나 1억 원 이하)의 벌금에 처한다.

정답 | ②

55 빈출도 ★★

소방기본법상 소방업무의 응원에 대한 설명 중 틀린 것은?

① 소방본부장이나 소방서장은 소방활동을 할 때에 긴급한 경우에는 이웃한 소방본부장 또는 소방서장에게 소방업무의 응원을 요청할 수 있다.
② 소방업무의 응원 요청을 받은 소방본부장 또는 소방서장은 정당한 사유 없이 그 요청을 거절하여서는 아니 된다.
③ 소방업무의 응원을 위하여 파견된 소방대원은 응원을 요청한 소방본부장 또는 소방서장의 지휘에 따라야 한다.
④ 시·도지사는 소방업무의 응원을 요청하는 경우를 대비하여 출동 대상지역 및 규모와 필요한 경비의 부담 등에 관하여 필요한 사항을 대통령령으로 정하는 바에 따라 이웃하는 시·도지사와 협의하여 미리 규약으로 정하여야 한다.

해설

시·도지사는 소방업무의 응원을 요청하는 경우를 대비하여 출동 대상지역 및 규모와 필요한 경비의 부담 등에 관하여 필요한 사항을 행정안전부령으로 정하는 바에 따라 이웃하는 시·도지사와 협의하여 미리 규약으로 정하여야 한다.

정답 | ④

56 빈출도 ★

소방시설 설치 및 관리에 관한 법률상 중앙소방기술심의위원회의 심의사항이 아닌 것은?

① 화재안전기준에 관한 사항
② 소방시설의 설계 및 공사감리의 방법에 관한 사항
③ 소방시설에 하자가 있는지의 판단에 관한 사항
④ 소방시설공사의 하자를 판단하는 기준에 관한 사항

해설

소방시설에 하자가 있는지의 판단에 관한 사항은 지방소방기술심의위원회의 심의사항이다.

관련개념 중앙소방기술심의위원회 심의사항

㉠ 화재안전기준에 관한 사항
㉡ 소방시설의 구조 및 원리 등에서 공법이 특수한 설계 및 시공에 관한 사항
㉢ 소방시설의 설계 및 공사감리의 방법에 관한 사항
㉣ 소방시설공사의 하자를 판단하는 기준에 관한 사항
㉤ 연면적 100,000[m^2] 이상의 특정소방대상물에 설치된 소방시설의 설계 · 시공 · 감리의 하자 유무에 관한 사항
㉥ 새로운 소방시설과 소방용품 등의 도입 여부에 관한 사항
㉦ 그 밖에 소방기술과 관련하여 소방청장이 소방기술심의위원회의 심의에 부치는 사항

정답 | ③

57 빈출도 ★★

위험물안전관리법령상 제조소의 위치 · 구조 및 설비의 기준 중 위험물을 취급하는 건축물 그 밖의 시설의 주위에는 그 취급하는 위험물을 최대수량이 지정수량의 10배 이하인 경우 보유하여야 할 공지의 너비는 몇 [m] 이상이어야 하는가?

① 3　　② 5
③ 8　　④ 10

해설

취급하는 위험물의 최대수량이 지정수량의 10배 이하인 경우 공지의 너비는 3[m] 이상이어야 한다.

관련개념 제조소 보유공지의 너비

취급하는 위험물의 최대수량	공지의 너비
지정수량의 10배 이하	3[m] 이상
지정수량의 10배 초과	5[m] 이상

정답 | ①

58 빈출도 ★

소방시설 설치 및 관리에 관한 법률상 화재안전기준을 달리 적용하여야 하는 특수한 용도 또는 구조를 가진 특정소방대상물인 원자력발전소에 설치하지 아니할 수 있는 소방시설은?

① 물분무등소화설비　　② 스프링클러설비
③ 상수도소화용수설비　　④ 연결살수설비

해설

화재안전기준을 다르게 적용하여야 하는 특수한 용도 또는 구조를 가진 특정소방대상물인 원자력발전소에 설치하지 아니할 수 있는 소방시설은 연결송수관설비 및 연결살수설비이다.

관련개념 화재안전기준을 다르게 적용해야 하는 특수한 용도 · 구조를 가진 특정소방대상물

특정소방대상물	소방시설
원자력발전소, 핵폐기물처리시설	• 연결송수관설비 • 연결살수설비

정답 | ④

59 빈출도 ★★

화재의 예방 및 안전관리에 관한 법률상 소방안전관리대상물의 소방안전관리자가 소방훈련 및 교육을 하지 않은 경우 1차 위반 시 과태료 금액 기준으로 옳은 것은?

① 300만 원 ② 100만 원
③ 50만 원 ④ 30만 원

해설

소방안전관리대상물의 소방안전관리자가 소방훈련 및 교육을 하지 않은 경우 1차 위반 시 **100만원 이하**의 과태료를 부과한다.

관련개념 **소방훈련 및 교육을 하지 아니한 자의 위반 차수별 과태료**

1차	2차	3차
100만원 이하	200만원 이하	300만원 이하

정답 | ②

60 빈출도 ★★

화재의 예방 및 안전관리에 관한 법률상 총괄소방안전관리자 선임대상 특정소방대상물의 기준 중 틀린 것은?

① 판매시설 중 도매시장
② 고층 건축물(지하층을 제외한 층수가 7층 이상인 건축물만 해당)
③ 지하가(지하의 인공구조물 안에 설치된 상점 및 사무실, 그 밖에 이와 비슷한 시설이 연속하여 지하도에 접하여 설치된 것과 그 지하도를 합한 것)
④ 복합건축물로서 연면적이 30,000[m^2] 이상인 것 또는 지하층을 제외한 층수가 11층 이상인 것

해설

고층 건축물(지하층을 제외한 층수가 7층 이상인 건축물만 해당)은 총괄소방안전관리자 선임대상 특정소방대상물의 기준이 아니다.

관련개념 **총괄소방안전관리자 선임대상 특정소방대상물**

시설	대상
복합건축물	• 지하층을 제외한 층수가 11층 이상 • 연면적 30,000[m^2] 이상
지하가	지하의 인공구조물 안에 설치된 상점 및 사무실 그 밖에 이와 비슷한 시설이 연속하여 지하도에 접하여 설치된 것과 그 지하도를 합한 것
판매시설	• 도매시장 • 소매시장 및 전통시장

정답 | ②

소방기계시설의 구조 및 원리

61 빈출도 ★

제연설비의 배출량 기준 중 다음 (　　) 안에 알맞은 것은?

> 거실의 바닥면적이 400[m^2] 미만으로 구획된 예상제연구역에 대한 배출량은 바닥면적 1[m^2] 당 (㉠)[m^3/min] 이상으로 하되, 예상제연구역에 대한 최저 배출량은 (㉡)[m^3/hr] 이상으로 하여야 한다.

① ㉠ 0.5　㉡ 10,000
② ㉠ 1　㉡ 5,000
③ ㉠ 1.5　㉡ 15,000
④ ㉠ 2　㉡ 5,000

해설

예상제연구역(통로 제외)의 바닥면적이 400[m^2] 미만인 경우 바닥면적 1[m^2] 당 1[m^3/min] 이상으로 하고, 최소 배출량은 5,000[m^3/hr] 이상으로 한다.

정답 | ②

62 빈출도 ★★★

케이블트레이에 물분무 소화설비를 설치하는 경우 저장하여야 할 수원의 최소 저수량은 몇 [m^3]인가? (단, 케이블트레이의 투영된 바닥면적은 70[m^2]이다.)

① 12.4　② 14
③ 16.8　④ 28

해설

케이블트레이의 저수량은 투영된 바닥면적 1[m^2]에 대하여 12[L/min]로 20분 간 방수할 수 있는 양 이상으로 한다.

$70[m^2] \times 12[L/min] \times 0.001[m^3/L] \times 20[min] = 16.8[m^3]$

관련개념 저수량의 산정기준

㉠ 특수가연물을 저장 또는 취급하는 특정소방대상물 또는 그 부분에 있어서 그 바닥면적(최소 50[m^2]) 1[m^2]에 대하여 10[L/min]로 20분 간 방수할 수 있는 양 이상으로 한다.
㉡ 차고 또는 주차장은 그 바닥면적(최소 50[m^2]) 1[m^2]에 대하여 20[L/min]로 20분 간 방수할 수 있는 양 이상으로 한다.
㉢ 절연유 봉입 변압기는 바닥 부분을 제외한 표면적을 합한 면적 1[m^2]에 대하여 10[L/min]로 20분 간 방수할 수 있는 양 이상으로 한다.
㉣ 케이블트레이, 케이블덕트 등은 투영된 바닥면적 1[m^2]에 대하여 12[L/min]로 20분 간 방수할 수 있는 양 이상으로 한다.
㉤ 콘베이어 벨트 등은 벨트 부분의 바닥면적 1[m^2]에 대하여 10[L/min]로 20분 간 방수할 수 있는 양 이상으로 한다.

정답 | ③

63 빈출도 ★★

호스릴 이산화탄소 소화설비의 노즐은 20[℃]에서 하나의 노즐마다 몇 [kg/min] 이상의 소화약제를 방사할 수 있는 것이어야 하는가?

① 40 ② 50
③ 60 ④ 80

해설

호스릴방식의 이산화탄소 소화설비의 노즐은 20[℃]에서 하나의 노즐마다 1분 당 60[kg] 이상의 양을 방출할 수 있는 것으로 한다.

관련개념 호스릴방식의 설치기준

㉠ 방호대상물의 각 부분으로부터 하나의 호스접결구까지의 수평거리가 15[m] 이하가 되도록 한다.
㉡ 소화약제 저장용기의 개방밸브는 호스릴의 설치장소에서 수동으로 개폐할 수 있는 것으로 한다.
㉢ 소화약제 저장용기는 호스릴을 설치하는 장소마다 설치한다.
㉣ 호스릴방식의 이산화탄소 소화설비의 노즐은 20[℃]에서 하나의 노즐마다 1분 당 60[kg] 이상의 양을 방출할 수 있는 것으로 한다.
㉤ 소화약제 저장용기의 가장 가까운 곳의 보기 쉬운 곳에 적색의 표시등을 설치하고, 호스릴방식의 이산화탄소 소화설비가 있다는 뜻을 표시한 표지를 한다.

정답 | ③

64 빈출도 ★★

차고 · 주차장의 부분에 호스릴 포 소화설비 또는 포소화전설비를 설치할 수 있는 기준 중 틀린 것은?

① 지상 1층으로서 지붕이 없는 부분
② 완전 개방된 옥상주차장으로서 주된 벽이 없고 기둥 뿐인 부분
③ 옥외로 통하는 개구부가 상시 개방된 구조의 부분으로서 그 개방된 부분의 합계면적이 해당 차고 또는 주차장의 바닥면적의 20[%] 이상인 부분
④ 완전 개방된 고가 밑의 주차장으로서 주위가 위해방지용 철주 등으로 둘러싸인 부분

해설

개구부의 면적은 관련이 없다.

관련개념 특정소방대상물별 포 소화설비의 적응성

차고 또는 주차장에는 다음에 해당하는 경우 호스릴 포 소화설비 또는 포 소화전설비를 설치할 수 있다.
㉠ 완전 개방된 옥상주차장 또는 고가 밑의 주차장 중 주된 벽이 없고 기둥 뿐이거나 주위가 위해방지용 철주 등으로 둘러싸인 부분
㉡ 지상 1층으로서 지붕이 없는 부분

정답 | ③

65 빈출도 ★

특별피난계단의 계단실 및 부속실 제연설비의 수직풍도에 따른 배출기준 중 각층의 옥내와 면하는 수직풍도의 관통부에 설치하여야 하는 배출댐퍼 설치기준으로 틀린 것은?

① 화재층의 옥내에 설치된 화재감지기의 동작에 따라 당해층의 댐퍼가 개방될 것
② 풍도의 배출댐퍼는 이·탈착구조가 되지 않도록 설치할 것
③ 개폐여부를 당해 장치 및 제어반에서 확인할 수 있는 감지기능을 내장하고 있을 것
④ 배출댐퍼는 두께 1.5[mm] 이상의 강판 또는 이와 동등 이상의 성능이 있는 것으로 설치하여야 하며 비 내식성 재료의 경우에는 부식방지 조치를 할 것

해설

풍도의 배출댐퍼는 풍도의 내부마감 상태에 대한 점검 및 댐퍼의 정비가 가능한 이·탈착식 구조로 한다.

관련개념 **수직풍도의 관통부에 설치하는 배출댐퍼의 설치기준**

㉠ 배출댐퍼는 두께 1.5[mm] 이상의 강판 또는 이와 동등 이상의 성능이 있는 것으로 설치하며 비내식성 재료의 경우 부식방지 조치를 한다.
㉡ 평상시 닫힌 구조로 기밀상태를 유지한다.
㉢ 개폐여부를 장치 및 제어반에서 확인할 수 있는 감지 기능을 내장한다.
㉣ 구동부의 작동상태와 닫혀 있을 때의 기밀상태를 수시로 점검할 수 있는 구조로 한다.
㉤ 풍도의 내부마감 상태에 대한 점검 및 댐퍼의 정비가 가능한 이·탈착식 구조로 한다.
㉥ 화재 층에 설치된 화재감지기의 동작에 따라 해당 층의 댐퍼가 개방되도록 한다.
㉦ 개방 시의 실제 개구부(개구율을 감안한 것)의 크기는 수직풍도의 내부단면적 기준 이상으로 한다.
㉧ 댐퍼는 풍도 내의 공기흐름에 지장을 주지 않도록 수직풍도의 내부로 돌출하지 않게 설치한다.

정답 | ②

66 빈출도 ★

인명구조기구의 종류가 아닌 것은?

① 방열복 ② 구조대
③ 공기호흡기 ④ 인공소생기

해설

인명구조기구에 해당하는 것은 방열복, 공기호흡기, 인공소생기이다.
구조대는 피난기구에 해당한다.

정답 | ②

67 빈출도 ★★★

분말 소화약제의 가압용 가스용기의 설치기준 중 틀린 것은?

① 분말 소화약제의 저장용기에 접속하여 설치하여야 한다.
② 가압용가스는 질소가스 또는 이산화탄소로 하여야 한다.
③ 가압용 가스용기를 3병 이상 설치한 경우에 있어서는 2개 이상의 용기에 전자개방밸브를 부착하여야 한다.
④ 가압용 가스용기에는 2.5[MPa] 이상의 압력에서 압력 조정이 가능한 압력조정기를 설치하여야 한다.

해설

분말 소화약제의 가압용 가스용기에는 2.5[MPa] 이하의 압력에서 조정이 가능한 압력조정기를 설치한다.

관련개념 **가압용 가스용기의 설치기준**

㉠ 분말 소화약제의 가스용기는 분말소화약제의 저장용기에 접속하여 설치해야 한다.
㉡ 분말 소화약제의 가압용 가스용기를 3병 이상 설치한 경우에는 2개 이상의 용기에 전자개방밸브를 부착한다.
㉢ 분말 소화약제의 가압용 가스용기에는 2.5[MPa] 이하의 압력에서 조정이 가능한 압력조정기를 설치한다.

정답 | ④

68 빈출도 ★★★

스프링클러 헤드의 설치기준 중 옳은 것은?

① 살수가 방해되지 아니하도록 스프링클러 헤드로부터 반경 30[cm] 이상의 공간을 보유할 것
② 스프링클러 헤드와 그 부착면과의 거리는 60[cm] 이하로 할 것
③ 측벽형 스프링클러 헤드를 설치하는 경우 긴 변의 한쪽 벽에 일렬로 설치하고 3.2[m] 이내마다 설치할 것
④ 연소할 우려가 있는 개구부에는 그 상하좌우에 2.5[m] 간격으로 스프링클러 헤드를 설치하되, 스프링클러 헤드와 개구부의 내측 면으로부터 직선거리는 15[cm] 이하가 되도록 할 것

해설

연소할 우려가 있는 개구부에는 그 상하좌우에 2.5[m] 간격으로 스프링클러 헤드를 설치한다.
헤드와 연소할 우려가 있는 개구부의 내측 면으로부터 직선거리는 15[cm] 이하가 되도록 한다.

선지분석

① 살수가 방해되지 않도록 스프링클러 헤드로부터 반경 60[cm] 이상의 공간을 보유한다.
② 스프링클러 헤드와 그 부착면과의 거리는 30[cm] 이하로 한다.
③ 측벽형 스프링클러 헤드를 설치하는 경우 긴 변의 한쪽 벽에 일렬로 설치하고 3.6[m] 이내마다 설치한다.

정답 | ④

69 빈출도 ★★★

포헤드의 설치기준 중 다음 (   ) 안에 알맞은 것은?

> 압축공기포 소화설비의 분사헤드는 천장 또는 반자에 설치하되 방호대상물에 따라 측벽에 설치할 수 있으며 유류탱크 주위에는 바닥면적 (㉠) [m^2] 마다 1개 이상, 특수가연물 저장소에는 바닥면적 (㉡)[m^2] 마다 1개 이상으로 당해 방호대상물의 화재를 유효하게 소화할 수 있도록 할 것

① ㉠ 8 ㉡ 9
② ㉠ 9 ㉡ 8
③ ㉠ 9.3 ㉡ 13.9
④ ㉠ 13.9 ㉡ 9.3

해설

압축공기포 소화설비의 분사헤드는 유류탱크 주위에 바닥면적 13.9[m^2]마다 1개 이상, 특수가연물 저장소에는 바닥면적 9.3[m^2]마다 1개 이상 설치한다.

정답 | ④

70 빈출도 ★★

분말 소화설비의 수동식 기동장치의 부근에 설치하는 방출지연스위치에 대한 설명으로 옳은 것은?

① 자동복귀형 스위치로서 수동식 기동장치의 타이머를 순간정지 시키는 기능의 스위치를 말한다.
② 자동복귀형 스위치로서 수동식 기동장치가 수신기를 순간정지 시키는 기능의 스위치를 말한다.
③ 수동복귀형 스위치로서 수동식 기동장치의 타이머를 순간정지 시키는 기능의 스위치를 말한다.
④ 수동복귀형 스위치로서 수동식 기동장치가 수신기를 순간정지 시키는 기능의 스위치를 말한다.

해설

방출지연스위치는 자동복귀형 스위치로서 수동식 기동장치의 타이머를 순간 정지시키는 기능의 스위치이다.

관련개념 **수동식 기동장치의 설치기준**

① 수동식 기동장치의 부근에는 소화약제의 방출을 지연시킬 수 있는 방출지연스위치(자동복귀형 스위치로서 수동식 기동장치의 타이머를 순간 정지시키는 기능의 스위치)를 설치한다.
② 전역방출방식은 방호구역마다, 국소방출방식은 방호대상물마다 설치한다.
③ 해당 방호구역의 출입구 부근 등 조작을 하는 자가 쉽게 피난할 수 있는 장소에 설치한다.
④ 기동장치의 조작부는 바닥으로부터 0.8[m] 이상 1.5[m] 이하의 위치에 설치하고, 보호판 등에 따른 보호장치를 설치한다.
⑤ 기동장치 인근의 보기 쉬운 곳에 "분말 소화설비 수동식 기동장치"라는 표지를 한다.
⑥ 전기를 사용하는 기동장치에는 전원표시등을 설치한다.
⑦ 기동장치의 방출용스위치는 음향경보장치와 연동하여 조작될 수 있는 것으로 한다.

정답 | ①

71 빈출도 ★

이산화탄소 소화설비의 배관의 설치기준 중 다음 ( ) 안에 알맞은 것은?

> 고압식의 1차 측(개폐밸브 또는 선택밸브 이전) 배관부속의 최소사용설계압력은 (㉠)[MPa]로 하고, 고압식의 2차 측과 저압식의 배관부속의 최소사용설계압력은 (㉡)[MPa]로 한다.

① ㉠ 9.0 ㉡ 4.5
② ㉠ 9.5 ㉡ 4.5
③ ㉠ 9.0 ㉡ 4.0
④ ㉠ 9.5 ㉡ 4.0

해설

고압식의 1차 측(개폐밸브 또는 선택밸브 이전) 배관부속의 최소사용설계압력은 9.5[MPa]로 하고, 고압식의 2차 측과 저압식의 배관부속의 최소사용설계압력은 4.5[MPa]로 한다.

정답 | ②

72 빈출도 ★★

옥외소화전설비 설치 시 고가수조의 자연 낙차를 이용한 가압송수장치의 설치기준 중 고가수조의 최소 자연낙차수두 산출 공식으로 옳은 것은? (단, H: 필요한 낙차[m], h_1: 소방용 호스 마찰손실수두[m], h_2: 배관의 마찰손실수두[m]이다.)

① $H=h_1+h_2+25$ ② $H=h_1+h_2+17$
③ $H=h_1+h_2+12$ ④ $H=h_1+h_2+10$

해설

고가수조의 자연낙차수두는 호스의 마찰손실(h_1), 배관의 마찰손실(h_2), 노즐선단에서의 방사압력(25[m])를 고려해야 한다.

관련개념 **옥외소화전설비 고가수조의 자연낙차수두**

$$H=h_1+h_2+25$$

H: 필요한 낙차[m], h_1: 호스의 마찰손실수두[m], h_2: 배관의 마찰손실수두[m], 25: 노즐선단에서의 방사압력수두[m]

정답 | ①

73 빈출도 ★★

물분무 헤드의 설치제외 기준 중 다음 ( ) 안에 알맞은 것은?

> 운전 시에 표면의 온도가 ( )[℃] 이상으로 되는 등 직접분무를 하는 경우 그 부분에 손상을 입힐 우려가 있는 기계장치 등이 있는 장소

① 100　② 260

③ 280　④ 980

해설

운전 시에 표면의 온도가 260[℃] 이상으로 되는 등 직접 분무를 하는 경우 그 부분에 손상을 입힐 우려가 있는 기계장치 등이 있는 장소

관련개념 **물분무 헤드의 설치제외 장소**

㉠ 물이 심하게 반응하는 물질 또는 물과 반응하여 위험한 물질을 생성하는 물질을 저장 또는 취급하는 장소

㉡ 고온의 물질 및 증류범위가 넓어 끓어 넘치는 위험이 있는 물질을 저장 또는 취급하는 장소

㉢ 운전 시에 표면의 온도가 260[℃] 이상으로 되는 등 직접 분무를 하는 경우 그 부분에 손상을 입힐 우려가 있는 기계장치 등이 있는 장소

정답 | ②

74 빈출도 ★★★

연면적이 35,000[m^2]인 특정소방대상물에 소화용수설비를 설치하는 경우 소화수조의 최소 저수량은 약 몇 [m^3]인가? (단, 지상 1층 및 2층의 바닥면적 합계가 15,000[m^2] 이상인 경우이다.)

① 40　② 60

③ 80　④ 100

해설

저수량은 1층 및 2층의 바닥면적 합계가 15,000[m^2] 이상인 경우 연면적 35,000[m^2]에 기준면적 7,500[m^2]을 나누어 얻은 수(소수점 이하 절상)에 20[m^3]을 곱한 양 이상으로 한다.

$$\frac{35{,}000[m^2]}{7{,}500[m^2]} \fallingdotseq 4.67 \fallingdotseq 5(\text{절상})$$

$$5 \times 20[m^3] = 100[m^3]$$

관련개념 **저수량의 산정기준**

저수량은 소방대상물의 연면적을 다음의 표에 따른 기준면적으로 나누어 얻은 수(소수점 이하 절상)에 20[m^3]을 곱한 양 이상으로 한다.

소방대상물의 구분	기준면적[m^2]
1층 및 2층의 바닥면적 합계가 15,000[m^2] 이상	7,500
그 밖의 소방대상물	12,500

정답 | ④

75 빈출도 ★

소화기에 호스를 부착하지 아니할 수 있는 기준 중 틀린 것은?

① 소화약제 중량이 2[kg] 이하인 분말소화기
② 소화약제 중량이 3[kg] 이하인 이산화탄소 소화기
③ 소화약제 중량이 4[kg] 이하인 할로겐화합물 소화기
④ 소화약제 중량이 5[kg] 이하인 산알칼리 소화기

해설

소화약제의 중량이 5[kg] 이하인 산알칼리 소화기는 기준에 해당하지 않는다.

관련개념 **소화기에 호스를 부착하지 않을 수 있는 기준**

㉠ 소화약제의 중량이 4[kg] 이하인 할로겐화합물소화기
㉡ 소화약제의 중량이 3[kg] 이하인 이산화탄소소화기
㉢ 소화약제의 중량이 2[kg] 이하인 분말소화기
㉣ 소화약제의 용량이 3[L] 이하인 액체계 소화약제 소화기

정답 | ④

76 빈출도 ★

고정식사다리의 구조에 따른 분류로 틀린 것은?

① 굽히는식 ② 수납식
③ 접는식 ④ 신축식

해설

종봉의 수가 2개 이상인 고정식사다리에는 수납식, 접는식, 신축식이 있다.

관련개념 **고정식사다리의 구조**

㉠ 종봉의 수가 2개 이상인 것(수납식 · 접는식 또는 신축식)
- 진동 등 그 밖의 충격으로 결합부분이 쉽게 이탈되지 않도록 안전장치를 설치한다.
- 안전장치의 해제 동작을 제외하고는 두 번의 동작 이내로 사다리를 사용가능한 상태로 할 수 있어야 한다.

㉡ 종봉의 수가 1개인 것
- 종봉이 그 사다리의 중심축이 되도록 횡봉을 부착하고 횡봉의 끝 부분에 종봉의 축과 평행으로 길이 5[cm] 이상의 옆으로 미끄러지는 것을 방지하기 위한 돌자를 설치한다.
- 횡봉의 길이는 종봉에서 횡봉의 끝까지 길이가 안 치수로 15[cm] 이상 25[cm] 이하여야 하며 종봉의 폭은 횡봉의 축 방향에 대하여 10[cm] 이하여야 한다.

정답 | ①

77 빈출도 ★

폐쇄형 스프링클러 헤드 퓨지블링크형의 표시온도가 121[℃]~162[℃]인 경우 프레임의 색별로 옳은 것은? (단, 폐쇄형 헤드이다.)

① 파랑 ② 빨강
③ 초록 ④ 흰색

해설

폐쇄형 스프링클러 헤드 퓨지블링크형의 표시온도가 121[℃] ~ 162[℃]인 경우 프레임의 색별은 파랑색으로 한다.

관련개념 **폐쇄형 헤드의 표시온도에 따른 색표시(퓨지블링크형)**

표시온도[℃]	프레임의 색별
77 미만	색 표시 안함
78 ~ 120	흰색
121 ~ 162	파랑
163 ~ 203	빨강
204 ~ 259	초록
260 ~ 319	오렌지
320 이상	검정

정답 | ①

78 빈출도 ★★★

발전실의 용도로 사용되는 바닥면적이 280[m^2]인 발전실에 부속용도별로 추가하여야 할 적응성이 있는 소화기의 최소 수량은 몇 개인가?

① 2 ② 4
③ 6 ④ 12

해설

발전실에 소화기구를 설치할 경우 부속용도별로 해당 용도의 바닥면적 50[m^2]마다 적응성이 있는 소화기를 1개 이상 설치해야 하므로

$$\frac{280[m^2]}{50[m^2]} = 5.6\text{개} = 6\text{개(절상)}$$

정답 | ③

79 빈출도 ★★★

건식 유수검지장치를 사용하는 스프링클러설비에 동장치를 시험할 수 있는 시험장치의 설치위치 기준으로 옳은 것은?

① 유수검지장치에서 가장 먼 가지배관의 끝으로부터 연결하여 설치할 것
② 교차관의 중간 부분에 연결하여 설치할 것
③ 유수검지장치의 측면배관에 연결하여 설치할 것
④ 유수검지장치에서 가장 먼 교차배관의 끝으로부터 연결하여 설치할 것

해설

시험장치는 건식 스프링클러설비인 경우 유수검지장치에서 가장 먼 거리에 위치한 가지배관의 끝으로부터 연결하여 설치한다.

관련개념 **시험장치의 설치기준**

㉠ 습식 스프링클러설비 및 부압식 스프링클러설비에는 유수검지장치 2차 측 배관에 연결하여 설치하고 건식 스프링클러설비인 경우 유수검지장치에서 가장 먼 거리에 위치한 가지배관의 끝으로부터 연결하여 설치한다.
㉡ 건식 스프링클러설비의 시험장치 중 유수검지장치 2차 측 설비의 내용적이 2,840[L]를 초과하는 경우 개폐밸브를 완전 개방 후 1분 이내에 물이 방사되어야 한다.
㉢ 시험장치 배관의 구경은 25[mm] 이상으로 하고, 그 끝에 개폐밸브 및 개방형 헤드 또는 스프링클러헤드와 동등한 방수성능을 가진 오리피스를 설치한다. 개방형 헤드는 반사판 및 프레임을 제거한 오리피스만으로 설치할 수 있다.
㉣ 시험배관의 끝에는 물받이 통 및 배수관을 설치하여 시험 중 방사된 물이 바닥에 흘러내리지 않도록 한다. 목욕실·화장실 등 배수처리가 쉬운 장소에 시험배관을 설치한 경우 제외할 수 있다.

정답 | ①

80 빈출도 ★★★

물분무 소화설비 수원의 저수량 설치기준으로 옳지 않은 것은?

① 특수가연물을 저장 또는 취급하는 특정소방대상물 또는 그 부분에 있어서 그 바닥면적 1[m^2]에 대하여 10[L/min]으로 20분간 방수할 수 있는 양 이상으로 할 것
② 차고 또는 주차장은 그 바닥면적 1[m^2]에 대하여 20[L/min]으로 20분간 방수할 수 있는 양 이상으로 할 것
③ 케이블덕트는 투영된 바닥면적 1[m^2]에 대하여 12[L/min]으로 20분간 방수할 수 있는 양 이상으로 할 것
④ 콘베이어 벨트 등은 벨트부분의 바닥면적 1[m^2]에 대하여 20[L/min]으로 20분간 방수할 수 있는 양 이상으로 할 것

해설

콘베이어 벨트 등은 벨트 부분의 바닥면적 1[m^2]에 대하여 10[L/min]로 20분 간 방수할 수 있는 양 이상으로 한다.

관련개념 **저수량의 산정기준**

㉠ 특수가연물을 저장 또는 취급하는 특정소방대상물 또는 그 부분에 있어서 그 바닥면적(최소 50[m^2]) 1[m^2]에 대하여 10[L/min]로 20분 간 방수할 수 있는 양 이상으로 한다.
㉡ 차고 또는 주차장은 그 바닥면적(최소 50[m^2]) 1[m^2]에 대하여 20[L/min]로 20분 간 방수할 수 있는 양 이상으로 한다.
㉢ 절연유 봉입 변압기는 바닥 부분을 제외한 표면적을 합한 면적 1[m^2]에 대하여 10[L/min]로 20분 간 방수할 수 있는 양 이상으로 한다.
㉣ 케이블트레이, 케이블덕트 등은 투영된 바닥면적 1[m^2]에 대하여 12[L/min]로 20분 간 방수할 수 있는 양 이상으로 한다.
㉤ 콘베이어 벨트 등은 벨트 부분의 바닥면적 1[m^2]에 대하여 10[L/min]로 20분 간 방수할 수 있는 양 이상으로 한다.

정답 | ④

소방원론

01 빈출도 ★

액화석유가스(LPG)에 대한 성질로 틀린 것은?

① 주성분은 프로페인, 뷰테인이다.
② 천연고무를 잘 녹인다.
③ 물에 녹지 않으나 유기용매에 용해된다.
④ 공기보다 1.5배 가볍다.

해설

액화석유가스(LPG)는 기화 시 공기보다 1.5배 이상 무겁다.

관련개념

액화석유가스(LPG)의 주성분은 프로페인과 뷰테인이다. 구성비율에 따라 44~58[g/mol]의 분자량을 가져 기화 시 29[g/mol]의 분자량을 가지는 공기보다 무겁다. 소수성인 탄화수소로 이루어져 있어 물에는 녹지 않지만 유기용매에는 녹으며, 이소프렌의 중합체인 천연고무도 잘 녹인다.

정답 | ④

02 빈출도 ★★

다음의 소화약제 중 오존파괴지수(ODP)가 가장 큰 것은?

① 할론 104
② 할론 1301
③ 할론 1211
④ 할론 2402

해설

오존파괴지수가 가장 큰 물질은 할론 1301이다.

관련개념 **오존파괴지수**

약제별 오존파괴정도를 나타낸 지수로 CFC−11($CFCl_3$)의 오존파괴정도를 1로 두었을 때 상대적인 파괴정도를 의미한다.

구분	오존파괴지수
Halon 104	1.1
Halon 1211	3
Halon 1301	10
Halon 2402	6

정답 | ②

03 빈출도 ★

건축물에 설치하는 방화구획의 설치기준 중 스프링클러설비를 설치한 11층 이상의 층은 바닥면적 몇 [m^2] 이내마다 방화구획을 하여야 하는가? (단, 벽 및 반자의 실내에 접하는 부분의 마감은 불연재료가 아닌 경우이다.)

① 200 ② 600

③ 1,000 ④ 3,000

해설

스프링클러를 설치한 경우 11층 이상의 층은 바닥면적 600[m^2]마다 방화구획하여야 한다.

관련개념 **방화구획 설치기준**

㉠ 10층 이하의 층은 바닥면적 1,000[m^2](스프링클러를 설치한 경우 3,000[m^2]) 이내마다 구획할 것
㉡ 매 층마다 구획할 것
㉢ 11층 이상의 층은 바닥면적 200[m^2](스프링클러를 설치한 경우 600[m^2]) 이내마다 구획할 것
㉣ 11층 이상의 층 중에서 실내에 접하는 부분이 불연재료인 경우 바닥면적 500[m^2](스프링클러를 설치한 경우 1,500[m^2]) 이내마다 구획할 것

정답 | ②

04 빈출도 ★

삼림화재 시 소화효과를 증대시키기 위해 물에 첨가하는 증점제로서 적합한 것은?

① Ethylene Glycol
② Potassium Carbonate
③ Ammonium Phosphate
④ Sodium Carboxy Methyl Cellulose

해설

물 소화약제에서 증점제로 많이 사용되는 물질은 Sodium Carboxy Methyl Cellulose이다.

선지분석

① 물 소화약제에 첨가되어 동파를 방지하는 역할을 하며 주로 자동차 부동액으로 사용된다.
② 증점제가 아닌 강화액 소화약제의 첨가물로 사용된다.
③ 증점제가 아닌 강화액 소화약제의 첨가물로 사용된다.
④ 물에 녹아 수용액의 점도를 높이는 역할을 하며 주로 식품에 첨가되어 수분을 유지하는 데 사용된다.

정답 | ④

05 빈출도 ★★

소화방법 중 제거소화에 해당되지 않는 것은?

① 산불이 발생하면 화재의 진행방향을 앞질러 벌목
② 방 안에서 화재가 발생하면 이불이나 담요로 덮음
③ 가스 화재 시 밸브를 잠궈 가스흐름을 차단
④ 불타고 있는 장작더미 속에서 아직 타지 않은 것을 안전한 곳으로 운반

해설

제거소화는 연소의 요소를 구성하는 가연물질을 안전한 장소나 점화원이 없는 장소로 신속하게 이동시켜서 소화하는 방법이다.
이불이나 담요로 가연물을 덮는 것은 연소에 필요한 산소의 공급을 차단시키는 질식소화에 해당한다.

정답 | ②

06 빈출도 ★

포 소화약제의 적응성이 있는 것은?

① 칼륨 화재 ② 알킬리튬 화재

③ 가솔린 화재 ④ 인화알루미늄 화재

해설

포 소화약제는 유류화재에 적응성이 있다.
포(Foam)와 함께 물이 함께 방출되므로 물과 접촉 시 가연성 물질을 생성하는 ①, ②, ④에는 적응성이 없다.

관련개념

포(Foam)는 유류보다 가벼운 미세한 기포의 집합체로 연소물의 표면을 덮어 공기와의 접촉을 차단하여 질식효과를 나타내며 함께 사용된 물에 의해 냉각효과도 나타낸다.

정답 | ③

07 빈출도 ★★★

제2류 위험물에 해당하는 것은?

① 유황　② 질산칼륨
③ 칼륨　④ 톨루엔

해설

유황은 제2류 위험물(가연성 고체)이다.

선지분석

② 질산칼륨은 질산염류로 제1류 위험물(산화성 고체)이다.
③ 칼륨은 제3류 위험물(자연발화성 및 금수성 물질)이다.
④ 톨루엔은 제4류 위험물(인화성 액체) 제1석유류 비수용성액체이다.

정답 | ①

08 빈출도 ★★★

주수소화 시 가연물에 따라 발생하는 가연성 가스의 연결이 틀린 것은?

① 탄화칼슘 — 아세틸렌
② 탄화알루미늄 — 프로페인
③ 인화칼슘 — 포스핀
④ 수소화리튬 — 수소

해설

탄화알루미늄(Al_4C_3)과 물이 반응하면 메테인(CH_4)이 발생한다.
$Al_4C_3 + 12H_2O \rightarrow 4Al(OH)_3 + 3CH_4 \uparrow$

선지분석

① $CaC_2 + 2H_2O \rightarrow Ca(OH)_2 + C_2H_2 \uparrow$
③ $Ca_3P_2 + 6H_2O \rightarrow 3Ca(OH)_2 + 2PH_3 \uparrow$
④ $LiH + H_2O \rightarrow LiOH + H_2 \uparrow$

정답 | ②

09 빈출도 ★★

물리적 폭발에 해당하는 것은?

① 분해 폭발　② 분진 폭발
③ 중합 폭발　④ 수증기 폭발

해설

물질의 물리적 변화에서 기인한 폭발을 물리적 폭발이라고 한다. 수증기 폭발은 액체상태의 물이 기체상태의 수증기로 변화하며 생기는 순간적인 부피 차이로 발생하는 물리적 폭발이다.

선지분석

① 분해 폭발은 물질이 다른 둘 이상의 물질로 분해되면서 생기는 부피 차이로 발생하는 화학적 폭발이다.
② 분진 폭발은 물질이 가루 상태일 때 더 빠르게 일어나는 화학 반응으로 인해 생기는 부피 차이로 발생하는 화학적 폭발이다.
③ 중합 폭발은 저분자의 물질이 고분자의 물질로 합성되며 생기는 부피 차이로 발생하는 화학적 폭발이다.

정답 | ④

10 빈출도 ★

위험물안전관리법령상 지정된 동식물유류의 성질에 대한 설명으로 틀린 것은?

① 요오드값이 작을수록 자연발화의 위험성이 크다.
② 상온에서 모두 액체이다.
③ 물에 불용성이지만 에테르 및 벤젠 등의 유기용매에는 잘 녹는다.
④ 인화점은 1기압하에서 250[℃] 미만이다.

해설

요오드값이 클수록 불포화도가 크며 불안정하므로 반응성이 커져 자연발화성이 높다.

관련개념 제4류 위험물 동식물유류

㉠ 상온에서 안정적인 액체 상태로 존재하며, 비전도성을 갖는다.
㉡ 물보다 가볍고 대부분 물에 녹지 않는 비수용성이다.
㉢ 1기압에서 인화점이 250[℃] 미만이다.

정답 | ①

11 빈출도 ★★

피난계획의 일반원칙 Fool Proof 원칙에 대한 설명으로 옳은 것은?

① 1가지가 고장이 나도 다른 수단을 이용하는 원칙
② 2방향의 피난동선을 항상 확보하는 원칙
③ 피난수단을 이동식 시설로 하는 원칙
④ 피난수단을 조작이 간편한 원시적 방법으로 하는 원칙

해설

피난 중 실수(Fool)가 발생하더라도 사고로 이어지지 않도록(Proof) 하는 원칙을 Fool Proof 원칙이라고 한다.
인간이 실수를 줄일 수 있도록 피난수단을 조작이 간편한 방식으로 설계하는 것은 Fool Proof 원칙에 해당한다.

관련개념 **화재 시 피난동선의 조건**

㉠ 피난동선은 가급적 단순한 형태로 한다.
㉡ 2 이상의 피난동선을 확보한다.
㉢ 피난통로는 불연재료로 구성한다.
㉣ 인간의 본능을 고려하여 동선을 구성한다.
㉤ 계단은 직통계단으로 한다.
㉥ 피난통로의 종착지는 안전한 장소여야 한다.
㉦ 수평동선과 수직동선을 구분하여 구성한다.

정답 | ④

12 빈출도 ★★

인화점이 낮은 것부터 높은 순서로 옳게 나열된 것은?

① 에틸알코올<이황화탄소<아세톤
② 이황화탄소<에틸알코올<아세톤
③ 에틸알코올<아세톤<이황화탄소
④ 이황화탄소<아세톤<에틸알코올

해설

인화점은 이황화탄소, 아세톤, 에틸알코올 순으로 높아진다.

관련개념 **물질의 발화점과 인화점**

물질	발화점[℃]	인화점[℃]
프로필렌	497	−107
산화프로필렌	449	−37
가솔린	300	−43
이황화탄소	100	−30
아세톤	538	−18
메틸알코올	385	11
에틸알코올	423	13
벤젠	498	−11
톨루엔	480	4.4
등유	210	43~72
경유	200	50~70
적린	260	−
황린	30	20

정답 | ④

13 빈출도 ★★

화재 발생 시 발생하는 연기에 대한 설명으로 틀린 것은?

① 연기의 유동속도는 수평방향이 수직방향보다 빠르다.
② 동일한 가연물에서 환기지배형 화재가 연료지배형 화재에 비하여 연기발생량이 많다.
③ 고온 상태의 연기는 유동확산이 빨라 화재전파의 원인이 되기도 한다.
④ 연기는 일반적으로 불완전 연소 시에 발생한 고체, 액체, 기체 생성물의 집합체이다.

해설

연기의 유동속도는 수직 이동속도(2~3[m/s])가 수평 이동속도(0.5~1[m/s])보다 빠르다.

선지분석

② 환기지배형 화재는 공기(산소)의 공급에 영향을 받는 화재를 말하며, 연료지배형 화재는 가연물의 영향을 받는 화재를 말한다. 환기지배형 화재일수록 공기(산소)의 공급상태에 따라 불완전 연소의 가능성이 높아 연기발생량이 많다.
③ 고온 상태일수록 주변 공기와의 밀도차이가 커지므로 공기의 순환이 빠르게 이루어지며 연기의 유동확산이 빨라진다.
④ 연기는 완전히 연소되지 않은 고체 또는 액체의 미립자가 공기 중에 부유하고 있는 것이다.

정답 | ①

14 빈출도 ★★★

물과 반응하여 가연성 기체를 발생하지 않는 것은?

① 칼륨 ② 인화알루미늄
③ 산화칼슘 ④ 탄화알루미늄

해설

산화칼슘(CaO)은 물과 반응하였을 때 수산화칼슘($Ca(OH)_2$)을 생성한다.

선지분석

① $2K + 2H_2O \rightarrow 2KOH + H_2 \uparrow$
② $AlP + 3H_2O \rightarrow Al(OH)_3 + PH_3 \uparrow$
④ $Al_4C_3 + 12H_2O \rightarrow 4Al(OH)_3 + 3CH_4 \uparrow$

정답 | ③

15 빈출도 ★★

건축물의 화재 발생 시 인간의 피난 특성으로 틀린 것은?

① 평상시 사용하는 출입구나 통로를 사용하는 경향이 있다.
② 화재의 공포감으로 인하여 빛을 피해 어두운 곳으로 몸을 숨기는 경향이 있다.
③ 화염, 연기에 대한 공포감으로 발화지점의 반대방향으로 이동하는 경향이 있다.
④ 화재 시 최초로 행동을 개시한 사람을 따라 전체가 움직이는 경향이 있다.

해설

화재 시 밝은 곳으로 대피한다. 이를 지광본능이라 한다.

관련개념 화재 시 인간의 피난특성

구분	내용
지광본능	밝은 곳으로 대비한다.
추종본능	최초로 행동한 사람을 따른다.
퇴피본능	발화지점의 반대방향으로 이동한다.
귀소본능	평소에 사용하던 문, 통로를 사용한다.
좌회본능	오른손잡이는 오른손이나 오른발을 이용하여 왼쪽으로 회전(좌회전)한다.

정답 | ②

16 빈출도 ★★

물체의 표면온도가 250[℃]에서 650[℃]로 상승하면 열 복사량은 약 몇 배 정도 상승하는가?

① 2.5 ② 5.7

③ 7.5 ④ 9.7

해설

복사열은 절대온도의 4제곱에 비례하므로, 복사에너지는 9.7배 증가한다.

$$\frac{q_2}{q_1}=\frac{\sigma T_2^4}{\sigma T_1^4}=\frac{(273+650)^4}{(273+250)^4}=\left(\frac{923}{523}\right)^4 \fallingdotseq 9.7$$

관련개념 **복사**

복사는 열에너지가 매질을 통하지 않고 전자기파의 형태로 전달되는 현상이다.

슈테판－볼츠만 법칙에 의해 복사열은 절대온도의 4제곱에 비례한다.

$$Q \propto \sigma T^4$$

Q: 열전달량[W/m^2], σ: 슈테판－볼츠만 상수(5.67 × 10^{-8})[W/m^2·K^4], T: 절대온도[K]

정답 | ④

17 빈출도 ★★

조연성 가스에 해당하는 것은?

① 일산화탄소 ② 산소

③ 수소 ④ 뷰테인

해설

조연성(지연성) 가스는 스스로 연소하지 않지만 연소를 도와주는 물질로 산소, 불소, 염소, 오존 등이 있다.

선지분석

①, ③, ④ 모두 가연성 가스이다.

정답 | ②

18 빈출도 ★★★

자연발화 방지대책에 대한 설명 중 틀린 것은?

① 저장실의 온도를 낮게 유지한다.

② 저장실의 환기를 원활히 시킨다.

③ 촉매물질과의 접촉을 피한다.

④ 저장실의 습도를 높게 유지한다.

해설

수분은 비열이 높아 많은 열을 축적할 수 있으므로 습도가 낮아야 자연발화를 방지할 수 있다.

관련개념 **발화의 조건**

㉠ 주변 온도가 높고, 발열량이 클수록 발화하기 쉽다.
㉡ 열전도율이 낮을수록 열 축적이 쉬워 발화하기 쉽다.
㉢ 표면적이 넓어 산소와의 접촉량이 많을수록 발화하기 쉽다.
㉣ 분자량, 온도, 습도, 농도, 압력이 클수록 발화하기 쉽다.
㉤ 활성화 에너지가 작을수록 발화하기 쉽다.

정답 | ④

19 빈출도 ★★★

분말 소화약제로서 ABC급 화재에 적응성이 있는 소화약제의 종류는?

① $NH_4H_2PO_4$ ② $NaHCO_3$
③ Na_2CO_3 ④ $KHCO_3$

해설

제3종 분말 소화약제는 A, B, C급 화재에 모두 적응성이 있다.

관련개념 **분말 소화약제**

구분	주성분	색상	적응화재
제1종	탄산수소나트륨 ($NaHCO_3$)	백색	B급 화재 C급 화재
제2종	탄산수소칼륨 ($KHCO_3$)	담자색 (보라색)	B급 화재 C급 화재
제3종	제1인산암모늄 ($NH_4H_2PO_4$)	담홍색	A급 화재 B급 화재 C급 화재
제4종	탄산수소칼륨+요소 [$KHCO_3+CO(NH_2)_2$]	회색	B급 화재 C급 화재

정답 | ①

20 빈출도 ★★★

과산화칼륨이 물과 접촉하였을 때 발생하는 것은?

① 산소 ② 수소
③ 메테인 ④ 아세틸렌

해설

과산화칼륨(K_2O_2)과 물이 반응하면 산소(O_2)가 발생한다.

$2K_2O_2+2H_2O \rightarrow 4KOH+O_2\uparrow$

정답 | ①

소방유체역학

21 빈출도 ★★★

효율이 50[%]인 펌프를 이용하여 저수지의 물을 1초에 10[L]씩 30[m] 위 쪽에 있는 논으로 퍼 올리는데 필요한 동력은 약 몇 [kW]인가?

① 18.83　　② 10.48
③ 2.94　　④ 5.88

해설

$$P=\frac{\gamma QH}{\eta}$$

P: 축동력[kW], γ: 유체의 비중량[kN/m^3], Q: 유량[m^3/s], H: 전양정[m], η: 효율

유체는 물이므로 물의 비중량은 9.8[kN/m^3]이다.
펌프의 토출량이 10[L/s]이므로 단위를 변환하면 0.01[m^3/s]이다.
주어진 조건을 공식에 대입하면 필요한 동력 P는

$$P=\frac{9.8\times0.01\times30}{0.5}=5.88[\text{kW}]$$

정답 | ④

22 빈출도 ★

펌프가 실제 유동시스템에 사용될 때 펌프의 운전점은 어떻게 결정하는 것이 좋은가?

① 시스템 곡선과 펌프 성능곡선의 교점에서 운전한다.
② 시스템 곡선과 펌프 효율곡선의 교점에서 운전한다.
③ 펌프 성능곡선과 펌프 효율곡선의 교점에서 운전한다.
④ 펌프 효율곡선의 최고점, 즉 최고 효율점에서 운전한다.

해설

펌프는 펌프의 특성(성능)곡선과 시스템 곡선의 교점에서 운전한다.

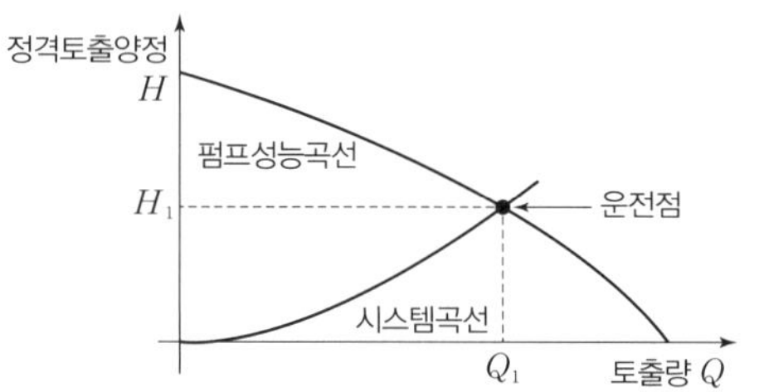

정답 | ①

23 빈출도 ★

비중이 1.03인 바닷물에 비중 0.9인 빙산이 떠있다. 전체 부피의 몇 [%]가 해수면 위로 올라와 있는가?

① 12.6 ② 10.8
③ 7.2 ④ 6.3

해설

빙산이 바닷물 수면에 안정적으로 떠있으므로 빙산에 작용하는 중력과 부력의 크기는 같다.

$$F_1 - F_2 = s_1\gamma_w V - s_2\gamma_w \times xV = 0$$

F_1: 중력[N], F_2: 부력[N], s_1: 빙산의 비중,
γ_w: 물의 비중량[N/m^3], V: 빙산의 부피[m^3], s_2: 바닷물의 비중,
x: 물체가 잠긴 비율[%]

$F_1 - F_2 = 0.9 \times 9{,}800 \times V - 1.03 \times 9{,}800 \times xV = 0$

$x = \frac{0.9 \times 9{,}800 \times V}{1.03 \times 9{,}800 \times V} \fallingdotseq 0.8738 = 87.38[\%]$

해수면 아래 잠긴 부피의 비율이 87.38[%]이므로, 해수면 위로 나온 부피의 비율은

$(100 - 87.38)[\%] = 12.62[\%]$

정답 | ①

24 빈출도 ★★

그림과 같이 중앙부분에 구멍이 뚫린 원판에 지름 D의 원형 물제트가 대기압 상태에서 V의 속도로 충돌하여, 원판 뒤로 지름 $\frac{D}{2}$의 원형 물제트가 V의 속도로 흘러나가고 있을 때, 이 원판이 받는 힘은 얼마인가? (단, ρ는 물의 밀도이다.)

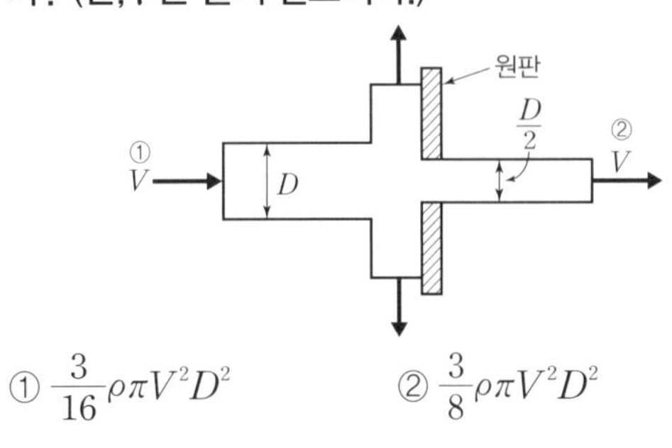

① $\frac{3}{16}\rho\pi V^2D^2$ ② $\frac{3}{8}\rho\pi V^2D^2$
③ $\frac{3}{4}\rho\pi V^2D^2$ ④ $3\rho\pi V^2D^2$

해설

물제트의 일부는 원판의 구멍을 통해 빠져나가고 나머지 부분이 원판에 힘을 가하고 있다.

$$F = \rho A u^2$$

F: 유체가 원판에 가하는 힘[N], ρ: 유체의 밀도[kg/m^3],
A: 유체의 단면적[m^2], u: 유속[m/s]

물제트는 직경이 D인 원형이므로 물제트의 단면적은 다음과 같다.

$$A = \frac{\pi}{4}D^2$$

$F_1 = \rho \times \frac{\pi}{4}D^2 \times V^2 = \frac{1}{4}\rho\pi V^2D^2$

구멍을 통해 빠져나가는 물제트가 가진 힘은 다음과 같다.

$F_2 = \rho \times \frac{\pi}{4}\left(\frac{D}{2}\right)^2 \times V^2 = \frac{1}{16}\rho\pi V^2D^2$

따라서 원판이 받는 힘은

$F = F_1 - F_2 = \frac{3}{16}\rho\pi V^2D^2$

정답 | ①

2018년 2회

25 빈출도 ★★★

저장용기로부터 20[℃]의 물을 길이 300[m], 지름 900[mm]인 콘크리트 수평 원관을 통하여 공급하고 있다. 유량이 1[m³/s]일 때 원관에서의 압력강하는 약 몇 [kPa]인가? (단, 관마찰계수는 약 0.023이다.)

① 3.57　② 9.47

③ 14.3　④ 18.8

해설

일정한 양의 비압축성 유체가 일정한 속도로 흐를 때 배관에서의 마찰손실은 달시－바이스바하 방정식으로 구할 수 있다.

$$H=\frac{\Delta P}{\gamma}=\frac{flu^2}{2gD}$$

H: 마찰손실수두[m], ΔP: 압력 차이[kPa], γ: 비중량[kN/m³], f: 마찰손실계수, l: 배관의 길이[m], u: 유속[m/s], g: 중력가속도[m/s²], D: 배관의 직경[m]

유체는 물이므로 물의 비중량은 9.8[kN/m³]이다.
부피유량 공식 $Q=Au$에 의해 유량과 배관의 직경 D를 알면 유속은 다음과 같이 구할 수 있다.

$$u=\frac{Q}{A}=\frac{Q}{\frac{\pi}{4}D^2}=\frac{4Q}{\pi D^2}$$

u: 유속[m/s], Q: 유량[m³/s], A: 배관의 단면적[m²], D: 배관의 직경[m]

따라서 주어진 조건을 공식에 대입하면 압력강하 ΔP는

$$\Delta P=\gamma\times\frac{fl}{2gD}\times\left(\frac{4Q}{\pi D^2}\right)^2$$
$$=9.8\times\frac{0.023\times300}{2\times9.8\times0.9}\times\left(\frac{4\times1}{\pi\times0.9^2}\right)^2$$
$$\fallingdotseq 9.47[m]$$

정답 | ②

26 빈출도 ★★★

물탱크에 담긴 물의 수면의 높이가 10[m]인데, 물탱크 바닥에 원형 구멍이 생겨서 10[L/s]만큼 물이 유출되고 있다. 원형 구멍의 지름은 약 몇 [cm]인가? (단, 구멍의 유량보정계수는 0.6이다.)

① 2.7　② 3.1

③ 3.5　④ 3.9

해설

$$\frac{P_1}{\gamma}+\frac{u_1^2}{2g}+Z_1=\frac{P_2}{\gamma}+\frac{u_2^2}{2g}+Z_2$$

P: 압력[kN/m²], γ: 비중량[kN/m³], u: 유속[m/s], g: 중력가속도[m/s²], Z: 높이[m]

수면과 구멍 바깥의 압력은 대기압으로 같다.

$P_1=P_2$

수면과 구멍의 높이 차이는 다음과 같다.

$Z_1-Z_2=10[m]$

수면 높이는 일정하므로 수면 높이의 변화속도 u_1는 무시하고 주어진 조건을 공식에 대입하면 구멍을 통과하는 유속 u_2은 다음과 같다.

$$\frac{u_2^2}{2g}=(Z_1-Z_2)$$

이론유속과 실제유속은 차이가 있으므로 보정계수 C를 곱해 그 차이를 보정한다.

$u_2=C\sqrt{2g(Z_1-Z_2)}=0.6\times\sqrt{2\times9.8\times10}=8.4[m/s]$

구멍은 지름이 D[m]인 원형이므로 구멍의 단면적은 다음과 같다.

$$A=\frac{\pi}{4}D^2$$

부피유량 공식 $Q=Au$에 의해 유량 Q와 유속 u를 알면 구멍의 직경 D를 구할 수 있다.
따라서 주어진 조건을 공식에 대입하면 직경 D는

$$Q=\frac{\pi}{4}D^2u$$
$$D=\sqrt{\frac{4Q}{\pi u}}=\sqrt{\frac{4\times0.01}{\pi\times8.4}}$$
$$\fallingdotseq 0.0389[m]=3.89[cm]$$

정답 | ④

27 빈출도 ★

20[℃] 물 100[L]를 화재현장의 화염에 살수하였다. 물이 모두 끓는 온도(100[℃])까지 가열되는 동안 흡수하는 열량은 약 몇 [kJ]인가? (단, 물의 비열은 4.2[kJ/kg · K]이다.)

① 500 ② 2,000
③ 8,000 ④ 33,600

해설

20[℃]의 물은 100[℃]까지 온도변화한다.

$$Q=cm\Delta T$$

Q: 열량[kJ], c: 비열[kJ/kg · K], m: 질량[kg], ΔT: 온도 변화[K]

물의 밀도는 1,000[kg/m^3]이고, 100[L]는 0.1[m^3]이므로 100[L] 물의 질량은 100[kg]이다.

100[L] × 0.001[m^3/L] × 1,000[kg/m^3] = 100[kg]

물의 평균 비열은 4.2[kJ/kg · K]이므로 100[kg]의 물이 20[℃]에서 100[℃]까지 온도변화하는 데 필요한 열량은

$Q = 4.2 \times 100 \times (100-20)$
$= 33,600$[kJ]

정답 | ④

28 빈출도 ★★

아래 그림과 같은 반지름이 1[m]이고, 폭이 3[m]인 곡면의 수문 AB가 받는 수평분력은 약 몇 [N]인가?

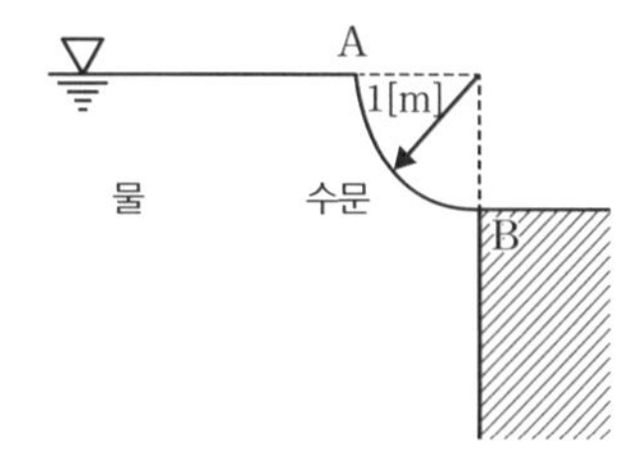

① 7,350 ② 14,700
③ 23,900 ④ 29,400

해설

곡면의 수평 방향으로 작용하는 힘 F는 다음과 같다.

$$F=PA=\rho ghA=\gamma hA$$

F: 수평 방향으로 작용하는 힘(수평분력)[N], P: 압력[N/m^2], A: 정사영 면적[m^2], ρ: 밀도[kg/m^3], g: 중력가속도[m/s^2], h: 중심 높이로부터 표면까지의 높이[m], γ: 유체의 비중량[N/m^3]

유체는 물이므로 물의 비중량은 9,800[N/m^3]이다.
곡면의 중심 높이로부터 표면까지의 높이 h는 0.5[m]이다.
곡면과 나란한 수직인 벽으로 정사영을 내린 면적 A는 (1 × 3)[m]이다.

$F = 9,800 \times 0.5 \times (1 \times 3)$
$= 14,700$[N]

정답 | ②

2018년 2회

29 빈출도 ★★

초기온도와 압력이 각각 50[℃], 600[kPa]인 이상 기체를 100[kPa]까지 가역 단열팽창시켰을 때 온도는 약 몇 [K]인가? (단, 이 기체의 비열비는 1.4이다.)

① 194　　② 216
③ 248　　④ 262

해설

단열변화에서 압력, 부피, 온도는 다음과 같은 관계를 가진다.

$$\left(\frac{P_2}{P_1}\right)=\left(\frac{V_1}{V_2}\right)^{x}=\left(\frac{T_2}{T_1}\right)^{\frac{x}{x-1}}$$

P: 압력, V: 부피, T: 절대온도, x: 비열비

기체의 압력 P_2가 초기 압력 P_1의 $\frac{1}{6}$이므로 압력변화는 다음과 같다.

$$P_2=\frac{1}{6}P_1$$

$$\frac{P_2}{P_1}=\frac{1}{6}$$

팽창 후의 온도 T_2에 관한 식으로 나타내면 다음과 같다.

$$\left(\frac{P_2}{P_1}\right)^{\frac{x-1}{x}}=\left(\frac{T_2}{T_1}\right)$$

$$T_2=T_1\times\left(\frac{P_2}{P_1}\right)^{\frac{x-1}{x}}$$

따라서 주어진 조건을 공식에 대입하면 팽창 후의 온도 T_2는

$$T_2=(273+50)\times\left(\frac{1}{6}\right)^{\frac{1.4-1}{1.4}}$$
$$\fallingdotseq 194[K]$$

정답 | ①

30 빈출도 ★★★

100[cm]×100[cm]이고, 300[℃]로 가열된 평판에 25[℃]의 공기를 불어준다고 할 때 열전달량은 약 몇 [kW]인가? (단, 대류 열전달계수는 30[W/m²·K]이다.)

① 2.98　　② 5.34
③ 8.25　　④ 10.91

해설

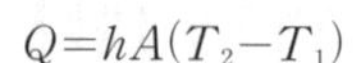

$$Q=hA(T_2-T_1)$$

Q: 열전달량[W], h: 대류 열전달계수[W/m²·℃],
A: 열전달 면적[m²], (T_2-T_1): 온도 차이[℃]

가열된 평판의 넓이가 (1×1)[m²]이고, 평판과 외부 공기의 온도 차이는 (300−25)[K]이므로 대류에 의한 열전달량은

$$Q=30\times(1\times1)\times(300-25)$$
$$=8{,}250[W]=8.25[kW]$$

정답 | ③

31 빈출도 ★★★

호주에서 무게가 20[N]인 어떤 물체를 한국에서 재어보니 19.8[N]이었다면 한국에서의 중력가속도는 약 몇 [m/s²]인가? (단, 호주에서의 중력가속도는 9.82[m/s²]이다.)

① 9.72　　② 9.75
③ 9.78　　④ 9.82

해설

$$W=mg$$

W: 무게[N], m: 질량[kg], g: 중력가속도[m/s²]

질량은 물체가 가지는 고유한 양이므로 어디에서도 그 값은 일정하다.

$$m=\frac{W_1}{g_1}=\frac{W_2}{g_2}$$

호주에서의 무게 W_1는 20[N], 중력가속도 g_1는 9.82[m/s²]이고, 한국에서의 무게 W_2는 19.8[N]이므로, 한국에서의 중력가속도 g_2는

$$g_2=g_1\times\left(\frac{W_2}{W_1}\right)=9.82\times\left(\frac{19.8}{20}\right)$$
$$=9.7218[m/s^2]$$

정답 | ①

32 빈출도 ★★

비압축성 유체를 설명한 것으로 가장 옳은 것은?

① 체적탄성계수가 0인 유체를 말한다.
② 관로 내에 흐르는 유체를 말한다.
③ 점성을 갖고 있는 유체를 말한다.
④ 난류 유동을 하는 유체를 말한다.

해설

압력에 따라 부피와 밀도가 변화하지 않는 유체를 비압축성 유체라고 한다.
체적탄성계수가 의미를 가지지 못하는 유체는 비압축성 유체이다.

정답 | ①

33 빈출도 ★★

지름 20[cm]의 소화용 호스에 물이 질량유량 80[kg/s]로 흐른다. 이때 평균 유속은 약 몇 [m/s]인가?

① 0.58 ② 2.55
③ 5.97 ④ 25.48

해설

$$M=\rho Au$$

M: 질량유량[kg/s], ρ: 밀도[kg/m³], A: 유체의 단면적[m²], u: 유속[m/s]

유체는 물이므로 물의 밀도는 1,000[kg/m³]이다.
배관은 지름이 0.2[m]인 원형이므로 배관의 단면적은 다음과 같다.

$$A=\frac{\pi}{4}\times 0.2^2$$

따라서 주어진 조건을 공식에 대입하면 평균 유속 u는

$$u=\frac{M}{\rho A}=\frac{80}{1{,}000\times\frac{\pi}{4}\times 0.2^2}$$
$$\fallingdotseq 2.55[\text{m/s}]$$

정답 | ②

34 빈출도 ★★★

깊이 1[m]까지 물을 넣은 물탱크의 밑에 오리피스가 있다. 수면에 대기압이 작용할 때의 초기 오리피스에서의 유속 대비 2배 유속으로 물을 유출시키려면 수면에는 몇 [kPa]의 압력을 더 가하면 되는가? (단, 손실은 무시한다.)

① 9.8 ② 19.6
③ 29.4 ④ 39.2

해설

수면과 오리피스를 통과한 후의 압력과 속도의 관계식은 베르누이 방정식을 통해 구할 수 있다.

$$\frac{P_1}{\gamma}+\frac{u_1^2}{2g}+Z_1=\frac{P_2}{\gamma}+\frac{u_2^2}{2g}+Z_2$$

P: 압력[kN/m²], γ: 비중량[kN/m³], u: 유속[m/s], g: 중력가속도[m/s²], Z: 높이[m]

수면과 오리피스 출구의 압력은 대기압으로 같다.

$$P_1=P_2$$

수면 높이는 일정하므로 수면 높이의 변화속도 u_1는 무시하고 주어진 조건을 공식에 대입하면 오리피스 출구의 유속 u_2는 다음과 같다.

$$\frac{u_2^2}{2g}=(Z_1-Z_2)=1[\text{m}]$$

수면과 오리피스의 높이 차이 (Z_1-Z_2)가 1[m]일 때의 유속 대비 2배의 유속으로 물을 유출시키려면 기존 대비 2^2배의 높이 차이가 발생하여야 한다.

$$\frac{(2u_2)^2}{2g}=\frac{4u_2^2}{2g}=4[\text{m}]$$

따라서 물기둥 $(4-1)=3$[m]에 해당하는 압력을 더 가해주면 된다.
물기둥 10.332[m]는 101.325[kPa]와 같으므로 물기둥 3[m]에 해당하는 압력은

$$3[\text{m}]\times\frac{101.325[\text{kPa}]}{10.332[\text{m}]}\fallingdotseq 29.42[\text{kPa}]$$

정답 | ③

35 빈출도 ★★

그림과 같은 거꾸로 된 마노미터에서 물과 기름, 수은이 채워져 있다. $a=10$[cm], $c=25$[cm]이고 A의 압력이 B의 압력보다 80[kPa] 작을 때 b의 길이는 약 몇 [cm]인가? (단, 수은의 비중량은 133,100[N/m³], 기름의 비중은 0.9이다.)

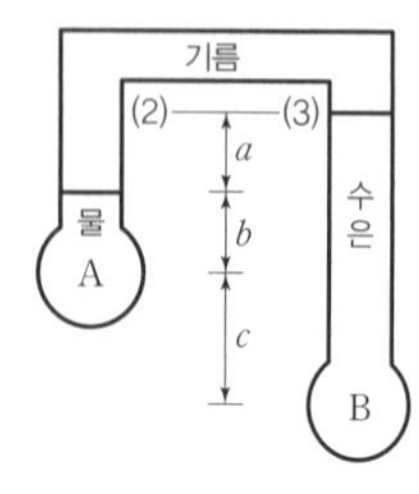

① 17.8　② 27.8
③ 37.8　④ 47.8

해설

$$P_x=\gamma h=s\gamma_w h$$

P_x: x점에서의 압력[Pa], γ: 비중량[N/m³],
h: 표면까지의 높이[m], s: 비중, γ_w: 물의 비중량[N/m³]

P_A는 물이 누르는 압력과 기름이 누르는 압력, (2)면에 작용하는 압력의 합과 같다.

$$P_A=\gamma_w b+s_1\gamma_w a+P_2$$

P_B는 수은이 누르는 압력과 (3)면에 작용하는 압력의 합과 같다.

$$P_B=\gamma(a+b+c)+P_3$$

유체 내부에서 같은 수평면(높이)에는 같은 압력이 작용하므로 (2)면과 (3)면의 압력은 같다.

$$P_2=P_3$$

$$P_A-\gamma_w b-s_1\gamma_w a=P_B-\gamma(a+b+c)$$

A점의 압력이 B점의 압력보다 80[kPa] 작으므로 두 점의 관계식은 다음과 같다.

$$P_A+80{,}000=P_B$$

따라서 두 식을 연립하여 주어진 조건을 대입하면 b의 길이는

$$80{,}000+\gamma_w b+s_1\gamma_w a=\gamma(a+b+c)$$

$$80{,}000+s_1\gamma_w a-\gamma(a+c)=(\gamma-\gamma_w)b$$

$$b=\frac{80{,}000+s_1\gamma_w a-\gamma(a+c)}{(\gamma-\gamma_w)}$$

$$=\frac{80{,}000+0.9\times 9{,}800\times 0.1-133{,}100(0.1+0.25)}{(133{,}100-9{,}800)}$$

$$\fallingdotseq 0.278[\text{m}]=27.8[\text{cm}]$$

정답 | ②

36 빈출도 ★★

공기를 체적비율이 산소(O_2, 분자량 32[g/mol]) 20[%], 질소(N_2, 분자량 28[g/mol]) 80[%]의 혼합 기체라 가정할 때 공기의 기체상수는 약 몇 [kJ/kg·K]인가? (단, 일반 기체상수는 8.3145[kJ/kmol·K]이다.)

① 0.294　② 0.289
③ 0.284　④ 0.279

해설

공기의 기체상수 $\overline{R}$은 일반 기체상수 R과 분자량 M의 비율로 구할 수 있다.

$$PV=\frac{m}{M}RT=m\overline{R}T$$

P: 압력[kN/m²], V: 부피[m³], m: 질량[kg],
M: 분자량[kg/kmol], R: 기체상수(8.3145)[kJ/kmol·K],
T: 절대온도[K], $\overline{R}$: 특정기체상수[kJ/kg·K]

$$\overline{R}=\frac{R}{M}$$

공기의 부피비는 분자수의 비율과 같으므로 공기의 분자량은 다음과 같이 구할 수 있다.

$$M=\frac{0.2\times 32+0.8\times 28}{0.2+0.8}=28.8[\text{kg/kmol}]$$

따라서 주어진 조건을 공식에 대입하면 공기의 기체상수 $\overline{R}$은

$$\overline{R}=\frac{8.3145}{28.8}\fallingdotseq 0.289[\text{kJ/kg}\cdot\text{K}]$$

정답 | ②

37 빈출도 ★★★

물이 소방노즐을 통해 대기로 방출될 때 유속이 24[m/s]가 되도록 하기 위해서는 노즐 입구의 압력은 몇 [kPa]가 되어야 하는가? (단, 압력은 계기 압력으로 표시되며 마찰손실 및 노즐입구에서의 속도는 무시한다.)

① 153 ② 203
③ 288 ④ 312

해설

노즐을 통과하기 전후의 압력과 속도의 관계식은 베르누이 방정식을 통해 구할 수 있다.

$$\frac{P_1}{\gamma}+\frac{u_1^2}{2g}+Z_1=\frac{P_2}{\gamma}+\frac{u_2^2}{2g}+Z_2$$

P: 압력[N/m²], γ: 비중량[N/m³], u: 유속[m/s],
g: 중력가속도[m/s²], Z: 높이[m]

노즐을 통과하기 전(1) 유속 u_1은 0, 노즐을 통과한 후(2) 압력 P_2는 대기압이므로 0, 높이 차이는 없으므로 $Z_1=Z_2$로 두면 방정식은 다음과 같다.

$$\frac{P_1}{\gamma}=\frac{u_2^2}{2g}$$

따라서 노즐을 통과하기 전 P만큼의 방수압력을 가해주면 노즐을 통과한 유체는 u만큼의 유속으로 방사된다.

$$P=\frac{1}{2}\rho u^2$$

노즐을 통과한 유체의 유속 u가 24[m/s]가 되기 위한 노즐 입구의 압력 P는

$$P=\frac{1}{2}\times 1{,}000\times 24^2$$
$$=288{,}000[\text{N/m}^2]=288[\text{kPa}]$$

정답 | ③

38 빈출도 ★★

무한한 두 평판 사이에 유체가 채워져 있고 한 평판은 정지해 있고 또 다른 평판은 일정한 속도로 움직이는 Couette 유동을 하고 있다. 유체 A만 채워져 있을 때 평판을 움직이기 위한 단위면적당 힘을 τ_1이라 하고 같은 평판 사이에 점성이 다른 유체 B만 채워져 있을 때 필요한 힘을 τ_2라 하면 유체 A와 B가 반반씩 위아래로 채워져 있을 때 평판을 같은 속도로 움직이기 위한 단위면적당 힘에 대한 표현으로 옳은 것은?

① $\frac{\tau_1+\tau_2}{2}$ ② $\sqrt{\tau_1\tau_2}$
③ $\frac{2\tau_1\tau_2}{\tau_1+\tau_2}$ ④ $\tau_1+\tau_2$

해설

점도가 다른 두 유체가 채워져 있을 때 전단응력은 각각의 유체가 채워져 있을 때의 전단응력의 조화평균에 수렴한다.

정답 | ③

39 빈출도 ★★

동점성계수가 1.15×10^{-6}[m^2/s]인 물이 30[mm]의 지름 원관 속을 흐르고 있다. 층류가 기대될 수 있는 최대 유량은 약 몇 [m^3/s]인가? (단, 임계 레이놀즈 수는 2,100이다.)

① 2.85×10^{-5}　② 5.69×10^{-5}
③ 2.85×10^{-7}　④ 5.69×10^{-7}

해설

배관 속 흐름에서 레이놀즈 수가 2,100일 때 층류 흐름을 보이는 최대 유속, 최대 유량을 구할 수 있다.

$$Re=\frac{\rho uD}{\mu}=\frac{uD}{\nu}$$

Re: 레이놀즈 수, ρ: 밀도[kg/m^3], u: 유속[m/s], D: 직경[m], μ: 점성계수(점도)[kg/m·s], ν: 동점성계수(동점도)[m^2/s]

부피유량 공식 $Q=Au$에 의해 유량과 배관의 직경 D를 알면 유속은 다음과 같이 구할 수 있다.

$$u=\frac{Q}{A}=\frac{Q}{\frac{\pi}{4}D^2}=\frac{4Q}{\pi D^2}$$

u: 유속[m/s], Q: 유량[m^3/s], A: 배관의 단면적[m^2], D: 배관의 직경[m]

따라서 레이놀즈 수와 유량의 관계식은 다음과 같다.

$$Re=\frac{uD}{\nu}=\frac{4Q}{\pi D^2}\times\frac{D}{\nu}$$

$$Q=Re\times\frac{\pi D^2}{4}\times\frac{\nu}{D}$$

주어진 조건을 공식에 대입하면 최대 유량 Q는

$$Q=2{,}100\times\frac{\pi\times0.03^2}{4}\times\frac{1.15\times10^{-6}}{0.03}$$

$$\fallingdotseq5.69\times10^{-5}[m^3/s]$$

정답 | ②

40 빈출도 ★★

다음과 같은 유동형태를 갖는 파이프 입구 영역의 유동에서 부차적 손실계수가 가장 큰 것은?

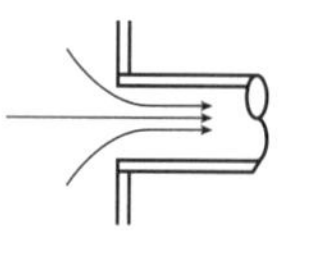
날카로운 모서리

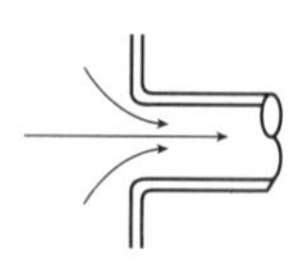
약간 둥근 모서리

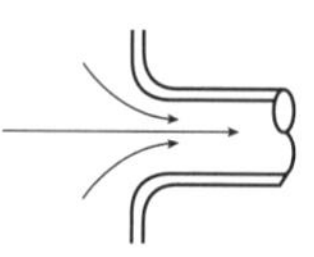
잘 다듬어진 모서리

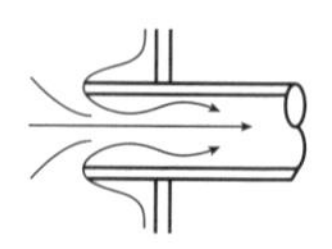
돌출 입구

① 날카로운 모서리　② 약간 둥근 모서리
③ 잘 다듬어진 모서리　④ 돌출 입구

해설

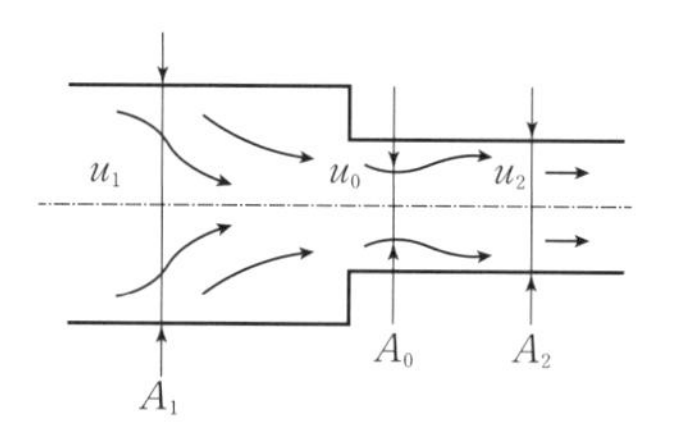

$$H=\frac{(u_0-u_2)^2}{2g}=K\left(\frac{u_2^2}{2g}\right)$$

$$K=\left(\frac{A_2}{A_0}-1\right)^2$$

H: 마찰손실수두[m], u_0: 좁은 흐름의 유속[m/s], u_2: 좁은 배관의 유속[m/s], g: 중력가속도[m/s^2], K: 부차적 손실계수

축소관에서 부차적 손실계수는 축소관 입구에서 유체의 흐름이 좁아지는 정도에 의존하므로 축소관 입구 측 형상과 관련이 있다. 따라서 손실계수는 잘 다듬어진 모서리 < 약간 둥근 모서리 < 날카로운 모서리 < 돌출 입구 순으로 커진다.

정답 | ④

41 빈출도 ★★

소방기본법령상 소방본부 종합상황실 실장이 소방청의 종합상황실에 서면 · 팩스 또는 컴퓨터통신 등으로 보고하여야 하는 화재의 기준 중 틀린 것은?

① 항구에 매어둔 총 톤수가 1,000[t] 이상인 선박에서 발생한 화재
② 층수가 5층 이상이거나 병상이 30개 이상인 종합병원 · 한방병원 · 요양소에서 발생한 화재
③ 지정수량의 1,000배 이상의 위험물의 제조소 · 저장소 · 취급소에서 발생한 화재
④ 연면적 15,000[m^2] 이상인 공장 또는 화재예방강화지구에서 발생한 화재

해설

지정수량의 3,000배 이상 위험물의 제조소 · 저장소 · 취급소 발생 화재의 경우 소방청 종합상황실에 보고하여야 한다.

관련개념 실장의 상황 보고

㉠ 사망자 5인 이상 또는 사상자 10인 이상 발생 화재
㉡ 이재민 100인 이상 발생 화재
㉢ 재산피해액 50억원 이상 발생 화재
㉣ 관공서 · 학교 · 정부미도정공장 · 문화재 · 지하철 · 지하구 발생 화재
㉤ 관광호텔, 11층 이상인 건축물, 지하상가, 시장, 백화점 발생 화재
㉥ 지정수량의 3,000배 이상 위험물의 제조소 · 저장소 · 취급소 발생 화재
㉦ 5층 이상 또는 객실이 30실 이상인 숙박시설 발생 화재
㉧ 5층 이상 또는 병상이 30개 이상인 종합병원 · 정신병원 · 한방병원 · 요양소 발생 화재
㉨ 연면적 15,000[m^2]이상인 공장 발생 화재
㉩ 화재예방강화지구 발생 화재
㉪ 철도차량, 항구에 매어둔 1,000[t] 이상 선박, 항공기, 발전소, 변전소 발생 화재
㉫ 가스 및 화약류 폭발에 의한 화재
㉬ 다중이용업소 발생 화재

정답 | ③

42 빈출도 ★★★

소방기본법령상 소방용수시설별 설치기준 중 틀린 것은?

① 급수탑 개폐밸브는 지상에서 1.5[m] 이상 1.7[m] 이하의 위치에 설치하도록 할 것
② 소화전은 상수도와 연결하여 지하식 또는 지상식의 구조로 하고, 소방용 호스와 연결하는 소화전의 연결금속구의 구경은 100[mm]로 할 것
③ 저수조 흡수관의 투입구가 사각형의 경우에는 한 변의 길이가 60[cm] 이상, 원형의 경우에는 지름이 60[cm] 이상일 것
④ 저수조는 지면으로부터의 낙차가 4.5[m] 이하일 것

해설

소화전은 상수도와 연결하여 지하식 또는 지상식의 구조로 하고, 소방용 호스와 연결하는 소화전의 연결금속구의 구경은 65[mm]로 해야 한다.

관련개념 소화전의 설치기준

㉠ 상수도와 연결하여 지하식 또는 지상식의 구조로 할 것
㉡ 연결금속구의 구경: 65[mm]

급수탑의 설치기준

㉠ 급수배관의 구경: 100[mm] 이상
㉡ 개폐밸브: 지상에서 1.5[m] 이상 1.7[m] 이하

저수조의 설치기준

㉠ 지면으로부터 낙차: 4.5[m] 이하
㉡ 흡수부분의 수심: 0.5[m] 이상
㉢ 흡수관의 투입구

사각형	한 변의 길이 60[cm] 이상
원형	지름 60[cm] 이상

정답 | ②

43 빈출도 ★★

소방기본법상 소방본부장, 소방서장 또는 소방대장의 권한이 아닌 것은?

① 화재, 재난·재해, 그 밖의 위급한 상황이 발생한 현장에서 소방활동을 위하여 필요할 때에는 그 관할 구역에 사는 사람 또는 그 현장에 있는 사람으로 하여금 사람을 구출하는 일 또는 불을 끄거나 불이 번지지 아니하도록 하는 일을 하게 할 수 있다.
② 소방활동을 할 때에 긴급한 경우에는 이웃한 소방본부장 또는 소방서장에게 소방업무와 응원을 요청할 수 있다.
③ 사람을 구출하거나 불이 번지는 것을 막기 위하여 필요할 때에는 화재가 발생하거나 불이 번질 우려가 있는 소방대상물 및 토지를 일시적으로 사용하거나 그 사용의 제한 또는 소방활동에 필요한 처분을 할 수 있다.
④ 소방활동을 위하여 긴급하게 출동할 때에는 소방자동차의 통행과 소방활동에 방해가 되는 주차 또는 정차된 차량 및 물건 등을 제거하거나 이동시킬 수 있다.

해설

소방본부장이나 소방서장은 소방활동을 할 때에 긴급한 경우에는 이웃한 소방본부장 또는 소방서장에게 소방업무의 응원을 요청할 수 있다.
소방대장은 소방업무의 응원을 요청할 수 있는 권한이 없다.

관련개념 **소방본부장, 소방서장, 소방대장의 권한**

구분	소방본부장	소방서장	소방대장
소방활동	○	○	×
소방업무 응원요청	○	○	×
소방활동 구역설정	×	×	○
소방활동 종사명령	○	○	○
강제처분 (토지, 차량 등)	○	○	○

정답 | ②

44 빈출도 ★

위험물안전관리법령상 위험물의 안전관리와 관련된 업무를 수행하는 자로서 소방청장이 실시하는 안전교육 대상자가 아닌 것은?

① 안전관리자로 선임된 자
② 탱크시험자의 기술인력으로 종사하는 자
③ 위험물운송자로 종사하는 자
④ 제조소등의 관계인

해설

제조소등의 관계인은 위험물 안전교육대상자가 아니다.

관련개념 **위험물 안전교육대상자**

㉠ 안전관리자로 선임된 자
㉡ 탱크시험자의 기술인력으로 종사하는 자
㉢ 위험물운반자로 종사하는 자
㉣ 위험물운송자로 종사하는 자

정답 | ④

45 빈출도 ★★

화재의 예방 및 안전관리에 관한 법률상 소방안전관리대상물의 소방안전관리자 업무가 아닌 것은?

① 소방훈련 및 교육
② 자위소방대 및 초기 대응체계의 구성 · 운영 · 교육
③ 소방시설공사
④ 피난계획에 관한 사항과 대통령령으로 정하는 사항이 포함된 소방계획서의 작성 및 시행

해설

소방시설공사는 소방안전관리대상물의 소방안전관리자의 업무가 아니다.

관련개념 **소방안전관리대상물 소방안전관리자의 업무**

㉠ 피난계획에 관한 사항과 소방계획서의 작성 및 시행
㉡ 자위소방대 및 초기대응체계의 구성, 운영 및 교육
㉢ 피난시설, 방화구획 및 방화시설의 관리
㉣ 소방시설이나 그 밖의 소방 관련 시설의 관리
㉤ 소방훈련 및 교육
㉥ 화기 취급의 감독
㉦ 소방안전관리에 관한 업무수행에 관한 기록 · 유지
㉧ 화재발생 시 초기대응
㉨ 그 밖에 소방안전관리에 필요한 업무

정답 | ③

46 빈출도 ★

소방시설 설치 및 관리에 관한 법률상 소방용품이 아닌 것은?

① 소화약제 외의 것을 이용한 간이소화용구
② 자동소화장치
③ 가스누설 경보기
④ 소화용으로 사용하는 방염제

해설

소화약제 외의 것을 이용한 간이소화용구는 소방용품이 아니다.

정답 | ①

47 빈출도 ★★★

소방시설 설치 및 관리에 관한 법률상 스프링클러설비를 설치하여야 하는 특정소방대상물의 기준 중 틀린 것은? (단, 위험물 저장 및 처리 시설 중 가스시설 또는 지하구는 제외한다.)

① 숙박이 가능한 수련시설 용도로 사용되는 시설의 바닥면적의 합계가 600[m^2] 이상인 것은 모든 층
② 창고시설(물류터미널은 제외)로서 바닥면적 합계가 5,000[m^2] 이상인 경우에는 모든 층
③ 판매시설, 운수시설 및 창고시설(물류터미널에 한정)로서 바닥면적의 합계가 5,000[m] 이상이거나 수용인원이 500명 이상인 경우에는 모든 층
④ 복합건축물로서 연면적이 3,000[m^2] 이상인 경우에는 모든 층

해설

복합건축물로서 연면적 **5,000[m^2]** 이상인 경우에는 모든 층에 스프링클러설비를 설치해야 한다.

정답 | ④

48 빈출도 ★★★

화재의 예방 및 안전관리에 관한 법률상 특수가연물의 저장 및 취급기준 중 다음 (   ) 안에 알맞은 것은?

> 살수설비를 설치하거나, 방사능력 범위에 해당 특수가연물이 포함되도록 대형수동식 소화기를 설치하는 경우에는 쌓는 높이를 (㉠)[m] 이하, 쌓는 부분의 바닥면적을 (㉡)[m^2] 이하로 할 수 있다.

① ㉠: 10, ㉡: 30　② ㉠: 10, ㉡: 50
③ ㉠: 15, ㉡: 100　④ ㉠: 15, ㉡: 200

해설

살수설비를 설치하거나, 방사능력 범위에 해당 특수가연물이 포함되도록 대형수동식 소화기를 설치하는 경우에는 쌓는 높이를 15[m] 이하, 쌓는 부분의 바닥면적을 200[m^2] 이하로 할 수 있다.

관련개념 특수가연물의 저장 및 취급 기준

구분		살수설비를 설치하거나 대형수동식소화기를 설치하는 경우	그 밖의 경우
높이		15[m] 이하	10[m] 이하
쌓는 부분의 바닥면적	석탄·목탄류	300[m^2] 이하	200[m^2] 이하
	그 외	200[m^2] 이하	50[m^2] 이하

정답 | ④

49 빈출도 ★★

위험물안전관리법상 위험시설의 설치 및 변경 등에 관한 기준 중 다음 (   ) 안에 알맞은 것은?

> 제조소등의 위치·구조 또는 설비의 변경 없이 당해 제조소등에서 저장하거나 취급하는 위험물의 품명·수량 또는 지정수량의 배수를 변경하고자 하는 자는 변경하고자 하는 날의 (㉠)일 전까지 (㉡)이 정하는 바에 따라 (㉢)에게 신고하여야 한다.

① ㉠: 1, ㉡: 행정안전부령, ㉢: 시·도지사
② ㉠: 1, ㉡: 대통령령, ㉢: 소방본부장·소방서장
③ ㉠: 14, ㉡: 행정안전부령, ㉢: 시·도지사
④ ㉠: 14, ㉡: 대통령령, ㉢: 소방본부장·소방서장

해설

제조소등의 위치·구조 또는 설비의 변경없이 당해 제조소등에서 저장하거나 취급하는 위험물의 품명·수량 또는 지정수량의 배수를 변경하고자 하는 자는 변경하고자 하는 날의 1일 전까지 행정안전부령이 정하는 바에 따라 시·도지사에게 신고하여야 한다.

정답 | ①

50 빈출도 ★★

화재의 예방 및 안전관리에 관한 법률상 소방안전관리대상물의 소방계획서에 포함되어야 하는 사항이 아닌 것은?

① 예방규정을 정하는 제조소등의 위험물 저장·취급에 관한 사항
② 소방시설·피난시설 및 방화시설의 점검·정비계획
③ 소방안전관리대상물의 근무자 및 거주자의 자위소방대 조직과 대원의 임무에 관한 사항
④ 방화구획, 제연구획, 건축물의 내부 마감재료 및 방염대상물품의 사용현황과 그 밖의 방화구조 및 설비의 유지·관리계획

해설

예방규정을 정하는 제조소등의 위험물 저장·취급에 관한 사항은 소방계획서에 포함되는 내용이 아니다.

정답 | ①

51 빈출도 ★★

소방공사업법령상 공사감리자 지정대상 특정소방대상물의 범위가 아닌 것은?

① 캐비닛형 간이스프링클러설비를 신설·개설하거나 방호·방수 구역을 증설할 때
② 물분무등소화설비(호스릴방식의 소화설비는 제외)를 신설·개설하거나 방호·방수 구역을 증설할 때
③ 제연설비를 신설·개설하거나 방호·방수 구역을 증설할 때
④ 연소방지설비를 신설·개설하거나 살수구역을 증설할 때

해설

캐비닛형 간이스프링클러설비를 신설·개설하거나 방호·방수 구역을 증설할 때에는 공사감리자를 지정할 필요가 없다.

관련개념 공사감리자 지정대상 특정소방대상물의 범위

㉠ 옥내소화전설비를 신설·개설 또는 증설할 때
㉡ 스프링클러설비등(캐비닛형 간이스프링클러설비는 제외)을 신설·개설하거나 방호·방수 구역을 증설할 때
㉢ 물분무등소화설비(호스릴방식의 소화설비 제외)를 신설·개설하거나 방호·방수 구역을 증설할 때
㉣ 옥외소화전설비를 신설·개설 또는 증설할 때
㉤ 자동화재탐지설비를 신설 또는 개설할 때
㉥ 비상방송설비를 신설 또는 개설할 때
㉦ 통합감시시설을 신설 또는 개설할 때
㉧ 소화용수설비를 신설 또는 개설할 때
㉨ 다음 소화활동설비에 대하여 시공을 할 때
- 제연설비를 신설·개설하거나 제연구역을 증설할 때
- 연결송수관설비를 신설 또는 개설할 때
- 연결살수설비를 신설·개설하거나 송수구역을 증설할 때
- 비상콘센트설비를 신설·개설하거나 전용회로를 증설할 때
- 무선통신보조설비를 신설 또는 개설할 때
- 연소방지설비를 신설·개설하거나 살수구역을 증설할 때

정답 | ①

52 빈출도 ★

소방시설 설치 및 관리에 관한 법률상 특정소방대상물에 소방시설이 화재안전기준에 따라 설치 유지·관리되어 있지 아니할 때에는 해당 특정소방대상물의 관계인에게 필요한 조치를 명할 수 있는 자는?

① 소방본부장　② 소방청장
③ 시·도지사　④ 행정안전부장관

해설

소방본부장이나 소방서장은 소방시설이 화재안전기준에 따라 설치 또는 유지·관리되어 있지 아니할 때에는 해당 특정소방대상물의 관계인에게 필요한 조치를 명할 수 있다.

정답 | ①

53 빈출도 ★★

위험물안전관리법상 업무상 과실로 제조소등에서 위험물을 유출·방출 또는 확산시켜 사람의 생명·신체 또는 재산에 대하여 위험을 발생시킨 자에 대한 벌칙 기준으로 옳은 것은?

① 5년 이하의 금고 또는 2,000만 원 이하의 벌금
② 5년 이하의 금고 또는 7,000만 원 이하의 벌금
③ 7년 이하의 금고 또는 2,000만 원 이하의 벌금
④ 7년 이하의 금고 또는 7,000만 원 이하의 벌금

해설

업무상 과실로 제조소등에서 위험물을 유출·방출 또는 확산시켜 사람의 생명·신체 또는 재산에 대하여 위험을 발생시킨 자는 7년 이하의 금고 또는 7,000만 원 이하(사상자 발생시 10년 이하의 징역 또는 금고나 1억 원 이하)의 벌금에 처한다.

정답 | ④

54 빈출도 ★★★

소방시설 설치 및 관리에 관한 법률상 소방시설등에 대하여 스스로 점검을 하지 아니하거나 관리업자등으로 하여금 정기적으로 점검하게 아니한 자에 대한 벌칙 기준으로 옳은 것은?

① 6개월 이하의 징역 또는 1,000만 원 이하의 벌금
② 1년 이하의 징역 또는 1,000만 원 이하의 벌금
③ 3년 이하의 징역 또는 1,500만 원 이하의 벌금
④ 3년 이하의 징역 또는 3,000만 원 이하의 벌금

해설

소방시설등에 대하여 자체점검을 하지 아니하거나 관리업자등으로 하여금 정기적으로 점검하게 하지 아니한 자는 1년 이하의 징역 또는 1천만 원 이하의 벌금에 처한다.

정답 | ②

55 빈출도 ★★

소방기본법상 소방활동구역의 설정권자로 옳은 것은?

① 소방본부장 ② 소방서장
③ 소방대장 ④ 시 · 도지사

해설

소방활동구역의 설정권자는 소방대장이다.

관련개념 소방본부장, 소방서장, 소방대장의 권한

구분	소방본부장	소방서장	소방대장
소방활동	○	○	×
소방업무 응원요청	○	○	×
소방활동 구역설정	×	×	○
소방활동 종사명령	○	○	○
강제처분 (토지, 차량 등)	○	○	○

정답 | ③

56 빈출도 ★★

화재의 예방 및 안전관리에 관한 법률상 옮긴 물건 등의 보관기간은 소방본부 또는 소방서의 인터넷 홈페이지에 공고하는 기간의 종료일 다음 날부터 며칠로 하는가?

① 3 ② 4
③ 5 ④ 7

해설

옮긴 물건 등의 보관기간은 공고기간의 종료일 다음 날부터 7일까지로 한다.

관련개념 옮긴 물건 등의 공고일 및 보관기간

인터넷 홈페이지 공고일	14일
보관기관	7일

정답 | ④

57 빈출도 ★★

위험물안전관리법상 지정수량 미만인 위험물의 저장 또는 취급에 관한 기술상의 기준은 무엇으로 정하는가?

① 대통령령
② 총리령
③ 시 · 도의 조례
④ 행정안전부령

해설

지정수량 미만인 위험물의 저장 또는 취급에 관한 기술상의 기준은 시 · 도의 조례로 정한다.

정답 | ③

58 빈출도 ★★★

소방시설 설치 및 관리에 관한 법률상 비상경보설비를 설치하여야 할 특정소방대상물의 기준 중 옳은 것은? (단, 지하구 모래 · 석재 등 불연재료 창고 및 위험물 저장 · 처리 시설 중 가스시설은 제외한다.)

① 지하층 또는 무창층의 바닥면적이 50[m²] 이상인 것
② 연면적이 400[m²] 이상인 것
③ 지하가 중 터널로서 길이가 300[m] 이상인 것
④ 30명 이상의 근로자가 작업하는 옥내 작업장

해설

연면적이 **400[m²]** 이상인 특정소방대상물은 모든 층에 비상경보설비를 설치해야 한다.

관련개념 **비상경보설비를 설치해야 하는 특정소방대상물**

시설	대상
건축물	• 연면적 400[m²] 이상 • 지하층 또는 무창층의 바닥면적이 150[m²] (공연장의 경우 100[m²]) 이상
터널	길이 500[m] 이상
옥내 작업장	50명 이상의 근로자가 작업

정답 | ②

59 빈출도 ★★

소방시설 설치 및 관리에 관한 법률상 특정소방대상물의 피난시설, 방화구획 또는 방화시설에 폐쇄 · 훼손 · 변경 등의 행위를 한 자에 대한 과태료 기준으로 옳은 것은?

① 200만 원 이하의 과태료
② 300만 원 이하의 과태료
③ 500만 원 이하의 과태료
④ 600만 원 이하의 과태료

해설

특정소방대상물의 피난시설, 방화구획 또는 방화시설에 폐쇄 · 훼손 · 변경 등의 행위를 한 자는 **300만 원** 이하의 **과태료**에 처한다.

정답 | ②

60 빈출도 ★★

소방시설공사업법령상 상주공사감리 대상 기준 중 다음 ( ) 안에 알맞은 것은?

> – 연면적 (㉠)[m²] 이상의 특정소방대상물(아파트 제외)에 대한 소방시설의 공사
> – 지하층을 포함한 층수가 (㉡)층 이상으로서 (㉢)세대 이상인 아파트에 대한 소방시설의 공사

① ㉠: 10,000, ㉡: 11, ㉢: 600
② ㉠: 10,000, ㉡: 16, ㉢: 500
③ ㉠: 30,000, ㉡: 11, ㉢: 600
④ ㉠: 30,000, ㉡: 16, ㉢: 500

해설

상주공사감리 대상 기준
㉠ 연면적 **30,000[m²]** 이상의 특정소방대상물(아파트 제외)에 대한 소방시설의 공사
㉡ 지하층을 포함한 층수가 **16층** 이상으로서 **500세대** 이상인 아파트에 대한 소방시설의 공사

정답 | ④

61 빈출도 ★

전역방출방식의 분말 소화설비에 있어서 방호구역의 용적이 500[m^3]일 때 적합한 분사헤드의 수는? (단, 제1종 분말이며, 체적 1[m^3]당 소화약제의 양은 0.60[kg]이며, 분사헤드 1개의 분당 표준 방사량은 18[kg]이다.)

① 17개 ② 30개
③ 34개 ④ 134개

해설

체적 1[m^3] 당 소화약제의 양은 0.60[kg]이므로 방호구역의 체적이 500[m^3]일 때 필요한 소화약제의 양은

$500[m^3] \times 0.60[kg/m^3] = 300[kg]$

분사헤드 1개의 1분 당 표준 방사량은 18[kg]이므로 30초 당 표준 방사량은 9[kg]이다.

300[kg]의 분말소화약제를 30초 이내에 방사하기 위해서는

$\frac{300}{9} \fallingdotseq 33.4$개의 분사헤드가 필요하다.

관련개념 전역방출방식의 분사헤드

㉠ 방출된 소화약제가 방호구역의 전역에 균일하고 신속하게 확산할 수 있도록 한다.
㉡ 소화약제의 저장량을 30초 이내에 방출할 수 있는 것으로 한다.

정답 | ③

62 빈출도 ★★★

이산화탄소 소화약제의 저장용기 설치기준 중 옳은 것은?

① 저장용기의 충전비는 고압식은 1.9 이상 2.3 이하, 저압식은 1.5 이상 1.9 이하로 할 것
② 저압식 저장용기에는 액면계 및 압력계와 2.1[MPa] 이상 1.9[MPa] 이하의 압력에서 작동하는 압력경보장치를 설치할 것
③ 저장용기 고압식은 25[MPa] 이상, 저압식은 3.5[MPa] 이상의 내압시험압력에 합격한 것으로 할 것
④ 저압식 저장용기에는 내압시험압력의 1.8배의 압력에서 작동하는 안전밸브와 내압시험압력의 0.8배로부터 내압시험압력에서 작동하는 봉판을 설치할 것

해설

고압식 저장용기는 25[MPa] 이상, 저압식 저장용기는 3.5[MPa] 이상의 내압시험압력에 합격한 것으로 한다.

선지분석

① 저장용기의 충전비는 고압식은 1.5 이상 1.9 이하, 저압식은 1.1 이상 1.4 이하로 한다.
② 저압식 저장용기에는 액면계 및 압력계와 2.3[MPa] 이상 1.9[MPa] 이하의 압력에서 작동하는 압력경보장치를 설치한다.
④ 저압식 저장용기에는 내압시험압력의 0.64배 이상 0.8배 이하의 압력에서 작동하는 안전밸브를 설치한다.
저압식 저장용기에는 내압시험압력의 0.8배 이상 1배 이하의 압력에서 작동하는 봉판을 설치한다.

정답 | ③

63 빈출도 ★

화재 시 연기가 찰 우려가 없는 장소로서 호스릴분말 소화설비를 설치할 수 있는 기준 중 다음 ( ) 안에 알맞은 것은?

> – 지상 1층 및 피난층에 있는 부분으로서 지상에서 수동 또는 원격조작에 따라 개방할 수 있는 개구부의 유효면적의 합계가 바닥면적의 (㉠)[%] 이상이 되는 부분
> – 전기설비가 설치되어 있는 부분 또는 다량의 화기를 사용하는 부분의 바닥면적이 해당 설비가 설치되어 있는 구획의 바닥면적의 (㉡) 미만이 되는 부분

① ㉠ 15 ㉡ $\frac{1}{5}$

② ㉠ 15 ㉡ $\frac{1}{2}$

③ ㉠ 20 ㉡ $\frac{1}{5}$

④ ㉠ 20 ㉡ $\frac{1}{2}$

관련개념 **호스릴방식 분말 소화설비의 설치장소**

㉠ 화재 시 현저하게 연기가 찰 우려가 없는 장소에 설치한다.
㉡ 지상 1층 및 피난층에 있는 부분으로서 지상에서 수동 또는 원격조작에 따라 개방할 수 있는 개구부의 유효면적의 합계가 바닥면적의 15[%] 이상이 되는 부분에 설치한다.
㉢ 전기설비가 설치되어 있는 부분 또는 다량의 화기를 사용하는 부분의 바닥면적이 해당 설비가 설치되어 있는 구획의 바닥면적의 5분의 1 미만이 되는 부분에 설치한다.

정답 | ①

64 빈출도 ★★★

소화수조의 소요수량이 20[m^3] 이상 40[m^3] 미만인 경우 설치하여야 하는 채수구의 개수로 옳은 것은?

① 1개 ② 2개
③ 3개 ④ 4개

해설

소요수량이 20[m^3] 이상 40[m^3] 미만인 경우 채수구의 수는 1개를 설치해야 한다.

관련개념 **채수구의 설치개수**

채수구는 다음의 표에 따른 소요수량에 따라 설치한다.

소요수량[m^3]	채수구의 수(개)
20 이상 40 미만	1
40 이상 100 미만	2
100 이상	3

정답 | ①

65 빈출도 ★

건축물에 설치하는 연결살수설비 헤드의 설치기준 중 다음 (   ) 안에 알맞은 것은?

> 천장 또는 반자의 각 부분으로부터 하나의 살수헤드까지의 수평거리가 연결살수설비 전용헤드의 경우는 (㉠)[m] 이하, 스프링클러헤드의 경우는 (㉡)[m] 이하로 할 것. 다만, 살수헤드의 부착면과 바닥과의 높이가 (㉢)[m] 이하인 부분은 살수헤드의 살수 분포에 따른 거리로 할 수 있다.

① ㉠ 3.7 ㉡ 2.3 ㉢ 2.1
② ㉠ 3.7 ㉡ 2.1 ㉢ 2.3
③ ㉠ 2.3 ㉡ 3.7 ㉢ 2.3
④ ㉠ 2.3 ㉡ 3.7 ㉢ 2.1

해설

전용헤드의 경우 3.7[m] 이하, 스프링클러헤드의 경우 2.3[m] 이하로 하고, 살수헤드의 부착면과 바닥과의 높이가 2.1[m] 이하인 부분은 살수헤드의 살수분포에 따른 거리로 한다.

관련개념 연결살수설비 헤드의 설치기준

㉠ 천장 또는 반자의 실내에 면하는 부분에 설치한다.
㉡ 천장 또는 반자의 각 부분으로부터 하나의 살수헤드까지의 수평거리가 연결살수설비 전용헤드의 경우 3.7[m] 이하, 스프링클러헤드의 경우 2.3[m] 이하로 한다.
㉢ 살수헤드의 부착면과 바닥과의 높이가 2.1[m] 이하인 부분은 살수헤드의 살수분포에 따른 거리로 할 수 있다.

정답 | ①

66 빈출도 ★★

포 소화설비의 자동식 기동장치를 폐쇄형 스프링클러 헤드의 개방과 연동하여 가압송수장치·일제 개방밸브 및 포 소화약제 혼합장치를 기동하는 경우의 설치기준 중 다음 (   ) 안에 알맞은 것은? (단, 자동화재 탐지설비의 수신기가 설치된 장소에 상시 사람이 근무하고 있고, 화재 시 즉시 해당 조작부를 작동시킬 수 있는 경우는 제외한다.)

> 표시온도가 (㉠)[℃] 미만의 것을 사용하고, 1개의 스프링클러 헤드의 경계면적은 (㉡)[m^2] 이하로 할 것

① ㉠ 79 ㉡ 8
② ㉠ 121 ㉡ 8
③ ㉠ 79 ㉡ 20
④ ㉠ 121 ㉡ 20

해설

표시온도가 79[℃] 미만인 것을 사용하고, 1개의 스프링클러 헤드의 경계면적은 20[m^2] 이하로 한다.

관련개념 자동식 기동장치의 설치기준

폐쇄형 스프링클러 헤드를 사용하는 경우에는 다음의 기준에 따라 설치한다.

㉠ 표시온도가 79[℃] 미만인 것을 사용하고, 1개의 스프링클러 헤드의 경계면적은 20[m^2] 이하로 한다.
㉡ 부착면의 높이는 바닥으로부터 5[m] 이하로 하고, 화재를 유효하게 감지할 수 있도록 한다.
㉢ 하나의 감지장치 경계구역은 하나의 층이 되도록 한다.

정답 | ③

67 빈출도 ★★

스프링클러설비 가압송수장치의 설치기준 중 고가수조를 이용한 가압송수장치에 설치하지 않아도 되는 것은?

① 수위계　② 배수관
③ 오버플로우관　④ 압력계

해설

고가수조는 자연낙차를 이용하므로 압력계가 필요하지 않다.

관련개념 **고가수조의 자연낙차를 이용한 가압송수장치**

㉠ 고가수조의 자연낙차수두는 다음의 식에 따라 계산하여 나온 수치 이상 유지되도록 한다.

$$H=h_1+10$$

H: 필요한 낙차[m], h_1: 배관의 마찰손실수두[m], 10: 헤드선단에서의 방사압력수두[m]

㉡ 고가수조에는 수위계·배수관·급수관·오버플로우관 및 맨홀을 설치한다.

정답 | ④

68 빈출도 ★★

특별피난계단의 계단실 및 부속실 제연설비의 차압 등에 관한 기준 중 다음 (　) 안에 알맞은 것은?

> 제연설비가 가동되었을 경우 출입문의 개방에 필요한 힘은 (　)[N] 이하로 하여야 한다.

① 12.5　② 40
③ 70　④ 110

해설

제연설비가 가동되었을 경우 출입문의 개방에 필요한 힘은 110[N] 이하로 한다.

관련개념 **제연구역의 차압**

㉠ 제연구역의 기압을 제연구역 이외의 옥내보다 높게 하고 일정한 기압의 차이를 유지해야 하는 최소 차압은 40[Pa] 이상으로 한다.
㉡ 옥내에 스프링클러설비가 설치된 경우 최소 차압은 12.5[Pa] 이상으로 한다.
㉢ 제연설비가 가동되었을 경우 출입문의 개방에 필요한 힘은 110[N] 이하로 한다.
㉣ 피난을 위하여 제연구역의 출입문이 일시적으로 개방되는 경우 개방되지 않은 제연구역과 옥내와의 차압은 ㉠과 ㉡의 70[%] 이상이어야 한다.
㉤ 계단실과 부속실을 동시에 제연하는 경우 부속실의 기압은 계단실과 같게 하거나 계단실의 기압보다 낮게 할 경우에는 부속실과 계단실의 압력 차이는 5[Pa] 이하가 되도록 한다.

정답 | ④

69 빈출도 ★

완강기의 최대사용자수 기준 중 다음 (　　) 안에 알맞은 것은?

> 최대사용자수(1회에 강하할 수 있는 사용자의 최대수)는 최대사용하중을 (　　)[N]으로 나누어서 얻은 값으로 한다.

① 250　② 500
③ 750　④ 1,500

해설

완강기의 최대사용자수는 최대사용하중을 1,500[N]으로 나누어서 얻은 값(절사)으로 한다.

관련개념 **완강기의 최대사용하중 및 최대사용자수**

㉠ 최대사용하중은 1,500[N] 이상의 하중이어야 한다.
㉡ 최대사용자수는 최대사용하중을 1,500[N]으로 나누어서 얻은 값(절사)으로 한다.
㉢ 최대사용자수에 상당하는 수의 벨트가 있어야 한다.

정답 | ④

70 빈출도 ★

화재조기진압용 스프링클러설비 가지배관의 배열기준 중 천장의 높이가 9.1[m] 이상 13.7[m] 이하인 경우 가지배관 사이의 거리 기준으로 옳은 것은?

① 2.4[m] 이상 3.1[m] 이하
② 2.4[m] 이상 3.7[m] 이하
③ 6.0[m] 이상 8.5[m] 이하
④ 6.0[m] 이상 9.3[m] 이하

해설

천장의 높이가 9.1[m] 이상 13.7[m] 이하인 경우 가지배관 사이의 거리는 2.4[m] 이상 3.1[m] 이하로 한다.

관련개념 **가지배관의 설치기준**

㉠ 토너먼트 배관방식이 아니어야 한다.
㉡ 가지배관 사이의 거리는 2.4[m] 이상 3.7[m] 이하로 한다.
㉢ 천장의 높이가 9.1[m] 이상 13.7[m] 이하인 경우 가지배관 사이의 거리는 2.4[m] 이상 3.1[m] 이하로 한다.
㉣ 교차배관에서 분기되는 지점을 기점으로 한 쪽 가지배관에 설치되는 헤드의 개수는 8개 이하로 한다.
㉤ 가지배관과 헤드 사이의 배관을 신축배관으로 하는 경우 소방청장이 정하여 고시한 기준에 적합한 것으로 설치한다.

정답 | ①

71 빈출도 ★★★

스프링클러설비 헤드의 설치기준 중 다음 (   ) 안에 알맞은 것은?

> 살수가 방해되지 아니하도록 스프링클러 헤드부터 반경 (㉠)[cm] 이상의 공간을 보유할 것. 다만, 벽과 스프링클러 헤드간의 공간은 (㉡)[cm] 이상으로 한다.

① ㉠ 10 ㉡ 60
② ㉠ 30 ㉡ 10
③ ㉠ 60 ㉡ 10
④ ㉠ 90 ㉡ 60

해설

살수가 방해되지 않도록 스프링클러 헤드로부터 반경 60[cm] 이상의 공간을 보유한다.
벽과 스프링클러 헤드 간의 공간은 10[cm] 이상으로 한다.

정답 | ③

72 빈출도 ★★

포 소화약제의 혼합장치에 대한 설명 중 옳은 것은?

① 라인 프로포셔너방식이란 펌프의 토출관과 흡입관 사이의 배관 도중에 설치한 흡입기에 펌프에서 토출된 물의 일부를 보내고, 농도 조절밸브에서 조정된 포 소화약제의 필요량을 포 소화약제 탱크에서 펌프 흡입측으로 보내어 이를 혼합하는 방식을 말한다.
② 프레셔사이드 프로포셔너방식이란 펌프의 토출관에 압입기를 설치하여 포 소화약제 압입용펌프로 포 소화약제를 압입시켜 혼합하는 방식을 말한다.
③ 프레셔 프로포셔너방식이란 펌프와 발포기 중간에 설치된 벤추리관의 벤추리작용에 따라 포 소화약제를 흡입 · 혼합하는 방식을 말한다.
④ 펌프 프로포셔너방식이란 펌프와 발포기의 중간에 설치된 벤추리관의 벤추리작용과 펌프 가압수의 포 소화약제 저장탱크에 대한 압력에 따라 포 소화약제를 흡입 · 혼합하는 방식을 말한다.

해설

옳은 설명은 ② 프레셔사이드 프로포셔너방식이다.

관련개념 **포 소화약제의 혼합방식**

펌프 프로포셔너 방식	펌프의 토출관과 흡입관 사이의 배관 도중에 설치한 흡입기에 펌프에서 토출된 물의 일부를 보내고, 농도 조정밸브에서 조정된 포 소화약제의 필요량을 포 소화약제 저장탱크에서 펌프 흡입측으로 보내어 이를 혼합하는 방식
프레셔 프로포셔너 방식	펌프와 발포기의 중간에 설치된 벤추리관의 벤추리작용과 펌프 가압수의 포 소화약제 저장탱크에 대한 압력에 따라 포 소화약제를 흡입 · 혼합하는 방식
라인 프로포셔너 방식	펌프와 발포기의 중간에 설치된 벤추리관의 벤추리작용에 따라 포 소화약제를 흡입 · 혼합하는 방식
프레셔사이드 프로포셔너 방식	펌프의 토출관에 압입기를 설치하여 포 소화약제 압입용 펌프로 포 소화약제를 압입시켜 혼합하는 방식
압축공기포 믹싱챔버 방식	물, 포소화약제 및 공기를 믹싱챔버로 강제주입시켜 챔버 내에서 포수용액을 생성한 후 포를 방사하는 방식

정답 | ②

73 빈출도 ★★

전동기 또는 내연기관에 따른 펌프를 이용하는 옥외소화전설비의 가압송수장치의 설치기준 중 다음 ( ) 안에 알맞은 것은?

> 해당 특정소방대상물에 설치된 옥외소화전(2개 이상 설치된 경우에는 2개의 옥외소화전)을 동시에 사용할 경우 각 옥외소화전의 노즐선단에서의 방수압력이 (㉠)[MPa] 이상이고, 방수량이 (㉡)[L/min] 이상이 되는 성능의 것으로 할 것

① ㉠ 0.17 ㉡ 350
② ㉠ 0.25 ㉡ 350
③ ㉠ 0.17 ㉡ 130
④ ㉠ 0.25 ㉡ 130

해설

특정소방대상물에 설치된 옥외소화전(최대 2개)을 동시에 사용할 경우 각 옥외소화전의 노즐선단에서의 방수압력이 0.25[MPa] 이상이고, 방수량이 350[L/min] 이상이 되는 성능의 것으로 한다.

정답 | ②

74 빈출도 ★★

미분무 소화설비 용어의 정의 중 다음 ( ) 안에 알맞은 것은?

> "미분무"란 물만을 사용하여 소화하는 방식으로 최소설계압력에서 헤드로부터 방출되는 물입자 중 99[%]의 누적체적분포가 (㉠)[μm] 이하로 분무되고 (㉡)급 화재에 적응성을 갖는 것을 말한다.

① ㉠ 400 ㉡ A, B, C
② ㉠ 400 ㉡ B, C
③ ㉠ 200 ㉡ A, B, C
④ ㉠ 200 ㉡ B, C

해설

미분무란 헤드로부터 방출되는 물입자 중 99[%]의 누적체적분포가 400[μm] 이하로 분무되고 A, B, C급 화재에 적응성을 갖는 것이다.

관련개념 용어의 정의

미분무	헤드로부터 방출되는 물입자 중 99[%]의 누적체적분포가 400[μm] 이하로 분무되고 A, B, C급 화재에 적응성을 갖는 것
저압 미분무소화설비	최고사용압력이 1.2[MPa] 이하인 미분무소화설비
중압 미분무소화설비	사용압력이 1.2[MPa]을 초과하고 3.5[MPa] 이하인 미분무소화설비
고압 미분무소화설비	최저사용압력이 3.5[MPa]을 초과하는 미분무소화설비

정답 | ①

75 빈출도 ★★★

소화기구의 소화약제별 적응성 중 C급 화재에 적응성이 없는 소화약제는?

① 마른모래
② 할로겐화합물 및 불활성기체 소화약제
③ 이산화탄소 소화약제
④ 중탄산염류 소화약제

해설

마른모래는 전기화재(C급 화재)에 적응성이 없다.

선지분석

② 할로겐화합물 및 불활성기체 소화약제는 일반화재(A급 화재), 유류화재(B급 화재), 전기화재(C급 화재)에 적응성이 있다.
③ 이산화탄소 소화약제는 유류화재(B급 화재), 전기화재(C급 화재)에 적응성이 있다.
④ 중탄산염류 소화약제는 유류화재(B급 화재), 전기화재(C급 화재)에 적응성이 있다.

정답 | ①

76 빈출도 ★★★

소화약제 외의 것을 이용한 간이소화용구의 능력단위 기준 중 다음 (   ) 안에 알맞은 것은?

간이소화용구		능력단위
마른모래	삽을 상비한 50[L] 이상의 것 1포	( ) 단위

① 0.5
② 1
③ 3
④ 5

해설

마른모래의 경우 삽을 상비한 50[L] 이상의 것 1포 당 능력단위는 0.5 단위이다.

관련개념 **능력단위**

소화약제 외의 것을 이용한 간이소화용구에 있어서는 다음에 따른 수치이다.

간이소화용구		능력단위
1. 마른모래	삽을 상비한 50[L] 이상의 것 1포	0.5 단위
2. 팽창질석 또는 팽창진주암	삽을 상비한 80[L] 이상의 것 1포	

정답 | ①

77 빈출도 ★

다음과 같은 소방대상물의 부분에 완강기를 설치할 경우 부착 금속구의 부착위치로서 가장 적합한 위치는?

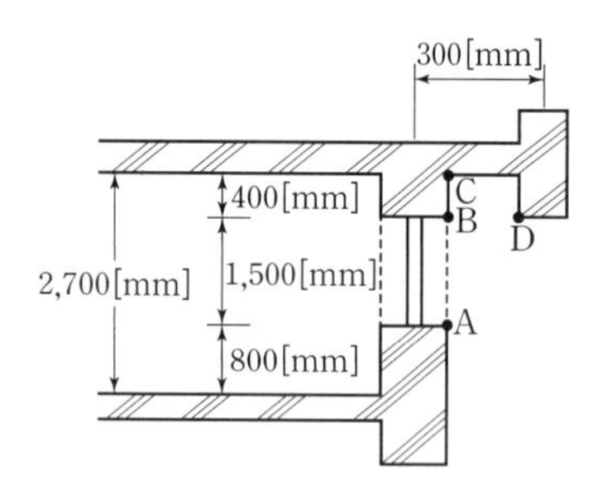

① A　　② B
③ C　　④ D

해설

금속구의 부착위치로 가작 적절한 위치는 D이다.
A, B, C에 금속구를 부착하는 경우 하강 시 벽과 충돌의 위험이 있다.

정답 | ④

78 빈출도 ★★★

지하구의 화재안전성능기준(NFPC 605) 상 배관의 설치기준으로 적절한 것은?

① 급수배관은 겸용으로 한다.
② 하나의 배관에 연소방지설비 전용헤드를 3개 부착하는 경우 배관의 구경은 50[mm] 이상으로 한다.
③ 교차배관은 가지배관과 수평으로 설치하거나 가지배관 위에 설치한다.
④ 교차배관의 최소구경은 32[mm] 이상으로 한다.

해설

하나의 배관에 부착하는 전용헤드의 개수가 3개일 경우 배관의 구경은 50[mm] 이상으로 한다.

선지분석

① 급수배관은 전용으로 한다.
② 연소방지설비 전용헤드를 사용하는 경우 다음의 표에 따른 구경 이상으로 한다.

하나의 배관에 부착하는 전용헤드의 개수	배관의 구경[mm]
1개	32
2개	40
3개	50
4개 또는 5개	65
6개 이상	80

③, ④ 교차배관은 가지배관과 수평으로 설치하거나 가지배관 밑에 설치하고, 최소구경은 40[mm] 이상으로 한다.

정답 | ②

79 빈출도 ★★★

상수도 소화용수설비의 소화전은 특정소방대상물의 수평투영면의 각 부분으로부터 몇 [m] 이하가 되도록 설치하여야 하는가?

① 200 ② 140
③ 100 ④ 70

해설

소화전은 특정소방대상물의 수평투영면의 각 부분으로부터 140[m] 이하가 되도록 설치한다.

관련개념 **상수도 소화용수설비 설치기준**

㉠ 호칭지름 75[mm] 이상의 수도배관에 호칭지름 100[mm] 이상의 소화전을 접속한다.
㉡ 소화전은 소방자동차 등의 진입이 쉬운 도로변 또는 공지에 설치한다.
㉢ 소화전은 특정소방대상물의 수평투영면의 각 부분으로부터 140[m] 이하가 되도록 설치한다.

정답 | ②

80 빈출도 ★★★

이산화탄소 소화약제 저압식 저장용기의 충전비로 옳은 것은?

① 0.9 이상 1.1 이하 ② 1.1 이상 1.4 이하
③ 1.4 이상 1.7 이하 ④ 1.5 이상 1.9 이하

해설

저장용기의 충전비는 고압식은 1.5 이상 1.9 이하, 저압식은 1.1 이상 1.4 이하로 한다.

관련개념 **저장용기의 설치기준**

㉠ 저장용기의 충전비는 고압식은 1.5 이상 1.9 이하, 저압식은 1.1 이상 1.4 이하로 한다.
㉡ 저압식 저장용기에는 내압시험압력의 0.64배 이상 0.8배 이하의 압력에서 작동하는 안전밸브를 설치한다.
㉢ 저압식 저장용기에는 내압시험압력의 0.8배 이상 1배 이하의 압력에서 작동하는 봉판을 설치한다.
㉣ 저압식 저장용기에는 액면계 및 압력계와 2.3[MPa] 이상 1.9[MPa] 이하의 압력에서 작동하는 압력경보장치를 설치한다.
㉤ 저압식 저장용기에는 용기 내부의 온도가 −18[℃] 이하에서 2.1[MPa]의 압력을 유지할 수 있는 자동냉동장치를 설치한다.
㉥ 고압식 저장용기는 25[MPa] 이상, 저압식 저장용기는 3.5[MPa] 이상의 내압시험압력에 합격한 것으로 한다.
㉦ 저장용기의 개방밸브는 전기식·가스압력식 또는 기계식에 따라 자동으로 개방되고 수동으로도 개방되는 것으로서 안전장치가 부착된 것으로 한다.
㉧ 저장용기와 선택밸브 또는 개폐밸브 사이에는 배관의 최소사용설계압력과 최대허용압력 사이의 압력에서 작동하는 안전장치를 설치한다.

정답 | ②

2018년 4회 기출문제

■ 1회독 ■ 2회독 ■ 3회독

소방원론

01 빈출도 ★

방화문에 대한 기준으로 틀린 것은?

① 30분 방화문: 연기 및 불꽃을 차단할 수 있는 시간이 30분 이상 60분 미만인 방화문
② 30분+ 방화문: 연기 및 불꽃을 차단할 수 있는 시간이 30분 이상 60분 미만이고, 열을 차단할 수 있는 시간이 30분 이상인 방화문
③ 60분 방화문: 연기 및 불꽃을 차단할 수 있는 시간이 60분 이상인 방화문
④ 60분+ 방화문: 연기 및 불꽃을 차단할 수 있는 시간이 60분 이상이고, 열을 차단할 수 있는 시간이 30분 이상인 방화문

해설

30분+ 방화문은 없으며 30분 방화문, 60분 방화문, 60분+ 방화문은 옳은 설명이다.

정답 | ②

02 빈출도 ★

염소산염류, 과염소산염류, 알칼리금속의 과산화물, 질산염류, 과망가니즈산염류의 특징과 화재 시 소화방법에 대한 설명 중 틀린 것은?

① 가열 등에 의해 분해하여 산소를 발생하고 화재 시 산소의 공급원 역할을 한다.
② 가연물, 유기물, 기타 산화하기 쉬운 물질과 혼합물은 가열, 충격, 마찰 등에 의해 폭발하는 수도 있다.
③ 알칼리금속의 과산화물을 제외하고 다량의 물로 냉각소화한다.
④ 그 자체가 가연성이며 폭발성을 지니고 있어 화약류 취급 시와 같이 주의를 요한다.

해설

염소산염류, 과염소산염류, 알칼리금속의 과산화물, 질산염류, 과망가니즈산염류는 제1류 위험물(산화성 고체, 강산화성 물질)이다. 제1류 위험물은 불연성 물질로서 연소하지 않지만 다른 가연물의 연소를 돕는 조연성을 갖는다.

관련개념 **제1류 위험물(산화성 고체)**

㉠ 상온에서 분말 상태의 고체이며, 반응 속도가 매우 빠르다.
㉡ 산소를 다량으로 함유한 강력한 산화제로 가열·충격 등 약간의 기계적 점화 에너지에 의해 분해되어 산소를 쉽게 방출한다.
㉢ 다른 화학 물질과 접촉 시에도 분해되어 산소를 방출한다.
㉣ 자신은 불연성 물질로 연소하지 않지만 다른 가연물의 연소를 돕는 조연성을 갖는다.
㉤ 물보다 무거우며 물에 녹는 성질인 조해성이 있다. 물에 녹은 수용액 상태에서도 산화성이 있다.

정답 | ④

03 빈출도 ★★

비열이 가장 큰 물질은?

① 구리　　② 수은
③ 물　　④ 철

해설

얼음·물(H_2O)은 분자의 단순한 구조와 수소결합으로 인해 분자 간 결합이 강하므로 타 물질보다 비열, 융해잠열 및 증발잠열이 크다.

관련개념

물의 비열은 다른 물질의 비열보다 높은데 이는 물이 소화제로 사용되는 이유 중 하나이다.

정답 | ③

04 빈출도 ★

건축물의 피난·방화구조 등의 기준에 관한 규칙에 따른 철망모르타르로서 그 바름두께가 최소 몇 [cm] 이상인 것을 방화구조로 규정하는가?

① 2　　② 2.5
③ 3　　④ 3.5

해설

건축물방화구조규칙에서는 철망모르타르로서 그 바름두께가 2[cm] 이상인 것을 방화구조로 적합하다고 규정한다.

관련개념 건축물방화구조규칙에서 규정하는 방화구조

㉠ 철망모르타르로서 그 바름두께가 2[cm] 이상인 것
㉡ 석고판 위에 시멘트모르타르 또는 회반죽을 바른 것으로서 그 두께의 합계가 2.5[cm] 이상인 것
㉢ 시멘트모르타르 위에 타일을 붙인 것으로서 그 두께의 합계가 2.5[cm] 이상인 것
㉣ 심벽에 흙으로 맞벽치기한 것
㉤ 한국산업표준에 따라 시험한 결과 방화 2급 이상에 해당하는 것

정답 | ①

05 빈출도 ★★★

제3종 분말 소화약제에 대한 설명으로 틀린 것은?

① A, B, C급 화재에 모두 적응한다.
② 주성분은 탄산수소칼륨과 요소이다.
③ 열분해시 발생되는 불연성 가스에 의한 질식효과가 있다.
④ 분말운무에 의한 열방사를 차단하는 효과가 있다.

해설

제3종 분말 소화약제의 주성분은 제1인산암모늄이다.
열분해 과정에서 발생하는 기체상태의 암모니아, 수증기가 산소 농도를 한계 이하로 희석시켜 질식소화를 한다.
방출 시 화염과 가연물 사이에 분말의 운무를 형성하여 화염으로부터의 방사열을 차단하며, 가연물질의 온도가 저하되어 연소가 지속되지 못한다.

관련개념 분말 소화약제

구분	주성분	색상	적응화재
제1종	탄산수소나트륨 ($NaHCO_3$)	백색	B급 화재 C급 화재
제2종	탄산수소칼륨 ($KHCO_3$)	담자색 (보라색)	B급 화재 C급 화재
제3종	제1인산암모늄 ($NH_4H_2PO_4$)	담홍색	A급 화재 B급 화재 C급 화재
제4종	탄산수소칼륨+요소 [$KHCO_3+CO(NH_2)_2$]	회색	B급 화재 C급 화재

정답 | ②

06 빈출도 ★★★

어떤 유기화합물을 원소 분석한 결과 중량백분율이 C: 39.9[%], H: 6.7[%], O: 53.4[%] 인 경우에 이 화합물의 분자식은? (단, 원자량은 C=12, O=16, H=1이다.)

① $C_3H_8O_2$ ② $C_2H_4O_2$
③ C_2H_4O ④ $C_2H_6O_2$

해설

어떤 유기화합물에서 탄소, 수소, 산소 원자의 질량비가 39.9 : 6.7 : 53.4 일 때, 각 원자의 원자량으로 나누면 원자 수의 비율로 나타낼 수 있다.

$$\frac{39.9}{12} : \frac{6.7}{1} : \frac{53.4}{16} == 3.325 : 6.7 : 3.3375$$

이는 약 1 : 2 : 1의 비율로 나누어지며 이 비율로 구성할 수 있는 분자식은 $C_2H_4O_2$이다.

정답 | ②

07 빈출도 ★★

제4류 위험물의 물리·화학적 특성에 대한 설명으로 틀린 것은?

① 증기비중은 공기보다 크다.
② 정전기에 의한 화재 발생위험이 있다.
③ 인화성 액체이다.
④ 인화점이 높을수록 증기발생이 용이하다.

해설

인화점이 높다는 것은 상대적으로 높은 온도에서 연소가 시작된다는 의미이고, 온도가 높아져야 연소가 시작되기에 충분한 증기가 발생한다는 의미이다.
따라서 인화점이 높을수록 증기발생이 어렵다.

관련개념 **제4류 위험물(인화성 액체)**

㉠ 상온에서 안정적인 액체 상태로 존재하며, 비전도성을 갖는다.
㉡ 물보다 가볍고 대부분 물에 녹지 않는 비수용성이다.
㉢ 인화성 증기를 발생시킨다.
㉣ 폭발하한계와 발화점이 낮은 편이지만, 약간의 자극으로 쉽게 폭발하지 않는다.
㉤ 대부분의 증기는 유기화합물이며, 공기보다 무겁다.

정답 | ④

08 빈출도 ★★

유류 탱크의 화재 시 탱크 저부의 물이 뜨거운 열류층에 의하여 수증기로 변하면서 급작스런 부피 팽창을 일으켜 유류가 탱크 외부로 분출하는 현상은?

① 슬롭 오버(Slop Over)
② 블레비(BLEVE)
③ 보일 오버(Boil Over)
④ 파이어 볼(Fire Ball)

해설

화재가 발생한 유류저장탱크의 하부에 고여 있던 물이 급격히 증발하며 유류가 탱크 밖으로 넘치게 되는 현상을 보일 오버(Boil Over)라고 한다.

정답 | ③

09 빈출도 ★

소방시설 설치 및 관리에 관한 법령에 따른 개구부의 기준으로 틀린 것은?

① 해당 층의 바닥면으로부터 개구부 밑부분까지의 높이가 1.5[m] 이내일 것
② 크기는 지름 50[cm] 이상의 원이 통과할 수 있을 것
③ 도로 또는 차량이 진입할 수 있는 빈터를 향할 것
④ 내부 또는 외부에서 쉽게 부수거나 열 수 있을 것

해설

해당 층의 바닥면으로부터 개구부 밑부분까지의 높이가 1.2[m] 이내이어야 한다.

관련개념 개구부의 조건

㉠ 크기는 지름 50[cm] 이상의 원이 통과할 수 있을 것
㉡ 해당 층의 바닥면으로부터 개구부 밑부분까지의 높이가 1.2[m] 이내일 것
㉢ 도로 또는 차량이 진입할 수 있는 빈터를 향할 것
㉣ 화재 시 건축물로부터 쉽게 피난할 수 있도록 창살이나 그 밖의 장애물이 설치되지 않을 것
㉤ 내부 또는 외부에서 쉽게 부수거나 열 수 있을 것

정답 | ①

10 빈출도 ★★★

소화약제로 사용할 수 없는 것은?

① $KHCO_3$ ② $NaHCO_3$
③ CO_2 ④ NH_3

해설

암모니아(NH_3)는 위험물로 분류되지는 않지만 인화점 132[℃], 발화점 651[℃], 연소범위 15~28[%]를 갖는 가연성 물질이다.

선지분석

① 제2종 분말 소화약제로 사용된다.
② 제1종 분말 소화약제로 사용된다.
③ 이산화탄소 소화약제로 사용된다.

정답 | ④

11 빈출도 ★★★

어떤 기체가 0[℃], 1기압에서 부피가 11.2[L], 기체 질량이 22[g]이었다면 이 기체의 분자량은? (단, 이상기체로 가정한다.)

① 22 ② 35
③ 44 ④ 56

해설

0[℃], 1기압에서 22.4[L]의 기체 속에는 1[mol]의 기체 분자가 들어 있다. 따라서 0[℃], 1기압, 11.2[L]의 기체 속에는 0.5[mol]의 기체가 들어 있다.
22.4[L] : 1[mol]=11.2[L] : 0.5[mol]

기체의 질량은 22[g]이므로,

기체의 분자량은 $\frac{22[g]}{0.5[mol]}=44[g/mol]$이다.

정답 | ③

12 빈출도 ★★

다음 중 분진 폭발의 위험성이 가장 낮은 것은?

① 소석회 ② 알루미늄분
③ 석탄분말 ④ 밀가루

해설

소석회($Ca(OH)_2$)는 시멘트의 주요 구성성분으로 불이 붙지 않는다. 따라서 소석회나 시멘트가루만으로는 분진 폭발이 발생하지 않는다.

정답 | ①

13 빈출도 ★

폭연에서 폭굉으로 전이되기 위한 조건에 대한 설명으로 틀린 것은?

① 정상연소속도가 작은 가스일수록 폭굉으로 전이가 용이하다.
② 배관내에 장애물이 존재할 경우 폭굉으로 전이가 용이하다.
③ 배관의 관경이 가늘수록 폭굉으로 전이가 용이하다.
④ 배관내 압력이 높을수록 폭굉으로 전이가 용이하다.

해설

정상연소속도가 큰 가스일수록 폭연에서 폭굉으로 전이가 용이하다.

관련개념

폭연과 폭굉은 충격파의 존재 유무로 구분한다. 폭발의 전파속도가 음속(340[m/s])보다 작은 경우 폭연(0.1~10[m/s]), 음속보다 커서 강한 충격파를 발생하는 경우 폭굉(1,000~3,500[m/s])이다.

정답 | ①

14 빈출도 ★★

연소의 4요소 중 자유활성기(free radical)의 생성을 저하시켜 연쇄반응을 중지시키는 소화방법은?

① 제거소화 ② 냉각소화
③ 질식소화 ④ 억제소화

해설

억제소화는 연소의 요소 중 연쇄적 산화반응을 약화시켜 연소의 지속을 불가능하게 하는 방법이다.
가연물질 내 함유되어 있는 수소·산소로부터 생성되는 수소기(H•)·수산기(•OH)를 화학적으로 제조된 부촉매제(분말 소화약제, 할론가스 등)와 반응하게 하여 더 이상 연소생성물인 이산화탄소·수증기 등의 생성을 억제시킨다.

정답 | ④

15 빈출도 ★★

내화구조에 해당하지 않는 것은?

① 철근콘크리트조로 두께가 10[cm] 이상인 벽
② 철근콘크리트조로 두께가 5[cm] 이상인 외벽 중 비내력벽
③ 벽돌조로서 두께가 19[cm] 이상인 벽
④ 철골철근콘크리트조로서 두께가 10[cm] 이상인 벽

해설

외벽 중 비내력벽은 철근콘크리트조로 두께가 7[cm] 이상이어야 내화구조에 해당한다.

관련개념 내화구조 기준

① 벽의 경우
 ㉠ 철근콘크리트조 또는 철골철근콘크리트조로서 두께가 10[cm] 이상인 것
 ㉡ 골구를 철골조로 하고 그 양면을 두께 4[cm] 이상의 철망모르타르 또는 두께 5[cm] 이상의 콘크리트블록·벽돌 또는 석재로 덮은 것
 ㉢ 철재로 보강된 콘크리트블록조·벽돌조 또는 석조로서 철재에 덮은 콘크리트블록등의 두께가 5[cm] 이상인 것
 ㉣ 벽돌조로서 두께가 19[cm] 이상인 것
 ㉤ 고온·고압의 증기로 양생된 경량기포 콘크리트패널 또는 경량기포 콘크리트블록조로서 두께가 10[cm] 이상인 것
② 외벽 중 비내력벽인 경우
 ㉠ 철근콘크리트조 또는 철골철근콘크리트조로서 두께가 7[cm] 이상인 것
 ㉡ 골구를 철골조로 하고 그 양면을 두께 3[cm] 이상의 철망모르타르 또는 두께 4[cm] 이상의 콘크리트블록·벽돌 또는 석재로 덮은 것
 ㉢ 철재로 보강된 콘크리트블록조·벽돌조 또는 석조로서 철재에 덮은 콘크리트블록등의 두께가 4[cm] 이상인 것
 ㉣ 무근콘크리트조·콘크리트블록조·벽돌조 또는 석조로서 그 두께가 7[cm] 이상인 것

정답 | ②

16 빈출도 ★

피난로의 안전구획 중 2차 안전구획에 속하는 것은?

① 복도
② 계단부속실(계단전실)
③ 계단
④ 피난층에서 외부와 직면한 현관

해설

피난계단의 부속실은 2차 안전구획에 속한다.

관련개념 안전구획

안전구획은 사람을 화재로부터 보호하면서 안전하게 피난계단까지 안내하는 공간이다.
거실에서부터 복도, 부속실을 거쳐 피난계단에 이르게 되는데 이때 복도를 1차 안전구획, 피난계단의 부속실을 2차 안전구획이라고 한다.

정답 | ②

17 빈출도 ★★

경유화재가 발생했을 때 주수소화가 오히려 위험할 수 있는 이유는?

① 경유는 물과 반응하여 유독가스를 발생하므로
② 경유의 연소열로 인하여 산소가 방출되어 연소를 돕기 때문에
③ 경유는 물보다 비중이 작아 화재면의 확대 우려가 있으므로
④ 경유가 연소할 때 수소가스를 발생하여 연소를 돕기 때문에

해설

제4류 위험물(인화성 액체)인 경유는 액체 표면에서 증발연소를 한다. 이때 주수소화를 하게 되면 물보다 가벼운 가연물이 물 위를 떠다니며 계속해서 연소반응이 일어나게 되고 화재면이 확대될 수 있다.

선지분석

① 경유는 물과 반응하지 않는다.
② 경유는 탄소와 수소로 이루어져 산소를 방출하지 않는다.
④ 경유가 연소하게 되면 이산화탄소(CO_2)와 물(H_2O)을 발생시키며 불완전 연소 시 일산화탄소(CO)가 발생할 수 있다.

정답 | ③

18 빈출도 ★★★

TLV(Threshold Limit Value) 값이 가장 높은 가스는?

① 시안화수소 ② 포스겐
③ 일산화탄소 ④ 이산화탄소

해설

선지 중 인체 허용농도(TLV)가 가장 높은 물질은 이산화탄소(CO_2)이다.

관련개념 인체 허용농도(TLV, Threshold limit value)

연소생성물	인체 허용농도[ppm]
일산화탄소(CO)	50
이산화탄소(CO_2)	5,000
포스겐($COCl_2$)	0.1
황화수소(H_2S)	10
이산화황(SO_2)	10
시안화수소(HCN)	10
아크롤레인(CH_2CHCHO)	0.1
암모니아(NH_3)	25
염화수소(HCl)	5

정답 | ④

19 빈출도 ★

할론계 소화약제의 주된 소화효과 및 방법에 대한 설명으로 옳은 것은?

① 소화약제의 증발잠열에 의한 소화방법이다.
② 산소의 농도를 15[%] 이하로 낮게 하는 소화방법이다.
③ 소화약제의 열분해에 의해 발생하는 이산화탄소에 의한 소화방법이다.
④ 자유활성기(free radical)의 생성을 억제하는 소화방법이다.

해설

할론소화약제가 가지고 있는 할로겐족 원소인 불소(F), 염소(Cl) 및 브롬(Br)이 가연물질을 구성하고 있는 수소, 산소로부터 생성된 수소기(H•), 수산기(•OH)와 작용하여 가연물질의 연쇄반응을 차단·억제시켜 더 이상 화재를 진행하지 못하게 한다.

선지분석

① 냉각소화에 대한 설명으로 주로 물 소화약제가 해당된다.
② 질식소화에 대한 설명으로 주로 포 소화약제, 이산화탄소 소화약제가 해당된다.
③ 질식소화에 해당하며 제1, 2, 4종 분말 소화약제의 소화방법에 대한 설명이다.

정답 | ④

20 빈출도 ★

소방시설 중 피난설비에 해당하지 않는 것은?

① 무선통신보조설비 ② 완강기
③ 구조대 ④ 공기안전매트

해설

피난기구에는 피난사다리, 구조대, 완강기, 간이완강기, 미끄럼대, 피난교, 피난용트랩, 공기안전매트, 다수인 피난장비, 승강식 피난기 등이 있다.

정답 | ①

21 빈출도 ★★

이상기체의 등엔트로피 과정에 대한 설명 중 틀린 것은?

① 폴리트로픽 과정의 일종이다.
② 가역단열과정에서 나타난다.
③ 온도가 증가하면 압력이 증가한다.
④ 온도가 증가하면 비체적이 증가한다.

해설

등엔트로피 과정은 엔트로피의 변화가 없는 과정이므로 가역단열 과정을 의미한다.
단열변화에서 압력, 부피, 온도는 다음과 같은 관계를 가진다.

$$\left(\frac{P_2}{P_1}\right)=\left(\frac{V_1}{V_2}\right)^{x}=\left(\frac{T_2}{T_1}\right)^{\frac{x}{x-1}}$$

P: 압력, V: 부피, T: 절대온도, x: 비열비

온도비에 관한 식으로 나타내면 다음과 같다.

$$\left(\frac{T_2}{T_1}\right)=\left(\frac{V_1}{V_2}\right)^{x-1}$$

온도가 증가하면 $T_2>T_1$이므로 온도비 $\frac{T_2}{T_1}$는 1보다 크다.
비열비 x는 항상 1보다 크므로 부피비의 지수 $x-1$은 항상 0보다 크다.
그러므로 부피비 $\frac{V_1}{V_2}$는 1보다 커야한다.
따라서 온도가 증가하면 비체적이 감소한다.

정답 | ④

22 빈출도 ★★★

관내에서 물이 평균속도 9.8[m/s]로 흐를 때의 속도수두는 약 몇 [m]인가?

① 4.9 ② 9.8
③ 48 ④ 128

해설

속도수두는 $\frac{u^2}{2g}$이므로 주어진 조건을 공식에 대입하면 속도수두는

$$\frac{u^2}{2g}=\frac{9.8^2}{2\times 9.8}=4.9[\text{m}]$$

정답 | ①

23 빈출도 ★★

그림과 같이 스프링상수(spring constant)가 10[N/cm]인 4개의 스프링으로 평판 A를 벽 B에 그림과 같이 설치하였다. 이 평판에 유량 0.01[m³/s], 속도 10[m/s]인 물제트가 평판 A의 중앙에 직각으로 충돌할 때, 물제트에 의해 평판과 벽 사이의 단축되는 거리는 약 몇 [cm]인가?

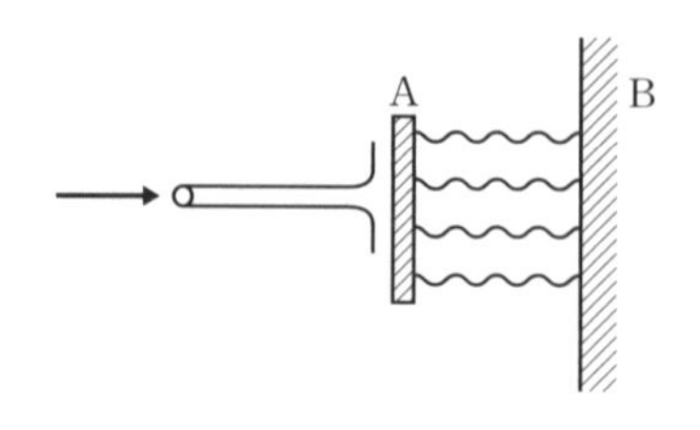

① 2.5　　② 5
③ 10　　④ 40

해설

평판 A를 고정하기 위해서는 평판 A에 가해지는 외력의 합이 0이어야 한다.
평판 A에는 원형 물제트가 충돌하며 힘을 가하고 있고, 그 반대편에서 4개의 스프링이 힘을 가하고 있으므로 두 가지 힘의 크기가 같으면 외력의 합이 0이 된다.

$$F=\rho Au^2=\rho Qu$$

F: 유체가 평판에 가하는 힘[N], ρ: 유체의 밀도[kg/m³], A: 유체의 단면적[m²], u: 유속[m/s], Q: 유량[m³/s]

물의 밀도는 1,000[kg/m³]이므로 물제트가 평판 A에 가하는 힘은 다음과 같다.

$F=1{,}000\times0.01\times10=100$[N]

스프링상수는 10[N/cm]이므로 스프링이 x만큼 수축하면 스프링에 작용하는 힘은 $10x$[N]이다.
따라서 평판 A와 벽 B 사이의 단축되는 거리 x는

$F=100=4\times10x$

$x=2.5$[cm]

정답 | ①

24 빈출도 ★★

이상기체의 정압비열 C_p와 정적비열 C_v와의 관계로 옳은 것은? (단, R은 이상기체상수이고, κ는 비열비이다.)

① $C_p=\frac{1}{2}C_v$　　② $C_p<C_v$
③ $C_p-C_v=R$　　④ $\frac{C_v}{C_p}=\kappa$

해설

정압비열 C_p는 정적비열 C_v보다 기체상수 R만큼 더 크다.

$$C_p=C_v+R$$

C_p: 정압비열, C_v: 정적비열, R: 기체상수

정답 | ③

25 빈출도 ★

피스톤의 지름이 각각 10[mm], 50[mm]인 두 개의 유압장치가 있다. 두 피스톤에 안에 작용하는 압력은 동일하고, 큰 피스톤이 1,000[N]의 힘을 발생시킨다고 할 때 작은 피스톤에서 발생시키는 힘은 약 몇 [N]인가?

① 40　② 400
③ 25,000　④ 245,000

해설

두 피스톤 안에 작용하는 압력이 동일하므로 파스칼의 원리에 의해 다음의 식이 성립한다.

$$P_1=\frac{F_1}{A_1}=\frac{F_2}{A_2}=P_2$$

P: 압력$[N/m^2]$, F: 힘[N], A: 면적$[m^2]$

피스톤은 지름이 D[m]인 원형이므로 피스톤 단면적의 비율은 다음과 같다.

$$A=\frac{\pi}{4}D^2$$

큰 피스톤이 발생시키는 힘 F_1이 1,000[N], 큰 피스톤의 지름이 A_1, 작은 피스톤의 지름이 A_2이면 작은 피스톤이 발생시키는 힘 F_2는 다음과 같다.

$$F_2=F_1\times\left(\frac{A_2}{A_1}\right)=1{,}000\times\left(\frac{\frac{\pi}{4}\times0.01^2}{\frac{\pi}{4}\times0.05^2}\right)$$
$$=40[N]$$

정답 | ①

26 빈출도 ★★★

유체가 매끈한 원 관 속을 흐를 때 레이놀즈 수가 1,200이라면 관 마찰계수는 얼마인가?

① 0.0254　② 0.00128
③ 0.0059　④ 0.053

해설

층류일 때 마찰계수 f는 $\frac{64}{Re}$이므로 마찰계수 f는

$$f=\frac{64}{Re}=\frac{64}{1{,}200}\fallingdotseq0.0533$$

정답 | ④

27 빈출도 ★★

2[cm] 떨어진 두 수평한 판 사이에 기름이 차있고, 두 판 사이의 정중앙에 두께가 매우 얇은 한 변의 길이가 10[cm]인 정사각형 판이 놓여있다. 이 판을 10[cm/s]의 일정한 속도로 수평하게 움직이는데 0.02[N]의 힘이 필요하다면, 기름의 점도는 약 몇 $[N\cdot s/m^2]$인가? (단, 정사각형 판의 두께는 무시한다.)

① 0.1　② 0.2
③ 0.01　④ 0.02

해설

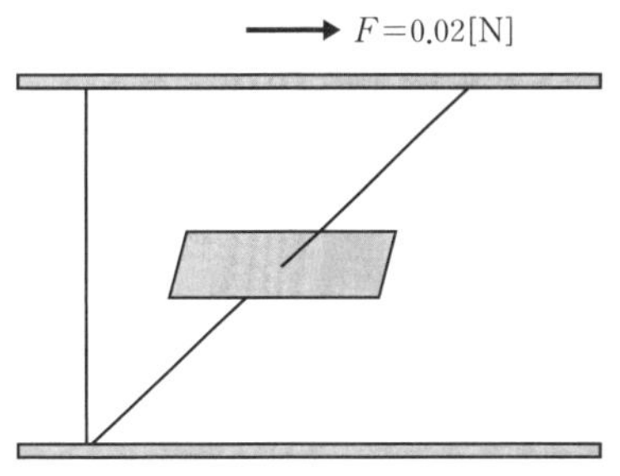

점성계수(점도)는 외부의 힘(전단력)에 대한 저항인 전단응력과 속도기울기 사이의 비례계수이다.

$$\tau=\mu\frac{du}{dy}$$

τ: 전단응력[Pa], μ: 점성계수(점도)$[N\cdot s/m^2]$, $\frac{du}{dy}$: 속도기울기$[s^{-1}]$

두 판 사이에 채워진 유체에 작용하는 전단력은 깊이에 따라 선형으로 변화하므로 정중앙에 위치한 $(0.1\times0.1)[m^2]$ 크기의 정사각형에 작용하는 전단력 F는 0.01[N]이다.
따라서 주어진 조건을 공식에 대입하면 점성계수 μ는

$$\tau=\frac{F}{A}=\mu\frac{du}{dy}$$
$$\mu=\frac{F}{A}\times\frac{dy}{du}=\frac{0.01}{0.1\times0.1}\times\frac{0.01}{0.1}$$
$$=0.1[N\cdot s/m^2]$$

정답 | ①

28 빈출도 ★

부자(float)의 오르내림에 의해서 배관 내의 유량을 측정하는 기구의 명칭은?

① 피토관(pitot tube)
② 로터미터(rotameter)
③ 오리피스(orifice)
④ 벤투리미터(venturi meter)

해설

부자(float)의 오르내림을 활용하여 배관 내의 유량을 측정하는 장치는 로터미터이다.

정답 | ②

29 빈출도 ★

다음 열역학적 용어에 대한 설명으로 틀린 것은?

① 물질의 3중점(triple point)은 고체, 액체, 기체의 3상이 평형상태로 공존하는 상태의 지점을 말한다.
② 일정한 압력 하에서 고체가 상변화를 일으켜 액체로 변화할 때 필요한 열을 융해열(융해 잠열)이라 한다.
③ 고체가 일정한 압력 하에서 액체를 거치지 않고 직접 기체로 변화하는 데 필요한 열을 승화열이라 한다.
④ 포화액체를 정압 하에서 가열할 때 온도 변화 없이 포화증기로 상변화를 일으키는데 사용되는 열을 현열이라 한다.

해설

온도의 변화 없이 물질의 상태를 변화시킬 때 필요한 열량은 잠열이다.

선지분석

① 물질의 상평형도에서 삼중점은 서로 다른 세 개의 상이 공존하는 지점이다.
② 고체가 액체로 변화하는 것을 융해라고 하고 이때 필요한 열을 융해열이라고 한다.
③ 고체가 기체로 변화하는 것을 승화라고 하고 이때 필요한 열을 승화열이라고 한다.

정답 | ④

30 빈출도 ★★★

펌프를 이용하여 10[m] 높이 위에 있는 물탱크로 유량 0.3[m^3/min]의 물을 퍼올리려고 한다. 관로 내 마찰손실수두가 3.8[m]이고, 펌프의 효율이 85[%]일 때 펌프에 공급하여야 하는 동력은 약 몇 [W]인가?

① 128　② 796
③ 677　④ 219

해설

$$P=\frac{\gamma QH}{\eta}$$

P: 축동력[W], γ: 유체의 비중량[N/m^3],
Q: 유량[m^3/s], H: 전양정[m], η: 효율

유체는 물이므로 물의 비중량은 9,800[N/m^3]이다.
펌프의 토출량이 0.3[m^3/min]이므로 단위를 변환하면 $\frac{0.3}{60}$[m^3/s]이다.
펌프는 10[m] 높이만큼 유체를 이동시켜야 하며 배관에서 손실되는 압력은 물기둥 3.8[m] 높이의 압력과 같다.

$10+3.8=13.8$[m]

따라서 주어진 조건을 공식에 대입하면 필요한 동력 P는

$$P=\frac{9{,}800\times\frac{0.3}{60}\times 13.8}{0.85}$$
$$\fallingdotseq 795.53\text{[W]}$$

정답 | ②

31 빈출도 ★★

회전속도 1,000[rpm]일 때 송출량 Q[m^3/min], 전양정 H[m]인 원심펌프가 상사한 조건에서 송출량이 $1.1Q$[m^3/min]가 되도록 회전속도를 증가시킬 때, 전양정은 어떻게 되는가?

① $0.91H$　② H
③ $1.1H$　④ $1.21H$

해설

펌프의 회전수를 변화시키면 동일한 펌프이므로 상사법칙에 따라 유량과 양정이 변화한다.

$$\frac{Q_2}{Q_1}=\left(\frac{N_2}{N_1}\right)\left(\frac{D_2}{D_1}\right)^3$$

Q: 유량, N: 펌프의 회전수, D: 직경

$$\frac{H_2}{H_1}=\left(\frac{N_2}{N_1}\right)^2\left(\frac{D_2}{D_1}\right)^2$$

H: 양정, N: 펌프의 회전수, D: 직경

동일한 펌프이므로 직경은 같고, 상태1의 유량이 Q, 상태2의 유량이 $1.1Q$이므로 회전수 변화는 다음과 같다.

$$N_2=N_1\left(\frac{Q_2}{Q_1}\right)=N_1\left(\frac{1.1Q}{Q}\right)=1.1N_1$$

양정 변화는 다음과 같다.

$$H_2=H_1\left(\frac{N_2}{N_1}\right)^2=H_1\left(\frac{1.1N_1}{N_1}\right)^2$$
$$=1.21H$$

정답 | ④

2018년 4회

32 빈출도 ★

모세관 현상에 있어서 물이 모세관을 따라 올라가는 높이에 대한 설명으로 옳은 것은?

① 표면장력이 클수록 높이 올라간다.
② 관의 지름이 클수록 높이 올라간다.
③ 밀도가 클수록 높이 올라간다.
④ 중력의 크기와는 무관하다.

해설

모세관 현상에서 표면의 높이 차이는 표면장력에 비례하고, 비중량(밀도×중력가속도), 모세관의 직경에 반비례한다.

$$h=\frac{4\sigma\cos\theta}{\gamma D}$$

h: 표면의 높이 차이[m], σ: 표면장력[N/m], θ: 부착 각도,
γ: 유체의 비중량[N/m^3], D: 모세관의 직경[m]

정답 | ①

33 빈출도 ★★

그림과 같이 30°로 경사진 0.5[m]×3[m] 크기의 수문평판 AB가 있다. A점에서 힌지로 연결되어 있을 때 이 수문을 열기 위하여 B점에서 수문에 직각 방향으로 가해야 할 최소 힘은 약 몇 [N]인가? (단, 힌지 A에서의 마찰은 무시한다.)

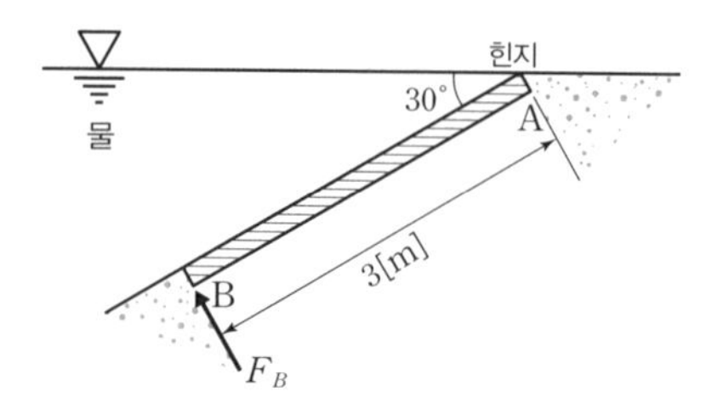

① 7,350
② 7,355
③ 14,700
④ 14,710

해설

힌지를 기준으로 유체가 수문을 누르는 힘과 반대방향으로 더 큰 토크가 주어져야 수문을 열 수 있다.

$$\tau=r\times F$$

τ: 토크[kN·m], r: 회전축으로부터 거리[m], F: 힘[kN]

수문에 작용하는 힘 F_1의 크기는 다음과 같다.

$$F=\gamma hA=\gamma\times l\sin\theta\times A$$

F: 수문에 작용하는 힘[N], γ: 유체의 비중량[N/m^3],
h: 수문의 중심 높이로부터 표면까지의 높이[m],
A: 수문의 면적[m^2], l: 표면으로부터 수문 중심까지의 길이[m],
θ: 표면과 수문이 이루는 각도

유체는 물이므로 물의 비중량은 9,800[N/m^3]이다.
힌지가 표면과 맞닿아 있으므로 표면으로부터 수문 중심까지의 길이 l은 1.5[m]이다.
수문의 면적 A는 (3×0.5)[m]이므로 수문에 작용하는 힘 F_1은

$$F_1=9{,}800\times1.5\times\sin30°\times(3\times0.5)=11{,}025[\text{N}]$$

수문에 작용하는 힘의 위치 y는 다음과 같다.

$$y=l+\frac{I}{Al}$$

y: 표면으로부터 작용점까지의 길이[m], l: 표면으로부터 수문 중심까지의 길이[m], I: 관성모멘트[m⁴], A: 수문의 면적[m²]

수문은 중심축이 힌지인 직사각형이므로 관성모멘트 I는 $\frac{bh^3}{12}$이다.

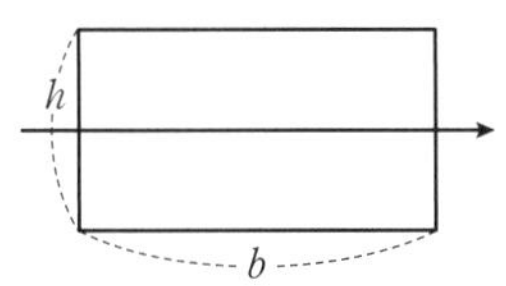

수문에 작용하는 힘의 작용점은 다음과 같다.

$$y=l+\frac{\frac{bh^3}{12}}{Al}=1.5+\frac{\frac{0.5\times3^3}{12}}{(3\times0.5)\times1.5}=2[\text{m}]$$

유체가 수문을 힌지로부터 2[m]인 지점에서 11,025[N]의 힘으로 누르고 있으므로 B점에서 들어올려야 하는 최소한의 힘 F_2의 크기는

$$\tau=r_1\times F_1=r_2\times F_2$$

$$F_2=\frac{r_1}{r_2}\times F_1=\frac{2}{3}\times11,025=7,350[\text{N}]$$

정답 | ①

34 빈출도 ★★★

관내에 물이 흐르고 있을 때, 그림과 같이 액주계를 설치하였다. 관내에서 물의 유속은 약 몇 [m/s]인가?

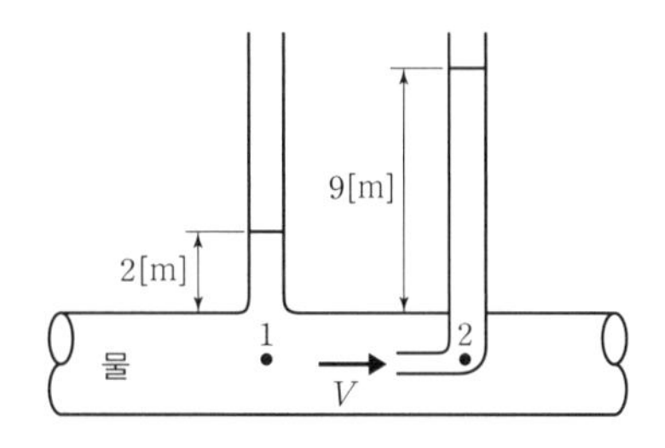

① 2.6 ② 7
③ 11.7 ④ 137.2

해설

점 1에서 유속이 가지는 에너지는 점 2에서 더 이상 진행하지 못하게 되어 위치가 가지는 에너지로 변환되며 유체를 Z만큼 표면 위로 밀어올리게 된다.

$$\frac{u^2}{2g}=Z$$

$$u=\sqrt{2gZ}=\sqrt{2\times9.8\times(9-2)}$$

$$\fallingdotseq11.71[\text{m/s}]$$

정답 | ③

35 빈출도 ★★

파이프 단면적이 2.5배로 급격하게 확대되는 구간을 지난 후의 유속이 1.2[m/s]이다. 부차적 손실계수가 0.36이라면 급격확대로 인한 손실수두는 몇 [m]인가?

① 0.0264　　② 0.0661
③ 0.165　　④ 0.331

해설

$$H=\frac{(u_1-u_2)^2}{2g}=K\frac{u_1^2}{2g}$$

H: 마찰손실수두[m], u_1: 좁은 배관의 유속[m/s],
u_2: 넓은 배관의 유속[m/s], g: 중력가속도[m/s²],
K: 부차적 손실계수

파이프 단면적이 2.5배로 확대되었으므로 단면적의 비율은 다음과 같다.

$A_2=2.5A_1$

부피유량이 일정하므로 파이프의 확대 전 유속 u_1와 확대 후 유속 u_2는 다음과 같다.

$Q=A_1u_1=A_2u_2$

$u_1=\left(\frac{A_2}{A_1}\right)\times u_2=2.5\times1.2=3$[m/s]

주어진 조건을 공식에 대입하면 급격확대로 인한 손실수두 H는

$H=K\frac{u_1^2}{2g}=0.36\times\frac{3^2}{2\times9.8}$

$\fallingdotseq 0.165$[m]

정답 | ③

36 빈출도 ★★

관 A에는 비중 $s_1=1.5$인 유체가 있으며, 마노미터 유체는 비중 $s_2=13.6$인 수은이고, 마노미터에서의 수은의 높이차 h_2는 20[cm]이다. 이후 관 A의 압력을 종전보다 40[kPa] 증가했을 때, 마노미터에서 수은의 새로운 높이차(h_2')는 약 몇 [cm]인가?

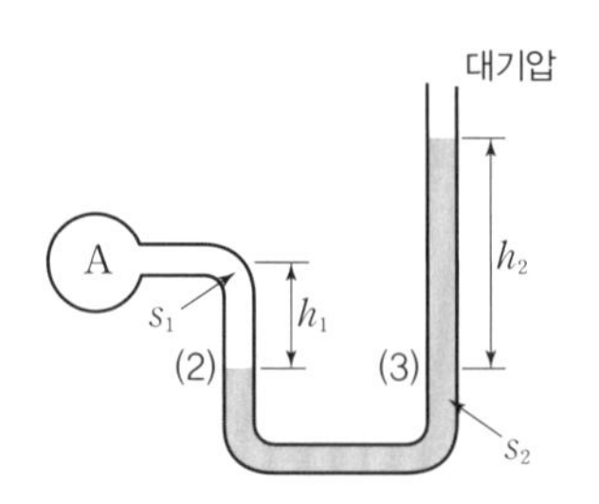

① 28.4　　② 35.9
③ 46.2　　④ 51.8

해설

$$P_x=\gamma h=s\gamma_w h$$

P_x: x점에서의 압력[kN/m²], γ: 비중량[kN/m³],
h: 표면까지의 높이[m], s: 비중, γ_w: 물의 비중량[kN/m³]

(2)면에 작용하는 압력은 A점에서의 압력과 A점의 유체가 누르는 압력의 합과 같다.

$P_2=P_A+s_1\gamma_w h_1$

(3)면에 작용하는 압력은 (3)면 위의 유체가 누르는 압력과 같다.

$P_3=s_2\gamma_w h_2$

유체 내부에서 같은 수평면(높이)에는 같은 압력이 작용하므로 (2)면과 (3)면의 압력은 같다.

$P_2=P_3$

$P_A+s_1\gamma_w h_1=s_2\gamma_w h_2$

A점의 압력이 종전보다 40[kPa] 증가하면 계기 유체는 바깥쪽으로 더 높이 올라가므로 높이 변화와 관계식은 다음과 같다.

$h_1'=h_1+x$

$h_2'=h_2+2x$

$P_A+40+s_1\gamma_w h_1'=s_2\gamma_w h_2'$

압력 변화 전후의 식을 연립하면 다음과 같다.

$40+s_1\gamma_w(h_1'-h_1)=s_2\gamma_w(h_2'-h_2)$

$40+s_1\gamma_w x=2s_2\gamma_w x$

따라서 높이의 변화량 x는 다음과 같다.

$x=\frac{40}{2s_2\gamma_w-s_1\gamma_w}=\frac{40}{2\times13.6\times9.8-1.5\times9.8}$

$\fallingdotseq 0.159$[m]$=15.9$[cm]

수은의 새로운 높이차 h_2'는

$h_2'=h_2+2x=20+2\times15.9=51.8$[cm]

정답 | ④

37 빈출도 ★★

다음 기체, 유체, 액체에 대한 설명 중 옳은 것만을 모두 고른 것은?

> ㉠ 기체: 매우 작은 응집력을 가지고 있으며, 자유표면을 가지지 않고 주어진 공간을 가득 채우는 물질
> ㉡ 유체: 전단응력을 받을 때 연속적으로 변형하는 물질
> ㉢ 액체: 전단응력이 전단변형률과 선형적인 관계를 가지는 물질

① ㉠, ㉡ ② ㉠, ㉢
③ ㉡, ㉢ ④ ㉠, ㉡, ㉢

해설

㉢은 뉴턴유체에 대한 설명이다.

정답 | ①

38 빈출도 ★★★

지름 2[cm]의 금속 공은 선풍기를 켠 상태에서 냉각하고, 지름 4[cm]의 금속 공은 선풍기를 끄고 냉각할 때 동일 시간당 발생하는 대류 열전달량의 비(2[cm]공:4[cm]공)는? (단, 두 경우 온도차는 같고, 선풍기를 켜면 대류 열전달계수가 10배가 된다고 가정한다.)

① 1:0.3375 ② 1:0.4
③ 1:5 ④ 1:10

해설

$$Q=hA(T_2-T_1)$$

Q: 열전달량[W], h: 대류 열전달계수[$W/m^2 \cdot ℃$], A: 열전달 면적[m^2], (T_2-T_1): 온도 차이[℃]

선풍기를 켜면 대류 열전달계수가 10배로 상승하므로 대류 열전달계수의 관계는 다음과 같다.

$h_1=10h_2$

구의 지름이 2[cm]과 4[cm]으로 2배 차이나므로 표면적의 관계는 다음과 같다.

$$A=4\pi r^2$$

A: 구의 표면적[m^2], r: 구의 반지름[m]

$A_1=4\pi r^2$

$A_2=4\pi(2r)^2=16\pi r^2$

$A_2=4A_1$

두 경우 온도차가 같으므로 열전달량의 비는

$Q_1 : Q_2=h_1A_1 : h_2A_2=10h_2A_1 : 4h_2A_1=1 : 0.4$

정답 | ②

39 빈출도 ★★

관로에서 20[℃]의 물이 수조에 5분 동안 유입되었을 때 유입된 물의 중량이 60[kN]이라면 이 때 유량은 몇 [m³/s]인가?

① 0.015 ② 0.02

③ 0.025 ④ 0.03

해설

$$G=\rho g A u$$

G: 무게유량[N/s], ρ: 밀도[kg/m³], g: 중력가속도[m/s²], A: 유체의 단면적[m²], u: 유속[m/s]

$$Q=Au$$

Q: 부피유량[m³/s], A: 유체의 단면적[m²], u: 유속[m/s]

5분 동안 유입된 물의 무게가 60[kN]이므로 평균 무게유량은 다음과 같다.

$$G=\frac{60{,}000}{5\times 60}=200[\text{N/s}]$$

부피유량과 무게유량은 다음과 같은 관계를 가지고 있다.

$$G=\rho g A u=\rho g Q$$

유체는 물이므로 물의 밀도는 1,000[kg/m³]이다.

따라서 이 때의 유량은

$$Q=\frac{G}{\rho g}=\frac{200}{1{,}000\times 9.8}$$

$$\fallingdotseq 0.02[\text{m}^3/\text{s}]$$

정답 | ②

40 빈출도 ★★

펌프의 캐비테이션을 방지하기 위한 방법으로 틀린 것은?

① 펌프의 설치 위치를 낮추어서 흡입 양정을 작게 한다.

② 흡입관을 크게 하거나 밸브, 플랜지 등을 조정하여 흡입 손실 수두를 줄인다.

③ 펌프의 회전속도를 높여 흡입 속도를 크게 한다.

④ 2대 이상의 펌프를 사용한다.

해설

펌프의 회전수를 크게 하면 회전력이 약해지므로 펌프의 회전수를 작게 한다.

관련개념 공동현상 방지대책

발생원인	방지대책
펌프의 설치 위치가 높아 유효 흡입수두가 낮아진다.	펌프의 설치 위치를 낮게 한다.
펌프의 회전수가 커서 회전력이 약해진다.	펌프의 회전수를 작게 한다.
펌프의 흡입 관경이 작아 빠른 유속으로 인한 마찰손실이 커진다.	펌프의 흡입 관경을 크게 한다.
단흡입펌프 사용 시 적은 유량으로 인해 성능이 저하한다.	단흡입펌프보다 양흡입펌프를 사용한다.

정답 | ③

소방관계법규

41 빈출도 ★

소방시설공사업법령에 따른 성능위주설계를 할 수 있는 자의 설계범위 기준 중 틀린 것은?

① 연면적 30,000[m^2] 이상인 특정소방대상물로서 공항시설
② 연면적 100,000[m^2] 이상인 특정소방대상물 (아파트등 제외)
③ 지하층을 포함한 층수가 30층 이상인 특정소방대상물 (아파트등 제외)
④ 하나의 건축물에 영화상영관이 10개 이상인 특정소방대상물

해설

연면적 100,000[m^2] 이상인 특정소방대상물(아파트 등)은 성능위주설계를 할 수 있는 자의 설계범위가 아니다.

관련개념 성능위주설계 특정소방대상물

시설	대상
특정소방대상물 (아파트등 제외)	• 연면적 200,000[m^2] 이상 • 30층 이상(지하층 포함) • 지상으로부터 높이가 120[m] 이상 • 하나의 건축물에 영화상영관이 10개 이상 • 지하연계 복합건축물
아파트등	• 50층 이상(지하층 제외) • 지상으로부터 높이가 200[m] 이상
철도 및 도시철도, 공항시설	연면적 30,000[m^2] 이상
창고시설	• 연면적 100,000[m^2] 이상 • 지하층의 층수가 2개 층 이상이고 지하층의 바닥면적의 합계가 30,000[m^2] 이상
터널	• 수저터널 • 길이 5,000[m] 이상

정답 | ②

42 빈출도 ★★

위험물안전관리법령에 따른 인화성액체위험물(이황화탄소 제외)의 옥외탱크저장소의 탱크 주위에 설치하는 방유제의 설치기준 중 옳은 것은?

① 방유제의 높이는 0.5[m] 이상 2.0[m] 이하로 할 것
② 방유제 내의 면적은 100,000[m^2] 이하로 할 것
③ 방유제의 용량은 방유제 안에 설치된 탱크가 2기 이상인 때에는 그 탱크 중 용량이 최대인 것의 용량의 120[%] 이상으로 할 것
④ 높이가 1[m]를 넘는 방유제 및 간막이 둑의 안팎에는 방유제 내에 출입하기 위한 계단 또는 경사로를 약 50[m]마다 설치할 것

해설

방유제는 높이가 1[m]를 넘는 방유제 및 간막이 둑의 안팎에는 방유제 내에 출입하기 위한 계단 또는 경사로를 약 50[m]마다 설치하여야 한다.

선지분석

① 방유제의 높이는 0.5[m] 이상 **3[m]** 이하로 할 것
② 방유제내의 면적은 **80,000[m^2]** 이하로 할 것
③ 방유제의 용량은 방유제 안에 설치된 탱크가 2기 이상인 때에는 그 탱크 중 용량이 최대인 것의 용량의 **110[%]** 이상으로 할 것

정답 | ④

43 빈출도 ★

소방기본법에 따른 소방력의 기준에 따라 관할구역의 소방력을 확충하기 위하여 필요한 계획을 수립하여 시행하여야 하는 자는?

① 소방서장 ② 소방본부장
③ 시 · 도지사 ④ 행정안전부장관

해설

시 · 도지사는 소방력의 기준에 따라 관할구역의 소방력을 확충하기 위하여 필요한 계획을 수립하여 시행하여야 한다.

정답 | ③

44 빈출도 ★★★

화재의 예방 및 안전관리에 관한 법률에 따른 용접 또는 용단 작업장에서 불꽃을 사용하는 용접 · 용단기구 사용에 있어서 작업장 주변 반경 몇 [m] 이내에 소화기를 갖추어야 하는가? (단, 산업안전보건법에 따른 안전조치의 적용을 받는 사업장의 경우는 제외한다.)

① 1 ② 3
③ 5 ④ 7

해설

용접 또는 용단 작업장 주변 반경 5[m] 이내에 소화기를 갖추어야 한다.

정답 | ③

45 빈출도 ★

소방기본법에 따른 벌칙의 기준이 다른 것은?

① 정당한 사유 없이 불장난, 모닥불, 흡연, 화기 취급, 풍등 등 소형 열기구 날리기, 그 밖에 화재예방상 위험하다고 인정되는 행위의 금지 또는 제한에 따른 명령에 따르지 아니하거나 이를 방해한 사람
② 소방활동 종사 명령에 따른 사람을 구출하는 일 또는 불을 끄거나 번지지 아니 하도록 하는 일을 방해한 사람
③ 정당한 사유 없이 소방용수시설 또는 비상소화장치를 사용하거나 소방용수시설 또는 비상소화장치의 효용을 해치거나 그 정당한 사용을 방해한 사람
④ 출동한 소방대의 소방장비를 파손하거나 그 효용을 해하여 화재진압 · 인명구조 또는 구급활동을 방해하는 행위를 한 사람

해설

화재예방강화지구 및 이에 준하는 장소에서 불장난, 모닥불, 흡연, 화기 취급, 풍등 등 소형 열기구 날리기, 용접 · 용단 등 불꽃을 발생시키는 행위 등을 하는 사람은 300만 원 이하의 과태료를 부과한다.

정답 | ①

46 빈출도 ★

소방기본법령에 따른 소방대원에게 실시할 교육 · 훈련 횟수 및 기간의 기준 중 다음 (　　) 안에 알맞은 것은?

횟수	기간
(㉠)년마다 1회	(㉡)주 이상

① ㉠: 2, ㉡: 2 ② ㉠: 2, ㉡: 4
③ ㉠: 1, ㉡: 2 ④ ㉠: 1, ㉡: 4

해설

횟수	2년마다 1회
기간	2주 이상

정답 | ①

47 빈출도 ★

소방시설 설치 및 관리에 관한 법률에 따른 화재안전기준을 달리 적용하여야 하는 특수한 용도 또는 구조를 가진 특정소방대상물 중 핵폐기물처리시설에 설치하지 아니할 수 있는 소방시설은?

① 소화용수설비
② 옥외소화전설비
③ 물분무등소화설비
④ 연결송수관설비 및 연결살수설비

해설

화재안전기준을 다르게 적용하여야 하는 특수한 용도 또는 구조를 가진 특정소방대상물인 핵폐기물처리시설에 설치하지 아니할 수 있는 소방시설은 연결송수관설비 및 연결살수설비이다.

관련개념 화재안전기준을 다르게 적용해야 하는 특수한 용도·구조를 가진 특정소방대상물

특정소방대상물	소방시설
원자력발전소, 핵폐기물처리시설	• 연결송수관설비 • 연결살수설비

정답 | ④

48 빈출도 ★★

소방시설 설치 및 관리에 관한 법률에 따른 특정소방대상물 중 의료시설에 해당하지 않는 것은?

① 요양병원　② 마약진료소
③ 한방병원　④ 노인의료복지시설

해설

노인의료복지시설은 노유자시설에 해당한다.

관련개념 특정소방대상물(의료시설)

㉠ 병원: 종합병원, 병원, 치과병원, 한방병원, 요양병원
㉡ 격리병원: 전염병원, 마약진료소, 그 밖에 이와 비슷한 것
㉢ 정신의료기관
㉣ 장애인 의료재활시설

정답 | ④

49 빈출도 ★★★

소방시설 설치 및 관리에 관한 법률에 따른 특정소방대상물의 수용인원의 산정방법 기준 중 틀린 것은?

① 침대가 있는 숙박시설의 경우는 해당 특정소방대상물의 종사자 수에 침대 수(2인용 침대는 2인으로 산정)를 합한 수

② 침대가 없는 숙박시설의 경우는 해당 특정소방대상물의 종사자 수에 숙박시설 바닥면적의 합계를 $3[m^2]$로 나누어 얻은 수를 합한 수

③ 강의실 용도로 쓰이는 특정소방대상물의 경우는 해당 용도로 사용하는 바닥면적의 합계를 $1.9[m^2]$로 나누어 얻은 수

④ 문화 및 집회시설의 경우는 해당 용도로 사용하는 바닥면적의 합계를 $2.6[m^2]$로 나누어 얻은 수

해설

문화 및 집회시설의 경우는 해당 용도로 사용하는 바닥면적의 합계를 $4.6[m^2]$로 나누어 얻은 수로 한다.

관련개념 **수용인원의 산정방법**

구분		산정방법
숙박시설	침대가 있는 숙박시설	종사자 수+침대 수(2인용 침대는 2개)
	침대가 없는 숙박시설	종사자 수+$\frac{\text{바닥면적의 합계}}{3[m^2]}$
강의실 · 교무실 · 상담실 · 실습실 · 휴게실 용도로 쓰이는 특정소방대상물		$\frac{\text{바닥면적의 합계}}{1.9[m^2]}$
강당, 문화 및 집회시설, 운동시설, 종교시설		$\frac{\text{바닥면적의 합계}}{4.6[m^2]}$
그 밖의 특정소방대상물		$\frac{\text{바닥면적의 합계}}{3[m^2]}$

* 계산 결과 소수점 이하의 수는 반올림한다.
* 복도(준불연재료 이상의 것), 화장실, 계단은 면적에서 제외한다.

정답 | ④

50 빈출도 ★★★

소방시설 설치 및 관리에 관한 법률에 따른 소방안전관리대상물의 관계인이 자체점검을 실시한 경우 며칠 이내에 소방시설등 자체점검 실시결과 보고서를 소방본부장 또는 소방서장에게 제출하여야 하는가?

① 7일 ② 15일
③ 30일 ④ 60일

해설

스스로 자체점검을 실시한 관계인은 자체점검이 끝난 날부터 **15일 이내**에 소방시설등 자체점검 실시결과 보고서를 소방본부장 또는 소방서장에게 서면이나 소방청장이 지정하는 전산망을 통하여 보고해야 한다.

정답 | ②

51 빈출도 ★

소방시설 설치 및 관리에 관한 법률에 따른 임시소방시설 중 간이소화장치를 설치하여야 하는 공사의 작업 현장의 규모의 기준 중 다음 ( ) 안에 알맞은 것은?

> – 연면적 (㉠)[m²] 이상
> – 지하층, 무창층 또는 (㉡)층 이상의 층인 경우 해당 층의 바닥면적이 (㉢)[m²] 이상인 경우만 해당

① ㉠: 1,000, ㉡: 6, ㉢: 150
② ㉠: 1,000, ㉡: 6, ㉢: 600
③ ㉠: 3,000, ㉡: 4, ㉢: 150
④ ㉠: 3,000, ㉡: 4, ㉢: 600

해설

간이소화장치를 설치하여야 하는 공사의 작업 현장의 규모의 기준
㉠ 연면적 **3,000**[m²] 이상
㉡ 지하층, 무창층 또는 **4층** 이상의 층(해당 층의 바닥면적이 **600**[m²] 이상인 경우만 해당)

관련개념 임시소방시설 설치 대상 공사의 종류와 규모

소화기	건축허가 등을 할 때 소방본부장 또는 소방서장의 동의를 받아야 하는 특정소방대상물의 건축·대수선·용도변경 또는 설치 등을 위한 공사 중 화재위험작업을 하는 현장에 설치
간이소화장치	• 연면적 3천[m²] 이상 • 지하층, 무창층 또는 4층 이상의 층(해당 층의 바닥면적이 600[m²] 이상인 경우만 해당)
비상경보장치	• 연면적 400[m²] 이상 • 지하층 또는 무창층(해당 층의 바닥면적이 150[m²] 이상인 경우만 해당)
간이피난유도선	바닥면적이 150[m²] 이상인 지하층 또는 무창층의 작업현장에 설치

정답 | ④

52 빈출도 ★★

소방시설 설치 및 관리에 관한 법률에 따른 방염성능기준 이상의 실내장식물 등을 설치하여야 하는 특정소방대상물의 기준 중 틀린 것은?

① 건축물의 옥내에 있는 시설로서 종교시설
② 층수가 11층 이상인 아파트
③ 의료시설 중 종합병원
④ 노유자시설

해설

11층 이상인 아파트는 방염성능기준 이상의 실내장식물 등을 설치하여야 하는 특정소방대상물이 아니다.

관련개념 방염성능기준 이상의 실내장식물 등을 설치하여야 하는 특정소방대상물

㉠ 근린생활시설
 – 의원, 치과의원, 한의원, 조산원, 산후조리원
 – 체력단련장
 – 공연장 및 종교집회장
㉡ 옥내에 있는 시설
 – 문화 및 집회시설
 – 종교시설
 – 운동시설(수영장 제외)
㉢ 의료시설
㉣ 교육연구시설 중 합숙소
㉤ 숙박이 가능한 수련시설
㉥ 숙박시설
㉦ 방송통신시설 중 방송국 및 촬영소
㉧ 다중이용업소
㉨ 층수가 11층 이상인 것(아파트등 제외)

정답 | ②

53 빈출도 ★★

소방시설공사업법령에 따른 소방시설공사 중 특정소방대상물에 설치된 소방시설등을 구성하는 것의 전부 또는 일부를 개설, 이전 또는 정비하는 공사의 착공신고 대상이 아닌 것은?

① 수신반
② 소화펌프
③ 동력(감시)제어반
④ 제연설비의 제연구역

해설

제연설비의 제연구역은 착공신고 대상이 아니다.

관련개념 **특정소방대상물에 설치된 소방시설등을 구성하는 것의 전부 또는 일부를 개설, 이전 또는 정비하는 공사의 착공신고 대상**

㉠ 수신반
㉡ 소화펌프
㉢ 동력(감시)제어반

정답 | ④

54 빈출도 ★

위험물안전관리법령에 따른 소화난이도등급I의 옥내탱크저장소에서 황만을 저장·취급할 경우 설치하여야 하는 소화설비로 옳은 것은?

① 물분무소화설비
② 스프링클러설비
③ 포소화설비
④ 옥내소화전설비

해설

위험물안전관리법령상 소화난이도등급 I 의 옥내탱크저장소에서 황만을 저장·취급할 경우 설치하여야 하는 소화설비는 물분무소화설비이다.

관련개념 **소화난이도등급 I 의 옥내탱크저장소에 설치해야 하는 소화설비**

옥내 탱크 저장소	황만을 저장·취급하는 것	물분무소화설비
	인화점 70[℃] 이상의 제4류 위험물만을 저장·취급하는 것	• 물분무소화설비 • 고정식 포소화설비 • 이동식 이외의 불활성가스소화설비 • 이동식 이외의 할로젠화합물소화설비 • 이동식 이외의 분말소화설비
	그 밖의 것	• 고정식 포소화설비 • 이동식 이외의 불활성가스소화설비 • 이동식 이외의 할로젠화합물소화설비 • 이동식 이외의 분말소화설비

정답 | ①

55 빈출도 ★★

피난시설, 방화구획 또는 방화시설을 폐쇄·훼손·변경 등의 행위를 3차 이상 위반한 경우에 대한 과태료 부과 기준으로 옳은 것은?

① 200만 원 ② 300만 원
③ 500만 원 ④ 1,000만 원

해설

피난시설, 방화구획 또는 방화시설을 폐쇄·훼손·변경 등의 행위를 3차 이상 위반한 경우 **300만 원**의 과태료를 부과한다.

관련개념 **위반회차별 과태료 부과 기준**

구분	1차	2차	3차 이상
피난시설, 방화구획 또는 방화시설의 폐쇄·훼손·변경 등의 행위를 한 자	100만 원	200만 원	300만 원

정답 | ②

56 빈출도 ★★

화재의 예방 및 안전관리에 관한 법률에 따른 총괄소방안전관리자를 선임하여야 하는 특정소방대상물 중 복합건축물은 지하층을 제외한 층수가 몇 층 이상인 건축물만 해당되는가?

① 6층 ② 11층
③ 20층 ④ 30층

해설

총괄소방안전관리자를 선임해야 하는 복합건축물은 지하층을 제외한 층수가 **11층** 이상 또는 연면적 30,000[m^2] 이상인 건축물이다.

정답 | ②

57 빈출도 ★

위험물안전관리법령에 따른 위험물제조소의 옥외에 있는 위험물취급탱크 용량이 100[m^3] 및 180[m^3]인 2개의 취급탱크 주위에 하나의 방유제를 설치하는 경우 방유제의 최소 용량은 몇 [m^3]이어야 하는가?

① 100 ② 140
③ 180 ④ 280

해설

최대 탱크용량의 50[%] 이상+나머지 탱크용량의 10[%] 이상
$=180\times0.5+100\times0.1$
$=90+10=100[m^3]$

관련개념 **방유제 설치기준(제조소)**

구분	방유제 용량
방유제 내 탱크 1기일 경우	탱크용량의 50[%] 이상
방유제 내 탱크가 2기 이상일 경우	최대 탱크용량의 50[%] 이상 + 나머지 탱크용량의 10[%] 이상

정답 | ①

58 빈출도 ★★

화재의 예방 및 안전관리에 관한 법률에 따른 소방안전특별관리시설물의 안전관리에 대상 전통시장의 기준 중 다음 (　　) 안에 알맞은 것은?

> 전통시장으로서 대통령령으로 정하는 전통시장
> → 점포가 (　　　)개 이상인 전통시장

① 100　② 300
③ 500　④ 600

해설

대통령령으로 정하는 전통시장이란 점포가 500개 이상인 전통시장을 말한다.

정답 | ③

59 빈출도 ★★

위험물안전관리법령에 따른 정기점검의 대상인 제조소등의 기준 중 틀린 것은?

① 암반탱크저장소
② 지하탱크저장소
③ 이동탱크저장소
④ 지정수량의 150배 이상의 위험물을 저장하는 옥외탱크저장소

해설

정기점검의 대상인 제조소는 지정수량의 200배 이상의 위험물을 저장하는 옥외탱크저장소이다.

정답 | ④

60 빈출도 ★★

화재의 예방 및 안전관리에 관한 법률에 따른 화재예방강화지구의 관리기준 중 다음 (　　) 안에 알맞은 것은?

> – 소방관서장은 화재예방강화지구 안의 소방대상물의 위치 · 구조 및 설비 등에 대한 화재안전조사를 (㉠)회 이상 실시하여야 한다.
> – 소방관서장은 소방상 필요한 훈련 및 교육을 실시하고자 하는 때에는 화재예방강화지구 안의 관계인에게 훈련 또는 교육 (㉡)일 전까지 그 사실을 통보하여야 한다.

① ㉠: 월 1, ㉡: 7　② ㉠: 월 1, ㉡: 10
③ ㉠: 연 1, ㉡: 7　④ ㉠: 연 1, ㉡: 10

해설

㉠ 소방관서장은 화재예방강화지구 안의 소방대상물의 위치 · 구조 및 설비 등에 대한 화재안전조사를 연 1회 이상 실시해야 한다.
㉡ 소방관서장은 소방상 필요한 훈련 및 교육을 실시하려는 경우에는 화재예방강화지구 안의 관계인에게 훈련 또는 교육 10일 전까지 그 사실을 통보해야 한다.

정답 | ④

소방기계시설의 구조 및 원리

61 빈출도 ★★

소화용수설비인 소화수조가 옥상 또는 옥탑 부근에 설치된 경우에는 지상에 설치된 채수구에서의 압력이 최소 몇 [MPa] 이상이 되어야 하는가?

① 0.8 ② 0.13
③ 0.15 ④ 0.25

해설

소화수조가 옥상 또는 옥탑의 부분에 설치된 경우 지상에 설치된 채수구에서의 압력은 0.15[MPa] 이상으로 한다.

정답 | ③

62 빈출도 ★★

자동화재탐지설비의 감지기의 작동과 연동하는 분말소화설비 자동식 기동장치의 설치기준 중 다음 ( ) 안에 알맞은 것은?

> – 전기식 기동장치로서 (㉠)병 이상의 저장용기를 동시에 개방하는 설비는 2병 이상의 저장용기에 전자개방밸브를 부착할 것
> – 가스압력식 기동장치의 기동용 가스 용기 및 해당 용기에 사용하는 밸브는 (㉡)[MPa] 이상의 압력에 견딜 수 있는 것으로 할 것

① ㉠ 3 ㉡ 2.5
② ㉠ 7 ㉡ 2.5
③ ㉠ 3 ㉡ 25
④ ㉠ 7 ㉡ 25

해설

전기식 기동장치로서 7병 이상의 저장용기를 동시에 개방하는 설비는 2병 이상의 저장용기에 전자 개방밸브를 부착한다.
가스압력식 기동장치의 기동용 가스용기 및 해당 용기에 사용하는 밸브는 25[MPa] 이상의 압력에 견딜 수 있는 것으로 한다.

관련개념 자동식 기동장치의 설치기준

㉠ 자동화재탐지설비의 감지기의 작동과 연동하는 것으로 한다.
㉡ 자동식 기동장치는 수동으로도 기동할 수 있는 구조로 한다.
㉢ 전기식 기동장치로서 7병 이상의 저장용기를 동시에 개방하는 설비는 2병 이상의 저장용기에 전자 개방밸브를 부착한다.
㉣ 가스압력식 기동장치는 다음 기준에 따른다.
- 기동용 가스용기 및 해당 용기에 사용하는 밸브는 25[MPa] 이상의 압력에 견딜 수 있는 것으로 한다.
- 기동용 가스용기에는 내압시험압력의 0.8배부터 내압시험압력 이하에서 작동하는 안전장치를 설치한다.
- 질소나 비활성기체를 사용하는 경우 기동용 가스용기의 체적은 5[L] 이상으로 하고, 6.0[MPa](21[℃] 기준)의 압력으로 충전한다.
- 이산화탄소를 사용하는 경우 기동용 가스용기의 체적은 1[L] 이상으로 하고, 해당 용기에 저장하는 양은 0.6[kg] 이상으로 하며, 충전비는 1.5 이상 1.9 이하로 한다.

㉤ 기계식 기동장치는 저장용기를 쉽게 개방할 수 있는 구조로 한다.

정답 | ④

63 빈출도 ★★

옥내소화전설비 수원의 산출된 유효수량 외에 유효수량의 1/3 이상을 옥상에 설치하지 아니할 수 있는 경우의 기준 중 다음 ( ) 알맞은 것은?

- 수원을 건축물의 최상층에 설치된 (㉠)보다 높은 위치에 설치한 경우
- 건축물의 높이가 지표면으로부터 (㉡)[m] 이하인 경우

① ㉠ 송수구 ㉡ 7
② ㉠ 방수구 ㉡ 7
③ ㉠ 송수구 ㉡ 10
④ ㉠ 방수구 ㉡ 10

해설

수원을 건축물의 최상층에 설치된 방수구보다 높은 위치에 설치한 경우, 건축물의 높이가 지표면으로부터 10[m] 이하인 경우 옥상수조를 설치하지 않을 수 있다.

관련개념 옥상수조의 설치면제 기준

㉠ 지하층만 있는 건축물
㉡ 자연낙차압력을 이용한 고가수조를 가압송수장치로 설치한 경우
㉢ 수원을 건축물의 최상층에 설치된 방수구보다 높은 위치에 설치한 경우
㉣ 건축물의 높이가 지표면으로부터 10[m] 이하인 경우
㉤ 주펌프와 동등 이상의 성능이 있는 별도의 펌프를 내연기관의 기동과 연동하여 작동하거나 비상전원을 연결하여 설치한 경우
㉥ 학교·공장·창고시설과 같이 동결의 우려가 있는 장소에서 기동용 수압개폐장치를 기동스위치에 보호판을 부착하여 옥내소화전함 내에 설치한 경우
㉦ 가압수조를 가압송수장치로 설치한 경우

정답 | ④

64 빈출도 ★★

특별피난계단의 계단실 및 부속실 제연설비의 차압 등에 관한 기준 중 옳은 것은?

① 제연설비가 가동되었을 경우 출입문의 개방에 필요한 힘은 130[N] 이하로 하여야 한다.
② 제연구역과 옥내와의 사이에 유지하여야 하는 최소 차압은 40[Pa](옥내에 스프링 클러설비가 설치된 경우에는 12.5[Pa]) 이상으로 하여야 한다.
③ 피난을 위하여 제연구역의 출입문이 일시적으로 개방되는 경우 개방되지 아니하는 제연구역과 옥내와의 차압은 기준 차압의 60[%] 미만이 되어서는 아니 된다.
④ 계단실과 부속실을 동시에 제연 하는 경우 부속실의 기압은 계단실과 같게 하거나 계단실의 기압보다 낮게 할 경우에는 부속실과 계단실의 압력차이는 10[Pa] 이하가 되도록 하여야 한다.

해설

제연구역의 기압을 제연구역 이외의 옥내보다 높게 하고 일정한 기압의 차이를 유지해야 하는 최소 차압은 40[Pa] 이상으로 한다. 옥내에 스프링클러설비가 설치된 경우 최소 차압은 12.5[Pa] 이상으로 한다.

선지분석

① 제연설비가 가동되었을 경우 출입문의 개방에 필요한 힘은 110[N] 이하로 한다.
③ 피난을 위하여 제연구역의 출입문이 일시적으로 개방되는 경우 개방되지 않은 제연구역과 옥내와의 차압은 기준 차압의 70[%] 이상이어야 한다.
④ 계단실과 부속실을 동시에 제연하는 경우 부속실의 기압은 계단실과 같게 하거나 계단실의 기압보다 낮게 할 경우에는 부속실과 계단실의 압력 차이는 5[Pa] 이하가 되도록 한다.

정답 | ②

65 빈출도 ★★★

소화용수설비에 설치하는 채수구의 설치기준 중 다음 (　　) 안에 알맞은 것은?

> 채수구는 지면으로부터의 높이가 (㉠)[m] 이상 (㉡) 이하의 위치에 설치하고 "채수구"라고 표시한 표지를 할 것

① ㉠ 0.5　㉡ 1.0
② ㉠ 0.5　㉡ 1.5
③ ㉠ 0.8　㉡ 1.0
④ ㉠ 0.8　㉡ 1.5

해설

채수구는 지면으로부터 높이가 0.5[m] 이상 1[m] 이하의 위치에 설치한다.

정답 | ①

66 빈출도 ★★★

개방형 스프링클러 헤드 30개를 설치하는 경우 급수관의 구경은 몇 [mm]로 하여야 하는가?

① 65　② 80
③ 90　④ 100

해설

개방형 스프링클러 헤드를 30개 설치하는 경우 급수관의 구경은 90[mm]로 한다.

관련개념 배관의 설치기준

배관의 구경은 가압송수장치의 정격토출압력과 송수량 기준에 적합하도록 수리계산에 의하거나 다음의 표에 따른 기준에 따라 설치한다.

급수관의 구경[mm] / 헤드의 수(개)	25	32	40	50	65	80	90	100	125	150
다	1	2	5	8	15	27	40	55	90	91 이상

㉠ 개방형 스프링클러 헤드를 설치하는 경우 하나의 방수구역이 담당하는 헤드의 개수가 30개 이하일 때는 "다"란에 따른다.

정답 | ③

67 빈출도 ★★

특정소방대상물에 따라 적응하는 포 소화설비의 설치기준 중 특수가연물을 저장·취급하는 공장 또는 창고에 적응성을 갖는 포 소화설비가 아닌 것은?

① 포 헤드설비　② 고정포 방출설비
③ 압축공기포 소화설비　④ 호스릴포 소화설비

해설

특수가연물을 저장·취급하는 공장 또는 창고에는 호스릴 포 소화설비를 설치할 수 없다.

관련개념 특정소방대상물별 포 소화설비의 적응성

특정소방대상물	적응성이 있는 포소화설비
특수가연물을 저장·취급하는 공장 또는 창고	포워터 스프링클러설비 포 헤드설비 고정포 방출설비 압축공기포 소화설비
차고 또는 주차장	
항공기격납고	
발전기실, 엔진펌프실, 변압기, 전기케이블실, 유압설비	고정식 압축공기포 소화설비 (바닥면적의 합계 300[m^2] 미만인 장소 限)

정답 | ④

68 빈출도 ★★

포 소화설비의 배관 등의 설치기준 중 옳은 것은?

① 포워터 스프링클러설비 또는 포헤드설비의 가지배관의 배열은 토너먼트방식으로 한다.

② 송액관은 겸용으로 하여야 한다. 다만, 포소화전의 기동장치의 조작과 동시에 다른 설비의 용도에 사용하는 배관의 송수를 차단할 수 있거나, 포 소화설비의 성능에 지장이 없는 경우에는 전용으로 할 수 있다.

③ 송액관은 포의 방출 종료 후 배관안의 액을 배출하기 위하여 적당한 기울기를 유지하도록 하고 그 낮은 부분에 배액밸브를 설치하여야 한다.

④ 연결송수관설비의 배관과 겸용할 경우의 주배관은 구경 65[mm] 이상, 방수구로 연결되는 배관의 구경은 100[mm] 이상의 것으로 하여야 한다.

해설

송액관은 포의 방출 종료 후 배관 안의 액을 배출하기 위하여 적당한 기울기를 유지하도록 하고 그 낮은 부분에 배액밸브를 설치한다.

선지분석

① 포워터 스프링클러설비 또는 포헤드설비의 가지배관의 배열은 토너먼트방식이 아니어야 하며, 교차배관에서 분기하는 지점을 기점으로 한쪽 가지배관에 설치하는 헤드의 수는 8개 이하로 한다.

② 송액관은 전용으로 한다.
포소화전의 기동장치의 조작과 동시에 다른 설비의 용도에 사용하는 배관의 송수를 차단할 수 있거나, 포 소화설비의 성능에 지장이 없는 경우에는 다른 설비와 겸용할 수 있다.

④ 포 소화설비는 연결송수관설비의 배관과 겸용할 수 없다.

정답 | ③

69 빈출도 ★★

고압의 전기기기가 있는 장소에 있어서 전기의 절연을 위한 전기기기와 물분무헤드 사이의 최소 이격거리 기준 중 옳은 것은?

① 66[kV] 이하 - 60[cm] 이상

② 66[kV] 초과 77[kV] 이하 - 80[cm] 이상

③ 77[kV] 초과 110[kV] 이하 - 100[cm] 이상

④ 110[kV] 초과 154[kV] 이하 - 140[cm] 이상

해설

고압 전기기기와 물분무헤드 사이의 이격거리는 66[kV] 초과 77[kV] 이하인 경우 80[cm] 이상으로 한다.

관련개념 물분무헤드의 설치기준

㉠ 물분무헤드는 표준방사량으로 해당 방호대상물의 화재를 유효하게 소화하는데 필요한 수를 적정한 위치에 설치한다.

㉡ 고압의 전기기기가 있는 장소는 전기의 절연을 위하여 전기기기와 물분무헤드 사이에 다음의 표에 따른 거리를 둔다.

전압[kV]	거리[cm]
66 이하	70 이상
66 초과 77 이하	80 이상
77 초과 110 이하	110 이상
110 초과 154 이하	150 이상
154 초과 181 이하	180 이상
181 초과 220 이하	210 이상
220 초과 275 이하	260 이상

정답 | ②

70 빈출도 ★

할로겐화합물 및 불활성기체 소화설비를 설치할 수 없는 장소의 기준 중 옳은 것은? (단, 소화성능이 인정되는 위험물은 제외한다.)

① 제1류 위험물 및 제2류 위험물 사용
② 제2류 위험물 및 제4류 위험물 사용
③ 제3류 위험물 및 제5류 위험물 사용
④ 제4류 위험물 및 제6류 위험물 사용

해설

제3류 위험물 및 제5류 위험물을 저장·보관·사용하는 장소에는 할로겐화합물 및 불활성기체소화설비를 설치할 수 없다.

관련개념 소화설비의 설치제외장소

㉠ 사람이 상주하는 곳으로서 최대허용 설계농도를 초과하는 장소
㉡ 제3류 위험물 및 제5류 위험물을 저장·보관·사용하는 장소. 소화성능이 인정되는 위험물 제외

정답 | ③

71 빈출도 ★★

스프링클러설비를 설치하여야 할 특정소방대상물에 있어서 스프링클러 헤드를 설치하지 아니할 수 있는 기준 중 틀린 것은?

① 천장과 반자 양쪽이 불연재료로 되어 있고 천장과 반자사이의 거리가 2.5[m] 미만인 부분
② 천장 및 반자가 불연재료 외의 것으로 되어 있고 천장과 반자사이의 거리가 0.5[m] 미만인 부분
③ 천장·반자 중 한쪽이 불연재료로 되어 있고 천장과 반자 사이의 거리가 1[m] 미만인 부분
④ 현관 또는 로비 등으로서 바닥으로부터 높이가 20[m] 이상인 장소

해설

천장과 반자 양쪽이 불연재료로 되어있는 장소 중 천장과 반자 사이의 거리가 2[m] 미만인 부분에 스프링클러 헤드를 설치하지 않을 수 있다.

정답 | ①

72 빈출도 ★

대형소화기에 충전하는 최소 소화약제의 기준 중 다음 ( ) 안에 알맞은 것은?

- 분말소화기: (㉠)[kg] 이상
- 물소화기: (㉡)[L] 이상
- 이산화탄소소화기: (㉢)[kg] 이상

① ㉠ 30 ㉡ 80 ㉢ 50
② ㉠ 30 ㉡ 50 ㉢ 60
③ ㉠ 20 ㉡ 80 ㉢ 50
④ ㉠ 20 ㉡ 50 ㉢ 60

해설

분말소화기는 20[kg] 이상, 물소화기는 80[L] 이상, 이산화탄소소화기는 50[kg] 이상이다.

관련개념 대형소화기의 소화약제

㉠ 물소화기: 80[L] 이상
㉡ 강화액소화기: 60[L] 이상
㉢ 할로겐화합물소화기: 30[kg] 이상
㉣ 이산화탄소소화기: 50[kg] 이상
㉤ 분말소화기: 20[kg] 이상
㉥ 포소화기: 20[L] 이상

정답 | ③

73 빈출도 ★

미분무 소화설비 배관의 배수를 위한 기울기 기준 중 다음 ( ) 안에 알맞은 것은? (단, 배관의 구조상 기울기를 줄 수 없는 경우는 제외한다.)

> 개방형 미분무 소화설비에는 헤드를 향하여 상향으로 수평주행배관의 기울기를 (㉠) 이상, 가지배관의 기울기를 (㉡) 이상으로 할 것

① ㉠ $\frac{1}{100}$ ㉡ $\frac{1}{500}$

② ㉠ $\frac{1}{500}$ ㉡ $\frac{1}{100}$

③ ㉠ $\frac{1}{250}$ ㉡ $\frac{1}{500}$

④ ㉠ $\frac{1}{500}$ ㉡ $\frac{1}{250}$

해설

개방형 미분무 소화설비의 배관은 헤드를 향하여 상향으로 수평주행배관의 기울기를 $\frac{1}{500}$ 이상, 가지배관의 기울기를 $\frac{1}{250}$ 이상으로 한다.

관련개념 배관의 배수를 위한 기울기 기준

㉠ 폐쇄형 미분무 소화설비의 배관은 수평으로 한다.
㉡ 배관의 구조 상 소화수가 남아있는 곳에는 배수밸브를 설치한다.
㉢ 개방형 미분무 소화설비의 배관은 헤드를 향하여 상향으로 수평주행배관의 기울기를 $\frac{1}{500}$ 이상, 가지배관의 기울기를 $\frac{1}{250}$ 이상으로 한다.
㉣ 배관의 구조 상 기울기를 줄 수 없는 경우 배수를 원활하게 할 수 있도록 배수밸브를 설치한다.

정답 | ④

74 빈출도 ★

국소방출방식의 할론 소화설비의 분사헤드 설치기준 중 다음 ( ) 안에 알맞은 것은?

> 분사헤드의 방사압력은 할론 2402를 방사하는 것은 (㉠)[MPa] 이상, 할론 2402를 방출하는 분사헤드는 해당 소화약제가 (㉡)으로 분무되는 것으로 하여야 하며, 기준저장량의 소화약제를 (㉢)초 이내에 방사할 수 있는 것으로 할 것

① ㉠ 0.1 ㉡ 무상 ㉢ 10
② ㉠ 0.2 ㉡ 적상 ㉢ 10
③ ㉠ 0.1 ㉡ 무상 ㉢ 30
④ ㉠ 0.2 ㉡ 적상 ㉢ 30

해설

할론 2402를 방사하는 국소방출방식 분사헤드는 압력 0.1[MPa] 이상, 분무방식은 무상으로 기준저장량을 10초 이내에 방사한다.

관련개념 국소방출방식 분사헤드 설치기준

㉠ 소화약제의 방출에 따라 가연물이 비산하지 않는 장소에 설치한다.
㉡ 할론 2402를 방출하는 분사헤드는 소화약제가 무상으로 분무되는 것으로 한다.
㉢ 분사헤드의 방출압력은 다음의 표에 따른 압력 이상으로 한다.

소화약제의 종류	분사헤드의 방출압력
할론 1301	0.9[MPa]
할론 1211	0.2[MPa]
할론 2402	0.1[MPa]

㉣ 기준저장량의 소화약제를 10초 이내에 방출할 수 있는 것으로 한다.

정답 | ①

75 빈출도 ★★

특정소방대상물의 용도 및 장소별로 설치하여야 할 인명구조기구 종류의 기준 중 다음 (   ) 안에 알맞은 것은?

특정소방대상물	인명구조기구의 종류
물분무등소화설비 중 ( )를 설치하여야하는 특정소방대상물	공기호흡기

① 이산화탄소 소화설비
② 분말 소화설비
③ 할론 소화설비
④ 할로겐화합물 및 불활성기체 소화설비

해설

물분무등 소화설비 중 이산화탄소 소화설비를 설치해야 하는 특정소방대상물에는 공기호흡기를 이산화탄소 소화설비가 설치된 장소의 출입구 외부 인근에 1개 이상 설치한다.

관련개념 특정소방대상물의 용도 및 장소별 설치해야 할 인명구조기구

특정소방대상물	인명구조기구	설치 수량
• 지하층을 포함하는 층수가 7층 이상인 관광호텔 • 5층 이상인 병원	• 방열복 또는 방화복(안전모, 보호장갑 및 안전화 포함) • 공기호흡기 • 인공소생기	각 2개 이상(병원의 경우 인공소생기 생략 가능)
• 수용인원 100명 이상의 영화상영관 • 대규모 점포 • 지하역사 • 지하상가	• 공기호흡기	층마다 2개 이상
• 물분무 소화설비 중 이산화탄소 소화설비를 설치해야하는 특정소방대상물	• 공기호흡기	이산화탄소 소화설비가 설치된 장소의 출입구 외부 인근에 1개 이상

정답 | ①

76 빈출도 ★

송수구가 부설된 옥내소화전을 설치한 특정소방대상물로서 연결송수관설비의 방수구를 설치하지 아니할 수 있는 층의 기준 중 다음 (   ) 안에 알맞은 것은? (단, 집회장·관람장·백화점·도매시장·소매시장·판매시설·공장·창고시설 또는 지하가를 제외한다.)

> – 지하층을 제외한 층수가 (㉠)층 이하이고 연면적이 (㉡)[m^2] 미만인 특정소방대상물의 지상층의 용도로 사용되는 층
> – 지하층의 층수가 (㉢) 이하인 특정소방대상물의 지하층

① ㉠ 3 ㉡ 5,000 ㉢ 3
② ㉠ 4 ㉡ 6,000 ㉢ 2
③ ㉠ 5 ㉡ 3,000 ㉢ 3
④ ㉠ 6 ㉡ 4,000 ㉢ 2

해설

지하층을 제외한 층수가 4층 이하이고, 연면적이 6,000[m^2] 미만인 지상층과 지하층의 층수가 2층 이하인 지하층에서 방수구를 설치하지 않을 수 있다.

관련개념 방수구의 설치제외장소

㉠ 아파트의 1층 및 2층
㉡ 소방차의 접근이 가능하고 소방대원이 소방차로부터 각 부분에 쉽게 도달할 수 있는 피난층
㉢ 송수구가 부설된 옥내소화전을 설치한 특정소방대상물 중 다음에 해당하는 장소
  – 지하층을 제외한 층수가 4층 이하이고 연면적이 6,000[m^2] 미만인 특정소방대상물의 지상층
  – 지하층의 층수가 2 이하인 특정소방대상물의 지하층
㉣ ③의 장소 중 집회장·관람장·백화점·도매시장·소매시장·판매시설·공장·창고시설 또는 지하가는 제외

정답 | ②

2018년 4회

77 빈출도 ★★★

다수인피난장비 설치기준 중 틀린 것은?

① 사용 시에 보관실 외측 문이 먼저 열리고 탑승기가 외측으로 자동으로 전개될 것
② 보관실의 문은 상시 개방상태를 유지하도록 할 것
③ 하강 시에 탑승기가 건물 외벽이나 돌출물에 충돌하지 않도록 설치할 것
④ 피난층에는 해당 층에 설치된 피난기구가 착지에 지장이 없도록 충분한 공간을 확보할 것

해설

보관실의 문에는 오작동 방지조치를 하고, 문 개방 시에는 해당 특정소방대상물에 설치된 경보설비와 연동하여 유효한 경보음을 발하도록 한다.

관련개념 다수인피난장비의 설치기준

㉠ 피난에 용이하고 안전하게 하강할 수 있는 장소에 적재 하중을 충분히 견딜 수 있도록 견고하게 설치한다.
㉡ 다수인피난장비 보관실은 건물 외측보다 돌출되지 않고, 빗물·먼지 등으로부터 장비를 보호할 수 있는 구조로 한다.
㉢ 사용 시에 보관실 외측 문이 먼저 열리고 탑승기가 외측으로 자동으로 전개되도록 한다.
㉣ 하강 시에 탑승기가 건물 외벽이나 돌출물에 충돌하지 않도록 설치한다.
㉤ 상·하층에 설치할 경우 탑승기의 하강경로가 중첩되지 않도록 한다.
㉥ 하강 시에는 안전하고 일정한 속도를 유지하도록 하고 전복, 흔들림, 경로이탈 방지를 위한 안전조치를 한다.
㉦ 보관실의 문에는 오작동 방지조치를 하고, 문 개방 시에는 해당 특정소방대상물에 설치된 경보설비와 연동하여 유효한 경보음을 발하도록 한다.
㉧ 피난층에는 해당 층에 설치된 피난기구가 착지에 지장이 없도록 충분한 공간을 확보한다.
㉨ 한국소방산업기술원 또는 성능시험기관으로 지정받은 기관에서 그 성능을 검증받은 것으로 설치한다.

정답 | ②

78 빈출도 ★★

분말 소화약제의 저장용기 설치기준 중 옳은 것은?

① 저장용기에는 가압식은 최고사용압력의 0.8배 이하, 축압식은 용기의 내압시험 압력의 1.8배 이하의 압력에서 작동하는 안전밸브를 설치할 것
② 저장용기의 충전비는 0.8 이상으로 할 것
③ 저장용기 간의 간격은 점검에 지장이 없도록 5[cm] 이상의 간격을 유지할 것
④ 저장용기에는 저장용기의 내부압력이 설정 압력으로 되었을 때 주밸브를 개방하는 압력조정기를 설치할 것

선지분석

① 저장용기에는 가압식의 경우 최고사용압력의 1.8배 이하, 축압식의 경우 내압시험압력의 0.8배 이하의 압력에서 작동하는 안전밸브를 설치한다.
③ 저장용기 간의 간격은 점검에 지장이 없도록 3[cm] 이상의 간격을 유지한다.
④ 저장용기에는 저장용기의 내부압력이 설정압력으로 되었을 때 주밸브를 개방하는 정압작동장치를 설치한다.

관련개념 저장용기의 설치기준

㉠ 저장용기의 내용적은 다음과 같다.

소화약제의 종류	소화약제 1[kg] 당 저장용기의 내용적
제1종 분말	0.8[L]
제2종 분말	1.0[L]
제3종 분말	1.0[L]
제4종 분말	1.25[L]

㉡ 저장용기에는 가압식의 경우 최고사용압력의 1.8배 이하, 축압식의 경우 내압시험압력의 0.8배 이하의 압력에서 작동하는 안전밸브를 설치한다.
㉢ 저장용기에는 저장용기의 내부압력이 설정압력으로 되었을 때 주밸브를 개방하는 정압작동장치를 설치한다.
㉣ 저장용기의 충전비는 0.8 이상으로 한다.
㉤ 저장용기 및 배관에는 잔류 소화약제를 처리할 수 있는 청소장치를 설치한다.
㉥ 축압식 저장용기에는 사용압력 범위를 표시한 지시압력계를 설치한다.

정답 | ②

79 빈출도 ★★★

바닥면적이 1,300[m²]인 관람장에 소화기구를 설치할 경우 소화기구의 최소 능력단위는? (단, 주요구조부가 내화구조이고, 벽 및 반자의 실내와 면하는 부분이 불연재료로 된 특정소방대상물이다.)

① 7단위
② 13단위
③ 22단위
④ 26단위

해설

관람장에 소화기구를 설치할 경우 바닥면적 50[m²]마다 능력단위 1단위 이상으로 하며, 주요구조부가 내화구조이고, 벽 및 반자의 실내에 면하는 부분이 불연재료로 된 특정소방대상물의 경우 기준의 2배를 기준면적으로 하므로

$$\frac{1{,}300[m^2]}{50[m^2]\times 2}=13\text{단위}$$

관련개념 **소화기구의 특정소방대상물별 능력단위**

특정소방대상물	소화기구의 능력단위
1. 위락시설	해당 용도의 바닥면적 30[m²]마다 능력단위 1단위 이상
2. 공연장 · 집회장 · 관람장 · 문화재 · 장례식장 및 의료시설	해당 용도의 바닥면적 50[m²]마다 능력단위 1단위 이상
3. 근린생활시설 · 판매시설 · 운수시설 · 숙박시설 · 노유자시설 · 전시장 · 공동주택 · 업무시설 · 방송통신시설 · 공장 · 창고시설 · 항공기 및 자동차 관련 시설 및 관광휴게시설	해당 용도의 바닥면적 100[m²]마다 능력단위 1단위 이상
4. 그 밖의 것	해당 용도의 바닥면적 200[m²]마다 능력단위 1단위 이상

소화기구의 능력단위를 산출할 때 건축물의 주요구조부가 내화구조이고, 벽 및 반자의 실내에 면하는 부분이 불연재료 · 준불연재료 또는 난연재료로 된 특정소방대상물의 경우 위 기준의 2배를 기준면적으로 한다.

정답 | ②

80 빈출도 ★

화재조기진압용 스프링클러설비 헤드의 기준 중 다음 ( ) 안에 알맞은 것은?

> 헤드 하나의 방호면적은 (㉠)[m²] 이상 (㉡)[m²] 이하로 할 것

① ㉠ 2.4 ㉡ 3.7
② ㉠ 3.7 ㉡ 9.1
③ ㉠ 6.0 ㉡ 9.3
④ ㉠ 9.1 ㉡ 13.7

해설

헤드 하나의 방호면적은 6.0[m²] 이상 9.3[m²] 이하로 한다.

정답 | ③

내가 꿈을 이루면

나는 누군가의 꿈이 된다.

– 이도준

2026 에듀윌 소방설비기사 기계 기출문제집

발 행 일 2025년 6월 5일 초판

편 저 자 손익희, 김윤수

펴 낸 이 양형남

개발책임 목진재

개 발 김강민

펴 낸 곳 (주)에듀윌

I S B N 979-11-360-3747-3

등록번호 제25100-2002-000052호

주 소 08378 서울특별시 구로구 디지털로34길 55
코오롱싸이언스밸리 2차 3층

www.eduwill.net

대표전화 1600-6700

여러분의 작은 소리
에듀윌은 크게 듣겠습니다.

본 교재에 대한 여러분의 목소리를 들려주세요.
공부하시면서 어려웠던 점, 궁금한 점,
칭찬하고 싶은 점, 개선할 점, 어떤 것이라도 좋습니다.

에듀윌은 여러분께서 나누어 주신 의견을
통해 끊임없이 발전하고 있습니다.

에듀윌 도서몰 book.eduwill.net

- 부가학습자료 및 정오표: 에듀윌 도서몰 → 도서자료실
- 교재 문의: 에듀윌 도서몰 → 문의하기 → 교재(내용, 출간) / 주문 및 배송